Svatopluk Krupička

Physik der Ferrite und der verwandten magnetischen Oxide

Svatopluk Krupička

Physik der Ferrite und der verwandten magnetischen Oxide

Mit 365 Abbildungen
und 81 Tabellen

Friedr. Vieweg + Sohn
Braunschweig

1973

Gemeinschaftsausgabe mit ACADEMIA, Verlag der Tschechoslowakischen Akademie der Wissenschaften, Prag 1973

Softcover reprint of the hardcover 1st edition 1973

Library of Congress Catalog Card No. 73—85552

ISBN-13:978-3-528-08312-0 e-ISBN-13:978-3-322-83522-2
DOI: 10.1007/978-3-322-83522-2

ERRATA

S. 58 Fußnote[26]) $m = 9{,}1072 \,.\, 10^{28}$ g soll lauten:

$m = 9{,}1072 \,.\, 10^{-28}$ g

S. 278 Abb. 3.48 *a* und *b* verwechselt

S. 457 in der Gl. (5.25) fehlt: für $\omega \gg \omega_H$, $\omega \gg \omega_M$

S. 470[11] in q_r fehlt Punkt über q: $\dot{q}_r$

Dem Andenken
meines Vaters
gewidmet

VORWORT ZUR DEUTSCHEN AUSGABE

Die seit der Vollendung des tschechischen Manuskripts dieses Buches verlaufene Zeit ließ einige Ergänzungen des Textes zwecks Erfassung des neuesten Standes unserer Kenntnisse auf dem Gebiete der magnetischen Oxide als unerläßlich erscheinen. Diese Ergänzungen sind verschiedener Art und Reichweite, von zusätzlichen Literaturangaben und Einreihung neuer Versuchsergebnisse bis zu Änderungen grundsätzlicher Natur und der Erweiterung der Ausführungen einiger Partien.

Neu verfaßt wurden Teile von Kapitel IV, die sich mit der Magnetostriktion und der induzierten Anisotropie befassen, ergänzt und erweitert wurden die Kapitel über den Jahn-Teller-Effekt (Kapitel II), die nicht linearen Erscheinungen bei der ferromagnetischen Resonanz (Kapitel V), die elektrischen Eigenschaften (Kapitel VII) u.a. Die Gesamtkonzeption und Zielsetzung blieben jedoch unverändert.

Es ist mir eine liebe Pflicht, abschließend allen denen zu danken, durch deren Verständnis und Verdienst es gelang, in relativ kurzer Zeit gleichlaufend mit der Übersetzung die Umarbeitung der usprünglichen Fassung zu bewältigen, so daß der Zeitabstand zwischen den im Buche enthaltenen Informationen und dem heutigen Stand möglichst herabgesetzt werden konnte. Dies gilt insbesondere von den Übersetzern Dr. A. Bergstein und J. Pavlíček, und dem sprachlichen Redakteur des Werkes, denen ich für sorgfältige Erfüllung ihrer Aufgabe und gute Zusammenarbeit danke.

Die Mitarbeit von Frl. F. Zounová, prom. Phys., und Frau J. Klapšteová bei der technischen Gestaltung des Manuskripts und ihre allseitige, aufopfernde Hilfe waren unschätzbar. Die neuen Abbildungen wurden wiederum mit Sorgfalt von H. E. Burda gezeichnet.

Meinen Kollegen aus dem Institut für Festkörperphysik der Tschechoslovakischen Akademie der Wissenschaften, insbesondere J. Kantůrek, P. Novák, Z. Šimša und K. Závěta, bin ich für Diskussion der Textänderungen und für einige diese Änderungen betreffende Anregungen zu Dank verpflichtet.

VORWORT

Die Absicht, dieses Buch zu schreiben, faßte ich zu einer Zeit, als noch keine Monographie über die Ferrite in der Literatur vorhanden war. Bald darauf erschien jedoch das heute bereits sehr verbreitete Buch von Smit und Wijn, und in kurzem Abstand folgten weitere Werke. Damals überlegte ich, ob es sinnvoll sei, in der Bearbeitung des Stoffes fortzufahren, den insbesondere das Buch von Smit und Wijn mit so großem Erfolg bewältigt hatte, und ob eventuell eine tschechische Übersetzung dieses Buches nicht in genügendem Maße die Lücke ausfüllen würde, die bisher in dieser Beziehung in der tschechischen Literatur bestand. Diese Zweifel verzögerten die Ausführung meiner ursprünglichen Absicht. Mit der Zeit aber wurden neue Tatsachen entdeckt, und die ganze Problematik wurde unter neuen Gesichtspunkten betrachtet. Die wesentliche Erweiterung der Anzahl der untersuchten Oxidsysteme führte zur Anhäufung einer großen Menge neuer magnetischer, elektrischer und kristallographischer Daten, deren systematische Bearbeitung ein tieferes Eindringen in das Wesen der Erscheinungen und Eigenschaften gestattete, durch die diese Stoffe vom physikalischen und oft auch vom technischen Standpunkt interessant sind. Große Fortschritte waren in der Deutung ihrer makroskopischen Eigenschaften mit Hilfe mikrophysikalischer Mechanismen und Modelle, im Verständnis der Ursachen ihrer Verschiedenheit von anderen Stoffgruppen und in den Versuchen, sie in die Gesamtsystematik der festen Stoffe einzureihen, zu verzeichnen. Das Bemühen, diese Entwicklung der letzten Jahre zu erfassen und in eine systematische Beschreibung der Ferrite und der ferrimagnetischen Oxide zu projizieren, führte mich dazu, nach einer kürzeren Pause von Neuem die Arbeit am Manuskript aufzunehmen und es zu vollenden.

Ich bin mir bewußt, daß jede Monographie, die eine bestimmte ausgewählte Stoffgruppe behandelt, einen grundsätzlichen Dualismus in sich birgt, der aus dem zweifachen Blick auf das bearbeitete Thema folgt: auf der einen Seite ist es der Gesichtspunkt der systematischen Beschreibung und Erklärung der Eigenschaften der untersuchten Stoffe, auf der anderen Seite dann die Notwendigkeit, die grundlegenden Konzeptionen und Mechanismen zu erklären, die für ihr Verständnis unerläßlich sind. Dieses Problem wird von verschiedenen Autoren verschieden gelöst, und zwar entweder durch Betonung eines der beiden Gesichtspunkte auf Kosten des anderen oder durch gleichzeitige Geltendmachung beider. In meinem Buch setze ich mir als Ziel, in erster Reihe die physikalischen Konzeptionen zu entwickeln und darzulegen, die es gestatten, die Eigenschaften und das Verhalten oxidischer Ferromagnetika und Ferrimagnetika zu verstehen. Aus diesem Grunde habe ich mich z.B. nicht bemüht, eine maximale Anzahl experimenteller Daten mit einzubeziehen, die ich eher zum Vergleich allgemein theoretischer Schlüsse mit der Wirklichkeit verwende. Obwohl die behandelten physikalischen Konzeptionen breitere Gültigkeit besitzen und sehr oft auch auf andere magnetische Stoffe angewandt werden können, habe ich die Diskussion konkreter Fälle praktisch auf oxidische Ferrimagnetika beschränkt, womit es mir, meiner Meinung nach, gelungen ist, auch das zweite Ziel zu erfüllen, nämlich ein genügend gründliches und komplex aufgefaßtes Bild dieser Stoffgruppe und ihrer charakteristischen Eigenschaften zu geben.

Ich habe mich bemüht, das Buch für einen möglichst breiten Leserkreis aus den Reihen der Physiker und Nichtphysiker nützlich zu gestalten; für fortgeschrittene Studenten, Aspiranten und jüngere Wissenschaftler, die Interesse für die gegenwärtigen Probleme des Magnetismus und der magnetischen Materialien haben, aber auch für Ingenieure und Techniker in der angewandten Forschung, die sich mit diesem technisch wichtigen Abschnitt der Materialforschung befassen; diesen kann das Buch, wie ich hoffe, die physikalische Denkweise und den physikalischen Standpunkt näherbringen und so mithelfen, die Lücken zu überbrücken, die manchmal der schnellen und wirksamen Umsetzung der neuen physikalischen Erkenntnisse in die Praxis hinderlich sind. Aus diesen Gründen habe ich darauf geachtet, daß mein Buch bei Einhaltung aller notwendigen wissenschaftlichen Genauigkeit nicht unnötig hohe Ansprüche an die mathematischen und quantenphysikalischen Kenntnisse des Lesers stellt. Mehr Gewicht als auf die formelle Ableitung verschiedener Formeln habe ich auf ihre physikalische Auslegung und ihren Sinn gelegt und in komplizierten Fällen habe ich mich meist auf die Andeutung des Gedankenganges beschränkt, der bei der Ableitung des angeführten Ergebnisses benützt werden kann. Die hauptsächlichen Erkenntnisse auf dem Gebiet der Physik der Feststoffe, auf denen die eigentliche Darstellung aufgebaut ist, sind zum Großteil im einleitenden Kapitel zusammengefaßt, das einen allgemeinen Rahmen und Hintergrund für den speziellen, in den weiteren Kapiteln durchgenommenen Stoff bilden soll.

Im Zusammenhang mit der Gesamtkonzeption des Buches habe ich von einer eingehenden Bearbeitung der mit der Benutzung der Ferrite und anderer magnetischer Oxide in der technischen Praxis zusammenhängenden Fragen abgesehen. Es gibt heute drei Hauptgruppen für ihre Anwendungen; in der ersten kann man die Ferrite als Analoga zu den klassischen magnetisch weichen und magnetisch harten Werkstoffen ansprechen, das zweite Gebiet betrifft die Technik der sehr kurzen elektromagnetischen Wellen (Dezimeter-, Zentimeter- und Millimeterwellen), und das dritte Gebiet schließlich umfaßt die Ferritgedächtnisse für mathematische Maschinen. Zum Glück enthält die moderne Fachliteratur eine Reihe sehr guter übersichtlicher

Abhandlungen und Bücher, die sich mit diesen Fragen befassen und auf die ich die Leser, die ihre Kenntnisse in dieser Richtung ergänzen wollen, hinweisen möchte. Dies gilt insbesondere von den Anwendungen in der Mikrowellentechnik, denen die Bücher von A. G. Gurewitsch, B. Lax und K. J. Button, F. Soohoo und anderen zum Großteil gewidmet sind. In meinem Buch beschränke ich mich nur auf die Erwähnung einiger Grundsätze und Prinzipien, auf denen diese Anwendungen beruhen. Die Frage der Ferritwerkstoffe wird im Zusammenhang mit der Erklärung der Magnetisierungsprozesse behandelt, wobei unter anderem der Optimalisierung ihrer technischen Charakteristik Aufmerksamkeit gewidmet wird. Die Fragen der Chemie und Technologie der magnetischen Oxide sind ebenfalls aus dem Programm des Buches ausgelassen worden.

Es ist mir eine liebe Pflicht, an dieser Stelle meinen Mitarbeitern aus dem Institut für Festkörperphysik der Tschechoslowakischen Akademie der Wissenschaften zu danken, ohne deren wirksame Hilfe ich schwerlich das Manuskript beendet hätte. Insbesondere möchte ich den Beitrag von J. Kantůrek, E. Kratochvílová, J. Loos, V. Roskovec, Z. Smetana, Z. Šimša und K. Závěta erwähnen, die Teile des Manuskripts durchgelesen haben, mit zahlreichen Bermerkungen zu seiner Verbesserung beigetragen haben und mir aktiv bei der Beschaffung der Bibliographie, der Zusammenstellung der Tabellen und der Vorbereitung der Bilder geholfen haben. Zu herzlichem Dank verpflichtet bin ich auch dem wissenschaftlichen Redakteur des Buches, J. Kaczér DSc., und dem Rezensenten, dem korrespondierenden Mitglied der Akademie, Professor V. Hajko, für das sorgfältige Durchlesen des ganzen Manuskripts und für viele Bemerkungen, die zur Verbesserung des Textes geführt haben. Dr. D. J. Craik und J. Kaczér danke ich für die freundliche Überlassung der schönen Originalbilder der Domänenstruktur. Die Abbildungen im Text wurden mit großer Präzision von E. Burda gezeichnet, bei den technischen Arbeiten und der Endredaktion des Manuskripts half mit viel Aufopferung F. Zounová; beiden danke ich herzlich. Nicht zulezt gebührt mein heißer Dank meiner Frau und meiner Mutter, die Jahre hindurch mit seltenem Verständnis und liebevoller Opferfreudigkeit meine Arbeit verfolgten, günstige Bedingungen für sie schufen und halfen, wo es nötig war. Mein Dank gebührt auch der Verlagsanstalt Academia und der Druckerei, insbesondere aber der leitenden Redakteurin Z. Knichalová und der Redakteurin H. Strnadová für alle Hilfe, Durchsicht des Manuskripts und für die sorgfältige Bearbeitung des Buches.

Praha, im Dezember 1966.

Svatopluk Krupička

INHALT

Kapitel I. Allgemeine Grundlagen

Kapitel II. Kristallchemie der ferrimagnetischen Oxide

Kapitel III. Ferrimagnetismus

Kapitel IV. Anisotropie

Kapitel V. Ferromagnetische Resonanz

Kapitel VI. Magnetisierungsvorgänge

KAPITEL I

ALLGEMEINE GRUNDLAGEN

1.1 Kristalle

Einteilung der festen Stoffe

Die kristallinen Festkörper – und nur sie werden im Rahmen dieses Buches behandelt – können verhältnismäßig einfach auf Grund der symmetrischen Eigenschaften ihrer Kristallstruktur, soweit diese bekannt ist, analysiert und eingeteilt werden. In einem unbegrenzten idealen Kristall ohne Gitterfehler, der durch räumliche Wiederholung eines von auf bestimmte Art angeordneten Atomen oder Ionen erfüllten Parallelepipeds (der Elementarzelle) entsteht, gibt es mit Rücksicht auf die Periodizität einer solchen Anordnung stets Punkte und Richtungen, die einander gleichwertig sind. Die sogenannte *Raumgruppe* des Kristalls wird durch Transformationen bestimmt (Verschiebung, Drehung, Spiegelung usw.), die gleichzeitig sämtliche Punkte und Richtungen des Kristalls in ihnen gleichwertige Punkte und Richtungen und damit eigentlich den ganzen Kristall in sich selbst überführen. Die Anzahl voneinander unterschiedlicher Gruppen ist endlich (230). Da jeder Kristall einer dieser 230 Raumgruppen angehören muß, können sie zur Klassifizierung der Kristalle herangezogen werden.

Die makroskopischen Eigenschaften der Kristalle, sowohl die geometrischen wie die physikalischen, sind aber sehr häufig nur an bestimmte *Richtungen* innerhalb des Kristalls gebunden. Beschränken wir uns daher nur auf solche Transformationen, die alle Kristallrichtungen in ihnen gleichwertige Richtungen überführen, sehen wir also von den Translationen im Kristallgitter ab, so erhalten wir die sogenannten *Punkt-Symmetriegruppen*, die durch verschiedene Kombinationen der grundlegenden Symmetrieelemente (Drehachsen, Spiegelebenen u. ä.) gebildet werden und der Definition der 32 *Kristallklassen* zugrunde liegen. Der Umstand, daß wir einen beliebigen Kristall eindeutig in eine dieser 32 Klassen einreihen bzw. ihn einer der 230 Raumgruppen zuschreiben können, ist natürlich von grundlegender Bedeutung, da er in das Studium der festen Stoffe eine klare Ordnung einführt und sie zu einem formal einheitlichen System gestaltet [1].

Besitzen die den Kristall bildenden Atome oder Ionen ein eigenes magnetisches Moment und sind diese Momente auf bestimmte Art angeordnet, so sprechen wir außerdem von einer *magnetischen Struktur* des Kristalls [2]. Die Periodizität der magnetischen Struktur kann im allgemeinen Fall Unterschiede gegenüber der Periodi-

Tabelle I-1a

Einteilung der Festkörper nach der Bindungsart

Typ	Charakteristik	Herausragende Eigenschaften	Beispiel
Ionenkristalle	Coulombsche elektrostatische Kräfte zwischen positiven und negativen Ionen; lokalisierte Elektronen	Strukturen mit hohen Koordinationszahlen, starke Absorption im Infrarotgebiet, hoher Schmelzpunkt, große Bindungsenergie	NaCl CaCl MgO
Kovalente Kristalle	Gemeinsame Valenzelektronen benachbarter Atome mit der Tendenz, die Elektronenzahl so zu ergänzen, daß ein stabiles Gebilde (Oktett-, (8—N)-Regel) gebildet wird; Bildung von räumlich orientierten Bindungen	Durch Atomketten gebildete Strukturen, niedrigere Koordinationszahl	Diamant SiC
Metalle	Elektronen allen Atomen im Kristall gemeinsam: freie Elektronen; in manchen Fällen kovalenter Beitrag der inneren Elektronen	Strukturen mit den höchsten Koordinationszahlen: kubisch flächenzentriert und raumzentriert, hexagonal mit dichtester Kugelpackung	Na, Cu, Al, Au, Pt
Molekülkristalle	Van der Waalssche Kräfte zwischen neutralen Atomen oder Molekülen, die im Innern meist kovalent gebunden sind	Schwache Bindung, niedriger Schmelz- und Siedepunkt, dichteste Kugelpackung	Edelgase, organische Stoffe
Kristalle mit Wasserstoffbindung	Atompaare mittels eines Wasserstoffatoms (Ions) gebunden	Sehr geringe Bindungsenergie, Neigung zur Polymerisation	H_2O HF

zität des Kristallgitters aufweisen, so daß die beiden Elementarzellen, die magnetische und die kristallographische, nicht immer identisch sein müssen. Analog zur Kristallstruktur besitzt auch die durch Lage und Orientierung der magnetischen Momente im Kristall charakterisierte magnetische Struktur gewisse Symmetrieelemente, die sie in sich selbst zurückführen. Diese Operationen bilden abermals eine Gruppe [3]; da das magnetische Moment ein Vektor ist, ist aber die Anzahl der möglichen Symmetrieelemente diesmal größer[1]), so daß auch die Gesamtzahl 1651 der magneti-

[1]) Während die kristallographischen Gruppen im wesentlichen die Symmetrie der räumlichen

Tabelle I-1b

Einteilung nach der elektrischen Leitfähigkeit

Typ	Charakteristik	Herausragende Eigenschaften*)
Isolatoren	Hoher spezifischer Widerstand auch bei hohen Temperaturen; in der Regel Ionenleitfähigkeit. Im Bändermodell große Breite der verbotenen Zone	Elektrische Leitfähigkeit 10^{-14} bis $10^{-16}\,\Omega^{-1}\,cm^{-1}$, wächst meist stark mit Verunreinigungen an
Halbleiter	Elektronenleitfähigkeit bedingt entweder durch Anwesenheit geeigneter Verunreinigungen und Störstellen oder durch geringe Breite der verbotenen Zone	Elektrische Leitfähigkeit 10^{2} bis $10^{-10}\,\Omega^{-1}\,cm^{-1}$, nimmt mit abnehmender Temperatur ab
Leiter (Metalle)	Hohe Leitfähigkeit, verursacht durch die Anwesenheit freier Elektronen. Im Bändermodell teilweise aufgefüllte Leitungsbänder; eventuell Überlappung der Valenz- und Leitungsbänder	Elektrische Leitfähigkeit 10^{4} bis $10^{5}\,\Omega^{-1}\,cm^{-1}$, nimmt mit abnehmender Temperatur zu
Supraleiter	Unterhalb der kritischen Temperatur Nullwert des Widerstandes	Jäher Übergang zum Nullwert des Widerstandes bei Herabsetzung der Temperatur; die Übergangstemperatur ist abhängig von der Größe des äußeren Magnetfeldes

*) Soweit nicht anders vermerkt, beziehen sich die Werte der elektrischen Leitfähigkeit auf Zimmertemperatur.

schen Gruppen die Anzahl der kristallographischen Raumgruppen vielfach übertrifft. Durch Berücksichtigung der magnetischen Struktur könnte daher die oben erwähnte, auf der Symmetrie beruhende Klassifizierung noch weiter verfeinert werden; eine solche Einteilung wäre aber wegen der großen Anzahl der magnetischen Gruppen wenig übersichtlich.

Verteilung der Masse, die eine skalare Größe ist, charakterisieren, bestimmen die magnetischen Gruppen die Symmetrie der Raumverteilung einer vektoriellen Größe — des magnetischen Moments. Es ist klar, daß z. B. die Umkehrung der Richtung des magnetischen Moments eine neue Operation darstellt, zu der wir vergebens eine Analogie bei der nur die Lage der Atome betreffenden Symmetrie suchen würden.

Obwohl tiefere physikalische Gründe für die Zugehörigkeit eines Stoffes zu einer bestimmten Kristallklasse (bzw. einer magnetichen Strukturklasse) bestehen, da sie sehr eng mit der Art der den Kristall bildenden Atome und mit der Art der gegenseitigen Bindungen dieser Atome im Kristall zusammenhängt, besitzt sie vom Standpunkt des eigentlichen *Wesens* vieler grundlegender physikalischer Erscheinungen dennoch eher formalen Charakter. Es darf uns daher auch nicht überraschen, daß sich Stoffe mit gleicher Kristallstruktur (gleicher Raumgruppe) in bezug auf die grundlegenden physikalischen Eigenschaften völlig verschieden verhalten können. Wir verwenden daher beim Studium verschiedener physikalischer Erscheinungen in festen Stoffen meist lieber Einteilungsprinzipien, die von der Art der chemischen Bindung oder von den elektrischen oder magnetischen Eigenschaften ausgehen,

Tabelle I-1c

Einteilung nach den magnetischen Eigenschaften

Typ	Charakteristik	Herausragende Eigenschaften
Diamagnetisch	Alle magnetischen Momente der Elektronen kompensiert; es existieren nur durch ein magn. Feld induzierte Momente	$\chi < 0$, $\lvert\chi\rvert \approx 10^{-5}$ bis 10^{-7}
Paramagnetisch	Magnetische Eigenmomente; ihre Orientierung ist nicht korreliert	$\chi > 0$, $\chi \approx 10^{-3}$ bis 10^{-6}
Ferromagnetisch (Ferrimagnetisch)	Spontane regelmäßige Orientierung der magn. Eigenmomente (spontane Magnetisierung); resultierende spontane Magnetisierung ist von Null verschieden	χ ist eine nichtlineare Funktion von H; Sättigung in verhältnismäßig schwachen Feldern; Hysteresis und Orientierung verschwinden bei Curie-Temperatur T_C
Antiferromagnetisch	Spontane Magnetisierung in den Untergittern; infolge der Äquivalenz der Untergitter und der antiparallelen Orientierung der magnetischen Momente ist die resultierende spontane Magnetisierung gleich Null	$\chi > 0$, in der Regel klein; Orientierung verschwindet bei Néel-Temperatur T_N
Anomal diamagnetisch (Supraleiter)	Hohe und negative Suszeptibilitätswerte, die von der Tendenz herrühren, einen Nullwert der magnetischen Induktion innerhalb des Supraleiters aufrechtzuerhalten	$\chi < 0$, $\lvert\chi\rvert \approx 1$

obwohl solche Einteilungen meist nicht völlig eindeutig und genau durchführbar sind. Die breiteren Definitionsgrenzen der erhaltenen Stoffgruppen gestatten eine allgemeine Betrachtung der untersuchten Erscheinungen und ihrer Zusammenhänge. Die mit der Symmetrie der Kristallstruktur verbundenen Eigenschaften werden eher für eine eingehende Analyse konkreter Fälle und für eine genauere Formulierung unserer Vorstellungen verwendet. In Tabelle 1-1 ist eine Übersicht der grundlegenden Einteilungsarten nach physikalischen Eigenschaften und eine kurze Charakteristik der einzelnen Gruppen wiedergegeben; in weiteren Abschnitten dieses Kapitels wollen wir noch eingehender das Wesen der einzelnen Eigenschaften und Erscheinungen erläutern, auf denen diese Einteilung aufgebaut ist.

Man muß aber stets im Auge behalten, daß keine Einteilung der festen Stoffe als völlig universal angesehen werden kann, da eine jede sich in der Regel nur in bezug auf eine bestimmte Gruppe von Erscheinungen sinnvoll erweist.

Die grundlegenden Bindungsarten

Vom Standpunkt des Atombaus wird der Kristall von einer großen Anzahl von Atomkernen gebildet, die periodisch nach bestimmten Symmetriegesetzen im Kristallgitter angeordnet sind und von Elektronen umgeben sind, deren Gesamtzahl der Elektroneutralität des Kristalls als Ganzes entspricht. Während sich die Zustände der kernnahen Elektronen meist nicht von den Zuständen der Innenelektronen der freien Atome unterscheiden, sind die Zustände der Elektronen, die den äußeren Schalen der den Kristall bildenden Atome angehören, stark verändert. In vielen Fällen kann man bei diesen Elektronen gar nicht von einer Zugehörigkeit zu einem bestimmten Atom sprechen; die Elektronen sind dann im Kristall nicht lokalisiert und können sich in ihm verhältnismäßig frei und unbehindert umherbewegen. Die dieses ganze System von Kernen und Elektronen zusammenhaltenden Bindungskräfte sind das Ergebnis der Gesamtheit der Wechselwirkungen der Kerne und Elektronen im Kristall. Da diese Wechselwirkungen eng mit der Verteilungsart der Elektronen (insbesondere der Außenelektronen) um die einzelnen Atomkerne und im zwischenatomaren Raum zusammenhängen, wird auch das Wesen der Bindungskräfte und damit die Bindungsart vor allem durch die räumliche Verteilung der Elektronen im Kristall bestimmt.

Die röntgenographische Kristallstrukturanalyse gestattet zwar im Prinzip experimentell die Verteilung der Elektronendichte mittels der sog. Pattersonschen Methode zu bestimmen; in Wirklichkeit aber ist eine solche Bestimmung nicht nur sehr schwierig, sondern oft auch nicht allzu genau, so daß wir bei der Charakterisierung der Bindungen immer noch auf empirische und qualitative Gesichtspunkte angewiesen sind. Wir können uns dabei auf einige von der Quantentheorie gelieferte Ergebnisse und Vorstellungen stützen; aber selbst die Quantenmechanik ist nicht imstande, die Frage der Bewegung und der Verteilung der Elektronen in den Kristallen exakt zu beantworten und muß sich stark vereinfachter Modelle und Vorstellungen bedienen. Auf das Wesen einiger dieser Approximationen kommen wir noch in Abschnitt 1.2 zurück.

Vorerst wollen wir eine grundlegende Vereinfachung erwähnen, die es uns ermöglicht, die einzelnen Bindungsarten besser zu unterscheiden und bequem die Bindungsenergie zu definieren. Wie bereits erwähnt, bewegen sich die Innenelektronen der Atome im Kristall ungefähr so, als wären diese Atome frei und ohne gegenseitige Wechselwirkungen. Für die chemische Bindung und für den größten Teil der Erscheinungen, welche die Stoffe vom physikalischen Standpunkt her charakterisieren, müssen daher ausschließlich die Außenelektronen der Atome, ihre Raumverteilung und Bewegung verantwortlich sein. Es ist daher vernünftiger, statt der Kerne und Elektronen direkt die Atome, Ionen oder Moleküle als *grundlegende Bauelemente* des Kristalls zu betrachten, um sich möglichst den wirklichen Verhältnissen im Kristall zu nähern, und sich nach Bedarf nur auf die Untersuchung der Zustände der *Außenelektronen* (der sogenannten *Valenzelektronen*) zu beschränken. Diese vereinfachte Vorstellung wird uns bei der qualitativen Analyse der Kräfte, mit denen im Kristall die Atome bzw. Ionen aufeinander wirken, von Nutzen sein.

Coulombsche elektrostatische Kräfte zwischen den Ionen. Eine große Anzahl Kristalle, wie zum Beispiel NaCl, LiF, CsCl und andere, sind aus positiv und negativ geladenen Ionen (Na^+, Cl^- usw.) aufgebaut. Diese Ionen besitzen meist eine kugelsymmetrische Konfiguration der Elektronenhüllen mit absgeschlossenen Elektronen-

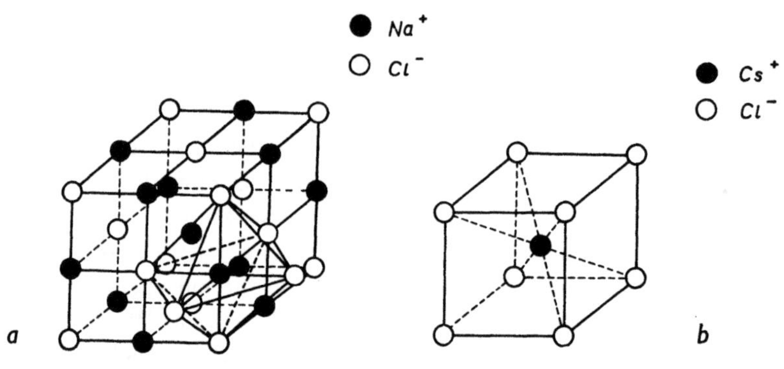

Abb. 1.1 Kristallstrukturen (a) NaCl (MnO), (b) CsCl; bei der Struktur NaCl ist das Koordinations-Oktaeder eingezeichnet.

schalen, die durch Abtrennung der überzähligen bzw. durch Ergänzung der fehlenden Elektronen entstehen. In erster Näherung können wir uns daher vorstellen, daß die Elektronen sich in gleichen Zuständen wie bei den freien Ionen befinden. Die den Kristall zusammenhaltenden Bindungskräfte sind in diesem Fall im wesentlichen elektrostatische (Coulomb-) Kräfte zwischen positiven und negativen kugelsymmetrisch um die Knotenpunkte des Kristallgitters gelagerten Ladungen. Sollten hierbei die Anziehungskräfte stärker als die Abstoßungskräfte sein, so muß eine Kristallstruktur vorliegen, in der jedes Ion von einer möglichst großen Anzahl Ionen mit entgegengesetzter Ladung umgeben ist (siehe Abb. 1.1, wo zwei typische Ionengitter des NaCl und des CsCl abgebildet sind).

Die ***die kovalente Bindung*** charakterisierenden Kräfte haben ihren Ursprung darin, daß benachbarte Atome gemeinsame Elektronen besitzen. Während bei der Ionenbindung die Atome wechselseitig ihre Außenelektronen (Valenzelektronen) derart abgeben bzw. aufnehmen, daß Ionen mit abgeschlossenen Schalen entstehen, stellen wir uns bei der kovalenten Bindung vor, daß sich die Valenzelektronen überwiegend in dem Raum zwischen den Atomen bewegen und die Bindungskräfte eine Folge ihrer Wechselwirkung untereinander und mit den verbliebenen Teilen der Atome sind. Meist wird durch die gemeinsame Übernahme von Elektronen auch hier die Anzahl der Elektronen der beteiligten Atome auf die für den Abschluß der entsprechenden Schale notwendige Zahl ergänzt, wobei es zu einer Paarung (Absättigung) der Elektronenspins kommt; dies ist aber keine notwendige Bedingung für die Bildung einer kovalenten Bindung, da diese auch von einem einzelnen Elektron gebildet werden kann, wie es z.B. bei dem einfach ionisierten Molekül des Wasserstoffs (H_2^+) der Fall ist. Kovalente Bindungen können nicht nur Atome verschiedener Elemente aneinander binden, sondern zum Unterschied von der Ionenbindung auch gleiche Atome. Infolge der Lokalisierung der gemeinsamen Elektronen im Raum zwischen den kovalent gebundenen Atomen werden oft orientierte Bindungen mit ausgeprägten Richtungseigenschaften gebildet. Ein typisches Beispiel sind die Elemente der IV. Gruppe des periodischen Systems C, Si, Ge und Sn (graue Modifikation), die alle infolge der vier Valenzelektronen je Atom kovalente Bindungen bilden, die in der Richtung der Achsen eines regelmäßigen Tetraeders orientiert sind.[2])

Die Kräfte, die den Zusammenhalt von Kristallen mit ***Metallbindung*** bewirken, sind in gröbster Annäherung eine Analogie der Ionenbindung, bei der die Rolle der negativen Ionen (der Anionen) von frei im Kristall beweglichen Leitfähigkeitselektronen übernommen wird. Es besteht aber auch eine gewisse Analogie zur kovalenten Bindung, besonders so weit es sich um Korrelationseffekte zwischen den sich bewegenden Elektronen handelt, die zum Unterschied von echten kovalenten Bindungen allen Atomen des Kristalls zugehören. Die Existenz freier Elektronen in den Metallen ist Ursache der guten elektrischen Leitfähigkeit der Metalle; anderseits werden durch die kinetische Energie dieser Elektronen die Bindungen geschwächt und die zwischenatomaren Entfernungen etwas vergrößert.

Van der Waalssche Kräfte (*disperse Kräfte*) sind Anziehungskräfte elektrostatischen Ursprungs, die stets zwischen den Atomen bestehen, ohne Rücksicht darauf, ob auch noch Bindungskräfte anderer Art zwischen ihnen wirken. Es ist bemerkenswert, daß sie auch zwischen neutralen Ato-

---

[2]) Vergleiche z. B. die Anordnung der Atome bei der Diamantstruktur.

men bestehen, ohne daß es dabei zu einer Überlagerung der Elektronenhüllen kommen muß, und das auch dann, wenn es sich um Atome mit abgeschlossenen Schalen und daher mit kugelsymmetrischer Verteilung der Ladungen handelt. Den Ursprung dieser Kräfte müssen wir in zeitlich veränderlichen elektrischen Dipolmomenten suchen, die bei der Bewegung der negativ geladenen Elektronen um den positiv geladenen Kern entstehen. Die Dipole induzieren während ihrer Bildung ähnliche Dipole in den Elektronenhüllen der benachbarten Atome und beeinflussen so die Bewegungen der Elektronen in diesen Atomen. Da diese Wirkung zwischen den Atomen wechselseitig ist, hat sie die Entstehung der Van der Waalsschen Anziehungskräfte zur Folge. Bei Kristallen mit überwiegend kovalenter oder Ionenbindung kann man den Beitrag der Van der Waalsschen Kräfte zu den Bindungskräften in der Regel vernachlässigen. In manchen Fällen (bei Inertgasen und Molekülkristallen) sind sie aber die einzigen Anziehungskräfte, durch die die Bauelemente des Kristalls zusammengehalten werden.

Je nachdem, welche der erwähnten Bindungskräfte im gegebenen Falle überwiegen, sprechen wir von Ionenkristallen, kovalenten Kristallen, metallischen Kristallen usw. Es gibt allerdings auch Fälle gemischter Bindungen, bei denen wir im Zweifel sind, wo der betreffende Stoff einzureihen ist. Reihen wir z.B. die Verbindungen MgO, MgS, MgSe, MgTe, MnSe, PbSe in der angeführten Reihenfolge hintereinander, so erhalten wir eine Reihe, deren erstes Glied (MgO) mit Recht als Verbindung mit typischer Ionenbindung bezeichnet werden kann, während die weiteren einen allmählichen Übergang zur Metallbindung darstellen. Das letzte Glied (PbSe) ist bereits eine intermetallische Verbindung mit den Eigenschaften einer Metallegierung. Es ist interessant, daß dabei alle Verbindungen dieser Reihe gleiche Struktur besitzen (NaCl-Typ). Ähnliche Fälle gemischter Bindungen können wir auch beim Übergang zwischen der kovalenten und der Metall-Bindung oder zwischen der kovalenten und der Ionen-Bindung finden.

Die Entstehung gemischter Bindungen kann gut mit Hilfe der Grundvorstellungen der Quantenmechanik auf Grund der Überlagerungszustände verständlich gemacht werden. Wenden wir in diesem Zusammenhang unsere Aufmerksamkeit dem Übergang zwischen der Ionen-Bindung und der kovalenten Bindung zu. Nehmen wir zwei Atome A, B und setzen wir der Einfachheit halber voraus, daß die Bindung zwischen ihnen durch ein einziges Valenzelektron vermittelt wird. Solange sich dieses Elektron in der Nähe des Atoms A bewegt, wird sein Zustand, wenn wir die Wirkung des Atoms B für einen Augenblick vernachlässigen, nur durch die Eigenschaften des Atoms A bestimmt; die diesen Zustand des Elektrons beschreibende Wellenfunktion wollen wir mit ψ_A bezeichnen. Unsere Erwägung können wir auch für den Fall wiederholen, bei dem das Elektron in der Nähe des Atoms B sich im Zustand ψ_B befindet. Sind die Funktionen ψ_A und ψ_B nicht allzu unterschiedlich, dann ist der wahre Zustand des Elektrons gemäß der Quantenmechanik ungefähr durch die Überlagerung der Zustände ψ_A, ψ_B gegeben, was allgemein durch die Gleichung

$$\psi = \alpha\psi_A + \beta\psi_B$$

ausgedrückt werden kann. Dabei bestimmen die Quadrate $|\psi_A|^2$, $|\psi_B|^2$ als Funktionen räumlicher Koordinaten die Wahrscheinlichkeit des Auftretens des Elektrons am gegebenen Ort im Zustand A, beziehungsweise im Zustand B. Da $\psi_A \neq 0$ nur in der Umgebung des Atoms A und $\psi_B \neq 0$ in der Umgebung des Atoms B gilt, bestimmen die Koeffizienten eigentlich die relative mittlere Zeit des Aufenthalts des Elektrons in der Nähe des Atoms A bzw. B. Ist $\alpha = \beta$, so sind diese

Zeiten gleich, das Elektron wird zu gleichen Teilen beiden Atomen zugehören, und es handelt sich um eine reine kovalente Bindung. Ist einer der Koeffizienten gleich 0, z. B. $\beta = 0$, so bedeutet dies, daß das Elektron dem Atom A zugehört und daß es sich um eine Ionenbindung $A^- - B^+$ handelt. Sind schließlich sowohl $\alpha \neq 0$ als auch $\beta \neq 0$ und $\alpha \neq \beta$, so haben wir es mit dem Fall einer gemischten Bindung zu tun, bei der in der Umgebung des einen Atoms eine Häufung der negativen Ladung auf Kosten des zweiten Atoms eintritt, ohne daß aber von einer völligen Übergabe des Elektrons wie bei der Ionenbindung gesprochen werden kann. Elektrostatische Kräfte wirken also gleichzeitig mit kovalenten Kräften, die Kovalenz hat aber eine effektive Erniedrigung der elektrischen Ladung der Ionen zur Folge.

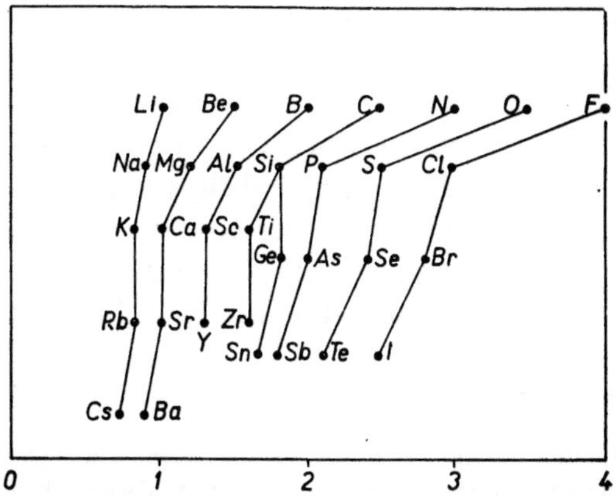

Abb. 1.2 Elektronegativität im periodischen System der Elemente (nach L. Pauling [4]); die horizontale Skala bestimmt auf halb empirischer Basis den Elektronegativitätsgrad.

Der angeführte einfache Fall kann auch für eine größere Anzahl Valenzelektronen verallgemeinert werden. Das Verhältnis α/β ist ein wichtiges Kriterium für den Vergleich der *Elektronegativität* bzw. der *Elektropositivität* der betreffenden Atome, d. h. ihrer Fähigkeit, Elektronen aufzunehmen bzw. abzugeben [4]. In Abb. 1.2 sind die Elemente nach wachsender Elektronegativität (in Richtung von links nach rechts) zu einem Übersichtsdiagramm zusammengestellt; die durch Striche verbundenen senkrechten Reihen entsprechen den Gruppen des periodischen Systems. Je weiter zwei Elemente in Diagramm voneinander entfernt sind, d. h. je größer der Unterschied ihrer Elektronegativität ist, um so mehr nähert sich ihre gegenseitige Bindung der Ionenbindung. Aus der Abbildung ist z. B. ersichtlich, daß dieser Unterschied für die Oxide von Metallen wie Al, Mg, Ti, u. a. genügend groß ist, um sie praktisch als Ionenverbindungen ansehen zu können. Das gleiche gilt auch für die Oxide der Übergangsmetalle Mn, Fe, Co, Ni u. a., die in der Abbildung nicht eingezeichnet sind und deren Elektronegativität nicht allzu stark von der Elektronegativität des Titans abweicht.

Neben anziehenden Bindungskräften, die eine möglichst enge Annäherung der Atome anstreben, existieren im Kristall zwischen den Atomen allerdings auch Abstoßungskräfte, die vor allem durch eine teilweise Überlagerung der Elektronenhüllen hervorgerufen werden. Hierbei können in geringerem oder größerem Maße auch die abstoßenden elektrostatischen Kräfte zwischen den positiv geladenen Atomkernen zur Geltung gelangen. Da der Kristall ein stabiles Gebilde darstellt, müssen in ihm die Anziehungskräfte mit den Abstoßungskräften im Gleichgewicht stehen. Die durch die Überlagerung der Elektronenhüllen verursachten Abstossungskräfte wachsen sehr stark mit der Abnahme der zwischenatomaren Abstände und der damit verbundenen wachsenden Überlagerung der Hüllen an, was eine Erklärung für die verhältnismäßig geringe Kompressibilität der festen Stoffe ist.[3]) Dieser Umstand gestattet es uns gleichzeitig, jedem in einem festen Stoff gebundenen Atom oder Ion einen bestimmten, nur von der Art der Bindung und ein wenig von der Umgebung des Atoms abhängenden Radius zuzuschreiben [4, 6]. Zur Illustration sind in Tabelle I-2 die den verschiedenen Bindungsarten entsprechenden Atom- und Ionenradien verglichen.

Die Größe der Radien wird am besten für die Ionenkristalle bestimmt, bei denen praktisch keine „Vergemeinsamung" der Elektronen eintritt; der Ionenradius hängt dann noch etwas von der Koordination (d.h. von der Anzahl der das Ion umgebenden Ionen – siehe Tab. I-3) ab und kann auch durch die Polarisierbarkeit des Ions beeinflußt werden. Am stärksten polarisierbar sind negative Ionen, z.B. O^{2-}, S^{2-}, deren Außenelektronen deshalb schwächer gebunden sind, weil die Gesamtzahl der Elektronen die Anzahl der positiven Ladungen des Kerns übertrifft. Das hat einen größeren Ionenradius und gleichzeitig auch eine leichte Deformierbarkeit der Elektronenhülle zur Folge. Die kovalente Bindung ist hingegen durch die Überlagerung

Tabelle I-2

Einfluß des Bindungstyps auf die Atomradien (*M* = Metallbindung, *K* = kovalente Bindung, *J*($z\pm$) = Ionenbindung); Radius in Å. (Nach Zhdanow [7].)

Bindungsart	Li	Na	Mg	Zn	Al	Fe	Sn	O
*J**)	(1+) 0,68	(1+) 0,98	(2+) 0,74	(2+) 0,83	(3+) 0,57	(2+) 0,80 (3+) 0,67	(2+) 1,02 (4+) 0,67	(2–) 1,36 ***)
*K***)	1,33	1,54	1,38	1,31	1,26	–	1,40	0,73
M	1,55	1,89	1,60	1,39	1,43	1,26	1,58	–

*) Die eingeklammerten Zahlen bedeuten die Wertigkeiten der Ionen.

**) Für die einfache Bindung; bei doppelter Bindung reduziert sich der Radius auf ≈86% und bei dreifacher Bindung auf ≈78% des angeführten Wertes.

***) Für den Radius des Ions O^{2-} werden auch die Werte 1,32 Å (Goldsmidt), 1,35 Å (Bragg) und 1,40 Å (Pauling) angeführt. Siehe Anm. in Tab. II-1.

[3]) Die abstoßende Wirkung bei der teilweisen Überlagerung der Elektronenhüllen hängt mit dem Anwachsen der kinetischen Energie der Elektronen, deren Dichte im Bereich der Überlagerung zunimmt, zusammen. Die Elektronen weichen einander infolge des Pauli-Prinzips aus, und diese Korrelation zwischen ihnen macht sich bei Erhöhung der Dichte durch ein Anwachsen der kinetischen Energie bemerkbar (vgl. [5]).

der Elektronenhüllen bedingt, so daß sie zu einer Verdichtung der Struktur und daher auch zu einer Verminderung der effektiven Radien der Atome oder Ionen führt. Es ist begreiflich, daß die Größe der Atomradien dann in starkem Maße von der Art der übrigen an der Bindung beteiligten Atome abhängen wird. Im Sinne unserer vereinfachten Vorstellung über den Kristallbau müssen wir also stets darauf achten, ob im gegebenen Fall Atome oder Ionen und Ionen von welcher Wertigkeit die Bauelemente des Kristalls bilden.

Tabelle I-3

Einfluß der Koordinationszahl auf die Ionenradien (nach Zhdanow [7])

Koordinationszahl	Ionenradius %
4	94
6	100
8	103
12	112

Die Einführung des Begriffs der Atom- oder Ionenradien ist sehr wichtig für Betrachtungen über den Kristallbau, die Existenz bestimmter Strukturen, die Möglichkeit der Bildung fester Lösungen usw. Andererseits ermöglichen die aus dem Vergleich mit den Standardwerten der Atomradien festgestellten Unterschiede der zwischenatomaren Abstände häufig bestimmte Rückschlüsse auf die Bindungen und die Wechselwirkungen in den Kristallen.

Energie und Stabilität des Kristalls

Das Gleichgewicht zwischen anziehenden und abstoßenden Kräften entspricht (bei $T = 0$ °K) einem Minimum der Energie, die der Kristall als eine Gesamtheit von Atomen mit gegenseitiger Wechselwirkung besitzt. Diese Energie hängt von den Entfernungen und der gegenseitigen geometrischen Anordnung der Atome ab und hat daher allgemein einen anderen Wert als den, der derselben Gesamtheit von Atomen im stark verdünnten Zustand eines idealen Gases zukommen würde. Der Unterschied zwischen der Gesamtenergie eines Kristalls und der Energie eines idealen Gases ist durch die Wechselwirkung zwischen den Atomen, Ionen und den Außenelektronen gegeben, die zu einer Änderung der potentiellen Energie der Ionen und einer Änderung der Energieniveaus der Elektronen im Vergleich zum Zustand der freien Atome führt. Die Gesamtheit aller dieser Wechselwirkungen stellt im allgemeinsten Sinne des Wortes die ***Bindung*** dar. Es erscheint daher natürlich, die ***Bindungsenergie*** gerade als die eben erwähnte Energiedifferenz zu definieren, d.h. als den zur Dissoziation des Kristalls bei 0 °K in ein ideales Gas seiner Bausteine (Atome, Ionen bzw. Moleküle) notwendigen Energiebetrag. Die Bedeutung dieser Definition ist gut aus Abbildung 1.3 ersichtlich, in der der Verlauf der Energie eines

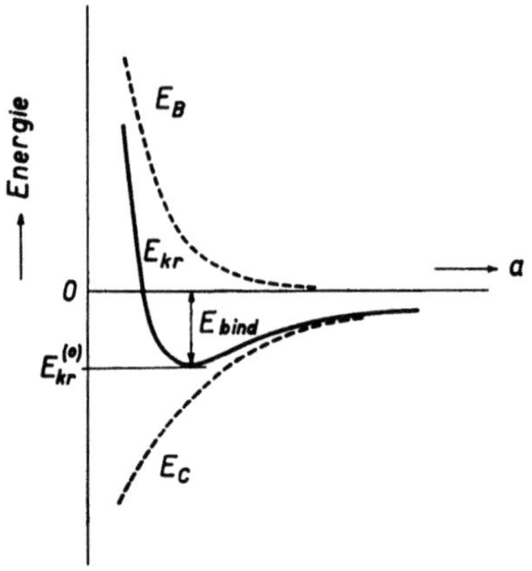

Abb. 1.3 Abhängigkeit der Coulombschen Energie E_C, Abstoßungsenergie E_B und resultierenden Energie E_{kr} eines Ionenkristalls von der Größe der Gitterkonstante *a*.

Ionenkristalls in Abhängigkeit von den zwischenatomaren Abständen wiedergegeben ist. Da uns bei der Energie des Kristalls in der Regel nur relative, auf einen beliebigen Grundzustand bezogene Werte interessieren, können wir die Energie eines idealen Gases einfach $E = 0$ setzen, so daß die Energie des Kristalls E_{kr} der negativ genommenen Bindungsenergie gleich sein wird. Die Größe der Bindungsenergie ist charakteristisch für die Stärke der Bindung. Welche Energien den einzelnen grundlegenden Bindungstypen zukommen, können wir aus Tabelle I-4 entnehmen, in der die Werte der Bindungsenergie einiger typischer Kristalle zusammen mit den zugehörigen Schmelzpunkten angeführt sind. Es ist ersichtlich, daß bei gegebenem Bindungstyp Stoffe mit höherer Bindungsenergie gewöhnlich bei höherer Temperatur schmelzen.[4])

Für viele Zwecke ist es vorteilhaft, die von verschiedenen Wechselwirkungsarten herrührenden energetischen Beiträge trennen zu können. Die Kristalle, mit denen wir uns weiterhin beschäftigen werden, stehen dem Charakter ihrer Bindung nach den Ionenkristallen nahe; die Energie des Kristalls können wir in diesem Fall grob als Summe dreier Beiträge ausdrücken

$$E_{\mathrm{kr}} = - E_{\mathrm{bind}} = E_C + E_B + E_{\mathrm{el}}\,, \tag{1.1}$$

von denen der erste der Coulombschen Wechselwirkung zwischen den Ionen, E_B

[4]) Wie wir bald sehen werden, hängt der Schmelzpunkt nicht ausschließlich von der Bindungsenergie ab, da es sich um einen Phasenübergang handelt, bei dem sich die Entropie sprunghaft ändert.

einer Abstoßungskraft von Bornschem Typ und E_{el} den Beiträgen der Außenelektronen, die in den ersten beiden Gliedern nicht berücksichtig sind, entspricht. Die Energie der Gitterschwingungen ebenso wie die Energie der Van der Waalsschen Kräfte sind in diesem Ausdruck nicht berücksichtigt.[5]) Mit dem Glied E_{el} wird die Änderung der Energie der Außenelektronen der Ionen infolge der Wechselwirkungen im Kristall berücksichtigt, d.h. in erster Linie der Einfluß des elektrischen Feldes der Ionenladung (des sogenannten Kristallfeldes) auf die Elektronenenergie und der Beitrag der Kovalenz zur Bindungsenergie des Kristalls. Hierher gehört auch der Teil der Wechselwirkungsenergie, der mit dem magnetischen Zustand des Kristalls zusammenhängt und der, wenn er auch im allgemeinen klein ist, über seine magnetische Eigenschaften entscheidet.

Der teilweise kovalente Charakter der Bindung (gemeinsamer Besitz der Elektronen) ist mit einer größeren oder kleineren Deformation der Elektronenhüllen der Ionen verbunden und steht dem Begriff der Ionenpolarisation sehr nahe. Es ist ersichtlich, daß das Gemeinsamwerden der Elektronen die Polarität der positiven und negativen Ladungen im Gitter herabsetzt und somit auch die Coulomb-Energie

Tabelle I-4

Bindungsenergie und Schmelzpunkte einiger Kristalle mit verschiedenem Bindungstyp

Kristall	Bindungstyp	E_{bind} kcal/Mol	Schmelzpunkt °C
LiF	Ionenbindung	240	870
NaCl	Ionenbindung	181	801
MgO	Ionenbindung	913	2800
MnO	Ionenbindung	923	1650
NiO	Ionenbindung	960	1990
Diamant	Kovalente Bindung	170	3500
SiC	Kovalente Bindung	283	2600
Na	Metallbindung	26	99,7
Fe	Metallbindung	94	1535
Ne	Molekülbindung	0,47	−249
Ar	Molekülbindung	2,09	−189
H_2	Molekülbindung	1,64	−259
CH_4	Molekülbindung	2,42	−184

[5]) Nach der Quantentheorie befindet sich der Kristall nicht einmal am absoluten Nullpunkt in Ruhe, sondern führt schwache Schwingungen aus. Diese Schwingungen nennen wir Nullschwingungen; es kommt ihnen eine bestimmte Energie zu, die ebenfals einen Teil der Bindungsenergie des Kristalls darstellt.

E_C; gleichzeitig wird durch die Deformation der Elektronenhüllen der Ionen die Abstoßungsenergie E_B [8] ebenfalls etwas verändert. Beim Modell des idealen Ionenkristalls mit nicht polarisierbaren, durch eine kugelförmige symmetrische Aufteilung der Ladung gekennzeichneten Ionen, kann $E_{el} = 0$ gesetzt werden, und E_C ist dann der Hauptbeitrag zur Bindungsenergie (1.1). Im Gegensatz dazu wächst mit steigendem Anteil der Kovalenz oder bei einer niedrigeren Symmetrie der Elektronenhüllen der Ionen die Bedeutung des Gliedes E_{el}, bis schließlich bei einer kovalenten Bindung, wo wir als Hauptbestandteile des Kristalls die neutralen Atome betrachten können, die Energie der gemeinsamgewordenen, nicht lokalisierten Elektronen selbst die Bindung bestimmt.

Eine nähere Analyse der Einzelbeiträge zu E_{el} wird in den weiteren Abschnitten gebracht werden. Wir wollen hier nur darauf hinweisen, daß die spezielle Wahl des Nullniveaus der Energie, die in (1.1) durchgeführt wurde, nicht die einzige ist und nicht einmal immer die vorteilhafteste sein muß. Wenn in einem gegebenen Kristall z.B. die magnetischen Eigenschaften oder andere Erscheinungen, bei denen die Werte der verschiedenen energetischen Beiträge konstant bleiben, untersucht werden, so können wir diese konstanten Beiträge ohne Rücksicht auf ihre Größe vernachlässigen. Dadurch wird dann das Nullniveau der Energie auf geeignete Weise so gewählt, daß im Ausdruck für die Kristallenergie nur die Glieder enthalten bleiben, die uns im gegebenen Falle interessieren.

Bevor wir weiter fortschreiten, wollen wir die expliziten Ausdrücke E_C und E_B für den Fall einer überwiegenden Ionenbindung anführen. Die Coulombsche potentielle Energie V_i des i-ten Ions im Kristall kann in der Form

$$V_i = \sum_{l \neq i} u_{il} = \sum_{l \neq i} \pm e^2 z_i z_l / R_{il} \qquad (1.2)$$

geschrieben werden, wobei die Summation über alle übrigen Ionen des Kristalls erfolgt; z_i, z_l sind die Valenzen der Ionen i, l; R_{il} ist ihr Abstand. Die Wahl des Zeichens + oder − richtet sich danach, ob die Ladung beider Ionen übereinstimmt oder entgegengesetzt ist.

Die Energie des gesamten Kristalls erhalten wir durch Addition der Beiträge (1.2) aller Ionen und durch Division durch zwei, da jedes Ion zweimal in die Rechnung einbezogen wird. Falls der Kristall mehrere nicht äquivalente Ionenarten $A, B, C, \ldots$ in der Anzahl $N_A, N_B, N_C, \ldots$ enthält, dann wird

$$E_C = \tfrac{1}{2}\Big[\sum_i V_i^{(A)} + \sum_j V_j^{(B)} + \sum_k V_k^{(C)} + \ldots\Big] = \tfrac{1}{2}\big[N_A V_A + N_B V_B + N_C V_C + \ldots\big],$$

wobei $V_A \equiv V_i^{(A)}$, $V_B \equiv V_i^{(B)}$ usw. nach (1.2) die potentiellen Energien eines beliebigen Ions des Typs $A, B, C, \ldots$ sind, so daß z.B. für V_A der Ausdruck

$$V_A = \sum' u_{Al} = e^2 z_A \sum' \pm z_l / R_{Al} \qquad (1.3)$$

gilt. Der Strich beim Summationszeichen deutet an, daß über alle Ionen l im Kristall summiert wird (ohne Rücksicht auf ihre Zugehörigkeit zu den Gruppen $A, B, C, \ldots$) mit Ausnahme des gewählten Referenzions A. Bei kubischen Kristallen vereinfacht sich dieses Ergebnis, da der Abstand R_{ij} durch die Gitterkonstante a ausgedrückt werden kann, wobei $R_{ij} = a\varrho_{ij}$ wird, so daß wir dann insgesamt den Ausdruck erhalten:

$$E_c = -\frac{e^2}{a} A_M = -\frac{e^2}{a}(N_A A_M^{(A)} + N_B A_M^{(B)} + \ldots) \tag{1.4}$$

$$A_M^{(\mu)} = -(a/2e^2)\, V_\mu, \quad \mu = A, B, C, \ldots .$$

Die Größe A_M, die von der Größe der Ionenladung und von der Geometrie des Kristallgitters abhängt, ist die sogenannte Madelung-Konstante. Sie wird zusammen mit der Energie E_C, die manchmal als Madelung-Energie bezeichnet wird, am häufigsten auf ein Mol, manchmal auch auf ein Molekül des Stoffes bezogen; die Zahlen $N_A, N_B, N_C, \ldots$ haben dann die Bedeutung der Anzahl der Ionen $A, B, C, \ldots$ in einem Mol der Verbindung oder in einem Molekül[6]). Die Konstanten $A_M^{(A)}$, $A_M^{(B)}$, $A_M^{(C)}, \ldots$ können als Madelung-Konstanten der Ionen des Typs $A, B, C, \ldots$ im gegebenen Gitter betrachtet werden.

Die Bornsche Abstoßungsenergie hängt mit der Abstoßung der Ionen bei einer teilweisen Überlagerung ihrer Elektronenhüllen zusammen. Die Abstoßungskräfte wirken auf kurze Entfernung, sie wachsen sehr plötzlich mit einem sich verringernden Abstand der Atome an und es ist dann zweckmäßig, diese Energie nur zwei benachbarten Ionen im Kristall zuzuschreiben. Für die Abstoßungsenergie zweier Ionen i, j, die in Berührung stehen, wird am häufigsten ein von Born [11] eingeführter Ausdruck

$$E_B^{(ij)} = \frac{A_B^{(ij)}}{R_{ij}^s} \tag{1.5}$$

verwendet. Die gesamte Abstoßungsenergie des Kristalls (sie kann je nach den Verhältnissen auf 1 Mol oder auf 1 Molekül bezogen werden) ist dann durch die halbe Summe der Beiträge aller solcher Ionenpaare gegeben. Speziell für einen kubischen Kristall, falls wir der Einfachheit halber annehmen, daß der Exponent s für alle Paare gleich ist, erhalten wir den Ausdruck:

$$E_B = \tfrac{1}{2} a^{-s} \sum_{\langle ij \rangle} A_B^{(ij)} \varrho_{ij}^{-s} . \tag{1.6}$$

Die Summation wird dabei über alle Paare der benachbarten Ionen $\langle i, j \rangle$ durchgeführt, a und ϱ_{ij} haben dann die gleiche Bedeutung wie in (1.4). Die Größe der

[6]) Z. B. in einem „Molekül" NaCl ist $N_A = N_B = 1$, für einen kubischen Perowskit ABO_3 ist $N_A = N_B = 1$, $N_C \equiv N_O = 3$. Für die Berechnung der Madelung-Konstanten wurden verschiedene Methoden ausgearbeitet, von denen am bekanntesten die Methoden von Evjen [9] und von Ewald [10] sind.

Konstanten $A_B^{(ij)}$ hängt von der Art der Ionen i, j ab, die numerischen Werte des Exponenten s bewegen sich gewöhnlich zwischen 8 und 12.

Bei allen Kristallen, bei denen wir E_{el} vernachlässigen können, werden bei gegebener Struktur, d.h. bei der gegebenen geometrischen Konfiguration der Ionen, die Gleichgewichtsabstände zwischen den Ionen resp. die Gitterkonstante durch die Bedingung eines Energieminimums des Kristalls bestimmt

$$E_{\text{kr}} = E_C + E_B = \text{Minimum}\,. \tag{1.7}$$

Durch einen Vergleich der theoretischen Werte für E_C mit den experimentellen Angaben über die Bindungsenergie kommen wir zu dem Schluß, daß die Bornsche Abstoßungsenergie E_B gewöhnlich etwa 10% der Coulomb-(Madelung-) Energie E_C beträgt. Die Abhängigkeit beider Energien von den interatomaren Abständen ist in Abb. 1.3 wiedergegeben, ein Vergleich von E_C und E_{kr} für einige typische Ionenkristalle ist in Tab. I-5 durchgeführt. Nähere Informationen über die Energie von Ionenkristallen findet man z.B. in [11–15].

Tabelle I-5*)

Stoff	$\lvert E_c\rvert$ kcal/Mol	E_{bind} (exp) kcal/Mol
NaCl	206	181
NaBr	195	173
NaI	180	166
KCl	185	164

*) Nach Kittel [14].

Die Bedingung, daß für eine gegebene Konfiguration der Atome E_{kr} ein Minimum ist, gewährleistet jedoch noch nicht die Stabilität der gegebenen Anordnung für $T \neq 0$. Vom Standpunkt der Thermodynamik ist die Stabilität des Kristalls unter gegebenen äußeren Bedingungen (Temperatur, Druck) an die Bedingung eines Minimums der freien Enthalpie (des Gibbs'schen thermodynamischen Potentials)

$$G = E_{\text{kr}} + pV - TS = \text{Minimum} \tag{1.8}$$

gebunden bzw. – bei Vernachlässigung der Volumenänderung des Kristalls[7]) – an die Bedingung eines Minimums der freien Energie

$$F = E_{\text{kr}} - TS = \text{Minimum}\,. \tag{1.9}$$

[7]) Mit Rücksicht auf die geringe Kompressibilität der festen Stoffe können wir in den meisten Fällen die Vorgänge, die bei konstantem Druck verlaufen, als Vorgänge, bei denen es zu keiner Volumenänderung kommt, betrachten.

In der Nähe des absoluten Nullpunkts ($T \approx 0$ °K) ist jedoch $F \approx E_{kr}$, und somit entscheidet über die Stabilität der gegebenen Konfiguration direkt die Energie. In dem Maße, wie der Kristall auf höhere Temperatur erwärmt wird, wächst die Bedeutung des Entropiegliedes TS wegen seiner starken Temperaturabhängigkeit. Der Kristall kann dann verschiedene Veränderungen erfahren, bei denen sich in der Regel die Symmetrie der Kristallstruktur, der magnetische Zustand usw. so ändern, daß die durch (1.8) resp. (1.9) gegebene Bedingung der Stabilität erfüllt ist. Wir wollen darauf hinweisen, daß es manchmal durch einen künstlichen Eingriff, z.B. eine schnelle Abkühlung, möglich ist, die Hochtemperaturphase auch in dem Bereich niedriger Temperaturen zu erhalten. Wir sprechen dann von einem *metastabilen* Gleichgewicht, denn die Bedingung (1.8) ist dann nicht absolut erfüllt, sondern nur lokal, d.h. vom Standpunkt der existierenden Struktur. Da jedoch zum Übergang in die stabile Konfiguration oft eine gewisse energetische Barriere überwunden werden muß, kann dieser sogenannte „eingefrorene" metastabile Zustand bei genügend tiefen Temperaturen praktisch stabil bleiben.

Die Umwandlungstemperatur ist durch das thermodynamische Gleichgewicht beider Phasen gekennzeichnet und somit durch die Gleichheit der zugehörigen freien Energien. Je nachdem, ob sich im Umwandlungspunkt die Entropie S sprunghaft ändert oder ob S zusammen mit der freien Energie F stetig bleibt, unterscheiden wir Phasenumwandlungen *erster* und *zweiter Ordnung*. Die Diskontinuität von S, die eine Umwandlung erster Ordnung charakterisiert, hat wegen (1.9) eine Diskontinuität der Energie E zur Folge (bzw. der Enthalpie $E + pV$); um dann die Umwandlung auszuführen, muß dem Kristall eine Energie – die latente Wärme $l = T\Delta S$ – zugeführt werden. Zur Kategorie der Umwandlungen erster Ordnung gehören in der Regel Umwandlungen zwischen verschiedenen Kristallmodifikationen (z.B. Schwefel, das System Fe – C u.a.) und natürlich auch das Schmelzen und die Sublimation eines Kristalls. Die Entropie, die in der statistischen Physik durch die Anzahl der möglichen äquivalenten Zustände (Permutabilität) gegeben ist, wird selbstverständlich um so größer, je höher die Symmetrie des Kristalls wird. Deshalb wächst in der Folge der stabilen Modifikationen, die ein Kristall bei einer fortschreitenden Erwärmung besitzen kann, die Symmetrie in der Regel mit der Temperatur. Im allgemeinen werden die Tieftemperaturmodifikationen eine niedrigere Symmetrie aufweisen als diejenigen Modifikationen, die bei höheren Temperaturen stabil sind.

Der Verlauf der Temperaturabhängigkeit der freien Energie, der Entropie und der Energie in der Nähe eines Umwandlungspunktes erster Ordnung ist in Abb. 1.4 wiedergegeben.

Die Phasenumwandlungen zweiter Ordnung sind durch eine Stetigkeit der Entropie im Umwandlungspunkt gekennzeichnet und sind demzufolge weder mit einer Wärmeaufnahme noch mit einer Wärmeabgabe verbunden. Eine Unstetigkeit erscheint jedoch bei den Ableitungen der thermodynamischen Zustandsfunktionen, vor allem der spezifischen Wärme. Die Umwandlungen zweiter Ordnung hängen in der Regel mit Veränderungen der Anordnung eines Kristalls zusammen, wobei es sich z.B.

um eine Anordnung der Atome in Legierungen und festen Lösungen und eine Bildung einer Überstruktur oder den Übergang eines ferromagnetischen Stoffes in den paramagnetischen Zustand handeln kann, der durch das Verschwinden der Anordnung der elementaren magnetischen Momente gekennzeichnet ist. Die Temperatur, bei der es zu einer Umwandlung zweiter Ordnung kommt und die in Analogie zu ferromagnetischen Stoffen im allgemeinen als Curiepunkt bezeichnet wird, kann

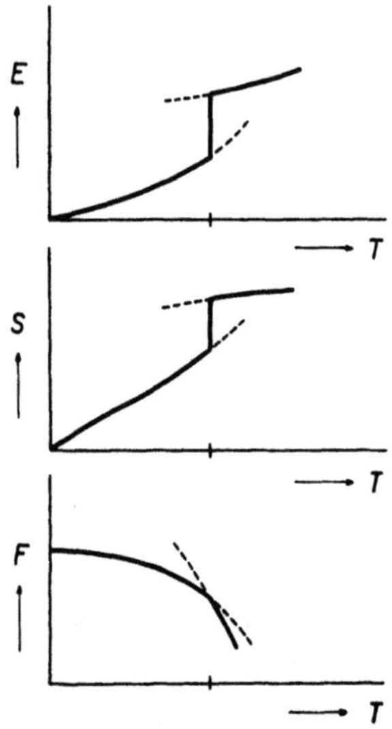

Abb. 1.4 Verlauf der Energie E, Entropie S und freien Energie F bei einem Phasenübergang erster Ordnung (schematisch).

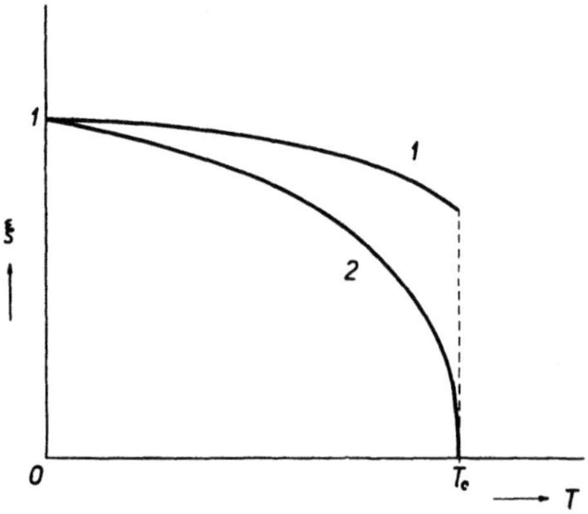

Abb. 1.5 Verlauf des Ordnungsparameters ξ bei Übergang erster Ordnung — *1* und bei Übergang zweiter Ordnung — *2*.

ebenfalls als die Temperatur charakterisiert werden, bei der die Energie der Wärmeschwingungen genau dazu ausreicht, das Gitter in ungeordnetem Zustand zu erhalten. Falls wir für die mittlere Energie der Wärmeschwingungen der Atome eine Schätzung in der Größenordnung von $\varepsilon \approx kT$ vornehmen, wird im Curiepunkt $kT_c \approx \Delta E$, wobei ΔE den Unterschied zwischen der Energie im geordneten und ungeordneten Zustand (auf ein Atom bezogen) bedeutet. Die Stetigkeit der Entropie und somit auch die der Energie im Curiepunkt hängt damit zusammen, daß der Ordnungsgrad mit steigender Temperatur durch die Einwirkung der Wärmeschwingungen stetig absinkt, wobei der Curiepunkt nur die Grenztemperatur darstellt, bei der der geordnete Zustand verschwindet. Der Vollständigkeit halber wollen wir darauf hinweisen, daß aber auch dann eine Ordnung auf kurze Entfernung aufrechterhalten bleiben kann, die nur eine kleinere Anzahl naher Atome im Kristall erfaßt. Umwandlungen von einem geordneten in einen ungeordneten Zustand können jedoch auch bei Umwandlungen erster Ordnung auftreten. Der Temperaturverlauf des

Parameters ξ, durch den wir den Ordnungszustand des Kristalls charakterisieren können, ist für beide Umwandlungsarten in Abb. 1.5 dargestellt.

1.2 Verhalten der Elektronen im Kristall

Der Bewegungszustand der Elektronen verändert sich, manchmal sehr wesentlich, durch die Wechselwirkung zwischen den Atomen (Ionen) eines Kristalls im Vergleich mit dem Zustand in freien Atomen. Diese Veränderungen werden begreiflicherweise bei den zu den äußeren Schalen der Elektronenhülle von Atomen gehörenden Elektronen am ausgeprägtesten sein, denn der Effekt der Wechselwirkung auf die inneren Elektronen wird durch die äußeren Elektronen praktisch abgeschirmt. Da die physikalischen Haupteigenschaften des Kristalls, u.a. die elektrischen und magnetischen Eigenschaften, überwiegend durch das Verhalten der äußeren Elektronen bestimmt sind, werden wir uns jetzt mit den Eigenschaften dieser Elektronen in Kristallen kurz befassen. Wir können dabei im Prinzip zwei Fälle unterscheiden: die einzelnen Atomen oder Ionen zugehörenden, *lokalisierten* Elektronen und die *nichtlokalisierten, kollektiven* Elektronen, die einer größeren Anzahl von Atomen, beziehungsweise allen Atomen des Kristalls gemeinsam sind. Diese zwei Fälle scheinen verhältnismäßig scharf getrennt zu sein und die Frage, welcher von ihnen eintritt, hängt in erster Linie von der Natur der Atome und von ihren Abständen im Kristall ab.

Beachten wir zuerst die nichtlokalisierten Elektronen, die wir – zumindest qualitativ – unabhängig von der Natur der einen Kristall bildenden Atome behandeln können. Die Grundcharakteristik der nichtlokalisierten Elektronen stellt das Bänderspektrum der Energien dar, auf Grund dessen man die Ursachen des stark voneinader abweichenden Verhaltens der elektrischen Leiter (Metalle) und Nichtleiter (Halbleiter, Isolatoren) anschaulich machen kann.

Das Bändermodell und elektrische Eigenschaften

Wir wollen nun die Aufmerksamkeit auf die Ursachen der Entstehung eines Bänderspektrums der Elektronen im Kristall lenken und, zeigen, wie das Bändermodell mit der elektrischen Leitfähigkeit zusammenhängt. Nach der Wellenmechanik wird die Bewegung eines Elektrons im Atom durch die entsprechende Wellenfunktion beschrieben, wobei das Quadrat des absoluten Wertes dieser Funktion die Raumverteilung der mittleren Elektronendichte definiert. Die Wellenfunktionen der äußeren Elektronen des Atoms erstrecken sich (d.h. sie haben einen von Null verschiedenen Wert) auf eine bedeutende Entfernung von der Atommitte; in einem

Kristall, wo die Atome nahe beieinander angeordnet sind, können sich deshalb die verschiedenen Atomen zugehörigen Funktionen teilweise überlappen. Die Überlappung der Wellenfunktionen, d.i. die Überlappung der diesen Funktionen zugehörigen Orbitale, bringt eine gewisse Wahrscheinlichkeit mit sich, daß das Elektron von einem Atom zum anderen übergehen kann, so daß der Zustand, in dem sich das Elektron befindet, nicht mehr an ein einziges Atom gebunden ist. Die Wellenfunktion verliert dadurch lokalen Charakter und man kann sie als eine lineare Kombination entsprechender Atom-Wellenfunktionen ausdrücken. Es läßt sich allgemein zeigen, daß wir von der ursprünglichen Anzahl der N Atomfunktionen bei N identischen Atomen im Kristall eben N verschiedene lineare Kombinationen erhalten; dabei spaltet sich das ursprüngliche scharfe, N-fach entartete Energie-Niveau (in einem N identische Atome enthaltenden Kristall) in ein Band mit N nahe beieinanderliegenden Niveaus auf.

Der Abstand der Niveaus innerhalb des Bandes ist sehr gering, so daß wir gewöhnlich berechtigt sind, von quasi-stetiger Verteilung der Energie zu sprechen. Ein ähnliches Band kann prinzipiell von jedem beliebigen diskreten Elektronen-Niveau im Atom entstehen, so daß wir im ganzen für die Elektronen im Kristall ein durch ein bestimmtes Bändersystem von erlaubten Energien gebildetes Spektrum erhalten; diese Bänder überlappen sich entweder, oder sie können durch Zonen verbotener Energien voneinander getrennt sein. Die Bandbreite hängt stark von den Abständen zwischen den Atomen ab und ist für die inneren Elektronen vernachlässigbar klein, wogegen sie bei den äußeren Elektronen oft große Werte erreicht. Die Abhängigkeit der Breite der Bänder und ihrer eventuellen Überlappung von dem Abstand zwischen benachbarten Atomen im Kristall ist aus Abb. 1.6 ersichtlich, wo das Bänderspektrum der äußeren Elektronen von Kupfer dargestellt ist. Im Zu-

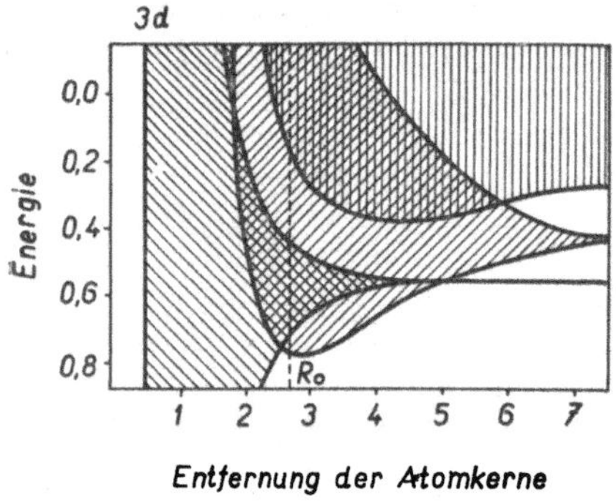

Abb. 1.6 Das Bänderspektrum von Kupfer in Abhängigkeit vom Abstand der Atome (nach Krutter [16]); die Abstände und Energien sind in sog. Atomeinheiten ausgedrückt, R_0 gibt den wirklichen zwischenatomaren Abstand im Kupferkristall an.

sammenhang mit dem Bänderspektrum sprechen wir oft von der Bändertheorie oder auch vom „Bändermodell" des Kristalls.

Wenn ein Kristall verschiedene Atomarten enthält, entstehen selbständige Bänder für jede Atomart. Das geschieht natürlich nur, wenn die grundlegenden Voraussetzungen der Entstehung eines Bänderspektrums erfüllt sind. Vor allem darf der Abstand zwischen den einzelnen Atomen desselben Typs nicht allzu groß sein. Weil es jedoch in solchen Fällen in der Regel zur Bildung von Bindungen mit zumindest teilweise kovalentem Charakter kommt, müssen die Elektronenzustände, aus denen das Band entsteht, nicht „rein" sein, sondern sie können der Superposition von Zuständen verschiedener Atome entsprechen (vgl. Abb. 1.23).

Wie wir bereits erwähnt haben, bietet die Überlappung der Atom-Wellenfunktionen für das Elektron die Möglichkeit, sich im Kristall umherzubewegen. Die Translationsbewegung eines beliebigen Teilchens wird in der Mechanik durch seinen Impuls charakterisiert; im Bilde der Quantenmechanik, die uns eine solche Bewegung als Ausbreitung einer bestimmten Welle definiert, übernimmt der Wellenvektor (Quasiimpuls) $\boldsymbol{k}$ die Funktion des Impulses.[8]) Die einfache Bändertheorie erlaubt es in gewissem Sinne von der Struktur der Atome zu abstrahieren, aus denen der Kristall zusammengesetzt ist und die Bewegung der Elektronen im Kristall definiert sie als eine Bewegung im periodischen, durch Atomkerne und andere Elektronen gebildeten Potentialfeld $U(\boldsymbol{r})$. Die Zustände des Elektrons in einem unendlichen Kristall werden dann durch die Wellenfunktionen beschrieben

$$\psi_{\boldsymbol{k},n} = u_{\boldsymbol{k},n}(\boldsymbol{r}) \exp(\mathrm{j}\boldsymbol{k} \,.\, \boldsymbol{r}) \,, \tag{1.10}$$

welche durch die Funktion $u_{\boldsymbol{k},n}(\boldsymbol{r})$ moduliert sind, die eine gleiche Periodizität wie das Potential $U(\boldsymbol{r})$ aufweist. Die Funktionen $\psi_{\boldsymbol{k},n}$ stellen die Lösung der Schrödinger Gleichung dar

$$\nabla^2\psi + \frac{2m}{\hbar^2}[E + eU(\boldsymbol{r})]\,\psi = 0, \tag{1.11}$$

wobei der Quasiimpuls $\boldsymbol{k}$ gemeinsam mit dem Index n die Funktion der Quantenzahl hat. Zu jedem $\boldsymbol{k}$ gehört eine ganze Reihe von Energien $E_n(\boldsymbol{k})$, die in verschiedenen Bändern des Spektrums liegen, so daß man n für die Ordnungszahl des Bandes halten kann (vgl. Abb. 1.7). Es läßt sich zeigen, daß für das gegebene n (d.i. für das gegebene Band) und für kleine $|\boldsymbol{k}|$[9])

$$E(\boldsymbol{k}) = E_0 + \frac{\hbar^2\boldsymbol{k}^2}{2m^*} \tag{1.12}$$

[8]) Der Wellenvektor $\boldsymbol{k}$ hängt mit dem Impuls des Elektrons $\boldsymbol{p} = m\boldsymbol{v}$ durch die Beziehung $\boldsymbol{p} = \hbar\boldsymbol{k}$ zusammen, wo $\hbar = h/2\pi$ und $h = 6{,}6238 \,.\, 10^{-27}$ erg sec die Plancksche Konstante ist. Wenn die Wellenlänge einer das Elektron beschreibenden de Broglieschen Welle λ ist, dann ist mit Rücksicht auf die de Brogliesche Gleichung $\lambda = h/|\boldsymbol{p}|$, $|\boldsymbol{k}| = 2\pi/\lambda$.

[9]) d. h. für $|\boldsymbol{k}|\, a \ll 1$, sofern $E(\boldsymbol{k})$ für $\boldsymbol{k} = 0$ ein Minimum besitzt; a bedeutet dabei die Gitterkonstante. Der analoge Ausdruck zu (1.12) gilt auch für die Elektronen in den der oberen Grenze des Bandes nahen Zuständen, nur ist es dann notwendig, E_0 durch die Maximalenergie des Bandes zu ersetzen. Wie aus der Form der Krümmung von $E = E(\boldsymbol{k})$ in diesem Bereich aus Abb. 1.7 zu ersehen ist, wird in diesem Falle $m^* < 0$ sein.

gilt, wobei m^* die sog. effektive, durch die Beziehung (isotroper Fall)

$$\frac{1}{m^*} = \frac{1}{\hbar^2}\frac{\mathrm{d}^2E}{\mathrm{d}k^2} \tag{1.13}$$

definierte Masse des Elektrons bedeutet und E_0 die Minimalenergie des Bandes (untere Bandkante) ist, welche der Bedingung $\boldsymbol{k} = 0$ entspricht.

Weil $\hbar^2k^2 = p^2$ das Quadrat des Impulses des Elektrons ist, stellt der Ausdruck $\hbar^2k^2/2m$ die kinetische Energie des freien Elektrons dar. Als frei können wir ein Elektron betrachten, das sich in konstantem Potentialfeld $U(\boldsymbol{r})$ = konst. bewegt. Dann ist $m^* = m$ und das Elektron kann alle Energien entsprechend der Gleichung $E_k = E_0 + \hbar^2k^2/2m$ annehmen. Der Bändercharakter des Spektrums verschwindet (vgl. Abb. 1.7), was zeigt, daß die Entstehung der Bänder mit den periodischen Veränderungen des Potentials $U(\boldsymbol{r})$ eng zusammenhängt. Durch Einführung der effektiven Masse m^* behalten wir die quadratische Grundbeziehung zwischen der Energie und dem Wellenvektor $E(\boldsymbol{k}) \sim k^2$ und wir ändern nur die Proportionalitätskonstante. Das erlaubt uns das zweite Glied in dem Ausdruck (1.12) ungefähr als kinetische Energie des Elektrons im Kristall zu interpretieren, so daß sich die Zustände des Elektrons innerhalb des gegebenen Bandes im wesentlichen durch den Impuls und die Größe der kinetischen Energie der Translationsbewegung unterscheiden. Dieser Umstand macht es uns einfach, die Bedingungen zu verstehen, unter denen im Kristall ein elektrischer Strom entsteht.

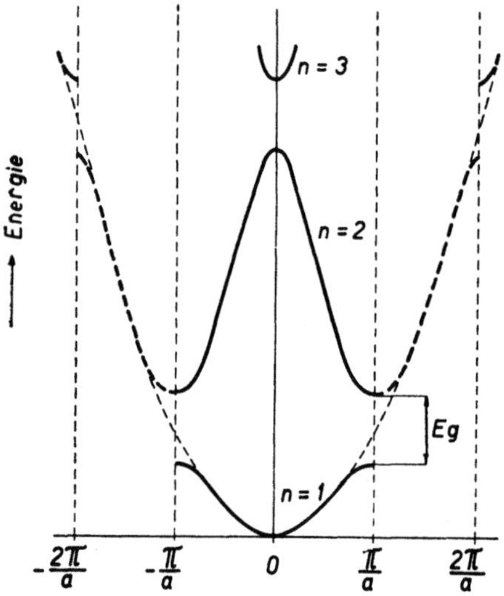

Abb. 1.7 Abhängigkeit der Energie eines Elektrons im Kristall von dem Wellenvektor $|\boldsymbol{k}|$; der Einfachheit halber nehmen wir den isotropen Fall $E = E_n(|\boldsymbol{k}|)$ an. Aus der Periodizität des Kristalls folgt, daß man beliebige zulässige Energiewerte für $-\pi/a \leqq |\boldsymbol{k}| \leqq \pi/a$ gewinnen kann und es genügt deshalb, sich auf das in diesem Intervall liegende $|\boldsymbol{k}|$ zu beschränken. Die dieser Wahl entsprechenden Funktionsabschnitte $E = E_n(|\boldsymbol{k}|)$ sind in der Abbildung voll ausgezogen. Den Vektor $\boldsymbol{k}$ nennen wir dann reduzierten Wellenvektor. Schwach gestrichelt ist die dem freien Elektron entsprechende parabolische Abhängigkeit $E(k) = E_0 + \hbar^2k^2/2m$.

Wenn wir von der Ionenleitfähigkeit absehen, die in der Regel vernachlässigbar klein und für den von uns untersuchten Fragenkomplex unwesentlich ist, können wir sagen, daß die Elektrizitätsleitung in festen Stoffen durch die Bewegung der Elektronen bewirkt wird. Damit ein elektrischer Strom durch den Kristall fließen kann, müssen die an der Elektrizitäts-Übertragung beteiligten Elektronen eine bestimmte Freiheit besitzen sich im Kristall zu bewegen, und gleichzeitig auch die Fähigkeit haben, durch das elektrische Feld beschleunigt zu werden. Wenn wir den Wert der elektrischen Leitfähigkeit bei Zimmertemperatur betrachten, können wir die Stoffe phänomenologisch in Isolatoren, Halbleiter und Metalle (Leiter) einteilen. Wenn auch eine solche Einteilung mit Rücksicht auf die riesige Spannweite der beobachteten Leitfähigkeitswerte (bis $10^{-22}\ \Omega^{-1}\ cm^{-1}$ bei Isolatoren im Vergleich mit den Werten der Größenordnung $10^{+6}\ \Omega^{-1}\ cm^{-1}$ bei guten Leitern) notwendigerweise als ziemlich willkürlich erscheint, hat sie trotzdem einen tieferen physikalischen Sinn. Besonders der Unterschied zwischen Metallen auf der einen Seite und Isolatoren und Halbleitern auf der anderen Seite ist von grundlegender Natur; die physikalische Bedeutung dieser Einteilung werden wir jetzt klarlegen.

Jedes Elektron, das in einem elektrischem Felde beschleunigt wird und auf solche Weise seinen Impuls ändert, geht nach dem Bändermodell zugleich von einem Niveau innerhalb des Bandes auf ein anderes Niveau über[10]). Wenn wir das ursprüngliche Niveau im Atom, durch dessen Aufspaltung das Band entstand, als einfach (d.h. orbital nicht entartet) annehmen, kann jeder Zustand mit einer innerhalb des Bandes liegenden Energie nach dem Pauli-Prinzip höchstens mit zwei, sich in ihrer Spinorientierung unterscheidenden Elektronen besetzt werden. Wenn also ein Elektron beschleunigt werden und auf ein höheres Niveau im Band übergehen soll, kann dieser Übergang nur dann verwirklicht werden, wenn das betreffende Niveau frei ist, oder auch so, daß gleichzeitig ein anderes Elektron von diesem höheren Niveau auf die frei gewordene Stelle mit niedrigerer Energie übergeht. Zur elektrischen Leitfähigkeit kann jedoch das Elektron nur im ersten Falle beitragen, denn im zweiten Falle wechseln nur zwei Elektronen die Zustände, ohne daß sie den Zustand des Kristalls als Ganzes beeinflussen würden. Wir sind also zur allgemeinen Schlußfolgerung gelangt, daß die Elektrizitätsleitung im Kristall nur durch jene Elektronen bewirkt werden kann, die einem nicht ganz aufgefüllten Band angehören.

Bei Temperaturen nahe dem absoluten Nullpunkt werden ähnlich wie in freien Atomen alle Niveaus von der niedrigst zulässigen Energie bis zu einer bestimmten Grenze voll besetzt werden; die Zustände, deren Energie diese Grenze übersteigt, bleiben unbesetzt.[11]) Bei dem Bänderspektrum eines festen Stoffes können auf solche Weise zwei verschiedene Fälle eintreten, je nachdem, ob das höchste, noch Elektronen enthaltende Band, voll oder nur teilweise besetzt ist. Da zur elektrischen Leitfähigkeit, wie wir gesehen haben, nur die in das nicht ganz aufgefüllte Band gehörenden Elektronen beitragen können, ist der Stoff im ersten Falle ein Isolator (eventuell Halbleiter), wogegen er im zweiten Falle ein Leiter (Metall) ist (Abb. 1.8).

Der Unterschied zwischen einem Isolator und Halbleiter ist nicht mehr von so grundlegender Natur: die Halbleiter unterscheiden sich von den Isolatoren nur durch

[10]) Wenn wir nicht den Fall in Erwägung ziehen, daß das Feld genügend stark ist, um das Elektron zum Übergang in ein höheres Band anregen zu können.

[11]) Es ist üblich, das letzte, völlig aufgefüllte Band als *Valenzband*, das unmittel ar oberhalb desselben als *Leitungsband* zu bezeichnen.

eine kleinere Breite der Zone verbotener Energien, welche das Valenz- und Leitungsband trennt (Abb. 1.8); eine geringe Breite der verbotenen Zone ermöglicht nämlich die Wärmeanregung einiger Elektronen aus dem Valenz- in das Leitungsband, in dem sie durch die Wirkung des elektrischen Feldes beschleunigt werden und die elektrische Ladung transportieren können. Dabei bleiben einige Niveaus im Valenzband unbesetzt und diese sog. „Löcher" beteiligen sich ebenfalls an der elektrischen

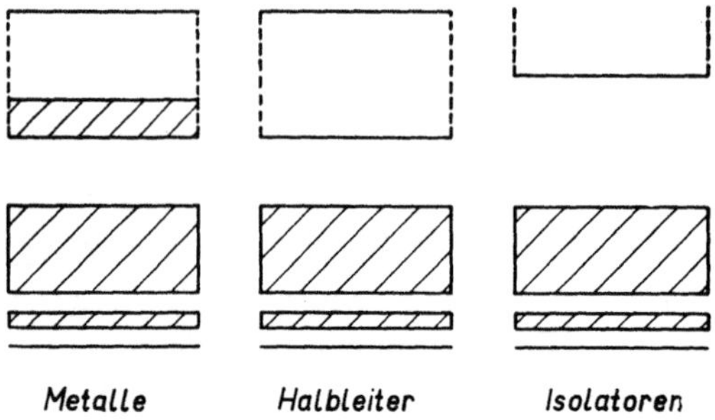

Abb. 1.8 Unterschied zwischen den Bänderspektren der Metalle, Halbleiter und Isolatoren (schematisch).

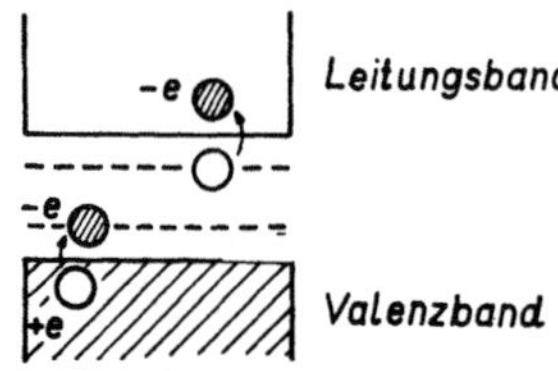

Abb. 1.9 Zur Entstehung der Störstellenleitung in Halbleitern.

Leitfähigkeit, so als ob es sich um positiv geladene Teilchen handeln würde. Es ist klar, daß bei gegebener Temperatur die Anzahl der in das Leitungsband angeregten Elektronen um so größer sein wird, je schmäler die verbotene Zone ist. Bei konstanter Breite der Zone verbotener Energien wächst diese Anzahl mit der Temperatur, und zwar, wie es sich auf Grund der Fermi-Diracschen Statistik zeigen läßt, nach der Exponentialbeziehung

$$n = n_0 \exp\left(-E_g/2kT\right), \tag{1.14}$$

wobei E_g die Breite der verbotenen Zone ist.

Als eins der grundlegenden Ergebnisse der Bändertheorie gilt die Feststellung, daß die in ein fast aufgefülltes Band gehörenden Elektronen zur elektrischen Leitfähigkeit so beitragen, als ob es sich um die Bewegung der eine positive Ladung tragenden Löcher handeln würde. Diese Tatsache folgt daraus, daß die Elektronen, welche im Valenzband durch das elektrische Feld beschleunigt werden, die durch die Anregung der Elektronen in das Leitungsband frei gewordenen Zustände einnehmen werden. Diese Zustände liegen an der oberen Kante des Valenzbandes, und deswegen kommt ihnen, laut S. 37, eine negative effektive Masse zu. Das bedeutet, daß die beschleunigten Elektronen einen verkehrten Impuls haben werden gegenüber dem, welcher ihnen im elektrischen Felde als freien Teilchen mit negativer elektrischer Ladung normal zugehören würde, und deshalb werden sie sich als Teilchen mit positiver Masse und positiver Ladung bewegen. Diese etwas sonderbare Sachlage muß uns nicht allzu überraschen, weil ein Elektron im periodischen Potentialfeld des Kristalls im wahrsten Sinn des Wortes kein Teilchen mehr, sondern nur ein *Quasiteilchen* ist, dessen effektive Masse eine gewisse Resultante der Wechselwirkung des Elektrons mit dem Kristall darstellt.

Neben dieser sog. *Eigenleitfähigkeit*, die für chemisch sehr reine Halbleiter charakteristisch ist, begegnen wir sehr oft der durch Verunreinigung des Kristalls mit fremden Atomen bedingten Leitfähigkeit (der *Störstellen-* oder auch *Fremdleitung*). Diese Fremdatome enthalten entweder schwach gebundene Elektronen, die in der Regel eine in der verbotenen Zone liegende Energie besitzen und in das Leitungsband thermisch leicht angeregt werden können (*die Donatoren*), oder weisen im Gegenteil das Bestreben auf, die Elektronen den Kristallatomen abzunehmen, indem sie einige Niveaus des Valenzbandes unbesetzt lassen (*die Akzeptoren*) (Abb. 1.9). Je nachdem, um welchen von den angeführten Fällen es sich handelt, sprechen wir dann von Elektronenleitfähigkeit (Typ *n*) oder Löcherleitfähigkeit (Typ *p*). Die Störstellenleitung hängt von Menge und Art der fremden Atome im Kristall ab und kann bedeutende Werte auch bei Stoffen erreichen, die in vollkommen reinem Zustand als Isolatoren gelten. Auch in diesem Falle wächst die Leitfähigkeit mit der Temperatur, zumindest wenn die Anzahl der aus den Donatoren- oder Akzeptorenniveaus entstandenen Träger des elektrischen Stroms nicht allzu groß ist (stark verunreinigte Halbleiter bei höheren Temperaturen).

Das Verhalten der Metalle ist in dieser Hinsicht abweichend, denn bei ihnen sinkt die elektrische Leitfähigkeit mit wachsender Temperatur. Die Ursache ist darin zu suchen, daß es bei Metallen im Leitungsband auch bei 0°K genug Elektronen gibt, die zur Erreichung hoher elektrischer Leitfähigkeit genügen, während bei den Halbleitern das Leitungsband beim absoluten Nullpunkt leer ist. Bei den Metallen wird also die Leitfähigkeit nicht durch die Anzahl freier Elektronen, wie es bei den Halbleitern der Fall ist, sondern durch ihre Streuung an den Kristallstörungen begrenzt. Da die Gitterschwingungen selbst schon eine bedeutende Störung vom Gesichtspunkt der Periodizität des Kristalls darstellen, werden wir begreifen, daß die Streuung und daher auch der spezifische Widerstand bei den Metallen mit der Temperatur wachsen werden.

Die einfache Bändertheorie, von der wir einige Grundzüge hier überflogen haben, erlaubte es, viele ohne diese Lehrmeinung schwer begreifliche Erscheinungen in festen Stoffen befriedigend zu erörtern; neben der erwähnten Klärung der elektrischen Leitfähigkeit vermerken wir z.B. die Erfolge bei der Erklärung optischer Eigenschaften der festen Stoffe, die Darlegung fotoelektrischer und thermoelektrischer Erscheinungen und nicht zuletzt die Erklärung des Bandencharakters weicher Röntgenspektren von Metallen, die in direktem Zusammenhang mit dem Bänderspektrum der Energien in Kristallen steht. Trotz dieser großen Erfolge ist jedoch im Auge zu behalten, daß es sich doch nur um ein Modell, eine Approximation handelt, deren Gültigkeit ihre Grenzen hat. Genau genommen, ist die Bändertheorie im wesentlichen immer eine *Einelektron*-Theorie, welche sich mit der Untersuchung der Bewegung eines einzelnen Elektrons im periodischen Feld positiver Kerne und anderer restlicher Elektronen befaßt. Sie geht also von der Annahme aus, daß es möglich ist, die Wechselwirkung des betrachteten Elektrons mit anderen Elektronen durch ein periodisches Potential zu ersetzen, das durch die mittlere Raumverteilung der Ladung dieser Elektronen gegeben ist. Es ist begreiflich, daß ein solches einfaches Modell die Wirklichkeit bei Halbleitern, bei denen die Elektronenzahl im Leitungsband klein ist, so daß wir im großen und ganzen berechtigt sind, diese Elektronen als voneinander unabhängig zu betrachten, besser erfassen wird als bei Metallen, bei denen die Wechselwirkung der Elektronen größere Bedeutung haben wird.

Auf die mit der Verwendbarkeit des Bändermodells verbundenen Probleme werden wir noch im Kap. VII zurückkommen.

Lokalisierte Elektronen; Zusammenfassung der Hauptergebnisse der Atomtheorie

Die Elektronen, die den inneren Schalen der Elektronenhülle des Atoms angehören, sind im Kristall gegen die Einwirkung der übrigen Atome durch die Außenelektronen abgeschirmt, so daß sie den Einfluß der Wechselwirkung zwischen den Atomen im Kristall meist nur sehr schwach, durch die äußeren Elektronen vermittelt, empfinden (Polarisationseffekt). Infolgedessen bleiben sie lokalisiert, bilden keine Bänder, und ihre Zustände unterscheiden sich nur unmerklich von denen im freien Atom.

Unter gewissen Umständen können aber im Kristall auch die äußeren Elektronen der Atome (Ionen) lokalisiert sein.[12]) Die Zugehörigkeit des Elektrons zu einem bestimmten Atom im Kristallgitter deutet an, daß auch in diesem Fall die Zustände der lokalisierten Elektronen wesentlich von der Art des Atoms abhängen und daß sie trotz der durch die Wechselwirkungen im Kristall hervorgerufenen Änderungen eine bestimmte Ähnlichkeit mit den Zuständen im freien Atom aufweisen werden. Es liegt daher nahe, bei der Diskussion der lokalisierten Elektronen im Kristall von den freien Atomen auszugehen und die Wechselwirkung mit den übrigen Atomen als eine Störung aufzufassen. Aus diesem Grunde führen wir zuerst die wichtigsten Ergebnisse der Theorie der freien Atome an, und dann behandeln wir kurz die in den Kristallen in Frage kommenden Wechselwirkungen und Zustandsänderungen. Eine gründlichere Diskussion behalten wir späteren Kapiteln vor, um den direkten Zusammenhang mit den kristallographischen, magnetischen und elektrischen Eigenschaften der untersuchten Stoffe deutlicher zu gestalten.[13])

Die Zustände der freien Atome in der Einelektronen-Näherung. Die Quantenmechanik kann genau und ziemlich einfach das Problem eines Elektrons lösen, das sich im kugelsymmetrischen Feld einer positiven Punktladung (des Kerns) $+Ze$ bewegt, wie es beim Wasserstoffatom und anderen Atomen oder Ionen mit einem

[12]) Siehe Abschn. 7.1.

[13]) Über die Beziehung zu den magnetischen Eigenschaften vom allgemeinen Standpukt wird außerdem im nächsten Abschnitt gesprochen werden (Abschn. 1.3).

einzigen Elektron der Fall ist. Die Bestimmung der stationären Zustände der Atome mit einer größeren Anzahl Elektronen stößt hingegen auf bedeutende Schwierigkeiten, da es sich um ein Mehrteilchenproblem handelt, das wir nur näherungsweise zu lösen im Stande sind. Meist gehen wir auch hier von der Einelektronen-Näherung aus, d.h. wir sehen in erster Annäherung die Elektronen als gegenseitig unabhängig an und setzen voraus, daß sie sich in einem kugelsymmetrischen, durch die Ladung des Kerns

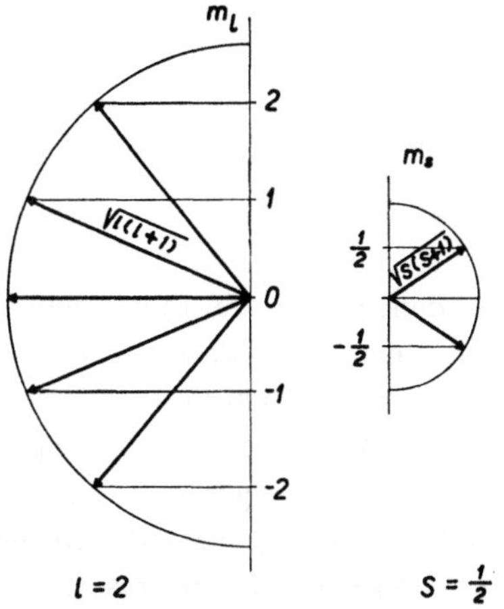

Abb. 1.10 Raumquantelung des Bahndrehimpulses und des Spins **s** des Elektrons.

und der übrigen Elektronen gebildeten zentralen Feld bewegen. Handelt es sich um ein einzelnes Elektron außerhalb der abgeschlossenen Schalen wie z.B. bei den Alkalimetallen, so wird diese Näherung ausreichen, wenn es uns gelingt, die Abschirmwirkung der inneren Elektronen auf die Kernladung richtig zu erfassen. Befindet sich eine größere Anzahl der Elektronen außerhalb der abgeschlossenen Schalen, so muß noch ihre gegenseitige elektrostatische Wechselwirkung in Betracht gezogen werden, die ihre Bewegung und Spinorientierung korreliert.

Die stationären (orbitalen) Zustände eines einzelnen Elektrons im Wasserstoffatom oder einem dem Wasserstoff ähnlichen Atom sind durch drei Quantenzahlen n, l, m_l bestimmt, die in dieser Reihenfolge seine Energie E_n, die Größe des Bahndrehimpulses (Bahnmoments)

$$|\boldsymbol{l}| = [l(l+1)]^{1/2}\,\hbar \tag{1.15}$$

und die Komponente des Bahndrehimpulses l_z in der gewählten Achse der räumlichen Quantelung

$$l_z = m_l \hbar \tag{1.16}$$

bestimmen. Dabei kann n alle ganzen Zahlen durchlaufen, $n = 1, 2, 3, \ldots, l =$ $= 0, 1, \ldots, n-1$, und $m_l = 0, \pm 1, \ldots l$ (vgl. Abb. 1.10), $\hbar = h/2\pi$ und h ist die Plancksche Konstante $= 6{,}6238 \,.\, 10^{-27}$ erg sec.

Der Spin des Elektrons ist $s = \frac{1}{2}$, so daß wir für die Orientierung des Spinmoments in einem beliebigen Zustand (n, l, m_l) zwei Möglichkeiten besitzen, die durch die Komponente s_z in der Quantelungsachse charakterisiert sind

$$s_z = \pm \hbar/2 . \tag{1.17}$$

Für die Größe des Spinmoments $\mathbf{s}$ gilt analog zu (1.15)

$$|\mathbf{s}| = \sqrt{[s(s+1)]}\, \hbar = (\sqrt{(3)}/2)\, \hbar . \tag{1.18}$$

Die den orbitalen Zustand des Elektrons beschreibende Wellenfunktion ist das Produkt zweier Funktionen R_{nl}, Y_{lm}

$$\psi_{nlm_l} = R_{nl}(r) \,.\, Y_{lm}(\vartheta, \varphi) , \tag{1.19}$$

von denen die erste, radial genannte, kugelsymmetrisch ist und die Verteilung der Elektronendichte als Funktion des Abstandes vom Kern bestimmt[14]), während die zweite nur von den Polarwinkeln abhängt und die Richtungscharakteristik der Verteilung der Elektronendichte angibt. Die für die einzelnen Funktionen hinzugefügten Indexe n, l, m_l zeigen, von welchen Quantenzahlen die betreffende Funktion abhängt. Die Funktionen (1.19) mit beliebigen zulässigen Werten n, l, m_l sind charakteristische Funktionen des Energieoperators (ohne Berücksichtigung der Spin-Bahn-Wechselwirkung)

$$\mathscr{H}_0 = \frac{p^2}{2m} - \frac{Ze^2}{r}, \tag{1.20}$$

in dem $p^2 = -\hbar^2\nabla^2$ den Operator des Quadrates des Impulses des Elektrons, $-e$ und m seine Ladung und Masse[15]) und $+Ze$ die Ladung des Kerns bedeuten; sie entsprechen daher bestimmten charakteristischen Werten der Energie E_n ($E_n < 0$), für die sie die Lösungen der Schrödinger-Gleichung für stationäre Zustände

$$\mathscr{H}_0\psi = E\psi \tag{1.21}$$

darstellen. Gleichzeitig sind sie aber auch charakteristische Funktionen (wir vernachlässigen immer noch die Spin-Bahn-Wechselwirkung) des Quadrats des Bahnmoments $\mathbf{l}^2$ und seiner z-Komponente l_z, so daß beide Größen ebenso wie die Energie die Bedeutung der Bewegungskonstanten (Bewegungsintegrale) besizten.[16])

[14]) Für den Wasserstoff oder ein ihm ähnliches Atom mit einem einzigen Elektron, um das es uns hier geht, kann $R_{nl}(r)$ in analytischer Form mit Hilfe der Laguerreschen Polynome dargestellt werden.

[15]) Genau genommen besitzt m die Bedeutung der reduzierten Masse des Systems Elektron-Kern.

[16]) Genauer gesagt sind die Funktionen $Y_{lm}(\vartheta, \varphi)$ die charakteristischen Funktionen dieser Größen; durch Multiplizieren mit $R_{nl}(r)$ wird an dieser Eigenschaft jedoch nichts geändert.

In der Quantenmechanik können die Größen $\boldsymbol{l}$, $\boldsymbol{s}$ nicht als klassische Vektoren aufgefaßt werden, sondern als Vektoroperatoren. Wenn zwei Operatoren zwei physikalische Größen darstellen sollen, die gleichzeitig, d. h. bei einem einzigen Versuch, bestimmt werden können, so müssen sie vertauschbar sein. Bezeichnen wir die Quantelungsachse mit z und sehen wie vorher von der Spin-Bahn-Kopplung ab, so wird $\boldsymbol{l}^2$ mit l_z vertauschbar sein und ähnlich $\boldsymbol{s}^2$ mit s_z, wobei alle diese Operatoren mit dem Energieoperator vertauschbar sind. Deshalb werden im stationären Zustand, in welchem dem Elektron ein bestimmter diskreter Energiewert zuzuordnen ist, sowohl das Quadrat des Impulsmoments $\boldsymbol{l}^2$ als auch seine Komponente l_z ebenfalls einen genauen zeitlich unveränderlichen Wert besitzen und werden daher zu Konstanten der Bewegung. l_z und s_z sind hingegen nicht mit den Operatoren der übrigen Komponenten, d.i. mit l_x, l_y, s_x, s_y, vertauschbar. Daraus folgt, daß nur die Quadrate bzw. Größen der Vektoren $\boldsymbol{l}$, $\boldsymbol{s}$ und ihre, z-Komponenten, nicht aber die übrigen Komponenten gleichzeitiger Messung zugänglich sind. Aus diesen prinzipiellen Gründen können im gegebenen Augenblick nicht einmal die genauen Lagen beider Vektoren im Raum angegeben werden. Für eine anschauliche Interpretation kann vorausgesetzt werden, daß sich diese Lage sehr schnell und dabei regellos ändert. Ist überdies ein magnetisches Feld in Richtung der z-Achse anwesend, dann nimmt diese chaotische Bewegung durch seine Einwirkung den Charakter einer Präzession um die Feldrichtung an in dem Sinne, daß der Mittelwert der Querkomponente des Bahn- oder Spinmoments eine gleichförmige Kreisbewegung ausführt.

Ausgangspunkt der Einelektronen-Näherung bei Atomen mit einer größeren Anzahl Elektronen ist ebenfalls die Schrödinger Gleichung (1.21) mit dem Hamilton-Operator (1.20), in dem man jedoch das Coulombsche Potential $+Ze/r$ durch ein anderes kugelsymmetrisches Potential $U(r)$ ersetzen muß, das neben der Wirkung der Kernladung auch die Abschirmung der übrigen Elektronen berücksichtigt. Es ist üblich, $U = Z_{\text{eff}}e/r$ zu schreiben, wobei Z_{eff} die Bedeutung der effektiven Ladung des durch die inneren Elektronen abgeschirmten Kerns besitzt. Allgemein ist Z_{eff} eine Funktion von r, da die Elektronenwolken einander im Atom durchdringen; je näher zum Kern sich das betrachtete Elektron während seiner Bewegung befindet, um so schwächer wird die Abschirmwirkung der übrigen Elektronen und um so größer wird Z_{eff} sein. Da aber die durch die Funktion $R_{nl}(r)$ bestimmte radiale Verteilung der Elektronendichte von der Quantenzahl l abhängt, wird auch die Abschirmwirkung für die Elektronen mit verschiedenem l verschieden sein, so daß die Energie der stationären Zustände nun von beiden Quantenzahlen n und l abhängen wird. Es sei bemerkt, daß, während die radiale Komponente der Wellenfunktion durch die Abschirmung geändert wird, die Richtungskomponente wie beim Wasserstoffatom gleich bleibt.

Zur Bestimmung des Zustandes des Atoms bei der Einelektronen-Näherung genügt es, die Zustände aller seiner Elektronen oder, mit anderen Worten, für jedes Elektron die entsprechenden vier Quantenzahlen (n, l, m_l, m_s) zu kennen. Dabei kann jede Vierzahl nur einmal vorkommen, denn das Pauli-Prinzip schließt die Möglichkeit der Besetzung eines und desselben Zustandes durch mehr als ein Elektron aus. Die Energie des Elektrons hingegen hängt in dieser Approximation nur von den Quantenzahlen n, l ab, so daß jedem durch das Paar n, l bestimmten Energieniveau im ganzen $2(2l + 1)$ Zustände zuzuordnen sind, die sich voneinander durch die Orientierung des Bahnmoments $\boldsymbol{l}$ und des Spinmoments $\boldsymbol{s}$ (mit verschiedenen m_l, m_s)

unterscheiden. Die die Hülle des Atoms bildenden Elektronen teilen sich dadurch in bestimmte Gruppen (*Schalen*), die durch die Zahlenpaare n, l charakterisiert sind. Die zur selben Schale gehörenden Elektronen sind einander gleichwertig (besitzen die gleiche Energie), wobei jede Schale höchstens $2(2l + 1)$ Elektronen enthalten kann. Benutzen wir die übliche Bezeichnung s, p, d, ... für die Zustände mit $l = 0, 1, 2, \ldots$, so folgt daraus, daß im Atom höchstens zwei äquivalente s-Elektronen (mit gleichem n), 6 äquivalente p-Elektronen, 10 d-Elektronen usw. vorhanden sein können. Die Anzahl der äquivalenten Elektronen mit gegebenem n und l bestimmt auch die Elektronenkonfiguration des Atoms und in gewissem Grade auch seinen Zustand.[17])

Als *Grundzustand* wird der Zustand mit kleinster Energie bezeichnet, so daß er gleichzeitig den Gleichgewichtszustand beim absoluten Nullpunkt darstellt. Da die Energie des Elektrons im Atom meist mit der Quantenzahl n und für gegebenes n mit der Nebenquantenzahl l anwächst, werden im Grundzustand des Atoms alle Schalen in der Reihenfolge 1s, 2s, 2p, 3s, usw. voll besetzt sein. Eine Ausnahme bilden die d- und f-Elektronen, die meist erst nach der Auffüllung der s-Zustände bzw. der p-Zustände einer höheren Quantenzahl n hinzukommen, da ihre Energie etwas höher ist als die jener Zustände. Dieser Fall wird bei den sogenannten Übergangs-Elementen beobachtet, und dieser Umstand besitzt, wie wir sehen werden, grundlegende Bedeutung für die Existenz permanenter magnetischer Atommomente in Stoffen und dadurch auch für die Entstehung von Paramagnetismus, Ferromagnetismus usw. Die Elektronenkonfigurationen der Grundzustände der Atome im periodischen System sind aus der Tabelle I-6 ersichtlich. Es sei bemerkt, daß die angeregten Atomzustände in der benutzten Annäherung energetisch meist ziemlich hoch liegen, so daß wir uns in den weiteren Erwägungen auf die Elektronenkonfigurationen des Grundzustandes beschränken können.

Korrelationseffekte und Spin-Bahn-Kopplung; Das Vektormodell des Atoms. Die Kenntnis der Elektronenkonfiguration des Atoms genügt im allgemeinen nicht zur völligen Charakterisierung seines Zustandes. Das Atom bzw. seine Elektronenhülle stellen ein bestimmtes System dar, das eine bestimmte Gesamtenergie, ein gewisses Gesamtbahnmoment und ein Gesamtspinmoment besitzt. Von diesen Größen gibt uns die Einelektronen-Näherung nur die Energie und diese nur angenähert als Summe der Energien der einzelnen Elektronen, für die ein kugelsymmetrisches Potential (sphärische Annäherung) vorausgesetzt wird. Für Atome, deren sämtliche Schalen voll besetzt sind oder bei denen kein einzelnes Elektron außerhalb dieser Schalen existiert, kann diese Annäherung als ausreichend angesehen werden, umso eher, als auf Grund des Pauli-Prinzips in einem derartigen Fall eindeutig auch das resultierende

---

[17]) Die Anzahl der Elektronen im Atom mit gegebenem n, l wird mit Hilfe eines oben hinter dem Symbol für die Quantenzahl l zugefügten Index bezeichnet, z. B. $2p^3$ bezeichnet 3 Elektronen mit den Quantenzahlen $n = 2$, $l = 1$, $3d^9$ bedeutet 9 Elektronen mit $n = 3$, $l = 2$ usw.

Tabelle I-6.

Periodensystem der chemischen Elemente

1 H	$1s$
2 He	$1s^2$

3 Li	$2s$
4 Be	$2s^2$
5 B	$2s^2 2p$
6 C	$2s^2 2p^2$
7 N	$2s^2 2p^3$
8 O	$2s^2 2p^4$
9 F	$2s^2 2p^5$
10 Ne	$2s^2 2p^6$

11 Na	$2p^6 3s$
12 Mg	$2p^6 3s^2$
13 Al	$3s^2 3p$
14 Si	$3s^2 3p^2$
15 P	$3s^2 3p^3$
16 S	$3s^2 3p^4$
17 Cl	$3s^2 3p^5$
18 A	$3s^2 3p^6$

19 K	$3p^6\ 4s$
20 Ca	$3p^6\ 4s^2$
21 Sc	$3d\ 4s^2$
22 Ti	$3d^2\ 4s^2$
23 V	$3d^3\ 4s^2$
24 Cr	$3d^5\ 4s$
25 Mn	$3d^5\ 4s^2$
26 Fe	$3d^6\ 4s^2$
27 Co	$3d^7\ 4s^2$
28 Ni	$3d^8\ 4s^2$
29 Cu	$3d^{10} 4s$
30 Zn	$3d^{10} 4s^2$
31 Ga	$4s^2\ 4p$
32 Ge	$4s^2\ 4p^2$
33 As	$4s^2\ 4p^3$
34 Se	$4s^2\ 4p^4$
35 Br	$4s^2\ 4p^5$
36 Kr	$4s^2\ 4p^6$

37 Rb	$4p^6\ 5s$
38 Sr	$4p^6\ 5s^2$
39 Y	$4d\ 5s^2$
40 Zr	$4d^2\ 5s^2$
41 Nb	$4d^4\ 5s$
42 Mo	$4d^5\ 5s$
43 Tc	$4d^6\ 5s$
44 Ru	$4d^7\ 5s$
45 Rh	$4d^8\ 5s$
46 Pd	$4d^{10}$
47 Ag	$4d^{10} 5s$
48 Cd	$4d^{10} 5s^2$
49 In	$5s^2\ 5p$
50 Sn	$5s^2\ 5p^2$
51 Sb	$5s^2\ 5p^3$
52 Te	$5s^2\ 5p^4$
53 I	$5s^2\ 5p^5$
54 Xe	$5s^2\ 5p^6$

55 Cs	$5p^6 6s$
56 Ba	$5p^6\ 6s^2$
57 La	$5p^6\ 5d6s^2$
58 Ce	$4f^2\ 6s^2$
59 Pr	$4f^3\ 6s^2$
60 Nd	$4f^4\ 6s^2$
61 Pm	$4f^5\ 6s^2$
62 Sm	$4f^5\ 6s^2$
63 Eu	$4f^7\ 6s^2$
64 Gd	$4f^7\ 5d6s^2$
65 Tb	$4f^8\ 5d6s^2$
66 Dy	$4f^{10} 6s^2$
67 Ho	$4f^{11} 6s^2$
68 Er	$4f^{12} 6s^2$
69 Tm	$4f^{13} 6s^2$
70 Yb	$4f^{14} 6s^2$
71 Lu	$4f^{14} 5d6s^2$
72 Hf	$5d^2\ 6s^2$
73 Ta	$5d^3\ 6s^2$
74 W	$5d^4\ 6s^2$
75 Re	$5d^5\ 6s^2$
76 Os	$5d^6\ 6s^2$
77 Ir	$5d^9$
78 Pt	$5d^9\ 6s^2$
79 Au	$5d^{10} 6s$
80 Hg	$5d^{10} 6s^2$
81 Tl	$6s^2\ 6p$
82 Pb	$6s^2\ 6p^2$
83 Bi	$6s^2\ 6p^3$
84 Po	$6s^2\ 6p^4$
85 At	$6s^2\ 6p^5$
86 Rn	$6s^2\ 6p^6$

87 Fr	$6p^6 7s$
88 Ra	$6p^6 7s^2$
89 Ac	$6d\ 7s^2$
90 Th	$6d^2 7s^2$
91 Pa	$5f^2 6d7s^2$
92 U	$5f^3 6d7s^2$
93 Np	$5f^5 7s^2$
94 Pu	$5f^6 7s^2$
95 Am	$5f^7 7s^2$
96 Cm	$5f^7 6d7s^2$
97 Bk	$5f^8 6d7s^2$
98 Cf	$5f^9 6d7s^2$

Bahn- und Spinmoment des Atoms bestimmt sind.[18]) Wollen wir aber das Gesamtbahnmoment und den Gesamtspin bei Atomen mit einer größeren Anzahl äquivalenter Elektronen außerhalb der geschlossenen Schalen kennen, so müssen wir die Art kennen, in der die Bahn- und Spinmomente der einzelnen Elektronen sich zu den Gesamtmomenten zusammensetzen und wie diese resultierenden Gesamtmomente mit der Gesamtenergie des Atoms zusammenhängen. Für diesen Zweck genügt aber die sphärische Annäherung nicht mehr und die Wechselwirkung zwischen äquivalenten Elektronen muß besser berücksichtigt werden.

Die erforderliche Präzisierung erreichen wir durch Hinzufügen zweier Störungsglieder $\mathscr{V}_{\mathrm{korrel}}$, $\mathscr{V}_{LS}$ zu dem Hamilton-Operator vom Typ (1.20)

$$\mathscr{H} = \mathscr{H}_0 + \mathscr{V}_{\mathrm{korrel}} + \mathscr{V}_{LS}\,, \tag{1.22}$$

von denen das erste – $\mathscr{V}_{\mathrm{korrel}}$ – die Korrektur für die elektrostatische Wechselwirkung[19]) zwischen den äquivalenten Elektronen und $\mathscr{V}_{LS}$ die Spin-Bahn-Wechselwirkung darstellt; $\mathscr{H}_0$ ist nun durch die Summe von Einelektronen-Beiträgen vom Typ (1.20)

$$\mathscr{H}_0 = \sum_i \left(\frac{p_i^2}{2m} - \frac{Z_{\mathrm{eff}}\, e^2}{r_i}\right) \tag{1.23}$$

für sämtliche äußere äquivalente Elektronen i gegeben. $\mathscr{V}_{\mathrm{korrel}}$ führt die Korrelation in die Bewegung der Elektronen ein, d.h. es macht die Wahrscheinlichkeit des Vorkommens eines Elektrons an einem gegebenen Punkt von der gleichzeitigen Lage der übrigen Elektronen abhängig. Im Zusammenwirken mit dem Pauli-Prinzip bewirkt diese Korrelation, daß die Energie, die bei der Einelektronen-Näherung nur von den Quantenzahlen n_i, l_i der einzelnen Elektronen abhängig war, auch vom Wert des Gesamtbahnmoments und des Gesamtspins abhängig wird. Die Spin-Bahn-Wechselwirkung ist ein relativistischer Effekt, dessen Ursprung darin zu suchen ist, daß die Spins der sich bewegenden Elektronen, die gleichzeitig ein magnetisches Moment bewirken (siehe Abschn. 1.3), der Wirkung eines magnetischen Feldes ausgesetzt sind, das diese Elektronen durch ihre Orbital-Bewegung hervorrufen. Da dieses Feld dem Bahnmoment des Elektrons proportional ist, handelt es sich um eine effektive Kopplung zwischen den Spins und den Bahndrehimpulsen, woher die Bezeichnung der Wechselwirkung stammt. Die Spin-Bahn-Wechselwirkung ist im Vergleich zu den

---

[18]) Wie wir gleich sehen werden, gehört zu den abgeschlossenen (d. h. voll besetzten) Schalen ein Nullwert des resultierenden Bahn- und Spinmoments. Existiert außerhalb derartiger Schalen noch ein einziges Elektron, so sind sein Spin $\boldsymbol{s}$ ($s = 1/2$) und sein Bahnmoment $\boldsymbol{l}$ gleichzeitig gleich dem Gesamtspin- und dem Gesamtbahnmoment des Atoms.

[19]) Diese Wechselwirkung ist durch die Coulombsche Abstoßung in der Form $\sum e^2/r_{ij}$ gegeben; den Teil, der durch das kugelsymmetrische durchschnittliche Potential beschrieben werden kann (d. h. durch ein von den momentanen Entfernungen zwischen den Elektronen unabhängiges Potential), haben wir in $\mathscr{H}_0$ einbezogen; den Rest, der von den wirklichen augenblicklichen Entfernungen der Elektronen r_{ij} abhängt, stellt $\mathscr{V}_{\mathrm{korrel}}$ dar.

mit dem Glied $\mathscr{V}_{\text{korrel}}$ verbundenen Korrelationskräften nur eine schwache Störung, was sich in der Art bemerkbar macht, in der die Vektoren $\mathbf{l}_i$, $\mathbf{s}_i$ der einzelnen Elektronen im Atom zusammengesetzt werden.

Bei einer größeren Anzahl Elektronen bietet sich auf den ersten Blick eine große Anzahl Möglichkeiten, wie die Bahn- und Spinmomente zusammengesetzt werden können. Die Tatsache, daß $\mathscr{V}_{\text{korrel}}$ bedeutend größer ist als $\mathscr{V}_{LS}$, kann auch so ausgedrückt werden, daß die Kräfte, die getrennt die Bahnbewegung (l_i, l_j-Kopplung) und getrennt die Spins (s_i, s_j-Kopplung) der Elektronen miteinander in Zusammenhang bringen, stark über die Kräfte überwiegen, die gegenseitig Spins und Bahnmomente binden (s_i, l_j-Kopplung). Wir können dann in erster Näherung getrennt die Vektoren $\mathbf{l}_i$ zu einem Gesamtbahnmoment $\mathbf{L} = \sum_i \mathbf{l}_i$, getrennt die Spinvektoren $\mathbf{s}_i$ zu einem Gesamtspinmoment $\mathbf{S} = \sum_i \mathbf{s}_i$ zusammenlegen und dann erst die Spin-Bahn-Wechselwirkung als effektive Kopplung zwischen den Vektoren $\mathbf{L}$, $\mathbf{S}$ erwägen. Diese Kopplung kann man in der Form

$$\mathscr{V}_{LS} = \lambda \mathbf{L} \,.\, \mathbf{S} \tag{1.24}$$

ausdrücken. Das als *Russel-Saunders-Kopplung* bekannte Schema bildet die Grundlage des sogenannten *Vektormodells des Atoms*, das sich bei der Erklärung der Gesetzmäßigkeiten der Atomspektren und bei Erwägungen über die Atomzustände voll bewährt hat.[20])

In der durch das Vektormodell des Atoms (bei Vernachlässigung der Spin-Bahn-Wechselwirkung) gegebenen Näherung gehören zu den stationären Atomzuständen der gesamte Bahndrehimpuls $\mathbf{L}$ und der Spin $\mathbf{S}$, deren Quantelung sich nach denselben Regeln richtet wie die Quantelung der Vektoren $\mathbf{l}$ und $\mathbf{s}$. Es werden vier Quantenzahlen L, M_L, S, M_S eingeführt, die den Zahlen l, m_l, s, m_s analog sind[21]) und gemeinsam mit der Elektronenkonfiguration den Zustand des Atoms charakterisieren; sie bestimmen einerseits die Größe der Vektoren $\mathbf{L}$, $\mathbf{S}$

$$|\mathbf{L}| = \sqrt{[L(L+1)]}\,\hbar\,, \quad |\mathbf{S}| = \sqrt{[S(S+1)]}\,\hbar\,, \tag{1.25}$$

andererseits ihre Projektionen in die Quantelungsachse z

$$\begin{aligned} L_z &= \sum l_{iz} = \hbar \sum m_{l_i} = \hbar M_L \\ S_z &= \sum s_{iz} = \hbar \sum m_{s_i} = \hbar M_S \\ M_L &= -L, -L+1, \ldots + L; \quad M_S = -S, -S+1, \ldots + S\,. \end{aligned} \tag{1.26}$$

[20]) Die Russel-Saunders-Kopplung kann meist nicht bei den schweren Atomen angewendet werden, bei denen die Spin-Bahn-Wechselwirkungen häufig mit den l, l – bzw. s, s – Kopplungen vergleichbar sind oder diese sogar überwiegen.

[21]) Die Quantenzahl s ist bei den Elektronen stets gleich $1/2$ und wird deshalb bei der Zusammenfassung der Quantenzahlen des Elektrons meist nicht explizit angeführt.

Die Quantenzahlen L, S selbst besitzen daher die Bedeutung der maximalen meßbaren Komponente der Vektoren $\mathbf{L}$ und $\mathbf{S}$ in Richtung der z-Achse.

Aus den Beziehungen (1.26) folgt ebenfalls, daß der Beitrag der vollbesetzten Schalen zu dem Gesamtbahndrehimpuls $\mathbf{L}$ und dem Gesamtspin $\mathbf{S}$ den Wert Null besitzt. In einem solchen Falle sind alle den $2l + 1$ zulässigen Orientierungen des Bahnmoments $\mathbf{l}$ entsprechenden Zustände besetzt, und zwar jeder mit zwei Elektronen mit umgekehrter Orientierung des Spins ($m_s = \pm \frac{1}{2}$). Nach (1.26) wird (vgl. Abb. 1.10)

$$L_z = 2\hbar \sum_{m_l=-l}^{+l} m_l \equiv 0$$

und aus dem gleichen Grunde auch $S_z \equiv 0$, so daß $L = S = 0$. Bei der Bestimmung des Gesamtbahndrehimpulses und Gesamtspins des Atoms genügt es daher, sich auf die Schalen zu beschränken, die nicht voll aufgefüllt sind.

Bei Berücksichtigung der Korrelationseffekte und Vernachlässigung der Spin-Bahn-Wechselwirkung wird die Energie des Atoms von den Quantenzahlen L und S abhängig; bezeichnen wir die Elektronenkonfiguration des Atoms mit dem Symbol τ, so können wir dann schreiben $E = E(\tau, L, S)$. Das so bestimmte Energieniveau wird als *Term* bezeichnet. In der üblichen Schreibweise bezeichnen wir die Terme mit den Schriftzeichen S, P, D, F, ..., die der Reihe nach den Werten $L = 0, 1, 2, \ldots$ entsprechen, wobei wir als Index links oben die Zahl $2S + 1$ hinzufügen. Der Term für $L = 2$, $S = 2$ wird z.B. mit ^{5}D bezeichnet, $L = 0$, $S = \frac{5}{2}$ wird ^{6}S entsprechen und so weiter. Durch Einwirkung der Spin-Bahn-Kopplung werden die Terme in sogenannte *Multiplette* gespalten. Diese Spaltung entspricht physikalisch der durch die Wechselwirkung zwischen den Vektoren $\mathbf{L}$ und $\mathbf{S}$ bewirkten Änderung der Atomzustände. Beide Vektoren verlieren dadurch in gewissem Maße ihre Selbstständigkeit, werden gegenseitig gebunden und treten nach außen zusammengesetzt zu dem resultierenden Gesamtdrehimpuls $\mathbf{J}$ des Atoms auf,

$$\mathbf{J} = \mathbf{L} + \mathbf{S}\,. \tag{1.27}$$

In Zusammenhang damit führen wir zwei weitere Quantenzahlen J, M_J ein, deren Bedeutung durch die Beziehungen

$$|\mathbf{J}| = \sqrt{[J(J+1)]}\,\hbar \tag{1.28}$$

$$J_z = L_z + S_z = \langle L_z \rangle + \langle S_z \rangle = \hbar(M_L + M_S) = \hbar M_J \tag{1.29}$$

deutlich wird.

Dabei haben wir mit Rücksicht auf (1.26) für die Wahl der Zahlen J und M_J die Möglichkeiten

$$J = L + S, L + S - 1, \ldots, |L - S|\,, \tag{1.30}$$

$$M_J = -J, -J + 1, \ldots, +J\,.$$

Die Raumquantelung findet nun mit Rücksicht auf den Vektor $\boldsymbol{J}$ statt, und die Quantenzahlen M_L, M_S verlieren daher ihre Bedeutung; mit anderen Worten bedeutet dies, daß die z-Komponenten des Bahndrehimpulses und des Spins infolge der Spin-Bahn-Wechselwirkung aufhören, Bewegungsintegrale zu sein, und daß sie keinen scharfen, zeitlich konstanten Wert besitzen. Die absoluten Werte beider Vektoren $|\boldsymbol{L}|$, $|\boldsymbol{S}|$ bleiben hingegen Bewegungskonstanten (Abb. 1.11). Der Zustand des Atoms ist ganz durch die Elektronenkonfiguration und durch die vier Quantenzahlen L, S, J, M_J bestimmt.

Im gegebenen Term (L, S konstant) gehört zu jedem J ein von den Quantenzahlen (τ, L, S, J) abhängiges Energieniveau (Multiplett); jeder Term enthält im ganzen $2S + 1$ oder $2L + 1$ Multiplette, jenachdem ob $L > S$ ist oder umgekehrt. In der spektroskopischen Schreibweise bezeichnen wir die Multiplette durch Hinzufügung des Index J zum Symbol des betreffenden Terms: schematisch ${}^{2S+1}L_J$. Der

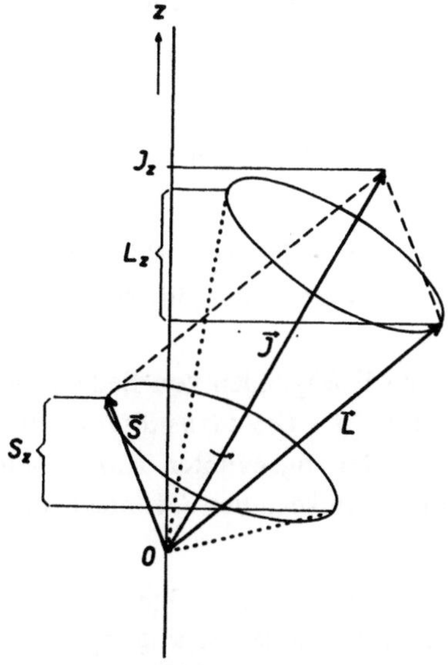

Abb. 1.11 Vektormodell des Atoms. Die Vektoren $\boldsymbol{L}$ und $\boldsymbol{S}$ führen eine Präzessionsbewegung um das resultierende Moment $\boldsymbol{J}$ aus; während die Projektion des Vektors $\boldsymbol{J}$ in die z-Achse konstant ist, ändern die Komponenten L_z und S_z bei der Präzession ihre Größe und stellen daher keine Bewegungskonstante dar.

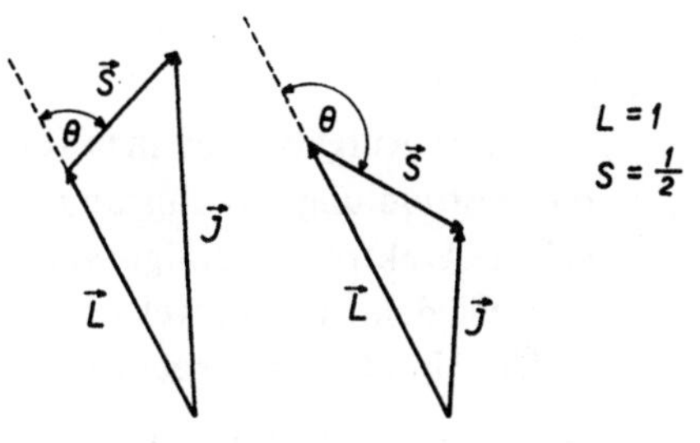

$$\cos \Theta = \frac{\boldsymbol{J}^2 - \boldsymbol{L}^2 - \boldsymbol{S}^2}{2\,|\boldsymbol{L}|\,|\boldsymbol{S}|}$$

Abb. 1.12 Zusammensetzen der Vektoren $\boldsymbol{L}$ und $\boldsymbol{S}$ und Berechnung des Neigungswinkels Θ.

energetische Unterschied zwischen den einzelnen Multipletten ist meist gering im Vergleich zum Abstand der Terme, was mit der Voraussetzung übereinstimmt, daß die Spin-Bahn-Wechselwirkung im Vergleich zu den Korrelationseffekten schwach ist. Jedem Multiplett-Niveau verbleibt noch eine $(2J + 1)$-fache Entartung gegenüber der räumlichen Quantelung nach M_J.

Vom Standpunkt der Quantenmechanik waren die Operatoren $\boldsymbol{L}^2$, L_z, $\boldsymbol{S}^2$, S_z ohne Berücksichtigung der Spin-Bahn-Wechselwirkung mit dem Hamilton-Operator vertauschbar, so daß sie mit der Energie gleichzeitig meßbare Größen vorstellten. Erwägen wir nun die Spin-Bahn-Kopplung, so stellen wir fest, daß $\boldsymbol{J}^2$, $\boldsymbol{L}^2$, $\boldsymbol{S}^2$ und J_z mit dem Hamilton-Operator (1.22) kommutieren, keineswegs aber L_z und S_z. Demgegenüber besitzen die skalaren Produkte $\boldsymbol{J}\,.\,\boldsymbol{L}$, $\boldsymbol{J}\,.\,\boldsymbol{S}$ und $\boldsymbol{L}\,.\,\boldsymbol{S}$ bestimmte, wohl definierte Werte, die durch den Kosinus der Winkel der einzelnen Vektorpaare bestimmt werden. Diese Tatsache können wir durch die Präzession der Vektoren $\boldsymbol{L}$ und $\boldsymbol{S}$ um ihre Resultante $\boldsymbol{J}$ als Achse darstellen (Abb. 1.11); es ist klar, daß, während die Längen beider Vektoren $|\boldsymbol{L}|$, $|\boldsymbol{S}|$ sich nicht mit der Zeit ändern, ihre Projektionen auf die Quantelungsachse keinen konstanten Wert besitzen und nur die zeitlichen Mittelwerte dieser Komponenten $\langle L_z \rangle$, $\langle S_z \rangle$ gleich $\hbar M_L$ bzw. $\hbar M_S$ bleiben. Die Zusammensetzung der Vektoren $\boldsymbol{L}$ und $\boldsymbol{S}$ zusammen mit der Bezeichnung ihres Neigungswinkels, der eine Bewegungskonstante darstellt und dessen Größe aus dem Kosinussatz folgt, ist in Abb. 1.12 dargestellt. Unter Benutzung dieser Tatsachen können wir die Energie der Spin-Bahn-Wechselwirkung (1.24) in der Form

$$W_{LS} = \lambda \boldsymbol{L}\,.\,\boldsymbol{S} = \tfrac{1}{2}\lambda[J(J+1) - L(L+1) - S(S+1)]\,\hbar^2 \qquad (1.31)$$

ausdrücken.

Die Konstante λ hat nur in Beziehung zu einem bestimmten Term (L, S) Bedeutung und ist bei Schalen, die weniger respektive mehr als zur Hälfte aufgefüllt sind, positiv resp. negativ.

Eine wichtige Aufgabe, die auch für unsere weiteren Erwägungen von Bedeutung ist, ist die Bestimmung des Zustandes kleinster Energie (*des Grundzustandes*). Für eine gegebene Elektronenkonfiguration kann mit Hilfe der sogenannten *Hundschen Regeln* entschieden werden, welcher Term bzw. Multiplettniveau den Grundzustand darstellt. Die Hundschen Regeln lauten:

(1) Die kleinste Energie kommt stets dem Term zu, der den größten möglichen Wert des Gesamtspins S besitzt; entsprechen mehrere Terme dieser Bedingung, dann wird derjenige die geringste Energie besitzen, der das größte Bahnmoment L besitzt.[22])

[22]) Goodenough [17] legt den physikalischen Sinn dieser Regel anschaulich folgendermaßen aus: die elektrostatische Abstoßung zwischen den Elektronen macht die Besetzung der gleichen Umlaufbahn durch zwei Elektronen unvorteilhaft, da in einem derartigen Fall eine relativ große Wahrscheinlichkeit für eine Kollision der beiden Elektronen besteht. Die Besetzung der Umlaufbahn durch zwei Elektronen ist aber auch nach dem Pauli-Prinzip ausgeschlossen, falls beide Elektronen gleiche Orientierung des Spins besitzen. Der Zustand äquivalenter Elektronen mit parallelen Spins wird daher energetisch vorteilhafter sein, da er die Wahrscheinlichkeit des Vorkommens zweier Elektronen an gleichem Ort herabsetzt und dadurch die elektrostatische Abstoßungsenergie vermindert. Der zweite Teil der Regel hängt damit zusammen, daß die in gleichem Sinn umlaufenden Elektronen weniger häufig zusammenstoßen als die entgegengestzt umlaufenden Elektronen, so daß die Energie der Elektronen wieder um so geringer sein wird, je größer L wird.

(2) Für Schalen, die weniger als zur Hälfte aufgefüllt sind, wächst die Energie innerhalb eines gegebenen Terms mit wachsendem J (reguläre Multiplette), bei mehr als zur Hälfte aufgefüllten Schalen ist das Gegenteil der Fall (inverse Multiplette).[23])

Die möglichen Terme für die p- und d-Elektronen sind zusammen mit den Grundzuständen in Tab. I-7 aufgeführt; es ist ersichtlich, daß einer bestimmten Zahl äquivalenter Elektronen gleiche Terme, wie der gleichen Anzahl Elektronenlöcher (zur Vollbesetzung der Schale fehlender Elektronen) zugehören.

Wir wollen ein Beispiel für die Anwendung der Hundschen Regeln anführen: denken wir uns ein Atom mit der d^2-Konfiguration der äußeren Elektronen. Jedes der beiden Elektronen besitzt $l = 2$, so daß wir durch vektorielle Zusammensetzung ihrer Bahnmomente einen beliebigen der Zustände $L = 0, 1, .. 4$ erhalten können; ähnlich kann $S = 0$ oder 1 sein. Nach (1) wird $S = 1$ energetisch vorteilhafter sein. Diese Wahl schließt aber nach dem Pauli-Prinzip den Fall $L = 4$ aus, da in diesem Fall beide Elektronen in derselben Umlaufbahn sein müßten, was nur bei entgegengesetzt orientierten Spins ($S = 0$) möglich ist. Die Forderung eines maximalen L bestimmt daher den Grundterm als $L = 3$, $S = 1$ oder ^{3}F. Mit Rücksicht darauf schließlich, daß die Schale d bei zwei Elektronen weniger als zur Hälfte besetzt ist,

Tabelle I-7

Zulässige Terme und Grundzustände für die Konfigurationen äquivalenter Elektronen p^n und d^n in freien Atomen

Elektronen-konfigurationen	Zulässige Terme*)	Grundzustand bei Berücksichtigung der L—S-Kopplung
p^1, p^5	^{2}P	$^2P_{1/2}$, $^2P_{3/2}$
p^2, p^4	^{1}SD ^{3}P	$^3P_0$, $^3P_2$
p^3	^{2}PD ^{4}S	$^4S_{3/2}$
d^1, d^9	^{2}D	$^2D_{3/2}$, $^2D_{5/2}$
d^2, d^8	^{1}SDG ^{3}PF	$^3F_2$, $^3F_4$
d^3, d^7	^{2}PDFGH (D: 2) ^{4}PF	$^4F_{3/2}$, $^4F_{9/2}$
d^4, d^6	^{1}SDFGI (S: 2, D: 2, G: 2) ^{3}PDFGH (P: 2, F: 2) ^{5}D	$^5D_0$, $^5D_4$
d^5	^{2}SPDFGHI (D: 3, F: 2, G: 2) ^{4}PDFG ^{6}S	$^6S_{5/2}$

*) Die unter dem Schriftzeichen des Terms angeführten Zahlen geben die Anzahl von Termen des bezeichneten Typs an.

[23]) Das bedeutet, daß die Multiplette für $\lambda > 0$ regulär und für $\lambda < 0$ invers sind.

werden nach (2) die zugehörigen Multiplette regulär, so daß das Grundniveau $J_{\min} = |L - S| = 2$ entspricht, d.i. $^3F_2$.

Die erste Hundsche Regel sagt, daß bei allmählicher Erhöhung der Elektronenzahl in der Schale zuerst die Zustände mit gleichsinnig orientierten Spins besetzt werden. Bei halber Schalenbesetzung erlangt so der Gesamtspin seinen Maximalwert, wenn sich in jeder Umlaufbahn je ein Elektron befindet. Bei weiterer Erhöhung der Anzahl äquivalenter Elektronen tritt dann antiparallele Ordnung der Spins ein, verbunden mit einem Verlust an Korrelationsenergie.

Lokalisierte Elektronen im Kristall. Die Wechselwirkungen, denen die äußeren lokalisierten Elektronen im Kristall ausgesetzt sind, können wir mit Hilfe weiterer Störungsglieder beschreiben, die wir dem Hamilton-Operator (1.22) hinzufügen. Die wichtigsten von ihnen beziehen sich auf das Kristallfeld und auf die Austauschwechselwirkungen zwischen den Ionen; vom Standpunkt der magnetischen Eigenschaften muß außerdem das den Wechselwirkungen mit dem Magnetfeld entsprechende Glied diskutiert werden, einerlei ob es sich um ein äußeres oder um ein inneres, durch die magnetichen Momente im Stoff selbst hervorgerufenes Feld handelt. Mit diesen Gliedern nimmt der Hamilton-Operator die Form an[24])

$$\mathscr{H} = \mathscr{H}_0 + \mathscr{V}_{\text{korrel}} + \mathscr{V}_{LS} + \mathscr{V}_{KF} + \mathscr{V}_{ex} + \mathscr{V}_m \,. \tag{1.32}$$

Die zugehörige Schrödinger-Gleichung kann nur näherungsweise durch fortschreitende Anwendung der Störungsmethode gelöst werden. In welcher Reihenfolge dabei die einzelnen Störungsglieder genommen werden müssen und was das Resultat der Störungsrechnung sein wird, hängt selbstverständlich von der relativen Größe dieser Glieder ab.

In der vorhergehenden Diskussion führten wir an, daß der durch das Glied $\mathscr{V}_{\text{korrel}}$ ausgedrückte Korrelationseffekt stärker als $\mathscr{V}_{LS}$ ist. Bezeichnen wir den Abstand der Terme als Δ_{korrel} und den Abstand der Niveaus der durch die Aufspaltung der Terme infolge der Spin-Bahn-Wechselwirkung entstandenen Multipletts als Δ_{LS}, so wird also $\Delta_{\text{korrel}} \gg \Delta_{LS}$. Die Erfahrung zeigt, daß von den Außenelektronen praktisch nur die *d*- und *f*-Elektronen im Kristall lokalisiert sein können. Bei den Ionen der Eisengruppe, mit denen wir im Weiteren am häufigsten in Berührung kommen werden, sind es die 3*d*-Elektronen; in diesem Fall besitzt Δ_{korrel} meist die Größenordnung 1eV je Elektronenpaar oder, in Wellenzahlen ausgedrückt, $\approx 10^4\,\text{cm}^{-1}$ ($1\,\text{eV} \doteq 8 \,.\, 10^3\,\text{cm}^{-1}$), während Δ_{LS} höchstens einen Wert von ungefähr $10^3\,\text{cm}^{-1}$ besitzt. Die Größe der Aufspaltung im Kristallfeld Δ_{KF} kann, wie aus der Analyse experimenteller Daten folgt, sehr verschiedene Werte annehmen und kann manchmal mit Δ_{korrel} vergleichbar sein oder sogar größer werden. Die den Austauschwechsel-

[24]) Manchmal ist es vorteilhaft, noch eine der elastischen Energie entsprechende Störung zu erwägen, die mit den Verzerrungen in der Umgebung des betrachteten Ions verbunden ist (vgl. Abschn. 4.3).

wirkungen $\mathscr{V}_{ex}$ entsprechenden Energien pflegen hingegen schwächer zu sein, höchstens von der Größenordnung $10^3\,\mathrm{cm}^{-1}$, und die magnetische Energie $\mathscr{V}_m$ (Größenordnung: $1\,\mathrm{cm}^{-1}$) bleibt meist die schwächste von allen betrachteten Wechselwirkungen.[25])

Vernachlässigen wir den Beitrag der Kovalenz, so stellt das Glied $\mathscr{V}_{KF}$ im Grunde genommen das Potential der elektrischen Ladungen der umgebenden Ionen am Ort des betrachteten Ions dar; es fügt daher nur zu den vorhergehenden in $\mathscr{H}_0$ und $\mathscr{V}_{\mathrm{korrel}}$ enthaltenen elektrostatischen Potentialen ein weiteres hinzu, so daß es nicht aus dem Rahmen des Problems eines einzelnen Ions abweicht. $\mathscr{V}_{ex}$ hingegen beschreibt Austauschwechselwirkungen zwischen Elektronen verschiedener Atome (Ionen) und bringt so die Atome im Kristall in gegenseitige Wechselwirkung, an der beide Partner aktiv teilnehmen. Während $\mathscr{V}_{KF}$ an die passive Rolle des durchschnittlichen kugelsymmetrischen Potentials in $\mathscr{H}_0$ erinnert, ist $\mathscr{V}_{ex}$ der elektrostatischen, durch das Glied $\mathscr{V}_{\mathrm{korrel}}$ beschriebenen Korrelationswechselwirkung analog, nur mit dem Unterschied, daß es sich auf zu verschiedenen Atomen gehörige Elektronen bezieht. Im nächsten Absatz behandeln wir das Austauschglied etwas ausführlicher und zeigen, wie man es durch Einführung eines bestimmten effektiven Austauschfeldes (Molekularfeldes) in eine dem Einatomproblem entsprechende Form überführen kann.

Nach der relativen Größe von Δ_{korrel}, Δ_{LS} und Δ_{KF} können wir drei Fälle unterscheiden:

(a) ein starkes Kristallfeld: $\Delta_{KF} \gtrsim \Delta_{\mathrm{korrel}} \gg \Delta_{LS}$
(b) ein mittleres Kristallfeld: $\Delta_{\mathrm{korrel}} \gg \Delta_{KF} \gtrsim \Delta_{LS}$
(c) ein schwaches Kristallfeld: $\Delta_{LS} \gg \Delta_{KF}$.

Der Fall (a) kann nur bei *d*-Elektronen vorkommen, die bei den Ionen der Übergangselemente wirklich die Außenelektronen bilden, und mit Rücksicht auf die stärkeren kovalenten Bindungen häufiger bei den 4*d*- und 5*d*-Elektronen, aber nur vereinzelt bei den 3*d*-Elektronen. Ein starkes Kristallfeld stört die Wechselwirkungen zwischen den Elektronen, so daß die Hundschen Regeln ihre Gültigkeit verlieren. Am häufigsten begegnen wir mittleren Feldern, besonders bei Ionen mit 3*d*-Außenelektronen (Eisengruppe). Ein mittleres Kristallfeld stellt eine Störung dar, die die Gültigkeit der Hundschen Regel (1) nicht beeinträchtigt; sie stört aber die Spin-Bahn-Kopplung, so daß die Termaufspaltung durch das Kristallfeld und nicht durch die $L-S$-Kopplung bestimmt ist. Eine der wichtigen Folgen der Wirkung des Kristallfeldes auf die Atomterme ist die sogenannte Einfrierung des Orbitalmoments (vgl. Abschn. 1.3 und 2.2). Bei den *f*-Elektronen besitzt das Kristallfeld häufig Werte, die zwischen einem schwachen und einem mittleren Feld liegen, so daß die Spin-Bahn-Kopplung und die mit ihr zusammenhängende Multiplettstruktur ihre Gültigkeit

[25]) Der Wert dieses Gliedes hängt allerdings von der Größe des Magnetfeldes ab; die angeführte Schätzung der Größenordnung entspricht den inneren Feldern magnetischer Dipolwechselwirkung und den mit den gebräuchlichen Laboratoriumseinrichtungen realisierbaren mittleren magnetischen Feldern. Bei Anwendung von extrem starken Feldern kann $\mathscr{V}_m$ auch um mehr als eine Größenordnung höher sein.

behalten. Die Störung $\mathscr{V}_{FK}$ wird dann erst für das entsprechende Niveau (τ, L, S, J) angewendet.

Eine eingehende Diskussion des Kristallfeldes und seines Einflusses auf die Zustände der Ionen und die physikalischen Eigenschaften der Kristalle wird im zweiten Kapitel, Abschn. 2.2 gegeben.

1.3 Magnetische Eigenschaften

Elementare magnetische Momente

Wir wollen nun zu den magnetischen Eigenschaften der Stoffe übergehen und in Kürze die grundlegenden Erkenntnisse über den Magnetismus zusammenfassen, die für die weitere Darlegung unerläßlich sind.

Vom makroskopischen Standpunkt beurteilen wir die magnetischen Eigenschaften der Stoffe vor allem nach ihrem Verhalten im magnetischen Feld. Durch Einwirkung des magnetischen Feldes werden die Stoffe magnetisiert, d.h. sie nehmen ein gewisses magnetisches Moment an. Wie bald erkannt wurde, hängt dieses makroskopische magnetische Moment mit der Anwesenheit gewisser Elementarmagnete (magnetischer Momente) im Stoff zusammen. Solche elementare magnetische Momente können entweder durch ein magnetisches Feld *induziert* werden, oder es kann sich um *permanente* Dipole handeln, die schon vor dem Einbringen in ein Magnetfeld im Stoff vorhanden waren. Während die induzierten Dipole gegen die Richtung des einwirkenden magnetischen Feldes gerichtet sind, so daß sie durch ihre Wirkung dieses Feld schwächen (Lenzsche Regel), orientieren sich die permanenten Dipole durch die Einwirkung des Magnetfeldes in eine mit diesem übereinstimmende Richtung. Im ersten Fall liegt *Diamagnetismus* vor, der durch negative Magnetisierung und Suszeptibilität gekennzeichnet ist, im zweiten Fall kann es sich je nach den Umständen um *Paramagnetismus* oder *Ferromagnetismus* (bzw. Antiferromagnetismus u.ä.) handeln. Der Diamagnetismus ist allen Stoffen gemein; der Größe nach ist das diamagnetische Moment sehr schwach, und mit Rücksicht auf die spezielle Orientierung dieses Buches werden wir uns mit dem Diamagnetismus nicht befassen müssen.

Die Existenz des Paramagnetismus und umso mehr des Ferromagnetismus ist hingegen nur auf bestimmte Stoffgruppen beschränkt. In einem Stoff können elementare magnetische Dipolmomente von zweierlei Art dauernd bestehen: Elektronenmomente und Kernmomente. Der Kernmagnetismus ist im Vergleich zu dem Magnetismus, der seinen Ursprung in den magnetischen Momenten der Elektronen besitzt, sehr schwach und kommt daher im resultierenden magnetischen Gesamtmoment praktisch nicht zur Geltung. Wenn wir hier von permanenten magnetischen Dipolen in einem Stoffe sprechen, so meinen wir also die magnetischen Momente der Elektronen. Der Umstand, daß dieses Moment in vielen Fällen den Wert Null besitzt, so daß der Stoff diamagnetisch ist, hängt mit der Möglichkeit der Kompensation dieser Momente zusammen.

Im vorhergehenden Abschnitt sprachen wir davon, daß die Elektronen im Kristall entweder lokalisiert oder kollektiv, nicht lokalisiert vorhanden sein können. Die magnetischen Stoffeigenschaften, die uns interessieren, sind von den *lokalisierten* Elektronen abgeleitet, die ihre Zugehörigkeit zu bestimmten Atomen (Ionen) im Kristall beibehalten. Andererseits weist die Feststellung, daß Ionen, die im freien Zustand ein gewißes permanentes magnetisches Moment zeigen, dieses Moment ohne wesentliche Änderung häufig auch im festen Stoff beibehalten, auf die grundsätzliche Berechtigung der Vorstellung lokalisierter Elektronen im Kristall hin. Die kollektiven Elektronen sind entweder an der Entstehung kovalenter Bindungen beteiligt und tragen dann zum diamagnetischen Effekt bei (Kompensierung der magnetischen Momente infolge der Spinpaarung), oder es handelt sich um Elektronen in nicht ganz aufgefüllten Bändern (Leitungselektronen im Metall), die meist nur den sogenannten Paulischen Paramagnetismus aufweisen, der sich durch Unabhängigkeit der Suszeptibilität von der Temperatur auszeichnet [18]. Nur in speziellen Fällen, wenn die Bänder genügend eng sind und daher die Dichte der Elektronenzustände in ihnen hoch ist, kann es zu einer kooperativen Ordnung der magnetischen Momente der delokalisierten Elektronen kommen (*Band-Ferromagnetismus* oder *Antiferromagnetismus*) [19, 20]. Diese Bedingung ist nur ausnahmsweise bei den *d*-Elektronen einiger Übergangs-Elemente und ihrer metallischen Verbindungen erfüllt. Ein charakteristisches Kennzeichen des spontanen Band-Magnetismus ist eine wesentliche Erniedrigung des magnetischen Momentes im Vergleich mit den Werten, die aus dem Modell der lokalisierten Elektronen folgen. Darüber, ob die lokalisierten Elektronen zum eigentlichen magnetischen Moment des Atoms im Stoffe beitragen, entscheidet die Elektronenstruktur des Atoms. Wir werden sehen, daß nur bestimmte Gruppen von Elementen (die sogenannten Übergangsmetalle, die sich durch teilweise besetzte *d*-und *f*-Elektronenschalen auszeichnen) ein unkompensiertes magnetisches Moment besitzen können.

Wir wollen nun das magnetische Moment des Elektrons, sein Verhalten im magnetischen Feld und die Umstände, unter denen die magnetischen Momente der Elektronen im Atom einander kompensieren, näher betrachten. Der Begriff des magnetischen Momentes, der makroskopisch auf Grund der Eigenschaften einer Stromschleife im magnetischen Feld definiert werden kann, wurde in die Atomphysik mittels der sogenannten Atomströme übertragen. Die Elektronen, die sich im Atom um den Kern bewegen, stellen nämlich infolge ihrer elektrischen Ladung geschlossene Ströme dar, denen in Analogie zu den makroskopischen Strömen ein magnetisches Dipolmoment zugehört. Dieses Moment ist eng mit dem mechanischen Drehimpuls verbunden, denn gemeinsam mit der Ladung bewegt sich auch die Masse des Elektrons.

Betrachten wir das Elektron als ein klassisches geladenes Teilchen (Ladung $-e$), das sich auf einer Kreisbahn vom Radius r mit der Winkelgeschwindigkeit ω bewegt (Abb. 1.13). Für das entstehende magnetische Moment erhalten wir

$$\boldsymbol{\mu}_l = \frac{i}{c}\,\pi r^2 \boldsymbol{n}_0 = \frac{e\omega}{2\pi c}\,\pi r^2 \boldsymbol{n}_0 = \frac{e}{2mc}\, m v r \boldsymbol{n}_0 = -\frac{e}{2mc}\,\boldsymbol{r} \times m\boldsymbol{v}$$

oder

$$\boldsymbol{\mu}_l = -\frac{e}{2mc}\,\boldsymbol{l}\,, \tag{1.33}$$

da $\boldsymbol{l} = \boldsymbol{r} \times m\boldsymbol{v}$ die gebräuchliche Definition des Drehimpulses eines Teilchens von der Masse m und der Geschwindigkeit $\boldsymbol{v}$ ist.[26]) Diese Beziehung drückt den Zusammenhang zwischen dem durch die orbitale Bewegung des Elektrons bestimmten magnetischen Moment und dem zugehörigen Bahndrehimpuls aus. Das bleibt auch für eine beliebige Umlaufbahn für den Drehimpuls $\boldsymbol{l}$ gültig, und zwar auch in quantenmechanischer Darstellung, wo wir ihn als Definition des Operators des magnetischen Bahnmoments betrachten können, wenn wir $m\boldsymbol{v} = \boldsymbol{p} = -i\hbar\nabla$ setzen.

Außer dem Bahndrehimpuls besitzt jedes Elektron, wie bekannt, noch einen eigenen Drehimpuls, den Spin $\boldsymbol{s}$, der dem inneren Freiheitsgrad der Bewegung des Elektrons entspricht. Wie aus der relativistischen Diracschen Theorie des Elektrons folgt, ist der Spin ebenfalls mit der Existenz eines magnetischen Moments $\boldsymbol{\mu}_s$ verbunden, wobei abermals zwischen den beiden Größen eine der Gleichung (1.33) ähnliche Proportionalitätsbeziehung besteht, nur mit doppelt so großem Proportionalitätsfaktor

$$\boldsymbol{\mu}_s = -\frac{e}{mc}\,\boldsymbol{s}\,. \tag{1.34}$$

Es ist ersichtlich, daß in beiden Fällen, beim Bahn- und beim Spinmoment, das magnetische Moment entgegengesetzt zum mechanischen Moment orientiert ist (vgl. Abb.

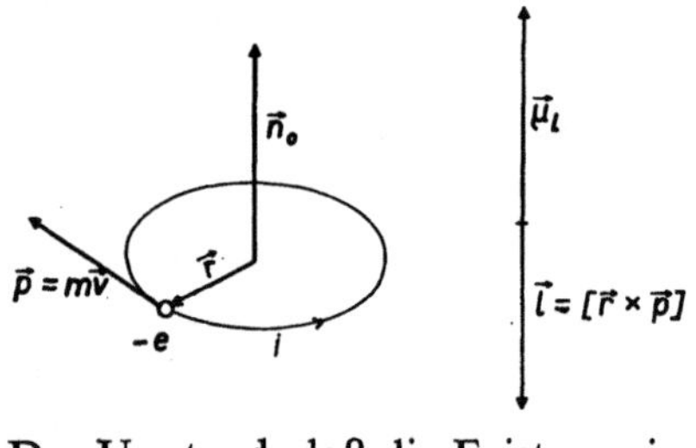

Abb. 1.13 Zur Entstehung des orbitalen magnetischen Moments.

1.13). Der Umstand, daß die Existenz eines magnetischen Moments immer an einen von Null verschiedenen Drehimpuls gebunden ist, besitzt grundsätzliche Bedeutung. Er bewirkt, daß die elementaren Magnete in vieler Hinsicht die Eigenschaften kleiner Kreisel besitzen und wird so zur Ursache der gyromagnetischen Effekte und der magnetischen Resonanz.

[26]) In der vorstehenden Berechnung ist e positiv genommen und bedeutet nur die Größe der Ladung des Elektrons, $e = 4{,}8022 \,.\, 10^{-10}$ elektrostatische Einheiten; m ist die Masse des Elektrons, $m = 9{,}1072 \,.\, 10^{28}$ g, $v = |\boldsymbol{v}| > 0$, und c ist die Lichtgeschwindigkeit.

Da die Größen $\boldsymbol{l}$ und $\boldsymbol{s}$ im Atom gequantelt sind, werden auch die magnetischen Momente $\boldsymbol{\mu}_l$ und $\boldsymbol{\mu}_s$ gequantelt sein. Durch Verbindung der Beziehungen (1.33) und (1.34) mit (1.15) bis (1.18) erhalten wir für die Größe des magnetischen Bahn- und Spinmoments

$$|\boldsymbol{\mu}_l| = \frac{e\hbar}{2mc}\,[l(l+1)]^{1/2}\,, \quad |\boldsymbol{\mu}_s| = \frac{e\hbar}{mc}\,[s(s+1)]^{1/2} = \frac{e\hbar}{2mc}\sqrt{3} \tag{1.35}$$

und für ihre Komponenten in Richtung der Quantelungsachse

$$\mu_{l_z} = -\frac{e\hbar}{2mc}\,m_l\,, \quad \mu_{s_z} = -\frac{e\hbar}{mc}\,m_s = \pm\frac{e\hbar}{2mc}\,. \tag{1.36}$$

Die Größe $e\hbar/2mc = 0{,}927\,.\,10^{-20}$ erg/gauss nennen wir *Bohrsches Magneton* und bezeichnen sie mit dem Symbol μ_B. Wählen wir als Achse der räumlichen Quantelung die Richtung des magnetischen Feldes, so stellen die Komponenten μ_{lz}, μ_{sz} die in der Richtung des Feldes meßbaren magnetischen Momente dar, so daß mit Rücksicht auf (1.36) das Bohrsche Magneton die Bedeutung eines Elementarquants des magnetischen Moments besitzt.

Haben wir also das magnetische Moment des Elektrons (das Bahn- und Spinmoment) als eine vom mechanischen Drehimpuls abgeleitete Größe eingeführt, so können wir das Vektormodell des Atoms in einfacher Weise dazu benutzen, das magnetische Gesamtmoment des ganzen Atoms festzustellen. Es genügt, den Vektoren $\boldsymbol{L}$, $\boldsymbol{S}$, die das mechanische Gesamtmoment (Bahn- und Spinmoment) darstellen, in gleicher Weise, wie $\boldsymbol{\mu}_l$ und $\boldsymbol{\mu}_s$ den Vektoren $\boldsymbol{l}$ und $\boldsymbol{s}$ zugeordnet sind, die magnetischen Momente $\boldsymbol{\mu}_L$, $\boldsymbol{\mu}_S$ zuzuordnen, d.h.

$$\boldsymbol{\mu}_L = -\frac{e}{2mc}\,\boldsymbol{L}\,, \quad \boldsymbol{\mu}_S = -\frac{e}{mc}\,\boldsymbol{S}\,, \tag{1.37}$$

da die Beziehungen $\boldsymbol{\mu}_L = \sum_i \boldsymbol{\mu}_{li}$, $\boldsymbol{\mu}_S = \sum_i \boldsymbol{\mu}_{si}$, die $\boldsymbol{\mu}_L$ und $\boldsymbol{\mu}_S$ als Gesamtmomente des ganzen Atoms definieren, automatisch erfüllt sein werden. Die Quantelung der Momente $\boldsymbol{\mu}_L$ und $\boldsymbol{\mu}_S$ geschieht dann gemäß den Beziehungen (1.25) und (1.26). Aus ihnen folgt auch, daß die voll besetzten Schalen, bei denen S und L gleich Null sind, nicht zum eigenen magnetischen Moment der Elektronenhülle des Atoms beitragen.

Eine gewisse Komplikation entsteht, wenn wir die Spin-Bahn-Wechselwirkung in Betracht nehmen, da dann die Komponenten L_z und S_z nicht mehr Bewegungsintegrale sind. An ihre Stelle tritt die mit den Quantenzahlen J und M verbundene z-Komponente des Gesamtimpulsmoments J_z. Addieren wir die Momente $\boldsymbol{\mu}_L$ und $\boldsymbol{\mu}_S$ analog zu (1.27), so erhalten wir den Vektor

$$\boldsymbol{\mu}_J = \boldsymbol{\mu}_L + \boldsymbol{\mu}_S = -\frac{e}{2mc}\,(\boldsymbol{L} + 2\boldsymbol{S})\,, \tag{1.38}$$

der nicht mit $\boldsymbol{J}$ kolinear ist. Das bedeutet, daß das magnetische Gesamtmoment in diesem Fall kein Bewegungsintegral und vom Standpunkt der Quantenmechanik keine gleichzeitig mit der Energie und dem Gesamtimpulsmoment des Atoms meßbare Größe ist. Wir führen deshalb das sogenannte effektive magnetische Moment $\boldsymbol{\mu}_{J\parallel}$ als Projektion des Vektors $\boldsymbol{\mu}_J$ auf die durch den Vektor $\boldsymbol{J}$ bestimmte Richtung ein. Die Größe dieses effektiven Moments ist auf Grund von Abb. 1.14 gegeben durch

$$|\boldsymbol{\mu}_{J\parallel}| = |\boldsymbol{\mu}_L| \cos(\boldsymbol{L}, \boldsymbol{J}) + |\boldsymbol{\mu}_S| \cos(\boldsymbol{S}, \boldsymbol{J}),$$

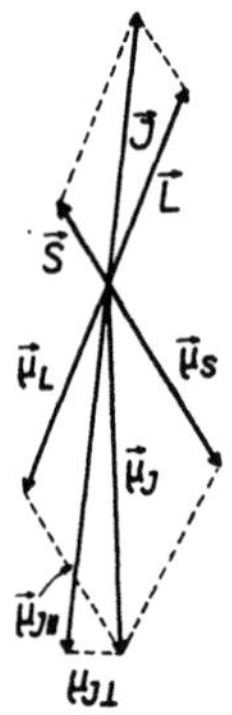

Abb. 1.14 Magnetisches Gesamtmoment $\boldsymbol{\mu}_J$ und effektives magnetisches Moment $\boldsymbol{\mu}_{J\parallel}$ im Vektormodell des Atoms.

woraus durch Anwendung des Kosinussatzes (vgl. Abb. 1.12) folgt

$$|\boldsymbol{\mu}_{J\parallel}| = g_J \mu_B [J(J+1)]^{1/2}, \tag{1.39}$$

$$g_J = 1 + \frac{J(J+1) + S(S+1) - L(L+1)}{2J(J+1)}.$$

Für die z-Komponente des effektiven magnetischen Momentes erhalten wir die Beziehung

$$(\mu_{J\parallel})_z = -\, g_J \mu_B M_J. \tag{1.40}$$

Ist speziell $S = 0$, $L \neq 0$ (rein orbitaler Magnetismus), so erhalten wir erwartungsgemäß $g_J \equiv g_L = 1$, für den entgegengesetzten Fall $S \neq 0$, $L = 0$ (Spinmagnetismus) erhalten wir $g_J \equiv g_S = 2$. Die Größe g_J (g_L, g_S) wird *Landéscher Faktor* genannt. Für die Konstante

$$\gamma = g_J \mu_B / \hbar = g_J e / 2mc, \tag{1.41}$$

die das Verhältnis der Größe des magnetischen und des mechanischen Moments angibt, wird meist die Bezeichnung gyromagnetisches Verhältnis benützt.

Man kann sich vorstellen, daß der Vektor $\boldsymbol{\mu}_J$ eine schnelle Präzessionsbewegung um den Vektor $\boldsymbol{J}$ ausführt. Der zeitliche Mittelwert seiner z-Komponente $\langle \mu_{J_z} \rangle$ ist dann gerade gleich der z-Komponente des durch die Beziehung (1.40) bestimmten effektiven magnetischen Momentes. Für unsere Zwecke erfaßt diese Komponente gut das meßbare magnetische Moment (d. i. die Komponente in Richtung des magnetischen Feldes). Indem wir das wirkliche Moment durch das effektive Moment ersetzen, vernachlässigen wir eigentlich die zu $\boldsymbol{J}$ senkrechte Komponente $\boldsymbol{\mu}_{J\perp}$

in Abb. 1.14, die sogenannte „Hochfrequenzkomponente" des magnetischen Momentes. Genauere Angaben über die Bedeutung dieser Komponente findet der Leser z. B. in [21, 22].

Die Übergangselemente und der Ursprung des Paramagnetismus

Ist ein Atom in einem festen Stoff gebunden, dann nehmen seine Außenelektronen in der Regel an der Bindung teil; dabei kommt es gewöhnlich zu einer Abgabe der überflüssigen oder einer Aufnahme der fehlenden Elektronen, so daß die äußeren Schalen abgeschlossen werden (Ionenbindung), oder aber zu einer „Vergemeinsamung" der Elektronen, die abermals zur Bildung stabiler Elektronenkonfigurationen mit gepaarten Spins (kovalente Bindungen) führt. Das resultierende magnetische Moment besitzt dann den Wert Null, und ein aus diesen Atomen oder Ionen zusammengesetzter Stoff ist diamagnetisch, obwohl die neutralen Atome ein von Null verschiedenes magnetisches Moment besitzen können.[27]) Nur bei Elementen, bei denen eine der äußeren Schalen nicht ganz aufgefüllt ist, d.i. bei Atomen mit unvollständiger Zahl der d- oder f-Elektronen, kann auch nach Abtrennung der Valenzelektronen ein von Null verschiedenes magnetisches Moment bestehen. Diese Elemente werden transitive oder Übergangselemente genannt; im periodischen System bilden sie mehrere Gruppen, die meist nach einem herausragenden Element genannt werden. Wir sprechen z.B. von der Eisengruppe ($3d$), von der Palladiumgruppe ($4d$) u.ä.; für die Elemente mit teilweise gefüllter $4f$-Schale hat sich die Bezeichnung Gruppe der Seltenen Erden eingebürgert. Die einzelnen Schalen der Übergangselemente sind in der Tab. I-6 durch Umrahmung besonders gekennzeichnet. Mit Rücksicht auf die Zielsetzung dieses Buches werden uns praktisch nur zwei dieser Gruppen interessieren, die Gruppe des Eisens und die Seltenen Erden. Wir kommen noch ausführlicher im letzten Absatz des einleitenden Kapitels auf sie zurück.

Wir gehen nun zu einer kurzen Erklärung der Entstehung des Paramagnetismus bei den Ionen der Übergangselemente und ihrer Verbindungen über. Die Ionen dieser Elemente, die durch Verlust einer gewissen Anzahl äußerer Elektronen entstehen, besitzen infolge der unvollständigen Besetzung der Elektronenschale $3d$ bzw. $4f$ u.ä. allgemein ein von Null verschiedenes magnetisches Moment. Ist der Grundzustand des Ions durch die Quantenzahlen L, S, J gegeben und handelt es sich um ein freies Ion, so wird das effektive magnetische Moment durch die Beziehung (1.39) gegeben sein.[28]) In einem Magnetfeld $\boldsymbol{H}$, von dem wir voraussetzen, daß es in Richtung

[27]) Wir haben vor allem Stoffe mit Ionen- und kovalenter Bindung im Sinne. Wie wir schon vorher erwähnt haben, kann bei Metallen ein schwacher, durch die Spins der freien Elektronen hervorgerufener Paramagnetismus vorkommen (Pauli-Paramagnetismus); von dieser Art Paramagnetismus, die für die nicht lokalisierten Leitungselektronen spezifisch ist, ebenso wie über den Paramagnetismus organischer Stoffe, freier Radikale u. ä. werden wir hier nicht sprechen.

[28]) Der Einfachheit halber werden wir im weiteren nicht das effektive vom wirklichen Moment unterscheiden und werden für dieses Moment ebenfalls das Symbol μ_J benützen.

der z-Achse wirkt, nimmt dieses magnetische Dipolmoment die potentielle Energie an

$$V_m = -\boldsymbol{\mu}_J \cdot \boldsymbol{H} = -\mu_{Jz} H, \tag{1.42}$$

die von seiner Orientierung zu diesem Felde abhängig ist. Das bedeutet, daß im magnetischen Feld das Niveau L, S, J gespalten wird, und zwar gerade in $2J + 1$ Unter-

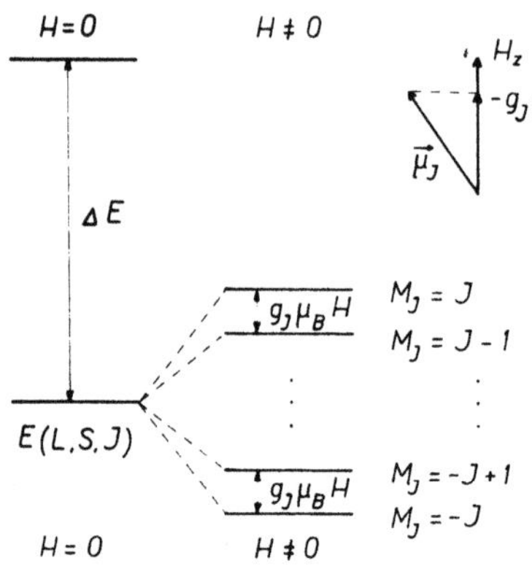

Abb. 1.15 Aufspaltung eines Multipletts im Magnetfeld.

niveaus, $2J + 1$ möglichen Orientierungen des Vektors $\boldsymbol{J}$ entsprechend; der Energieunterschied zwischen benachbarten Unterniveaus wird, dabei gleich

$$-g_J\mu_B[(M_J - 1) - M_J]\,H = g_J\mu_B H$$

(vgl. Abb. 1.15). Da die Energie in dem Fall am niedrigsten ist, wenn die Komponente μ_{Jz} den größten zulässigen positiven Wert besitzt, so werden die magnetischen Momente der Ionen versuchen, sich in Richtung des Feldes zu drehen. Diese Tendenz wird durch die Wärmeschwingungen gestört, so daß die Orientierung der Momente bei einer beliebigen endlichen Temperatur nicht vollkommen sein wird. Über den Grad der Ordnung entscheidet die Häufigkeit der Besetzung der einzelnen Unterniveaus M_J, die von der gegenseitigen Größe der magnetischen Energie und der Energie der Wärmeschwingungen kT abhängt. Sind in 1 cm^3 N paramagnetische Ionen anwesend, so ist die resultierende Magnetisierung M durch die Beziehung

$$M = \sum_{i=1}^{N} \mu_{zi} = N\bar{\mu}_{zi} = Ng_J\mu_B J B_J(x) \tag{1.43}$$

gegeben, in dem $x = g_J\mu_B JH/kT$ und B_J die durch die Gleichung

$$B_J(x) = \frac{2J+1}{2J}\coth\frac{(2J+1)\,x}{2J} - \frac{1}{2J}\coth\frac{x}{2J} \tag{1.44}$$

definierte *Brillouin-Funktion* ist.[29])

[29]) Der besseren Übersicht wegen wird im weiteren der Index J ausgelassen und die z-Komponente von $\boldsymbol{\mu}_J$ wird nur als μ_z bezeichnet.

Der Verlauf der Brillouin-Funktion für verschiedene Werte von J wird in Abb. 1.16 mit experimentellen Werten für Salze von Cr^{3+}, Fe^{3+} und Gd^{3+} verglichen.

Die Ableitung der Gleichung (1.43), der Grundgleichung des Paramagnetismus, ist folgendermaßen einfach durchzuführen: Die Wahrscheinlichkeit, daß ein Atom sich in einem Zustande mit der Energie E_m befindet, ist durch den Boltzmannschen Faktor $w_m = C\,e^{-E_m/kT}$ gegeben. Soweit die einzelnen Zustände a priori die gleiche

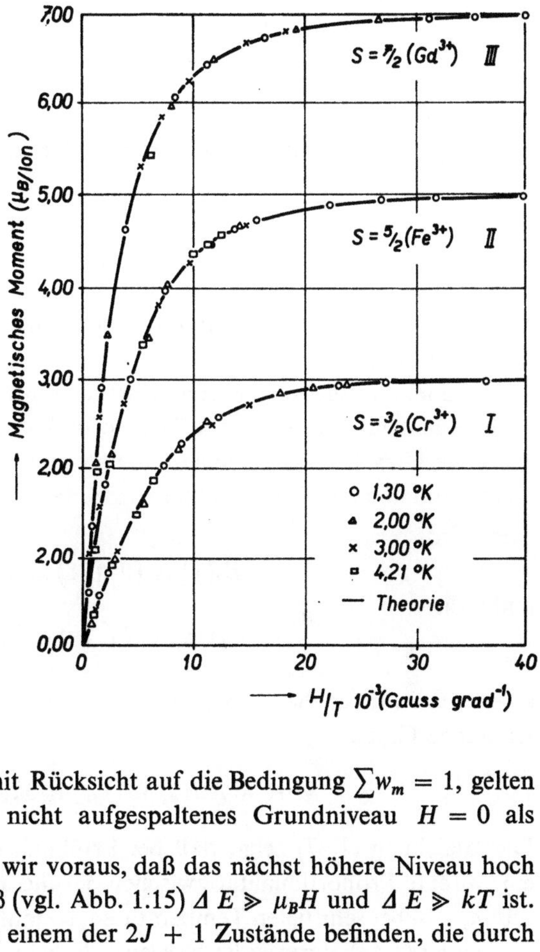

Abb. 1.16 Verlauf des magnetischen Moments in Abhängigkeit von H/T für Kaliumchromalaun $KCr(SO_4)_2 \cdot 12H_2O$–(I), Eisenammoniumalaun $NH_4Fe(SO_4)_2 \cdot 12H_2O$–(II) und das Oktahydrat des Gadoliniumssulfats $Gd_3(SO_4)_3 \cdot 8H_2O$–(III). Weil für Cr^{3+}, Fe^{3+} und Gd^{3+} $L = 0$ ist, gilt in allen hier angeführten Fällen $J = S$. (Nach Henry [23]).

Wahrscheinlichkeit besitzen, muß mit Rücksicht auf die Bedingung $\sum w_m = 1$, gelten $C = 1/\sum\limits_m e^{-E_m/kT}$. Wählen wir ein nicht aufgespaltenes Grundniveau $H = 0$ als Niveau der Nullenergie, und setzen wir voraus, daß das nächst höhere Niveau hoch über dem Grundniveau liegt, so daß (vgl. Abb. 1.15) $\Delta E \gg \mu_B H$ und $\Delta E \gg kT$ ist. In diesem Fall kann sich das Ion in einem der $2J + 1$ Zustände befinden, die durch Aufspaltung des Grundniveaus durch das Magnetfeld entstanden sind. Es wird

$$E_m = -\mu_{zm} H = g_J \mu_B m H\,, \quad m = -J, -(J-1), \ldots + J\,,$$

so daß zu einem gegebenen E_m ein bestimmtes μ_{zm} gehört;[30]) w_m gibt daher gleich-

[30]) Wir setzen der Einfachheit halber wiederum $M_J \equiv m$.

zeitig die Wahrscheinlichkeit dafür, daß die Komponente des magnetischen Moments des Ions in Richtung des Feldes gleich μ_{zm} ist. Daher

$$\bar{\mu}_{zi} = \sum_{m=-J}^{+J} w_m \mu_{zm} = \frac{\sum_{m=-J}^{+J} \mu_{zm} \exp(\mu_{zm} H/kT)}{\sum_{m=-J}^{+J} \exp(\mu_{zm} H/kT)} = \tag{1.45}$$

$$= g_J \mu_B \frac{-J e^{-Jx/J} + (-J+1) e^{-(J-1)x/J} + \ldots + J e^{Jx/J}}{e^{-Jx/J} + e^{-(J-1)x/J} + \ldots + e^{Jx/J}} = g_J \mu_B \frac{1}{J} \frac{u'(x)}{u(x)}.$$

$u(x) = \sum_{m=-J}^{+J} e^{mx/J}$ ist eine geometrische Reihe, die summiert gibt

$$u(x) = e^{-x} \frac{e^{(2J+1)x/J} - 1}{e^{x/J} - 1} = \frac{\sinh\{(2J+1)x/2J\}}{\sinh(x/2J)};$$

wenn wir nach x ableiten und für $u(x)$ und $u'(x)$ in (1.45) einsetzen, so erhalten wir sofort (1.43).

Im Falle, daß die magnetische Energie $-\mu_z H = -g_J \mu_B J H$ dem absoluten Wert nach bedeutend geringer als kT ist, so daß $x \ll 1$, kann (1.43) durch Entwicklung der hyperbolischen Kotangenten in Potenzreihen und durch Vernachlässigung der Glieder mit höheren Potenzen von x vereinfacht werden:[31])

Es wird

$$B_J(x) \cong (J+1)x/3J, \quad x \ll 1 \tag{1.46}$$

und daher

$$M \cong NJ(J+1) g_J^2 \mu_B^2 H/3kT; \tag{1.47}$$

so erhalten wir für die Suszeptibilität χ freier paramagnetischer Ionen das bekannte Curiesche Gesetz

$$\chi = M/H = NJ(J+1) g_J^2 \mu_B^2/3kT = N\mu_J^2/3kT = C/T. \tag{1.48}$$

Die Gleichung (1.47) zeigt, daß bei Erfüllung der Bedingung $x = g_J \mu_B JH/kT \ll 1$ eine direkte Proportionalität zwischen M und H besteht; ist diese Bedingung nicht erfüllt, z.B. bei sehr tiefen Temperaturen, so muß an Stelle von (1.47) die vollständige Gleichung (1.43) angewendet werden. Für $x \to \infty$ wird $B_J(x) \to 1$ und die Magnetisierung M wird sich dem Sättigungswert $M = N g_J \mu_B J$ nähern (Abb. 1.16).

In den Kristallen sind die Ionen nicht frei, da sie Wechselwirkungen ausgesetzt sind, wie wir sie im vorherigen Absatz angeführt haben. Wie schon bei dieser

---

[31]) Bei Zimmertemperatur ist diese Bedingung praktisch stets erfüllt: für ein einzelnes Elektron ist $\mu \approx 10^{-20}$, so daß für $H = 10^4$ Oe bei Zimmertemperatur gelten wird $\mu H/kT \approx 10^{-20} \cdot 10^4/4 \cdot 10^{-14} = 1/400 \ll 1$.

Gelegenheit gesagt wurde, sind die magnetischen Wechselwirkungen und daher auch die Wechselwirkungen mit dem äußeren Magnetfeld in der Regel die schwächsten von einer ganzen Reihe von Störungsgliedern in (1.32), so daß bei stufenweiser Anwendung der Störungstheorie zuerst der Einfluß der übrigen Glieder auf den Zustand des Atoms (und damit auch auf sein magnetisches Moment) untersucht werden muß und man sich erst dann mit dem Verhalten im Magnetfeld beschäftigen kann.

Eine entscheidende Rolle spielten dabei das Kristallfeld und die Austauschwechselwirkungen. Die Austauschwechselwirkungen können in einem bestimmten Temperaturbereich zu einer spontanen Ordnung der magnetischen Momente führen, so daß es vorteilhafter sein wird, von ihnen erst im Zusammenhang mit dem magnetischen Ordnungszustand zu sprechen. Der Einfluß des Kristallfeldes auf das magnetische Moment des Atoms hängt eng mit den Wirkungen des Kristallfeldes auf die Orbitalbewegung der Elektronen und auf den Drehimpuls des Atoms zusammen. Er wird verschieden sein, je nachdem das Feld stark, mittel oder schwach ist (Seite 55). Bei einem schwachen Kristallfeld bleibt die Spin-Bahn-Kopplung ungestört und dem Ion verbleibt sein gesamtes magnetisches Moment μ_J wie im freien Zustand. Das Kristallfeld kann aber eine teilweise Entartung der einzelnen Multiplettniveaus aufheben und ihre Abstände ändern, was bei genaueren statistischen Berechnungen der paramagnetischen Suszeptibilität u.ä. in Betracht gezogen werden muß. Am meisten wird uns der Fall des mittleren Kristallfeldes interessieren; die Wirkung auf das magnetische Moment ist in diesem Fall drastischer, denn durch seinen Einfluß tritt das sogenannte Einfrieren des Orbitalmoments ein. Über die Ursachen dieser Erscheinung werden wir im Abschnitt 2.2 sprechen. Ihr Ursprung muß in der Zerstörung der Spin-Bahn-Kopplung und in der Unterwerfung der Elektronenbewegung unter die Erfordernisse der Symmetrie des Kristallfeldes gesucht werden. Da aber das Kristallfeld nur auf die Bahnen der Elektronen und nicht auf ihren Spin einwirkt, so kann sich der Vektor $\boldsymbol{S}$ bei Zerstörung der $L-S$-Kopplung im wesentlichen unabhängig von $\boldsymbol{L}$ orientieren, das unter der Einwirkung des Kristallfeldes meist die Bedeutung einer Bewegungskonstante verliert. Das magnetische Moment ist dann im wesentlichen durch den Spin S bestimmt und kann in folgender Form geschrieben werden

$$\mu_{\text{eff}} = g\mu_B \sqrt{[S(S+1)]}\,, \tag{1.49}$$

wo g den sogenannten *spektroskopischen Aufspaltungsfaktor* bedeutet,[32]) der bei reinem Spinmagnetismus den Wert 2 besitzt. In der Regel trägt aber das Bahnmoment auf dem Wege über die Spin-Bahn-Wechselwirkung doch mit einem kleinen Bruchteil seines Wertes zu μ_{eff} bei, was zur Abweichung von dem Wert $g = 2$ führt. Der Beitrag des Orbitalmoments hängt von der Größe der Konstante der Spin-Bahn-Wechselwirkung λ ab; in erster Annäherung können wir schreiben

$$g = 2(1 + \varepsilon)\,, \tag{1.50}$$

[32]) Dieser Faktor darf nicht mit dem früher erwähnten Landéschen Faktor verwechselt werden.

Tabelle I-8

Die Werte der Konstante der Spin-Bahn-Wechselwirkung λ und die Größen magnetischer Momente μ_J, μ_S und μ_{exp} (in Bohrschen Magnetonen) für Ionen der Eisengruppe

Ion	Konfiguration $3d^n$	Grundniveau des freien Ions	$\lambda(cm^{-1})$ *)	$\mu_J/\mu_B = g_J[J(J+1)]^{1/2}$	$\mu_S/\mu_B = 2[S(S+1)]^{1/2}$	$\frac{\mu_{exp}}{\mu_B}$	g_{exp} **)
Ti^{3+}	$3d^1$	$^2D_{3/2}$	154	1,55	1,73	1,8	—
V^{3+}	$3d^2$	$^3F_2$	104	1,63	2,83	2,8	(1,98)
Cr^{3+}; V^{2+}	$3d^3$	$^4F_{3/2}$	87; 55	0,77	3,87	3,8	(1,97)
Mn^{3+}; Cr^{2+}	$3d^4$	$^5D_0$	85; 57	0	4,90	4,9	2,0
Fe^{3+}; Mn^{2+}	$3d^5$	$^6S_{5/2}$	—	5,92	5,92	5,9	2,0
Fe^{2+}	$3d^6$	$^5D_4$	−100	6.70	4,90	5,4	2,2
Co^{2+}	$3d^7$	$^4F_{9/2}$	−180	6,54	3,87	4,8	2,5
Ni^{2+}	$3d^8$	$^3F_4$	−335	5,59	2,83	3,2	2,3
Cu^{2+}	$3d^9$	$^2D_{5/2}$	−852	3,55	1,73	1,9	2,2

*) Für freie Ionen; in Kristallen sind die λ-Werte gewöhnlich etwas niedriger [24].

**) $g_{exp} = (\mu_{exp}/\mu_B)\,[S(S+1)]^{-1/2}$.

Tabelle I-9

Magnetische Momente und die Konstante der Spin-Bahn-Wechselwirkung λ von Ionen Seltener Erden

Ion	Konfiguration der äußeren Elektronen	Grundniveau	$\|\lambda\|$ (cm^{-1})	$\mu_J/\mu_B = g_J[J(J+1)]^{1/2}$	μ_{exp}/μ_B
Ce^{3+}	$4f^1 5s^2 p^6$	$^2F_{5/2}$	640	2,54	2,4
Pr^{3+}	$4f^2 5s^2 p^6$	$^3H_4$	800	3,58	3,5
Nd^{3+}	$4f^3 5s^2 p^6$	$^4I_{9/2}$	900	3,62	3,5
Pm^{3+}	$4f^4 5s^2 p^6$	$^5I_4$	(1070)	2,68	—
Sm^{3+}	$4f^5 5s^2 p^6$	$^6H_{5/2}$	1200	0,84	1,5
Eu^{3+}	$4f^6 5s^2 p^6$	$^7F_0$	1410	0	3,4
Gd^{3+}	$4f^7 5s^2 p^6$	$^8S_{7/2}$	(1580)	7,94	8,0
Tb^{3+}	$4f^8 5s^2 p^6$	$^7F_6$	1770	9,72	9,5
Dy^{3+}	$4f^9 5s^2 p^6$	$^6H_{15/2}$	1860	10,63	10,6
Ho^{3+}	$4f^{10} 5s^2 p^6$	$^5I_8$	2000	10,60	10,4
Er^{3+}	$4f^{11} 5s^2 p^6$	$^4I_{15/2}$	2350	9,59	9,5
Tm^{3+}	$4f^{12} 5s^2 p^6$	$^3H_6$	2660	7,57	7,3
Yb^{3+}	$4f^{13} 5s^2 p^6$	$^2F_{7/2}$	2940	4.54	4,5

wo ε eine kleine, der Konstante der Spin-Bahn-Wechselwirkung proportionale Größe ist, aber entgegengesetztes Vorzeichen trägt. Die Ausdrücke (1.43) und (1.48) für M und χ bleiben dann in Gültigkeit, wenn wir S anstatt J und g anstatt g_J schreiben.

Schließlich kann im Falle eines starken Kristallfeldes eine weitere Herabsetzung des magnetischen Momentes dadurch eintreten, daß die Hundsche Regel der maximalen Multiplizität (1. Regel) verletzt ist, so daß eine Herabsetzung des Gesamtspins (die Einfrierung des Spins) eintritt.

Bei zwei uns wichtigen Gruppen der Übergangselemente, der Eisengruppe und der Gruppe Seltenen Erden, begegnen wir am häufigsten einem mittelstarken Kristallfeld im ersten und einem schwachen Feld im zweiten Falle. Der Unterschied zwischen den zwei Elementgruppen ist aus den Tabellen I-8 und I-9 ersichtlich, in denen die theoretischen, nach den Gleichungen (1.39) und (1.49) berechneten Werte der magnetischen Momente mit den aus Messungen an paramagnetischen Salzen folgenden Werten verglichen werden.[33]) In den Tabellen sind auch die Konfigurationen der Außenelektronen mit Bezeichnung des Grundzustandes und des Wertes der Konstante der Spin-Bahn-Wechselwirkung λ angeführt. Das unterschiedliche Verhalten beider Ionengruppen kann einfach erklärt werden. Bei Elementen der Eisengruppe bilden die $3d$-Elektronen nach Abtrennung der entsprechenden Anzahl Valenzelektronen die äußere Schale des Ions und sind daher der gesamten nicht abgeschirmten Wirkung des Feldes der umgebenden Ionen ausgesetzt. Die $4f$-Elektronen hingegen, die für den Paramagnetismus der Seltenen Erden verantwortlich sind, sind verhältnismäßig tief im Innern des Atoms gelagert. Nach außen hin sind noch die Schalen $5s$ und $5p$ aufgefüllt (siehe Tab. I-6 und I-9), die durch ihre Ladung das Kristallfeld abschirmen.

Ferromagnetismus, Antiferromagnetismus und Ferrimagnetismus

Ferromagnetismus, Antiferromagnetismus und verwandte Zustände der Stoffe unterscheiden sich vom Paramagnetismus durch die Existentz einer *spontanen Magnetisierung*, d.i. durch eine spontane Ordnung der elementaren magnetischen Momente. Zum Unterschied von den paramagnetischen Stoffen, bei denen die magnetischen Momente der Atome normal völlig zufällig orientiert sind und erst unter dem Einfluß eines angelegten Magnetfeldes geordnet werden, tritt hier der geordnete Zustand meist ohne äußere Ursachen, nur als Folge der inneren Wechselwirkungen zwischen den Atomen, ein. Sind dabei die magnetischen Momente benachbarter Atome *parallel* orientiert, so sprechen wir allgemein von *ferromagnetischer* Ordnung, handelt es sich um eine *antiparallele* Orientierung, so sprechen wir von einer *antiferromagnetischen* Ordnung im weiteren Sinn.

---

[33]) Das etwas abweichende Verhalten der Ionen Eu^{3+} und Sm^{3+} wird durch den verhältnismäßig geringen Energieunterschied zwischen den Grundniveaus und den angeregten Zuständen im Vergleich mit der Größe der Wärmeanregung kT erklärt [20].

Ähnlich wie beim Paramagnetismus ist die Existenz unkompensierter permanenter magnetischer Momente im Stoff eine notwendige Bedingung für die Entstehung sämtlicher angeführter geordneter magnetischer Zustände. In unserer Betrachtung wollen wir uns vorläufig auf die Fälle beschränken, in denen die $3d$-Elektronen Träger der magnetischen Eigenschaften sind; mit Rücksicht darauf, was über das Einfrieren der Bahnmomente gesagt wurde, genügt es hier, die Spinmomente in Erwägung zu ziehen, wie dies unter anderem durch gyromagnetische Versuche an $3d$-Übergangsmetallen und an einigen ihrer Verbindungen bestätigt wird.[34]) Soll in Kristallen, die Atome oder Ionen dieser Elemente enthalten, eine spontane Magnetisierung entstehen, so müssen in ihnen genügend starke, von der gegenseitigen Orientierung der Spins abhängige und ihre Ordnung anstrebende Wechselwirkungen vorhanden sein. Hier können zwei grundlegende Arten von Wechselwirkung in Frage kommen: die klassische Dipolwechselwirkung zwischen den magnetischen Momenten der Spins und die Austauschwechselwirkungen. Die Dipolwechselwirkungen haben ihren Ursprung in dem durch die magnetischen Momente der Atome gebildeten Magnetfeld und sind daher stets vorhanden – einerlei ob Spin- oder Bahnmomente –, wenn diese Momente von Null verschieden sind. Es zeigt sich aber, daß die Kräfte, mit denen dieses magnetische Dipolfeld auf die einzelnen Atommagnete einwirkt, zu schwach sind, um zur Entstehung einer spontanen Magnetisierung bei normalen Temperaturen zu führen. Es bleiben daher die Austauschwechselwirkungen übrig, die unter günstigen Umständen bedeutend stärker als die Dipolwechselwirkungen sein können und daher auch für die Entstehung der ferromagnetischen, beziehungsweise antiferromagnetischen Ordnung verantwortlich sein können.

Die Austauschwechselwirkungen, auch wenn ihr Ergebnis in der Orientierung der magnetischen Spinmomente besteht, sind an und für sich nicht magnetischen Ursprungs, sondern sind der Ausdruck elektrostatischer Wechselwirkung zwischen den Elektronen. Sie sind eine völlige Analogie der Wechselwirkungen, die zur Korrelation der Elektronenspins in den Atomen führen, denn sie entstehen durch die kombinierte Einwirkung des Pauli-Prinzips und der gegenseitigen elektrostatischen Abstoßung der Elektronen. Der Hauptunterschied zur Korrelation der Spins innerhalb des Atoms liegt darin, daß es sich um zu verschiedenen Atomen gehörige Elektronen handelt. Mit diesem Umstand hängt unter anderem zusammen, daß die durch Wirkung der Austauschkräfte zwischen den Atomen entstandene Anordnung sowohl parallel als auch antiparallel, d.i. antiferromagnetisch, (vgl. Abschn. 3.4) sein kann,

[34]) Diese Versuche gestatten eine direkte experimentelle Bestimmung des gyromagnetischen Verhältnisses durch Messung der Änderung der Magnetisierung bei der Änderung des makroskopischen Drehimpulses (z. B. bei der Rotation eines ferromagnetischen Körpers — Barnetsche Methode) oder umgekehrt durch Bestimmung der Änderung des Drehimpulses bei der Ummagnetisierung der Probe (Einstein-de Haassche Methode). Wie aus den Gleichungen (1.40) und (1.41) folgt, ist dieses Verhältnis verschieden, je nachdem ob es sich um Bahn- oder Spinmomente handelt; vgl. Abschn. 5.3.

während der Korrelationseffekt innerhalb des Atoms stets eine parallele Orientierung der Spins begünstigt (Hundsche Regel).

Die durch den Austausch verursachte Störung haben wir im Hamilton-Operator (1.32) formal durch das Glied $\mathscr{V}_{ex}$ beschrieben. Aus dem, was über den Charakter der Austauschwechselwirkungen gesagt worden ist, ist es klar, daß $\mathscr{V}_{ex}$ sich zum Unterschied von den üblichen Störungsgliedern in (1.32) nicht nur auf ein einziges ausgesuchtes Atom bezieht, sondern daß es im Grunde die Gesamtheit der Paar-Wechselwirkungen der Elektronen eines ausgewählten Atoms (Ions) mit den Elektronen der übrigen Atome im Kristall vorstellt. Die einzelnen Wechselwirkungen können hierbei durch die effektive Korrelation zwischen den Gesamtspins der Atome ersetzt werden, für die sich der Heisenberg-Diracsche Operator [25] in der Form

$$\mathscr{V}_{ex}^{(ij)} = -2J_{ij}\boldsymbol{S}_i \cdot \boldsymbol{S}_j \tag{1.51}$$

bewährt hat. Dabei sind $\boldsymbol{S}_i$, $\boldsymbol{S}_j$ Operatoren der Atomspins i, j und J_{ij} ist das sogenannte *Austauschintegral*, das von der Symmetrie und der Größe der Überlappung der Elektronenhüllen beider Atome abhängt. Das Austauschintegral kann positiv oder negativ sein, was eine Präferenz für die ferromagnetische oder die antiferromagnetische Spinanordnung zur Folge hat. Sein absoluter Wert bestimmt die Größe der Austauschkräfte und entscheidet darüber, ob im gegebenen Fall die ferromagnetische bzw. antiferromagnetische Anordnung wirklich zu Stande kommt. Da uns der gegenwärtige Zustand der Theorie in der Regel nicht gestattet, das Austauschintegral direkt zu berechnen, ist es häufig von Vorteil, es als eine gewisse halbempirische Konstante aufzufassen, die die Austauschwechselwirkung charakterisiert und deren Größe in Verbindung mit dem Experiment bestimmt werden kann. Zu diesem Zweck müssen allerdings geeignete Beziehungen zwischen dem Austauschintergral bzw. der Austauschenergie und makroskopisch meßbaren Werten gefunden werden [26].

Wie aus der Form des Operators (1.51) folgt, ist die magnetische Orientierung, deren Grundlage er bildet, eine *kooperative* Erscheinung, an der alle magnetischen Atome (Ionen) des Kristalls teilnehmen. Mit der Beziehung (1.51) führen wir eine effektive Kopplung zwischen den Spins verschiedener Atome ein, und diese Situation ist völlig analog jener, der wir im Kleinen bei den Elektronen innerhalb des Atoms begegnet sind. Die individuellen Spins der Atome verlieren infolge dieser Kopplung bis zu einem gewissen Grade ihre Selbständigkeit, setzen sich zu einem resultierenden Spin des ganzen Kristalls zusammen, der so die Rolle der meßbaren Größe, ähnlich wie der Gesamtspin $\boldsymbol{S}$ im Atom, übernimmt (vgl. Seite 49). Bezeichnen wir den Gesamtspin des Kristalls mit $\mathscr{S}$, so werden mit der Energie auch $\mathscr{S}^2$, $\mathscr{S}_z$ und die Quadrate $\boldsymbol{S}_i^2$ der Atomspins gleichzeitig meßbar sein. Dabei gelten für $\mathscr{S}^2$ und $\mathscr{S}_z$ die Quantenbedingungen der Art (1.25) und (1.26). Da aber die Anzahl N der Atome im Kristall sehr groß ist (je 1 cm^3 $N \approx 10^{22}$), wird für den Wert des Gesamtspins $\mathscr{S}$ gelten

$$|\mathscr{S}| = \hbar[NS(NS+1)]^{1/2} \cong \hbar NS = \mathscr{S}_{z\max}, \tag{1.52}$$

so daß die maximale meßbare Komponente des Gesamtspins $\mathscr{S}$ in der Richtung der Quantelungsachse gleichzeitig praktisch seinem absoluten Betrag gleich ist. Das bedeutet, daß bei vollkommener Orientierung der Spins (bei 0 K) der resultierende Spin und daher auch das ihm entsprechende magnetische Moment (Sättigungsmoment) den gleichen Wert besitzen wird, wie wenn jedem Atom ein (klassischer) Vektor $\boldsymbol{S}$ von der Größe $S\hbar$ (anstatt $\sqrt{[S(S+1)]}\,\hbar$) bzw. ein magnetisches Moment

$$\mu = gS\mu_B = n_B\mu_B \tag{1.53}$$

zukommen würde. Die Beziehung (1.51) könnte dann direkt als die auf ein Ionenpaar i, j entfallende Austauschenergie und die Summe dieser Ausdrücke für sämtliche Paare i, j im Kristall als seine Gesamtaustauschenergie (klassische Heisenbergsche Austauschenergie) interpretiert werden. Die ferromagnetische bzw. antiferromagnetische Orientierung kann dann als im wahren Sinn parallel oder antiparallel aufgefaßt werden.[35]) Die Anwendung dieser klassischen Näherung vereinfacht manchmal wesentlich die Überlegungen und führt häufig zu Ergebnissen, die in der gegebenen Annäherung denen der Quantentheorie äquivalent sind.

Summieren wir die Ausdrücke (1.51) für alle Ionenpaare (i, j) – gewöhnlich genügt es, sich auf Paare naher Atome zu beschränken, da die Größe der Austauschwechselwirkungen mit der Entfernung stark abnimmt – erhalten wir den Operator der Gesamtaustauschenergie des Kristalls, oder, wenn wir $\boldsymbol{S}_i$, $\boldsymbol{S}_j$ als klassische Vektoren ansehen, direkt die Austauschenergie. Wir wollen nun zeigen, wie dieser im Grunde genommen kollektive Effekt der Austauschwechselwirkungen in der sogenannten Molekularfeld-Näherung auf eine Wechselwirkung unabhängiger Atome (Ionen) mit einem bestimmten *effektiven Austauschfeld* (*Molekularfeld*) und hiermit auf ein Einionenproblem überführt werden kann. Addieren wir die Beiträge zur Gesamtaustauschenergie, die aus der Wechselwirkung des i-ten Atoms mit den übrigen Atomen stammen. Wir erhalten

$$\mathscr{V}_{ex,i} = \sum_{j(j\neq i)} -2J_{ij}\boldsymbol{S}_i \,.\, \boldsymbol{S}_j = -g_i\mu_B\boldsymbol{S}_i \,.\, \sum_{j(j\neq i)} \frac{2J_{ij}}{g_i g_j \mu_B^2}\, g_j\mu_B\boldsymbol{S}_j\,,$$

was in der Form geschrieben werden kann

$$\mathscr{V}_{ex,i} = -\boldsymbol{\mu}_i \,.\, \boldsymbol{H}_{ex,i}\,, \quad \boldsymbol{H}_{ex,i} = \sum_{j(j\neq i)} \frac{2J_{ij}}{g_i g_j \mu_B^2}\,\boldsymbol{\mu}_j\,, \tag{1.54}$$

wo $\boldsymbol{\mu}_i$, $\boldsymbol{\mu}_j$ die magnetischen Momente (bzw. ihre Operatoren) der Atome i und j darstellen. Bis jetzt hat es sich nur um formale Operationen gehandelt, erst jetzt werden wir die Näherung durchführen. Dabei werden wir der Einfachheit halber

[35]) Es sei bemerkt, daß die Eigenwerte des Operators (1.51) bestimmten zulässigen Winkeln zwischen den Vektoren $\boldsymbol{S}_i$, $\boldsymbol{S}_j$ entsprechen, unter denen für endliche S weder die Werte Null noch π vorkommen (vgl., was über das Vektormodell des Atoms gesagt wurde, Seite 52).

voraussetzen, daß alle Atome gleich sind, so daß $g_i = g_j = g$, $S_i = S_j$ und schließlich, daß es sich nur um Wechselwirkungen zwischen den nächsten Nachbarn handelt, die durch ein einziges Austauschintegral $J_{ij} = J > 0$ charakterisiert sind.[36]) Der Ausdruck für $\boldsymbol{H}_{ex,i}$ kann in die Form gebracht werden

$$\boldsymbol{H}_{ex,i} = \frac{2J}{g^2\mu_B^2} \sum_{j \neq i} \boldsymbol{\mu}_j \cong \frac{2J}{g^2\mu_B^2} z\langle\boldsymbol{\mu}_j\rangle\,, \tag{1.55}$$

in der wir die augenblicklichen Momente $\boldsymbol{\mu}_j$ der nächsten Nachbarn durch ihre zeitlichen Mittelwerte $\langle\boldsymbol{\mu}_j\rangle$ ersetzt haben, die unter den gegebenen Voraussetzungen für alle z Nachbarn gleich sein werden. Der Ausdruck (1.54) kann dann wirklich als Energie bzw. Energieoperator des magnetischen Dipolmoments $\boldsymbol{\mu}$ in einem effektiven Magnetfeld $\boldsymbol{H}_{ex}$ angesehen werden, das von dem mittleren magnetischen Moment der benachbarten Atome abhängig ist.[37]) Da aber dieses mittlere Moment offensichtlich der Magnetisierung des Kristalls $\boldsymbol{M}$ proportional ist, kann für $\boldsymbol{H}_{ex}$ die Beziehung geschrieben werden[38])

$$\boldsymbol{H}_{ex} = \nu\boldsymbol{M}\,, \tag{1.56}$$

in der ν die sogenannte Molekularfeldkonstante (Weissscher Faktor) bedeutet.

Schließlich – und darin beruht der Hauptgedanke der Molekularfeldmethode – können wir, nachdem wir die innere Austauschwechselwirkung auf die Wirkung eines bestimmten effektiven quasimagnetischen Feldes überführt haben, die den ferromagnetischen Stoff bildenden Atome bzw. Ionen im Grunde genommen als freie paramagnetische Ionen ansehen und können ihr Verhalten im resultierenden Feld, das durch die Summe des Austauschfeldes und des wirklichen Magnetfeldes gegeben sein wird, untersuchen. Für die Berechnung der Magnetisierung bei einer gegebenen Temperatur können wir dann die Gleichung (1.43) verwenden, wenn wir H im Argument der Brillouinischen Funktion durch den Ausdruck $H + \nu M$ ersetzen und wenn wir überall S an Stelle von J schreiben; geht es uns dabei speziell um die Größe der spontanen Magnetisierung M_s, so setzen wir direkt $H = H_{ex} = \nu M_s$.

Bei der absoluten Nulltemperatur nimmt die Brillouinische Funktion den Wert 1 an und M_s erreicht demnach gemäß (1.43) seinen Sättigungswert

$$M_s(0) = NgS\mu_B = Nn_B\mu_B\,, \tag{1.57}$$

der der parallelen Orientierung aller elementaren Atommagnete entspricht. N bedeu-

[36]) Das Symbol J, das sich für die Bezeichnung des Austauschintegrals eingebürgert hat, ist leider mit der Bezeichnung der Quantenzahl des Gesamtdrehimpulses identisch. Wir weisen darauf hin, um Mißverständnisse zu vermeiden. Das Austauschintegral hat selbstverständlich mit dieser Quantenzahl nichts gemeinsam.

[37]) Wenn alle Atome äquivalent sind, kann der Index i ausgelassen werden.

[38]) Diese Beziehung wurde völlig intuitiv von P. Weiss lange vorher gefunden, bevor sie auf Grund der Quantenmechanik begründet werden konnte [27].

tet hier die Anzahl der Atome in 1 cm^3, die ein magnetisches Moment tragen, n_B die effektive Anzahl Bohrscher Magnetone je 1 Atom. Mit wachsender Temperatur wird diese vollkommene Anordnung allmählich durch die Wärmeschwingungen gestört, so daß die Größe der spontanen Magnetisierung sinkt. M_s als Funktion der Temperatur kann dann aus der Gleichung (1.43) bestimmt werden, wenn wir $x = g\mu_B S\nu M_s/kT$ setzen. Bei hinreichend hohen Temperatur beginnt dieser störende

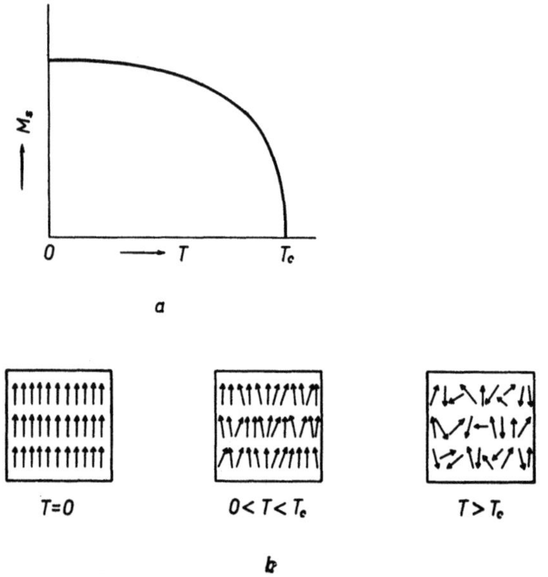

Abb. 1.17 Schematischer Verlauf der Temperaturabhängigkeit der spontanen Magnetisierung (a) und Darstellung des Einflußes der Wärmeanregung auf die Anordnung magnetischer Momente (b).

Einfluß der Wärmeschwingungen die das System der Elementarmagnete in geordnetem Zustand haltenden Kräfte zu überwiegen. Die Abnahme der Spontanmagnetisierung wird steiler, bis schließlich bei einer gewissen kritischen Temperatur – der Curie-Temperatur T_c – die spontane Magnetisierung verschwindet und der Stoff paramagnetisch wird (Abb. 1.17). Aus der Curie-Temperatur T_c können wir also auf die Größe der Austauschwechselwirkungen und des Austauschfeldes H_{ex} schließen; für eine größenordnungsmäßige Abschätzung genügt es hier zu setzen

$$E_{ex} \approx gS\mu_B H_{ex} \approx kT_c\,,$$

woraus z.B. für Eisen ($S \approx 1$, $g \approx 2$, $T_c \approx 1000\,°K$) $H_{ex} \approx 5 \,.\, 10^6$ Oe folgt. Durch derartige Vergleiche werden wir auch zu dem Schluß geführt, daß die spontane Magnetisierung der ferromagnetischen Stoffe nicht durch klassische Dipolwechselwirkungen verursacht wird, da ihre berechnete Energie Werte ergibt, die 10^3 bis 10^4 mal kleiner sind als aus den gemessenen Curie-Temperaturen folgen würde [14]. Die Werte von T_c, $M_s(0)$ und M_s bei Zimmertemperatur, zusammen mit der effektiven Anzahl der Bohrschen Magnetone n_B, sind für einfache ferromagnetische Stoffe in Tab. I-10 angeführt.

Tabelle I-10

	T_c (K)	M_s (0)	M_s (300 K)	n_B
Fe	1043	1752	1707	2,21
Ni	631	510	485	0,606
Co	1400	1446	1400	1,716

Obwohl der Stoff bei Überschreitung des Curie-Punktes paramagnetisch wird, hören selbst dann die Austauschkräfte nicht zu wirken auf; sie sind nur zu schwach, um die Spinmomente in geordnetem Zustand zu erhalten. Die elementaren Atommagnete sind daher auch weiterhin der Einwirkung des Feldes H_{ex} ausgesetzt, das dem äußeren magnetischen Felde H zugezählt wird. Ist $T > T_c$, so können wir, um die Magnetisierung auszudrücken, die Gleichung (1.47) anwenden, wenn wir in ihr $H + \nu M$ an Stelle von H schreiben. Es wird

$$M = (H + \nu M)\, C/T, \quad C = Ng^2 S(S+1)\, \mu_B^2/3k \tag{1.58}$$

und daraus folgt für die Temperaturabhängigkeit der Suszeptibilität die Beziehung

$$\chi = \frac{M}{H} = \frac{C}{T - C\nu}. \tag{1.59}$$

Da für $T \to C\nu$ χ über alle Grenzen wächst, so daß auch für $H = 0$ $M \neq 0$ bleibt, können wir das Produkt $C\nu$ als identisch mit der Curie-Temperatur T_c ansehen.[39]) Dadurch geht (1.59) in

$$\chi = \frac{C}{T - T_c} \tag{1.60}$$

über, was die gebräuchliche Form des Curie-Weissschen-Gesetzes ist. In Verbindung mit den Gleichungen (1.54) und (1.56) folgt hieraus der angenäherte Ausdruck

$$T_c = 2zJS(S+1)/3k, \tag{1.61}$$

[39]) Diese sogenannte paramagnetische Curie-Temperatur ist in der Regel etwas höher als der experimentell aus der Temperaturabhängigkeit von M_s bestimmte ferromagnetische Curie-Punkt T_c. Die Erklärung muß man darin suchen, daß die Gültigkeit des Curie-Weissschen-Gesetzes durch die Bedingung $T \gg T_c$ begrenzt ist; in der Umgebung von T_c treten Abweichungen von diesem Gesetz ein, die unter anderem mit der Existenz einer magnetischen Nahordnung und den durch sie hervorgerufenen starken Fluktuationen des Austauschfeldes H_{ex} zusammenhängen.

der den Zusammenhang zwischen dem Austauschintegral J und der Curie-Temperatur angibt.

Die wichtigsten Züge der Weissschen Molekularfeldtheorie wurden hier für den einfachen Fall diskutiert, daß die Austauschwechselwirkungen durch ein einziges positives Austauschintegral beschrieben werden können. Diese Forderung ist z.B. für den einfachen Heisenbergschen Ferromagneten charakteristisch. Unter den konkreten Stoffen, die sich in ihren Eigenschaften dem idealen Heisenbergschen Ferromagneten stark nähern, können z.B. EuO, EuS und einige weitere Verbindungen des Europiums angeführt werden.

Die antiferromagnetischen Stoffe (z.B. NiO, MnO, MnF_2 u.ä.) unterscheiden sich von den ferromagnetischen durch die antiparallele Orientierung der Spins benachbarter Kationen. Bei diesen Stoffen bilden die Atome (Ionen) mit gleichsinnig orientierten Spins bestimmte einander gegenseitig durchdringende kristallographisch äquivalente Untergitter, die mit gleichen Atomen besetzt sind und sich nur durch die Orientierung der Spins unterscheiden. Als Bespiel ist in Abb. 1.18 die Orientierung der magnetischen Momente der Co^{2+}-Ionen in der Elementarzelle des CoO wiedergegeben. Lassen wir den eigentlichen Mechanismus der Austauschwechsel-

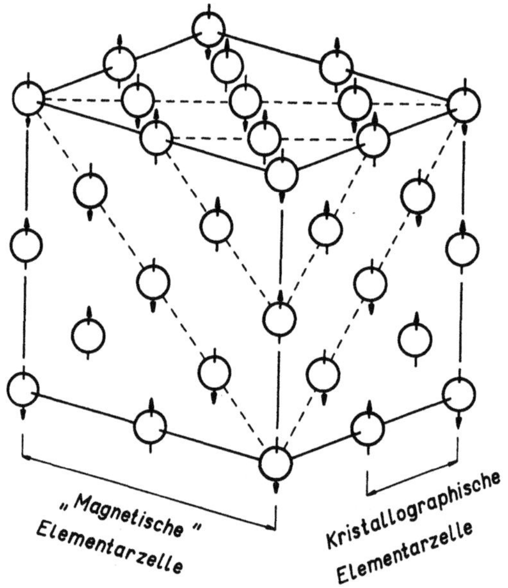

Abb. 1.18 Magnetische Struktur von CoO.

wirkung in den antiferromagnetischen Stoffen beiseite, so können wir im einfachsten Falle formal die Austauschwirkung wiederum mit Hilfe eines einzigen Austauschintegrals J (das allerdings jetzt negativ sein wird) und der zugehörigen Molekularfeldkonstante v beschreiben; diese Konstante bestimmt nun das Austauschfeld, mit dem ein Untergitter auf die Atome des zweiten Untergitters einwirkt. Wollen wir analog zu (1.58) die Magnetisierung der antiferromagnetischen Stoffe ausdrücken, so müssen wir zuerst die Magnetisierungen beider Untergitter finden und diese dann zu dem resultierenden Moment zusammensetzen.[40]) Wir bemerken, daß ähnlich wie bei den ferromagnetischen Stoffen eine kritische Temperatur besteht – die antiferromagnetische Curie-Temperatur wird manchmal auch Néel-Temperatur genannt (Bezeichnung T_N) – bei der die spontane Magnetisierung der Untergitter verschwindet und der Bereich des Paramagnetismus beginnt. Unterhalb der Néel-Temperatur

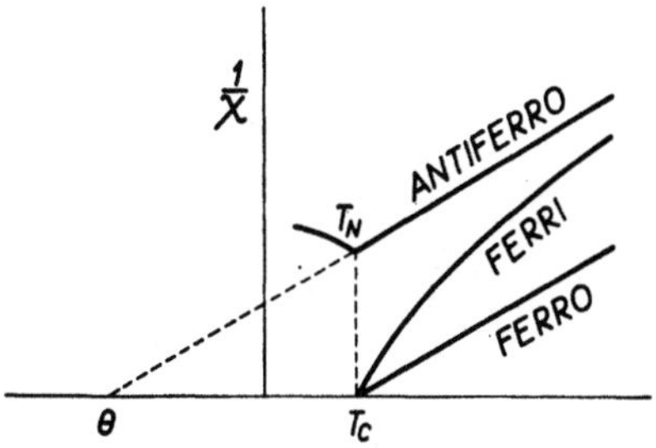

Abb. 1.19 Vergleich des Verlaufs $1/\chi$ als $f(T)$ für einen ferromagnetischen, antiferromagnetischen und ferrimagnetischen Stoff (schematisch).

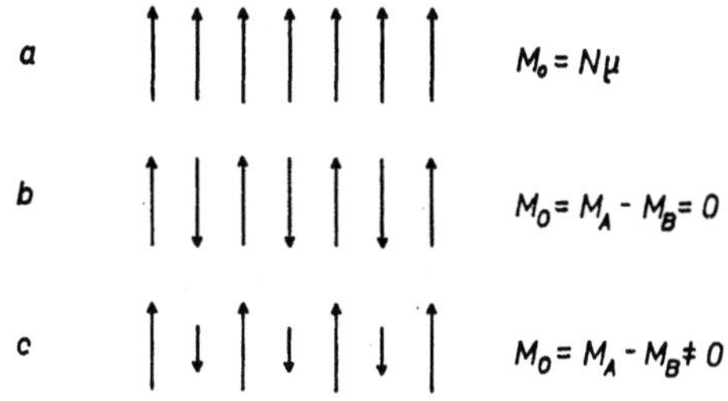

Abb. 1.20 Schematische Darstellung der Anordnung magnetischer Momente: (a) Ferromagnetika, (b) Antiferromagnetika, (c) Ferrimagnetika.

sind die Untergitter zwar spontan magnetisiert, infolge der antiparalellen Orientierung ist aber in Abwesenheit eines Magnetfeldes die resultierende Magnetisierung gleich Null. Die antiferromagnetische Anordnung schwächt gleichzeitig auch die orientierende Wirkung des magnetischen Feldes, wie aus Abb. 1.19 zu sehen ist, in der der typische Verlauf der Suszeptibilität eines antiferromagnetischen Stoffes in Abhängigkeit von der Temperatur dargestellt ist. Im Bereich oberhalb der Néel-Temperatur richtet sich die Suszeptibilität nach einem dem Curie-Weissschen analogen Gesetz

$$\chi = \frac{C}{T + \Theta}, \quad \Theta = C'|\nu| > 0, \tag{1.62}$$

wo $C = 2C'$ die resultierende Curie-Konstante und C' die auf ein Untergitter bezogene Curie-Konstante bedeutet. Das Verhältnis Θ/T_N hängt mit der Größe der Wechselwirkungen zwischen den zum selben Untergitter gehörenden Atomen sowie mit der Symmetrie und der Anordnung der Untergitter zusammen und bewegt sich in der Regel im Intervall 1,4–3.

Der *Ferrimagnetismus* unterscheidet sich von den beiden angeführten Fällen –

---

[40]) Analog zu (1.56) kann für jedes der Untergitter ein Ausdruck für das Austauschfeld gegeben werden, wobei beide Felder mit Rücksicht auf das negative Vorzeichen von ν entgegengesetzt orientiert sein werden.

dem Ferromagnetismus und dem Antiferromagnetismus – in vielen Beziehungen. Bezeichnend für ihn ist wiederum die Existenz spontan magnetisierter Untergitter, ähnlich, wie wir ihnen bei den antiferromagnetischen Stoffen begegnet sind. Während aber beim Antiferromagnetismus diese Untergitter gegenseitig äquivalent sind und sich voneinander nur durch die Orientierung der magnetischen Momente unterscheiden, sind die grundlegenden Untergitter der ferrimagnetischen Stoffe voneinander

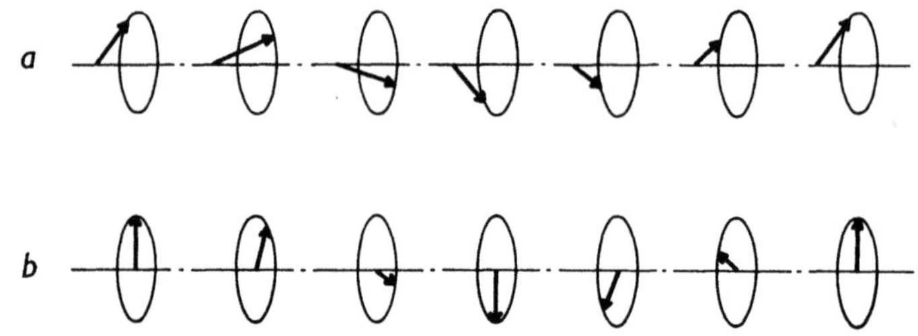

Abb. 1.21 Einfache magnetische Spiralen: (a) ferromagnetische, (b) antiferromagnetische.

verschieden, in der Regel sowohl kristallographisch als auch in bezug auf Größe und Anordnung der magnetischen Momente.

Daraus folgen Unterschiede in der Größe der spontanen Magnetisierung der einzelnen Untergitter, so daß bei der beim Ferrimagnetismus üblichen antiparallelen Orientierung im allgemeinen die magnetischen Momente nicht kompensiert sind und eine gewisse von Null verschiedene resultierende Magnetisierung übrig bleibt. Mit Rücksicht darauf sprechen wir manchmal vom Ferrimagnetismus als von einem *unkompensierten Antiferromagnetismus.*[41]) In Abb. 1.20 sind zum Vergleich schematisch die Anordnungen der magnetischen Momente bei ferromagnetischen, antiferromagnetischen und ferrimagnetischen Stoffen dargestellt (der Fall zweier Untergitter mit entgegengesetzter Orientierung der magnetischen Momente). Es sei bemerkt, daß außer den angeführten einfachen Typen magnetischer Ordnung noch kompliziertere Anordnungen bestehen, die meist durch Nichtkollinearität der magnetischen Momente charakterisiert sind (Spiralstrukturen), eventuell auch durch periodische Änderungen des Wertes der magnetischen Momente. Als Beispiel sind in Abb. 1.21 schematisch zwei einfache Spiraltypen angedeutet: der ferromagnetische und der antiferromagnetische Typ.

Wie ersichtlich, stellen die Ferrimagnetika eine Klasse von Stoffen dar, die einerseits mit Rücksicht auf die nicht kompensierten magnetischen Momente Eigenschaften besitzen können, die den ferromagnetischen Stoffen sehr ähneln, anderseits aber

[41]) Von den ferrimagnetischen sind die Stoffe mit sogenanntem schwachen Ferromagnetismus (α-Fe_2O_3, $MnCO_3$ u. a.) zu unterscheiden, die im Grunde genommen Antiferromagnetika mit äquivalenten Untergittern sind; die magnetischen Momente der Untergitter sind aber etwas gegeneinander gedreht, so daß ein schwaches ferromagnetisches Moment entsteht (vgl. Abschn. 3.4).

durch die Art der gegenseitigen Anordnung der magnetischen Momente den antiferromagnetischen Stoffen näher stehen. Ein typisches Beispiel eines ferrimagnetischen Stoffes sind die Ferrite der zweiwertigen Übergangselemente mit Spinellstruktur, z.B. der Magnetit Fe_3O_4 (Abb. 1.22). Wie wir später eingehender zeigen wollen, ist die Spinellstruktur durch zwei verschiedene Typen von Kationenstellen ausgezeichnet, die sich durch ihre Koordination unterscheiden, so daß hier in einfachster

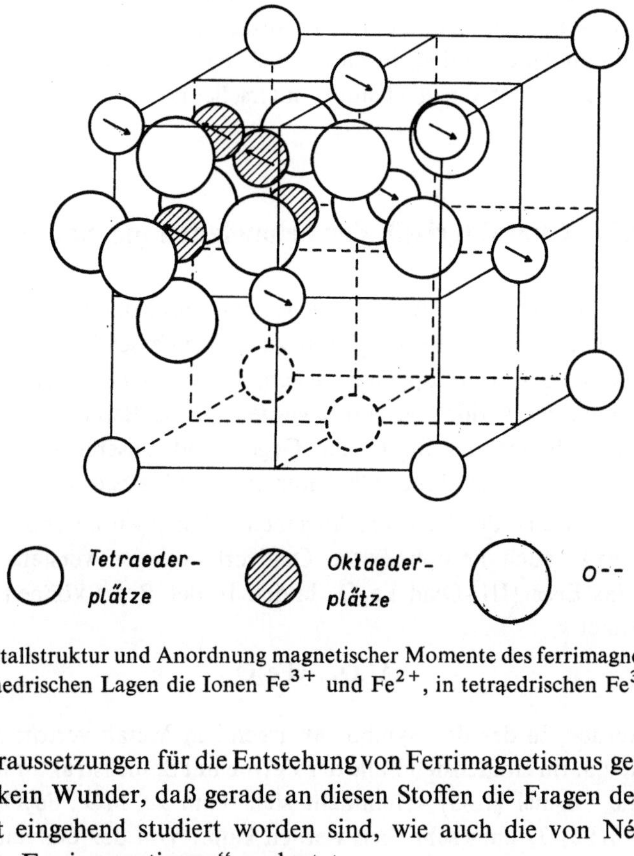

Abb. 1.22 Kristallstruktur und Anordnung magnetischer Momente des ferrimagnetischen Spinells Fe_3O_4; in oktaedrischen Lagen die Ionen Fe^{3+} und Fe^{2+}, in tetraedrischen Fe^{3+}-Ionen.

Form die Voraussetzungen für die Entstehung von Ferrimagnetismus gegeben sind.[42]) Es ist daher kein Wunder, daß gerade an diesen Stoffen die Fragen des Ferrimagnetismus zuerst eingehend studiert worden sind, wie auch die von Néel eingeführte Bezeichnung „Ferrimagnetismus“ andeutet.

Die Anwesenheit nicht äquivalenter Untergitter ist in der Regel von der Existenz mehrerer Arten von Austauschwechselwirkungen begleitet, die sich durch die Größe und häufig auch durch das Vorzeichen der entsprechenden Austauschintegrale unterscheiden. Wie wir im Kapitel III zeigen werden, kann auch in diesem Falle die entsprechend modifizierte Molekularfeldtheorie als Ausgangspunkt für die phänomenologische Theorie des Ferrimagnetismus angewendet werden. Der Umstand, daß gleichzeitig mehrfache Wechselwirkungen eintreten, beeinflußt allerdings unmittelbar

[42]) Unter Koordination verstehen wir hier die Anzahl und Anordnung der nächsten Nachbarn eines gegebenen Ions, in unserem Falle also die Anzahl und Anordnung der Sauerstoffanionen.

eine Reihe von Eigenschaften, u.a. die Temperaturabhängigkeit der makroskopischen Magnetisierung, wo oft sehr wesentliche Unterschiede gegenüber den ferromagnetischen Stoffen auftreten (vgl. auch das Verhalten der Ferromagnetika, Ferrimagnetika und Antiferromagnetika im Bereich oberhalb der Curie-Temperatur, wie es in Abb. 1.19 dargestellt ist).

Da dem Ferrimagnetismus und seinen verschiedenen Äußerungen ein großer Teil der weiteren Ausführungen gewidmet ist, werden wir hier diese Frage nicht weiter behandeln und begnügen uns mit dieser vorläufigen Charakteristik, die nur die Hauptmerkmale andeuten sollte, durch die sich der Ferrimagnetismus vom Ferromagnetismus und Antiferromagnetismus unterscheidet.

1.4 Allgemeine Charakteristik der behandelten magnetischen Oxide

Wir wollen nun den in den weiteren Kapiteln durchzunehmenden Stoff näher begrenzen. Unser Ziel ist es, ein möglichst zusammenfassendes Bild der physikalischen Eigenschaften der Stoffgruppen zu geben, die im Titel des Buches „Ferrite und verwandte magnetische Oxide“ genannt wurden. Diese Bezeichnung erfaßt einige wesentliche Eigenschaften der Stoffe, die Gegenstand unserer Untersuchung sein werden, genügt aber nicht zu ihrer vollständigen Charakterisierung.

Widmen wir uns zuerst den Ferriten. Allgemein können wir unter diesem Ausdruck Doppeloxide bzw. auch kompliziertere Oxidverbindungen verstehen, deren eine Komponente das Eisen(III)-Oxid Fe_2O_3 bildet. In der Regel können sie durch die chemische Formel

$$xM_aO_b \,.\, yFe_2O_3 \tag{1.63}$$

beschrieben werden, in der das Symbol M irgendein Metall vertritt z.B., Mn, Ni, Mg, Y, Gd, Ba u.ä. Im einfachsten Falle der Ferrite mit Spinellstruktur ist $x = y = 1$, $a = b = 1$; die Formel (1.63) vereinfacht sich dann zu $MO\,.\,Fe_2O_3$, was in die übliche Form MFe_2O_4 umgeschrieben werden kann. Von den einfachen, durch die Formel (1.63) beschriebenen Ferriten können wir dann eine große Anzahl von Mischferriten ableiten, worunter wir feste Lösungen (Mischkristalle) der einfachen Ferrite verstehen. Vom magnetischen Standpunkt finden wir bei der überwiegenden Mehrzahl der Ferrite ferrimagnetische, in einigen Fällen antiferromagnetische Anordnung der magnetischen Momente. Träger dieser permanenten magnetischen Momente sind einerseits die dreiwertigen Eisenionen, die im Grundzustand fünf d-Elektronen und einen Gesamtspin $S = \frac{5}{2}$ besitzen, anderseits können es auch die M-Ionen sein, sofern M irgendein Übergangs-Element bedeutet.

Ersetzen wir in der Formel (1.63) Fe_2O_3 durch das Oxid irgendeines anderen Übergangselements der Eisengruppe bzw. durch eine Kombination von Oxiden, von denen wenigstens eines diese Bedingung erfüllt, so erhalten wir die sehr ausgedehnte Klasse der den *Ferriten verwandten Stoffe*, die – soweit bei ihnen die Voraussetzung für die Entstehung von Ferrimagnetismus gegeben ist – zusammen mit den Ferriten unter die gemeinsame Bezeichnung *oxidische Ferrimagnetika* fallen können. Da unter gewissen Umständen bei diesen Stoffen auch ferromagnetische Anordnung eintreten kann (in Abhängigkeit vom Typus der Austauschwechselwirkungen), wollen wir auch diese Fälle in die weiteren Ausführungen einbeziehen. Zusammenfassend kann daher gesagt werden, daß unsere Monographie dem Studium der *ferrimagnetischen und ferromagnetischen Oxide* gewidmet ist.

Obwohl eine große Anzahl Stoffe besteht, die dieser Definition entsprechen, bilden die oxidischen Ferrimagnetika und Ferromagnetika dank einer Reihe bedeutsamer gemeinsamer Eigenschaften ein verhältnismäßig einfaches und übersichtliches System, das im großen ganzen eine einheitliche Bearbeitung der ganzen Problematik gestattet. Eine nicht geringe Rolle spielt hierbei die verhältnismäßig geringe Anzahl der grundlegenden Kristalltypen, die bei diesen Oxiden vorkommen: Spinell, Magnetoplumbit, Granat und einige wenige weitere Strukturen. Es sei bemerkt, daß für die Diskussion des Großteils der grundlegenden physikalischen Eigenschaften gerade die Kristallstruktur und ihr Typ eine wichtige Rolle spielen, und es ist daher nötig, sie neben der chemischen Zusammensetzung als grundlegende Charakteristik der Stoffe anzusehen.

Vom Standpunkt der elektrischen Eigenschaften aus gehören die Ferrite und die übrigen oxidischen Ferrimagnetika zu den sogenannten Valenzhalbleitern, die durch eine besondere Art von Elektronenleitfähigkeit ausgezeichnet sind, die Unterschiede gegenüber dem Leitfähigkeitsmechanismus der bekannten elementaren Halbleiter wie Ge, Si u.a. aufweist. Im Kapitel VII werden wir ausführlich über diesen Leitfähigkeitstypus sprechen, der eng mit der Lokalisierung der die Ladung übertragenden Elektronen und mit der Koexistenz von Ionen verschiedener Valenz desselben Elements im Kristallgitter zusammenhängt. Mit Rücksicht auf die geringe Beweglichkeit

Tabelle I-11

Valenzzustände der Übergangsmetallionen $3d^n$

Anzahl der Elektronen $3d$ / Valenz	0	1	2	3	4	5	6	7	8	9	10
1+											Cu
2+			Ti	V	Cr	Mn	Fe	Co	Ni	Cu	Zn
3+	Sc	Ti	V	Cr	Mn	Fe	Co	Ni			
4+	Ti	V	Cr	Mn	Fe	Co					
5+	V										

der lokalisierten Elektronen sprechen wir häufig auch von *Stoffen mit geringer Beweglichkeit.* Es sei bemerkt, daß die lokalisierten Außenelektronen ebenso wie die Fähigkeit, an einem bestimmten Punkt des Kristallgitters in verschiedener Valenz zu existieren, gerade für die Übergangselemente charakteristisch ist, deren Anwesenheit so zu einem entscheidenden Faktor nicht nur vom Standpunkt der magnetischen, sondern auch der elektrischen und weiteren Eigenschaften wird.[43]) Die Vielfalt der Valenzzustände, die die Ionen der Übergangselemente der Eisengruppe annehmen können, ist aus Tab. I-11 ersichtlich. Wie wir später sehen werden, kann die Beteiligung der Ionen der Übergangselemente am Prozeß der elektrischen Leitfähigkeit auch einen gewissen Zusammenhang zwischen dem Mechanismus der elektrischen Leitfähigkeit und den Austauschwechselwirkungen zur Folge haben. Von diesem Standpunkt aus erscheint die Bezeichnung „magnetische Halbleiter", die manchmal im Zusammenhang mit den magnetischen Oxiden und ähnlichen Stoffen gebraucht wird, voll berechtigt.

Der Umstand, daß bei den Übergangsionen die *d*-Elektronen Außenelektronen sind, besitzt auch eine nicht geringe Bedeutung für die Bindung. Obwohl wir die Kristalle der Ferrite und verwandter Oxide in gewisser Annäherung als Kristalle mit Ionenbindung ansehen können, kommen bei ihnen auch die von der Konfiguration der Elektronenhüllen der Ionen abhängigen Kräfte zur Geltung (das Glied E_{el} im Ausdruck (1.1) für die Kristallenergie), die bei typischen Ionenkristallen (NaCl u.ä.) gewöhnlich nicht in Betracht gezogen werden müssen. Ursache dieses Verhaltens ist wiederum die unvollständige Anzahl der $3d$-Elektronen, die eine Verminderung der Symmetrie der Elektronenhülle und eine direkte Beteiligung der $3d$-Elektronen an der Bindung zur Folge hat (bei den Ionenkristallen setzen wir eine kugelsymmetrische Verteilung der Ladungen um den Kern voraus).

Alle erwähnten charakteristischen Eigentümlichkeiten der Oxide der Übergangsmetalle können qualitativ durch ihr Energiespektrum erklärt werden, das schematisch in Abb. 1.23 dargestellt ist. Die Elektronenstruktur des Sauerstoffatoms ist $1s^2\ 2s^2\ 2p^4$; durch Kombination der $2p$-Elektronen mit den s-Außenelektronen der Atome des Übergangselements entsteht ein gefülltes Valenzband, das im wesentlichen durch die ursprünglichen p-Zustände des Sauerstoffs gebildet wird, während aus den frei gewordenen s-Zuständen an den Kationen durch Delokalisierung ein leeres Leitfähigkeitsband entsteht. Der Abstand der beiden Bänder ist mit Rücksicht auf den

[43]) Dies gilt insbesondere für die *d* Elektronen, die nach Abtrennung der Valenzelektronen die äußere Schale der Elektronenhülle des Ions bilden. Die unvollständige Anzahl dieser Elektronen hat zur Folge, daß ihre Bindung an den Kern nicht so stark wie bei den Elektronen der abgeschlossenen Schalen ist. Es kann verhältnismäßig leicht Abtrennung eines oder mehrerer von ihnen eintreten und das Ion vergrößert dementsprechend seine positive Gesamtladung und damit seine Valenz. Das neutrale Mn-Atom besitzt z. B. die Konfiguration der Außenelektronen $3d^5\ 4s^2$; nach Abtrennung beider $4s$-Elektronen bleibt ein zweiwertiges Manganion Mn^{2+} mit der Konfiguration $3d^5$ zurück, das durch Verlust weiterer Elektronen in Mn^{3+} mit der Konfiguration $3d^4$ und in Mn^{4+} mit nur drei *d* Elektronen, also $3d^3$, übergehen kann.

großen Unterschied der Elektronegativität des Sauerstoffs und der Übergangselemente bedeutend, größenordnungsmäßig 10 bis 15 eV.[44]) Zwischen beiden Bändern liegen die Niveaus der *d*-Elektronen, die gegenüber den freien Atomen durch das Kristallfeld und weitere Wechselwirkungen modifiziert, gespalten und verschoben sind. Ohne diese Niveaus würde das Energiespektrum der Oxide der Übergangselemente sich nicht grundsätzlich vom Bänderspektrum eines typischen Isolators Abb. 1.8 unterscheiden.

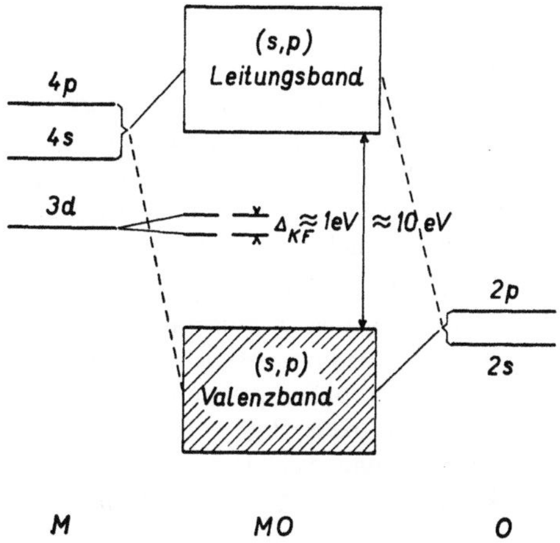

Abb. 1.23 Schematische Darstellung der Energieniveaus von einem Übergangsmetalloxid *M*O im Ionenmodell. Am linken und rechten Rand sind die Elektronenniveaus freier Atome eingezeichnet, aus denen das Spektrum des Oxides abgeleitet ist.

Ihre unvollständige Besetzung gestattet aber die Übertragung von Elektronen ohne Anregung in das Leitfähigkeitsband und die Entstehung lokalisierter magnetischer Momente. Der Vollständigkeit halber wollen wir anführen, daß es in einigen Fällen zur Aufspaltung und Delokalisierung wenigstens einiger dieser Elektronenniveaus kommen kann, was sich in einer merklichen Änderung der elektrischen und magnetischen Eigenschaften äußert. Wir können dann je nach den Umständen mit Oxiden zu tun haben, die die Charakteristik von Metallverbindungen zeigen, wie es nicht selten bei Oxiden mit 4*d*- und 5*d*-Elektronen vorkommt [19].

Die Fähigkeit der Ionen der Übergangselemente in verschiedenen Wertigkeitsstufen vorzukommen (z.B. Fe^{2+}, Fe^{3+}, Mn^{2+}, Mn^{3+}, Mn^{4+} u.ä.) äußert sich anschaulich in der Anzahl verschiedener Oxide, die ein und dasselbe Übergangsmetall unter verschiedenen Umständen bilden kann. Betrachten wir nur den einfachsten Fall, so haben wir neben FeO auch Fe_3O_4 und Fe_2O_3, dieses wiederum gleich in zwei kristallographisch unterschiedlichen Modifikationen, und beim Mangan ist diese Vielfalt noch weitaus größer. Welches dieser Oxide in dem oder jenem Fall gebildet

---

[44]) Dieser Unterschied der Elektronegativität bewirkt gleichzeitig ein Überwiegen der Ionenbindung. Dennoch können aber weder das Valenz- noch das Leitfähigkeitsband als nur durch die reinen *p*- resp. *s*-Schalen der Atome gebildeten Bänder angesehen werden, da jedes von ihnen einen geringeren oder bedeutenderen Beitrag anderer Zustände enthält.

wird, hängt im allgemeinsten Sinne von den chemischen Bedingungen seiner Bildung ab, das heißt von der Konzentration der Atome (Ionen) bei der betreffenden Reaktion, von der Temperatur und oft auch von der Vorgeschichte. Da eine der Komponenten stets Sauerstoff ist, der meist während der Reaktion in der Atmosphäre anwesend ist (häufig ist gerade der Luftsauerstoff bei der Reaktion die aktive Komponente), wird die Oxidbildung und die resultierende chemische Formel stark vom Sauerstoffpartialdruck in der Atmosphäre abhängen.[45])

Eine ganze Reihe magnetischer Oxide kommt in der Natur als Mineral- oder Erzbestandteil vor. Als Beispiel führen wir wenigstens einige an: Magnetit (Fe_3O_4), Hämatit (α-Fe_2O_3), Hausmannit (Mn_3O_4), Magnetoplumbit ($PbO.6\ Fe_2O_3$), Ilmenit ($FeTiO_3$)[46]). Diese Oxide gehören meist zu den Stoffen, die uns im weiteren interessieren werden. Sie sind in der Erdkruste während ihrer Abkühlung im Verlauf von Millionen Jahren durch Luftoxidation unter Bedingungen entstanden, die im Laboratorium nicht reproduzierbar sind. Viele physikalische Messungen wurden an solchen natürlichen Kristallen durchgeführt.

Für die laboratoriumsmäßige Herstellung von Ferriten und verwandten Oxiden gibt es eine Reihe von Methoden. Am gebräuchlichsten und universalsten für die Gewinnung dieser Stoffe in polykristalliner Form ist die Reaktion im festen Zustand unter eventueller Mitwirkung einer geeigneten Atmosphäre. Ausgangsmaterial ist ein homogenes Gemisch pulverförmiger, feinkörniger einfacher Oxide, das gepreßt wird, um guten Kontakt zwischen den einzelnen Körnern zu gewährleisten, und dann in einer geeigneten Atmosphäre geglüht wird. Nickelferrit $NiFe_2O_4$ z. B. kann aus einem äquimolaren Gemisch der Oxide NiO und Fe_2O_3 auf Grund der Reaktion

$$NiO + Fe_2O_3 \rightarrow NiFe_2O_4$$

gebildet werden, deren Mechanismus und Geschwindigkeit mit der Ionendiffusion zusammenhängen.[47]) Neben dieser einfachen Methode existieren allerdings weitere, über die der Leser in der Literatur nähere Angaben finden kann [28, 29]. Der Großteil der bedeutenderen experimentellen Arbeiten der letzten Zeit wurde aber an Einkristallen durchgeführt, für deren Bereitung am häufigsten die Verneuilsche, die Bridgeman-Stockbargersche und die Fluxmethode benützt werden [29, 30].

In den meisten Fällen entstehen die gewünschten Oxidphasen (z.B. Spinellphasen) bei verhältnismäßig hohen Temperaturen, meist oberhalb 1000 °C. Selbst wenn bei derartigen Temperaturen durch Einstellung des geeigneten Sauerstoffpartialdruckes in der Atmosphäre die Bildung einer einheitlichen homogenen Phase erzielt wird, die der stöchiometrischen Zusammensetzung des gewünschten Oxids entspricht, bleibt es ein schwieriges Problem, diese Phase ohne Änderung bis zur Zimmer-

[45]) Bei Reaktionen, die zur Oxidbildung führen, muß neben der festen Phase auch die Gasphase in Betracht gezogen werden, mit der das gebildete Oxid — soweit die Reaktion bis zu Ende gelaufen ist — sich in thermodynamischem Gleichgewicht befindet.

[46]) In der Natur erscheinen diese Minerale meist nicht rein, sondern enthalten noch andere Kationen.

[47]) Oft werden anstelle der Oxide andere Verbindungen verwendet, die während des Glühens zersetzt werden und in die Oxide übergehen.

temperatur zu erhalten. Häufig ist es hierfür nötig, den Sauerstoffdruck in der Atmosphäre laufend während des Kühlprozesses zu regulieren oder eine schnelle Abkühlung (Abschreckung) der Probe durchzuführen. Die Ursache dieser Schwierigkeiten werden aus Abb. 1.24 klar, die das Phasendiagramm des Systems Fe_2O_3 – Mn_2O_3 in Luft bei normalem Druck darstellt. Während unter diesen Bedingungen bei genügend hohen Temperaturen ($T \approx 1400\ °C$) im ganzen Zusammensetzungs-

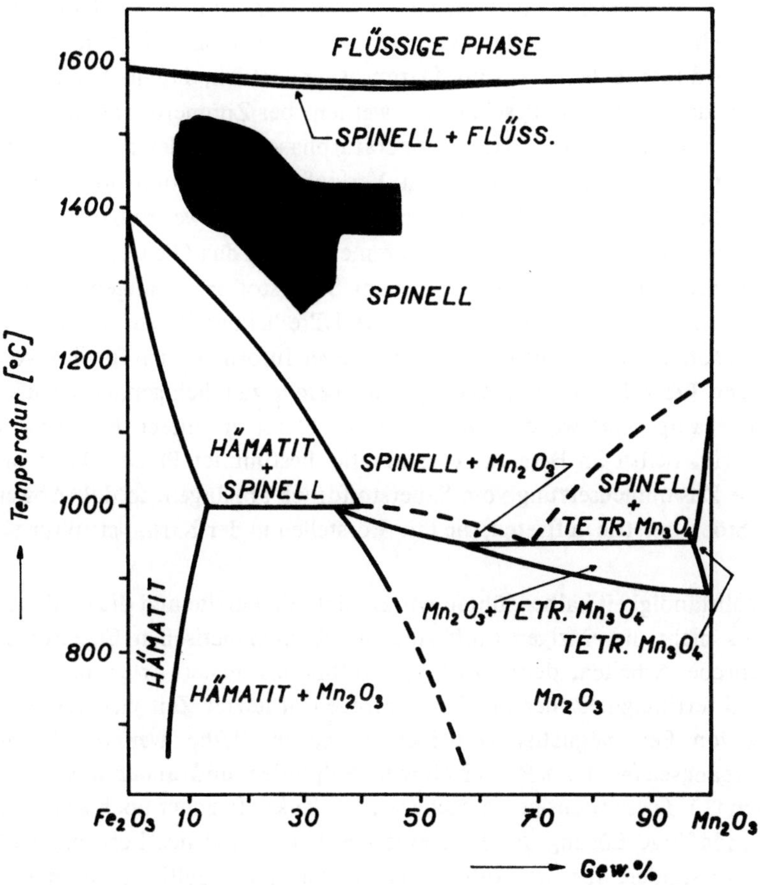

Abb. 1.24 Phasendiagramm des Systems Fe_2O_3 — Mn_2O_3 (nach A. Muan [31]).

bereich der Spinell als einzige Phase vorkommt, entstehen im Bereich niedriger Temperaturen weitere Phasen, die reicher an Sauerstoff sind (Hämatit, Mn_2O_3) und die bei Zimmertemperatur auch die eigentlichen stabilen Gleichgewichtsphasen für den gegebenen Sauerstoffpartialdruck sind. Die Spinellphase ohne Änderung des Sauerstoffdruckes bis zu niedrigen Temperaturen zu erhalten, ist daher nur durch schnelles Abkühlen möglich, durch das eine Reoxidation und die mit ihr verbundene Ausscheidung einer fremden Phase vermieden werden.[48])

Würden wir ein ähnliches Phasendiagramm für einen anderen Sauerstoffdruck in der Atmosphäre aufstellen, so würden wir feststellen, daß die in Abb. 1.24 die Stabilitätsgebiete verschiedener Phasen trennenden Linien verschoben würden, insbesondere würde durch Herabsetzung des Druckes der Bereich der Spinellphase zu tieferen Temperaturen hin verschoben werden. Umgekehrt könnten wir fragen, bei welchem Sauerstoffpartialdruck diese Phase bei Zimmertemperatur mit der Atmosphäre im Gleichgewicht stehen würde. Wir würden unglaublich niedrige Gleichgewichtsdrucke feststellen, von der Größenordnung 10^{-17} mm Hg, die auf keine Weise direkt realisierbar sind. Daraus ist ersichtlich, daß die Ferrite und andere Oxide, mit denen wir uns beschäftigen werden, bei Zimmertemperatur sehr häufig nur metastabile eingefrorene Hochtemperaturphasen sind, deren relative Beständigkeit nur durch den extrem langsamen Verlauf der Oxidationsprozesse bei diesen Temperaturen gewährleistet ist. Das angeführte Beispiel weist ebenfalls auf die Bedeutung des Studiums der Phasendiagramme hin, die das Gleichgewicht der Phasen bei gegebener Temperatur und gegebenem Sauerstoffdruck angeben. Die Phasendiagramme sind nicht nur eine unschätzbare Hilfe bei der Herstellung der gewünschten Stoffe, sondern auch eine Quelle notwendiger Informationen für ihre vollständige Definierung. Obwohl für einige Oxidsysteme bereits ziemlich genaue Gleichgewichtsdiagramme aufgestellt worden sind [32], so bleibt in dieser Richtung noch viel zu tun übrig. Selbst im Bereich der Stabilität bestimmter Phasen kann die genaue chemische Zusammensetzung vom Sauerstoffdruck abhängen, so daß Abweichungen von der Stöchiometrie auftreten, die mit Störstellen in der Kristallstruktur verbunden sind.

Der Vollständigkeit halber führen wir an, daß die Ferrite und die oxidischen Ferrimagnetika nicht die einzigen Stoffarten mit ferrimagnetischen Eigenschaften sind. Systematische Arbeiten, deren Ziel die Auffindung neuer Arten nichtmetallischer ferro- und ferrimagnetischer Stoffe ist, bringen in letzter Zeit viel Beweise über die Existenz von Ferrimagnetismus bei einer ganzen Reihe weiterer Verbindungen der Übergangselemente, z.B. bei einigen Sulphiden und anderen Chalkogeniden, Fluoriden u.ä. Diese wichtige Tatsache wird in Zukunft sicher noch große Bedeutung für die endgültige Lösung der Probleme des Ferro- und des Ferrimagnetismus be-Etzen, insbesondere für die Auffindung der allgemein gültigen Bedingungen ihrer sintstehung und für die Untersuchung des Anteils und des Einflusses des Anionentyps auf die entsprechenden Mechanismen. Beschränken wir uns hier dennoch auf Ver-

[48]) Die Oxidation und die Ausscheidung der Phasen verlaufen mit endlichen Diffusionsgeschwindigkeiten, die mit der Beweglichkeit der Ionen zusammenhängen. Die Diffusionsgeschwindigkeit hängt aber sehr stark von der Temperatur ab, und deshalb können wir durch rasche Abkühlung bis auf Temperaturen, bei denen diese Geschwindigkeit bereits gering ist ($T \gtrsim 500$ °C), häufig die ursprüngliche Zusammensetzung und Kristallstruktur unverändert erhalten.

bindungen, die eine einzige Art Anionen enthalten, nämlich Sauerstoff, so geschieht dies unter anderem deshalb, weil die oxidischen Ferrimagnetika, die unverhältnismäßig zahlreicher als die übrigen bekannten ferri- und ferromagnetischen Verbindungen sind, auch gleichzeitig viel besser, gründlicher und tiefer untersucht worden sind, so daß man bei ihnen mit größerem Erfolg versuchen kann, die gesamte physikalische Problematik zu bearbeiten. Soweit dies allerdings zur Erklärung einiger spezieller Fragen beitragen kann, werden wir in unseren Ausführungen auch andere nichtmetallische Stoffe erwähnen.

Literatur zu Kap. I

[1] International tables for X-ray crystallography, Kynoch press, Birmingham 1952.

[2] S. z. B. E. F. BERTAUT und R. NATHANS, S. J. PICKART in Magnetism, ed. G. T. Rado, H. Suhl, III, Acad. Press, New York, London 1963.

[3] B. A. TAWGER, V. M. ZAJCEW, ZhETF *30* (1956), 564;
A. I. SCHUBNIKOW, Symmetria i antisymmetria konecznych figur, Izd. AN SSSR, Moskwa 1951;
I. V. BJELOW, N. N. NERONOWA, T. S. SMIRNOWA, Trudy In-ta Kristallografii *11* (1955), 33;
A. M. ZAMORZAJEW, Kristallografija *2* (1957), 15;
B. A. TAWGER, Kristallografija *3* (1958), 339.

[4] L. PAULING, Nature of the chemical bond, Cornell University Press, Ithaca, 2. Aufl. 1945.

[5] A. I. ANSELM, Wwedenie v teoriju poluprowodnikow, Kap. II., Gos. Izdat. Fiziko-Matem. Literatury Moskwa, Leningrad 1962.

[6] V. M. GOLDSCHMIDT; Skripter det Norske Videnskaps Akad., No 2 (1926); No 8 (1927).

[7] G. S. ZHDANOW, Fizika tver. tela. S. 184, Izdat. Moskowskogo Uniwersiteta 1962.

[8] J. B. GOODENOUGH in Rado—Suhl, Magnetism, III., vgl. [2].

[9] H. M. EVJEN, Phys. Rev. *39* (1932), 675;
S. auch: E. J. W. VERWEY, J. E. ASCHER, Rec. trav. chim. *65* (1946), 521;
F. C. FRANK, Phil. Mag. *41* (1950), 1287; S. R. ROY, Canad. J. Phys. *32* (1954), 509;
J. KANAMORI et al. J. Phys. Soc. Japan *10* (1955), 93.

[10] P. P. EWALD, Ann. Physik *64* (1921), 253.

[11] M. BORN, Atomtheorie des festen Zustandes, Teubner, Leipzig 1923;
M. BORN-K. HUANG, Dynamical theory of crystal lattices, Kap. I, Clarendon Press, Oxford 1954.

[12] Landolt-Börnstein Physikalisch-chemische Tabellen, J. Springer, Berlin, 5. Aufl. 1935, 6. Aufl. 1952.

[13] F. SEITZ, Modern Theory of Solids, Mc Graw-Hill Book Co., New York 1940.

[14] C. KITTEL, Introduction to Solid State Physics, 2. Aufl. John Wiley & Sons, Inc., New York 1956.

[15] J. SHERMAN, Chem. Revs. *11* (1932), 93.

[16] H. M. KRUTTER, Phys. Rev. *48* (1935), 664.

[17] J. B. GOODENOUGH, Magnetism and the Chemical Bond, Interscience Publishers, John Wiley Sons, Inc., New York, Kap. I, 1963.

[18] W. PAULI, Zs. f. Physik *41* (1927), 81.

[19] J. B. GOODENOUGH, Bull. Soc. Chim. Franc. *4* (1965), 1200; Colloque International sur les Dérivés Semi-Métalliques, Paris, 1965; Czech. J. Phys. *B 17* (1967), 304.

[20] J. C. SLATER, Phys. Rev. *49* (1936), 537, 931;
E. C. STONER, Proc. Roy. Soc. *A 165* (1938) 372; *169* (1939) 339;
C. HERRING, „Magnetism", Acad. Press, N. Y, Band 4 (1966);
E. P. WOHLFARTH, in „Magnetismus", Struktur und Eigenschaften magnet. Festkörper, VEB Deut. Verl. für Grundstofforsch., Leipzig, S. 21;
J. B. GOODENOUGH, J. Appl. Phys. *39* (1968), No. 2, part I, S. 403.

[21] J. H. VAN VLECK, The Theory of Electric and Magnetic Susceptibilities, Oxford Univ. Press, N. York and London, 1932.

[22] S. V. WONSOWSKIJ, Sowremennoje uczenije o magnetisme, GITTL, Moskwa-Leningrad 1952.

[23] E. W. HENRY, Phys. Rev. *88* (1952), 559.

[24] S. z. B. W. LOW, Paramagnetic Resonance in Solids, Solid State Physics, Suppl. 2, Academic Press, New York and London 1960.

[25] P. A. M. DIRAC, Principles of Quantum Mechanics, Oxford Clarendon Press 1947.

[26] J. S. SMART in Rado-Suhl, Magnetism, III., vgl. [2].

[27] P. WEISS, J. Phys. Rad. *6* (1907), 661.

[28] W. D. KINGERY, Ceramic Fabrication Processes, Massachusetts Institute of Technology, John Wiley & Sons, New York 1958;
D. L. Fresh, Proc. IRE *44* (1956), 1303.

[29] C. J. KRIESSMAN, N. GOLDBERG in Rado-Suhl, Magnetism, III, vgl. [2].

[30] T. WILKE, Methoden der Kristallzüchtung, VEB, Berlin 1964;
F. W. HARRISON, Res. Sci Appl. Ind., *12* (1959), 395;
A. SMAKULA, Einkristalle, Springer-Verlag, München 1962.

[31] A. MUAN, S. SOMIYA, Am J. Sci., *260* (1962), 230.

[32] E. M. LEVIN, H. F. MC MURDIE, E. P. HALL, Phase Diagrams for Ceramics, American Ceramic Society, Inc., 1956.

KAPITEL II

KRISTALLCHEMIE DER FERRIMAGNETISCHEN OXIDE

2.1 Grundrisse der Struktur

Allgemeine Bemerkungen. Eigene und nicht-eigene Ferrimagnetika

In den Kristallen der Stoffe, die wir studieren wollen, sind die Bindungskräfte vor allem durch die elektrostatische Anziehung zwischen positiven Metallionen und negativen Sauerstoffionen gegeben. Wie bereits erwähnt, führen diese Kräfte zu einer Anordnung, bei der jedes Ion im Kristall von einer größeren Anzahl von Ionen entgegengesetzten Vorzeichens umgeben ist. Die Anordnung und Anzahl dieser Nachbaren nennen wir *Koordination* (*Koordinationszahl*) des gegebenen Ions. Da der Ionenradius des Kations meist kleiner ist als der Ionenradius des Sauerstoffions, wird es anschaulicher sein, die Koordination stets auf das betreffende Kation zu beziehen, das wir uns dann einfach in der Mitte eines aus den umgebenden Sauerstoffionen gebildeten Polyeders untergebracht vorstellen können (Abb. 2.1).

Wenn wir die spezifischen Eigenschaften der Ionen, die aus der Konfiguration ihrer Elektronenhülle folgen, nicht beachten, so ist das Verhältnis der Größe des Kations zu der des Anions für die Koordination entscheidend. Vor allem erfordern die elektrostatischen Anziehungskräfte einen engen Kontakt zwischen dem Kation und den dieses Kation umgebenden Anionen; aus diesem Grunde soll der Ionenradius des Kations mindest so groß wie der Radius einer dem Hohlraum im Innern des Koordinations-Polyeders einbeschriebenen Kugel sein. Ist jedoch das Kation zu groß, so wird eine höhere Koordination vorteilhafter sein, die eine dichtere Anordnung der Anionen und damit eine vollkommenere Neutralisation der Ladung des Kations ermöglicht. Stellen wir uns die Anionen einfach als nicht deformierbare Kugeln vor, so können wir also erwarten, daß die obere Grenze für den Kationenradius bei gegebener Koordination ungefähr durch den minimalen Radius bei der nächst höheren Koordination bestimmt ist. So besitzt eine in den Hohlraum einbeschriebene Kugel z.B. bei vier einander berührenden Anionen in dichtester Packung den Radius $r_{\min}^{(4)} = r_A[(\sqrt{\tfrac{3}{2}}) - 1]$, bei sechs Anionen (Oktaeder) den Radius $r_{\min}^{(6)} = r_A[(\sqrt{2}) - 1]$, daher sollte die tetraedrische Koordination bei Kationen stabil sein, deren Radius im Interval $(r_{\min}^{(4)}, r_{\min}^{(6)})$ liegt. Mit dem Sauerstoff als Anion ($r_A = 1{,}32$ Å) erhalten wir so die beiläufige Bedingung $0{,}29\ \text{Å} \leqq r_K \leqq 0{,}55\ \text{Å}$. In Wirklichkeit sind diese Regeln nur ein sehr grobes Hilfsmittel, da die Art der Koordination auch von der Anzahl und Konfiguration der Außenelektronen des Kations mitbestimmt wird und die Möglichkeit der Bildung einer teilweise kovalenten Bindung die effektiven Ionenradien beeinflußt usw. In anderen Fällen spielt die Größe der Ladung und die Polarisierbarkeit eine Rolle und wenn schließlich gleichzeitig mehrere Kationenarten anwesend sind, so entsteht eine bestimmte Koordination auch unter dem Einfluß der übrigen Ionen im Kristall. Der Vergleich der hypothetischen und der wirklichen Koordinationszahlen in Sauerstoffverbindungen ist für die wichtigsten Ionen, denen wir in dieser Arbeit begegnen, in Tab. II-1 durchgeführt.

Die häufigsten Koordinationstypen in den Sauerstoffverbindungen der Übergangselemente sind der tetraedrische (4) und der oktaedrische (6), die der Anordnung

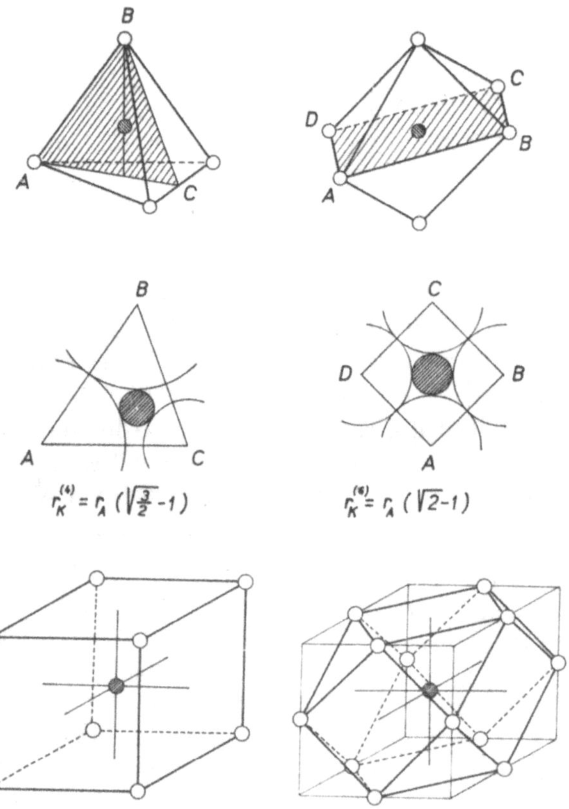

Abb. 2.1 Grundtypen der Koordinations-Polyeder. Für das Tetraeder und Oktaeder ist die Ableitung des Radius der eingeschriebenen Kugel bei Anionenkontakt angedeutet.

der Sauerstoffionen in den Ecken eines Tetraeders bzw. eines Oktaeders entsprechen. Diese Koordinations-Tetraeder bzw.-Oktaeder können wir dann als die Bauelemente des Kristalls ansehen, der durch ihre regelmäßige Anhäufung und periodische Wiederholung gebildet wird. Dabei können die einzelnen Polyeder frei sein oder gemeinsame Ecken, gemeinsame Kanten oder gemeinsame Flächen besitzen. In der Spinell-

Übersicht über die Koordination der wichtigsten Kationen in den Oxiden [1, 2]; das theoretische Intervall der Radien für die einzelnen Koordinationszahlen ist für den Radius des Sauerstoffions $r(O^{2-}) = 1{,}32$ Å angeführt.*) In den Klammern sind die Ionenradien in Å angegeben [1,26].

Koordinationszahl	Theoretisches Intervall (Å)	Gefundenes Intervall (Å)	Valenz	Beispiele der Ionen
4	0,29—0,55	0,39—1,13	1	Li(0,78), Cu(0,96), Ag(1,13)
			2	Cu(0,70), Ni(0,77), Mg(0,78), Co(0,82), Zn(0,82), Fe(0,83), Mn(0,91), Cd(1,03), Ca(1,05)
			3	Al(0,57), Ga(0,62), Fe (0,67), In(0,95)
			4	Si(0,39), Ge(0,44)
			5	V(0,4)
6	0,55—0,97	0,52—0,98	1	Li(0,78), Na(0,98), Ag(1,13)
			2	Cu(0,70), Ni(0,77), Mg(0,78), Co(0,82), Zn(0,82), Fe(0,83), Mn(0,91)
			3	Al(0,57), Ga(0,62), Cr(0,64), Co(0,65), Fe(0,67), Mn(0,70), Ti(0,70), Rh(0,75), V(0,75), Sc(0,83), In(0,95),
			4	Mn(0,52), V(0,57), Ti(0,64), Sn(0,74)
			5	Sb(0,62), Nb(0,69),
8	0,97—1,32	0,62—1,46	1	Na(0,98)
			2	Cu(0,70), Mg(0,78), Co(0,82), Fe(0,83), Mn(0,91), Cd(1,03), Ca(1,06), Sr(1,27), Ba(1,46)
			3	Ga(0,62), Lu(0,99), Yb(1,00), Ho(1,05), Y(1,06), Dy(1,07), Gd(1,11), Sm(1,13), Nd(1,15), La(1,26)
			4	Hf(0,84), Zr(0,87), Ce(1,02)
12	über 1,32	0,98—1,65	1	Na(0,98), K(1,33), Rb(1,49), Cs(1,65)
			2	Ca(1,06), Sr(1,27), Pb(1,32), Ba(1,43)
			3	Y(1,06), Dy(1,07), Gd(1,11), Sm(1,13), Nd(1,15), Pr(1,16), Ce(1,18), La(1,26)

*) In der Literatur werden außer dem Wert 1,32 Å auch die Radien 1,35 Å, 1,36 Å, 1,40 Å angewendet. Die Umstände, unter denen diese Werte abgeleitet wurden, werden z. B. in L. Paulings Buch [2] näher erklärt. Es sei bemerkt, daß von der Wahl des Sauerstoffradius gewissermaßen auch die Kationenradien abhängen. In dieser Tabelle wurden die Korrektionen für die verschiedenen Koordinationszahlen (vgl. Tab. I-3) nicht berücksichtigt; die angeführten Radien entsprechen sechszähliger Koordination, mit Ausnahme der großen Ionen (Seltene Erden u. ä.), die nur mit höheren Koordinationszahlen vorkommen.

Eine Übersicht neuerer Werte der Ionenradien mit Literaturangaben wurde von Shannon und Prewitt zusammengestellt [2a].

struktur z.B. (Abb. 2.3 u. 2.5) besitzt jeder Sauerstoff 3 Nachbaren mit oktaedrischer Koordination und einen mit tetraedrischer. Die gesamte Struktur können wir uns daher aus Oktaedern mit gemeinsamen Kanten gebildet oder als freie Anordnung von Tetraedern vorstellen. Die restlichen Kationen befinden sich dann in den durch eine derartige Anordnung gebildeten Hohlräumen und halten so den ganzen Kristall zusammen.

Durch geeignete Anordnung der elementaren Gruppierungen mit niedriger Koordinationszahl (4,6) können auch Hohlräume mit höherer Koordination gebildet werden, die dann von Ionen mit größerem Radius eingenommen werden können (Seltene Erden u.ä.), für die tetraedrische und oktaedrische Koordination unvorteilhaft sind. Als Beispiel kann hier die Granatstruktur dienen (Abb. 2.15).

Häufig kann aber die Analyse der Struktur auch von einem anderen Gesichtspunkt aus vorgenommen werden. Betrachten wir nämlich für einen Moment nur die Anordnung der Sauerstoffionen, so können wir feststellen, daß sie häufig der dichtesten kubischen oder hexagonalen Kugelpackung entspricht. Beide Fälle sind in Abb. 2.2 dargestellt und unterscheiden sich voneinander durch die Aufeinanderfolge der Ebenen *A*, *B* bzw. *C*. Zwischen den derart angeordneten Anionen entstehen oktaedrische und tetraedrische Hohlräume, so daß die gesamte Struktur als durch die Anordnung der Anionen gebildet angesehen werden kann, wobei die Kationen in einer bestimmten Art in den entstandenen Hohlräumen untergebracht sind. So entsteht z.B. bei der dichtesten kubischen Kugelpackung ein kubisch flächenzentriertes Gitter mit vier Sauerstoffatomen in der Elementarzelle; dadurch werden gleichzeitig in jeder Zelle acht tetraedrische und vier oktaedrische Hohlräume gebildet. Besetzen wir diese vier oktaedrischen Gitterstellen mit zweiwertigen Ionen (z.B. Ni^{2+}, Mn^{2+}), so erhalten wir eine Struktur vom NaCl-Typ (Abb. 1.1), die bei den zweiwertigen Oxiden sehr häufig ist. Bei der Besetzung aller tetraedrischen Lagen mit einwertigen Ionen (Elektroneutralitätsbedingung!) hingegen erhalten wir eine Struktur vom CaF_2 Typ, in der z.B. das Li_2O kristallisiert. Mit der Analyse der Kristallstruktur der Oxide auf Grund der Gesetzmäßigkeit bei der Besetzung der Hohlräume in den Oxidgittern hat sich eingehend Iida beschäftigt [3].

Unter den Strukturen, die auf Grund der angeführten grundlegenden Koordinationselemente aufgebaut werden können, müssen jene ausgesucht werden, die den Bedingungen des Absatzes 1.4 entsprechen. Vernachlässigen wir vorläufig die mögliche Existenz des echten *Ferromagnetismus*, der in den Oxiden nur selten vorkommt, so werden für uns jene Kristallstrukturtypen von Bedeutung sein, die die Existenz von *Ferrimagnetismus* gestatten. Nach Abschn. 1.3 ist der Ferrimagnetismus durch spontan magnetisierte Untergitter charakterisiert, wobei wir unter einem Untergitter die Gesamtheit aller Gitterstellen bzw. Ionen innerhalb eines Kristalls verstehen, die sowohl vom kristallographischen als auch vom Standpunkt der elektrostatischen und magnetischen Wechselwirkungen (d.i. im Hinblick auf ihre Umgebung) äquivalent sind. Es ist also ersichtlich, daß die Strukturen, bei denen für die Kationen nur eine einzige Gitterstellenart zur Verfügung steht (z.B. NaCl), *von vornherein* für die Entstehung von Ferrimagnetismus ungeeignet sind. Die Spinellstruktur, die Granatstruktur und einige weitere hingegen, die gleichzeitig Kationen mit verschiedener Koordination enthalten, erfüllen die kristallographischen Bedingungen des Ferrimagnetismus und es hängt nur noch von der Art der Kationen und ihrer gegenseitigen Wechselwirkungen ab, ob der Ferrimagnetismus wirklich entsteht. Aus diesem Grunde werden wir solche Ferrimagnetika, bei denen die Bedingungen für die Entstehung des Ferrimagnetismus direkt in der Kristallstruktur verankert sind, *eigene* Ferrimagnetika nennen.

Ferrimagnetismus kann allerdings auch in Strukturen entstehen, die ausschließlich äquivalente Kationenstellen enthalten, wenn in ihnen eine regelmäßige Ionen-Fernordnung eintritt. Ersetzen wir z.B. in dem einfachen Oxid NiO, das die NaCl-Struktur besitzt, einen Teil der Nickelionen durch Lithiumionen, so ändert eine gleiche Anzahl der restlichen Nickelionen ihre Wertigkeit zu Ni^{3+}, wobei gleichzeitig eine Ordnung dieser Ionen in den (111)-Ebenen eintritt. Durch diese Anordnung werden je zwei benachbarte (111)-Ebenen nicht äquivalent, was als Bildung einer Art schichtenförmiger Untergitter aufgefaßt werden kann. Durch die Wechselwirkung zwischen benachbarten Ebenen bzw. Untergittern entsteht dann in einem gewissen Konzentrationsbereich eine bestimmte Anordnung der magnetischen Momente. Solche ferrimagnetischen Stoffe, bei denen die Untergitter erst durch innere Anordnung (Überstruktur) gebildet werden, werden wir *nicht-eigene* Ferrimagnetika nennen. Wir müßen uns bewußt sein, daß in diesem Falle die Anwesenheit von mindestens zwei verschiedenen Ionenarten notwendige Bedingung für die Entstehung des Ferrimagnetismus ist, während bei den eigenen Ferrimagnetika der Ferrimagnetismus auch bei einfachen Oxiden existenzfähig ist, die nur eine einzige Ionenart enthalten (z.B. γ-Fe_2O_3).

Tabelle II-2

Ferrimagnetische Hauptstrukturen (F = Ferromagnetismus, Fi = Ferrimagnetismus, Fi* = nicht-eigener Ferrimagnetismus, AF = Antiferromagnetismus, SF = schwacher Ferromagnetismus).

Strukturtyp	Anzahl nichtäquivalenter Untergitter	Koordinationszahlen der Untergitter	Magnetische Struktur
NaCl	1	6	AF, F, Fi*
Perowskit	2	6, 12	AF, F, SF, Fi*
Spinell	2	4, 6	Fi, F, AF
Magnetoplumbit	>3	4, 5, 6 (12)	Fi
Korund (Ilmenit)	1	6	SF, AF, Fi*
Granat	3	4, 6, 8	Fi, AF

Die wichtigsten Strukturtypen der Oxide, bei denen Ferrimagnetismus beobachtet wurde, einerlei ob eigener oder nichteigener, und die Gegenstand unserer weiteren Aufmerksamkeit sein werden, sind in Tab. II-2 zusammen mit den bisher gefundenen vereinzelten Fällen von Ferromagnetismus aufgeführt.

Die grundlegenden Strukturtypen der magnetischen Oxide und ihre gegenseitigen Beziehungen

Mit Ausnahme der Granatstruktur können die in Tab. II-2 angeführten Kristallstrukturen einfach aus einem Anionengitter von Sauerstoffionen in dichtester Kugelpackung abgeleitet werden. Wie bereits im vorigen Absatz erwähnt wurde, bestehen zwei grundlegende Arten dieser Packung, die in Hinsicht auf die resultierende Symmetrie als kubische und hexagonale bezeichnet werden.

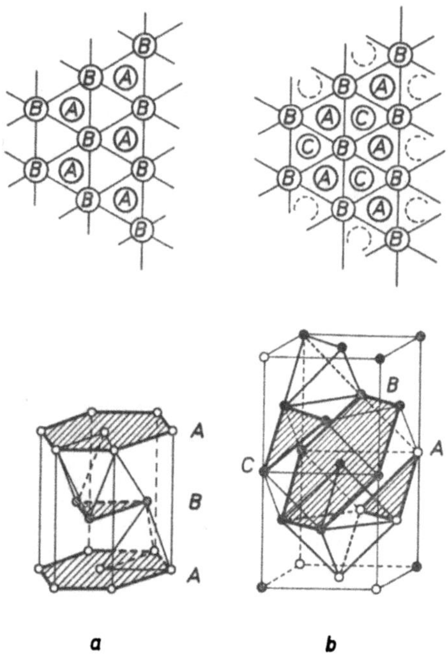

Abb. 2.2 Bildung eines Kristallgitters bei dichter a — hexagonaler, b — kubischer Packung. In beiden Fällen ist die Entstehung tetraedrischer und oktaedrischer Hohlräume angedeutet.

Wir wollen von der dichtesten Packung gleicher Kugeln in der Ebene (Abb. 2.2) ausgehen, deren im Bild mit dem Buchstaben *A* bezeichnete Mittelpunkte dabei ein regelmäßiges Dreiecknetz mit sechszähliger Symmetrie bilden. Sollen wir auf diese Grundschicht eine weitere derart auflegen, daß die Kugeln der zweiten Schicht in den durch die Kugeln der Grundschicht gebildeten Vertiefungen liegen, so kann dies auf zweierlei, einander gleichwertige Weise geschehen (Lagen *B* bzw. *C* in der Abbildung).

Liegen die Mittelpunkte der Kugeln der zweiten Schicht z.B. an den mit *B* bezeichneten Stellen, so besitzen wir für die weitere Schicht wiederum zwei Möglichkeiten, nämlich *A* und *C*. Die sind aber nicht mehr äquivalent, da in dem einem Falle (*A*) die Kugeln der dritten Schicht über den Kugeln der ersten Schicht liegen werden, so daß es sich lediglich um ihre Wiederholung handeln wird, während im zweiten Fall (*C*) die Kugeln über den Vertiefungen der ersten und zweiten Schicht liegen werden und die erste Schicht – bei Einhaltung der angeführten Reihenfolge – erst bei Anlegung der vierten Schicht wiederholt werden wird.

Durch periodische Wiederholung der angeführten zwei Arten des Schichtenwechsels gelangen wir zur hexagonalen bzw. kubischen Kugelpackung. Der Abstand der aufeinander folgenden Schichten ist in beiden Fällen gleich, und zwar $2r_A\sqrt{\frac{2}{3}}$, d.i. $\approx 2{,}15$ Å für das Sauerstoffanion ($r_A = 1{,}32$ Å).[1])

Die hexagonale Packung ist durch eine Aufeinanderfolge der Ebenen nach dem Schema *ABABA*... gegeben, die kubische nach dem Schema *ABCABCA*... Diese grundlegenden Packungsarten kommen am häufigsten vor; manchmal findet man aber auch kompliziertere Fälle, die wir durch Kombination der beiden elementaren Arten der Schichtenfolge erhalten. Strukturen dieser Art begegnen wir bei den hexagonalen Oxiden vom Magnetoplumbittyp und verwandten Verbindungen.

Wie aus Abb. 2.2 ersichtlich, entspricht die kubische Packung dem kubischen flächenzentrierten Gitter, das so orientiert ist, daß die Richtung der Raumdiagonale [111] senkrecht zu den Schichtenebenen steht. Zwischen den Kugeln entstehen Hohlräume zweierlei Art: tetraedrische und oktaedrische. In unserem Falle, wo es sich um eine Packung von Sauerstoffanionen handelt, wird ein Teil dieser Hohlräume von Kationen besetzt sein, sofern ihre Radien eine vierfache oder sechsfache Koordination zulassen. Größere Kationen können dann direkt die Stelle des Sauerstoffs im Gitter einnehmen. Je nachdem, welche der Hohlräume besetzt sind bzw. welche Sauerstoff-Anionen substituiert sind, erhalten wir verschiedene Kristallstrukturtypen der Oxide. Wir wollen nun jene von ihnen besprechen, die am häufigsten bei den magnetischen Oxiden vorkommen.

NaCl-Struktur. Raumgruppe O_h^5 ($Fm\,3m$). Diese Struktur ist sehr häufig bei den einfachen zweiwertigen Oxiden der Übergangselemente (MnO, FeO, NiO, CoO u.a.). Die Elementarzelle entspricht der Elementarzelle eines flächenzentrierten Sauerstoffgitters, in dem alle vier oktaedrischen Hohlräume besetzt sind und alle tetraedrischen Hohlräume leer stehen (Abb. 1.1). Sie enthält daher vier „Moleküle" *MO*.

Da in diesen einfachen Oxiden nur eine einzige Art von Kationen vorkommt, die sich an kristallographisch äquivalenten Stellen befinden, kann hier bei Einhaltung der stöchiometrischen Zusammensetzung kein Ferrimagnetismus entstehen. Ferromagnetismus ist zwar grundsätzlich möglich, wurde aber bisher nur beim Europium-

[1]) In Wirklichkeit ist dieser Abstand etwas größer und schwankt je nach dem Radius des Kations.

oxid EuO [4] gefunden. Gewöhnlich finden wir eine antiferromagnetische Anordnung der magnetischen Momente, bei dem hier in der Schar der (111)-Ebenen die in derselben Ebene liegenden Kationen parallele magnetische Momente und die Kationen benachbarter Ebenen antiparallele magnetische Momente besitzen (Abb. 1.18). Die Symmetrie dieser „magnetischen Struktur" ist nicht mehr kubisch, da die dem System der Ebenen mit geordneten magnetischen Momenten zugehörige Richtung [111] nicht mehr den Richtungen der anderen drei Raumdiagonalen des Elementarwürfels äquivalent ist. Das Vorkommen des Antiferromagnetismus ist daher von einer Verzerrung der Struktur begleitet, die die Symmetrie zu einer rhomboedrischen (MnO, FeO, NiO) oder zu einer tetragonalen (CoO) erniedrigt. Die eigentliche Ursache dieser Deformation kann darin gesucht werden, daß die Ionen in Lagen gedrängt werden, in denen die Austauschkräfte bzw. andere Wechselwirkungen verstärkt sind, so daß die freie Energie des Kristalls herabgesetzt wird; bei der rhomboedrischen Deformation wird dies durch Verkleinerung oder Vergrößerung des Abstandes zwischen benachbarten (111)-Ebenen erzielt [5].[2])

Ähnlich wie die magnetischen Momente werden oft auch die Kationen in den aufeinanderfolgenden (111)-Ebenen angeordnet, wenn wir einen Teil der Kationen eines einfachen Oxids, z.B. des NiO, durch andere Kationen, z.B. Li^+, ersetzen. Eine derartige Anordnung bildet eine Art von ebenen Untergittern, die im Prinzip die Entstehung von Ferrimagnetismus gestatten. Ähnlich wie bei der antiferromagnetischen Anordnung der magnetischen Momente wird auch bei der Ordnung der Kationen meist die Symmetrie des Kristalls geändert. Über die mit der Anordnung der Kationen in der Struktur vom NaCl-Typ zusammenhängenden Erscheinungen werden wir eingehend im Absatz 2.5 sprechen.

Die Spinellstruktur. Raumgruppe O_h^7 ($Fd3m$). Die Struktur kommt bei den Ferriten and anderen Doppeloxiden mit der allgemeinen chemischen Formel XY_2O_4

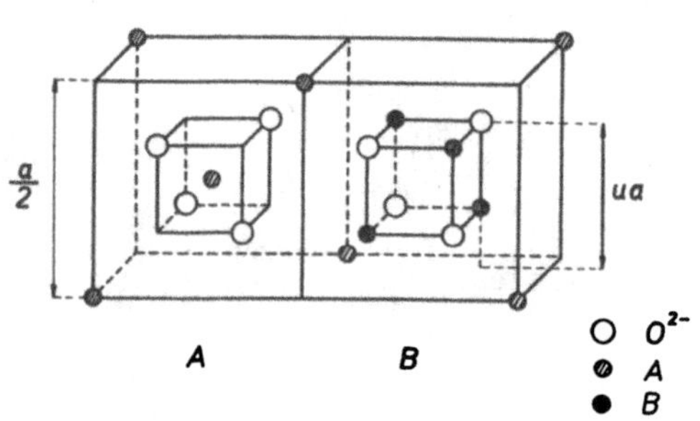

Abb. 2.3 Primitive Zelle des Spinells.

am häufigsten vor; ihre Bezeichnung stammt von dem Mineral Spinell $MgAl_2O_4$. Um die Elementarzelle der Spinellstruktur in der gebräuchlichen Darstellung abzuleiten, wollen wir von der Elementarzelle des NaCl(MnO) ausgehen, deren Ursprung

[2]) Kontraktion in der Richtung [111] kommt z. B. bei NiO vor, Dilatation bei FeO.

wir in Richtung der Raumdiagonale um ein Viertel ihrer Länge verschieben (Abb. 2.3). In diesem Elementarwürfel (**B**) sind alle vier oktaedrischen Lagen besetzt. Fügen wir zu diesem Würfel einen zweiten (**A**) hinzu, der mit dem ersten in der Anordnung der Sauerstoffionen übereinstimmt, aber zwei besetzte tetraedrische und leere oktaedrische Gitterstellen enthält, so erhalten wir den Grundstein – die Primitivzelle – der Spinellstruktur (Abb. 2.3). Die kubische Elementarzelle wird durch

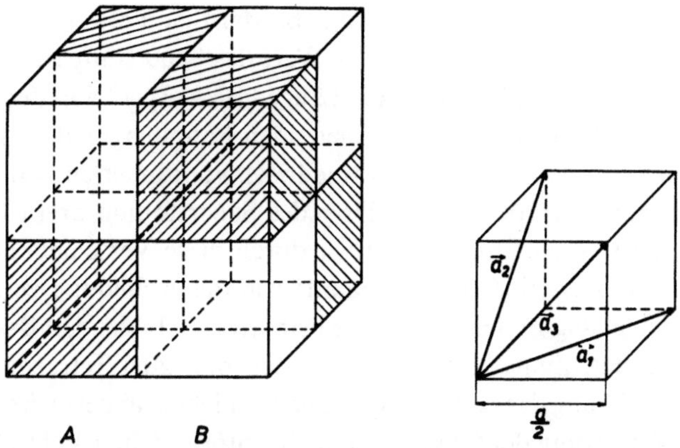

Abb. 2.4 Schachbrettartige Anordnung der kubischen Elementarzelle der Spinellstruktur und elementare Translationen $\boldsymbol{a}_1$, $\boldsymbol{a}_2$, $\boldsymbol{a}_3$.

schachbrettartige Anordnung von acht Würfeln (Oktanten) **A** und **B** (Abb. 2.4) gebildet; sie enthält daher acht „Moleküle" XY_2O_4, wobei die Kationen $4 \times 4 = 16$ oktaedrische und $4 \times 2 = 8$ tetraedrische Stellen besetzen.

Sehr oft ist es aber vorteilhafter, direkt von der Primitivzelle auszugehen, aus der das gesamte Spinellgitter mit Hilfe der elementaren Translationen

$$\boldsymbol{a}_1 = \frac{a}{2}\{1, 1, 0\}$$

$$\boldsymbol{a}_2 = \frac{a}{2}\{0, 1, 1\}$$

$$\boldsymbol{a}_3 = \frac{a}{2}\{1, 0, 1\}$$

abgeleitet werden kann.

Die Koordinaten der sechs Kationen der Primitivzelle sind

$$\varrho_1^A = (0, 0, 0), \quad \varrho_1^B = \frac{a}{8}(5, 1, 1), \quad \varrho_3^B = \frac{a}{8}(7, 1, 3),$$

$$\varrho_2^A = \frac{a}{4}(1, 1, 1), \quad \varrho_2^B = \frac{a}{8}(7, 3, 1), \quad \varrho_4^B = \frac{a}{8}(5, 3, 3).$$

Die Sauerstofflagen sind im idealen Fall dichtester Kugelpackung durch die Koordinaten der Knotenpunkte eines flächenzentrierten kubischen Gitters mit dem Ausgangspunkt $\frac{1}{8}a\,(1, 1, 1)$ gegeben. In Wirklichkeit sind die Sauerstoffionen meist etwas aus diesen Lagen verschoben; ihre genaue Lage ist dann durch einen Parameter u bestimmt, aus dem die Koordinaten sämtlicher Sauerstoffionen in der Primitivzelle abgeleitet werden können. Die geometrische Bedeutung dieses Sauerstoffparameters ist aus Abb. 2.3 ersichtlich; sein Wert hängt von Art und Größe der Kationen, von ihrer Verteilung auf die tetraedrischen und oktaedrischen Gitterplätze und von der Art der chemischen Bindung ab. Meist ist u etwas größer als der Wert für die ideale kubische Packung $\frac{3}{8}$. Ist der Wert des Sauerstoffparameters $u > \frac{3}{8}$, so entfernen sich die Sauerstoffionen um die Länge $a(u - \frac{3}{8})\sqrt{3}$ von der besetzten tetraedrischen Lage in Richtung der sie durchquerenden Raumdiagonale des betreffenden Oktanten (Abb. 2.5), so daß der für die tetraedrisch koordinierten Kationen zur Verfügung stehende Raum vergrößert wird. Da jedes Sauerstoffion drei oktaedrische und ein tetraedrisches Nachbarion besitzt, ist durch diese Verschiebung die Lage sämtlicher Sauerstoffionen eindeutig bestimmt; wie die Abbildung zeigt, ist die Richtung der Verschiebung in den beiden, die Primitivzelle bildenden Basiswürfeln **A** und **B** entgegengesetzt. Zum Unterschied von den besetzten Tetraedern, deren Symetrie durch die Änderung des Sauerstoffparameters nicht geändert wird, tritt bei $u \neq \frac{3}{8}$ eine schwache Verzerrung der Oktaeder und eine Störung ihrer kubischen Symmetrie ein.

Die Gesamtheit der besetzten Oktaederplätze bildet das sogenannte oktaedrische, meist mit *B* bezeichnete Untergitter; die Gesamtheit der besetzten Tetraederplätze das tetraedrische, mit *A* bezeichnete Untergitter. In Übereinstimmung hiermit sprechen wir dann auch von *B*- bzw. *A*- Gitterplätzen. Das Untergitter *B* kann in vier einander durchdringende flächenzentrierte kubische Gitter mit einer Kantenlänge des Basiswürfels gleich der Gitterkonstante a des Spinells eingeteilt werden. Jedes der vier oktaedrischen Kationen in der Primitivzelle stellt eines dieser Untergitter dar. Da jedes von ihnen auf einer anderen der vier Raumdiagonalen des Oktanten **B** liegt, können wir zu derselben Einteilung des oktaedrischen Untergitters auch so gelagen, daß wir jedem *B*-Ion eine der vier äquivalenten Richtungen $[111]$, $[\bar{1}11]$, $[11\bar{1}]$, $[\bar{1}1\bar{1}]$ zuteilen. Diese Zuteilung ist eindeutig und ihr tieferer Sinn wird bei näherer Untersuchung der Umgebung des oktaedrischen Ions deutlich. Wie Abb. 2.6 zeigt, besitzt diese Umgebung, wenn wir die benachbarten Kationen mit einbeziehen, nicht kubische, sondern dreizählige Symmetrie. Die durch das betreffende Kation hindurchgehende Raumdiagonale und daher die ihr entsprechende Richtung $[111]$ bilden die Achse dieser Symmetrie. Die eingeführte Einteilung ist also mit der Einstellung der Kationen nach der Richtung ihrer lokalen Symmetrieachse äquivalent.

Ähnlich wie das oktaedrische Untergitter können wir auch das tetraedrische in 2 flächenzentrierte einfachere Untergitter einteilen, die durch zwei *A*- Kationen in der Primitivzelle dargestellt sind. Da aber die Umgebung jedes *A*- Kations kubische Symmetrie besitzt, sind beide Untergitter zum Unterschied von den *B*- Untergittern völlig äquivalent.

Beachten wir nun, welche Oxide eine Spinellstruktur bilden können und wie dabei die Kationen auf die oktaedrischen und tetraedrischen Lagen verteilt sind. Wenn wir Sauerstoffionen in dichtester kubischer Kugelpackung betrachten, so sollten sich die Radien der Kationen theoretisch ungefähr in den Grenzen 0,3 bis 0,5 Å in den tetraedrischen Lagen und zwischen 0,5 und 1 Å in den oktaedrischen Lagen bewegen. Bei Werten des Sauerstoffparameters $u > \frac{3}{8}$ werden aber die tetraedrischen Zwischen-

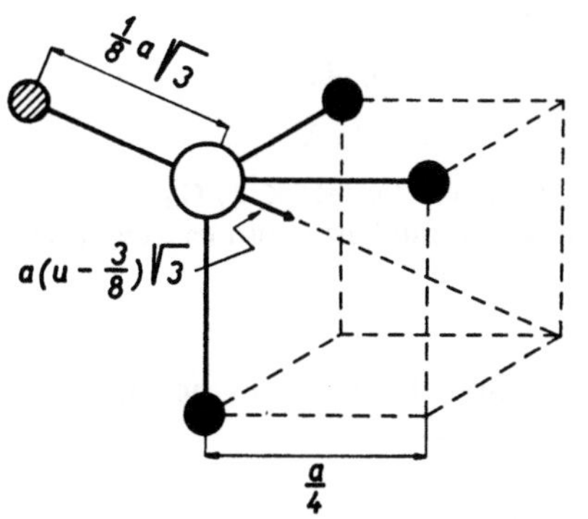

Abb. 2.5 Umgebung eines Sauerstoffions in der Spinellstruktur mit Bezeichnung der Lenkung seines Mittelpunktes bei $u > 3/8$.

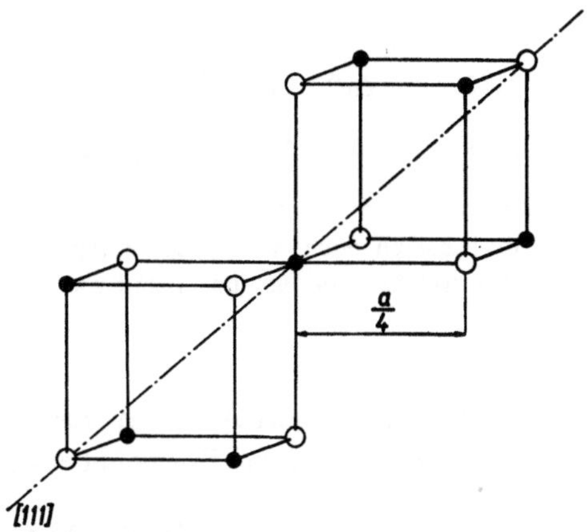

Abb. 2.6 Umgebung eines Kations mit oktaedrischer Koordination (*B*); die Raumdiagonale (Richtung [111]) bildet die lokale dreizählige Achse. Kationen in tetraedrischer Koordination sind nicht eingezeichnet.

räume auf Kosten der oktaedrischen vergrößert, so daß beide Arten von Kationenlagen der Größe nach praktisch äquivalent sind und von Ionen besetzt werden können, deren Radien ungefähr in den Grenzen 0,4 bis 1 Å liegen. Das sind praktisch alle Kationen, die in vier- und sechsfacher Koordination vorkommen können und die in Tabelle II-1 aufgeführt sind.

Die allgemeine chemische Formel der Oxide mit Spinellstruktur XY_2O_4 erlaubt im Hinblick auf die Erhaltung der Elektroneutralität drei grundlegende Kombinationen der Wertigkeiten der Ionen X und Y, die in Tabelle II-3 aufgeführt sind.

Vom kristallographischen Standpunkt erscheint der Fall als normal, bei dem sich Ionen gleicher Art auf kristallographisch äquivalenten Plätzen befinden: d.h. 8 auf die Elementarzelle entfallende Ionen X auf *A*-Plätzen und 16Y-Ionen auf *B*-Plätzen. Einen solchen Typ der Spinellstruktur nennen wir normal. Wie röntgenographisch [7] und später auch neutronographisch [8] gezeigt wurde, besteht aber neben dieser *normalen* Kationenverteilung häufig auch eine *inverse* Verteilung, bei der die Hälfte der Ionen Y sich auf *A*-Plätzen befindet, während die zweite Hälfte und die X-Ionen meist statistisch auf die *B*-Plätze verteilt sind. Es gibt auch Beispiele *gemischter* Strukturen, die einen Übergangstyp zwischen dem normalen und inversen Spinell

Tabelle II-3

Grundtypen der Spinelle XY_2O_4*)

Typ (XY_2O_4)	Beispiel	Beispiele der X-Ionen	Beispiele der Y-Ionen
2–3	$Mg^{2+}Al_2^{3+}O_4^{2-}$	Mg, Zn, Cd, Ni, Co, Fe, Cu, Mn, Ca	Al, Fe, Cr, Mn, Ga, Rh, In, V, Co, Ti
4–2	$Ge^{4+}Co_2^{2+}O_4^{2-}$	Ge, Sn, Ti, V, Mn, Si	Co, Ni, Mg, Zn
6–1	$Mo^{6+}Ag_2^{1+}O_4^{2-}$	W, Mo	Li, Na, Ag

*) Es bestehen noch weitere Spinelltypen (die der chemischen Formel XY_2O_4 nicht entsprechen), welche man aus den Grundtypen durch formale Substitutionen ableiten kann (siehe z. B. [6]).

vorstellen. Um auszudrücken, um welchen Typ der Spinellstruktur es sich handelt, können wir die chemische Formel etwas genauer schreiben

$$\underbrace{(X_\delta Y_{1-\delta})}_{A}\,\underbrace{[X_{1-\delta}Y_{1+\delta}]}_{B}\,O_4\,.$$

In dieser Formel bedeutet δ die relative Anzahl der X-Ionen auf A-Plätzen, so daß wir speziell für den normalen Typ $\delta = 1$ und für den inversen Typ $\delta = 0$ erhalten. Im allgemeinen Fall tritt also zu den ursprünglichen Parametern des Kristallgitters des Spinells, der Gitterkonstante a und dem Sauerstoffparameter u noch ein weiterer hinzu, der Parameter der Kationenverteilung δ. Die kristallographischen Daten einiger Spinelle sind in Tab. II-4 angeführt. Es zeigt sich, daß die aus den experimentell bestimmten Gitterkonstanten a und den Werten des Parameters u berechnete Größe der Radien der Kationenzwischenräume, insbesondere der tetraedrischen, nicht mit den üblichen Ionenradien, wie sie zum Beispiel in Tab. II-1 angeführt sind, übereinstimmen, sondern meist kleiner sind.[3]) Das wird an einigen Beispielen in Tab. II-5 gezeigt; diese Ergebnisse zeigen klar die begrenzte Gültigkeit des einfachen Modells, das nur mit Ionen als nicht deformierbaren Kugeln arbeitet.

[3]) Die Radien der tetraedrischen und oktaedrischen Zwischenräume sind durch die Beziehungen gegeben

$$R_A = (u - \tfrac{1}{4})\,a\sqrt{3} - r(O^{2-})$$

$$R_B = (\tfrac{5}{8} - u)\,a - r(O^{2-})\,,$$

die leicht auf Grund der früher angeführten Koordinaten der Ionen in der Primitivzelle unter Benutzung der Kenntnis der geometrischen Bedeutung des Parameters u abgeleitet werden können (Abb. 2.3 und 2.4).

Tabelle II-4

Kristallographische Daten einiger kubischer Spinelle

Typ	Zusammensetzung	δ	a (Å)	u	Literatur
2–3	$MnFe_2O_4$	0,8	8,50	0,3846 ± 0,0003	[9]
	Fe_3O_4	0	8,394	0,379 ± 0,001	[10]
	$CoFe_2O_4$	0	8,38	—	[11]
	$NiFe_2O_4$	0	8,34	0,381	[12], [8]
	$ZnFe_2O_4$	1	8,42	0,385 ± 0,002	[12], [8]
	$MgFe_2O_4$	≈0,1	8,36	0,381 ± 0,001	[13], [14]
	$FeCr_2O_4$	1	8,377	0,385 ± 0,001	[12], [15], [16]
	$CrFe_2O_4$	0	8,396	0,383 ± 0,001	[15], [17], [18]
	MnV_2O_4	1	8,522	0,388	[19], [20]
	FeV_2O_4	1	8,454	—	[20]
	CoV_2O_4	1	8,407	—	[20]
4–2	Mn_2VO_4	0,2	8,575	0,382	[21]
	Fe_2TiO_4	0	8,50	0,390	[7]
	Fe_2GeO_4	1	8,411	0,375	[22], [23]

Tabelle II-5

Vergleich von Kationenradien r_M (in Å) mit den aus den bekannten a- und u-Werten einiger Eisenspinelle berechneten Radien tetraedrischer und oktaedrischer Hohlräume; $r(O^{2-}) = 1{,}32$ Å, r_M für tetraedrische Koordination nach Tab. I-3 korrigiert.

Zusammensetzung	Tetraedrische Lage		Oktaedrische Lage	
	$r_{tetra.}$	r_M	r_{okta}	r_M
$MnFe_2O_4$	0,66	0,85; 0,63	0,72	0,67; 0,91
$ZnFe_2O_4$	0,64	0,77	0,70	0,67
$MgFe_2O_3$	0,58	0,63; 0,73	0,72	0,78; 0,67
$NiFe_2O_4$	0,57	0,63	0,71	0,77; 0,67
$FeFe_2O_4$	0,55	0,63	0,74	0,83; 0,67

Uns werden vor allem die (2,3) Spinelle interessieren, bei denen wir als Y^{3+}-Ion Fe^{3+} (Ferrite) oder ein anderes dreiwertiges Ion (meist ein Ion von einem Übergangsmetall wie Cr^{3+}, Mn^{3+} u.ä.) und als X^{2+} Mn^{2+}, Fe^{2+}, Co^{2+}, Ni^{2+}, Cu^{2+}, Zn^{2+} wählen. Bei diesen Spinellen kommt sehr häufig die inverse oder die gemischte Struktur vor; Nickelferrit und Eisen(II)-ferrit sind z.B. invers, Magnesium-, Kupfer- und Manganferrit sind bei normaler Herstellungsweise gemischt und Zink- und

Kadmiumferrit sind normal. Die Ursachen der Unterschiede in der Kationenverteilung in den verschiedenen Fällen werden wir in Abs. 2.3 näher besprechen. Die Ionen X und Y in der allgemeinen Formel XY_2O_4 können allerdings auch eine Kombination verschiedener Ionen von sogar verschiedener Wertigkeit bedeuten, vorausgesetzt, daß im ganzen die Elektroneutralitätsbedingung erfüllt ist. Setzen wir z.B. für X^{2+} im (2,3) Spinell $\frac{1}{2}\,Li^+ + \frac{1}{2}Y^{3+}$, so erhalten wir die Spinelle $Li^{1+}_{1/2}\,Y^{3+}_{5/2}O^{2-}_4$, von denen der Lithiumferrit $Li_{1/2}Fe_{5/2}O_4$ am bekanntesten ist.

Es ist überhaupt eine wichtige Eigenschaft der Oxide mit Spinellstruktur, daß sie leicht miteinander mischbar sind und fast unbegrenzt feste Lösungen bilden können. Dabei können Spinelle vom gleichen und von verschiedenen Typen gemischt werden (z. B. (2,3) mit (4,2) Spinell), und es gibt auch feste Lösungen von Spinellen mit Verbindungen, die entweder überhaupt nicht existieren oder allein eine andere Struktur besitzen. Als Beispiel kann der Natriumferrit $Na_{1/2}Fe_{5/2}O_4$ dienen, der bisher nicht als selbständige Verbindung hergestellt worden ist, der aber dennoch eine Reihe stabiler fester Lösungen, z. B. mit Lithium- und Zinkferrit, bildet [24].

Wir wollen noch eine wichtige Substitutionsart erwähnen, die zu einer defekten Spinellstruktur der γ-Oxide führt. Substituieren wir im (2,3) Spinell formal $X^{2+} \rightarrow \rightarrow \square_{1/3} + Y^{3+}_{2/3}$, wobei $\square$ eine unbesetzte Kationenstelle (Leerstelle) bedeutet, so erhalten wir eine Struktur, bei der von der Gesamtzahl von 24 Kationenstellen $\frac{8}{3}$ unbesetzt sind. Die chemische Formel entspricht dem dreiwertigen Oxid Y_2O_3. Diese defekte Spinellstruktur bildet die sogen. γ-Phase dieser Oxide; am bekanntesten sind γ-Fe_2O_3, γ-Mn_2O_3 und γ-Al_2O_3. Dabei können die Leerstellen sowohl in den A- als auch in den B-Plätzen liegen und können unter gewissen Umständen auch regelmäßig angeordnet sein.

Die Perowskitstruktur. Raumgruppe O_h^1 ($Pm3m$) für einen idealen unverzerrten Perowskit. Die Perowskitstruktur ist bei den Dopelloxiden mit der chemischen Formel ABO_3 sehr verbreitet. Die Elementarzelle der Perowskits $CaTiO_3$, von dem der Name der Struktur abgeleitet ist, ist in Abb. 2.7 gezeigt. Sie kann wieder aus einem kubisch-flächenzentrierten Sauerstoffgitter abgeleitet werden, in dem $\frac{1}{4}$ der Sauerstoffionen durch Ca^{2+}-Ionen ersetzt ist, die genügend groß sind, um in zwölfzähliger Koordination vorzukommen. Die kleineren Ti^{4+} (B)-Kationen befinden sich auf den restlichen oktaedrischen Plätzen. Je nachdem, wie wir den Ursprung der Koordinaten wählen, erhalten wir eine Elementarzelle in einer der beiden gebräuchlichen äquivalenten Formen (Abb. 2.7). Die A-Kationen und ebenso die B-Kationen bilden in einem idealen Perowskit ein einfaches kubisches Gitter, wobei beide Teilgitter gegeneinander um die Hälfte der Raumdiagonale des Basiswürfels verschoben sind.

Obwohl die Wertigkeit der Ionen im Perowskit der Formel $Ca^{2+}Ti^{4+}O_3^{2-}$ entspricht, gibt es auch Perowskitstrukturen mit anderen Wertigkeitskombinationen. Mit Rücksicht auf die Notwendigkeit der Elektroneutralität muß aber die Summe der Wertigkeiten beider Kationen gleich 6 sein. Die Haupttypen sind unter Angabe von Beispielen in Tab. II-6 enthalten; vom Standpunkt der magnetischen Eigenschaften genügt es jedoch, sich auf die Perowskittypen (2,4), (3,3) und ihre Kombinationen zu beschränken.

Eine wichtige Bedingung für die Entstehung der Perowskitstruktur sind günstige Kationengrößen. Eines von ihnen (*A*) muß stets größer sein und einen nicht allzusehr vom Radius des Sauerstoffanions entfernten Radius besitzen, das andere (*B*), das sich in oktaedrischer Koordination befindet, muß kleiner sein. Die Grenzen,

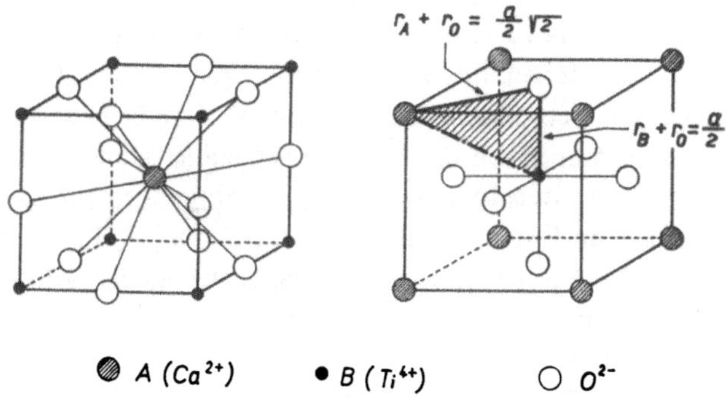

Abb. 2.7 Perowskitstruktur.

in denen die Radien der Kationen *A* und *B* liegen müssen, sind einerseits grob durch die Bedingungen für eine zwölf- bzw. sechszählige Koordination (Tab. II-1), andererseits durch den sogenannten Toleranzfaktor *t* gegeben, den Goldschmidt [26] durch die Beziehung

$$t = \frac{r_A + r_O}{(r_B + r_O)\sqrt{2}} \tag{2.1}$$

definiert hat; r_A, r_B und r_O bedeuten hier die Radien der Ionen *A*, *B* und des Sauerstoffs. Die geometrische Bedeutung des Toleranzfaktors ist aus Abb. 2.7 ersichtlich;

Tabelle II-6

Haupttypen der Oxide mit Perowskitstruktur [25—28]

Typ ABO_2	Beispiel	Ionenbeispiele *A*	Ionenbeispiele *B*	Untere Grenze des Toleranzfaktors
3–3	$La^{3+}Al^{3+}O_3^{2-}$	Sm, Nd, Ce, La, Y, Gd, Dy, Ho, Er, Eu, Pr	Al, Ga, Cr, Fe, In, Ni, V, Co, Sc	0,89
2–4	$Ca^{2+}Ti^{4+}O_3^{2-}$	Ca, Cd, Sr, Pb, Ba, Mn, Fe, Zn, Mg	Mn, Ti, Sn, Zr, Ce, Th	0,77
1–5	$K^{+}Nb^{5+}O_3^{2-}$	K, Li	Nb	0,71 (0,81)
0–6	$Re^{6+}O_3^{2-}$	—	Re, W	—

er bestimmt die Beziehung zwischen der Größe der Ionen A und B, und wir würden erwarten, daß t im idealen Falle gleich 1 sein sollte. In Wirklichkeit, wie das systematische Studium der Oxide mit Perowskitstruktur gezeigt hat, ist t etwas kleiner, und man kann die Grenzen seiner zahlenmäßigen Werte angeben, die den Existenzbereich der Perowskitstruktur bestimmen (Vergl. Tab. II-6). Diese Grenzen hängen von der Wertigkeit der Kationen ab und sind z.B. für die Perowskite vom (2,4) Typ durch die Werte $t_{min} = 0{,}77$ und $t_{max} = 0{,}99$ [25] gegeben. Ist der Radius des A-Ions zu klein, so daß $t < t_{min}$, so entsteht meist die Korund- bzw. Ilmenitstruktur.

Von den Ionen, die beide Bedingungen erfüllen, wollen wir wieder in erster Linie diejenigen betrachten, die ein von Null verschiedenes magnetisches Eigenmoment besitzen, d.h. Ionen der Übergangsmetalle. Dabei entsprechen die Ionen der Eisengruppe mit ihren Ionenradien den Bedingungen für die B-Ionen, während die Ionen der Seltenen Erden – z.B. Gd^{3+}, Sm^{3+}, Nd^{3+}, Pr^{3+} u.a. –, deren Radius durchweg größer als 1 Å ist, in die Perowskitstruktur als A-Ionen eintreten. Von den nichtmagnetischen Ionen begegnen wir als A-Ionen am häufigsten Ba^{2+}, Sr^{2+}, Ca^{2+} und La^{3+} (vgl. Tab. II-6).

Da die Perowskitstruktur zwei nicht-äquivalente Kationenuntergitter besitzt, kann in ihr, wenigstens im Prinzip, eine ferrimagnetische Anordnung der magnetischen Momente in dem Fall eintreten, daß beide Untergitter von magnetischen Ionen besetzt sind. Als Beispiel können die sogenannten Orthoferrite $AFeO_3$ der Seltenen Erden (A = Ho, Er u.ä.) dienen. Von diesem Standpunkt handelt es sich unserer Klassifizierung nach um eigene Ferrimagnetika. Die Situation ist aber im Vergleich zu den Spinellen dadurch kompliziert, daß die Wechselwirkungen innerhalb des B-Untergitters meist viel stärker sind als die Wechselwirkungen $A-B$ und $A-A$. Infolgedessen tritt meist schon bei höheren Temperaturen eine magnetische Ordnung des Untergitters B ein, die je nach den Umständen antiferromagnetisch, ferromagnetisch und auch ferrimagnetisch sein kann, falls eine abwechselnde Anordnung der Ionen bzw. ihrer Valenzen in den Ebenen [111] oder [001] existiert. In diesem Fall handelt es sich dann um nicht-eigenen, durch nachträgliche Aufteilung des Untergitters B gebildeten Ferrimagnetismus.

Die ideale Perowskitstruktur besitzt eine vollkommene kubische Symmetrie. In Wirklichkeit ist diese Symmetrie aber häufig durch Verschiebung der Ionen aus ihren idealen Lagen verzerrt, wobei die neue Symmetrie meist rhomboedrisch oder orthorhombisch ist. Der ursprüngliche, in Abb. 2.7 eingezeichnete Basiswürfel des Perowskits wird dabei im ersten Fall zu einem Rhomboeder, im zweiten zu einer monoklinen Pseudozelle deformiert. Der Zusammenhang zwischen der ursprünglichen kubischen Elementarzelle und der orthorhombischen Zelle ist aus Abb. 2.8 ersichtlich, in der die Zelle des $GdFeO_3$ eingezeichnet ist. Die Ursache der Verzerrungen muß vor allem darin gesucht werden, daß die Perowskitstruktur infolge ihrer Einfachheit sehr empfindlich gegenüber der relativen Größe der sie bildenden Ionen ist. Während bei dem Spinellgitter die Anpassung an die Kationengröße meist ohne Störung der kubischen Symmetrie erreicht werden kann, ist dies hier nicht möglich, und die Verschiebubg der Ionen aus den idealen Lagen hat eine Erniedrigung der Kristallsymmetrie zur Folge. Die Perowskite (3,3) sind meist orthorhombisch, wenn sie *B*-Ionen mit einem größeren Radius als 0,6 Å enthalten, z.B. Fe^{3+}, Mn^{3+}, Cr^{3+}, und rhomboedrisch mit kleineren *B*-Ionen, z.B. Co^{3+} oder Al^{3+}. Bei höheren Temperaturen geht wenigstens in einigen Fällen der deformierte Perowskit in den kubischen über, wobei es scheint, daß die rhomboedrische Phase die Brücke zwischen der

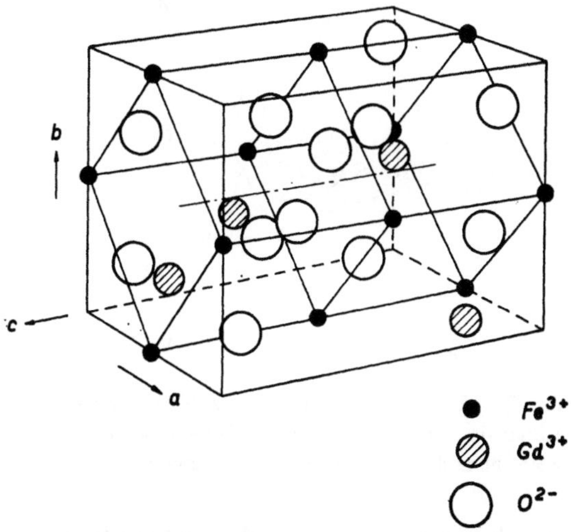

Abb. 2.8 Orthorhombische Elementarzelle des $GdFeO_3$ mit eingezeichneter monokliner Perowskit-Pseudozelle (vgl. Abb. 2.7); nach [27].

orthorhombischen und der kubischen bildet [25]. Neben dem nachweisbaren Einfluß der Ionengröße auf Entstehung und Ausmaß der Deformation kommt allerdings in gewissem Maße auch die Elektronenstruktur der Ionen zur Geltung, insbesondere der sogenannte Jahn-Teller-Effekt, der in Abs. 2.4 besprochen werden wird.

Korund- und Ilmenitstruktur. Raumgruppe D_{3d}^6 ($R\,\bar{3}c$) für Korund, C_{3i}^2 für Ilmenit. Diese beiden Strukturen werden auf der Grundlage einer dichtesten hexagonalen Kugelpackung der Sauerstoffanionen gebildet. Die Korundstruktur kommt bei den einfachen dreiwertigen Oxiden M_2O_3 (M = Fe, Cr, Al u.a.) vor; die Ilmenitstruktur, die bei den Verbindungen vom ABO_3-Typus häufig ist, ist praktisch mit ihr identisch und unterscheidet sich nur durch die regelmäßige Anordnung der *A*-und *B*-Ionen. Aus diesem Grunde genügt es, die einfache Korundstruktur näher zu betrachten, obwohl Oxide mit Ilmenitstruktur mit Rücksicht auf die magnetischen Eigenschaften für uns von größerer Bedeutung sind.

Die Reihenfolge der Sauerstoffanionenschichten in der dichtesten hexagonalen Kugelpackung kann, wie bereits ausgeführt, durch das Schema *ABABA* ... dargestellt werden (Abb. 2.2); die hexagonale Achse liegt dabei stets senkrecht zur Schichtebene. Je zwei aufeinanderfolgende Schichten bilden ebenso wie bei der kubischen Packung zweierlei Arten von Zwischenräumen, in denen die Kationen untergebracht sein können, oktaedrische und tetraedrische. Wollten wir die Struktur mit der hexagonalen

Kugelpackung auf Grund dieser Sauerstoff-Koordinationspolyeder beschreiben, so würde hier also, was den Typ der Polyeder und ihre Orientierung gegenüber den Schichtebenen anbetrifft, kein grundsätzlicher Unterschied gegenüber den kubischen Strukturen bestehen, nur die gegenseitige Lage der einzelnen Polyeder und die Symmetrie ihrer Anordnung würden verschieden sein. Während z.B. bei der kubischen

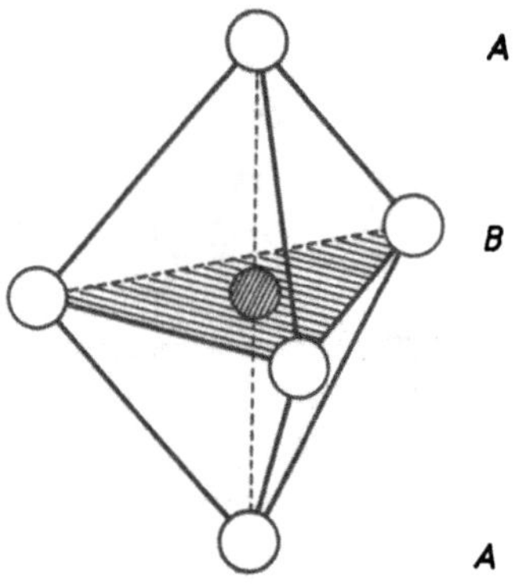

Abb. 2.9 Entstehung einer fünfzähligen Koordination (Bipyramide) durch Verschmelzung zweier benachbarter tetraedrischer Lagen.

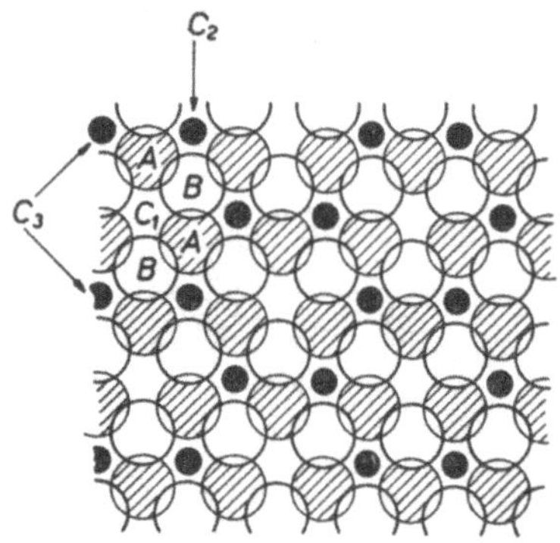

Abb. 2.10 Besetzung oktaedrischer Lagen in der Korundstruktur (nach Iida [3]).

Anordnung die einzelnen Oktaeder höchstens die Kanten gemeinsam haben können, können bei der hexagonalen Anordnung auch die Flächen gemeinsam sein; das gleiche kann von dem gegenseitigen Verhältnis der Tetraeder gesagt werden. Entfällt auf

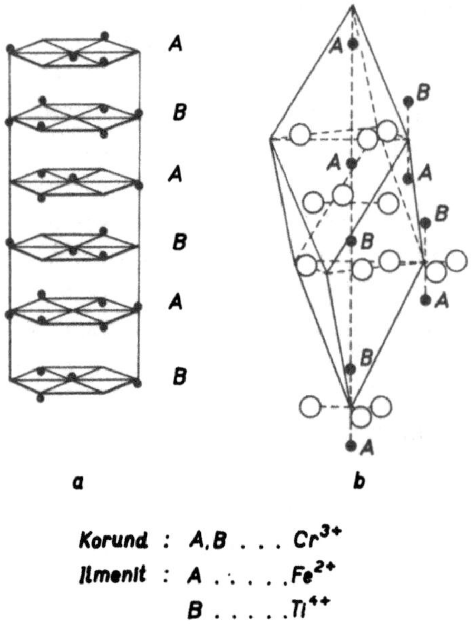

Abb. 2.11 Korund- und Ilmenitstruktur: a — hexagonale Zelle, b — rhomboedrische (primitive) Zelle; nach [29].

zwei Tetraeder mit gemeinsamer Fläche nur ein Kation, so kann ein neues Koordinationsgebilde entstehen, eine von fünf Sauerstoffionen gebildete Bipyramide (Abb. 2.9).

Bei der Korundstruktur sind nur die oktaedrischen Lagen besetzt. Auf eine von N Sauerstoffionen gebildete Schicht entfallen N oktaedrische Lagen; sind nach Abb. 2.2 die Sauerstoffionen zweier aufeinanderfolgender Ebenen in A-bzw. B-Lagen, dann sind die von ihnen gebildeten oktaedrischen Zwischenräume in C-Lagen. Da bei Kristallen vom Korund-Typ das Verhältnis der Anzahl von Kationen und Anionen zwei zu drei beträgt, so folgt daraus, daß nur $\frac{2}{3}$ der Oktaeder besetzt sind. Die Verteilung dieser besetzten oktaedrischen Lagen in aufeinanderfolgenden Ebenen ist in Abb. 2.10 dargestellt. Die hexagonale Elementarzelle der Korundstruktur (Abb. 2.11a) enthält im ganzen 6 Sauerstoffschichten und die gleiche Anzahl Kationenschichten. Häufig wird auch die rhomboedrische Zelle angewendet (Abb. 2.11b), die gleichzeitig die Primitivzelle ist.

Da die Sauerstoffionen abwechselnd A- und B-Lagen besetzen, sind die Kationenlagen stets vom C-Typus. Das Dreiecknetz, das die C-Lagen bilden, kann in drei Untergitter C_1, C_2, C_3 geteilt werden, die ebenfalls Dreieckgitter sind, mit einer Kantenlänge, die dreimal größer ist als die Kanten der Dreiecke des ursprünglichen Netzes. Besetzen wir die Knotenpunkte zweier dieser Untergitter — z. B. C_2, C_3 — mit Kationen, während das Untergitter C_1 leer bleibt, so erhalten wir gerade die sechseckförmige Anordnung der Kationen in der Korundstruktur. Schreiten wir in Richtung der hexagonalen Achse zu weiteren Ebenen fort, so ändert sich die Besetzung der Untergitter zyklisch; war die erste Schicht C_2, C_3, so wird die zweite C_1, C_2, die dritte C_3, C_1 usw. sein, wie in Abb. 2.10 angedeutet ist. Eine eingehende Analyse der Struktur verschiedener Oxide mit dichtester Kugelpackung des Sauerstoffgitters mit Hilfe von ebenen Kationen-Untergittern wurde von Iida [3] durchgeführt.

In Wirklichkeit liegen die Ionen nicht genau in den idealen, durch die hexagonale Kugelpackung gegebenen Lagen. Die Kationen sind aus der durch das Sechsecknetz bestimmten Ebene derart verschoben, daß diejenigen von ihnen, die in den benachbarten Ebenen direkt übereinander liegen, d. h. die Kationen der Oktaeder mit gemeinsamer Fläche, sich von einander infolge der elektrostatischen Abstoßung entfernt haben. Dieser Änderung in der Kationenlage sind auch die Sauerstofflagen angepaßt, deren Verschiebung aus den idealen Lagen allgemein durch zwei Parameter, u und v, charakterisiert werden kann.

Da die Kationen in der Korundstruktur im wesentlichen in äquivalenten Lagen vorkommen, kann bei einfachen dreiwertigen Oxiden der Übergangselemente kein Ferrimagnetismus vorkommen. α-Fe_2O_3 (Hämatit) und Cr_2O_3 (Korund) sind auch wirklich antiferromagnetisch, wobei beim ersteren der Antiferromagnetismus von einem schwachen Ferromagnetismus überlagert ist. Der Hämatit α-Fe_2O_3 ist für die weiteren Ausführungen wichtig, unter anderem auch deshalb, weil er ferrimagnetische feste Lösungen mit Ilmenit $FeTiO_3$ [29] bildet.

Die Ilmenitstruktur kommt bei den Doppeloxiden mit der chemischen Formel ABO_3 vor, bei denen sich zum Unterschied von Verbindungen mit Perowskitstruktur die Kationen A und B der Größe nach nicht allzusehr von einander unterscheiden und gleichzeitig beide eine oktaedrische Koordination gestatten. Als Beispiele können der Ilmenit $Fe^{2+}Ti^{4+}O_3^{2-}$ und weitere Titanate der Übergangselemente (Mn, Co, Ni) oder die vor kurzem entdeckten Verbindungen $CoMnO_3$ und $NiMnO_3$ [30] dienen. Die Ilmenitstruktur unterscheidet sich von der Korundstruktur praktisch nur dadurch, daß aufeinanderfolgende Kationenschichten abwechselnd von *A*- und *B*-Ionen gebildet werden (Abb. 2.11); dadurch entstehen geschichtete Untergitter, die in günstigen Fällen zu Ferrimagnetismus führen können. Die stöchiometrischen Titanate sind aber insgesamt antiferromagnetisch.

Magnetoplumbit und verwandte Strukturen. In diesem Absatz wollen wir kurz die wichtigsten Typen von hexagonalen Strukturen erwähnen, die zwar ebenfalls auf Grund der dichtesten Kugelpackung von Sauerstoffionen beschrieben werden können, die jedoch eine unterschiedliche und kompliziertere Art der Aufeinanderfolge der Sauerstoffschichten besitzen, als einer reinen kubischen oder hexagonalen Kugelpackung entsprechen würde. Die bekannteste dieser Strukturen ist die Magnetoplumbitstruktur [31], die nach dem Mineral Magnetoplumbit $PbO \,.\, 6\,Fe_2O_3 = PbFe_{12}O_{19}$ – Raumgruppe $D_{6h}^4\,(P6_3/mmc)$ – benannt wird.[4]) Die Bleiionen besitzen praktisch den gleichen Radius wie die Sauerstoffionen und nehmen daher erwartungsgemäß die Plätze von Sauerstoffionen mit der Koordination 12 ein. Die gesamte Struktur wird dann durch Schichten in der Reihenfolge

$$\underbrace{AC^*ACBAB^*AB}_{c}CAC^*ACB\ldots$$

gebildet, die eine Kombination der kubischen und hexagonalen Schichtenfolge ist. Ein Stern bezeichnet die Pb^{2+}-Ionen enthaltenden Schichten, der Buchstabe *c* bezeichnet die Kantenlänge der Elementarzelle in Richtung der hexagonalen Achse. In Abb. 2.12 ist der besseren Übersicht halber die Struktur des Magnetoplumbit in senkrechtem Schnitt eingezeichnet. Die senkrechten Geraden bezeichnen die Achsen der dreizähligen Symmetrie. Zu den Ionen, deren Mittelpunkte nicht auf diesen Achsen liegen, gibt es in der betreffenden Schicht weitere zwei, die wir durch Drehung um 120° und 240° um die dreizählige Achse erhalten.

Ziehen wir auch die Kationenverteilung in Betracht, so können wir uns die Struktur als aus Blöcken von zweierlei Art gebildet vorstellen, die in der Abbildung mit **R** und **S** bezeichnet sind; die mit **R*** und **S*** bezeichneten Blöcke entstehen aus **R** und **S** durch Drehung um die senkrechte Achse um 180°C. Der Block **S** enthält nur die „kleinen" Fe^{3+}-Kationen in tetraedrischen und oktaedrischen Lagen. Das Verhältnis der Sauerstoffionen zur Anzahl der zwischen benachbarten Sauerstoffschichten befindlichen Kationen beträgt 4 : 3, ebenso wie beim Magnetit. Wie wir uns leicht

[4]) Ideale Zusammensetzung. Im natürlichen Magnetoplumbit ist ein Teil der Eisenionen durch Mangan, Aluminium und Titan substituiert.

überzeugen können, entspricht der Block **S** einer Spinellstruktur mit der [111]-Achse senkrecht zur Schichtebene. Der Block **R** enthält neben dem „großen" Kation Pb^{2+} noch 6 Fe^{3+}-Kationen. Fünf von ihnen besitzen normale oktaedrische Koordination, das sechste Fe^{3+}-Ion befindet sich in fünfzähliger Koordination, deren Entstehung durch das Zusammenfügen zweier Tetraeder verursacht wird, wie schon im vorhergehenden Absatz beschrieben wurde (Abb. 2.9). Pb-Ionen können in der Magneto-

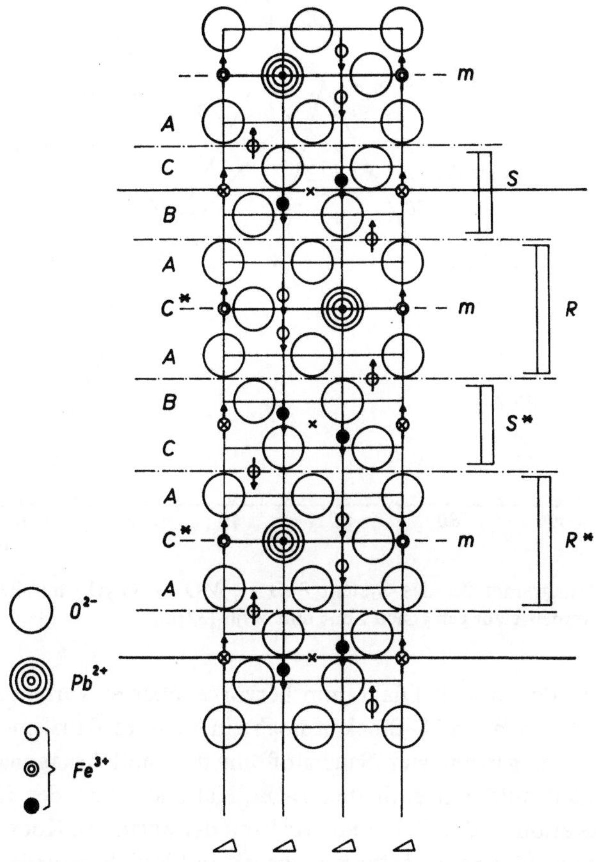

Abb. 2.12 Kristallstruktur des Magnetoplumbits $PbFe_{12}O_{19}$ (nach Braun [31]); *m* — bezeichnet die Spiegelebene, durch starke horizontale Linien wird eine der Auswahlmöglichkeiten der Elementarzelle angedeutet.

plumbitstruktur entweder völlig oder teilweise durch andere Ionen ähnlicher Größe ersetzt werden, insbesondere durch Ba, Sr, Ca (vergleiche auch Tab. II-1), die Fe^{3+}-Ionen aber durch alle Ionen, die in den Spinellen vorkommen können.

Weitere Oxide, deren Struktur auf einem ähnlichen Prinzip wie die des Magnetoplumbits beruht, fallen durch ihre chemische Zusammensetzung in das ternäre Diagramm $RO-MO-Fe_2O_3$, und zwar in seinen in Abb. 2.13 für R = Ba gezeichneten Teil. Die besondere Strukturen bildenden Zusammensetzungen sind in diesem Diagramm durch Punkte bzw. durch Buchstaben bezeichnet. Die Zusammensetzungen **M** und **S** entsprechen dem Magnetoplumbit RO . 6 Fe_2O_3 bzw. dem Spinell MO . . Fe_2O_3.

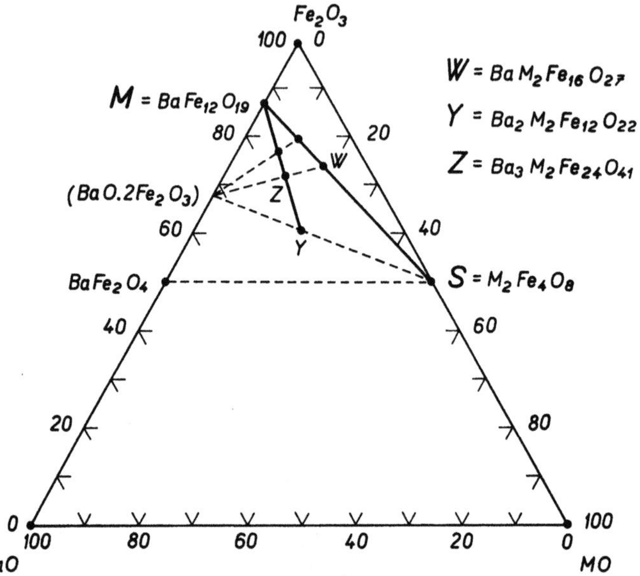

Abb. 2.13 Dreieckdiagramm für das System BaO — MO — Fe_2O_3 mit Bezeichnung einiger bedeutender Zusammensetzungen (nach Smit und Wijn [32]).

Die Strukturen der in dem Diagramm hervorgehobenen Verbindungen enthalten im allgemeinen neben **R**- und **S**-Blöcken noch ein weiteres Bauelement, den Block **T** (Abb. 2.14), der im ganzen vier Sauerstoffschichten mit hexagonaler Anordnung enthält; die beiden mittleren enthalten R-(Ba)Kationen mit der Koordination 12 und 8 „kleine" Kationen, d.i. Fe^{3+} und M^{2+} mit der normalen Koordination 4 und 6. Die Bipyramide aus fünf Sauerstoffionen, die wir in Block **R** gefunden haben, kommt hier nicht vor, weil eine ihrer Spitzen jetzt von einem R-Kation gebildet wird. Als grundlegende, den Block **T** enthaltende Struktur, kann die Struktur „**Y**" angesehen werden, die der Verbindung $Ba_2M_2Fe_{12}O_{22}$ zukommt und deren Schnitt in Abb. 2.14 angedeutet ist. Der Aufeinanderfolge der Schichten entspricht bei dieser Struktur das Schema

T S T S T S T

BA BC ACAC AB CBCB CA BABA...,

$\underbrace{\hspace{20em}}_{c}$

so daß die Elementarzelle aus drei Blöcken **T** und drei Blöcken **S** besteht. Weitere Strukturen können als Kombination der Grundtypen **S, M** und **Y** angesehen werden; eine Übersicht über die bisher identifizierten Strukturen kann man auf Grund der Tab. II-7 erhalten, Einzelheiten müssen aus der Originalliteratur [31–33] entnommen werden.

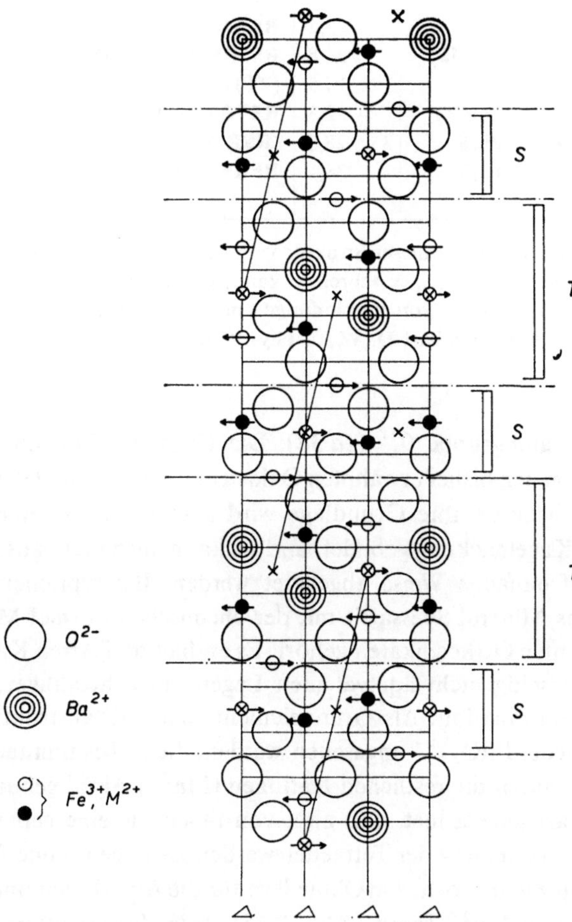

Abb. 2.14 Kristallstruktur **Y** ($Ba_2M_2Fe_{12}O_{22}$); nach Braun [31].

Die Erfüllung der Bedingungen für das Vorkommen von Ferrimagnetismus ist bei einer so großen Anzahl nicht-äquivalenter Kationenlagen meist gesichert.[5])

---

[5]) In einigen Fällen kann allerdings auch eine antiferromagnetische Anordnung entstehen; ein Beispiel bildet das Oxid $KFe_{11}O_{17}$, dessen Struktur sich nur wenig vom Magnetoplumbit unterscheidet [33].

Tabelle II-7

Haupttypen ferrimagnetischer Oxide mit hexagonaler Struktur [32]

Zusammensetzung	Bezeichnung	c (Å)	Stapelfolge	Anzahl der Schichten
$MO.Fe_2O_3$	**S**	—	—	—
$BaO.6\,Fe_2O_3$	**M**	23,2	**RSR*S***	10
$BaO.2\,MO.8\,Fe_2O_3$	**W(MS)**	32,8	$\mathbf{RS_2R^*S_2^*}$ (**W** = **M** + 2 **S**)	14
$2\,BaO.2\,MO.6\,Fe_2O_3$	**Y**[1])	3 × 14,5	$\mathbf{(TS)_3}$	3 × 6 = 18
$3\,BaO.2\,MO.12\,Fe_2O_3$	**Z(MY)**	52,3	**RSTSR*S*T*S***(**Z** = **M** + **Y**)	22
$2\,BaO.2\,MO.14\,Fe_2O_3$	$\mathbf{M_2S}$	3 × 28,0	$\mathbf{(RSR^*S_2^*)_3}$	3 × 12 = 36
$4\,BaO.2\,MO.18\,Fe_2O_3$	$\mathbf{M_2Y}$	38,1	**RSR*S*T*S***	16

[1]) Es besteht eine Reihe von mit dieser Struktur verwandten Strukturen, die man symbolisch in der Form $\mathbf{(TS)}_n\mathbf{T}$ für $n = 1, 2, \ldots, \infty$ schreiben kann, wobei man **Y** als einen Sonderfall mit $n = \infty$ auffassen kann. Eine Reihe von Verbindungen mit diesen Strukturen wurde synthetisiert und identifiziert (Kohn J. A., Eckhart D. W., J. Phys. Chem. *67* (1963), 957; J. Appl. Phys. *35* (1964), 986).

Granatstruktur. Raumgruppe O_h^{10} ($Ia\,3d$). Die Granatstruktur unterscheidet sich in vieler Hinsicht von den bisher erwähnten Oxidstrukturen. Es handelt sich wiederum um eine kubische Struktur, ihre Grundlage wird aber nicht von einem Sauerstoffgitter in dichtester Kugelpackung gebildet, und sie kann auch nicht aus einem solchen Sauerstoffgitter auf einfache Weise abgeleitet werden. Ein typischer Vertreter der Granate ist z.B. das Mineral Spessartit mit der chemischen Formel $Mn_3Al_2(SiO_4)_3$, das zu den sogenannten Orthosilikaten gehört. Es enthält drei Arten Kationen Mn^{2+}, Al^{3+}, Si^{4+} in gegenseitig nicht äquivalenten Lagen mit achtzähliger, sechszähliger und vierzähliger Koordination. Als Grundelemente der Kristallstruktur können die Koordinationstetraeder $(SiO_4)^{4-}$ angesehen werden, die in bestimmter Weise geordnet und gegenseitig durch die restlichen Kationen (Mn^{2+}, Al^{3+}) gebunden sind. Die Tetraeder sind derart angeordnet, daß zwei von ihnen nie eine gemeinsame Spitze besitzen. Durch die Verteilung der Tetraeder werden Zwischenräume für die übrigen Kationen gebildet, u.zw. in Form von Oktaedern für die Al^{3+}-Ionen und von Dodekaedern für die größeren Mn^{2+}-Ionen (Abb. 2.15). Jedes Sauerstoffion gehört einem Tetraeder, einem Oktaeder und zwei Dodekaedern zu. Die ganze Struktur ist sehr kompliziert, was auch in der Größe der Elementarzelle seinen Ausdruck findet, die 8 „Moleküle" enthält, das entspricht 96 Sauerstoffionen und insgesamt 64 Kationen, von denen 24 dodekaedrische (achtzählige) Koordination besitzen. Es ist üblich, die einzelnen Arten der von Kationen besetzten Gitterplätze mit Symbolen zu bezeichnen, die den Typ dieser Plätze in bezug zur Gesamtsymmetrie der Struktur charakterisieren: mit dem Buchstaben c die dodekaedrischen, mit a die oktaedrischen und mit d die tetraedrischen Lagen. Wenn wir zeigen wollen, wie diese Lagen mit den einzelnen Kationen besetzt sind, so benützen wir verschiedene Arten von Klammern: { } für die *c*-Lagen, [ ] für die *a*-Lagen und ( ) für die *d*-Lagen; die chemische Formel des Spessartits können wir dann genauer $\{Mn_3^{2+}\}\ [Al_2^{3+}]\ (Si_3^{4+})\ O_{12}^{2-}$ schreiben (vgl. [34–37]).

Die Lagen der Kationen in der Elementarzelle sind aus Abb. 2.16 ersichtlich, in der der besseren Übersicht wegen die Sauerstoffionen ausgelassen sind. Zum Unterschied

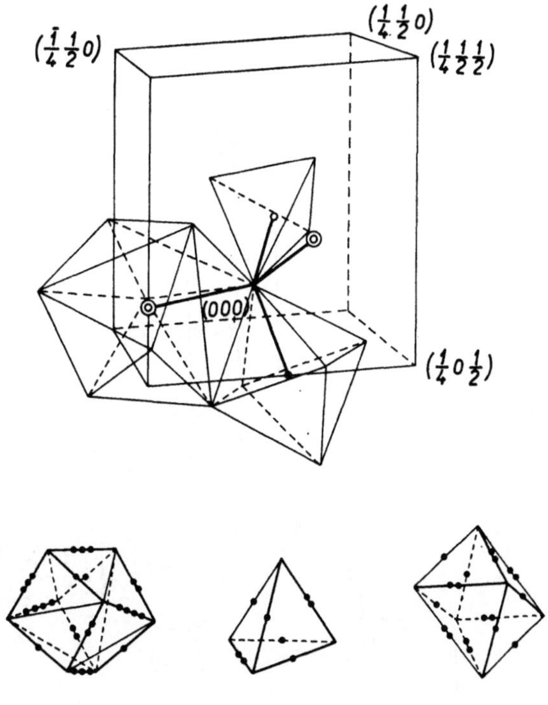

Abb. 2.15 Koordinationspolyeder und ihre Anordnung in der Granatstruktur; nach Gilleo und Geller [34].

von den Kationen, deren Koordinaten als rationale Bruchteile der Kantenlängen des Elementarwürfels fest bestimmt sind, besitzen die Sauerstofflagen in der Granatstruktur 3 Freiheitsgrade, so daß ihre Koordinaten durch drei Parameter *x*, *y*, *z* bestimmt werden müssen.[6])

Die Werte dieser Parameter ändern sich mit der chemischen Zusammensetzung der Granate und hängen in erster Linie von der Kationengröße ab. Im Zusammenhang mit der Verschiebung der Sauerstoffionen aus den idealen Lagen treten Deformationen der Koordinationspolyeder (Abb. 2.15) ein, die manchmal bedeutende Ausmaße annehmen können. Diese Deformation äußert sich durch Störung der Gleichheit der Kantenlänge der einzelnen Polyeder. Die Gleichheit der Entfernung

[6]) Die Sauerstoffionen liegen in der Granatstruktur in den sogenannten *h*-Lagen, die eine (*x*, *y*, *z*) Verschiebung gestatten, ohne daß die kubische Gesamtstruktur des Kristalls dadurch gestört würde. Bei den Spinellen hatten die Sauerstoffionen nur einen Freiheitsgrad (die sog. *e*-Lage) und in Zusammenhang damit kam ihnen nur der Parameter *u* zu.

des Kationen-Mittelpunkts von den Sauerstoffionen an den Spitzen des betreffenden Polyeders bleibt aber wenigstens für die *a*- und *d*-Lagen erhalten; in Dodekaederlagen (*c*-Lagen) gibt es zwei verschiedene Typen dieser Entfernungen. Die lokale Symmetrie ist orthorhombisch (*c*-), trigonal (*a*-) und tetragonal (*d*-Lagen).

Zusammenfassend bilden die Kationen in den Lagen *c*, *a*, *d* 3 nicht-äquivalente Untergitter, die, wenn sie von magnetischen Ionen besetzt sind, die Möglichkeit

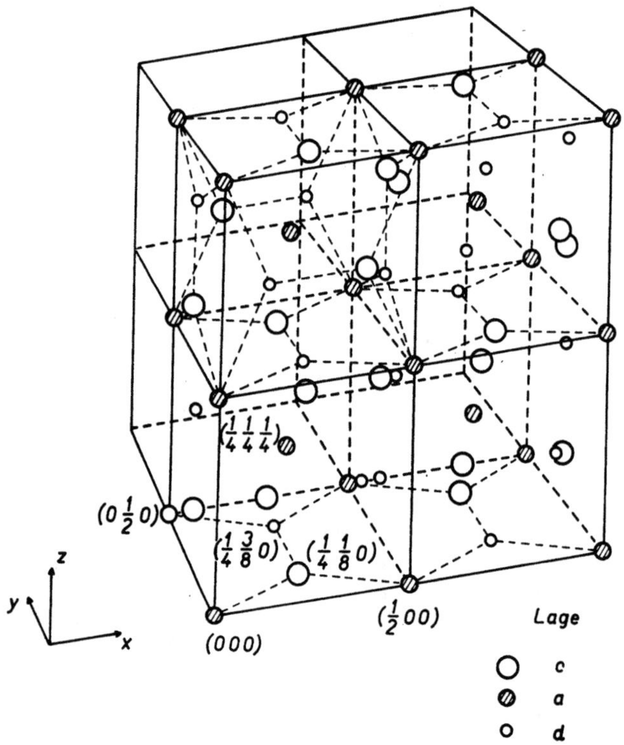

Abb. 2.16 Verteilung der Kationen in Granaten (nach [37]).

für die Entstehung von Ferrimagnetismus bieten. Zum Unterschied von den vorhergehenden Strukturen, insbesondere den Spinellen und Perowskiten, ist aber die Granatstruktur, was die Auswahl der Kationen anbetrifft, wesentlich selektiver. Dieser Umstand hängt offensichtlich mit dem unterschiedlichen Charakter des Baues der Granatstruktur zusammen, die auf Grund einer freien Anordnung von Koordinationstetraedern gebildet ist. Vermutlich gestattet er weder genug Freiheit in der Anpassung an Unterschiede der Kationengrößen noch größere Abweichungen von der Stöchiometrie oder die Bildung von Defektstrukturen mit Leerstellen. Es ist z.B. charakteristisch, daß bisher nur einige Granate bekannt sind, deren kubische Gesamtsymmetrie gestört ist [38a], während es viele deformierte Spinelle und Perovskite gibt.

Aus dieser Tatsache kann geschlossen werden, daß die Granatstruktur weniger stabil als die vorhergehenden Strukturen ist, bei denen die Bindungskräfte so stark sind, daß sie auch größere Deformationen und eine Herabsetzung der Symmetrie ohne Änderung der Anordnungsart gestatten [38].[7]) Davon zeugt auch die relativ niedrige Dichte der Granate im Vergleich zu den Perowskiten.

Über die Möglichkeit der Existenz einer bestimmten Kombination von Ionen in der Granatstruktur und über ihre Verteilung auf die *c*-, *a*- und *d*-Lagen entscheiden in erster Reihe die absolute und relative Ionengröße und die Konfiguration ihrer Elektronenhülle. Am Anfang haben wir als Beispiel einer typischen Verbindung mit einer Granatstruktur den Spessartit $Mn_3Al_2(SiO_4)_3$ angeführt, der ein Granat mit „normaler" Ionenverteilung vom Typ $\{A_3\}\ [B_2]\ (C_3)\, O_{12}$ ist und drei verschiedene Kationenarten in drei verschiedenen Lagen enthält. Die große Anzahl der auf die Elementarzelle entfallenden Kationen gestattet aber verschiedene Kombinationen, sowohl, was die Anzahl, als auch, was die Wertigkeit der verschiedenen Kationen anbetrifft. Der bekannteste „magnetische" Granat z.B., der Yttriumeisengranat $\{Y_3^{3+}\}$ $[Fe_2^{3+}]\ (Fe_3^{3+})\ O_{12}^{2-}$, enthält nur zwei verschiedene Kationenarten Y^{3+} und Fe^{3+}, so daß es sich um ein Doppeloxid $3Y_2O_3 \,.\, 5\,Fe_2O_3$ handelt; dabei nehmen die Eisenionen, wie ersichtlich, tetraedrische und oktaedrische Plätze ein. Eine Übersicht der wichtigsten in die Granatstruktur eintretenden Ionen und ihrer Präferenzen für verschiedene kristallographische Lagen kann auf Grund der Tab. II-8 gewonnen werden. Auf den dodekaedrischen Plätzen können danach Ionen mit Radien in den Grenzen 0,9 bis 1,2 Å im wesentlichen unabhängig von der Elektronenkonfiguration vorkommen. Von den magnetischen Ionen sind es vor allem Ionen der Seltenen Erden, die z.B. das Yttrium im $Y_3Fe_2(FeO_4)_3$ ersetzen können und einige weitere Ionen der Eisengruppe, besonders das Mn^{2+}.[8])

Für die Besetzung der Tetraeder- und Oktaederplätze scheint die Forderung der Kugelsymmetrie des Grundzustandes der Elektronenhülle der Ionen im Kristallfeld der betreffenden Lage entscheidend zu sein (vgl. Abschn. 2.2); diese einschränkende Bedingung betrifft vor allem die Ionen der Übergangselemente mit nicht-abgeschlossener Schale der 3*d*-Elektronen, so daß z.B. das Ion Fe^{3+} das einzige magnetische Ion ist, von dem bekannt ist, daß es in größerer Konzentration in den *d*-Lagen existenzfähig ist. Besitzen die Ionen eine Kugelsymmetrie der Elektronenhülle sowohl in einem oktaedrischen wie tetraedrischen Kristallfeld, so ist ihre Größe für die Verteilung entscheidend: Die größeren Ionen werden auf *a*-Lagen, die kleineren auf

---

[7]) Für diesen Schluß zeugt, daß viele Granate inkongruent schmelzen, wobei M_2O_3- und ABO_3-Phasen entstehen. In manchen Fällen existiert bei hohen Temperaturen ein Phasenübergang von der Granatstruktur zur Perowskitstruktur, die bei hohen Temperaturen stabiler ist [25, 38].

[8]) Mit Ausnahme von Nd^{3+}, Pr^{3+} und La^{3+}, die zu groß sind und nur bis zu einer bestimmten Konzentration in Kombination mit kleineren Ionen vorkommen können.

Tabelle II-8

Übersicht der am häufigsten in Oxiden mit Granatstruktur vorkommenden Ionen [38, 39]; in der Klammer sind die Ionenradien angeführt

Ionen-valenz	Lage *c* {}	Lage *a* []	Lage *d* ()
1+	Na^+ (0,98)		Li^+ (0,78)
2+	Cu^{2+} (0,70), Mg^{2+} (0,78) Ca^{2+} (1,06), Sr^{2+} (1,27) Ba^{2+} (1,46), Cd^{2+} (1,03) Mn^{2+} (0,91), Co^{2+} (0,82) Fe^{2+} (0,83)	Mg^{2+} (0,78), Zn^{2+} (0,83) Mn^{2+} (0,91), Co^{2+} (0,82) Ni^{2+} (0,77)	
3+	Y^{3+} (1,06) dreiwertige Ionen Seltener Erden	Al^{3+} (0,57), Sc^{3+} (0,83) In^{3+} (0,92), Cr^{3+} (0,64) Fe^{3+} (0,67), Ca^{3+} (0,62)	Al^{3+} (0,57), Ca^{3+} (0,62) Fe^{3+} (0,67)
4+		Ti^{4+} (0,68), Zr^{4+} (0,87) Hf^{4+} (0,84), Si^{4+} (0,39)*) Ge^{4+} (0,44), Sn^{4+} (0,74)	Ti^{4+} (0,68), Si^{4+} (0,39) Ge^{4+} (0,44), Sn^{4+} (0,74)
5+		Nb^{5+} ($\approx$0,69)	V^{5+} ($\approx$0,4), P^{5+} (0,3—0,4) As^{5+} ($\approx$0,4)

Einige Beispiele von Granaten

$\{Y_3\}[In_{0,5}Fe_{1,5}](Fe_3)O_{12}$, $\{Y_3\}[Fe_2](Fe_3)O_{12}$, $\{Ca_3\}[TiNi](Ge_3)O_{12}$, $\{Mn_3\}[NbZn](FeGe_2)O_{12}$, $\{NaCa_2\}[Mg_2](P_3)O_{12}$, $\{CaY_2\}[Fe_{1,85}Ge_{0,15}]\cdot(Fe_{2,15}Ge_{0,85})O_{12}$

*) Nur begrenzte Besetzung möglich.

d-Lagen bevorzugt eingebaut.[9]) Man muß aber betonen, daß darüber, ob das gegebene Ion in der Granatstruktur vorkommen kann, auch die Eigenschaften und die Größe der übrigen Ionen entscheiden.

Bei den Granaten vom Typ $R_3Fe_5O_{12}$ (R = Ionen Seltener Erden) darf das Radienverhältnis $r(R^{3+})/r(Fe^{3+})$ den Wert von ungefähr 1,7 nicht überschreiten, wenn die Granatstruktur im stabilen Zustand erhalten werden soll [38b]. Diese Bedingung ist für R = Sm und schwerere Ionen, aber keineswegs für La, Ce, Pr und Nd erfüllt.

[9]) Diese Regeln für die Kationenverteilung, die empirisch von Geller [38] abgeleitet wurden, unterscheiden sich von den Gesetzen, nach denen sich die Kationenverteilung in den Spinellen richtet (Abschn. 2.3).

Das dodekaedrische Untergitter der Eisengranate der Seltenen Erden kann daher nur teilweise, in einem Maße, bei dem wenigstens die Durchschnittswerte der Ionenradien die oben erwähnte Bedingung erfüllen, von den letztgenannten Ionen besetzt sein. Sollten sämtliche *c*-Gitterstellen mit Nd^{3+}, Pr^{3+} u.ä. Ionen besetzt werden, so müßten im Gegenteil die Fe^{3+}-Ionen in den *a*-Gitterstellen zum Teil durch Ionen von größerem Ionenradius ersetzt werden, wie z.B. Sc^{3+} oder In^{3+} [38c].

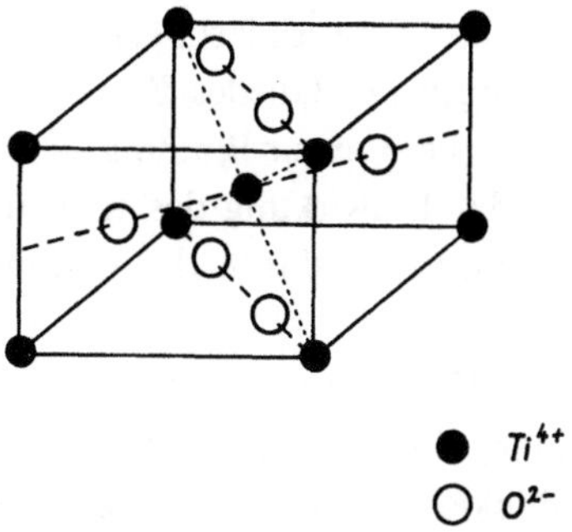

Abb. 2.17 Die Rutilstruktur.

Abschließend wollen wir noch kurz ***die Rutilstruktur*** – Raumgruppe D_{4h}^{14} ($P\,4_2/mnm$) – erwähnen, in der eine Reihe vierwertiger Oxide kristallisiert, wie z.B. das TiO_2 (Rutil), MnO_2 (Polianit) und das ferromagnetische CrO_2 [40]. Die Rutilstruktur können wir als eine Anordnung von Sauerstoffoktaedern mit einer tetragonalen Elementarzelle ansehen (Abb. 2.17), die zwei „Moleküle" MO_2 enthält. Die Oxide der Übergangsmetalle mit Rutilstruktur sind meist antiferromagnetisch, und wir werden uns nicht näher für sie interessieren; eine Ausnahme bildet das oben erwähnte CrO_2, das typischen Ferromagnetismus zeigt.

2.2 Das Kristallfeld

Im vorigen Absatz haben wir uns mit den wichtigsten Strukturtypen der ferrimagnetischen Oxide befaßt. Die Fähigkeit verschiedener Kationen, diese Strukturen zu bilden und in ihnen bestimmte, durch die betreffende Anordnung der umgebenden Anionen charakterisierte Lagen zu besetzen (Koordination), haben wir dabei auf Grund des einfachen Modells eines Ionenkristalls diskutiert. In diesem Modell werden die Ionen als elektrisch geladene, praktisch nicht deformierbare Kugeln angesehen, deren Radius zusammen mit der Größe der elektrischen Ladung über die Existenzfähigkeit des Ions an einer bestimmten Stelle des Kristallgitters entscheidet. Diese vereinfachte Betrachtung gestattete uns im großen ganzen zufriedenstellend die Hauptzüge der Gesetzmäßigkeiten zu erfassen, die den Bau der Kristalle und die Auswahl der Kationen beherrschen. Sie genügt aber nicht für die Erklärung einiger feinerer Effekte, denen wir insbesondere bei der Spinell- und der Granatstruktur begegnet sind. Wir haben vor allem die vorzugsweise Besetzung bestimmter Lagen durch einige Kationen und die Bildung von Deformationen im Sinn, für die auf Grund von Erwägungen über die Ionengröße keine Erklärung gefunden werden kann. Die Ursache des Versagens des einfachen Ionenmodells muß darin gesucht werden, daß dieses Modell weder die Elektronenstruktur der Ionen, die Konfiguration und Symmetrie der Elektronenhülle, noch die Änderungen, die die Elektronenzustände im Kristall infolge der Wechselwirkung mit der Umgebung erfahren, in Betracht zieht. Diese Änderungen, die wir im Ausdruck für die Kristallenergie (1.1) durch Hinzufügen des Gliedes E_{el} berücksichtigten, hängen zumindest teilweise mit einem Kovalenzbeitrag zur Bindung zusammen, können aber manchmal auch einfach als Ergebnis der Einwirkung des Kristallfeldes verstanden werden, d.i. des elektrostatischen Feldes, das durch die Ladungen der umgebenden Ionen hervorgerufen wird.

Vom Kristallfeld haben wir kurz im Abschn. 1.2 gesprochen, wo wir eine grobe Unterscheidung dreier Fälle durchführten; nämlich des starken, mittleren und schwachen Kristallfeldes. In diesem Absatz werden wir etwas eingehender die konkreten Wirkungen des Kristallfeldes auf die Zustände der Ionen und ihr Energiespektrum besprechen. Dabei wird die Hauptaufmerksamkeit dem mittelstarken Feld gewidmet werden, das wir meist bei den Oxiden der Übergangsmetalle der 3*d*-Gruppe antreffen. Neben den erwähnten Erscheinungen, die mit der Kristallstruktur zusammenhängen, spielt das Kristallfeld auch bei einigen magnetischen Effekten eine wichtige Rolle, wie z.B. beim Einfrieren der Orbitalmomente, bei der magnetischen Kristallanisotropie u.s.w. Die hauptsächlichen Ergebnisse der Kristallfeldtheorie, die wir in diesem Absatz anführen, dienen uns als Grundlage und Ausgangspunkt auch für diese Fälle.

Die Theorie des Kristallfeldes wurde von Bethe [41] und Van Vleck [42] entwickelt. In ihrer ursprünglichen Form weicht sie nicht vom Rahmen des Ionenmodells ab, da sie voraussetzt, daß die Elektronen an der Stelle des Kations lokalisiert sind und untersucht nur, wie sich ihre Zustände unter dem Einfluß eines zusätzlichen elektrostatischen Feldes der umgebenden Ionen ändern. Die Rückwirkung der Zustandsänderung des Kations auf die Bewegung der Elektronen der Nachbarionen wird vernachlässigt, so daß die übrigen Ionen (vor allem die Liganden-Anionen) nur eine passive Rolle spielen, indem sie ein elektrostatisches Potential erzeugen, das voraussetzungsgemäß für den Grundzustand und den angeregten Zustand des Kations den gleichen Wert besitzt. Ein Mangel dieser Theorie ist es, daß sie völlig die kovalenten Effekte vernachlässigt. Deshalb erschien kurz nach ihrer Ausarbeitung eine andere Theorie, die sogenannte Theorie der Molekularorbitale [43—45], die versucht, das Problem der Übergangselemente im Kontakt mit den sie umgebenden Liganden gerade vom entgegengesetzten Gesichtspunkt aus zu lösen. Sie übersieht den Ionencharakter der Bindung und sucht für die Elektronen, ähnlich wie in der Molekültheorie, gemeinsame Orbitale, die sich über den gesamten, durch das Zentralion und die Liganden gebildeten Komplex erstrecken. Diese „Molekülorbitale" können durch Kombination der Atomwellenfunktionen des Kations und der Liganden gewonnen werden, wobei wir z. B. durch Kombination eines Paares von Umlaufbahnen, von denen eine dem Kation und die zweite dem Liganden zugehört, wiederum im ganzen zwei neue Umlaufbahnen erhalten. Es ist klar, daß diese Theorie zu nichtlokalisierten Elektronenzuständen führt und daß sie zum Unterschied von der Kristallfeldtheorie den kovalenten Charakter der Bindung hervorhebt. Der Vergleich der beiden Theorien zeigt aber, daß beide in vieler Hinsicht zu äquivalenten Ergebnissen führen, wenigstens was den Einfluß der Symmetrie des Komplexes auf die Spaltung der Niveaus des Energiespektrums anbetrifft. Aus diesem Grunde können wir uns im weiteren auf die elektrostatische Theorie beschränken, die besser in das Gesamtkonzept unserer Ausführungen paßt. Man muß allerdings im Auge behalten, daß die Änderungen der Energie der Elektronenniveaus, die wir mittels der Parameter des Kristallfeldes beschreiben werden, in Wirklichkeit das Ergebnis von Kristallfeld und Kovalenz vorstellen. Es sei bemerkt, daß beide Standpunkte in der neuesten Theorie des Ligandenfeldes kombiniert sind, die Kovalenz und elektrostatische Effekte gleichzeitig erfassen soll. Der Leser, der die Theorie der Molekülorbitale und die moderne Theorie *des Ligandenfeldes* näher kennen lernen will, findet z. B. in den Büchern von Orgel [44], Ballhausen [45] oder in dem Artikel von Mc Clure [46] bzw. in der dort angeführten Literatur weitere Informationen.

Die Spaltung der Elektronenniveaus durch das Kristallfeld; das mittelstarke Feld

Wie wir in Absatz 1.2 erwähnten, stellt in diesem Falle das Kristallfeld eine Störung dar, die stärker ist als die Spin-Bahn-Wechselwirkung. Das Energiespektrum des Ions im Kristallfeld muß daher aus dem Hamilton-Operator berechnet werden,

$$\mathscr{H} = \mathscr{H}_0 + \mathscr{V}_{\text{korrel}} + \mathscr{V}_{KF}, \tag{2.2}$$

den wir aus (1.32) durch Auslassung der verbleibenden Störglieder ($\mathscr{V}_{LS}$, $\mathscr{V}_{ex}$, $\mathscr{V}_m$) erhalten. Die Störung $\mathscr{V}_{KF}$, die die potentielle Energie der Elektronen im Kristallfeld bedeutet, ist hier unmittelbar auf die nicht aufgespaltenen Terme (τ, L, S) angewandt, die die charakteristischen Energieniveaus des störungsfreien Hamilton-Operators $\mathscr{H}_0 + \mathscr{V}_{\text{korrel}}$ sind. Jedem störungsfreien Term (τ, L, S) gehört, wie wir wissen, eine $(2L+1)$-fache Entartung in bezug auf die räumliche Orientierung des Bahndrehimpulses $\boldsymbol{L}$ (Orbital-Entartung) zu und eine $(2S+1)$-fache Entartung in bezug auf die Raumquantelung des Spins $\boldsymbol{S}$. Ohne Spin-Bahn-Wechselwirkung ist die räumliche Quantelung der Vektoren $\boldsymbol{L}$, $\boldsymbol{S}$ voneinander unabhängig, und daher wird der Gesamtgrad der Entartung des ungestörten Terms $(2L+1).(2S+1)$ sein. Das Kristallfeld $\mathscr{V}_{KF}$ „stört" die den einzelnen Termen entsprechende Energie und hebt teilweise oder völlig ihre Orbitalentartung auf. Die $(2S+1)$-fache Spinentartung bleibt dabei unberührt, da das Kristallfeld nur die Bahnbewegung der Elektronen beeinflussen kann; die Voraussetzung eines mittelstarken Feldes $\Delta_{KF} \ll \Delta_{\text{korrel}}$ sichert uns dann einen konstanten, vom Kristallfeld unabhängigen Wert des Spins, der für die Grundterme speziell durch die Hundsche Regel (1) bestimmt ist. – Vgl. Seite 52.[10])

[10]) Diese Voraussetzung sagt mit anderen Worten, daß der Energieabstand der einzelnen Terme groß im Vergleich zu den durch das Kristallfeld verursachten Änderungen ist; das ist in Wirklichkeit gleichzeitig die Bedingung für die Anwendung der Störungstheorie.

Eine der Hauptaufgaben der Kristallfeldtheorie ist es, die Gesetzmäßigkeiten dieser Spaltung der Orbitalenergien zu finden. Es zeigt sich, daß die Aufhebung der Entartung durch das Kristallfeld und die Art, in der dabei die Energieniveaus gespalten werden, eng mit dem Problem der Symmetrie zusammenhängen, wobei sowohl die Symmetrie des Kristallfeldes selbst als auch die Symmetrie des ursprünglichen Zustands des Ions eine Rolle spielen. Da das Kristallfeld an der Stelle des betrachteten Ions durch die elektrischen Ladungen der umgebenden Ionen hervorgerufen wird, wird seine Symmetrie durch die lokale Symmetrie der betreffenden kristallographischen Lage bestimmt. Dabei stammt der größte Beitrag von den benachbarten Anionen, den sogenannten Liganden, die um das Kation ein Koordinationspolyeder bilden (vgl. Abb. 2.1); aus diesem Grunde genügt es häufig, nur die Symmetrie dieses Liganden-Polyeders in Erwägung zu ziehen.

Das allgemein formulierte Problem der Niveauaufspaltung im Kristallfeld verschiedener Symmetrien ist verhältnismäßig kompliziert, und bei seiner Lösung ist es vorteilhaft, die Gruppentheorie zu benutzen [41]. Um dies zu vermeiden, werden wir im weiteren lieber die Einelektronnäherung benutzen, die es uns erlaubt, einfacher und übersichtlicher die hauptsächlichen physikalischen Gründe der Aufspaltung zu erklären und die für unsere Zwecke im ganzen ausreichend ist.

Das einzelne Elektron. Wir wollen zunächst ein einzelnes Elektron, das sich außerhalb abgeschlossener Schalen bewegt, untersuchen. In diesem Fall können wir $\mathscr{V}_{\text{korrel}} = 0$ annehmen, so daß $\mathscr{H}_0$ dem Einelektron-Hamiltonoperator des Typs (1.20) mit einem kugelsymmetrischen elektrostatischen Potential $U(r) = Z_{\text{eff}}e/r$ entspricht. Die charakteristischen Funktionen dieses Hamilton-Operators werden die Form (1.19) haben, wobei für uns nur ihre Winkelabhängigkeit, die durch die Funktionen $Y_{lm}(\vartheta, \varphi)$ beschrieben ist, von Bedeutung ist[11].) Dies ist dadurch bedingt, daß die Symmetrie des Kristallfeldes durch die sogenannte Punktsymmetrie der entsprechenden Gitterlage gegeben ist und sich nur auf die Kristallrichtungen (vgl. Abschnitt 1.1) bezieht. In unserem Falle ($l = 2$) haben wir fünf Wellenfunktionen $\psi_{2m} \equiv \psi_m$, die Zustände mit verschiedenen Quantenzahlen m_l beschreiben. Ihre Winkelabhängigkeit ist durch die Beziehungen

$$\begin{aligned} m &= \pm 2\,, \quad \psi_{\pm 2} \sim \sin^2\vartheta \exp(\pm \mathrm{i}\, 2\varphi) \\ m &= \pm 1\,, \quad \psi_{\pm 1} \sim \sin\vartheta \cos\vartheta \exp(\pm \mathrm{i}\varphi) \\ m &= 0\,, \quad \psi_0 \sim 3\cos^2\vartheta - 1 \end{aligned} \tag{2.3}$$

[11]) Die Funktionen $Y_{lm}(\vartheta, \varphi)$ sind die sogenannten Kugelfunktionen; für ein gegebenes l bilden die $2l + 1$ Funktionen Y_{lm}, $m = -l, \ldots, +l$, ein vollständiges System von orthogonalen Funktionen, die Eigenfuktionen des Operators des Quadrats des Drehimpulses l^2 und seiner z-Komponente l_z sind. Über die Definition und Eigenschaften der Kugelfunktionen siehe z. B. [47].

gegeben. Da alle fünf Orbitalzustände, die durch die Funktionen (2.3) charakterisiert sind, die gleiche Energie haben, ist der Zustand eines Elektrons nicht eindeutig bestimmt, sondern er kann gleich gut durch eine beliebige dieser Funktionen und mit Rücksicht auf die allgemeine Lösung der Schrödingergleichung auch durch ihre beliebige lineare Kombination beschrieben werden.[12])

Da der radiale Anteil $R_{nl}(r)$ dieser Funktionen real ist, folgt aus (2.3), daß die Funktionen ψ_{nlm} komplex sind (mit Ausnahme $m = 0$); reale Funktionen können wir durch eine paarweise Kombination der dem gleichen $|m|$ entsprechenden Funktionen erhalten. Falls wir mit Rücksicht auf die weitere Erläuterung sie lieber in rechtwinkligen Koordinaten x, y, z ausdrücken, erhalten wir folgende Ausdrücke:

$$\begin{aligned} d_{z^2} &\equiv \psi_0 \sim (3z^2 - r^2)/r^2 = [(z^2 - x^2) + (z^2 - y^2)]/r^2 \\ d_{x^2-y^2} &\equiv (\psi_2 + \psi_{-2})/\sqrt{2} \sim (x^2 - y^2)/r^2 \\ d_{xy} &\equiv (\psi_2 - \psi_{-2})/\mathrm{i}\sqrt{2} \sim xy/r^2 \\ d_{xz} &\equiv (\psi_1 + \psi_{-1})/\sqrt{2} \sim xz/r^2 \\ d_{yz} &\equiv (\psi_1 - \psi_{-1})/\mathrm{i}\sqrt{2} \sim yz/r^2 . \end{aligned} \tag{2.4}$$

Die Form dieser Funktionen ist in Abb. 2.18 wiedergegeben.

Wir wollen uns nun mit dem Einfluß des Kristallfeldes auf den Orbitalzustand des betrachteten d-Elektrons beschäftigen. Im allgemeinen Fall können wir das Potential des Kristallfeldes durch eine Reihe ausdrücken, in der den einzelnen Gliedern verschiedene Symmetrien entsprechen, was im Wesen der Reihenentwicklung mittels Kugelfunktionen [45, 48] äquivalent ist.

Das erste Glied dieser Entwicklung wird Kugelsymmetrie aufweisen und kann deshalb nur den radialen Anteil der Wellenfunktionen beeinflussen. Wenn es auch im allgemeinen das größte ist, kann es deshalb keine Veränderungen verursachen, die zum Verschwinden der Entartung und der Niveauaufspaltung führen würden. Nach Subtraktion dieses Gliedes wird das Kristallfeld im allgemeinen durch ein Potential mit kubischer Symmetrie ausgedrückt mit überlagerten schwächeren Komponenten niedrigerer (am häufigsten trigonaler oder tetragonaler) Symmetrie. Wir werden zuerst das kubische Kristallfeld behandeln. Wir können uns z.B. vorstellen, daß es durch die elektrischen Ladungen der Liganden (Anionen) hervorgerufen ist, die sich an den Spitzen von Koordinationspolyedern in Abb. 2.1 befinden, sofern

[12]) Falls die Schrödingergleichung für ein bestimmtes E_{nl} mehrere Lösungen $\psi_{nl1}, \ldots, \psi_{nlp}$ hat, so wird mit Rücksicht auf ihre Linearität auch eine beliebige lineare Kombination $c_1 \psi_{nl1} + \ldots + c_p \psi_{nlp}$ zu ihrer Lösung. Da der radiale Anteil $R_{nl}(r)$ ähnlich wie E_{nl} nur von den Quantenzahlen n, l abhängt, wird dieser Teil für alle fünf Wellenfunktionen des d-Elektrons gleich, und es genügt, eine lineare Kombination der Funktionen Y_{lm}, resp. der Ausdrücke in (2.3) in Erwägung zu ziehen.

diese Polyeder regelmäßig sind und kubische Symmetrie aufweisen. Für $\mathscr{V}_{KF}$ erhalten wir dann im rechtwinkligen Koordinatensystem den Ausdruck

$$\mathscr{V}_{KF} = Ce^2(x^4 + y^4 + z^4 - \tfrac{3}{5}r^4), \tag{2.5}$$

in dem für eine sechsfache Koordination (oktaedrische) $C > 0$ und für eine 4-fache, 8- oder 12-zählige Koordination $C < 0$ ist.[13]) Die Einbeziehung des Störungsgliedes

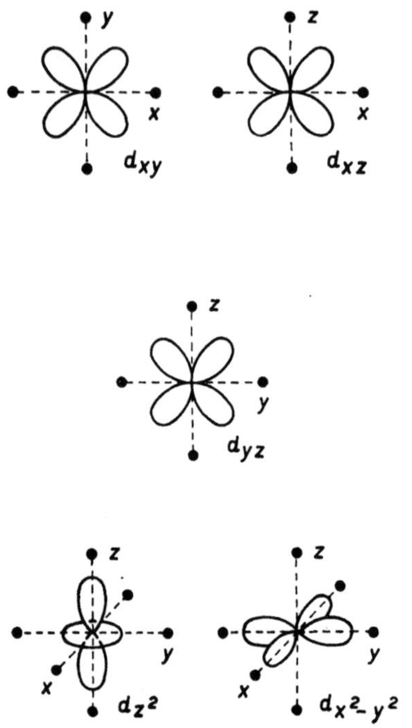

Abb. 2.18 Form der Funktionen (2.4)—schematisch; volle Kreise stellen die Ligandenlagen in den Eckpunkten des Oktaeders dar.

(2.5) zum kugelsymmetrischen Potential im Hamilton-Operator $\mathscr{H}_0$ führt zur Aufspaltung des ursprünglich fünffach entarteten Niveaus des d-Elektrons zu zwei Niveaus, u.zw. zu dem Dublett d_γ und dem Triplett d_ε. Die Größe dieser Aufspaltung, die von der Konstante C in (2.5) abhängt, geht aus der Methode der Störungsrechnung hervor; sie wird in der Regel durch das Symbol Δ oder durch $10Dq$ bezeichnet. Die Folge beider Niveaus d_ε und d_γ hängt vom Vorzeichen der Konstante C ab; für eine oktaedrische Symmetrie hat das Triplett d_ε eine niedrigere Energie, in den übrigen angeführten Fällen ist es umgekehrt. Die Störungsrechnung, die wir hier nicht reproduzieren wollen, weist ebenfalls darauf hin, daß die linearen Kombinationen (2.4) der ursprünglichen Wellenfunktionen (2.3) selbst schon Eigenfunktionen des gestörten Hamilton-Operators $\mathscr{H}_0 + \mathscr{V}_{KF}$ sind.

[13]) Die Ausdrücke für die Konstante C, die für verschiedene Koordinationen auf der Grundlage der Voraussetzung von Punktladungen berechnet wurden, sind z. B. in [49] gegeben.

Damit die Funktionen (2.4) Eigenfunktionen des gestörten Hamilton-Operators sind, muß die Störung $\mathscr{V}_{KF}$ selbst „diagonal" im Raum dieser Funktionen sein, d. h. alle Matrixelemente $\langle\varphi_i|\mathscr{V}_{KF}|\varphi_j\rangle$, in denen φ_i, φ_j alle Funktionen (2.4) durchlaufen, müssen mit der Ausnahme $\varphi_i \equiv \varphi_j$ gleich Null sein. Wir können uns leicht davon überzeugen, daß dies z. B. bei den Funktionen d_{xy}, d_{yz}, d_{xz} erfüllt ist, die ungerade Funktionen immer zweier von drei Intergrationsvariablen x, y, z sind; nur die Matrixelemente, die ausschließlich die Quadrate dieser Funktionen enthalten, können $\neq 0$ sein.

Die angeführten Ergebnisse können wir übersichtlich interpretieren. Wir wollen zunächst z.B. ein Ion mit einem d-Elektron (z.B. Ti^{3+}) in oktaedrischer Koordination betrachten. Bei der Wahl der Wellenfunktionen, die ursprünglich durch ganz beliebige lineare Kombination aus den Funktionen (2.3) gebildet werden konnten, sind wir nun durch die Bedingung begrenzt, derzufolge die gewählten Funktionen möglichst gut die Symmetrie des Kristallfeldes erfassen oder „kopieren" müssen. Wie aus Abb. 2.18 hervorgeht, können auf Grund einer einfachen Betrachtung die Funktionen (2.4) von diesem Standpunkt aus als geeignet angesehen werden. Es ist ebenfalls ersichtlich, daß im Feld einer kubischen Symmetrie die Funktionen d_{xy}, d_{yz}, d_{xz} untereinander äquivalent sind und daß sie vom Standpunkt der Energie augenscheinlich entartet sind. Die entsprechenden Zustände wollen wir mit d_ε bezeichnen. Bei dem restlichen Paar ist die Äquivalenz der entsprechenden Zustände nicht auf den ersten Blick ersichtlich. Sie wird jedoch auf Grund der Tatsache klar, daß die Funktion d_z^2 eigentlich eine Kombination der Funktionen $(y^2 - z^2)/r^2$ und $(z^2 - x^2)$: $: r^2$ ist, die äquivalent mit $d_{x^2-y^2}$ sind. Das zugehörige zweifach entartete Niveau bezeichnen wir mit d_γ. Aus der Abbildung, in der ebenfalls die Lage der Liganden wiedergegeben ist, ist es ersichtlich, daß die Elektronen in d_γ-Orbitalen in einen engeren Kontakt mit den negativ geladenen Ionen kommen, als dies bei Elektronen in den d_ε-Zuständen ist. Infolge der elektrostatischen Abstoßung wird dann augenscheinlich die Energie des d_γ-Zustands niedriger sein als die Energie des d_ε-Zustands, so daß das ursprünglich fünffach entartete d-Niveau im oktaedrischen Feld zu einem niedrigeren d_ε-Triplett und einem höheren d_γ-Dublett aufgespalten wird, wie oben angeführt ist. Falls die Liganden an Stelle eines Oktaeders ein regelmäßiges Tetraeder (eventuell einen Würfel oder ein Dodekaeder) bilden, wird die Niveaufolge umgekehrt sein, wovon wir uns durch eine analoge Betrachtung überzeugen können.

Der Aufspaltungsparameter $\Delta(\equiv 10Dq)$ ist die grundlegende Größe, die die Aufspaltung im Felde der kubischen Symmetrie bestimmt. Seine Größe hängt sowohl von der Art des Kations als auch von der elektrischen Ladung und geometrischen Konfiguration der Liganden ab. Um die Lage der d_ε- und d_γ-Niveaus mittels Δ ausdrücken zu können, benutzen wir die Schwerpunktregel der Termlage [50]. Falls wir diese Energien mit E_ε und E_γ bezeichnen und falls wir die Energie des nicht-aufgespaltenen Terms gleich Null setzen, erhalten wir nach dieser Regel

$$3E_\varepsilon + 2E_\gamma = 0\,, \tag{2.6}$$

was in Verbindung mit der Definitionsgleichung

$$|E_\gamma - E_\varepsilon| = \Delta \tag{2.7}$$

zu

$$|E_\varepsilon| = \tfrac{2}{5}\Delta\,, \quad |E_\gamma| = \tfrac{3}{5}\Delta \tag{2.8}$$

führt. Es sei erwähnt, daß aus der Rechnung, die auf Grund der Potentiale der Punktladungen für ein gegebenes Kation und für einen gegebenen Ligandentyp durchgeführt wird, das Verhältnis der Größe der Aufspaltung in einer oktaedrischen und tetraedrischen Konfiguration

$$\Delta_{\text{octa}}/\Delta_{\text{tetra}} = \tfrac{9}{4} \tag{2.9}$$

ist. Falls die Feldsymmetrie niedriger als kubisch ist, kommt es zu einer weiteren Aufspaltung der d_ε- und d_γ-Niveaus. Im weiteren werden wir hauptsächlich zwei Fälle niedriger Symmetrie zu behandeln haben, und zwar die trigonale und tetragonale Symmetrie; in beiden Fällen handelt es sich jedoch um eine gewisse Störung des ursprünglich kubischen Feldes, über welches eine Komponente mit niedrigerer Symmetrie überlagert ist. Wie dann die nachträgliche Aufspaltung, die durch eine

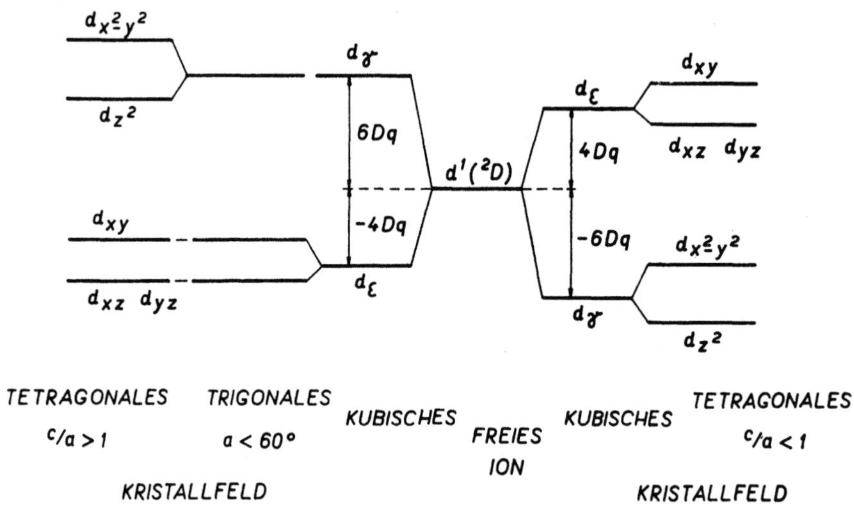

Abb. 2.19 Aufspaltung des Niveaus eines *d*-Elektrons in Kristallfeldern verschiedener Symmetrie; links das oktaedrische, rechts das tetraedrische Feld.

solche Störung hervorgerufen wird, aussieht, ist in Abb. 2.19 für die trigonale und tetragonale Symmetrie wiedergegeben. Im ersten Falle spaltet sich das niedrigere Triplett in zwei Niveaus auf, in ein Dublett und ein Singlett, im zweiten Falle spalten sich beide Komponenten d_ε und d_γ auf. Ein trigonales Feld kann in einem Oktaeder entweder infolge einer Verzerrung des Oktaeders entstehen, oder, falls die ganze Umgebung des in Erwägung gezogenen Kations einer trigonalen Symmetrie entspricht, durch die Ladungen der weiteren Nachbaren hervorgerufen werden, falls wir uns dabei nicht nur auf die nächsten Nachbaren beschränken; beide Beiträge kommen bei den oktaedrischen Ionen in Spinellen zur Geltung. Über das tetragonale Feld werden wir eingehender im Zusammenhang mit dem Jahn-Teller-Effekt im Abschnitt 2.4 sprechen. Es sei angeführt, daß das Kristallfeld einer niedrigeren Symmetrie, welches als selbständige Störung betrachtet wird, vergleichbar oder sogar schwächer als andere Störungen, z.B. als die Spin-Bahn-Kopplung, sein kann, worauf bei der Benutzung der Störungsrechnungsmethode Rücksicht genommen werden muß.

Mehrere Elektronen. Die Aufspaltung des Niveaus des d-Elektrons im kubischen Feld, die in Abb. 2.19 wiedergegeben ist, ist augenscheinlich identisch mit dem Schema der Aufspaltung des ^{2}D-Terms, der der Grundzustand des Ions mit einer d^1-Konfiguration ist. Da in einem gewissen Sinn ein „Elektronenloch" in der sonst vollbesetzten Schale einem Elektron äquivalent ist, haben wir dadurch auch den Fall der Ionen mit einer d^9-Konfiguration (Cu^{2+}) erledigt, die ebenfalls den Grundterm ^2D haben; nur die Reihenfolge beider Niveaus, des Dubletts und des Tripletts, wird infolge der positiven effektiven Ladung des Elektronenlochs umgekehrt sein. In den übrigen Fällen machen wir davon Gebrauch, daß $\Delta_{\text{korrel}} \gg \Delta_{KF}$ ist, so daß der Grundterm, unter Einbeziehung des Spins S, eindeutig durch die Hundsche Regel (1) bestimmt ist.

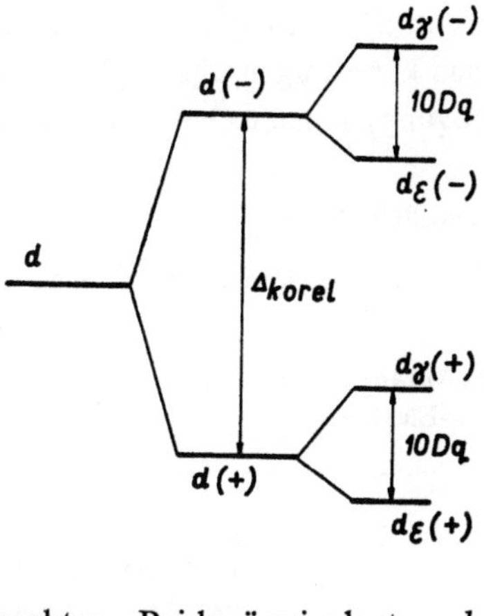

Abb. 2.20 Aufspaltung des Niveaus der d-Elektronen in der Einelektronen-Näherung bei Einbeziehung der Korrelation.

Wir wollen zunächst die d^2-Konfiguration betrachten. Beide äquivalenten d-Elektronen können entweder parallele oder antiparallele Spinrichtungen haben. Nach der Hundschen Regel haben Elektronen mit parallel orientierten Spins $(S = 1)$ eine niedrigere Energie als bei einer antiparallelen Spinorientierung $(S = 0)$, wobei der Unterschied der Energien beider Zustände gerade durch Δ_{korrel} gegeben ist. Falls wir z.B. den Spin des ersten Elektrons durch + bezeichnen, kommen wir zu dem Energieschema in Abb. 2.20, das den Grundzügen der Einelektronnäherung entspricht. Den Elektronen stehen nun zwei Niveaus zur Verfügung, die einem Spin +

bzw. – entsprechen; der Energieabstand beider Niveaus ist gleich Δ_{korrel}. Bei Anwesenheit eines kubischen Kristallfeldes (z.B. des oktaedrischen Feldes) spalten sich diese ursprünglich fünffach entarteten Niveaus zu einem Dublett und einem Triplett auf, genau so, wie es Abb. 2.19 zeigt. Bei einer d^2-Konfiguration wird der Zustand mit der niedrigsten Energie augenscheinlich dem entsprechen, in welchem beide Elektronen das niedrigste Niveau, z.B. in unserem Fall $d\,(+)$, besetzen.

Tatsächlich ist diese Schlußfolgerung jedoch nur annähernd richtig. Eine genaue Lösung des Zweielektronenproblems zeigt, daß der Zustand mit zwei Elektronen in dem $d_\varepsilon(+)$-Niveau nicht stabil ist, denn die entstehende Symmetrie ist ungünstig im Hinblick auf die Korrelationskräfte [45]. Der stabile Zustand entspricht einer statistischen Verteilung der Elektronen auf die $d_\varepsilon(+)$- und $d_\gamma(+)$-Orbitale im Verhältnis 9/5 : 1/5. Eine ähnliche Situation entsteht auch bei Ionen mit einer d^7-Konfiguration (siehe Tab. II-9).

Bei einer weiteren Erhöhung der Anzahl von d-Elektronen werden nacheinander die Elektronenniveaus von unten bis zur Erschöpfung der vollen Multiplizität besetzt. Die Besetzung der d_ε- und d_γ-Niveaus im Grundzustand der Ionen mit einer Konfiguration $3d^n$ ist zusammen mit der Anführung der Entartung dieses Zustandes in Tafel II-9 und II-10 für ein oktaedrisches und ein tetraedrisches Feld angeführt. Der Entartungsgrad ist durch die Anzahl der Möglichkeiten gegeben, bei denen die entsprechende Elektronenzahl in äquivalenten entarteten Orbitalen untergebracht werden kann. So haben wir z.B. in einem oktaedrischen Feld bei einer Konfiguration $d^6 \equiv d_\varepsilon^4 d_\gamma^2$ ein Elektron in einem dreifach entarteten $d_\varepsilon(-)$-Niveau zu lokalisieren; das kann augenscheinlich auf drei verschiedene Weisen (3 Orbitale stehen zur Verfügung) gemacht werden, und in Übereinstimmung damit ist der entsprechende Ent-

Tabelle II-9

Zustände der Ionen $3d^n$ im oktaedrischen Feld (mittelstarkes Feld)

Anzahl der d-Elektronen	Ionen	Besetzungszahlen		Entartung	E_s (Dq)*)
		n_ε	n_γ		
1	Ti^{3+}, V^{4+}	1	0	3	4
2	Ti^{2+}, V^{3+}, Cr^{4+}	$\frac{9}{5}$	$\frac{1}{5}$	3	6
3	V^{2+}, Cr^{3+}, Mn^{4+}	3	0	1	12
4	Cr^{2+}, Mn^{3+}	3	1	2	6
5	Mn^{2+}, Fe^{3+}	3	2	1	0
6	Fe^{2+}, Co^{3+}	4	2	3	4
7	Co^{2+}, Ni^{3+}	$\frac{24}{5}$	$\frac{11}{5}$	3	6
8	Ni^{2+}	6	2	1	12
9	Cu^{2+}	6	3	2	6

*) Anm. $10Dq = \Delta$.

Tabelle II-10

Zustände der $3d^n$-Ionen im tetraedrischen Feld (mittelstarkes Feld)

Anzahl der *d*-Elektronen	Ionen	Besetzungszahlen		Entartung	E_s (*Dq*)
		n_ε	n_γ		
1	Ti^{3+}, V^4	1	0	2	6
2	Ti^{2+}, V^{3+}, Cr^{4+}	2	0	1	12
3	V^{2+}, Cr^{3+}, Mn^{4+}	2	1	3	8
4	Cr^{2+}, Mn^{3+}	2	2	3	4
5	Mn^{2+}, Fe^{3+}	2	3	1	0
6	Fe^{2+}, Co^{3+}	3	3	2	6
7	Co^{2+}, Ni^{3+}	4	3	1	12
8	Ni^{2+}	4	4	3	8
9	Cu^{2+}	4	5	1	4

Anm.: Ähnlich wie im oktaedrischen Feld sind bei einigen Ionen die wirklichen Besetzungszahlen n_γ, n_ε keine ganzen Zahlen (d^3, d^8-Ionen), so daß die angeführten Konfigurationen und Stabilisierungsenergien für diese Ionen nur angenähert sind.

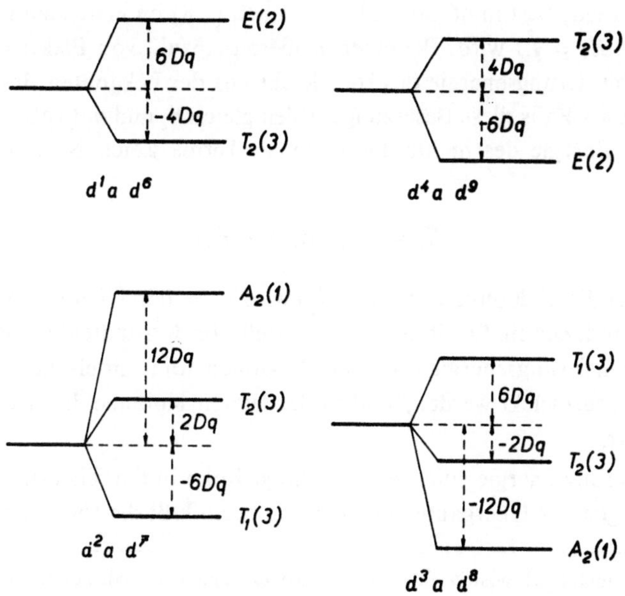

Abb. 2.21 Aufspaltung der Grundzustände der $3d^n$-Ionen im oktaedrischen Feld. Zur Identifizierung der einzelnen Niveaus werden die Symbole E, T_2, A_2 u. ä. benutzt, deren wahre Bedeutung aus der Gruppentheorie folgt. In den Klammern ist die Niveau-Entartung angegeben.

artungsgrad 3. Falls wir die Aufteilung der Elektronen zwischen d_ε- und d_γ-Orbitalen kennen, können wir jedenfalls bestimmen, in wieviel Niveaus und mit welchem Entartungsgrad der Grundterm gespalten wird. So haben wir z.B. für eine Konfiguration $d^3(^4\mathrm{F})$ eine Verteilung $d_\varepsilon^3 d_\gamma^0$, aus der wir bei Einhaltung übereinstimmender Spinorientierung zwei angeregte Zustände mit einer näherungsweisen Verteilung $d_\varepsilon^2 d_\gamma^1$ und $d_\varepsilon^1 d_\gamma^2$ ableiten können. Der ursprüngliche ^{4}F-Term wird in diesem Fall in drei Niveaus aufgespalten, ein Grundsinglett und zwei höherliegende Tripletts. Im allgemeinen gilt, daß das Zustandspaar d^n und d^{n+5} in einem mittelstarken Feld auf gleiche Weise gespalten wird (Abb. 2.21).

Stabilisierungsenergie; relative Stabilität der oktaedrischen und tetraedrischen Koordination

Kristallfeldstabilisierung. Wie aus Abb. 2.19 und 2.21 hervorgeht, entspricht dem Grundzustand des Ions im Kristallfeld eine niedrigere Energie, als sie der ursprünglich nichtaufgespaltene Term aufwies. Der Unterschied beider Energien wird als Stabilisierungsenergie des Ions im gegebenen Kristallfeld bezeichnet, und wir wollen ihn hier mit dem Symbol E_s erfassen.[14]) Für ein einziges Elektron ist die Stabilisierungsenergie direkt durch die Lage des d_ε-Niveaus (oktaedrisches Feld) oder des d_γ-Niveaus (tetraedrisches Feld) bestimmt, so daß dann nach (2.8) im ersten Fall $E_s = \frac{2}{5}\Delta$ und im zweiten Fall $E_s = \frac{3}{5}\Delta$ wird. Bei einer größeren Anzahl von Elektronen leiten wir die Gesamtstabilisierungsenergie des Ions leicht aus der bekannten Besetzung der d_ε und d_γ-Niveaus ab. Falls diese Besetzungszahlen gleich n_ε und n_γ (Tab. II-9 und II-10) sind, kann die Energie des nichtaufgespaltenen Terms gleich Null gesetzt werden, so daß

$$E_s = -\left(n_\varepsilon E_\varepsilon + n_\gamma E_\gamma\right) \tag{2.10}$$

wird; speziell für die d^5-Konfiguration $(d_\varepsilon^3 d_\gamma^2)$ wird $E_s = 0$ in Übereinstimmung damit, daß der S Zustand, der ein Orbitalsinglett darstellt, im Kristallfeld nicht aufgespalten wird. Die Stabilisierungsenergien E_s der $3d^n$-Ionen, die mittels des Aufspaltungsparameters Δ ausgedrückt werden, sind in der letzten Kolonne der Tabelle II-9 und II-10 aufgeführt.

Die Stabilisierungsenergie spielt eine wichtige Rolle in der Theorie der Komplexe und Verbindungen der Übergangselemente; sie beeinflußt die Ionenradien der Über-

[14]) Wir bezeichnen E_s als positiv, falls das aufgespaltene Niveau niedriger liegt als das ursprüngliche; in diesem Fall hat das Kristallfeld wirklich eine stabilisierende Wirkung, denn die Ionenenergie wird in diesem Falle niedriger sein. Der Fall $E_s < 0$ würde dann einer Destabilisierung entsprechen und kann augenscheinlich nur für einen angeregten Zustand gelten. Über den Beitrag der Kovalenz zur Stabilisierungsenergie wird weiter gesprochen werden (S. 129).

gangselemente [51], die thermomodynamischen Eigenschaften und die Stabilität von Komplexen [44] und ist ein wichtiger Faktor in der energetischen Bilanz von Kristallen magnetischer Oxide [52, 53]. So wird z.B. im Abschnitt 2.3 darauf hingewiesen werden, daß es mit Hilfe der Kristallfeldstabilisierung weitgehend möglich ist zu erklären, warum durch verschiedene Kationen vorzugsweise die oktaedrischen Lagen der Spinellstruktur besetzt werden. In Vorbereitung dazu wollen wir nun die relative Stabilität der oktaedrischen und tetraedrischen Koordination der Kationen mit einer $3d^n$-Konfiguration für den Fall, daß die Liganden Sauerstoffanionen sind, analysieren.

Darüber, welche von diesen beiden Koordinationsmöglichkeiten die stabilere sein wird und welche Lage im Kristall, der sonst gleichwertige Möglichkeiten liefert, vorzugsweise besetzt werden wird, entscheidet augenscheinlich die relative Größe der Stabilisierungsenergien E_s. Als erster Schritt zu diesem Vergleich müssen für die einzelnen Fälle quantitative Angaben über den Aufspaltungsparameter Δ gewonnen werden. Die Größe dieses Parameters kann näherungsweise aus der Theorie berechnet werden, falls wir die geometrische Konfiguration der Liganden und die effektive Verteilung ihrer Ladungsdichte und damit das elektrostatische Feld im Raum, in dem sich die Elektronen des Kations bewegen, kennen. Tatsächlich ist es jedoch günstiger, aus Gründen, die bereits auf Seite 116f. angeführt wurden, Δ als eine empirische Konstante zu betrachten und ihre Größe experimentell zu bestimmen. Der direkteste Weg zur Bestimmung des Aufspaltungsparameters führt über optische und infrarote Absorptionsspektren, denn aus diesen können direkt die Frequenzen der entsprechenden Übergänge zwischen den Niveaus, die durch Aufspaltung im Kristallfeld ent-

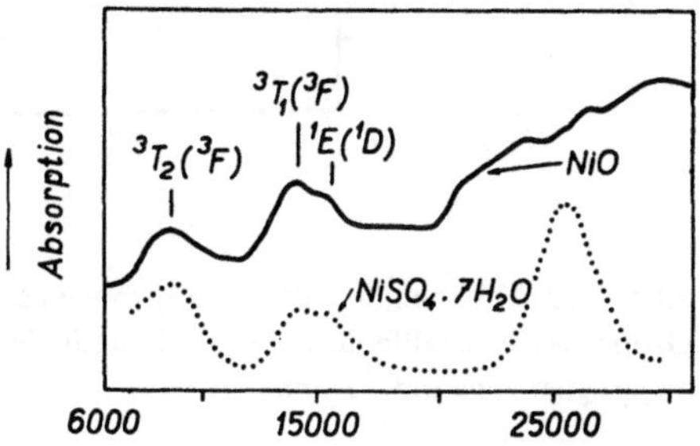

Abb. 2.22 Vergleich der Absorptionsspektren von NiO und $[Ni(H_2O)_6]^{2+}$ nach Mc Clure [53]. Die Bezeichnung einzelner Absorptionsmaxima entspricht den in Abb. 2.21 benutzten Symbolen; in Klammer sind die Symbole für nicht aufgespaltene Terme (für das freie Ion) angeführt. Einzelne Maxima entsprechen den Übergängen vom Grundniveau $A_2(^3F)$ in den in der Abb. bezeichneten Zustand (vgl. Abb. 2.23).

standen sind, gefunden werden.[15]) Da bisher nur wenige solche Spektren bei Oxidkristallen, für die wir uns interessieren, gemessen und analysiert wurden, behelfen wir uns im allgemeinen mit Spektren der entsprechenden hydratisierten Komplexe, die, wie es sich zeigt, praktisch gleich große Werte wie die Oxide haben. Es ist dies aus

[15]) Diese Übergänge gehören zwar in der Regel zu den verbotenen Quantenübergängen, in Wirklichkeit können sie jedoch stattfinden, da der Kationenkern aus dem Symmetrieschwerpunkt des Koordinationspolyeders verschoben ist; diese Verschiebung kann sowohl statisch als auch dynamisch durch Gitterschwingungen bedingt sein.

Abb. 2.22 ersichtlich, wo vergleichsweise die Spektren eines NiO-Kristalls und einer wäßrigen Lösung des Komplexes $[Ni(H_2O)_6]^{2+}$ aufgeführt sind; in der folgenden Abb. 2.23 ist das entsprechende Diagramm der energetischen Niveaus des Ni^{2+}-Ions eingezeichnet, auf Grund dessen wir die einzelnen Linien oder Banden des Spektrums identifizieren werden und den Aufspaltungsparameter bestimmen werden können. Wie ersichtlich, entsprechen die Banden Exzitationen aus dem Grundzustand in

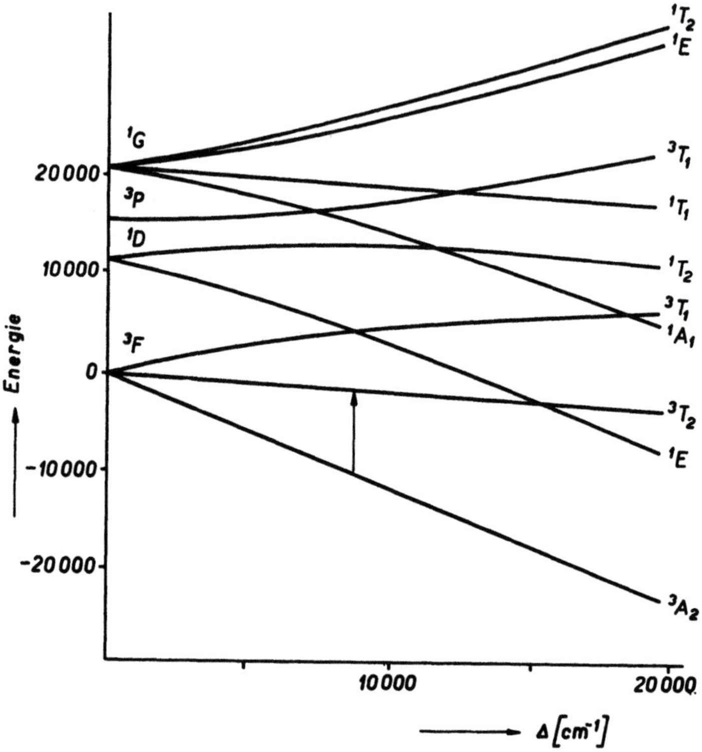

Abb. 2.23 Abhängigkeit der Energieniveaus von Ni^{2+} in oktaedrischer Koordination von der Größe des Kristallfeldes. Der Pfeil stellt den Übergang vom Grundzustand $^3A_2$ in den ersten angeregten Zustand $^3T_2$ dar.

irgendeinen angeregten Zustand; so ist z.B. die Bande mit der niedrigsten Wellenzahl ($\approx 8850\,\mathrm{cm}^{-1}$) durch den Übergang $d_\varepsilon^6 d_\gamma^2 \rightarrow d_\varepsilon^5 d_\gamma^3$ gegeben, dessen Energie durch den Energieunterschied der d-Elektronen im Zustand d_ε und d_γ gegeben ist und demzufolge gleich $\Delta = 10Dq$ ist. In der folgenden Tabelle II-11 sind dann für einzelne Ionen der Übergangselemente der Eisengruppe die experimentellen Werte für die oktaedrische und tetraedrische Koordination angeführt, und es ist auf Grund der Ausdrücke in Tab. II-9 und II-10 die Stabilisierungsenergie abgeleitet. Der Unterschied dieser Energien, den wir in der letzten Kolonne der Tabelle finden, ist das Maß der relativen Stabilität der oktaedrischen Koordination gegenüber der tetraedrischen

Tabelle II-11

Experimentelle Werte $Dq = \Delta/10$ der $3d^n$-Ionen im kubischen Feld und zugehörige Stabilisierungsenergien (nach McClure [53])

Anzahl der *d*-Elektronen	Ion	Dq_{okta}	Dq_{tetra}	$E_{s\,okta}$ kcal/Mol	$E_{s\,tetra}$ kcal/Mol	$E_{s\,tetra} - E_{s\,okta}$
1	Ti^{3+}	2030	900	23,1	15,4	7,7
2	V^{3+}	1800	840	30,7	28,7	2,0
3	V^{2+}	1180	520	40,2	8,7	31,5
	Cr^{3+}	1760	780	60,0	13,3	46,7
4	Cr^{2+}	1400	620	24,0	7,0	17,0
	Mn^{3+}	2100	930	35,9	10,6	25,3
5	Mn^{2+}	750	330	0	0	0
	Fe^{3+}	1400	620	0	0	0
6	Fe^{2+}	1000	440	11,4	7,5	3,9
	Co^{3+}		780	45	26	19
7	Co^{2+}	1000	440	17,1	15,0	2,1
8	Ni^{2+}	860	380	29,3	6,5	22,8
9	Cu^{2+}	1300	580	22,2	6,6	15,6

Koordination und kann deshalb als die Präferenzenergie für die oktaedrische Lage bezeichnet werden. Die Werte der Stabilisierungsenergie für die tetraedrische Koordination sind infolge der kleinen Anzahl verläßlicher spektroskopischer Angaben aus den entsprechenden Werten oktaedrischer Komplexe durch Multiplizieren mit dem Faktor $\frac{4}{9}$ bestimmt, der aus der Berechnung hervorgeht, die auf Grund einer Näherung mittels punktförmiger Ladungen an Stelle der Liganden (vgl. 2.9) durchgeführt worden ist.

Es ist aus der Tabelle gut ersichtlich, wie Δ beim Übergang von zweiwertigen zu dreiwertigen Ionen anwächst. Analog muß erwartet werden, daß diese vorzugsweise Besetzung der oktaedrischen Koordination noch größer bei vierwertigen Ionen wird, bei denen bis jetzt in den meisten Fällen keine verläßlichen quantitativen Angaben zur Verfügung stehen und die deshalb in der Tabelle nicht aufgeführt sind. Bei den zweiwertigen Ionen weisen die stärkste Tendenz zur Besetzung der oktaedrischen Lage die Ionen V^{2+} und Ni^{2+} auf.

Einfluß der Kovalenz. Wie wir schon am Anfang unserer Überlegungen über Kristallfeldtheorie erwähnt haben (S. 116 f.), muß die Gesamteinwirkung des Kristallfeldes auf die Elektronenzustände als ein kombinierter Effekt einer elektrostatischen Wechselwirkung und der Kovalenz aufgefaßt werden. Dementsprechend kann z.B. auch der Kristallfeldparameter $\Delta = 10Dq$ als Summe von zwei Beiträgen verschiedenen Ursprungs ausgedrückt werden, wobei der Anteil der Kovalenz in manchen Fällen als überwiegend angenommen werden kann. Während bei einer phänomenologischen Betrachtung der Energieniveauaufspaltung der *d*-Elektronen trotzdem eine formale Anwendung der elektrostatischen Theorie manchmal ausreichend ist, wird das nicht mehr der Fall sein, wenn wir ein verhältnismäßig einfaches Problem der Stabilisierungsenergie in einem Kristallfeld behandeln wollen. Es gibt zwei Gründe dafür: (1) Durch Entstehung der kovalenten Bindung werden die Zustände der Außenelektronen der Anionen beeinflußt, was zu einer Erniedrigung der ent-

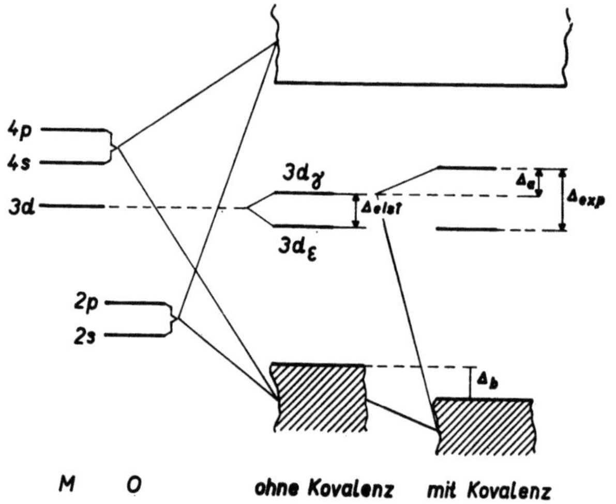

Abb. 2.24 Einfluß der kovalenten Bindung der d_γ-Elektronen auf die Niveauaufspaltung der Übergangsmetalloxide (schematisch); die durch elektrostatische Wirkung verursachte Aufspaltung Δ_{elst} wird durch die Kovalenz um die Anti-Bindungs-Destabilisierungsenergie Δ_a zur Gesamtaufspaltung $\Delta_{\text{exp}} \equiv (10Dq)_{\text{exp}}$ vergrößert, wobei die obere Kante des Valenzbands sich um die Bindungsenergie Δ_b nach unten verschiebt. Der Einfluß der Kovalenz auf das d_ε-Niveau ist klein und ist in der Abbildung vernachlässigt worden.

sprechenden Energie führen wird (Abb. 2.24); diese Energieänderung müssen wir als einen Teil der Stabilisierungsenergie auffassen, denn diese muß bei Berücksichtigung der Kovalenz nicht nur dem Kation selbst, sondern dem ganzen durch Kation und Liganden gebildeten Komplex zugeschrieben werden. (2) Die Zustände der *d*-Elektronen werden durch Kovalenz destabilisiert und die entsprechenden Energieniveaus verschieben sich nach oben. Für einen oktaedrischen Komplex können wir annehmen, daß sich an der kovalenten Bindung im wesentlichen nur die d_γ-Orbitale beteiligen (vgl. Kap. III., S. 228 f.); in erster Näherung wird dann die Kovalenz die Lage des d_ε-Niveaus ungeändert lassen – dieses bleibt weiterhin nur durch die elektrostatische Wirkung des Kristallfeldes bestimmt – während sie das d_γ-Niveau nach oben verschiebt. Dadurch wird nicht nur eine Vergrößerung des Aufspaltungsparameters $10Dq$ verursacht, sondern es wird sich auch der Schwerpunkt der beiden Niveaus d_ε, d_γ, dessen Lage wir in den vorhergehenden Betrachtungen als konstant annahmen, nach oben verschieben.

Aus diesen Gründen können wir z.B. im Falle der oktaedrischen Koordination folgende Änderungen der für das elektrostatische Modell des Kristallfeldes durch (2.10) definierten Stabilisierungsenergie erwarten (vgl. Abb. 2.24): (1) Es wird ein neuer Beitrag Δ_b zur Stabilisierungsenergie erscheinen, der der Energie der kovalenten Bindung entspricht; (2) die stabilisierende Wirkung der d_ε-Elektronen wird schwächer sein; (3) die durch d_γ-Elektronen verursachte Destabilisierung wird verstärkt. Für die Stabilisierungsenergie können wir dann folgenden Ausdruck schreiben

$$E_s' = \Delta_b(n) + n_\varepsilon \tfrac{2}{5}\Delta_{\text{elst}} - n_\gamma(\Delta_{\text{exp}} - \tfrac{3}{5}\Delta_{\text{elst}})\,. \qquad (2.10')$$

Bei einem tetraedrischen Komplex werden die Rollen der d_ε- und d_γ-Niveaus vertauscht.

Die neu eingeführte Größe $\Delta_b(n)$ hängt wesentlich von der Überdeckung der $2p$-Liganden-Orbitale durch die d_γ-Orbitale des Zentralions ab, und man vermutet, daß $\Delta_b(n)$ mit der Gesamtzahl n der d-Elektronen wächst. Gewissermaßen wird so die stabilisierende Wirkung des nach und nach aufgefüllten d_ε-Niveaus simuliert, die bei Berücksichtigung der Kovalenz erheblich reduziert wird. Wenn wir anderseits zur Frage der relativen Stabilität der oktaedrischen und tetraedrischen Koordination übergehen, können wir für eine grobe Abschätzung den Umstand benutzen, daß sich bei einem gegebenen Ion die Bindungsenergien $\Delta_b(n)$ für beide Koordinationsarten oft nur sehr wenig unterscheiden, so daß wir ihre Differenz vernachlässigen können. Die Destabilisierung Δ_a der Anti-Bindungs-Elektronen d_γ tritt dann als entscheidender Faktor hervor und kann im Grenzfall einer starken Kovalenz direkt mit $\Delta_{\text{exp}} = 10Dq$ identifiziert werden. Der Einfluß dieser Destabilisierung auf die relative Stabilität der oktaedrischen und tetraedrischen Koordination wird z.B. bei d^3-Ionen (Cr^{3+}, Mn^{4+}) sehr ausgeprägt sein, da für diese Ionen der Energieunterschied

$$\Delta E_s' \cong (-n_\gamma \Delta_{\text{exp}})_{\text{okta}} - (-n_\varepsilon \Delta_{\text{exp}})_{\text{tetra}} = (\Delta_{\text{exp}})_{\text{tetra}} \cong \tfrac{4}{9}(\Delta_{\text{exp}})_{\text{okta}}$$

positiv und dem absoluten Betrag nach am größten ist. Wie gut bekannt ist, weisen diese Ionen tatsächlich eine ausgeprägte Präferenz für oktaedrische Koordination auf. In ähnlicher Weise konnte Blasse [6] einige Differenzen zwischen Experiment und den auf Grund der elektrostatischen Theorie gemachten Voraussagen über oktaedrische bzw. tetraedrische Präferenzen der Kationen erklären. Es sei bemerkt, daß der Anteil der Kovalenz und damit auch die beiden voneinander abhängenden Parameter Δ_a (bzw. $\Delta_{\text{exp.}}$) und Δ_b durch eine polarisierende Wirkung der Nachbarkationen stark beeinflußt werden, da ihre elektrische Ladungen und die Art ihrer chemischen Bindung die Anionenorbitale und die Größe ihrer Überlappung mit dem dem betreffenden Kation zugehörenden Orbital beträchtlich ändern können. Eine eingehendere Information über dieses Problem kann der Leser z.B. in [6, 54] finden.

Zusammenfassend kann man sagen, daß bisher infolge des sehr komplizierten Charakters des Problems keine einfache und gleichzeitig genügend universale Vorschrift für die Bestimmung der relativen oktaedrischen (bzw. tetraedrischen) Präferenzen angegeben werden konnte. Es bleibt deshalb oft nichts besseres übrig, als die vorher skizzierte elektrostatische Näherung trotz ihrer Unadäquatheiten zu benutzen (vgl. Abschnitt 2.3); daß wir bei ihrer Anwendung in manchen Fällen zur Übereinstimmung mit dem Experiment gelangen, muß eher als das Ergebnis gewisser günstiger

Umstände angesehen werden, unter denen wir wahrscheinlich eine monotone Zunahme der kovalenten Stabilisierung $\Delta_b(n)$ mit der Zahl n der d-Elektronen und eine verhältnismäßig geringe Differenz von $\Delta_b(n)$ für die beiden betrachteten Koordinationsarten nennen können.

Weitere Wirkungen des Kristallfeldes

Einfrieren des Bahndrehimpulses. Wie aus Abschnitt 1.2 hervorgeht, hängt die orbitale Entartung der Terme (τ, L, S) der freien Atome (Ionen) sehr eng mit dem Wert der Quantenzahl L zusammen, denn der Entartungsgrad ist gleich der Anzahl der zulässigen Raumorientierungen von $\mathbf{L}$, d.h. $2L + 1$. Falls nun das Kristallfeld diese Entartung teilweise oder ganz aufhebt, ist es ganz natürlich, die Frage zu stellen, ob und auch in welcher Weise sich diese Zustandsänderung im Verhalten des Bahndrehimpulses widerspiegelt. Im Abschnitt 1.3 haben wir kurz erwähnt, daß ein solcher Effekt wirklich existiert und daß bis auf kleine Ausnahmen im Kristallfeld (wir ziehen ein mittelstarkes Feld in Erwägung) eine drastische Reduzierung des Orbitalmoments auftritt, die unter dem Begriff „Einfrieren" des Orbitalmoments bekannt ist. Wir wollen nun kurz erklären, worauf diese Erscheinung beruht und wollen ihre Ursachen und die Umstände ihrer Entstehung erläutern.

Zunächst wollen wir die physikalischen Gründe zeigen, die uns zu der Folgerung führen, daß der Zustand ohne orbitale Entartung einen Bahndrehimpuls gleich Null aufweisen muß.[16]) Dieser Leitsatz erinnert uns an die gut bekannte Tatsache, daß Ionen im S-Zustand, was einem Orbitalsinglett entspricht, infolge der kugelsymmetrischen Aufteilung der Elektronendichte um den Kern, automatisch ein Bahnmoment gleich Null aufweisen. Falls jedoch ein Orbitalsinglett erst durch eine Aufspaltung des ursprünglich entarteten Terms ($L \neq 0$) im Kristallfeld entsteht, werden die Gründe des Verschwindens des Bahnmoments etwas verschieden sein. Wie wir aus dem Abschnitt 1.2 wissen, ist bei freien Atomen, falls wir die Spin-Bahn-Kopplung vernachlässigen, die L_z-Komponente ein Bewegungsintegral, zusammen mit $\mathbf{L}^2$ und der Energie. Bei der Einführung des Ions in ein Kristallfeld, das einem inhomogenen elektrischen Feld mit einer niedrigeren Symmetrie entspricht, kommt es zu einer Änderung des Bahndrehimpulses der Elektronen; die Umlaufbahnen verändern ihre zeitliche Raumlage und zusammen damit ändert sich auch L_z, das infolgedessen die Bedeutung eines Bewegungsintegrals verliert. Die Änderungen der Orbitalbewegung können dabei solcher Art sein, daß im zeitlichen Verlauf die z-Komponente des Bahndrehimpulses gleich Null wird, $\langle L_z \rangle = 0$. Dies bedeutet nichts anderes als die Einfrierung des Bahnmoments. Wir wollen nun im Gegensatz dazu ein beliebiges Orbitalsinglett betrachten, das durch Aufspaltung des ursprünglich entarteten Terms im Kristallfeld entsteht und wollen voraussetzen, daß der ihm entsprechende

[16]) Wenigstens in erster Näherung, falls die Spin-Bahn-Wechselwirkung vernachlässigt wird. Darüber wird im weiteren berichtet werden.

Bahndrehimpuls eine meßbare Komponente $\langle L_z \rangle \neq 0$ aufweist. Es ist ersichtlich, daß durch eine einfache Umkehrung der Orbitalbewegung, d.h. durch eine Umkehrung der Bewegungsrichtung des Elektronenumlaufs, die Energie sich nicht ändert, so daß der entstandene Zustand äquivalent dem ursprünglichen ist. Im Gegensatz dazu kommt es zu einer Änderung des Zeichens von $\langle L_z \rangle$, so daß der in Erwägung gezogene Zustand zumindest zweifach orbital entartet ist, im Widerspruch zur ursprünglichen Voraussetzung. Es muß demzufolge $\langle L_z \rangle = 0$ sein.

Auf Grund der Tabellen II-9 und II-10 können wir leicht feststellen, für welche Elektronenkonfigurationen im oktaedrischen, respektive tetraedrischen Feld die Grundzustände keine orbitale Entartung aufweisen. In der oktaedrischen Koordination sind dies die Ionen mit den Konfigurationen $3d^3(Cr^{3+}, Mn^{4+})$ und $3d^8(Ni^{2+})$, falls wir die Ionen $3d^5(Fe^{3+}, Mn^{2+})$ nicht miteinbeziehen, die auch ohne Kristallfeld einen Singlettszustand ^6S haben. Die d^4- und d^9-Ionen haben einen Dublettgrundzustand, gewöhnlich kommt es aber bei Ihnen zu einer nachträglichen Aufhebung der Entartung im Zusammenhang mit dem Jahn-Teller-Effekt. Es kann jedoch gezeigt werden, daß bei ihnen auch bei einer Beibehaltung der zweifachen Entartung des Grundzustands das Bahnmoment eingefroren ist, d. i. $\langle L_z \rangle = 0$. Erst Zustände mit einer dreifachen Orbitalentartung (Ionen mit den Konfigurationen $3d^1$, $3d^2$, $3d^6$ und $3d^7$ im oktaedrischen Feld) werden im kubischen Kristallfeld kein eingefrorenes Bahnmoment aufweisen.

Diese Tatsachen können leicht auf Grund der Einelektronennäherung erklärt werden. Während im freien Ion die Funktionen (2.3) gleichzeitig Eigenfunktionen des Operators der z-Komponente des Drehimpulses l_z sind, gilt dies nicht für ihre Kombinationen (2.4), die Eigenfunktionen des Energieoperators im Kristallfeld mit kubischer Symmetrie sind. Es geht dies daraus hervor, daß in ihnen sich immer die Zustände mit $+m$ und $-m$ kombinieren, so daß l_z kein Bewegungsintegral sein kann, denn es ändert sein Vorzeichen. Aus der Form der Funktionen (2.4) können wir sogar die Folgerung ziehen, daß für sämtliche von ihnen $\langle l_z \rangle = 0$ sein wird, denn sie stellen die Zustände dar, bei denen mit der gleichen Wahrscheinlichkeit für die z-Komponente des Drehimpulses die Werte $+m\hbar$ und $-m\hbar$ gemessen weden können (die ψ_m- und ψ_{-m}-Zustände sind mit dem gleichen Gewicht überlagert).

Im freien Ion sind alle fünf Funktionen (2.4) äquivalent, denn sie sind durch einen einzigen Energiewert charakterisiert. Sie können deshalb untereinander beliebig kombiniert werden, so daß wir z. B. die ursprünglichen Funktionen (2.3) zurückerhalten, für die l_z einen diskreten, durch den Index m bestimmten Wert aufweist. Der Umstand, daß in den Zuständen, die durch die Funktionen (2.4) beschrieben sind, $\langle l_z \rangle = 0$ wird, bedeutet demzufolge noch nicht, daß die z-Komponente des Bahndrehimpulses in diesem Falle wirklich Null wird, denn dies hängt nur von der Frage der Auswahl der Darstellung ab. Im Gegensatz dazu bilden die Funktionen (2.4) im kubischen Kristallfeld zwei verschiedene nicht äquivalente Gruppen, die den d_ε- und d_γ-Zuständen zugehören, deren Energie verschieden ist. Infolge dessen können miteinander nur die Funktionen kombinieren, die der gleichen Gruppe zugehören, d. h. einerseits die Funktionen d_{xy}, d_{yz}, d_{zx} und andererseits die Funktionen d_{z^2} und $d_{x^2-y^2}$. Wir können uns davon leicht überzeugen, daß nur die Kombinationen $d_{zx} \pm i d_{yz}$ zu Werten $\langle l_z \rangle \neq 0$ führen, denn sie entsprechen den ursprünglichen Zuständen ψ_1 ψ_{-1}, denen diskrete Werte $l_z = \pm \hbar$ zugehören. In den übrigen Fällen bleibt $\langle l_z \rangle = 0$. Die Funktionen ψ_1, ψ_{-1} und $(1/i\sqrt{2})(\psi_2 - \psi_{-2})$, die dem d_ε-Niveau zugehören, können wir demzufolge als Eigenfunktionen eines Elektrons mit einem effektiven Drehimpuls

$l' = 1$ betrachten. Die Elektronenzustände, die durch diese Funktionen beschrieben sind, unterscheiden sich in der z-Komponente dieses Impulsmoments, $l'_z = m\hbar$, $m = 0, \pm 1$ und entsprechen formal dem Zustand eines p-Elektrons im freien Atom. Da für die d_γ-Elektronen $\langle l_z \rangle = 0$ immer gilt, ist für das Einfrieren des Orbitalmoments im kubischen Feld nur die Besetzung des d_ε-Niveaus maßgebend. Falls alle drei Zustände $m = 0, \pm 1$ durch eine gleiche Anzahl von Elektronen besetzt sind, d. h. d_ε^0, d_ε^3, d_ε^6, wird aus dem gleichen Grunde wie bei den S-Zuständen $\langle L_z \rangle \equiv 0$ sein. In den übrigen Fällen wird der Zustand des Ions dreifach entartet sein (vgl. Tabelle II-9 und II-10) und der Drehimpuls wird keine Einfrierung aufweisen. Aus dem Angeführten geht auf gleiche Weise hervor, warum die Zustände mit der ungeraden Anzahl von d_γ-Elektronen $\langle L_z \rangle = 0$ haben, obwohl sie eine zweifache Orbitalentartung aufweisen.

Der Einfluß der Spin-Bahn-Wechselwirkung auf das eingefrorene Bahnmoment; der Spin-Hamilton-Operator. Das geschilderte Bild ändert sich etwas, falls wir zu einer weiteren Näherung übergehen und den Einfluß der Spin-Bahn-Wechselwirkung einbeziehen. Falls das Bahnmoment eingefroren ist, d. h. falls seine meßbare Komponente in einer beliebigen Richtung gleich Null ist, kann ersichtlicherweise eine Spin-Bahn-Wechselwirkung auf keinen Fall zu einer Energieänderung des betreffenden Zustands führen und W_{LS} wird gleich Null sein. Im Gegensatz dazu, falls $\langle L_z \rangle \neq 0$ wäre, würde diese Wechselwirkung zu einer Herabsetzung der Energie des Grundzustands führen, denn es wäre $W_{LS} < 0$ (vgl. (1.31)), so daß es im Hinblick auf die Energie günstiger wäre, wenn das Bahnmoment nicht vollkommen eingefroren wäre. Diese Tatsache wirkt sich durch eine gewisse Tendenz der Spin-Bahn-Kopplung aus, ein vollständiges Einfrieren des Bahnmoments zu verhindern. Ein Ausdruck für diese Tendenz, die entgegengesetzt zum Kristallfeld wirkt, ist eine gewisse Veränderung der Orbitalbewegung der Elektronen, die einen kleineren Teil des Bahnmoments von der Größe $\approx \lambda/\Delta_{KF}$ wieder zur Wirkung bringt. Die Veränderung des Bewegungszustands der Elektronen, die durch die Spin-Bahn-Kopplung bedingt ist, können wir uns als einen elektrischen Strom vorstellen, der durch den Spin in der Elektronenhülle des Ions induziert wird, so daß das entstehende Bahnmoment zu einer Herabsetzung der Energie führt, d.h. $W_{LS} < 0$. Dieses „induzierte" Bahnmoment trägt mit einem gewissen Anteil auch zum magnetischen Moment des Ions bei, was durch eine Änderung des spektroskopischen Aufspaltungsfaktors g (vgl. 1.50) bemerkbar wird. Die Konstante 2ε, die diese Änderung des g-Faktors ausdrückt, gibt dann direkt das Verhältnis des Bahn- und des Spindrehimpulses $\langle L_z \rangle / \langle S_z \rangle$ an. Im Gegensatz dazu wird der Spin, der ohne die Wirkung der Kopplung $L-S$ vollkommen frei wäre, nun an das Bahnmoment gebunden und damit auch an das Gitter, was sich im Spektrum des Ions durch eine Abhängigkeit der Zeemannschen Niveaus vom Kristallfeld bemerkbar macht.[17])

Der Wert des g-Faktors und die Energiekorrekturen, die durch die $L-S$-Kopplung entstehen, können mittels der Methode der Störungsrechnung [45, 55] bestimmt werden. Falls der Grundzustand des Ions im Kristallfeld durch ein Orbitalsinglett

[17]) Die Niveaus, die durch Aufspaltung im magnetischen Feld entstehen, entsprechen der räumlichen Spinorientierung.

charakterisiert ist, wird dazu gewöhnlich der sogenannte Spin-Hamilton-Operator [56] benützt, der aus dem ursprünglichen Hamilton-Operator des Typs (1.32) durch eine formale Anwendung der Störungsrechnung auf die in ihm auftretenden Variablen ($\mathbf{r}_i$, $\mathbf{L}$), mit Ausnahme des Spins, erhalten wird. Es ergibt sich der effektive Hamilton-Operator, in dem als einzige dynamische Variable der Spin $\mathbf{S}$ (respektive seine Komponenten) auftritt. Der Einfluß des Kristallfeldes ist in den Koeffizienten enthalten – der Spin-Hamilton-Operator hat in der Regel die Form eines Polynoms in den Spinkomponenten.

Den Begriff des Spin-Hamilton-Operators werden wir an Hand eines einfachen Beispiels erklären. Wir wollen den Orbitalsinglett-Grundzustand des Ions im Kristallfeld mit Ψ_0 und die angeregten Zustände mit Ψ_n ($n = 1,2, \ldots$) bezeichnen. Die entsprechenden Energien seien E_0, E_n, und wir wollen voraussetzen, daß Ψ_0 orthogonal zu allen $\Psi_n (n \neq 0)$ ist.

Der Definition zufolge sind die Funktionen Ψ_0, Ψ_n Eigenfunktionen des Hamilton-Operators (2.2). Als Störung wollen wir die Spin-Bahn-Wechselwirkung und die Zeemannsche Energie betrachten:

$$\mathscr{H}' = \lambda \mathbf{L} \,.\, \mathbf{S} + \mu_B \mathbf{H} \,.\, (\mathbf{L} + 2\mathbf{S}) \,.$$

Um das Spektrum des gesamten gestörten Hamilton-Operators $\mathscr{H} + \mathscr{H}'$ aufzufinden, müssen wir $\mathscr{H}'$ diagonalisieren; durch Anwendung der Störungsrechnung bekommen wir in erster Näherung

$$\begin{aligned} \langle \Psi_0 | \mathscr{H}' | \Psi_0 \rangle &= \langle \Psi_0 | \lambda \mathbf{L} \,.\, \mathbf{S} | \Psi_0 \rangle + \langle \Psi_0 | \mu_B \mathbf{H} \,.\, (\mathbf{L} + 2\mathbf{S}) | \Psi_0 \rangle = \\ &= \sum_{\alpha = x,y,z} (\mu_B H_\alpha + \lambda S_\alpha) \langle \Psi_0 | L_\alpha | \Psi_0 \rangle + \\ &\quad + 2\mu_B \mathbf{H} \,.\, \mathbf{S} \langle \Psi_0 | \Psi_0 \rangle = 2\mu_B \mathbf{H} \,.\, \mathbf{S} \,, \end{aligned}$$

denn $\langle \Psi_0 | L_\alpha | \Psi_0 \rangle = \langle L_\alpha \rangle = 0$, weil das Orbitalsinglett infolge des vorher gesagten einen eingefrorenen Bahndrehimpuls haben muß. In zweiter Näherung kommt das folgende Glied

$$-\sum_{n \neq 0} \frac{|\langle \Psi_0 | \mu_B \mathbf{H} \,.\, (\mathbf{L} + 2\mathbf{S}) + \lambda \mathbf{L} \,.\, \mathbf{S} | \Psi_n \rangle|^2}{E_n - E}$$

hinzu, das wegen der Orthogonalitätsbedingungen $\langle \Psi_0 | \Psi_n \rangle = 0$ folgenden Beitrag liefert:

$$\begin{aligned} &-\sum_{n \neq 0} \left| \sum_{\alpha = x,y,z} \frac{\langle \Psi_0 | \mu_B H_\alpha L_\alpha + \lambda L_\alpha S_\alpha | \Psi_n \rangle}{(E_n - E_0)^{1/2}} \right|^2 = \\ &= -\sum_{\alpha, \beta} \left[\mu_B^2 \Lambda_{\alpha\beta} H_\alpha H_\beta + 2\mu_\beta \lambda \Lambda_{\alpha\beta} S_\alpha H_\beta + \lambda^2 \Lambda_{\alpha\beta} S_\alpha S_\beta \right] . \end{aligned}$$

Insgesamt erhalten wir dann für den Spin-Hamilton-Operator in der zweiten Näherung der Störungstheorie einen Ausdruck, der in Tensorform geschrieben lautet

$$\mathscr{H}_s = \mu_B \mathbf{H} \,.\, \mathbf{g} \,.\, \mathbf{S} + \mathbf{S} \,.\, \mathbf{D} \,.\, \mathbf{S} + \mathbf{H} \,.\, \Lambda \,.\, \mathbf{H} \,. \tag{2.11}$$

Der Tensorcharakter der Konstanten $\mathbf{g} \equiv 2(\delta_{\alpha\beta} - \lambda\Lambda_{\alpha\beta})$, $\mathbf{D} \equiv -\lambda^2\Lambda_{\alpha\beta}$, $\mathbf{\Lambda} \equiv \Lambda_{\alpha\beta}$ geht aus ihrer Beziehung zum symmetrischen Tensor

$$\Lambda_{\alpha\beta} = \sum_{n \neq 0} \frac{\langle \Psi_0 | L_\alpha | \Psi_n \rangle \langle \Psi_n | L_\beta | \Psi_0 \rangle}{E_n - E_0},$$

der die „Beimischung" der angeregten Zustände Ψ_n mit von Null verschiedenen Matrixelementen $\langle \Psi_0 | L_\alpha | \Psi_n \rangle$ zum Grundzustand charakterisiert, hervor. In besonderen Fällen reduzieren sich die Konstanten $\mathbf{g}$, $\mathbf{D}$ und $\mathbf{\Lambda}$ auf Skalare.

Das erste Glied in (2.11) gibt die korrigierte Zeemannsche Energie an, so daß $\mathbf{g}$ die Bedeutung des spektroskopischen Aufspaltungsfaktors hat, dessen Korrektur mit Rücksicht auf den Wert des freien Spins erster Ordnung in λ ist. Das Glied $\mathbf{D}$ gibt die Größe der Aufspaltung im Nullfeld ($H = 0$) an und ist von der Ordnung λ^2. Schließlich kann der letzte Ausdruck in der Regel ausgelassen werden, denn er hängt nicht vom Spinoperator ab. Das Spektrum des Spin-Hamilton-Operators (2.11) für ein axiales Feld (g, D sind Skalare) und einen Spin $S = 3/2$ ist in Abb. 2.25 wiedergegeben.

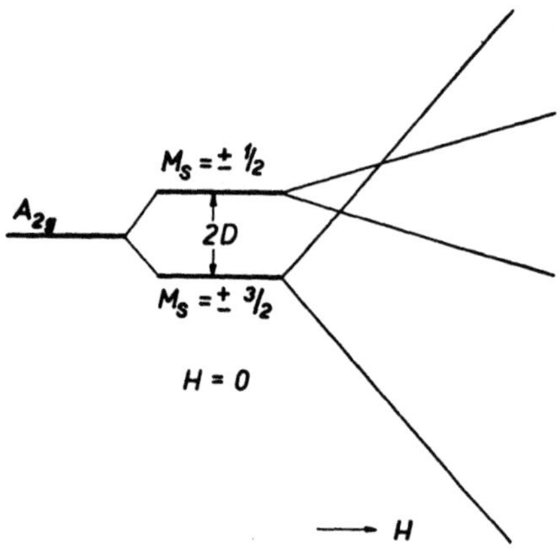

Abb. 2.25

Der allgemeine Spin-Hamilton-Operator des vierten Grades für ein kubisches Kristallfeld (Achsen x, y, z) mit einer axialen Komponente (Achse ζ) wird z. B. die Form

$$\mathscr{H}_s = g\mu_B \mathbf{H} \cdot \mathbf{S} + DS_\zeta^2 + \tfrac{1}{6}a(S_x^4 + S_y^4 + S_z^4) + FS_\zeta^4 \qquad (2.12)$$

haben. Mit diesem Spin-Hamilton-Operator werden wir uns in Kapitel IV im Zusammenhang mit der Diskussion der magnetischen Kristallanisotropie der Ferrite beschäftigen.

Starkes Kristallfeld und Spineinfrierung. Bisher haben wir uns ausschließlich auf ein Kristallfeld von mittlerer Stärke beschränkt. Zum Abschluß wollen wir der Vollständigkeit halber kurz die zwei übrigen Fälle, ein starkes und ein schwaches Feld, behandeln. Laut Abschnitt 1.2 wird das starke Kristallfeld durch die Ungleichheit $\Delta_{KF} \gtrsim \Delta_{\text{korrel}}$ charakterisiert. Es ist ersichtlich, daß in diesem Falle nicht das gleiche Schema der Störungsrechnung angewendet werden kann wie bei einem mittelstarken Feld, denn die Störung, die durch das Kristallfeld repräsentiert wird, ist zumindest vergleichbar mit der Wirkung der Korrelationskräfte. Aus diesem

Tabelle II-12

Zustände der $3d^n$-Ionen im starken oktaedrischen Feld

Anzahl der d-Elektronen	Besetzungszahlen		Gesamtspin S	$E_s(Dq)$	$\Delta E_s(Dq)$	N	ΔN
	n_ε	n_γ					
1	1	0	$\frac{1}{2}$	4	0	0	0
2	2	0	1	8	0[1])	1	0
3	3	0	$\frac{3}{2}$	12	0	3	0
4	4	0	1	16	10	3	3
5	5	0	$\frac{1}{2}$	20	20	4	6
6	6	0	0	24	20	6	4
7	6	1	$\frac{1}{2}$	18	10[1])	9	2
8	6	2	1	12	0	13	0
9	6	3	$\frac{1}{2}$	6	0	16	0

[1]) Siehe Fußnote[18]).

Grunde kann erwartet werden, daß in einem starken Kristallfeld das niedrigste Energieniveau nicht in Übereinstimmung mit dem Ausdruck der maximalen Multiplizität (der Hundschen Regel (1)) bestimmt ist und daß sogar die Russel-Saunderssche Kopplung und das Vektormodell des Atoms ihre Bedeutung verlieren.

Für den Grenzwert eines sehr starken Feldes, $\Delta_{KF} \gg \Delta_{\text{korrel}}$, können wir die Elektronenkonfiguration des Grundzustandes ganz einfach auf Grund der Einelektronennäherung bestimmen. Da die Wirkung des Kristallfeldes dann bei weitem größer ist als die Korrelationseffekte, wird die Aufteilung der Elektronen zwischen d_ε- und d_γ-Niveaus durch die gegenseitige Lage dieser Niveaus bestimmt. Falls es sich um ein oktaedrisches Feld handelt, liegt d_ε niedriger als das d_γ-Niveau, so daß bei einer sukzessiven Erhöhung der d-Elektronenzahl zuerst die d_ε-Zustände besetzt werden, und zwar bis zu der vollen Anzahl d_ε^6. Erst bei einer größeren Elektronenzahl kommt es zur Besetzung des d_γ-Niveaus. Wie aus Tabelle II-12 ersichtlich ist, wo die Elektronenkonfigurationen der Grundzustände der d^n-Ionen im starken Kristallfeld aufgeführt sind, wird die Besetzung der d_ε- und d_γ-Niveaus für $n = 1, 2, 3, 8, 9$ die gleiche sein wie in einem mittelstarken Feld (Tabelle II-9); infolgedessen werden beide Zustände äquivalent sein, sofern es sich auch um den Gesamtspin der Ionen und die Stabilisierungsenergie im Kristallfeld handelt.[18])

[18]) Eine kleine Abweichung davon tritt bei Ionen mit Konfigurationen d^2 und d^7 auf, bei denen die Besetzungszahlen im starken und mittelstarken Feld nicht ganz identisch sind. Durch eine vollständige Entleerung des d_γ-Niveaus im starken Felde vergrößert sich etwas die Stabilisierung durch das Kristallfeld, andererseits geht ein gewisser Anteil der Korrelationsenergie verloren. Für praktische Zwecke kann dieser Unterschied jedoch in der Regel vernachlässigt werden.

In den restlichen Fällen führen die Ionenkonfigurationen im starken Feld zu niedrigeren Werten des Gesamtspins. Über diesen Einfluß des Kristallfeldes sprechen wir in der Regel als über ein *Einfrieren des Spins* und die entsprechenden Ionenzustände bezeichnen wir als *Zustände mit einem niedrigen Spin*. Um ein Mißverständnis zu vermeiden, werden wir im folgenden die Valenzen von Kationen im Zustand mit niedrigem Spin durch römische Ziffern bezeichnen, z. B. Co^{III}, Co^{IV}, Ni^{III}... Aus der Tabelle ist ersichtlich, daß dieser Effekt bei d^4, d^5, d^6, d^7-Ionen erwartet werden kann.

Die Besetzung des niedrigsten Elektronenniveaus mit gepaarten Spins (zwei Elektronen in dem gleichen Orbital), die durch das Kristallfeld im Gegensatz zur Tendenz der Korrelationskräfte hervorgerufen wird, hat jedoch eine gewisse Erhöhung der Ionenenergie zur Folge. Diesen Verlust an Korrelationsenergie können wir nach [44] beiläufig auf Grund des Unterschiedes in der Elektronenanzahl mit gleich orienterten Spins in der Konfiguration des mittelstarken und starken Feldes abschätzen. Falls wir diesen Unterschied mit ΔN und die auf ein Elektronenpaar entfallende mittlere Korrelationsenergie E_K bezeichnen, wird für die gesamte Energiebilanz ungefähr folgender Ausdruck

$$\Delta E \cong \Delta E_s - \Delta N \,.\, E_K \tag{2.13}$$

gelten, in dem ΔE_s für die Differenz der Stabilisierungsenergien im starken und im mittleren Feld steht. Darüber, welche Konfiguration energetisch günstiger ist, entscheidet das Vorzeichen von ΔE. Falls $\Delta E > 0$ ist, kommt es zu einer Anordnung, die dem Schema für ein starkes Feld entspricht. Im entgegengesetzten Fall für $\Delta E < 0$ werden die Korrelationskräfte überwiegen und der Grundzustand wird der maximalen Multiplizität entsprechen. Die Differenz ΔE_s ist zusammen mit den Werten N und ΔN in Tabelle II-12 aufgeführt. Es ist ersichtlich, daß in einem Zustand, der einem starken Feld entspricht, sich am leichtesten Ionen mit sechs d-Elektronen befinden können, denn für diesen Zustand ist ΔN nur gleich 4, während ΔE_s den maximal möglichen Wert von $20Dq$ hat. Die Erfahrung zeigt, daß wirklich Co^{3+} Ionen, die diese Konfiguration aufweisen, häufig in einem Zustand mit einem niedrigen Spin ($S = 0$) auftreten, und zwar auch bei einem nicht allzu starken Feld, mit welchem wir es in Oxiden zu tun haben. Neben diesem Ion treten in Oxiden gewöhnlich auch Co^{4+} und Ni^{3+} in einem Zustand mit niedrigem Spin auf, dessen Konfiguration d^5 resp. d^7 ist. Mit einem starken Kristallfeld haben wir es häufiger als bei den Ionen der Eisengruppe bei den Übergangs-Ionen $4d^n$ und $5d^n$ zu tun. In diesen Fällen ist die Tendenz zur Spinpaarung durch die Kovalenz und die Schwächung der Korrelationseffekte, die damit verbunden ist, verstärkt.

Das schwache Kristallfeld; das Kramerssche Theorem. In einem schwachen Kristallfeld ist $\Delta_{KF} \ll \Delta_{LS}$, und deshalb wird die Multiplettstruktur, die durch die Spin-Bahn-Wechselwirkung hervorgerufen ist, beibehalten. Das Kristallfeld können wir uns dann als Störung, die auf die Niveaus (τ, S, L, J) des Spektrums des freien Ions einwirkt, vorstellen. Weil die Vektoren **L**, **S**, **J** gemeinsam durch eine starke Spin-Bahn-Kopplung gebunden sind, offenbart sich die Wirkung des Kristallfeldes, das selbst nur auf den Bahndrehimpuls einwirkt, ebenfalls im Verhalten des **J** Vektors. Während im freien Ion jedem (τ, S, L, J) Niveau eine $(2J + 1)$-fache Entartung zugehört, die erst durch ein äußeres magnetisches Feld aufgehoben wird, kommt es im Kristallfeld zu einer teilweisen oder ganzen Aufhebung dieser Entartung auch ohne ein solches magnetisches Feld. In einem Kristallfeld mit orthorhombischer Symmetrie ist die Aufspaltung definitiv; je nachdem, ob die Anzahl der Elektronen gerade oder ungerade ist, besteht dann das Ionenspektrum aus Singletts oder Dubletts. Dieses unterschiedliche Ionenverhalten bei einer geraden oder ungeraden Elektronenanzahl hängt mit dem sogenannten *Kramersschen Theorem* [57] zusammen, dessen physikalische Deutung kurz gefaßt folgende ist:

Jedes Elektronensystem mit einer ungeraden Elektronenzahl weist einen nicht ganzzahligen Gesamtspin S auf; infolgedessen, falls wir bei einem solchen System die orbitale Entartung beseitigen und falls wir weiter die $(2S + 1)$-fache Entartung gegenüber dem Spin z. B. durch die Paarbildung von Elektronen mit entgegengerichteten Spins herabsetzen, bleibt nur ein Elektron mit einem nicht gepaarten Spin $1/2$ übrig. Der Zustand dieses Elektrons ist entartet, denn sein Spinvektor kann eine + oder eine − Orientierung haben. Diese Entartung kann weder durch das Kristallfeld, denn das elektrische Feld wirkt nicht auf den Spin ein, noch durch eine innere Wechselwirkung (z. B. durch Spin-Bahn-Wechselwirkung), wegen der *inneren Äquivalenz* beider Spinorientierungen, aufgehoben werden. Sie kann nur durch äußere Wechselwirkungen, die vom Spin abhängig sind, beseitigt werden, z. B. durch die Einwirkung eines magnetischen Feldes oder durch Austauschkräfte [48].

Es sei darauf hingewiesen, daß das Kramerssche Theorem eine ganz allgemeine Gültigkeit hat und sich begreiflicherweise nicht nur auf Ionen in einem schwachen Kristallfeld beschränkt. Die Unterschiedlichkeit von Ionen mit einer geraden und ungeraden Elektronenzahl macht sich z. B. auch in einem mittelstarken Feld geltend im Zusammenhang mit der Aufhebung der Niveauentartung gegenüber dem Gesamtspin, die mit der Spin-Bahn-Wechselwirkung zusammenhängt (die Aufspaltung bei Abwesenheit eines Magnetfeldes, die durch die Konstanten des Spinhamiltonoperators bestimmt ist; vgl. Erläuterungen auf Seite 134 f. und Abb. 2.25). Der Umstand, daß wir über dieses Theorem im Zusammenhang mit einem schwachen Feld gesprochen haben, war durch einen praktischen Standpunkt diktiert, denn mit den Fragen der Entstehung der Singlett- und Dublettzustände im Kristallfeld haben wir es bei der Erklärung der magnetischen Anisotropie der Ionen der Seltenen Erden zu tun, für die wir das Kristallfeld als schwach betrachten können. (Vgl. Abschnitt 4.2)

Dubletts, die durch die Einwirkung eines Kristallfeldes bei Ionen mit einer ungeraden Elektronenzahl entstehen, bezeichnen wir in der Regel als *Kramerssche Dubletts*. Da diese Dubletts in einem Magnetfeld aufgespalten werden, haben sie eine erhebliche Bedeutung für die magnetischen Eigenschaften der Ionen. Die Aufspaltung im magnetischen Feld verläuft normal so, als ob jedem Dublett ein Effektivspin 1/2 zugehören würde; der entsprechende g-Faktor wird sich jedoch sowohl von dem Spinwert 2 als auch vom Landé-Faktor des ursprünglichen Multipletts (vgl. z. B. [49, 59]) unterscheiden. Falls die Aufspaltung im Kristallfeld unvollständig ist, kann allerdings der Effektivspin S' größer sein.

2.3 Die Kristallenergie und die Kationenverteilung in Spinellen

Wir wollen nun näher auf die Frage eingehen, warum einige Spinelle invers und andere normal oder gemischt sind. Im vorhergehenden Abschnitt haben wir gezeigt, daß die Ionen von Übergangsmetallen eine allgemeine Tendenz haben, vorzugsweise eine Koordination einzunehmen, die günstig vom Standpunkt der Stabilisierung durch das Kristallfeld ist. Falls keine stärkeren Einflüsse existieren, die den Einfluß des Kristallfeldes überwiegen können, könnten wir die Kationenverteilung in Spinellen – wenigstens für die Übergangselemente – auf Grund der Differenz der Stabilisierungsenergien E_s für eine oktaedrische und eine tetraedrische Koordination (Tabelle II-11) voraussagen. Wie ein Vergleich von Mc Clure [53] gezeigt hat, kommen wir in den meisten Fällen tatsächlich zu einer guten Übereinstimmung mit dem Experiment (Tabelle II-15).

Dieses Ergebnis ist jedoch nicht so selbstverständlich, wie es auf den ersten Blick aussieht, denn die Stabilisierungsenergie E_s und demzufolge auch ihre Unterschiede sind klein, betragen einige Zehn kcal/Mol im Vergleich zur Gesamtenergie des Kristalls, die von der Größenordnung 10^3 kcal/Mol ist. Wenn trotzdem die Stabilisierung durch das Kristallfeld, z. B. bei den meisten Ferriten, der entscheidende Faktor für die Bestimmung der Kationenverteilung zu sein scheint, zeugt dies davon, daß die übrigen Beiträge, vor allem die Coulombsche elektrostatische Energie, in diesen Fällen von der Verteilung nicht allzusehr abhängig sind. Um dies zu zeigen und um die Rolle der einzelnen Energiebeiträge näher zu erklären, wollen wir nun eine Analyse der Gesamtenergie des Spinellgitters durchführen. Wie Miller [59] gezeigt hat, können auf dieser Grundlage weitere Korrekturglieder zur Stabilisierungsenergie eingeführt werden und dadurch die theoretischen Voraussagen für die Kationenverteilung verbessert werden. Gleichzeitig ist es so möglich, ungefähre Kriterien auch für die Verteilung von Nicht-Übergangselementen zu gewinnen, bei denen die Stabilisierung durch das Kristallfeld gleich Null ist.

Präferenzenergie

Wir wollen einen gemischten Spinell mit der allgemeinen Formel

$$(X_\delta Y_{1-\delta})[X_{1-\delta} Y_{1+\delta}]\,O_4 \tag{2.14}$$

betrachten. Sein Gleichgewichtszustand ist nach (1.9) durch das Minimum der freien Energie $F = E - TS$ bestimmt. Wir wollen voraussetzen, daß die X- und Y-Ionen statistisch auf die A- und B-Lagen verteilt sind, so daß $\delta = 1/3$ ist. Wir können uns z. B. vorstellen, daß dieser Zustand durch eine Erwärmung des Kristalls auf eine hohe Temperatur erreicht wurde, wobei das Entropieglied $TS \gg E$ die Kristallenergie E bei weitem übertrifft und selbst die Aufteilung der Kationen diktiert. Die Entropie S ist in diesem Fall maximal, $(\partial S/\partial\delta)_{\delta=1/3} = 0$[19]), und infolgedessen wird

$$\left(\frac{\partial F}{\partial\delta}\right)_{\delta=1/3} = \left(\frac{\partial E}{\partial\delta}\right)_{\delta=1/3}. \tag{2.15}$$

Der Wert dieser Ableitung wird angeben, um wieviel sich die Energie des Spinellgitters ändert, falls wir ein X-Ion in der B-Lage für ein Y-Ion in der A-Lage austauschen. Wir können ihn deshalb als Maß der Stabilität einer statistischen Verteilung ($\delta =$ $= 1/3$) betrachten oder als den Unterschied der Präferenzenergien P der X- und Y-Ionen bezogen auf eine oktaedrische Koordination

$$\left(\frac{\partial E}{\partial\delta}\right)_{\delta=1/3} \equiv P(X) - P(Y). \tag{2.16}$$

Laut (1.1) ist die Energie E durch die Summe dreier Hauptbeiträge gegeben: Die Coulombsche (Madelungsche) Energie E_C, die Abstoßungsenergie E_B und das Glied E_{el}, das bis auf das Vorzeichen in unserem Fall identisch ist mit der Stabilisierungsenergie E_s, $E_{e1} \equiv -E_s$[20]).

Bei festen Valenzen der Ionen X und Y, die wir hier immer voraussetzen wollen, werden die durchschnittlichen Ladungen der Kationen, die nach (1.3) im Ausdruck für die Madelungsche Konstante auftreten, eindeutig durch die Werte des δ-Parameters bestimmt, so daß die Gesamtenergie E als eine Funktion der Gitterkonstante a, des Sauerstoffparameters u und des Aufteilungsparameters δ angenommen werden kann. Entsprechend dieser allgemeinen Auffassung wäre es grundsätzlich möglich, durch eine gleichzeitige Minimalisierung der freien Energie nach allen drei

---

[19]) Wir können uns davon durch eine direkte Ableitung des Entropieausdrucks (2.21) überzeugen.

[20]) Der eventuelle kovalente Beitrag zur Kristallenergie kann in der Regel auf einen Teil aufgeteilt werden, der nur von der Entfernung der Mittelpunkte benachbarter Ionen abhängt und auf einen weiteren Teil mit niedrigerer Symmetrie, der vom Typ der Koordination des gegebenen Ions abhängig ist. Im ersten Falle kann diese Energie in E_B eingeschlossen werden, wodurch es nur zu einer gewissen Modifizierung der Konstanten A_B und des Exponenten s (vgl. Abschnitt 1.1, Seite 31 f.) kommt. Im zweiten Falle kann, sofern es sich um Ionen der Übergangselemente handelt, im Sinne der Ligandenfeldtheorie der Effekt der Kovalenz in E_s eingeschlossen werden (vgl. S. 129f.); zur Frage der kovalenten Bindungen bei Ionen von Nicht-Übergangselementen wollen wir am Schluß dieses Abschnitts zurückkommen.

Variablen a, u, und δ die Gleichgewichtsverteilung der Kationen zu bestimmen und gleichzeitig die Gleichgewichtswerte der geometrischen Gitterparameter a und u zu finden. Andererseits jedoch bekommen wir bei einer solchen allgemeinen Berechnung der Ableitung (2.15) der Energie E in der Regel einen Ausdruck, in dem die Beiträge der einzelnen Ionen nicht getrennt werden können, so daß die Definition der Präferenzenergie ihre Bedeutung verliert. Diese Schwierigkeit hat Miller [59] durch die Einführung folgender vereinfachender Voraussetzungen beseitigt:

(a) Die Bornsche Abstoßungsenergie kann in der vereinfachten Form (1.6) geschrieben werden mit einem Exponenten, der *gemeinsam* ist für *alle Kationen* in Spinellen, so daß die spezifischen Eigenschaften jedes Ions nachträglich durch die Konstante A_B charakterisiert sind.

(b) Die Stabilisierungsenergie E_s hängt nur vom Verteilungsparameter δ ab, nicht aber von den geometrischen Gitterparametern. Unter diesen Voraussetzungen werden die Gleichgewichtswerte a und u aus den Bedingungen

$$\frac{\partial E}{\partial a} = \frac{\partial E_C}{\partial a} + \frac{\partial E_B}{\partial a} = 0\,, \quad \frac{\partial E}{\partial u} = \frac{\partial E_C}{\partial u} + \frac{\partial E_B}{\partial u} = 0 \tag{2.17}$$

bestimmt, und die Berechnung der Ableitung $dE/d\delta$ mit den Nebenbedingungen (2.17) führt dann wirklich zu einem Ausdruck des (2.16) Typs, in dem $P(X)$, $P(Y)$ nur von der Art der X- bzw. Y-Ionen abhängen.

Für die wirkliche Berechnung der Präferenzenergien ist es notwendig, die konkreten Ausdrücke für E_C, E_B und E_{e1} zu kennen. Aus diesem Grunde wollen wir, bevor wir zu einer quantitativen Behandlung der Ergebnisse übergehen, diese Ausdrücke anführen und sie kurz diskutieren; dadurch können wir auch besser die Millerschen Voraussetzungen begreifen.

Coulombsche (Madelungsche) Energie. Ihre Berechnung reduziert sich nach (1.4) auf die Berechnung der Madelungschen Konstante A_M. Für einen Spinell AB_2O_4 haben wir $N_A = 1$, $N_B = 2$, $N_C \equiv N_O = 4$; die Entfernungen zwischen den Ionen hängen dann von den auf Seite 95 angeführten Koordinaten ab. Die Durchschnittsvalenzen q_A und q_B der Ionen in tetraedrischen und oktaedrischen Lagen sind miteinander durch die Forderung der Elektroneutralität

$$q_A + 2q_B = 8 \tag{2.18}$$

verbunden, so daß es genügt, nur eine von ihnen, z. B. q_A, in Betracht zu ziehen. Die Konstante A_M ist dann eine quadratische Funktion von q_A

$$A_M = f(u) + g(u)\,q_A + hq_A^2\,, \tag{2.19}$$

in der die Koeffizienten f, g Funktionen des Sauerstoffparameters u sind und h eine einfache Konstante, die von u unabhängig[21]) ist, bleibt.

Falls wir f und g mit Rücksicht auf den kleinen Bereich der Änderungen des Parameters u als lineare Funktionen von u betrachten, erhalten wir durch eine numerische Auswertung[22])

$$\begin{aligned} f(u) &= 1522u - 430{,}8 \\ g(u) &= -488{,}2u + 172{,}2 \\ h &= 2{,}61\,. \end{aligned} \tag{2.20}$$

Die Abhängigkeiten $A_M = A_M(q_A)$ für verschiedene Werte von u sind in Abb. 2.26 wiedergegeben.

Wie aus (1.4) hervorgeht, wächst mit wachsender Madelungscher Konstante die Stabilität der gegebenen Anordnung. Wegen der absoluten Größe der Madelungschen Energie können wir erwarten, daß E_C der entscheidende Faktor bei der Bestimmung der Gleichgewichtsverteilung ist, sofern A_M sich stark mit δ und demzufolge auch mit q_A ändert. Aus Abb. 2.26 ist ersichtlich, daß dieser Fall dann eintritt, wenn q_A klein ist, oder im Gegenteil, wenn es sehr groß ist. Welcher Spinelltyp, ob der normale oder der inverse, dabei bevorzugt wird, darüber entscheidet das Vorzeichen der Ableitung

$$\left(\frac{\partial A_M}{\partial \delta}\right)_{\delta=1/3} = \left(\frac{\partial A_M}{\partial q_A} \cdot \frac{\mathrm{d}q_A}{\mathrm{d}\delta}\right)_{\delta=1/3};$$

falls es positiv ist, wird bei $(2-3)$ Spinellen eine inverse Struktur vorteilhafter sein, bei einem negativen Vorzeichen dann die normale Struktur. Bei $(4-2)$ Spinellen ist dies gerade umgekehrt. Die Bedingung $(\partial A_M/\partial\delta)_{\delta=1/3} = 0$ bestimmt uns dann den kritischen Wert des Parameters u, oberhalb dessen wegen E_C die normale Anordnung im Falle der $(1-3)$ Spinelle stabiler wird und die inverse Anordnung für den Fall der $(4-2)$ Spinelle. Da für die $(2-3)$ und die $(4-2)$ Spinelle in beiden Fällen zu $\delta = 1/3$ der gleiche Wert $q_A = 8/3$ gehört, wird bei beiden auch der kritische Wert $u \doteq 0{,}381$ (vgl. Abb. 2,26) gleich sein.

Nach Abschnitt 2.1 ist das Anwachsen des u-Parameters mit einer Vergrößerung der tetraedrischen Hohlräume verbunden, so daß große u-Werte besonders bei den Spinellen auftreten sollten, die in den A-Lagen Ionen mit besonders großem Radius (z. B. Cd^{2+}, Mn^{2+}) haben. Solche Spinelle sollten dann normale Strukturen haben, was in Übereinstimmung mit den experimentell bestimmten Verteilungen der Ka-

[21]) Der Grund, warum h nicht von u abhängt, liegt in dem Umstand, daß dieses Glied nur den elektrostatischen Wechselwirkungen zwischen den Kationen entspricht, deren Koordinaten von u unabhängig sind.

[22]) Genauere Ausdrücke, die die Glieder mit u^2 beinhalten, sind z. B. in der Arbeit von Goodenough [54] angeführt, in der der Einfluß der Polarisation der Anionen auf die elektrostatische Energie diskutiert wird.

tionen bei $MnFe_2O_4$ und $CdFe_2O_4$ ist. Andererseits is ersichtlich, daß die anderen energetischen Beiträge den Einfluß der Coulombschen Energie leicht überwiegen können, speziell die Stabilisierung im Kristallfeld, falls u sich nicht allzuviel von dem kritischen Wert $\approx 0{,}381$ unterscheidet. Der Einfluß von E_C macht sich jedoch augenscheinlich auch in der Abhängigkeit des Parameters u vom Inversions-

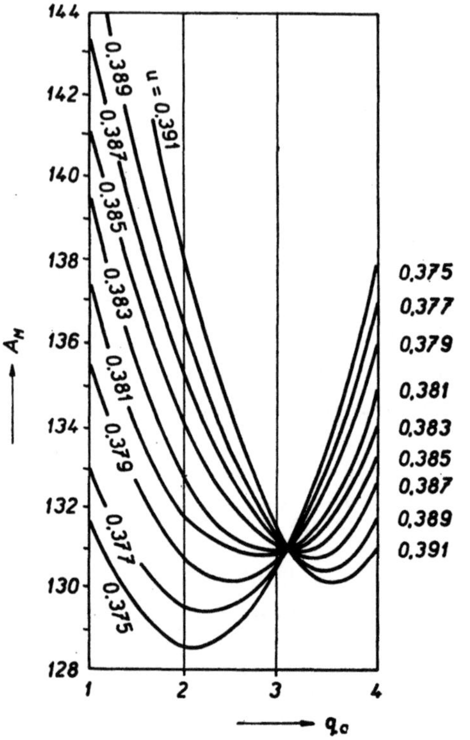

Abb. 2.26 Abhängigkeit der Madelung-Konstante A_M von der Durchschnittsvalenz tetraedrischer Ionen $\dot{q}_A$ für verschiedene Werte des Sauerstoffparameters (nach Gorter [60]).

Tabelle II-13

q_A	u
4	0,375
3	0,380
2	0,387

grad resp. von der Durchschnittsvalenz q_A, wie aus der der Arbeit [61] entnommenen Tabelle II-13 ersichtlich ist, bemerkbar.

Bornsche Abstoßungsenergie. Bei Anwendung des Ausdruckes (1.6) erhalten wir für den betrachteten Spinell

$$E_B(a, u, \delta) = (A_B^{(X)}/a^s)\left[4\delta\varrho_{AO}^{-s} + 6(1-\delta)\,\varrho_{BO}^{-s}\right] + \\ + (A_B^{(Y)}/a^s)\left[4(1-\delta)\,\varrho_{AO}^{-s} + 6(1+\delta)\,\delta_{BO}^{-s}\right], \tag{2.21}$$

wo ϱ_{AO}, ϱ_{BO} die in Atomkoordinaten ausgedrückten Kation-Sauerstoff-Abstände für die tetraedrische und oktaedrische Lage sind. Laut Abschnitt 2.1 gilt für sie

$$\varrho_{AO} = \sqrt{3}(u - \tfrac{1}{4}) \\ \varrho_{BO} = \left[2(u - \tfrac{3}{8})^2 + (u - \tfrac{5}{8})^2\right]^{1/2}. \tag{2.22}$$

Im Ausdruck (2.21) wird vorausgesetzt, daß A_B nicht vom Koordinationstyp abhängt, und weiter, daß der Exponent s für Oxide eine universelle Konstante ist. Miller erreicht eine gute Übereinstimmung mit dem Experiment, falls er s gleich 4 wählt. Dieser Wert ist bedeutend niedriger als es üblicherweise bei Ionengittern vorausgesetzt wird. Der niedrige Wert von s kann mit dem teilweise kovalenten Charakter der Bindung zusammenhängen. Bei dieser Wahl stützt sich Miller auf Hush und Pryce [51], die in ihrer Arbeit, die sich mit der anomalen Größe der Radien von Übergangselementen beschäftigt, ebenfalls den Exponenten $s = 4$ verwendet haben, und auf Werte, die aus der Kompressibilität verschiedener Oxide bestimmt wurden.[23])

Stabilisierungsenergie E_s. Mit der oben angeführten Voraussetzung, daß E_s nur eine Funktion des Verteilunsgparameters δ ist, ist dann E_{e1} durch den Ausdruck

$$E_{e1} = -E_s = -[E_{s,A}(Y) + E_{s,B}(X)](1-\delta) - \qquad (2.23)$$
$$- E_{s,A}(X)\,\delta - E_{s,B}(Y)(1+\delta)$$

gegeben, in dem $E_{s,A}$, $E_{s,B}$ Stabilisierungsenergien der X- und Y-Ionen in tetraedrischer und oktaedrischer Koordination sind; die Werte dieser Energien können aus Tabelle II-11 entnommen werden. Tatsächlich hängt E_s jedoch von der Entfernung der Sauerstoffanionen vom Mittelpunkt des Koordinationspolyeders ab, und zwar über die Konstante C im Ausdruck (2.5), die für eine tetraedrische und oktaedrische Koordination mit der fünften Potenz dieser Entfernung absinkt.[24])

Diese Abhängigkeit zieht jedoch Miller nicht in Betracht, und er setzt voraus, daß die Gleichgewichtswerte von a und u nur durch eine Minimalisierung der Summe von E_C und E_B gegeben sind; E_{e1} kann dann nach (2.23) mittels spektroskopischer Daten, die in Tabelle II-11 enthalten sind, bestimmt werden.

Wir wollen nun auf die Frage der Bestimmung der Gesamtpräferenzenergien aus dem Ausdruck (2.16) zurückkommen. Falls wir für den ursprünglichen, völlig ungeordneten Zustand ($\delta = 1/3$) $q_A = 8/3$, $a = 8{,}40$ Å und $u = 0{,}3823\ldots$[25]) nehmen

---

[23]) Eine kritische Behandlung und eine eingehende Analyse dieser Voraussetzung ist in [54] durchgeführt.

[24]) Unter Voraussetzung der elektrostatischen Näherung können wir das Kristallfeld als durch Punktladungen [45, 49] hervorgerufen betrachten. Siehe aber S. 116 f. u. 129 f.

[25]) Berechnet durch quadratische Interpolation der Werte $u = u(q_A)$, die in Tabelle II-13 aufgeführt sind. Wir wollen darauf hinweisen, daß bei der Berechnung von $dE/d\delta$ davon ausgegangen wird, daß bei den gegebenen Voraussetzungen u nur eine Funktion von q_A (und daher von δ) in Übereinstimmung mit Romeijn [61] ist. Dieser Umstand ist von wesentlicher Bedeutung für die Möglichkeit einer Separation in (2.16). Es sei weiter bemerkt, daß eine solche Voraussetzung nur dann als berechtigt angesehen werden kann, wenn das Verhältnis der Radien der betreffenden Ionen nicht zu stark variiert. Wenn man z. B. eine Reihe von normalen Spinellen betrachtet, die gleiche B-, jedoch verschiedene A-Kationen enthalten, so wird der u-Parameter mit dem Ionenradius des A-Kations linear wachsen (vgl. [62]).

Tabelle II-14

Präferenzenergien verschiedener Kationen (nach Miller [59])

Ion	$E_{sokta} - E_{stetra}$	$P(v)$	Ion	$E_{sokta} - E_{stetra}$	$P(v)$
□	0	0	Zn^{2+}	0	−31,6
Li^+	0	− 3,6	Cd^{2+}	0	−29,1
Cu^+	0	− 8,6	Al^{3+}	0	− 2,5
Ag^+	0	−19,6	Ti^{3+}	7,7	−21,9
Mg^{2+}	0	− 5,0	V^{3+}	12,3	−11,6
Ca^{2+}	0	−30,7	Cr^{3+}	46,7	16,6
Mn^{2+}	0	−14,7	Mn^{3+}	25,3	3,1
Fe^{2+}	3,9	− 9,9	Fe^{3+}	0	−13,3
Co^{2+}	2,1	−10,5	Co^{3+}		
Ni^{2+}	22,8	9,0	Ga^{3+}	0	−15,4
Cu^{2+}	15,6	− 0,1	In^{3+}	0	−40,2

und weiter für die Präferenzenergie einer Kationenleerstelle $P(\square) = 0$ setzen, bekommen wir für die Präferenzenergie $P(v)$ des Ions v den Ausdruck [59]

$$P(v) = 21{,}0\, Z(v) - 0{,}28\, A_B(v)/a^4 + \Delta E_s(v)\,, \qquad (2.24)$$

in dem alle Energien in kcal/Mol angegeben sind, $A_B(v)/a^4 \approx 28(2 + 3\,Z(v))$, $Z(v)$ die Ionenvalenz bedeutet, und $\Delta E_s(v) = E_{s,B}(v) - E_{s,A}(v)$.[26] $P(v)$ ist das Maß der Präferenz des gegebenen Ions für eine oktaedrische Koordination und wird positiv und groß sein, falls das Ion v eine starke Tendenz, die oktaedrische Lage einzunehmen, aufweist. Aus (2.24) ist ersichtlich, daß die oktaedrische Präferenz des Ions mit seiner Wertigkeit anwächst, in Übereinstimmung mit der Forderung nach einer maximalen Ladungsneutralisation.

Die von Miller auf Grund von (2.24) berechneten Werte von $P(v)$ sind in Tabelle II-14 angegeben, in der für Vergleichszwecke ebenfalls die Werte von $E_{s,\mathrm{octa}} - E_{s,\mathrm{tetra}}$ angeführt sind, die die oktaedrischen Präferenzen nur im Hinblick auf die Kristallfeldstabilisierung angeben. Es ist ersichtlich, daß die Reihenfolge der Ionen auf Grund wachsender Werte von $P(v)$ nicht identisch ist mit der Reihenfolge nach dem Anteil der Stabilisierungsenergien; wobei, wie aus Tabelle II-15 hervorgeht, wo die Gegenüberstellung mit experimentellen Angaben durchgeführt ist, die Voraussage des Inversionsgrades auf Grund der Präferenzenergien $P(v)$ vollkommener und realistischer ist. Die Theorie gibt ebenfalls gute Werte hinsichtlich der Lokalisierung der Kationenleerstellen (□), denn in Übereinstimmung mit dem Experiment sagt sie für γ-Fe_2O_3 eine Verteilung $Fe[\square_{1/3}Fe_{5/3}]O_4$ voraus und für γ-Mn_2O_3 eine

[26]) Bei Benutzung eines genaueren Ausdrucks für A_M vergrößert sich das erste Glied 21,0 $Z(v)$ um 9,5 $Z(v)$ [54].

Tabelle II-15

Vergleich vorhergesagter und experimentell festgestellter Verteilung von Kationen in Spinellen (nach Miller [59], ergänzt)

	Al^{3+}			Ga^{3+}			Cr^{3+}			Mn^{3+}			V^{3+}			Fe^{3+}		
	E	Δ_s	P	E	Δ_s	P	E	Δ_s	P	E	Δ_s	P	E	Δ_s	P	E	Δ_s	P
Mg^{2+}	0,12*N*	*M*	*N*, *M*	*I*	*M*	*I*	*N*	*N*	*N*				*N*	*N*	*I*	*I*	*M*	*I*
Zn^{2+}	*N*	*M*	*N*	*N*	*M*	*N*	*N*	*N*	*N*	*N*	*N*	*N*	*N*	*N*	*N*	*N*	*M*	*N*
Cd^{2+}	*N*	*M*	*N*	*N*	*M*	*N*	*N*	*N*	*N*	*N*	*N*	*N*				*N*	*M*	*N*
Mn^{2+}	*N*	*M*	*N*	0,8*N*	*M*	*M*	*N*	*N*	*N*	*N*	*N*	*N*	*N*	*N*	*N*, *M*	0,8*N*	*M*	*N*, *M*
Fe^{2+}	*N*	*I*	*N*	*I*	*I*	*I*	*N*	*N*	*N*				*N*	*N*	*I*, *M*	*I*	*I*	*I*
Co^{2+}	*N*	*I*, *M*	*N*	0,1*N*	*M*	*I*	*N*	*N*	*N*	*N*	*N*	*N*	*N*	*N*	*M*	*I*	*I*	*I*
Ni^{2+}	0,25*N*	*I*	*I*	*I*	*I*	*I*	*N*	*N*	*N*							*I*	*I*	*I*
Cu^{2+}	0,6*N*	*I*	*I*, *M*				*N*	*N*	*N*	*N*	*N*	*N*, *M*				0,14*N*	*I*	*I*

E = Experimentell festgestellte Ionenverteilung
Δ_s = Vorhersage auf Grund des Kristallfeldes
P = Vorhersage auf Grund der Präferenzenergien

I = Inverser Spinell
N = Normaler Spinell
M = Gemischter Spinell ($\Delta P < 3$ kcal/Mol)

Verteilung $(Mn_{2/3}\square_{1/3})[Mn_2]O_4$. Andererseits können diese Angaben aus Gründen, die schon früher diskutiert wurden (S. 129 f.), nicht in allen Fällen zuverlässig benutzt werden; außerdem sind besonders bei einigen Nicht-Übergangsionen, z. B. Mg^{2+}, Ga^{3+} und wahrscheinlich auch bei Fe^{3+}, die in Tabelle II-14 angeführten $P(v)$-Werte zu hoch geschätzt, worauf schon Goodenough [54] hingewiesen hat; ihre halben Werte würden eher den experimentellen Daten entsprechen.

Zum Abschluß der Diskussion über die Ionenpräferenz wollen wir noch kurz über den Einfluß der Koordinationskovalenzbindungen sprechen. Wir meinen damit den Teil der Kovalenz, die winklig bedingt ist und die durch die Symmetrie des Koordinationspolyeders bestimmt ist [63]. Bei Übergangselementen kann dieser Teil auf eine gewisse Art und Weise in die Stabilisierung des Kristallfeldes einbezogen werden (vgl. S. 130), bei Nicht-Übergangselementen muß er jedoch gesondert in Erwägung gezogen werden. Bei der Bildung von Koordinationskovalenzbindungen kommen besonders Ionen mit der Konfiguration der Außenelektronen d^{10} resp. auch d^5 in Betracht,[27]) bei denen die energetische Entfernung der unbesetzten höheren s- und p-Orbitale klein ist, was die Bildung hybrider (sp^3)-Orbitale mit einer tetraedrischen Symmetrie [12, 64] begünstigt; im Falle der tetraedrischen Koordination kombinieren sich diese Orbitale mit den besetzten $2p$-Orbitalen der Sauerstoffliganden und bilden vier kovalente Bindungen, die zu den Spitzen des Koordinationstetraeders gerichtet sind. Dadurch kommt es zur Stabilisierung des Ions in der tetraedrischen Lage und zur Erniedrigung der Gesammtenergie des Kristalls. Daher können wir erwarten, daß z. B. die Zn^{2+}, Cd^{2+}, Ga^{3+}, In^{3+}- und in einem geringeren Maße die Fe^{3+}- und Mn^{2+}-Ionen eine Tendenz zur tetraedrischen Koordination aufweisen werden, was sich durch eine gewisse Reduktion der $P(v)$ Werte in Tabelle II-14 bei diesen Ionen bemerkbar machen sollte. Bei einigen vierwertigen Ionen, wie z. B. Ge^{4+} und Sn^{4+}, die ebenfalls eine d^{10}-Konfiguration haben, ist die Tendenz zur tetraedrischen Koordination geschwächt durch eine allzu große elektrische Ladung, zu deren Neutralisation eine höhere Koordination, z. B. eine oktaedrische Koordination [65], günstiger ist. Bei den Ti^{4+}- und V^{5+}-Ionen in tetraedrischen Lagen kommt wahrscheinlich die Bildung hybrider Orbitale (d^3s) zur Geltung [66, 67].

Auf Grund der mit den tetraedrischen kovalenten Bindungen zusammenhängenden Verkürzung der Entfernung $A-O$ können wir auch die Verringerung der Kantenlänge der Elementarzelle um $\approx 0{,}06$ Å bei der Spinellinversion [12] erklären. Ferner hängt damit auch die Tatsache zusammen, daß der Durchmesser des tetraedrischen Hohlraums in der Regel kleiner ist als der Durchmesser des sich in ihm befindenden Kations; die „Verdichtung" der Struktur erniedrigt ebenfalls die Coulombsche Energie, denn die Gitterkonstante a steht im Ausdruck (2.12) im Nenner.

---

[27]) Die d^5-Ionen haben die d-Schale zwar nur zur Hälfte aufgefüllt und gehören demzufolge zu den Übergangselementen, ihre Elektronenhülle ist jedoch kugelsymmetrisch, so daß ihnen im Kristallfeld in der elektrostatischen Näherung eine Stabilisierung gleich Null zukommt.

Es sei noch angeführt, daß die über die Ionenpräferenz für eine gewisse Koordination gezogenen Schlußfolgerungen nur für die Spinellstruktur gelten und nicht mechanisch auf andere Strukturen übertragen werden können. Als Beweis dafür wollen wir erwähnen, daß z. B. das Al^{3+}-Ion, welches in Spinellen eine starke Tendenz zur oktaedrischen Koordination aufweist, in Granaten vorzugsweise tetraedrische Lagen (Tabelle II-8) besetzt.

Gleichgewichtsverteilung der Kationen; gemischte Spinelle

Wir wollen nun zur Frage der Gleichgewichtsverteilung der Kationen zurückkommen. Die Präferenzenergie, wie sie durch Beziehung (2.16) eingeführt wurde und quantitativ mittels (2.24) ausgedrückt wird, charakterisiert nur die relative Tendenz der Ionen zur Besetzung der oktaedrischen Lagen und genügt nicht in allen Fällen zur Bestimmung ihrer wirklichen Verteilung. Es gibt zwei Hauptgründe dafür: (a) Nach (2.16) sind die Präferenzenergien nur auf Grund der *Energieänderungen* definiert, während für den Gleichgewichtszustand *die freie Energie* des Kristalls entscheidend ist. (b) Die Definition der Präferenzenergien bezieht sich auf eine statistische Kationenverteilung $\delta = 1/3$, im allgemeinen kann jedoch die Energie, die mit dem Übergang des Ions aus der A-Lage in die B-Lage zusammenhängt, von δ abhängig sein. Diese Einwände kommen allerdings nicht zur Geltung, falls der Unterschied der Präferenzenergien der entsprechenden Ionen groß ist. Dann wird augenscheinlich auch der Unterschied der Kristallenergie für beide Extremfälle – den inversen und den normalen – groß sein, so daß in einem Temperaturbereich, der in Betracht kommt, das Entropie-Glied TS nicht die Kationenverteilung beeinflußt. Die wirkliche Verteilung wird dann praktisch entweder normal oder invers, in Übereinstimmung mit den Werten der Präferenzenergie (vgl. Tabelle II-15), sein. Falls jedoch diese Bedingung nicht erfüllt ist und die Präferenzenergien sich gegenseitig nur wenig unterscheiden, muß ebenfalls die Entropie in Betracht gezogen werden, und es muß versucht werden, die Gleichgewichtsverteilung aus der Bedingung des Minimums der freien Energie $F = E - TS$ zu bestimmen. In einem solchen Fall wird die resultierende Verteilung stark von der Temperatur abhängen und wird im allgemeinen einem gemischten Typ entsprechen, denn sie stellt einen Kompromiß dar zwischen der Kristallenergie E, die die normale oder inverse Struktur bevorzugt, und dem Entropie-Glied TS, das zu einer statistischen Verteilung $\delta = 1/3$ führt.

Um entscheiden zu können, wann der Unterschied der Präferenzenergien als genügend groß betrachtet werden kann, muß die Größe des TS Gliedes abgeschätzt werden. Wir wollen zunächst die Entropie im Spinell (2.14) auf Grund der statistischen Definition

$$S = k \ln w \tag{2.25}$$

berechnen, in der $k = 1{,}380\ldots10^{-16}$ erg/grad die Boltzmannsche Konstante ist und w die Anzahl der möglichen Arten angibt, auf die N Kationen X und $2N$ Kationen Y auf N Lagen des A-Typs und $2N$ Lagen des B-Typs verteilt werden können.

Für w finden wir dann leicht

$$w = \frac{N!}{(N\delta)!\,[N(1-\delta)]!}\,\frac{(2N)!}{[N(1-\delta)]!\,[N(1+\delta)]!}, \tag{2.26}$$

woraus für $N\delta \gg 1$, $N(1-\delta) \gg 1$ für die Entropie eines Mols (bei Vernachlässigung des konstanten Gliedes) der Ausdruck

$$S = Nk[-\delta \ln \delta + 2(\delta - 1)\ln(1-\delta) - (\delta+1)\ln(\delta+1)] \tag{2.27}$$

erhalten wird. Im Gleichgewichtszustand muß $\mathrm{d}F/\mathrm{d}\delta = 0$ sein und demzufolge

$$T\frac{\mathrm{d}S}{\mathrm{d}\delta} = \frac{\mathrm{d}E}{\mathrm{d}\delta}. \tag{2.28}$$

Falls wir (2.27) differenzieren und die Beziehung (2.16) benutzen, erhalten wir daraus die Endbedingung für die Gleichgewichtsverteilung bei der Temperatur T

$$-NkT \ln \frac{\delta(1+\delta)}{(1-\delta)^2} = P(X) - P(Y) = \Delta P \tag{2.29}$$

oder

$$\frac{\delta(1+\delta)}{(1-\delta)^2} = \exp(-\Delta P/RT), \tag{2.30}$$

wo $R = Nk = 1{,}986..$ cal/Grad.Mol ist und ΔP für den Unterschied der Präferenzenergien steht, der allgemein von δ abhängig sein kann. Damit sich die Gleichgewichtsverteilung, wie sie durch Gleichung (2.30) beschrieben ist, einstellen kann, ist es notwendig, daß die Kationen durch den Kristall diffundieren können und gegenseitig ihre Plätze austauschen können, was jedoch nicht bei jeder beliebigen Temperatur möglich ist. Die Ferritsynthese verläuft in der Regel bei verhältnismäßig hohen Temperaturen, bei denen die Kationendiffusion genügend schnell verläuft, um zu einem Gleichgewicht zu führen; falls ΔP klein ist, kann dabei das Entropie-Glied über die natürliche Tendenz der Kationen, eine gewisse Koordination einzunehmen, überwiegen, und es kann eine statistische Verteilung eintreten. Während der Abkühlung verändert sich die Gleichgewichtsverteilung (2.30); falls die Abkühlung langsam verläuft, ist die Diffusion in der Lage, das Gleichgewicht wenigstens solange aufrechtzuerhalten, bis die Temperatur unter einen gewissen Wert absinkt. Die Temperatur, bei der praktisch die Ionendiffusion aufhört, kann von Fall zu Fall verschieden sein und liegt im allgemeinen zwischen 150 und 700 °C. Die Verteilung bei Raumtemperatur entspricht im groben – falls die Abkühlung langsam verlaufen ist – der Gleichgewichtsverteilung bei dieser kritischen Temperatur; es handelt sich also oft nicht um einen wirklichen Gleichgewichtszustand, sondern um einen eingefrorenen Zustand, der einem Gleichgewicht bei einer höheren Temperatur entspricht, also um einen metastabilen Zustand (vgl. Abschnitt 1.4). Im allgemeinen wird also bei Spinellen mit einem kleinen ΔP-Wert die Kationenverteilung von der Herstellungsart abhängig sein, allenfalls von der vorhergehenden Wärmebehandlung.

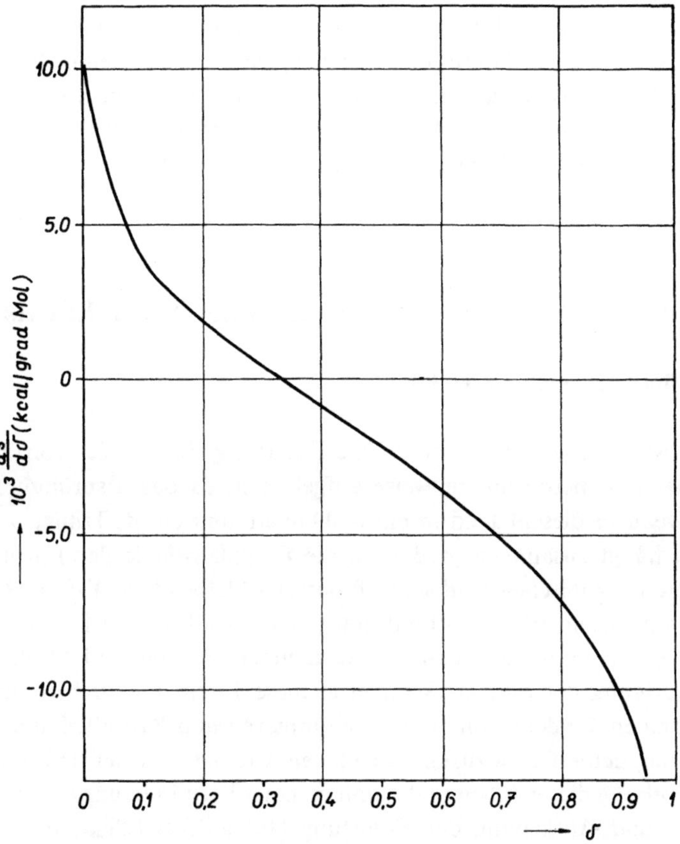

Abb. 2.27

Dies wurde tatsächlich z. B. bei $CuFe_2O_4$ und $MgFe_2O_4$ [68] beobachtet; bei Manganferrit $MnFe_2O_4$ ist es bisher nicht klar, ob der Grund für eine gemischte Struktur nur in einem kleinen Unterschied in ΔP liegt oder ob nicht auch eine mögliche Abhängigkeit der elastischen Energie von der Ionenverteilung [69, 70] eine gewisse Rolle spielt. Ein eingehendes Studium [71] hat gezeigt, daß bei Mg-Ferrit ΔP tatsächlich schwach von δ nach der Beziehung $\Delta P = E_0 - E_1\delta$ abhängt. Ähnliches Verhalten wurde auch bei anderen Spinellen gefunden (siehe z. B. [71a]).

Um sich eine Vorstellung machen zu können, wann ΔP als klein betrachtet werden kann und wann wir demzufolge die Entstehung einer gemischten Struktur erwarten können, genügt es, die Werte von ΔP mit dem Wert des Ausdruckes $T(\mathrm{d}S/\mathrm{d}\delta)$ bei der Temperatur, bei der die Ionendiffusion aufhört, zu vergleichen. Falls wir $T \approx \approx 1000$ °K nehmen, wird für δ-Werte, die nicht allzu nahe 0 oder 1 liegen, $T(\mathrm{d}S/\mathrm{d}\delta) \approx \approx NkT \doteq 2$ kcal/Mol; falls ΔP mit diesem Wert vergleichbar ist, bildet sich eine gemischte Struktur aus, falls im Gegensatz dazu $|\Delta P| \gg 2$ kcal/Mol, wird die Verteilung durch das Energieminimum bestimmt und wird dann entweder invers oder normal. In Tab. II-15 wurde die Existenz einer gemischten Struktur für $P > 3$ kcal//Mol vorausgesetzt. Um eine Vorstellung über die quantitative Bedeutung der Entropie zu gewinnen, ist in Abb. 2.27 die Ableitung $\mathrm{d}S/\mathrm{d}\delta$ als Funktion von δ eingezeichnet. Es ist ersichtlich, daß für den Fall völlig statistisch verteilter Ionen ($\delta = 1/3$) $\mathrm{d}S/\mathrm{d}\delta = 0$ gilt; anderseits haben wir für $\delta = 0{,}01$, was vom Gesichtspunkt des Experiments schon eine inverse Struktur darstellt, $\mathrm{d}S/\mathrm{d}\delta = 9{,}2 \,.\, 10^{-2}$ kcal/Grad . . Mol, und daher für $T = 1000$ °K $T(\mathrm{d}S/\mathrm{d}\delta) = 9{,}2$ kcal/Mol.

2.4 Änderung der Symmetrie infolge des Jahn-Teller-Effekts

Allgemeines über den Jahn-Teller-Effekt

Wie im Absatz 2.2 gezeigt wurde, ist die Entartung eines d-Elektrons im Kristallfeld kubischer Symmetrie nur teilweise aufgehoben, da das ursprüngliche fünffach entartete Niveau in diesem Feld in ein d_γ-Dublett und ein d_ε-Triplett aufgespalten wird. Damit hängt zusammen, daß auch die Grundzustände der Ionen der Übergangselemente im kubischen Feld sehr oft entartet bleiben (vgl. Tab. II-9 und II-10). Systeme, deren Grundzustand orbital entartet ist, sind aber, wie Jahn und Teller [72] zeigen konnten, bis auf gewisse Ausnahmen instabil und trachten danach, durch Erniedrigung der eigenen Symmetrie diese Entartung zu beseitigen; infolge dieser allgemeinen Tendenz kommt es in Komplexen und Kristallen, die Übergangsionen enthalten, deren Grundzustand orbital entartet ist, zu einer spontanen Distorsion der Umgebung dieser Ionen und damit zu einer Verminderung der Symmetrie des Kristallfeldes und Aufhebung der Entartung (Jahn-Teller-Effekt, im weiteren abgekürzt J.-T.).[28])

Im weiteren beschränken wir uns auf die $3d^n$-Ionen. Welche dieser Ionen einen J.-T.-Effekt aufweisen können, ist aus den Tab. II-9 und II-10 zu ersehen: prinzipiell können es alle Ionen sein, die im kubischen Feld einen orbital entarteten Zustand besitzen.

Wir wollen nun versuchen, an einem konkreten Beispiel darzustellen, weshalb die Distorsion überhaupt eintritt und wie sie mit der Energie des Grundzustandes zu-

[28]) Die Aufspaltung infolge des J.-T.-Effekts tritt nicht ein, wenn der Grundzustand ein Kramerssches Dublett ist, und zwar aus Gründen, die auf Seite 139 dargelegt worden sind.

sammenhängt. Für unsere Darlegung wählen wir ein Ion mit der Konfiguration d^4 (z. B. Mn^{3+}), bei dem der J.-T.-Effekt sehr deutlich ausgeprägt ist. Ein Ion mit dieser Konfiguration besitzt in einem mittelstarken Kristallfeld oktaedrischer Symmetrie ein zur Hälfte besetztes Niveau d_ε (d_ε^3) und ein d_γ-Elektron, dessen Zustand durch eine der beiden Wellenfunktionen $d_{x^2-y^2} \equiv (x^2 - y^2)/r^2$, $d_{z^2} \equiv (3z^2 - r^2)/r^2$ beschrieben werden kann. Die Verteilung der Elektronendichte in den Bahnen $d_{x^2-y^2}$, d_{z^2} wurde bereits früher in der Abb. 2.18 dargestellt; während die Umlaufbahn $d_{x^2-y^2}$ mit ihren vier Armen zu den vier Anionen in der Ebene x, y gerichtet ist, ist die Elektronendichte bei d_{z^2} längs der Achse am größten. Wenn das betrachtete Ion fünf d-Elektronen an Stelle von vier hätte (Zustand d_ε^3, d_γ^2), so wären beide Umlaufbahnen $d_{x^2-y^2}$ und d_{z^2} besetzt, und die Gesamtsymmetrie der Elektronenhülle wäre kugelsymmetrisch. Die Auslassung eines Elektrons oder, was dasselbe bedeutet, die Einführung eines Lochs in eine der Umlaufbahnen d_{z^2}, $d_{x^2-y^2}$ stört diese Symmetrie. Bleibt z. B. der Zustand $d_{x^2-y^2}$ unbesetzt, so wird wegen der Verteilung der Elektronendichte im besetzten d_{z^2}-Zustand der Kern des Kations stärker elektrisch gegenüber den beiden auf der z-Achse liegenden Anionen abgeschirmt sein als gegenüber den Anionen in der x, y-Ebene. Infolgedessen werden die Anionen in der x, y-Ebene größeren Anziehungskräften als die restlichen zwei in der Achse liegenden ausgesetzt sein, und das Ergebnis wird eine Distorsion sein, die zu einem langgezogenen Oktaeder mit der tetragonalen Symmetrie $c > a$ führt. Ist im Gegenteil der Zustand $d_{x^2-y^2}$ besetzt und ein Loch in d_{z^2} vorhanden, so tritt eine gerade entgegengesetzte Distorsion ein, bei der das Oktaeder in der Richtung der z-Achse verkürzt wird, so daß $c < a$ ist. Beide Verzerrungsarten sind in Abb. 2.28 dargestellt. Durch diese Distorsionen wird gleichzeitig die Entartung des d-Niveaus aufgehoben und die Energie des betreffenden Kations erniedrigt (Abb. 2.19). Darüber,

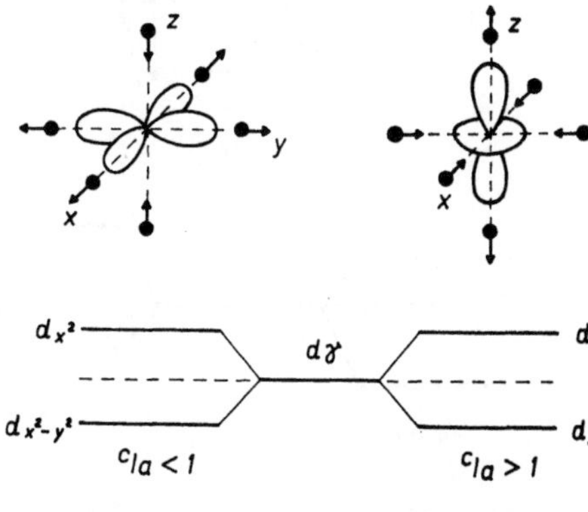

Abb. 2.28 Entstehung tetragonaler Verzerrung des Oktaeders ($c/a \gtrless 1$) durch den Jahn-Teller-Effekt und Darstellung zugehöriger Energieniveaus.

welcher der beiden Fälle eintritt, entscheiden meist die weiteren Beiträge zur Kristallenergie. In den Spinellen erweist sich bei den Mn^{3+}-Ionen in B-Lagen meist die Verlängerung des Oktaeders $(c/a > 1)$ als vorteilhafter.

Die gleiche Situation wie bei den d^4-Ionen besteht auch bei der d^9-Konfiguration (Cu^{2+}), wo es sich wiederum um ein in den ursprünglich kugelsymmetrischen d^{10}-

Zustand eingeführtes Elektronenloch handelt, und bei den d^7-Ionen im Zustand mit niedrigem Spin (starkes Kristallfeld). In diesem zweiten Fall ist die Konfiguration der äußeren Elektronen $d_\varepsilon^6 d_\gamma^1$, und es handelt sich daher um die Unterbringung eines einzigen Elektrons in eines der Orbitale $d_{x^2-y^2}$, d_{z^2}, ähnlich wie bei dem d^4-Ion im mittelstarken Feld. In all diesen Fällen wurde der J.-T.-Effekt durch d_γ-Elektronen hervorgerufen; prinzipiell sollte er aber auch im Zusammenhang mit einem teilweise besetzten d_ε-Niveau auftreten. Drei den d_ε-Elektronen zugehörige Umlaufbahnen sind aber gegenüber den Anionen so orientiert (vgl. Abb. 2.18), daß der Unterschied in der Abschirmwirkung des Elektrons und des Lochs viel geringer sein wird als bei den d_γ-Zuständen. Deshalb werden auch die Distorsionen, so weit sie überhaupt eintreten, schwach sein, und der Energiegewinn wird gering sein. Die Spaltung des d_ε-Niveaus wird manchmal mit der durch die Spin-Bahn-Wechselwirkung verursachten Spaltung vergleichbar sein (das Bahnmoment ist nicht eingefroren, wenn es sich um ein Orbitaltriplett handelt), die wir in unsere bisherigen Überlegungen nicht einbezogen haben, und dieser Umstand kompliziert die Situation stark und erschwert die Schlußfolgerungen. Aus diesem Grunde beschränken wir uns in oktaedrischen Fällen auf den J.-T.-Effekt der d_γ-Elektronen. Ist die Koordination des Kations tetraedrisch, so wird die Rolle der d_ε- und d_γ-Orbitale vertauscht; größere Verzerrungen können dann nur durch d_ε-Elektronen hervorgerufen werden, deren Bahnen in engeren Kontakt mit den negativen Anionen gelangen. In einem tetraedrischen Feld können wir daher ausgeprägte J.-T.-Distorsionen bei den

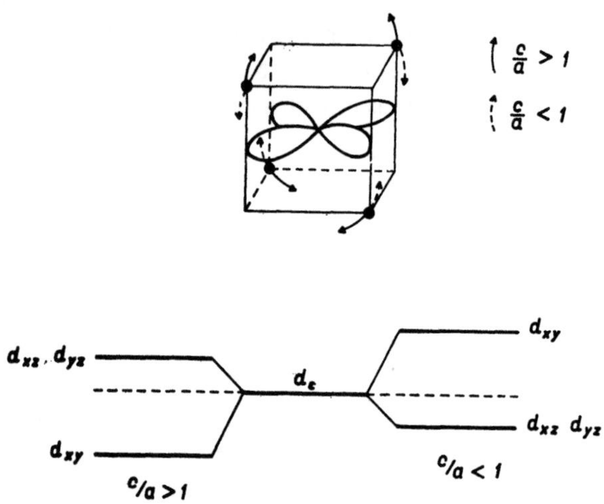

Abb. 2.29 Entstehung tetragonaler Verzerrung des Tetraeders ($c/a \gtrless 1$) durch den Jahn-Teller-Effekt und Darstellung zugehöriger Energieniveaus.

$d^3(d_\gamma^2 d_\varepsilon^1)$, $d^4(d_\gamma^2 d_\varepsilon^2)$, $d^8(d_\gamma^4 d_\varepsilon^4)$ und $d^9(d_\gamma^4 d_\varepsilon^5)$-Ionen erwarten. Alle diese Fälle können auf zwei Grundsituationen zurückgeführt werden, bei denen im Zustand d_ε entweder ein Elektron oder ein Elektronenloch vorhanden ist. Die Distorsion ist wie gewöhnlich abermals tetragonal, und ihre Entstehung ist schematisch in Abb. 2.29 dargestellt.

Zum Unterschied vom d_γ-Niveau, das im kubischen Feld zweimal orbital entartet war, ist d_ε ein Bahntriplett, durch dessen Aufspaltung bei der tetragonalen Verzerrung ein Dublett und ein Singlett entstehen. Die Entfernungen der Abstände dieser beiden Niveaus von dem ursprünglichen, nicht gespaltenen Niveau d_ε, werden wegen der Regel von der Erhaltung des Schwerpunkts der Terme im Verhältnis 1 : 2 stehen, wobei ihre gegenseitige Lage dadurch bestimmt ist, ob c/a größer oder kleiner als 1 ist. Infolgedessen werden die Distorsionen $c/a > 1$ und $c/a < 1$ für ein gegebenes Ion nicht gleichwertig sein, sondern schon bei der ersten Näherung zu unterschiedlichen Stabilisierungsenergien führen. Auf Grund der Abb. 2.29, in der die Spaltung des Niveaus d_ε für beide Fälle dargestellt ist, können wir leicht ableiten, daß beim Cu^{2+} $(3d^9)$ in tetraedrischer Koordination die Distorsion $c/a < 1$ vorteilhafter sein wird, da der Energiegewinn, verglichen mit $c/a > 1$, doppelt so groß ist. Aus dem gleichen Grunde wird das Ion Ni^{2+} $(3d^8)$ in dieser Koordination $c/a > 1$ vorziehen. Diese Schlußfolgerungen stehen in bester Übereinstimmung mit dem Charakter der Verzerrungen in $Cu[Cr_2]O_4$ und $Ni[Cr_2]O_4$.

Das Ion Fe^{2+} $(3d^6)$ hingegen, das in tetraedrischer Koordination eine geringe, durch die d_γ-Elektronen hervorgerufene J.-T.-Distorsion verursachen kann, besitzt keine Präferenz für einen bestimmten Distorsionstyp und kann daher zur Stabilisierung jedes der beiden Typen der tetragonalen Deformation beitragen. Wie Goodenough [73] gezeigt hat, hängt in diesem Falle der resultierende Effekt stark von den Eigenschaften der übrigen Ionen im Gitter ab, was durch die kubische Symmetrie des $Fe[Al_2]O_4$, die tetragonale $c/a < 1$ Verzerrung des $Fe[Cr_2]O_4$ [16] und die tetragonale $c/a > 1$ Verzerrung des $Fe[V_2]O_4$ [20] bewiesen wird. In einigen Fällen kann auch eine orthorhombische Distorsion entstehen, wie z. B. in den Systemem $Fe_{3-x}Cr_xO_4$ [16] und $NiFe_xCr_{2-x}O_4$ [74].

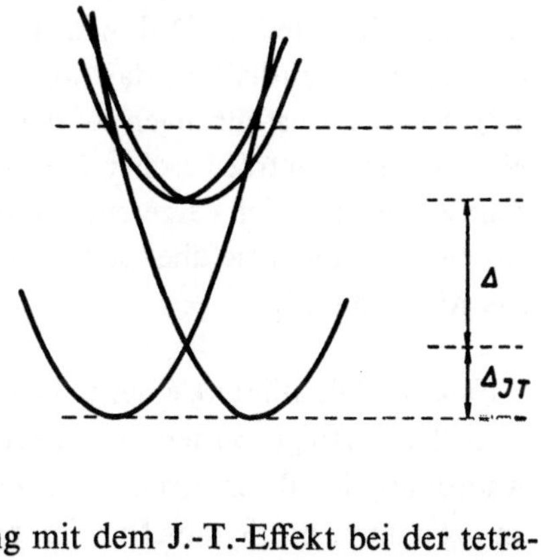

Abb. 2.30 Schematische Darstellung des Grund- und angeregten Energieniveaus des Kristallkomplexes in Abhängigkeit von der Größe der Distorsion; Δ_{JT} bedeutet die Herabsetzung der Energie infolge des J.-T.-Effektes, Δ die Entfernung des angeregten Niveaus des unverzerrten Komplexes.

Wie wir sahen, ändert sich im Zusammenhang mit dem J.-T.-Effekt bei der tetraedrischen und oktaedrischen Koordination die Symmetrie des Kristallfeldes von einer kubischen für gewöhnlich in eine tetragonale. Die Aufspaltung der Niveaus d_γ und d_ε ist in diesen Fällen in Abb. 2.28 und 2.29 dargestellt. Die Größe der Aufspaltung hängt von der Größe der tetragonalen Komponente des Kristallfeldes ab und wird in erster Näherung der Größe der Distorsion proportional sein. Der Verlauf der Gesamtenergie des Komplexes oder Kristalls in Abhängigkeit von der Distorsion ist unter Einbeziehung des Beitrages der Coulombschen Energie und der Abstossungsenergie schematisch in Abb. 2.30 dargestellt. Diese Abbildung entspricht unmittelbar dem Effekt eines Ions mit der Konfiguration d^4 in einem oktaedrischen Feld, den wir schon eingehend diskutiert haben; bei Verlängerung des Oktaeders $(c > a)$ wird das Elektron in der Umlaufbahn d_{z^2}, bei seiner Verflachung $(c < a)$ hingegen in der Bahn $d_{x^2-y^2}$ stabilisiert. Die Größe der Distorsion wird durch das Energie-Minimum bestimmt. In der Abbildung ist auch der erste angeregte Zustand $(d_\varepsilon^2 d_\gamma^2)$ eingezeichnet, bei dem der J.-T.-Effekt schwach ist, weil er durch die d_ε-Elektronen verursacht wird.

Änderungen der makroskopischen Symmetrie

Auf Grund des J.-T.-Effekts können Abweichungen von der kubischen Symmetrie der Kristalle einiger Oxide und anderer Verbindungen der Übergangselemente erklärt werden, bei denen weder in Größenunterschieden der den Kristall bildenden Ionen noch in der Bildung einer Überstruktur eine Ursache für die Änderung der Symmetrie gefunden werden konnte [52, 75]. Enthält ein Kristall Kationen mit der Tendenz zu einem J.-T.-Effekt in genügender Konzentration, so entsteht nämlich eine kooperative Anordnung der distortierten Koordinationspolyeder, die die Gesamtenergie des Kristalls herabsetzt und seine Symmetrie ändert. Diesen makroskopischen Verzerrungen begegnen wir am häufigsten bei Verbindungen, die Mn^{3+}-Ionen in oktaedrischer Koordination, Cu^{2+}-Ionen in oktaedrischer oder tetraedrischer Koordination und Ni^{3+}-Ionen im Zustand mit niedrigem Spin in oktaedrischer Koordination enthalten; das sind gerade jene Fälle, in denen – gemäß den vorhergehenden Ausführungen – der J.-T.-Effekt besonders stark sein wird. Auch die Ni^{2+}-Ionen in tetraedrischer Koordination zeigen eine verhältnismäßig starke Tendenz zu tetragonaler Verzerrung, infolge der starkenPräferenz für oktaedrische Koordination kommen sie aber selten in tetraedrischen Lagen vor; dasselbe gilt auch für das $Mn^{3+}(3d^4)$-Ion.

Spinelle. Die Bildung einer makroskopischen Verzerrung kann anschaulich bei den Spinellen verfolgt werden, bei denen diese Verzerrungen die Folge einer parallelen Anordnung lokal verzerrter Oktaeder bzw. Tetraeder ist. Bei einer derartigen Anordnung stimmt die Symmetrie des Kristalls mit der Symmetrie der distortierten Koordinationspolyeder überein, deren vierzählige, wechselseitig parallele Achsen die tetragonale Achse des ganzen Kristalls bestimmen.

Ein typisches Beispiel ist das Mn_3O_4, das ein normaler Spinell vom (2, 3) Typ ist und bei dem die tetragonale Deformation $(c/a > 1)$ durch die Verzerrung der durch

Tabelle II-16

Beispiele tetragonaler Spinelle

Stoff	Dist. Ion	Lage	c/a	T_t (°C)	Quellen
$CdMn_2O_4$	Mn^{3+}	*B*	1,20		[76]
$ZnMn_2O_4$	Mn^{3+}	*B*	1,14	1025	[76], [61]
$Zn_{0,5}Mg_{0,5}Mn_2O_4$	Mn^{3+}	*B*	1,146		[77]
$MgMn_2O_4$	Mn^{3+}	*B*	1,15	≈900	[77, 78]
$CoMn_2O_4$	Mn^{3+}	*B*	1,15		[76, 77, 79]
$FeMn_2O_4$	Mn^{3+}	*B*	1,05		[76, 80]
Mn_3O_4	Mn^{3+}	*B*	1,16	1170	[61, 76, 77, 79, 81]
γ-Mn_2O_3	Mn^{3+}	*B*	1,16		[82]
$CuCr_2O_4$	Cu^{2+}	*A*	0,913	630	[15, 83, 84]
$CuFe_2O_4$	Cu^{2+}	*B*	1,06	360	[84, 85, 86]
$CuRh_2O_4$	Cu^{2+}	*A*	0,91	560	[82]
$NiCr_2O_4$	Ni^{2+}	*A*	1,04	2	[88]
$NiRh_2O_4$	Ni^{2+}	*A*	1,04	87	[89]

Mn^{3+}-Ionen besetzten Oktaeder verursacht ist. Denselben Charakter besitzt auch die Distorsion bei anderen Manganiten, wie aus Tab. II-16 ersichtlich ist, die die kristallographischen Daten der wichtigsten tetragonalen Spinelle enthält. Zum Unterschied von $ZnMn_2O_4$ ist $MgMn_2O_4$ allgemein ein gemischter Spinell mit einem Inversionsgrad, der von der Herstellungsart abhängt; durch Ersatz eines Teils der Mn^{3+}-Ionen in *B*-Lagen durch Mg^{2+}-Ionen wird die Konzentration der J.-T.-Ionen im *B*-Untergitter herabgesetzt, was sich nach außen hin durch eine Verringerung des Verhältnisses c/a bemerkbar macht [90]. Im Vergleich zu den Mn^{3+}-Ionen besitzt das Cu^{2+}-Ion keine so ausgeprägte Präferenz für die oktaedrische Koordination und wird daher in den Spinellen sowohl in oktaedrischen als auch in tetraedrischen Lagen auftreten. In beiden Fällen kann tetragonale Deformation eintreten, wenn die Konzentration der Cu^{2+}-Ionen in der gegebenen Art von Gitterlage genügend groß sein wird. Ein Beispiel für einen Spinell mit distortierten Cu^{2+}-Tetraedern ist das $Cu^{2+}[Cr_2^{3+}]O_4$ $(c/a < 1)$. Bei dem Ferrit $CuFe_2O_4$ hingegen, der im allgemeinen eine gemischte Struktur besitzt, überwiegt der Einfluß der Cu^{2+}-Ionen in oktaedrischen Lagen, so daß bei genügendem Inversionsgrad tetragonale Deformation eintritt, die einen ähnlichen Charakter wie beim Mn_3O_4 besitzt $(c/a > 1)$.

Die Bedingungen für die Entstehung kooperativer Verzerrungen können gut an den Ergebnissen des Studiums einiger Systeme fester Lösungen illustriert werden. Im System $CuFe_{2-x}Cr_xO_4$, das von Ohnishi und Teranishi [84] untersucht wurde (Abb. 2.31), sinkt die Konzentration der Cu^{2+}-Ionen in den *B*-Lagen infolge der starken oktaedrischen Präferenz des Cr^{3+} mit wachsendem x. Das zeigt sich zuerst durch eine Verringerung und bei $x \approx 0{,}4$ durch das Verschwinden der tetragonalen Symmetrie; erst für bedeutend höheres $x\,(\approx 1{,}4)$ erscheint die tetragonale Deformation wieder, diesmal wird sie aber vom Typ $(c/a < 1)$ sein, da sie durch Cu^{2+}-Ionen in A-Lagen verursacht ist. Im System $Cu_{1-x}Ni_xCr_2O_4$ [91] machen sich die einander entgegenwirkenden Tendenzen der Cu^{2+}- und Ni^{2+}-Ionen in A-Lagen zur Verflachung bzw. Dehnung der Tetraeder (vgl. Tabelle II-16) bemerkbar. Für

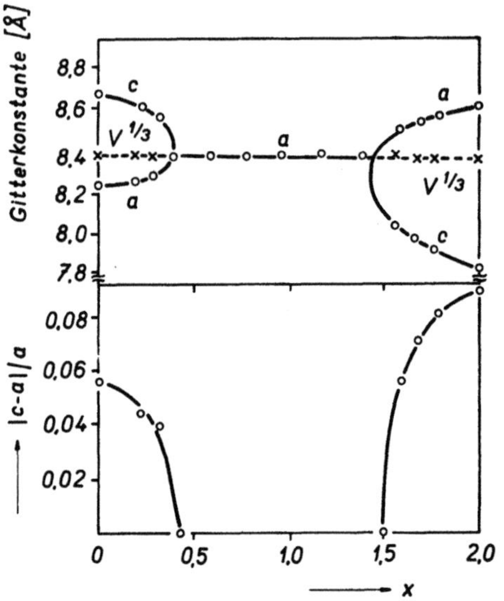

Abb. 2.31 Abhängigkeit der tetragonalen Distorsion von der chemischen Zusammensetzung im System $CuFe_{2-x}Cr_xO_4$ [84].

$x < 0{,}88$ überwiegt der Einfluß der Cu^{2+}-Ionen $(c/a < 1)$, für $x > 0{,}88$ der Einfluß der Ni^{2+}-Ionen $(c/a > 1)$. In der Umgebung der kritischen Konzentration $x = 0{,}88$ tritt bei tieferen Temperaturen eine weitere Symmetrieänderung von tetragonaler zu orthorhombischer Symmetrie ein, die wenigstens teilweise beide entgegengesetzte Tendenzen befriedigt. Stellen wir uns nämlich vor, daß die vierzähligen Achsen beider deformierter Tetraeder (der langgezogenen im Falle Ni^{2+} und der abgeflachten im Falle Cu^{2+}) in zwei aufeinander senkrechten Richtungen angeordnet sind (den Richtungen der ursprünglichen kubischen Achsen des Kristalls), so gelangen wir gerade zu dieser Symmetrie. Die Arbeiten Baltzers [92], die einige Systeme behandeln, die gleichzeitig J.-T.-Ionen in oktaedrischen und tetraedrischen Lagen enthalten, weisen auf den kompensierenden Einfluß der Cu^{2+}-Ionen in A-Lagen auf die durch Mn^{3+}-Ionen und Cu^{2+}-Ionen in A-Lagen hervorgerufenen Verzerrungen hin. Diese Erscheinung kann ebenfalls als Folge entgegengesetzter deformierender Einflüsse angesehen werden; $Cu^{2+}(A)$ ziehen $c/a < 1$ vor, während Cu^{2+} und Mn^{3+} (B) $c/a > 1$ vorziehen. Der genaue Mechanismus dieser Kompensation ist bisher nicht geklärt, und es ist auch nicht bekannt, ob bei genügend tiefen Temperaturen nicht auch hier eine Symmetrieänderung, z. B. zu orthorhombischer Symmetrie, eintritt. Fügen wir hinzu, daß in einigen Fällen an den kooperativen Distorsionen auch die Spin-Bahn-Kopplung teilnimmt, die bei Ionen mit nicht-eingefrorenem Bahnmoment im kubischen Kristallfeld einen bestimmten Distorsionstyp bevorzugen kann [93] (vgl. auch den Abschn. 4.3); die Richtung dieser Distorsion pflegt aber umgekehrt wie im Falle des J.-T.-Effekts zu sein, so daß darüber, welcher der beiden Effekte zur Auswirkung gelangt, der durch sie hervorgerufene Energiegewinn entscheidet.

Perowskit- und NaCl-Struktur. Wir wollen nun die J.-T.-Verzerrungen bei weiteren Strukturen, insbesondere Perowskiten und Strukturen vom NaCl-Typ, besprechen. In diesen Fällen kann die kooperative Anordnung der verzerrten Koordinationsgebilde komplizierter sein, und die resultierende Symmetrie ist nicht allgemein mit der Symmetrie der lokalen Distorsionen identisch. Ein typisches Beispiel eines Perowskits, dessen Symmetrie durch kooperative J.-T.-Distorsionen bestimmt wird, ist das $LaMnO_3$. Die Mn^{3+}-Ionen, die für die Distorsion verantwortlich sind, bilden ein einfaches Gitter mit oktaedrischer Koordination. Die die Mn^{3+}-Ionen umgebenden Sauerstoffoktaeder sind hier annähernd tetragonal verzerrt, ähnlich wie beim Mn_3O_4; das Minimum der elastischen Energie wird jedoch erreicht, wie Goodenough zeigen konnte [94], wenn die Oktaeder nicht gleichsinnig angeordnet sind, sondern durch eine Anordnung nach Abb. 2.32, bei der je zwei benachbarte Oktaeder aufeinander senkrechtstehende tetragonale Achsen besitzen. Die resultierende Symmetrie ist dann allgemein nicht tetragonal, sondern orthorhombisch mit verdoppelter Elementarzelle und Gitterparametern, die die Ungleichung $c < a\sqrt{2} \leqq b\sqrt{2}$ erfüllen. Diese von Goodenough als O' bezeichnete Symmetrie entspricht der Verzerrung der ideal kubischen Zelle des Perowskits, bei der $a_3 < a_2 = a_1$ ist; sie ist eine direkte Folge des Umstandes, daß die Richtungen der Verlängerung der Oktaeder zur Ebene (001) parallel sind, so daß in Richtung der Achse a_3 nur „kurze" Abstände $Mn^{3+} - O - Mn^{3+}$ existieren. In ähnlicher Weise können auch andere Strukturen erklärt werden, bei denen die J.-T.-Ionen ein einfaches, im Grunde genommen kubisches Gitter bilden. Als Beispiel kann das $Cu^{2+}Co_3^{2+}O_4$ mit geordneter Struktur vom NaCl-Typ dienen, bei dem die Cu^{2+}-Ionen eines der 4 äquivalenten Untergitter bilden, oder das Fluorid MnF_3 (Abb. 2.33).[29])

Interessant sind auch die J.-T.-Distorsionen bei den Doppeloxiden $A^+B^{3+}O_2$; sie besitzen meist NaCl-Struktur mit regelmäßiger Anordnung der Ionen in den (111) Ebenen, die für sich allein eine rhomboedrische Verzerrung hervorruft (vgl. Abschn. 2.2). Gehört aber das B^{3+} zu den J.-T.-Ionen, so kann infolge des J.-T.-Effekts eine andere Symmetrie erzwungen werden. Das $Na^+Ni^{III}O_2$ besitzt zwar

[29]) In diesem Fall sind die Oktaeder zwar nicht streng tetragonal, aber das Verhältnis der langen Achse zum Mittelwert der kurzen Achse ist ungefähr 1,14, also ungefähr gleich wie bei Mn^{3+}-Ionen enthaltenden Spinellen (vgl. Tab. II-16); übrigens ist auch bei den Oxiden vom Perowskit-Typ (z. B. beim $LaMnO_3$) die Distorsion, wie es scheint, nicht genau tetragonal, sondern ähnlich wie beim MnF_3 wahrscheinlich eine Kombination einer tetragonalen (Q_3) und einer weiteren Distorsion vom Q_2-Typ [95]. Darüber weiter unten.

z. B. die erwähnte Anordnung der Na^+- und Ni^{III}-Ionen in den (111)-Ebenen, die Symmetrie ist aber bei tiefen Temperaturen infolge der tetragonalen Deformation der Ni^{III} enthaltenden Oktaeder monoklin [77]. Das $LiMnO_2$ ist hingegen orthorhombisch mit einer Anordnung der Ionen in den (110)-Ebenen [94]. Dieses unterschiedliche Verhalten der beiden Oxide hat Goodenough damit erklärt, daß beim $LiMnO_2$ die J.-T.-Distorsionen bereits bei höheren Temperaturen vorkommen, bei

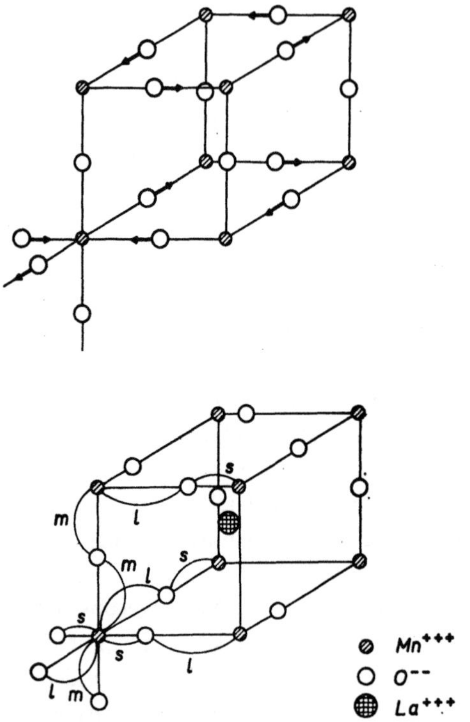

Abb. 2.32 Entstehung der Distorsionen durch Mn^{3+} in $LaMnO_3$ (nach Kanamori [95]).

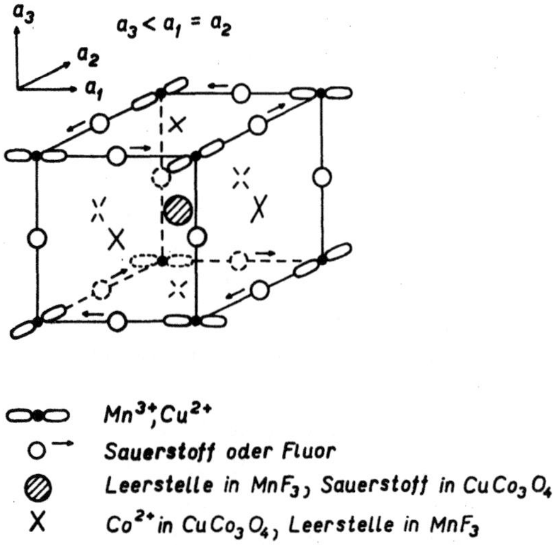

Abb. 2.33 Anordnung der Orbitale d_{z^2} bei den Ionen Mn^{3+} und Cu^{2+} in verschiedenen Kristallen vom Perowskit-Typ (nach Goodenough [94]).

denen noch Ionendiffusion möglich ist. Durch Diffusion können die Ionen sich so umgruppieren, daß ein Minimum der elastischen Energie bezüglich der J.-T.-Distorsionen erreicht wird. Beim $NaNiO_2$ hingegen erscheint die Verzerrung erst bei bedeutend tieferen Temperaturen, bei denen eine Bewegung der Ionen im Kristall praktisch ausgeschlossen ist. Die schon bei höheren Temperaturen entstehende Anordnung der Ionen in (111)-Ebenen bleibt daher erhalten, und der J.-T.-Effekt ruft nur die erwähnte monokline Distorsion hervor.

Kritische Temperatur und kritische Konzentration. Eine stabile makroskopische, durch den kooperativen Charakter des J.-T.-Effekts hervorgerufene Distorsion des

Kristalls kann nur bei hinreichend tiefen Temperaturen eintreten. Steigt die Temperatur, so wächst der Einfluß des Entropie-Gliedes im Ausdruck für die freie Energie, bis schließlich beim Überschreiten einer kritischen Temperatur der Einfluß der Entropie über die mit der kooperativen Verzerrung verbundene Wechselwirkung überwiegt und wenigstens einen makroskopisch ungeordneten Zustand erzwingt. Die makroskopische Deformation verschwindet, und der Kristall wird wieder ku-

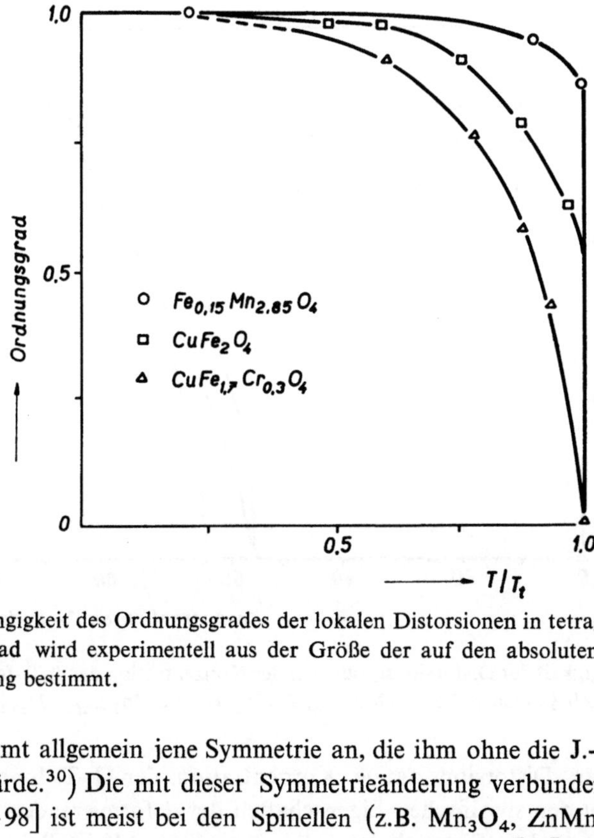

Abb. 2.34 Abhängigkeit des Ordnungsgrades der lokalen Distorsionen in tetragonalen Spinellen; der Ordnungsgrad wird experimentell aus der Größe der auf den absoluten Nullpunkt reduzierten Verzerrung bestimmt.

bisch oder nimmt allgemein jene Symmetrie an, die ihm ohne die J.-T.-Distorsionen zukommen würde.[30]) Die mit dieser Symmetrieänderung verbundene Phasenänderung [91, 95–98] ist meist bei den Spinellen (z.B. Mn_3O_4, $ZnMn_2O_4$, $CuFe_2O_4$) von erster und bei den Perowskiten von zweiter Ordnung [75]. In beiden Fällen wird der Ordnungsgrad unmittelbar unterhalb der Transformationstemperatur kleiner als 100% sein, wie aus Abb. 2.34 folgt. Die kritischen Temperaturen einiger tetragonaler Spinelle sind in der Tab. II-16 angeführt.

Die Umwandlung ist von Änderungen einiger physikalischer Größen, z. B. der elektrischen Leitfähigkeit [61, 99], und von einer Anomalie der spezifischen Wärme begleitet, in einigen Fällen ($NiCr_2O_4$) wurde eine Diskontinuität des Volumens der Elementarzelle beobachtet, die auf eine Phasenumwandlung erster Ordnung hinweist.

[30]) Perowskite mit orthorhombischer Symmetrie O' z. B. gehen meist in die orthorhombische Symmetrie O ($a\sqrt{2} < c < b\sqrt{2}$) über bzw. werden rhomboedrisch.

Außerdem wurde beobachtet, daß die Phasenumwandlung oft mit merklicher Hysteresis verläuft und allgemein einen martensitischen Charakter besitzt.

Einen ähnlichen Einfluß wie die Erhöhung der Temperatur übt die Erniedrigung der Konzentration der verzerrenden Ionen aus, die die kooperativen Wechselwirkungen schwächt. Die makroskopische Verzerrung verschwindet wieder, wenn die Konzentration unter eine bestimmte kritische Grenze sinkt. Die für die Entstehung

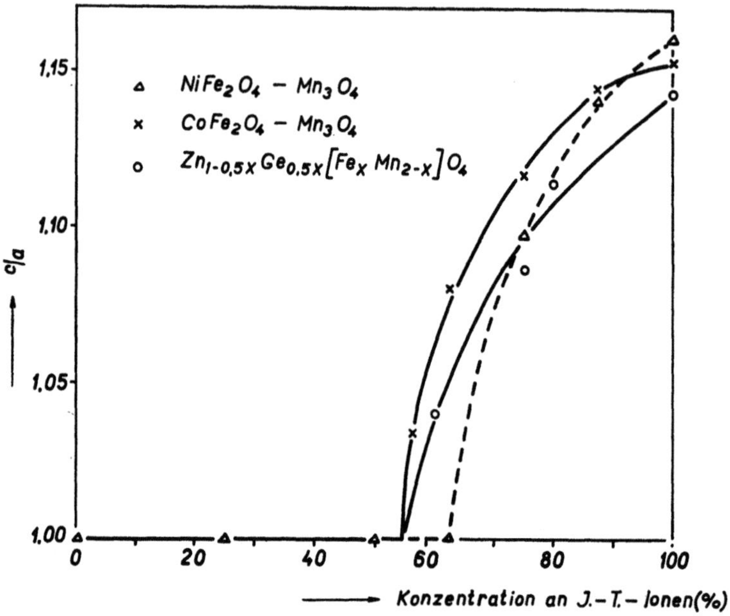

Abb. 2.35 Abhängigkeit der Distorsionsgröße von der Konzentration der J.-T.-Ionen im *B*-Untergitter für die Spinellsysteme $NiFe_2O_4$-Mn_3O_4, $CoFe_2O_4$ und $Zn_{1-x/2}$ $Ge_{x/2}[Fe_xMn_{2-x}]$ O_4.

der kooperativen Distorsion nötige Konzentration der J.-T.-Ionen hängt vom Strukturtyp, von den spezifischen Eigenschaften der deformierenden Ionen und wesentlich auch von den Eigenschaften der übrigen im Kristallgitter anwesenden Ionen ab. Bei den Spinellen bewegt sie sich am häufigsten ungefähr in den Grenzen 40–65% J.-T.-Ionen in B-Lagen, bei den Perowskiten ist sie meist höher (90%). Kommen J.-T.-Ionen gleichzeitig in A- und in B-Lagen vor, so kann die kritische Konzentration wegen der teilweisen Kompensation (vgl. Seite 158) höher sein. Nach Wojtowicz [96] sind die kooperativen Wechselwirkungen beim Cu^{2+}-Ion allgemein wirksamer als beim Mn^{3+}-Ion, so daß die kritische Konzentration bei Systemen mit Cu^{2+}-Ionen niedriger sein kann. Es ist verständlich, daß die Konzentration der deformierenden Ionen die Umwandlungstemperatur und die Gitterparameter beeinflußt (Abb. 2.31 und 2.35). Einige Angaben über kritische Ionenkonzentrationen sind in Tab. II-17 aufgeführt.

Tabelle II-17

Angaben über kritische Konzentrationen der J.-T.-Ionen in einigen Spinellen (nach Goodenough [75] und Shet [100]).

Zusammensetzung	Ion	Lage	c/a (für $x > x_t$)	x_t
$Zn_x^{2+}Ge_{1-x}^{4+}[Mn_{2-2x}^{2+}Mn_{2x}^{3+}]O_4$	Mn^{3+}	B	>1	0,6
$Co^{2+}[Co_{2-2x}^{3+}Mn_{2x}^{3+}]O_4$	Mn^{3+}	B	>1	0,6
$Mn_y^{2+}Fe_{1-y}^{3+}[Fe_{1-y}^{2+}Fe_{1+y-2x}^{3+}Mn_{2x}^{3+}]O_4$	Mn^{3+}	B	>1	0,4–0,6
$Cu_x^{2+}M_{1-x}^{2+}[Cr_2^{3+}]O_4$	Cu^{2+}	A	<1	0,5
M = Co, Mg, Zn, Cd				
$Fe_{1-\delta}^{3+}Cu_\delta^{2+}[Cu_{x-\delta}^{2+}Ni_{1-x}^{2+}Fe_{1+\delta}^{3+}]O_4$	Cu^{2+}	B	>1	0,65*)
$Fe_{1-\delta}^{3+}Cu_\delta^{2+}[Cu_{x-\delta}^{2+}M_{1-x}^{2+}Fe_{1+\delta}^{3+}]O_4$	Cu^{2+}	B	>1	0,75*)
M = Mg, Co				
$Zn^{2+}[Cr_{2-2x}^{3+}Mn_{2x}^{3+}]O_4$	Mn^{3+}	B	>1	0,55
$Zn^{2+}[Fe_{2-2x}^{3+}Mn_{2x}^{3+}]O_4$	Mn^{3+}	B	>1	0,65

*) Beachten, daß x sowie x_t hier eine andere Deutung haben; zum Vergleich mit übrigen in der Tabelle aufgeführten x_t–Werten muß man hier x_t durch 2 dividieren.

Lokale Verzerrungen; dynamischer J.-T.-Effekt

Die Frage tritt auf, ob der J.-T.-Effekt auch dann in irgendeiner Weise zur Geltung gelangt, wenn zu hohe Temperatur oder eine zu geringe J.-T.-Ionen Konzentration die Entstehung der makroskopischen Distorsion nicht gestatten. Die Antwort auf diese Frage ist nicht einfach, und es scheint, daß sie in verschiedenen Fällen verschieden sein kann.

Die einfachste Voraussage in diesem Falle wäre, daß durch das Verschwinden der makroskopischen Distorsion auch die Umgebung jedes einzelnen Kations kubisch wird. Ist speziell nur eine geringe Anzahl deformierender Ionen vorhanden, so bedeutet dies, daß das Gitter seine Symmetrie auch jenen Kationen aufzwingt, die sonst imstande wären, ihre Umgebung zu deformieren. Das würde gleichzeitig die Erhaltung der Orbitalentartung des Ions im Widerspruch zum Jahn-Teller-Theorem bedeuten. Eine andere Voraussage wäre, daß die die Distorsion des Koordinationspolyeders eines gegebenen Ions hervorrufenden Kräfte genügend stark sind, um eine lokale Verzerrung der Umgebung des Ions auch gegen die elastischen Kräfte, mit denen sich das Gitter gegen die Störung der Symmetrie wehrt, zu erzwingen. Diese Distorsionen sind aber nicht korreliert, ihre Orientierung im Kristall ändert sich statistisch von Ort zu Ort, und die Gesamtsymmetrie bleibt daher „statistisch kubisch" [96]. Das Verhalten eines isolierten J.-T.-Ions wird im Kristall für den Fall einer statischen lokalen Verzerrung theoretisch in [101] beschrieben, wo auch die Frage der gegenseitigen Wechselwirkung von zwei J. -T.-Ionen als Grundlage für die Theorie

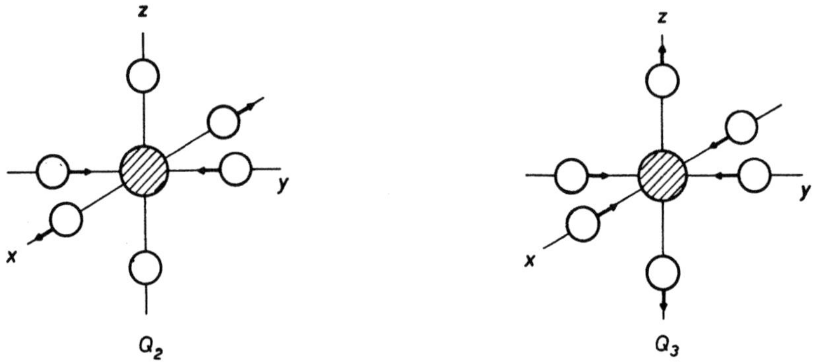

Abb. 2.36 Die dem J.-T.-Effekt entsprechenden Schwingungsgrundarten des oktaedrischen Komplexes (nach Kanamori [95]).

des kooperativen J.-T.-Effekts diskutiert wird. Eine dritte Möglichkeit ist schließlich der sogenannte dynamische J.-T.-Effekt, der die Konfiguration der d-Elektronen mit den Gitterschwingungen und damit mit der momentanen Lage der umgebenden Anionen koppelt [95, 102–104]. Die Elektronenentartung wird damit aufgehoben, obwohl die Symmetrie der Umgebung des Kations im zeitlichen Mittel kubisch bleibt. Da die dynamische Auffassung einen tieferen Einblick in die mit dem J.-T.-Effekt verbundenen Probleme gestattet, wollen wir ihr im weiteren unsere Aufmerksamkeit zuwenden. Wir werden sehen, daß auch die statischen lokalen Distorsionen als Grenzfall des dynamischen J.-T.-Effektes miterfaßt werden können.

Betrachten wir einen oktaedrischen, aus einem d^4-Zentralion (Mn^{3+}, Cr^{2+}) und sechs Liganden gebildeten Komplex, z. B. $Mn^{3+}O_6^{2-}$, der als ein Bauelement der J.-T.-Ionen enthaltenden Spinelle, Perowskite usw. aufgefaßt werden kann. Die elementaren Schwingungsarten dieses Komplexes (im Grenzfall können wir sie als statische Verschiebungen betrachten), mit deren Hilfe die Entartung des Grundzustands der Kationen aufgehoben wird, sind in Abb. 2.36 dargestellt. Der analytische Ausdruck für diese Moden – die sogenannten normalen Koordinaten – kann in der Form geschrieben werden

$$Q_2 = 2^{-1/2}(X_1 - X_4 - Y_2 + Y_5) \qquad (2.31)$$

$$Q_3 = 6^{-1/2}(2Z_3 - 2Z_6 - X_1 + X_4 - Y_2 + Y_5),$$

wobei X_i, Y_i, Z_i die Koordinaten des i-ten Anions sind. Es ist ersichtlich, daß Q_3 der tetragonalen Distorsion des Oktaeders in Richtung der z-Achse entspricht, während Q_2 einen neuen, bisher nicht in Betracht gezogenen Distorsionstyp von orthorhombischer Symmetrie darstellt. Die allgemeinen Schwingungen werden durch Kombination der Moden Q_2, Q_3 gegeben sein. Im statischen Grenzfall stellen diese Kombinationen die Liganden-Konfigurationen vor, die die Entartung des

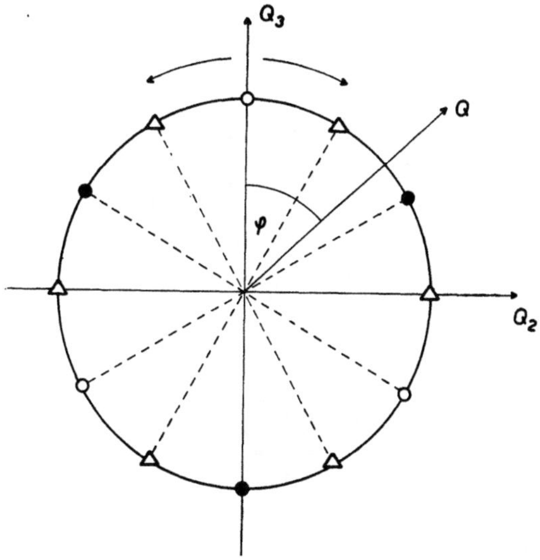

Abb. 2.37(a) Konfigurationsraum (Q_2, Q_3). Jeder Punkt (Q_2, Q_3) entspricht einer gewissen, durch (2.31) definierten Verzerrung des Oktaeders, wobei alle Punkte, die auf einer willkürlichen Kreislinie liegen, in erster Näherung energetisch äquivalent sind. Die einfachen tetragonalen Verzerrungen, die einem langgezogenen bzw. abgeflachten Oktaeder entsprechen, sind durch ○ bzw. ●, die orthorhombischen Verzerrungen des Q_2-Typs durch △ bezeichnet. Manchmal ist es vorteilhaft, ein Polarkoordinatensystem (Q, φ) einzuführen. Dann wird $Q_2 = Q\sin\varphi$, $Q_3 = Q\cos\varphi$ gelten, und man bekommt z. B. die drei Möglichkeiten für eine tetragonale Verlängerung längs der z-, bzw. x, y-Achsen, wenn man $\varphi = 0$, $\pm 2\pi/3$ einsetzt.

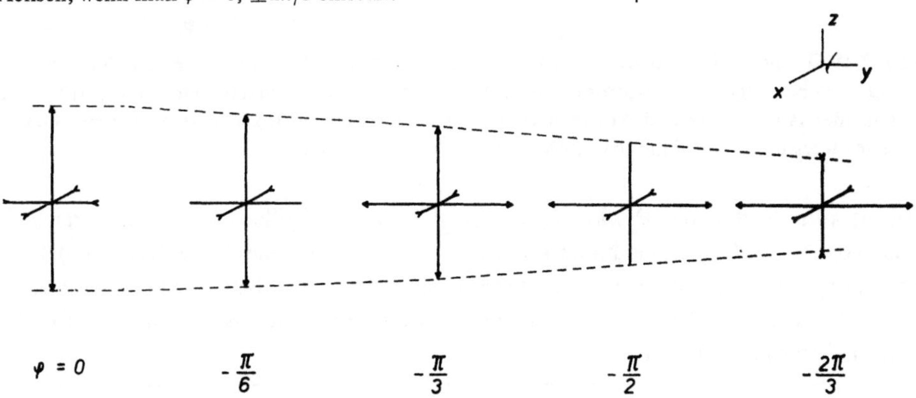

Abb. 2.37(b) Die zu $\varphi = 0, -\pi/6, -\pi/3, -\pi/2, -2\pi/3$ gehörenden Verzerrungen des Oktaeders.

orbitalen Grunddubletts des Zentralions aufheben. Unter ihnen gibt es zwei Typen, die Q_3 äquivalent sind, da sie eine einfache tetragonale Distorsion in Richtung der X-Achse bzw. Y-Achse darstellen; diese Kombinationen können wir auf Grund von (2.31) in der Form $-(1/2)(Q_3 \mp Q_2\sqrt{3})$ ausdrücken, so daß $|Q_2/Q_3| = \sqrt{3}$ für sie gilt.

Die einzelnen, durch Normalkoordinaten Q_2, Q_3 charakterisierten Konfigurationen können wir übersichtshalber als Punkte eines fiktiven, durch eine Ebene mit rechtwinkligen Koordinaten Q_2, Q_3 dargestellten Konfigurationsraumes veranschaulichen (Fig. 2.37). Wie aus der Theorie folgt [103], werden alle Konfigurationen, die die Bedingung

$$(Q_2^2 + Q_3^2)^{1/2} = |Q| = \text{Konst.} \tag{2.32}$$

erfüllen, in erster Näherung bezüglich der Aufhebung der Entartung und der Größe der Aufspaltung des Grundniveaus des Zentralions äquivalent sein.[31]) Im Konfigu-

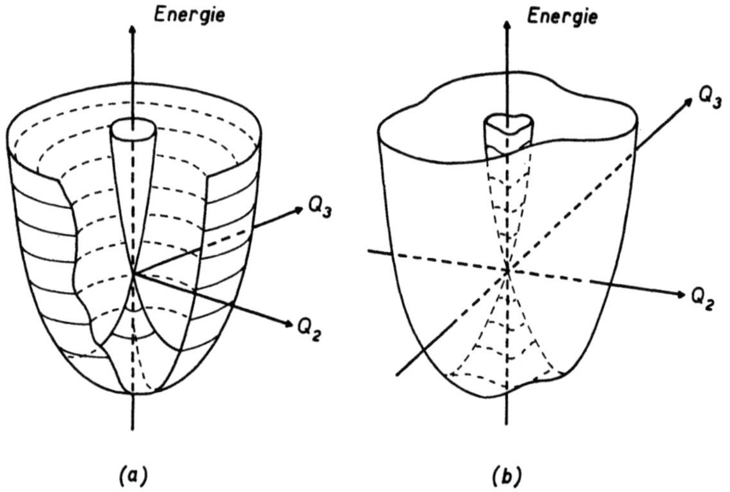

Abb. 2.38 Die potentielle Energie eines J.-T.-Komplexes als Funktion der Normalkoordinaten Q_2, Q_3: (a) bei ungestörter Isotropie und Harmonizität („rein" dynamischer Effekt), (b) — bei bestehender Anisotropie und Anharmonizität. Den vibronischen Eigenenergien entsprechen im Falle (a) Kreislinien, im Falle (b) gewisse allgemeinere ebene Kurven.

rationsraum liegen alle Punkte (Q_2, Q_3), die (2.32) erfüllen, auf einer Kreislinie. Das bedeutet, daß in erster Näherung zwar eine beliebige dieser Konfigurationen die Entartung des d^4-Grundzustandes aufhebt, infolge der Äquivalenz aller dieser Konfigurationen jedoch eine neue Entartung — die Konfigurationsentartung — für den ganzen Komplex entsteht.

[31]) Charakterisieren wir Größe und Typ der Distorsionen mit Hilfe der Parameter Q_2, Q_3, dann wird der sich auf die Elektronen des Kations beziehende Hamiltonoperator $\mathscr{H}$ eine Funktion dieser Parameter sein. Wenn wir ihn in eine Taylorsche Reihe entwickeln

$$\mathscr{H} = \mathscr{H}_0 + (\partial\mathscr{H}/\partial Q_2)_0\, Q_2 + (\partial\mathscr{H}/\partial Q_3)_0\, Q_3 + \dots,$$

wo $\mathscr{H}_0$ der nicht verzerrten Ligandenkonfiguration entspricht, und wir uns auf jene Glieder beschränken, die in Q_2, Q_3 linear sind, so wird die Energie des Grundzustandes und daher auch die Größe der J.-T.-Aufspaltung eine lineare Funktion von $\sqrt{(Q_2^2 + Q_3^2)} = |Q|$ sein. Durch Einbeziehung der höheren Glieder der Entwicklung wird sowohl die Linearität als auch diese Konfigurationsentartung gestört.

Wenn wir annehmen, daß die Kerne der Liganden in ihren ursprünglichen Lagen durch elastische (d. i. vom Quadrat der Verschiebung abhängige) Kräfte gebunden sind, wird diese Konfigurationsentartung auch bei Einbeziehung der Bindungskräfte erhalten werden. Die gesamte potentielle Energie des Komplexes hat dann als Funktion von Q_2, Q_3 die in Abb. 2.38a angegebene Form. Sie wird durch zwei Flächen, die dem aufgespaltenen Niveau des d_γ-Elektrons entsprechen, gegeben. Auf der niedrig gelegenen Fläche wird die potentielle Energie ihr Minimum erreichen, u. zw. für die Kreislinie $Q_2^2 + Q_3^2 = Q_0^2$, die die stabilen Konfigurationen des Komplexes angibt. Weil diese aber entartet sind, so wird keine dieser Konfigurationen bevorzugt werden, und sie werden allmählich eine in die andere übergehen. In unserem Konfigurationsraum (Q_2, Q_3) entspricht diesen Änderungen eine gleichmäßige Bewegung längs der Kreislinie $Q_2^2 + Q_3^2 = Q_0^2$.

Wie diese Kernbewegung im reellen Raum verlaufen wird, darüber können wir uns auf Grund der Abb. 2.37 eine Vorstellung machen. Es genügt nur festzustellen, wo auf der obenerwähnten Kreislinie die den Grundkonfigurationen $\pm Q_2$, $\pm Q_3$ äquivalenten Punkte liegen, für die eine einfache anschauliche Deutung angegeben werden kann. Wir überzeugen uns leicht, daß es sich um eine gewisse Art spezieller Schwingungen der Ligandenkerne handelt, bei denen der oktaedrische Komplex, wenn wir den Drehsinn in der (Q_2/Q_3)-Ebene z. B. gleich der Uhrzeigerdrehung wählen, allmählich von einer tetragonalen, in z-Richtung verlängerten Form $+Q_3 \equiv$ $\equiv 6^{-1/2}(-x, -y, +2z)$, über eine orthorhombische Verzerrung in der (xz)-Ebene-$2^{-1/2}(-x,$ $0, z)$, eine abgeflachte tetragonale $6^{-1/2}(-2x, y, z)$ in der x-Richtung, eine orthorhombische Q_2, d.i. $2^{-1/2}(-x, +y, 0)$, in eine verlängerte tetragonale Verzerrung in der y-Richtung, $6^{-1/2}(-x, 2y, -z)$ usw., übergeht (Abb. 2.37b).

Wir wollen noch die Außenelektronen des Zentralions kurz betrachten. Jeder Liganden-Konfiguration (Q_2, Q_3) entspricht ein Elektronenzustand, dessen Eigenfunktion augenscheinlich eine lineare Kombination der d_γ-Funktionen d_{z^2}, $d_{x^2-y^2}$ sein muß. Dieser Zustand wird im statischen Grenzfall durch Wechselwirkung zwischen den Elektronen und dem durch die Verzerrung des Komplexes entstandenen Kristallfeld stabilisiert, wobei der Energiegewinn Δ_{JT} für die Stärke der Wechselwirkung maßgebend ist (Abb. 2.30). Es entsteht so eine Kopplung zwischen den d-Elektronen und den Liganden, die auch im dynamischen Falle wirksam bleibt; für den betrachteten Komplex eines d^4-Ions können wir diese Kopplung als stark $(\Delta_{JT} \gg$ $\gg kT)$ annehmen. Infolgedessen wird die Raumverteilung der Elektronendichte des Kations (in unserem Falle handelt es sich speziell um ein d_γ-Elektron) den Änderungen der Ligandenkonfiguration folgen, und die Bewegung der Elektronen und der Kerne der Liganden wird stark gekoppelt und gegenseitig synchronisiert werden. Wir werden diese korrelierte Bewegung der Elektronen und der Kerne als „rein" dynamischen Jahn-Teller-Effekt bezeichnen. Obwohl er, ähnlich wie der statische J.-T.-Effekt, eine Energieerniedrigung mit sich bringt, besteht doch zwischen beiden Fällen ein wichtiger Unterschied. Weil die beiden Systeme, d. h. Elektronen und Liganden, stark gekoppelt sind, verlieren sie ihre Selbständigkeit und müssen weiterhin als einheitliches System angesehen werden. Aus diesen Gründen hat es keinen

Sinn mehr, über Elektronenenergieniveaus zu sprechen, sondern wir müssen sie in unseren Überlegungen durch die sog. vibronischen Niveaus [45] – die gekoppelten Bewegungszuständen der Elektronen und der Ligandenkerne entsprechen und auch den Beitrag der Schwingungsenergie der Liganden (d. h. auch ihre kinetische Energie) mit enthalten – ersetzen. Es sei bemerkt, daß gemäß den zwei Möglichkeiten für den Drehsinn im Q_2, Q_3 Raum (Abb. 2.37) alle diese vibronischen Niveaus zweifach entartet sein müssen.

In Wirklichkeit stellt aber dieser „rein" dynamische J.-T.-Effekt nur eine grobe Annäherung dar. Durch Einbeziehung der nichtlinearen Korrektionsglieder im Ausdruck für die Wechselwirkungsenergie (s. die Fußnote[31]) S. 166) sowie der Anharmonizität der Bindungskräfte im Komplex bzw. im Kristallgitter werden die Schwingungen der Liganden als Folge der Bevorzugung einiger bestimmter Ligandenkonfigurationen anisotrop; für ein d^4-Ion sind die tetragonalen Verzerrungen vom Typ Q_3 am häufigsten. Die potentielle Energie wird dann vom Drehwinkel in der Q_2, Q_3-Ebene abhängig und ist durch drei Minima in den bevorzugten, stabilen Konfigurationen entsprechenden Richtungen charakterisiert (Abb. 2.38b). Beim Übergang von einem Minimum zum nächsten muß eine gewisse energetische Barriere überwunden werden und zwar durch den Tunneleffektmechanismus oder durch Wärmeanregung. Die ursprünglich gleichmäßige Kreisbewegung im Konfigurationsraum Q_2, Q_3 und die mit ihr verbundene Drehung der Elektronenwolke werden damit den Charakter einer „verhinderten" Rotation erhalten, die im Grenzfall einer hohen Barriere (starke Anisotropie) in den statischen J.-T.-Effekt übergeht. Die

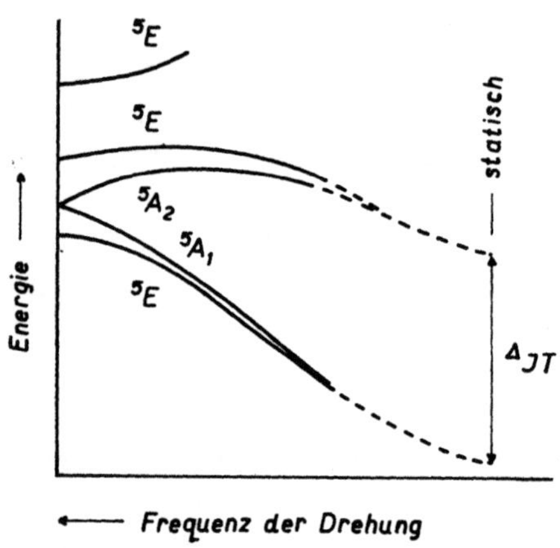

Abb. 2.39 Abhängigkeit der vibronischen Energieniveaus eines $Mn^{3+}O_6^{2-}$-Komplexes von der Drehgeschwindigkeit in der Konfigurationsebene Q_2 Q_3 (schematisch nach [105]).

Abhängigkeit des Energiespektrums von der Drehgeschwindigkeit im Konfigurationsraum, die mit der Vergrößerung der Anisotropie und Erhöhung der Barriere geringer wird, ist in Abb. 2.39 wiedergegeben. Auf der linken Seite entspricht das Spektrum dem „reinen" dynamischen Effekt; wie oben erwähnt, sind in diesem Falle alle vibronischen Niveaus zweifach entartet. Wenn die Frequenz der Drehung herabgesetzt wird, zerfällt das erste angeregte Dublett in zwei Niveaus, die im statischen Grenzfall mit dem Grundniveau bzw. mit dem nächsthöheren Dublett verschmelzen. Die so entstehende dreifache Entartung (die rechte Seite des Spektrums) entspricht den drei Möglichkeiten in der Auswahl der Tetragonalachse bei einer tetragonalen Verzerrung (Verlängerung des Oktaeders längs der x-, y-, bzw. z-Achse).

Was den höheren (angeregten) Ast der Fläche der potentiellen Energie anbelangt (Abb. 2.38), wird für sie trotz der Abwesenheit eines Minimums der potentiellen Energie ein dynamischer (vibronischer) Eigenzustand mit von Null verschiedenen Auslenkungen der Ligandenkerne existieren, der durch den Einfluß der auf die rotierenden Elektronen einwirkenden Zentrifugalkräfte stabilisiert wird [106].

Bisher haben wir den oktaedrischen Komplex als frei, ohne Wechselwirkung mit dem umgebenden Kristall, betrachtet. Wenn wir nun die Frage stellen, was für einen Einfluß auf die bisherigen Schlußfolgerungen die Berücksichtigung dieser Wechselwirkung haben wird, so können wir auf Grund der in der Arbeit [107] durchgeführten Analyse schließen, daß sich, solange das J.-T.-Ion als isoliert (geringe Konzentration der J.-T.-Ionen) und das Gitter als ideal (ohne andere Fehlstellen) angesehen werden können, qualitativ sehr wenig ändern wird. Im Gegenteil, eine gegenseitige Wechselwirkung von zwei in der Nähe liegenden J.-T.-Ionen sowie Wechselwirkungen mit anderen Fehlstellen, die in der Umgebung des betreffenden J.-T.-Ions innere Spannungen und Gitterverzerrungen hervorrufen und damit die Abhängigkeit der potentiellen Energie des betrachteten J.-T.-Komplexes von der Ligandenkonfiguration verändern (wie es wahrscheinlich z. B. bei Leerstellen oder überschüssigen lokalisierten Elektronen der Fall ist), können die „Drehung“ bei einem dynamischen J.-T.-Effekt stark beeinflussen bzw. verhindern, oder sie können sogar eine bestimmte Ligandenkonfiguration energetisch vorteilhaft machen und so den dynamischen J.-T.-Effekt in eine stabile lokale Verzerrung umwandeln [105, 108, 109].

Wenn wir nun zu dem ursprünglichen Problem der Existenz eines J.-T.-Effektes in dem Falle, daß eine hohe Temperatur oder zu kleine Konzentration der J.-T.-Ionen die Entstehung einer makroskopischen Deformation verhindern, zurückkommen, so können wir auf Grund der vorhergehenden Analyse folgendes sagen: Eine natürliche Art, in solchem Falle die Elektronenentartung des Grundzustandes zu beseitigen und so dem Jahn-Tellerschen Theorem Genüge zu leisten, ist die Entstehung eines dynamischen J.-T.-Effektes, der den Bewegungszustand der Elektronen mit der Bewegung der Ligandenkerne und so auch mit den Gitterschwingungen korreliert. Die Kristallstruktur, die bei der Wechselwirkung benachbarter J.-T.-Ionen sowie bei der Auswahl des stabilen makroskopischen Verzerrungstyps eine wichtige Rolle spielt und die auch die Anisotropie des dynamischen J.-T.-Effektes stark beeinflußt, wird auch über den Charakter der resultierenden korrelierten Bewegung in beträchtlichem Maße entscheiden. Eine wichtige Rolle spielen dabei auch die Wechselwirkungen des J.-T.-Ions mit den Kristallfehlstellen, die die mit dem dynamischen J.-T.-Effekt verbundene Bewegung verhindern bzw. statische lokale Verzerrungen stabilisieren können. Ganz allgemein kann man im Falle einer dem Q_2-Typus entsprechenden statischen Verzerrung eine verhältnismäßig schwache Anisotropie und nach dem Verschwinden der makroskopischen Gitterverzerrung die Entstehung eines dynamischen J.-T.-Effektes erwarten. Die Q_3-Verzerrungen dagegen pflegen mit einer starken Anisotropie verbunden zu sein; in einem derartigen Fall können wir die Anwesenheit von statischen Lokalverzerrungen als sehr wahrscheinlich annehmen und bei Temperaturen oberhalb der kritischen Temperatur eine statistische Verteilung der Verzerrungsrichtungen (Tetragonalachsen) ohne gegenseitige Korrelation erwarten, wobei die Schwingungen eigentlich nur eine Störung vorstellen, die die von Null verschiedene Wahrscheinlichkeit für die Änderung der Orientierung der Distorsionsachse sicher stellt.

Als Beispiel einer Struktur, die die $\pm Q_2$-Moden bevorzugt, können wir die Perowskitstruktur und mit ihr verwandte Strukturen (wie z. B. MnF_3) erwähnen. In diesen Strukturen bilden die J.-T.-Ionen (z. B. Mn^{3+}) ein einfaches Gitter, das eine wechselseitige Anordnung von $+Q_2$- und $-Q_2$-Verzerrungen in der (001)-Ebene gestattet, wobei sich die Anionen aus ihren symmetrischen Lagen in zwei aufeinander senkrecht stehenden Richtungen [100] und [010] verschieben (Abb. 2.32). Diese Grundcharakteristik des kooperativen J.-T.-Effektes braucht beim Verschwinden der makroskopischen Verzerrung, einerlei ob infolge Konzentrationserniedrigung der J.-T.-Ionen[32]) oder infolge Erwärmung über die kritische Temperatur, ihre Gültigkeit nicht zu verlieren, denn die Schwingungen der beteiligten Anionen können für ein beliebiges Paar von benachbarten J.-T.-Ionen (Mn^{3+}) einen periodischen Wechsel zwischen ($+Q_2$, $-Q_2$)- und ($-Q_2$, $+Q_2$)-Konfigurationspaaren sicherstellen.

Wir erwarten also, daß ein dynamischer J.-T.-Effekt eintreten wird, bei dem die momentane Umgebungsdistorsion und daher auch die Elektronenkonfiguration der benachbarten J.-T.-Ionen mittels der Schwingungen des Anionengitters in Korrelation gebracht wird. Für diese Schlußfolgerung sprechen, wie Goodenough u. a. zeigen konnte [102], eindeutig auch die magnetischen Eigenschaften der Mn^{3+} enthaltenden Perowskite.

In Wirklichkeit sind die Verzerrungen bei diesen Perowskiten nicht rein vom Q_2-Typ, sondern stellen eine Überlagerung von $\pm Q_2$- und Q_3-Moden vor. Das gegenseitige Verhältnis der beiden kann aus der Gleichung (2.31) bestimmt werden, wenn wir die Entfernungen l, m, und s in Abb. 2.32 kennen. Es wird [95]

$$\frac{Q_3}{Q_2} = \frac{(2/\sqrt{6})(2m - l - s)}{\pm(2/\sqrt{2})(l - s)}, \tag{2.33}$$

was z. B. bei $MnFe_3$, bei dem die Entfernungen l, m, s experimentell bestimmt worden sind, den Wert $\pm 0{,}115$ ergibt, der auf einen überwiegenden Einfluß der Moden $\pm Q_2$ bei der gesamten Gitterverzerrung hinweist.

---

[32]) D. i. bei Ersatz einer größeren Anzahl von z. B. Mn^{3+}-Ionen durch andere, nicht verzerrende Ionen.

Bei den Spinellen dagegen, bei denen die makroskopische Deformation durch parallele Anordnung der Verzerrungen vom Q_3-Typ entsteht, scheint die Tendenz, den dynamischen J.-T.-Effekt zu unterdrücken und lokale Gitterverzerrungen zu stabilisieren, beträchtlich stärker zu sein. Da aber mit wachsender Temperatur eine Verminderung der Anisotropie der Schwingungen zu erwarten ist, ist es nicht klar, ob z. B. der Hochtemperaturzustand des Mn_3O_4 den Perowskiten analog sein dürfte oder ob er eher der Auffassung der statischen lokalen Verzerrungen nahe kommt. Aus rein thermodynamischen Daten, die auf das Verschwinden der mit der makroskopischen Verzerrung verbundenen Phasenumwandlungen bezogen sind, kann darüber nicht entschieden werden, da beide Näherungen zu äquivalenten Ergebnissen führen [102]. Es gibt aber Andeutungen, daß bei einigen Spinellen, die geringere Konzentrationen an Mn^{3+}-Ionen enthalten, z. B. bei $MnFe_2O_4$ und $Mn_xFe_{3-x}O_4$ mit $1 < x < 1{,}8$, lokale Verzerrungen der Oktaeder $Mn^{3+}O_6^{2-}$ bestehen [110, 111], die entweder quasistatisch (dynamisch mit starker Anisotropie) oder statisch sind. Die Entstehung der statischen Distorsionen kann durch die Bildung von Agglomeraten (Cluster) deformierender Mn^{3+}-Ionen unterstützt werden [112]. Die Bildung der Agglomerate in den Spinellen $Mn_xFe_{3-x}O_4$ wurde eingehend von Krupička und Mitarbeitern studiert [113]. Ihr Ursprung muß in der Möglichkeit der Herabsetzung der elastischen Energie des Kristalls bei einer kooperativen Anordnung der verzerrten Oktaeder, aus denen diese Agglomerate bestehen, gesucht werden. Während die Agglomerate nur den mikroskopischen Ausdruck dieser Tendenz darstellen und die kubische Gesamtsymmetrie nicht stören, kommt es bei höheren Konzentrationen an verzerrenden Mn^{3+}-Ionen ($x \gtrsim 1{,}8$) aus dem gleichen Grunde zur Ausscheidung einer tetragonalen manganreicheren Phase, die in einem bestimmten Zusammensetzungsbereich mit einer kubischen Spinellphase koexistiert [114].

Zur Stabilisierung der statischen Verzerrung können auch einige Störstellen des Kristalls beitragen, z. B. Kationenleerstellen, bei deren günstigen Anordnung in der Umgebung des J.-T.-Ions eine bestimmte Distorsionsrichtung bevorzugt und stabilisiert werden kann. In gleicher Weise kann auch die Fähigkeit des umgebenden Teils des Kristalls wirken, sich der Verzerrung durch Umgruppierung der Ionen oder ihrer Valenzen anzupassen. In dem oben erwähnten Ferrit $MnFe_2O_4$ können daher Fe^{2+}-Ionen eine wichtige Rolle spielen, deren Existenz eine Umgruppierung der elektrischen Ladung durch den Mechanismus des Valenzwechsels $Fe^{2+} \rightleftarrows Fe^{3+}$ ermöglicht und damit ihre optimale Verteilung im Hinblick auf die Stabilisierung der durch das Mn^{3+}-Ion verursachten Verzerrung. Diese Stabilisierung ist das Ergebnis elastischer Spannungen, die mit der Differenz der Ionenradien der Fe^{2+}- und Fe^{3+}-Ionen zusammenhängen.[33]) Die Richtung der Distorsion und ihre Änderung sind so durch die Lage bzw. die Bewegung des Elektrons (oder

[33]) Es sei bemerkt, daß in oktaedrischer Lage das Fe^{2+}-Ion sich auch aktiv an der Entstehung von J.-T.-Distorsionen beteiligen und die Verzerrung eines benachbarten Mn^{3+}-Oktaeder-Ions dadurch stabilisieren kann, daß beide Distorsionen parallel orientiert werden [115].

einer anderen Störstelle) korreliert und können schon nicht mehr als unabhängige Entitäten angesehen werden. Auf diese Weise können verhältnismäßig stark gebundene lokalisierte Mn^{3+} – Fe^{2+}-Paare entstehen, zu deren Ionisation (d. h. zur Befreiung des Elektrons aus dem Paar) eine bestimmte Aktivierungsenergie nötig ist [115] (vgl. S. 431 f.).

Die Ergebnisse des Studiums der Schwingungsspektren im fernen Infrarot sprechen für die Existenz lokaler Verzerrungen sowohl bei niedrigen Konzentrationen von J.-T.-Ionen [116] als auch oberhalb der kritischen Temperatur wenigstens in einigen Spinellen mit verzerrenden Ionen im *A*-Untergitter (z. B. FeV_2O_4). Siratori [117] verfolgte, wie sich diese Spektren beim Überschreiten der kritischen Temperatur ändern und stellte fest, daß es nötig ist, für die Interpretation die Existenz einer Nahordnung oberhalb dieser Temperatur vorauszusetzen und so indirekt auch die Existenz der Verzerrungen selbst anzunehmen. Dieser Effekt ist besonders bei dem erwähnten FeV_2O_4 stark ausgeprägt.

Bei kleinen Konzentrationen von J.-T.-Ionen (Cu^{2+}, Ni^{2+}, Mn^{3+}) wurden die lokalen statischen bzw. quasi-statischen Distorsionen mittels der Methode der paramagnetischen Elektronenresonanz [106] und beim Studium der inneren Reibung [118] nachgewiesen. Die paramagnetische Resonanz bewies in vielen Fällen ebenfalls das Vorhandensein einer kritischen Temperatur, oberhalb derer die statischen Distorsionen in den dynamischen J.-T.-Effekt übergehen.

2.5 Anordnung der Kationen; nicht-eigene Ferrimagnetika

In den vorhergehenden Kapiteln haben wir an verschiedenen Stellen erwähnt, daß unter gewissen Umständen im Rahmen der gegebenen Struktur eine regelmäßige Anordnung ungleicher Ionen an äquivalenten Stellen des Kristallgitters möglich ist. Wird eine derartige Anordnung als Fernordnung gebildet, so äußert sich dies nach außen sehr oft (aber nicht immer) durch eine Änderung der Gesamtsymmetrie des Kristalls. Die abwechselnde Anordnung von Kationen in parallelen Ebenen (111) z. B., die wir bei der Struktur vom MnO (NaCl)-Typ gefunden haben, führt bei den Verbindungen ABO_2 ($LiNiO_2$, $LiCoO_2$) zu einer rhomboedrischen Distorsion der Struktur ($CsCl_2I$-Typ); eine regelmäßige Anordnung der Fe^{2+}- und Fe^{3+}-Ionen in oktaedrischen Lagen im Magnetit führt zu einer orthorhombischen Symmetrie u. ä. Das $Li_{1/2}Fe_{5/2}O_4$ hingegen bleibt auch bei regelmäßiger Anordnung der Li^+- und Fe^{3+}-Ionen ein kubischer Spinell.[34]) Aufgabe dieses Kapitels ist es, kurz die Haupttypen der Anordnung in den einzelnen Strukturen der magnetischen Oxide zusammenzufassen und einige Fälle, die im Bezug zum Inhalt der weiteren Kapitel stehen, ausführlicher zu behandeln.

---

[34]) In diesem Fall ändert sich nur die Raumgruppe der Symmetrie.

Die wichtigsten Anordnungsarten, die von den einzelnen Strukturen zugelassen werden, sind in Tab. II-18 angeführt. In einigen Fällen werden durch Anordnung der Kationen erst nachträglich Untergitter gebildet, die die Voraussetzung für die Entstehung des Ferrimagnetismus bilden (nicht-eigene Ferrimagnetika). Bei den Granaten wurde bisher keine Ordnung der Kationen beobachtet, was offensichtlich mit den charakteristischen Eigenschaften dieser Struktur und ihrer geringen Stabilität gegenüber deformierenden Einflüssen zusammenhängt. Auch bei den hexagonalen Strukturen vom Magnetoplumbit und verwandten Typen wurde eine Ordnung bisher experimentell nicht festgestellt, obwohl, wie es scheint, hier zum Unterschied von den Granaten keine grundsätzlichen Hindernisse für ihre Existenz bestehen.

Die eigentliche Ursache der Ordnung kann entweder eine Herabsetzung der elektrostatischen Wechselwirkungsenergie sein, die mit der Unterscheidung und der regelmäßigen Anordnung von Ionen verschiedener Ladung verbunden ist, oder die Herabsetzung der elastischen Energie bei einer regelmäßigen Anordnung verschieden großer Ionen bzw. beim Ausgleich der elastischen, durch den J.-T.-Effekt hervorgerufenen Spannung. Der mit der Ordnung der Ionen verbundene Energiegewinn kann aber bei hohen Temperaturen durch die Forderung nach maximaler Entropie überkompensiert werden, so daß beim Überschreiten einer bestimmten kritischen Temperatur der geordnete Zustand in einen ungeordneten übergeht. Manchmal verschwindet aber auf diese Weise nur die Fernordnung, während die Nahordnung

Tabelle II-18

Übersicht der Anordnungstypen der wichtigsten Oxidstrukturen

Struktur	Anordnungs-typ	Nähere Angaben	Beispiel
Spinell	1 : 1 (okta)	Reihenfolge von (001)-Ebenen der oktaedrischen Untergitter abwechselnd von *M*- und *M'*-Ionen besetzt	Fe_3O_4
	1 : 3 (okta)	In den mit [110] parallelen oktaedrischen Ionenreihen ist jedes vierte Ion *M* (Li), der Rest *M'* (Fe)	$Fe[Li_{0,5}Fe_{1,5}]O_4$
	1 : 1 (tetra)	Jedes *M* ist von vier *M'* umgeben und umgekehrt	$Li_{0,5}Fe_{0,5}[Cr_2]O_4$
NaCl	1 : 1	wechselnde (111)-Ebenen	$LiNiO_2$
Korund (Ilmenit)	1 : 1	wechselnde (111)-Ebenen	$CoMnO_3$
Perowskit	1 : 1	wechselnde (001)-Ebenen wechselnde (111)-Ebenen	$La(Mn_{0,5}Ga_{0,5})O_3$ $La_{1-x}Sr_xCoO_3$

bis zu hohen Temperaturen erhalten bleibt. Andererseits erfordert die Entstehung eines Ordnungszustandes mit Ausnahme von Fällen wie Magnetit, bei dem die Ordnung durch Elektronenübergänge und Valenzaustausch zwischen zwei- und dreiwertigen Eisenionen verwirklicht werden kann, häufig eine Ionendiffusion im Kristall. Die Entstehung des Ordnungszustandes ist dann durch eine genügend hohe kritische Temperatur bedingt, bei der diese Diffusion noch möglich ist. Eine niedrige kritische Temperatur ist auch die Ursache für einen nur teilweisen, unvollkommenen Ordnungszustand.[35])

Anordnung der Ionen in den Spinellen. In der Spinellstruktur kann ein Ordnungszustand sowohl in den tetraedrischen als auch in den oktaedrischen Lagen auftreten. Im ersten Fall kann es sich um 1 : 1 Ordnung handeln, bei der die Kationen der einen Art als nächste Nachbaren durchwegs Kationen der zweiten Art besitzen. Die Ordnung tritt ein, wenn in *A*-Lagen Ionen mit unterschiedlicher Valenz in ungefähr gleicher Konzentration vorhanden sind. Dieser Ordnungstyp wurde z. B. beim $Fe_{1/2}Li_{1/2}[Cr_2]O_4$ [119] und im System $Mn_xFe_{3-x}O_4$ für die Zusammensetzung $x \doteq 0{,}6$ [120] gefunden. Durch eine Anordnung in den *A*-Lagen wird die kubische Symmetrie des Kristalls nicht geändert, da, wie aus Abbildung 2.3 folgt, jedes tetraedrische Ion vier nächste Nachbaren vom gleichen Typ in den Ecken eines regelmäßigen Tetraeders besitzt. Es kann auch leicht gezeigt werden, daß der Beitrag eines geordneten Untergitters *A* zum Kristallfeld an den *B*-Stellen trigonal ist, also mit der eigentlichen Symmetrie dieser Lagen übereinstimmt.

In oktaedrischen Lagen sind zwei Ordnungstypen wahrscheinlich, die den Kationenverhältnissen 1 : 1 und 1 : 3 entsprechen. Als Beispiel können wir hier den Magnetit $Fe^{3+}[Fe^{2+}\,Fe^{3+}]O_4^{2-}$ und den Lithiumferrit $Fe^{3+}[Li_{1/2}^{+}Fe_{3/2}^{3+}]O_4^{2-}$ anführen. Die bei einer regelmäßigen Anordnung in den Spinellen gewonnene Energie wurde für die erwähnten Überstrukturtypen in den Arbeiten von de Boer u. a. [121] und Gorter [119] berechnet; sie sind in Tab. II-19 in e^2/a Einheiten angeführt. Durch Einsetzen der entsprechenden Werte können wir leicht feststellen, daß sich diese Energien im Bereich vom 10^1 bis 10^2 kcal/Mol[36]) bewegen, wobei ihre Größe steil mit der Größe des Unterschieds der Ladung der am Ordnungszustand beteiligten Kationen anwächst. Durch Vergleich mit Tab. II-11 stellen wir fest, daß für eine nicht allzu große Differenz der elektrischen Ladungen der Kationen diese Energien von derselben Größenordnung wie die Stabilisierung durch das Kristallfeld sind. Aus diesem Grunde kann erwartet werden, daß die Ordnung der Kationen die Präferenzenergien

---

[35]) Den Ordnungsgrad können wir durch einen bzw. mehrere Parameter beschreiben (vgl. Seite 34f.). Der Wert dieser Parameter sinkt kontinuierlich mit steigender Temperatur bis zur kritischen Temperatur, bei der sie, je nachdem ob es sich um einen Übergang erster oder zweiter Art handelt, entweder sprunghaft oder stetig den Wert Null annehmen. Bei einem Ordnungsparameter ξ ist die Temperaturabhängigkeit des Ordnungsgrades durch die Bedingung $\partial F/\partial \xi = 0$ gegeben.

[36]) $e^2/a \approx 2{,}7 \,.\, 10^{-12}$ erg $\doteq 1{,}7$ eV $\sim$ 39 kcal/Mol.

Tabelle II-19

Ordnungsenergien für einige Typen von geordneten Spinellen (in e^2/a-Einheiten) [6,119, 121]

Valenz-Differenz der geordneten Ionen	Ordnungstyp		
	1 : 1 B	1 : 3 B	1 : 1 A
1	1,0	0,7	0,5
2	4,0	2,8	2,0
3	9,0	6,3	4,5
4	16,0	11.2	
5	25,0		

aus Abschn. 2.3 (Tab. II-11 und II-14) und damit auch die wirkliche Verteilung der Kationen (d. i. den Inversionsgrad) in den Spinellen beeinflussen kann. Die in Tab. II-19 angeführten Werte können auch zu einer groben Schätzung der mit der Nahordnung verbundenen Energie benutzt werden.

Wir wollen zuerst den Magnetit betrachten. Bei Zimmertemperatur besitzt er eine kubische Spinellstruktur, und wir erwarten dementsprechend, daß die Fe^{2+}- und Fe^{3+}-Ionen in B-Lagen statistisch verteilt sind.[37]) Wenn wir aber den Magnetit unter 119 °K abkühlen, werden die Valenzen der Eisenionen geordnet, was zur Änderung der Symmetrie von kubisch in orthorhombisch führt. Welcher Art diese Ordnung ist, können wir aus der Abbildung 2.40 erkennen.

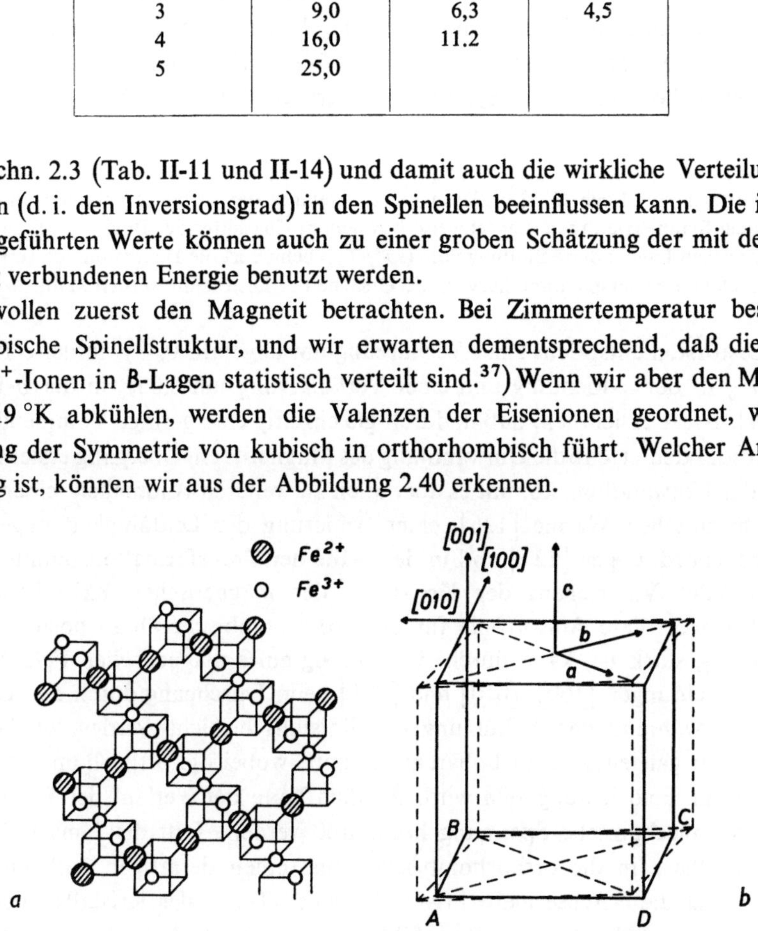

Abb. 2.40 Anordnung von Fe^{2+} und Fe^{3+} in oktaedrischen Lagen von Magnetit unterhalb des Transformationspunktes — (a) und die entsprechende Formänderung der Elementarzelle — (b).

[37]) Wir können zwar nicht die Existenz einer Nahordnung ausschließen, jedenfalls müssen wir aber die Begriffe „Verteilung" und „Ordnung" im dynamischen Sinne verstehen, denn die Wertigkeiten von Eisenionen sind nicht lokalisiert und werden durch Elektronensprünge sehr schnell ausgetauscht.

Die oktaedrischen Ionen bilden Ketten in den Richtungen [110] und [$\bar{1}$10], die ein System von zur (001)-Ebene parallelen Ebenen ausfüllen. Ist die Symmetrie kubisch, so gibt es drei derartige äquivalente Systeme paralleler Ebenen. Bei dem Ordnungstyp, der beim Magnetit bei tiefen Temperaturen vorkommt, ist eines dieser Systeme bevorzugt, und die betreffenden Ebenen sind abwechselnd mit Fe^{2+}- und Fe^{3+}-Ionen besetzt, so daß jede eine andere Kationenart enthält. Dadurch wird die zum System dieser Ebenen senkrechte Richtung ausgezeichnet und die Kantenlänge der Elementarzelle in dieser Richtung wird von den restlichen zwei verschieden sein. Da aber jede Ebene Ketten einer Richtung enthält, werden alle Fe^{2+}-Ionenreihen zueinander parallel und senkrecht zu den Fe^{3+}-Ionenreihen sein; der Unterschied in der Größe und den Eigenschaften der Fe^{2+}- und Fe^{3+}-Ionen kann dann die Bildung einer orthorhombischen Symmetrie verursachen, wie aus Abb. 2.40 ersichtlich ist.[38])

Goodenough und Loeb [124] erklären die Entstehung der orthorhombischen an Stelle der tetragonalen Symmetrie durch den teilweise kovalenten Charakter der Bindung der Fe^{3+}-Ionen in tetraedrischen Lagen; diese Bindung vom (sp^3)-Typ behindert die Distorsion der Tetraeder und ruft dadurch eine Scherspannung hervor, die Ursache der Distorsion werden kann.

Die Distorsion entspricht einer Verkürzung um ungefähr 0,03% in der *c*-Richtung, um 0,07% in der *a*-Richtung und einer Verlängerung um 0,06% in der *b*-Richtung [10, 125]. Es ist ersichtlich, daß dadurch gleichzeitig eine geringe Volumenänderung eintritt, die andeutet, daß die Umwandlung des Magnetits ein Übergang erster Ordnung ist. Bei der Umwandlung kommt es aber auch zu weiteren Anomalien: einer Anomalie der spezifischen Wärme [126], einer Änderung der Leitfähigkeit ungefähr um zwei Größenordnungen [127] und in der Nähe der Transformationspunkte zu einer Änderung des Vorzeichens der Konstante der magnetischen Kristallanisotropie [128]. Da aber diese Anisotropie für die orthorhombische Phase positiv und verhältnismäßig stark ist, kann durch Anwendung eines magnetischen Feldes entlang einer der Richtungen [100], [010] und [001] beim Durchgang durch den Umwandlungspunkt während der Abkühlung des Kristalls erreicht werden, daß die Umwandlung im ganzen Kristall kohärent verläuft, wobei die orthorhombische Achse *c* parallel zur Feldrichtung sein wird. Ähnlich kann der Verlauf der Umwandlung auch durch mechanische Spannung beeinflußt werden. Tritt die Umwandlung der kubischen Phase in die orthorhombische ohne einen derartigen äußeren Eingriff ein, so besitzt die *c*-Achse meist in verschiedenen Teilen des Kristalls verschiedene Orientierung, und der Einkristall zerfällt in eine größere Anzahl nicht kohärenter Gebiete.

Nach den Berechnungen von De Boer und Mitarbeitern [121] ist der Gewinn an

[38]) Nach einer elektronenmikroskopischen Untersuchung von Yamada u. a. [122] kann man die Entstehung einer komplizierteren, von einer Verdopplung der Elementarzelle begleiteten Anordnung nicht ausschließen (vgl. auch [123]).

elektrostatischer Energie eines Ordnungszustandes zwei- und dreiwertiger Ionen in oktaedrischen Lagen des Spinellgitters ungefähr 39 kcal/Mol, was im Hinblick auf die niedrige Umwandlungstemperatur ein zu hoher Wert ist.[39]) Diese Diskrepanz kann z. B. so erklärt werden, daß auch nach Störung des Fernordnungszustandes eine Nahordnung der Wertigkeiten der Eisenionen bestehen bleibt, wobei der Energieunterschied der beiden Ordnungsarten sehr gering ist. Man muß sich aber vergegenwärtigen, daß es sich im Grunde genommen um eine Elektronenumwandlung handelt, die wir als Zustandsänderung eines Systems einer großen Anzahl von Elektronen ansehen können, deren Bewegung in einer bestimmten Weise korreliert ist und deren energetisches Spektrum, das über die mit der Ordnung verbundene Energie entscheidet, nicht ausschließlich auf Grund einfacher elektrostatischer Überlegungen abgeleitet werden kann.

In Lithiumferrit sind die oktaedrischen Lagen zu einem Viertel von Li^+- und zu Dreiviertel von Fe^{3+}-Ionen besetzt. Die Ordnung ist daher vom 1 : 3-Typ, und, wie Braun [129] feststellte, ist sie durch Abwechslung von Li^+- und Fe^{3+}-Ionen in den [110]-Richtungen in diesem Verhältnis verwirklicht. Durch diese regelmäßige Abwechslung eines Lithiumions und dreier Eisenionen wird erreicht, daß jedes Li^+-Ion ausschließlich Fe^{3+}-Ionen als nächste Nachbaren von *B*-Typ besitzt (maximale Neutralisierung der Ladung), während in der Nachbarschaft jedes Fe^{3+}-Ions zwei Li^+- und vier Fe^{3+}-Ionen liegen. Die Gesamtsymmetrie des Kristalls bleibt so auch im geordneten Zustand kubisch. Der Fernordnungszustand verschwindet beim Erhitzen auf ungefähr 735 bis 755 °C[40]); durch Abschrecken von höheren Temperaturen (≈900 °C) kann die ungeordnete Phase erhalten bleiben. Dieselbe Ordnungsart wie $Li_{1/2}Fe_{5/2}O_4$ besitzt auch $Li_{1/2}Al_{5/2}O_4$; nur ist die Umwandlungstemperatur höher. Wie Schulkes und Blasse [130] feststellen, bleibt der Ordnungszustand auch dann erhalten, wenn wir in diesen Spinellen die Fe^{3+}- bzw. Al^{3+}-Ionen teilweise durch andere dreiwertige Ionen ersetzten. In letzter Zeit wurden weitere Serien von Spinellen hergestellt, die eine dem Lithiumferrit analoge Ordnungsart aufweisen. Es handelt sich um Oxide, bei denen das Fe^{3+} in oktaedrischen Lagen durch vierwertige Ti^{4+}, Mn^{4+}- oder Ge^{4+}-Ionen ersetzt ist, d. h. zum Beispiel um die Spinelle $Li^+_{0,5}M^{2+}_{0,5}$ $[Li^+_{0,5}T^{4+}_{1,5}]O_4$ (M = Mg, Co, Zn), $Li^+_{0,5}Zn^{2+}_{0,5}$ $[Li^+_{0,5}Mn^{4+}_{1,5}]O_4$ (hier existiert wahrscheinlich gleichzeitig eine 1 : 1-Ordnung der Ionen Li^+ und Zn^{2+} in *A*-Lagen) und $Cu^+[M^{2+}_{0,5}Mn^{4+}_{1,5}]O_4$ ($M = Ni^{2+}$, Mg^{2+}). Vom magnetischen Standpunkt sind insbesondere die Mn^{4+}-Spinelle mit Rücksicht auf die starke ferromagnetische Wechselwirkung zwischen Mn^{4+}-Ionen interessant. $Cu^+[Ni^{2+}_{0,5} \cdot Mn^{4+}_{1,5}]O_4$ kann mit Rücksicht auf die antiferromagnetische Wechselwirkung $Mn^{4+} - Ni^{2+}$ in dem geordneten *B*-Teilgitter [131] als nicht-eigenes Ferrimagnetikum (siehe weiter unten) angesehen werden.

---

[39]) Die Entropieänderung bei dem Ordnungsprozeß ist $\Delta S = -R \ln 2$, und die latente Wärme $T\Delta S$ ist daher von der Größenordnung 0,2 kcal/Mol bei $T \approx 100$ °K.

[40]) Der inverse Zustand bleibt praktisch bis 1000 °C erhalten.

Eine verwandte Ordnungsart wurde auch beim γ-Fe_2O_3 festgestellt [132]. Die Formel dieses Oxids kann als $Fe[Fe_{5/3}\square_{1/3}]O_4$ mit Leerstellen in den *B*-Lagen geschrieben werden, so daß das Verhältnis der Konzentration der Leerstellen und der Fe^{3+}-Ionen in diesen Lagen 1 : 5 beträgt. Soll dieselbe Ordnungsart wie beim $Li_{1/2}Fe_{5/2}O_4$ verwirklicht werden, d. h. im Verhältnis 1 : 3, so müssen die Li^+-Ionen zu zwei Dritteln durch Leerstellen und zu einem Drittel durch Fe^{3+}-Ionen ersetzt werden.

Wie aus der Analyse der Überstrukturlinien in den Röntgenogrammen des γ-Fe_2O_3 hervorgeht, ist die Verteilung der Fe^{3+}-Ionen und der Leerstellen auf Lithiumstellen regelmäßig und durch eine vierzählige Schraubenachse gegeben. Dadurch tritt eine dreifache Verlängerung der Elementarzelle in der Richtung [001] ein, so daß die Gesamtsymmetrie tetragonal mit dem Verhältnis $c/a = 3$ wird.

Nicht-eigene Ferrimagnetika. Wie wir bereits im Abschn. 2.1 und 2.2 erwähnten, ist bei einigen Strukturen eine Fernordnung der magnetischen Ionen notwendige Vorbedingung für das Auftreten des Ferrimagnetismus. Wir erwähnen hier hauptsächlich zwei Strukturen dieses Typs, die NaCl (MnO) und die Korundstruktur.[41]) Beide können auf der Grundlage der dichtesten Anionenpackung – in unserem Falle von Sauerstoffionen – mit abwechselnden Ebenen der Anionen und der oktaedrisch koordinierten Kationen beschrieben werden. Die Symmetrie dieser Art von Kugelpackung kann kubisch und hexagonal sein; die „Schichtenstruktur" in beiden Fällen deutet aber an, daß die natürlichste Art der Anordnung der Kationen bei den Strukturen die gleiche sein dürfte – eine Besetzung der aufeinander folgenden Schichten mit unterschiedlichen Kationen. Im idealen Fall, wenn die Kationen *A* und *B* im Verhältnis 1 : 1 vorhanden sind, kann auf diese Weise ein vollkommener Ordnungszustand entstehen, und die entsprechenden Strukturen können dann als besondere Strukturtypen aufgefaßt werden, da die Ordnung der Kationen eine Änderung der Symmetriegruppen und meist auch eine makroskopische Distorsion zur Folge hat: die NaCl-Struktur geht in eine Struktur vom $CsCl_2I$-Typ und die Korundstruktur in eine Ilmenitstruktur ($FeTiO_3$) über.

Durch Ordnung der Kationen werden bei den genannten Strukturen Untergitter gebildet, die eine notwendige Voraussetzung für die Entstehung von Ferrimagnetismus sind. Damit aber die ferrimagnetische Anordnung wirklich eintritt, ist es nötig, daß *beide* Untergitter, die in diesen Fällen durch die Aufeinanderfolge der abwechselnd mit der einen und der anderen Kationenart besetzten (111)-Ebenen bestimmt sind, unterschiedliche und dabei von Null verschiedene magnetische Momente besitzen. Bei einer idealen 1 : 1 Ordnung ist diese Bedingung nur selten erfüllt. Bisher sind nur zwei derartige ferrimagnetische Verbindungen von Ilmenitstruktur bekannt, die von Swoboda und Mitarbeitern [30] synthetisch hergestellten $CoMnO_3$ und

[41]) Ferrimagnetismus dieser Art kann aber auch bei anderen Strukturen auftreten, z. B. im Spinell, s. Seite 300).

$NiMnO_3$. Bei den Oxiden vom $CsCl_2I$-Typ wurde der Ferrimagnetismus bei Einhaltung der Stöchiometrie bisher nicht festgestellt.

Der Grund muß darin gesucht werden, daß die Wahl der Kationen, die eine geordnete Struktur bilden können, durch die Forderung begrenzt ist, daß der Phasenübergang zwischen dem geordneten und dem ungeordneten Zustand einer Temperatur entsprechen muß, die noch genug hoch ist, um Ionendiffusion zu gestatten. Dazu ist ein beträchtlicher Energieunterschied zwischen dem geordneten und ungeordneten Zustand nötig. Auch wenn in manchen Fällen die elastische Energie über den Ordnungsgrad entscheiden kann, überwiegt in der Mehrzahl der Fälle der elektrostatische Gesichtspunkt, so daß die Stabilität des Ordnungszustandes mit der Größe des Unterschieds der elektrischen Ladungen der Kationen wächst. In Übereinstimmung mit dieser Schlußfolgerung sind die geordneten Phasen bei der NaCl-Struktur meist vom $A^+B^{3+}O_2$-Typ und bei der Korundstruktur (Ilmenit) meist vom $A^{2+}B^{4+}O_3$-Typ. Da aber die einwertigen Kationen durchwegs unmagnetisch sind, sehen wir leicht ein, daß bei vollkommen geordneten ABO_2-Oxiden Ferrimagnetismus praktisch nicht eintreten kann.

Mehr Möglichkeiten für die Entstehung von Ferrimagnetismus bieten die festen Lösungen eines einfachen Oxids mit der betreffenden geordneten ABO_x-Phase. In einem solchen Fall können die magnetischen Ionen in beiden Untergittern in ver-

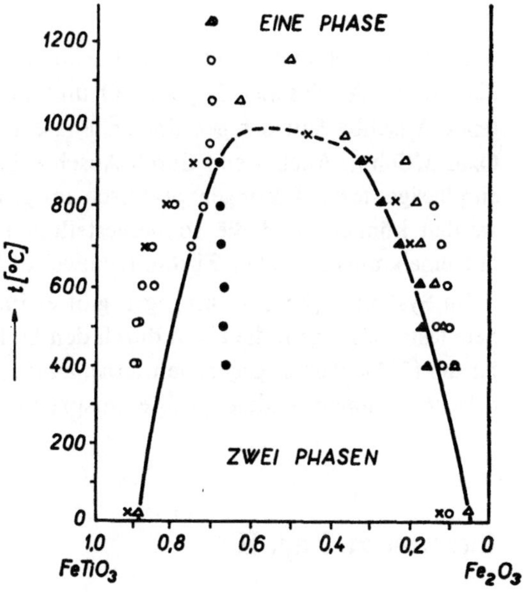

Abb. 2.41 Stabilitätsbereich fester Lösungen von α-Fe_2O_3 und $FeTiO_3$ (nach Carmichael [134]).

schiedener Konzentration vorkommen, so daß bei antiparalleler Orientierung der Magnetisierung der Untergitter ein von Null verschiedenes resultierendes Gesamtmoment übrig bleibt. Als Beispiel können die Oxide $Li_xNi_{1-x}O$ [133] und die festen Lösungen des Hämatit α-Fe_2O_3 mit Ilmenit $FeTiO_3$ [29, 134] dienen. Die Möglichkeit eines derartigen teilweisen Ordnungszustandes hängt aber von der gegenseitigen Löslichkeit der geordneten und der nicht-geordneten Phase ab. In einigen Fällen ist diese Löslichkeit bei niedrigen Temperaturen sehr gering, wie Abb. 2.41 zeigt, in der das Stabilitätsgebiet der festen Lösungen α-Fe_2O_3 – $FeTiO_3$ eingezeichnet ist. Es ist ersichtlich, daß Zusammensetzungen, die grob genommen nicht mehr als 90% einer der beiden Komponenten enthalten, während des Abkühlens eine Tendenz zur Bildung zweier Phasen besitzen, die sich in ihrer Zusammen-

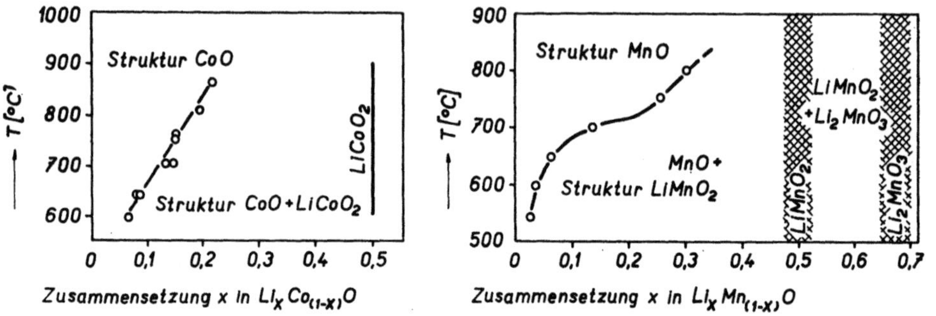

Abb. 2.42 Phasendiagramme der Systeme $Li_xCo_{1-x}O$ und $Li_xMn_{1-x}O$ (nach Heikes und Johnston [135]).

setzung dem Hämatit und dem Ilmenit nähern. Ähnlich deuten auch die Phasendiagramme der Systeme $Li_xCo_{1-x}O$ und $Li_xMn_{1-x}O$ (Abb. 2.42) auf eine unbedeutende Mischbarkeit der geordneten Phase $LiMO_2$ mit dem ungeordneten einfachen Oxid *M*O hin. Auch wenn durch Abschrecken von genügend hohen Temperaturen einphasige feste Lösungen praktisch im gesamten Bereich $0 < x < 0{,}5$ hergestellt werden können, sind die so hergestellten Proben antiferromagnetisch [135], was auf einen ungeordneten Zustand hinweist.[42]).

Im System $Li_xNi_{1-x}O$ hingegen gibt es im Gebiet $0{,}3 < x < 0{,}5$ teilweise geordnete feste Lösungen, die einen durch den Unterschied der Magnetisierung in benachbarten (111)-Ebenen gegebenen ferrimagnetischen Moment aufweisen; die rhomboedrische Symmetrie dieser Stoffe entspricht der Symmetrie des geordneten $LiNiO_2$.

Literatur zu Kap. II

[1] R. W. G. Wyckoff, Crystal Structures, Interscience Publ. Inc., New York 1951; Internationale Tabellen zur Bestimmung von Kristallstrukturen, Bd. II, Gebr. Borntraeger, Berlin 1935; International Tables for X-ray Crystallography, vol. III, Kynoch Press, Birmingham 1962.

[42]) Wahrscheinlich ist die Umwandlungstemperatur für die Bildung eines geordneten Zustandes zu niedrig im Vergleich zur Abschreckungstemperatur.

[2] L. Pauling, Nature of the Chemical Bond, Cornell University Press, Ithaca, 2. Aufl., 1945.
[2a] R. G. Shannon, C. T. Prewitt: Acta Crist. B 25 (1969), 925.
[3] S. Iida, J. Phys. Soc. Japan *12* (1957), 222;
siche auch N. N. Sirota, Ferity, Sammelwerk, Konferenz in Minsk, Izdat. AN Weißrussische SSR, Minsk 1960, S. 50.
[4] B. T. Matthias, R. M. Bozorth, J. H. Van Vleck, Phys. Rev. Letters 7 (1961), 160.
[5] S. Greenwald, J. S. Smart, Nature *166* (1950), 523;
s. auch z. B. T. Nagamiya, K. Yosida, R. Kubo, Adv. in Phys. *4* (1955), 1 und
J. Kanamori in Rado-Suhl, Magnetism, I, Acad. Press, New York, London 1963.
[6] G. Blasse, Philips Res. Repts. Supplements, 1964, No. 3.
[7] T. F. W. Barth, E. Posnjak, Z. Kristallogr. *82* (1932), 325.
[8] J. M. Hastings, L. M. Corliss, Rev. Mod. Phys. *25* (1953), 114.
[9] J. M. Hastings, L. M. Corliss, Phys. Rev. *104* (1956), 328.
[10] S. C. Abrahams, B. A. Calhoun, Acta cryst. *6* (1953), 105; ibid *8* (1955), 257.
[11] E. Prince, Phys Rev. *102* (1956), 674.
[12] E. J. W. Verwey, E. L. Heilmann, J. Chem. Phys. *15* (1947), 174.
[13] G. E. Bacon, F. F. Roberts, Acta Cryst. *6* (1953), 57.
[14] L. M. Corliss, J. M. Hastings, F. G. Brockman, Phys Rev. *90* (1953), 1013.
[15] M. I. Simonowa, T. A. Ugolnikowa, Izw. AN SSSR, Ser. fiz. *27* (1963), 1510.
[16] E. Whipple, A. Wold, J. inorg. nucl. chem. *24* (1962), 23.
[17] W. D. Derbyshire, H. J. Yearian, Phys. Rev. *112* (1958), 1603.
[18] M. H. Francombe, J. Phys. Chem. Solids *3* (1957), 37.
[19] R. Plumier, C. R. Acad. Sci. Paris *255* (1962), 2244.
[20] D. B. Rogers, J. R. Arnott, A. Wold, J. B. Goodenough, J. Phys. Chem. Solids *24* (1963), 347.
[21] J. C. Bernier, P. Poix, A. Michel, C. R. Acad. Sci. Paris *256* (1963), 5583.
[22] A. Durif-Varambon, E. F. Bertaut, R. Pauthenet, Ann. Chim. *1* (1956), 525.
[23] A. E. Ringwood, Nature *198* (1963), 79.
[24] A. H. Mones, E. Banks, J. Phys. Chem. Solids *6* (1958), 267.
[25] M. L. Keith, R. Roy, Amer. Miner. *39* (1954), 1.
[26] V. M. Goldschmidt, Skr. Norske Vidensk Akad., Mat.-naturw. Kl. 1926, No 2, 8.
[27] S. Geller, J. Chem. Phys. *24* (1956), 1236; Acta cryst. *10* (1957), 243, 248; ibid. *11* (1958), 565;
S. Geller, V. B. Balla, ibid. *9* (1956), 1019;
S. Geller, E. A. Wood, ibid. *9* (1956), 563;
M. A. Gilleo, ibid. *10* (1957), 161.
[28] M. A. Gilleo, Acta Crystal. *10* (1957) 161.
[29] G. Shirane, S. J. Pickart, R. Nathans, Y. Ishikawa, J. Phys. Chem. Solids *10* (1959), 35.
[30] T. J. Swoboda, R. C. Toole, J. D. Vaughan, J. Phys. Chem. Solids *5* (1958), 293.
[31] V. Adelsköld, Aktiv för Kemi, Mineralogi och Geologi *12A*, No. 29 (1938), 1;
P. B. Braun, Nature *170* (1952), 1123; Philips. Res. Repts *12* (1957), 491.
[32] J. Smit, H. P. J. Wijn, Ferrites, Philips Techn. Library, Eindhoven 1959.
[33] J. J. Went, G. W. Rathenau, E. W. Gorter, G. W. van Oosterhout, Philips Techn. Rev. *13* (1952), 194.
[34] S. Geller, M. A. Gilleo, Acta cryst. *10* (1957), 239; J. Phys. Chem. Solids *3* (1957), 30;
M. A. Gilleo, S. Geller, Phys Rev. *110* (1958), 73.
[35] F. Bertaut, F. Forrat, C. R. Acad. Sci. Paris *242* (1956), 382.
[36] S. C. Abrahams, S. Geller, Acta cryst. *11* (1958), 437.
[37] S. Geller, Acta cryst. *12* (1959), 944.
[38] S. Geller, J. Appl. Phys. *31* (1960), 30S.

[38a] A. AUBY, Y. DUSANSOY, A. LAFFAILLE, J. PROTAS, J. BULL. Soc. Fr. Miner. Crist. *92* (1969), 126;
C. T. PREWITT, A. W. SLEIGHT, Science *163* (1969), 386.
[38b] F. BERTAUT, F. FORRAT, C. R. Acad. Sci. (Paris) *243* (1956), 1219.
[38c] J. LORIERS, G. VILLERS, F. CLERC, F. LACOUR, C. R. Acad. Sci. (Paris) *268* B (1969), 1553.
J. LORIERS, M. VICHR, H. MAKRAM, J. Cryst. Growth *8* (1971), 69.
[39] S. GELLER, H. J. WILLIAMS, G. P. ESPINOSA, R. C. SHERWOOD, Bell System Tech. J., *18* (1964), 565.
[40] CH. GUILLAUD, A. MICHEL, J. BERNARD, M. FALLOT, C. R. Acad. Sci. Paris *219* (1944), 58;
B. KUBOTA, E. HIROTA, J. Phys. Soc. Japan *16* (1961), 345;
K. SIRATORI, S. IIDA, ibid. *15* (1960), 210.
[41] H. A. BETHE, Ann. Physik, [5], *3* (1929), 133.
[42] J. H. VAN VLECK, Theory of Magnetic and Electric Susceptibilities, Oxford University Press, Oxford — New York 1932;
Phys. Rev. *41* (1932), 208; J. Chem. Phys. 7 (1939), 61, 72;
s. auch B. BLEANEY, K. W. H. STEVENS, Repts. on Progress in Physics *16* (1953), 108;
J. S. GRIFFITH, Theory of Transition-Metal Ions, Cambridge University Press 1961 und [48], [45].
[43] J. H. VAN VLECK, J. Chem. Phys. *3* (1935), 803, 807;
J. H. VAN VLECK, A. SHERMAN, Revs. Mod. Phys. *7* (1935), 167.
[44] L. E. ORGEL, An Introduction to Transition-Metal Chemistry (Ligand-field theory), Methuen and Co. Ltd (London), John Wiley and sons inc., (New York), 1960.
[45] C. J. BALLHAUSEN, Introduction to Ligand Field Theory, Mc Graw-Hill, inc., New York 1962.
[46] D. S. MC CLURE, Solid State Physics, Academic Press, *8* (1958), 1; ibid. *9* (1959), 399.
[47] Siehe z. B. L. D. LANDAU, E. M. LIFSCHITZ, Kwantowaja mechanika, Fizmatgiz., Moskwa 1963.
[48] S. KRUPIČKA, Z. ŠROUBEK in Elements of Theoretical Magnetism, Academia, Praha 1968.
[49] W. LOW, Paramagnetic Resonance in Solids, Solid State Physics, Suppl. 2, Academic Press, New York, London 1960.
[50] E. U. CONDON, G. H. SHORTLEY, The Theory of Atomic Spektra, Cambridge University Press, 1953 (S. 195).
[51] N. S. HUSH, M. H. L. PRYCE, J. Chem. Phys. *28* (1958), 244.
[52] J. D. DUNITZ, L. E. ORGEL, J. Phys. Chem. Solids *3* (1957), 20, 318.
[53] D. S. MC CLURE, J. Phys. Chem. Solids *3* (1957), 311.
[54] J. B. GOODENOUGH in Rado-Suhl, Magnetism, III, Acad. Press, New York, London, 1963.
[55] s. z. B. MESSIAH, Quantum Mechanics II, North-Holland Publishing Co., Amsterdam 1962.
[56] J. H. VAN VLECK, Phys. Rev. *57* (1940), 426;
M. H. L. PRYCE, Proc. Phys. Soc. *A 63* (1950), 25; s. auch [45], [48].
[57] H. A. KRAMERS, Proc. Acad. Sci. Amst. *33* (1930), 959; s. auch [48].
[58] R. J. ELLIOTT, K. W. H. STEVENS, Proc. Phys. Soc. London *A 64* (1951), 205; 932; ibid*A 65* (1952), 370; Proc. Roy. Soc. *A 215* (1952), 437.
[59] A. MILLER, J. Appl. Phys. *30* (Suppl.) (1959), 24S.
[60] E. W. GORTER, Philips Res. Repts. *9* (1954), 403.
[61] F. C. ROMEIJN, Philips Res. Repts. *8* (1953), 304; 321.
[62] B. REUTER, E. RIEDEL, Zeit. für anorg. und allgemeine Chemie *369* (1969), 306.
[63] H. EYRING, J. WALTER, G. E. KIMBALL, Quantum Chemistry, J. Willey & Sons, Inc., New York 1944.
[64] J. B. GOODENOUGH, A. L. LOEB, Phys. Rev. *98* (1955), 391.
[65] M. ROBBINS, J. Phys. Chem. Solids. *26* (1965), 831.

[66] G. Pilcher, H. A. Skinner, J. inorg. nucl. Chem. *7* (1958), 8.
[67] H. G. Bachmann, W. H. Barnes, Z. Kristallogr. *115* (1961), 215.
[68] R. Pauthenet, M. Bochirol, J. Phys. Radium *12* (1951), 249.
[69] S. Krupička, K. Závěta, Czech. J. Phys. *9* (1959), 324.
[70] S. R. Butler, W. R. Buessem, J. Phys. Chem. Solids *23* (1962), 1661; J. Appl. Phys. *34* (1963), 1754.
[71] H. B. Callen, S. E. Harrison, C. J. Kriessman, Phys. Rev. *103* (1956), 851, 857;
D. J. Epstein, B. Frackiewicz, J. Appl. Phys. *29* (1958), 376.
[71a] F. C. M. Driessens, Ber. Bunsenges. phys. Chemie *72* (1968), 1123.
[72] H. A. Jahn, E. Teller, Proc. Roy. Soc. (London) *A 161* (1937), 220.
[73] J. B. Goodenough, J. Phys. Chem. Solids *25* (1964), 151.
[74] R. J. Arnott, A. Wold, D. B. Rogers, J. Phys. Chem. Solids *25* (1964), 161.
[75] J. B. Goodenough, Magnetism and the Chemical Bond, Interscience Publishers, J. Willey & Sons, New York – London 1963.
[76] A. P. B. Sinha, N. R. Sinjana, A. B. Biswas, Acta Cryst. *10* (1957), 439.
[77] P. F. Bongers, Thesis, University of Leyden, 1957.
[78] K. Muramori, S. Miyahara, J. Phys. Soc. Japan *15* (1960), 1906.
[79] D. G. Wickham, W. J. Croft, J. Phys. Chem. Solids 7 (1958), 351.
[80] G. I. Finch, A. P. B. Sinha, K. P. Sinha, Proc. Roy. Soc. (London) *A242* (1957), 28.
[81] K. Satomi, J. Phys. Soc. Japan *16* (1961), 258.
[82] K. P. Sinha, A. P. B. Sinha, J. Phys. Chem. *61* (1957), 758.
[83] E. F. Bertaut, C. Delorme, C. R. Acad. Sci. Paris *239* (1954), 504.
[84] H. Ohnishi, T. Teranishi, J. Phys. Soc. Japan *16* (1961), 35.
[85] E. F. Bertaut, J. Phys. Radium *12* (1951), 252.
[86] E. Prince, R. G. Treuting, Acta Cryst. *9* (1956), 1025.
[87] E. F. Bertaut, F. Forrat, J. Dulac, C. R. Acad. Sci. Paris *249* (1959), 726.
[88] T. Tsushima, J. Phys. Soc. Japan *17*, Suppl. B-I, (1962), 189.
[89] S. Miyahara, S. Horiuti, Proceedings of the Int. Conf. on Magnetism, Nottingham 1964, S. 550.
S. Horiuti, S. Miyahara, J Phys. Soc. Japan *19* (1964), 423.
[90] R. Manaila, P. Pausescu, phys stat. sol. *9* (1965), 385.
[91] J. Kanamori, M. Kataoka, Y. Itoh, J. Appl. Phys. *39* (1968), 688.
[92] P. K. Baltzer, E. Lopatin, Proceedings of the Int. Conf. on Magnetism, Nottingham 1964, S. 564;
M. Robbins, P. K. Baltzer, J. Appl. Phys. *36* (1965), 1039.
[93] J. B. Goodenough, J. Phys. Soc. Japan *17*, Suppl. B-I (1962), 185.
[94] J. B. Goodenough, Phys. Rev. *100* (1955), 564; J. Phys. Radium *20* (1959), 155; s. auch [72].
[95] J. Kanamori, J. Appl. Phys. *31* (1960), 14S.
[96] P. J. Wojtowicz, J. Appl. Phys. *30* (1959), 30S; Phys. Rev. *116* (1959), 32.
[97] G. G. Robrecht et al., Physica *31* (1965) 1033–45, 1575–84.
[98] R. Engelman, B. Halperin, Phys. Rev. B *2* (1970), 75.
[99] M. Rosenberg, P. Nicolau, R. Manaila, P. Paucescu, J. Phys. Chem. Solids *24* (1963), 1419;
M. Rosenberg, P. Nicolau, phys. stat. sol. *6* (1964), 101;
M. Rosenberg, P. Nicolau, J. Bunget, phys stat. sol. *14* (1966), K65.
[100] S. G. Shet, Thesis, Univ. of Poona, 1969.
[101] P. Novák, Thesis, Prague 1968.
P. Novák, J. Phys. Chem. Sol. *30* (1969), 2357.
[102] J. B. Goodenough, A. Wold, R. J. Arnott, N. Menyuk, Phys. Rev. *124* (1961), 373.
[103] M. D. Sturge, Solid State Phys., Academie Press, *20* (1967), 91.

[104] A. Abragam, Comments on Sol. State Phys. *2* (1969), 69.
[105] R. Fletcher, K. W. H. Stevens, J. Phys. C (Sol. St. Phys.) *2* (1969), 444.
[106] J. C. Slonczewski, Phys. Rev. *131* (1963), 1596.
[107] C. A. Bates et al., J. Phys. C (Proc. Phys. Soc.) 1 (1968), 859.
[108] F. S. Ham, in Electron Paramagnetic Resonance, edited by S. Geschwind, Plenum Press, New York 1972.
[109] S. Krupička, K. Závěta, J. Appl. Phys. *39* (1968), 930;
L. Červinka, S. Krupička, V. Syneček, J. Phys. Chem. Solids *20* (1961), 167.
[110] S. Krupička, L. Červinka, P. Novák, K Závěta, Proceedings Inter. Conf. on Magnetism, Nottingham 1964, S. 650;
L. Červinka, J. Phys. Chem. Solids *26* (1965), 1917.
[111] P. Novák, Czech. J. Phys. *B20* (1970), 259; ibid. *B21* (1971), 1198;
P. Novak, V. Roskovec, Z. Šimša, V. A. M. Brabers, J. de Physique *32* (1971), Suppl. 2—3, C 1—59.
[112] J. B. Goodenough, J. Appl. Phys. *36* (1965), 2342;
D. B. Rogers, R. W. Germann, R. J. Arnott, ibid, 2338.
[113] S. Krupička, Z. Šimša, Z. Smetana, Czech. J. Phys. *B18* (1968), 1016.
[114] H. J. Van Hook, M. L. Keith, Amer. Mineral. *43*, (1958), 69;
H. F. Mc Murdie, Sullivan, M. Barbara, F. A. Maur, J. Res. N. B. S. *45* (1950), 35—41;
V. A. M. Brabers, Thesis, Eindhoven Univ. of Technology 1970.
P. Holba, M.A. Khilla, S. Krupička, J. Phys. Chem. Solids *34* (1973), 387.
[115] Z. Šimša, J. Phys. Chem. Sol. *28* (1967), 2435; Czech. J. Phys. *B16* (1966), 519.
[116] J. Kantůrek, Z. Šimša, phys. stat. sol. *36* (1969), K47.
[117] K. Siratori, Y. Aiyama, J. Phys. Soc. Jap. *20* (1965), 1962.
[118] E. M. Gyorgy, M. D. Sturge, D. B. Fraser, R. C. Le Craw, Phys. Rev. Letters *15* (1965), 19.
[119] E. W. Gorter, Phil. Res. Rep. 9 (1954), 295, 403.
[120] E. Callen, H. A. Alperin, S. J. Pickart, Bull. Amer. Phys. Soc. (II) *5* (1960), 458.
[121] F. de Boer, J. H. Van Santen, E. J. W. Verwey, J. Chem. Phys. *18* (1950), 1032.
[122] T. Yamada, K. Suzuki, S. Chikazumi, Appl. Phys. Let. *13* (1968), 172.
[123] E. J. Samuelsen et al., J. Appl. Phys. *39* (1968), 1114.
[124] J. B. Goodenough, A. L. Loeb, Phys. Rev. *98* (1955), 391.
[125] L. R. Bickford, Revs. Mod. Phys. *25* (1953), 75.
[126] R. W. Millar, J. Amer. Chem. Soc. *51* (1929), 215.
[127] E. J. W. Verwey, P. W. Haaijman, Physica *8* (1941), 979;
C. A. Domenicali, Phys. Rev. *78* (1950), 458.
[128] L. R. Bickford, Phys. Rev. *76* (1949), 137.
[129] P. B. Braun, Nature *170* (1952), 1123.
[130] J. A. Schulkes, G. Blasse, J. Phys. Chem. Solids *24* (1963), 1651.
[131] G. Blasse, Phil. Res. Rep. *18* (1963), 400.
[132] G. W. Van Oosterhout, C. J. M. Rooymans, Nature *181* (1958), 44.
[133] J. B. Goodenough, D. G. Wickham, W. J. Croft, J. Appl. Phys. *29* (1958), 382.
[134] C. M. Carmichael, Proc. Roy. Soc. *A263* (1961), 508.
[135] W. D. Johnston, R. R. Heikes, J. Amer. Chem. Soc. *78* (1956), 3255;
W. D. Johnston, R. R. Heikes, D. Sestrich, J. Phys. Chem. Solids *7* (1958), 1.
[136] A. Miller, J. Appl. Phys. *31* (1960), 261 S.

KAPITEL III

FERRIMAGNETISMUS

3.1 Die Néel-Theorie des kollinearen Ferrimagnetismus

Problemstellung

Dieses Kapitel ist dem magnetischen Zustand der behandelten Oxide, d. h. den mit der Anordnung magnetischer Momente verbundenen Fragen, gewidmet. Ähnlich wie im vorigen, die Kristallstrukturen behandelnden Kapitel, werden wir auch hier unser Hauptaugenmerk auf ferrimagnetische Stoffe richten, die – wie uns aus den vorhergehenden Erläuterungen bekannt ist – durch nicht äquivalente magnetische Substrukturen charakterisiert werden, welche man in der Regel als (ferrimagnetische) Untergitter bezeichnet (Abschn. 1.3, 2.1 und 2.5). Dabei können wir in gewissem Sinne sowohl ferromagnetische als auch antiferromagnetische Oxide in unsere Darlegung als spezielle Fälle einbeziehen; den Ferromagnetismus kann man nämlich als den Grenzfall des Ferrimagnetismus mit einem einzigen magnetischen Untergitter betrachten, während sich der Antiferromagnetismus vom Ferrimagnetismus dadurch unterscheidet, daß seine Untergitter äquivalent sind.

Heute, wo mit den hoch entwickelten Methoden der Neutronenbeugung die ferrimagnetische Anordnung magnetischer Momente bei einer großen Menge von Stoffen experimentell direkt nachgewiesen wurde und wo mit dieser Methode noch wesentlich kompliziertere Strukturen (nichtkollineare Strukturen, Spiralen u. a.) festgestellt wurden, erscheint uns die Konzeption ferrimagnetischer Untergitter ganz natürlich und fast selbstverständlich. In Wirklichkeit dauerte es jedoch nach der Erklärung der Hauptaspekte des ferromagnetischen Zustandes durch P. Weiss noch ungefähr 40 Jahre, bevor es Néel geglückt ist, auf einem im wesentlichen spekulativen Wege zu einem Modell des Ferrimagnetikums mit Untergittern zu gelangen und auf Grund desselben einige Eigentümlichkeiten der magnetischen Eigenschaften des Magnetits und weiterer Ferrite mit Spinellstruktur zu erörtern und so diese Stoffgruppe von den üblichen Ferromagnetika klar zu unterscheiden. Dabei ist die Entdeckung des Ferrimagnetismus, dessen erste (phänomenologische) Theorie von Néel i. J. 1948 ausgearbeitet wurde [1], als Vollendung einer bestimmten Entwicklung anzusehen, denn bei der Formulierung seiner Gedanken konnte sich Néel z. B. auf die Kenntnis des von ihm schon früher, i. J. 1932 [2] entdeckten Antiferromagnetismus und auf die damit verbundene Konzeption der durch antiparallele Anordnung magnetischer Momente geschaffenen Untergitter stützen. Es lagen weiter die zusammenfassenden grundlegenden kristallographischen Angaben über normale und inverse Spinelle [3] und die sich mit magnetischen Suszeptibilitäten befassenden Arbeiten [4] vor. Schließlich is es nötig, in diesem Zusammenhang auch die historische Vorwegnahme des Begriffes Ferrimagnetismus von Guillaud [5] bei Erörterung des magnetischen Momentes der Verbindung Mn_2Sb auf Grund der Vorstellung über die antiparallele Orientierung der Mangan-Momente zu erwähnen.

Den eigentlichen Ausgangspunkt der Néel-Lehrmeinung bildet die Weiss'sche Theorie des Molekularfeldes. Durch Einführung der Untergitter mit der Voraussetzung der gegenseitigen antiparallelen Orientierung ihrer zugehörigen magnetischen Momente gelang es ihm praktisch augenblicklich, die niedrigen Werte der Sättigungsmomente von Ferrospinellen zu erklären (im Vergleich zur Summe der Momente der anwesenden Ionen – siehe Tab. III-1) und weiter – wie wir später zeigen werden – eine Reihe von Eigenschaften zu erklären bzw. vorherzusagen, durch die sich diese Stoffe von Ferromagnetika unterscheiden (die vom Curie-Weiss-Gesetz abweichende Temperaturabhängigkeit der paramagnetischen Suszeptibilität, die anomalen Temperaturverläufe der resultierenden spontanen Magnetisierung). Die ursprüngliche Version der Theorie kann man auf einen beliebigen ferrimagnetischen oder antiferromagnetischen Stoff mit zwei Untergittern anwenden. Da es jedoch keine Schwierigkeiten machen wird, werden wir die Problemauffassung und Hauptgedanken der Theorie direkt für ein Ferrimagnetikum mit einer beliebigen Anzahl von Untergittern liefern.

Betrachten wir einen Kristall, dessen Struktur es erlaubt, die Knotenpunkte in verschiedene Kategorien – Untergitter – einzuteilen, und nehmen wir an, daß diese Untergitter von Atomen oder Ionen mit von Null verschiedenem magnetischen Moment besetzt sind. Damit eine bestimmte Gruppe der besetzten Kristallagen als ein Untergitter aufgefaßt werden kann, muß sie folgende Eigenschaften erfüllen: (a) sie muß periodisch sein, d. i. sie muß eine bestimmte Translationssymmetrie aufweisen; (b) alle ihren Knotenpunkte müssen untereinander äquivalent sein, d. i. alle sie bildenden Atome (Ionen) müssen die gleiche Umgebung haben. Die Diskussion der Kristallstrukturen im Abschn. 2.2 wurde in erheblichem Maße daraufgerichtet zu zeigen, welche Untergitter man in einzelnen Strukturen bilden kann,

Tabelle III-1

Ferrit	$n_B(A) + n_B(B)$	$n_B(B) - n_B(A)$	n_B exp*)
$Fe^{3+}[Fe^{2+}Fe^{3+}]O_4^{2-}$	14	4	4,2
$Fe^{3+}[Co^{2+}Fe^{3+}]O_4^{2-}$	13	3	3,3
$Fe^{3+}[Ni^{2+}Fe^{3+}]O_4^{2-}$	12	2	2,3

*) Nach Gorter [6]. Eingehende Angaben siehe Tab. III-4.

und sie gibt also eine gute Vorstellung von der Bedeutung der gemachten Voraussetzungen. Aus der Forderung (b) folgt auch, daß nach dieser Auffassung jedes Untergitter nur eine einzige Atomart enthalten kann, denn die Verwechslung irgendeines Atoms durch ein anderes würde notwendigerweise auch eine bestimmte Veränderung der Umgebung einiger Atome des Untergitters bedeuten. Im allgemeinsten Falle können wir jedem Ion in der primitiven Zelle ein besonderes Untergitter zuordnen und dieses Ion als seinen Repräsentanten betrachten. Auf diese Weise wäre es möglich, in der Spinellstruktur insgesamt 6 Untergitter, davon 4 mit der oktaedrischen und 2 mit der tetraedrischen Koordination, zu definieren (vgl. Abschn. 3.3). Sehr oft kann man jedoch – wie es auch Néel in seiner Theorie gemacht hat –, besonders wenn es sich um eine kollineare magnetische Struktur (alle magnetischen Momente parallel oder antiparallel) und um isotrope Wechselwirkungen (isotroper Austausch) handelt, einige der Untergitter zu einem einzigen Untergitter vereinigen; bei einem Spinell gelangen wir so zur üblichen Einteilung in das tetraedrische (A) und oktaedrische (B) Untergitter. Die der angeführten Definition voll genügenden Untergitter werden wir als homogen bezeichnen. In der Praxis finden wir freilich oft auch Untergitter, deren Knotenpunkte nur vom Gesichtspunkt der Gitter-Geometrie äquivalent sind, nicht jedoch in ihrer Atombesetzung. Darauf, wie diese inhomogenen Untergitter zu behandeln sind, werden wir später zu sprechen kommen.[1]) Setzen wir voraus, daß die magnetischen Eigenschaften von Ionen des i-ten Untergitters durch den Spin S_i (beziehungsweise das Gesamt-Impulsmoment J_i, wenn das Bahnmoment nicht eingefroren ist) und durch den entsprechenden spektroskopischen Aufspaltungsfaktor g_i charakterisiert werden. Das magnetische Sättigungsmoment von 1 Mol dieser Ionen wird daher $N g_i S_i \mu_B$ sein, wobei N die Avogadrosche Zahl ist, während die Sättigungsmagnetisierung des i-ten Untergitters, bezogen auf 1 cm^3, gegeben ist durch

$$M_{i0} = N_i g_i S_i \mu_B \,, \tag{3.1}$$

wenn wir die Anzahl pro 1 cm^3 der zum i-ten Untergitter gehörenden Ionen als N_i bezeichnen.[2])

Aus der Eigenschaft (a) ergibt sich, daß sich die Untergitter gegenseitig durchdringen, so daß sich in der Nachbarschaft eines beliebigen Ions verschiedenen Untergittern zugehörige Ionen befinden. Nehmen wir an, daß zwischen einzelnen Ionen-(Atom-) Paaren, die durch ein bestimmtes Austauschintegral charakterisierten Aus-

---

[1]) Néel selbst arbeitet in seiner ursprünglichen Theorie eigentlich mit inhomogenen Untergittern, denn er setzt voraus, daß eine einzige Art von magnetischen Ionen anwesend ist, die zufälligerweise auf die A- bzw. B-Lagen mit dem Verhältnis der Konzentrationen λ/μ verteilt sind. Ein typisches Beispiel von inhomogenem Untergitter bietet das oktaedrische Untergitter eines inversen Spinells.

[2]) $N_i = N\varrho x_i/\mathscr{M}$, wobei N die Avogadrosche Zahl, $\mathscr{M}$ das Molekulargewicht der Verbindung, ϱ ihre Dichte und x_i die Anzahl von i-Atomen in einem Molekül bezeichnen.

tauschwechselwirkungen des Typs (1.51) bestehen; die Größe des Austauschintegrals bestimmt die Stärke der Wechselwirkung, sein Vorzeichen entscheidet darüber, ob es sich um ferrimagnetische (positive) oder antiferromagnetische (negative) Wechselwirkung handelt. Im Abschn. 1.3, Gl. (1.54) und (1.55), haben wir gezeigt, wie man vom Austauschintegral zum effektiven Austauschfeld (Molekularfeld) übergehen kann, das die grundlegende Größe der Weiss-Theorie des Molekularfeldes bildet. Wenn wir die Addition im Ausdruck (1.54) für das auf das gegebene i-Ion wirkende Austauschfeld für Ionen jedes Untergitters getrennt durchführen, erhalten wir für dieses Feld

$$\boldsymbol{H}_{ex,i} = \sum_{l} \sum_{\substack{j \neq i \\ j \in \{l\}}} (2J_{ij}/g_i g_j \mu_B^2)\, \boldsymbol{\mu}_j = \sum_{l} \boldsymbol{H}_{ex,il}$$

wo l bzw. $\{l\}$ die Untergitter numeriert. Dabei können wir analog zu (1.55) und (1.56) $\boldsymbol{H}_{ex,il}$ durch den Ausdruck

$$\boldsymbol{H}_{ex,il} \cong \langle \sum_{\substack{j \neq i \\ j \in \{l\}}} (2J_{ij}/g_i g_j \mu_B^2)\, \boldsymbol{\mu}_j \rangle \cong \sum_{\substack{j \neq i \\ j \in \{l\}}} (2J_{ij}/g_i g_j \mu_B^2)\, \langle \boldsymbol{\mu}_j \rangle = \tag{3.2}$$

$$= \nu_{il} \boldsymbol{M}_l \equiv \boldsymbol{h}_{il}$$

approximieren und als einen Beitrag des l-ten Untergitters zum Molekularfeld $\boldsymbol{h}_i$ interpretieren, das auf das ausgewählte i-te Ion einwirkt, oder, wenn wir dieses Ion als einen Repräsentanten des Untergitters $\{i\}$ betrachten, auf ein beliebiges Ion des i-ten Untergitters Wirkung ausübt. Wir können also im ganzen bei n Untergittern schreiben

$$\boldsymbol{h}_i = \sum_{l=1}^{n} \boldsymbol{h}_{il} = \sum_{l=1}^{n} \nu_{il} \boldsymbol{M}_l\,, \quad i, l = 1, 2, \ldots, n\,. \tag{3.3}$$

$\boldsymbol{M}_l$ bedeutet hier die Magnetisierung des l-ten Untergitters, und ν_{il} sind die sog. Koeffizienten (Konstanten) des Molekularfeldes, die die Symmetrie-Beziehungen $\nu_{il} = \nu_{li}$ erfüllen. Die Koeffizienten ν_{il} hängen mit den Werten der entsprechenden Austauschintegrale und geometrischen Eigenschaften des Untergitters eng zusammen. Es wird jetzt die Aufgabe gestellt, magnetische Eigenschaften der Untergitter zu studieren, d. h. im allgemeinen, ihre Magnetisierungen M_i als Funktionen der Temperatur und eventuell des äußeren Magnetfeldes H mit der Molekularfeldmethode zu beschreiben.

Das statistische Verhalten eines magnetischen Dipolmoments in einem beliebigen Magnetfeld wird durch die Gl. (1.43) beschrieben. Weil man die Molekularfelder so behandeln kann, als ob es Magnetfelder wären, können wir analog zu (1.43) für die Magnetisierung des i-ten Untergitters bei der Temperatur T schreiben

$$M_i = N_i g_i S_i \mu_B B_{Si}\left(\frac{g_i S_i \mu_B |\boldsymbol{H} + \boldsymbol{h}_i|}{kT}\right) = M_{i0} B_{Si}\left(\frac{(\langle \mu_{i0} \rangle\, |\boldsymbol{H} + \boldsymbol{h}_i|)}{kT}\right), \tag{3.4}$$

wobei B_{Si} die durch die Beziehung (1.44) für $J = S_i$ definierte Brillouin-Funktion, $\boldsymbol{H}$ das angelegte Magnetfeld, M_{i0} der (paralleler Anordnung der Spinnmomente im Untergitter entsprechende) Sättigungswert der Magnetisierung M_i und $\langle\mu_{i0}\rangle = n_B\mu_B$ das magnetische Sättigungsmoment eines Ions des i-ten Untergitters (d. i. sein maximaler meßbarer Wert z. B. in Richtung des Feldes – vgl. (1.53)) sind. Dadurch wird das ganze Problem auf die Diskussion und Lösung eines Systems von Gleichungen vom Typ (3.4), eventuell unter gewissen spezialisierten Bedingungen (hohe Temperaturen, tiefe Temperaturen u. ä.), überführt. Die Lösung werden wir im folgenden Abschnitt für den einfachsten Fall zweier Untergitter eingehend durchführen, und im weiteren werden wir andeuten, wie man einige Ergebnisse auch für eine beliebige Anzahl von Untergittern verallgemeinern kann.

Die dieses Problem lösende Néelsche Theorie ist also eine phänomenologische Lehrmeinung, denn sie kann keine Beantwortung des Problems der Substanz von Koeffizienten des Molekularfeldes und der von ihnen beschriebenen Austauschwechselwirkungen geben, sie kann dieselben nicht quantitativ bestimmen und nimmt sie nur als empirische Konstanten an, die experimentell ermittelt werden können. Aber das schmälert keineswegs die Bedeutung dieser Theorie und vermindert nicht ihren Erfolg, denn sie erlaubte es, eine bedeutende Anzahl von bisher unaufgeklärten Fakten zu begreifen, sie brachte es zustande, neue, mit dem Ferrimagnetismus verbundene Erscheinungen richtig vorherzusagen und schuf so unstreitig einen wichtigen Markstein in der ganzen modernen Theorie des magnetischen Zustandes. Ihre Bedeutung wird nicht einmal dadurch vermindert, daß der durch sie inspirierte reichhaltige Strom von Forschungen mit der Zeit die Notwendigkeit aufzeigte, sie in allerei Hinsicht zu ergänzen, zu verallgemeinern und zu vertiefen. Diese Ergänzung hat sich besonders in zwei Richtungen als nötig erwiesen. Die in einigen Fällen festgestellte Diskrepanz zwischen theoretischen und experimentellen Werten der magnetischen Sättigungsmomente führte zusammen mit Bedenken, ob das *a priori*-Postulat betreffend die antiparallele Magnetisierung der Untergitter, das sicher richtig ist, sofern man die Austauschwechselwirkungen *innerhalb* der Untergitter gegenüber der Wechselwirkung *zwischen* den Untergittern vernachlässigen kann, auch dann in Gültigkeit bleibt, wenn diese Voraussetzung nicht erfüllt ist, zum Studium nichtkollinearer Konfigurationen magnetischer Momente der Ionen und zur Verallgemeinerung der Theorie in diesem Sinne. Auf der anderen Seite führte die Bestrebung nach Aufklärung des Detailmechanismus von Austauschwechselwirkungen, den zu erfassen die Néelsche Theorie auf Grund ihrer phänomenologischen Natur nicht imstande ist, zur Vertiefung des Studiums des Zusammenhanges zwischen der Konfiguration der Elektronenhülle des Ions, der Geometrie seiner Umgebung und dem Typ bzw. der Stärke der betreffenden Wechselwirkungen. Diesen Problemen werden die Abschn. 3.3 und 3.4 gewidmet.

Die Lösung für zwei Untergitter

In diesem Abschnitt werden wir magnetische Eigenschaften des einfachsten Typs von Ferrimagnetikum untersuchen, das zwei vollkommen homogene magnetische Untergitter hat. Bei der energetischen Bilanz vernachlässigen wir der Einfachheit halber die Energie der magnetischen Anisotropie und die Entmagnetisierungs-Energie der Oberfläche (unbegrenzter Kristall). Als Beispiele eines Ferrimagnetikums mit zwei homogenen Untergittern können der einfache Spinell mit Normalstruktur (vgl. S. 97 f.), z. B. $NiCr_2O_4$ oder der Yttrium-Eisen-Granat (YIG) $Y_3Fe_5O_{12}$, dienen. Einen besonderen Fall stellt der antiferromagnetische Kristall mit zwei identischen Untergittern dar.

Beide Untergitter können sich im allgemeinen durch die Art der magnetischen Ionen, die sie enthalten, durch ihre Anzahl und Anordnung unterscheiden. Wir werden sie, ähnlich wie bei Spinellen, mit den Buchstaben A und B, die betreffenden Teilmagnetisierungen mit $\boldsymbol{M}_a$ und $\boldsymbol{M}_b$ bezeichnen. Da jedes Untergitter der Voraussetzung entsprechend nur eine einzige Ionenart enthält, werden im Sinne der Molekularfeldnäherung drei verschiedene Wechselwirkungstypen existieren, die wir symbolisch als $A-A$, $A-B$ und $B-B$ bezeichnen können. Die auf die Ionen A bzw. B einwirkenden verallgemeinerten Molekularfelder (d. i. effektive Austauschfelder) können wir dann nach (3.2) und (3.3) in der Form

$$\boldsymbol{h}_a = \nu_{aa}\boldsymbol{M}_a + \nu_{ab}\boldsymbol{M}_b \qquad (3.5)$$

$$\boldsymbol{h}_b = \nu_{ab}\boldsymbol{M}_a + \nu_{bb}\boldsymbol{M}_b$$

schreiben, wobei die Koeffizienten ν_{aa}, ν_{ab}, ν_{bb} je nach Art der Wechselwirkung sowohl positiv als auch negativ sein können. Um jedoch den Unterschied zwischen den zwei Grenzfällen besser auszudrücken, die der ferromagnetischen ($\nu_{ab} > 0$) und antiferromagnetischen ($\nu_{ab} < 0$) Wechselwirkung zwischen den beiden Untergittern entsprechen, setzen wir für die weitere Berechnung

$$|\nu_{ab}| = \nu\,, \quad \nu_{aa} = \alpha\nu\,, \quad \nu_{bb} = \beta\nu\,. \qquad (3.6)$$

Dadurch werden die vorstehenden Ausdrücke (3.5) für $\boldsymbol{h}_a$, $\boldsymbol{h}_b$ in folgende Form übergehen

$$\boldsymbol{h}_a = \nu(\alpha\boldsymbol{M}_a + \eta\boldsymbol{M}_b) \qquad (3.7)$$

$$\boldsymbol{h}_b = \nu(\eta\boldsymbol{M}_a + \beta\boldsymbol{M}_b)\,, \quad \eta = \operatorname{sign}\nu_{ab}\,.$$

Die Molekularfelder $\boldsymbol{h}_a$, $\boldsymbol{h}_b$ üben auf die magnetischen Momente der Ionen der Untergitter A und B einen orientierenden Effekt aus wie ein äußeres Magnetfeld. Wir können also für die Teilmagnetisierungen $\boldsymbol{M}_a$, $\boldsymbol{M}_b$ nach (3.4) schreiben

$$|\boldsymbol{M}_a| = M_{a0}B_{S_a}(g_aS_a\mu_B|\boldsymbol{H} + \boldsymbol{h}_a|/kT) \qquad (3.8)$$

$$|\boldsymbol{M}_b| = M_{b0}B_{S_b}(g_bS_b\mu_B|\boldsymbol{H} + \boldsymbol{h}_b|/kT)\,.$$

In bezug auf (3.7) gelten die Gleichungen (3.8) als implizite Gleichungen für die Bestimmung von $|\boldsymbol{M}_a|$ und $|\boldsymbol{M}_b|$. Die resultierende Magnetisierung $\boldsymbol{M}$ ist dann durch die Vektorsumme gegeben

$$\boldsymbol{M} = \boldsymbol{M}_a + \boldsymbol{M}_b\,. \tag{3.9}$$

Wegen des Vektorcharakters der Größen $\boldsymbol{M}_a$ und $\boldsymbol{M}_b$ ist es zur Lösung der Gleichungen (3.8) und (3.9) erforderlich, Näheres über die Orientierung der beiden Magnetisierungen zu wissen. Durch unsere Voraussetzung über die Existenz zweier Untergitter sind die Möglichkeiten in der Wahl der gegenseitigen Orientierung von $\boldsymbol{M}_a$ und $\boldsymbol{M}_b$ wesentlich eingeschränkt; zumindest, sofern die Untergitter im Sinne des vorherigen Abschnittes aufgefaßt werden, d. h. als einfach und homogen mit konstantem Molekularfeld, was seine Größe und Richtung in allen Knotenpunkten anbelangt.[3]) Da der Magnetisierungsvektor bei Abwesenheit eines äußeren Feldes von gleicher Richtung und gleichem Sinn wie der Vektor des Molekularfeldes im betrachteten Punkt sein wird, können nämlich $\boldsymbol{M}_a$ und $\boldsymbol{M}_b$ nur gegenseitig parallel oder antiparallel sein. Dieser Umstand wird weitere Erwägungen wesentlich vereinfachen.

Der Grundzustand bei Abwesenheit eines äußeren Magnetfeldes. Betrachten wir zuerst, auf welche Weise die magnetischen Momente eines Ferrimagnetikums mit zwei Untergittern beim absoluten Nullpunkt angeordnet werden können. In diesem Falle entscheidet über die Stabilität der gegebenen Anordnung die dazugehörige Austauschenergie; es wird sich der Zustand einstellen, für den diese Energie am niedrigsten ist. In der Molekularfeld-Näherung ist die Austauschenergie gleich der Wechselwirkungsenergie zwischen dem betreffenden magnetischen Moment und dem effektiven Austausch- (Molekular-) Feld; die Dichte der Austauschenergie unseres Ferrimagnetikums wird also gleich sein

$$E_{ex} = -\tfrac{1}{2}(\boldsymbol{M}_a\,.\,\boldsymbol{h}_a + \boldsymbol{M}_b\,.\,\boldsymbol{h}_b) = -\tfrac{1}{2}(\nu_{aa}M_a^2 + 2\nu_{ab}\boldsymbol{M}_a\,.\,\boldsymbol{M}_b + \nu_{bb}M_b^2)\,, \tag{3.10}$$

$$M_a = |\boldsymbol{M}_a|\,,\quad M_b = |\boldsymbol{M}_b|\,.$$

Über die gegenseitige Orientierung der Vektoren $\boldsymbol{M}_a$, $\boldsymbol{M}_b$ entscheidet das Vorzeichen von ν_{ab}; die Glieder mit M_a^2 und M_b^2 hängen von ihr nicht ab. Es ist klar, daß bei $\nu_{ab} > 0$ die parallele Orientierung, bei $\nu_{ab} < 0$ die antiparallele energetisch vorteilhafter sein wird. Wenn wir den vorstehenden Ausdruck für die Koeffizienten des Molekularfeldes benutzen, können wir also in beiden Fällen für die Austauschenergie den Ausdruck

$$E_{ex} = -\tfrac{1}{2}\nu(\alpha M_a^2 + 2M_aM_b + \beta M_b^2) \tag{3.11}$$

schreiben, in dem nur skalare Größen vorkommen.

---

[3]) Später werden wir sehen, wann und in welchem Maße wir zu einer solchen Voraussetzung berechtigt sind.

Wenn wir näher untersuchen, welche Werte E_{ex} annehmen kann, können wir 4 Fälle unterscheiden, u. zw.:

(1) Beide Untergitter sind magnetisch gesättigt, $M_a = M_{a0}$, $M_b = M_{b0}$, $M = |M_{a0} + \eta M_{b0}|$, wobei ersichtlich ist, daß dieser Zustand als einer mit niedrigster Austauschenergie zumindest dann gelten wird, wenn α und $\beta \geqq 0$ sind.

(2) Nur das Untergitter *A* ist gesättigt, die Magnetisierung des zweiten Untergitters ist kleiner, d. i. $M_a = M_{a0}$, $M_b < M_{b0}$. Die Größe von M_b ist dann durch die Bedingung des Minimums von E_{ex} als Funktion der Veränderlichen M_b bestimmt, d. i.

$$\partial E_{ex}/\partial M_b = -\nu(M_{a0} + \beta M_b) = 0\,,$$

woraus folgt

$$M_b = -\beta^{-1} M_{a0}\,.$$

(3) Gesättigt ist nur das Untergitter *B*; analog zu (2) ist $M_a = -\alpha^{-1} M_{b0}$.

(4) Keines der Untergitter ist gesättigt; die Magnetisierungen M_a, M_b sind aus der Bedingung der Existenz des Minimums von E_{ex} als Funktion zweier Veränderlichen M_a, M_b gegeben:

$$\frac{\partial E_{ex}}{\partial M_a} = \frac{\partial E_{ex}}{\partial M_b} = 0\,, \quad \frac{\partial^2 E_{ex}}{\partial M_a^2}\,\frac{\partial^2 E_{ex}}{\partial M_b^2} - \left(\frac{\partial^2 E_{ex}}{\partial M_a \partial M_b}\right)^2 > 0\,.$$

Dieses Minimum besteht nur, solange $\alpha\beta > 1$ ist,[4]) und zwar mit der einem ungeordneten Zustand entsprechenden trivialen Lösung $M_a = M_b = 0$.

E_{ex} nimmt in den einzelnen Fällen folgende Werte an:

$$\begin{aligned} E_{ex}^{(1)} &= -(\nu/2)\,(\alpha M_{a0}^2 + 2M_{a0}M_{b0} + \beta M_{b0}^2) \\ E^{(2)} &= -(\nu/2)\,(\alpha - 1/\beta)\,M_{a0}^2 \\ E_{ex}^{(3)} &= -(\nu/2)\,(\beta - 1/\alpha)\,M_{b0}^2 \\ E_{ex}^{(4)} &= 0\,. \end{aligned} \tag{3.12}$$

Die E_{ex}-Werte kann man daher allgemein als eine Funktion der Parameter α, β[5]) ansehen. Um darüber zu entscheiden, welcher von den angeführten Zuständen für das gegebene Paar (α, β) den Grundzustand darstellt, genügt es dann festzustellen, welche von den Energien $E_{ex}^{(i)}$ $(i = 1, 2, \ldots, 4)$ die kleinste ist. Wenn als Zustand mit der niedrigsten Energie irgendeiner der möglichen geordneten Zustände gelten soll, muß $E_{ex} < 0$ sein, d. i. es muß die Ungleichung

$$-\tfrac{1}{2}\nu(\alpha M_a^2 + \beta M_b^2) < \nu M_a M_b \tag{3.13}$$

---

[4]) wir setzen $\nu \neq 0$ voraus.

[5]) ν tritt in allen Fällen nur als ein Multiplikationsfaktor auf.

erfüllt sein. Wir überzeugen uns leicht, daß man dieser Ungleichung nicht genügen kann, wenn $\alpha < 0$, $\beta < 0$ und gleichzeitig $\alpha\beta > 1$ ist. Da jedoch die Existenz des ungeordneten Zustandes ebenfalls an die Bedingung $\alpha\beta > 1$ gebunden ist, begrenzt der negative Ast der Hyperbel $\alpha\beta = 1$ in der Ebene α, β das Gebiet, in dem als ein Zustand mit niedrigster Energie der ungeordnete Zustand $(M_a = M_b = 0)$[6]) gilt.

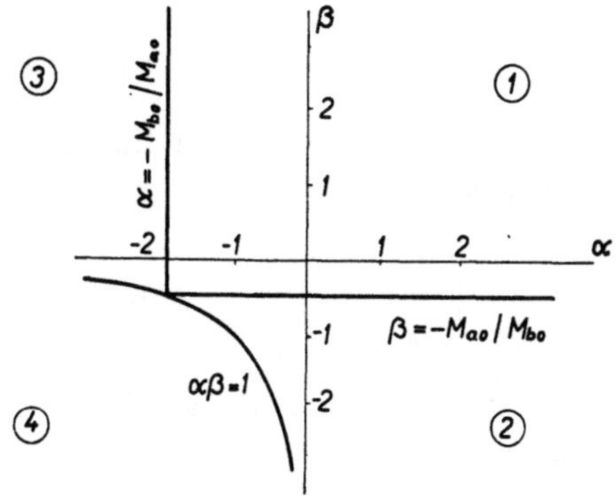

Abb. 3.1 Grundzustand eines Ferrimagnetikums mit zwei Untergittern nach der Néel-Theorie: Aufteilung der Ebene (α, β).

Für die oberhalb dieser Hyperbel liegenden Punkte (α, β) wird dann $E_{ex} < 0$ sein; durch die aus den Bedingungen $E_{ex}^{(1)} = E_{ex}^{(2)}$ bzw. $E_{ex}^{(1)} = E_{ex}^{(3)}$ bestimmten Geraden $\beta = -(M_{a0}/M_{b0})$ und $\alpha = -(M_{b0}/M_{a0})$ kann man dieses Gebiet weiter in drei Teile einteilen, in welchen als Grundzustand der Zustand (1), (2) bzw. (3) gilt. Die beschriebene Einteilung der Ebene ist in Abb. (3.1) dargestellt.

Der Paramagnetismus und die Curie-Temperatur. Ähnlich wie bei den normalen Ferromagnetika besteht auch hier eine kritische Temperatur – die Curie-Temperatur, oberhalb der der ungeordnete Zustand wegen seiner höheren Entropie eine niedrigere freie Energie hat als der geordnete Zustand. Die spontane Magnetisierung verschwindet, zur Ausrichtung der magnetischen Momente ist ein äußeres Magnetfeld erforderlich, der Stoff wird paramagnetisch. Die Austauschkräfte zwischen den Atomen wirken natürlich auch im paramagnetischen Gebiet. Sie reichen zwar nicht aus, die spontane Anordnung magnetischer Momente aufrechtzuerhalten, beeinflussen jedoch die Größe der durch das äußere Feld hervorgerufenen Magnetisierung und ihre Temperaturabhängigkeit.

Wir wollen nun die Beziehung für die Temperaturabhängigkeit der paramagnetischen Suszeptibilität $(T > T_c)$ eines Ferrimagnetikums mit zwei Untergittern ableiten. Da die Magnetisierung in den Untergittern nicht spontan, sondern durch die Wirkung des angelegten Magnetfeldes entsteht, werden M_a, M_b im Vergleich zu den Werten, die sie unterhalb der Curie-Temperatur erreichen, sehr klein sein. Infolgedes-

[6]) Später werden wir sehen, daß die Lösung $M_a = M_b = 0$ notwendigerweise keinen ungeordneten Zustand bedeuten muß, sondern daß es sich um eine antiferromagnetische Anordnung innerhalb der Untergitter handeln kann

sen werden auch die Molekularfelder $\boldsymbol{h}_a$, $\boldsymbol{h}_b$ (3.7) sehr schwach sein, so daß die Argumente der Brillouin-Funktionen in (3.8) $\ll 1$ sein werden. Wir können deshalb die Näherung (1.46) benutzen, wodurch die Gleichung (3.8) analog zu (1.58) auf das System von linearen Gleichungen für die Bestimmung von M_a und M_b[7]) vereinfacht wird:

$$M_a = (C_a/T)(H + v_{aa}M_a + v_{ab}M_b) \tag{3.14}$$
$$M_b = (C_b/T)(H + v_{ab}M_a + v_{bb}M_b)$$

oder nach Umformung und Einführung geläufiger Bezeichnungen für die Koeffizienten des Molekularfeldes

$$\left(\frac{T}{C_a} - v\alpha\right) M_a - \eta v M_b = H\,, \quad -\eta v M_a + \left(\frac{T}{C_b} - v\beta\right) M_b = H\,; \tag{3.15}$$

C_a, C_b bedeuten dabei die auf das Einheitsvolumen bezogenen Curie-Konstanten der Ionen A, B,[8])

$$C_i = N_i g_i^2 S_i(S_i + 1)\,\mu_B^2/3k\,, \quad i = a, b \tag{3.15a}$$

und $\eta = \text{Sign}\; v_{ab}$. Wenn wir nach M_a, M_b auflösen und $M = M_a + M_b$ setzen, erhalten wir für den reziproken Wert der paramagnetischen Suszeptibilität χ den Ausdruck

$$\frac{1}{\chi} = \frac{T^2 - v(C_a\alpha + C_b\beta)\,T + C_aC_bv^2(\alpha\beta - 1)}{(C_a + C_b)\,\{T + [C_aC_b/(C_a + C_b)]\,v(2\eta - \alpha - \beta)\}}\,, \tag{3.16}$$

welcher einer hyperbolischen Abhängigkeit $1/\chi$ von der Temperatur entspricht. Man kann ihn in folgende Form umschreiben:

$$\frac{1}{\chi} = \frac{T - \Theta}{C} - \frac{\zeta}{T - \Theta'} \tag{3.17}$$
$$C = C_a + C_b$$
$$\Theta = [C_aC_b/(C_a + C_b)]\,v(2\eta + \alpha C_a/C_b + \beta C_b/C_a)$$
$$\Theta' = -[C_aC_b/(C_a + C_b)]\,v(2\eta - \alpha - \beta)$$
$$\zeta = [C_aC_b/(C_a + C_b)^3]\,v^2[C_a(1 - \eta\alpha) - C_b(1 - \eta\beta)]^2\,.$$

[7]) M_a, M_b bedeuten hier die Komponenten in Richtung des Magnetfeldes und können daher sowohl positiv als auch negativ sein.

[8]) Manchmal ist es vorteilhafter, die Suszeptibilität und daher auch alle mit ihr zusammenhängenden Größen, wie v, M_a, M_b, C_a und C_b, auf 1 Mol des betreffenden Stoffes zu beziehen. Dann ist $N_i = Nx_i$, wobei N die Avogadrosche Zahl und x_i die Anzahl der Ionen i in einem Molekül bedeuten.

Die nichtlineare, in unserem Falle hyperbolische Form der Funktion $1/\chi = 1/\chi(T)$ bildet eine der wichtigsten charakteristischen Eigenschaften der Ferrimagnetika. Dieses sonderbare Verhalten tritt auf ohne Rücksicht darauf, ob die Wechselwirkung zwischen den Untergittern positiv, d. i. ferromagnetisch ($\nu_{ab} > 0$, $\eta = +1$), oder antiferromagnetisch ($\nu_{ab} < 0$, $\eta = -1$) ist, und ist eine direkte Folge der Nichtäquivalenz der Untergitter und der Verschiedenheit der Molekularfelder in ihren Knotenpunkten. Davon können wir uns leicht überzeugen, wenn wir aus den Gleichungen (3.7) und (3.15) die Bedingung dafür ausrechnen, daß die beiden Molekularfelder $\boldsymbol{h}_a$, $\boldsymbol{h}_b$ gleich groß sind. Wir werden feststellen, daß dafür gelten muß

$$C_a(1 - \eta\alpha) = C_b(1 - \eta\beta)\,, \tag{3.18}$$

was nach (3.17) mit der Bedingung $\zeta = 0$[9]) äquivalent ist. In diesem Falle wird die Hyperbel $1/\chi(T)$ auf die bei Ferromagnetika und Antiferromagnetika übliche Curie-Weiss-Gerade reduziert. Der Ferromagnetismus wie auch der Antiferromagnetismus sind in unserem Modell als der spezielle Fall $C_a = C_b$, $\alpha = \beta$ enthalten, für den die Bedingung (3.18) evident erfüllt ist.

Die durch die Gleichung (3.17) gegebene Hyperbel ist in Abb. 3.2 dargestellt. Weil χ für $T \to \infty$ definiert werden und gegen Null konvergieren muß, wird die paramagnetische Suszeptibilität durch den in der Abbildung stark ausgezogenen Hyperbelast ausgedrückt. Sein Schnittpunkt mit der T-Achse gibt die Curie-Temperatur T_c an, denn dies ist der Punkt, an dem χ gegen Unendlich geht, so daß hier eine von Null verschiedene Magnetisierung auch für $H = 0$ bestehen kann. Wenn wir in (3.16) $1/\chi = 0$ setzen, erhalten wir für T_c

$$T_c = \tfrac{1}{2}\nu\{C_a\alpha + C_b\beta + [(C_a\alpha - C_b\beta)^2 + 4C_aC_b]^{1/2}\}\,, \tag{3.19}$$

während die zweite Wurzel T_c' dem Schnittpunkt des zweiten Hyberbelastes mit der T-Achse entspricht (Abb. 3.2) und deshalb nicht die Bedeutung eines wirklichen Curie-Punktes hat.[10]) Zum gleichen Resultat würden wir auch direkt aus der Bedingung einer von Null verschiedenen Lösung M_a, M_b des Systems (3.15) gelangen, wenn wir die Determinante dieses Systems gleich Null setzen würden. Im Falle des Antiferromagnetismus $C_a = C_b$, $\alpha = \beta$ ergibt (3.19) die Néel-Temperatur $T_N = C_a \,.\, \nu(1 + \alpha)$. Es ist klar, daß die Curie-(Néel) Temperatur ein Maß für die Stärke der Wechselwirkung ist, die die Grundanordnung der magnetischen Momente bestimmt.

---

[9]) den Fall $\nu = 0$ schieden wir aus; ähnlich hätte es keinen Sinn, $C_a = 0$ oder $C_b = 0$ in Erwägung zu ziehen.

[10]) Es läßt sich zeigen, daß T_c' der Curie-Temperatur bei einer entgegengesetzten gegenseitigen Orientierung der Vektoren $\boldsymbol{M}_a$, $\boldsymbol{M}_b$ entspricht, als wie es in der Wirklichkeit entsteht, d. h. bei $\nu_{ab} > 0$ würde T_c' einer antiparallelen und bei $\nu_{ab} < 0$ einer parallelen Orientierung angehören. Jedenfalls geht es um eine Konfiguration mit höherer freier Energie, die aus diesem Grunde nicht entstehen kann.

Die spontane Magnetisierung und daher der geordnete Zustand können jedoch nur dann auftreten, wenn $T_c > 0$ ist. Aus dem Ausdruck für T_c folgt, daß $T_c \leqq 0$ für $\alpha\beta \geqq 1$ bei negativen α, β ist. Wir erhalten also von neuem das Ergebnis, zu dem wir schon früher auf einem anderen Wege gelangt sind, daß nämlich der negative Ast der Hyperbel $\alpha\beta = 1$ in der Ebene α, β das Gebiet trennt, in dem bei allen Temperaturen bei Abwesenheit eines äußeren Feldes $M_a = M_b = 0$ ist.

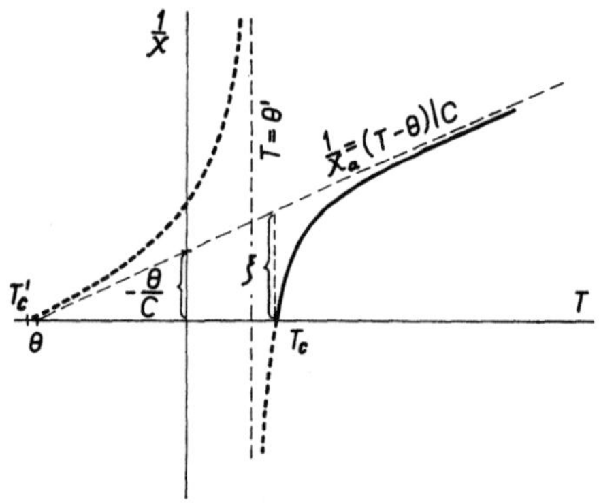

Abb. 3.2 Hyperbolische Abhängigkeit $1/\chi = f(T)$ eines Ferrimagnetikums mit zwei Untergittern. Es ist die geometrische Deutung der in Gl. (3.17) auftretenden Parameter dargestellt.

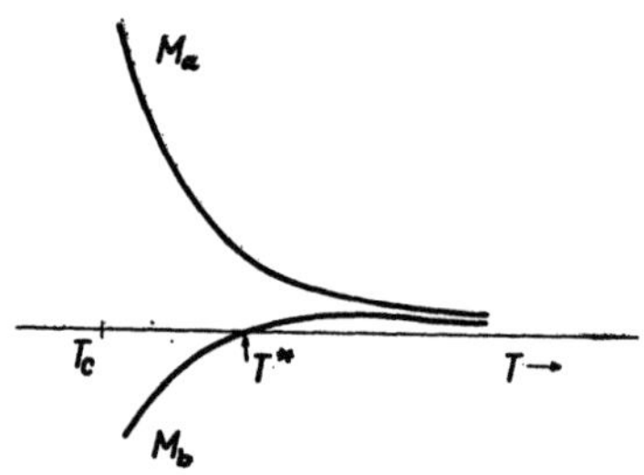

Abb. 3.3 Schematische Darstellung der Temperaturabhängigkeit der Magnetisierungen M_a, M_b der Untergitter A, B für $T > T_c$ bei konstantem äußeren Magnetfeld.

Betrachten wir noch einen interessanten, für Ferrimagnetika mit antiparalleler Orientierung (was der übliche Fall ist) charakteristischen Umstand. Bei bedeutend höheren Temperaturen als T_c können wir erwarten, daß die Molekularfelder $\boldsymbol{h}_a$, $\boldsymbol{h}_b$ wegen der monotonen Abnahme beider Teilmagnetisierungen $\boldsymbol{M}_a$, $\boldsymbol{M}_b$ mit der Temperatur derart schwach sein werden, daß sie nicht ausreichen, die antiparallele Orientierung der Spinmomente aufrechtzuerhalten, die sich im äußeren Felde praktisch unabhängig voneinander orientieren können. Infolgedessen werden die beiden Vektoren $\boldsymbol{M}_a$ und $\boldsymbol{M}_b$ mit der Richtung des angelegten Magnetfeldes parallel sein. Wenn wir uns aber der Curie-Temperatur nähern, wächst der Einfluß der Austauschfelder, was durch eine Tendenz zur antiparallelen Anordnung der Spins zum Ausdruck kommt, bis endlich der Augenblick eintritt, wo das durch das äußere Feld bewirkte Auftreten der Magnetisierung in einem der Untergitter die antiparallele Orientierung des Magnetisierungsvektors des zweiten Untergitters zur Folge haben wird, trotzdem das äußere Feld bestrebt ist, beide Vektoren parallel zu orientieren. Wenn z. B. $|\boldsymbol{M}_a| > |\boldsymbol{M}_b|$ ist, wird $\boldsymbol{M}_a$ knapp oberhalb der Curie-Temperatur mit dem äußeren Feld parallel und $\boldsymbol{M}_b$ gegenüber antiparallel sein. Da jedoch $\boldsymbol{M}_a$ und $\boldsymbol{M}_b$ bei genügend hohen Temperaturen parallel sein werden, muß eine bestimmte Temperatur T^* existieren, bei der $\boldsymbol{M}_b = 0$ ist. Aus den Gleichungen (3.15) erhalten wir für diese Temperatur

$$T^* = C_a \nu (1 + \alpha)\,. \tag{3.20}$$

Der Verlauf beider Magnetisierungen mit der Temperatur ist in Abb. 3.3 schematisch dargestellt. Bei Antiferromagnetika stimmt diese Temperatur mit der Néel-Temperatur überein.

Die Temperaturabhängigkeit der spontanen Magnetisierung. Wie wir bereits früher gezeigt haben, besteht am absoluten Nullpunkt bei dem von uns angenommenen Modell des Ferrimagnetikums unter Ausschluß des Gebietes $\alpha\beta > 1$, $\alpha < 0$, $\beta < 0$, die spontane Magnetisierung in beiden Untergittern. Die gegenseitige Orientierung der Vektoren beider Teilmagnetisierungen ist dabei parallel oder antiparallel je nachdem, ob $v_{ab} \gtrless 0$ (d. h. $\eta = \pm 1$) ist. Mit zunehmender Temperatur nehmen beide Magnetisierungen M_a, M_b[11]) monoton ab und ihre Größe wird durch die Beziehungen (3.7) und (3.8) gegeben, in denen wir $\boldsymbol{H} = 0$ setzen. Die Molekularfelder $\boldsymbol{h}_a$, $\boldsymbol{h}_b$ werden jedoch im allgemeinen verschieden groß sein, und deshalb wird sich meist auch der Verlauf der Abhängigkeiten $M_a = M_a(T)$ und $M_b = M_b(T)$ unterscheiden. Die Curie-Temperatur ist freilich beiden Untergittern gemeinsam. Als eine der Messung am leichtesten zugängliche Größe, auf Grund deren es möglich wäre, die Theorie mit dem Experiment zu vergleichen, gilt die Gesamtmagnetisierung $M = |M_a + \eta M_b|$. Im folgenden werden wir uns deshalb auf die Untersuchung der Temperaturabhängigkeit $M(T)$ für verschiedene Werte der Koeffizienten α, β konzentrieren.

Richten wir zuerst unsere Aufmerksamkeit auf das Gebiet, in dem bei 0 °K beide Untergitter gesättigt sind (vgl. Abb. 3.1). Sofern $\eta = +1$ gilt, ist M durch die einfache Summe beider Teilmagnetisierungen gegeben und wird daher mit wachsender Temperatur monoton abnehmen. Die genaue Form der Funktion $M = M(T)$ wird sich zwar im allgemeinen von der Brillouin-Form unterscheiden, aber ihre Grundcharakteristik, d. i. $(\partial M/\partial T)_{T=0} = 0$ und $(\partial M/\partial T)_{T \to T_c} \to -\infty$ bleibt aufrechter-

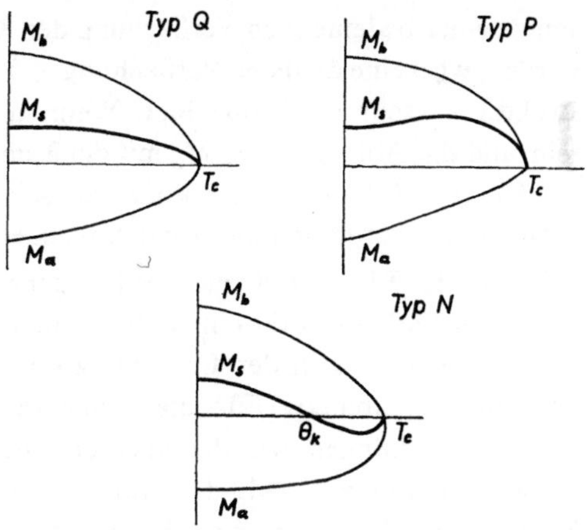

Abb. 3.4 Die Grundtypen der Abhängigkeiten der spontanen Magnetisierung M_s von der Temperatur bei antiparalleler Orientierung von $\boldsymbol{M}_a$, $\boldsymbol{M}_b$ (für das Gebiet **1** in Abb. 3.1).

halten. Interessanter und gleichzeitig wichtiger (denn in der Praxis finden wir ihn bisher ausschließlich), ist der Fall, wo $\eta = -1$. Hier kann der Temperaturverlauf der Magnetisierung, infolge der Tatsache, daß sie durch die Differenz der Magneti-

[11]) Sofern nicht besonders erwähnt, verstehen wir in diesem ganzen Abschnitt unter dem Begriff der Magnetisierug immer die spontane Magnetisierung.

sierungen der Untergitter gegeben ist, eine von normalen Ferromagnetika stark abweichende Form annehmen, was aus Abb. 3.4 ersichtlich ist. Darüber, welcher der wiedergegebenen Kurvenverläufe, ob der „normale" oder einer der zwei möglichen „anomalen" Typen entstehen wird, entscheidet wieder die Lage des Punktes (α, β) in der Ebene α, β und das Verhältnis M_{a0}/M_{b0} beziehungsweise S_a/S_b.

Wie aus Abb. 3.4 zu ersehen ist, wird einer dieser anomalen Verläufe durch die Existenz des sog. *Kompensationspunktes*, d. i. jener Temperatur charakterisiert, bei der $\boldsymbol{M}_a + \boldsymbol{M}_b = 0$ ist; der zweite weist im Gegensatz dazu das Maximum in der Abhängigkeit $M = M(T)$ bei einer Temperatur $T > 0$ auf. Die Entstehung dieser Abhängigkeiten können wir einfach folgendermaßen erklären: Bei 0 °K stimmt die Richtung der resultierenden Magnetisierung $\boldsymbol{M}$ immer mit dem Größeren der beiden Vektoren $\boldsymbol{M}_{a0}$, $\boldsymbol{M}_{b0}$ überein. Nehmen wir z. B. an, daß $M_{b0} > M_{a0}$ ist. Die Ausdrücke (3.7) für die Molekularfelder $\boldsymbol{h}_a$, $\boldsymbol{h}_b$ können wir in die Form $\boldsymbol{h}_a = \nu(M_b/M_a + \alpha)\,\boldsymbol{M}_a$ und $\boldsymbol{h}_b = \nu(M_a/M_b + \beta)\,\boldsymbol{M}_b$ umschreiben, welche mit dem Ausdruck des Molekularfeldes des einfachen Ferromagnetikums (1.56) formal identisch ist. Wenn wir die Ausdrücke $\nu_a = \nu(M_b/M_a + \alpha)$ und $\nu_b = \nu(M_a/M_b + \beta)$ als bestimmte Effektivkoeffizienten des auf die Ionen *A* und *B* wirkenden Molekularfeldes ansehen, dann können wir uns leicht eine Vorstellung über das Verhalten der Magnetisierung der einzelnen Untergitter bilden. Wenn $\nu_a \gg \nu_b$ ist, wird sich M_b bei Erhöhung der Temperatur schneller verringern als M_a und günstigenfalls kann oberhalb einer bestimmten Temperatur (der Kompensationspunkt) $M_a > M_b$ und daher $\boldsymbol{M}$ in der Richtung $\boldsymbol{M}_a$ sein. Dies tritt ein, wenn $\beta \ll \alpha$ sein wird;[12]) aber selbst wenn es keinen Kompensationspunkt gibt, kann es unter den angeführten Bedingungen zu einer bedeutenden Verflachung der Kurve $M(T)$ kommen. Wie wir noch sehen werden, wird eine ähnliche Verflachung – z. B. bei Ferriten mit Spinell- oder Granatstruktur – sehr oft beobachtet. Wenn umgekehrt $\alpha \ll \beta$ gilt, dann wird $\nu_a \ll \nu_b$ sein, und die Abnahme von M_a mit der Temperatur wird stärker sein als die von M_b; die Kurve $M(T)$ wird dann konkaver sein, als es dem normalen Brillouin-Verlauf entsprechen würde und kann mit sinkender Temperatur auch anwachsen.

Um in der Ebene α, β jene Gebiete genauer festzulegen, in denen die angeführten anomalen Verläufe vorkommen, betrachten wir das Verhalten der spontanen Magnetisierung einerseits in der Umgebung der Curie-Temperatur, andererseits nahe am absoluten Nullpunkt. Für die Temperaturen unmittelbar unterhalb der Curie-Temperatur können wir die linearen Gleichungen (3.15) immer noch als erfüllt betrachten. Für $\eta = -1$, d. i. für die antiparallelen $\boldsymbol{M}_a$ und $\boldsymbol{M}_b$, und für $\boldsymbol{H} = 0$ können wir z. B. die erste von ihnen in die Form umschreiben[13])

$$(T/C_a\nu - \alpha)\,M_a - M_b = 0\,, \quad T \to T_c\,.$$

[12]) Gewöhnlich sind α sowie $\beta < 0$; in diesem Falle muß also $|\beta| \gg |\alpha|$ gelten.

[13]) Zum Unterschied vom vorigen Abschnitt setzen wir hier wieder $M_a = |\boldsymbol{M}_a|$, $M_b = |\boldsymbol{M}_b|$, so daß das Vorzeichen bei M_b minus sein muß.

Daraus folgt als Bedingung dafür, daß in der Umgebung der Curie-Temperatur $M_a > M_b$ ist, die Ungleichung

$$M_b/M_a = T_c/C_a\nu - \alpha < 1\,, \tag{3.21}$$

die, falls bei 0 °K $M_{b0} > M_{a0}$ ist, gleichzeitig die Bedingung für die Existenz eines Kompensationspunktes darstellt. Wenn wir für die Temperatur T_c aus (3.19) einsetzen, geht (3.21) in

$$C_a(1 + \alpha) - C_b(1 + \beta) > 0$$

über. Die Gerade $C_a(1 + \alpha) - C_b(1 + \beta) = 0$ trennt in der Ebene α, β das Gebiet, für welches ein Kompensationspunkt existiert, vom Gebiet der normalen Kurven $M(T)$. Wir können uns leicht davon überzeugen, daß für die auf dieser Geraden liegenden Punkte (α, β) $\partial M/\partial T \to 0$ für $T \to T_c$ gilt, was nichts anderes als eine Verschmelzung des Kompensationspunktes mit der Curie-Temperatur bedeutet. Wie Néel gezeigt hat, nähert sich aber die spontane Magnetisierung im Gebiet oberhalb der erwähnten Geraden sowie auch unterhalb derselben dem Curie-Punkt als $(T_c - T)^{1/2}$, also ganz analog zu normalen Ferromagnetika.

Um die Bedingung der Existenz eines Maximums auf der Kurve $M(T)$ festzusetzen, drücken wir aus den Gleichungen (3.8) $M = M_b - M_a$ für T nahe 0 °K aus. Da die Argumente beider Brillouin-Funktionen $\gg 1$ sind, können wir dabei die Näherung[14])

$$B_S(x) \cong 1 - S^{-1}e^{-x/S}\,, \quad x \gg 1$$

anwenden, so daß

$$\begin{aligned} M(T) &= M_b(T) - M_a(T) \cong \\ &\cong M_{b0} - M_{a0} + (M_{a0}/S_a)\exp\left(-g_a\mu_B h_a/kT\right) - \\ &\quad - (M_{b0}/S_b)\exp\left(-g_b\mu_B h_b/kT\right)\,, \quad T \to 0 \end{aligned}$$

gelten wird. Wenn $M(T) > M_{b0} - M_{a0} = M(0)$, d. i. wenn

$$\ln\left(M_{a0}/S_a\right) - g_a\mu_B h_a/kT > \ln\left(M_{b0}/S_b\right) - g_b\mu_B h_b/kT$$

ist, wird das Maximum auf der Kurve $M(T)$ im Intervall $0 < T < T_c$ existieren. Für $T \to 0$ kann man die logarithmischen Glieder vernachlässigen und $M_a \cong M_{a0}$, $M_b \cong M_{b0}$ setzen. Wenn wir $\boldsymbol{h}_a$, $\boldsymbol{h}_b$ aus (3.7) einsetzen und der Einfachheit halber $g_a \cong g_b$ setzen, wird die obere Ungleichung in

$$M_{a0}(1 - \alpha) - M_{b0}(1 - \beta) > 0 \tag{3.22}$$

---

[14]) Diese Beziehung erhalten wir, wenn wir die Funktion $B_S(x)$ in eine Reihe nach den Potenzen von $e^{-x/S}$ entwickeln.

übergehen, so daß uns die Gerade $M_{a0}(1 - \alpha) - M_{b0}(1 - \beta) = 0$ das Gebiet der Existenz von anomalen Kurven $M(T)$ mit einem Maximum oberhalb 0 °K begrenzt.

Die Einteilung der Ebene α, β nach verschiedenen Kurventypen $M(T)$ ist in Abb. 3.5 eingezeichnet. Es sei darauf hingewiesen, daß alle drei angeführten Typen schon experimentell festgestellt wurden, wenn auch die „normale" Form am häufigsten ist.

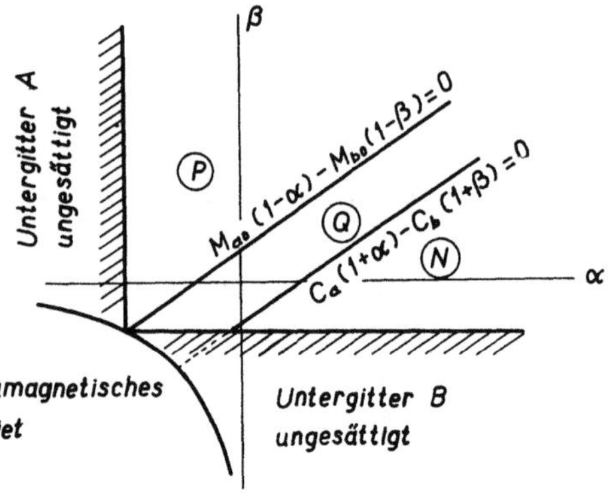

Abb. 3.5 Aufteilung der Ebene (α, β) nach dem Abhängigkeitstyp $M_s(T)$.

Es seien noch jene Gebiete in der α, β-Ebene erwähnt, für die bei $T = 0$ °K eine unvollständige Sättigung eines der beiden Untergitter vorliegt. Die Kurven $M(T)$ ähneln in diesen Fällen in mancher Hinsicht den Kurven in anderen Gebieten, sie unterscheiden sich jedoch grundsätzlich dadurch, daß sie im Punkt $T = 0$ eine Tangente mit von Null verschiedenen Richtungskoeffizienten haben. Diese Tatsache steht im Widerspruch mit dem III. Hauptsatz der Thermodynamik und deutet darauf hin, daß Kurven dieser Form in Wirklichkeit nicht vorkommen werden. Der III. (Nernstsche) Hauptsatz verlangt nämlich, daß sich für $T \to 0$ die Entropie S eines Systems einem konstanten Werte unabhängig von den äußeren Parametern ξ_i nähert, d. i., daß $\partial S/\partial \xi_i = 0$ ist für $T \to 0$. Wenn wir H als äußeren Parameter wählen, wird das Differential der freien Energie (Enthalpie) für das Einheitsvolumen eines Stoffes mit der Magnetisierung M gleich sein

$$\mathrm{d}F = -S\,\mathrm{d}T - M\,\mathrm{d}H\,;$$

daraus folgt durch Ableitung $(\partial M/\partial T)_H = (\partial S/\partial H)_T$, was nach dem III. Hauptsatz für $T = 0$ verschwinden muß. Der Richtungskoeffizient der Tangente von $M(T)$ muß also am absoluten Nullpunkt laut dem Nernst'schen Theorem für beliebiges konstantes H Null sein. Den Grund dieses Widerspruchs werden wir durch folgende Erwägung klarlegen: ohne Rücksicht darauf, ob die Wechselwirkung $A-B$ positiv oder negativ ist, scheint es für die innere Anordnung magnetischer Momente in den Untergittern am günstigsten zu sein, wenn $\alpha > 0$, $\beta > 0$ ist. Falls einer der beiden

Koeffizienten negativ ist, werden die Austauschwechselwirkungen innerhalb des betreffenden Untergitters gegen die parallele Spinanordnung in ihm wirken, wodurch der orientierende Effekt der Wechselwirkung $A-B$ geschwächt wird. Wenn α oder β einen bestimmten kritischen negativen Wert überschreitet, liegt die Erwartung klar auf der Hand, daß die Wechselwirkung $A-B$ nicht mehr genügt, die wirklich kollineare Anordnung magnetischer Momente der Untergitter aufrechtzuerhalten, die ideale Ordnung wird gestört und die Magnetisierung des betreffenden Untergitters wird (auch bei $T = 0$ °K) unter ihren maximalen (gesättigten) Wert sinken. Bis hierher ist alles in Ordnung. Weiter kommt es jedoch darauf an, welche Vorstellung wir uns über die wirkliche Spinanordnung bilden werden, falls eins von den Untergittern nicht gesättigt ist. Néel, an dessen Gedankengang wir uns bisher hielten, interpretiert diesen Zustand als einen teilweise ungeordneten, d. i. einen solchen Zustand, in dem gegenseitige Lagen magnetischer Momente im Untergitter bis zu einem gewißen Grad nicht korreliert sind. Durch teilweise Desorientierung der Spins wächst aber nicht nur die Entropie, sondern es wird sicherlich am absoluten Nullpunkt auch $(\partial S/\partial H)_T = (\partial M/\partial T)_H \neq 0$ sein. Bei dieser Interpretation übergehen wir jedoch die Tatsache, die bei antiferromagnetischen Stoffen wohl bekannt ist, daß nämlich negative, d. i. antiferromagnetische Wechselwirkungen eine Tendenz aufweisen, antiferromagnetische Untergitter mit gegenseitig verkehrter Orientierung magnetischer Momente zu bilden. Man kann sich vorstellen, daß im Grenzfalle, wenn die negativen Wechselwirkungen $A-A$ bzw. $B-B$ viel stärker sein werden als die Wechselwirkung $A-B$, ein, eventuell beide Untergitter in zwei oder mehr antiferromagnetische Untergitter zerfallen und auf solche Weise das eine vom anderen unabhängig antiferromagnetisch werden kann. Wenn der Unterschied zwischen den Wechselwirkungen nicht so groß ist, so kann es in diesen neuen Substrukturen wenigstens zu einer gewissen Kompromiß-Anordnung der Momente kommen, die durch ihre gegenseitige Verdrehung charakterisiert wird. Wesentlich ist jedoch, daß eine solche Verdrehung korreliert ist, daß es sich also um einen geordneten, das Nernstsche Theorem erfüllenden Zustand handelt, wenn auch die resultierende Magnetisierung der Untergitter ihren Maximalwert nicht erreicht. Man kann also die eigentliche Ursache des Widerspruchs in der a priori-Voraussetzung über einfache, nicht weiter teilbare Untergitter erblicken, einer Voraussetzung, die wir nur in einem bestimmten Gebiet der Koeffizienten α, β machen dürfen. Einige mögliche Anordnungen, bei denen die Spinmomente gekantet sind, werden wir im Abschnitt 3.2 behandeln. Es sei darauf hingewiesen, daß es in dieser verallgemeinerten Auffassung möglich ist, wie Yafet und Kittel gezeigt haben, den magnetischen Zustand im Gebiet $\alpha\beta > 1$, $\alpha < 0$, $\beta < 0$ eher als eine antiferromagnetische Anordnung innerhalb beider Untergitter als einen ungeordneten Zustand zu interpretieren.

Einfluß des Magnetfeldes auf die spontane Magnetisierung; die mit der Magnetisierung verbundenen Wärmeeffekte. Jetzt wollen wir uns mit dem Einfluß des äußeren Magnetfeldes auf die Magnetisierungen $\boldsymbol{M}_a$, $\boldsymbol{M}_b$ und $\boldsymbol{M}$ oder mit dem sog.

Paraprozeß befassen.[15]) Formell heißt es, das Gleichungssystem (3.8) mit $\boldsymbol{H} \neq 0$ derart zu lösen, daß wir $\boldsymbol{M}_a$, $\boldsymbol{M}_b$ und $\boldsymbol{M}$ als Funktionen von $\boldsymbol{H}$ und T gewinnen. Da wir bis jetzt eine Anisotropie jedweder Art nicht berücksichtigt haben (für die in diesem Abschnitt angestellten Überlegungen ist es nicht notwendig, denn die Anisotropieenergie ist in der Regel wesentlich kleiner als die Austauschenergie) und die Austauschwechselwirkungen an und für sich isotrop sind, können wir annehmen, daß $\boldsymbol{M}$ auch für $\boldsymbol{H} \to 0$ parallel zu $\boldsymbol{H}$ bleibt. Infolgedessen, wenn wir voraussetzen, daß das Magnetfeld nicht stark genug ist, um die Antiparallelität der Vektoren $\boldsymbol{M}_a$, $\boldsymbol{M}_b$ zu stören, bringt die Lösung der Gleichungen (3.8) mit $\boldsymbol{H} \neq 0$ keine grundsätzlich neuen Schwierigkeiten, und wir werden sie hier nicht durchführen. Demgegenüber können im Gebiet der großen, den Molekularfeldern $\boldsymbol{h}_a$, $\boldsymbol{h}_b$ vergleichbaren Feldstärken wesentliche Änderungen des magnetischen Zustandes eintreten, die durch eine Verdrehung der Magnetisierungsvektoren $\boldsymbol{M}_a$, $\boldsymbol{M}_b$ und Störung ihrer Antiparallelität charakterisiert sind und von einigen interessanten Erscheinungen begleitet werden. Zum Verständnis dieses Verhaltens der Ferrimagnetika betrachten wir zuerst die physikalische Seite des Problems.

Der nachträgliche Effekt des Magnetfeldes auf die spontane Magnetisierung (der Paraprozeß) hängt mit der potentiellen (magnetostatischen) Energie magnetischer Elementarmomente im äußeren Magnetfeld zusammen: bei zunehmend vollkommen werdender Orientierung der magnetischen Momente in die Richtung des Magnetfeldes wächst die Gesamtmagnetisierung an und gleichzeitig sinkt die durch den Ausdruck $-\boldsymbol{M} \cdot \boldsymbol{H}$ gegebene magnetostatische Gesamtenergie. Bei normalen Ferromagnetika sind im Zustand der technischen Sättigung bei 0 °K alle magnetischen Momente parallel zum Felde angeordnet, so daß die Gesamtmagnetisierung ihren Maximalwert und die magnetostatische Energie ihr absolutes Minimum erreicht. Der Paraprozeß erscheint dann erst bei $T > 0$°K, wo der Orientierungseffekt des Magnetfeldes die durch die Wärmeeinwirkung verursachte teilweise Unordnung der magnetischen Momente und Verminderung der spontanen Magnetisierung in größerem oder kleinerem Maße kompensieren kann. Zum Unterschied davon ist bei Ferrimagnetika mit antiparalleler Orientierung der Teilmagnetisierungen $\boldsymbol{M}_a$, $\boldsymbol{M}_b$ die magnetostatische Energie nicht einmal beim absoluten Nullpunkt minimal. Ihre Herabsetzung ist nur durch Verletzung der Antiparallelität der Vektoren $\boldsymbol{M}_a$, $\boldsymbol{M}_b$

[15]) Diese Feldwirkung darf nicht mit dem sog. Magnetisierungsprozeß oder der sog. technischen Magnetisierung verwechselt werden, wo durch die Wirkung des äußeren Feldes die ursprünglich entmagnetisierte Probe durch irgendeinen der üblichen Mechanismen (Drehung des Magnetisierungsvektors gegen die Anisotropiekräfte, Verschiebungen der Blochwände) magnetisiert wird, ohne daß dabei die Größe der spontanen Magnetisierung merklich geändert wird. Hier handelt es sich im Gegenteil um Änderungen der spontanen Magnetisierung, die durch den Orientierungseffekt des Feldes auf das nicht ganz geordnete System der elementaren magnetischen Momente, d.i. bei $T > 0$ °K, hervorgerufen werden. Der Paraprozeß wird normalerweise erst nach der sog. technischen Sättigung, d.i. nach Verschwinden der Domänenstruktur und der Orientierung des Vektors der spontanen Magnetisierung in die Feldrichtung der Messung zugänglich.

möglich und in der Endphase durch ihre Orientierung in die Richtung des **H**-Feldes zu erreichen. Ein solcher, zur Vergrößerung der resultierenden Magnetisierung auch bei 0 °K führender Prozeß ist freilich energetisch anspruchsvoll, denn er wird um den Preis der erhöhten Austauschenergie verwirklicht, welche die antiparallele Orientierung der magnetischen Momente beider Untergitter bevorzugt. Die resultierende Konfiguration wird also im allgemeinen durch die gleichzeitige gegensätzliche Wirkung des äußeren Magnetfeldes und der Austauschkräfte bestimmt sein und dem Minimum der Gesamtenergie entsprechen, die wir in der Molekularfeld-Näherung aus (3.10) durch Hinzurechnung der magnetostatischen Energie im äußeren Magnetfeld **H** gewinnen (der Einfachheit halber setzen wir $\nu_{aa} = \nu_{bb} = 0$ und vernachlässigen die Entmagnetisierungsenergie, Anisotropie und evtl. weitere kleinere Energiebeiträge):

$$E = E_{ex} + E_H \cong \nu \boldsymbol{M}_a \cdot \boldsymbol{M}_b - (\boldsymbol{M}_a + \boldsymbol{M}_b) \cdot \boldsymbol{H}\,, \quad \nu = -\nu_{ab} > 0\,. \tag{3.23}$$

Aus diesem Ausdruck geht augenscheinlich hervor, daß, während für schwache Felder ($\boldsymbol{H} \to 0$) die niedrigste Energie zu dem Zustand mit antiparallelen $\boldsymbol{M}_a$, $\boldsymbol{M}_b$ ($\cos(\boldsymbol{M}_a, \boldsymbol{M}_b) = -1$) gehört, für sehr starke Felder ($\boldsymbol{H} \to \infty$) wirklich das zweite Glied überwiegt, und die niedrigste Energie wird dann der Zustand mit paralleler Orientierung beider Vektoren $\boldsymbol{M}_a$, $\boldsymbol{M}_b$ in Feldrichtung haben. Die Gesamtmagnetisierung erreicht so ihren höchstmöglichen Wert $M = M_a + M_b$. Im allgemeinen kann man das Problem des Grundzustandes durch die Minimalisierung des Ausdrucks für die Energie (3.23) lösen, den man nach Einführung der Winkel ϑ_a, ϑ_b nach Abb. 3.6 in folgender Form schreiben kann

$$E = -\nu M_a M_b \cos(\vartheta_a - \vartheta_b) + H(M_a \cos \vartheta_a - M_b \cos \vartheta_b)\,. \tag{3.24}$$

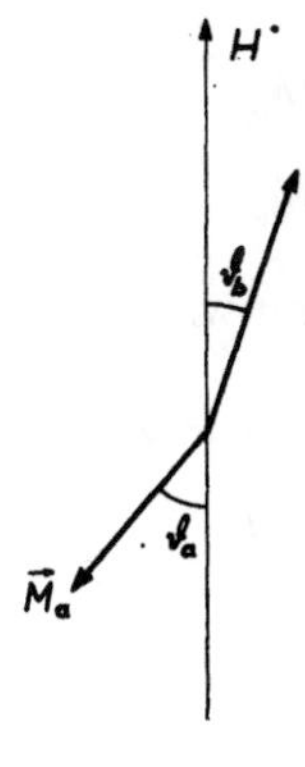

Abb. 3.6

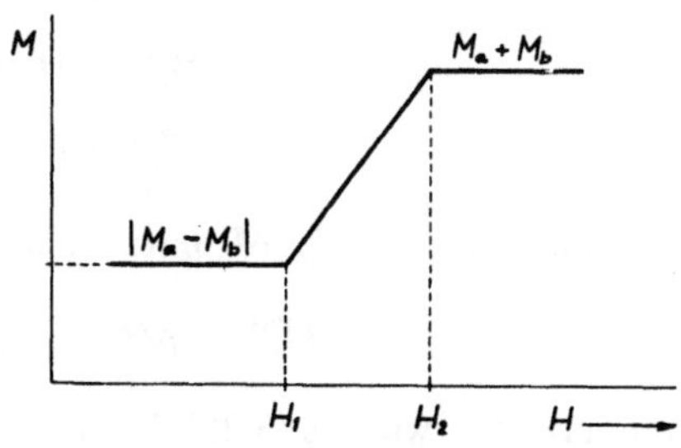

Abb. 3.7 Resultierende Magnetisierung eines Ferrimagnetikums mit zwei Untergittern als Funktion des angelegten Magnetfeldes *H*.

Aus den Bedingungen $\partial E/\partial \vartheta_a = \partial E/\partial \vartheta_b = 0$ ergibt sich die gesuchte Lösung. Wie z. B. Schlömann [7] gezeigt hat, bestehen drei scharf abgegrenzte Gebiete, die sich durch die gegenseitige Orientierung der Vektoren $\boldsymbol{M}_a$, $\boldsymbol{M}_b$ unterscheiden (Abb. 3.7). Für Felder $H < H_1 = \nu(M_b - M_a)$ wird die antiparallele Orientierung ($\vartheta_a = \vartheta_b = 0$) beibehalten, für $H > H_2 = \nu(M_a + M_b)$ ist die Orientierung parallel ($\vartheta_a = \pi$,

$\vartheta_b = 0$) und für $H_1 < H < H_2$ schließlich hängt die Orientierung beider Teilmagnetisierungen von der Feldstärke H ab. Es ist bemerkenswert, daß das kritische Feld H_1, bei dem es zum erstenmal zur Störung der Antiparallelität der Magnetisierungen der Untergitter kommt, nicht direkt durch die absolute Größe der Austauschfelder, sondern durch ihre Differenz gegeben ist. Aus diesem Grunde wird H_1 besonders klein (und daher dem Experiment leicht zugänglich) in der Umgebung

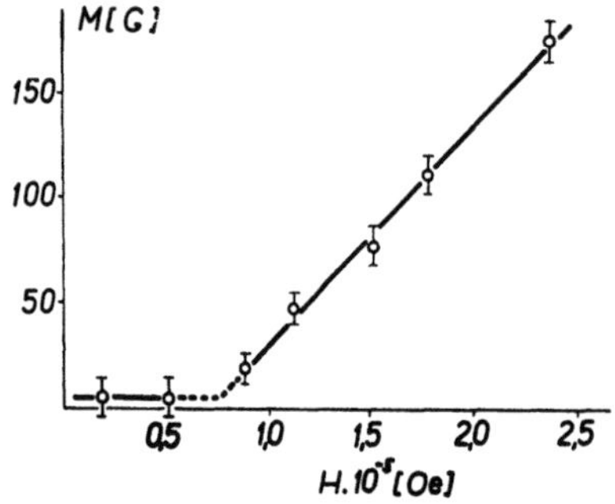

Abb. 3.8 Abhängigkeit der Magnetisierung des Granats $Gd_3Fe_5O_{12}$ vom Magnetfeld in der Umgebung des Kompensationspunktes [8].

des Kompensationspunktes sein, wo $M_a \approx M_b$. Abb. 3.8 zeigt die experimentelle, im Gebiet des Kompensationspunktes gemessene Abhängigkeit der Sättigungsmagnetisierung des Granats $3Gd_2O_3 \,.\, 5\,Fe_2O_3$ von der Feldstärke.[16])

Um die Bedeutung der kritischen Felder H_1, H_2 zu verstehen, betrachten wir genauer die Konfiguration mit gekanteten Magnetisierungen $\boldsymbol{M}_a$, $\boldsymbol{M}_b$, die im Gebiet der Felder $H_1 < H < H_2$ entsteht. Im Einklang mit den grundsätzlichen Postulaten der Molekularfeldtheorie werden die Richtungen der Vektoren $\boldsymbol{M}_a$, $\boldsymbol{M}_b$ durch die auf sie wirkenden effektiven Felder

$$\boldsymbol{H}_a^{\text{eff}} \equiv \boldsymbol{H} + \boldsymbol{h}_a = \boldsymbol{H} - \nu \boldsymbol{M}_b \qquad (3.25)$$
$$\boldsymbol{H}_b^{\text{eff}} \equiv \boldsymbol{H} + \boldsymbol{h}_b = \boldsymbol{H} - \nu \boldsymbol{M}_a$$

bestimmt, zu denen $\boldsymbol{M}_a$, $\boldsymbol{M}_b$ parallel sein müssen. Wenn wir

$$\boldsymbol{H}_a^{\text{eff}} = p\boldsymbol{M}_a\,, \quad \boldsymbol{H}_b^{\text{eff}} = q\boldsymbol{M}_b\,, \quad p, q > 0$$

setzen, erhalten wir aus (3.25) durch Eliminierung von $\boldsymbol{H}$

$$(p - \nu)\,\boldsymbol{M}_a = (q - \nu)\,\boldsymbol{M}_b\,,$$

was bei nicht kollinearen $\boldsymbol{M}_a$, $\boldsymbol{M}_b$ zu der Bedingung

$$p = q = \nu$$

führt. Mit anderen Worten, das auf das magnetische Moment eines beliebigen der

[16]) Die angeführten Ergebnisse bleiben für Granate Seltener Erden gültig — vgl. S. 209 f.

beiden Untergitter, sagen wir *A*, wirkende effektive Feld ist der Größe nach dem Molekularfeld gleich, das dieses Untergitter (*A*) selbst in den Knotenpunkten des zweiten Untergitters (*B*) hervorruft, es hat jedoch die entgegengesetzte Orientierung.[17]) Die Lage illustriert Abb. 3.9a, auf Grund deren es möglich wäre, die gleiche Schlußfolgerung auch direkt durch eine einfache geometrische Erwägung zu ziehen. Eine wichtige Folge der angeführten Beziehung bildet die Gleichung (Abb 3.9b)

$$\mathbf{M} = \mathbf{M}_a + \mathbf{M}_b = \mathbf{H}/\nu\,, \tag{3.26}$$

die zeigt, daß

(1) die resultierende Magnetisierung zum Magnetfeld $\mathbf{H}$ parallel ist (die Querkomponenten sind gleich groß, jedoch mit entgegengesetztem Vorzeichen, so daß sie sich aufheben), und

(2) ihre Größe ist eindeutig nur durch die Größe des äußeren Feldes $\mathbf{H}$ und den entsprechenden Koeffizienten des Molekularfeldes bestimmt und hängt daher nicht von der Größe der Magnetisierungen der Untergitter ab.

Die kritischen Felder $H_1 = \nu|M_b - M_a|$ und $H_2 = \nu(M_a + M_b)$ stellen dann das kleinste und größte die Beziehung (3.26) erfüllende Feld dar und legen so das Intervall der Feldstärken H fest, für die $\mathbf{M}_a$, $\mathbf{M}_b$ nicht kollinear sind.

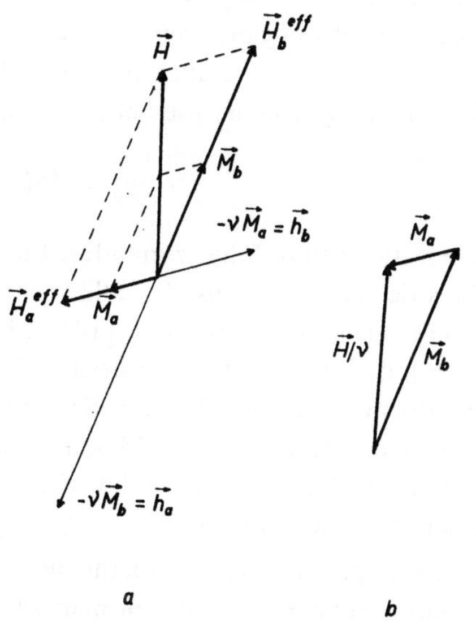

Abb. 3.9 Das bei nicht-kollinearer Anordnung wirkende effektive Feld — (a) und die geometrische Deutung der Beziehung (3.26) — (b).

Die angeführten Ergebnisse behalten auch im Temperaturbereich $0 < T < T_c$ Gültigkeit mit dem Unterschied, daß sich die Magnetisierung infolge des normalen Paraprozesses noch schwach ändern wird. Bei Beibehalten der antiparallelen Orien-

[17]) Dieses Ergebnis stellt eine Analogie zum Prinzip von Aktion und Reaktion in der Mechanik dar.

tierung der Vektoren $\boldsymbol{M}_a$, $\boldsymbol{M}_b$ stimmt die Richtung der Magnetisierung $\boldsymbol{M}$ mit dem größeren von ihnen überein. Durch Anlegen des äußeren Magnetfeldes vergrößert sich das Argument der Brillouin-Funktion $B_J(x)$ in (3.8) und dadurch auch ihr Wert, falls $\boldsymbol{H}$ die gleiche Richtung hat wie das entsprechende Molekularfeld $\boldsymbol{h}_i$, und sie vermindern sich, wenn $\boldsymbol{h}_i$ und $\boldsymbol{H}$ antiparallel sind. Das Resultat ist die Erhöhung des Ordnungsgrades der magnetischen Momente und damit die Vergrößerung der Magnetisierung im Untergitter, dessen Magnetisierungsvektor gegenüber dem Felde günstig (d. h. parallel) orientiert ist, und die Herabsetzung des Ordnungsvermögens und Verminderung der Magnetisierung im entgegengesetzten Falle. Dadurch vergrößert sich die resultierende Magnetisierung. Aus gleichem Grunde bewirkt das Magnetfeld $\boldsymbol{H}$ die Erhöhung der Magnetisierung M auch in jenem Gebiet, wo beide Teilmagnetisierungen zum Felde $\boldsymbol{H}$ parallel orientiert sind. Dieser zusätzliche Orientierungseffekt ist in der Regel sehr klein, sofern das angelegte Feld wesentlich schwächer ist als das Molekularfeld. Bei einer Temperatur von 4,2 °K ist z. B. die Suszeptibilität des Paraprozesses einfacher Ferrite mit kollinearen Magnetisierungen der Untergitter in der Regel $<10^{-4}$. Wenn jedoch die Temperatur steigt, sinkt die Größe der Molekularfelder und dadurch wächst gleichzeitig noch die Bedeutung des Paraprozesses; in der Umgebung der Curie-Temperatur schließlich erreicht der Paraprozeß sein Maximum. Die Suszeptibilität des Paraprozesses pflegt am Curie-Punkt der Ferrimagnetika von derselben Größenordnung zu sein wie bei ferromagnetischen Legierungen, d. i. $\approx 10^{-2}$ für nicht allzu starke Felder. Experimentelle Ergebnisse deuten darauf hin, daß ihre Abhängigkeit von der Feldstärke H für $T = T_c$ die gleiche ist wie bei Ferromagnetika [9], nämlich

$$\chi_p = \mathrm{d}M/\mathrm{d}H = \text{Konst.}\, H^{-2/3}\,. \tag{3.27}$$

Diese Beziehung folgt, zumindest für Ferromagnetika, sowohl aus der Weissschen Theorie als auch aus der allgemeinen thermodynamischen Theorie der Phasenübergänge zweiter Ordnung [10]. Für die nicht-kollineare Phase ergibt sich aus (3.26), daß die Größenveränderung der Vektoren $\boldsymbol{M}_a$, $\boldsymbol{M}_b$, sei sie durch einen Temperaturwechsel oder direkten Orientierungseffekt des Magnetfeldes verursacht, die Größe der resultierenden Magnetisierung nicht beeinflußt, die bei konstantem H (bei Vernachlässigung der schwachen Temperaturabhängigkeit von v – vgl. S. 214 f.) temperaturunabhängig ist.

Die angeführte Analyse kann man auch für Ferrite Seltener Erden mit Granatstruktur benutzen, bei denen man zwei von Fe^{3+}-Ionen besetzte Untergitter näherungsweise durch ein einziges Untergitter mit starker innerer ferromagnetischer Wechselwirkung ersetzen kann (vgl. S. 209 f.). Wir haben es dann mit einem Ferrimagnetikum mit zwei Untergittern A (Fe^{3+}) und B (R^{3+}) zu tun, wobei $v_{aa} \gg -v_{ab} > 0$ ist. Eine eingehende Analyse dieses Modells haben Clark und E. Callen geliefert [11]. Die Grundbeziehung (3.26) behält zusammen mit den kritischen Feldern auch hier ihren Sinn, die Existenz der nicht-kollinearen Phase ist jedoch auf das Temperaturgebiet beschränkt, das unter einer gewissen kritischen Temperatur $T_{krit} < T_c$ liegt. Für den Temperaturbereich $T_{krit.} < T < T_c$ kann nur eine kollineare Konfiguration bestehen, dafür kann man bei genügend starkem Magnetfeld H völlige Entmagnetisierung des Untergitters der Ionen Seltener Erden erreichen. Wenn wir in diesem Falle das Feld adiabatisch anlegen, erzielen wir eine Abkühlung der Probe durch Erhöhung der Entropie des magnetischen Systems [11, 12]. Bei genügend tiefer kritischer Temperatur wäre es möglich, diese Erscheinung zum Zweck der Abkühlung analog zur Methode der adiabatischen Entmagnetisierung praktisch auszunützen. Eine genauere Analyse des Verhaltens ferrimagnetischer Granate Seltener Erden in starken Magnetfeldern wird auf Grund des Modells eines Ferrimagnetikums mit drei Untergittern in den Arbeiten [11, 13] durchgeführt.

Die durch adiabatische Magnetisierung in einem starken Feld erzielte Abkühlung ist ein Sonderfall *des magnetokalorischen Effektes,* der zum Unterschied von dem „normalen", allen Ferro- sowie Ferrimagnetika gemeinsamen magnetokalorischen Effekt für Stoffe mit ferrimagnetischen Untergittern spezifisch ist. Zum Schluß dieses Abschnittes wollen wir noch den erwähnten „normalen" magnetokalorischen Effekt und einen weiteren Wärmeeffekt, die Anomalie der spezifischen Wärme am Curie-Punkt, berühren. In beiden Fällen ist das Verhalten der Ferrimagnetika ganz analog zu ferromagnetischen Stoffen. Der magnetokalorische Effekt, d.i. die Temperaturänderung bei adiabatischer Veränderung der Magnetisierung des Stoffes, wird dadurch verursacht, daß der durch die Veränderung der Anordnung des Systems magnetischer Momente hervorgerufene Zuwachs (die Verminderung) der Entropie, durch Herabsetzung (Erhöhung) der Temperatur und die dadurch bewirkte Änderung der Entropie kompensiert werden muß, um die Bedingung $\Delta S = 0$ im ganzen einzuhalten. Die adiabatische Magnetisierungsveränderung erzielen wir durch plötzliches Ein- oder Ausschalten des äußeren Magnetfeldes. Wenn wir jenen Teil des magnetokalorischen Effektes aussondern, der mit den Prozessen der technischen Magnetisierung zusammenhängt, verbleibt uns der durch die Paraprozeß-Veränderung der Magnetisierung bestimmte reine magnetokalorische Effekt. Da jedoch der Paraprozeß sein Maximum in der Umgebung der Curie-Temperatur hat, wird dasselbe auch hinsichtlich des magnetokalorischen Effektes gelten.

Die sog. Anomalie der spezifischen Wärme im Curie-Punkt steht damit im Zusammenhang, daß bei Erhitzung des spontan magnetisierten Stoffes ein Teil der Energie zur Herabsetzung des Ordnungsgrades vom Spinsystem verbraucht wird, so daß zur normalen, für die Erhöhung der Schwingungsenergie des Gitters verbrauchten spezifischen Wärme des Kristalls noch die spezifische Wärme hinzukommt, die zur Verminderung der Größe der Magnetisierung notwending ist. Am Curie-Punkt verschwindet die spontane Magnetisierung und mit ihr auch diese zusätzliche spezifische Wärme, so daß die resultierende spezifische Wärme einen Sprung aufweist, dessen Größe dem „magnetischen" Beitrag für $T = T_c$ gleich ist. Wie wir in der Einleitung erwähnt haben, ist ein solches Verhalten der spezifischen Wärme für einen Phasenübergang zweiter Ordnung kennzeichnend. Hinsichtlich weiterer Einzelheiten verweisen wir den Leser auf die betreffende Literatur [9, 14].

Größere Anzahl von Untergittern

Einige Ergebnisse des vorigen Abschnittes kann man sofort auf eine beliebige Anzahl von Untergittern verallgemeinern. Aber vorher werden wir den Fall zweier inhomogener Untergitter erwähnen, der bei wirklichen Ferrimagnetika sehr häufig ist. Wir interessieren uns für die mehr als eine Ionenart (von denen sogar nicht alle magnetisch sein müssen) enthaltenden Untergitter oder für solche, bei denen einige Knotenpunkte unbesetzt sind; dabei setzen wir voraus, daß weder die Ionen noch die Leerstellen regelmäßig angeordnet sind, denn sonst wäre es möglich, durch weitere Teilung des Untergitters zu homogenen Strukturen zu gelangen. Ein typisches Beispiel dafür bieten die ungeordneten inversen Spinelle $Fe^3[M^{2+}Fe^{3+}]O_4^{2-}$ (vgl. Abschn. 2.1), z. B. der einfache Ni-, Co- oder Fe-Ferrit, bei denen die M- und Fe-Ionen im oktaedrischen Untergitter statistisch verteilt sind.

Genau genommen, unterscheiden sich in solchem Falle die das Untergitter bildenden Ionen voneinander nicht allein durch ihre magnetischen Eigenschaften (Spin u. a.), sondern es ist augenscheinlich, daß sogar das Molekularfeld, dessen Wirkung die Ionen ausgesetzt sind, nicht in allen Knotenpunkten gleich ist. Wegen des approximativen Charakters des Molekularfeldes, durch den individuelle Eigenschaften einzelner wechselwirkenden Ionenpaare verwischt sind (vgl. Abschn. 1.3) und durch eine Wechselwirkung magnetischer Dipolmomente mit einem gemittelten effektiven Austauschfeld ersetzt werden, das durch den Zeit-Mittelwert der magnetischen Momente bestimmt wird, können wir jedoch oft auch hier das Problem dadurch vereinfachen, daß wir die lokalen Schwankungen des Molekularfeldes vernachlässigen und das Verhalten irgendeines „durchschnittlichen" Ions in einem mittleren effektiven Molekularfeld betrachten. Dadurch abstrahieren wir von individuellen Ioneneigenschaften und betrachten einzelne Wechselwirkungen, welche die resultierenden magnetischen Eigenschaften bestimmen, als eine Charakteristik der Untergitter selbst. Zumindest in gewissen Fällen können wir deshalb mit Erfolg die inhomogenen Untergitter so behandeln, als ob sie homogen wären. Zu dieser Vereinfachung sind wir vor allem dann berechtigt, wenn die Untergitter fast homogen sind, d. i. wenn jedes von ihnen bis auf eine kleine Anzahl nur eine einzige Ionensorte enthält. Aber auch dann, wenn diese Bedingung nicht erfüllt ist, kann man auf diesem Wege oft zu befriedigenden, mit dem Experiment übereinstimmenden Ergebnissen gelangen. Das gilt vor allem für das Verhalten im paramagnetischen Gebiet, wo in bezug auf die Linearität der Gleichungen (3.13) für die Magnetisierung der Untergitter die magnetischen Momente sowie die entsprechenden Curie-Konstanten additiv sind, und weiter für die Bestimmung der resultierenden Magnetisierung am absoluten Nullpunkt, wenn die Untergitter keine unmagnetischen Ionen in größeren Konzentrationen enthalten. Abweichungen, die infolge einer „Verdünnung" magnetischer Ionen entstehen, werden wir separat besprechen. Es sei bemerkt, daß man im Falle einer regelmäßigen Anordnung der magnetischen Ionen in einem der beiden Untergitter – und zwar auch, wenn es sich um eine Nahordnung handelt – anstatt des Zweigitter- einen Dreigitter-Formalismus anwenden kann, wobei die Gesamtmenge der Ionen jeder Sorte ein selbständiges „Untergitter" bildet.

Gehen wir jetzt zum Problem einer größeren Anzahl von Untergittern über, die wir wie früher als vollkommen homogen behandeln werden. Formell bedeutet es eine Erweiterung der Anzahl von Gleichungen (3.8) und (3.14) bzw. (3.15). Wenn wir uns wieder auf die Konfigurationen mit kollinearen Spins beschränken, können wir im großen und ganzen auf analoge Weise wie bei zwei Untergittern für 0 °K den Zustand mit niedrigster Austauschenergie durch den Vergleich möglicher gegenseitiger Orientierungen der Momente abschätzen. Im paramagnetischen Gebiet können wir ebenfalls das Verhalten des Systems mit einer beliebigen Anzahl von Untergittern ziemlich leicht überblicken. Wenn p die Anzahl der Untergitter ist, erhalten wir statt (3.15) das System von p Gleichungen

$$\nu_{i1}M_1 + \ldots + (\nu_{ii} - T/C_i)\, M_i + \ldots + \nu_{ip}M_p = -H\,, \tag{3.28}$$

$$i = 1, 2, \ldots, p, \quad M = \sum_{i=1}^{p} M_i\,,$$

in denen M_i die in Richtung des Feldes $\boldsymbol{H}$ gemessene Magnetisierung des i-ten Untergitters ist. Wenn wir dieses System für einzelne M_i lösen, können wir auch die Suszeptibilität $\chi = \sum M_i/H$ berechnen. Ähnlich wie für $p = 2$ gilt die allgemeine nichtlineare Abhängigkeit $1/\chi$ von der Temperatur, und zwar in der Form

$$\frac{1}{\chi} = \frac{P_p(T)}{P_{p-1}(T)}\,, \tag{3.29}$$

in der $P_p(T)$, $P_{p-1}(T)$ Polynome des p-ten und $(p - 1)$-ten Grades in T sind. Die Curie-Temperatur gewinnen wir aus der Bedingung der von Null verschiedenen Lösung des Systems (3.28) für $H = 0$:

$$\text{die Determinante des Systems} = 0\,.$$

Die größte der reellen Wurzeln, die gleichzeitig den höchsten Schnittpunkt der Kurve $1/\chi(T)$ mit der Temperaturachse bildet, ist der wirkliche Curie-Punkt; die anderen würden wieder den energetisch weniger vorteilhaften Konfigurationen entsprechen.

Eine analoge Diskussion der Abhängigkeit der spontanen Magnetisierungen von der Temperatur, wie wir sie für $p = 2$ auf Grund der relativen Größe von Koeffizienten des Molekularfeldes gemacht haben, ist demgegenüber für eine größere Anzahl von Untergittern praktisch ausgeschlossen. Nur in einigen Fällen, wo man die Aufgabe z. B. dadurch vereinfachen kann, daß einige der Wechselwirkungen viel schwächer sind als die anderen, ist es möglich, ziemlich einfach die Kurven $M(T)$ beziehungsweise die Abhängigkeit $M = M(T, H)$ zu berechnen. Als ein Beispiel werden wir in aller Kürze die von Pauthenet [15] angewendete Methode bei der Lösung des Problems des Ferrimagnetismus in Ferriten Seltener Erden mit Granatstruktur andeuten.

Diese Ferrite haben drei kristallographisch nichtäquivalente Untergitter, die wir entsprechend Abschnitt 2.1 als a, d und c bezeichnen; zwei von ihnen, a und d, sind von Fe^{3+}-Ionen besetzt, das Untergitter c enthält Ionen irgendwelcher Seltener

Erden (Gd^{3+}, Tb^{3+}, Dy^{3+} u. ä.). Anstatt von Seltenen Erden können die c-Lagen auch von irgendeinem passenden, unmagnetischen Ion, z. B., um das bekannteste anzuführen, von Y^{3+} eingenommen werden. In solchem Falle geht es also nur um zwei magnetische Untergitter, die überdies von derselben Ionensorte (Fe^{3+}) besetzt sind. Diesen Fall kann man, wie uns bekannt ist, leicht lösen. Aus Vergleich mit dem Experiment folgt, daß von den möglichen Lösungen die Abhängigkeit $M(T)$ dem Néelschen Typ Q mit starker entiferromagnetischer Kopplung zwischen beiden Untergittern entspricht, die zu antiparalleler Orientierung der Vektoren $\mathbf{M}_a$ und $\mathbf{M}_d$ führt (Abb. 3.10). Wenn wir die Yttrium-Ionen durch magnetische Ionen eines Seltenen Erdelementes ersetzen, kommen weitere Austauschwechselwirkungen hinzu. Aus experimentellen Daten für diese Ferrite können wir aber folgern, daß die die c-Ionen einschließenden Wechselwirkungen im Vergleich zur Wechselwirkung $a-d$ sehr schwach sind[18]) und daß sie den Zustand der Spinanordnung in den von Fe^{3+}-Ionen besetzten Untergittern a, d nicht wesentlich beeinflussen können. In erster Näherung kann man also die Temperaturabhängigkeiten der spontanen Magnetisierungen $M_a(T)$, $M_d(T)$ gleich der von Yttrium-Eisen-Granat und damit als bekannt annehmen; $M_c(T)$ ist dann die Lösung der einzigen Gleichung

$$\begin{aligned} M_c &= M_{c0} B_{Jc}\{(\mu_c/kT)|\, \nu_{ac}\mathbf{M}_a + \nu_{dc}\mathbf{M}_d + \nu_{cc}\mathbf{M}_c|\} = \\ &= M_{c0} B_{Jc}\{(\mu_c/kT)\,[\nu(M_d - M_a) + \nu_{cc} M_c]\}\,, \end{aligned} \tag{3.30}$$

in der μ_c das Sättigungsmoment des c-Ions in Bohrschen Magnetonen und ν die die Gesamtwechselwirkung zwischen den c-Ionen und Fe^{3+}-Ionen definierende effektive Konstante des Molekularfeldes ist.[19]) Da bei der Mehrzahl der Ferrite Seltener Erden mit Granatstruktur ein Kompensationspunkt beobachtet wird, können wir voraussetzen, daß die Wechselwirkung $(a + d) - c$ negativ ist (vgl. S. 198).

Die Magnetisierung des Untergitters c wird daher zur Resultante $\mathbf{M}_a + \mathbf{M}_d$ antiparallel orientiert sein. Damit gelangen wir zu der in Abb. 3.10 schematisch gezeichneten Anordnung magnetischer Momente; in der folgenden Abbildung (Abb. 3.11) ist der Temperaturverlauf von M_c, $M_d - M_a$ und M_s dargestellt, welcher aus der Lösung der Gl. (3.26) mit $\nu = 107$, $\nu_{cc} = -8$ folgt, was die von Pauthenet für $Gd_3Fe_5O_{12}$ abgeschätzten Werte sind. Sofern diese Näherungsmethode keine ge-

[18]) Diese Voraussetzung stützt sich besonders auf folgende Feststellungen: (a) die Curie-Temperatur T_c hängt nur sehr wenig von der Art des c-Ions ab; (b) in dem verhältnismäßig breiten Temperaturgebiet unterhalb T_c besteht ein sehr starker Paraprozeß, aber nur dann, wenn das c-Ion magnetisch ist; (c) bei der Mehrzahl der Ferrite Seltener Erden existiert ein Kompensationspunkt. Aus diesen Tatsachen ergibt sich, daß für die Entstehung und Aufrechterhaltung der ferrimagnetischen Anordnung die Wechselwirkungen zwischen den Untergittern der Ionen a, d entscheidend sind, welche die Fe^{3+}-Ionen enthalten.

[19]) Bei dieser Auffassung betrachten wir die Untergitter a und d als ein einziges Untergitter mit der Magnetisierung $M_d - M_a$, so daß es um eine Analogie des Ferrimagnetikums mit zwei Untergittern geht; das Molekularfeld $-\nu(M_d - M_a)$ wirkt auf die c-Ionen und orientiert ihre Momente gegenüber der resultierenden Magnetisierung $M_d - M_a$.

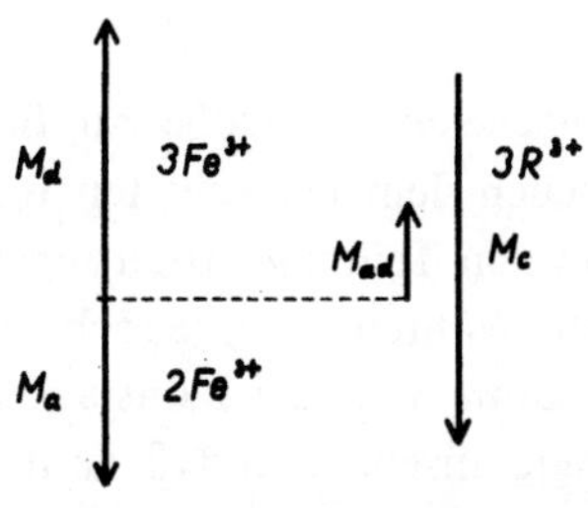

Abb. 3.10 Schematische Darstellung der Anordnung magnetischer Momente in Granaten.

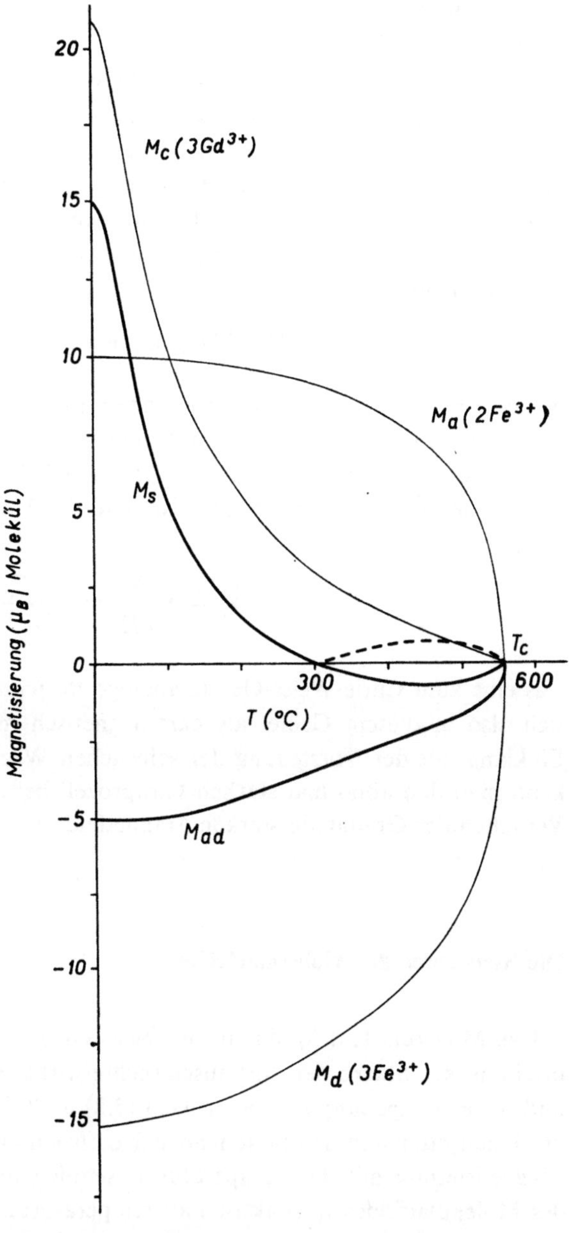

Abb. 3.11 Die für $\nu = 107$, $\nu_{cc} = -8$ berechneten Temperaturabhängigkeiten von M_c, $M_{ad} = M_d - M_a$ und M_s für $Gd_3Fe_5O_{12}$; der Verlauf von $M_d - M_a$ entspricht der experimentell gefundenen Abhängigkeit $M_s(T)$ bei $Y_3Fe_5O_{12}$ (nach Pauthenet [15]).

nügend genauen Resultate ergeben würde, könnten wir die für $M_c(T)$ ausgerechneten Werte in die Gleichungen für M_a, M_d einsetzen, die man analog zu (3.30) aufstellen kann, und die Methode sukzessiver Näherungen benutzen. In der Regel ist das jedoch nicht notwendig.

Aus den Ergebnissen, die man auf diese Weise für Ionen verschiedener Elemente aus der Gruppe der Seltenen Erden erhalten kann, folgt, daß das Argument der Funktion B_{Jc} in einem breiten Temperaturbereich unterhalb des Curie-Punktes genügend klein bleibt, um die Gleichung (3.30) durch eine lineare Beziehung des Typs (3.14) ersetzen zu können. Das werden wir zur Ermittlung anwenden, welchen Einfluß das äußere Magnetfeld auf die Magnetisierung des Untergitters c ausübt. Es wird gelten

$$M_c = (C_c/T)\left(\nu_{ac}M_a + \nu_{cd}M_d + \nu_{cc}M_c + \eta H\right), \tag{3.31}$$

wobei $\eta = -1$ ist oberhalb der Kompensationstemperatur und $+1$ unterhalb derselben. Wenn wir im Einklang mit dem Experiment annehmen, daß sich M_a und M_d mit dem äußeren Felde nur unbedeutend ändern, resultiert daraus direkt für die mit der Änderung der Magnetisierung des Untergitters c verbundene Suszeptibilität

$$\chi_c = \eta\,\frac{\partial M_c}{\partial H} = \frac{C_c}{T - C_c\nu_{cc}}, \tag{3.32}$$

was eine zum Curie-Weiss-Gesetz analoge Beziehung ist. Das Untergitter c verhält sich also in diesem Gebiet als paramagnetisch mit dem „Curie-Punkt“ $C_c\nu_{cc}$, im Einklang mit der Vorstellung der schwachen Wechselwirkung $(a + d) - c$. Damit kann man den abnormal starken Paraprozeß bei diesen Stoffen erklären. Über das Verhalten der Granate in starken Magnetfeldern – siehe [11, 13]; vgl. auch S. 206f.

Die Konstanten des Molekularfeldes

Das Molekularfeld $\boldsymbol{h}_i$, das in der Néel-Theorie die entscheidende Größe zur Beurteilung der Stärke der Austauschwechselwirkung zwischen dem betrachteten Ion und seiner Umgebung ist, hängt nach (3.2) und(3.3) von den Teilmagnetisierungen der Untergitter und den betreffenden Koeffizienten ν_{il} ab. Während sich jedoch die Magnetisierung mit der Temperatur wesentlich ändert, kann man die Konstanten des Molekularfeldes ν_{il} praktisch als temperaturunabhängig ansehen, so daß sie uns die Austauschwechselwirkungen in bezug auf Vorzeichen und Stärke entsprechend charakterisieren. Dieser Umstand hängt damit zusammen, daß die Koeffizienten ν_{il} in sehr enger Beziehung zu den entsprechenden Austauschintegralen stehen; um diese Beziehung quantitativ auszudrücken, werden wir von der Definitionsgleichung

(3.2) für v_{il} ausgehen. In dieser Gleichung wird der augenblickliche Wert des magnetischen Moments des j-ten Ions $\boldsymbol{\mu}_j$ (und daher auch seines Spins $\boldsymbol{S}_j$) durch den Zeit-Mittelwert $\langle \boldsymbol{\mu}_j \rangle$ (bzw. $\langle \boldsymbol{S}_j \rangle$) ersetzt, was einen charakteristischen Schritt für die Approximation des Molekularfeldes darstellt. Für ein homogenes Untergitter l werden $\langle \boldsymbol{\mu}_j \rangle$ sowie $\langle \boldsymbol{S}_j \rangle$ für alle Ionen des Untergitters gleich sein, so daß wir, wenn wir setzen

$$\langle \boldsymbol{\mu}_j \rangle \cong -g_j \mu_B \langle \boldsymbol{S}_j \rangle = -g_l \mu_B \langle \boldsymbol{S}_l \rangle = \boldsymbol{M}_l / N_l,$$

aus (3.2) für v_{il} die Beziehung erhalten[20])

$$v_{il} = (2 \sum_{j \in \{l\}} J_{ij}) / N_l g_i g_l \mu_B^2 . \tag{3.33}$$

Wenn es genügt, sich in der Summe $\sum J_{ij}$ auf die nächsten Nachbarn des Ions i zu beschränken und wenn für alle diese Nachbarn die Austauschintegrale J_{ij} gleich sind, dann (und nur dann) können wir dem Koeffizienten v_{il} eine einfache Interpretation geben; in diesem Falle ist $\sum_{j \in \{l\}} J_{ij} = z_{il} J_{il}$ (z_{il} ist die Anzahl der nächsten zum Untergitter $\{l\}$ gehörenden Nachbarn des betreffenden Ions), so daß wir für v_{il} den Ausdruck in der Form

$$v_{il} = (z_{il}/x_l)\, u_{il}\,, \quad u_{il} = \frac{2 J_{il}}{(N_l/x_l)\, g_i g_l \mu_B^2} \tag{3.34}$$

erhalten, der die einfache Beziehung zwischen v_{il} und J_{il} angibt. Dabei bedeutet N_l die Anzahl von Ionen des Untergitters $\{l\}$ in 1 cm³ und x_l ihre auf ein Molekül bezogene Menge. Den Ausdruck u_{il} werden wir nach Néel den reduzierten Koeffizienten des Molekularfeldes nennen. In diesem Falle geben uns die Koeffizienten des Molekularfeldes, die wir aus dem Experiment bestimmen können, direkte Auskunft über die betreffenden Austauschintegrale. In Wirklichkeit ist freilich die Bedingung von der Äquivalenz der Austauschwechselwirkungen mit den Nachbar-Ionen nicht immer erfüllt, und überdies kann man gewöhnlich schwer entscheiden, welches der wirkliche Anteil der entfernteren Ionen an der resultierenden Austauschwechselwirkung ist. Aus diesem Grunde geben uns die Koeffizienten v_{il} bzw. u_{il} üblicherweise nur gewisse effektive Austauschkonstanten an, die man zum detaillierten Studium des wirklichen Austausches der Ionenpaare nicht benutzten kann. Auf der anderen Seite ist die Kenntnis der numerischen Werte dieser Koeffizienten in jenen Fällen sehr wichtig, wo wir direkt Angaben über das Molekularfeld als solches benötigen, d. i. wenn wir die Methode der Molekularfelder für die Ermittlung des Einflusses von Austauschwechselwirkungen auf andere Erscheinungen benutzen.[21])

[20]) Bei einem inhomogenen Untergitter kann man $\langle \boldsymbol{S}_l \rangle$ als den Zeit-Mittelwert eines „durchschnittlichen" Spins definieren (siehe die Diskussion inhomogener Untergitter im vorigen Abschnitt).

[21]) Siehe z. B. den die Erörterung der magnetischen Kristallanisotropie betreffenden Abschn. 4.2.

Experimentell kann man diese Werte entweder durch Analyse der Kurven $M(T)$ oder aus dem Temperaturverlauf der paramagnetischen Suszeptibilität gewinnen. In Tab. III-2a,b sind zur Illustration die experimentellen Werte der Koeffizienten des Molekularfeldes für einige einfache Ferrite mit Spinell- und Granatstruktur angeführt; γ ist der Temperaturkoeffizient des Molekularfeldes, der von Néel [16] durch die Beziehung

$$\nu = \nu_0(1 + \gamma T) \tag{3.35}$$

Tabelle III-2a

Auf 1 Mol bezogene Molekularfeldkonstanten einiger Eisen-Spinelle (aus den experimentellen Kurven $1/\chi = f(T)$ bestimmt)

Material	ν_{AA}	ν_{AB}	ν_{BB}	$\gamma \cdot 10^4$	Autor
Fe_3O_4	− 82	−194	+ 9,1	−1,4	[18]
$CuFe_2O_4$*)	− 88	−240	−45	—	[1]
$MnFe_2O_4$	−147,5	−181	−51	—	[17]
$CoFe_2O_4$	− 92	−197	−14	−1,17	[18]
$NiFe_2O_4$	−131	−309	−26,5	−2,77	[18]
$Li_{0,55}Fe_{2,45}O_4$**)	−142	−263	−58	—	[19]

*) Der Beitrag der Cu-Ionen wurde nicht berücksichtigt.
**) Bestimmt aus $M_s = f(T)$.

Tabelle III-2b

Auf ein Mol $3\,R_2O_3 \cdot 5\,Fe_2O_3$ bezogene Molekularfeldkonstanten einiger Granate (aus $1/\chi = f(T)$ bestimmt [20])

R	ν_{aa}	ν_{ad}	ν_{dd}	ν_{cd}	ν_{ca}	$\gamma \cdot 10^4$
Y	−23,4	−48,2	−13,2	—	—	−1,31
Lu	−25,6	−48,6	−14,9	—	—	−1,40
Gd				−1,7	−0,6	
Tb				−2,3	−2,2	
Dy				−1,8	−1,6	
Ho	−24,5*)	−48,4*)	−14,0*)	−1,2	−2,0	−1,35*)
Er				−0,5	−0,3	
Tm				0,0	0,0	
Yb				−4,4	−0,5	

*) Es wurden die mittleren Werte der Ergebnisse für Granate zugrunde gelegt, die im $\{c\}$-Untergitter das unmagnetische Y^{3+}- oder Lu^{3+}-Ion haben; der Koeffizient ν_{cc} wird in erster Näherung vernachlässigt.

zur Verbesserung der Übereinstimmung zwischen Theorie und Experiment eingeführt wurde.[22]) Wir sehen, daß γ im Einklang mit unserer früheren Bemerkung bezüglich der unbedeutenden Temperaturabhängigkeit der Koeffizienten des Molekularfeldes von der Größenordnung 10^{-4} ist. Die reduzierten Koeffizienten u_{il} können wir aus v_{il} nach Division durch z_{il}/x_l erhalten. Bei Spinellen gilt $z_{aa}/x_a = 4$, $z_{ab}/x_b = 6$, $z_{bb}/x_b = 3$, (genau genommen hat dies nur für normale Spinelle Sinn); bei Granaten haben wir $z_{aa}/x_a = 4$, $z_{dd}/x_d = \frac{4}{3}$, $z_{cc}/x_c = \frac{4}{3}$, und alle anderen Koeffizienten für die von i verschiedenen l sind gleich 2.

Die Gültigkeitsgrenzen der Néelschen Theorie

Gehen wir jetzt zur kritischen Bewertung der Néelschen Theorie über vom Gesichtspunkt der Gültigkeitsgrenzen der Annahmen, auf denen sie aufgebaut ist. Im nächsten Abschnitt werden wir sehen, daß die Néel-Theorie besonders bei qualitativer Erörterung der mit dem Ferrimagnetismus verbundenen Erscheinungen sehr erfolgreich ist, während wir bei Untersuchung der quantitativen Seite dieser Erscheinungen öfter auf eine größere oder kleinere Abweichung zwischen Theorie und Experiment stoßen. Dieser Umstand muß uns nicht allzu überraschen, da wir schon an einigen Stellen den phänomenologischen und approximativen Charakter der Theorie erwähnt haben. Gewisse Beschränkungen der Gültigkeit der Néelschen Theorie sind besonders auf folgende zwei Ursachen zurückzuführen: erstens wird die Approximation des Molekularfeldes angewendet, deren Mängel im Zusammenhang mit der Weiss'schen Theorie des Ferromagnetismus oft diskutiert wurden [21]; die zweite Ursache bildet dann die a priori-Voraussetzung über die Existenz der Untergitter mit kollinearer Orientierung der Teilmagnetisierungen, welche ohne theoretische Begründung und ohne Ermittlung postuliert wird, ob und unter welchen Umständen wir berechtigt sind, das anzunehmen. Mit diesem zweiten Punkt werden wir uns hauptsächlich im Abschn. 3.3 befassen, wo wir zeigen werden, wie man die im wesentlichen richtige Konzeption der Untergitter auch für nichtkollineare Spins verallgemeinern kann. An dieser Stelle wollen wir die Ungenauigkeiten betrachten, welche die Weiss'sche Methode des Molekularfeldes in die Theorie hineinbringt.

Wie bereits früher ausgeführt, beruht die Methode des Molekularfeldes auf der Voraussetzung, daß man die Austauschwechselwirkungen eines beliebigen Ions oder Atoms mit den umliegenden Ionen (Atomen) durch die Wirkung des Molekularfeldes auf das magnetische Moment des betreffenden Ions ersetzen kann. Das Molekularfeld wird als proportional zur Magnetisierung angenommen, was zweierlei

[22]) Der physikalische Sinn für die Einführung der Temperaturabhängigkeit des Molekularfeldkoeffizienten liegt in der Änderung der Austauschintegrale infolge einer Vergrößerung der zwischenatomaren Abstände mit steigender Temperatur.

Mittelungen des magnetischen Moments in Zeit und Raum über alle Ionen im Gitter (Untergitter) beinhaltet. Dadurch werden lokale und zeitliche Schwankungen des Molekularfeldes ausgeschieden, das als zeitlich konstant und für alle Ionen ein und derselben Kategorie (des Untergitters) als gleich betrachtet wird. Dieses Vorgehen wäre berechtigt, falls die Austauschkräfte über einen großen Abstand wirkten, so daß zum effektiven Austauschfeld an beliebigem Ort eine große Anzahl von Atomen beitragen würde.[23]) Die Austauschkräfte nehmen jedoch mit dem Abstand so schnell ab, daß sich praktisch nur die Wechselwirkung der benachbarten Atome geltend macht. Das hat zur Folge, daß das wirkliche „Molekularfeld", wenn wir diesen Terminus beibehalten wollen, durch momentane Werte der Spinoperatoren einer kleinen Anzahl von Umgebungsatomen bestimmt wird und daher im wesentlichen den Änderungen der Orientierung ihrer magnetischen Momente folgen wird. Diese lokale Korrelation zwischen den Spins der Nachbaratome zu erfassen, ist die Weisssche Methode nicht imstande, denn bei ihr sind alle zeitlichen und lokalen Effekte im Molekularfeld „verschmiert", das auf magnetische Momente der Atome so wirkt, als ob sie frei und voneinander unabhängig wären.

Wegen dieser Grundeigenschaft des Molekularfeldes können wir erwarten, daß die Weiss'sche (und daher auch die Néelsche) Theorie eine gute Näherung eher bei höheren Temperaturen sein wird, wo infolge schneller Fluktuation der Einfluß individueller Austauschwechselwirkungen verwischt wird, freilich unter Ausschluß des Gebietes nahe der Curie-Temperatur, wo die lokalen Änderungen des Molekularfeldes im Zusammenhang mit der Spinordnung in kurzem Abstand (short range) zu hohe Werte erreichen. Diese Ordnung ist ebenfalls eine Folge des lokalen Korrelationseffektes der Austauschkräfte zwischen den Paaren der Nachbarspins. Sie bleibt auch oberhalb der Curie-Temperatur erhalten, wo die Ordnung in langem Abstand (long range) und mit ihr auch die spontane Magnetisierung verschwindet. Wir können also erwarten, daß die Weiss'sche Methode sowohl für die Umgebung des absoluten Nullpunktes als auch für das Gebiet der Curie-Temperatur eine schlechte Näherung sein wird. Zur Überwindung dieser Schwierigkeiten werden einige genauere Methoden, und zwar die Spinwellen-Näherung für tiefe Temperaturen, und vollkommenere statistische Methoden benutzt, die es erlauben, den Einfluß der Ordnung in kurzem Abstand für Temperaturen in der Umgebung des Curie-Punktes zu berechnen.[24]) Oft wachsen dabei jedoch die mathematischen Schwierigkeiten über das erträgliche Maß, so daß nichts anderes übrig bleibt, als sich mit einer weniger genauen, dafür jedoch einfacheren Näherung des Molekularfeldes zufriedenzugeben.

---

[23]) Wenn z. B. die Anordnung magnetischer Momente eine Angelegenheit der dipolaren Kräfte wäre, die mit dem Abstand nach $1/r^3$ abnehmen, wäre die Approximation des Molekularfeldes ganz entsprechend.

[24]) Als wertvoll erweist sich dabei auch die von Bogoljubow und Tjablikow ausgearbeitete Methode [22, 23], welche die Eigenschaften der Greenschen Funktionen ausnutzt und die man für ein beliebiges Temperaturintervall anwenden kann.

Den Begriff der Spinwellen [23—25], mit denen wir uns im V. Kapitel eingehender befassen werden, können wir auf Grund folgender einfacher Vorstellung verstehen: betrachten wir einen ferromagnetischen Kristall, dessen Atome der Einfachheit halber den Spin 1/2 haben sollen. Beim absoluten Nullpunkt sind alle Spins parallel orientiert, so daß die Austauschenergie den kleinstmöglichen Wert hat. Wenn die Temperatur steigt, werden sich einige Spins in die umgekehrte (d.i. antiparallele) Richtung drehen, infolgedessen sinkt dieMagnetisierung, und es wächst sowohl die Austauschenergie als auch die Entropie. Die Anzahl der umgedrehten Spins wird für die gegebene Temperatur konstant und durch das Minimum der freien Energie des Spinsystems bestimmt sein. Betrachten wir den Grenzfall, wo die Temperatur so niedrig ist, daß gerade ein Spin umgedreht wird. Bei einem vollkommenen Kristall kann es zu dieser Spinumkehr a priori mit gleicher Wahrscheinlichkeit bei jedem beliebigen Atom kommen. Infolgedessen wird diese „Spinabweichung" nicht lokalisiert sein, sondern sie wird im Kristall von Gitterplatz zu Gitterplatz überspringen. Wenn wir keinen Korrelationseffekt der Austauschkräfte zwischen den Nachbarspins berücksichtigen, könnte die Spinabweichung von Atom zu Atom ganz beliebig „überspringen", und die Wahrscheinlichkeit ihres Vorkommens im gegebenen Augenblick an einem bestimmten Ort wäre ganz unabhängig davon, wo sie vorher auftrat. In Wirklichkeit ist jedoch der umgedrehte Spin durch Austauschkräfte mit den Spins der Nachbaratome gekoppelt. Durch die Wirkung dieser Kräfte wird der umgedrehte Spin, anschaulich gesagt, in die richtige Lage gezogen, und umgekehrt werden die Nachbarspins aus dieser Lage hinausgedrängt. Dadurch wächst die Wahrscheinlichkeit für den Sprung der Spinabweichung zu irgendeinem der Nachbaratome, die Bewegung der Spinabweichung wird korreliert, und man kann sie auch durch eine fortschreitende Welle — die Spinwelle — darstellen, die sich durch den Kristall mit einem bestimmten Wellenvektor $\boldsymbol{k}$ ausbreitet. Wir haben also eine vollständige Analogie zur Ausbreitung einer mechanischen Erregung (Deformation) durch ein elastisches Medium. Die mit einer Spinwelle verbundene Energie $\varepsilon_{\boldsymbol{k}}$ hängt von ihrem Wellenvektor $\boldsymbol{k}(|\boldsymbol{k}| = 2\pi/\lambda)$ ab; für kleine $|\boldsymbol{k}|$ ist $\varepsilon_{\boldsymbol{k}} \cong 2JSa^2k^2(k = |\boldsymbol{k}|, a =$ die Gitterkonstante), was für genügend große Wellenlängen (kleine k) ein wesentlich kleinerer Wert ist als die klassische, mit der Umkehr eines Spins verbundene Energie $\varepsilon_{\uparrow\downarrow} = 2zJS^2$. Wir können also erwarten, daß die Spinwellen leichter angeregt werden als die nicht korrelierten, durch die Weisssche Theorie vorausgesagten Spinabweichungen, und deshalb wird die Magnetisierung bei tiefen Temperaturen im Einklang mit dem Experiment mit wachsender Temperatur schneller abnehmen, als es die Theorie des Molekularfeldes vorhersagt. Für die Ferromagnetika geht aus der Spinwellentheorie für die Temperaturabhängigkeit der Magnetisierung in der Umgebung des absoluten Nullpunktes das bekannte, zum erstenmal von Bloch abgeleitete „Hochdreihalbe-Gesetz" hervor

$$M = M_0(1 - CT^{3/2}) . \tag{3.36}$$

Da die Spinwellentheorie — zumindest in ihrer einfachsten Form — vorhersagt, daß die einer größeren Anzahl gleichzeitig angeregter Spinabweichungen entsprechenden Spinwellen voneinander unabhängig sind, kann man sie nur anwenden, wenn die Anzahl der gleichzeitig existierenden Spinwellen nicht zu groß ist, also bei tiefen Temperaturen; in der Regel wird $\frac{1}{3}T_c$ als die Grenztemperatur für die Anwendbarkeit der Spinwellen-Näherung angegeben.

Erwähnen wir noch die quantenmechanische Deutung des obenangeführten Modells mit einer Spinabweichung. In diesem Falle kann man durch die Störungsrechnung eine exakte Lösung gewinnen. Der durch die Existenz einer Spinabweichung bei irgendeinem bestimmten Atom charakterisierte Zustand ist ohne die Austauschwechselwirkung ein charakteristischer Zustand, er ist jedoch entartet, denn die Energie hängt nicht davon ab, wo die Abweichung auftritt. Durch den Einfluß der Austauschwechselwirkung wird die Entartung aufgehoben, und die den einzelnen aufgespaltenen Energie-Niveaus entsprechenden charakteristischen Zustände sind eben die sich untereinander durch den Wellenvektor $\boldsymbol{k}$ unterscheidenden Spinwellen. Die lokalisierte Abweichung hört auf, ein Eigenzustand zu sein, und deshalb kommt ihr nicht einmal ein wohl definierter Wert der Energie zu.

Das Spektrum der Spinwellenenergien, auf Grund dessen es z. B. möglich ist, anhand statistischer Methoden die Abhängigkeit der spontanen Magnetisierung von der Temperatur zu berechnen, hängt von der Symmetrie und dem Typ des Kristallgitters und von der magnetischen Struktur, d. i. von der Grundkonfiguration der

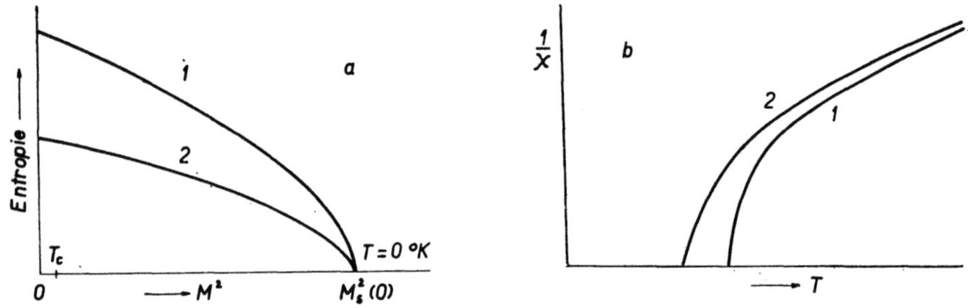

Abb. 3.12 Einfluß der Spin-Korrelation (Anordnung im kurzen Abstand) auf die Entropie und die magnetische Suszeptibilität (schematisch). Für beide Abhängigkeiten entspricht die Kurve 1 der klassischen Weissschen Theorie ohne Korrelationen, die Kurve 2 berücksichtigt den Korrelationseffekt. Die Entropie ist im Punkt $T = T_c$ stetig, denn der Übergang aus dem magnetisch geordneten in den ungeordneten, d. i. paramagnetischen Zustand ist ein Übergang zweiter Ordnung.

Spinmomente, ab. Die Spinwellentheorie wurde von einer Reihe von Autoren auf Probleme des Ferromagnetismus und Antiferromagnetismus mit Erfolg angewendet [23–25]. Von den Ferrimagnetika wurde das Spinwellen-Spektrum z. B. für die Spinelle und den Yttrium-Eisen-Granat berechnet [26, 27]; aus diesen Berechnungen folgt z. B. die Gültigkeit des Hochdreihalbe-Gesetzes für ferrimagnetische Spinelle.

Genauere, die Ordnung in kurzem Abstand betreffende statistische Methoden hat für den Ferrimagnetismus z. B. Smart angewendet [28]. Die von ihm berechnete Kurve $1/\chi$ vs. T zeigt zur Curie-Temperatur hin eine geringere Abnahme als die aus der Néelschen Theorie sich ergebende hyperbolische Abhängigkeit (Abb. 3.12b). Das stimmt mit der Tatsache überein, daß der wirkliche „ferromagnetische" Curie-Punkt immer etwas tiefer liegt als der durch die Extrapolation auf Grund der Néelschen Hyperbel aus dem Temperaturverlauf von $1/\chi$ (der sog. „paramagnetische" Curie-Punkt) gewonnene Punkt $1/\chi = 0$.

Der Grund dieses Verhaltens ist darin zu suchen, daß die infolge des Korrelationseffektes der Austauschkräfte auch bei Temperaturen oberhalb des Curie-Punktes auftretende Nahordnung die Entropie S des Spinsystems wesentlich herabsetzt. Dadurch vermindert sich im Hinblick auf das monotone Wachstum der Entropie mit sinkender Magnetisierung (bzw. Magnetisierungen der Untergitter) das Gefälle der Kurve $S = S(M)$, d. i. der absolute Wert der Ableitung $\partial S/\partial M$ (siehe schematisch Abb. 3.12a) und infolgedessen auch die Neigung der Kurve $1/\chi$ vs. T, denn

$$\frac{\partial(1/\chi)}{\partial T} = \frac{1}{M}\left(\frac{\partial H}{\partial T}\right) = -\frac{1}{M}\frac{\partial S}{\partial M} = -2\frac{\partial S}{\partial(M^2)}\,. \tag{3.37}$$

Diese Beziehung leiten wir aus dem Ausdruck $\mathrm{d}F = -S\,\mathrm{d}T + H\,\mathrm{d}M$ für die freie Energie ab.[25])

Zum Schluß erwähnen wir die Bedeutung der folgerichtigen Geltendmachung der quantenmechanischen Gesichtspunkte in der Theorie des Ferrimagnetismus. Nach dem, was soeben gesagt wurde, könnte es scheinen, daß die auf diesem Wege erreichten Erfolge nicht allzu bedeutend sind: die Präzisierung der Ergebnisse für das Verhalten der Magnetisierung bei tiefen Temperaturen und einige sekundäre Präzisierungen im wesentlichen schon bekannter Ergebnisse. Dabei handelt es sich wieder sehr oft um Ergebnisse qualitativen Charakters wegen der gemachten Vereinfachungs-Annahmen und der durch mathematische Schwierigkeiten erzwungenen Näherungen. Eine Reihe von Arbeiten, die sich mit der Quantentheorie des Ferrimagnetismus befassen [13, 29], stellt dann auch eher nur eine quantenmechanische Analogie zur Néel-Theorie dar, denn in bezug auf allgemeine Näherungen führen sie zu äquivalenten Ergebnissen wie diese, ohne etwas Neues zu bringen. Es wäre jedoch sichtlich verfehlt, auf Grund dieser ziemlich spärlichen Erfolge eine übereilte Schlußfolgerung zu ziehen. Die wirkliche Bedeutung der aktuellen Quantentheorie ist vor allem in folgenden Tatsachen zu sehen:

(a) Es wurden durch sie die Hauptvoraussetzungen der Néel-Theorie auf Grund allgemein gültiger Prinzipien der Quantenphysik überprüft; u. a. wurde auch die grundsätzliche Berechtigung zum Konzept der Untergitter als einer entsprechenden Näherung des Grundzustandes bestätigt, und es wurde gezeigt, daß die Magnetisierungen der Untergitter gleichzeitig diskrete Werte haben können (d. i. daß sie gleichzeitig meßbare Größen darstellen).

(b) Es wurde die Richtigkeit der Hauptergebnisse der Néelschen Theorie bestätigt und ihre quantenmechanische Interpretation geliefert. Besonders wurden die Beziehungen zwischen den phänomenologischen Parametern der klassischen Theorie und den vom physikalischen Gesichtspunkt grundlegenderen Parametern der Quantentheorie gefunden.

(c) Es wurde dadurch gezeigt, daß die klassische Néel-Theorie und die Quantentheorie in gewisser Näherung äquivalent sind.

---

[25]) Die Magnetisierung wird hier als äußerer Parameter betrachtet. Die Ausdrücke für die freie Energie des magnetischen Stoffes unterscheiden sich voneinander, je nachdem wir M oder H als äußeren Parameter betrachten, ähnlich wie die freie Energie und Enthalpie eines Gases. Wenn das Feld H der äußere Parameter ist, ist es nötig, der freien Energie die Energie des magnetischen Stoffes im äußeren Felde $-MH$ zuzuordnen, ähnlich wie wir die Enthalpie eines Gases aus der freien Energie durch Hinzurechnung des energetischen Volumens pV erhalten.

Schließlich muß man in Erwägung ziehen, daß in der Quantentheorie, auch wenn sie heute noch wegen der erwähnten Schwierigkeiten nicht viel mehr bieten kann als die klassische Theorie, doch Möglichkeiten weiterer Verbesserungen potentiell enthalten sind, was man von der klassischen Theorie nicht mehr erwarten kann. Auf der anderen Seite erhielt die Néel-Theorie durch die quantenmechanische Überprüfung eine festere Basis, so daß sie mit voller Berechtigung auch weiterhin als ein einfaches und wirksames Mittel beim Studium des Ferrimagnetismus bestehen bleibt.

3.2 Experimentelle Bestätigung der Theorie

Spinelle und Granate

In diesem Abschnitt werden wir eine Übersicht der wichtigsten experimentellen Ergebnisse liefern, die zur Bestätigung der Néel-Theorie von unmittelbarer Bedeutung sind. Wir verfolgen also nicht das Ziel, an dieser Stelle ein Gesamtbild unserer gegenwärtigen Kenntnisse über den Ferrimagnetismus darzustellen, die sich auf das sehr reiche experimentelle Material der letzten etwa 20 Jahre stützen, sondern wir wollen eher durch eine Analyse entsprechend ausgewählter typischer Beispiele die außerordentlich gute Übereinstimmung zwischen den Schlußfolgerungen der Theorie und dem Experiment zeigen und gleichzeitig auch auf einige Tatsachen aufmerksam machen, welche die Theorie in ihrer ursprünglichen Form nicht zu erklären vermag. Zu diesem Zweck eignen sich sehr gut ferrimagnetische Spinelle und Granate, welche typische Eigen-Ferrimagnetika mit kristallographisch nichtäquivalenten Untergittern sind, an denen man wegen ihrer verhältnismäßigen Einfachheit Theorie und Experiment bis in Einzelheiten miteinander vergleichen kann. Spinelle haben zwei, Granate drei Untergitter, was gerade die Anzahl ist, die es noch möglich macht, die Theorie ohne größere Schwierigkeiten anzuwenden und eine übersichtliche Form der Ergebnisse zu erhalten.

Paramagnetisches Gebiet. Fangen wir an mit Eigenschaften im Bereich des Paramagnetismus. Die Néel-Theorie sagt für Ferrimagnetika eine nichtlineare, in bezug auf die Temperaturachse gewölbte Form der Abhängigkeit $1/\chi$ vs. T vorher, die speziell für zwei Untergitter einer Hyperbel (3.17) entsprechen soll. Die gemessenen Temperaturverläufe der reziproken Suszeptibilität haben tatsächlich diesen Charakter, wie aus Abb. 3.13 und 3.14 ersichtlich ist, in denen die Kurven $1/\chi(T)$ für einige Spinelle und Granate eingezeichnet sind. Bei genügend hohen Temperaturen erfüllen diese Abhängigkeiten gut das von der Theorie verlangte hyperbolische Gesetz, während für $T \to T_c$ die Neigung der gemessenen Kurven im Einklang mit der erwarteten Wirkung der Spinanordnung im kurzen Abstand ist (vgl. die Diskussion und Abb. 3.12 auf S. 218). Auf Grund der Analyse der experimentellen Kurven $1/\chi(T)$ können wir sogar die Werte der Konstanten Θ, Θ', ζ und $C = C_a + C_b$ bestimmen, welche die Hyperbel (3.17) charakterisieren und aus ihnen die Konstanten des Molekularfeldes berechnen. Um sich einen Begriff von der quantitativen Übereinstimmung der Theorie zu machen, ist es zweckmäßig, die effektive Curie-Konstante C mit dem theoretischen, auf Grund der Beziehung (3.15a) berechneten Wert

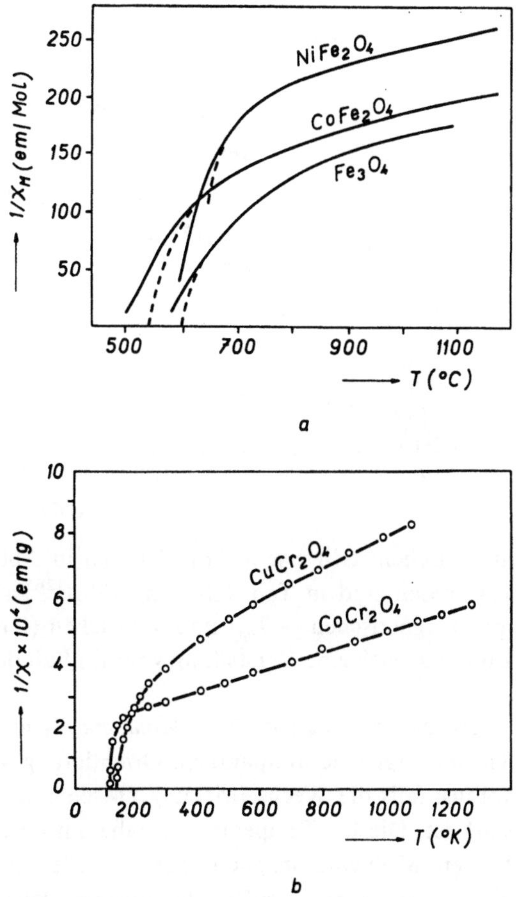

Abb. 3.13 Die Temperaturabhängigkeit von $1/\chi$ für einige ferrimagnetische Spinelle*): (a) Ferrite [30], (b) Chromite [31].

zu vergleichen. Es zeigt sich, daß der experimentelle Wert dieser Konstante, der identisch ist mit dem reziproken Richtungskoeffizienten der Assymptote der betreffenden Hyperbel (vgl. Abb. 3.2), im Vergleich mit dem theoretischen Wert in der Regel etwas größer ist. Um diese Differenz zu beseitigen, setzte Néel die Temperaturabhängigkeit der Konstante des Molekularfeldes in der Form (3.35) an, d. i. $\nu = \nu_0(1 + \gamma T)$, die er mit der thermischen Ausdehnung der Stoffe in Zusammenhang bringt. Wenn wir diese Voraussetzung akzeptieren, können wir andererseits

*) χ_M bedeutet die auf 1 Mol von XY_2O_4 bezogene molare Suszeptibilität.

den Temperaturkoeffizienten γ aus der Beziehung

$$(1 + \Theta\gamma)\, C_{\mathrm{exp}}^{-1} = C_{\mathrm{theor}}^{-1} \tag{3.38}$$

entnehmen. Es ist merkwürdig, daß wir auf diese Weise für γ-Werte erhalten, die sich in der Regel nur wenig voneinander unterscheiden (sie sind der Größenordnung 10^{-4}), was die Berechtigung der Néelschen Annahme zu unterstützen scheint. Die

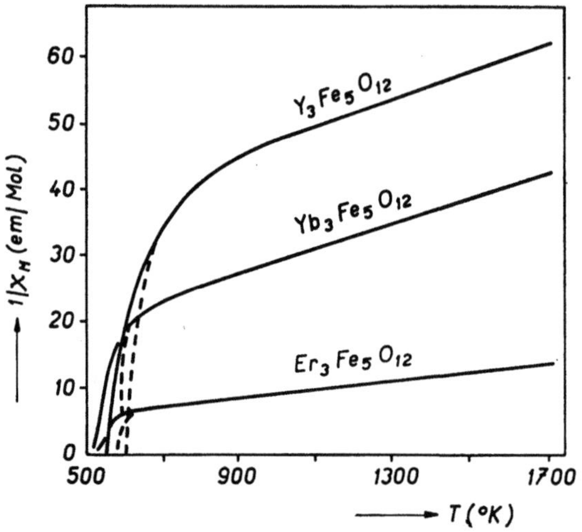

Abb. 3.14 Die Temperaturabhängigkeit von $1/\chi$ für einige ferrimagnetische Granate (nach Aléonard [20]).

numerischen, teilweise auf die Kurven in Abb. 3.13 bezogenen Werte der Grundkonstanten sind in Tab. III-3 angeführt;[26]) aus dem Unterschied des theoretischen (paramagnetischen – T_{cp}) und wirklichen (ferromagnetischen – T_{cf}) Curie-Punktes kann man sich eine Vorstellung vom Einfluß der magnetischen Nahordnung machen.

Anordnung magnetischer Momente beim absoluten Nullpunkt. Die Néelsche Theorie sagt eine antiparallele Orientierung von Magnetisierungen der Untergitter voraus, falls die Wechselwirkung zwischen ihnen antiferromagnetisch und genügend stark ist. Die bei Temperaturen nahe am absoluten Nullpunkt gemessenen magnetischen Momente magnetischer Spinelle und Granate sind tatsächlich alle so niedrig, daß eine parallele (ferromagnetische) Anordnung ausscheidet. Meist sind ihre Werte mit der Vorstellung über eine antiparallele Anordnung vereinbar (Tab. III-1, III-4, III-5). Als direkte Bestätigung der Richtigkeit der Néelschen Konzeption der Untergitter mit antiparallelen magnetischen Momenten kann man jedoch

[26]) Die Suszeptibilität und daher auch die anderen Größen sind hier auf 1 Gramm-Ion bezogen, was zwei Vorteile hat: dadurch ist es möglich, das Verhalten ein und desselben Ions (z. B. Fe^{3+}) in verschiedenen Strukturen direkt zu vergleichen und die sich aus der Veränderung des Volumens mit der Temperatur ergebenden Komplikationen zu vermeiden, welche sich in der Temperaturabhängigkeit der Ionenzahl in der Volumeneinheit widerspiegeln (vgl. auch Tab. III-2).

Tabelle III-3

Die effektive Curie-Konstante $C = C_a + C_b$ und die Werte für die „ferromagnetische" T_{cf} und „paramagnetische" T_{cp} Curie-Temperatur einiger einfacher Ferrite

Ferrit	C_{theor}*)	C_{exp}	T_{cp} °K	T_{cf} °K	Autor
Fe_3O_4	12,0	14,2	869	847	[30]
$CoFe_2O_4$	12,2	13,9	812	769	[30]
$NiFe_2O_4$	9,9	9,5	896	870	[30]
$MgFe_2O_4$	—	—	635	588	[1]
$CuFe_2O_4$	—	—	766	728	[1]
$MnFe_2O_4$				573	[56]
$Li_{0,5}Fe_{2,5}O_4$				943	[56]

*) Für 1 Gramm-Ion gilt $C_{theor}^{(i)} = (N\mu_B^2/3k)\, g_i^2 S_i(S_i + 1) \doteq 0{,}125\, g_i^2 S_i(S_i + 1)$ [erg . . gauss^{-2} Mol^{-1} Grad^{-1}], wobei N die Avogadrosche Zahl ist. Für die Berechnung wurden die Zahlwerte $g(Fe^{2+}) = 2{,}1$, $g(CO^{2+}) = 2{,}7$ und $g(Ni^{2+}) = 2{,}2$ benutzt. Für einen inversen Spinell, z. B. $Fe^{3+}[Ni^{2+}Fe^{3+}]O_4$, ist die effektive Curie-Konstante $C_{theor} = C_{theor}(Ni^{2+}) + 2C_{theor}(Fe^{3+})$, denn wir können $g(Fe_A^{3+}) = g(Fe_B^{3+})$ setzen.

die durch Neutronenbeugung gewonnenen Ergebnisse betrachten, die es erlauben, sowohl die geometrische Anordnung der Untergitter als auch die Größe und Orientierung ihrer magnetischen Momente festzustellen und so die Uneindeutigkeiten zu beseitigen, die infolge der Unkenntnis über Kationenverteilung, Größe magnetischer Momente von Ionen u. ä. entstehen können.[27]) Von weiteren Methoden, die zumindest in einigen Fällen wertvolle Auskünfte über die Magnetisierung der Untergitter und ihre Temperaturabhängigkeit geben, ist es notwendig, die Kernresonanz [32] und die sog. Mössbauer-Spektroskopie [33] anzuführen. Die Anwendbarkeit beider Methoden hat die Existenz eines Kernmomentes des magnetischen Ions zur Voraussetzung, was z. B. für den Kern Fe^{57} [28]) erfüllt ist.

Für die Frage der Bedeutung der Wechselwirkung $A-B$ für die antiparallele Orientierung der Magnetisierung beider Untergitter war das Experiment von Shull [34] von grundlegender Wichtigkeit, der gezeigt hat, daß diese Orientierung tatsächlich das Ergebnis einer starken Wechselwirkung zwischen den Untergittern ist. Er studierte das Neutronenbeugungsbild von Fe_3O_4

[27]) Die Neutronen haben ein eigenes Moment und deshalb tritt bei Entstehung des Beugungsbildes des Kristallgitters eines Stoffes mit geordneten Spinmomenten neben der Streuung an den Kernen auch die sog. magnetische Neutronenstreuung an den magnetischen Momenten der Atome auf. Durch die Neutronenbeugung können wir gewöhnlich die Größe des magnetischen Moments in jedem Untergitter separat bestimmen, zum Unterschied von magnetischen Messungen, die uns nur die resultierende Magnetisierung liefern.

[28]) Der Gehalt am Isotop Fe^{57} in normalem Eisen ist klein, und deshalb verwendet man oft zu den angeführten Zwecken ein mit diesem Isotop „angereichertes" Eisen.

in Abhängigkeit von der Richtung des äußeren Magnetfeldes und stellte fest, daß gleichzeitig mit dem Feld auch die beiden Magnetisierungsvektoren $\boldsymbol{M}_a$, $\boldsymbol{M}_b$ rotieren, indem sie ihre antiparallele Orientierung beibehalten. Das zeigt, daß die Ursache der antiparallelen Orientierung eine starke, im wesentlichen isotrope, antiferromagnetische Wechselwirkung zwischen den beiden Untergittern sein muß.

In den Fällen, wo magnetische Messungen bei einigen Spinellen unerwartet niedrige Werte magnetischer Momente ergeben, gilt die Neutronenbeugung oft als einziges Verfahren, das entscheiden kann, ob dies auf die Nichtkollinearität der Spins oder auf anomale Werte der magnetischen Momente der Ionen zurückzuführen ist.

In der Tabelle (Tab. III-4) ist die vorausgesetzte Anordnung der magnetischen Momente für einfache Ferrite und einige weitere Spinelle angeführt und der Ver-

Tbaelle III-4

Magnetische Momente einiger Spinelle*)

Material	$n_B(A)$	$n_B(B)$	n_B theor	n_B exp	g_{exp}	Quelle
$Mn_{0,8}Fe_{0,2}[Mn_{0,2}Fe_{1,8}]O_4$**)	5	10	5	4,40—5,0	2,006	[6, 18, 35, 34, 37]
$Fe^{3+}[Fe^{2+}Fe^{3+}]O_4^{2-}$	5	9	4	4,03—4,2	2,06—2,17	}
$Fe^{3+}[Co^{2+}Fe^{3+}]O_4^{2-}$	5	8	3	3,30—3,94	2,7	} [6, 18, 35]
$Fe^{3+}[Ni^{2+}Fe^{3+}]O_4^{2-}$	5	7	2	2,22—2,40	2,19	}
$Fe^{3+}[Cu^{2+}Fe^{3+}]O_4^{2-}$***)	5	6	1	1,30—2,56	2,05—2,20	[6, 18, 41]
$Fe^{3+}[Mg^{2+}Fe^{3+}]O_4^{2-}$***)	5	5	0	0,86—2,15		[35, 42]
$Zn^{2+}[Fe_2^{3+}]O_4^{2-}$	0	0	0	0		[6, 35, 38]
$Cd^{2+}[Fe_2^{3+}]O_4^{2-}$	0	0	0	0		[6]
$Fe_{0,5}^{3+}Li_{0,5}^{+}[Cr_2^{3+}]O_4^{2-}$	2,5	6	3,5	0,10		[6]
$Mn^{2+}[Mn_2^{3+}]O_4^{2-}$	5	8	3	1,85		[39]
$Mn^{2+}[Mn_{0,8}^{3+}Fe_{1,2}^{3+}]O_4^{2-}$	5	9,2	4,2	2,65		[45]

*) Für die Berechnung der theoretischen Werte der Momente n_B wird nur der Spinbeitrag $n_B(M) = 2S$ vorausgesetzt (vgl. Tab. I—8).

**) Für die Berechnung von n_B nehmen wir an, daß das ganze Mangan zweiwertig und das ganze Eisen dreiwertig ist; der Unterschied zwischen $n_{B\text{exp}}$ und $n_{B\text{theor}}$ kann damit zusammenhängen, daß zumindest ein Teil des Mangans in den B-Lagen als Mn^{3+} und die entsprechende Menge Eisen als Fe^{2+} vorliegt. Über den Einfluß des Inversionsgrads siehe [166].

***) Der Inversionsgrad und damit auch die Größe von n_B hängt ab von der Art der Herstellung, besonders von der Abkühlgeschwindigkeit; das angeführte $n_{B\text{theor}}$ entspricht dem vollständig inversen Spinell.

gleich mit experimentellen Werten für die magnetischen Sättigungsmomente durchgeführt. Speziell für einfache Ferrite mit inverser Spinellstruktur kompensieren sich die magnetischen Momente der Fe^{3+}-Ionen in den Lagen *A* und *B*, so daß das resultierende Moment gleich ist dem Moment des zweiwertigen Ions M^{2+} in den *B*-Lagen. Die angeführten theoretischen Werte der magnetischen Momente von Ionen entsprechen dem reinen Spinmagnetismus (siehe Tab. I-8); diese Voraussetzung ist bei Elementen der Eisen-Gruppe, vor allem natürlich für die Ionen annehmbar, die $L = 0$ (Fe^{3+} Mn^{2+}) haben. Das höhere, bei Fe-, Co- und Ni-Ferriten beobachtete magnetische Moment hängt wahrscheinlich mit einem Beitrag des Bahnmoments zusammen, das besonders im Falle des Co^{2+}-Ions verhältnismäßig groß ist. Mittlere Werte der g-Faktoren, die man aus dem durchgeführten Vergleich unter der Annahme $g_{Fe^{3+}} = 2$ ableiten kann, d. i. $g = n_{B\,exp}/S = 2{,}3$ für Ni^{2+}, 2,4 für Co^{2+} und 2,1 für Fe^{2+}, stimmen mit den aus der ferromagnetischen Resonanz erhaltenen Werten ziemlich gut überein, die in der letzten Spalt der Tabelle angeführt sind (vgl. auch Tab. V-3). In einigen Fällen (z. B. $NiFe_2O_4$, $CuFe_2O_4$ u. a.) können auch Abweichungen von der vorausgesetzten Kationen-Verteilung eine Rolle spielen.

Der Einfluß der Kationen-Verteilung kommt z. B. bei Mg- und Cu-Ferriten deutlich zum Ausdruck, bei denen nach Abschn. 2.4 der energetische Unterschied zwischen inverser und normaler Anordnung so klein ist, daß der Inversionsgrad wesentlich von der Temperatur abhängt (vgl. Gl. (2.30)). Durch rasche Kühlung von verschieden hohen Temperaturen kann man deshalb Proben mit verschiedener Verteilung der

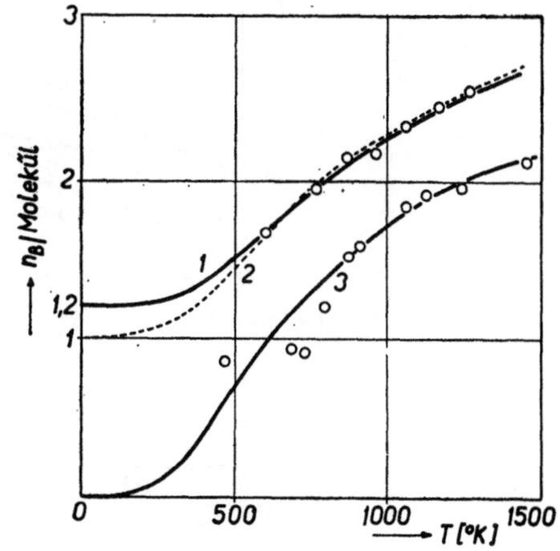

Abb. 3.15 Die Abhängigkeit des magnetischen Sättigungsmoments n_B von der Abschrecktemperatur bei Kupferferrit (Kurven 1, 2) und Magnesiumferrit (Kurve 3). Die Punkte stellen die gemessenen Werte dar, die Kurven entsprechen der Beziehung (2.30) mit folgenden $\Delta P/R$ Werten: 1 — 1540 °K, 2 — 1340 °K, 3 — — 1220 °K. Nach Pauthenet und Bochirol [41].

Ionen auf oktaedrische und tetraedrische Lagen und daher auch mit unterschiedlichem magnetischem Moment herstellen. Durch Messung der Sättigungsmagnetisierung können wir also Auskünfte über die Gleichgewichtsverteilung der Kationen gewinnen. In Abb. 3.15 wird für Mg- und Cu-Ferrite die Abhängigkeit der gemessenen Werte der magnetischen Momente von der Abschrecktemperatur mit der theoretischen Kurve verglichen, die unter der Voraussetzung abgeleitet ist, daß sich die

Gleichgewichtsverteilung der Kationen nach Gleichung (2.30) richtet. Der Magnesium-Ferrit ist für einen solchen Vergleich besonders geeignet, weil er nur eine einzige Art von magnetischen Ionen enthält.

Einen anschaulichen Beweis für die Richtigkeit der Theorie bieten auch die Sättigungsmomente der Mischferrite, welche Zink enthalten. Wenn wir bei inversen Ferriten $Fe^{3+}[M^{2+}Fe^{3+}]O_4^{2-}$ einen Teil der magnetischen M^{2+}-Ionen durch Zink-Ionen ersetzen, nehmen die Ionen Zn^{2+} die *A*-Lagen ein (Zn^{2+} hat immer eine Präferenz für tetraedrische Koordination – vgl. Abschn. 2.3), während eine entsprechende Anzahl von Fe^{3+}-Ionen aus den *A*-Lagen in die *B*-Lagen übergeht. Das hat eine Zunahme des resultierenden magnetischen Moments nach dem Schema zur Folge (das magnetische Moment von Fe^{3+} beträgt 5 μ_B)

$$\begin{array}{ccc} (Zn_a^{2+}Fe_{1-a}^{3+}) & [M_{1-a}^{2+}Fe_{1+a}^{3+}] & O_4^{2-} \\ \xrightarrow{\hspace{3em}} & \xleftarrow{\hspace{3em}} \quad \xleftarrow{\hspace{3em}} & \\ 0 + 5(1-a) & [n_B(M)\,.\,(1-a) + 5(1+a)] & , \end{array}$$

in dem $n_B(M)$ das magnetische, in Bohrschen Magnetonen ausgedrückte Moment des Ions M^{2+} bedeutet. Wir würden also das Gesamtmoment gleich

$$n_B(M)\,.\,(1-a) + 5(1+a) - 5(1-a) = n_B(M)\,.\,(1-a) + 10a$$

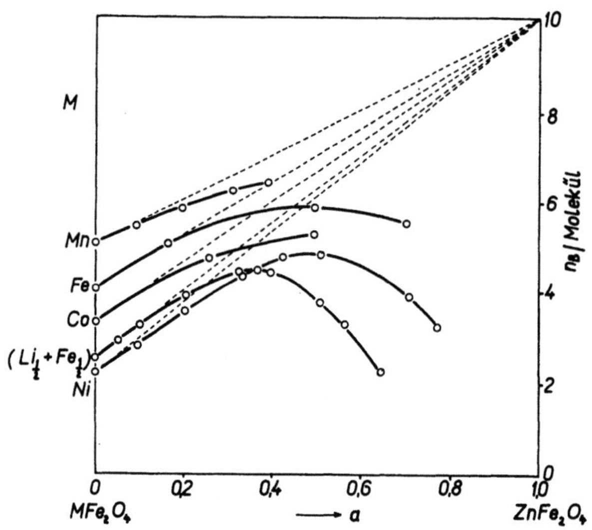

Abb. 3.16 Sättigungsmomente der Mischferrite $Zn_aM_{1-a}Fe_2O_4$ [6].

Bohrsche Magnetonen erwarten. Experimentelle Werte für verschiedene Ionen M^{2+} und verschiedene Zink-Konzentrationen sind in Abb. 3.16 wiedergegeben. Wie zu sehen ist, hat die Anwesenheit von Zink für nicht allzu große a tatsächlich eine Erhöhung des Gesamtmoments zur Folge. Die auf den Wert $10\mu_B$ gerichteten gestrichelten Geraden entsprechen der angeführten theoretischen Beziehung. Es liegt klar auf der Hand, daß diese Beziehung nur für kleine a erfüllt wird, wobei man die theoretischen Geraden für die Tangenten des experimentell gefundenen Abhängigkeit im Gebiet $a \to 0$ halten kann. Die für größere a experimentell gefundene Verringerung des Gesamtmoments n_B hängt mit der Schwächung der Austauschwechselwirkungen $A - B$ infolge der niedrigen Konzentration magnetischer Ionen in tetraedrischen Lagen zusammen und beweist eine teilweise gestörte Spinanordnung.

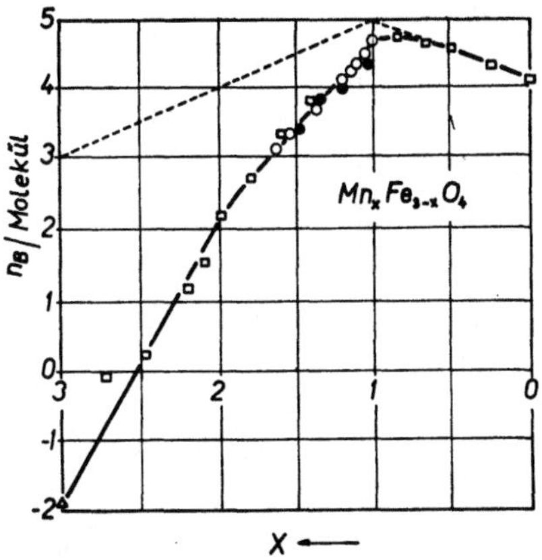

Abb. 3.17 Magnetische Momente bei 0 °K im System $Mn_xFe_{3-x}O_4$ nach den Messungen von Eschenfelder [43] — □, Harrison u. a. [44] — ●, Brož u. a. [45] — ○ und Dwight und Menyuk [39] — △. Die gestrichelte Linie entspricht der Néel-Anordnung unter den Voraussetzungen, daß die Kationen-Verteilung $Mn_x^{2+}Fe_{1-x}^{3+}[Fe_{1-x}^{2+}Fe_{1+x}^{3+}]O_4^{2-}$ für $x \leqq 1$ und $Mn^{2+}[Mn_{x-1}^{3+}Fe_{3-x}^{3+}]O_4$ für $1 \leqq x \leqq 3$ gilt und daß die magnetischen Momente der Ionen dem nicht reduzierten Spinwert entsprechen.

Aus den angeführten Ergebnissen ist augenscheinlich, daß zumindest bei den Ferriten MFe_2O_4 die Vorstellung von antiparallel magnetisierten Untergittern völlig berechtigt ist. Für die innere Konsistenz der Theorie ist dann die Feststellung wichtig, daß die in diesen Fällen z. B. aus dem Temperaturverlauf der Suszeptibilität bestimmten Werte der Molekularfeldkoeffizienten nach Abb. 3.1 im Gebiet **1** liegen, das der Sättigung beider Untergitter entspricht (vgl. Tab. III-2a). Bei einigen weiteren Spinellen, vor allem bei jenen, welche Cr^{3+} (Chromite) und Mn^{3+} (Manganite) enthalten, sind die resultierenden Momente bedeutend niedriger als wir erwarten können; als ein Beispiel (neben den in Tab. III-4. angeführten) sind in Abb. 3.17 und 3.18 Verläufe magnetischer Momente in den Systemen $Mn_xFe_{3-x}O_4$ und $NiFe_{2-x}Cr_xO_4$ eingezeichnet. Von den Mechanismen, durch die man diese anomalen Momente erklären kann, kommen am ehesten in Betracht: (a) Veränderung der Ionenvalenzen, (b) Herabsetzung des magnetischen Moments durch Einwirkung des Kristallfeldes (Einfrieren des Spins), (c) gegenseitige Neigung (Nichtkollinearität) der magnetischen Momente. Die Möglichkeiten (a) und (b) scheiden keineswegs den Néelschen Untergittertyp aus, der Fall (c) überschreitet den Rahmen der Néelschen Theorie. Eine eingehendere Analyse der angeführten Möglichkeiten werden wir am Anfang des Abschnittes 3.3 vornehmen.

Das Néelsche Modell für die Anordnung der magnetischen Momente in Ferriten Seltener Erden mit Granatstruktur wurde auf S. 209 f. erörtert. Nach ihm sind die magnetischen Momente der Fe^{3+}-Ionen in den Lagen a und d gegenseitig antiparallel, und die magnetischen Momente der Ionen Seltener Erden c stehen gegenüber ihrer

Resultierenden wieder antiparallel (Abb. 3.10).[29]) Das beim absoluten Nullpunkt auf ein „Molekül" 3 R_2O_3 . 5 Fe_2O_3 bezogene magnetische Moment sollte also

$$|6n_B(c) - [6n_B(d) - 4n_B(a)]| = |6n_B(R) - 6.5 + 4.5| = |6n_B(R) - 10|$$

Bohrsche Magnetonen betragen. Speziell für $n_B(R) = 0$, d. i. z. B. für den Yttrium-Eisen-Granat, wird das resultierende Moment gleich $10\mu_B$ sein. Beim Vergleich dieser

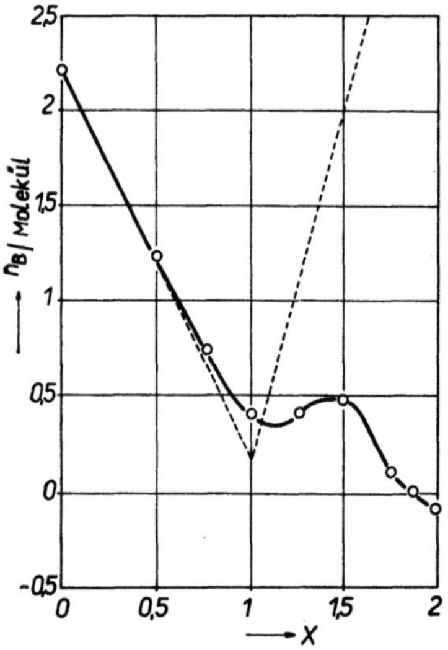

Abb. 3.18 Magnetische Momente bei 0 °K im System $NiFe_{2-x}Cr_xO_4$. Die gestrichelte Linie entspricht der Néel-Anordnung; experimentelle Daten von Mc Guire und S. W. Greenwald (nach Baltzer und Wojtowicz [46]). Nach neutronographischen Untersuchungen [47] entspricht das magnetische Sättigungsmoment im Untergitter *A* für $x = 1{,}5$ dem vorausgesetzten Spinwert, während das Moment des Untergitters *B*, wahrscheinlich infolge einer nicht-kollinearen Anordnung, als verkleinert erscheint.

theoretischen Werte mit dem Experiment ist aber hinsichtlich der Frage Vorsicht geboten, welches Moment den Ionen Seltener Erden in Granaten zuerkannt werden soll (vgl. Abschn. 1.3, S. 66f.). Bei ungestörter Spinorbitaler Wechselwirkung (Russel-Saunders-Kopplung), wo der magnetische Zustand des Ions durch das Gesamt-Impulsmoment $\boldsymbol{J} = \boldsymbol{L} + \boldsymbol{S}$ bestimmt ist, wird

$$n_B^{(1)}(R) = L + 2S = g_J J \tag{3.39}$$

gelten, während wir bei eingefrorenem Bahndrehimpuls (Spinmagnetismus)

$$n_B^{(2)}(R) = g_S S \cong 2S \tag{3.40}$$

haben. Der Vergleich experimenteller Werte mit den für beide Fälle berechneten theoretischen Werten ist in Abb. 3.19 und Tab. III-5 durchgeführt. Für die Bestätigung der Néelschen Hypothese ist Gadolinium-Ferrit besonders gut geeignet, da Gd die 4*f*-Schale gerade zur Hälfte besetzt (Spin 7/2) und daher $L = 0$ hat. Die von Geller u. a. [48] gefundenen Werte $31{,}86\mu_B$ und $32{,}00\mu_B$ für einkristallinen bzw.

[29]) Eine Ausnahme bilden wahrscheinlich die Granate mit Nd^{3+} auf den Dodekaeder-Plätzen ($Nd_3Fe_{5-x}Sc_xO_{12}$), die eine effektive ferromagnetische Kopplung $(a + d) - c$ aufweisen.

polykristallinen, aus besonders reinen Rohstoffen hergestellten Gadolinium-Eisen-Granat ($3\,Gd_2O_3 \,.\, 5\,Fe_2O_3$) stimmen mit der theoretischen Vorhersage $6 \times 2 \times 7/2 - 10 = 32\mu_B$ glänzed überein und bestätigen so die Richtigkeit des Modells. Um auch in anderen Fällen Übereinstimmung zu erreichen, ist es notwendig, für $n_B(R)$ die zwischen $n_B^{(1)}$ und $n_B^{(2)}$ liegenden Werte zu nehmen oder, mit anderen Worten,

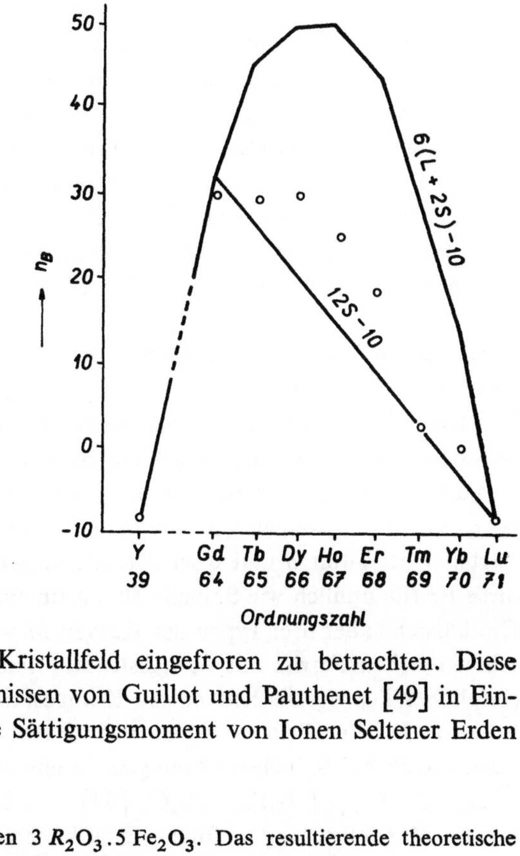

Abb. 3.19 Vergleich theoretischer und experimenteller Werte magnetischer Momente von Ionen Seltener Erden in Ferriten mit Granatstruktur. Nach Pauthenet [15].

das Bahnmoment als teilweise im Kristallfeld eingefroren zu betrachten. Diese Interpretation scheint mit den Ergebnissen von Guillot und Pauthenet [49] in Einklang zu stehen, die das magnetische Sättigungsmoment von Ionen Seltener Erden

Tabelle III-5

Die magnetischen Momente von Granaten $3\,R_2O_3 \,.5\,Fe_2O_3$. Das resultierende theoretische Moment ist durch die Differenz $n_B(R) - [n_B(d) - n_B(a)] = n_B(R) - 10$ gegeben

R		Y	Gd	Tb	Dy	Ho	Er	Tm	Yb	Lu
$n_{B\,\mathrm{theor}}$ für	$n_B(R) = 12S$	10	32	26	20	14	8	2	4	10
	$n_B(R) = 6(L + 2S)$	10	32	44	50	50	44	32	14	10
	$n_B(R) = n_B(R)_{\mathrm{exp}}$*)	—	30,8	37,5	30,8	30,8	20,6	—	0,2	—
$n_{B\,\mathrm{exp}}$ [48]		9,44	32,0	36,4	33,8	30,4	20,4	2,4	0	10,1

*) $n_B(R)_{\mathrm{exp}}$ durch Messung an Gallaten bestimmt [49].

in den Gallaten $3\,R_2O_3 \,.\, 5\,Ga_2O_3$ mit Granatstruktur direkt gemessen haben. Bei der Messung verwendete man starke Impuls-Magnetfelder (bis zu 200 kOe), welche das Austauschfeld der Fe^{3+}-Ionen ersetzten sollten. Die aus diesen gemessenen Sättigungsmomenten in Gallaten abgeleiteten Werte n_B der entsprechenden Ferrite sind ebenfalls in Tab. III-5 angeführt und stimmen mit den Resultaten von Geller u. a. gut überein.

Es sei bemerkt, daß man ähnlich wie bei Spinnellen auch bei Granaten weitere Auskünfte und Möglichkeiten für die Bestätigung der Theorie durch Messen magnetischer Momente von substituierten Granaten gewinnen kann, bei denen magnetische Ionen, vor allem Fe^{3+}, teilweise durch andere, besonders unmagnetische Ionen (Al^{3+}, Ga^{3+} u. a.) ersetzt werden, welche bestimmte kristallographische Lagen bevorzugen. Andererseits kann man auf diese Weise Informationen über die Verteilung der Kationen gewinnen [50–53]. Dabei ist jedoch eine gewisse Vorsicht geboten, denn der Magnetisierungsverlauf hängt bei „magnetischer Verdünnung“ auch von der Art der substituierten unmagnetischen Ionen ab [53].

Abhängigkeit der Magnetisierung von der Temperatur; Konstanten des Molekularfeldes. Für zwei Untergitter mit negativer gegenseitiger Wechselwirkung sagt die Néelsche Theorie im Bereich der Existenz der spontanen Magnetisierung drei verschiedene Typen der $M(T)$-Abhängigkeit voraus (Abb. 3.4). Da bei Ferriten mit Granatstruktur die Wechselwirkung $a-d$ viel stärker ist als die Wechselwirkungen $a-c$ und $d-c$, können wir, wie bereits ausgeführt, beide von den Fe^{3+}-Ionen besetzten Untergitter a und d zu einem einzigen Untergitter vereinigen und so auch diese Ferrite ähnlich wie Spinelle als Ferrimagnetika mit zwei Untergittern ansehen. Die Existenz aller drei Typen der Kurven $M = M(T)$ wurde experimentell bestätigt. Alle einfachen Ferrite mit Spinellstruktur haben einen „normalen“ $M(T)$-Verlauf (Néelscher Typ Q), die Kurven mit Kompesationspunkt (Typ N) sind für die Mehrzahl von Ferriten Seltener Erden mit Granatstruktur charakteristisch, sie kommen jedoch auch bei Spinellen in einigen Systemen fester Lösungen vor, z. B. in $Li_{1/2}\,.\,Fe_{5/2-a}Cr_aO_4$ [6], $NiFe_{2-a}Al_aO_4$ [54] u. a. Schließlich wird der durch eine Zunahme der Magnetisierung in Richtung zu höheren Temperaturen gekennzeichnete Typ P, z. B. bei $NiCr_2O_4$ [57], in Systemen fester Lösungen $NiFe_{2-a}Al_aO_4$ [54], $Ni_{3/2-a}\,.\,Mn_aFeTi_{1/2}O_4$ [6] und bei anderen Spinellen beobachtet. Beispiele gemessener $M(T)$-Abhängigkeiten enthalten die Abb. 3.20–3.23. Eine große Menge verschiedener Typen der Temperaturabhängigkeit der Magnetisierung bei substituierten Spinellen findet der Leser vornehmlich in den Arbeiten von E. W. Gorter [6] und G. Blasse [55]. In Tab. III-6 sind für Ferrite mit Granatstruktur die Kompensationstemperaturen Θ_K zusammen mit den Curie-Temperaturen angeführt; es ist augenscheinlich, daß Θ_K mit der Größe des magnetischen Moments des Seltenen Erdions sinkt.

Die Entstehung der Kurven des Typs N oder P können wir nach Abschn. 3.1 in jenen Fällen erwarten, wo die innere Wechselwirkung eines der Untergitter viel größer ist als die Wechselwirkung innerhalb des zweiten Untergitters. Je nachdem, welches der beiden Untergitter dabei das größere Sättigungsmoment hat, erhalten wir den Kurventyp P oder N. Als passendes Beispiel zur Bestätigung dieser Vorstellung dienen Ferrite mit Granatstruktur. Wenn wir die Untergitter a und d als ein einziges Untergitter betrachten, wird die Wechselwirkung $a-d$, die bekanntlich im Vergleich

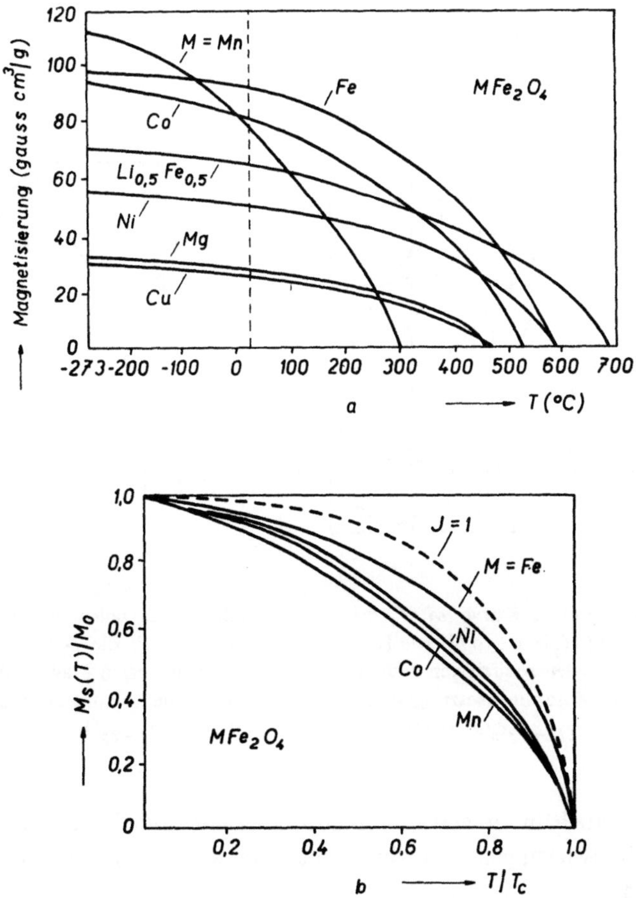

Abb. 3.20 Temperaturabhängigkeit der spontanen Magnetisierung einiger Ferrite mit Spinellstruktur — a, dito zum Vergleich der Kurvenform im reduzierten Maßstab $M_s/M_s(0)$ vs. T/T_c — b; gestrichelt ist die Brillouin-Kurve für $J = 1$ aufgezeichnet (nach Smit-Wijn [56], die Messungen stammen von Pauthenet [18]).

zu Wechselwirkung $(a + d) - c$ sehr stark ist, im wesentlichen die Funktion der inneren Wechselwirkung haben. Man kann daher die Existenz eines Kompensationspunktes für $M_c > M_{a+d}$ und einer Kurve des P-Typs für $M_c < M_{a+d}$ erwarten. Die in Abb. 3.23 und Tab. III-6 dargestellten Meßergebnisse sind mit dieser Schlußfolgerung in Einklang. Während die Eisengranate von Gd, Tb, Dy, Ho, Er einen

Kompensationspunkt $\Theta_K > 0$ °K haben, zeigt der Samarium-Eisen-Granat wegen des kleinen Moments des Sm^{3+}-Ions eine Temperaturabhängigkeit der Magnetisierung vom Typ P. Den Übergang zwischen beiden Typen bildet der Ytterbium-Eisen-Ganat, bei dem das Moment des Untergitters der Fe^{3+}-Ionen am absoluten Nullpunkt durch das Moment von Yb^{3+} praktisch kompensiert wird, was eigentlich den Fall $\Theta_K \approx 0$ bedeutet. Neben den Granaten kommen anomale Typen N und P, wie wir schon aus-

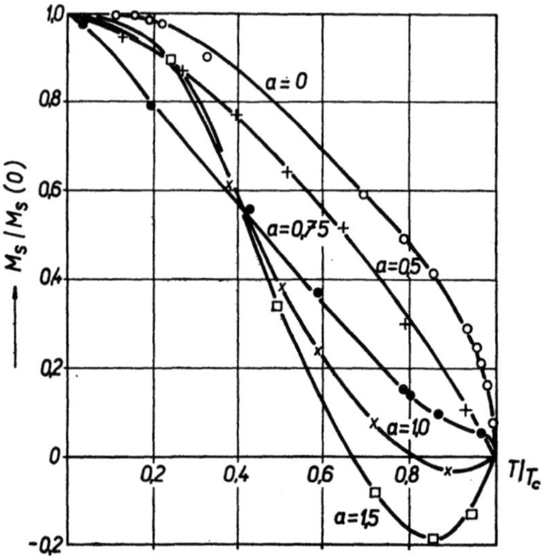

Abb. 3.21 Beispiele einer Kurve $M_s(T)$ mit Kompensationspunkt (Néel-Typ N): die Temperaturabhängigkeit der reduzierten Magnetisierung für einige Zusammensetzungen aus dem System $Li_{1/2}Fe_{5/2-a}Cr_aO_4$ (nach Gorter [6]).

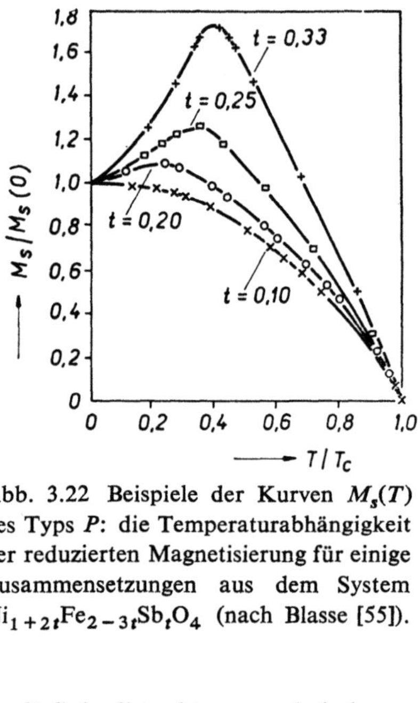

Abb. 3.22 Beispiele der Kurven $M_s(T)$ des Typs P: die Temperaturabhängigkeit der reduzierten Magnetisierung für einige Zusammensetzungen aus dem System $Ni_{1+2t}Fe_{2-3t}Sb_tO_4$ (nach Blasse [55]).

geführt haben, auch in einigen festen Lösungen mit Spinellstruktur vor, bei denen eine der Wechselwirkungen z. B. durch die Anwesenheit unmagnetischer Ionen geschwächt wird.

Durch Analyse der experimentellen $M(T)$-Abhängigkeiten kann man auch numerische Werte der Koeffizienten des Molekularfeldes gewinnen und umgekehrt anhand dieser Koeffizienten die Form der experimentellen Kurven mit den berechneten vergleichen.[30]) Wie man aus Abb. 3.24 ersieht, ist diese Übereinstimmung besonders

[30]) Zu diesem Vergleich hat man sehr oft die aus der Abhängigkeit $1/\chi(T)$ [1,20] folgenden Werte verwendet. In einem solchen Falle (siehe z. B. Abb. 3.24a) gilt die erreichte Übereinstimmung zugleich als Bestätigung der inneren Konsistenz der Theorie und der reellen Bedeutung der Konstanten des Molekularfeldes. Sofern man die Parameter ν, α, β aus den $M(T)$-Kurven ermittelte, wurden sie entweder durch Probieren so gewählt, daß sich die berechneten Kurven möglichst gut den gemessenen anpaßten, oder man benutzte analytische Methoden [18, 19].

in den Fällen überraschend gut, wenn nur eine einzige Art von magnetischen Ionen (wie z. B. im Li- oder Mg-Ferrit) anwesend ist. Die Koeffizienten α, β des Molekularfeldes, von denen einige schon in Tab. III-2a,b angeführt wurden, sind bei Ferriten

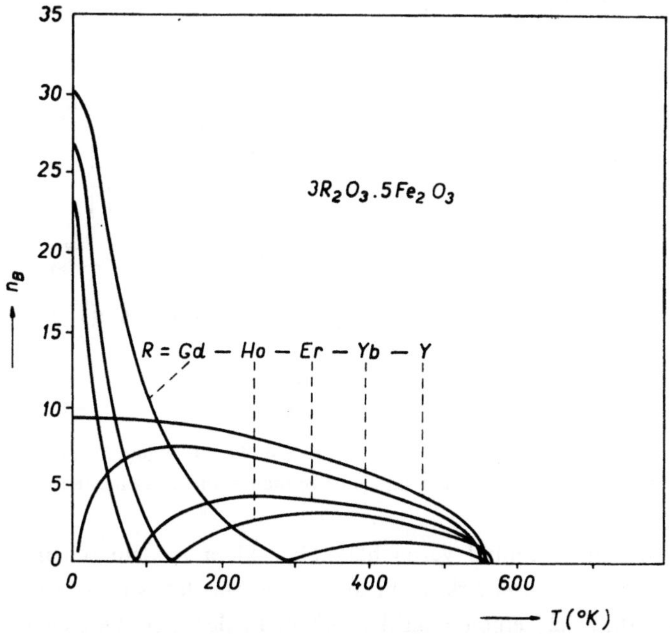

Abb. 3.23 Die Kurven $M_s(T)$ für einige Eisen-Granate Seltener Erden (nach Bertaut und Pauthenet [58]).

Tabelle III-6

Curie-Temperaturen T_c und Kompensationstemperaturen Θ_K für Granate Seltener Erden $3\,R_2O_3.5\,Fe_2O_3$ [48, 58, 58a].

R	Y	Gd	Tb	Dy	Ho	Er	Tm	Yb	Lu
T_c °K	560	564	568	563	567	556	549	548	549
Θ_K °K	—	285	246	226	137	83	—	7	—
$n_B(R)$	—	42,0	46,4	43,8	40,4	30,4	12,4	10	—

Anmerkung: Es ist augenscheinlich, daß die Substitution von Ionen Seltener Erden für Y^{3+} T_c nur sehr wenig verändert. Das beweist, daß das (c)-Untergitter der Seltenen Erden nur sehr schwach an die $Fe^{3+}(a+d)$-Untergitter gebunden ist. Im Gegensatz dazu fallen die Kompensationstemperaturen mit abnehmendem Moment $n_B(R)$ des (c)-Untergitters; die angeführten Werte sind von den experimentell beobachteten Sättigungsmomenten durch Zurechnen von $10\mu_B$ abgeleitet.

mit Spinell- wie auch Granatstruktur durchweg negativ (eine Ausnahme bildet β be Fe_3O_4). Man kann also feststellen, daß nicht nur die Hauptwechselwirkungen, d. i. $A-B$ bei Spinellen, $(a + d) - c$ bei Granaten,[31]) sondern auch die inneren Wechselwirkungen in einzelnen Untergittern negativ sind. Etwas überraschend ist, daß, wenn auch die durch die Konstante ν bestimmte Wechselwirkung zwischen den Untergittern in der Mehrzahl der Fälle klar überwiegt, die anderen Wechselwirkungen im

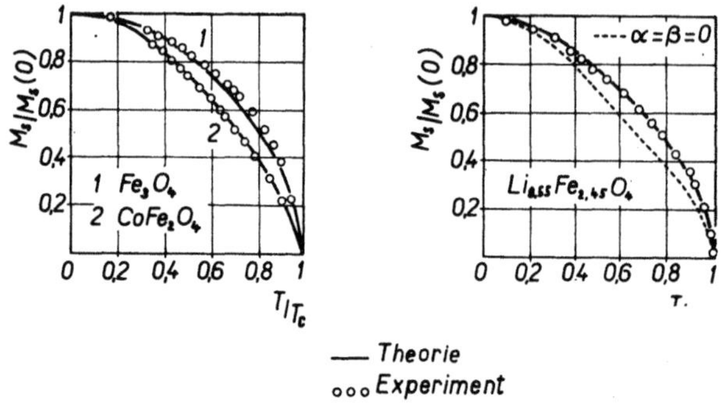

Abb. 3.24 Vergleich experimenteller Kurven $M_s(T)$ von Fe-, Co- und Li-Ferrit mit den durch entsprechende Wahl der Koeffizienten α und β gewonnenen theoretischen Kurven.

Vergleich zu ihr nicht einmal vernachlässigbar klein zu sein scheinen. Vom Einfluß dieser inneren Wechselwirkungen auf die Form der $M(T)$-Abhängigkeit kann man sich aus Abb. 3.24 einen Begriff machen, in der zum Vergleich auch die für $\alpha = \beta = 0$ berechnete theoretische Kurve eingezeichnet ist.

Nach dem, was bisher über die Bedeutung der Koeffizienten des Molekularfeldes gesagt wurde, ist es jedoch nicht ganz klar, inwiefern wir aus den Werten α, β auf die wirkliche Stärke der Wechselwirkungen schließen können. Es scheint, daß zumindest in einigen Fällen die Molekularfeldnäherung für diese inneren Wechselwirkungen einen höheren Wert liefert. Bei Yttrium-Eisen-Granat würden wir z. B. kaum die Entstehung einer starken Wechselwirkung in tetraedrischen Untergittern erwarten, denn in bezug auf die Geometrie der Granatstruktur sollte eine solche Wechselwirkung durch zwei Sauerstoff-Ionen vermittelt werden. Trotzdem hat jedoch der betreffende Koeffizient α einen verhältnismäßig hohen Wert von 0,284 [20]. Die Analyse der Temperaturabhängigkeit der paramagnetischen Suszeptibilität auf Grund genauer statistischer Verfahren [59—61] zeigt tatsächlich, daß die inneren Wechselwirkungen in den Untergittern von Granaten und Spinellen (hier wenigstens, was die Wechselwirkungen $A-A$ betrifft) wesentlich schwächer sind, als aus der Néelschen Theorie folgte. Für den Yttrium-Eisen-Granat berechnete auf diese Weise Wojtowicz [61] die Werte der Austauschintegrale

$$J_{dd}/k = -1{,}2\ ^\circ\mathrm{K}, \quad J_{aa}/k = -0{,}3\ ^\circ\mathrm{K}\,,$$

[31]) Siehe die Fußnote auf S. 228.

die mit dem Wert des Austauschintegrals der Hauptwechselwirkung $J_{ad}/k = -34{,}5\,°K$, unter Anwendung der Beziehungen (3.34) $\alpha \approx -0{,}009$ und $\beta \approx -0{,}023$ ergeben. Diese Schlußfolgerungen werden durch das Studium von Spinellen und Granaten unterstützt, welche magnetische Ionen nur in einem der Untergitter haben, während die anderen Untergitter von diamagnetischen Ionen besetzt sind. Die Wechselwirkungen innerhalb des magnetischen Untergitters gelten dann als einzige Austausch-

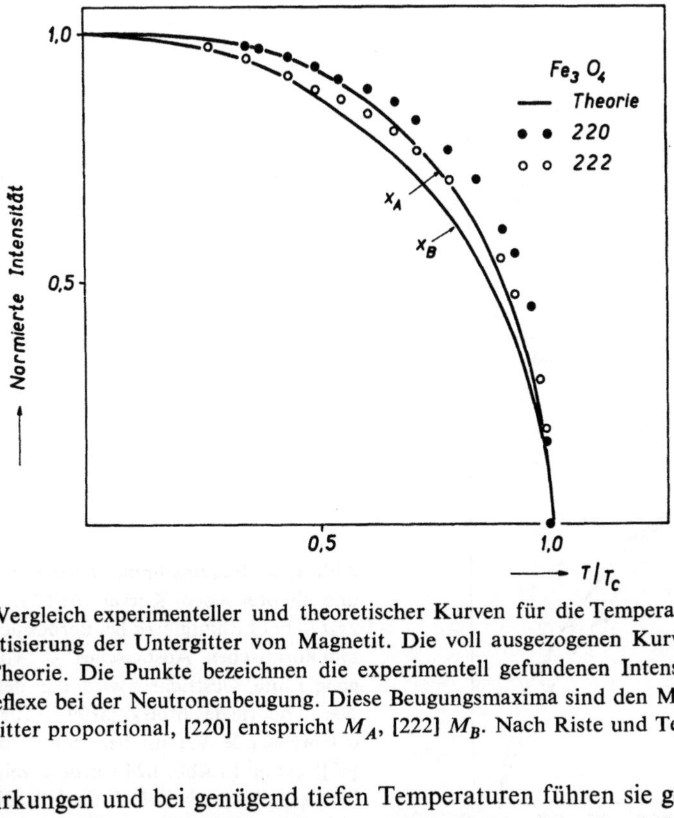

Abb. 3.25 Vergleich experimenteller und theoretischer Kurven für die Temperaturabhängigkeit der Magnetisierung der Untergitter von Magnetit. Die voll ausgezogenen Kurven entsprechen der Néel-Theorie. Die Punkte bezeichnen die experimentell gefundenen Intensitäten „magnetischer" Reflexe bei der Neutronenbeugung. Diese Beugungsmaxima sind den Magnetisierungen der Untergitter proportional, [220] entspricht M_A, [222] M_B. Nach Riste und Tenzer [64].

wechselwirkungen und bei genügend tiefen Temperaturen führen sie gewöhnlich zur antiferromagnetischen Anordnung dieses Untergitters. Aus der bekannten Néel-Temperatur T_N bzw. der Konstante Θ_a des Curie-Weissschen Gesetzes können wir dann mit der Molekularfeldnäherung auf Grund der Beziehung (1.61) den Wert des betreffenden Austauschintegrals berechnen. Für die Spinelle $Mn^{2+}[Al_2^{3+}]O_4$, $Fe^{2+}[Al_2^{3+}]O_4$ und $Co^{2+}[Al_2^{3+}]O_4$ erhielt Roth [62] so etwa den gleichen Wert $J_{AA}/k \approx -0{,}5\,°K$. Andererseits führt derselbe Autor an [63], daß beim Spinell $Co^{2+}[Co_2^{3+}]O_4$, in dem Co^{3+} den eingefrorenen Spin ($S = 0$) hat, J_{AA} um eine Ordnung höher ist, $J_{AA}/k \cong -4\,°K$. Diese Tatsache erklären wir damit, daß die Ionen Co^{III}, trotzdem sie kein eigenes magnetisches Moment haben, auf bestimmte Weise die Austauschwechselwirkungen der Ionen Co^{2+} in den A-Lagen beeinflussen. Diese Schlußfolgerung deutet an, daß die Austauschwechselwirkungen in Spinellen unter gewissen Umständen komplizierter sein können, als es die Néelsche Theorie (und wahrscheinlich auch eine rigorosere Theorie des Heisenberg-Typs) auffassen kann, die sich auf ein einfaches Schema von Austauschwechselwirkungen zwischen nächsten Nachbarn und auf den Heisenberg-Dirac-Operator stützt (1.51). In diesem Zusammenhang ist es notwendig, die mit Hilfe der Neutronenbeugung an einigen Ferriten [64, 65] durchgeführten Messungen zu erwähnen. Wenn auch die Form der

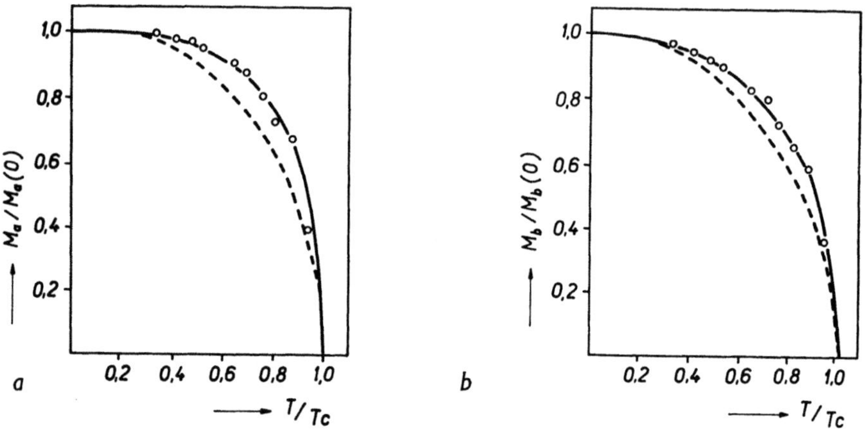

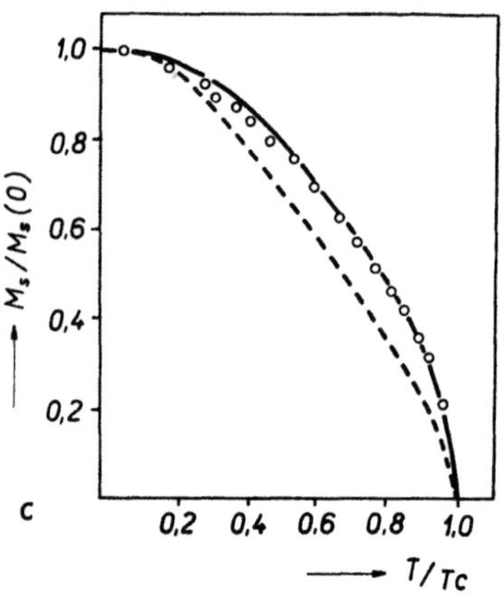

Abb. 3.26 Übereinstimmung der experimentellen und theoretischen Kurven $M_s(T)$, $M_a(T)$ und $M_b(T)$ bei Lithiumferrit bei Berücksichtigung des biquadratischen Austausches — voll ausgezogene Linie. Gestrichelt wird der der normalen Néel-Theorie des Molekularfeldes für $\alpha = \beta = 0$ entsprechende Verlauf bezeichnet (nach Prince [67]). Anm: In Abb. 3.24 wurde gezeigt, wie man bei diesem Ferrit bei $M_s(T)$ die Übereinstimmung ohne biquadratische Korrektur erreichen kann, wenn man die inneren Wechselwirkungen A—A, B—B, berücksichtigt und die betreffenden Koeffizienten α, β entsprechend wählt. Wenn wir jedoch die anhand dieser Koeffizienten α, β berechneten Abhängigkeiten $M_a(T)$, $M_b(T)$ mit den direkt durch die Neutronenbeugung bestimmten Verläufen vergleichen, stellen wir eine merkliche Abweichung fest, denn die experimentellen Werte liegen im Temperaturbereich $0{,}4T_c$ bis $0{,}9T_c$ wesentlich höher als die berechneten Werte [65].

durch die Neutronenbeugung bestimmten Kurven $M_a(T)$, $M_b(T)$ mit der Theorie qualitativ übereinstimmt, besteht hier doch eine ziemlich große quantitative Diskrepanz beim Vergleich mit den Kurven, die auf der Grundlage der aus magnetischen Messungen entnommenen ν-, α- und β-Werte berechnet wurden (Abb. 3.25).

Diese Diskrepanz ist wahrscheinlich der Tatsache zuzuschreiben, daß die linearen Gleichungen (3.7) für die Molekularfelder $\boldsymbol{h}_a$, $\boldsymbol{h}_b$ die Austauschwechselwirkungen nicht genügend gut beschreiben. Zu ähnlichen Schlüssen führen uns, zumindest in einigen Fällen, auch die Messungen des Temperaturverlaufs der Magnetisierung von Untergittern mittels der Methode der magnetischen Kernresonanz [32], selbst wenn andererseits die auf diese Weise gewonnenen Ergebnisse für $Gd_3Fe_5O_{12}$ mit dem Néel-Modell gut übereinstimmen [66]. Wie Prince gezeigt hat [67], kann man bei Lithium-Ferrit zu einer befriedigenden Übereinstimmung mit dem Experiment kommen, wenn man bei Berechnung der Temperaturabhängigkeit der Magnetisierung den Effekt innerer Wechselwirkungen $A-A$ und $B-B$ durch ein biquadratisches Glied in den Austauschwechselwirkungen $A-B$ zwischen den beiden Untergittern ersetzt. Diese Korrektur an den durch den Operator (1.51) beschriebenen normalen „bilinearen" Austauschwechselwirkungen kann man in der Form

$$\sum_{i<k} - 2j_{ik}(\boldsymbol{S}_i \cdot \boldsymbol{S}_k)^2 \tag{3.41}$$

schreiben; sie wurde zum erstenmal von Rodbell u. a. [68] zur Erklärung des Temperaturverlaufs der Untergitter-Magnetisierung in den antiferromagnetischen Oxiden NiO und MnO benutzt. In Abb. 3.26 ist der Vergleich zwischen experimenteller und berechneter Abhängigkeit der Magnetisierung von der Temperatur bei Berücksichtigung des biquadratischen Austausches sowohl für die resultierende Magnetisierung als auch für die Teilmagnetisierungen der Untergitter durchgeführt; die Wechselwirkungen $A-A$ und $B-B$ werden dabei vernachlässigt und die Berechnung wird nach einer der Molekularfeldtheorie analogen Näherung durchgeführt. In dieser Näherung ist $j_{AB}/J_{AB} \approx 0{,}04$.

Weitere Strukturen

Als einen Nachtrag zur vorausgegangenen Diskussion über den Ferrimagnetismus der Spinelle und Granate werden wir jetzt eine kurze Übersicht und Analyse ferrimagnetischer Eigenschaften weiterer Oxidverbindungen geben.

Perowskite. Wenn auch beide Untergitter von magnetischen Ionen besetzt sind, wie z. B. bei Orthoferriten Seltener Erden $R\mathrm{FeO_3}$ der Fall ist, unterscheiden sich die magnetischen Eigenschaften dieser Oxide von den üblichen Ferrimagnetika, und zwar in bezug auf die schwache Wechselwirkung der zu den verschiedenen Untergittern gehörenden Ionen ($R-\mathrm{Fe}$). Die Ordnung der magnetischen Momente entsteht in beiden Untergittern praktisch unabhängig voneinander; sie bildet sich bei ganz verschiedenen Temperaturen aus, und sie entspricht im wesentlichen einem voneinander unabhängigen Antiferromagnetismus jedes der beiden Untergitter [69]. Magnetische Momente pflegen jedoch nicht genau antiparallel zu sein, so daß ein gewisses resultierendes, für den sog. schwachen Ferromagnetismus charakteristisches spontanes Moment entsteht (vgl. Abschn. 3.5) [70–72]. Während das spontane magnetische Moment vom Untergitter des Eisens tatsächlich klein ist – etwa 1% des vollen Moments von Fe^{3+}-Ionen, kann es bei einem Untergitter Seltener Erden in einigen Fällen (Ho, Er) wesentlich höhere Werte (bei $HoFeO_3$ sogar $3\mu_B$) er-

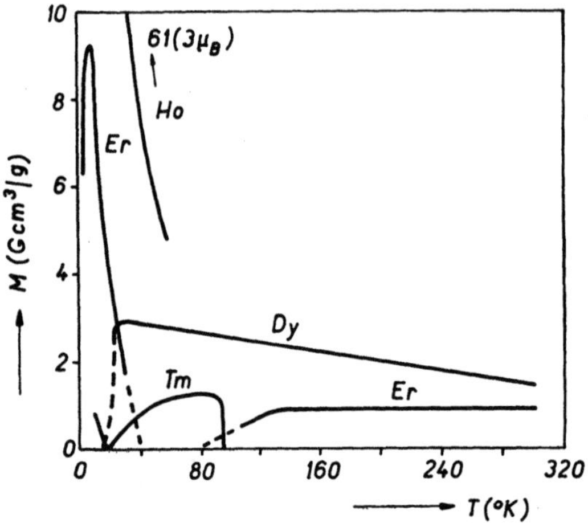

Abb. 3.27 Abhängigkeit der spontanen Magnetisierung von der Temperatur bei einigen Orthoferriten $RFeO_3$ (R = Dy, Ho, Er, Tm) [70, 74].

reichen. Nach Gilleo [73] kann man die Magnetisierung der Orthoferrite im Magnetfelde H durch die lineare Beziehung

$$M = m_0 + \chi H \tag{3.42}$$

ausdrücken, in der m_0 die spontane, dem schwachen Ferromagnetismus entsprechende Magnetisierung und χ die Suszeptibilität ist. Im Temperaturbereich, wo nur das Untergitter der Fe^{3+}-Ionen magnetisch geordnet ist, trägt zu χ gleichzeitig der Antiferromagnetismus der Ionen Fe^{3+} und der Paramagnetismus der Ionen R^{3+} bei, der durch gegenseitige (ferrimagnetische) Wirkung zwischen den beiden Untergittern etwas modifiziert ist. Bei tiefen Temperaturen kommt es zur spontanen Magnetisierung des Untergitters Seltener Erden. Sofern die Austauschwechselwirkungen zwischen den Seltenen Erdionen und Fe^{3+}-Ionen antiferromagnetisch sind, kann bei Temperaturabnahme ein Kompensationspunkt ähnlich wie bei Granaten erscheinen; dieses Verhalten wurde von Bjelow u. a. bei Thulium Orthoferrit $TmFeO_3$ festgestellt [74].[32]) Die Abhängigkeiten spontaner Magnetisierung verschiedener Orthoferrite von der Temperatur sind in Abb. 3.27 wiedergegeben.

Wie wir in Abschn. 2.1. erwähnt haben, kann in Perowskiten auch ein nicht-eigener Ferrimagnetismus durch Anordnung magnetischer Ionen im Untergitter der B-Ionen

[32]) Das Verhalten von Seltenen Erdionen ist hier gewissermaßen analog ihrem Verhalten in Granaten knapp unterhalb der Curie-Temperatur, wo ihr Beitrag zur Magnetisierung im Felde H im wesentlichen ebenfalls paramagnetisch ist (vgl. (3.31) und (3.32)).

entstehen. Ein Beispiel dafür ist das von Jonker und van Santen [75] und einer Reihe weiterer Autoren [76–78] studierte System $LaCo^{3+}O_3 - SrCo^{IV}O_3$. Nach Goodenough [78] ist das resultierende ferrimagnetische Moment in Perowskiten dieser Reihe von der Gesamtmenge der Ionen $Co^{IV}(d_\varepsilon^5, S = 1/2)$ und $Co^{3+}(d_\varepsilon^4, d_\gamma^2, S = 2)$ abhängig und durch verschiedene Konzentration dieser Ionen in benachbarten Ebenen (111) bestimmt. Dabei werden nicht alle Ionen des dreiwertigen Kobalts sich in

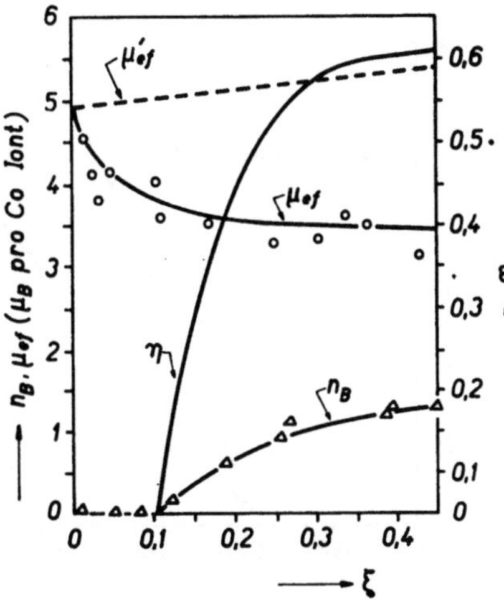

Abb. 3.28 Das paramagnetische (μ_{ef}) und ferrimagnetische (n_B) Moment im System $La_{1-x}Sr_x \cdot CoO_3$. Experimentelle Werte von Jonker und Van Santen [75]; theoretische Abhängigkeiten berechnet von Goodenough [78] unter der Annahme, daß die durchschnittliche Verteilung der Ionen-Valenzen und die Orientierung magnetischer Momente in den (111)-Nachbarebenen wie folgt aussieht:

A: $Co_{z'}^{3+}$ (↑) Co_y^{IV} (↓) $Co_{0,5-y-z'}^{III}$

B: $Co_{z''}^{3+}$ (↓) $Co_{\xi-y}^{IV}$ (↑) $Co_{0,5-\xi+y-z''}^{III}$.

Der Parameter ξ gibt an, wieviele von der Gesamtzahl der Co-Ionen vierwertig sind, so daß, wenn wir die Abweichungen von der Sauerstoff-Stöchiometrie nicht berücksichtigen, $\xi \equiv x$ ist; $\eta \equiv 1 - 2y/\xi$ ist der Maßstab des Anordnungsgrads nach dem obangeführten Schema. Gestrichelt ist die Abhängigkeit von μ_{ef} für den Fall eingezeichnet, daß sich alle Ionen Co^{3+}, Co^{4+} in Zuständen mit hohem Spin befinden würden.

einem hohen Spin-Zustand befinden, wie es im antiferromagnetischen $LaCo^{3+}O_3$ der Fall ist, sondern ein von der Menge von Co^{IV} abhängiger Teil von ihnen wird in den diamagnetischen Zustand $Co^{III}(d_\varepsilon^6)$ übergehen. Es entsteht so effektiv ein Ferrimagnetikum mit zwei Untergittern, deren gegenseitige Wechselwirkungen die magnetische Anordnung bestimmen. Eine eingehendere Analyse zeigt, das die individuellen Wechselwirkungen $Co^{IV} - Co^{3+}$ ferromagnetisch und $Co^{3+} - Co^{3+}$ antiferromagnetisch sind (vgl. S. 294). Aus Abb. 3.28 geht hervor, wie es auf Grund des erwähnten Goodenough-Modells möglich ist, die von Jonker und van Santen gemessenen magnetischen Momente zu erklären. Als ein anderes Beispiel kann das System $La(Mn_{1-x}^{3+} \cdot Ga_x)O_3$ dienen, das in Abschn. 3.4 (S. 294f., Abb. 3.54) im Zusammenhang mit dem Einfluß des Jahn-Teller-Effektes auf die Austauschwechselwirkungen der Mn^{3+}-Ionen diskutiert wird. In diesem Falle werden die Untergitter durch Systeme paralleler (001)-Ebenen gebildet und das ferromagnetische Moment ist eine Folge unterschiedlicher Konzentration der Mn^{3+}-Ionen in den Nachbarebenen [79].

Öfter als den Ferrimagnetismus finden wir aber bei Perowskiten Ferromagnetismus, dessen Entstehung in Abschn. 3.4 im Zusammenhang mit der Erörterung des Mechanismus von Austauschwechselwirkungen eingehender behandelt wird.

NaCl-Struktur. Ferrimagnetismus wurde bisher nur in einem einzigen Falle, u. zw. im System $Li_xNi_{1-x}O$ für die Zusammensetzungen $0{,}3 \lesssim x = 0{,}5$, beobachtet [80]. Die Abhängigkeit des ferrimagnetischen Moments von der Zusammensetzung, die in Abb. 3.29 dargestellt ist, wird durch die teilweise Ordnung der Li^+ und Ni^{III}-Ionen erklärt, durch die aus den (111)-Ebenen Untergitter mit ungleicher Anzahl von magnetischen Ionen gebildet werden.

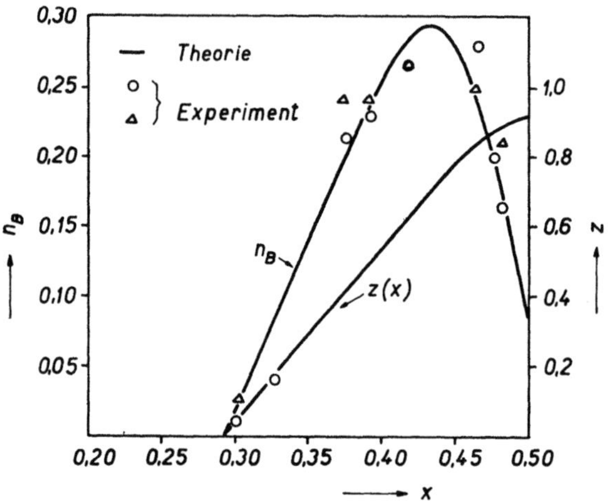

Abb. 3.29 Das magnetische Moment n_B und der Anordnungsparameter $z = 1 - 2y/x$ im System $(Li_y^+Ni_{0,5-x}^{2+}Ni_{x-y}^{III}) \cdot (Li_{x-y}^+Ni_{0,5-x}^{2+}Ni_y^{III})$ O, $x > 2y$; die experimentellen Punkte ○ △ entsprechen verschiedener Wärmebehandlung (nach Goodenough u. a. [80]).

Ilmenite. Diese Oxide gehören ebenfalls unter die nicht-eigenen Ferrimagnetika mit zwei Untergittern (Abschn. 2.1). Der Ilmenit $Fe^{2+}Ti^{4+}O_4$ selbst enthält magnetische Fe^{2+}-Ionen nur in einem von den durch die Aufeinanderfolge der zur dreizähligen Achse senkrechten (111)-Ebenen gebildeten Untergittern (Abb. 2.11) und ist antiferromagnetisch [81]. Durch Herstellung fester Lösungen mit α-Fe_2O_3 gelangen jedoch magnetische Ionen auch in die Ebenen, die in reinem $FeTiO_3$ von unmagnetischen Ti^{4+}-Ionen besetzt sind, und durch ihre Wechselwirkung mit benachbarten magnetischen Ebenen entsteht das von Null verschiedene magnetische Moment [82, 83]. Als Beispiel stöchiometrischer Ferrimagnetika mit Ilmenitstruktur gelten $NiMnO_3$ und $CoMnO_3$ [84–86], bei denen die (111)-Ebenen abwechselnd von Ni- und Mn-Ionen, bzw. Co- und Mn-Ionen besetzt sind. Die verhältnismäßig hohen Curie-Temperaturen, 118 °C für $CoMnO_3$ und 164 °C für $NiMnO_3$, beweisen eine starke Wechselwirkung zwischen diesen Ebenen, während das kleine Sättigungsmoment $\lesssim 1\mu_B$ auf ferrimagnetische Anordnung hindeutet. Die Temperaturabhängigkeit der Magnetisierung von $CoMnO_3$ für verschiedene Werte des Magnetisierungsfeldes ist in Abb. 3.30 wiedergegeben; das durch Extrapolation auf $H \to \infty$ erhaltene Sättigungsmoment bei 0 °K beträgt in diesem Falle $0{,}72\mu_B$. Wie Bozorth und Walsh [85] gezeigt haben, führt jedes beliebige Verhältnis beider möglichen Kombinationen von Ionen-Valenzen $Mn^{4+} - Co^{2+}$, $Mn^{3+} - Co^{3+}$ bei vollkommener Ordnung und reinem Spinmagnetismus zu einem resultierenden Moment Null.

Nicht kompensiert bleiben nur kleine Beiträge der Bahnmomente, die für verschiedene Ionen-Sorten unterschiedlich sind. Wenn wir z. B. die Kombination $Co^{2+}-Mn^{4+}$ betrachten und für $n_B(Co^{2+})$ den aus Messungen an Kobaltferrit abgeleiteten Wert $\approx 3{,}7$ beibehalten, dann können wir, da $n_B(Mn^{3+}) \approx 3$, auf diese Weise wirklich das beobachtete Moment $0{,}72\mu_B$ erklären; Bozorth und Walsh nennen diesen Fall „Orbital-Ferrimagnetismus".

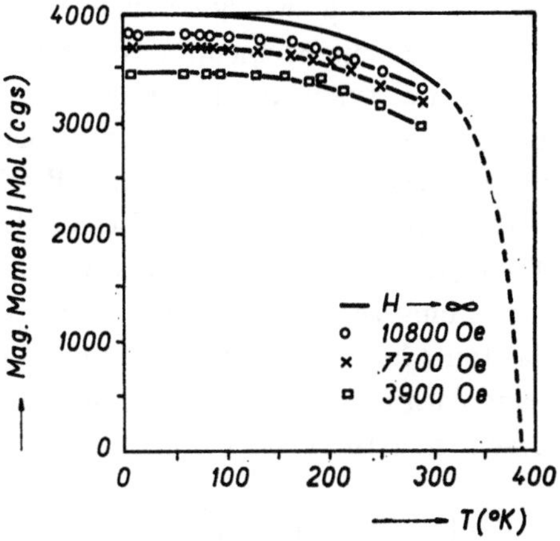

Abb. 3.30 Temperaturabhängigkeit der Magnetisierung von $CoMnO_3$ in verschieden starken Magnetfeldern. Das auf 0 °K extrapolierte Sättigungsmoment ist 0,72 μ_B (nach Bozorth und Walsh [85]).

Magnetoplumbite und verwandte Strukturen. Von den vorigen unterscheiden sich diese Strukturen besonders durch die größere Anzahl von Untergittern und ihre verhältnismäßige Kompliziertheit. In kristallographischer Hinsicht handelt es sich um durch Kombination dreier Grundblöcke **S**, **R**, **T** (vgl. Abb. 2.12 und 2.14) zusammengesetzte Strukturen und dieser Umstand erleichtert auch die Analyse der magnetischen Struktur. Beachten wir zuerst den Magnetoplumbit, dessen Struktur (**M**) zusammen mit der entsprechenden Orientierung der magnetischen Momente in Abb. 2.12 dargestellt ist. Bei Bestimmung der magnetischen Struktur, die Went u. a. [87] speziell für $BaO\,.\,6\,Fe_2O_3$ durchgeführt haben, kann man zwei heuristische Regeln anwenden:

(a) die gegenseitige Orientierung der Momente von Ionen mit oktaedrischer und tetraedrischer Koordination im **S**-Block ist gleich der im Spinell, d. h. antiparallel;

(b) die Orientierung der anderen magnetischen Momente ist durch die stärksten antiferromagnetischen Wechselwirkungen bestimmt, welche diejenigen sind, für die der Winkel $M-O-M$ groß ist und sich 180° nähert.

Mit Hilfe dieser Regeln ist es möglich, die Orientierung magnetischer Momente innerhalb einzelner Blöcke, einschließlich ihres Anschlusses an Momente der Ionen im Nachbarblock, zu bestimmen und so die magnetische Ordnung auch in weiteren verwandten hexagonalen Strukturen zu erklären. Die Winkelabhängigkeit, auf die sich die Regel (b) stützt, wird in Abschn. 3.4 näher erörtert. Es sei darauf hingewiesen, daß die Regel (a) gewissermaßen überflüssig ist, denn die ferrimagnetische Anordnung im Spinell richtet sich ebenfalls nach Regel (b).

Lenken wir zuerst unsere Aufmerksamkeit auf die Struktur **M** (Abb. 3.31). Bei Bestimmung der Orientierung der Momente im Block **R** werden wir von dem Ion *1* ausgehen, das eine fünfzählige Koordination hat. Sein Spin soll die Orientierung + haben. Dann wird nach der Regel (b) die Orientierung der Spins der Ionen *2* und *3* ihm gegenüber antiparallel, d. i. – sein, und aus demselben Grunde führt die Wechselwirkung zwischen den Ionen *3* und *4*, die den Anschluß der Momente im Block **R** an die Momente des Blocks **S** vermittelt (das Ion *4* und auch das nicht numerierte, symmetrisch gelegene Ion im unteren Teil des Blocks **R** sind beiden Blöcken gemeinsam), zum Spin – bei dem Ion *4*. Dadurch wird die Orientierung magnetischer Momente im Block **R** wie auch in der ganzen **M**-Struktur bestimmt.

Der Block **T** kommt in einfachster Kombination mit dem Block **S** in der Struktur **Y** vor (vgl. Abb. 2.14). Wie aus Abb. 3.32 ersichtlich ist, in der ein Teil dieser Struktur so umgezeichnet ist, daß die wirklichen Lagen der Ionen dargestellt werden, hat das Ion *1* keine fünfzählige Koordination mehr, sondern eine vierzählige, was durch seine Ausrückung in vertikaler Richtung und durch Ersatz des unteren Sauerstoffs durch ein Ba-Ion (oder Pb, Sr u. ä.) bewirkt wird. Durch diese Lagenveränderung

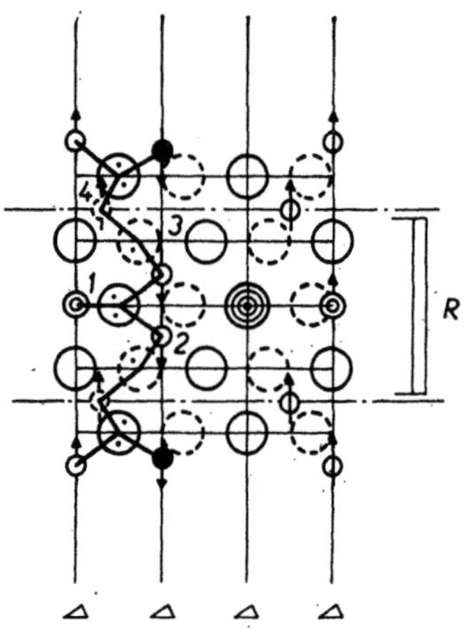

Abb. 3.31 Austauschwechselwirkungen im Magnetoplumbit (nach Smit-Wijn [56]).

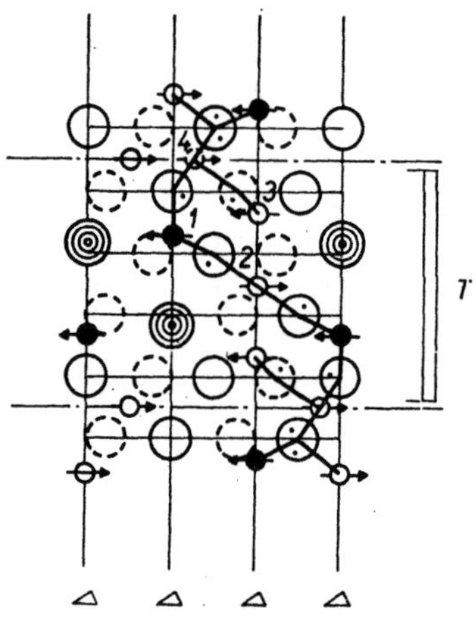

Abb. 3.32 Austauschwechselwirkungen in der Struktur **Y** (nach Smit-Wijn [56]).

wird die Wechselwirkung mit dem Ion *2* verstärkt, aber die Wechselwirkung mit dem Ion *3* wird wesentlich geschwächt. Infolgedessen wird die Spin-Orientierung des Ions *3* nicht länger durch die Wechselwirkung *1*–*3*, sondern durch die Wechselwirkung *3*–*4* bestimmt und deshalb wird sie umgekehrt sein, als sie im **R**-Block war. Die Orientierung der Momente der übrigen Ionen ergibt sich unmittelbar aus der Anwendung der Regeln (a) und (b).

Tabelle III-7

Anzahl der Ionen mit unterschiedlicher Koordination in den Blöcken **R**, **S**, **T** mit Angabe der gegenseitigen Spinorientierung (nach Smit und Wijn [56])

Block \ Koordinationszahl	4	6	5
R	–	3 ↑ 2 ↓	1 ↑
S	2 ↓	4 ↑	–
T	2 ↓	4 ↑ 2 ↓	–

Die Anzahl der Ionen mit unterschiedlicher Koordination in den Blöcken **S**, **R**, **T** und die Orientierungen der magnetischen Momente sind in Tab. III-7 aufgeführt. Mittels dieser Tabelle bereitet es keine Schwierigkeiten, die Werte der Sättigungsmomente für jede durch Kombination der angeführten Blöcke entstandene Verbindung vorherzusagen. Besonders einfach ist das dann, wenn alle anwesenden Ionen gleiches magnetisches Moment haben, oder wenn sie sogar von der gleichen Sorte sind. So wird z. B. für die erwähnte Verbindung $BaO . 6\,Fe_2O_3$ mit der Struktur **M** ≡ **RSR*S*** (bezogen auf 1 Molekül $BaO . 6\,Fe_2O_3$)

$$n_B(\mathbf{M}) = n_B(\mathbf{R}) + n_B(\mathbf{S}) \tag{3.43}$$

sein, was wegen $\mu(Fe^{3+}) = 5\mu_B$

$$[(4-2)+(4-2)] \times 5\mu_B = 20\mu_B$$

in absoluter Übereinstimmung mit dem Experiment [87, 88] ergibt. Aus der Tabelle ist ebenfalls klar, daß das magnetische Moment des ganzen Blocks Null sein wird, falls alle Lagen des **T**-Blocks von Kationen der gleichen Art besetzt sein werden. Unter diesen Umständen sollte z. B. das Sättigungsmoment von Verbindungen des Typs **Y** nur durch den Beitrag der Spinellblöcke bestimmt werden. Diese Schlußfolgerung ist jedoch etwas zu modifizieren, wenn die Verbindung Ionen mit ungleichen Momenten enthält, denn dann wird über die Größe des Sättigungsmoments auch die Verteilung der Kationen mitentscheiden. Dieser Einfluß kommt begreiflicherweise auch bei anderen Blöcken zur Geltung, wenn sie verschiedene Ionen-Sorten enthalten. Die Einzelheiten findet der Leser z. B. im Buche von Smit und Wijn [56].

Es sei noch bemerkt, daß es in einigen Fällen, speziell wenn die leichten Magnetisierungsrichtungen in der Basisebene des Kristalls liegen, wie es in der Regel bei Oxiden des Typs **Y** der Fall ist, zu gegenseitiger Verdrehung der Spins in den mit dieser Ebene parallelen Ebenen und zur Entstehung magnetischer Spiralstrukturen kommen kann. Als ein Beispiel können die von Enz [89] studierten Verbindungen aus dem System $(Ba, Sr)_2Zn_2\mathbf{Y}$ dienen. Bei genügender Konzentration von Strontium, das die Abstände und Winkel zwischen den Ionen im Gitter beeinflußt, hat die spontane Magnetisierung dieser Verbindungen den Wert Null, aber wenn das äußere Magnetfeld den Wert ≈ 1000 Oe überschreitet, tritt ein magnetisches Moment auf, das mit dem des ferrimagnetischen $Ba_2Zn_2\mathbf{Y}$ identisch ist.

3.3 Nichtkollineare Spinkonfigurationen

Notwendigkeit der Verallgemeinerung des Néel-Modells

Die Néelsche Theorie des Ferrimagnetismus ist in der Form, wie wir sie in Abschn. 3.1 durchgenommen haben, nicht frei von inneren Widersprüchen. Wir sind auf sie bei der Diskussion über die Anordnung der magnetischen Momente am absoluten Nullpunkt gestoßen und haben angedeutet, daß ihre Ursache das Nichtbeachten der Tendenz der inneren negativen Wechselwirkungen ist, durch weitere Teilung der Untergitter antiferromagnetische Substrukturen auszubilden (vgl. S. 200f.). Diese Unterlassung, die bei Ferrimagnetika mit zwei Untergittern der Voraussetzung über die Kollinearität der Teilmagnetisierungen äquivalent ist, führt zu einer verzeichneten Vorstellung über den Grundzustand, falls eine oder beide inneren Wechselwirkungen ($A-A$ oder $B-B$) stärker sind als die Wechselwirkung zwischen den Untergittern ($A-B$). Die Néelsche Theorie erklärt diesen Zustand als einen teilweise oder völlig ungeordneten, was man bei der Existenz starker Wechselwirkungen schwer rechtfertigen kann. Wie wir gesehen haben, führt diese unrichtige Schlußfolgerung zur Vorhersage von Temperaturabhängigkeiten der Magnetisierung, die mit dem dritten Hauptsatz der Thermodynamik unvereinbar sind. Dadurch wird die Gültigkeit des Néel-Modells de facto auf ein Gebiet der Koeffizienten des Molekularfeldes beschränkt, wo die Wechselwirkung zwischen den Untergittern dominierend ist.

Es erhebt sich also die Frage, welches der wirkliche Grundzustand ist, wenn diese Bedingung nicht erfüllt wird. Die Antwort wird in dem Falle ziemlich leicht sein, wo die Wechselwirkung zwischen den Untergittern ($A-B$) bedeutend schwächer ist als die beiden inneren Wechselwirkungen. Dann können wir erwarten, daß die antiferromagnetische Anordnung in jedem der beiden Untergitter separat, praktisch unabhängig voneinander, entstehen wird. Als ein Beispiel solchen Verhaltens können die Orthoferrite Seltener Erden $RFeO_3$ mit Perowskit-Struktur gelten, bei denen beide durch Fe^{3+} bzw. R^{3+} gebildeten Untergitter praktisch voneinander unabhängig sind, so daß in jedem von ihnen selbständig die antiferromagnetische Anordnung mit voneinander abweichenden Néel-Temperaturen entsteht. Wenn man die Wechselwirkung $A-B$ nicht vernachlässigen kann (wenn sie zumindest mit einer der inneren Wechselwirkungen vergleichbar wird), wird die Aufgabe, eine grundlegende Spinkonfiguration zu finden, wesentlich komplizierter. Alles, was man im vorhinein sicher sagen kann, ist, daß diese Anordnung einen Kompromiß zwischen dem Ferrimagnetismus des Néel-Typs und dem unabhängigen Antiferromagnetismus der Untergitter darstellen muß. Wir können also erwarten, daß bei einer solchen Anordnung die Spins nicht kollinear werden bleiben können, sondern daß sie auf eine bestimmte Weise gegeneinander geneigt sein werden. Die genaue Lösung wird dabei nicht nur vom Verhältnis der Größen der Wechselwirkungen, sondern auch von der Topologie der Untergitter abhängen.

Den ersten Schritt zur Verallgemeinerung des Néel-Modells in dieser Richtung macht die zur sog. Dreieck-Anordnung führende Yafet-Kittelsche Theorie [90]. Sie wurde, ähnlich wie die ursprüngliche Version der Néel-Theorie, für Ferrite mit Spinellstruktur ausgearbeitet. Man kann sie jedoch unverändert auf einen beliebigen ferrimagnetischen Stoff mit zwei nichtäquivalenten Untergittern anwenden. Ihr Grundgedanke ist die Teilung dieser Untergitter in weitere Substrukturen, so daß im einfachsten Falle jedes der Untergitter in zwei weitere zerfällt. Bei der Lösung des Problems des Grundzustandes läßt man zu, daß die Magnetisierungsvektoren dieser Untergitter gegeneinand ergeneigt sind, und es wird der Neigungswinkel gesucht, für den die Gesamt-Austauschenergie minimal ist. Mit Ausnahme dieser Verallgemeinerung überschreitet aber das Yafet-Kittel-Modell nicht den Rahmen der Néelschen Theorie, denn es setzt voraus, daß in jeder der erwähnten Substrukturen die Spins parallel bleiben.

Eine grundsätzlichere Veränderung bringen die Arbeiten von Kaplan und einigen weiteren Autoren [91, 92], die die Voraussetzung über die Kollinearität der Spins innerhalb der Untergitter verlassen und allgemeinere Spinkonfigurationen erwägen, bei denen die Vektoren der Spinmomente ihre Lage von Ort zu Ort in einer bestimmten regelmäßigen Weise ändern, deren charakteristische Parameter in keinerlei einfacher Beziehung zur Periodizität des Gitters stehen müssen. Als typisches Beispiel dieser magnetischen Strukturen gelten die sog. Spiralmoden. Es sei bemerkt, daß Spinkonfigurationen dieses Typs auf Grund von Neutronenbeugung in einigen ferromagnetischen, antiferromagnetischen und ferrimagnetischen Stoffen experimentell festgestellt wurden.

Die Gründe, die zum Verlassen der Annahme über die Kollinearität der Spins führten, waren natürlich nicht spekulativ, sondern sie hängen wesentlich mit einigen experimentell festgestellten Tatsachen zusammen, die nicht im Rahmen der ursprünglichen Néelschen Theorie erklärt werden konnten. Es ging vor allem um die Aufdeckung der Ursache der niedrigen magnetischen Sättigungsmomente einiger Ferrimagnetika, besonders der Chrom und Mangan enthaltenden Spinelle. Wie wir schon früher erwähnt haben, kommt zur Erklärung neben der Dreieck-Anordnung oder einer anderen Konfiguration mit nichtkollinearen Spins besonders die Herabsetzung des eigenen magnetischen Moments der betreffenden Ionen durch den Einfluß des Kristallfeldes oder durch eine Valenzänderung in Betracht. Auf Grund von Valenzänderungen ist es jedoch nur vereinzelt möglich, ohne gewaltsame Voraussetzungen zur Übereinstimmung mit dem Experiment zu kommen: z. B. für $MnFe_2O_4$, wenn wir 0,2 Mn, das in oktaedrischen Lagen ist, als dreiwertig und die gleiche Menge Fe-Ionen als zweiwertig annehmen (vgl. Tab. III-4).[33]) Die Erklärung auf Grund der Herabsetzung des magnetischen Moments der Ionen ist wiederum sehr oft im Widerspruch mit den Meßergebnissen im paramagnetischen Gebiet, die gewöhnlich dem vollen Spinwert der magnetischen Momente entsprechen ($FeCr_2O_4$, $MnCr_2O_4$, $CoCr_2O_4$ u. a. [31, 93]). Als die wahrscheinlichste Möglichkeit verbleibt also in der Mehrzahl der Fälle die Herabsetzung der Magnetisierung infolge der Nichtkollinearität der Spins, u. zw. wenigstens bei Ferrimagnetika mit homogenen Untergittern.[34])

Yafet-Kittel-Dreieck-Anordnung

Betrachten wir einen ferrimagnetischen Stoff mit zwei Untergittern A, B, von denen man jedes in zwei weitere (äquivalente) Untergitter A', A'', bzw. B', B'' aufteilen kann. Über die Untergitter A, B setzen wir voraus, daß sie homogen sind. Wir werden die magnetischen Eigenschaften des Systems der 2×2 Untergitter A', A'', B', B'' untersuchen. Wenn wir die zu ihnen gehörenden Magnetisierungen als $\boldsymbol{M}_{a'}$, $\boldsymbol{M}_{a''}$, $\boldsymbol{M}_{b'}$, $\boldsymbol{M}_{b''}$ bezeichnen, so wird wegen der Gleichwertigkeit der Untergitter A' und A'' bzw. B' und B'' gelten $|\boldsymbol{M}_{a'}| = |\boldsymbol{M}_{a''}|$, $|\boldsymbol{M}_{b'}| = |\boldsymbol{M}_{b''}|$, wobei $\boldsymbol{M}_{a'} + \boldsymbol{M}_{a''} = \boldsymbol{M}_a$, $\boldsymbol{M}_{b'} + \boldsymbol{M}_{b''} = \boldsymbol{M}_b$. Für die Molekularfelder in einzelnen Untergittern erhalten wir dann die Ausdrücke

$$\begin{aligned}
\boldsymbol{h}_{a'} &= \nu(\alpha_1 \boldsymbol{M}_{a'} + \alpha_2 \boldsymbol{M}_{a''} - \boldsymbol{M}_{b'} - \boldsymbol{M}_{b''}) \\
\boldsymbol{h}_{a''} &= \nu(\alpha_2 \boldsymbol{M}_{a'} + \alpha_1 \boldsymbol{M}_{a''} - \boldsymbol{M}_{b'} - \boldsymbol{M}_{b''}) \\
\boldsymbol{h}_{b'} &= \nu(-\boldsymbol{M}_{a'} - \boldsymbol{M}_{a''} + \beta_1 \boldsymbol{M}_{b'} + \beta_2 \boldsymbol{M}_{b''}) \\
\boldsymbol{h}_{b''} &= \nu(-\boldsymbol{M}_{a'} - \boldsymbol{M}_{a''} + \beta_2 \boldsymbol{M}_{b'} + \beta_1 \boldsymbol{M}_{b''}), \quad \nu > 0,
\end{aligned} \tag{3.44}$$

in denen fünf verschiedene Konstanten des Molekularfeldes ν, $\nu\alpha_1$, $\nu\alpha_2$, $\nu\beta_1$, $\nu\beta_2$ auftreten.[35]) Ihre Beziehung zu den Koeffizienten α, β der Néel-Theorie ist durch die

---

[33]) Die Valenzänderung $Mn^{2+} \to Mn^{3+}$ kann man mit einem Gewinn an Stabilisierungsenergie im Zusammenhang mit der Möglichkeit von lokalen Jahn-Teller-Verzerrungen begründen.

[34]) Wickham und Goodenough [94] haben als eine weitere Möglichkeit ein Modell vorgeschlagen, das die Parallelität der Spinmomente einhält, das sich jedoch vom Néelschen Modell dadurch unterscheidet, daß ein bestimmter Teil der Spins im oktaedrischen Untergitter um 180° gedreht ist. Man kann jedoch annehmen, daß diese Vorstellung nur für inhomogene Untergitter, z. B. bei inversen oder gemischten Spinellen, eventuell bei festen Lösungen berechtigt sein könnte.

[35]) Die Wechselwirkungen $A^{(i)} - B^{(j)}$ sind alle als gleichwertig angenommen, wie es z. B. bei Spinellen der Fall ist.

Bedingungen

$$\alpha_1 + \alpha_2 = 2\alpha\,, \quad \beta_1 + \beta_2 = 2\beta \tag{3.45}$$

ausgedrückt, wobei es hier genügt, nur negative Wechselwirkungen, d. i. α_1, α_2, β_1, β_2 sämtlich < 0, in Betracht zu ziehen. Es ist augenscheinlich, daß darüber, ob die Néelsche antiparallele Anordnung beibehalten wird oder ob es zu einer Aufteilung

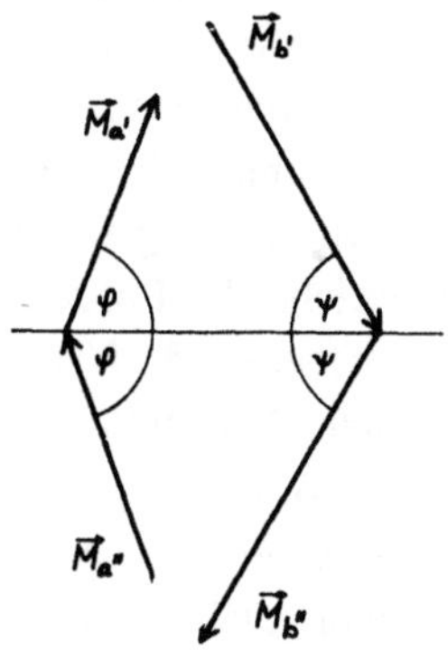

Abb. 3.33 Neigung der magnetischen Momente der Untergitter im Yafet-Kittel-Modell.

der Untergitter A, B in Untergitter $A', \ldots, B''$ und zu gegenseitigen Neigung der Vektoren $\boldsymbol{M}_{a'}$, $\boldsymbol{M}_{a''}$, $\boldsymbol{M}_{b'}$ und $\boldsymbol{M}_{b''}$ kommt, die Größe der Wechselwirkungen $A' - A''$, $B' - B''$ und daher die Werte der Koeffizienten α_2, β_2 entscheiden werden.

Wenn wir allgemein voraussetzen, daß die Magnetisierungsvektoren gegeneinander um den Winkel 2φ bzw. 2ψ geneigt sind (Abb. 3.33), können wir die Austauschenergie nach der Molekularfeldnäherung in folgender Form schreiben

$$\begin{aligned} E_{ex} &= -\tfrac{1}{2}\sum_i \boldsymbol{h}_i \,.\, \boldsymbol{M}_i = -\nu[\alpha_1 M_{a'}^2 + \alpha_2 \boldsymbol{M}_{a'} \,.\, \boldsymbol{M}_{a''} + \beta_1 M_{b'}^2 + \beta_2 \boldsymbol{M}_{b'} \,.\, \boldsymbol{M}_{b''} - \\ &\qquad - (\boldsymbol{M}_{a'} + \boldsymbol{M}_{a''}) \,.\, (\boldsymbol{M}_{b'} + \boldsymbol{M}_{b''})] = \\ &= -\nu M_{b'}^2[(\alpha_1 - \alpha_2 \cos 2\varphi)\, y^2 + (\beta_1 - \beta_2 \cos 2\psi) + 4y \sin\varphi \sin\psi]\,, \\ &\qquad y = M_{a'}/M_{b'} = M_{a''}/M_{b''}\,. \end{aligned} \tag{3.46}$$

Aus der Bedingung, daß diese Energie minimal sein soll, erhalten wir in Abhängigkeit von den Größen α_2, β_2 und y Lösungen für die Gleichgewichtswerte der Winkel φ und ψ:

(1) $\alpha_2\beta_2 > 1$, $\varphi = \psi = 0$, d. i. antiferromagnetische Anordnung innerhalb beider Untergitter;

(2) $\alpha_2\beta_2 < 1$, die Winkel φ, ψ hängen von y ab;

a) für $0 < y < |\beta_2| : \varphi = \pi/2$, $\sin\psi = y/|\beta_2|$,
b) für $|\beta_2| < y < 1/|\alpha_2| : \varphi = \psi = \pi/2$,
c) für $1/|\alpha_2| < y : \psi = \pi/2$, $\sin\varphi = 1/|\alpha_2|\, y$.

Dieses Ergebnis ist in formeller Hinsicht analog zum Resultat der Néelschen Theorie, außer daß die Rolle der Koeffizienten α, β jetzt α_2 und β_2 übernommen haben. In Wirklichkeit stellt es die Verallgemeinerung der Néelschen Lösung dar und gibt eine neue Interpretation, falls die Magnetisierung eines der Untergitter A, B am absoluten Nullpunkt ihren Sättigungswert nicht erreicht. Die Néelsche Lösung für $\alpha\beta > 1$, die bei 0 °K den ungeordneten Zustand ergibt, wird durch antiferromagnetische Anordnung in jedem der beiden Untergitter separat für das Gebiet $\alpha_2\beta_2 > 1$ ersetzt. Durch eine Analyse des Ausdrucks für die Energie (3.46) läßt sich zeigen, daß das diesem Antiferromagnetismus entsprechende E_{ex} immer < 0 und daher niedriger als die Energie des ungeordneten Zustandes sein wird, sofern $\beta_1 \neq \beta_2$ (oder $\alpha_1 \neq \alpha_2$) ist. Die Néelsche Lösungsweise ist in Wirklichkeit der Voraussetzung $\beta_1 = \beta_2 = \beta$ äquivalent, welche die Forderung ausdrückt, daß es nicht möglich ist, das Untergitter B in Untergitter B', B'' in einer anderen Weise aufzuteilen, als in der, wo jedes B-Ion die gleiche Anzahl von Nachbarn B' und B'' hat.

Aus den angeführten Lösungen (1) und (2) a) bis c) folgt, daß es zu keiner nichtkollinearen magnetischen Anordnung gleichzeitig in beiden Untergittern kommen kann. Wenn eine solche Anordnung in einem der Untergitter entsteht, muß im zweiten die Anordnung kollinear zum Gesamtmoment des ersten sein, so daß es angebracht ist, von einer ***Dreieck-Anordnung*** zu sprechen. Es genügt also vorauszusetzen, daß es zur Spinneigung nur in einem bestimmten Untergitter, sagen wir B, kommen kann und sich auf die Untersuchung der Zustände zu beschränken, die der Lösung (2a), (2b) event. (1), entsprechen. Die Bedingung für die Entstehung der Dreieckanordnung (2a) hat eine einfache Interpretation. Wenn wir sie in die Form $0 < M_{a'} < |\beta| M_{b'}$ umschreiben, sehen wir, daß sie in bezug auf die Gleichungen (3.44) mit der Forde-

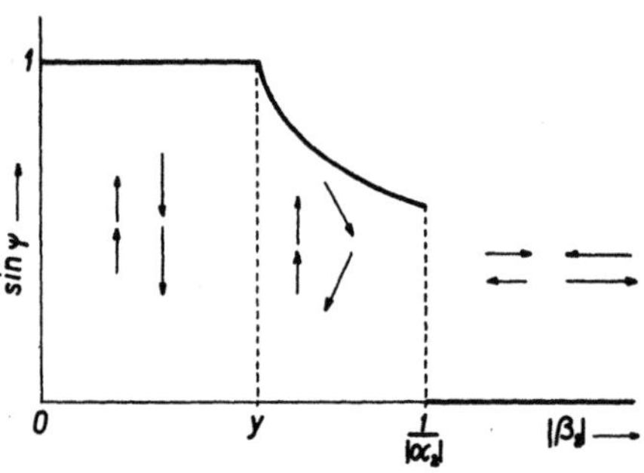

Abb. 3.34 Abhängigkeit der magnetischen Anordnung bei 0 °K von $|\beta_2|$ im Yafet-Kittel-Modell.

rung äquivalent ist, daß der Beitrag der Ionen A' (oder A'') zum Molekularfeld $\boldsymbol{h}_{b'}$ kleiner ist als der Beitrag der Ionen B''. Oder mit anderen Worten, die Dreieck-Anordnung erscheint als Folge des zunehmenden Einflusses der Wechselwirkungen $B' - B''$ im Vergleich zu den Wechselwirkungen $A^{(i)} - B^{(j)}$. Wenn wir $y = M_{a'}/M_{b'}$ und α_2 als konstant annehmen, so wird die Gleichgewichtskonfiguration nur von $|\beta_2|$ abhängen; in Abb. 3.34 ist in Abhängigkeit von diesem Parameter der Verlauf des die Spinneigung im Untergitter B bestimmenden Winkels ψ dargestellt. Bis zum

Wert $|\beta_2| = y$ bleibt die Néel-Anordnung ($\sin\psi = 1$) gültig, nachher sinkt der Winkel ψ stetig vom Werte $\pi/2$ entsprechend der Beziehung $\sin\psi = y/|\beta_2|$, bis es bei Erreichen des Punktes $|\beta_2| = |\alpha_2|^{-1}$ zu einem unstetigen Übergang in den antiferromagnetischen Zustand $\varphi = \psi = 0$ kommt. Der Winkel ψ kann also die Werte $\pi/2 \geqq \psi \geqq \psi_{\text{krit}}$, $\psi = 0$ annehmen, wobei $\psi_{\text{krit}} \to 0$ für $\alpha_2 \to 0$.

Die Abnahme der Funktion $u = \sin\psi$ ist durch die Hyperbel $u|\beta_2| = y$ gegeben. Wenn α_2 endlich ist, dann gilt $|\beta_2| = |\alpha_2|^{-1}$ nach (2c) gleichzeitig als Bedingung für die Bildung der Winkel zwischen den Spins im Untergitter *A*. Wie wir angeführt haben, ist jedoch die Konfiguration mit geneigten Spins in beiden Untergittern instabil, und deshalb kommt es zu einer unstetigen Veränderung von ψ und zur Entstehung einer antiferromagnetischen Anordnung.

Zu der Schlußfolgerung, daß die Verdrehung der Spins nur in einem Untergitter möglich ist, kann man, wie Lotgering [93] gezeigt hat, auch direkt aus den Gleichungen (3.44) für $\boldsymbol{h}_i$ gelangen, wenn man in Betracht zieht, daß der Magnetisierungsvektor $\boldsymbol{M}_i$ in jedem Punkte zum zugehörigen Molekularfeld $\boldsymbol{h}_i$ parallel orientiert sein muß. Wir schreiben die erste der Gleichungen (3.44) in die Form

$$\boldsymbol{h}_{a'} = \nu[(\alpha_1 - \alpha_2)\,\boldsymbol{M}_{a'} + \alpha_2\boldsymbol{M}_a - \boldsymbol{M}_b] \tag{3.47}$$

um und tun dasselbe auch mit den weiteren Gleichungen. Die dritte Gleichung wird so z. B. in

$$\boldsymbol{h}_{b'} = \nu[-\boldsymbol{M}_a + \beta_2\boldsymbol{M}_b + (\beta_1 - \beta_2)\,\boldsymbol{M}_{b'}] \tag{3.47'}$$

übergehen. Weil $\boldsymbol{M}_{a'}$ und $\boldsymbol{M}_{b'}$ mit $\boldsymbol{h}_{a'}$ bzw. $\boldsymbol{h}_{b'}$ parallel sein müssen, folgt daraus, daß sie auch mit den Vektoren $\alpha_2\boldsymbol{M}_a - \boldsymbol{M}_b$ bzw. $-\boldsymbol{M}_a + \beta_2\boldsymbol{M}_b$ parallel sein müssen. Ganz ähnlich ergibt es sich aus der 2. und 4. Gleichung, daß mit diesen Vektoren auch die Teilmagnetisierungen $\boldsymbol{M}_{a''}$ bzw. $\boldsymbol{M}_{b''}$ parallel sein müssen, so daß, wenn es zur Neigung der Spins in beiden Untergittern *A* und *B* gleichzeitig kommen sollte, simultan die Gleichungen erfüllt werden müßten

$$\alpha_2\boldsymbol{M}_a - \boldsymbol{M}_b = 0\,, \quad -\boldsymbol{M}_a + \beta_2\boldsymbol{M}_b = 0\,. \tag{3.48}$$

Das ist jedoch nicht möglich, außer im Falle $\alpha_2\beta_2 = 1$. Wie wir schon früher gesehen haben (Abb. 3.34), entspricht dieser Zustand dem kritischen Winkel ψ_{krit} und ist instabil. Im allgemeinen kann es also nicht in beiden Untergittern gleichzeitig zu einer Verdrehung der Spins kommen.

Wenn wir die Existenz der Dreieck-Anordnung im Untergitter *B* voraussetzen, dann genügt es, wenn die zweite der Gleichungen (3.48) erfüllt ist, denn $\boldsymbol{M}_a \uparrow\uparrow \boldsymbol{M}_{a''} \uparrow\uparrow (\alpha_2\boldsymbol{M}_a - \boldsymbol{M}_b)$ kann erfüllt werden, selbst wenn der letzte Ausdruck $\neq 0$ ist. Da jetzt $\alpha_1 = \alpha_2$, $\boldsymbol{M}_{a'} = \boldsymbol{M}_{a''} = \frac{1}{2}\boldsymbol{M}_a$ ist, vereinfachen sich die Ausdrücke (3.47) und (3.47') für $\boldsymbol{h}_{a'}$ und $\boldsymbol{h}_{b'}$ zu

$$\boldsymbol{h}_{a'} = \boldsymbol{h}_{a''} = \boldsymbol{h}_a = \nu(\alpha_2\boldsymbol{M}_a - \boldsymbol{M}_b) = \nu(\alpha_2 - 1/\beta_2)\,\boldsymbol{M}_a\,, \tag{3.49}$$

$$\boldsymbol{h}_{b'} = \nu(\beta_1 - \beta_2)\,\boldsymbol{M}_{b'}\,.$$

Diese Gleichungen enthalten ein wichtiges Ergebnis. Sie besagen, daß das auf das magnetische Moment eines beliebigen Ions wirkende Molekularfeld nur von der Magnetisierung jenes Untergitters abhängt, zu dem dieses Ion gehört. Das hat zur Folge, daß der Temperaturverlauf der Teilmagnetisierungen genau nach den Brillouin-Funktionen verlaufen wird, als ob es sich um gegenseitig unabhängige ferromagnetische Gitter handelte. Es ist klar, daß dasselbe auch für die resultierende Magnetisierung gelten wird, denn bei Erfüllung der zweiten Gleichung (3.48) wird gelten

$$\boldsymbol{M} = \boldsymbol{M}_a + \boldsymbol{M}_b = (1 + 1/\beta_2)\,\boldsymbol{M}_a\,. \tag{3.50}$$

Dadurch unterscheidet sich die Dreieck-Anordnung grundsätzlich von der Néelschen. Den Grund dafür kann man einerseits in der „Gespanntheit" der antiparallelen Anordnung erblicken, in der die Spins jedes Untergitters einem gegensätzlichen Krafteffekt äußerer und innerer Austauschwechselwirkungen ausgesetzt sind, ohne daß dadurch ihre Orientierung beeinflußt würde, andererseits im weiteren Freiheitsgrad, der dem Spinsystem bei gegenseitiger Verdrehung der Spins zuteil wird. Dieser weitere, durch den Winkel ψ ausgedrückte Freiheitsgrad gleicht den gegensätzlichen Effekt der Wechselwirkungen aus, so daß das Spinsystem „nicht gespannt" wird. Das Ergebnis ist das durch die Brillouin-Funktion ausgedrückte normale statistische Verhalten. Da die effektiven Koeffizienten des Molekularfeldes im Untergitter A und B im allgemeinen verschieden sind, werden den Kurven $M_a(T)$, $M_{b'}(T) = M_{b''}(T)$ verschiedene Curie-Punkte zugehören. Daraus kann man schließen, daß die Dreieck-Anordnung bei Erhöhung der Temperatur nicht unmittelbar in den paramagnetischen (ungeordneten) Zustand übergehen kann, sondern daß es weitere Möglichkeiten der Anordnung (z. B. die Néelsche oder den Antiferromagnetismus eines der Untergitter mit ungeordnetem zweiten Untergitter u. ä.) geben muß, die im Temperaturgebiet unterhalb der wirklichen (paramagnetischen) Curie-Temperatur stabil sein werden. Zu einer Änderung der Dreieck-Anordnung in eine antiparallele kann es auch in umgekehrter Richtung kommen, d. h. daß die antiparallele Anordnung bei tieferen Temperaturen stabiler sein wird als die Dreieck-Anordnung [93].

Die Anwesenheit der Dreieck-Anordnung und auch anderer nichtkollinearer Spinkonfigurationen hat die Möglichkeit einer Erhöhung der Sättigungsmagnetisierung M durch Einwirkung eines äußeren magnetischen Feldes auch für $T \to 0$

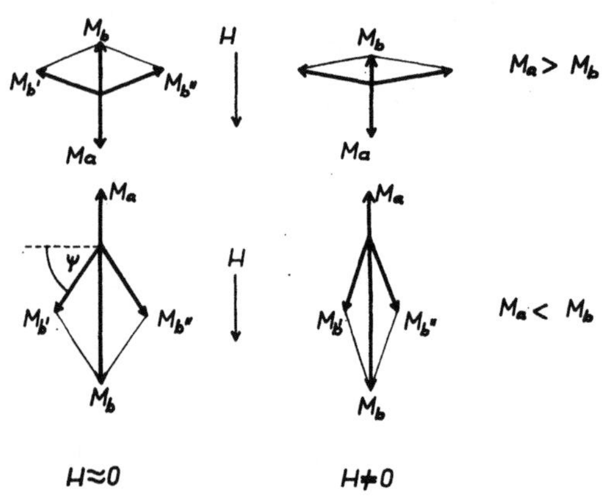

Abb. 3.35 Einfluß des Magnetfeldes auf den Winkel zwischen den Magnetisierungen der Untergitter bei einer Dreieck-Anordnung.

zur Folge. Die Entstehung dieses anomalen Paraprozesses hängt mit der Veränderung des Winkels der Verdrehung ψ der Vektoren $\boldsymbol{M}_{b'}$, $\boldsymbol{M}_{b''}$ durch Einwirkung des Magnetfeldes zusammen. Wir werden ihn auf Grund der Abb. 3.35 leicht begreifen, wenn wir uns vergegenwärtigen, daß der Magnetisierungsvektor jedes Untergitters mit der Resultierenden des äußeren Feldes und des entsprechenden Molekularfeldes parallel sein muß. Diese Bedingung können wir z. B. für $\boldsymbol{M}_{b'}$ durch die Gleichung [95]

$$\boldsymbol{M}_{b'} \times (\boldsymbol{h}_{b'} + \boldsymbol{H}) = 0 \tag{3.51}$$

ausdrücken, in der $\boldsymbol{h}_{b'}$ durch die Beziehung (3.47′) gegeben ist. Wenn wir für $\boldsymbol{h}_{b'}$ einsetzen und bedenken, daß $\boldsymbol{M}_{b'} \times \boldsymbol{M}_{b'} = 0$, ergibt sich für den Winkel ψ

$$\sin \psi = (\nu M_a \pm H)/2\nu|\beta_2|\, M_{b'} \,. \tag{3.52}$$

Die Wahl des Vorzeichens + oder − hängt davon ab, ob M_b größer oder kleiner ist als M_a.[36]) Für die resultierende Magnetisierung erhalten wir dann

$$M = |M_a - 2M_{b'} \sin \psi| = |M_a(1 - 1/|\beta_2|) \pm H/\nu|\beta_2||\,, \tag{3.53}$$

so daß die Suszeptibilität des Paraprozesses χ_p durch die Beziehung

$$\chi_p = 1/\nu|\beta_2| \tag{3.54}$$

gegeben ist.

Das Studium des Paraprozesses bei Temperaturen nahe des absoluten Nullpunktes unter Anwendung genügend starker Magnetfelder kann uns also wichtige Informationen darüber liefern, ob die Spins kollinear sind oder nicht. Messungen dieser Art haben Jacobs [95] und weitere Autoren [40] an Chromiten und einigen

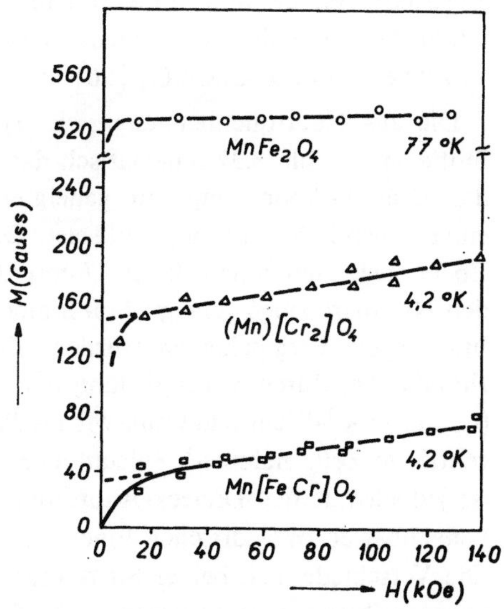

Abb. 3.36 Abhängigkeit der Magnetisierung vom Magnetfeld, gemessen für einige Spinelle, bei denen man nicht-kollineare magnetische Anordnung voraussetzen kann (nach Jacobs [61]).

[36]) Bei Vernachlässigung der Anisotropie orientiert sich die ganze Konfiguration der Vektoren $\boldsymbol{M}_a$, $\boldsymbol{M}_{b'}$, $\boldsymbol{M}_{b''}$ in Abb. 3.35 in die Richtung des äußeren Magnetfeldes derart, daß die Resultierende die gleiche Richtung hat wie das einwirkende Magnetfeld. Durch die Wirkung des äußeren Feldes kommt es dann zu einer Verminderung oder Vergrößerung des Winkels ψ je nachdem, ob M_a größer oder kleiner ist als M_b. Daraus folgt, daß die resultierende Magnetisierung durch Einwirkung des äußeren Feldes nur anwachsen kann.

Tabelle III-8

Meßergebnisse des Paraprozesses in starken Magnetfeldern bei der Temperatur $T = 4{,}2\ °K$

Material	$\chi_p \cdot 10^4$	$\nu\|\beta\|$	Autor
Mn_3O_4	$3{,}0 \pm 0{,}5$	71 ± 12	[95]
	3,5	61	[40]
$MnFe_2O_4$	0,5	—	[95]
	0,7	—	[40]
$MnCr_2O_4$	$3{,}6 \pm 0{,}5$	62 ± 6	[95]
$MnFeCrO_4$	$2{,}8 \pm 0{,}5$	—	[95]

Manganiten durchgeführt, die ein niedrigeres Sättigungsmoment am absoluten Nullpunkt haben, als es auf Grund des Néel-Modells zu erwarten wäre. Die bei der Temperatur von 4.2 °K in Impulsfeldern bis zur Feldstärke ≈140 kOe durchgeführten Messungen haben sämtlich die Existenz eines anomal großen Paraprozesses bestätigt (Abb. 3.36, Tab. III-8), und sie wurden deswegen auf Grund des Yafet-Kittel-Modells interpretiert und als Beweis für die Existenz der Dreieck-Anordnung angeführt. Auf der anderen Seite haben die Versuche, eine solche Anordnung direkt durch Neutronenbeugung nachzuweisen, versagt, mit Ausnahme der tetragonal verzerrten Spinelle $CuCr_2O_4$ [96] und Mn_3O_4 [97].[37])

Die aus Neutronenbeugung sich ergebende magnetische Struktur dieser beiden Stoffe ist in Abb. 3.37 schematisch dargestellt. Es zeigt sich, daß nur $CuCr_2O_4$ eine der Dreieck-Anordnung mit geneigten Spins im oktaedrischen Untergitter völlig entsprechende Anordnung aufweist. Die in der gleichen, zur c-Achse senkrechten Ebene liegenden Ionen dieses Untergitters haben parallele und gegen die Spins in den Nachbarebenen geneigte Spinmomente. Magnetische Strukturen, die von Kasper für Mn_3O_4 vorgeschlagen wurden, sind komplizierter. Kasper setzt eine orthorhombische, durch Verdoppelung der kristallographischen Zelle in [110]-Richtung (d. i. in [100]-Richtung, wenn wir als Basis anstatt der flächenzentrierten eine raumzentrierte Zelle nehmen), entstandene magnetische Zelle voraus. Diese Anordnung ist jedoch mit der Dreieck-Anordnung entartet, die durch die Neigung der Spins benachbarter oktaedrischer Ionen um denselben Winkel gekennzeichnet ist [39]. Die Verschiedenheit beider Strukturen hängt mit dem unterschiedlichen Typ tetragonaler Gitterverzerrung zusammen: $CuCr_2O_4$ hat $c/a < 1$, Mn_3O_4 dagegen $c/a >$

[37]) Neutronographisch wurde die Dreieck-Anordnung von Dwight, Menyuk und Rogers [98] bei dem kubischen Spinell MnV_2O_4 festgestellt. Die Autoren schließen jedoch, daß diese Anordnung hier genau genommen dem Yafet-Kittel-Modell nicht entspricht, das man, wie wir weiter sehen werden, auf kubische Spinelle nicht anwenden kann.

> 1.[38]) Trotz der Übereinstimmung von neutronographisch festgestellter Anordnung magnetischer Momente in Mn_3O_4 mit der Yafet-Kittel-Theorie bleiben jedoch einige Widersprüche zwischen quantitativen, aus magnetischen Messungen an diesem Stoff folgenden Angaben ungeklärt, und sie schließen keineswegs die Vermutung aus, daß das Kasper-Modell nur eine Annäherung an den wirklichen Grundzustand darstellt.

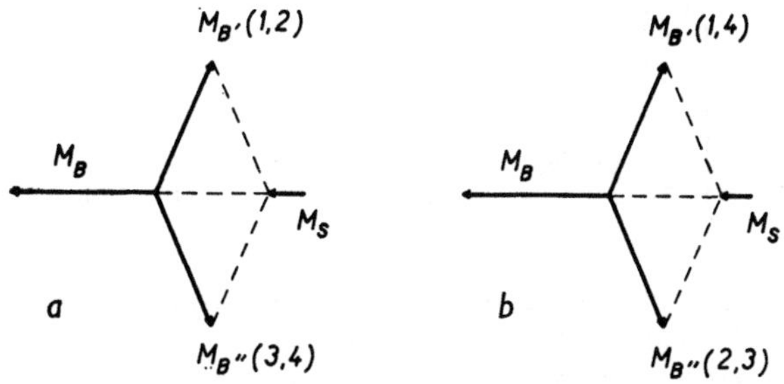

Abb. 3.37 Zwei Typen der Dreieck-Anordnung, postuliert für tetragonale Spinelle (a) $c/a < 1$, (b) $c/a > 1$ auf Grund der Analyse der Stärke der Superaustausch-Wechselwirkungen (Abb. 3.40). Die Indices 1, ..., 4 entsprechen den Ionen mit den Koordinaten $\varrho_1^B, \ldots, \varrho_4^B$ in der Elementarzelle des Spinells (Abschn. 2-1, S. 95, Abb. 2.3), vorausgesetzt, daß die c-Achse mit der vertikalen (z)-Achse identisch ist. Die für $CuCr_2O_4$ ($c/a < 1$) und Mn_3O_4 ($c/a > 1$) gefundenen magnetischen Strukturen sind diesen zwei Anordnungen äquivalent (Nach Goodenough [133]).

Die Frage der Entartung des Grundzustandes, die nach Anderson [99] die Bildung einer Dreieck-Anordnung im langen Abstand verhindern kann, werden wir am Beispiel eines kubischen Spinells erklären. Sein oktaedrisches Untergitter kann man nach Abschn. 2.1 in vier äquivalente flächenzentrierte Gitter aufteilen. Wenn wir jedem von ihnen den separaten Magnetisierungsvektor $\boldsymbol{M}_{bi}$ zuordnen und als Ausdrücke für das Molekularfeld schreiben

$$\boldsymbol{h}_a = \nu\Big(\alpha \boldsymbol{M}_a - \sum_i \boldsymbol{M}_{bi}\Big), \quad \boldsymbol{h}_{bi} = -\nu \boldsymbol{M}_a + \nu_1 \sum_{j \neq i} \boldsymbol{M}_{bj} + \nu_2 \boldsymbol{M}_{bi},$$

stellen wir fest, daß die Austauschenergie $E_{ex} = -\frac{1}{2}(\boldsymbol{h}_a \cdot \boldsymbol{M}_a + \sum_i \boldsymbol{h}_{bi} \cdot \boldsymbol{M}_{bi})$ nicht von der gegenseitigen Orientierung der Vektoren $\boldsymbol{M}_{bi}$, sondern nur von der Gesamtmagnetisierung des oktaedrischen Untergitters $\boldsymbol{M}_b$ abhängt. Alle konstantes $\boldsymbol{M}_b$ enthaltenden Konfigurationen der Vektoren $\boldsymbol{M}_{bi}$ sind deshalb energetisch gleichwertig und können durch eine spezielle Anordnung repräsentiert werden, bei der zwei Untergitter den Magnetisierungsvektor parallel haben (Abb. 3.38). In einigen Fällen, z. B. bei tetragonalen Spinellen, kann diese Entartung durch die Verzer-

[38]) Wegen der tetragonalen Verzerrung wächst die Anzahl gegenseitig unterschiedlicher Austauschwechselwirkungen zwischen den Nachbarionen, z. B. von drei auf fünf beim normalen Spinell. Bei rigoroser Lösung ist es daher notwendig, die in diesem Abschnitt eingeführte Yafet-Kittel-Theorie durch Hinzuziehung weiterer Konstanten des Molekularfeldes und durch Vergrößerung der Anzahl von Untergittern zu erweitern. Es läßt sich jedoch zeigen, daß man unter gewissen Voraussetzungen dieses Problem auf ein Problem der grundlegenden Dreieck-Anordnung vereinfachen kann, mit der die allgemeinen Strukturen energetisch gleichartig sind.

rung der kubischen Symmetrie aufgehoben werden. Im anderen Fall kann sie aber die Entstehung des geordneten Zustandes im langen Abstand verhindern. In diesem Zusammenhang sei bemerkt, daß bei den Ferriten $ZnFe_2O_4$ und $CdFe_2O_4$, bei denen sich die magnetischen Fe^{3+}-Ionen nur in oktaedrischen Lagen befinden, die Yafet-Kittel-Theorie eine antiferromagnetische Anordnung vorhersagt. Bisher ist es jedoch nicht gelungen, eine solche Anordnung zumindest im langen Abstand eindeutig zu beweisen [38], trotzdem man aus der Anomalie der spezifischen Wärme auf die Existenz eines Phasenübergangs in der Umgebung von 10 °K schließen kann [100]. Die

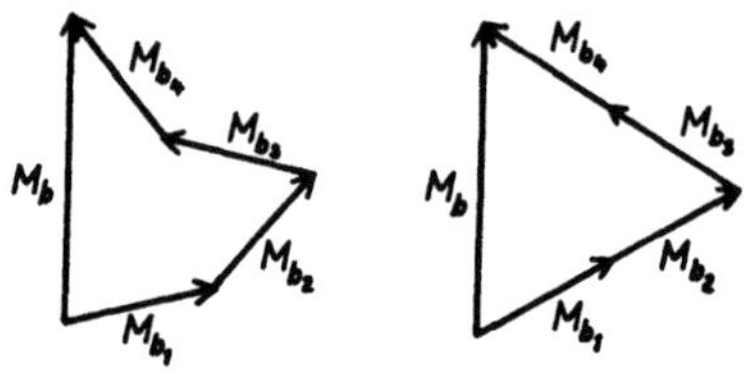

Abb. 3.38

Experimente schlossen z. B. die Möglichkeit einer antiferromagnetischen Anordnung im kurzen Abstand nicht aus. Die neuesten Neutronenbeugungsdaten für $ZnFe_2O_4$ [100a] deuten die Existenz einer komplizierten nicht-kollinearen antiferromagnetischen Struktur an, die durch eine tetragonale, in *c*-Richtung verdoppelte magnetische Elementarzelle gekennzeichnet ist.

Die Diskrepanz zwischen den Ergebnissen neutronographischer und magnetischer Messungen führt, soweit es um die Existenz der Dreieck-Anordnung in Chromiten und Manganiten mit Spinellstruktur geht, zu der Schlußfolgerung, daß entweder die Dreieck-Anordnung nur im kurzen Abstand bestehen kann oder daß die Spinkonfigurationen in diesen Stoffen zwar nicht kollinear sind, aber vom Yafet-Kittel-Modell wesentlich abweichen. Einen grundsätzlichen Fortschritt in der Endlösung dieses Problems haben Kaplan u. a. erreicht [91, 92], in deren Arbeiten nachgewiesen wurde, daß die Dreieck-Anordnung tatsächlich keinen Grundzustand für kubische Spinelle darstellt und daß allgemeinere Konfigurationen des Spiraltyps mit niedrigerer Energie vorhanden sind, die zumindest als gute Näherung des Grundzustandes gelten. Diesen Fragen werden die zwei folgenden Abschnitte gewidmet.

Das Kaplan-Kriterium lokaler Stabilität; Anwendung auf Spinelle

Betrachten wir das System von Spins $\mathcal{S} \equiv \{\ldots, \mathbf{S}_i, \ldots\}$, die zu Atomen eines Kristalls gehören. Wir setzen voraus, daß die Spins dieses Systems durch Austauschwechselwirkungen des Heisenberg-Typs miteinander gekoppelt sind, welche durch die Austauschintegrale J_{ij} für jedes Spinpaar $\mathbf{S}_i$, $\mathbf{S}_j$ charakterisiert werden. Die anderen Wechselwirkungen, die, wie sich zeigt, bedeutend schwächer sind, werden wir vernachlässigen. Wenn wir die Spins $\mathbf{S}_i$ als klassische Vektoren betrachten, wird der Grundzustand $\mathcal{S}_0 \equiv \{\ldots, \mathbf{S}_i^{(0)}, \ldots\}$ des Systems $\mathcal{S}$ durch das Minimum der Energie[39])

$$E_{ex} = -\sum_{i,j} J_{ij} \mathbf{S}_i \cdot \mathbf{S}_j \tag{3.55}$$

[39]) Diese klassische Auffassung der Austauschenergie ist für die Bestimmung des Grundzustan. des sowohl in der Theorie des Molekularfeldes als auch in der Theorie der Spinwellen hinreichend-

bestimmt sein. Diesen Ausdruck kann man durch Einführung der reduzierten Spinvektoren

$$\boldsymbol{\sigma}_l = \mathbf{S}_l / S_l\,, \quad \boldsymbol{\sigma}_l \cdot \boldsymbol{\sigma}_l = 1 \tag{3.56}$$

umformen; wenn wir noch $\bar{J}_{ij} = -J_{ij} S_i S_j$ setzen, dann wird gelten

$$E_{ex} = \sum_{ij} \bar{J}_{ij} \boldsymbol{\sigma}_i \cdot \boldsymbol{\sigma}_j\,. \tag{3.57}$$

Den Grundzustand $\mathscr{S}_0$ zu finden, heißt also, das System von reduzierten Spinvektoren $\sigma_0 \equiv \{\ldots, \boldsymbol{\sigma}_i^{(0)}, \ldots\}$ so aufzustellen, daß E_{ex} minimal wird. Die Lösung dieser Aufgabe ist sehr schwierig und kann gewöhnlich bestimmte Vereinfachungsannahmen nicht entbehren. Die Néel- und Yafet-Kittel-Untergitter stellen nun gerade ein solches Vereinfachungspostulat dar, das die kristalline und magnetische Struktur miteinander koppelt und so die Anzahl möglicher Lösungen drastisch beschränkt. Wenn man auch auf diese Weise sehr oft zum richtigen Ergebnis gelangen kann, besteht doch, wie Kaplan gezeigt hat, kein Grund dafür, daß *a priori* die Symmetrie der Grundspinkonfiguration von der Kristallstruktur so abhängig sein sollte. Infolgedessen ist es in jedem Falle notwendig, wo die Lösung unter Vereinfachungsannahmen erreicht wurde, sich zu überzeugen, ob der resultierende Zustand wirklich zum Energieminimum (3.57) führt. Die erforderliche Bedingung, welche σ_0 erfüllen muß, um als Grundzustand gelten zu können, wird durch das sog. Kriterium der lokalen Stabilität ausgedrückt:

Beliebige, jedoch genügend kleine Änderungen der Grundspinkonfiguration (von homogener Verdrehung des ganzen Spinsystems abgesehen) müssen zur Erhöhung der Austauschenergie (3.57) *führen.*

Die Erfüllung dieser Bedingung verbürgt natürlich noch nicht, daß σ_0 dem absoluten Energieminimum entspricht. Es kann sich nur um einen metastabilen, durch das lokale Minimum von E_{ex} ausgedrückten Zustand handeln. Wie Kaplan gezeigt hat, genügt jedoch diese Bedingung auch in allen Fällen, wo es um Konfigurationen komplanarer Spins geht, dafür, daß σ_0 den wirklichen Grundzustand bestimmt. Das bedeutet also, daß die Konfigurationen der komplanaren Spins und daher speziell auch die Néel- und Yafet-Kittel-Anordnung immer den Zustand mit niedrigster Energie bilden werden, sobald sie lokal stabil sind.

Diese allgemeinen Schlußfolgerungen wurden von Kaplan auf normale Spinelle angewendet, für die es ihm gelungen ist, genaue Bedingungen für die Stabilität der Néel-Anordnung festzusetzen und gleichzeitig zu zeigen, daß die Dreieck-Anordnung unter gewissen Umständen den Zustand mit niedrigster Energie bei tetragonal verzerrten Spinellen, nicht jedoch bei kubischen Spinellen darstellen kann. Wir werden den Vorgang andeuten, durch den Kaplan an dieses wichtige Ergebnis gelangt ist.

Betrachten wir zuerst einen kubischen Spinell mit Normalstruktur, der in den A-Lagen Ionen mit dem Spin S_A und in den B-Lagen mit dem Spin S_B hat. Wenn wir uns auf Austauschwechselwirkungen zwischen den benachbarten Ionen beschränken, kommen wir mit den drei Austauschintegralen J_{AA}, J_{AB}, J_{BB} aus. Wenn wir der Einfachheit halber noch $J_{AA} \cong 0$ voraussetzen[40]), können wir den Ausdruck für die Austauschenergie (3.57) des Kristalls in folgender Form schreiben

$$E_{ex} = 2\bar{J}_{AB} \sum_{\langle i,j \rangle} \sigma_i^A \cdot \sigma_j^B + 2\bar{J}_{BB} \sum_{\langle i,j \rangle} \sigma_i^B \cdot \sigma_j^B =$$

$$= 2\bar{J}_{AB} \left[\sum_{\langle i,j \rangle} \sigma_i^A \cdot \sigma_j^B + (3u/4) \sum_{\langle i,j \rangle} \sigma_i^B \cdot \sigma_j^B \right], \quad \bar{J}_{AB} > 0 . \tag{3.58}$$

Man addiert über die Paare $\langle i, j \rangle$ der Nachbar-Ionen; der Parameter $u = 4J_{BB}S_B : 3J_{AB}S_A$ gibt die relative Größe der Wechselwirkungen $B-B$ und $A-B$ an[41]). Es ist jetzt festzustellen, für welche Werte des Parameters u die antiparallele Néel-Anordnung σ_N als Grundzustand gilt.

Vor allem ist augenscheinlich, daß σ_N den Zustand mit niedrigster Energie für $u = 0$ bedeutet, denn dann ist $\sigma_i^A \cdot \sigma_j^B = -1$ für alle i, j, und E_{ex} nimmt seinen kleinstmöglichen Wert an. Wenn $u > 0$ ist, ist das Problem nicht mehr so einfach. Es läßt sich jedoch zeigen, daß ein gewisser kritischer Wert u_0 existiert, so daß σ_N den Grundzustand für alle $u < u_0$ darstellt, nicht jedoch mehr für Werte $u > u$ Die Energie der Néel-Anordnung $E_{ex}^{(N)}$ ist für beliebiges u durch den Ausdruck

$$E_{ex}^{(N)} = 48N\bar{J}_{AB}(\tfrac{3}{8}u - 1) \tag{3.59}$$

gegeben, in dem N die Anzahl von primitiven Zellen im Kristall (oder z. B. in 1 cm^3) bezeichnet. Es ist offensichtlich, daß für $u > \frac{8}{3}$ $E_{ex}^{(N)} > 0$ sein wird und daher σ_N energetisch weniger vorteilhaft sein wird als der ungeordnete Zustand (vgl. S. 192). Demgegenüber haben Yafet und Kittel gezeigt, daß die Dreieck-Anordnung niedrigere Energie hat als σ_N für $u > 1$. Es läßt sich leicht zeigen, daß $u = |\beta_2|/y$ ist, so daß $u > 1$ die Bedingung für die Existenz der Dreieck-Anordnung im Untergitter B ausdrückt; die entsprechende Energie ist

$$E_{ex}^{(Y)} = N\bar{J}_{AB}(-24/u - 6u) . \tag{3.60}$$

Endlich führt die Kaplan-Theorie, wie wir sehen werden, zum kritischen Wert $u_0 = \frac{8}{9}$, den man – zumindest unter den obenangeführten Voraussetzungen – für den Endwert halten kann.

Um zu beweisen, daß u_0 den wirklichen kritischen Wert von u für die Stabilität der Néel-Anordnung darstellt, genügt es nach dem Vorausgegangenen zu zeigen, daß σ_N für alle $u < u_0$ lokal stabil und für $u > u_0$ lokal instabil ist. Um die zweite Be-

---

[40]) Man nimmt an, daß die Wechselwirkung $A-A$ in den Spinellen tatsächlich bedeutend schwächer ist als die Wechselwirkungen $A-B$ und $B-B$.

[41]) Dieser Parameter darf nicht mit dem ebenfalls so bezeichneten sog. Sauerstoffparameter verwechselt werden, vgl. Abschn. 2.1.

hauptung zu beweisen, ist es dabei hinreichend, eine einzige Störungsweise der antiparallelen Néel-Anordnung anzugeben, die für $u > u_0$ zur Herabsetzung der Austauschenergie E_{ex} führt.

Setzen wir voraus, daß die Spinvektoren $\boldsymbol{\sigma}_i$ aus der der Néel-Anordnung entsprechenden Lage um $\boldsymbol{\delta}_i$ teilweise herausgedreht sind. Die Spinabweichungen $\boldsymbol{\delta}_i$ können beliebig, für einzelne Atome verschieden, jedoch genügend klein sein. Die Energie dieses neuen Zustandes wird im allgemeinen die Funktion dieser $6N$ voneinander unabhängigen Spinabweichungen sein (6 Kationen in der primitiven Zelle, insgesamt N dieser Zellen im Kristall). Durch Entwicklung nach $\boldsymbol{\delta}_i$ erhalten wir für sie die Reihe

$$E'_{ex} = E_{ex}^{(N)} + E_2 + E_4 + \dots, \tag{3.61}$$

in der $E_{ex}^{(N)}$ die Energie der ursprünglichen Néel-Anordnung σ_N ist und E_n eine Form des n-ten Grades in $\boldsymbol{\delta}_i$ bedeutet. Weil E_4, wie sich zeigen läßt, für das allgemeine System der Abweichungen $\boldsymbol{\delta}_i$ nur solche Vorzeichen wie E_2 annehmen kann, genügt es zu ermitteln, für welche u die quadratische Form E_2 positiv definit, d. h. > 0 unabhängig von $\boldsymbol{\delta}_i$ sein wird, denn in diesem Falle wird auch $E'_{ex} > E_{ex}^{(N)}$ und daher σ_N stabil sein.

Die Spinabweichung $\boldsymbol{\delta}_i$ können wir als Funktion des Lagevektors des i-ten Atoms betrachten. Wenn wir diese Funktion in eine Fourier-Reihe entwickeln, erhalten wir nach Umformungen E_2 in der Form

$$E_2 = \sum_{\boldsymbol{k}} \mathscr{E}_2(\boldsymbol{k}) = \sum_{\boldsymbol{k}} \sum_{\nu,\mu=1}^{6} M_{\nu\mu}(\boldsymbol{k})\, \chi_\nu^*(\boldsymbol{k})\, \chi_\mu(\boldsymbol{k}), \tag{3.62}$$

in der $\boldsymbol{k}$ den Wellenvektor bezeichnet.[42]) $\mathscr{E}_2(\boldsymbol{k})$ ist bei festem $\boldsymbol{k}$ eine quadratische Form von sechs veränderlichen $\chi_\nu(\boldsymbol{k})$, $\nu = 1, \dots, 6$ (6 Kationen in primitiver Zelle), wobei die Matrix $M_{\nu\mu}$ der Form $\mathscr{E}_2(\boldsymbol{k})$ von u abhängt. Die Aufgabe läuft dadurch auf die Ermittlung hinaus, für welche $u > 0$ $\mathscr{E}_2(\boldsymbol{k})$ positiv definit ist, oder, wenn wir $\mathscr{E}_2(\boldsymbol{k})$ auf die diagonale Form

$$\mathscr{E}_2(\boldsymbol{k}) = \sum m_\nu(\boldsymbol{k})\, |\boldsymbol{q}_\nu|^2 \tag{3.64}$$

bringen, für welche u die charakteristischen Werte $m_\nu(\boldsymbol{k})$ der Matrix $M_{\nu\mu}$ nicht negativ sind. In aller Allgemeinheit aufgefaßt ist dieses Problem ziemlich schwierig; Kaplan löst es einerseits für $\boldsymbol{k} = 0$ (die Ergebnisse sind in Tab. III-9 angeführt), anderseits für $\boldsymbol{k}$ in bestimmten kristallographischen Richtungen. Aus den Ergebnissen

[42]) $\boldsymbol{k}$ ist ein rationalisierter, reduzierter, reziproker Vektor in der ersten Brillouin-Zone mit den Komponenten

$$k_1 = 2\pi l_1/|\boldsymbol{a}_1| N_1\,, \quad k_2 = 2\pi l_2/|\boldsymbol{a}_2| N_2\,, \quad k_3 = 2\pi l_3/|\boldsymbol{a}_3| N_3 \tag{3.63}$$

in Richtung der primitiven Translationen $\boldsymbol{a}_1$, $\boldsymbol{a}_2$, $\boldsymbol{a}_3$ (vgl. S. 95); $l_i\,(i = 1, 2, 3)$ können die Werte $0, \pm 1, \dots, \pm N$ annehmen.

Tabelle III-9

Charakteristische Werte der Matrix (3.64) für $\boldsymbol{k} = 0$. Nach Kaplan [101].

ν	$m_\nu(0)$
1	0
2, 3, 4	$2(1-u)$
5	4
6	6

für $\boldsymbol{k} = 0$ ist ersichtlich, daß $m_\nu(0) > 0$ $(\nu = 2, 3, 4)$ für $u < 1$ im Einklang mit dem Resultat von Yafet und Kittel stehen wird. An diesem Ergebnis wird nichts geändert, wenn wir $\boldsymbol{k} \neq 0$ in der [100]- oder [111]-Richtung annehmen. Demgegenüber bestehen für gewisse in der [110]-Richtung liegende $\boldsymbol{k}$ negative charakteristische Werte, falls $u > \frac{8}{9}$ ist, während für $u < \frac{8}{9}$ alle $m_\nu(\boldsymbol{k}) > 0$ sind. Der Verlauf des charakteristischen Wertes $m_1(\boldsymbol{k})$ für $\boldsymbol{k}$ in der [110]-Richtung ist in Abb. 3.39 schematisch dargestellt; es ist augenscheinlich, daß, wenn wir u gerade gleich $\frac{8}{9}$ wählen, $m_1(\boldsymbol{k})$ zwei Wurzeln, und zwar für $\boldsymbol{k} = 0$ und $\boldsymbol{k} = \boldsymbol{k}_0$, haben wird. Wie eine genauere Analyse zeigt, ist für $u < \frac{8}{9}$ $m_\nu(\boldsymbol{k}) > 0$ für eine beliebige Richtung des Vektors $\boldsymbol{k}$, so daß man $u_0 = \frac{8}{9}$ für den gesuchten kritischen Wert halten kann.

Durch die Feststellung, daß σ_N für $u > u_0 = \frac{8}{9}$ nicht mehr den Zustand mit niedrigster Energie darstellt, wird gleichzeitig der Beweis geliefert, daß ihn zumindest im Gebiet $\frac{8}{9} < u \leqq 1$ nicht einmal die Yafet-Kittel-Anordnung σ_Y darstellen kann. Es läßt sich aber sogar zeigen, daß σ_Y für keinen Wert von $u > 1$ zu einem Minimum von

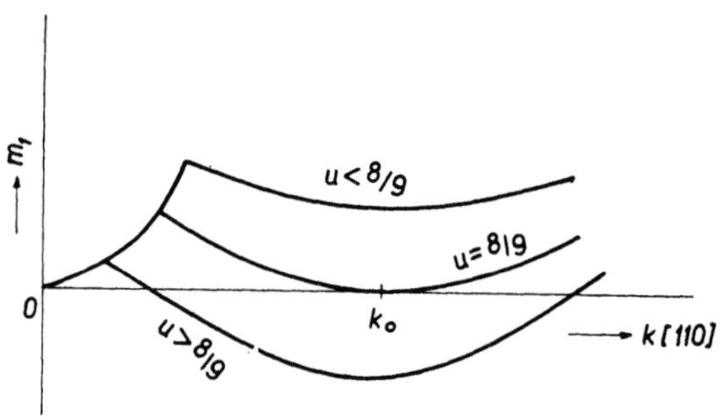

Abb. 3.39 Schematische Darstellung des Verlaufs von $m_1(\boldsymbol{k})$ in der [110]-Richtung bei verschiedenen u-Werten (nach Kaplan [91]).

E_{ex} führen kann und daß es daher kein Grundzustand für den kubischen Spinell sein kann. Die Methode, die man dabei anwenden kann, ist ähnlich wie bei der Untersuchung der Instabilität von σ_N: es genügt zu zeigen, daß irgendeine Konfiguration der Spinabweichungen $\boldsymbol{\delta}_i$ existiert, die zu einer niedrigeren Energie als $E_{ex}^{(Y)}$ führt.

Ähnlich wie bei kubischen Spinellen können wir auch bei Spinellen mit tetragonaler Verzerrung vorgehen. Anstatt dreier Austauschintegrale gibt es nun fünf, u. zw.

J_{AA}, J_{AB}, $J_{AB'}$, J_{BB}, $J_{BB'}$. Ihre geometrische Deutung ist aus Abb. 3.40 zu ersehen. Wenn wir der Einfachheit halber wieder $J_{AA} \cong 0$ voraussetzen, ist es jetzt nötig, statt des einzigen u-Parameters drei durch folgende Beziehungen definierte Parameter einzuführen[43]):

$$u = 2(J_{BB} + J_{BB'})\, S_B/(2J_{AB} + J_{AB'})\, S_A \tag{3.65}$$

$$v = J_{BB'}/(J_{BB} + J_{BB'})$$

$$w = J_{AB'}/(2J_{AB} + J_{AB'})\,.$$

Es wird wieder angestrebt, mit diesen Parametern das Stabilitätsgebiet der Néel- eventuell der Yafet-Kittel-Konfiguration zu beschreiben. In Abb. 3.41a ist das Stabilitätsgebiet von σ_N gezeigt, das einesteils aus der Yafet-Kittel-Theorie, anderenteils aus der Theorie von Kaplan u.a. folgt[44]); den kubischen Spinellen entspricht hier die Gerade $v = \frac{1}{2}$, $w = \frac{1}{3}$. Nach Yafet und Kittel sollte außerhalb des gestrichelt gekennzeichneten Gebietes überall die stabile Dreieck-Anordnung bestehen. Die diese Grenzscheide bildende Fläche schneidet jedoch die Gerade der kubischen Spinelle im Punkt $u = 1$, und es ist aus dem vorhergehenden klar, daß das wirkliche Stabili-

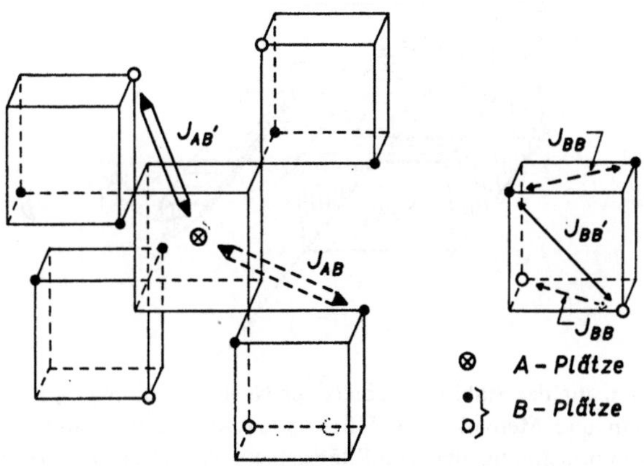

Abb. 3.40 Die Austauschwechselwirkungen in tetragonalen Spinellen (nach Kaplan u. a. [101]).

tätsgebiet der Néel-Anordnung kleiner sein wird, denn es muß durch den Punkt $u_0 = \frac{8}{9}$ auf der erwähnten Geraden gehen. Das von Kaplan und Menyuk u. a. bestimmte wirkliche Stabilitätsgebiet von σ_Y ist durch eine starke Linie und in Abb. 3.42 detaillierter im Schnitt $v = \frac{1}{2}$ gekennzeichnet; zu einzelnen Teilen der dieses

---

[43]) Es ist klar, daß für einen kubischen Spinell, bei dem $J_{BB} = J_{BB'}$ und $J_{AB} = J_{AB'}$ gilt, u dieselbe Bedeutung hat, wie früher.

[44]) In der Diskussion werden wir uns auf das Gebiet $u \geqq 0$, $-1 \leqq v \leqq 1$, $w \geqq 0$ beschränken, wofür von Kaplan u. a. [101] die Lösung geliefert wurde.

Gebiet begrenzenden Fläche sind kristallographische Richtungen geschrieben, welche die Richtung des Vektors $\boldsymbol{k}$ bestimmen, für den es zur Störung der Stabilität von σ_N kommt. Nur an zwei voneinander getrennten Orten bleibt die ursprüngliche Yafet-Kittel-Begrenzung gültig. Diese zwei Flächen sind in Abb. 3.41a als YK_1 und YK_2 bezeichnet, und, wie aus Abb. 3.41b ersichtlich ist, gehen von ihnen in Richtung von wachsendem u zwei Gebiete aus, in denen σ_Y den Grundzustand bildet. Wie man aus

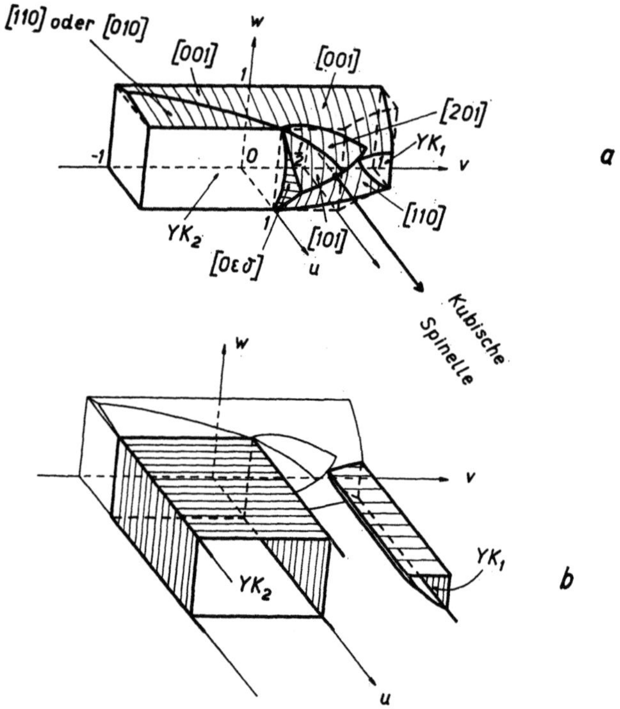

Abb. 3.41 (a) Begrenzung des Stabilitätsgebiets der Néel-Anordnung σ_N im Raum der Parameter u, v, w nach Kaplan und Menyuk u. a. [101] (stark ausgezogen) und nach Yafet und Kittel (gestrichelt). (b) Kennzeichnung der Stabilitätsgebiete der Dreieck-Anordnung YK_1 ($c/a < 1$) und YK_2 ($c/a > 1$).

Abb. 3.40 schließen kann, wird das erste von ihnen (YK_1) wahrscheinlich den Spinellen mit $c/a < 1$ zuzuordnen sein, denn der der Wechselwirkung J_{BB} entsprechende Abstand wird in diesem Falle größer sein als für $J_{BB'}$, so daß wir intuitiv $|J_{BB}| < |J_{BB'}|$ und daher $v > \frac{1}{2}$ erwarten. In dieses Gebiet gehört $CuCr_2O_4$, bei dem die Dreieck-Anordnung von Prince [96] festgestellt wurde – vgl. Abb. 3.37. Das zweite Gebiet YK_2 sollte aus gleichen Gründen tetragonalen Spinellen mit $c/a > 1$ entsprechen, zu denen auch Mn_3O_4 gehört.

Spiralstrukturen

Mit der Festlegung des Stabilitätsgebiets einfacher Konfigurationen wie der von Néel oder Yafet-Kittel wird natürlich das Problem des Grundzustandes nur teilweise gelöst. Es bleibt festzustellen, welches die wirkliche stabile Anordnung der Spinmomente in jenen Gebieten ist, in denen keine von den erwähnten Konfigurationen

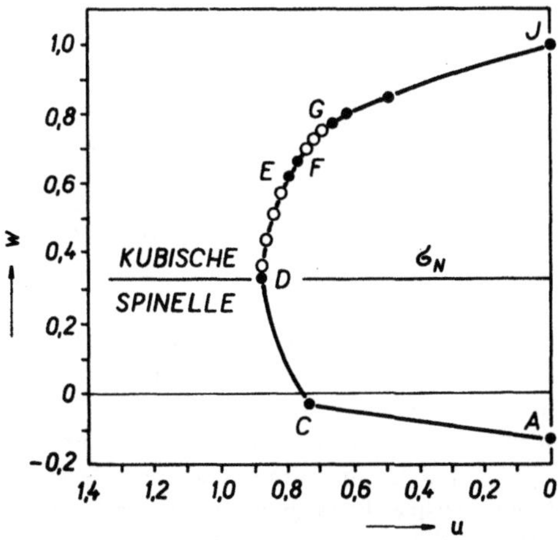

Abb. 3.42 Kennzeichnung des Stabilitätsgebiets von σ_N in der Ebene $v = \frac{1}{2}$, die die Gerade der kubischen Spinelle $w = \frac{1}{3}$ enthält. Der die Destabilisierung von σ_N verursachende Vektor $\boldsymbol{k}$ ist parallel zur [001]-Richtung zwischen den Punkten *A* und *C* und zur [110]-Richtung zwischen *C* und D. Er ändert seine Richtung für die Punkte zwischen *D* und E, ist parallel zu [201] von *E* bis *F*, ändert seine Richtung zwischen *F* und *G* und bleibt schließlich zu [001] von *G* bis *J* parallel. Nach Menyuk u. a. [101].

zum Minimum der Austauschenergie führt. Dieses Problem ist im allgemeinen sehr schwierig, denn zu seiner Lösung ist es notwendig, die Voraussetzung über die einfache Beziehung zwischen der magnetischen und Kristallstruktur zu verlassen, welche die Auswahl entsprechender Lösungen wesentlich erleichterte. Statt dessen müssen wir versuchen, kompliziertere Konfigurationen und Moden zu konstruieren, deren Symmetrie niedriger sein kann als die Gesamtsymmetrie des Kristalls. Die Periodizität dieser Konfigurationen kann nicht nur niedrigeren Grades (z.B. eindimensional) sein, sondern braucht mit der kristallinen überhaupt nicht vergleichbar zu sein. In letzter Zeit hat man festgestellt, daß gewisse Spiralstrukturen unter bestimmten Umständen eine stabile Konfiguration darstellen können, deren Existenz auch experimentell, z. B. bei MnO_2 [102] oder bei einigen Metallen aus der Gruppe der Seltenen Erden [103], bestätigt wurde. Von Moden ausgehend, die bei Spinellen zur Zerstörung der Stabilität von σ_N an der Grenzfläche des Gebietes führen, wo σ_N den Grundzustand bildet (vgl. Abb. 3.41 und 3.42), konstruierte Kaplan ähnliche magnetische Spiralkonfigurationen, von denen er beweisen konnte, daß sie in bestimmten Gebieten den Grundzustand darstellen und in anderen zumindest zur niedrigeren Energie als σ_Y führen.

Aber bevor wir diese Kaplanschen magnetischen Spiralen beschreiben werden, wollen wir an einem einfachen linearen Modell zeigen, wie es zur Entstehung der Spiralmoden kommen kann.[45])

[45]) Dieses Beispiel wurde aus der Arbeit von Bertaut [104] übernommen.

Betrachten wir eine lineare Kette von einander gleichen und äquidistant verteilten Atomen (Abb. 3.43). Jedes der Atome soll den Spin S haben. Die Spinmomente der Atome sind Austauschwechselwirkungen unterworfen, von denen wir die Wechselwirkungen zwischen den nächsten Nachbarn (das Austauschintegral J_1) und den zweitnächsten (das Austauschintegral J_2) berücksichtigen werden. Da alle Atome äquivalent sind, liegt die Voraussetzung klar auf der Hand, daß sie auch magnetisch äquivalent sein werden, was mit anderen Worten bedeutet, daß der Winkel zwischen den Spins der Nachbaratome gleich sein wird. Unter dieser Voraussetzung können wir die auf ein beliebiges Atom A_n (Spin $\mathbf{S}_n$) entfallende Energie in der Form schreiben

$$E_{ex} = -2S[J_1(\cos\Theta_+ + \cos\Theta_-) + 2J_2\cos(\Theta_+ + \Theta_-)], \tag{3.66}$$

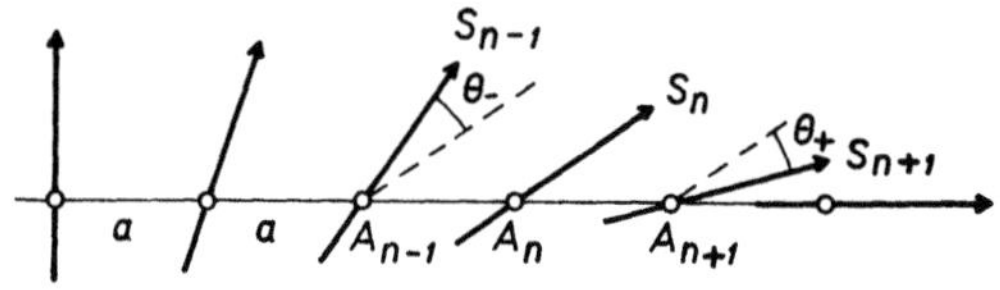

Abb. 3.43

wobei Θ_+ und Θ_- den Winkel zwischen den Spinvektoren $\mathbf{S}_n$, $\mathbf{S}_{n+1}$ bzw. $\mathbf{S}_n$, $\mathbf{S}_{n-1}$ bedeutet. Die Bedingungen für einen Extremwert $\partial E_{ex}/\partial\Theta_+ = \partial E_{ex}/\partial\Theta_- = 0$ führen zur Beziehung $\sin\Theta_+ = \sin\Theta_-$, die man auf einige der in Tab. III-10 angeführten Weisen erfüllen kann. Während die ersten vier Lösungen die Spinkollinearität einhalten, ist die letzte Lösung, stabil für $J_2 < -\frac{1}{4}|J_1|$, vom Spiraltyp mit einer Periode, die allgemein kein rationelles Vielfaches von a ist. Dieses Beispiel kann man auf ein zwei- sowie dreidimensionales Gitter verallgemeinern. Es ist augenscheinlich, daß zur Entstehung einer ähnlichen magnetischen Spirale immer mindestens zwei sich gegenseitig konkurrierende Wechselwirkungen nötig sind, die in dem angeführten Modell Austauschwechselwirkungen mit den Integralen J_1 und J_2 darstellen. In Spinellen können es die Wechselwirkungen A—B und B—B sein.

Die von Kaplan untersuchten magnetischen Spiralen sind vom Typ [101]

$$\mathbf{S}_{n\nu} = \sin\Phi_\nu[\hat{\mathbf{x}}'\cos(\mathbf{k}\,.\,\mathbf{R}_{n\nu} + \gamma_\nu) + \hat{\mathbf{y}}'\sin(\mathbf{k}\,.\,\mathbf{R}_{n\nu} + \gamma_\nu)] + \hat{\mathbf{z}}'\cos\Phi_\nu\,,$$
$$\nu = 1, 2, \ldots, 6, \tag{3.67}$$

wobei $\hat{\mathbf{x}}'$, $\hat{\mathbf{y}}'$, $\hat{\mathbf{z}}'$ Einheitsvektoren in Richtung der Achsen des rechtwinkligen (von kristallographischen Achsen allgemein unabhängigen) Koordinatensystems sind. $\mathbf{k}$, Φ_ν und γ_ν bezeichnen charakteristische Parameter der Spirale, die ihre Achse, den Neigungswinkel der Spins gegen die Achse und die „Phase" in der zur Achse senkrechten Ebene bestimmen (Abb. 3.44). Die anderen Symbole haben dieselbe Bedeutung wie im vorhergehenden Abschnitt. Aus dem Ausdruck (3.67) ist ersichtlich, daß die Spinvektoren aller Atome einer bestimmten Kategorie ν, die in der gleichen, zum Wellenvektor $\mathbf{k}$ senkrechten Ebene liegen, untereinander parallel sind und für verschiedene Ebenen dann auf einer Kegelfläche mit dem Scheitelwinkel Φ_ν liegen. Wenn $\Phi_\nu = \pi/2$ ist, so sprechen wir von einer antiferromagnetischen Spirale (das resultierende Moment ist gleich Null), wenn $0 < \Phi_\nu < \pi/2$ ist, von einer ferrimagnetischen Spirale (vgl. Abb. 1.21); für $\Phi_\nu = 0$ geht die Spirale in paralle-

Tabelle III-10

Θ_+	Θ_-	$E_{ex}/2S^2$	Existenzbedingung	Spinkonfiguration
0	0	$-J_1 - J_2$	$J_1 > 0$ $4J_2 + J_1 > 0$	↑ ↑ ↑ ↑
π	π	$J_1 - J_2$	$J_1 < 0$ $4J_2 - J_1 > 0$	↑ ↓ ↑ ↓
0 π	π 0	J_2	$J_2 < 0$*)	↑ ↑ ↓ ↓ ↑ ↓ ↓ ↑
$\cos\Theta_\pm = -J_1/4J_2$		$J_1^2/8J_2 + J_2$	$J_2 < -\frac{1}{4}\lvert J_1\rvert$	↑ ↗ →

*) Instabile Lösung.

le Anordnung über. „Die Wellenlänge" λ ist durch den Vektor $\boldsymbol{k} = k\hat{\boldsymbol{z}}$, $k = 2\pi/\lambda$ bestimmt.

Die allgemeine Spirale (3.67) wird durch 14 Parameter definiert, u.zw. durch drei Komponenten von $\boldsymbol{k}$, sechs Winkel Φ_ν und fünf Phasenwinkel γ_ν (eine Phase kann man beliebig wählen). Wie Kaplan gezeigt hat, genügt es jedoch zumindest bei kubischen Spinellen, sich auf Spiralen mit $\boldsymbol{k}$ in der [110]-Richtung mit spezieller Wahl

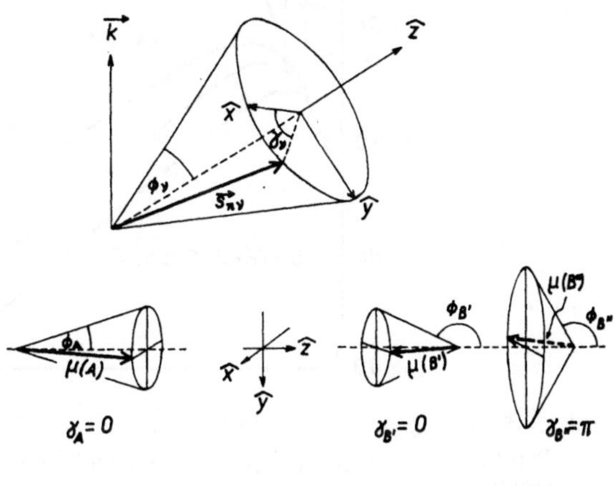

Abb. 3.44 Die den wahrscheinlichen Grundzustand von $MnCr_2O_4$ darstellenden ferrimagnetischen Spiralen in den Untergittern *A*, *B'* und *B"* eines kubischen Spinells (nach Hastings und Corliss [105] und Menyuk u. a. [106]).

der Parameter $\Phi_1 = \Phi_2$, $\Phi_3 = \Phi_4$, $\Phi_5 = \Phi_6$, $\gamma_1 = \gamma_2 = 0$, $\gamma_3 = -\gamma_4$ $\gamma_5 = \gamma_6 = \pi$ zu beschränken. Durch diese Spezifikation der Parameter erhalten wir im ganzen drei Spiralen, eine im Untergitter *A* und zwei in *B*.[46]) Wir haben hier also eine ähnliche

[46]) Diese drei Substrukturen sind mit den durch Anordnung der Fe^{2+}- und Fe^{3+}-Ionen im oktaedrischen Untergitter entstandenen Substrukturen des Magnetits Fe_3O_4 identisch.

Situation wie bei der Yafet-Kittel-Anordnung, jedoch mit dem Unterschied, daß es zur Spinneigung in beiden Untergittern kommt und daß die Phase der Spinabweichungen nicht konstant ist, sondern der Bewegung der Spinvektoren auf der Kegelfläche entspricht. Diese drei ferrimagnetischen Spiralen sind in Abb. 3.43 dargestellt. Die Wahl des Vektors $\boldsymbol{k}$ in der [110]-Richtung hängt damit zusammen, daß in dieser Richtung die Fourier-Komponente $\boldsymbol{k}_0$ liegt, für die $\mathscr{E}_2(\boldsymbol{k})$ in der Gl. (3.64) bei $u = u_0 = \frac{8}{9}$ Null wird (vgl. den vorigen Abschnitt, S. 258), so daß es eben die Spinmoden mit diesem Wellenvektor sind, die die Stabilität von σ_N stören. Dagegen geht die Spirale des [110]-Typs für $u \to u_0$ stetig in die Néel-Anordnung für $\boldsymbol{k} \to \boldsymbol{k}_0$ über, denn wegen $\mathscr{E}_2(\boldsymbol{k}_0) = 0$ ist dann diese Spirale mit σ_N entartet.

Derart konstruierte Spiralen weisen im Falle eines kubischen Spinells nach Kaplan folgende Eigenschaften auf:

(a) sie haben niedrigere Energie als σ_N und σ_Y für $u > u_0$ (Abb. 3.45);

(b) für $u_0 < u < u' \doteq 1{,}35$ gelten sie als Zustand mit niedrigster Energie im Vergleich zur sehr allgemeinen Klasse von Spinkonfigurationen, die außer anderen alle Spiralmoden einschließt;

(c) sie sind lokal stabil (d.i. stabil gegenüber beliebigen lokalen Spinabweichungen) für $u_0 < u < u'' \doteq 1{,}3$ und instabil für $u > u''$.

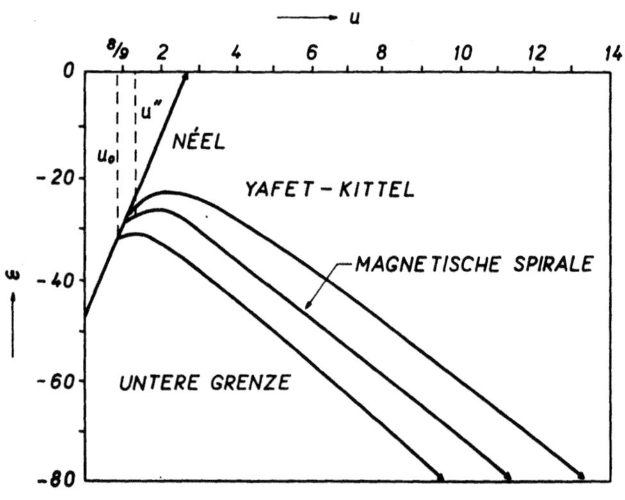

Abb. 3.45 Abhängigkeit der normalisierten Energie $\mathscr{E} = E/J_{AB}S_AS_BN$ eines kubischen Spinells vom Parameter $u = 4J_{BB}S_B/3J_{AB}S_A$ für verschiedene magnetische Anordnungen (nach Kaplan u. a. [101]).

Aus diesen Eigenschaften folgt noch nicht, daß die erwähnten Spiralen den Grundzustand bilden, obwohl das, zumindest im beschränkten Bereich der Werte $u > u_0$, in Wirklichkeit wahrscheinlich zutrifft. Demgegenüber gibt die Kaplan-Theorie die untere Grenze für die Energie des wirklichen Grundzustandes an, die in Abb. 3.45

eingezeichnet ist. Für $u > u''$ ist die Spirale des Typs (3.67) nicht lokal stabil und kann daher auch keinen Grundzustand bedeuten. Die Berechnung zeigt, daß in diesem Gebiet kompliziertere Moden energetisch vorteilhafter werden, wenn es auch scheint, daß die Anordnung im langen Abstand erhalten bleiben wird.

Bei tetragonalen Spinellen gelang es Kaplan für bestimmte Werte der Koeffizienten u, v, w nachzuweisen, daß die Spiralen des Typs (3.67) den Grundzustand bilden.

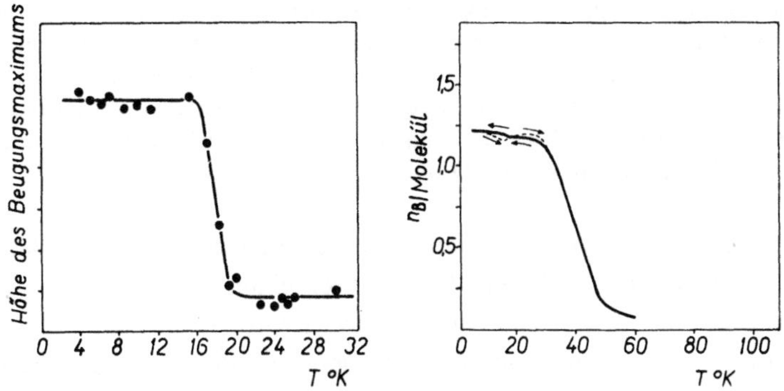

Abb. 3.46 Temperaturabhängigkeit der Größe des zusätzlichen Beugungsmaximums beim (111)-Reflex, das von der Spiral-Anordnung im langen Abstand herrührt — a, Temperaturabhängigkeit der Magnetisierung, die eine schwache Anomalie im Punkte der magnetischen Transformation zeigt — b, bei $MnCr_2O_4$. Nach Hastings und Corliss [105] und Menyuk u. a. [106].

In den anderen, auch die Gerade kubischer Spinelle einschließenden Gebieten ist die Frage des Grundzustandes bisher nicht definitiv geklärt.

Die Ergebnisse der von Hastings und Corliss am kubischen $MnCr_2O_4$ [105] durchgeführten neutronographischen Untersuchungen deuten daraufhin, daß die Spiralmoden von Kaplan zumindest eine gute Näherung des Grundzustandes in diesem Stoff darstellen können (siehe aber [165]). Kleinere Abweichungen und eine gewisse quantitative Diskrepanz hinsichtlich der Größe der Magnetisierung könnten auch damit zusammenhängen, daß der von Kaplan u.a. aus magnetischen Messungen zu $u = 1{,}6$ bestimmte Parameter u schon einen außerhalb des Stabilitätsgebietes ($u \lesssim 1{,}3$) liegenden Wert bedeutet. Man kann jedoch vermuten, daß die Überschreitung des Grenzwertes nicht so groß ist, um die angenommenen Spiralmoden im Einklang mit den Kaplanschen Schlußfolgerungen über stetige Konfigurationsänderungen bei variierendem u wesentlich zu stören. Aus der Temperaturabhängigkeit des Neutronenbeugungsbildes folgt dann, daß die magnetische Spiralstruktur wahrscheinlich nur bei sehr tiefen Temperaturen stabil ist und in der Umgebung von 18°K im wesentlichen in die antiparallele Néel-Anordnung mit möglichen lokalen Abweichungen vom Spiraltyp übergeht [105]. Die Transformation selbst ist sehr scharf, wie es aus Abb. 3.46 zu ersehen ist, in der die Temperaturabhängigkeit des zusätzlichen mit der magnetischen Spiralstruktur zusammenhängenden Beugungsmaximums gemeinsam mit der Temperaturabhängigkeit der Magnetisierung aufgezeichnet ist.

Daß die Spiralkonfigurationen bei erhöhten Temperaturen aufhören, stabil zu sein, braucht uns nicht sehr zu überraschen, denn ihre Symmetrie ist im Vergleich zur Néel-Anordnung niedriger. Ganz analog zur üblichen Aufeinanderfolge der Phasenübergänge mit der Temperatur, wie wir sie in Abschn. 1.1 erwähnt haben, können wir auch hier erwarten, daß Systeme und Konfigurationen mit niedrigerer Symmetrie bei Temperaturerhöhung sukzessiv auf Konfigurationen und Modifikationen mit höherer Symmetrie übergehen können. Die beobachtete Transformation der magnetischen Spiralstruktur in die Néelsche Struktur können wir auch dadurch erklären, daß die Spiralanordnung für die Störung durch Wärmeschwingungen empfindlicher ist. In diesem Zusammenhang führen wir an, daß die neutronographische Untersuchung des Systems $MnFe_xCr_{2-x}O_4$ [107] gezeigt hat, daß beim sukzessiven Ersatze der Cr-Ionen durch Eisen die der Spiralanordnung im langen Abstand entsprechenden Beugungsmaxima verhältnismäßig rasch verschwinden. In einem die Zusammensetzungen mit Kompensationspunkt enthaltenden Zusammensetzungsgebiet wurde eine Überlagerung verschiedener Konfigurationen einschließlich der Néelschen Struktur, Spiralmoden und Anordnung im kurzen Abstand beobachtet.

Analog zur erwähnten Dreieck-Anordnung können wir erwarten, daß auch bei den Spiralen der Einfluß des Magnetfeldes durch einen anomal großen Paraprozeß bei Temperaturen $T \to 0$ zum Ausdruck kommen wird. Die Theorie dieser Erscheinungen wurde jedoch bis jetzt nur für einfachere Spiraltypen ausgearbeitet, so daß man keine quantitativen Schlußfolgerungen ziehen kann [108]. Aber man kann annehmen, daß bei manchen Spinellen, bei denen ein starker Paraprozeß bei sehr tiefen Temperaturen beobachtet wurde, in Wirklichkeit eine Spiralanordnung der Spins in den Untergittern bestehen kann.

3.4 Beschaffenheit der Austauschwechselwirkungen

In den vorhergehenden zwei Abschnitten befaßten wir uns mit der Frage der kooperativen Anordnung magnetischer Momente der Ionen im Kristall. Wir gingen dabei vom Heisenberg-Diracschen Operator für die Austauschenergie (1.51) bzw. vom Weiss-Néelschen Molekularfeld aus, das man, wie wir gezeigt haben, als eine ihm entsprechende Beschreibung der Austauschwechselwirkungen für nicht zu niedrige Temperaturen in klassischer Näherung betrachten kann. Dieser Operator wird schon über dreißig Jahre als ein Ausgangspunkt theoretischer Erwägungen über den Ferromagnetismus und die magnetisch geordneten Systeme überhaupt angewendet. Das Vertrauen in seine Gültigkeit stützt sich in erster Linie auf die experimentelle Bestätigung der Folgerungen, die man aus ihm für das Verhalten magnetischer Systeme ziehen kann. Dagegen kann man eine direkte Begründung auf Grund einer fundamentalen Theorie bisher in mancher Hinsicht nicht als zufriedenstellend und allgemein gültig betrachten. Diese Zweifel betreffen wahrscheinlich nicht den Ursprung der Austauschwechselwirkungen, die, wie schon Heisenberg [109] voraussetzte, als Folge einer bestimmten Kombination der Coulombschen elektrostatischen Wechselwirkungen und des Prinzips der Nichtunterschiedbarkeit der Teilchen (Pauli-Prinzip) gelten, berühren vielmehr eher den konkreten Mechanismus, durch den diese beiden Effekte wirken und sich zur resultierenden Wechselwirkung kombinieren.

Den Prototyp der zumeist in Lehrbüchern diskutierten Austauschwechselwirkungen stellen jene Wechselwirkungen dar, welche die Elektronenspins im einfachsten Zweielektronen-System korrelieren wie in einem Heliumatom oder Wasserstoffmolekül [110]. Im ersten Falle geht es um die Wechselwirkung der sich in Orbitalen desselben Atoms bewegenden Elektronen, so daß man ohne Berücksichtigung der gegenseitigen Wirkung zwischen den Elektronen diese Orbitale für genau orthogonal halten kann. Die Coulombsche abstoßende Wechselwirkung zwischen den Elektronen führt in Verbindung mit dem Pauli-Prinzip zur Spaltung des angeregten Zustandes $1s\,2s$, die mit der gegenseitigen Orientierung der Spins beider s-Elektronen zusammenhängt (im Grundzustand $1s^2$ müssen die Spins gepaart sein, im angenommenen angeregten Zustand kann jedoch der Gesamtspin $S = 0$ oder 1 sein). Die durch die Störung e^2/r_{12} verursachte Gesamtkorrektur der Energie ist gleich $K \pm J$, wobei K die normale klassische abstoßende elektrostatische Energie beider Elektronen und

$$J = \int \psi_a^*(\mathbf{r}_1)\, \psi_b(\mathbf{r}_1)\, (e^2/r_{12})\, \psi_b^*(\mathbf{r}_2)\, \psi_a(\mathbf{r}_2)\, \mathrm{d}\mathbf{r}_1\, \mathrm{d}\mathbf{r}_2 \qquad (3.68)$$

die Austauschenergie ist. ψ_a, ψ_b sind hier die Einelektron-Orbital-Wellenfunktionen für die Orbitale $1s$ bzw. $2s$, $\mathbf{r}_1$, $\mathbf{r}_2$ die Ortsvektoren der beiden Elektronen und $r_{12} = |\mathbf{r}_1 - \mathbf{r}_2|$ ihr gegenseitiger Abstand. Weil man die diesen aufgespalteten Energien entsprechenden Zustände als parallele bzw. antiparallele Orientierung der Spins beider Elektronen charakterisieren kann, können wir anstatt der ursprünglichen Störung den effektiven Spinoperator

$$\mathscr{V}_{ex} = -\,2J(\mathbf{s}_1 \cdot \mathbf{s}_2 + \tfrac{1}{4}) \qquad (3.69)$$

benutzen, der bis auf die Konstante die gleiche Aufspaltung ergibt[47]) und der zeigt, daß das Ergebnis der elektrostatischen Wechselwirkung eine Korrelation zwischen den Spins beider Elektronen ist. Weil sowohl K als auch J eigentlich die Energien der sich abstoßenden elektrischen Ladungen sind, sind beide Größen positiv.

Im Falle des Wasserstoffmoleküls haben wir es mit Orbitalen zu tun, die verschiedenen Atomen angehören, so daß hier neben der gegenseitigen Abstoßung noch das Anziehungspotential des zweiten Kerns hinzu kommt. Wenn wir voraussetzen, daß die Überlappung beider Orbitale klein ist, so daß man in nullter Näherung die Elektronen als bei ihren Kernen lokalisiert betrachten kann, wird das Ergebnis

---

[47]) Genau genommen kann man den Energie-Operator durch den Operator $E_0 + K - J \,.\, (\frac{1}{2} + 2\mathbf{s}_1 \,.\, \mathbf{s}_2)$ ersetzen; dem Skalarprodukt $\mathbf{s}_1 \,.\, \mathbf{s}_2 = \frac{1}{4}\,\sigma_1 \,.\, \sigma_2$ (σ_1, σ_2 sind die Pauli-Matrizen) sind die den zwei zulässigen Werten des Winkels Θ zwischen den Spinvektoren $\mathbf{s}_1$, $\mathbf{s}_2$ entsprechenden Eigenwerte $-\frac{3}{4}$ und $\frac{1}{4}$ zuzuordnen (vgl. S. 52).

der Störungsrechnung formell dem Fall des Heliums analog sein bis auf die Tatsache, daß zum eigentlichen Austauschintegral J_0 ein Glied hinzutreten wird, das die durch die Anziehungskraft des zweiten Kernes hervorgerufene Korrektur ausdrückt. Dieses negative Glied kann (bei kleinem Kernabstand) den eigentlichen Austausch überwiegen, so daß das effektive Austauschintegral in solchem Falle negativ sein wird.

Dirac hat den Operator (1.51) für den idealisierten Fall abgeleitet, wo die Wellenfunktionen der wechselwirkenden Elektronen nicht nur bei den demselben Atom zugehörenden Orbitalen, sondern auch bei verschiedenen Atomen zueinander orthogonal sind. Die Austauschintegrale einzelner Orbitalpaare werden analog zu den Austauschintegralen im Falle des Helium-Atoms (die Beziehung (3.68)) definiert und sind immer positiv. Wenn wir alle Wechselwirkungen in innere, dem Austausch zwischen Elektronen in Orbitalen desselben Atoms entsprechende, und in äußere Wechselwirkungen einteilen, die den Austausch zwischen Orbitalen verschiedener Atome bewirken, können wir die ersteren, welche bedeutend stärker sind und die physikalische Grundlage der Hundschen Regel bilden (S. 52), in die inneren, seinen Grundzustand und den Wert des Gesamtspins bestimmenden Wechselwirkungen des Atoms einschließen, so daß für den eigentlichen ferromagnetischen Effekt die äußere Austauschwechselwirkung zwischen den Orbitalen verschiedener Atome entscheidend bleibt. Als Ergebnis gilt dann der Operator der Austauschenergie

$$\mathscr{V}_{ex} = \sum_{i<j} - 2J_{ij}\boldsymbol{S}_i \, . \, \boldsymbol{S}_j \, , \tag{3.70}$$

wie er uns aus den vorigen Abschnitten bekannt ist. In Wirklichkeit sind aber wegen der Wechselwirkung der Elektronen mit den Nachbarkernen ihre Wellenfunktionen nicht orthogonal. Dieser Umstand bereitet nicht nur große Schwierigkeiten bei Abschätzungen der Austauschintegrale, sondern macht auch das Vorzeichen des Austauschintegrals unsicher, das, wenn es trotzdem positiv bleibt, wahrscheinlich zu klein ist, um die Eigenschaften der Mehrzahl ferromagnetischer Stoffe erklären zu können [111].

Zu diesen Schwierigkeiten, die den Ursprung des Austauschintegrals, nicht jedoch seine Existenz als gewisse Konstante in den Beziehungen des Typs (3.70) betreffen, kommen weitere hinzu. Die Heisenberg-Diracsche Austauschtheorie setzt praktisch lokalisierte Elektronen voraus, was in Metallen offensichtlich im allgemeinen nicht erfüllt sein wird. In Isolatoren (oder Halbleitern), zu denen die Mehrzahl der magnetischen Oxide gehört, sind zwar die Elektronen lokalisiert, aber wegen der großen Abstände zwischen den Nachbarkationen kann man erwarten, daß der direkte Austauscheffekt zwischen ihnen zu schwach sein wird[48]). Auf diese Tatsache hat schon

[48]) Wie aus der Definition des Austauschintegrals (3.68) augenscheinlich ist, kann man einen größeren Wert J nur dann erhalten, wenn der Elektronenabstand r_{12} zeitweise genügend klein (r_{12} im Nenner) werden kann oder, mit anderen Worten, wenn sich ihre Orbitale im Raume überdecken.

Néel in seiner grundlegenden Arbeit über den Ferrimagnetismus aufmerksam gemacht [1] und eine Erklärung auf Grund des sog. indirekten Austausches vorgeschlagen, der durch Sauerstoff-Ionen vermittelt wird. Da sich der Mechanismus dieser indirekten Wechselwirkung vom Austausch in normalen Ferromagnetika unterscheidet, ist es im voraus gar nicht ganz klar, ob man für sie den Heisenberg-Diracschen Operator benutzen kann. Schließlich wird das in diesem Operator auftretende Austauschintegral J_{ij} als rein skalare Konstante aufgefaßt, was die Grundvoraussetzung über das Isotropieverhalten der Austauschwechselwirkungen (d.i. über ihre Unabhängigkeit von der Orientierung der Spins gegenüber den kristallographischen Achsen) ausdrückt. In Wirklichkeit sind die Spins mittels der Spin-Bahn-Wechselwirkung mit der Orbitalbewegung der Elektronen verbunden, so daß das Verdrehen der Spins in allgemeinen eine Veränderung des Zustandes der Elektronen, ihrer Bewegung und Raumdichteverteilung und dadurch z.B. die Veränderung der Überlappung der betreffenden Orbitale zur Folge hat. Auf diese Weise können das Austauschintegral und daher auch die Austauschwechselwirkung von der Orientierung des Spins (der Magnetisierung) abhängig und daher anisotrop werden. J_{ij} nimmt den Charakter eines Tensors an und das ganze Problem wird wesentlich komplizierter. Wenn wir den isotropen und anisotropen Teil des Austauschintegrals trennen, ist zum Glück dieser zweite Teil in der Regel wesentlich kleiner, so daß man ihn nur als eine kleine Korrektur höherer Ordnung für den isotropen Austausch ansehen kann.[49]) In einigen Fällen kann jedoch der anisotrope Beitrag groß sein, so daß er den magnetischen Zustand des Stoffes in erheblichem Maße beeinflußt, wie es z.B. bei den sog. schwachen Ferromagnetika der Fall ist (S. 303), und man kann ihn dann nicht vom isotropen Austausch einfach trennen. Wie Levy gezeigt hat [112], kommt ein solcher Fall des „starken" anisotropen Austausches bei den Ionen Seltener Erden in Granaten vor (vgl. auch Abschn. 4.2, S. 373f.).

In diesem Abschnitt werden wir uns mit dem Mechanismus der Austauschwechselwirkungen in Oxiden eingehender für den Fall befassen, daß man diese Wechselwirkungen zumindest in erster Näherung als isotrop betrachten kann. Wir werden zeigen, daß in der Mehrzahl der Fälle die Anwendung der üblichen Heisenbergschen Form der Austauschenergie auch bei dem Mechanismus des indirekten Austausches voll berechtigt ist und werden weiter zeigen, wie die Größe und das Vorzeichen des effektiven Austauschintegrals des indirekten Austausches mit der Konfiguration der Elektronenhülle der wechselwirkenden Ionen zusammenhängen.

[49]) Bei der makroskopischen Beschreibung schließen wir den anisotropen Beitrag zur Austauschenergie in die magnetische Kristallenergie mit ein und als Austauschenergie nehmen wir nur ihren isotropen Teil. Vgl. Abschn. 4.2.

Indirekter Austausch höheren Grades (Superaustausch)

Kramers-Anderson-Mechanismus. Mit der Frage der Möglichkeit eines indirekten Austausches, d.i. eines solchen Austausches, der durch ein zwischen zwei magnetischen Ionen liegendes unmagnetisches Ion vermittelt wird, befaßte sich theoretisch als erster Kramers [113]. Die Gedanken von Kramers bearbeitete später Anderson [114] und wendete sie auf ein Modell an, das man für einen großen Teil von sowohl antiferromagnetischen (MnO, NiO, Cr_2O_3 u.a.) als auch ferrimagnetischen Stoffen (Ferrite u.a.) benutzen kann. Obwohl, wie sich später zeigte, der Kramers-Anderson-Mechanismus nicht der einzige ist, der an der Entstehung des indirekten Austausches bei diesen Stoffen teilnimmt, werden wir ihn ausführlicher behandeln, denn er stellt in gewissem Sinne ein typisches Beispiel dar, das die Grundzüge der anderen, später beschriebenen Mechanismen bereits enthält. Für den dem Kramers-Anderson-Mechanismus und ähnlichen Mechanismen entsprechenden indirekten Austausch hat sich die Bezeichnung „Superaustausch" eingebürgert, den wir im weiteren als ein Synonym zu dem alternativen Begriff des „indirekten Austausches höheren Grades" anwenden werden.

Betrachten wir zwei Kationen M_1^{2+}, M_2^{2+} mit teilweise aufgefüllter d-Schale. Diese Ionen seien durch ein Sauerstoff-Anion voneinander getrennt, wobei wir der Einfachheit halber voraussetzen, daß die Mittelpunkte aller drei Ionen auf einer Geraden liegen (Abb. 3.47). Als Beispiel einer solchen Konfiguration kann die in MnO vorkommende Gruppe Mn^{2+}—O^{2-}—Mn^{2+} dienen (vgl. Abschn. 2.2). Das Sauerstoff-Ion hat im Grundzustand alle Spins gepaart – die Struktur seiner Elektronenhülle ist $1s^2 2s^2 2p^6$ – und ist daher diamagnetisch. Um die Aufgabe noch

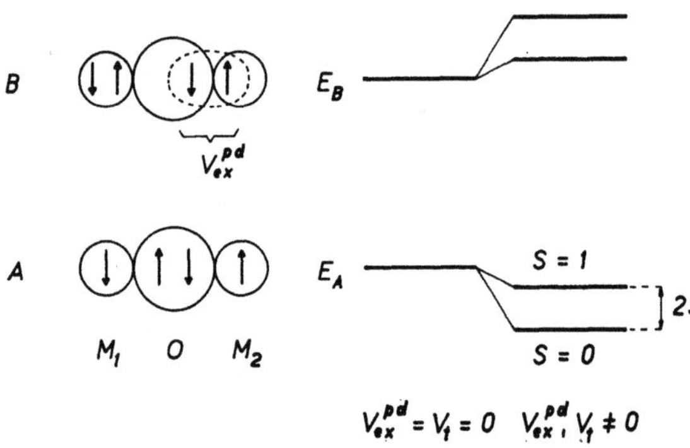

Abb. 3.47 Zur Entstehung des Superaustausches.

weiter zu vereinfachen, nehmen wir für jedes der beiden Kationen M_1, M_2 je ein d-Elektron mit ungepaartem Spin an und nur ein p-Elektronenpaar in demselben Orbital (also mit gepaarten Spins), das zum Sauerstoff-Anion gehört. Wir erhalten so ein Vierelektronensystem, dessen Grundzustand (Konfiguration A)

$$A : d_1(M_1^{2+})\, p(O^{2-})\, d_2(M_2^{2+})$$

keine von Spins abhängigen Wechselwirkungen enthält, zumindest solange der reine Ionencharakter der Bindung erhalten bleibt, so daß beide möglichen, durch den Gesamtspin $S = 0$ und $S = 1$ charakterisierten Spinkonfigurationen gleich wahrscheinlich sind. Neben diesem Grundzustand sind auch angeregte Zustände mit höherer Energie möglich. Von diesen ziehen wir nur jenen in Betracht, der infolge der Übergabe eines p-Elektrons vom Sauerstoff zu einem der M-Kationen, sagen wir M_1, entsteht. Dieses Elektron besetzt ein Orbital, das wir mit d'_1 bezeichnen[50]. Die entstandene Konfiguration (B) können wir durch das Schema darstellen

$$B : d_1 d'_1(M_1^+)\, p(\mathrm{O}^-)\, d_2(M_2^{2+})\,.$$

Zum Unterschied vom A-Zustand läßt B prinzipiell zweierlei, von den Spins abhängige Wechselwirkungen zu. Erstens ist eine innere Austauschwechselwirkung des d'_1-Elektrons mit den anderen Elektronen des Ions M_1 möglich. Diese Art von Wechselwirkungen kommt in jedem Atom vor und führt zur Anordnung der Elektronenspins nach den Hundschen Regeln (siehe Abschn. 1.2). Die innere Wechselwirkung ist meist stark (bis einige eV), und wir können also voraussetzen, daß durch sie unter Mitwirkung des Pauli-Prinzips die gegenseitige Orientierung der Spins der beiden betrachteten Elektronen d_1, d'_1 am M_1^+-Ion eindeuting bestimmt ist. Diese Orientierung kann parallel oder antiparallel sein, je nachdem, wie weit die Schale der d-Elektronen des M_1-Ions aufgefüllt ist, und sie wird immer antiparallel sein, wenn sich beide Elektronen auf demselben Orbital ($d'_1 \equiv d_1$) befinden. Gleichzeitig kann jedoch das Sauerstoff-Ion, das durch die Abtrennung des Elektrons magnetisch wurde, durch Vermittlung des verbleibenden nichtgepaarten Elektrons in eine direkte Austauschwechselwirkung mit dem M_2-Ion treten. Wenn wir annehmen, daß sich beim Übergang aus dem Grundzustand in den angeregten Zustand die Spinorientierung des aus dem Orbital $p(\mathrm{O}^{2-})$ auf das Orbital $d'_1(M_1^{1+})$ übergehenden Elektrons nicht ändert, erhalten wir, ähnlich wie im Grundzustand A, zwei Spinkonfigurationen: das Singlett $S = 0$ und Triplett $S = 1$, die jedoch infolge der bestehenden Wechselwirkungen nicht mehr energetisch äquivalent sind (Abb. 3.47).

Wir bezeichnen die den Zustand des betrachteten Vierelektronensystems definierenden Wellenfunktionen mit $\psi_A^{s,t}$, $\psi_B^{s,t}$, wobei der Index s oder t angibt, ob die Spinanordnung einem Singlett oder Triplett entspricht. Wenn die Ionen M_1, M_2 und O so weit voneinander entfernt wären, daß sie nicht aufeinander wirken können, kann die A-Konfiguration nicht spontan in B übergehen. Wenn jedoch die betreffenden Ionen in derart direktem Kontakt stehen, wie es in Kristallen der Fall ist, kommt es durch ihre gegenseitige Einwirkung zur Störung ihres Zustandes, so daß eine gewisse Wahrscheinlichkeit für den Übergang $A \to B$ besteht. Der Zustand, der unter diesen Bedingungen entsteht, wird nach den Prinzipien der Quantenmechanik einer

---

[50]) Das Orbital d'_1 kann, aber muß nicht mit d_1 identisch sein.

Überlagerung der Zustände A und B entsprechen und wird durch eine aus linearer Kombination[51])

$$\psi^{s,t} = \alpha\psi_A^{s,t} + \beta\psi_B^{s,t} \tag{3.71}$$

resultierende Wellenfunktion $\psi^{s,t}$ definiert. Diese „Beimischung" des B-Zustandes zum Grundzustand A können wir anschaulich einfach erklären, wenn wir uns vorstellen, daß das dem O^{2-}-Ion zugehörige Elektron p einen Teil der Zeit im Orbital d_1' des M_1-Ions verbringt. Die Störung, die den Übergang $A \to B$ ermöglicht und die die Ursache dafür ist, daß $\beta \neq 0$ ist, können wir durch einen gewissen Störungs-Hamiltonoperator $\mathscr{V}$ definieren, der aus dem die Übertragung des Elektrons $p(O^{2-}) \to$ $\to d_1'(M_1)$ beschreibenden Teil $\mathscr{V}_t$ und aus dem der Austauschwechselwirkung $p - d_2$ entsprechenden Teil $\mathscr{V}_{ex}$ zusammengesetzt ist. Unsere ursprüngliche Voraussetzung, daß die Spinorientierung durch die Übergabe des Elektrons nicht geändert wird, ist der Tatsache äquivalent, daß $\mathscr{V}_t$ von den Spins nicht abhängt. Daraus ergibt sich, daß es bei Übertragung des Elektrons zu keiner Veränderung des Singlettzustandes $(S = 0)$ in den Triplettzustand $(S = 1)$ und umgekehrt und daher auch zu keiner gegenseitigen Vermischung der Zustände mit verschiedener Multiplitzität kommen kann.[52])

Im Grundzustand A gehört sowohl zum Singlett als auch zum Triplett-Zustand die gleiche Energie E_A. Durch reine Übertragung des Elektrons ohne die Kooperation der Wechselwirkung $O^- - M_2^{2+}$, d.i. für $\mathscr{V}_{ex} = 0$, würde diese Entartung nicht beseitigt, denn die Orientierung des Spins $\mathbf{s}(d_2)$ hängt in diesem Falle nicht von der Anordnung der Elektronenspins der anderen Ionen ab. Erst durch Berücksichtigung dieser Wechselwirkung $(\mathscr{V}_{ex} \neq 0)$ kommt es zur Aufspaltung des angeregten Zustandes auf die dem Triplett $(S = 1)$ und dem Singlett $(S = 0)$ entsprechenden Niveaus – der A-Zustand bleibt auch weiterhin entartet – weil $\mathscr{V}_{ex}$ nach der Annahme von der gegenseitigen Orientierung der Spinvektoren der Elektronen $p(O^-)$ und $d_2(M_1^{2+})$ abhängt. Dadurch entsteht eine effektive Kopplung zwischen den Spins $\mathbf{s}(d_1)$ und $\mathbf{s}(d_2)$, denn $\mathbf{s}(d_2)$ wird bestrebt sein, sich so zu orientieren, daß eine Beimischung des tiefer liegenden angeregten Zustands zum Grundzustand eintritt und so die Gesamtenergie erniedrigt wird.[53]) Die durch diese Überlagerung gewonnene Energie kann man also als eine effektive Austauschenergie der Ionen M_1 und M_2 (Abb. 3.47) interpretieren. Die Orientierung der Spins $\mathbf{s}(d_1)$, $\mathbf{s}(d_2)$ kann also als Anpassung an einen energetisch vorteilhafteren Zustand aufgefaßt werden.

---

[51]) Vgl. die Erklärung über die Entstehung der teilweise kovalenten Bindung auf S. 24.

[52]) Das heißt, daß in Gl. (3.71) gleichzeitig nur eine einzige Indexart, d. h. s oder t, vorkommen kann.

[53]) Nach dem vorhergehend Gesagtem kann man nur Zustände mit gleicher Multiplizität überlagern, so daß, je nachdem, ob die niedrigere Energie im B-Zustand zu einem Singlett oder Triplett gehört, die Spinkonfiguration im A-Zustand ebenfalls ein Singlett bzw. Triplett bilden wird.

Unter der Voraussetzung, daß die inneren Wechselwirkungen zwischen den Elektronenspins der Ionen M_1 und M_2 erheblich stärker sind als die Wechselwirkung $p - d_2$, wird durch die gegenseitige Orientierung der Spins $\mathbf{s}(d_1)$, $\mathbf{s}(d_2)$ auch die Orientierung zwischen den resultierenden Spins der Elektronenhüllen dieser Ionen bestimmt sein. Die Anordnung wird antiferromagnetisch oder ferromagnetisch sein, je nachdem, welches Vorzeichen die Wechselwirkung $p - d_2$ hat und welche gegenseitige, durch innere Wechselwirkung bzw. durch das Pauli-Prinzip bestimmte Orientierung von $\mathbf{s}(d_1')$ und $\mathbf{S}(M_1^{2+})$ vorliegt.[54])

Wenn wir antiferromagnetische Wechselwirkung zwischen dem restlichen Elektron p des Anions und dem Elektron d_2 voraussetzen, wird die resultierende effektive Wechselwirkung (der Superaustausch) zwischen den Ionen M_1, M_2 antiferromagnetisch oder ferromagnetisch sein, je nachdem, ob das Orbital d_1' im Grundzustand A von einem Elektron (wenn z.B. $d_1' \equiv d_1$ ist) besetzt ist oder leer ist.

Weitere Mechanismen. Das soeben beschriebene Kramers-Anderson-Modell für die Entstehung des indirekten Austausches ist ein Beispiel für die sog. Konfigurationswechselwirkung: 2 verschiedene Konfigurationen, die Grund- (Ionen-) Konfiguration A und die angeregte Konfiguration B, „wechselwirken", symbolisch gesagt, mit einander und bilden durch Überlagerung einen neuen Zustand mit niedrigerer Energie, ähnlich wie z.B. die kovalente Bindung wechselwirkender Atome durch die Überlagerung von Zuständen mit verschiedenen Valenzelektronen-Konfigurationen entsteht. Und wie es bei der kovalenten Bindung zur Paarbildung, d.i. zur antiparallelen Anordnung der an der Bindung teilnehmenden Elektronenspins, kommt. führt auch die Konfigurationswechselwirkung von Kramers-Anderson zu einer von der Orientierung der Spins abhängigen Energie und damit auch zu ihrer gegenseitigen Anordnung. Von ähnlichen Konfigurationswechselwirkungen für ein aus 3 Ionen und 4 Elektronen bestehendes System gibt es natürlich eine ganze Reihe, und einige von ihnen können, wie verschiedene Autoren gezeigt haben, ebenfalls zum indirekten Austausch wesentlich beitragen. Führen wir die wichtigsten Konfigurationen an: zwei von ihnen $- A$ und $B -$ haben wir schon bei der Erörterung des Kramers-Anderson-Mechanismus beschrieben. Weiter sind es

C: Wie B, jedoch nach der anderen Seite, d.i. Transfer des Elektrons zum M_2-Ion ($M_1^2 - O^- - M_2^+$).[55])

[54]) Die Spinpaare $\mathbf{s}(d_1)$ und $\mathbf{S}(M_1^{2+})$ bzw. $\mathbf{s}(d_2)$ und $\mathbf{S}(M_2^{2+})$ sind immer parallel, denn nach der Voraussetzung haben die Elektronen d_1, d_2 nicht gepaarte Spins, die daher übereinstimmend mit dem Gesamtspin des entsprechenden Ions orientiert sein müssen. Wenn speziell $d_1 \equiv d_1'$ gilt, werden die Spins $\mathbf{s}(d_1)$, $\mathbf{s}(d_1')$ infolge des Pauli-Prinzips antiparallel sein.

[55]) Wenn die Ionen M_1, M_2 gleich sind, dann sind B und C und genauso auch alle weiteren ähnlichen Konfigurationspaare äquivalent, so daß sie einfach Verdopplung des resultierenden Effektes bedeuten.

D: Konfiguration, bei der ein *p*-Elektron an das M_1-Kation und das zweite *gleichzeitig* an M_2 übergeben wird ($M_1^+ - O - M_2^+$).

E: Ein *p*-Elektron wird an das M_1-Kation übergeben, aber gleichzeitig geht vom M_2-Kation ein Elektron an seine Stelle über ($M_1^+ - O^{2-} - M_2^{3+}$).

F: Wie *E*, jedoch nach der anderen Seite ($M_1^{3+} - O^{2-} - M_2^+$).

Außerdem diskutiert man Konfigurationen, bei denen die Elektronen bei ihren Ionen bleiben, aber irgendein Elektron, vor allem eins der *p*-Elektronen, in einen höheren Zustand (z.B. $2p \rightarrow 3s$) angeregt wird [115].

Einzelne Konfigurationen, dem Grundzustand zugemischt, ergeben verschiedene Mechanismen [116], die sich insgesamt an der Entstehung des indirekten Austausches beteiligen können. Den Kramers-Anderson-Mechanismus haben wir schon eingehender besprochen; man kann ihn durch die Konfigurationswechselwirkung $A \rightleftarrows B$ bzw. $A \rightleftarrows C$ schematisch darstellen. Die Konfiguration *D*, die in den Arbeiten von Slater [115], Pratt [114], Goodenough [117] und Nesbet [118] in Erwägung gezogen wurde, können wir als Ausbildung einer kovalenten Bindung des Anions mit beiden Kationen gleichzeitig interpretieren. Durch Zumischung dieser Konfigurationen zum Grundzustand (schematisch $A \rightleftarrows D$) erhält die Bindung $M_1 - O - M_2$ einen teilweise kovalenten Charakter, und dadurch kommt es zur Spinkorrelation beider Kationen. Goodenough hat diesen Mechanismus als „semikovalenten Austausch" bezeichnet. Durch die Wechselwirkung der Konfigurationen *B* und *C* und durch ihre Zumischung zum Grundzustand entsteht der von Anderson und Hasegawa diskutierte Mechanismus [119] ($A \rightleftarrows B \rightleftarrows C$), den man so beschreiben kann, daß zuerst das Anion eines seiner *p*-Elektronen einem Kation, z.B. M_1 ($A \rightarrow B$), übergibt und dann bei der Rückkehr des Elektrons zum Anion gleichzeitig das zweite *p*-Elektron an M_2($B \rightarrow$ $\rightarrow C$) übergeht. Die Korrelation zwischen den Spins wird hier zum Unterschied vom Kremers-Anderson-Mechanismus nicht durch den direkten Austausch $p - d_2$ (oder $p - d_1$), sondern durch Erhaltung der Spinorientierung beim gleichzeitigen Übergang zweier Elektronen erreicht. Die Kombinationen $A \rightleftarrows E$ und $A \rightleftarrows F$ (Yamashita-Kondo [120]) entsprechen formell der Übertragung des Elektrons von einem Kation auf das andere (vermittelt natütlich durch das Sauerstoff-Anion), und sie stellen daher eine Analogie dar zur Entstehung der Elektronenenergiebänder. Schließlich ist es notwendig zu erwähnen, daß zur Korrelation der Spins beider Kationen auch selbst die Raumüberlappung der *p*- und *d*-Elektronen-Orbitale in der Grundkonfiguration *A* (Yamashita [120]) und die Spinpolarisation der *p*-Elektronen infolge der Austauschwechselwirkungen $M_1 - O$ und $M_2 - O$ (Slater) beitragen können, auf die wir noch später zurückkommen werden [121].

Eine quantitative Feststellung des Anteils der einzelnen Mechanismen ist jedoch nicht eindeutig, denn gewöhnlich hängt sie von der benutzten Näherung, der Wahl der Wellenfunktionen u.a. ab, und es kann sich in ihr auch die grundlegende Abweichung der zur Geltung gebrachten Gesichtspunkte wiederspiegeln. Es ist manchmal nicht einmal ganz klar, ob einige Effekte, die vom Gesichtspunkt verschiedener

Näherungen als abweichend erscheinen, in Wirklichkeit nicht identisch sind. Die Hauptschwierigkeiten ergeben sich aus dem Problem der Orthogonalität oder Nichtorthogonalität der Wellenfunktionen. Ursprüngliche Theorien benutzten zur Lösung des Vierelektronenproblems sämtlich orthogonale Atomfunktionen. Wenn man nicht orthogonale Orbitalfunktionen anwendet, die den wirklichen Zustand besser erfassen, tritt eine Reihe von Schwierigkeiten auf, die daraus folgen, daß die den nicht orthogonalen Orbitalen entsprechenden Wellenfunktionen schon einige Komponenten enthalten, die man bei Anwendung orthogonaler Orbitale als einen Beitrag verschiedener Konfigurationen auffassen könnte. Dazu kommen Schwierigkeiten rechnerischer Art, die dadurch gegeben sind, daß der über die Konfigurationswechselwirkungen berechnete Superaustausch in der Regel erst in höheren Näherungsgraden auftritt, so daß die Konvergenz der Störungstheorie gewöhnlich schwach ist. Es sei endlich darauf hinzuweisen, daß nach den letzten theoretischen Arbeiten [122] das grundlegende 3-Ionen-4-Elektronen-Modell nur eine grobe Annäherung ist. Für eine quantitative Berechnung der Superaustausch-Wechselwirkungen sollte man alle Elektronen der betrachteten Ionen-Gruppe – also nicht nur die *d*- bzw. *p*-Elektronen – in Erwägung ziehen.

Aus diesen Gründen ist der Versuch, die wirkliche physikalische Interpretation der an dem direkten Austausch teilnehmenden Mechanismen zu finden, von Bedeutung. Wie Anderson, Goodenough und Nesbet gezeigt haben, ist eine solche Interpretation möglich. Wir werden sehen, daß man mit ihrer Hilfe zu einer neuen Einteilung der zum Superaustausch führenden Effekte gelangen kann, die sich mit den vorgehenden Schemata nicht völlig deckt, dafür aber tiefer in das Wesen der Erscheinung einzudringen erlaubt. Die folgenden physikalischen Erwägungen finden ihre Berechtigung in der Anderson-Theorie [123, 124], von der wir jedoch wegen ihrer Ausführlichkeit nur die Hauptgedanken und Schlußfolgerungen anführen werden.

Physikalische Interpretation der Superaustausch-Wechselwirkung

Die Schwierigkeiten, welche die ältere, auf den Konfigurationswechselwirkungen aufgebaute Auffassung von Mechanismus des Superaustausches mit sich brachte, ihre übermäßige Kompliziertheit und Unübersichtlichkeit wurden durch die neue, von Anderson ausgearbeitete Theorie beseitigt [123, 124]. Diese Theorie hat nicht nur die Mehrzahl der mathematischen Schwierigkeiten beseitigt, so daß es möglich war, wenigstens größenordnungsmäßig zu mit dem Experiment vergleichbaren Abschätzungen zu gelangen[56]), sondern sie hat auch das eigentliche Wesen der am

[56]) In gewissem Sinne bleibt natürlich diese Theorie phänomenologisch so wie die Theorie des Ligandenfeldes, auf die sich stützt und für die es notwendig ist, einige Parameter aus dem Experiment zu übernehmen.

Superaustausch teilnehmenden Prozesse weit besser unserem Verständnis nähergebracht. Dies erreichte Anderson mittels eines einzigen, genial einfachen, jedoch ungemein wirksamen Kunstgriffs. Er behielt von dem ganzen komplizierten, die Wechselwirkungen von Elektronen, Kationen und Anionen umfassenden Prozeß nur die magnetischen Elektronen (d.i. Elektronen mit nicht gepaarten Spins) der Kationen und setzte voraus, daß ihre Orbitale durch die Theorie des Ligandenfeldes bestimmt sind, so daß man sie prinzipiell als bekannt ansehen darf. Dadurch werden die die Anionen-(Liganden-)Elektronen einschließenden unübersichtlichen Wechselwirkungen beseitigt, und es genügt, sich mit der Wechselwirkung der magnetischen Elektronen zu befassen. Die Funktion der Anionen ist nach dieser Auffassung eher passiv, wenn sie auch ihre Schlüsselstellung behält: die Zustände der zu den Liganden gehörenden Elektronen (p, evtl. s) überlagern („vermischen") sich teilweise mit den Zuständen magnetischer Kationen-Elektronen und modifizieren ihre Wellenfunktionen. Die Bindung zwischen den Kationen und Liganden erhält damit teilweise kovalenten Charakter, die Orbitale der d-Elektronen breiten sich in den Raum der Anionen aus und treten so in direkten Kontakt mit den auf ähnliche Weise modifizierten Orbitalen der benachbarten Kationen. Die Funktion der Anionen besteht also in der Schaffung gewisser „Brücken", die es magnetischen Elektronen ermöglichen, den Elektronen benachbarter Kationen näher zu kommen und mit ihnen zu wechselwirken.

Im Abschn. 2.2 befaßten wir uns mit den Zuständen der Ionen von Übergangselementen im Kristallfeld. Unsere Interpretation haben wir auf die „elektrostatische" Auffassung der Theorie des Kristallfeldes gegründet, die sich als ausreichend für die Feststellung der Symmetrie von Zuständen und die Aufspaltung der Energieniveaus erwiesen hatte. Wir haben jedoch auch schon erwähnt, daß die physikalische Realität, wie sie heute durch die Theorie des Ligandenfeldes verstanden wird, komplizierter ist und neben der rein elektrostatischen Wirkung der Liganden auch Kovalenzeffekte umfaßt. Beide Effekte tragen zur Aufspaltung der Energien auf analoge Weise bei, so daß man ihren gegenseitigen Anteil nicht einfach auf Grund des Energiespektrums bestimmen kann. Der Hauptunterschied betrifft die Wellenfunktionen, die bei Berücksichtigung der Kovalenz im allgemeinen als eine Superposition der Wellenfunktionen des entsprechenden Zustandes von d-Elektron und irgendeines Ligandenzustandes (p, s) dargestellt werden, d.i.

$$\psi_d' \cong \psi_d - \varepsilon\psi_{\mathrm{lig}} .$$

Die durch die Konstante ε charakterisierte Größe dieser „Beimischung" ist für die Stärke des Superaustausches von grundlegender Bedeutung, und in letzter Zeit wurde über viele Versuche zur experimentellen und theoretischen Feststellung dieser Konstante berichtet [125–128]. Ohne uns in eine eingehendere Diskussion dieser Frage einzulassen, führen wir an, daß experimentelle Daten die Existenz eines magnetischen Momentes der Elektronen in der Umgebung des Liganden und damit auch die Existenz einer teilweise kovalenten Bindung bestätigen.[57]) Es sei erwähnt, daß die Existenz des „magnetischen" Liganden schon in der ursprünglichen Version der Andersonschen Theorie postuliert wurde (vgl. S. 271), was andeutet, daß es sich nur um zwei verschiedene Ansichten eines im wesentlichen gleichen physikalischen Mechanismus handelt.

Vom Gesichtspunkt der neuen Auffassung können wir im ganzen vier verschiedene Mechanismen bzw. Typen von Mechanismen unterscheiden, die sich am Austausch höheren Grades beteiligen und die wir sukzessiv diskutieren werden.

(1) ***Reiner Delokalisations- (kinetischer) Effekt.*** Das Wesen dieses Mechanismus ist in dem Bestreben der Elektronen (in unserem Falle der *d*-Elektronen) zu suchen, ihre Lage im Kristall zu ändern und von Atom zu Atom überzugehen. Diese Tendenz zu einer Delokalisierung hängt mit der Periodizität des Kristallgitters zusammen, ihr Ausdruck ist die Entstehung des Bänderspektrums der Elektronenenergien im Kristall, und als eigentliche Ursache gilt die Energieherabsetzung, die dadurch erreicht wird, daß die Elektronen auf solche Weise negative kinetische Energie gewinnen (vgl. Abschn. 1.2 und 7.1). In antiferromagnetischen und ferrimagnetischen Oxiden, wie z.B. MnO, $Y_3Fe_5O_{12}$ u.a., wird eine solche nicht korrelierte Elektronenbewegung von Kation zu Kation durch eine zu hohe abstoßende Coulomb-Energie verhindert, welche die Entstehung solcher polaren Zustände begleiten würde[58]), bei denen bei eirgendeinem Ion eine größere Elektronenanzahl vorkommt, als seiner normalen Valenz im Kristall entspricht. Infolgedessen bleiben die *d*-Elektronen im wesentlichen lokalisiert und die Tendenz zur Delokalisation äußert sich nur durch eine gewisse endliche Wahrscheinlichkeit des Übergangs des Elektrons zum Nachbar-Kation. Diese Wahrscheinlichkeit wäre ganz vernachlässigbar, wenn es keinen Vermittlungseffekt des die Nachbar-Kationen trennenden Anions gäbe, wie wir oben besprochen haben.

Da sich bei dem Übergang die Orientierung des Elektronenspins nicht ändert, wird die Möglichkeit für den Übergang des *d*-Elektrons zum Nachbar-Kation sicherlich durch die entsprechende Orientierung der Spins beider Kationen bedingt. Betrachten wir die Übertragung des Elektrons zwischen zwei magnetischen Orbitalen der Nachbar-Kationen, d.i. den von je einem Elektron besetzten Orbitalen. Diese Elektronen haben also nichtgepaarte Spins, die nach der Hundschen Regel parallel

---

[57]) Von experimentellen Methoden kann man die paramagnetische Elektronenresonanz [126], die Neutronenbeugung [127] und die an Liganden studierte Kernresonanz [128] anführen. Die letzten zwei Methoden können eine Auskunft über die räumliche Verteilung magnetischer Momente, speziell über die Existenz eines magnetischen Elektronenmoments in der Umgebung des Ligandenkerns, geben; die Methode der Kernresonanz, die bisher die meisten Ergebnisse in dieser Richtung lieferte, stützt sich dabei auf die Existenz hyperfeiner Wechselwirkung des Ligandenkerns mit einem nichtkompensierten Elektronenspin in seiner Umgebung. Die hyperfeine Wechselwirkung kann man auch mittels der paramagnetischen Elektronenresonanz beobachten.

[58]) Vgl. Abschn. 7.1, S. 728 f.

zu den Gesamtspin der Kationen orientiert sind. Nach der Übertragung bleibt ein Orbital leer, während der zweite von zwei Elektronen besetzt wird, die auf Grund des Pauli-Prinzips antiparallele Spins haben müssen (Abb. 3.48a). Daraus folgt, daß die *antiparallele Orientierung* der Spins benachbarter Kationen die Bedingung ist für die Realisierung des Elektronentransfers, so daß die resultierende Wechselwirkung *antiferromagnetisch* ist. Dies ist der Fall des reinen Delokalisationsaustausches, wo es zur (antiferromagnetischen) Spinanordnung deshalb kommt, damit das System seine Energie auf Grund der Elektronen-Delokalisierung herabsetzen kann. Weil die auf diese Weise gewonnene Energie eigentlich die kinetische Energie der teilweise delokalisierten Elektronen ist, sprechen wir manchmal auch vom „*kinetischen*" Austausch [124].

Der angeführte Mechanismus ist gleichzeitig der einzige rein kinetische, am Austausch höheren Grades teilnehmende Effekt, der durch das Zusammenwirken des Pauli-Prinzips mit der Elektronen-Delokalisation entsteht. In dieser reinen Form stellt er also die Eigenschaft *magnetischer* Orbitale dar, d.i. der je ein Elektron besitzenden Orbitale, und betrifft im wesentlichen immer ein *Paar* solcher Orbitale. Kinetischer Austausch ist daher immer antiferromagnetisch, und man kann, wie Anderson gezeigt hat, die betreffende Energie in der zur Heisenberg-Diracschen Austauschenergie analogen Form schreiben

$$\Delta E_{ex}^{\mathrm{kin}} = \sum_{\substack{\langle i,j \rangle \\ m,m'}} \left(|b_{ij}^{mm'}|^2/U\right)\left(-\tfrac{1}{2} + 2\mathbf{s}_i^m \cdot \mathbf{s}_j^{m'}\right), \tag{3.72}$$

wobei die Addition über alle Paare der Nachbar-Ionen i, j und die entsprechenden Paare *magnetischer* Orbitale m, m' erfolgt. U bezeichnet die Coulombsche Ab-

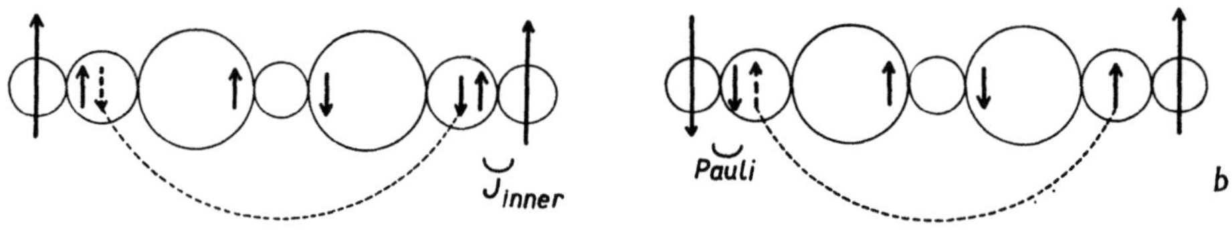

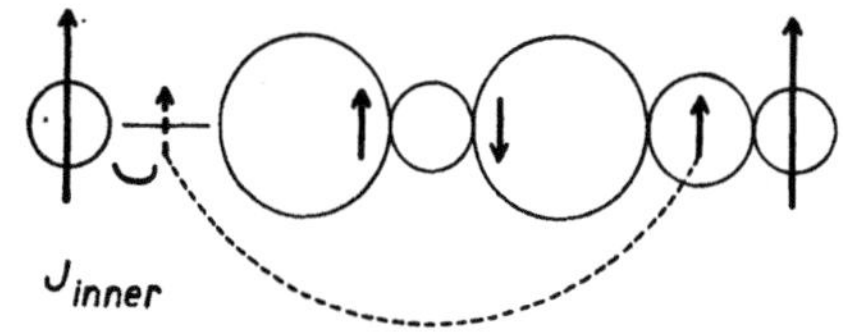

Abb. 3.48 Schematische Darstellung des Superaustausches: (a) kinetischer Austausch, (b) und (c) potentieller Austausch.

stoßungsenergie, die auftritt, wenn ein Elektron auf das Nachbar-Ion übergeht (Energie des polaren Zustandes); $b_{ij}^{mm'}$ ist das Transferintegral zwischen den zu den Nachbar-Kationen i, j gehörenden Orbitalen m, m', das die Wahrscheinlichkeit des Übergangs des Elektrons bestimmt. Über die Bedeutung der Energie U für die Elektronen-Lokalisation und darüber, wie man ihre Größe auf Grund der Ionisations-Potentiale und Polarisationsenergien abschätzen kann, werden wir im Abschn. 7.1 sprechen; es zeigt sich, daß in Oxiden $b/U \approx 0{,}1$, $b \approx 0{,}5$ bis 2 eV ist, so daß das effektive Austauschintegral von der Größenordnung 0,01 bis 0,1 eV sein wird. Es sei bemerkt, daß es möglich ist, (3.72) in der üblichen Form durch die Gesamtspins $\mathbf{S}_i$, $\mathbf{S}_j$ der Kationenpaare auszudrücken

$$\Delta E_{ex}^{\text{kin}} = \text{Konst.} - \sum_{\langle i,j \rangle} 2J_{ij}\mathbf{S}_i \cdot \mathbf{S}_j\,, \tag{3.73}$$

wobei

$$J_{ij} = -\sum_{m,m'} |b_{ij}^{m,m'}|^2/4S^2U\,.$$ [59]

Aus dem Ausdruck (3.72) ergibt sich wegen des negativen Vorzeichens, daß die Energie des kinetischen Austausches $\Delta E_{ex}^{\text{kin}}$ bei antiparalleler Anordnung wirklich negativ ist, während sie für die parallele (ferromagnetische) Anordnung Null ist. Das bedeutet, daß der der parallelen Spinanordnung entsprechende Zustand durch die Delokalisation nicht berührt werden kann und daß in diesem Falle keine Energie gewonnen wird. Damit wird der *grundsätzlich antiferromagnetische* Charakter des kinetischen Austausches von neuem bestätigt. Auf Grund des Vergleichs mit (3.69) sehen wir, daß es sich bei dem von Heisenberg postulierten ferromagnetischen Austausch (genau so wie beim inneren Austausch im Atom) gerade umgekehrt verhält; das konstante Glied hat das gleiche Vorzeichen wie das Glied $\mathbf{s}_i \cdot \mathbf{s}_j$, so daß nur die ferromagnetische Anordnung die Gesamtenergie herabsetzt. Wir werden auch leicht einsehen, daß der kinetische Austausch den früher erwähnten Konfigurationswechselwirkungen des Typs $A \rightleftarrows E$, $A \rightleftarrows F$ entspricht und daß er im wesentlichen auch den durch die Konfigurationswechselwirkungen $A \rightleftarrows B$ bzw. $A \rightleftarrows C$ definierten Kramers-Anderson-Mechanismus enthält. Wenn wir in diesem ursprünglichen Modell die Wechselwirkung zwischen M_1^{2+} und O^{2-} als Schaffung einer teilweise kovalenten Bindung auffassen, entsteht dadurch für das d_2-Elektron eine gewisse Möglichkeit, in Kontakt mit dem d_1-Elektron oder umgekehrt zu treten. Dieser Übergang wurde zwar als ein Übergang des p-Elektrons beschrieben, aber das ist in Anbetracht der Unmöglichkeit, die Elektronen zu unterscheiden, nur eine ungefähre Vorstellung.

(2) ***Direkter (potentieller) Austausch.*** Unter diesem Mechanismus versteht Anderson die echte elektrostatische Austauschwechselwirkung zwischen zwei orthogonalen magnetischen Orbitalen. Ein solcher Austausch ist immer ferromagnetisch und im wesentlichen mit der die Spins in Atomen im Sinne der Hundschen Regel korrelierenden Austauschwechselwirkung identisch. Wenn wir die Wellenfunktionen beider Orbitale als φ_m, $\varphi_{m'}$ bezeichnen, dann wird das Austauschintegral $J_{mm'}$, das aus prinzipiellen Gründen positiv definit sein muß, analog zu (3.68) durch die Beziehung

$$J_{mm'} = \int \varphi_m^*(\mathbf{r} - \mathbf{R})\,\varphi_{m'}(\mathbf{r} - \mathbf{R}')\,\frac{e^2}{|\mathbf{r} - \mathbf{r}'|}\,\varphi_{m'}^*(\mathbf{r}' - \mathbf{R}')\,\varphi_m(\mathbf{r}' - \mathbf{R})\,\mathrm{d}\mathbf{r}\,\mathrm{d}\mathbf{r}' \tag{3.74}$$

gegeben sein, in der $\mathbf{R}$, $\mathbf{R}'$ die Ortsvektoren der Kationen mit den Orbitalen φ_m, $\varphi_{m'}$

---

[59]) Wenn beide Kationen verschiedene Spins $S_i \neq S_j$ haben, ist es notwendig, im letzten Ausdruck S^2 durch das Produkt S_iS_j zu ersetzen.

und $\boldsymbol{r}$, $\boldsymbol{r}'$ sich auf beide Elektronen beziehen. Ein derart definierter Austausch unterscheidet sich also von der normalerweise üblichen Affassung, in der neben dem rein elektronischen Potential $e^2/|\boldsymbol{r} - \boldsymbol{r}'|$ noch der Einfluß des Potentials der Kerne und der inneren Elektronen berücksichtigt wird (vgl. S. 268).

Direkter Austausch umfaßt im wesentlichen zwei Effekte, die man unterscheiden kann, je nachdem, ob in (3.74) $\boldsymbol{R} \equiv \boldsymbol{R}'$ oder $\boldsymbol{R}' \neq \boldsymbol{R}$ ist. Im ersten Falle muß der Austausch, da wir uns ja nicht nur für Austauscheffekte innerhalb des Atoms interessieren, jenen Teil der elektrischen Ladung betreffen, der im Hinblick auf die Elektronen-Delokalisation vom Nachbar-Kation zum betrachteten Kation transferiert werden kann. Das tritt ein beim Übergang des Elektrons aus dem mit einem einzigen Elektron besetzten Orbital in ein leeres Orbital des Nachbar-Kations. Für einen solchen Übergang schreibt das Pauli-Prinzip selbst keine Beschränkung vor, und über die resultierende Orientierung der Kationenspins entscheidet die direkte *innere* Austauschwechselwirkung des übertragenen Elektrons mit den anderen Elektronen des betreffenden Kations (Abb. 3.48b). Da innere Integrale immer positiv sind, wird, wie leicht einzusehen ist, auch die resultierende Anordnung ferromagnetisch sein. Dieser Effekt stellt also eigentlich die Kombination der Delokalisation und des inneren Austausches dar. Es sei darauf hingewiesen, daß ein ganz analoger Fall eintritt, wenn eins der Orbitale völlig gefüllt und das zweite magnetisch ist, denn dann geht es um die Übertragung des Lochs und seinen effektiven Austausch mit irgendeinem magnetischen Orbital (Abb. 3.48c).

Der zweite Fall bezieht sich auf die Wechselwirkung der Orbitale verschiedener Kationen und bildet eigentlich eine zweite Seite derselben Sache. Weil die Orbitale der Nachbar-Kationen durch Kombination mit den Ligandenorbitalen modifiziert werden, erstrecken sie sich bis in den Raum der Anionen, so daß sie gegenseitig in direkten Kontakt treten. Wenn bei den Nachbar-Kationen zwei solche zueinander orthogonale Orbitale existieren, hat dieser Kontakt die Entstehung der direkten Austauschwechselwirkung wieder mit positivem Austauschintegral (3.74) zur Folge. Es handelt sich also um einen Austausch, der mit dem Ladungsteil zusammenhängt, der bei dem ursprünglichen Kation (bis auf den kovalenten Effekt des Ligandenfeldes) lokalisiert geblieben ist.

Beide Effekte sind gewöhnlich etwa gleich groß, jedoch ca. 5 bis 10 mal schwächer als der antiferromagnetische kinetische Austausch. Das heißt, daß der direkte ferromagnetische Austausch den magnetischen Zustand nur in dem Falle bestimmen wird, wo der antiferromagnetische direkte Austausch nicht zur Geltung kommt.

Um die gegenseitigen Zusammenhänge der beiden zum direkten Gesamtaustausch beitragenden Effekte zu zeigen, betrachten wir die Wechselwirkung der drei Orbitale m, m', m'', von denen das erste dem Kation i und die weiteren zwei dem benachbarten Kation j zuzuordnen sind. Setzen wir voraus, daß jedes der Orbitale m und m' von einem d-Elektron besetzt ist, während m'' leer ist. Nehmen wir weiter an, daß nur ein einziges von Null verschiedenes Transferintegral $b_{mm''}$ vorhanden ist, so daß die Delokalisierung nur für den Übergang des Elektrons aus dem m-Orbital in das leere m''-Orbital möglich ist. Schreiben wir jetzt die Wellenfunktionen φ_m, $\varphi_{m'}$ für die

Elektronen in den Orbitalen m und m' auf. Beide Funktionen werden die Superposition einer Ligandenfunktion enthalten (diese kann für die beiden Fälle gleich oder verschieden sein; der Einfachheit halber nehmen wir an, daß sie gleich sind), und die Möglichkeit des Transfers $m \to m''$ wird außerdem durch Beimischung des m''-Zustandes zur Funktion φ_m zum Ausdruck kommen. Es wird daher gelten

$$\varphi_m \cong \psi_d - \varepsilon\psi_{\text{lig}} + (b_{mm''}/U)\,\psi_{d''}$$

$$\varphi_{m'} \cong \psi_{d'} - \varepsilon\psi_{\text{lig}}\,.$$

Wenn wir diese Ausdrücke in (3.74) einsetzen, stellen wir fest, daß es zwei Hauptbeiträge zum Austauschintegral $J_{mm'}$ geben wird, sofern wir voraussetzen, daß sich die wechselwirkenden Orbitale m, m' praktisch nur in der Umgebung des Anions überlappen; der eine von der Größe

$$\approx (b_{mm''}/U)^2\, J_{m'm''}$$

entspricht klar dem ersten Mechanismus, der zweite, für den die Proportionalität $\sim \varepsilon^4$ gilt, ist mit dem zweiten der früher diskutierten Mechanismen identisch. Es sei bemerkt, daß zu diesen zwei Beiträgen, sofern es zum Kontakt auch außerhalb des Ligandengebiets kommt, noch ein weiterer Beitrag hinzutritt, den wir als *direkte Austauschwechselwirkung zwischen den Kationen* (ohne Mitwirkung der Liganden-Wellenfunktionen) auffassen können. Es ist daher augenscheinlich, daß diese neue Auffassung der Austauschwechselwirkungen den Unterschied zwischen dem normalen Austausch und dem Austausch höheren Grades im Prinzip beseitigt und den gemeinsamen Zug dieser beiden Effekte gut erkennen läßt.

(3) ***Korrelationseffekte.*** Hierher fällt die Konfigurationswechselwirkung $A \rightleftarrows D$ und die ihr ähnlichen Mechanismen[60]), die als direkte Folge der Überlappung der Ligandenorbitale mit nicht ganz gefüllten Kationen-Orbitalen und der Schaffung der teilweise kovalenten Bindung mit beiden Kationen gleichzeitig anzusehen sind. Die beiden betrachteten p-Elektronen geraten so in die Nähe der Kationen (sie bewegen sich in Orbitalen, die durch Kombination des p-Zustandes und eines energetisch nahen, zu dem Kation gehörenden Zustandes entstehen), und so können sie infolge des inneren Austauscheffektes die Spins beider Kationen korrelieren. Als Grundmoment gilt dabei die Erhaltung der ursprünglichen antiparallelen Orientierung der Spins beider p-Elektronen, die an der Bindung teilnehmen. Diese Korrelations-Austauschwechselwirkung kann antiferromagnetisch sein, wenn beide wechselwirkenden Kationen-Orbitale leer sind oder wenn jedes von einem Elektron besetzt ist; oder sie kann im Falle einer asymmetrischen Bindung ferromagnetisch sein, wenn ein Orbital leer ist und das zweite ein Elektron besitzt. Die entsprechende Energie kann man wie im vorigen Falle in der Heisenbergschen Form schreiben; nach Andersons Abschätzungen ist jedoch der Beitrag der Korrelationseffekte im Vergleich mit dem kinetischen und direkten (potentiellen) Austausch in der Regel klein.

---

[60]) Teilweise kann man hierher auch den Mechanismus von Anderson und Hasegawa ($A \rightleftarrows B \rightleftarrows C$) einordnen.

(4) ***Polarisationseffekte.*** Es ist die Spinpolarisation der Elektronenhülle des Ions gemeint, die durch Austauschwechselwirkungen hervorgerufen wird. Wenn es diese Wechselwirkungen nicht gäbe, wären z.B. die Orbitale der beiden *p*-Elektronen mit Spin ↑ und ↓ identisch. In Anwesenheit wechselwirkender magnetischer Kationen kann es aber zu ihrer Deformation (Polarisation) kommen, die darin besteht, daß der Schwerpunkt der Elektronen-Orbitale mit Spin ↑ und ↓ aus der Anionenmitte in gegenseitig umgekehrter Richtung verschoben wird, so daß dadurch der Energiegewinn durch die Austauschwechselwirkungen zwischen *p*- und *d*-Elektronen größer wird. Weil es sich hier eher um den direkten Austausch handelt, der positiv ist, sollte dieser Mechanismus nur bei *antiferromagnetischer* Anordnung der Kationenspins wirksam werden. Bei ferromagnetischer Anordnung kann zwar auch eine Spinpolarisation entstehen, dazu ist jedoch die Anregung des *p*-Elektrons in einen höheren Zustand ($2p \rightarrow 3s$) notwendig. Der reine Polarisationseffekt ist üblicherweise wesentlich kleiner als die ersten zwei Mechanismen; wir können ihn deshalb gewöhnlich vernachlässigen, was auch deshalb wichtig ist, weil man ihn oft nicht einmal in der Form der Heisenbergschen Energie ausdrücken kann [116, 123, 124].

Als Hauptmechanismen verbleiben also nur der kinetische Austausch (antiferromagnetisch) und der direkte Austausch (ferromagnetisch). Diese beiden Mechanismen wurden als Wechselwirkungen der Elektronenpaare beschrieben. Der Gesamteffekt ist daher durch die Summe der Beiträge von einzelnen Paaren gegeben und wird von den beteiligten Orbitalen, ihrer Überlappung und geometrischen Anordnung, abhängen. Auf diese Frage werden wir später zurückkommen.

Zener-Mechanismus des „Doppelaustausches (double exchange)"

Um den Ferromagnetismus einiger Systeme mit Perowskitstruktur zu erklären, hat Zener [129] den Mechanismus des indirekten Austausches eingeführt, der sich in mancher Hinsicht von den im vorigen Abschnitt durchgenommenen Mechanismen unterscheidet. Diese ferromagnetischen Verbindungen sind dadurch gekennzeichnet, daß sie an äquivalenten Plätzen des Kristallgitters Ionen desselben Elements, jedoch mit unterschiedlicher Wertigkeit haben; als Beispiel können feste Lösungen $(La_xR_{1-x}) \cdot (Mn_x^{3+}Mn_{1-x}^{4+})\,O_3$, R = Ca, Ba, Sr dienen, die in einem bestimmten Bereich von x ferromagnetisch sind [130] (vgl. Abb. 3.50). Die Existenz von Kationen mit um eine Stufe abweichender Wertigkeit und ihre gegenseitige Wechselwirkung bilden die Grundlage des Zener-Doppelaustausches. Beide Grenzzusammensetzungen $x = 0$ und $x = 1$ sind wirklich typisch antiferromagnetisch, so daß man intuitiv erwarten kann, daß das Auftreten von Ferromagnetismus irgendwie mit der Einführung einer gewissen Anzahl überschüssiger Elektronen (bzw. Löcher) in das Gitter der magnetischen Ionen verbunden sein wird.

Zu einer kurzgefaßten Erläuterung des Hauptgedankens des Zener-Mechanismus gehen wir wieder vom einfachen Modell zweier durch ein Anion (O^{2-}) getrennten Kationen M_1, M_2 (z. B. Mn^{3+}, Mn^{4+}) aus – Abb. 3.49. Das überschüssige Elektron kann mit gleicher Wahrscheinlichkeit sowohl dem M_1- wie dem M_2-Ion zugesprochen werden, denn beide Konfigurationen Mn_1^{3+}—O^{2-}—Mn_2^{4+} und Mn_1^{4+}—O^{2-}—Mn_2^{3+} sind klar äquivalent, und der Grundzustand des Systems ist daher entartet. Infolge-

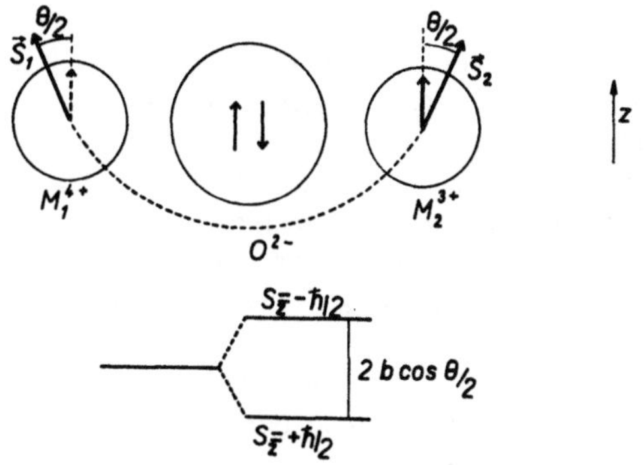

Abb. 3.49 Zur Entstehung des Doppelaustausches.

dessen erwarten wir die Entstehung einer starken Resonanzkopplung zwischen den beiden Konfigurationen, die durch ständiges Überwechseln des Elektrons von einem Kation zum anderen verwirklicht wird. Diesen Elektronentransfer können wir uns aus zwei Vorgängen zusammengesetzt vorstellen, von denen der erste der Übergabe des *p*-Elektrons an das Kation mit fehlendem Elektron (Mn^{4+}), der zweite dann dem Sprung des *d*-Elektrons vom zweiten Kation an seine Stelle entspricht. Von dieser Vorstellung ist auch die Bezeichnung „Doppelaustausch" abgeleitet. Bei Doppelaustausch kommt es zu ununterbrochenem Wechsel der Konfigurationen

$$Mn_1^{3+}\text{—}O^{2-}\text{—}Mn_2^{4+} \rightleftarrows Mn_1^{4+}\text{—}O^{2-}\text{—}Mn_2^{3+} \;;$$

wie Zener deutlich gemacht hat, führt diese Resonanzbindung zur Herabsetzung der Energie, die von der gegenseitigen Orientierung der Spins $\boldsymbol{S}_1$, $\boldsymbol{S}_2$ abhängen wird. Dadurch entsteht eine effektive, der Austauschwechselwirkung äquivalente Kopplung zwischen den Spins beider Kationen. Die Hauptvoraussetzung, auf die sich diese Schlußfolgerung stützt, ist wieder die Erhaltung der Orientierung des Elektronenspins beim Transfer von Kation zu Kation und weiter die Forderung einer genügend starken inneren (Korrelations-)Austauschwechselwirkung, welche die Orientierung des transferierten Elektronenspins gegenüber den Spins $\boldsymbol{S}_1$, $\boldsymbol{S}_2$ im Sinne der Hundschen Regeln stabilisiert. Da jedoch beide Ionen M_1,M_2 bis auf das übertragene Zusatzelektron gleich sind – sonst gäbe es keine Entartung des Grundzustandes –, kann dieser effektive indirekte Austausch immer nur ferromagnetisch sein, denn der Spin des übertragenen Elektrons wird im Zustand mit der niedrigsten Energie zu $\boldsymbol{S}_1$ sowie $\boldsymbol{S}_2$ gleich orientiert sein.

Wir bezeichnen die durch die Resonanzbindung zwischen den beiden äquivalenten Konfigurationen bei parallelem $\boldsymbol{S}_1$ und $\boldsymbol{S}_2$ gewonnene Energie als b. Diese Energie kann man nicht einfach als Wechselwirkungsenergie zweier Kationen M_1, M_2 auffassen, die von der gegenseitigen Orientierung ihrer Spins abhängt (wie es bei allen früher betrachteten Mechanismen der Fall war), sondern es ist notwendig, sie direkt dem von einem Kation zum anderen mit gleicher Wahrscheinlichkeit in beiden Richtungen übergehenden Zusatzelektron zuzuschreiben.

Diese Interpretation für b folgt daraus, daß man das die Kopplung vermittelnde Elektron keinem der Kationen M_1, M_2 vorzugsweise zuordnen kann, sondern daß man es mit gleicher Wahrscheinlichkeit bei jedem von ihnen finden wird. Bei den früher angeführten Mechanismen des indirekten Austausches (Superaustausch) ging es eigentlich um *virtuellen* Transfer, denn das „übertragene" Elektron war im wesentlichen bei einem der betrachteten Kationen *lokalisiert*, und bei seinem Transfer ging die Energie U verloren. Demgegenüber ist hier der Zustand vor und nach dem Transfer energetisch gleichwertig, so daß $U = 0$.

Die Energie b ist durch das Transferintegral von M_1 zu M_2 (und umgekehrt) gegeben, und $2b$ bedeutet also den Energieunterschied des übertragenen Elektrons im Zustand mit parallelem bzw. antiparallelem Spin gegenüber $\boldsymbol{S}_1$, $\boldsymbol{S}_2$ (wir nehmen dabei an, daß $\boldsymbol{S}_1$ und $\boldsymbol{S}_2$ parallel sind). Wie Anderson und Hasegawa [131] gezeigt haben, kann man dieses Ergebnis auch für den Fall verallgemeinern, daß $\boldsymbol{S}_1$ und $\boldsymbol{S}_2$ nicht parallel sind, sondern in einem gewissen Winkel Θ zueinander stehen. Jedem Θ $(0 \leqq \Theta \leqq \pi)$ entsprechen zwei Energieniveaus der die Kopplung vermittelnden Elektronen[61]), die voneinander um $2b \cos(\Theta/2)$ entfernt sind, was man als Verringerung des Transferintegrals im Verhältnis $\cos(\Theta/2)$ (Abb. 3.49) interpretieren kann. In dieser Abhängigkeit von $\Theta/2$ ist auch das erwartete Ergebnis für antiparallele $\boldsymbol{S}_1$, $\boldsymbol{S}_2$ enthalten: das effektive Transferintegral ist in diesem Falle Null, die Gesamtenergie hängt nicht von der Orientierung des Elektronspins ab, und die Energie des Doppelaustausches ΔE_d ist also Null. Die Energie des Doppelaustausches kann man daher nicht in der Heisenbergschen Form $-2J\boldsymbol{S}_1 \,.\, \boldsymbol{S}_2 = -\,2JS^2 \cos\Theta$ ausdrücken, denn ihre Abhängigkeit von der gegenseitigen Orientierung der Spins ist durch die Funktion $\cos(\Theta/2)$ gegeben.

Die $\cos(\Theta/2)$-Abhängigkeit der Energie des Doppelaustausches können wir folgendermaßen einfach verstehen. Beide Konfigurationen, bei denen sich das Elektron entweder bei M_1 oder M_2 befindet, sind äquivalent. Deshalb müssen auch die inneren Wechselwirkungen zwischen dem Spin des übertragenden Elektrons $\boldsymbol{s}$ und den Spins $\boldsymbol{S}_1$, $\boldsymbol{S}_2$ gleichwertig sein, so daß man erwarten kann, daß die Winkel $(\boldsymbol{s}, \boldsymbol{S}_1)$ und $(\boldsymbol{s}, \boldsymbol{S}_2)$ gleich groß sein werden. Wenn $\boldsymbol{S}_1$ und $\boldsymbol{S}_2$ den Winkel Θ einschließen, wird $\boldsymbol{s}$ infolgedessen mit $\boldsymbol{S}_1$ und $\boldsymbol{S}_2$ den Winkel $\Theta/2$ einschließen, denn bei der Übertragung darf der Elektronenspin nicht die Richtung ändern. Die $\cos(\Theta/2)$-Abhängigkeit ist also eine direkte Folge der Entartung der Grundkonfiguration, die dem System damit den Freiheitsgrad gibt, den Spin des übertragenen Elektrons von $\boldsymbol{S}_1$ und $\boldsymbol{S}_2$ abweichend zu orientieren.

[61]) Die Existenz zweier Energieniveaus für jedes zulässige Θ, die den zwei möglichen Orientierungen des Spins $(s_z = \pm\,\hbar/2)$ entsprechen, ist eine Folge der Entartung des Grundzustandes (vgl. [131]).

Die cos $(\Theta/2)$-Abhängigkeit der Energie ΔE_d und einige weitere Eigenschaften, durch die sich der Doppelaustausch von den anderen Austauschmechanismen scharf unterscheidet, verursacht, wie de Gennes [132] gezeigt hat, ein in mancher Hinsicht seltsames Verhalten der Stoffe, die durch diesen Austauschtyp gekennzeichnet sind. Eine dieser Äußerungen ist eine verhältnismäßig hohe elektrische Leitfähigkeit, die bis in die Größenordnung der metallischen Leitfähigkeit kommt und mit dem magnetischen Zustand eng verbunden ist.[62]) Eine zweite ist die starke Tendenz zur Bildung magnetischer Strukturen mit gegeneinander geneigten Spins[63]). Die erste Eigenschaft hängt mit einer gewissen Bewegungsfreiheit des Elektrons durch das Gitter im Falle kooperativer ferromagnetischer Anordnung und der mit ihr verbundenen Tendenz zur Bildung eines Bandes zusammen. Die Tendenz zur Verdrehung der Spins tritt hier nicht als Folge konkurrierender Wechselwirkungen zwischen verschiedenen, evtl. verschieden weit voneinander entfernten Ionen auf, wie das z.B. bei spiralförmigen Strukturen der Fall ist, von denen im Abschn. 3.3. die Rede war, sondern sie entsteht durch die Konkurrenz des Doppelaustausches mit dem antiferromagnetischen Superaustausch infolge der ungewöhnlichen Abhängigkeit des Doppelaustausches vom Winkel zwischen den Spins. Wie de Gennes gezeigt hat [132], tritt das Minimum der Summe beider Energien $\Delta E_d + \Delta E_{ex}$ nie für die kollineare Anordnung auf, wenn das Transferintegral $b \neq 0$ ist. Für den von de Gennes betrachteten speziellen Fall soll die Gleichgewichtsanordnung dem Winkel Θ_0 entsprechen, der durch die Bedingung

$$\cos\frac{\Theta_0}{2} = \frac{bx}{4JS^2} \tag{3.75}$$

bestimmt ist, wo x die Trägerkonzentration und J das den Superaustausch charakterisierende Austauschintegral bedeuten. Das ist grundsätzlich anders als das Verhalten der Ferrimagnetika vom Heisenbergschen Austauschtyp, bei denen es zur Bildung der nichtkollinearen Spinkonfiguration notwendig ist, daß die konkurrierende Wechselwirkung einen gewissen kritischen Wert annimmt. Das würde gegebenenfalls bedeuten, daß Winkel zwischen den Spins erst für $x > x_{krit} \neq 0$ entstehen könnten.

Die experimentellen Ergebnisse, gewonnen an einigen Mischkristall-Systemen von Oxiden mit Perowskitstruktur, welche magnetische Ionen desselben Elements gleichzeitig in verschiedenen Valenzzuständen (z.B. Mn^{3+}—Mn^{4+}, Co^{3+}—Co^{4+}) enthalten, stehen in sehr befriedigendem Einklang mit diesen Schlußfolgerungen.

---

[62]) Vgl. Abschn. 7.3., S. 756f.; dieser Zusammenhang zwischen der magnetischen Anordnung und der elektrischen Leitfähigkeit findet seinen Ausdruck in Anomalien in der Umgebung des Curie-Punktes und durch die Änderung des Leitfähigkeits-Charakters in diesem Punkt.

[63]) Die vorausgesagten Anomalien in der Abhängigkit $\chi = \chi(T)$ wurden experimentell nicht bestätigt. Bei ferromagnetischen Verbindungen des Perowskit-Typs wurde z. B. festgestellt, daß sie dem Curie-Weiss-Gesetz gehorchen wie bei normalen Ferromagnetika. Diese Diskrepanz wurde von Anderson dem gegenüber dem ursprünglich angenommenen höheren Wert des Transferintegrals $b \approx 1$ eV zugeschrieben.

Die Entstehung des Ferromagnetismus in diesen Systemen wird von einem Anwachsen der elektrischen Leitfähigkeit um einige Größenordnungen (Abb. 3.50) begleitet, und die durch Neutronenbeugung festgestellten magnetischen Strukturen deuten die Anwesenheit von gekanteten Spinkonfigurationen an, die mit der Theorie des Doppelaustausches vereinbar sind [69, 132]. Demgegenüber kann man, wie Goodenough gezeigt hat, die Entstehung des Ferromagnetismus in manchen Perowskit-Verbindun-

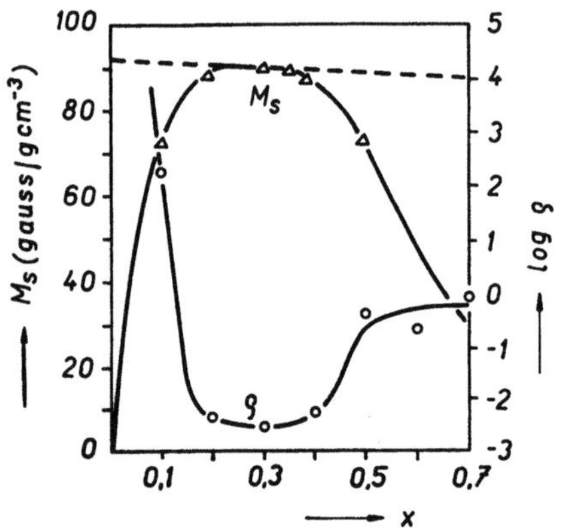

Abb. 3.50 Magnetisches Moment (bei 90 °K) und elektrischer Widerstand ϱ (bei 100 °K) im System $(La_{1-x}Sr_x)\,MnO_3$ (nach Jonker und Van Santen [130]).

gen auch ohne Beteiligung des Doppelaustausches erklären (siehe weiter unten) [78, 117, 133].

Nach der Existenz von Doppelaustausch und des durch ihn hervorgerufenen Ferromagnetismus wurde auch in Oxiden mit NaCl-Struktur gesucht, bei denen man die Valenzänderung z.B. durch die teilweise Substitution zweiwertiger Ionen durch Lithium erreichen kann. Diese Versuche waren jedoch erfolglos, und zwar wahrscheinlich aus dem Grunde, daß die in das Gitter bei Substitution durch Lithium eingebauten Stromträger (Löcher) durch den Einfluß der Polarisation des Umgebungsgitters lokalisiert wurden, die durch Anwesenheit überschüssiger elektrischer Ladung verursacht wird. Ein solches Einfangen des Stromträgers (des Elektrons oder Lochs) beschränkt wesentlich seine Beweglichkeit, verringert das Transferintegral b und kann bewirken, daß die mögliche Entartung des Grundzustandes nur einen vernachlässigbaren Einfluß auf die Übertragung des Elektrons haben wird; es kann dann praktisch überhaupt zu keinem Doppelaustausch kommen. Dagegen beobachtete man im System $Li_xMn_{1-x}Se$ (ebenfalls mit NaCl-Struktur) für nicht allzu große x bei tiefen Temperaturen (unterhalb $\approx$45°K) ein spontanes magnetisches Moment, das die für einen Doppelaustausch charakteristischen Eigenschaften aufwies [134]. Das Auftreten von Doppelaustausch in diesen Verbindungen wurde auf Grund der leichteren Polarisierbarkeit von Se und die mit ihr verbundene Verstärkung der Kovalenz im Vergleich zum Sauerstoff erklärt. Es sei darauf hingewiesen, daß ein Doppelaustausch nur dann entstehen kann, wenn die Ionen mit verschiedener Valenz nicht regelmäßig angeordnet sind, denn in diesem Falle haben die Elektronen nicht die notwendige Bewegungsfreiheit.

Einfluß der Elektronenstruktur von Kationen auf die Austauschwechselwirkungen

Wir haben gesehen, daß der Austausch höheren Grades im wesentlichen eine Wechselwirkung, eventuell eine Summe von Wechselwirkungen, der Paare „magnetischer" Kationen-Orbitale, d.i. der mit einem Elektron besetzten Orbitale, ist. Als ein wichtiger, die Größe der Austauschwechselwirkungen mitbestimmender Faktor gilt die teilweise Superposition der Liganden-Elektronenzustände und „atomischer" Orbitale der *d*-Elektronen von Kationen, so daß die resultierende Wechselwirkung sehr empfindlich auf die gegenseitige geometrische Anordnung beider Arten von Orbitalen und ihre Besetzung mit Elektronen reagieren wird. Mit den Fragen des Einflusses der Elektronenstruktur der Kationen und geometrischer Faktoren auf Vorzeichen und Stärke der Austauschwechselwirkungen werden wir uns in diesem Abschnitt befassen. Dabei werden wir uns auf zwei Beiträge zum Superaustausch beschränken, die wir als den „kinetischen" und „direkten (potentiellen)" Austausch bezeichnet haben und die in der Mehrzahl der Fälle wahrscheinlich die ausschlaggebenden Mechanismen sind. Wir wollen uns an dieser Stelle auch nicht mit dem Doppelaustausch befassen, der immer ferromagnetisch ist und dessen Wirkung, zumindest in Oxiden, wie es scheint, durch Polarisationseffekte bedeutend geschwächt werden kann.

In den Ausdrücken für die erwähnten zwei Austausch-Typen höheren Grades traten explizit neben der Korrelationsenergie U zwei die Stärke der Wechselwirkung auf prinzipielle Weise beeinflussende Größen auf: das Transferintegral b und der Koeffizient ε, durch den wir den Beimischungsgrad der Liganden-Wellenfunktion zur Wellenfunktion des *d*-Elektrons charakterisiert haben. Wie Anderson gezeigt hat [123, 124], steht der Wert des Transferintegrals b in enger Beziehung zum Parameter $\Delta = 10Dq$, der die Größe der Energieaufspaltung der *d*-Elektronen durch das kubische Kristallfeld angibt. Wenn auch diese Beziehung eigentlich nur den kovalenten Beitrag zum Spaltungsparameter betrifft, kann man die in Tab. II-11 aufgeführten Δ-Werte mindestens als halbquantitative Abschätzung für die Größe von b in den Oxiden betrachten[64]. Ohne uns in eine detailliertere Diskussion dieser Frage einzulassen (eine Information findet der Leser in der übersichtlichen Abhandlung von Anderson und in der dort zitierten Literatur), können wir auf Grund dieser Korrelation erwarten, daß die Transferintegrale und daher auch die Stärke der Austauschwechselwirkungen dreiwertiger Ionen größer sein werden als die der zweiwertigen Ionen

$$J(M^{3+}) > J(M^{2+}) . \tag{3.76}$$

[64]) Das Transferintegral b ist mit Δ identisch, wenn wir den elektrostatischen Beitrag zu Δ im Vergleich zur Kovalenz vernachlässigen und beim Anion nur die p_σ-Bindungen (siehe weiter unten) unter Vernachlässigung des Beitrags der p_π- und s-Bindungen betrachten [124]. Es zeigt sich, daß diese vernachlässigten Beiträge bei Oxiden, zum Unterschied z. B. von Fluoriden, verschiedene Vorzeichen haben, so daß sie sich in beträchtlichem Maße kompensieren.

Daraus folgt, daß die Frage der Überlappung magnetischer Kationen-Orbitale mit Liganden-Orbitalen überhaupt den grundlegenden Bestimmungsfaktor bei Superaustausch bilden wird. Wenn wir diese Überlappung durch das Überlappungsintegral

$$\mathfrak{S} = \int \psi_d^* \psi_{\mathrm{lig}} \, \mathrm{d}\tau = - \int \psi_{\mathrm{lig}}^* \psi_d \, \mathrm{d}\tau \tag{3.77}$$

charakterisieren, werden, wie sich zeigen läßt, die beiden Hauptbeiträge des Superaustausches $\mathfrak{S}^4$ proportional sein. Untersuchen wir daher zuerst, wie das Überlappungsintegral von der geometrischen Anordnung des betrachteten Orbitalpaares von Kation und Anion abhängt.

Die Niveaus der d-Elektronen spalten sich im kubischen Kristallfeld in das Triplett d_ε und das Dublett d_γ (Abschn. 2.2, S. 120). In oktaedricher Koordination sind die d_γ-Orbitale direkt gegen die Anionen gerichtet, und es kommt ihnen deshalb eine höhere Energie zu; die d_ε-Orbitale zielen in die Lücken zwischen den Anionen und

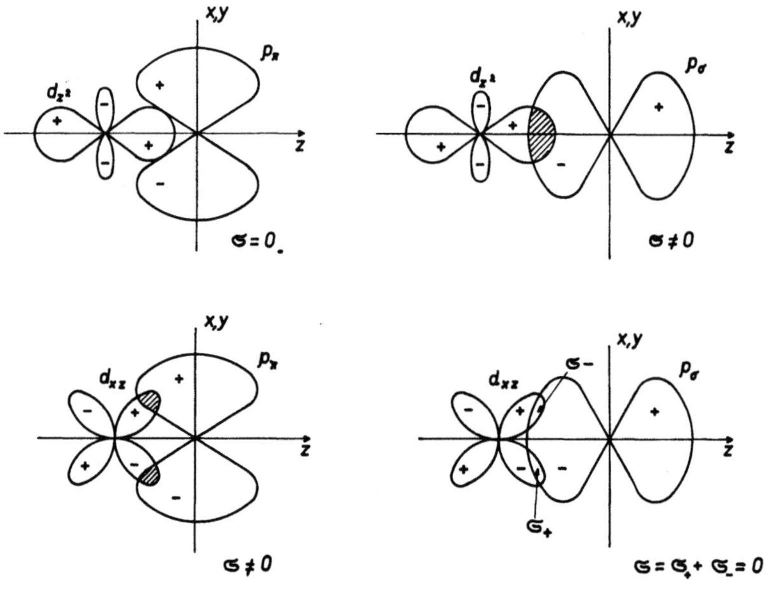

Abb. 3.51 Gegenseitige Orientierung der Orbitale d und p im oktaedrischen Komplex mit Kennzeichnung ihrer Überlappung $\mathfrak{S}$. Die angegebenen Vorzeichen entsprechen den Vorzeichen der in (2.4) definierten Funktionen.

haben eine niedrigere Energie (Abb. 2.18). In tetraedrischer Koordination verhält es sich genau umgekehrt. Die Wellenfunktionen der Elektronen in den d_ε- und d_γ-Zuständen sind durch die Ausdrücke (2.4) gegeben. Betrachten wir jetzt das Kation-Anion-Paar und untersuchen die Überlappung der Kation-Orbitale mit den Anion-Orbitalen. Wir werden uns dabei auf die p-Anion-Orbitale beschränken und die Überlappung der *s*-Orbitale, die gewöhnlich wenig ausgeprägt ist, werden wir vernachlässigen. Den Winkelteil der Wellenfunktionen von *p*-Elektronen kann man in der Form schreiben

$$p_x = x/r, \quad p_y = y/r, \quad p_z = z/r. \tag{3.78}$$

Wenn wir die Verbindungslinie der Mittelpunkte von Kation und Sauerstoff-Ion als *z*-Achse wählen, können wir die Funktion p_z, die in Richtung dieser Achse (also direkt gegen das Kation) zielt, von den Funktionen p_x, p_y unterscheiden, welche die senkrecht zu z gerichteten Orbitale beschreiben. Wir bezeichnen $p_z \equiv p_\sigma$ und p_x, $p_y \equiv p_\pi$. Die gegenseitige Lage der Orbitale p_σ, p_π einerseits und der Orbitale d_ε, d_γ andererseits ist für die oktaedrische Koordination in Abb. 3.51 dargestellt.

Da die betreffenden Wellenfunktionen sowohl positive als auch negative Werte annehmen können (in der Abbildung mit +, − gekennzeichnet), hängt der Wert des Überlappungsintegrals (3.77) nicht nur vom geometrischen Bereich der Überlappung, sondern auch vom Vorzeichen des Integranden ab[65]). Aus einfachen Erwägungen über die Symmetrie der Wellenfunktionen, wie sie z.B. bei Drehung der Darstellung in Abb. 3.50 um 180° um die *z*-Achse ersichtlich ist, stellen wir fest, daß $\mathfrak{S} \neq 0$ nur für die Paare $d_\gamma - p_\sigma$ und $d_\varepsilon - p_\pi$ gilt, während $\mathfrak{S}(d_\gamma, p_\pi) = \mathfrak{S}(d_\varepsilon, p_\sigma) = 0$ ist. Die letzte Beziehung bedeutet nichts anderes, als daß die Orbitale bzw. Funktionen (d_γ, p_π) und $(d_\varepsilon, p_\sigma)$ Paare von zueinander orthogonalen Funktionen sind. Bei tetraedrischer Koordination genügt es, die Orbitale d_ε und d_γ gegeneinander auszutauschen. Wir kommen also zu der Schlußfolgerung, daß eine Superposition nur für die Paare der Zustände (d_γ, p_σ) – σ-Bindung – und (d_ε, p_π) – π-Bindung – möglich ist. Wie jedoch aus der geometrischen Betrachtung augenscheinlich ist, wird die der σ-Bindung entsprechende Überlappung viel größer sein als die Überlappung bei der π-Bindung. Deshalb wird auch die Austauschwechselwirkung, an der sich die σ-Bindungen beteiligen, stärker sein als der Austausch vom π-Typ.

Bei der Beurteilung der tatsächlichen Wechselwirkungen ist natürlich entscheidend, wie die Überlappung des betrachteten Anions mit den anderen Kationen aussieht, vor allem mit dem Kation auf der „anderen Seite", das den zweiten Pol der Wechselwirkung bildet. Hier wird außer der Elektronenstruktur auch die geometrische Anordnung aller drei Ionen eine Rolle spielen. Den einfachsten Fall bildet die symmetrische sog. 180°-Wechselwirkung, wo die Mittelpunkte beider Kationen und des Anions auf einer Geraden liegen (und beide Kationen gleiche, z.B. oktaedrische Koordination, haben). Andere Fälle sind die 90°-Wechselwirkung zweier oktaedrischer Kationen und die Wechselwirkung eines oktaedrischen und eines tetraedrischen Kations mit einem Kation-Anion-Kation-Winkel von ≈125°. Dem letzten Typ begegnen wir bei Spinellen und Granaten. Aber bevor wir eine Analyse dieser Hauptfälle durchführen werden, wollen wir die Regeln angeben, die aus den vorigen Überlegungen

---

[65]) Der Integrand ist in den Gebieten positiv, in denen beide Funktionen gleiches Vorzeichen haben, und negativ im gegenteiligen Falle; es sei bemerkt, daß die Funktionen reell sind.

unmittelbar folgen und anhand deren man in der Mehrzahl der Fälle über das Vorzeichen der resultierenden Wechselwirkung entscheiden kann. Diese Regeln wurden auf halbempirischer Basis schon früher von Goodenough [78, 117, 133], Kanamori [135] und anderen [136] formuliert.

A. Wenn zwei wechselwirkende Kationen magnetische (d. i. von einem Elektron besetzte) Orbitale haben, die sich derart überlappen, daß das Überlappungsintegral $\mathfrak{S}$ von Null verschieden und groß genug ist, ist der kinetische Austausch die entscheidende Wechselwirkung, und die resultierende Spinanordnung ist antiferromagnetisch.

(a) Für eine 180°-Anordnung wird dabei die antiferromagnetische Wechselwirkung besonders stark sein, wenn an ihr auf beiden Seiten die mit dem Anion σ-Bindungen bildenden Orbitale teilnehmen, d. i. wenn bei der oktaedrischen Koordination beide d_{z^2}-Orbitale magnetisch sind. Wenn dies nicht der Fall ist und der kinetische Austausch beiderseitig durch π-Bindungen vermittelt wird[66]), wird die antiferromagnetische Wechselwirkung bedeutend schwächer sein. Dasselbe gilt auch für eine $\approx 125°$-Anordnung des oktaedrischen und tetraedrischen Kations, nur mit dem Unterschied, daß bei der tetraedrischen Koordination die Bindung durch Orbitale des d_ε-Tripletts gebildet wird.

(b) Für eine 90°-Anordnung liefert ein und dasselbe p-Orbital ein p_σ für eines der Kationen und ein p_π für das zweite. Der antiferromagnetische kinetische Austausch entsteht (und wird verhältnismäßig stark sein), wenn – für oktaedrische Koordination betrachtet – eine der Kationen das magnetische Orbital d_{z^2} und das zweite d_{xy} hat. (Abb. 3.52a).

B. Wenn die magnetischen Orbitale beider Kationen derart angeordnet sind, daß sie zwar in gegenseitigem Kontakt stehen, aber ihr Überlappungsintegral Null ist, d. i. wenn sie orthogonal sind, dann entspricht die resultierende Wechselwirkung dem direkten (potentiellen) Austausch und ist daher ferromagnetisch, in der Regel jedoch schwächer als die antiferromagnetische Wechselwirkung.

Dieser Fall tritt bei der 180°-Konfiguration ein, wenn ein Kation das magnetische Orbital d_γ (d_{z^2}) hat, das zweite jedoch nur $d_\varepsilon(d_{xy})$. Als ein Beispiel dafür kann die Wechselwirkung $Fe^{3+}(d^5)$—O^{2-}—$Cr^{3+}(d^3)$ angeführt werden. Im allgemeinen handelt es sich um Wechselwirkungen des Typs $\sigma-\pi$ bei der 180°-Annordnung und $\sigma-\sigma$, evtl. $\pi-\pi$, bei der 90°-Anordnung (Abb. 3.52b).

Weil die ferromagnetische 90°-Wechselwirkung schwach ist, kann in einigen Fällen die direkte Austauschwechselwirkung Kation-Kation überwiegen, die aus der direkten Überlappung eigener Kationen-Orbitale folgt (Abb. 3.52c). Es ist klar,

[66]) Bei der 180°-Anordnung kann bei kinetischem Austausch wegen der Orthogonalitäts-Beziehungen, wie aus Abb. 3.51 zu ersehen ist, kein asymmetrischer Fall vorkommen.

daß diese Wechselwirkung nur dann auftritt, wenn die betreffenden Orbitale (d. i. d_ε im Falle oktaedrischer Koordination) magnetisch sind. Die Wechselwirkung ist wegen des verhältnismäßig kleinen Abstands der Kerne beider Kationen bei einer 90°-Anordnung gewöhnlich antiferromagnetisch (vgl. die Einleitung zu Abschn. 3.4, S. 267 f.), und dadurch erklärt sich, daß die 90°-Wechselwirkung in einigen Fällen im Widerspruch zu den Regeln über den Superaustausch antiferromagnetisch ist.

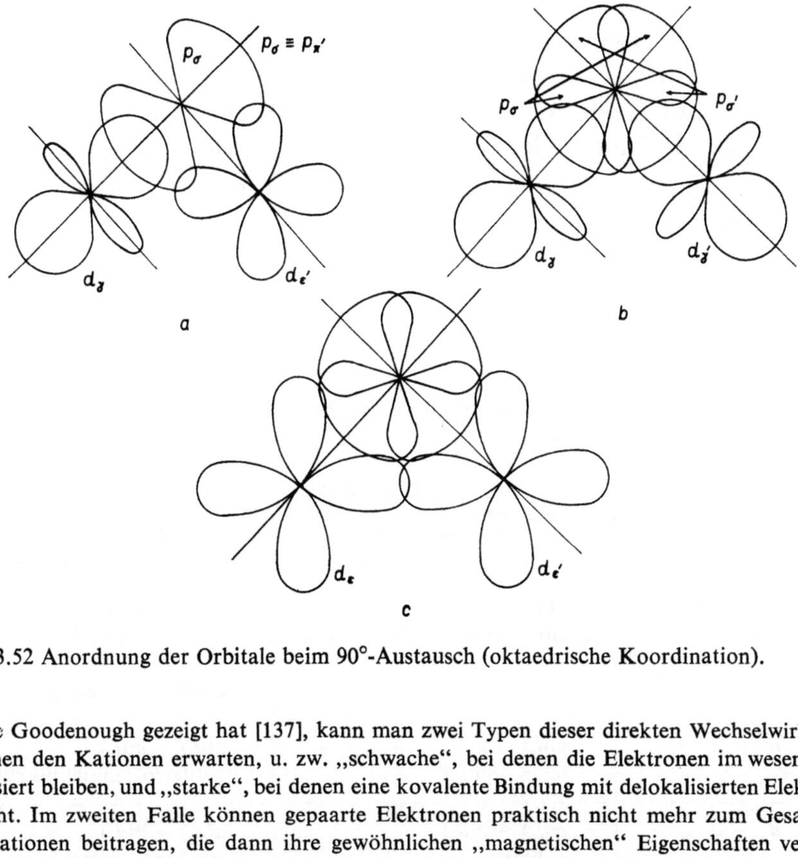

Abb. 3.52 Anordnung der Orbitale beim 90°-Austausch (oktaedrische Koordination).

Wie Goodenough gezeigt hat [137], kann man zwei Typen dieser direkten Wechselwirkungen zwischen den Kationen erwarten, u. zw. „schwache", bei denen die Elektronen im wesentlichen lokalisiert bleiben, und „starke", bei denen eine kovalente Bindung mit delokalisierten Elektronen entsteht. Im zweiten Falle können gepaarte Elektronen praktisch nicht mehr zum Gesamtspin der Kationen beitragen, die dann ihre gewöhnlichen „magnetischen" Eigenschaften verlieren. Mit dieser „starken" Wechselwirkung erklärt Goodenough das abweichende Verhalten einiger Oxide von Übergangselementen mit kleiner *d*-Elektronenanzahl, z. B. VO, V_2O_3, TiO, Ti_2O_3.

Wenn der Winkel $M_1-\mathrm{O}-M_2$ zwischen 90° und 180° liegt, wird die Analyse der Wechselwirkungen dadurch kompliziert, daß die in Abb. 3.51 dargestellten einfachen Orthogonalitäts-Relationen nicht gültig sind. Die sich mit den zugehörigen *d*-Orbitalen der Kationen kombinierenden Liganden-Orbitale p_σ, p_π sind aus geometrischen Gründen nicht für beide Kationen M_1, M_2 identisch, und man kann deshalb nicht so einfach wie vorstehend den Effekt einzelner magnetischer Orbitale separieren. Wir erwarten jedoch, daß in den Fällen, wo der 90°- und 180°-Austausch entgegengesetztes Vorzeichen haben, ein gewisser kritischer Winkel existieren wird, bei dem die antiferromagnetische Wechselwirkung in die ferromagnetische (oder umgekehrt) übergeht. Ein Beispiel dafür liefert die Wechselwirkung d^3-d^5, die im Spinell $MnCr_2O_4$ antiferromagnetisch (Wechselwirkung $A-B$ $\approx 125°$) und in den (001)-Ebenen in MnF_3 ($\approx$ 150°) ferromagnetisch ist, so daß der kritische Winkel wahrscheinlich im Intervall 125° bis 150° liegt [133]. Demgegenüber bleibt für Konfigurationen, für die in der 90°- und 180°-Anordnung die Wechselwirkungen desselben Vorzeichens überwiegen, bei der Änderung des Winkels M_1-O-M_2 der Sinn der Wechselwirkung unverändert. Ein Beispiel ist die starke antiferromagnetische Wechselwirkung d^5-d^5. Wenn eines der wechselwirkenden Ionen in tetraedrischer Koordination ist (Spinelle, Granate), wechseln bei ihm die Orbitale d_γ und d_ε ihre Aufgaben, die angeführten allgemeinen Regeln bleiben jedoch gültig.

Die angegebenen Regeln deuten unmittelbar auf den Zusammenhang zwischen der Elektronenstruktur und dem Typ bzw. der Größe der resultierenden Wechselwirkung. Zu eindeutigen Ergebnissen gelangen wir vor allem dann, wenn bei Kationen auf jedes der äquivalenten Orbitale im Durchschnitt immer eine ganze Zahl von Elektro-

Tabelle III-11

Die entscheidenden Austauschwechselwirkungen der $3d^n$-Ionen in oktaedrischer Koordination bei der 180°- und 90°-Anordnung

Elektronen-konfiguration	Überwiegende Wechselwirkung	
	180°-Anordnung	90°-Anordnung
d^3-d^3	$\pi(d_\varepsilon)-\pi(d_\varepsilon)$ antiferromagnetisch, schwach	$\pi(d_\varepsilon)-\pi(d_\varepsilon)$ ferro-, schwach*) $c(d_\varepsilon)-c(d_\varepsilon)$ antiferro-, schwach
d^3-d^5	$\pi(d_\varepsilon)-\pi(d_\gamma)$ ferro-, mittel	$\pi(d_\varepsilon)-\sigma(d_\gamma)$ antiferro-, mittel bis stark
d^5-d^5	$\sigma(d_\gamma)-\sigma(d_\gamma)$ antiferro-, stark	$\pi(d_\varepsilon)-\sigma(d_\gamma)$ antiferro-, mittel bis stark
d^8-d^8	$\sigma(d_\gamma)-\sigma(d_\gamma)$ antiferro-, stark	$\sigma(d_\gamma)-\sigma(d_\gamma)$ ferro-, stark**)

*) $c(d_\varepsilon)-c(d_\varepsilon)$ bezeichnet die direkte Wechselwirkung zwischen den Kationen; beide Austauschtypen sind der Größe nach vergleichbar, so daß entweder die ferromagnetische oder die antiferromagnetische Wechselwirkung überwiegen kann.

**) Die ferromagnetische Wechselwirkung kann durch weitere antiferromagnetische Beiträge, z. B. infolge von Kopplung mit den *s*-Elektronen, kompensiert werden, so daß man das Ergebnis nicht eindeutig vorhersagen kann.

nen (0, 1, oder 2) entfällt. Diese Situation tritt bei oktaedrischer Koordination bei Ionen mit der Konfiguration $d^3(d_\varepsilon^3 d_\gamma^0)$, $d^5(d_\varepsilon^3 d_\gamma^2)$ oder $d^8(d_\varepsilon^6 d_\gamma^2)$ und bei tetraedrischer Koordination bei den Ionen $d^2(d_\gamma^2 d_\varepsilon^0)$, $d^5(d_\gamma^2 d_\varepsilon^3)$ oder $d^7(d_\gamma^4 d_\varepsilon^3)$ ein[67]). Die Ergebnisse für die oktaedrische Koordination enthält Tab. III-11.

In den anderen Fällen kommt auf einige Orbitale im Durchschnitt keine ganze Zahl von Elektronen, der Ionen-Zustand ist im kubischen Felde orbitalgemäß entartet, und diese Entartung wird sehr oft durch eine Verzerrung und Herabsetzung der Symmetrie aufgehoben (vgl. Abschn. 2.2, 2.4). Wenn es keine solche Verzerrungen gäbe, wären die Elektronen gleichmäßig auf die äquivalenten Orbitale verteilt (z. B. bei der d^4-Konfiguration ein d_γ-Elektron auf die beiden entarteten Orbitale d_{z^2} und $d_{x^2-y^2}$), und die Austauschwechselwirkungen wären vom selben Typ, als ob jedes dieser entarteten Orbitale von einem ganzen Elektron besetzt wäre, allerdings wären sie entsprechend schwächer. Beim Auftreten von Verzerrungen ist es notwendig, die tatsächliche Besetzung der Orbitale in Erwägung zu ziehen (bei der Konfiguration d^4 in einem tetragonalen Kristallfeld mit $c/a > 1$ wird z. B. das Orbital d_{z^2} besetzt und das Orbital $d_{x^2-y^2}$ leer sein, und die Wechselwirkungen können dann anisotrop werden[68]) [79, 133].

Vergleich mit dem Experiment

Zum Schluß vergleichen wir experimentelle Ergebnisse mit der Theorie. Von den experimentellen Daten kann man für einen solchen Vergleich besonders die Kenntnisse über die verschiedenen Typen der magnetischen Anordnung und die Größe der Curie-(Néel-)Temperatur ausnutzen, die als Maßstab für die Stärke der Wechselwirkung gilt.

Die 180°-Superaustausch-Wechselwirkung. Betrachten wir die 180°-Wechselwirkungen zwischen Kationen mit oktaedrischer Koordination. Dieser Anordnungstyp kommt bei Oxiden mit der NaCl- und Perowskitstruktur vor. Namentlich der zweite Strukturtyp ist für ein detailliertes Studium von Austauschwechselwirkungen dieser Art besonders geeignet, denn die Kationen mit oktaedrischer Koordination bilden in der Perowskitstruktur ein einfaches kubisches (oder fast kubisches) Gitter, so daß die 180°-Wechselwirkungen die einzigen Austauschwechselwirkungen darstellen. Die an verschiedenen Perowskitverbindungen gewonnenen experimentellen Ergebnis-

[67]) Wir betrachten nur Zustände mit hohem Spin.

[68]) Unter „Anisotropie" wird hier die Abhängigkeit des Wechselwirkungstyps von der Orientierung der Konfiguration M—O—M im Kristall verstanden. Sofern es sich jedoch um die Orientierung magnetischer Momente (und daher der spontanen Magnetisierung) handelt, sind auch diese „anisotropen" Wechselwirkungen, gleich den anderen Austauschwechselwirkungen des Heisenberg-Typs, isotrop.

se stimmen mit den das Vorzeichen und die Größe der Austauschwechselwirkung betreffenden Schlußfolgerungen der Theorie sehr gut überein. So wurde z. B. antiferromagnetische Wechselwirkung für Mn^{4+}—O^{2-}—Mn^{4+}, Cr^{3+}—O^{2-}—Cr^{3+} (d^3-d^3), Fe^{3+}—O^{2-}—Fe^{3+} (d^5-d^5) und Co^{3+}—O^{2-}—Co^{3+} $(d_\varepsilon^4 d_\gamma^2 - d_\varepsilon^4 d_\gamma^2)$, ferromagnetische für Fe^{3+}—O^{2-}—Cr^{3+} (d^5-d^3) und für Co^{3+}—O^{2-}—Co^{IV} $(d_\varepsilon^4 d_\gamma^2 - d_\varepsilon^5 d_\gamma^0)$ gefunden[69]). Für Mn^{3+}-Ionen $(d_\varepsilon^3 d_\gamma^1)$ wurde eine anisotrope Wechselwirkung in

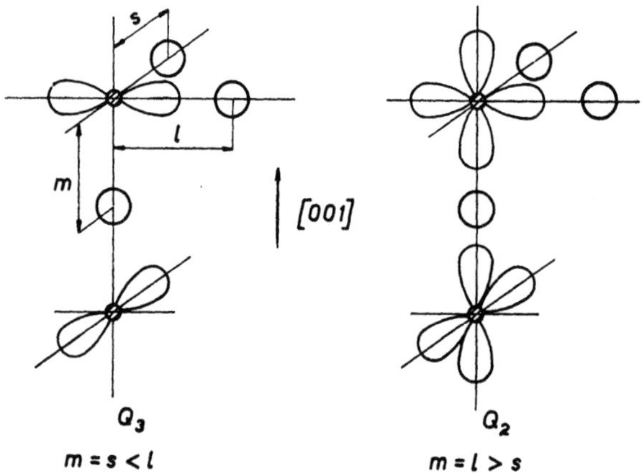

Abb. 3.53 Einfluß der den Q_2- und Q_3-Moden entsprechenden Verzerrungen auf die 180°-Superaustausch-Wechselwirkung der Ionen $Mn^{3+}(3d^4)$. Bez. der Definition von Q_2, Q_3 siehe Abb. 2.36.

$LaMnO_3$ festgestellt, die in den zu den a_1, a_2-Achsen parallelen Ebenen ferromagnetisch und in Richtung der a_3-Achse antiferromagnetisch ist (Abb. 2.32 und 2.33). Dieses Ergebnis entspricht genau der angenommenen Orientierung der Orbitale d_{z^2} und $d_{x^2-y^2}$ und ihrer Besetzung (vgl. Abschn. 2.4, S. 159).

Der anisotrope Charakter der Wechselwirkungen wird durch den Jahn-Teller-Effekt und die mit ihm verbundene Gitterverzerrung verursacht, die gewöhnlich zu einer orthorhombischen Symmetrie des Typs O' führt (Abschn. 2.4, S. 159). Diese Verzerrung ist durch eine Überlagerung der Moden $\pm Q_2$ und Q_3 (S. 164) mit überwiegendem Anteil von $\pm Q_2$ gegeben [133, 138]. Für beide Moden besteht übereinstimmend in den (001)-Ebenen eine ferromagnetische Superaustausch-Wechselwirkung (wie für das Paar $d_\gamma^2 - d_\gamma^0$), und in der [001]-Richtung eine antiferromagnetische Superaustausch-Wechselwirkung, die vom Typ $d_\gamma^0 - d_\gamma^0$ für Q_3 (die Orbitale d_{z^2} besetzt) und vom Typ $d_\gamma^2 - d_\gamma^2$ für Q_2 ist (die Orbitale $d_{x^2-y^2}$ besetzt). Der Unterschied zwischen den Moden Q_2 und Q_3 entsprechenden antiferromagnetischen Wechselwirkungen, die nach Tab. III-11 verschieden stark sind, ist aus Abb. 3.53 ersichtlich. Der wirkliche Zustand des Mn^{3+}-Ions entspricht einer Überlagerung von d_{z^2} und $d_{x^2-y^2}$ mit größerer durchschnittlicher Elektronendichte im Orbital $d_{x^2-y^2}$. Durch Substitution der Ionen Ga^{3+}, Co^{3+} oder Ni^{3+} [79][70]) für Mn^{3+} wird die durch die

[69]) Das Co^{IV}-Ion hat im niedrigen Spinzustand die Elektronenkonfiguration $d_\varepsilon^5 d_\gamma^0$.

[70]) Es zeigt sich, daß Ni^{3+} immer und Co^{3+} zumindest bei nicht allzu großen Konzentrationen im niedrigen Spin-Zustand sind, d. i. $S_{Ni^{III}} = \frac{1}{2}$, $S_{Co^{III}} = 0$.

Mn^{3+}-Ionen verursachte kooperative Gitterverzerrung gestört, was nach außen durch eine Verringerung des Verhältnisses b/c zum Ausdruck kommt; bei einer bestimmten kritischen Konzentration an substituierten Kationen verschwindet die makroskopische Verzerrung völlig, und die orthorhombische Struktur des O'-Typs geht in den üblichen O-Typ über (S. 161). Gleichzeitig mit den Veränderungen der Gitterparameter kommt es aber auch zu wesentlichen Änderungen der magnetischen

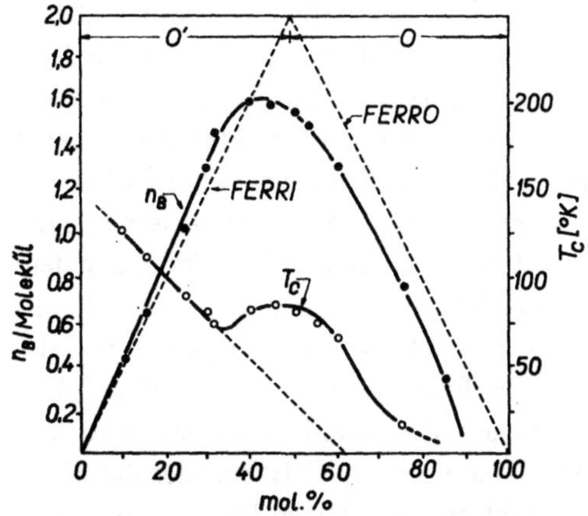

Abb. 3.54 Magnetisches Sättigungsmoment und Curie-Temperatur T_c im System $LaMn_{1-x}Ga_xO_3$; O, O' bezeichnen zwei Typen orthorhombischer Symmetrie der Perowskitstruktur (nach Goodenough u.a. [79]).

Eigenschaften: es tritt ein von Null verschiedenes magnetisches Moment auf, das den Maximalwert in der Regel bei Konzentrationen von 40–50% erreicht. Die Abhängigkeiten der spontanen Magnetisierung von der Konzentration substituierter Ga^{3+}- und Co^{3+}-Ionen sind in Abb. 3.54 und 3.55 wiedergegeben, in denen die Existenzbereiche verschiedener Verzerrungstypen der Perowskitstruktur gekennzeichnet sind. Es ist augenscheinlich, daß die kritische Konzentration an substi-

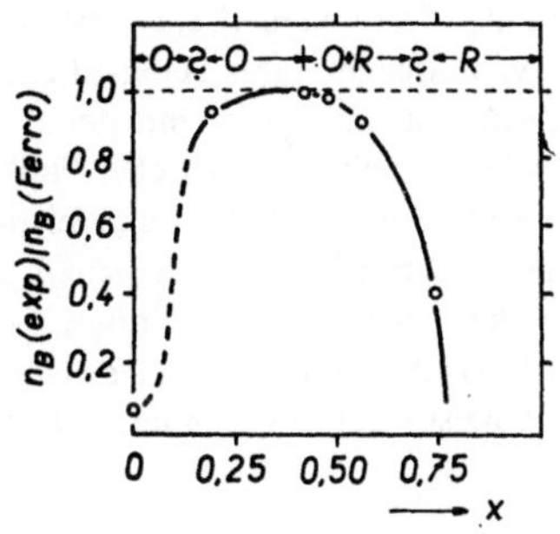

Abb. 3.55 Magnetisches Moment im System $LaMn_{1-x} \cdot Co_xO_{3+\delta}$, gemessen bei 4,2 °K und reduziert auf den Spinwert $4\mu_B$ pro Mn^{3+}-Ion unter Voraussetzung einer idealen ferromagnetischen Anordnung; Co^{III} wird als diamagnetisch angenommen. Kristallographische Phasen: O, O' orthorhombisch, R rhomboedrisch (nach [79]).

tuierten Ionen, bei der die kooperative Verzerrung verschwindet und die Struktur in den O-Typ übergeht, bei Ga weit höher ist ($\approx 50\%$) als bei Co und Ni. Diesen Unterschied hat Goodenough [79] mit der Anordnung der Ga^{3+}-Ionen in wechselnden (001)-Ebenen erklärt, die bis zur vollen Besetzung dieser Ebenen mit Ga^{3+}-Ionen ($x = 0{,}5$) die Erhaltung einer fast 100% Mn^{3+}-Konzentration in den zu ihnen benachbarten Ebenen und dadurch auch die Erhaltung der Symmetrie O' ermöglicht. So entsteht die nicht-eigene ferrimagnetische Anordnung mit zwei Untergittern, von denen eine aus den von Mn^{3+}-Ionen besetzten Ebenen und das zweite aus den die Ga^{3+}-Ionen enthaltenden Ebenen besteht. Die Wechselwirkungen der Mn^{3+}-Ionen bleiben dabei anisotrop – ferromagnetisch innerhalb der von Mn^{3+} besetzten Ebenen und antiferromagnetisch zwischen den beiden Untergittern. Demgegenüber kommt es bei Substitution von Co oder Ni zu keiner ähnlichen Anordnung, und deshalb verschwindet die kooperative Verzerrung unverhältnismäßig viel früher. Die statistische Verteilung der Co^{III}- und Ni^{III}-Ionen hat dann zur Folge, daß im Gebiet der Symmetrie O', d. i. bei kleinen Konzentrationen dieser Ionen, die antiferromagnetische Struktur des reinen $LaMnO_3$ im wesentlichen erhalten bleibt. Im Gebiet der Symmetrie O, also bei Überschreiten der kritischen Konzentration der Ga-, Co- oder Ni-Ionen, weisen alle drei Systeme übereinstimmend ferromagnetische Eigenschaften auf. Zur Erklärung des Ursprungs dieses Ferromagnetismus ist es notwendig, eine Vorstellung über die Elektronenkonfiguration der Mn^{3+}-Ionen nach Verschwinden der kooperativen Jahn-Teller-Verzerrung zu gewinnen. Es können drei Fälle eintreten (vgl. Abschn. 2.4, S. 163): (a) es bestehen lokale statische Verzerrungen, die zufällig orientiert sind; (b) anstelle statischer Verzerrungen existiert der dynamische J.-T.-Effekt, der die Elektronenkonfiguration der Mn^{3+}-Ionen mit den Gitterschwingungen koppelt, so daß das Elektron d_γ der wechselnden Symmetrie des Sauerstoffoktaeders folgt; (c) wie (b), jedoch ist die Kopplung zwischen dem Elektron d_γ und den Gitterschwingungen so schwach, daß die Besetzung der Orbitale $d_\gamma(z^2)$ und $d_\gamma(x^2 - y^2)$ mit den Schwingungen nicht korreliert wird. Diese drei Alternativen führen zu verschiedenen Voraussagen für die Wechselwirkungen der benachbarten Mn^{3+}-Ionen. Über ihre Richtigkeit kann auf Grund magnetischer Eigenschaften entschieden werden. Die Alternative (a) hat einen anisotropen Charakter

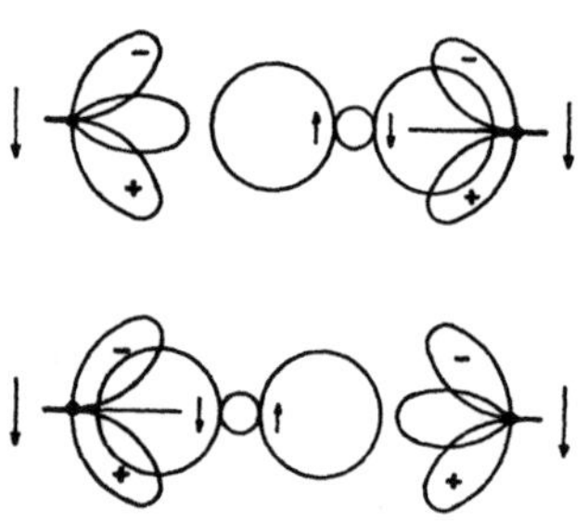

Abb. 3.56 Zur Entstehung der ferromagnetischen Wechselwirkung $d_\gamma^2 - d_\gamma^0$ bei dynamischem Jahn-Teller-Effekt. Die Besetzung der Orbitale d_{z^2} und $d_{x^2-y^2}$ ist mit der Bewegung des Sauerstoff-Ions korreliert (quasistatischer Fall). In der Abb. sind nur die Orbitale d_{z^2} und d_{xz} eingezeichnet. Bei Annäherung eines Sauerstoff-Ions leert sich d_{z^2}, und das Elektron geht in den Zustand $d_{x^2-y^2}$ über, bei Entfernung des Sauerstoff-Ions ist es umgekehrt. Das leere Orbital wird durch die Abszisse gekennzeichnet. (Nach Goodenough u. a. [79].)

der Austauschwechselwirkungen Mn^{3+}—O^{2-}—Mn^{3+} zur Folge; wegen der zufälligen Orientierung der lokal verzerrten Oktaeder werden die Wechselwirkungen aller drei in Tab. III-11 angeführten Typen, ebenfalls zufällig orientiert, existieren. Im Falle (c) wird eine abgeschwächte isotrope antiferromagnetische Wechselwirkung vom Typ $d_\gamma^2 - d_\gamma^2$ bestehen (im Durchschnitt ein halbes d_γ-Elektron in dem an der Kopplung beteiligten Orbital). Schließlich wird im Falle (b) eine ferromagnetische Wechselwirkung des Typs $d_\gamma^2 - d_\gamma^0$ existieren, wie aus Abb. 3.56 zu ersehen ist. Ferromagnetismus tritt in allen drei Mischsystemen im Symmetriegebiet *O* auf und die quantitative Übereinstimmung der Größe des magnetischen Sättigungsmoments mit der theoretischen Vorhersage $\mu(Mn^{3+}) = 4\mu_B$, $\mu(Ni^{III}) = 1\mu_B$, $\mu(Co^{III}) = \mu(Ga^{3+}) = 0$ spricht eindeutig für die Alternative (b)[71]) und stellt gleichzeitig eine vorzügliche Bestätigung der Richtigkeit der früher angeführten Regeln dar. Für $x \to 1$ kommt es bei den Systemen mit Co und Ni zu einer Veränderung der Symmetrie in eine rhomboedrische, wobei $LaCoO_3$ antiferromagnetisch ist (bei größeren Konzentrationen befindet sich Co^{3+} im hohen Spinzustand, für den die Wechselwirkung Co^{3+}—O^{2-}—Co^{3+} vom Typ $d_\gamma^2 - d_\gamma^2$ ist) und $LaNiO_3$ wahrscheinlich paramagnetisch ist[72]).

Die Oxide MnO, FeO, CoO und NiO haben die NaCl-Struktur und sind erwartungsgemäß antiferromagnetisch, denn als entscheidende Wechselwirkungen gelten bei ihnen die 180°-Wechselwirkungen des Typs $d_\gamma^2 - d_\gamma^2$. Ähnlich ist auch die Wechselwirkung Ni^{III}—O^{2-}—Ni^{2+} in $Li_xNi_{1-x}O$ antiferromagnetisch (Wechselwirkung $d_\gamma^1 - d_\gamma^2$, Ni^{III} mit der Konfiguration $d_\varepsilon^6 d_\gamma^1$) [80]. In Tab. III-12 sind die grundlegenden antiferromagnetischen Daten dieser Oxide zusammen mit den Daten zweier antiferromagnetischer Perowskitverbindungen $LaCrO_3$ und $LaFeO_3$ aufgeführt. Wachsende Néel-Temperaturen von MnO zu NiO deuten darauf hin, daß in dieser Reihenfolge die Stärke der resultierenden Wechselwirkung wächst. Diese Tatsache kann man wahrscheinlich in erster Linie der Verminderung der Anzahl ferromagnetischer Wechselwirkungen zuschreiben, die mit der sukzessiven Auffüllung der d_ε-Niveaus zusammenhängt (vgl. Tab. III-11). Es sei bemerkt, daß neben der Größe

Tabelle III-12

Néel-Temperatur T_N und assymptotischer Curie-Punkt Θ_a für Oxide mit antiferromagnetische 180°-Wechselwirkung

Zusammensetzung	T_N [°K]	$-\Theta_a$ [°K]	Quelle
MnO	116	610	[140, 2]
FeO	198	(570)	[140, 141]
CoO	292	330	(140, 142]
NiO	523	(1310)	[140, 143]
$LaCrO_3$	320	576	[144, 76]
$LaFeO_3$	740	750	[144, 76]

[71]) Vgl. Abschn. 2.4, S. 163f.

[72]) Nach [139] besitzt $LaNiO_3$ Pauli-Paramagnetismus und metallische Leitfähigkeit, was beweist, daß die d_γ-Elektronen des Ni^{III}-Ions nicht lokalisiert sind, sondern ein Band bilden.

der 180°-Wechselwirkung über die Néel-Temperatur bei Oxiden mit NaCl-Struktur auch die 90°-Nebenwechselwirkung mitentscheidet, die für MnO verhältnismäßig stark antiferromagnetisch und bei NiO sehr schwach ist. Aus einem ähnlichen Grunde ist T_N bei $LaCrO_3$ höher als bei MnO, obwohl die antiferromagnetische Wechselwirkung Cr^{3+}—O^{2-}—Cr^{3+}, die vom Typ $\pi-\pi$ ist, im Vergleich zu Mn^{2+}—O^{2-}—Mn^{2+} schwächer sein sollte. Gleichzeitig soll man sich vor Augen halten, daß wegen der Regel (3.76) die Austauschwechselwirkungen bei dreiwertigen Ionen immer relativ stärker sind als bei zweiwertigen. Wenn wir also statt Mn^{2+} das Fe^{3+}-Ion wählen, das die gleiche Elektronenstruktur hat, stellen wir z. B. fest, daß $LaFeO_3$ tatsächlich eine höhere Néel-Temperatur hat als $LaCrO_3$.

Anderson hat darauf aufmerksam gemacht [124], daß die Lage des Fe^{3+}-Ions insofern außerordentlich ist, als es das einzige dreiwertige Ion mit der Konfiguration $3d^n$, $n \geqq 5$ ist, das in magnetischen Oxiden laufend vorkommt und bei dem die Wechselwirkung $\sigma-\sigma$ voll zur Geltung kommt. Wegen der Regel (3.76) kann man also bei ihm besonders starke Austauschwechselwirkungen erwarten. Das Experiment hat diese Vorhersage voll bestätigt. Diese Schlußfolgerung bleibt auch für die $\approx 125°$-Wechselwirkung zwischen oktaedrischem und tetraedrischem Ion gültig, welche die Hauptwechselwirkung in Spinellen und Granaten ist. Die verhältnismäßig hohen Werte der Curie-Temperatur der Ferrite mit inverser Spinellstruktur und Granatstruktur (Tab. III-3 und III-6) beweisen die Kraft der Wechselwirkungen Fe^{3+}—O^{2-}—Fe^{3+} in dieser Konfiguration. Die Schwächung der Wechselwirkung durch Valenzerniedrigung im Sinne der Regel (3.76) ist bei $MnFe_2O_4$-Ferrit gut zu beobachten, der ein fast normaler Spinell ist und eine niedrigere Curie-Temperatur im Vergleich zu den inversen Ni-, Co- und Fe-Ferriten hat, obwohl Mn^{2+} die gleiche Elektronenstruktur aufweist wie Fe^{3+}. Andererseits, wenn wir Fe^{3+} teilweise oder völlig durch Cr^{3+}-Ionen ersetzen, die in beiden Strukturen oktaedrische Plätze stark bevorzugen, kommt es zu einer starken Herabsetzung von T_c. Diese Tatsache bestätigt die Schlußfolgerung, daß die durch die π-Bindungen vermittelten Wechselwirkungen schwächer sind als die Wechselwirkungen des Typs $\sigma-\sigma$ (Regel A und B). Eine andere Folge der Schwächung der Wechselwirkung $A-B$ in den Cr^{3+} enthaltenden Spinellen ist die Entstehung nicht-kollinearer magnetischer Strukturen (Abschn. 3.3).

Die 90°-Wechselwirkung; Spinelle mit ferromagnetischer Wechselwirkung $B-B$. Die 90°-Wechselwirkungen zwischen Kationen mit oktaedrischer Koordination kommen z. B. bei Oxiden mit NaCl-Struktur und in Spinellen als Nebenwechselwirkungen vor (in Spinellen die Wechselwirkung $B-B$). Wenn sie antiferromagnetisch sind – was am häufigsten der Fall ist –, konkurrieren sie mit den Hauptwechselwirkungen (180° bei der NaCl-Struktur und $\approx 125°$ bei Spinellen) und können, falls sie genug stark sind, die Entstehung magnetischer Strukturen mit gekanteten Spins verursachen. Für die Beurteilung der 90°-Wechselwirkungen sind die normalen Spinelle besonders interessant, welche nur in den oktaedrischen Lagen (B) magnetische

Tabelle III-13

Kristallographische und magnetische Daten der Spinelle mit B—B-Wechselwirkung; nach Lotgering [145], Baltzer [146] und Blasse [55, 147]

Zusammensetzung	Gitterkonstante a [Å]	Sauerstoffparameter u	n_B/Molekül (bei ≈ 4 °K)	T_N [°K]	Θ [°K]*)	T_c [°K]
$Zn[Fe_2]O_4$	8,416	0,380	—	9	− 50	—
$Zn[Mn_2]O_4$	a = 8,087 c = 9,254	—	—	200	—	—
$Zn[Cr_2]O_4$	8,327	0,386	—	15	−350	—
$Zn[Cr_2]S_4$	9,988	0,385	—	20	+ 18	—
$Cu[Cr_2]S_4$	9,822	0,381	4,58	—	+390	420
$Cd[Cr_2]S_4$	10,244	0,390	5,2	—	+135	97
$Hg[Cr_2]S_4$	10,237	0,390	5,3	—	+137	60
$Zn[Cr_2]Se_4$	10,443	0,384	—	20	+115	
$Cu[Cr_2]Se_4$	10,337	0,380	4,94	—	+465	460
$Cd[Cr_2]Se_4$	10,755	0,390	5,4	—	+190	142
$Hg[Cr_2]Se_4$	10,753	0,390	5,4	—	+192	120
$Cu[Cr_2]Te_4$	11,137	0,379	4,93	—	+115	
$Cu^+[Mg^{2+}_{1/2}Mn^{4+}_{3/2}]O_4$	8,31	—	3,82	—	+ 75	57
$(Li^+_{1/2}Zn^{2+}_{1/2})[Li^+_{1/2}Mn^{4+}_{3/2}]O_4$	8,19	—	4,24	—	+ 35	22
$Cu^+[Ni^{2+}_{1/2}Mn^{4+}_{3/2}]O_4$	8,31	—	3,15**)	—	− 20	150

*) Konstante aus dem Curie-Weiss-Gesetz.
**) Ferrimagnetisch.

Ionen haben, vgl. [94]. In einem solchen Falle führen die Wechselwirkungen $B-B$ zur magnetischen Ordnung des oktaedrischen Untergitters, die bei Oxidspinellen meist antiferromagnetisch ist.

In Tab. III-13 sind einige Beispiele mit den zugehörigen Néel-Temperaturen angeführt. Bei den Ionen Fe^{3+}, Mn^{3+} ist die antiferromagnetische Anordnung in Einklang mit Regel A. Die niedrigen T_N-Werte bei $ZnFe_2O_4$ hängen wahrscheinlich zusammen mit der Entartung des Grundzustandes des Kristalls und der Schwierigkeit, eine antiferromagnetische Anordnung im großen Abstand zu bilden, wegen der Symmetrieeigenschaften des B-Untergitters in Spinellen (Abschn. 3.2, S. 253f.). Demgegenüber gilt bei $ZnMn_2O_4$ in bezug auf die tetragonale Deformation keine Beschränkung für die antiferromagnetische Anordnung, und T_N ist hoch. Teilweise kann hier jedoch auch die Stärkung der $B-B$ Wechselwirkung in der (001)-Ebene eine Rolle spielen, zu der es in Manganiten infolge tetragonaler Verzerrung kommt (siehe weiter unten). Der Antiferromagnetismus der Wechselwirkung Cr^{3+}—Cr^{3+} in $ZnCr_2O_4$ (und in einigen weiteren Chromiten) beweist den überwiegenden Einfluß des direkten Austausches Kation – Kation (vgl. S. 290f.). Im Gegensatz dazu ist es möglich, den Ferromagnetismus einiger Oxidspinelle mit Mn^{4+}-Ionen in den B-Lagen, wie z. B. $Cu^+[Mg^{2+}_{1/2}Mn^{4+}_{3/2}]O_4$ und weitere Verbindungen (siehe Tabelle), der 90°-Superaustausch-Wechselwirkung Mn^{4+}—O^{2-}—Mn^{4+} zuzuschreiben, die nach Regel B ferromagnetisch ist. Das unterschiedliche Verhalten der Mn^{4+}- und Cr^{3+}-Ionen, welche die gleiche Elektronenkonfiguration ($3d^3$) haben, hängt wahrscheinlich mit der größeren Überlappung der Kationen- und Anionenorbitale im Falle des Mn^{4+}-Ions zusammen, das durch seine größere elektrische Ladung die umliegenden Sauerstoff-Ionen stärker polarisiert und so gleichzeitig auch den Anteil der Kovalenzbindung vergrößert. Eine bestimmte Rolle kann dabei auch die Anordnung des B-Untergitters spielen, die bei diesen Spinellen mit der von Li-Ferrit übereinstimmt (S. 177). Einen interessanten Fall stellt $Cu^+[Ni^{2+}_{1/2}Mn^{4+}_{3/2}]O_4$ dar, das in den B-Lagen noch eine weitere Art von magnetischen Ionen, nämlich Ni^{2+}, hat. Die Wechselwirkung Mn^{4+}—Ni^{2+} ist antiferromagnetisch (anscheinend nach Regel A), so daß die resultierende Anordnung der magnetischen Momente ferrimagnetisch ist

$$Cu^+[\overrightarrow{Ni^{2+}_{1/2}}\overleftarrow{Mn^{4+}_{3/2}}]O_4\,,$$

was u. a. durch die Temperaturabhängigkeit $1/\chi$ bewiesen wird [147]. Es handelt sich dabei um den vorläufig vereinzelten Fall eines nichteigenen, durch Teilung des oktaedrischen Spinell-Untergitters entstandenen Ferrimagnetismus.

Öfter als bei oxidischen Spinellen finden wir die ferromagnetische Anordnung der Momente des Untergitters B bei chalkogenidischen Spinellen, die als Anionen Schwefel, Selen oder Tellur haben. Als Beispiel dafür können die von Lotgering [145] und Baltzer u. a. [146] beschriebenen Spinelle mit der allgemeinen Formel MCr_2X_4 mit M = Cu, Cd, Hg und X = S, Se, Te dienen (Tab. III-13). Zur Erklärung der elektrischen und magnetischen Eigenschaften dieser Stoffe setzt Lotgering [148] voraus, daß zum Unterschied vom üblichen Schema der Elektronenniveaus z.B. in Oxiden (vgl. Abb. 1.23) die den Cr^{3+}-Ionen entsprechenden Niveaus hier nicht in der verbotenen Energiezone zwischen dem aufgefüllten Valenzband und dem leeren Leitungsband, sondern knapp unter der oberen Kante des Valenzbandes liegen (Abb. 3.57). Wenn das weitere Kation zweiwertiges Ion ist, z. B. Cd^{2+}, Zn^{2+} u. ä., deren aufgefüllte Niveaus unterhalb oder oberhalb der oberen Valenzbandkante

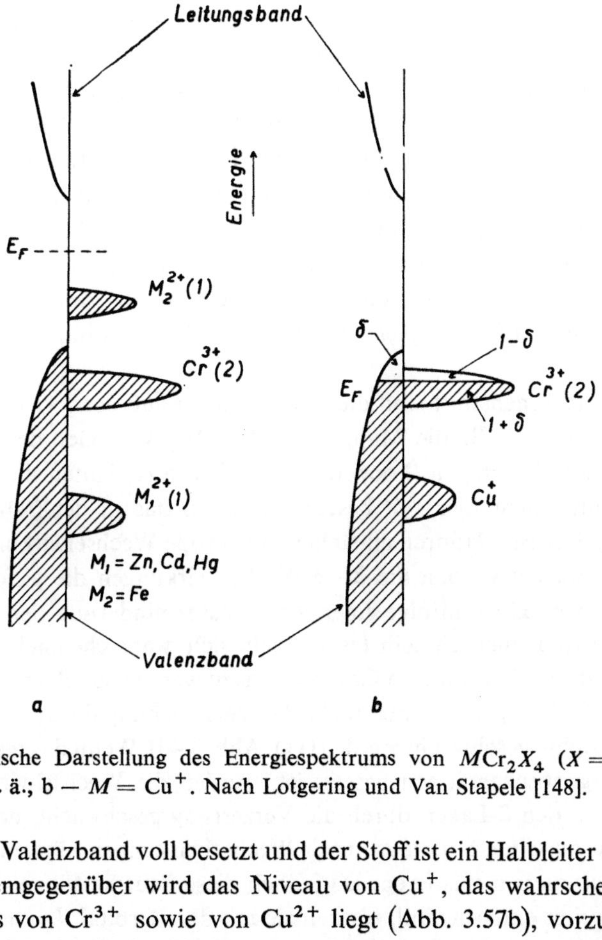

Abb. 3.57 Schematische Darstellung des Energiespektrums von MCr_2X_4 (X = S, Se): a — M = Zn, Cd, Fe u. ä.; b — M = Cu^+. Nach Lotgering und Van Stapele [148].

liegen, bleibt das Valenzband voll besetzt und der Stoff ist ein Halbleiter oder Isolator (Abb. 3.57a). Demgegenüber wird das Niveau von Cu^+, das wahrscheinlich unterhalb des Niveaus von Cr^{3+} sowie von Cu^{2+} liegt (Abb. 3.57b), vorzugsweise aufgefüllt sein, was sich durch eine Veränderung des Valenzzustandes eines Teils $1 - \delta$ der Cr^{3+}-Ionen ($Cr^{3+} \rightarrow Cr^{4+}$) und durch Einführung einer gewissen Anzahl von Elektronenlöchern in das Valenzband äußert. Das Experiment zeigt dementsprechend eine metallische Leitfähigkeit vom *p*-Typ[73]). Die ferromagnetischen Wechselwirkun-

[73]) Ein alternatives Modell hat Goodenough vorgeschlagen [149], der eine Verteilung der Valenzen entsprechend der Formel $Cu^{2+}[Cr_2^{3+}]X_4$ und die durch stark kovalenten Bindungscharakter infolge Delokalisierung der *d*-Elektronen des Cu^{2+}-Ions in tetraedrischen Lagen verursachte Bänderleitfähigkeit voraussetzt.

gen Cr^{3+}—Cr^{3+} kann man im wesentlichen auf Grund der Regel B (S. 290) als eine durch das Anion vermittelte normale indirekte 90°-Wechselwirkung des Typs $\pi-\pi$ erklären. Wegen einer verhältnismäßig starken Delokalisierung der Elektronen kann jedoch der Mechanismus der Übertragung im Sinne der Bändertheorie etwas modifiziert werden (vgl. [148, 150] und Abschn. 7.1). Die direkte Wechselwirkung Kation-Kation, die, wie wir gesehen haben, bei Oxiden in der Regel antiferromagnetisch und stärker als die indirekte Wechselwirkung war, wird hier offenbar durch Vergrößerung des Cr^{3+}—Cr^{3+}-Abstandes infolge größerer Ionenradien der Anionen S, Se, Te im Vergleich zu Sauerstoff wesentlich geschwächt. Man kann jedoch nicht einmal die Veränderung des Vorzeichens der direkten Wechselwirkung bei Vergrößerung des Abstandes Kation – Kation ausscheiden. Für die Größe der 90°-Superaustausch-Wechselwirkung bleibt dann die Größe der Überlappung (d_ε, p_π) entscheidend, die mit der Polarisierbarkeit des Anions und (für ein gegebenes Anion) mit abnehmendem Abstand Anion – (B) Kation anwächst. Es zeigt sich, daß die Wechselwirkung auch durch die Vergrößerung des Kationenradius in den A-Lagen und durch Vergrößerung des charakteristischen u-Parameters der Spinellstruktur (des Sauerstoffparameters) verstärkt werden kann. Beispiele für dieses Verhalten kann man aus Tab. III-13 entnehmen.

Besonders erwähnenswert sind die durch den Einfluß des J.-T.-Effektes tetragonal verzerrten Spinelle, z. B. die Manganite $M^{2+}Mn_2^{3+}O_4$ oder der Ferrit $CuFe_2O_4$. Bei tetragonaler Verzerrung (kooperativer J.-T.-Effekt) halten die Mn^{3+}-Ionen das Orbital d_{z^2} mit einem Elektron besetzt, während das in der (001)-Ebene liegende Orbital $d_{x^2-y^2}$ leer ist. Dadurch entstehen anisotrope Wechselwirkungen (vgl. S. 293). In den (001)-Ebenen werden die $B-B$-Wechselwirkungen die gleichen sein wie bei Cr^{3+}, sie können jedoch infolge einer Abstandsverminderung der Nachbarkationen stärker antiferromagnetisch sein (es handelt sich wahrscheinlich um den direkten Austausch Kation – Kation). Im Gegensatz dazu werden dieselben Wechselwirkungen in den [011]-Richtungen in Anbetracht der Verschiebung der Ionen in Richtung der tetragonalen Achse geschwächt werden (vgl. Abb. 3.40). Wenn das tetraedrische Untergitter mit magnetischen Ionen besetzt ist, werden die Wechselwirkungen $A-B$ der Mn^{3+}-Ionen in den B-Lagen durch die Verzerrung geschwächt, denn die durch die σ-Bindung vermittelten Superaustausch-Wechselwirkungen können nur für zwei der sechs Nachbaranionen existieren. Da jedoch diese Sauerstoffionen infolge der J.-T.-Verzerrung weiter entfernt sind, werden sie mit dem Orbital d_{z^2} eine geringere Überlappung haben, und die antiferromagnetische Wechselwirkung $A-B$ wird dadurch noch weiter geschwächt. Im Einklang mit diesen Schlußfolgerungen treten in Manganiten mit Spinellstruktur und in ihren festen Lösungen nicht-kollineare Spinkonfigurationen auf, die wegen der Anisotropie der Wechselwirkungen verhältnismäßig kompliziert sein können (vgl. z. B. das System Mn_3O_4—$MnFe_2O_4$).

Bei den Cu^{2+}-Ionen in oktaedrischer Koordination ist bei tetragonaler Verzerrung das Orbital d_{z^2} ganz aufgefüllt, während $d_{x^2-y^2}$ mit einem Elektron magnetisch ist. Die anderen Orbitale sind ganz aufgefüllt. Infolgedessen kann Cu^{2+} antiferromagnetische Wechselwirkungen nur in den (001)-Ebenen haben, wobei wegen der verminderten Abstände in dieser Ebene die Wechselwirkungen $A-B$ sogar gestärkt werden [94]. Für die 90°-Wechselwirkung ist klar (vgl. S. 290f. und Abb. 3.52c), daß der direkte Austausch Kation–Kation, der wahrscheinlich bei den 90°-Wechselwirkungen Cr^{3+}—Cr^{3+} und vielleicht auch bei Mn^{3+}—Mn^{3+} überwog, sich hier nicht geltend machen kann, denn die Orbitale d_ε sind bei Cu^{2+} ganz aufgefüllt und daher unmagnetisch. Da der antiferromagnetische Austausch höheren Grades bei einer 90°-Wechselwirkung voraussetzt, daß sowohl die Orbitale d_γ als auch d_ε (Regel Ab) magnetisch sind, kommt bei den Cu^{2+}-Ionen praktisch nicht einmal dieser Beitrag zur Geltung. Infolgedessen werden die Wechselwirkungen $B-B$ der Cu^{2+}-Ionen im allgemeinen schwach sein, was eine kollineare (Néelsche) Spinanordnung zur Folge hat. Es sei bemerkt, daß aus ähnlichen Gründen (Auffüllen der d_ε-Orbitale) auch die 90°-Wechselwirkungen Ni^{2+}—Ni^{2+} (d^8-d^8) in NiO sehr schwach sind.

Der schwache Ferromagnetismus

Einige Antiferromagnetika, z. B. α-Fe_2O_3, $MnCO_3$ oder Orthoferrite Seltener Erden mit Perowskitstruktur, besitzen ein schwaches spontanes ferromagnetisches Moment, dessen Ursprung lange ungeklärt blieb. Frühere Erklärungsversuche, besonders bei Fe_2O_3, deuteten dieses Moment als einen durch ferromagnetische, eventuell ferrimagnetische, in der Probe anwesende Verunreinigungen, durch Abweichungen von der Stöchiometrie u. ä. verursachten „parasitischen" Ferromagnetismus [151]. Die Herkunft dieses „schwachen" Ferromagnetismus hat erst Dsjaloschinski richtig erklärt [152]. Er hat gezeigt, daß es sich um eine charakteristische Eigenschaft dieser Stoffe handelt, die mit Verunreinigung oder Unvollkommenheit der Kristallstruktur nichts zu tun hat, sondern eine natürliche Folge der Kristallsymmetrie ist. Da die schwachen Ferromagnetika des Typs α-Fe_2O_3 kein unmittelbarer Gegenstand unseres Interesses sind, begnügen wir uns nur mit einer sehr kurzgefaßten Charakteristik.

Die Hauptgedanken der Theorie Dsjaloschinskis werden wir am konkreten Beispiel zweier Oxide mit Korundstruktur, α-Fe_2O_3 und Cr_2O_3, andeuten. Diese beiden Stoffe sind zu dem Zweck besonders geeignet, denn man kann an ihnen die Bedingungen für die Entstehung eines schwachen Ferromagnetismus anschaulich demonstrieren, der, obwohl beide Oxide kristallographisch isomorph sind, nur beim ersten von ihnen auftritt. Die rhomboedrische primitive Zelle der Kristalle vom Korundtyp (Abb. 3.58) enthält vier auf der [111]-Achse liegenden Kationen. Wie man aus der Abbildung ersehen kann, ist jedoch die magnetische Struktur der beiden erwähnten Oxide verschieden: während bei Cr_2O_3 im antiferromagnetischen Grundzustand die Nachbarkationen auf der [111]-Achse immer antiparallele Spins $(+-+-)$ haben, wechseln bei α-Fe_2O_3 immer Paare von parallelen und antiparallelen Spins $(+--+)$.

Wie Dsjaloschinski gezeigt hat, ist dieser Unterschied in der Anordnung der magnetischen Momente der eigentliche Grund für das abweichende Verhalten der beiden Stoffe, soweit es sich um die Entstehung des schwachen Ferromagnetismus handelt[74]).

Die Theorie enthält zwei Schritte: erstens die Ermittlung, welche Beschränkungen die Symmetrie der kristallinen und magnetischen Struktur für die Existenz des spontanen ferromagnetischen Moments vorschreibt und weiter eine thermodynami-

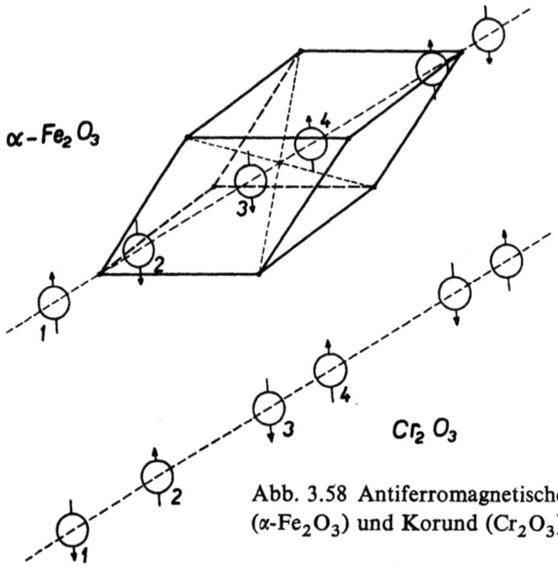

Abb. 3.58 Antiferromagnetische Anordnung von Hämatit (α-Fe_2O_3) und Korund (Cr_2O_3).

sche Lösung des Problems des magnetischen Zustandes schwacher Ferromagnetika. In der Einleitung (Abschn. 1.1) haben wir erwähnt, daß man jeden Kristall in eine von den 32 kristallographischen, durch die sog. Punkt-Symmetriegruppen charakterisierten Klassen einreihen kann. Einzelne Elemente dieser Symmetrien (Drehungen, Spiegelungen) beziehen sich im wesentlichen auf die Atomlagen im Kristall. Wenn wir den Begriff der Kristallsymmetrie so erweitern wollen, daß er auch magnetische Momente miteinbezieht, die zum Unterschied von den Atomkoordinaten Vektorcharakter haben, müssen wir zu den bisherigen Symmetrie-Elementen noch ein weiteres Element R hinzunehmen, das die Vektorrichtung des magnetischen Moments umkehrt[75]). Damit wächst die Anzahl kristallographischer Klassen um weitere 58 an. Wenn uns die antiferromagnetische Grundanordnung magnetischer Momente bekannt ist, können wir sie in eine dieser Klassen einreihen und je nachdem, welche Symmetrie-Elemente diese Klasse enthält, über die Existenzmöglichkeit eines spon-

[74]) Nach Goodenough ist die verschiedene magnetische Struktur von Cr_2O_3 und α-Fe_2O_3 ein Ausdruck für die unterschiedliche Stärke der Austauschwechselwirkungen [143].

[75]) Wenn wir vom makroskopischen Gesichtspunkt aus das magnetische Dipolmoment als Moment eines elektrischen Kreisstroms betrachten, ist die Umkehr dieses Moments an die Umkehr der Stromrichtung gebunden; diese Veränderung ist der Zeit-Umkehr äquivalent.

tanen ferromagnetischen Moments entscheiden. Es ist der Lehrsatz gültig, daß ein von Null verschiedenes spontanes Moment nur dann bestehen kann, wenn es gegenüber allen Operationen der betreffenden Symmetriegruppe invariant ist.

Wenn eine Klasse das Element R direkt enthält, heißt es, daß die in diese Klasse gehörenden Kristalle die Eigenschaft besitzen, daß das magnetische Moment an einem beliebigen Ort gegenüber dem Drehsinn invariant sein muß, d. i. $\boldsymbol{m}(x, y, z) = -\boldsymbol{m}(x, y, z) = 0$; ein solcher Kristall muß daher paramagnetisch sein. Nach diesem Gesichtspunkt kann man alle 90 Klassen in zwei Gruppen einstellen: diejenigen, die R als selbständiges Element enthalten, und die anderen, die entweder überhaupt kein R oder es nur in Kombination mit anderen Elementen enthalten. Die erste Gruppe entspricht den 32 ursprünglichen „kristallographischen" Klassen, die zweite charakterisiert verschiedene „magnetische" Strukturen. Das angeführte Kriterium für die Existenz eines spontanen ferromagnetischen Moments kann man auch als eine Bedingung von der Erhaltung der Zugehörigkeit zu der einen oder anderen Klasse formulieren.

Die antiferromagnetische Grundanordnung in α-Fe_2O_3 hängt von der Temperatur ab. Für $T < 262$ °K sind die Spins zur [111]-Richtung parallel, bei Temperaturen zwischen 250 – 950°K liegen sie in der (111)-Ebene. Bezeichnen wir die erste, bei tieferen Temperaturen stabile Struktur als I, die zweite als II. Das ferromagnetische Moment tritt nur im Bereich II auf und wird durch die gegenseitige Verdrehung der Spins in der (111)-Ebene um einen gewissen kleinen Winkel verursacht (Abb. 3.59). Der Zustand I läßt keine ähnliche Verdrehung der Spins zu, denn die entsprechende Symmetriegruppe enthält die Achse der dreizähligen Symmetrie [111] und die zu ihr senkrechten zweizähligen Achsen. Wegen der dreizähligen Symmetrie müßte das

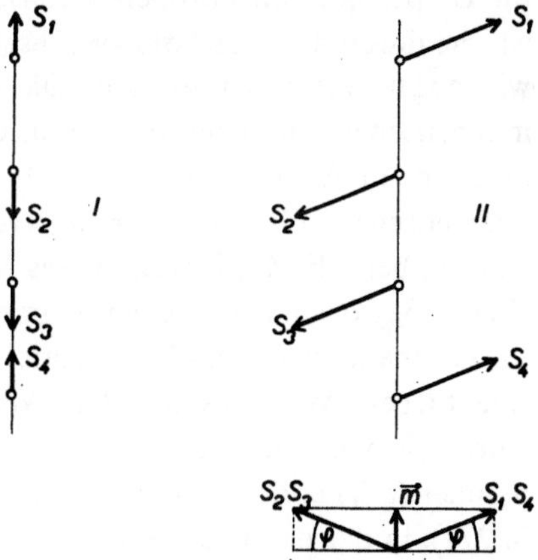

Abb. 3.59 Magnetische Strukturen I und II von Hämatit (α-Fe_2O_3); nach Dsjaloschinski [152].

ferromagnetische Moment zur [111]-Achse parallel sein. Die Forderung der Invarianz gegenüber der zu [111] senkrechten zweizähligen Achse führt jedoch gleichzeitig auf die Bedingung $\boldsymbol{m} = -\boldsymbol{m} = 0$. Im Zustand II ist das resultierende ferromagnetische Moment mit allen Symmetrie-Elementen der entsprechenden Gruppe vereinbar, die, wie wir leicht einsehen, keine dreizählige Achse enthalten kann. Im Gegensatz dazu kann bei Cr_2O_3, wo eine antiferromagnetische Anordnung des Typs $+-+-$ vorliegt, kein schwacher Ferromagnetismus existieren, welche auch immer die Spinorientierung gegen die kristallographischen Achsen ist. Das ist auf den Umstand zurückzuführen, daß das von Null verschiedene spontane Moment, wie aus Abb. 3.57 ersichtlich ist, gegenüber der kombinierten Operation der Inversion I und der Umkehr des magnetischen Moments R, welche die Anordnung $+-+-$ zuläßt, nicht invariant sein kann.[76])

Der zweite Schritt der Theorie soll den Ursprung der Verzerrung der magnetischen Struktur und des mit der Verkantung verbundenen Ferromagnetismus erläutern, ihren Typ feststellen und die zu ihr führende Wechselwirkung bestimmen. Wir werden uns der Kürze wegen auf die Anführung von Ergebnissen beschränken. Dsjaloschinski löste das Problem vom Standpunkt der Thermodynamik unter Anwendung der Landau-Theorie der Phasenübergänge. Er zeigte, daß im Ausdruck für das thermodynamische Potential bei schwachen Ferromagnetika ein der Wechselwirkung des Typs $\beta S^2 \sin 2\varphi$ entsprechendes Glied existiert, wobei β eine die Größe der Wechselwirkung bestimmende Konstante, S der Spin des magnetischen Kations (Fe^{3+}) und φ der Winkel der Spin-Verdrehung ist (Abb. 3.59). Diesen Ausdruck benutzt man gewöhnlich in der vektoriellen Schreibweise

$$\boldsymbol{D} \cdot [\boldsymbol{S}_1 \times \boldsymbol{S}_2] . \tag{3.79}$$

Der Vektor $\boldsymbol{D}$ vertritt hier die Wechselwirkungskonstante und ist in [111]-Richtung orientiert, $\boldsymbol{S}_1$, $\boldsymbol{S}_2$ sind die ursprünglich antiparallelen Spins der Nachbarkationen. Aus der Form dieser Wechselwirkung hat Dsjaloschinski den Schluß gezogen, daß ihr Ursprung in anisotropen Wechselwirkungen der Spins mit dem Gitter zu suchen ist, die durch die Spin-Bahn-Wechselwirkung, evtl. durch magnetische Dipolwechselwirkungen, vermittelt werden. Die Größe des auf ein Kation entfallenden ferromagnetischen Moments $m = gS\mu_B \cos \varphi$ wird durch das Verhältnis der Größe der anisotropen Wechselwirkung (3.79) zur effektiven, für die Entstehung der antiferromagnetischen Grundanordnung verantwortlichen Austauschwechselwirkung bestimmt; bei α-Fe_2O_3 beträgt dieses Moment $1 \cdot 10^{-3} \mu_B$, was etwa $2 \cdot 10^{-4}$ des vollen Wertes $5\mu_B$ des magnetischen Moments von Fe^{3+} ist.

Die phänomenologische Theorie Dsjaloschinskis ist freilich nicht imstande, den eigentlichen Mechanismus der Wechselwirkung zu erläutern. In dieser Hinsicht wurde sie von Moriya ergänzt [153], der die auf Andersons Delokalisationseffekt beruhende Theorie der indirekten Austauschwechselwirkung ausgearbeitet hat (vgl. S. 277), in der der anisotrope Charakter dieses Austausches durch Einbeziehung der Spin-Bahn-Wechselwirkung gegeben ist. Der resultierende anisotrope Austausch ist vom Typ (3.79), wobei die Stärke der Wechselwirkung linear von der Spin-Bahn-Kopplung abhängt.

[76]) Die Inversion I wird als eine Operation definiert, bei der der Lagevektor $\boldsymbol{r}$ in $-\boldsymbol{r}$ übergeht; wenn die Symmetriegruppe dieses Element enthält, heißt es, daß der Kristall gegenüber einer gleichzeitigen Veränderung des Vorzeichens der Koordinaten aller Atome invariant sein muß.

3.5 Einfluß der magnetischen „Verdünnung“ auf die Austauschwechselwirkungen und den Ferrimagnetismus

Im vorigen Abschnitt haben wir uns mit dem Mechanismus der Austauschwechselwirkungen überwiegend vom Gesichtspunkt der isolierten Kationenpaare befaßt, ohne dabei den kooperativen Charakter dieser Wechselwirkungen zu berücksichtigen. Aber der Ferromagnetismus erfordert, genauso wie alle anderen zur Entstehung einer spontanen Magnetisierung führenden Formen magnetischer Anordnung, die Orientierung magnetischer Momente im ganzen Kristall und hängt also nicht nur von Austauschwechselwirkungen innerhalb der Paare, sondern auch davon ab, auf welche Weise diese Paare aneinander gekoppelt sind; mit anderen Worten, es ist erforderlich, daß diese Wechselwirkungen von Ion zu Ion und von Paar zu Paar „übertragen“ werden. Es bilden sich so Ketten von Ionen (bzw. ihrer Spins), die aneinander gekoppelt sind und im idealen Falle nirgends unterbrochen werden[77]). Zu einer solchen Unterbrechung kommt es jedoch, wenn an irgendeinem Platz ein magnetisches Ion durch ein unmagnetisches ersetzt wird. Wenn die Anzahl derart ersetzter Ionen wächst, kommt es zur Unterbrechung an weiteren Plätzen und dadurch zur sukzessiven Schwächung kooperativer Wechselwirkungen, was sich z. B. in einer Herabsetzung des magnetischen Sättigungsmomentes und der Curie-Temperatur ausdrückt. Bei Ferrimagnetika kommt es begreiflicherweise darauf an, in welches der Untergitter die unmagnetischen Ionen eintreten. Wenn die Substitution in einem Untergitter erfolgt, das ein kleineres magnetisches Moment hat, kann das magnetische Gesamtmoment des Stoffes auf diese Weise im Gegenteil zum eben Gesagten, zumindest in einem bestimmten Konzentrationsgebiet, erhöht werden. Ein solches Verhalten haben wir z. B. bei einfachen, durch Zink substituierten Eisenspinellen festgestellt. Hier besetzt das Zink vorzugsweise die tetraedrischen Lagen des Spinellgitters (vgl. Abb. 3.16); es kann praktisch zur Herstellung von Werkstoffen mit höherer Sättigungsmagnetisierung ausgenutzt werden. Sehr oft kann man aus den Änderungen des resultierenden magnetischen Moments auf die Präferenz der Ionen für die Besetzung bestimmter Lagen im Kristallgitter der Spinelle, Granate u. ä. schließen [6, 154 – 156].

In der einfachsten Näherung könnten wir diese Relaxation des Austausches als eine Abschwächung des *durchschnittlichen* effektiven Austauschfeldes charakterisieren. Bei höheren Konzentrationen unmagnetischer Ionen wäre jedoch eine solche Beschreibung offensichtlich in dieser Hinsicht wenig wirksam, da das *wirkliche* Austauschfeld, das von *lokalem Charakter* ist, je nachdem, wieviel unmagnetische Nachbarn das betreffende magnetische Ion hat, stark schwanken wird. Wir sehen also, daß die Erklärung der Eigenschaften magnetisch „verdünnter“ Stoffe von konkreten Angaben über die Kristallstruktur ausgehen muß und daß sie in starkem Maße ein statistisches Problem ist. Von diesem Gesichtspunkt aus befaßten sich besonders Gilleo [157 – 158] und Nowik [159, 160] mit den Fragen des Ferrimagnetismus

---

[77]) Wir betrachten nicht den Zustand an der Kristalloberfläche.

von Granaten und Spinellen, bei denen ein Teil der magnetischen Ionen durch unmagnetische ersetzt wird. Wir werden nun die Hauptgedanken und Ergebnisse ihrer Theorien anführen.

Betrachten wir einen ferrimagnetischen Stoff mit zwei homogenen magnetischen Untergittern *A*, *B*, wobei jedes von ihnen nur eine einzige Art magnetischer Kationen enthält. Als Beispiel kann der Granat $\{Y_3\}[Fe_2](Fe_3)O_{12}$ oder der geordnete Spinell $Fe[Li_{1/2}Fe_{3/2}]O_4$ dienen, bei denen beide Untergitter sogar die gleiche Sorte magnetischer Ionen, d. h. Fe^{3+}, enthalten. Wenn wir die inneren Austauschwechselwirkungen in den Untergittern vernachlässigen, die gewöhnlich sehr viel schwächer sind als die Wechselwirkungen $A-B$, vereinfacht sich der Ausdruck (3.19) für die Curie-Temperatur zu

$$T_c \cong \nu \sqrt{(C_a C_b)}\,; \tag{3.80}$$

dabei ist ν die zur $A-B$-Wechselwirkung zwischen den beiden Untergittern gehörige Konstante des Molekularfeldes, C_a, C_b sind die ihnen entsprechenden Curie-Konstanten. Wenn wir $\nu = |\nu_{ab}|$ durch (3.34) ausdrücken und für C_a, C_b die betreffenden Ausdrücke nach (3.15a) einsetzen, erhalten wir die Beziehung

$$\begin{aligned} \tfrac{3}{2}kT_c &\cong z_{ab}(x_a/x_b)^{1/2}\,|J_{ab}|\,[S_a(S_a+1)\,S_b(S_b+1)]^{1/2} \\ &\cong z_{ba}(x_b/x_a)^{1/2}\,|J_{ab}|\,[S_a(S_a+1)\,S_b(S_b+1)]^{1/2}\,, \end{aligned} \tag{3.81}$$

in der z_{ab} und z_{ba} angeben, wieviel *B*-Nachbarn ein *A*-Ion hat und umgekehrt, x_a, x_b ist die Zahl der *A*- bzw. *B*-Ionen pro Molekül, J_{ab} bezeichnet das Austauschintegral der Wechselwirkung $A-B$ und S_a, S_b sind Spins magnetischer Ionen. Dieser Beziehung können wir die Gestalt geben

$$\begin{aligned} \tfrac{3}{2}kT_c &\cong |J_{ab}|\,[S_a(S_a+1)\,S_b(S_b+1)]^{1/2}\,\tfrac{1}{2}[z_{ab}(x_a/x_b)^{1/2} + z_{ba}(x_b/x_a)^{1/2}] = \\ &= [|J_{ab}|\,|\mathbf{S}_a|\,|\mathbf{S}_b|/2(x_a x_b)^{1/2}]\,(z_{ab}x_a + z_{ba}x_b)\,, \end{aligned} \tag{3.82}$$

die eine anschauliche Interpretation erlaubt.

Jedes *A*-Ion ist mit z_{ab} *B*-Ionen durch die Wechselwirkung mit dem Austauschintegral J_{ab} gekoppelt, genauso jedes *B*-Ion durch die gleiche Wechselwirkung mit z_{ba} *A*-Ionen. Wenn wir noch $2(x_a x_b)^{1/2} \approx x_a + x_b$ setzen, dann bezeichnet

$$m = (z_{ab}x_a + z_{ba}x_b)/(x_a + x_b) \tag{3.83}$$

die Anzahl dieser auf ein magnetisches Ion entfallenden Wechselwirkungen und

$$\tfrac{3}{2}kT_c/m = |J_{ab}|\,|\mathbf{S}_a|\,|\mathbf{S}_b| \tag{3.84}$$

die Energie einer Wechselwirkung. Diese Beziehung bildet den Ausgangspunkt der Gilleo-Theorie. Sie wurde durch die Analyse der Wechselwirkungen Fe^{3+}—O^{2-}—Fe^{3+} in verschiedenen ferrimagnetischen und antiferromagnetischen Kristallen bestätigt.

Aus der Analyse folgt, daß diese Zuordnung der Energie zu einer einzelnen Wechselwirkung mit der Erfahrung im Einklang ist, denn die Werte $\frac{3}{2}kT_c/m$ unterscheiden sich in verschiedenen Stoffen nur verhältnismäßig wenig (Tab. III-14).

Setzen wir jetzt voraus, daß ein Teil der magnetischen Ionen durch unmagnetische Ionen ersetzt wird. Wenn wir die Restzahl der magnetischen Ionen im Untergitter A als x_a' und entsprechend im Untergitter B als x_b' bezeichnen, wird die relative Menge k_a, k_b der in den Untergittern A und B ersetzten Ionen durch die Beziehungen gegeben sein

$$k_a = (x_a - x_a')/x_a\,, \quad k_b = (x_b - x_b')/x_b\,. \tag{3.85}$$

Durch die Herabsetzung der Konzentration magnetischer Ionen vermindert sich auch die Anzahl der Wechselwirkungen. Dabei werden nicht einmal alle magnetischen Ionen an der Entstehung des Ferrimagnetismus aktiv beteiligt sein. Wie Gilleo voraussetzte[78]), sollten nur jene eine Rolle spielen, die durch die Austauschwechselwirkung mit wenigstens *zwei* weiteren magnetischen Ionen aus dem zweiten Untergitter korreliert sind. Die Erklärung, warum keine Ionen mit nur einer einzigen Austauschkopplung zur Geltung kommen, ist im kooperativen Charakter des Ferrimagnetismus zu suchen: das einseitig korrelierte Ion kann keine Austauschwechselwirkung auf weitere Ionen „übertragen“, denn bei ihm wird die Kette von Austauschwechselwirkungen unterbrochen, die ihr Kooperationsvermögen sichert. Sofern also ein solches Ion überhaupt irgendwie beiträgt, dann höchstens „passiv“

Tabelle III-14

Vergleich der Austauschwechselwirkungen $Fe^{3+} - O^{2-} - Fe^{3+}$ in verschiedenen Strukturen (nach Gilleo [157])

Zusammensetzung	Struktur	$T_c(T_N)$ [°K]	m	T_c/m [°K]
Fe_3O_4	Spinell	848	8	106
γ-Fe_2O_3		850–950	$7\frac{1}{2}$	113–127
$Li_{1/2}Fe_{5/2}O_4$		950	$7\frac{1}{5}$	132
$Y_3Fe_5O_{12}$	Granat	545	$4\frac{4}{5}$	114
$Lu_3Fe_5O_{12}$		549	$4\frac{4}{5}$	114
$LaFeO_3$	Perowskit	738	6	123
$YFeO_3$		648	6	108
α-Fe_2O_3	Korund	950	9	106

[78]) Als erster hat Néel auf diesen Umstand im Zusammenhang mit der Erklärung der Eigenschaften von NiZn-Ferrit aufmerksam gemacht [161].

durch sein magnetisches Moment und das wahrscheinlich erst bei sehr tiefen Temperaturen. Die Wahrscheinlichkeit, daß ein Ion des Untergitters (i) von den zum zweiten Untergitter (j) gehörigen Nachbarn mit der Gesamtzahl z q magnetische Nachbar-Ionen haben wird, ist durch die Beziehung

$$p_z(q) = \binom{z}{q} k_j^{z-q}(1 - k_j)^q \tag{3.86}$$

gegeben, in der k_j $(j = a, b)$ die relative Anzahl der unmagnetischen Ionen im Untergitter (j) und $\binom{z}{q} = z!/q!\,(z - q)!$ der binomische Koeffizient ist.

Daraus ergibt sich, daß die Wahrscheinlichkeit E_i, daß das betrachtete magnetische Ion inaktiv, d. i. höchstens mit einem magnetischen Ion korreliert ist, gegeben ist durch

$$E_i = E_i(k_j) = \sum_{q=0}^{1} p_z(q) = zk_j^{z-1} - (z - 1)\, k_j^z\,,$$

so daß die Gesamtzahl $\mathcal{N}_i$ der aktiven Ionen im Untergitter i gleich ist

$$\mathcal{N}_i = \mathcal{N}_i(k_i, k_j) = x_i(1 - k_j)\,[1 - E_i(k_j)]\,, \quad i, j = a, b\,. \tag{3.87}$$

Wenn wir $\mathcal{N}_i$ mit dem magnetischen Moment $\langle\mu_i\rangle$ multiplizieren, das dem magnetischen Ion im i-ten Untergitter zuzuordnen ist, erhalten wir das spontane Moment dieses Untergitters für $T \to 0$ und durch die Kombination mit dem analog bestimmten Moment des zweiten Untergitters (j) die spontane Gesamtmagnetisierung[79].

Während das magnetische Moment durch die Anzahl aktiver Ionen bestimmt ist, ist die Curie-Temperatur T_c augenscheinlich mit der Anzahl der aktiven Austauschwechselwirkungen verbunden. Analog zu (3.84) setzen wir

$$\tfrac{3}{2}kT_c = \tfrac{3}{2}kT_c(k_a, k_b) = m(k_a, k_b)\,\mathcal{E}_0\,, \quad \mathcal{E}_0 = |J_{ab}|\,|\mathbf{S}_a|\,|\mathbf{S}_b|\,. \tag{3.88}$$

Die diesmal auf ein aktives Ion bezogene Anzahl aktiver Wechselwirkungen $m(k_a, k_b)$ bestimmen wir auf folgende Weise: die maximale Anzahl von Wechselwirkungen für ein Molekül ist nach (3.83) gegeben durch $(z_{ab}x_a + z_{ba}x_b)$. Nach dieser Auffassung sind jedem Paar wechselwirkender Kationen zwei „Wechselwirkungen" zuzuordnen. Demgegenüber ist die Wahrscheinlichkeit für die Entstehung einer Wechselwirkung zwischen zwei „aktiven" Ionen durch das Produkt gegeben

$$P = P(k_a, k_b) = (1 - k_a)\,[1 - E_a(k_b)]\,(1 - k_b)\,[1 - E_b(k_a)]\,, \tag{3.89}$$

---

[79]) Da wir die Ionen mit einer einzigen Wechselwirkung ausgeschlossen haben, entspricht das auf diese Weise bestimmte Moment dem Moment bei etwas höheren Temperaturen, denn das wirkliche Moment bei 0 °K wird wahrscheinlich auch den Beitrag dieser „inaktiven" Ionen enthalten.

und daher ist die Anzahl der „aktiven" Wechselwirkungen für ein Molekül gleich dem Produkt $(z_{ab}x_a + z_{ba}x_b)\,P$. Die gesuchte Anzahl von Wechselwirkungen $m(k_a, k_b)$ wird dann unter Anwendung von (3.87) sein

$$m(k_a, k_b) = (z_{ab}x_a + z_{ba}x_b)\,.\,P(k_a, k_b)/\mathcal{N}(k_a, k_b)\,,$$

$$\mathcal{N}(k_a, k_b) = \mathcal{N}_a(k_b) + \mathcal{N}_b(k_a)\,, \tag{3.90}$$

und daher

$$T_c(k_a, k_b) = \frac{m(k_a, k_b)}{m(0, 0)}\,T_c(0, 0) = \frac{(x_a + x_b)\,P(k_a, k_b)}{\mathcal{N}(k_a, k_b)}\,T_c(0, 0)\,, \tag{3.91}$$

wo $T_c(0, 0)$ die Curie-Temperatur des ursprünglichen „nicht verdünnten" Materials und $m(0, 0) = m$ die ihm entsprechende Anzahl von Wechselwirkungen ist.

Die angeführte Theorie kann man für Ferrimagnetika benutzen, bei denen die Wechselwirkung zwischen den Untergittern bedeutend stärker ist als die Wechselwirkung innerhalb der Untergitter. Sie ist also anwendbar für Ferrite mit Spinell- und Granatstruktur, für die sie ursprünglich auch bestimmt war.

Bei Spinellen haben wir $x_a = 1$, $x_b = 2$, $z_{ab} = 12$, $z_{ba} = 6$ und daher $E_a(k_b) = 12k_b^{11} - 11k_b^{12}$, $E_b(k_a) = 6k_a^5 - 5k_a^6$. In der Form, wie sie abgeleitet wurde, ist die Theorie für Spinelle anwendbar, die entweder nur eine einzige Art magnetischer Ionen haben oder bei denen das substituierte unmagnetische Ion im gleichen Untergitter bleibt. Im ersten Falle ist es gleichgültig, ob es sich um einen inversen oder normalen Spinell handelt, im zweiten Falle muß der betreffende Spinell normale Struktur haben. Diesen Bedingungen genügen z. B. die Systeme $ZnFe_2O_4$–$Li_{1/2}Fe_{5/2}O_4$, $ZnFe_2O_4$–$MgFe_2O_4$ oder die Spinelle Mn–Sn, ferner $ZnFe_2O_4$–$MnFe_2O_4$; auch die Eigenschaften des Ferrits $MgFe_2O_4$, der zwar einen konstanten Gesamtgehalt unmagnetischer Mg-Ionen, aber eine veränderliche Verteilung der Kationen auf die Untergitter zeigt, können auf der Grundlage der angeführten Theorie diskutiert werden. In einer gewissen Näherung kann man diese Theorie auch für substituierte Ferrite mit inverser Spinellstruktur, z. B. Fe_3O_4 oder $NiFe_2O_4$, verwenden, sofern die Stärke der Wechselwirkungen M^{2+}—O^{2-}—Fe^{3+} und Fe^{3+}—O^{2-}—Fe^{3+} nicht allzusehr voneinander verschieden ist. Bei den angeführten Ferriten scheint diese Bedingung etwa erfüllt zu sein, was durch den Wert T_c/m bestätigt wird (Tab. III-14). Aus der Analyse der theoretischen Abhängigkeiten ergibt sich, daß die Theorie bei den erwähnten festen Lösungen einfacher Ferrospinelle mit $ZnFe_2O_4$ (Abb. 3.16) die Lage des Maximums der n_B-Kurven in Abhängigkeit von der Zn-Konzentration ziemlich genau vorhersagt, wenn auch sonst die theoretischen Kurven einige Abweichungen von experimentellen Abhängigkeiten zeigen [158]. Auf Chromite, die normale Spinelle sind, kann man die Theorie gewöhnlich nicht anwenden, denn die Wechselwirkungen $B-B$ sind mit $A-A$ mindestens vergleichbar, und man kann sie daher nicht vernachlässigen.

Bei Granaten gilt, wenn wir als *A* wieder das Untergitter tetraedrischer Ionen (*d*) und als *B* das oktaedrische Untergitter (*a*) bezeichnen, $x_a = 3$, $x_b = 2$, $z_{ab} = 4$, $z_{ba} = 6$ und daher $E_a(k_b) = 4k_b^3 - 3k_b^4$ und $E_b(k_a) = 6k_a^5 - 5k_a^6$. Daraus kann man wieder das resultierende magnetische Moment als Differenz der Momente in beiden Untergittern und die Verringerung von T_c bei magnetischer Verdünnung berechnen. Die verhältnismäßig große Anzahl unmagnetischer Ionen, die man in den Granat $Y_3Fe_5O_{12}$

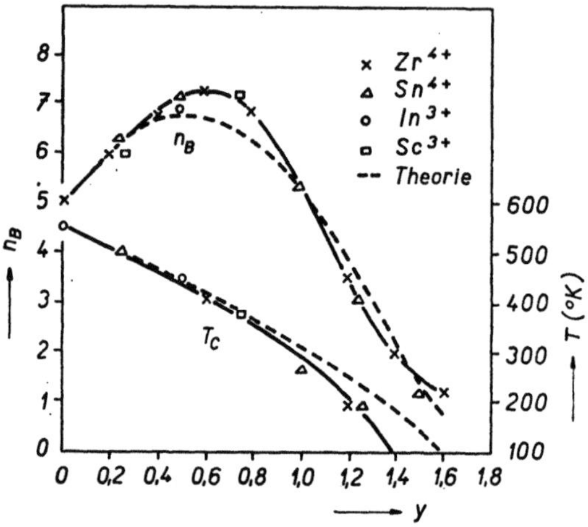

Abb. 3.60 Vergleich der Gilleo-Theorie mit dem Experiment [155]. Die substituierten Granate $Y_{3-y}Ca_yM'_yFe_{2-y}(Fe_3)\,O_{12}$, $M' =$ Sn, Zr; $Y_3M''_yFe_{2-y}(Fe_3)O_{12}$, $M'' =$ Sc, In.

substituieren kann, bietet eine Möglichkeit zum ausführlichen Vergleich von Theorie und Experiment. Wie man aus Abb. 3.60 ersieht, ist die Übereinstimmung von Theorie und Experiment für die Substitutionen durch die Ionen Sn^{4+}, Zr^{4+}, Sc^{3+} und In^{3+} gut, die überwiegend Fe^{3+} in oktaedrischen Lagen ersetzen. Demgegenüber führen Substitutionen in tetraedrischen Lagen in einigen Fällen zu Widersprüchen mit der Theorie; die Ursache können innere Wechselwirkungen in den Untergittern sein, welche die Gilleo-Theorie nicht berücksichtigt. Dabei kommen auch spezifische Eigenschaften der in das Gitter eintretenden diamagnetischen Ionen deutlich zum Ausdruck. Eine ausführliche Übersicht der bisherigen Ergebnisse findet der Leser in der Arbeit von S. Geller u. a. [156].

Das von Nowik ausgearbeitete statistische Modell beseitigt zwei Hauptmängel der Gilleo-Theorie, d. i. die Vernachlässigung der inneren Austauschwechselwirkungen in den Untergittern und die A-priori-Voraussetzung über die „Inaktivität" der weniger als zwei magnetische Nachbarn aufweisenden Ionen. Es setzt voraus, daß bei 0 °K die magnetischen Momente der Ionen kollinear geordnet und entweder in positiver oder negativer Richtung, übereinstimmend mit der Orientierung des lokalen Molekularfeldes, orientiert sind. Dabei wird die Größe des Molekularfeldes und seine Orientierung durch die Anzahl, Größe und den Charakter der Austauschkopplungen des betrachteten Ions mit den Nachbarionen bestimmt. Wenn wir wieder ein einfaches Ferrimagnetikum mit zwei Untergittern betrachten und annehmen, daß unmagnetische Ionen nur in einem der Untergitter (*A*) vorhanden sind, dann wird das magnetische Ion im Untergitter B, dessen gesamte Nachbarn vom A-Typ unmagnetisch und dessen Nachbarn vom B-Typ magnetisch sind, unter der Voraussetzung der antiferromagnetischen Wechselwirkung $B-B$ ein gegenüber dem mittleren Moment der Nachbarn vom B-Typ antiparallel orientiertes magnetisches Moment besitzen. Diese lokale antiferromagnetische Anordnung verschwindet, wenn der Einfluß der Wechselwirkung $A-B$ die Wechselwirkung $B-B$ überwiegt, was man als einen Orientierungswechsel des lokalen Molekularfeldes auffassen kann. Es hängt von der relativen Größe der Austauschwechselwirkungen $B-B$ und $A-B$ und daher von der relativen Größe der Austauschintegrale J_{bb} und J_{ab} ab, welche Anzahl magnetischer Nachbarn aus dem Untergitter A das betrachtete B-Ion haben muß, damit es zu dieser Umkehr kommt. Wir bezeichnen diese Minimalzahl als $q_{\min}$. Wenn wir einmal vergessen, daß Gilleo in seinem Modell die inneren Wechselwirkungen in den Untergittern völlig vernachlässigt, entspricht sein Postulat bezüglich der Minimalzahl magnetischer Nachbarn, die das betrachtete Ion haben muß, um magnetisch aktiv zu sein, der Voraussetzung, daß ohne Rücksicht auf die Ionenart $q_{\min} = 2$ gilt. Wenn das Untergitter B homogen ist, können wir diese Bedingung durch die Ungleichung

$$-2z_{bb}J_{bb} > -2J_{ab} > z_{bb}J_{bb}$$

ausdrücken, aus der klar der Spezialfall dieser Wahl folgt und die Nichtberechtigung, diese Beziehung als ein allgemeines Postulat zu betrachten. Es sei bemerkt, daß, wenn man auch $q_{\min}$ für einen anzupassenden Parameter der Theorie halten könnte, es möglich ist, seinen Wert aus unabhängig bestimmten Beziehungen zwischen den entsprechenden Austauschintegralen zu kontrollieren, so daß die ganze Nowik-Theorie nur mit physikalischen Grundgrößen operiert.

Wir wollen nun die Berechtigung des Nowik-Modells an dem einfachen Beispiel des Yttrium-Eisen-Granats darlegen. Wir setzen voraus, daß die Substitution magnetischer Ionen durch unmagnetische sowohl im oktaedrischen (a) als auch tetraedrischen (d) Untergitter möglich ist. Da die Austauschintegrale der inneren Wechselwirkungen J_{aa}, J_{dd} im Vergleich zu J_{ad} sehr klein sind (vgl. S. 234f.), sind wir berechtigt, $q_{\min}(a) = q_{\min}(d) = 1$ zu setzen, was wegen der Beziehungen $z_{aa} = 8$, $z_{dd} = 4$, $z_{ad} = 6$, $z_{da} = 4$, $J_{ij} < 0$ den folgenden Ungleichungen entspricht

$$\begin{aligned} -8J_{aa} &< -J_{ad} \quad \text{für das Ion „}a\text{“}, \\ -4J_{dd} &< -J_{ad} \quad \text{für das Ion „}d\text{“}. \end{aligned} \tag{3.92}$$

Das heißt, daß bei 0 °K alle Momente der magnetischen Ionen des gegebenen Untergitters zueinander parallel sein werden mit Ausnahme jener, deren gesamte, dem zweiten Untergitter zugehörende Nachbarn unmagnetisch sind. Wenn wir die früher eingeführten Beziehungen (3.85) und (3.86) benutzen, wird die Wahrscheinlichkeit $p_z(0)$, daß ein solcher Fall von Spinumkehr eintritt, gleich sein k_d^6 für das Ion „a" und k_a^4 für das Ion „d". Diese Ionen werden keine Wechselwirkung $a-d$ haben und ihre magnetischen Momente werden durch den Einfluß der entsprechenden inneren antiferromagnetischen Wechselwirkung ($a-a$ bzw. $d-d$) zu den magnetischen Momenten der Nachbarionen desselben Untergitters und dadurch auch zu dessen Gesamtmagnetisierung antiparallel orientiert sein[80]). Das magnetische Gesamtmoment in Bohr-Magnetonen bei 0 °K, bezogen auf 1 Molekül

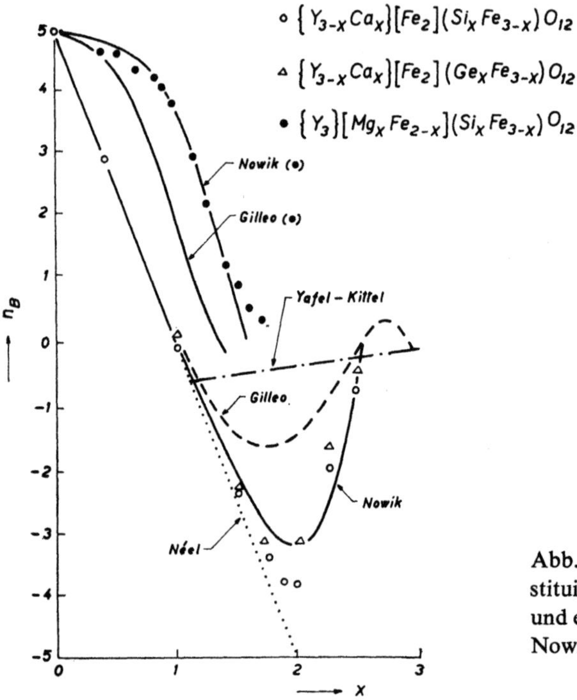

Abb. 3.61 Magnetisches Moment n_B substituierter Granate bei 0 °K (theoretische und experimentell gefundene Werte) nach Nowik [159].

$\{R_3\}[M_y^aFe_{2-y}](M_x^dFe_{3-x})O_{12}$, wo M^a, M^d unmagnetische Ionen im Untergitter $[a]$ resp. (d) sind, ist dann gegeben durch

$$n_B = 5\left[3\left(\frac{3-x}{3} - 2k_a^4\right) - 2\left(\frac{2-y}{2} - 2k_d^6\right)\right] =$$

$$= 5\left[3 - x - 2\left(\frac{y}{2}\right)^4 - \left(2 - y - 2\left(\frac{x}{3}\right)^6\right)\right].$$

Wie aus Abb. 3.61 augenscheinlich ist, stimmt dieses theoretische Ergebnis mit dem Experiment gut überein, und zwar gerade bei Substitutionen in dem tetraedrischen Untergitter, wo die Gilleo-Theorie versagte.

80) Die letzte Behauptung ist nicht völlig berechtigt, wenn die Konzentration unmagnetischer Ionen zu groß ist.

Nowik hat sein Modell auch auf kompliziertere Fälle, z. B. auf Granate Seltener Erden, mit Erfolg angewendet (vgl. Abb. 3.62). Da es sich um eine vom Begriff des lokalen Molekularfeldes ausgehende statistische Theorie handelt, kann das Modell leicht so verallgemeinert werden, daß es die Fälle inhomogener Untergitter mit umfaßt, wie es bei den zinkhaltigen Mischferriten $(Zn_xFe_{1-x})[M_{1-x}Fe_{1+x}]O_4$ der Fall ist. Auch hier hat man ganz außerordentliche Übereinstimmung mit dem

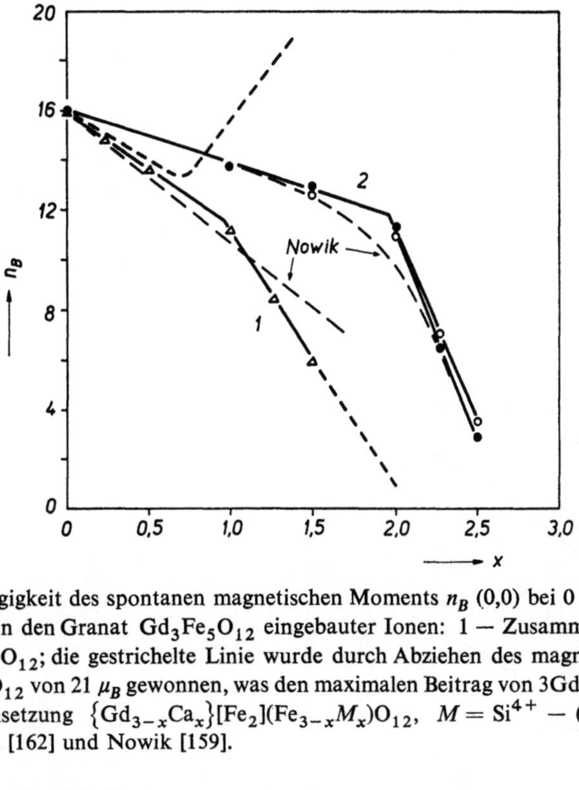

Abb. 3.62 Abhängigkeit des spontanen magnetischen Moments n_B (0,0) bei 0 °K von der Menge unmagnetischer, in den Granat $Gd_3Fe_5O_{12}$ eingebauter Ionen: 1 — Zusammensetzung $\{Gd_3\}\cdot[Sc_xFe_{2-x}](Fe_3)O_{12}$; die gestrichelte Linie wurde durch Abziehen des magnetischen Moments des $Y_3Sc_xFe_{5-x}O_{12}$ von 21 μ_B gewonnen, was den maximalen Beitrag von $3Gd^{3+}$-Ionen darstellt. 2 — Zusammensetzung $\{Gd_{3-x}Ca_x\}[Fe_2](Fe_{3-x}M_x)O_{12}$, $M = Si^{4+}$ — (●), Ge^{4+} — (○). Nach Geller u. a. [162] und Nowik [159].

Experiment erreicht [160]. Führen wir schließlich an, daß man die Theorie auch für den Temperaturbereich $T > 0$ °K erweitern und auch den Einfluß des äußeren Magnetfeldes einbeziehen kann. Die entsprechenden allgemeinen Beziehungen und weitere Einzelheiten findet der Leser in den Originalarbeiten von Nowik.

Ein gewisser Mangel des Nowik-Modells besteht darin, daß es nicht die Möglichkeit der lokalen Spin-Neigung in Erwägung zieht. Es kommt dazu wahrscheinlich bei $T \rightarrow 0$ °K in jenen Fällen, wo das betreffende Ion dem Einfluß von Wechselwirkungen mit entgegengesetztem Vorzeichen ausgesetzt ist und diese Wechselwirkungen hinsichtlich ihrer Stärke vergleichbar sind. Wenn z. B. ein magnetisches Ion im Untergitter B als Nachbarn in diesem Untergitter ebenfalls magnetische Ionen hat, mit denen es durch eine antiferromagnetische Wechselwirkung $B-B$ gekoppelt ist, und wenn es gleichzeitig an die Momente im Untergitter A — z.B. mittels einer einzigen

$A-B$ Wechselwirkung – schwach gekoppelt ist, so kann es zu einer lokalen Neigung der A- und B-Spins derart kommen, daß die gegeneinanderwirkenden Tendenzen der Wechselwirkungen $A-B$ und $B-B$ bestmöglichst befriedigt werden.

Auf ähnliche Vorstellungen stützen sich Geller u. a. [162] bei ihrer alternativen (qualitativen) Deutung der in Abb. 3.62 wiedergegebenen Kurven (für die theoretische Bearbeitung siehe [163]). Wenn wir in $\{Gd_3\}[Fe_2](Fe_3)O_{12}$, der bei 0 °K eine streng antiparallele Néel-Anordnung magnetischer Momente hat, einen Teil des Eisens in den oktaedrischen $[a]$-Lagen durch unmagnetische Ionen, z. B. Sc^{3+}, ersetzen, kommt es im tetraedrischen Untergitter zu lokalen Abweichungen von der Antiparallelität der Spins an Plätzen, wo die tetraedrischen (d)-Ionen, unmagnetische $[a]$-Nachbarn haben. Da die Gd^{3+}-Ionen im $\{c\}$-Untergitter wesentlich stärkere Wechselwirkungen mit den (d)-Ionen als mit den $[a]$-Ionen haben, entstehen gleichzeitig auch beträchtliche lokale Abweichungen von der antiparallelen Orientierung der Spins des $\{c\}$-Untergitters, was eine Herabsetzung des magnetischen Gesamtmoments hervorruft. Wenn die Substitution im Gegensatz dazu im (d)-Untergitter

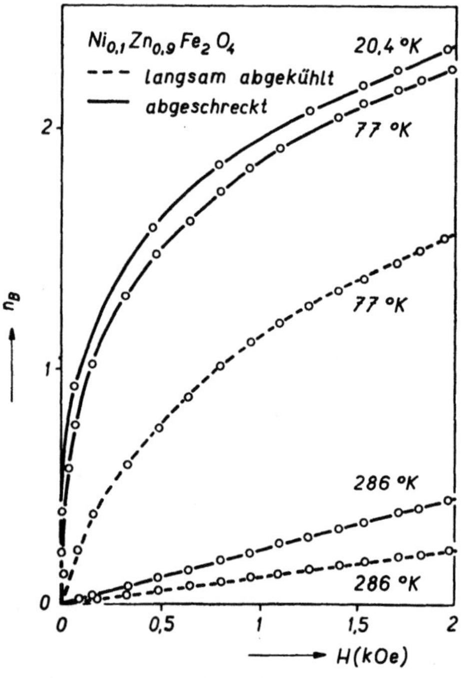

Abb. 3.63 Abhängigkeit der Magnetisierung des Nickel-Zink-Ferrits vom Magnetfeld bei 77 °K. Nach Pauthenet [15].

durchgeführt wird, entsteht die Spin-Neigung nur bei den Fe^{3+}-Ionen in den $[a]$-Lagen, nicht jedoch bei Gd^{3+} (zumindest für nicht allzu große Konzentrationen).

Jedenfalls bewirkt die Abschwächung der kooperativen Austauschwechselwirkungen bei Ferrimagnetika durch eine hohe Konzentration unmagnetischer Ionen in einem oder zwei Untergittern eine Störung der ferrimagnetischen Anordnung, die sich eher durch Änderungen in der lokalen Spinorientierung der magnetischen Ionen äußert als durch die Entstehung der Dreieck-Anordnung oder einer anderen nicht-kollinearen Spinkonfiguration mit Ordnung im großen Abstand. (Siehe aber [164].)

Die Existenz „inaktiver“ magnetischer Ionen bzw. von Ionen mit schwach gekoppeltem und evtl. umgekehrtem Spin äußert sich durch die Erhöhung der Suszeptibilität des Paraprozesses, denn diese Ionen tragen zum resultierenden magnetischen Moment im wesentlichen als freie paramagnetische Ionen bei. Diese Vorstellung ist besonders bei nicht allzu tiefen Temperaturen völlig berechtigt, wo die innere Austauschwechselwirkung zwischen den Ionen desselben Untergitters beziehungsweise weitere schwache Wechselwirkungen, die wir in den bisherigen Betrachtungen vernachlässigt haben, im Vergleich zu kT klein sind. Zur Illustration ist in Abb. 3.63 die Abhängigkeit der Magnetisierung von der Magnetfeldstärke für zwei Proben eines Nickel-Zink-Ferrites bei verschiedenen Temperaturen dargestellt; der Unterschied im Verhalten der schnell und langsam abgekühlten Probe wird durch die Anwesenheit einer gewissen Menge von Zn-Ionen in den oktaedrischen Lagen bei der abgeschreckten Probe verursacht und hängt mit der Vergrößerung der Anzahl von aktiven Wechselwirkungen $A-B$ zusammen. Bei tieferen Temperaturen werden sich die Ionen, die eine verschiedene Anzahl von $A-B$-Austauschkopplungen besitzen, unterschiedlich verhalten. Die magnetischen Momente der an einer größeren Anzahl dieser Wechselwirkungen teilnehmenden Ionen werden stärker gekoppelt und daher schon bei kleineren Feldstärken in Feldrichtung gedreht, während die Momente der Ionen, die z. B. gar keine oder nur eine einzige solche Wechselwirkung besitzen und daher bei Abwesenheit eines Magnetfeldes in entgegengesetzter Richtung orientiert sind, erst bei größeren Magnetfeldstärken umgedreht und parallel zur pau-

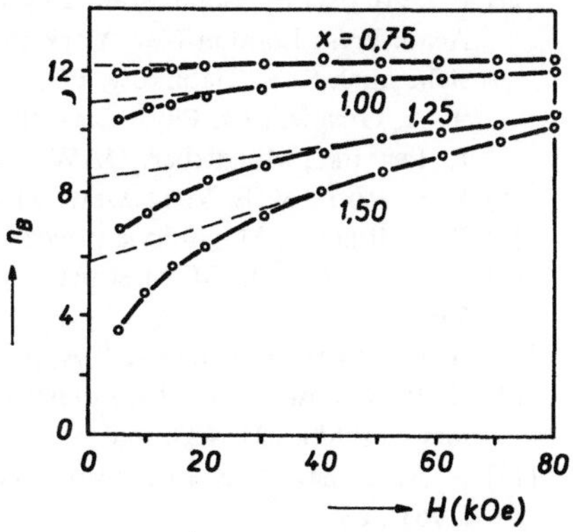

Abb. 3.64 Abhängigkeit des magnetischen Sättigungsmoments von der magnetischen Feldstärke für $Gd_3Sc_xFe_{5-x}O_{12}$ [162].

schalen Magnetisierung orientiert werden. Das Anwachsen des Paraprozesses mit steigendem Gehalt nichtmagnetischer Ionen macht sich in der Abb. 3.64 bemerkbar, in der die Abhängigkeiten $n_B(H)$ für den mit Scandium dotierten GdIG aufgetragen sind. Zusammenfassend kann man den Einfluß des äußeren Magnetfeldes mit Hilfe folgender Mechanismen erklären:

(a) Paramagnetismus „fast freier“, d.h. schwach gekoppelter, Ionen,
(b) Veränderung des Winkels zwischen den Spins benachbarter Ionen,
(c) sprunghafte Veränderung der Orientierung des schwach gekoppelten Spins.

Die unter (b) und (c) angeführten Mechanismen können auch bei 0 °K wirksam sein. Es sei bemerkt, daß wir bei den Betrachtungen in diesem Abschnitt stillschweigend vorausgesetzt haben, daß in den Untergittern weder auf kurze noch auf große Entfernungen eine Ordnung der substituierten Ionen besteht. Wenn die Umgebung eines beliebigen Ions davon abhängen würde, um welches Ion es sich handelt, müßte die angewandte Statistik modifiziert werden.

Literatur zu Kap. III

[1] L. Néel, Ann. de Phys. 12, *3* (1948), 137.
[2] L. Néel, Ann. de Phys. 10, *18* (1932), 5; ibid. 11, *5* (1936), 232;
E. Landau, Sow. Phys. *4* (1933), 675;
F. Bitter, Phys. Rev. *54* (1938), 79;
H. Bizette, Squire, B. Tsai, C. R. Acad. Sci (Paris) *207* (1939), 449;
J. H. van Vleck, J. Chem. Phys. *9* (1941), 85.
[3] T. F. W. Barth, E. Posnjak, Z. Kristallogr. *82* (1932) 325;
E. Y. W. Vervey, E. L. Heilmann, J. Chem. Phys. *15* (1947), 174.
[4] A. Serres, Ann. de Physique 10, *17* (1932), 53.
[5] Ch. Guillaud, Thèse, Université de Strasbourg, 1943; J. Phys. et Rad. *12* (1951), 223.
[6] E. W. Gorter, Philips Res. Repts. *9* (1954), 295; 321; 403; C. R. Acad. Sci. (Paris) *230* (1950), 192; Nature *165* (1950), 798.
[7] E. Schlömann, Solid State Physics in Electronics and Telecommunications, Volume 3, Acad. Press London-New York 1960, S. 322;
siehe auch S. V. Tjablikow, Fis. Metallow i Metallowed. 3 (1956), 3;
A. A. Gusew, Sov. Phys.-Crystallog. 4 (1960), 655;
R. Perthel, Monatsber. DAW Berlin *6* (1964), 499.
[8] V. E. Rode, V. E. Vedzjajew, ZhETF *45* (1963), 414.
[9] K. P. Bjelow, Magnitnyje prevraschczenija, Gos. Izd. Fiz.-Mat. Lit., Moskwa 1959.
[10] L. D. Landau, E. M. Lifschitz, Statisticzeskaja fisika, Kap. XIV, Izdat. Nauka, Moskwa 1964.
[11] A. E. Clark, E. Callen, J. Appl. Phys. *39* (1968), 5972.
[12] K. P. Bjelow, E. W. Talalajewa, L. A. Tschernikowa, W. I. Iwanowski, JETP Letters *7* (1968), 331; 423; ibid. *9* (1969), 671.
[13] A. A. Gusew, A. S. Pachomow, Isw. A. N. SSSR-ser. fis. *25* (1961), 1327; Kristallografia *8* (1963), 63.
A. S. Pachomow, A. A. Gusew, Fis. Metallow i Metallowed. *18* (1964), 156.
[14] H. Becker, W. Döring, Ferromagnetismus, Springer, Berlin, 1939.
[15] R. Pauthenet, Ann. de Phys. *3* (1958), 428; C. R. Acad. Sci. (Paris) *243* (1956), 1737.
[16] L. Néel, Ann. de l'Inst. Fourier, Grenoble *1* (1949), 163.
[17] C. A. Clark, W. Sucksmith, Proc. Roy. Soc. *A 225* (1954), 147.
[18] R. Pauthenet, Ann. de Phys. *7* (1952), 710; C. R. Acad. Sci. (Paris) *230* (1950), 1842.

[19] G. T. RADO, J. V. FOLEN, J. Appl. Phys. *31* (1960), 62.
[20] R. ALÉONARD, J. Phys. Chem. Solids *15* (1960), 167.
[21] vgl. z. B. J. S. SMART, Effective Field Theories of Magnetism, W. B. Saunders Co., Philadelphia 1966;
R. L. PATERSON, Phys. Rev. *171* (1968), 586.
[22] N. N.. BOGOLJUBOW, S. V. TJABLIKOW, Dokl. AN SSSR *126* (1959), 53;
S. V. TJABLIKOW, UMZh *11* (1959), 287.
[23] S. V. TJABLIKOW, Metody kwantovoj teorii magnetisma, Izdat. Nauka, Moskwa 1965. Für erste Einführung siehe auch „Elements of the Thoretical Magnetism", Academia, Praha 1968.
[24] F. BLOCH, Zs. f. Physik *61* (1930), 206; *74* (1932), 295;
F. DYSON, Phys Rev. *102* (1956), 1217; 1230.
[25] E. A. TUROW, Fis. swojstwa magnitouporjadoczennych kristallow, Izdat. AN SSSR, Moskwa 1963.
[26] H. KAPLAN, Phys. Rev. *86* (1952), 121;
L. KOWALEWSKI, Acta Phys. Pol. *21* (1962), 121.
[27] R. L. DOUGLAS, Phys. Rev. *120* (1960), 1612.
[28] J. S. SMART, Phys. Rev. *101* (1956), 585; siehe auch [52—54].
[29] K. B. WLASOW, B. CH. ISCHMUCHAMETOW, ZhETF *27* (1954), 71;
L. VALENTA, Czech. J. Phys. *9* (1959), 29.
E. A. TUROW, JU. P. JIRCHIN, Fis. Metallow i Metallowed. *3* (1956), 15. Isv. AN SSSR *22* (1958), 1168.
[30] M. FALLOT, P. MARONI, J. Phys. Rad. *12* (1951), 256.
[31] T. R. MC GUIRE, L. N. HOWARD, J. S. SMART, Ceramic Age *60* (1952), 22.
[32] E. E. ANDERSON, Phys. Rev. *134* (1964), A1581;
J. D. LITSTER, G. B. BENEDEK, J. Appl. Phys. *37* (1966), 1320;
H. YASUOKA, J. Phys. Soc. Japan *19* (1963), 1182.
H. YASUOKA, A. HIRAI, M. MATSUURA and T. HASHI, J. Phys. Soc. Japan *17* (1962), 1071;
M. MATSUURA, H. YASUOKA, A. HIRAI and T. HASHI, J. Phys. Soc. Japan *17* (1962), 1147;
H. ABE, M. MATSUURA, H. YASUOKA, A. HIRAI, T. HASHI, T. FUKUYAMA, J. Phys. Soc. Japan *18* (1963), 1400.
[33] G. K. WERTHEIM, Mössbauer Effect, Acad. Press, N. York and London, 1964;
W. J. SCHNELLE, J. Appl. Phys. *36* (1965), 1010;
R. BAUMINGEN, S. G. COHEN, A. MARINOS, S. OFER, J. Phys. Soc. Jap. *17* (1962), Suppl. B1, 123.
I. NOWIK, S. OFER, Phys. Rev. *153* (1967), 409.
[34] C. G. SHULL, Phys. Rev. *81* (1951), 626;
C. G. SHULL, E. O. WOLLAN, W. C. KOEHLER, Phys. Rev. *94* (1954), 912.
[35] CH. GUILLAUD, J. Phys. Rad. *12* (1951), 239;
CH. GUILLAUD, M. ROUX, C. R. Acad. Sci. (Paris) *229* (1949), 1133;
CH. GUILLAUD, H. CREVAUX, C. R. Acad. Sci. (Paris) *230* (1950), 1256; 1458.
[36] S. R. BUTLER, W. R. BUESSEM, J. Phys. Chem. Solids *23* (1962), 1661; J. Appl. Phys. *34* (1963), 1754.
[37] J. M. HASTINGS, L. M. CORLISS, Phys. Rev. *104* (1956), 328.
[38] J. M. HASTINGS, L. M. CORLISS, Revs. Mod. Phys. 25 (1953), 114; Phys. Rev. *102* (1956), 1460.
[39] K. DWIGHT, N. MENYUK, Phys. Rev. *119* (1960), 1470.
[40] V. MORUZZI, J. Appl. Phys. *32* (1961), 59S.
[41] R. PAUTHENET, L. BOCHIROL, J. Phys. Rad. *12* (1951), 249; siche auch [13].
[42] L. C. F. BLACKMAN, J. Electron. Contr. *5* (1958), 373.
[43] H. ESCHENFELDER, J. Appl. Phys. *29* (1958), 378.

[44] F. W. Harrison, C. J. Kriessman, S. R. Pollack, Phys. Rev. *110* (1958), 844.
[45] J. Brož, S. Krupička, K. Závěta, Czech. J. Phys *9* (1959), 484.
[46] P. K. Baltzer, P. J. Wojtowicz, J. Appl. Phys. *30* (1959), 27S.
[47] S. J. Píckart, R. Nathans, Bull. Am. Phys. Soc. II *3* (1958), 231.
[48] S. Geller, J. P. Remeika, R. C. Sherwood, H. J. Williams, G. P. Espinosa, Phys. Rev. *137* (1965), A 1034;
S. Geller, H. J. Williams, R. C. Sherwood, Phys. Rev. *123* (1961), 1692.
[49] M. Guillot, R. Pauthenet, J. Appl. Phys. *36* (1965), 1003.
[50] S. Geller, J. Appl. Phys. *31* (1960), 30 S.
[51] S. Geller, R. M. Bozorth, M. A. Gilleo, C. E. Miller, J. Phys. Chem. Solids *12* (1960), 111;
S. Geller, R. M. Bozorth, C. E. Miller, D. D. Davis, ibid. *13* (1960), 28.
[52] G. A. Smolenskij, V. P. Poljakow, V. M. Judin, Isw. AN SSSR, Ser. fis. *25* (1961), 1396.
[53] S. Geller, H. J. Williams, G. P. Espinosa, R. C. Sherwood, Bell Syst. Tech. J. *43* (1964), 565.
[54] L. R. Maxwell, S. J. Pickart, Phys. Rev. *92* (1953), 1120.
[55] G. Blasse, Philips Res. Repts. Supplements 1964 No 3.
[56] J. Smit, H. P. J. Wijn, Ferrites, Philips Tech. Library, Eindhoven 1959.
[57] T. R. Mc Guire, Phys. Rev. *91* (1954), 206; *93* (1954), 682.
[58] E. F. Bertaut, R. Pauthenet, Proc. Inst. Electr. Engrs. Suppl. *B104* (1957), 261.
[58a] R. Alben, Phys. Rev. B *2* (1970), 2767.
[59] G. S. Rushbrooke, P. J. Wood, Mol. Phys. *1* (1958), 257; ibid. *6* (1963), 409.
[60] P. J. Wojtowicz, J. Appl. Phys. *31* (1960), 26S; ibid. *33* (1962), 1257; ibid. *35* (1964), 991; Phys. Letters *11* (1964), 18;
P. J. Wojtowicz, R. I. Joseph, Phys. Rev. *135* (1964), A1314.
[61] P. J. Wojtowicz, Proceedings of the International Conference on Magnetism, Nottingham (1964), 11.
[62] W. L. Roth, J. Phys. Rad. *25* (1964), 507.
[63] W. L. Roth, J. Phys. Chem. Solids *25* (1964), 1.
[64] T. Riste, L. Tenzer, J. Phys. Chem. Solids *19* (1961), 117.
[65] E. Prince, J. Phys. Rad. *25* (1964), 503.
[66] E. L. Boyd, V. L. Moruzzi, J. S. Sonart, J. Appl. Phys. *34* (1963), 3049.
[67] E. Prince, J. Appl. Phys. *36* (1965), 161.
[68] D. S. Rodbell, I. S. Jacobs, J. Owen, E. A. Harris, Phys. Rev. Letters *11* (1963), 10.
[69] E. O. Wollan, W. C. Koehler, Phys. Rev. *100* (1955), 545;
W. C. Koehler, E. O. Wollan, J. W. Cable, Acta Cryst. *10* (1957), 845;
W. C. Koehler, E. O. Wollan, M. K. Wilkinson, Phys. Rev. *118* (1960), 58;
E. F. Bertaut, Proceedings of the International Conf. on Magnet., Nottingham (1964), 516.
[70] R. M. Bozorth, V. Kramer, J. P. Remeika, Phys. Rev. Letters *1* (1958), 3.
[71] R. M. Bozorth, Phys. Rev. Letters *1* (1958), 362.
[72] E. A. Turow, V. E. Najsch, Fis. Metallow i Metallowed. *9* (1960), 10.
[73] M. A. Gilleo, J. Chem. Phys. *24* (1956), 1239;
siehe auch S. Shtrikman, D. Treves, Proceedings of the Internat. Conf. on Magnet., Nottingham (1964), 485.
[74] K. P. Bjelow, A. M. Kadomcewa, T. M. Lednewa, ZhETF, Pisma w redakziju *2* (1965), 253.
[75] G. H. Jonker, J. H. van Santen, Physica *19* (1953), 120.
[76] W. C. Koehler, E. O. Wollan, J. Phys. Chem. Solids *2* (1957), 100.
[77] H. Watanabe, J. Phys. Soc. Japan *12* (1957), 515.
[78] J. B. Goodenough, J. Phys. Chem. Solids *6* (1958), 287.

[79] J. B. Goodenough, A. Wold, R. J. Arnott, N. Menyuk, Phys. Rev. *124* (1961), 373.
[80] J. B. Goodenough, D. G. Wickham, W. J. Groft, J. Appl. Phys. *29* (1958), 382; J. Phys. Chem. Solids *5* (1958), 107.
[81] G. Shirane, S. J. Pickart, R. Nathans, Y. Ishikawa, J. Phys. Chem. Solids *10* (1959), 35.
[82] Y. Ishikawa, J. Phys. Soc. Japan *12* (1957), 834, 1165;
Y. Ishikawa, S. Akimoto, ibid. *12* (1957), 1083; ibid. *13* (1958), 1110; 1298.
[83] R. M. Bozorth, V. Kramer, J. Phys. Rad. *20* (1959), 393.
[84] T. J. Swoboda, R. C. Toole, J. D. Vaughan, J. Phys. Chem. Solids *5* (1958), 293.
[85] R. M. Bozorth, D. E. Walsh, J. Phys. Chem. Solids *5* (1958), 1046.
[86] W. H. Cloud, Phys. Rev. *111* (1958), 1046;
E. F. Bertaut, F. Forrat, J. Appl. Phys. *29* (1958), 247.
[87] J. J. Went, G. W. Rathenau, E. W. Gorter, G. W. van Oosterhaut, Philips Tech. Rundschau *13* (1952), 361.
[88] A. L. Stuijts, P. Jongenburger, nicht publiziert; zit. nach [49].
[89] U. Enz, J. Appl. Phys. *32* (1961), 22S.
[90] Y. Yafet, C. Kittel, Phys. Rev. *87* (1952), 290.
[91] T. A. Kaplan, Phys. Rev. *116* (1959), 888; ibid. *119* (1960), 1460.
[92] D. H. Lyons, T. A. Kaplan, Phys. Rev. *120* (1960), 1580;
D. H. Lyons, T. A. Kaplan, K. Dwight, N. Menyuk, Phys. Rev. *126* (1962), 540.
[93] F. K. Lotgering, Philips Res. Repts. *11* (1956), 190.
[94] D. G. Wickham, J. B. Goodenough, Phys. Rev. *115* (1959), 1156.
[95] I. S. Jacobs, J. Phys. Chem. Solids *11* (1959), 1; *15* (1960), 54.
[96] E. Prince, Acta cryst. *10* (1957), 554;
R. Nathans, S. J. Pickart, A. Miller, Bull. Am. Phys. Soc. II *6* (1961), 54.
[97] J. S. Kasper, Bull. Am. Phys. Soc. *4* (1959), 888; siehe auch A. Oleś et al, Tables of Magnetic Structures determined by Neutron Diffraction, Part II., Inst. of Nuclear Techniques, Kraków 1970.
[98] K. Dwight, N. Menyuk, D. B. Rogers, A. Wold, Proceedings of the Internat. Conference on Magnet., Nottingham (1964), 538.
[99] P. W. Anderson, Phys. Rev. *102* (1956), 1008.
[100] siehe z.B. D. M. Grimes, E. F. Westrum, Pittsburgh Conference on Magnetism and Magnetic Materials, (1955), 64.
[100a] M. K. Fayek, J. Leciejewicz, A. Murasik, I. I. Yamzin, phys. stat. sol. *34*, (1969), K 29; ibid. *37* (1970), 843;
U. König, E. F. Bertaut, Y. Gros, M. Mitrikov, G. Chol, Solid State Commun. *8* (1970), 759;
B. Boucher, R. Buhl, M. Perrin, phys. stat. sol. *40* (1970), 171.
[101] T. A. Kaplan, K. Dwight, D. H. Lyons, N. Menyuk, J. Appl. Phys. *32* (1961), 13 (suppl.)
[102] A. Yoshimori, J. Phys. Soc. Japan *14* (1959), 807;
T. Nagamiya, J. Phys. Rad. *20* (1959), 70.
[103] W. C. Koehler, J. Appl. Phys. *32* (1961), 20S;
M. K. Wilkinson, W. C. Koehler, E. O. Wollan, J. W. Cable, J. Appl. Phys. *32* (1961), 48S;
siehe auch K. P. Bjelow, M. A. Belantschikowa, R. Z. Lewitin, S. A. Nikitin, Redkosemelnyje ferro- i antiferromagnetiki, Izdat. „Nauka", Moskwa 1965.
[104] E. F. Bertaut, C. R. Acad. Sci. (Paris) *250* (1960), 85.
[105] J. M. Hastings, L. M. Corliss, Phys. Rev. *126* (1962), 556.
[106] N. Menyuk, A. Wold, D. Rogers, K. Dwight, J. Appl. Phys. *33* (1962), 1144;
siehe auch N. Nagasawa, T. Tzushima, Phys. Letters *15* (1965), 205.
[107] T. R. McGuire, S. J. Pickart, Bull, Amer. Phys. Soc. II *7* (1962), 279.

[108] Siehe z.B. T. Nagamiya, K. Nagata, Y. Kitano, Progr. Theor. Phys. (Kyoto) *27* (1962), 1253.
[109] W. Heisenberg, Z. Phys. *38* (1926), 411; *49* (1928), 619.
[110] Siehe z.B. D. I. Blochinzew, Grundlagen der Quantenmechanik, Deutscher Verlag d. Wissenschaften, Berlin 1953, Kap. XXI, XXII.
[111] R. K. Nesbet, Phys. Rev. *122* (1961), 1497;
R. Stuart, W. Marshall, Phys. Rev. *120* (1960), 353;
W. J. Carr, Jr., J. Phys. Soc. Jap. *17* (1962), Suppl. B1, 36;
R. E. Watson, A. J. Freeman, ibid. 40.
[112] P. M. Levy, Phys. Rev. *135* (1964), A 155; *147* (1966), 311;
siehe auch P. M. Levy, Phys. Rev. *177* (1969), 509; Sol. State Com. *7* (1969), 1813;
R. J. Elliot, M. F. Thorpe, J. Appl. Phys. *39* (1968), 802;
F. Hartmann-Boutron, J. Phys. (Paris) *29* (1968), 212.
[113] H. A. Kramers, Physica *1* (1934), 182.
[114] P. W. Anderson, Phys. Rev. *79* (1957), 350;
siehe auch G. W. Pratt, ibid. *97* (1955), 926;
N. F. Ramsey. ibid. *91* (1953), 403;
J. Kondo, Progr. Theor. Phys. (Kyoto) *18* (1957), 541;
T. Nagamiya, K. Yosida, Advances in Physics *4* (1955), 1.
[115] J. C. Slater, Quart. Progr. Rep. M. I. T., 1953, July 15, 1; Oct. 15, 1.
[116] F. Heffer, T. Oguchi, Phys. Rev. *115* (1959), 1428.
[117] J. B. Goodenough, A. L. Loeb, Phys. Rev. *98* (1955), 391;
J. B. Goodenough, ibid. *100* (1955), 564.
[118] R. K. Nesbet, Ann. Phys. *4* (1958), 87; Phys. Rev. *119* (1960), 658.
[119] siehe T. Nagamiya u. a. [114].
[120] J. Yamashita, J. Kondo, Phys. Rev. *109* (1958), 730.
[121] siehe auch R. K. Nesbet, Phys. Rev. *122* (1961), 1497.
[122] D. E. Ellis, A. J. Freeman, J. Appl. Phys. *39* (1968), 424.
[123] P. W. Anderson, Phys. Rev. *115* (1959), 2.
[124] P. W. Anderson, Solid State Physics *14*, Academic Press, New York, London 1963, S 99; Magnetism (G. T. Rado-H. Suhl), I, Academic Press, New York—London 1963, S 25.
[125] R. G. Shulman, S. Sugano, Phys. Rev. *130* (1963), 506;
K. Knox, R. G. Shulman, S. Sugano, ibid. *130* (1963), 512;
E. Šimánek, Z. Šroubek, Phys. stat. sol. *4* (1964), 251;
A. J. Freeman, R. E. Watson, Phys. Rev. *120* (1960), 1254; *134* (1964), A 1526.
[126] W. Low, Paramagnetic resonance in Solids, Sol. State Phys. Suppl. 2, Academic Press, New York and London 1960.
[127] R. Nathans, G. Well, D. E. Cox, Proceedings of the International Conference on Magnet., Nottingham 1964, 327.
[128] Siehe z.B. R. G. Shulman, K. Knox, Phys. Rev. Letters *4* (1960), 604; Phys. Rev. *119* (1960), 94.
[129] C. Zener, Phys. Rev. *82* (1951), 403.
[130] G. H. Jonker, J. H. van Santen, Physica *16* (1950), 337; 599.
[131] P. W. Anderson, H. Hasegawa, Phys. Rev. *100* (1955), 675.
[132] P. G. de Gennes, Phys. Rev. *118* (1960), 141.
[133] J. B. Goodenough, Magnetism and the Chemical Bond, Interscience Publ., John Wiley & Sons, New York—London, 1963.
[134] R. R. Heikes, T. R. McGuire, R. J. Happel, Jr., Phys. Rev. *121* (1961), 703;
S. J. Pickart, R. Nathans, G. Shirane, ibid. *121* (1961), 707.
[135] J. Kanamori, J. Phys. Chem. Solids *10* (1959), 87.

[136] E. O. Wollan, H. R. Child, W. C. Koehler, M. K. Wilkinson, Phys. Rev. *112* (1958), 1132; siehe auch [116].
[137] J. B. Goodenough, Phys. Rev. *117* (1960), 1442.
[138] J. Kanamori, J. Appl. Phys. *31* (1960), 14 S.
[139] J. B. Goodenough, P. M. Raccah, J. Appl. Phys. 36 (1965), 1031.
[140] M. Foex, C. R. Acad. Sci. (Paris) *227* (1948), 193.
[141] C. G. Shull, W. A. Strauser, E. O. Wollan, Phys. Rev. *83* (1951), 333.
[142] J. R. Singer, Phys. Rev. *104* (1956), 929.
[143] J. S. Smart in Magnetism (G. T. Rado-H. Suhl), III., Academic Pres, New York—London, 1963.
[144] G. H. Jonker, Physica *22* (1956), 707.
[145] F. K. Lotgering, Proceedings of the Internat. Conf. on Magnetism, Nottingham 1964, 533.
[146] P. K. Baltzer, H. W. Lehmann, M. Robbins, Phys. Rev. Letters *15* (1965), 493.
[147] G. Blasse, Solid State Comm. *3* (1965), 67.
[148] F. K. Lotgering, R. P. Van Stapele, J. Appl. Phys. *39* (1968), 417;
F. K. Lotgering, R. P. Van Stapele, G. H. A. M. Van der Steen, J. S. Van Wieringen. J. Phys. Chem. Solids, *30* (1969), 799.
[149] J. B. Goodenough, Colloque International sur les Dérivées Semi-Métalliques, Paris, 1965.
[150] C. Haas, Phys. Rev. *168* (1968), 531;
P. F. Bongers, C. Haas, A. M. J. G. Van Run, G. G. Zanmarchi, J. Appl. Phys. *40* (1969), 958
[151] L. Néel, Ann. de Phys. 12, *4* (1949), 249;
Y. Y. Li, Phys. Rev. *101* (1956), 1450.
[152] I. E. Dsjaloschinski, ZhETF *32* (1957), 1547; *33* (1957), 1454; J. Phys. Chem. Solids. *4* (1958), 241.
[153] T. Moriya, Phys. Rev. *117* (1960), 635; *120* (1960), 91; Magnetism (G. T. Rado-H. Suhl), I, Academic Press, New York—London 1963, S 85.
[154] R. Pauthenet, J. Appl. Phys. *29* (1958), 253.
[155] M. A. Gilleo, S. Geller, Phys. Rev. *110* (1958), 73;
S. Geller, J. Appl. Phys. *31* (1960), 30;
S. Geller, R. M. Bozorth, M. A. Gilleo, C. E. Miller, J. Phys. Chem. Solids *12* (1960), 111;
S. Geller, R. M. Bozorth, C. E. Miller, D. D. Davis, ibid. *13* (1960), 28.
[156] S. Geller, H. J. Williams, G. P. Espinosa, R. C. Sherwood, Bell Syst. Tech. J. *43* (1964), 565; J. Appl. Phys. *35* (1964), 542;
S. Geller, G. P. Espinosa, H. J. Williams, R. C. Sherwood, E. A. Nesbitt, ibid. S. 570.
[157] M. A. Gilleo, Phys. Rev. *109* (1958), 777.
[158] M. A. Gilleo, J. Phys. Chem. Solids *13* (1960), 33.
[159] I. Nowik, Phys. Rev. *171* (1968), 550.
[160] I. Nowik, J. Appl. Phys. *40* (1969), 872.
[161] L. Néel, C. R. Acad. Sci. (Paris), *230* (1950), 375.
[162] S. Geller, H. J. Williams, R. C. Sherwood, G. P. Espinosa, J. Appl. Phys. *36* (1965), 88.
[163] A. Rosencwaig, Can. J. P. *48* (1970), 2857.
[164] N. S. Satya Murthy, M. G. Natera, S. I. Youssef, R. J. Begum, Phys. Rev. *181* (1969), 969.
[165] R. Plumier, C. R. Acad. Sci. (Paris) *264* (1967), 672; *265* (1967), 726.
[166] Z. Jirák, Z. Šimša, J. Šimšová, V. Roskovec, S. Vratislav, V. A. M. Brabers, Proceedings of the International Conference on Magnetism, Moscou 1973.

KAPITEL IV

ANISOTROPIE

4.1 Makroskopische Beschreibung

Die für die Entstehung der kooperativen Ordnung der magnetischen Momente (der Ferro- und Ferrimagnetika) verantwortlichen Austauschwechselwirkungen, von denen wir ausführlich im vorhergehenden Kapitel sprachen, haben wir bisher immer als isotrop angenommen, d. h. die entsprechende Austauschenergie war nur von der gegenseitigen Orientierung der Spinmomente abhängig und nicht z. B. von ihrer Orientierung in bezug auf die Hauptrichtungen des Kristalls. In diesem Abschnitt erwähnen wir weitere vom magnetischen Zustand abhängige Beiträge zur Energie eines ferromagnetischen oder ferrimagnetischen Kristalls. Zum Unterschied von der Austauschenergie verursachen aber diese Beiträge eine pauschale Abhängigkeit der Energie von der Orientierung der Magnetisierung gegenüber den Kristallachsen, der Richtung der mechanischen Spannung u. ä. und sind daher im allgemeinen anisotrop. Unter dem Einfluß dieser Anisotropie ist der Magnetisierungsvektor des Kristalls an bestimmte Richtungen, die sog. *Richtungen leichter Magnetisierbarkeit*, gebunden, und zu seiner Drehung aus diesen Richtungen heraus ist eine gewisse Energie (*die Anisotropieenergie*) notwendig. Das Vorhandensein der Anisotropieenergie, der magnetostatischen Energie und weiterer Energiebeiträge, die wir in diesem Abschnitt besprechen werden, verursacht unter anderem die Bildung der Domänenstruktur der ferro- und ferrimagnetischen Stoffe. Für die Lösung der Probleme der Domänenstruktur und einiger weiterer Fragen, die im wesentlichen makroskopischer Natur sind, genügt es, die einzelnen Beiträge zur Energie des ferromagnetischen Kristalls phänomenologisch ohne Rücksicht auf den Ursprung dieser Energien zu beschreiben. Dieser Gesichtspunkt wird in diesem Abschnitt angewendet. Das ermöglicht uns u. a. die einzelnen anisotropen Energiebeiträge von der isotrop angenommenen Austauschenergie zu trennen. Im mikroskopischen Bilde ist eine solche Trennung nicht immer möglich, weil die Austauschwechselwirkung selbst einen anisotropen, durch andere Einwirkungen entstehenden Anteil besitzen kann. In der Regel braucht nicht zwischen *ferromagnetischen* und *ferrimagnetischen* Stoffen unterschieden werden, da bei der makroskopischen Auffassung nur die resultierende Magnetisierung, nicht aber die Magnetisierung der Untergitter eine Rolle spielt. Sprechen wir daher im folgenden in diesem Abschnitt von ferromagnetischen Stoffen, so geschieht dies nur zur Vereinfachung der Ausführungen. Praktisch können alle beschriebenen Beziehungen und Folgerungen auch für die ferrimagnetischen Stoffe benutzt werden. Nur bei genaueren, die innere Struktur der Blochwände betreffenden Berechnungen müßte die Existenz der magnetischen Untergitter berücksichtigt werden [1].

Die Energie des ferromagnetischen Kristalls und die Arten der magnetischen Anisotropie

Bei der phänomenologischen Formulierung des Problems können wir jenen Teil der Kristallenergie, der vom magnetischen Zustand abhängt, im wesentlichen als Summe von vier Energiearten schreiben: *der Austauschenergie, der magnetokristallinen* oder kurz *Kristallenergie, der magnetoelastischen* und *der magnetostatischen Energie.* Der magnetische Zustand des Kristalls wird in dieser makroskopischen Näherung hinreichend bestimmt, wenn in jedem Punkt die Größe und die Richtung der Magnetisierung bekannt sind, d. h. wenn wir $\boldsymbol{M}$ als Funktion des Ortsvektors $\boldsymbol{r}$ kennen.

Wir werden nun die Ausdrücke für die erwähnten vier Energiearten aufschreiben und kurz ihre Bedeutung erwähnen.

Über ***die Austauschenergie*** sprachen wir einerseits in der Einleitung (Abschn. 1.3), andererseits, und zwar ausführlich, im vorhergehenden Kapitel. In der klassischen Näherung, wenn wir die Spins der Atome als gewöhnliche Vektoren ansehen, wird die Austauschenergie eines ferromagnetischen Kristalls, dessen Atome insgesamt den gleichen Spin S besitzen, durch den Ausdruck gegeben sein

$$E_{ex} = - \sum_{i>j} 2J_{ij}\boldsymbol{S}_i \cdot \boldsymbol{S}_j = - 2JS^2 \sum_{i>j} \cos \Phi_{ij} , \tag{4.1}$$

in dem wir der Einfachheit halber die Existenz eines einzigen Austauschintegrals J voraussetzen; die Summe bezieht sich auf sämtliche Paare benachbarter Atome. Bei makroskopischen Problemen ziehen wir meist nur die „langsamen“ Raumänderungen der Orientierung der Spinmomente in Betracht, bei denen der Winkel Φ_{ij} zwischen benachbarten Spins klein ist. In einem derartigen Fall können wir, wenn wir die Entwicklung $\cos \Phi_{ij} = 1 - \Phi_{ij}^2/2 + \dots$ anwenden, die Gleichung (4.1) in vereinfachter Form schreiben

$$E_{ex} \cong - zJS^2N + JS^2 \sum_{i>j} \Phi_{ij}^2 ; \tag{4.2}$$

hier ist z die Anzahl der nächsten Nachbarn jedes Atoms und N die Gesamtzahl der Atome im Kristall. Das erste Glied auf der rechten Seite (4.2) stellt die Austauschenergie für den Fall paralleler Spins ($\Phi_{ij} = 0$) dar. In der Regel ist aber nur das zweite Glied wichtig, das der durch die Störung der vollkommenen Ordnung der Spins verursachten Zunahme der Austauschenergie entspricht.

In der makroskopischen Auffassung können wir zu Ausdrücken unter Verwendung der Magnetisierung übergehen, indem wir die Spinvektoren $\boldsymbol{S}_i$, $\boldsymbol{S}_j$ in (4.1) durch ihre zeitlichen Mittelwerte ersetzen. Dadurch trennen wir den mit den Wärmeschwankungen der Spinmomente verbundenen Teil der Austauschenergie ab, und es bleibt nur die reine, durch die Inhomogenitäten der Magnetisierung des Kristalls verursachte Zunahme der Austauschenergie übrig. Dieser Beitrag besitzt den Charakter einer freien Energie, und bei den Problemen der Domänenstruktur z. B. genügt es, an Stelle der gesamten Austauschenergie ihn zu betrachten[1]). Analog zu (4.2) erhalten wir für ihn einen auf das Einheitsvolumen bezogenen Ausdruck (Energiedichte) [2–4]

$$f_{ex} = A[(\nabla\alpha_1)^2 + (\nabla\alpha_2)^2 + (\nabla\alpha_3)^2] = (A/M^2)\,[(\nabla M_x)^2 + (\nabla M_y)^2 + (\nabla M_z)^2], \tag{4.3}$$

der für kubische Kristalle gültig ist; für tetragonale Kristalle gilt

$$f_{ex} = A_1[(\nabla\alpha_1)^2 + (\nabla\alpha_2)^2] + A_2(\nabla\alpha_3)^2 = \\ = (A_1/M^2)\,[(\nabla M_x)^2 + (\nabla M_y)^2] + (A_2/M^2)\,(\nabla M_z)^2\,. \tag{4.4}$$

Hier bedeuten $\boldsymbol{\alpha} = \boldsymbol{\alpha}(\boldsymbol{r}) \equiv \{\alpha_1, \alpha_2, \alpha_3\}$ die Richtungskosinusse des Magnetisierungsvektors am Ort $\boldsymbol{r}$ und A bzw. A_1, A_2 sind die dem Austauschintegral J und dem Mittelwert des Quadrats des Spinmoments $\langle \boldsymbol{S}^2 \rangle$ am betrachteten Ort proportionalen effektiven Austauschkonstanten. Im Falle eines kubischen Kristalls wird, wenn wir die Magnetisierung bei 0 °K als M_0 bezeichnen, $A = A'(M/M_0)^2$, $A' = nJS^2/a$, wo a die Gitterkonstante, $M = |\boldsymbol{M}|$ und n ein von der Anordnung der Atome in der Elementarzelle abhängiger numerischer Faktor sind. Für ein raumzentriertes Gitter ist $n = 2$, für ein einfaches kubisches Gitter gilt $n = 1$. Die effektive Austauschkonstante der ferrimagnetischen Stoffe wird pauschal eine Funktion der Spins S_i der einzelnen Untergitter und der zugehörigen Austauschintegrale sein. Die Ableitung des expliziten Ausdruckes für A' ist in einem solchen Falle verhältnismäßig kompliziert und stützt sich auf die sogenannte phänomenologische Spinwellentheorie (vgl. Abschn. 3.1 und 5.4). A' wird dann auf Grund der Dispersionsbeziehung [3] (für eine kollineare Spinanordnung)

$$\hbar\omega \cong 2A'k^2/(|\textstyle\sum \boldsymbol{S}_i|/a^3)$$

definiert, in der $|\sum \boldsymbol{S}_i|/a^3$ den Wert des Gesamtspins in der Volumeneinheit bedeutet. Douglas [5] hat auf diese Weise z. B. für den Yttrium-Eisen-Granat $Y_3Fe_5O_{12}$

$$A' = (5J_{ad} - 8J_{aa} - 3J_{dd})\,S^2/2a\,, \quad S = 5/2\,,$$

abgeleitet.

---

[1]) Das ist äquivalent zu der geeigneten Wahl des Niveaus der Nullenergie des Kristalls (vgl. Abschn. 1.1).

Die Ausdrücke (4.3) und (4.4) wurden zuerst von Landau und Lifschitz [2] verwendet; ihre Ableitung aus der Beziehung (4.1) findet der Leser in [4]. Die Gültigkeit dieser Ausdrücke ist nur durch die Voraussetzung eingeschränkt, daß die Änderungen von $\boldsymbol{M}$ „langsam" sind, so daß $\nabla \alpha_i \ll 1$. Die Ausdrücke (4.3) und (4.4) enthalten $\nabla \alpha_i$ bzw. ∇M_i nicht in der ersten Potenz, weil die Austauschenergie nicht von der Orientierung der Magnetisierung $\boldsymbol{M}$ im betrachteten Punkt des Kristalls allein abhängen kann (die Austauschenergie ist isotrop). Wie Smit zeigte [1], kann die Temperaturabhängigkeit der Austauschkonstante A ferrimagnetischer Stoffe von der für einfache ferromagnetische Stoffe abgeleiteten Beziehung $A \sim M^2$ verschieden sein. Die Ursache ist in der unterschiedlichen Temperaturabhängigkeit der Magnetisierung der einzelnen Untergitter zu suchen (vgl. Abschn. 3.1); es ist klar, daß z. B. in der Umgebung des Kompensationspunktes nicht $E_{ex} \approx 0$ gelten wird, obwohl $M \approx 0$.

Unter dem Begriff der ***magnetokristallinen Anisotropieenergie*** oder der ***magnetischen Kristallenergie*** verstehen wir jenen Teil der mit dem magnetischen Zustand verbundenen Energie des Kristalls, der von der Orientierung des Magnetisierungsvektors gegenüber den kristallographischen Hauptachsen abhängt. Wählen wir ein Koordinatensystem so, daß seine Achsen mit den Kristallhauptrichtungen (z. B. bei kubischen Kristallen mit den Richtungen [100], [010] und [001]) übereinstimmen, so wird die Dichte der Kristallenergie f_K pauschal eine Funktion der Richtungskosinusse des Magnetisierungsvektors. Wir können sie daher in eine Reihe nach Potenzen dieser Richtungskosinusse entwickeln, wobei wir nur jene Glieder beibehalten, die invariant gegenüber den Symmetrieoperationen des Kristalls sind. In der Regel kann man sich auf die zwei bis drei niedrigsten Glieder der Reihe beschränken. Wenn wir das konstante, von der Orientierung unabhängige Glied vernachlässigen, so erhalten wir z. B. für einen kubischen Kristall²) (siehe z. B. [4,6])

$$f_K = K_1(\alpha_1^2\alpha_2^2 + \alpha_2^2\alpha_3^2 + \alpha_3^2\alpha_1^2) + K_2\alpha_1^2\alpha_2^2\alpha_3^2 + \dots \tag{4.5}$$

oder für einen tetragonalen

$$f_K = K_1\alpha_3^2 + K_2\alpha_3^4 + K_3(\alpha_1^4 + \alpha_2^4) + \dots . \tag{4.6}$$

Bei der hexagonalen Symmetrie benützt man meist Ausdrücke mit Polarwinkeln ϑ, φ, für welche der die Bedingung der sechszähligen Symmetrie erfüllende Ausdruck lautet

$$f_K = K_1' \sin^2 \vartheta + K_2' \sin^4 \vartheta + K_3' \sin^6 \vartheta + K_3 \sin^6 \vartheta \cos 6\varphi + \dots . \tag{4.7}$$

In jedem Fall muß f_K eine gerade Funktion der Richtungskosinusse sein, da die Kristallachsen in der positiven und in der negativen Richtung physikalisch gleich-

²) In diesem Falle wird f_K nur Glieder enthalten, die gegenüber der Vertauschung der Achsen des Koordinatensystems, also gegenüber dem Vertauschen der Indices der Richtungskosinusse, invariant sind. Die niedrigste dieser Invarianten ist der Ausdruck 2. Grades $\alpha_1^2 + \alpha_2^2 + \alpha_3^2$, der jedoch identisch gleich eins ist. Eine weitere ist der Ausdruck 4. Grades $\alpha_1^4 + \alpha_2^4 + \alpha_3^4$, der durch den Ausdruck $\alpha_1^2\alpha_2^2 + \alpha_2^2\alpha_3^2 + \alpha_1^2\alpha_3^2$ ersetzt werden kann, da $\alpha_1^4 + \alpha_2^4 + \alpha_3^4 \equiv 1 - 2(\alpha_1^2\alpha_2^2 + \alpha_2^2\alpha_3^2 + \alpha_1^2\alpha_3^2)$.

wertig sind.[3]) Die Konstanten K_1, K_2 bezeichnen wir als erste, zweite usw. Anisotropiekonstante, da sie den Charakter und die Größe der mit der Existenz der Kristallenergie verbundenen magnetischen Anisotropie bestimmen. Die Richtungen, für die f_K absolut minimal ist, nennen wir *Richtungen leichter Magnetisierbarkeit* oder kurz *leichte Richtungen*, im Gegensatz zu denen, für die f_K maximal ist und die wir *schwere* (*harte*) *Richtungen* nennen. Darüber, welche Richtung leicht ist, entscheidet das

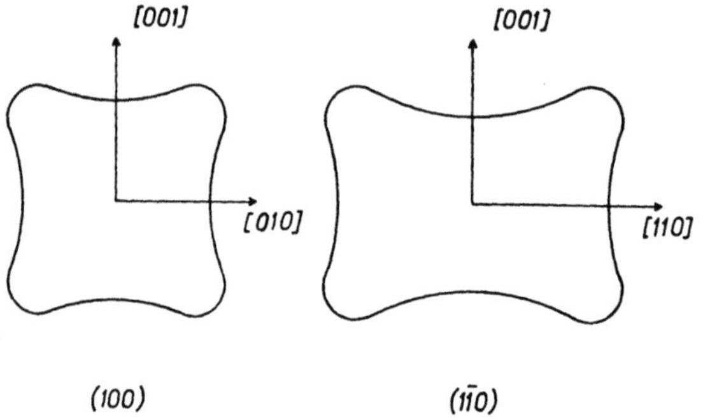

Abb. 4.1 Polardiagramm der Abhängigkeit der magnetischen Kristallenergie von der Magnetisierungsrichtung in den (100)- und (110)-Ebenen für einen kubischen ferromagnetischen Kristall mit $K_1 > 0$.

Vorzeichen und die relative Größe der Anisotropiekonstanten. In der Regel überwiegt der Einfluß der Anisotropiekonstante K_1 bzw. K_1'. In diesem Fall ist die leichte Richtung bei kubischen Kristallen parallel zur [100]- oder [111]-Richtung, je nachdem K_1 positiv oder negativ ist, während bei den hexagonalen Kristallen die leichte Richtung mit der hexagonalen Achse zusammenfällt, wenn $K_1' > 0$, und in der Basisebene liegt, wenn $K_1' < 0$. Unter gewissen Bedingungen kann auch bei kubischen Kristallen [110] die leichte Richtung sein, und bei hexagonalen Kristallen kann ein besonderer Fall der Anisotropie eintreten, bei dem die leichten Richtungen eine Kegelfläche mit einem durch die Beziehung $\sin^2 \vartheta_0 = -K_1'/2K_2'$ gegebenen Polarwinkel bilden. Eine Übersicht über die einzelnen Fälle gibt die Tab. IV-1. Die Abhängigkeit der Kristallenergie von der Richtung des Magnetisierungsvektors in den Ebenen (100) und (110) eines kubischen Kristalls ist in Abb. 4.1 wiedergegeben.

Manchmal ist es vorteilhafter, für die Kristallenergie die Reihenentwicklung nach den Kugelfunktionen $Y_l^m(\vartheta, \varphi)$ zu benutzen,

$$f_K = \sum_{l=0}^{\infty} \sum_{m=-l}^{l} \varkappa_l^m Y_l^m(\vartheta, \varphi), \tag{4.8}$$

wo die Konstanten $\varkappa_l^m$ den früher angeführten Anisotropiekonstanten analog sind. Die Superiorität dieser Entwicklungsform ergibt sich aus der Orthonormalität der Kugelfunktionen $Y_l^m(\vartheta, \varphi)$. Auf der anderen Seite kann man die z. B. in (4.5) auftretenden Ausdrücke bestimmten Grades l

[3]) Über die vektorielle (oder Austausch-) Anisotropie, die z. B. an der Grenze zwischen ferromagnetischen und antiferromagnetischen Phasen entsteht, wird weiter unten (Abschn. 4.5) gesprochen werden.

Tabelle IV-1

Leichte Richtung	Kubische Kristalle		
	[100]	[110]	[111]
f_K	0	$\frac{1}{4}K_1$	$\frac{1}{3}K_1 + \frac{1}{27}K_2$
Bedingung für K_1, K_2	$K_1 \begin{cases} > 0 \\ > -\frac{1}{9}K_2 \end{cases}$	$0 > K_1 > -\frac{4}{9}K_2$	$K_1 < 0,\ K_1 < -\frac{4}{9}K_2$ $0 < K_1 < -\frac{1}{9}K_2$

Leichte Richtung	Hexagonale Kristalle		
	[0001]	(0001)-Ebene	Rotationskegelfläche $\sin^2 \vartheta_0 = -K'_1/2K'_2$
f_K	0	$K'_1 + K'_2$	$-K'^2_1/4K'_2$
Bedingung für K'_1, K'_2	$\begin{cases} K'_1 + K'_2 > 0 \\ K'_1 > 0 \end{cases}$	$0 \leqq K'_1 < -K'_2$ $-K'_1 > 2K'_2,\ K'_1 < 0$	$0 < -K'_1 < 2K'_2$

in $\cos \alpha_i$ als eine lineare Kombination der zu demselben Index l gehörenden Kugelfunktionen auffassen. Die Form (4.8) ist speziell dann anzuwenden, wenn zum Ausdrücken von f_K durch ein Polynom in $\cos \alpha_i$ eine größere Anzahl von Anisotropiekonstanten nötig ist. Das ist z. B. bei den Granaten Seltener Erden der Fall. Es sei darauf hingewiesen, daß (4.8) einen allgemeinen Ausdruck für Kristalle verschiedener Symmetrie darstellt (die Symmetrie äußert sich in der Auswahl der von Null verschiedenen $\varkappa_l^m$ und in ihren gegenseitigen Beziehungen). Außerdem ist für die Entwicklung (4.8) das allgemeine Gesetz für die Temperaturabhängigkeit der Anisotropiekonstanten formuliert worden — das sog. *$l(l+1)/2$ - Grad - Gesetz* [7,8]

$$\frac{\varkappa_l^m(T)}{\varkappa_l^m(0)} = \left[\frac{M(T)}{M(0)}\right]^{l(l+1)/2}. \tag{4.9}$$

Den Ursprung der magnetokristallinen Anisotropie müssen wir in erster Linie in der Wirkung der Spin-Bahn-Wechselwirkung suchen, die die Spins an teilweise eingefrorene Bahnmomente koppelt. Da das Einfrieren der Bahnmomente durch eine starke Wechselwirkung der magnetischen Ionen mit dem Kristallgitter bzw. dem Kristallfeld, das dessen Symmetrie wiederspiegelt, verursacht wird, kommt es durch Vermittlung der Spin-Bahn-Kopplung zu einer indirekten Wirkung des Gitters auf die Elektronenspins. Mit den mit der Entstehung der magnetokristallinen Anisotropie zusammenhängenden Fragen werden wir uns in Abschn. 4.2 beschäftigen.

Die magnetoelastische Energie. Bisher betrachteten wir das Kristallgitter als fest und unveränderlich. In Wirklichkeit tritt bei der Magnetisierung des Kristalls eine spontane Verformung ein, durch die auch die Symmetrie des Kristalls etwas gestört wird. Diese Erscheinung nennt man ***Magnetostriktion***, und man erklärt sie dadurch, daß die Gesamtenergie des Kristalls infolge der durch die Deformation verursachten Änderung der Kristall- bzw. Austauschenergie herabgesetzt wird. Die Entstehung der Deformation führt allerdings gleichzeitig zu einer Erhöhung der elastischen Energie des Kristalls, so daß der resultierende Zustand wieder einem bestimmten Gleichgewicht zwischen den elastischen Kräften und der Tendenz zur Herabsetzung der Energie des magnetischen Zustandes entspricht. Der durch die elastischen Kräfte verursachte Energieverlust muß aber kleiner sein als die bei der Deformation des Kristalls gewonnene magnetische Energie, da sonst keine Magnetostriktion auftreten würde.

In dieser kurzen Übersicht beschränken wir uns auf einen kubischen Kristall und werden uns mit dem Einfluß einer Verzerrung des ursprünglich idealen kubischen Gitters auf die Kristallenergie beschäftigen. Bezeichnen wir die Komponenten des Dehnungstensors e_{rs}, $e_{rs} = \frac{1}{2}(\partial u_r/\partial s + \partial u_s/\partial r)$, $r, s = x, y, z$, wo u_x, u_y, u_z die Verschiebungen des Punktes (x, y, z) in Richtung der Koordinatenachsen bedeuten, so können wir den Ausdruck für die Kristallenergie f_K in eine Taylorsche Reihe nach e_{rs} entwickeln, wobei es für kleine Deformierungen genügt, sich auf die in e_{rs} linearen Glieder zu beschränken. Es wird

$$f_K = (f_K)_0 + \sum_{i \geqq j} (\partial f_K/\partial e_{ij})_0 \, e_{ij} + \dots, \tag{4.10}$$

wobei $(f_K)_0$ dem nichtdeformierten Kristall entspricht. Wegen der Symmetriebedingungen können wir setzen [4]

$$\partial f_K/\partial e_{ii} = B_1 \alpha_i^2, \quad \partial f_K/\partial e_{ij} = B_2 \alpha_i \alpha_j, \quad i \neq j. \tag{4.11}$$

Die Größen B_1, B_2 sind die sogenannten Konstanten der magnetoelastischen Kopplung oder kurz ***magnetoelastische Konstanten***, die in erster Näherung die Abhängigkeit von f_K von der Deformation bestimmen. Rechnen wir noch die elastische Energie des kubischen Kristalls hinzu [5]

$$f_e = \tfrac{1}{2}c_{11}(e_{xx}^2 + e_{yy}^2 + e_{zz}^2) + \tfrac{1}{2}c_{44}(e_{xy}^2 + e_{yz}^2 + e_{zx}^2) + \\ + c_{12}(e_{yy}e_{zz} + e_{xx}e_{zz} + e_{xx}e_{yy}), \tag{4.12}$$

die eine Funktion der Dehnungen e_{ij} und der Elastizitätsmoduli c_{ij} ist, so erhalten wir für die Gesamtenergiedichte

$$f = (f_K)_0 + B_1 \sum_i \alpha_i^2 e_{ii} + B_2 \sum_{i>j} \alpha_i \alpha_j e_{ij} + f_e. \tag{4.13}$$

Beschränken wir das durch die Beziehung (4.5) gegebene $(f_K)_0$ auf das Glied mit K_1, so folgen hieraus durch Lösung der Bedingungen für ein Minimum $\partial f/\partial e_{ij} = 0$

die Werte der Gleichgewichtsdehnungen

$$e_{ii} = B_1[c_{12} - \alpha_i^2(c_{11} + 2c_{12})]/[(c_{11} - c_{12})(c_{11} + 2c_{12})] \qquad (4.14)$$

$$e_{ij} = -B_2\alpha_i\alpha_j/c_{44}\,, \quad i \neq j\,.$$

Wie ersichtlich, sind die durch die Beziehungen (4.14) bestimmten e_{ij} quadratische Funktionen von α_i, α_j, so daß wir nach Einsetzen in (4.10) die Kristallenergie in der Form erhalten

$$f_K = (K_1 + \Delta K_1)(\alpha_1^2\alpha_2^2 + \alpha_2^2\alpha_3^2 + \alpha_3^2\alpha_1^2)\,, \qquad (4.5')$$

mit ΔK_1 abhängig von B_1, B_2 und c_{ij}. Die Gestalt der Abhängigkeit der Anisotropieenergie von den Richtungskosinussen der Magnetisierung bleibt also erhalten, nur die Anisotropiekonstante wird infolge der spontanen Gitterverzerrung um den Beitrag der magnetoelastischen Kopplung größer. Die auf diese Weise bewirkte Verringerung der Energie ist die eigentliche Ursache für die Magnetostriktion.

Für die phänomenologische Beschreibung der Magnetostriktion werden meist die sogenannten *Magnetostriktionskonstanten* verwendet. Uns interessieren hier nur die Werte dieser Konstanten im Sättigungszustand, der der spontanen, durch das Vorliegen einer spontanen Magnetisierung hervorgerufenen Deformation entspricht. Bei kubischen Kristallen genügt es meist, zwei Konstanten λ_{100}, λ_{111} einzuführen,[4]) mit deren Hilfe die relative Längenänderung $\delta l/l$ in einer beliebigen Richtung $\boldsymbol{\beta} \equiv \{\beta_1, \beta_2, \beta_3\}$ durch die Beziehung

$$\delta l/l = \tfrac{3}{2}\lambda_{100}(\alpha_1^2\beta_1^2 + \alpha_2^2\beta_2^2 + \alpha_3^2\beta_3^2 - \tfrac{1}{3}) + \qquad (4.15)$$

$$+ 3\lambda_{111}(\alpha_1\alpha_2\beta_1\beta_2 + \alpha_2\alpha_3\beta_2\beta_3 + \alpha_1\alpha_3\beta_1\beta_3)$$

ausgedrückt werden kann.

Es ist ersichtlich, daß λ_{100} und λ_{111} direkt die Größe der spontanen relativen Längenänderungen (Dehnung oder Kontraktion) in den Richtungen [100] und [111] angeben. Wenn wir $\delta l/l$ durch die in (4.14) angegebenen Dehnungen e_{ij} ausdrücken und mit (4.15) vergleichen, erhalten wir die Beziehungen

$$\lambda_{100} = -\tfrac{2}{3}B_1/(c_{11} - c_{12})\,, \qquad (4.16)$$

$$\lambda_{111} = -\tfrac{1}{3}B_2/c_{44}\,,$$

die es gestatten, die Magnetostriktionskonstanten durch die früher eingeführten und das physikalische Wesen besser erfassenden magnetoelastischen Konstanten B_1, B_2 auszudrücken. Der direkten Messung sind allerdings gerade die Magnetostriktionskonstanten leichter zugänglich. Kennen wir aus Versuchen auch noch die

[4]) Die Ausdrücke für die magnetoelastische Energie höherer Ordnung erfordern die Einführung einer größeren Anzahl von Magnetostriktionskonstanten; sie wurden für kubische Kristalle von Baltzer abgeleitet [9].

elastischen Konstanten c_{11}, c_{14} und c_{44}, so können wir im Gegenteil die Beziehung (4.16) für die Bestimmung von B_1, B_2 verwenden. Für Magnetit z. B. ist

$$c_{11} = 27{,}25 \,.\, 10^{11}\,, \quad c_{12} = 10{,}6 \,.\, 10^{11}\,, \quad c_{44} = 9{,}71 \,.\, 10^{11}\ \mathrm{dyn\,cm^{-2}}\,,$$

$$\lambda_{100} = -20 \,.\, 10^{-6}\,, \quad \lambda_{111} = +78 \,.\, 10^{-6}\,,$$

so daß

$$B_1 = +5{,}0 \,.\, 10^7\ \mathrm{erg\,cm^{-3}}\,, \quad B_2 = -23 \,.\, 10^7\ \mathrm{erg\,cm^{-3}}\,.$$

Eine direkte Bestimmung der magnetoelastischen Konstanten kann z. B. aus dem Verlauf der ferromagnetischen Resonanz im nichtlinearen Bereich durchgeführt werden, in dem magnetoelastische Wellen angeregt werden (Abschn. 5.6).

Dadurch, daß die Kristallenergie nach (4.10) von der Deformation abhängt, wird sie automatisch auch von der mechanischen Spannung im Kristall abhängig, die mit der Deformation durch das Hooksche Gesetz verbunden ist. Die zusätzliche elastische Energie des Kristalls, die einer mechanischen Spannung mit den Komponenten σ_{ij} entspricht, kann in der Form

$$f_\sigma = -\sum_{i \leq j} \sigma_{ij} e_{ij} \tag{4.17}$$

geschrieben werden. Fügen wir dieses Glied der rechten Seite von (4.13) hinzu und suchen die Bedingungen für das Minimum, so gelangen wir zu den Gleichgewichtsdeformationen e_{ij} unter Einwirkung einer mechanischen Spannung σ_{ij}. Für unsere Zwecke genügt es, das Ergebnis für den einfachen Fall anzuführen, in dem der ferromagnetische Körper einem homogenen Zug oder Druck ausgesetzt ist. Setzen wir einfachheitshalber $\lambda_{100} = \lambda_{111} = \lambda$ (isotrope Magnetostriktion), so wird der mit der Anwesenheit einer homogenen Spannung σ verbundene Beitrag zur Kristallenergie

$$f_{me} = \tfrac{3}{2}\lambda\sigma \sin^2 \vartheta \tag{4.18}$$

sein, in dem ϑ der Winkel ist, den der Magnetisierungsvektor mit der Spannungsrichtung einschließt. Dabei setzen wir $\sigma > 0$, wenn es sich um Zug, und $\sigma < 0$, wenn es sich um Druck handelt. Diesen Teil der Kristallenergie bezeichnen wir als eigentliche *magnetoelastische Energie*, da sie den Magnetisierungsvektor mit der mechanischen Spannung verkoppelt. Der von der spontanen Verzerrung stammende Beitrag wird dagegen in der Regel direkt in die Energie der magnetokristallinen Anisotropie einbezogen, da er von ihr nicht trennbar ist; bei der experimentellen Bestimmung der Anisotropiekonstante K_1 messen wir normalerweise stets den bereits korrigierten Wert $K_1 + \Delta K_1$. Übrigens ist ΔK_1 meist bedeutend kleiner als K_1, so daß es bei der Interpretation vernachlässigt werden kann. Nur wenn die Magnetostriktion sehr groß ist, kann diese Korrektur eine wichtige Rolle spielen; als Beispiel erwähnen wir den Kobaltferrit, wo $\Delta K_1/K_1$ von der Größenordnung 10^{-1} ist, und einige Eisen-Granate der Seltenen Erden, wo dieser Effekt sogar entscheidend zu den gemessenen K_1-Werten beitragen könnte [89].

Der Ausdruck (4.18) zeigt, daß die magnetoelastische Energie f_{me} in den kubischen Kristall eine einachsige Anisotropie einführt – die magnetoelastische Anisotropie – mit der effektiven Anisotropiekonstante $\frac{3}{2}\lambda\sigma$.

Unter der Bezeichnung ***magnetostatische Energie*** verstehen wir die Energie eines ferromagnetischen Körpers in einem Magnetfeld. Der Ausdruck für die magnetostatische Gesamtenergie enthält zwei Glieder: die potentielle Energie des ferromagnetischen Körpers im *äußeren Magnetfeld*, deren Dichte f_H durch die Beziehung gegeben ist

$$f_H = -\boldsymbol{M} \cdot \boldsymbol{H}, \tag{4.19}$$

und die sogenannte *Entmagnetisierungsenergie* mit der Dichte

$$f_d = -\tfrac{1}{2}\boldsymbol{M} \cdot \boldsymbol{H}_d, \tag{4.20}$$

die der Wechselwirkung des magnetisierten Körpers mit dem eigenen entmagnetisierenden Feld $\boldsymbol{H}_d$ entspricht. Während f_H die normale Zeemansche Energie von atomaren magnetischen Dipolen im äußeren Magnetfeld ist ($\boldsymbol{M}$ wird als Vektorsumme der elementaren magnetischen Momente in der Volumeneinheit definiert), ist die Entmagnetisierungsenergie f_d eine Energie der gegenseitigen magnetischen Wechselwirkungen zwischen diesen Dipolen. Da wir hier die Eigenenergie der ferromagnetischen Stoffe untersuchen, wird uns vor allem das Glied f_d interessieren.

Die Wechselwirkungsenergie eines Systems magnetischer Dipole ist durch die Beziehung

$$E_{\text{dip}} = \sum_{i<j} r_{ij}^{-5}\left[r_{ij}^2\boldsymbol{\mu}_i \cdot \boldsymbol{\mu}_j - 3(\boldsymbol{\mu}_i \cdot \boldsymbol{r}_{ij})(\boldsymbol{\mu}_j \cdot \boldsymbol{r}_{ij})\right] = -\tfrac{1}{2}\sum_i \boldsymbol{\mu}_i \cdot \boldsymbol{H}_i \tag{4.21}$$

gegeben [10], in der $\boldsymbol{r}_{ij}$ der den i-ten mit dem j-ten Dipol verbindende Lagevektor und $\boldsymbol{H}_i$ das am Ort des i-ten Dipols durch die sämtlichen übrigen Dipole hervorgerufene magnetische Feld ist. Da die Größe der Dipolwechselwirkungen nur langsam mit der Entfernung abnimmt, muß in diesem Ausdruck die Wirkung sämtlicher Dipole im Kristall berücksichtigt werden. Infolgedessen wird das Feld $\boldsymbol{H}_i$ und damit auch f_d von der Gestalt des ferromagnetischen Körpers abhängen. Das Feld $\boldsymbol{H}_i$ kann aufgeteilt werden in das die Beiträge der inneren Dipole einschließende *Lorentzsche* Lokalfeld $\boldsymbol{H}_L$ und das von den magnetischen Dipolen (bzw. magnetischen Ladungen) an der Oberfläche hervorgerufene *entmagnetisierende* Feld $\boldsymbol{H}_d$. Bei kubischen Kristallen ist $\boldsymbol{H}_L = \frac{4}{3}\pi\boldsymbol{M}$, die ihm entsprechende Dipolenergie ist isotrop und kann aus unseren Erwägungen weggelassen werden. Bei nicht-kubischen Kristallen ist dieser Teil der Energie zwar anisotrop, da er von der Orientierung des Dipols $\boldsymbol{\mu}_i$ und daher auch von $\boldsymbol{M}$ gegenüber den Kristallachsen abhängt, wir zählen ihn aber ebenfalls nicht zur magnetostatischen Energie, da er offensichtlich bereits in der magnetischen Kristallenergie mit enthalten ist. Es bleibt daher die Energie

(4.20) übrig, die im Falle eines homogen, entlang einer der Achsen magnetisierten Ellipsoids durch die Beziehung

$$f_d = \tfrac{1}{2}NM^2\,, \quad \boldsymbol{H}_d = -N\boldsymbol{M} \tag{4.22}$$

gegeben ist, in der N den betreffenden Entmagnetisierungsfaktor bedeutet.

Wie ersichtlich, hängt die Entmagnetisierungsenergie sowohl von der Probenform als auch von der Magnetisierungsrichtung ab und ist daher im allgemeinen anisotrop. Am niedrigsten wird sie für eine langgezogene Form und Längsmagnetisierung ($N \to 0$) sein, am größten bei einem flachen, senkrecht zur Oberfläche magnetisierten Plättchen ($N \to 4\pi$). Die mit der Entmagnetisierungsenergie verbundene Anisotropie nennen wir *Formanisotropie.* Wir finden sie vor allem bei langgestreckten Einbereichsteilchen. Ihr Einfluß ist aber auch in der Nähe von Poren, Rissen und nichtmagnetischen Einschlüssen im ferromagnetischen Körper zu bemerken, da ihre Entmagnetisierungsenergie im Falle einer homogenen Magnetisierung eine ähnliche Anisotropie wie bei ferromagnetischen Teilchen gleicher Gestalt besitzt.[5])

Mit Ausnahme der Austauschenergie sind, wie wir sahen, alle übrigen Beiträge zur Energie eines ferromagnetischen Kristalls anisotrop und führen (bei Abwesenheit eines äußeren Magnetfeldes) zur Bevorzugung gewisser Magnetisierungsrichtungen.[6]) Diese leichten Richtungen sind durch die Bedingung des Minimums der Energiesumme $f_K + f_{me} + f_d$ bestimmt; die zur Drehung des Magnetisierungsvektors aus der leichten in die schwere Richtung notwendige Arbeit kann als Maß der magnetischen Gesamtanisotropie angesehen werden.[7]) Die Größe dieser Arbeit wird in erster Linie durch die Werte der Konstanten $K_1, K_2, \lambda_{100}, \lambda_{111}$ bzw. durch den Unterschied der Entmagnetisierungsfaktoren in der leichten und schweren Richtung bestimmt. Außerdem hängt sie bei der magnetoelastischen Anisotropie von der Größe der mechanischen Spannung und bei der Formanisotropie von der Magnetisierung ab. Repräsentative Werte dieser Konstanten sind in Tab. IV-2 zusammen mit den zugehörigen Austauschenergien wiedergegeben. Es ist ersichtlich, daß die Anisotropieenergie bis zu mehreren Größenordnungen niedriger als die Austauschenergie ist, was wir übrigens in den Überlegungen dieses Abschnitts und im ganzen vorigen Kapitel stillschweigend vorausgesetzt haben.

Zum Abschluß wollen wir noch die Beschreibung der magnetischen Anisotropie mit Hilfe des sogenannten *effektiven Anisotropiefeldes* erwähnen. Setzen wir voraus,

---

[5]) Diese Äquivalenz gilt für die Gesamtentmagnetisierungsenergie und nur für homogen magnetisierte ferromagnetische Körper. Das entmagnetisierende Feld allein ist aber bei ellipsoidalen Hohlräumen inhomogen, während es bei ellipsoidförmigen Teilchen homogen ist.

[6]) Vom makroskopischen Standpunkt aus besitzen alle diese Energiearten den Charakter einer freien Energie.

[7]) Die Aufgabe, die leichten Richtungen zu finden, wäre im allgemeinen Falle kompliziert. In der Regel aber überwiegt eine Anisotropieart, so daß nur eine der aufgeführten Energien in Erwägung gezogen werden muß.

Tabelle IV-2

Repräsentative Werte der magnetischen Grundkonstanten*)

Stoff	$K_1 \cdot 10^{-4}$ (erg/cm^3)	$K_2 \cdot 10^{-4}$ (erg/cm^3)	$\lambda_{100} \cdot 10^6$	$\lambda_{111} \cdot 10^6$	$A' \cdot 10^6$ (erg/cm)	Quelle
Fe (4% Si)	42,0	15,0	19,5	−18,8	1,7	[10], [11]
Ni	−4,8	5,0	−4,6	25,0	0,8	[12], [13]
Fe_3O_4	−11,0	−28,0	−20,0	78,0		[14], [16]
$CoFe_2O_4$	270	300	−590**)	120**)		[15], [17]
$Y_3Fe_5O_{12}$	−0,7		−2,0	−3,6	0,58	[18], [19] [20]

*) Mit Ausnahme der Austauschkonstanten A', die sich laut Definition auf 0 °K bezieht, sind die Werte für 20 °C aufgeführt.

**) Für die Zusammensetzung $Co_{0,8}Fe_{2,2}O_4$.

daß der Vektor $\boldsymbol{M}$ aus seiner leichten Richtung um den kleinen Winkel $\Delta\vartheta$, z. B. durch die Wirkung eines äußeren Magnetfeldes, herausgedreht ist. Der Einfluß der Anisotropie macht sich durch ein gewisses Drehmoment bemerkbar, das bestrebt ist, $\boldsymbol{M}$ in die ursprüngliche Richtung ($\vartheta = 0$) zurückzudrehen. Die Größe dieser Torsion ist

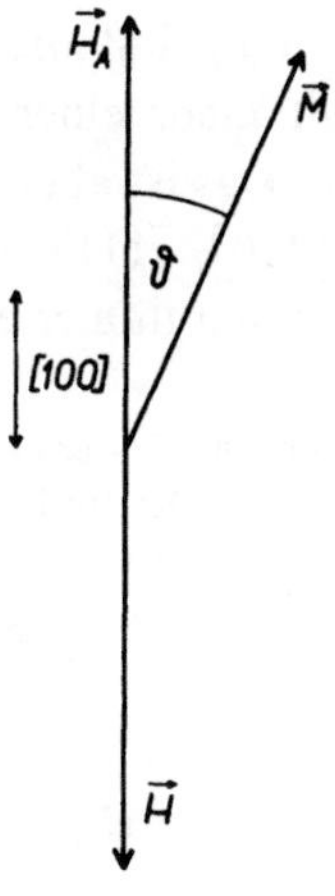

Abb. 4.2 Zur Definition des effektiven Anisotropiefeldes.

durch die Ableitung $(\partial f_K/\partial\vartheta)_{\vartheta=\Delta\vartheta}$ gegeben, für die wir schreiben können

$$\left(\frac{\partial f_K}{\partial\vartheta}\right)_{\vartheta=\Delta\vartheta} = \left(\frac{\partial f_K}{\partial\vartheta}\right)_{\vartheta=0} + \left(\frac{\partial^2 f_K}{\partial\vartheta^2}\right)_{\vartheta=0} \cdot \Delta\vartheta = \left(\frac{\partial^2 f_K}{\partial\vartheta^2}\right)_{\vartheta=0} \cdot \Delta\vartheta\,,$$

da für die leichte Richtung $(\partial f_K/\partial\vartheta)_{\vartheta=0} = 0$ gilt. Wenn wir die Wirkung der Anisotropie durch die Wirkung eines effektiven Feldes $\boldsymbol{H}_A$ ersetzen wollen (Abb. 4.2), muß das Drehmoment dieses Feldes $M_s H_A \sin\vartheta \doteq M_s H_A \,\Delta\vartheta$ gleich dem Drehmoment

Tabelle IV-3

	Kubische Kristalle		
	[100]	[110]	[111]
H_A	$2K_1/M_s$	$(100): -2K_1/M_s$ $(110): (K_1 + K_2)/M_s$	$-(\frac{4}{3}K_1 + \frac{4}{9}K_2)/M_s$

	Hexagonale Kristalle		
	$\vartheta_0 = 0$	$\vartheta_0 = \pi/2$	$\sin\vartheta_0 = (-K_1/2K_2)^{1/2}$
$H_{A,\vartheta}$	$2K_1'/M_s$	$-2(K_1' + 2K_2')/M_s$	$(2K_1'/K_2')(K_1' + 2K_2')/M_s$
$H_{A,\varphi}$	0	$36\|K_3\|/M_s$	$36\|K_3\|K_1'^2/4K_2'^2M_s$

der Kristallenergie sein, und daher

$$H_A = \frac{1}{M_s}\left(\frac{\partial^2 f_K}{\partial\vartheta^2}\right)_{\vartheta=0}. \tag{4.23}$$

Wir sehen leicht ein, daß diese Definition ihre Bedeutung auch dann beibehält, wenn $\vartheta = 0$ nicht mehr einer leichten Richtung entspricht; allerdings muß $(\partial f_K : : \partial\vartheta)_{\vartheta=0} = 0$ sein. Das ist aber in einem kubischen Kristall für eine beliebige Hauptrichtung [100], [110], [111] unabhängig von Vorzeichen und relativer Größe der Anisotropiekonstanten immer erfüllt.

Als Beispiel wollen wir das effektive Anisotropiefeld in [001]-Richtung für einen kubischen bzw. für einen einachsigen Kristall bestimmen. Für eine kleine Abweichung ϑ aus dieser Richtung haben wir

$$f_K \cong K_1\vartheta^2, \quad \partial^2 f_K/\partial\vartheta^2 = 2K_1$$

und daher

$$H_A \equiv M_s^{-1}(\partial^2 f_K/\partial\vartheta^2) = 2K_1/M_s. \tag{4.24}$$

Dabei ist H_A isotrop, da es nicht darauf ankommt, in welcher Ebene wir die Abweichung ϑ voraussetzen. In einigen Richtungen, z. B. [110] bei kubischen Kristallen, wird aber H_A von der Richtung der Abweichung abhängen und daher selbst anisotrop sein. Für die wichtigsten Fälle sind die effektiven Felder H_A in Tab. IV-3 angeführt. Es sei bemerkt, daß die erwähnte Definition des Anisotropiefeldes für eine beliebige Magnetisierungsrichtung verallgemeinert werden kann (vgl. Seite 466 f.).

Ähnlich können wir auch bei der Einführung effektiver Felder für die magnetoelastische Anisotropie bzw. für die Formanisotropie vorgehen. Häufig ist es vorteilhaft, auch den Beitrag (4.3) der inhomogenen Magnetisierung ($\nabla \mathbf{M} \neq 0$) zur Austauschenergie mittels eines effektiven Feldes auszudrücken. In diesem Falle wird gelten

$$H'_{ex} = (2A/M_s^2)\,|\nabla^2 \mathbf{M}|\,. \tag{4.25}$$

Die Folgen des Vorhandenseins einer Anisotropie für den magnetischen Zustand eines ferromagnetischen Kristall; die Domänenstruktur

Würden wir nur die Austauschenergie in Betracht ziehen, so wäre offensichtlich eine spontan homogen magnetisierte Probe, bei der die Magnetisierung in sämtlichen Punkten die gleiche Richtung hätte, energetisch am vorteilhaftesten. Stellen wir aber auch die übrigen oben erwähnten Beiträge mit in Rechnung, so muß der magnetische Gleichgewichtszustand die Bedingung eines Minimums der freien Gesamtenergie erfüllen. Dabei zeigt sich, daß mit Ausnahme sehr kleiner ferromagnetischer Teilchen bzw. sehr dünner Schichten die Bildung einer Domänenstruktur – das ist die Aufteilung des Kristalls in makroskopische, spontan magnetisierte Bezirke mit voneinander verschiedenen Richtungen der spontanen Magnetisierung – energetisch günstiger ist. Die Hauptrolle bei der Bildung der Domänen spielt die magnetostatische (Entmagnetisierungs-) Energie, die mit der Existenz der magnetischen Pole an der

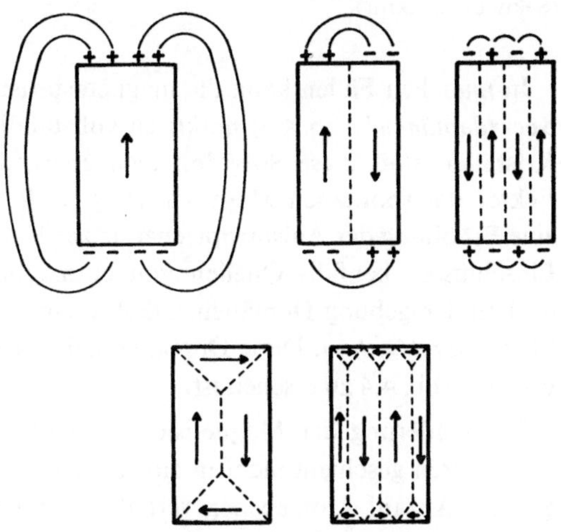

Abb. 4.3 Herabsetzung der Entmagnetisierungsenergie eines ferromagnetischen Kristalls durch Domänenbildung.

Oberfläche der Probe zusammenhängt. Abb. 4.3 zeigt, wie bei allmählicher Teilung des ferromagnetischen Kristalls in Bezirke mit unterschiedlicher Magnetisierungsrichtung das eigene Streufeld und damit auch das entmagnetisierende Feld innerhalb des Kristalls und seine Entmagnetisierungsenergie reduziert werden. Man kann berechnen, daß bei der Bildung von N Domänen die Entmagnetisierungsenergie größenordnungsmäßig auf $1/N$ des ursprünglichen Wertes erniedrigt wird. Innerhalb der Domänen ist der Magnetisierungsvektor meist in der durch das Minimum der Anisotropieenergie (Kristall- und magnetoelastische Energie) bestimmten leichten Richtung orientiert. In den meisten Fällen überwiegt die Kristallanisotropie; dann tritt bei kubischen Kristallen stets eine größere Anzahl leichter Richtungen auf, bei einachsigen Kristallen, falls $K_1' > 0$, nur eine einzige Richtung.

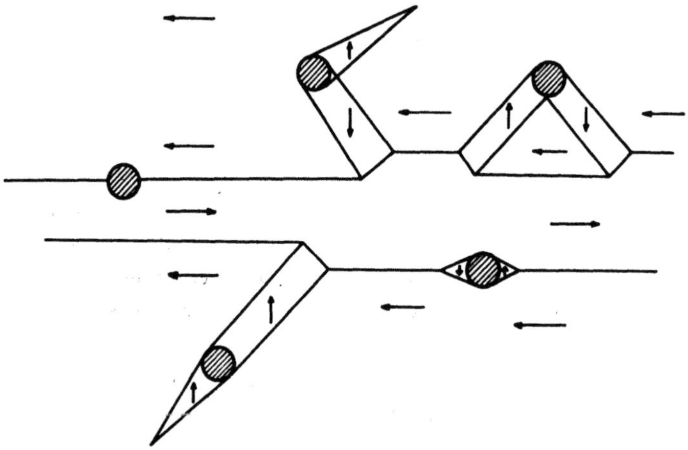

Abb. 4.4 Zur Entstehung der Sperrdomänen in der Umgebung nichtmagnetischer Einschlüsse (Sekundärstruktur).

In manchen Fällen kann die magnetostatische Energie durch Bildung sogenannter *Sperrdomänen* (Abb. 4.3) praktisch vollständig aufgehoben werden. Bei einachsigen Kristallen sind diese Sperrdomänen energetisch weniger günstig, da in ihnen der Vektor der spontanen Magnetisierung in der schweren Richtung orientiert ist, was eine Erhöhung der Anisotropieenergie zur Folge hat. Da Poren und nichtmagnetische Einschlüsse ebenfalls Quellen von entmagnetisierenden Feldern sind, bilden sich in ihrer Umgebung Domänen, die ihre entmagnetisierenden Wirkungen herabsetzen (*Sekundärstruktur*). Diese Domänen haben eine besonders charakteristische Gestalt, wie aus Abb. 4.4 zu ersehen ist.

Die Änderung der Magnetisierungsrichtung beim Übergang von einer Domäne zur anderen geschieht nicht in einem einzigen Sprung, sie ist vielmehr stetig auf eine größere Anzahl Atomebenen verteilt. Dadurch entsteht zwischen den benachbarten ferromagnetischen Bezirken eine gewisse Übergangsschicht – eine *Blochwand* –, in der der Magnetisierungsvektor aus der leichten Richtung, die er in einer Domäne einnahm, herausgedreht wird, so daß er stetig in eine andere leichte Richtung übergeht, in der die Magnetisierung der zweiten Domäne liegt. Infolgedessen kann der Blochwand eine gewisse endliche Dicke zugeschrieben werden, über deren Größe wiederum die energetische Bilanz entscheidet. Dadurch, daß die Spins benachbarter

Atome in der Blochwand gegeneinander verdreht sind, ist hier $f_{ex} \neq 0$. Gleichzeitig wächst aber auch die Anisotropieenergie infolge des Herausdrehens der Magnetisierung aus der leichten Richtung. Während die Austauschkräfte den Winkel zwischen den benachbarten Spins zu verkleinern und damit die Wanddicke zu vergrößern trachten, strebt die Anisotropie dagegen die Verringerung der Wanddicke und damit die Erniedrigung der Anzahl der aus der leichten Richtung abweichenden Spins an.

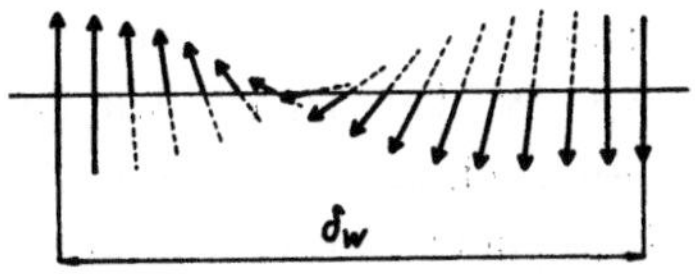

Abb. 4.5 Modell einer 180°-Blochwand.

Die wirkliche Wanddicke ist ein Kompromiß zwischen diesen einander entgegengesetzten Einflüssen.

Es ist daher ersichtlich, daß die Bildung einer Blochwand eine gewisse Energie erfordert; diese Energie wird in der Regel auf 1 cm^2 Wandfläche bezogen und ist meist von der Größenordnung ≈ 1 erg/cm^2. Die Forderung nach einem Minimum dieser Energie bestimmt den Verlauf der Spindrehung innerhalb der Wand und damit ihre Dicke. Zur Illustration führen wir jetzt die Analyse eines vereinfachten Blochwandmodells nach Kittel durch [4, 10]. Betrachten wir eine lineare Kette von Spins (Abb. 4.5). Die Richtungen der Spins innerhalb der beiden benachbarten Domänen schließen einen Winkel Φ_0 ein.[8]) Der Einfachheit halber setzen wir voraus, daß die gesamte Winkeländerung des Magnetisierungsvektors sich gleichmäßig auf die Kette von $N + 1$ Spins verteilt, so daß benachbarte Spins einen Winkel $\Phi = \Phi_0/N$ einschließen. Die auf ein Spinpaar entfallende Austauschenergie ist nach (4.2), $\Delta E_{ex} \cong \cong JS^2\Phi^2 = JS^2\Phi_0^2/N^2$, was über die ganze Kette addiert $JS^2\Phi_0^2/N$ gibt. Ist der Abstand benachbarter Spins a und sind die Spins in den Knotenpunkten eines einfachen kubischen Gitters lokalisiert, so entfallen auf 1 cm^2 Wand a^{-2} der betrachteten Ketten; da die Kristallenergie der Größenordnung nach gleich $K_1 \times$ Volumen ist, erhalten wir für die Wandenergie σ_w je 1 cm^2 näherungsweise

$$\sigma_w = \sigma_{ex} + \sigma_K \approx JS^2\Phi_0^2/Na^2 + K_1Na\,. \tag{4.26}$$

Aus der Bedingung $\partial\sigma_w/\partial N = 0$ folgt daher, wenn wir $\Phi_0 = \pi$ setzen,

$$N \approx (\pi^2 JS^2/K_1a^3)^{1/2}\,, \tag{4.27}$$

was z.B. für Eisen ($\pi^2 JS^2 \approx kT_c \approx 10^{-3}$ erg, $K_1 \approx 10^5$ erg/cm^3, $a^3 \approx 10^{-23}$ cm^3) ungefähr 300 Atomebenen ergibt. Durch Einsetzen für N in (4.26) würden wir sofort

[8]) Sehr häufig ist $\Phi_0 = 180°$, in anderen Fällen 90° oder 109° bzw. 71°. Wir sprechen dann von 180°-Wänden, 90°-Wänden usw. Die erstere Art kann in allen Kristallen vorkommen; 90°- und 109°-Wände kommen vor allem bei kubischen Kristallen mit $K_1 > 0$ bzw. $K_1 < 0$ vor.

auch eine Abschätzung für σ_w erhalten. Eine genauere Berechnung [22], die nicht mehr von der Voraussetzung der Winkelgleichheit zwischen benachbarten Spins in der gesamten Wandbreite ausgeht, führt zu Ausdrücken für die Energie und die Wanddicke, die in der Form [22, 23]

$$\sigma_w = p(AK)^{1/2}, \quad \delta_w = q(A/K)^{1/2} \tag{4.28}$$

geschrieben werden können.[9]) Dabei ist $A = A'(M/M_0)^2$, $A' \approx kT_c/a$ die effektive Austauschkonstante, K ist die Anisotropiekonstante, und p, q sind numerische, vom Wandtyp (d.h. vom Winkel, den die Magnetisierungsvektoren beider benachbarter Domänen miteinander einschließen) und von der Lage der Wand zu den kristallographischen Achsen abhängige Faktoren. Der Wert des Faktors p hängt nur wenig von der Lage der Wand ab und ist bei 180°-Wänden $\cong 2$, bei 90°-Wänden $\cong 1$. Der Faktor q hingegen hängt sehr stark vom Wandtyp ab, und für einige Fälle von 180°-Wänden muß man die Magnetostriktion berücksichtigen, wenn q und daher δ_w endlich bleiben sollen. Für eine 180°-Wand in der (100)-Ebene erhalten wir so z.B. für Eisen $q = 10,87$, während für eine 90°-Wand in derselben Ebene ohne Magnetostriktion $q = 3,14$ ist. Aus (4.28) ist ersichtlich, daß die Wanddicke mit zunehmender Anisotropie abnimmt, während in Stoffen mit $K \approx 0$ die Wände die Tendenz zeigen, sich über den ganzen Kristall zu erstrecken, so daß die Domänenstruktur im wahren Sinne des Wortes verschwindet.

Mit abnehmenden Kristallabmessungen nimmt sowohl die Anzahl der Domänen als auch die Gesamtfläche der Blochwände ab. Daher verringert sich zusammen mit der gesamten Entmagnetisierungsenergie auch die für die Bildung dieser Wände notwendige Energie. Während aber die Entmagnetisierungsenergie durch ein Integral aus der *Volumendichte* f_d gegeben ist und daher mit der dritten Potenz der linearen Probenabmessungen abnimmt, ist die Wandenergie durch die *Flächendichte* be-

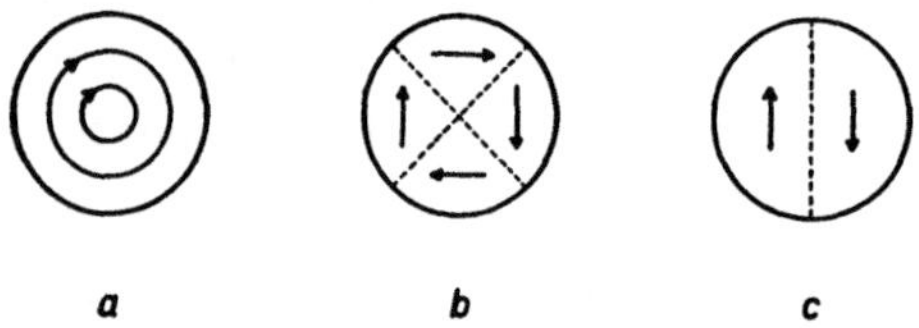

Abb. 4.6 Domänen in kleinen Kugelpartikeln: (a) kubischer Kristall, schwache Anisotropie; (b) kubischer Kristall, starke Anisotropie; (c) einachsiger Kristall (nach Kittel [4]).

stimmt und nimmt nur mit der zweiten Potenz der Abmessungen ab, also langsamer als die Entmagnetisierungsenergie. Man kann daher erwarten, daß bei Verringerung der Kristalldimension unter eine bestimmte kritische Größe d_{krit} die Bildung von Domänen energetisch nicht mehr vorteilhaft sein wird. Die Energie, die durch Herab-

[9]) Der Parameter der Wanddicke δ_w hat nicht genau die gleiche Bedeutung wie bei dem oben besprochenen vereinfachten Modell, da die Magnetisierungsrichtung sich der leichten Richtung in der Domäne asymptotisch nach der Funktion $\sin \Phi = 1/\cosh(z/\delta_w)$ nähert, wobei z die Entfernung von der Wandmitte bedeutet; δ_w ist daher eine Art effektiver Dicke. K können wir in diesen Ausdrücken als eine effektive Anisotropiekonstante ansehen.

setzung des Entmagnetisierungseffekts der Oberfläche gewonnen würde, genügt nicht mehr für die Bildung der Blochwände, und das Teilchen wird zu einem Einbereichsteilchen. Die in kleinen kugelförmigen Teilchen mit $d \gtrsim d_{\text{krit}}$ entstehenden Domänenkonfigurationen sind in Abb. 4.6 wiedergegeben. Man kann leicht zeigen [4], daß sowohl bei kubischen Kristallen mit größerer Anisotropie (Fall b) als auch bei Teilchen mit einachsiger Anisotropie (c) gilt

$$d_{\text{krit}} \cong (9/2\pi)\,\sigma_w/M_s^2\,; \tag{4.29}$$

σ_w können wir dabei aus (4.28) einsetzen.

Die Existenz ferromagnetischer Bezirke wurde von Weiss im Jahre 1907 vorausgesagt [24]; der direkte Beweis durch Sichtbarmachung wurde aber erst bedeutend später durch die Bitter-Streifenmethode (Magnetpulvermethode) erbracht.[10]) Nach dem Jahre 1945 wurde die experimentelle Technik der Magnetpulvermuster zu großer Vollkommenheit gebracht, so daß eine große Menge experimenteller Erkentnisse über die Domänen gewonnen werden konnte.

Die Magnetpulvermethode benutzt den Umstand, daß magnetische Kolloid-Teilchen (Fe_3O_4), in Suspension auf eine gründlich polierte Kristalloberfläche aufgetragen, sich an den Stellen des größten Gradienten des magnetischen Streufeldes ansammeln, d. i. dort, wo die Wand die Oberfläche durchschneidet. Außer dieser Methode werden in letzter Zeit zur Sichtbarmachung der Domänen besonders optische Methoden verwendet (siehe z. B. [29]): die Drehung der Ebene des polarisierten Lichtes beim Durchgang durch einen ferromagnetischen Stoff (Faradayeffekt), die von der Richtung der Magnetisierung abhängt, so daß durch Analyse des durchfallenden Lichtes ein Bild der Domänen gewonnen werden kann, oder der analoge Effekt im reflektierten Licht (magnetooptischer Kerreffekt). Die erste dieser optischen Methoden kann bei durchsichtigen Kristallen angewendet werden, z. B. bei manchen Granaten, beim Magnetoplumbit u. a., oder bei dünnen Schichten. Die zweite ist universeller, und im Vergleich zu den Bitterfiguren erscheint sie hauptsächlich bei Stoffen mit geringer Anisotropie vorteilhaft, bei denen die Wanddicke zu groß ist, um am Ort der Wand eine genügend starke Anziehung der Kolloidteilchen zu gewährleisten. Eine wichtige Methode für das Studium der Domänenstruktur in dünnen Schichten ist die Elektronenmikroskopie. Eine Übersicht über die verschiedenen Methoden und eine Beurteilung ihrer Anwendbarkeit findet der Leser z. B. in der Arbeit von Dillon [29] und im Buch von Craik und Tebble [23].

Bei Ferriten und anderen ferrimagnetischen Oxiden wurden Domänenstrukturen festgestellt, die sich praktisch durch nichts von den Domänenstrukturen metallischer ferromagnetischer Stoffe unterscheiden. In Abb. 4.7 sind Beispiele von Domänenstrukturen von Magnetoplumbit und polykristallinem Nickelferrit gezeigt, die mit Hilfe der Magnetpulvermethode und des Faradayeffekts gewonnen wurden. Das Studium der ferromagnetischen Domänen ist nicht nur vom Gesichtspunkt der Erläuterung der Gesetzmäßigkeiten der Domänenstruktur selbst wichtig, es ist außer-

---

[10]) Diese Methode wurde von Bitter, Hámos und Thiessen [25] und von Akulov [26] in den Jahren 1931—32 vorgeschlagen. Zu größerer Vollkommenheit wurde sie hauptsächlich durch Elmore, Williams und andere [27, 28] gebracht.

dem von grundlegender Bedeutung für ein besseres Verständnis der makroskopischen Eigenschaften der ferro- und ferrimagnetischen Stoffe, insbesondere jener, die mit den Magnetisierungsprozessen zusammenhängen (Kap. VI). Durch die Analyse der Domänenstruktur können auch Informationen über einige elementare Konstanten der ferromagnetischen Stoffe, z.B. über die effektive Austauschkonstante A, gewonnen werden.

Einige interessante Charakteristiken zeigen die Domänenstrukturen magnetischer Oxide mit einem großen effektiven Anisotropiefeld H_A [30, 31]. Nach Tab. IV-3 ist für großes H_A entweder eine starke Anisotropie oder ein niedriger Wert der spontanen Magnetisierung M_s oder evtl. beides erforderlich. Der ersten Bedingung genügt z.B. der Magnetoplumbit oder der mit ihm isomorphe Bariumhexaferrit BaO.6 Fe_2O_3, als typische Repräsentanten der Stoffe mit niedrigem M_s gelten die Orthoferrite

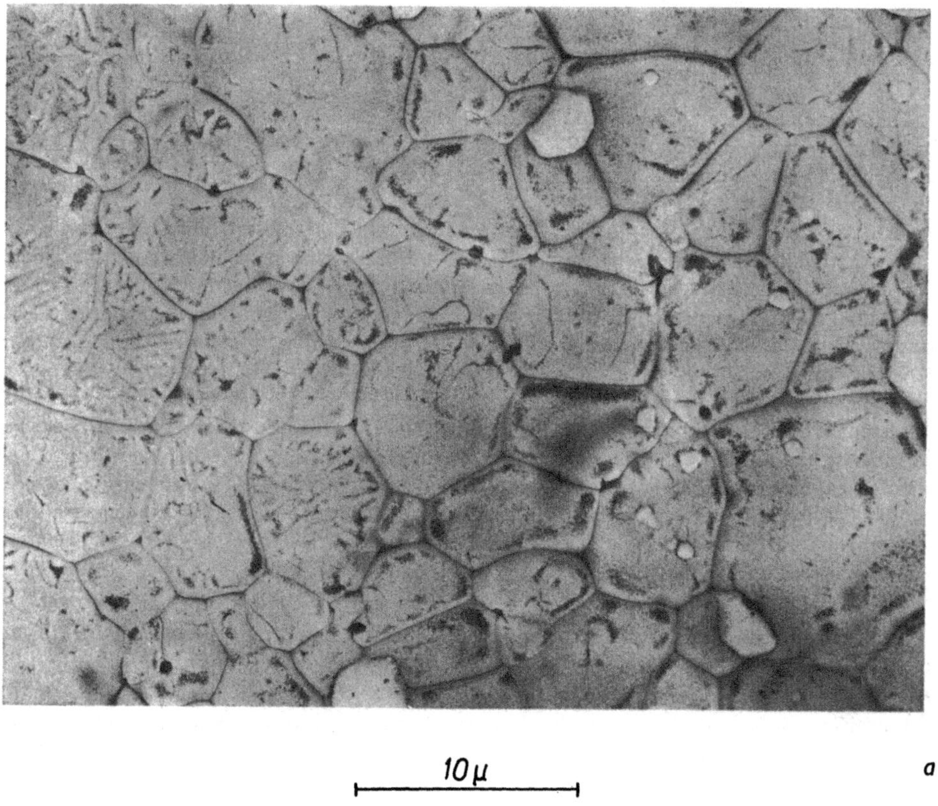

Abb. 4.7 Beispiele für Domänenstrukturen: (a) polykristalliner, senkrecht zur Oberfläche magnetisierter Nickelferrit, durchschnittliche Korngröße 12 µm (D. J. Craik [23], Magnetpulvermethode), (b) bis (d) Basisebene von sich durch die Dicke unterscheidenden Magnetoplumbit-Einkristallen: (b) $-t = 2{,}9$ µm, (c) $-t = 4{,}9$ µm, (d) $-t = 2$ mm. Die Bilder der Domänenstrukturen (b) und (c) wurden von R. Gemperle und J. Kaczér mit der Methode des Faradayeffekts, im Falle (d) von D. J. Craik mit der Magnetpulvermethode erhalten.

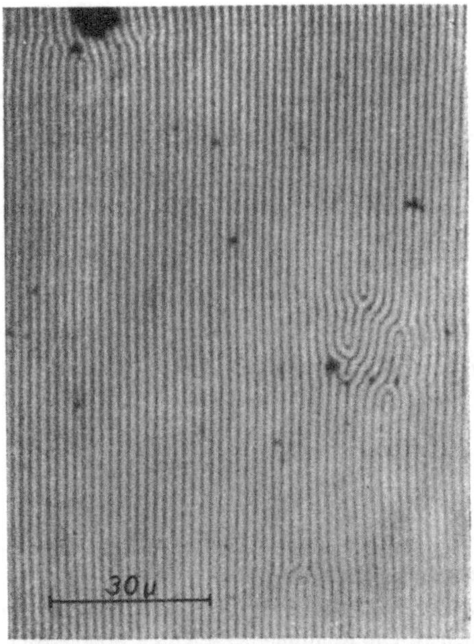

b

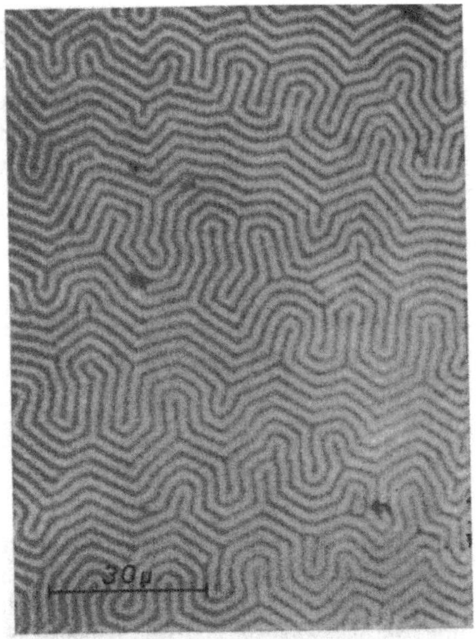

c

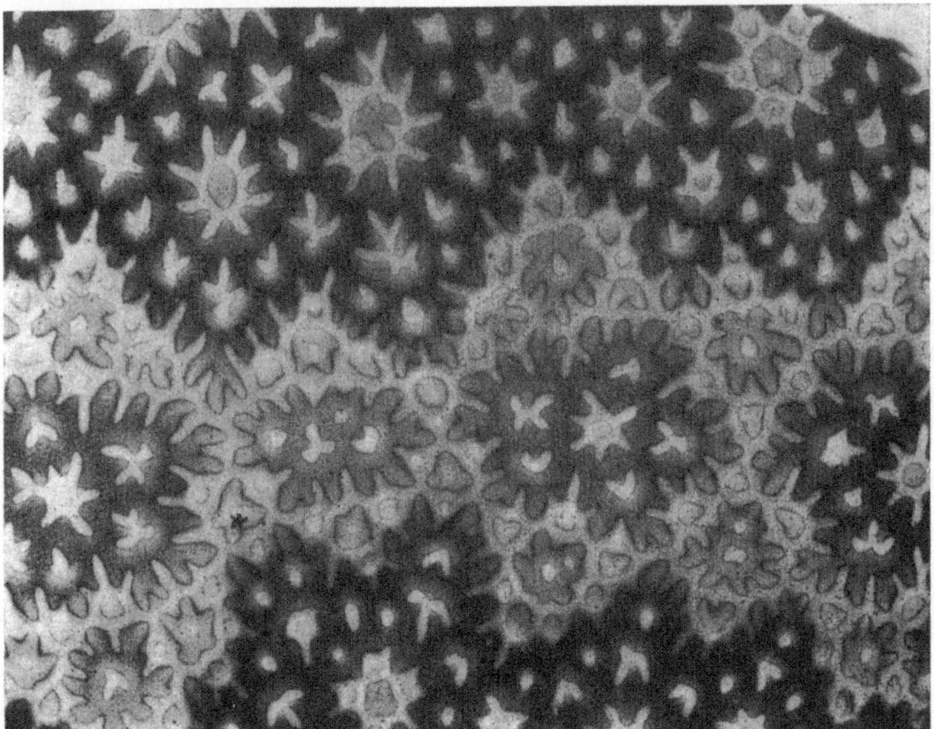

d

10μ

$RFeO_3$, wo R = Y, Tm, Tb oder irgendein anderes Element aus der Gruppe der Seltenen Erden ist. Die Domänenstruktur, welche sich spotan in einkristallinen dünnen Plättchen bildet, deren Ebene senkrecht auf der leichten Richtung steht, entspricht dann in der Regel den langen „Streifendomänen“ (Abb. 4.7b,c). Einige dieser Domänen können durch eine einzige Wand begrenzt werden, so daß sie gewisse ausgedehnte, von einem Gebiet mit entgegengesetzter Magnetisierungsrichtung um-

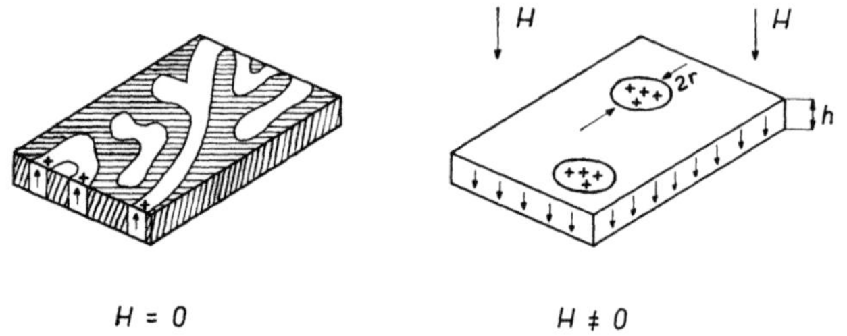

Abb. 4.8 Zur Entstehung der Zylinderdomänen: (a) — auf einem entmagnetisierten Orthoferrit-Einkristallplätchen spontan gebildete Domänenstruktur; (b) — bei geeigneter Wahl der Feldstärke H verschwinden die durch zwei Blochwände begrenzten Streifendomänen, und die gedehnten Inseldomänen verwandeln sich in zylindrische Domänen. Die Richtung der leichten Magnetisierbarkeit steht senkrecht zur Plättchenebene.

gebene Inselchen bilden. Wenn wir das äußere Magnetfeld senkrecht zur Plättchenebene in der zur Magnetisierungsrichtung innerhalb einer solchen „isolierten“ Domäne entgegengesetzten Richtung anlegen, ändert diese Domäne in einem bestimmten Feldstärkenbereich des magnetisierenden Feldes ihre Form in eine zylindrische. Derart entstandene Zylinderdomänen („*bubles*“) bilden dann Inselchen von entgegengesetzter Magnetisierung in dem parallel zum angelegten Feld magnetisierten Medium (Abb. 4.8).

Die Zylinderdomänen weisen eine Reihe von interessanten Eigenschaften auf, die man auch in technischen Anwendungen benutzen kann (Einschreiben und Speicherung von Information u.ä. – vgl. [31]). Sie haben vor allem einen bestimmten, gut definierten Radius, dessen Größe aus der Stabilitätsbedingung folgt, die durch das Minimum der zur Domänenbildung notwendigen Energie, d.i. der Summe von magnetostatischer Energie im äußeren Magnetfeld H, der Flächenenergie der zylindrischen Blochwand und der Entmagnetisierungsenergie, gegeben ist [31],

$$\xi = 2M_s H\pi r^2 h + 2\pi r h\sigma_w - \xi_d . \tag{4.30}$$

Hier bedeuten r den Radius der Zylinderdomäne, h die Dicke des Plättchens, σ_w die Flächendichte der Wandenergie und ξ_d die Entmagnetisierungsenergie der Domäne, um die die Gesamt-Entmagnetisierungsenergie des Plättchens vermindert wird. Während die ersten zwei Glieder die Tendenz haben, den Domänendurchmesser zu verringern, ist die Wirkung der Entmagnetisierungsenergie umgekehrt. Im Stabilitätsgebiet ist der Domänenradius r eine Funktion der Feldstärke des äußeren Magnetfeldes. Wenn H unter einen gewissen zulässigen Minimalwert sinkt, wird die Zylinderdomäne instabil und geht in die ursprüngliche Streifendomäne über. Wenn dagegen H den oberen kritischen Wert überschreitet, verschwindet die Domäne und das Plättchen wird homogen magnetisiert. Diesen kritischen Feldwerten entsprechen gewisse Grenzradien r_{min}, r_{max}. Aus der Theorie [31a] ergibt sich, daß annähernd $r_{max} \approx$ $\approx 3r_{min}$ ist.

Vom praktischen Gesichtspunkt aus ist es wichtig, eine möglichst große Dichte der Domänen und dadurch auch der Information zu erreichen, die diese Domänen repräsentieren könen. Zu diesem Zweck ist es wünschenswert, einen möglichst kleinen Domänenradius zu erhalten. Dafür stehen zwei Wege zur Verfügung, und zwar Erhöhung von M_s oder Verminderung von σ_w. Da $\sigma_w \sim (AK_1')^{1/2}$ ist, kann man dieses Ziel durch Verminderung der Anisotropiekonstante K_1' erreichen. Diese Möglichkeit wurde an (Sm, Er)- und (Sm, Tb)-Orthoferrit-Mischkristallen experimentell bestätigt [31, 32], wo man den Umstand ausnutzte, daß $SmFeO_3$ eine andere Richtung leichter Magnetisierung besitzt als die anderen Orthoferrite und daher deren Anisotropie in beträchtlichem Maße kompensieren kann. Neuerdings werden auch verschiedene Granate mit Erfolg angewendet [32a].

Die Entstehung einer Anisotropie mit niedrigerer Symmetrie, als der kubischen Struktur der Granate entsprechen würde, wird dabei meist der durch das Kristallwachstum induzierten Anisotropie zugeschrieben [32a, 32b]. Diese zusätzliche Anisotropie trifft man bei Granaten, die in kristallographisch äquivalenten Lagen gleichzeitig Ionen verschiedener Abmessungen bzw. unterschiedlicher physikalischer Eigenschaften enthalten. Während des Wachstums des Kristalls aus einer flüssigen Phase u. ä. besteht im Bereich seiner wachsenden natürlichen Begrenzungsflächen eine besondere Situation, die zu einer bevorzugten Besetzung bestimmter Lagen durch eine bestimmte Ionenart führt. Eine wichtige Rolle scheinen dabei die Unterschiede der Ionenradien zu spielen, die es ermöglichen, daß durch die Bildung einer Ionenordnung (bzw. durch Abweichungen von der statistischen Verteilung) die durch die Anwesenheit einer Oberfläche verursachten mechanischen Spannungen wenigstens teilweise kompensiert werden. Dabei kann es je nach der Zusammensetzung zu einer bevorzugten Besetzung von Lagen und der mit ihr verbundenen Ionenordnung sowohl im dodekaedrischen (bei gleichzeitiger Anwesenheit von Ionen verschiedener seltener Erden) als auch im oktaedrischen Untergitter (bei teilweiser Substitution von Fe^{3+} durch Ga^{3+}, Al^{3+} u. a. Ionen) kommen. Die Ionenordnung ist meist mit einer Anisotropie mit orthorhombischer Symmetrie verbunden, die mit Hilfe eines dem Ausdruck (4.63) für die sog. induzierte Anisotropie analogen phänomenologischen Ausdrucks

$$f_{KW} = A \sum \alpha_i^2 \beta_i^2 + B \sum \alpha_i \alpha_j \beta_i \beta_j$$

beschrieben werden kann (vergl. Abschn. 4.4), in dem die Richtungskosinusse α_i der Magnetisierung und β_i der Normalen der Wachstumsfläche zugehören. Um zylindrische Domänen zu erhalten, können Plättchen verwendet werden, die in bestimmten definierten Richtungen aus dem unmittelbaren, unterhalb der natürlichen Kristallflächen (110) oder (211) befindlichen Kristallbereich herausgeschnitten werden. Häufiger werden aber dünne einkristalline Schichten verwendet, die meist epitaxial aus einer flüssigen Phase hergestellt werden [32c]. In diesem Falle kann die Oberfläche nicht als frei betrachtet werden, so daß neben einer durch das Kristallwachstum ähnlich wie bei massiven Einkristallen induzierten Anisotropie oft auch der direkte, mit der Bindung an die Unterlage zusammenhängende magnetoelastische Effekt zur Geltung kommt.

Eine bedeutsame Eigenschaft der Zylinderdomänen ist neben ihrer Stabilität auch ihre leichte Beweglichkeit. Die Experimente zeigen, daß man mit Qualitätskristallen einiger Orthoferrite für die Verschiebung der Zylinderdomänen sehr niedrige Koerzitivität bis zur Größenordnung 0,01 Oe erreichen kann. Infolgedessen können diese Domänen von außen her leicht verschoben werden, und man kann sie auf allerlei Weise manipulieren, was zur Konstruktion verschiedener logischer Elemente, Speicherelemente und Schaltkreise ausgenutzt werden kann. Zu Einzelheiten verweisen wir den Leser auf die spezielle Literatur.

4.2 Die Kristallanisotropie

In diesem Absatz werden wir uns vor allem ausführlicher mit den mit der Entstehung der magnetokristallinen Anisotropie verbundenen Fragen befassen. Zuerst geben wir aber eine kurze Übersicht der wichtigsten Versuchsdaten, die sich auf die Kristallanisotropie ferrimagnetischer Oxide beziehen.

Übersicht der Versuchsdaten

Die Werte der Anisotropiekonstanten der wichtigsten ferrimagnetischen Oxide sind in Tab. IV-4a und IV-4b zusammen mit den Angaben über die Sättigungsmagnetisierung M_s und die Curietemperatur T_c wiedergegeben. In der ersten Tabelle sind die Werte der Anisotropiekonstanten einiger ferrimagnetischer Spinelle aufgeführt. Die Werte von K_1 sind bei Zimmertemperatur meist negativ, so daß die Richtung der leichten Magnetisierung in der Raumdiagonale des Elementarwürfels liegt. Der Größenordnung nach bewegt sich K_1 zwischen 10^3 und 10^5 erg/cm^3 und sein absoluter Wert wächst in der Regel zu tiefen Temperaturen hin. Ein ausgeprägt unterschiedliches Verhalten zeigen die Co^{2+}-Ionen enthaltenden Ferrite. Eine verhältnismäßig geringe Konzentration dieser Ionen (weniger als 1%) genügt, um K_1 positiv werden zu lassen, und bei weiterer Erhöhung der Konzentration erreicht K_1, insbesondere bei tiefen Temperaturen, Rekordwerte von der Größenordnung 10^6 bis 10^7 erg/cm^3 (vgl. Abb. 4.9). Die Anisotropiekonstante K_1 des Magnetits ist bei Zimmertemperatur negativ, ändert aber ihr Vorzeichen bei 130 °K [33], offensichtlich im Zusammenhang mit der Transformation bei 119 °K, wo eine Änderung von kubischer in orthorhombische Symmetrie eintritt (Abschn. 2.2). Eine Änderung des Vorzeichens von K_1 bei einer bestimmten Temperatur wurde außer bei den Ferriten mit geringem Co^{2+}-Gehalt z.B. auch im System $Mn_xFe_{3-x}O_4$ im Bereich der ungefähren Zusammensetzungen $0{,}8 > x > 0{,}4$ gefunden. In diesem Fall wird die Vorzeichenänderung dem positiven Beitrag der Fe^{2+}-Ionen zur Anisotropiekonstante zugeschrieben.

In Tab. IV-4b sind die Werte der Anisotropiekonstanten hexagonaler ferrimagnetischer Oxide vom Magnetoplumbit- und Ilmenittyp wiedergegeben. Diese Konstanten beziehen sich auf die Beschreibung der Anisotropieenergie durch Gleichung (4.7). Während im Falle $K_1' > 0$, wo die hexagonale Achse die leichte Richtung darstellt, die nach der Methode des Torsionspendels durchgeführten Messungen direkt die Werte der Konstanten K_1' ergeben, kann bei Oxiden, für die die leichte Richtung in der Basisebene liegt, mit dieser Methode nur die Summe $K_1' + 2K_2'$ bestimmt werden.[11]) Die Tabelle zeigt, daß die Anisotropiekonstanten von Oxiden mit Magneto-

Tabelle IV-4a

Magnetische Konstanten (K_1, K_2, M_s, T_c) einiger Eisenspinelle

Ferrit	T (°C)	$K_1 . 10^{-4}$ (erg/cm³)	$K_2 . 10^{-4}$ (erg/cm³)	M_s (gauss)	T_c (°C)	Quelle
Fe_3O_4	20	−11,0	−28,0	480	585	[33], [34]
$MnFe_2O_4$	20	− 2,8	—	415	300	[15], [34]
	−196	−18,7				
$NiFe_2O_4$	20	− 6,2	—	270	585	[34], [35]
	−196	− 8,7				
$CuFe_2O_4$	20	− 6,0	—	135	455	[34], [36]
	−196	−20,0				
$CoFe_2O_4$	20	270	300	400	520	[34], [37]
	90	90,0				
	200	6,6				
$MgFe_2O_4$	20	− 3,9	—	110	440	[34], [38]
	−185	−15,0				
$Li_{0,5}Fe_{2,5}O_4$	20	− 8,3	—	310	670	[59a]
	−196	−13*)				
		−16**)				

*) Geordneter Zustand.
**) Ungeordneter Zustand.

[11]) Siehe z. B. Smit-Wijn, Ferrites, §39; in diesem Buch wurde ebenfalls eine eingehende Besprechung der Anisotropieeigenschaften der hexagonalen Oxide durchgeführt.

Tabelle IV-4b

Magnetische Konstanten einiger ferrimagnetischer Oxide mit hexagonaler Struktur; die Angaben über Anisotropie und Magnetisierung beziehen sich auf Raumtemperatur

	$K_1' \cdot 10^{-6}$ (erg/cm³)	$K_2' \cdot 10^{-6}$ (erg/cm³)	$(K_1' + 2K_2')$ $\cdot 10^{-6}$ (erg/cm³)	M_s (gauss)	T_c (°C)	Quelle
$BaFe_{12}O_{19}$	3,3	—	—	380	450	[21]
Fe_2**W**	3,0; 3,4	—	—	314	455	[21]
FeCo**W**	0,21	0,56	—	—	—	[39]
Co_2**W**	−1,86	0,75	—	—	—	[40]
FeZn**W**	2,4	—	—	380	430	[21]
$Fe_{0,5}Zn_{1,5}$**W**	2,1	—	—	380	450	[21]
$Fe_{0,5}Co_{0,75}$ $.Zn_{0,75}$**W**	—	—	− 0,4	360	—	[21]
Mg_2**Y**	—	—	− 0,6	119	280	[21]
Ni_2**Y**	—	—	− 0,9	127	390	[21]
Zn_2**Y**	—	—	− 1,0	227	130	[21]
Co_2**Y**	—	—	− 2,6	185	340	[21]
Co_2**Z**	—	—	− 1,8	270	410	[21]
Cu_2**Z**	—	—	—	250	440	[21]
Zn_2**Z**	—	—	—	310	360	[21]
$NiMnO_3$	−2,6	—	—	100	164	[41]
$CoMnO_3$	—	—	−14	128	119	[162]

W = $BaFe_{16}O_{27}$
Y = $Ba_2Fe_{12}O_{22}$
Z = $Ba_3Fe_{24}O_{41}$

plumbitstruktur die Größenordnung 10^6 erg/cm³ besitzen und sowohl positiv als auch negativ sein können. Ein typischer Repräsentant der ersten Gruppe ist das bekannte $BaO.6\,Fe_2O_3$ (vgl. auch Abb. 4.10), zur zweiten Gruppe gehören unter anderen einige kobalthaltige hexagonale Oxide und praktisch alle Verbindungen vom **Y**-Typ. Die Verbindung Co_2**Y**, die bei Zimmertemperatur ebenfalls eine Ebene leichter Magnetisierung besitzt, ändert in der Nähe von 215 °K – das ist die Temperatur, bei der $K_1' + 2K_2'$ den Wert Null durchläuft – den Typ ihrer Anisotropie und geht in einen Zustand über, in dem die leichten Richtungen einen zur *c*-Achse symmetrischen Kegel bilden. In Abb. 4.11 ist für dieses Oxid der Temperaturverlauf der Summe der Anisotropiekonstanten $K_1' + 2K_2'$, der spontanen Magnetisierung, sowie des effektiven Anisotropiefeldes und in Abb. 4.12 die Temperaturabhängigkeit des Scheitelwinkels des Kegels der leichten Magnetisierung eingezeichnet.[12])

[12]) Die Bedingungen für die Entstehung dieses Anisotropietyps sind in Tab. IV-1 aufgeführt.

Die Anisotropieeigenschaften einer weiteren wichtigen Oxidgruppe, der Ferrite mit Granatstruktur, werden wir später besprechen (Seite 372f.); die Werte ihrer Anisotropiekonstanten sind in Tab. IV-8, Seite 373, wiedergegeben.

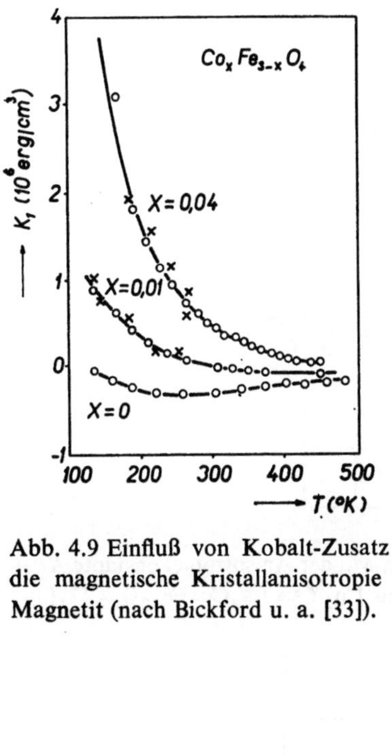

Abb. 4.9 Einfluß von Kobalt-Zusatz auf die magnetische Kristallanisotropie von Magnetit (nach Bickford u. a. [33]).

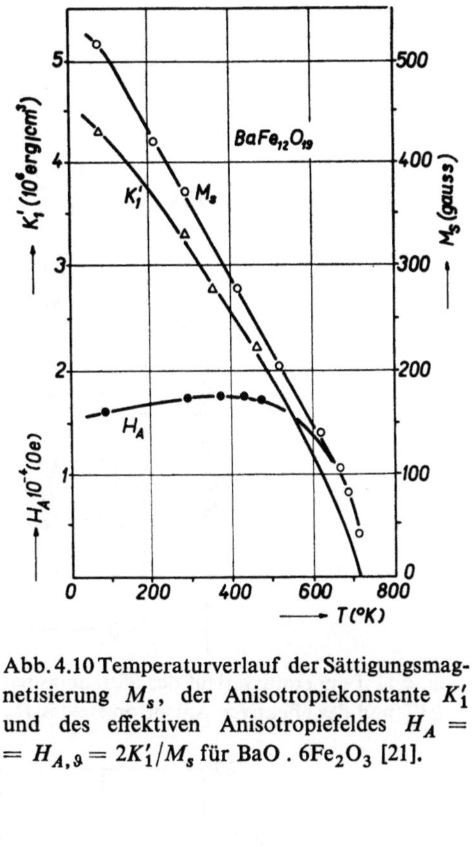

Abb. 4.10 Temperaturverlauf der Sättigungsmagnetisierung M_s, der Anisotropiekonstante K_1' und des effektiven Anisotropiefeldes $H_A = H_{A,\vartheta} = 2K_1'/M_s$ für $BaO \cdot 6Fe_2O_3$ [21].

Ursprung der magnetischen Kristallanisotropie

Im vorigen Abschnitt haben wir einen Beitrag zur magnetischen Kristallenergie, und zwar die Wechselwirkungsenergie der elementaren magnetischen Dipolmomente, erwähnt. Bei kubischen Kristallen hat jedoch diese Energie keinen anisotropen Charakter[13]) und kann daher nur bei Stoffen mit niedrigerer Symmetrie an der Entstehung der magnetokristallinen Anisotropie beteiligt sein. Diese Tatsache ist direkt aus dem Ausdruck (4.21) für die Dipolwechselwirkungsenergie ersichtlich, den man für kollineare (parallele oder antiparallele) Dipole in die Form

$$E_{\text{dip}} = \sum_{i>j} \pm \mu_i \mu_j (1 - 3\cos^2 \Theta_{ij})/r_{ij}^3 \tag{4.31}$$

[13]) Wenn wir von der Entmagnetisierungsenergie absehen.

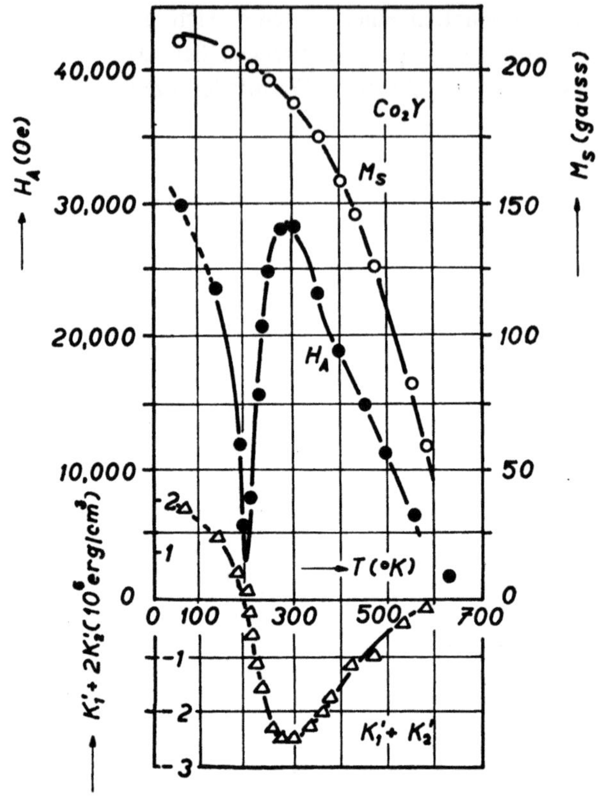

Abb. 4.11 Temperaturverlauf der Sättigungsmagnetisierung M_s, der Anisotropiekonstante $K_1' + 2K_2'$ und des effektiven Anisotropiefeldes $H_A = H_{A,\vartheta}$ für $Co_2\mathbf{Y} \equiv Ba_2Co_2Fe_{12}O_{22}$ [21].

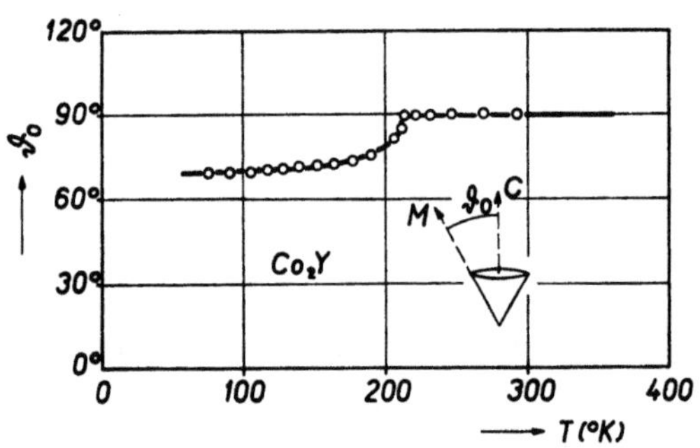

Abb. 4.12 Temperaturabhängigkeit des Neigungswinkels des Magnetisierungsvektors gegenüber der c-Achse des hexagonalen Oxides $Co_2\mathbf{Y}$ [21].

umschreiben kann, wo Θ_{ij} der Winkel zwischen der Richtung der magnetischen Dipole und der Verbindungslinie $\mathbf{r}_{ij}$ des i-ten mit dem j-ten Dipol ist. E_{dip} als Funktion von $\cos^2 \Theta_{ij}$ wird eine quadratische Funktion der Richtungskosinusse der Magnetisierung sein und kann daher zu f_K der kubischen Kristalle nicht beitragen, bei denen aus Symmetriegründen kein quadratisches Glied auftritt.[14]) Im Gegensatz dazu kann E_{dip} aus dem gleichen Grunde zum Glied mit K_1 bzw. K_1' in den Ausdrücken (4.6) und (4.7) für die Kristallanisotropie nichtkubischer (z. B. einachsiger) Kristalle beitragen. Tatsächlich kann man, wie Smit und Duyvesteyn gezeigt haben [42], auf diese Weise anscheinend die Entstehung der Kristallanisotropie bei einigen hexagonalen ferrimagnetischen Oxiden mit leichter Magnetisierungsrichtung in der Basisebene ($K_1' < 0$) erklären. Demgegenüber kann man bei hexagonalen Ferriten mit $K_1' > 0$ die beobachtete starke Anisotropie nicht diesem Mechanismus zuschreiben [21] und es ist, ähnlich wie bei den kubischen Oxiden, notwendig, für ihre Erklärung andere Möglichkeiten zu suchen.

Wie man früh deutlich erkannte, ist die *Spin-Bahn-Kopplung* eine wichtige und in manchen Fällen klar überwiegende Quelle der magnetischen Kristallanisotropie [44]. Während sich die durch magnetische Dipolwechselwirkungen hervorgerufene Anisotropie aus der geometrischen Raumanordnung der magnetischen Momente im Kristallgitter ergibt, stellt die Spin-Bahn-Wechselwirkung die *innere* Kopplung in den Atomen dar, welche die Spins an die Elektronen-Bahnbewegung bindet, die ihrerseits in erheblichem Maße durch die Wechselwirkung mit den umgebenden Atomen und durch die Symmetrie ihrer Anordnung beeinflußt wird. Der Spin wird so durch Vermittlung der Orbitale z. B. gegenüber dem Kristallfeld und damit auch für seine eigene Orientierung gegenüber dem Kristallgitter empfindlich. Vom physikalischen Mechanismus her kann diese Spinkopplung an das Gitter auf zweierlei Weise erfolgen: durch die sog. *Einionen-Kopplung*, die aus der direkten Wirkung des Kristallfeldes auf den Zustand und das Energiespektrum des Ions resultiert, oder es kann sich um den sog. anisotropen Austausch handeln, wo das Isotropievermögen der Austauschwechselwirkungen durch den Einfluß der Spin-Bahn-Kopplung gestört wird, so daß die Austauschenergie eines magnetischen *Ionenpaares* von der Orientierung ihrer Spins gegenüber den kristallographischen Achsen abhängen wird.

Die Entstehung beider Anisotropietypen kann man auf Grund der Abb. 4.13 und 4.14 begreifen. Bei der Einionen-Anisotropie unterliegt der Spinvektor, dessen *Mittellage* durch die Richtung des effektiven Austauschfeldes bestimmt ist, der Drehwirkung der Spin-Bahn-Wechselwirkung, die ihn an das Bahnmoment und dadurch an bestimmte Richtungen im Kristall bindet. Bei dem anisotropen Austausch ändert sich durch Einfluß der von der Spin-Bahn-Wechselwirkung (und dem Kristallfeld) verursachten Verzerrung der Elektronenhüllen beider betrachteten Ionen bei einer Spindrehung (Abb. 4.14b) – u.a. infolge einer Veränderung der Überlappung

---

[14]) Streng ist dies nur dann richtig, wenn wir die Anisotropie eines ideal kubischen, nicht deformierten Kristalls betrachten. Wie bereits früher ausgeführt, kommt es aber in Wirklichkeit durch den Einfluß der magnetoelastischen Kopplung zur spontanen Gitterverzerrung, die eine (in den meisten Fällen unbedeutende) Störung der kubischen Symmetrie mit sich bringt. Die dipolare Anisotropieenergie ist dann nicht genau Null, aber sie ist so klein, daß sie in der Gesamtanisotropie praktisch nicht zur Auswirkung kommen kann. Bei Nickel und Eisen macht dieser Beitrag etwa 1 ‰ der Gesamtanisotropie aus.

von Orbitalen – die Größe der elektrostatischen Wechselwirkungen beider Ionen, d. h. der Coulombsche, sowie der Austauschanteil. Dadurch wird die Wechselwirkungsenergie von der Spinorientierung abhängig und daher anisotrop. Der physikalische Ursprung der Einionen-Anisotropie ist aus dem Spin-Hamilton-Operator des paramagnetischen Ions im Kristallfeld ersichtlich (Abschn. 2.2, Beziehungen (2.11) und (2.12)). Der Einfachheit halber beschränken wir uns auf den Hamilton-Operator

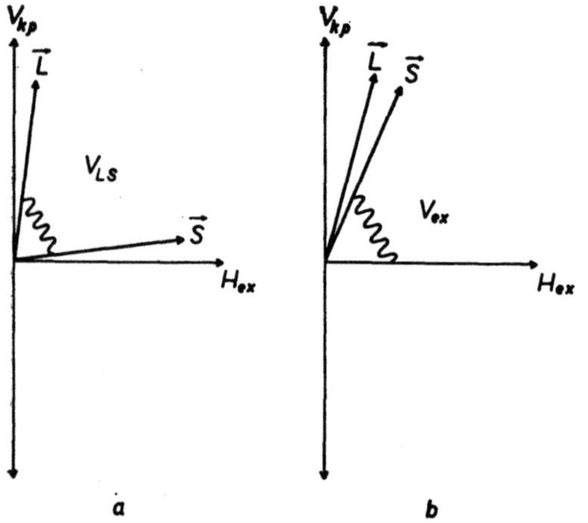

Abb. 4.13 Schematische Darstellung der Entstehung von Anisotropie nach dem Einionen-Modell: *a* — $3d^n$-Ion (Co^{2+}), *b* — $4f^n$-Ion (Seltenes Erdion).

(2.11), der vom zweiten Grade in den Spinkomponenten ist. Wir werden feststellen, daß wegen des Tensorcharakters der Konstante $\mathbf{D}$ die Energie des Ions im allgemeinen von der Lage der Spinquantelungsachse (d. i. von der Richtung des effektiven

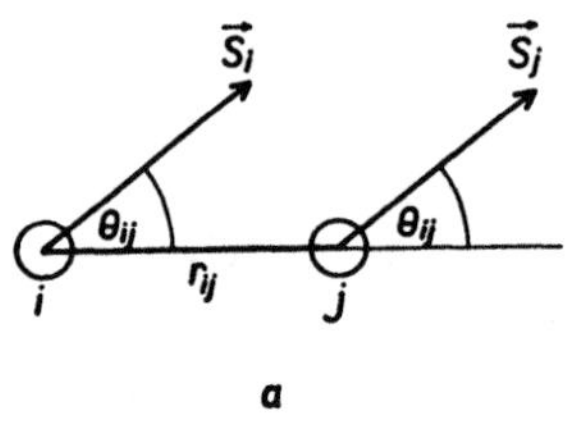

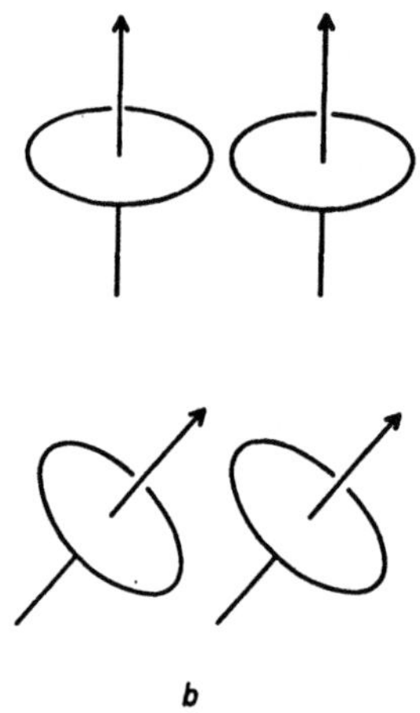

Abb. 4.14 Zur Entstehung der durch anisotropen Austausch verursachten Kristallanisotropie: a — das Paarmodell, b — die durch partielle Spindrehung hervorgerufene Überlappungsänderung der Elektronenhüllen beeinflußt die Austauschenergie, die von der Spinorientierung gegenüber den Kristallachsen abhängig wird.

Feldes) gegenüber den Hauptachsen des $\mathbf{D}$-Tensors und deshalb auch gegenüber den Kristallachsen abhängen wird, so daß sie im allgemeinen anisotrop sein wird. Das gilt offenbar auch bei $\boldsymbol{H}_{\text{eff}} \to 0$, d. i. für ein isoliertes Ion ohne Austauschwechselwirkungen. $\mathscr{H}_s$ reduziert sich dann auf das einzige Glied $\mathbf{S} \,.\, \mathbf{D} \,.\, \mathbf{S}$., das die eigentliche Anisotropiequelle darstellt. Da $\mathbf{D}$ von der Größenordnung $\approx \lambda^2/\Delta$ ist, wo λ die Konstante der $L-S$-Kopplung und Δ der Energieabstand der nächsten Niveaus im Kristallfeld sind, stellt diese Anisotropie das Ergebnis der gleichzeitigen Wirkung der $L-S$-Kopplung und des Kristallfeldes auf den Zustand des Ions dar, woraus ihr Einionen-Charakter hervorgeht[15]). An dieser Tatsache ändert sich nichts, wenn wir von der Näherung der Austauschwechselwirkung durch das effektive Feld absehen und statt des Einionen-Hamilton-Operators den Spin-Hamilton-Operator für das ganze System der magnetischen Ionen schreiben:

$$\mathscr{H}_s = \sum_{i<j} - 2J_{ij}\boldsymbol{S}_i \cdot \boldsymbol{S}_j + \sum_i \boldsymbol{S}_i \cdot \mathbf{D} \cdot \boldsymbol{S}_i \tag{4.32}$$

Der anisotrope Austausch macht im Gegenteil die *Austauschenergie* von der Orientierung der Quantelungsache gegenüber den Kristallachsen abhängig. In (4.32) kann man es so ausdrücken, daß die Austauschintegrale J_{ij} Tensorcharakter erhalten, so daß (4.32) in

$$\mathscr{H}_s = \sum_{i,j} - \boldsymbol{S}_i \cdot \mathbf{J}_{ij} \cdot \boldsymbol{S}_j + \sum_i \boldsymbol{S}_i \cdot \mathbf{D} \cdot \boldsymbol{S}_i \tag{4.32'}$$

übergeht. Es sei bemerkt, daß wir von hier aus wieder zurück zum Einionen-Formalismus anhand des Austauschfeldes übergehen können[16]), das jedoch beim anisotropen Austausch ebenfalls selbst anisotrop sein wird. Man kann es dann in der Form schreiben,

$$\boldsymbol{H}_{ex} = \mathbf{G} \cdot \boldsymbol{H}'_{ex} \tag{4.33}$$

wo $\mathbf{G}$ ein Tensor ist; diese Näherung werden wir bei der Darstellung der magnetischen Anisotropie von Ionen der Seltenen Erden benutzen (S. 377). Im Gegensatz dazu spielt, wie es scheint, bei den Ionen der $3d$-Gruppe in ferrimagnetischen Spinellen die „echte" Einionen-Anisotropie die Hauptrolle. Eine Ausnahme machen die Ionen mit Spin $S = \frac{1}{2}$, für die der Einionen-Beitrag zur Anisotropie Null ist, und zumindest in einigen Fällen auch die Ionen im S-Zustand (Fe^{3+}, Mn^{2+}), bei denen das Bahnmoment Null ist.

Die aus dem anisotropen Austausch folgende Anisotropie erhalten wir aus dem Zweiionen-Hamilton-Operator, der das Kristallfeld beider Ionen, die $L-S$-Kopplung und die Austauschwechselwirkung beinhaltet [45]. Bei Anwendung der Störungsrechnung gewinnen wir in der niedrigsten Näherung den Anisotropieeffekt der Form (die s. g. Wechselwirkung von Dsjaloschinski-Moryia)

$$\mathscr{H}_{\mathrm{DM}} = \mathbf{D} \cdot (\boldsymbol{S}_1 \times \boldsymbol{S}_2), \text{ }^{17})$$

[15]) Exakt betrachtet schließt freilich die Wechselwirkung mit dem Kristallfeld auch die z. B. aus der Kovalenz sich ergebenden Delokalisierungseffekte mit ein.

[16]) Es ist also augenscheinlich, daß die *Einionen-Näherung* (*Einionen-Formalismus*) sowohl die durch ihren Ursprung einionenartige Anisotropie als auch den anisotropen Austausch einschließen kann. Die benutzte Schreibweise ist jedoch nur im Falle eines isolierten Kramersschen Grunddubletts voll berechtigt.

[17]) Der Vektor $\mathbf{D}$ ist der Konstante λ der L-S-Kopplung proportional und hat mit dem Tensor $\mathbf{D}$ in (4.32) und (4.32') nichts zu tun.

der für den sog. schwachen Ferromagnetismus in Stoffen wie α-Fe_2O_3, $MnCO_3$, $R\,FeO_3$ u. a. (Abschn. 3.4) verantwortlich ist. Damit $\mathbf{D} \neq 0$ ist, darf kein Symmetriezentrum für die beiden Ionen existieren.

Die dem anisotropen Austausch des Typs (4.32′) bzw. (4.33) entsprechenden Glieder erscheinen in der 3. Näherung der Störungsrechnung. Wenn wir die Effekte des Kristallfeldes vernachlässigen und nur die durch die Verzerrung der Elektronenhülle unter der Einwirkung der $L-S$-Kopplung hervorgerufene Anisotropie betrachten, erhalten wir die Energie des anisotropen Austausches in Form der sog. *Pseudodipol-Wechselwirkung*, die nur vom Winkel abhängt, welchen $\langle \mathbf{S}_i \rangle$, $\langle \mathbf{S}_j \rangle$ mit der Verbindungslinie $\mathbf{r}_{ij}$ beider Ionen einschließen [45, 46],

$$\mathscr{V}'_{d-d} = \sum_{j>i} C_{ij}(r_{ij}) \left[\mathbf{S}_i \cdot \mathbf{S}_j - 3\, \frac{(\mathbf{S}_i \cdot \mathbf{r}_{ij})(\mathbf{S}_j \cdot \mathbf{r}_{ij})}{r_{ij}^2} \right]; \qquad (4.34)$$

r_{ij} bedeutet den Abstand der Ionen i, j. Die Konstante $C_{ij}(r_{ij})$ nimmt zum Unterschied von der klassischen Dipol-Dipol-Wechselwirkung (4.31) mit wachsendem r_{ij} viel schneller ab als r_{ij}^{-3}. Ähnlich kann man in weiteren Näherungen die Multipol-Wechselwirkungen höherer Ordnungen gewinnen, von denen am häufigsten die *Pseudoquadrupol-Quadrupol-Wechselwirkung* des Typs [45, 46],

$$\mathscr{V}'_{q-q} = D_{ij}(r_{ij})\, (\mathbf{S}_i \cdot \mathbf{r}_{ij})^2\, (\mathbf{S}_j \cdot \mathbf{r}_{ij})^2 / r_{ij}^4 \qquad (4.35)$$

betrachtet wird. Es handelt sich um eine formale Analogie zum Ausdruck für das Potential einer gegebenen Verteilung von Ladungen als Summe der einzelnen Multipol-Momenten zugehörigen Potentiale (siehe z. B. [47]). Die Wechselwirkungsenergie entspricht dann der Energie des Multipol-Moments von einem Atom in dem aus dem Multipol-Potential des zweiten Atoms abgeleiteten Feld.

Andererseits weist die Entwicklung nach den Multipol-Wechselwirkungen eine formale Analogie auf zur phänomenologischen Darstellung der anisotropen Wechselwirkungsenergie w_{ij} der Ionenpaare mit Hilfe der Legendreschen Polynome $P_l(\cos \Theta_{ij})$, wenn wir Θ_{ij} als den Winkel zwischen der Magnetisierung und der Verbindungslinie $\mathbf{r}_{ij}$ beider Ionen definieren (Abb. 4.13)[18])

$$w_{ij} = q_{ij}^{(1)} P_2(\cos \Theta_{ij}) + q_{ij}^{(2)} P_4(\cos \Theta_{ij}) + \dots. \qquad (4.36)$$

[18]) Die Legendreschen Polynome $P_l(\cos \Theta)$ können wir als Koeffizienten in der Entwicklung der Funktion

$$r_{ab}^{-1} = |\mathbf{r}_a - \mathbf{r}_b|^{-1} = (r_a^2 + r_b^2 - 2 r_a r_b \cos \Theta)^{-1/2},$$

$$r_{ab}^{-1} = \frac{1}{r_a} \sum_{l=0}^{\infty} P_l(\cos \Theta)\, s^l, \quad s = r_b / r_a,$$

definieren, wobei Θ den Winkel der Vektoren $\mathbf{r}_a$, $\mathbf{r}_b$ bezeichnet. Eine gewisse Analogie, die zwischen der geometrischen Konfiguration der Vektoren $\mathbf{r}_a$, $\mathbf{r}_b$ und unserer Vektoren $\mathbf{r}_{ij}$ und $\boldsymbol{M}$

Wegen der Äquivalenz der Winkel Θ_{ij} und $\pi - \Theta_{ij}$ fehlen hier die ungeraden Glieder; $q_{ij}^{(1)}$, $q_{ij}^{(2)}$ sind dabei die Funktionen von r_{ij} und entsprechen den mikroskopischen Anisotropiekonstanten des gegebenen Ionenpaares. Diese Methode wurde von Néel [48] zur Darstellung der aus der lokalen Anordnung der Atome in Legierungen sich ergebenden Anisotropie benutzt (vgl. Abschn. 4.4). Zur kubischen Anisotropie trägt das Glied $q_{ij}^{(2)}$ bei. Wenn wir die Richtungskosinusse des Magnetisierungsvektors wie gewöhnlich mit $\alpha_1, \alpha_2, \alpha_3$ bezeichnen, erhalten wir durch Addition der Energien w_{ij} für alle Paare der nächsten Nachbarn und durch Division mit dem Kristallvolumen für die kubische Anisotropie bei Vernachlässigung des konstanten Gliedes tatsächlich den Ausdruck $f_K = K_1(\alpha_1^2\alpha_2^2 + \alpha_2^2\alpha_3^2 + \alpha_1^2\alpha_3^2)$. Dabei hängt die makroskopische Anisotropiekonstante K_1 mit den mikroskopischen Konstanten q_{ij} durch die Beziehung

$$K_1 = cNq\,, \quad q = \bar{q}_{ij} \tag{4.37}$$

zusammen; N ist die Anzahl der magnetischen Ionen in der Volumeinheit, q der Mittelwert von q_{ij} (im einfachsten Falle, wenn alle Atompaare äquivalent sind, werden alle q_{ij} gleich q sein) und c ist ein von Anzahl und Verteilung der Ionen (Atome) in der Elementarzelle abhängiger numerischer Faktor.

Für magnetische Oxide ist diese Methode nicht ganz adäquat, denn sie berücksichtigt weder die Effekte des Kristallfeldes noch die spezifischen Eigentümlichkeiten des Superaustausches. Durch Einbeziehung dieser Effekte werden jedoch die entsprechenden Ausdrücke ziemlich kompliziert, auch wenn die physikalische Substanz praktisch dieselbe bleibt. Den sich für diese Fragen eingehender interessierenden Leser verweisen wir auf die zusammenfassende Abhandlung von J. Kanamori [49] und weitere Literatur [45, 50].

Im folgenden werden wir uns mit Anisotropien der Ionen $3d^n$ und $4f^n$ (Seltene Erden) auf der Grundlage des Einionenmodells befassen, und zwar auch dann, wenn es sich um anisotropen Austausch handelt, wie es sehr oft auch bei Ionen der Seltenen Erden der Fall ist. Im großen und ganzen kann man sagen, daß der anisotrope Austausch mit zunehmender Spin-Bahn-Wechselwirkung an Bedeutung gewinnt und überall dort eine wichtige Anisotropiequelle ist, wo das orbitale Impulsmoment nicht eingefroren ist (Seltene Erden, Co^{2+}). In anderen Fällen überwiegen die Einion-Beiträge. Es sei bemerkt, daß der Einionen-Formalismus, wenn er auch scheinbar auf der Näherung des Molekularfeldes beruht und an den gleichen Mängeln wie diese leiden sollte, in Wirklichkeit, wenigstens sofern es sich um die Erfassung der Temperaturabhängigkeit der Anisotropie-Konstanten handelt, präziser ist. Auf

---

besteht, deutet auf die Zweckmäßigkeit hin, bei der Entwicklung von w_{ij} in eine Reihe die Legendreschen Polynome zu benutzen. Speziell gilt

$$P_2(\cos\Theta) = \cos^2\Theta - \tfrac{1}{3}$$

$$P_4(\cos\Theta) = \cos^4\Theta - \tfrac{30}{35}\cos^2\Theta + \tfrac{3}{35}\,.$$

diese Tatsache haben Callen und Shtrikman aufmerksam gemacht [51], die zeigten, daß bei Berechnungen der Einionenanisotropien nur bestimmte Züge der Theorie des Molekularfeldes verwendet werden, die eine allgemeinere Gültigkeit haben als die Theorie als Ganzes und sogar den genaueren Theorien, z.B. der Spinwellen-Theorie, gemeinsam sind. Mit der Frage der Genauigkeit des Einion-Models der Anisotropie hatte sich schon früher Wojtowicz befaßt [52].

Das Einionenmodell; der Ursprung der magnetokristallinen Anisotropie der Ferrite

Wie bereits erwähnt, betrachtet das Einionenmodell die magnetokristalline Anisotropie als additive Eigenschaft der einzelnen Ionen. Im Falle der Ionen der Eisengruppe, mit denen wir uns jetzt beschäftigen wollen, ist $\mathscr{V}_{KF}$ meist das größte und $\mathscr{V}_{LS}$ das kleinste der drei Störungsglieder $\mathscr{V}_{KF}$, $\mathscr{V}_{ex}$ und $\mathscr{V}_{LS}$ in (1.32), die zur Entstehung der Anisotropie beitragen.[19]) Wie durch Zusammenwirken dieser drei Wechselwirkungen die Anisotropie entsteht, zeigte uns anschaulich die Abb. 4.13a. Bei den Ionen der Seltenen Erden, deren Anisotropieeigenschaften wir später behandeln werden, ist die Spin-Bahn-Wechselwirkung dagegen meist das stärkste Glied, und die Rolle des schwachen Gliedes wird, wenigstens in manchen Fällen, von der Austauschwechselwirkung übernommen. Diese Situation ist schematisch in Abb. 4.13b festgehalten. Betrachten wir zuerst den Effekt des Kristallfeldes im Falle der Ionen der Eisengruppe, für die wir die Ergebnisse des Abschnittes 2.2 benutzen können. Bei Betrachtung der Tab. II-9 und II-10 stellen wir fest, daß das kubische Feld völlig die Entartung der Orbitalzustände in den Fällen aufhebt, wo jedes der d_ε, d_γ-Niveaus entweder leer, halb besetzt oder ganz gefüllt ist (in der oktaedrischen Koordination sind das die Konfigurationen d^3, d^5, d^8). Den Grundzustand des Ions bildet in einem solchen Fall das Orbitalsingulett, und die Anwendung der weiteren Störungsglieder $\mathscr{V}_{ex}$ und $\mathscr{V}_{LS}$ führt zu einer $(2S + 1)$-fachen Aufspaltung des Grundniveaus in bezug auf die möglichen räumlichen Orientierungen des Spins $\boldsymbol{S}$ gegenüber dem Austauschfeld $\boldsymbol{H}_{ex}$. Das Bahnmoment ist in diesem Falle eingefroren, so daß in erster Näherung $\langle L_z \rangle = 0$ gelten wird, und die erwähnten $2S + 1$ Niveaus werden äquidistant und isotrop sein, da die Austauschwechselwirkungen und daher auch das Austauschfeld $|\boldsymbol{H}_{ex}|$ selbst isotrop, d.h. unabhängig von der Richtung der Magnetisierung, sind. Bei höheren Näherungen bringt aber die Spin-Bahn-Kopplung einen Teil des Bahnmoments wieder zur Geltung (Seite 134), so daß $\langle L_z \rangle \neq 0$, und die Spin-Bahn-Wechselwirkung bewirkt dann eine Modifizierung dieser Niveaus insbesondere in dem Sinne, daß sie ihre Lagen von der Orientierung des Austauschfeldes gegenüber den kristallographischen Richtungen abhängig macht (Abb. 4.15). Diese Abhängigkeit

[19]) Wir denken in erster Linie an Ferrite und ähnliche ferrimagnetische Oxide mit nicht allzu niedriger Curie-Temperatur.

der niedrigsten Niveaus des Spektrums des Ions von der Richtung des Austauschfeldes und damit auch von der Richtung der Magnetisierung ist die eigentliche Ursache der Entstehung der magnetokristallinen Anisotropie bei der Einionennäherung. Das aus diesen $2S + 1$ anisotropen Niveaus bestehende Spektrum kann am einfachsten aus dem zugehörigen Spin-Hamilton-Operator gewonnen werden (vgl. Abschn. 2.2, Seite 135), in dem als einzige dynamische Veränderliche der Spin $\boldsymbol{S}$ auftritt, während

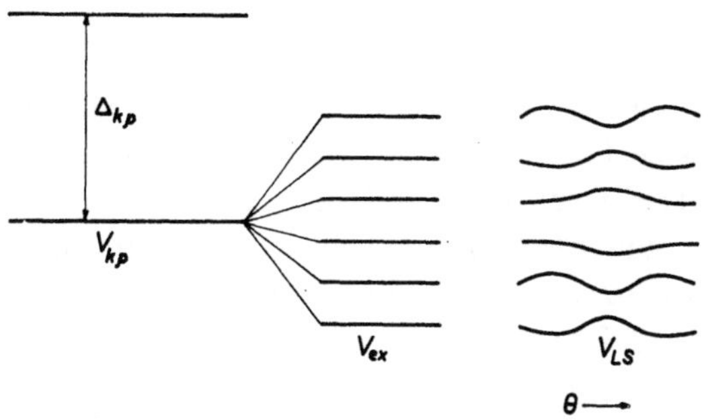

Abb. 4.15 Abhängigkeit des Energiespektrums eines magnetischen Ions von der durch den Winkel Θ bestimmten Orientierung des effektiven Austauschfeldes $\boldsymbol{H}_{ex}$ (schematisch). Das Grundniveau des Ions im Kristallfeld V_{KF} wird durch das Austauschfeld in $2S + 1$ Niveaus aufgespalten; die Abhängigkeit dieser Niveaus von der Richtung des Austauschfeldes erscheint als ein Ergebnis der Wirkung des Störungsgliedes V_{KF}, das gleichzeitig ihre Äquidistanz beseitigt.

die Wirkung der übrigen, von den räumlichen Koordinaten der Elektronen abhängigen Veränderlichen in die Konstanten des Spin-Hamiltonoperators einbezogen ist.[20])

In den übrigen Fällen beläßt das kubische Feld den Grundzustand orbital entartet. Handelt es sich um ein Orbitaldublett, so ist das Bahnmoment wiederum eingefroren, und das Ergebnis wird vom vorhergehenden, wo der Grundzustand orbital nicht entartet war, nicht wesentlich verschieden sein. Übrigens bewirkt ein Feld niedrigerer Symmetrie, dessen Anwesenheit bei diesen Ionen meist mit dem Jahn-Teller-Effekt zusammenhängt, häufig eine Spaltung des Grunddubletts, so daß die Analogie mit dem vorhergehenden Fall vollkommen ist.[21]) Ist aber der Grundzustand ein orbitales Triplett, so ist nach Tab. II-9 das Orbitalmoment von Null verschieden, und die Spin-Bahn-Wechselwirkung kommt schon bei der niedrigeren Näherung zur Geltung. $\mathcal{V}_{LS}$ bildet dann einen aktiven Faktor bei der endgültigen Spaltung der Energieniveaus, deren verhältnismäßig geringer Abstand und starke Abhängigkeit von der Orientierung des Austauschfeldes unter günstigen Umständen Ursache einer starken megnetokristallinen Anisotropie sein können. Als Beispiele können die Ionen Co^{2+} (d^7) und Fe^{2+} (d^6) in oktaedrischer Koordination dienen (vgl. Abb. 4.19). Da die

[20]) Dem entspricht die Tatsache, daß der Spin nicht frei, sondern durch Vermittlung der L-S-Kopplung an das Kristallgitter gebunden ist (vgl. Abb. 4.13).

[21]) z. B. bei Ionen mit der Elektronenkonfiguration d^4 und d^9 in oktaedrischer Koordination.

Methode des Spin-Hamilton-Operators in der Regel in diesen Fällen für die Berechnung des Energiespektrums nicht angewendet werden kann, erscheint es zweckmäßig, die weitere Diskussion der Einionen-Anisotropien in zwei Teile aufzuteilen: im ersten Teil werden wir uns mit den Fällen beschäftigen, in denen der Grundzustand des Ions nicht orbital entartet ist, im zweiten werden wir Ionen mit orbital entartetem Grundzustand und nicht-eingefrorenem Bahndrehimpuls behandeln. Dabei beschränken wir uns absichtlich auf die ferrimagnetischen Oxide (Ferrite) mit Spinellstruktur.

Die Anisotropie der Ionen mit orbital nicht entartetem Grundzustand. Zu ihnen gehören vor allem die Ionen Fe^{3+} und Mn^{2+}, die den Grundzustand $d^5(^6S)$ besitzen, weiter in oktaedrischer Koordination die Ionen Cr^{3+} und Mn^{4+} mit der Konfiguration $d^3(d_\varepsilon^3 d_\gamma^0)$ und Ni^{2+} mit $d^8(d_\varepsilon^6 d_\gamma^2)$.[22] Schließlich gehören dazu jene Ionen, bei denen die Entartung des Grundzustandes in einem Kristallfeld niedrigerer Symmetrie als kubisch aufgehoben wird. Das sind die Ionen mit der Konfiguration d^4 (Mn^{3+}, Cr^{2+}) und d^9(Cu^{2+}), bei denen in oktaedrischer Koordination die Entartung durch die Jahn-Teller-Verzerrung aufgehoben wird, und die Ionen $Co^{2+}(d^7)$, $Fe^{2+}(d^6)$ in dem Falle, daß ein Feld niedrigerer Symmetrie (z.B. ein trigonales Feld) so beschaffen ist, daß das Orbitalsingulett zum Zustand niedrigster Energie wird.

Für die Berechnung des Ionenspektrums im effektiven Feld $\boldsymbol{H}_{eff}$ kann in diesem Fall meist der Spin-Hamilton-Operator verwendet werden (vgl. Abschn. 2.2, Seite 136)

$$\mathscr{H}_s = g\mu_B \boldsymbol{H}_{eff} \cdot \boldsymbol{S} + DS_\zeta^2 + \tfrac{1}{6}a(S_x^4 + S_y^4 + S_z^4) + FS_\zeta^4\,, \tag{4.38}$$

der einem kubischen Kristallfeld mit einer (trigonalen oder tetragonalen) Axialkomponente entspricht. Dabei beziehen sich x, y, z auf die kubischen Kristallachsen, der Index ζ bezeichnet die Komponente in Richtung der trigonalen oder tetragonalen Achse und die Größen D, a, F, die sogenannten Konstanten des Spin-Hamiltonoperators, können am besten auf Grund eines Versuches bestimmt werden. Bei Vernachlässigung des äußeren Magnetfeldes und des inneren Feldes der magnetischen Dipole im Kristall können wir das effektive Feld $\boldsymbol{H}_{eff}$ dem Austauschfeld $\boldsymbol{H}_{ex}$ gleichsetzen. Der Beitrag des Gliedes F in (4.38) ist meist gering, und man kann dieses Glied daher wie gewöhnlich aus dem Spin-Hamilton-Operator weglassen.

Die Konstante D gibt die effektive Kopplung zwischen dem Spin und dem axialen (trigonalen oder tetragonalen) Kristallfeld an und ist mit Ausnahme der d^5-Ionen im wesentlichen durch den Ausdruck $\lambda^2/\Delta E$ gegeben, in dem λ die Konstante der Spin-Bahn-Wechselwirkung und ΔE der Energieunterschied des Ions im Grundzustand und im angeregten Zustand sind.[23] Bei Ionen im

[22] Der Einfachheit halber wollen wir uns hauptsächlich auf Ionen in oktaedrischer Koordination konzentrieren. Welche Ionen in einem Feld mit tetraedrischer Symmetrie einen Singulettgrundzustand besitzen, stellen wir leicht aus Tab. II-10 fest.

[23] Wie gewöhnlich genügt es, den ersten angeregten Zustand mit $\langle L_\alpha \rangle \neq 0$ zu betrachten; anderenfalls müßte $(\Delta E)^{-1}$ durch die Summe von mehreren analogen Gliedern ersetzt werden, die je einem dem Grundzustand naheliegenden Energieniveau entsprechen.

Zustand $^6S(d^5)$ ist die Theorie der Aufspaltung in höheren Näherungen komplizierter, man kann aber auch hier erwarten, daß D von λ^2 abhängig sein wird. Die Konstante a gibt den Einfluß des kubischen Feldes an und wird ebenfalls von der L-S-Kopplung abhängen, aber mit einer höheren Potenz als D. Das Glied F hat eine ähnliche Bedeutung wie D, entspricht aber einer Näherung höherer Ordnung und wird oft weggelassen. Die Werte der Konstanten D, a bzw. F für paramagnetische Ionen in verschiedenen Kristallfeldern können am besten aus paramagnetischen Resonanzspektren erhalten werden [53].

Die ersten, die einen Spin-Hamilton-Operator von der Art (4.38) zur Berechnung der magnetischen Anisotropie der Ferrite benutzten, waren Yosida und Tachiki [54] und unabhängig von ihnen Wolf [55]; in ihren Arbeiten erschien zuerst der Gedanke der Einionennäherung bei der Berechnung der Anisotropie der Ferrite. Die Idee der Einionennäherung selbst ist aber älter, und wir finden sie bereits in einer Arbeit von Bloch und Gentile [56] aus dem Jahre 1931.

Das Energiespektrum des Hamiltonoperators (4.38) besteht aus $2S + 1$ der räumlichen Quantelung des Spins $\mathbf{S}$ entsprechenden Niveaus. Die Lage dieser Niveaus wird von der Orientierung des effektiven Feldes $\boldsymbol{H}_{eff}$ bzw. $\boldsymbol{H}_{ex}$ gegenüber den Achsen x, y, z, ζ abhängen und wird daher anisotrop sein.[24])

Am absoluten Nullpunkt befindet sich das Ion im Zustand niedrigster Energie, so daß seine Anisotropie direkt durch die Anisotropie des niedrigsten dieser $2S + 1$ Niveaus bestimmt ist.[25]) Für $T > 0$ wird die Wahrscheinlichkeit der Besetzung der einzelnen Niveaus durch die Boltzmann-Statistik bestimmt, und die Anisotropieenergie des Ions muß mit Hilfe der gebräuchlichen statistischen Methoden als mittlere, der Gleichgewichtsverteilung bei der gegebenen Temperatur entsprechende freie Energie des Ions berechnet werden. Entwickeln wir den so gewonnenen Ausdruck für die freie Energie bzw. für ihren anisotropen Anteil in eine Reihe nach Potenzen der Richtungskosinusse des Austauschfeldes bzw. der Magnetisierung, so können wir die Einionenbeiträge zu den makroskopischen Anisotropiekonstanten in phänomenologischen Ausdrücken von der Art (4.5) beschreiben.

Betrachten wir nun die ferrimagnetischen Spinelle. Von den zwei Kationenlagenarten der Spinellstruktur, den tetraedischen und den oktaedrischen, besitzen die ersteren eine rein kubische lokale (Punkt-) Symmetrie, die zweiten eine trigonale Symmetrie. Ist jedes der Untergitter nur von einer einzigen Ionenart besetzt (normale Spinelle), so wird daher auch das auf die Ionen in den tetraedrischen Lagen wirkende Kristallfeld kubisch sein, während bei den oktaedrischen Ionen ein trigonales Feld mit einer zu einer der Raumdiagonalen des Elementarwürfels parallelen Achse dem kubischen überlagert sein wird (vgl. Seite 96 und Abb. 2.6). Im ganzen gibt es vier Raumdiagonalen und daher auch vier Arten oktaedrischer Gitterplätze, die sich untereinander durch die Orientierung der trigonalen Achse unterscheiden. Sind die Untergitter des Spinells nicht homogen (inverse Spinelle oder Mischspinelle), so kann das lokale

---

[24]) Die Ausdrücke für die einzelnen Niveaus des Spektrums und die Art ihrer Herleitung sind z. B. in [54, 57] beschrieben.

[25]) Dieses Niveau entspricht einer Orientierung des Spins $\mathbf{S}$ gegenüber $\boldsymbol{H}_{ex}$, bei der die Projektion des Vektors $\mathbf{S}$ in eine zum Austauschfeld parallele Richtung gleich $-S$ ist.

Kristallfeld bedeutende Schwankungen aufweisen und wird meist auch Komponenten niedrigerer Symmetrie als der axialen besitzen. In Spinellen mit Ionen, die den Jahn-Teller-Effekt zeigen (Mn^{3+}, Cu^{2+}), kann das lokale Feld dieser Ionen tetragonale Symmetrie besitzen, und zwar, wie es scheint, auch dann, wenn die kubische Gesamtsymmetrie des Kristalls nach außen hin erhalten bleibt [58]. Die Änderung der lokalen Symmetrie wird hier mit dem Jahn-Teller-Effekt zusammenhängen (Abschn. 2.4), der zu einer spontanen Verformung der Umgebung dieser Ionen führt; die lokale tetragonale Achse wird dabei parallel zu einer der Kanten des Elementarwürfels liegen (Richtungen [100], [010], [001]).

Bei Berechnung der Einionenanisotropien nach (4.38) müssen die verschiedenen Ionenarten sowie die verschiedenen Gitterplätze getrennt betrachtet werden. Es besitzen nämlich auch gleiche Ionen pauschal verschiedene Kristallfelder, wenn sie in ungleichwertigen Lagen vorkommen (auf Oktaeder- bzw. Tetraederplätzen, Ionen in Lagen mit verschiedenen Richtungen des Axialfeldes ζ), und tragen unterschiedlich zur magnetischen Anisotropie bei. Sind die Kationen einer Art gleichmäßig auf Lagen verteilt, die sich nur durch die Richtung der ζ-Achse des Axialfeldes unterscheiden (z.B. auf die vier Kategorien der oktaedrischen Lagen des Spinells verteilte Ionen), so wird ihr Beitrag zur Anisotropie des Spinells kubische Symmetrie vom (4.5) Typ haben, wobei die auf ein Ion bezogene Anisotropiekonstante durch den Ausdruck [55]

$$K_1^{\text{ion}} = ar(y) + \gamma(D^2/kT)\, t(y) \tag{4.39}$$

gegeben sein wird. In ihm ist $y = \exp(-2\mu_B H_{eff}/kT)$, $r(y)$ und $t(y)$ sind bestimmte, vom Ionenspin S abhängige Funktionen, und γ ist eine Konstante, die für $\zeta \equiv [111]$ (4 ungleichwertige Achsen) gleich $\frac{4}{9}$ und für $\zeta \equiv [100]$ (3 ungleichwertige Achsen) $-\frac{2}{3}$ ist. Die Funktionen $r(y)$, $t(y)$ bestimmen die Temperaturabhängigkeit der Anisotropiekonstanten. Für $T = 0$ ist [8, 49]

$$r(0) = -\tfrac{1}{3}S(S-\tfrac{1}{2})(S-1)(S-\tfrac{3}{2}), \tag{4.40}$$

so daß bei Ionen mit einem Spin $S \leqq \frac{3}{2}$ das Glied a zur Anisotropie nicht beiträgt.[26]) Das zweite Glied in (4.39) mit D^2/kT besitzt dann für $T \to 0$ einen endlichen Grenzwert

$$\gamma S(S-\tfrac{1}{2})(S-\tfrac{5}{8})\, D^2/\mu_B H_{eff} \tag{4.41}$$

und gibt pauschal einen von Null verschiedenen Beitrag, wenn $S \geqq 1$.

Aus paramagnetischen Resonanzspektren weiß man, daß der Wert der Konstanten D ungefähr eine Größenordnung höher als a ist; als repräsentative Werte können wir bei den Oxiden die Werte

$$|D| \approx 0{,}2\,\text{cm}^{-1}, \quad |a| \approx 0{,}02\,\text{cm}^{-1}$$

[26]) Man kann zeigen, daß auch für $T \neq 0$ gilt, daß $r(y) \equiv 0$, wenn $S \leqq 3/2$; ähnlich liefert auch das weitere Glied vierten Grades in (4.38), FS_ζ^4, bei einem Spin $S \leqq 3/2$ keinen Beitrag zur Anisotropie [49].

ansehen. Wegen der Form des zweiten Gliedes in (4.39) wird aber meist das Glied mit a überwiegen und praktisch allein die Kristallanisotropie bestimmen. Durch Analyse der experimentellen Temperaturabhängigkeit kann dann verhältnismäßig bequem der Wert dieses Parameters bestimmt werden. Man muß aber den Temperaturverlauf des effektiven Austauschfeldes am Ort des Ions bzw. die Werte der Molekularfeldkonstanten kennen. Bei Ionen mit niedrigen Spinwerten ($S \leq \frac{3}{2}$) kann allerdings

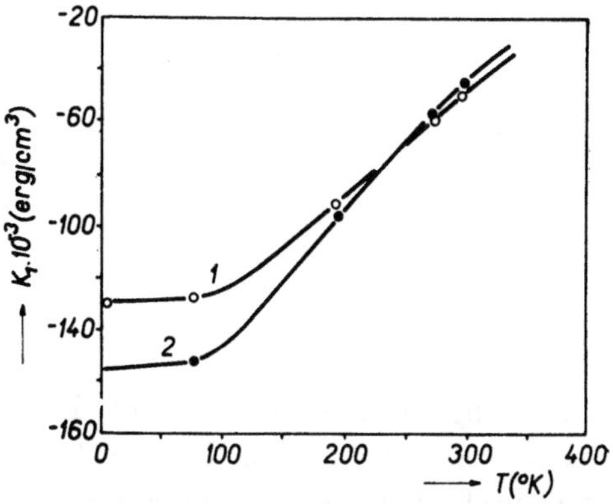

Abb. 4.16 Temperaturabhängigkeit von K_1 eines 6 Mol % Magnetit enthaltenden Magnesiumferrits; die voll ausgezogenen Kurven entsprechen der Theorie. Kurve 1 gehört zu einer sehr langsam gekühlten Probe mit höherem Inversionsgrad und niedrigerer Sättigungsmagnetisierung, Kurve 2 entspricht einem Zustand mit kleinerem Inversionsgrad und höherem M_s (nach Folen und Rado [59]).

beim Einionenmodell nur das Glied D^2/kT, neben eventuellen Beiträgen der pseudodipolaren bzw. pseudoquadrupolaren Wechselwirkungen, zur Anisotropie beitragen. Ein von Null verschiedener Beitrag des Gliedes a zur Anisotropie kann daher nur bei d^4-, d^5- und d^6-Ionen erwartet werden. Experimentell zeigt sich, daß der größte Beitrag dieser Art von den Fe^{3+}-Ionen ($S = \frac{5}{2}$) geliefert wird.[27)]

Der Anteil der Fe^{3+}-Ionen an der Entstehung der Kristallanisotropie der Ferrite kann am besten am Beispiel der Ferrite $MgFe_2O_4$ und $Li_{1/2}Fe_{5/2}O_4$ demonstriert werden, die außer den Fe^{3+}-Ionen keine anderen magnetischen Ionen enthalten. Dabei zeigt sich, daß der Beitrag der Fe^{3+}-Ionen in tetraedrischen Lagen, der analog durch die Konstante a für das kubische Feld mit tetraedrischer Symmetrie bestimmt wird, zwar die gleiche Größenordnung hat wie der Beitrag der Fe^{3+}-Ionen in B-Lagen, dennoch aber geringer ist, so daß die Hauptquelle der Anisotropie in den Fe^{3+}-Ionen mit oktaedrischer Koordination zu suchen ist. In Abbildung 4.16 sind für die Temperaturabhängigkeit von K_1 eines Magnesiumferrits die experimentellen Punkte zusammen mit den theoretischen Kurven wiedergegeben, die aus der Beziehung

$$K_1 = N_A a_A r(y_A) + N_B a_B r(y_B)$$

erhalten wurden, die aus (4.39) bei Vernachlässigung des Gliedes D^2/kT folgt; dabei bedeuten N_A, N_B die Anzahl der Fe^{3+}-Ionen in A- bzw. B-Lagen, und die Konstanten a_A, a_B wurden so gewählt, daß die theoretische Kurve sich möglichst gut der Versuchs-

[27)] Mn^{2+} hat ebenfalls $S = 5/2$, der Parameter a ist aber hier bedeutend kleiner, offensichtlich infolge der niedrigeren elektrischen Ladung und des größeren Ionenradius.

Tabelle IV-5

Die aus experimentellen Daten über die magnetische Kristallanisotropie abgeleiteten Werte a der Aufspaltungskonstante im kubischen Feld des Fe^{3+}-Ions in tetraedrischen (*A*) und oktaedrischen (*B*) Lagen verschiedener Eisenspinelle

Ferrit	$Mg_{0,94}Fe_{2,06}O_4$	$CuFe_2O_4$ (kubisch)	$MnFe_2O_4$	$Mn_xFe_{3-x}O_4$ $1 \leq x \leq 1{,}8$
$a^{(A)}$ (cm^{-1})	$-0{,}92 \cdot 10^{-2}$ $-1{,}35 \cdot 10^{-2}$	$(+0{,}5 \cdot 10^{-2})$	$+0{,}5 \cdot 10^{-2}$	—
$a^{(B)}$ (cm^{-2})	$+2{,}3 \cdot 10^{-2}$ $+2{,}5 \cdot 10^{-2}$	$+2{,}8 \cdot 10^{-2}$	$+1{,}37 \cdot 10^{-2}$	$+1{,}1 \cdot 10^{-2}$
Quelle	[59]	[60]	[54]	[58]

kurve anpaßt. Die Werte dieser Konstanten in cm^{-1} sind $a_A = -0{,}92 \cdot 10^{-2}$, $a_B = -2{,}32 \cdot 10^{-2}$ für die Kurve 1. In Tab. IV-5 sind die durch eine ähnliche Analyse bei verschiedenen Ferriten gewonnenen Ergebnisse zusammengefaßt.[28]) Die gefundenen Werte der Konstanten a_A, a_B stimmen bemerkenswert mit den Untersuchungsergebnissen für die paramagnetische Resonanz der Fe^{3+}-Ionen im $Li_{1/2}Al_{5/2}O_4$-Spinell überein [61], der mit dem Lithiumferrit isomorph ist.

Wenn bei einem d^6-Ion (Fe^{2+}) der Grundzustand ein Bahnsingulett ist (vgl. Seite 365), so wird wahrscheinlich der Einfluß der Aufspaltung durch das Axialfeld überwiegen, so daß das Glied mit D^2/kT dominierend werden kann. Die Ursache liegt in dem Umstand, daß der Grundzustand des Ions, der im kubischen Feld dreifach bahnentartet bleibt, erst durch den Einfluß des trigonalen Feldes in ein Singulett und ein Dublett aufgespalten wird. Da der Abstand dieser niedrigsten Niveaus Δ_t höchstens von der Größenordnung $10^3\ cm^{-1}$ sein wird und daher um eine Grössenordnung kleiner als bei der Aufspaltung durch ein kubisches Feld (vgl. Abb. 4.20), kann der Parameter $D \approx \lambda^2/\Delta_t$ verhältnismäßig hohe Werte erreichen $(D \approx 10\ cm^{-1})$. Auf diese Weise erklärte Slonczewski [63] die Entstehung einer positiven Anisotropie in gewissen Bereichen des Systems $Mn_xFe_{3-x}O_4$ (Abb. 4.17) in Übereinstimmung damit, daß für das trigonale Feld in [111]-Richtung $\gamma = \frac{4}{9} > 0$ ist.[29]) Manchmal kann aber Δ_t so klein sein, daß das angewandte Schema der Niveauaufspaltung nicht

[28]) Bei Nickelferrit ist der Beitrag des Ni in *B*-Lagen infolge des niedrigen Spinwertes ($S = 1$) vernachlässigbar, und man kann offensichtlich daher die Anisotropie ebenfalls den Fe^{3+}-Ionen zuschreiben. Baltzer versuchte einen wesentlichen Anteil der negativen Anisotropie des Nickelferrits geringen Mengen Ni^{+2}-Ionen in tetraedrischen Lagen zuzuschreiben [62], neuere Ergebnisse haben seine Vermutungen jedoch nicht bestätigt (vgl. Seite 372).

[29]) Wenn wir annehmen, daß wenigstens ein Teil der Fe^{2+}-Ionen einen entarteten Grundzustand besitzt, so kann diese Anisotropie auch anders erklärt werden (siehe darüber unten).

mehr funktioniert, da die Austausch- und manchmal auch die Spin-Bahn-Wechselwirkung stärker sein können als die durch das trigonale Feld verursachte Störung. Das kompliziert die Aufgabe, das Energiespektrum des Fe^{2+}-Ions zu finden (siehe darüber z.B. [65, 66]).

Das Glied mit D^2/kT kann offensichtlich auch bei d^4-Ionen (Mn^{3+}) maßgeblich wirksam werden [57, 58], bei denen bei oktaedrischer Koordination eine Auf-

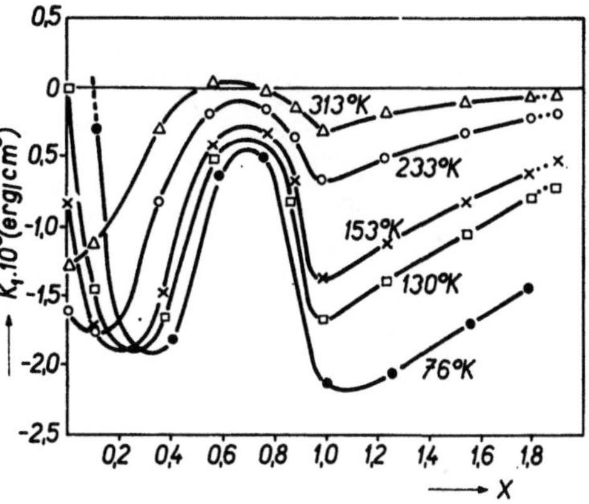

Abb. 4.17 Isothermen der Anisotropiekonstante K_1 im System $Mn_xFe_{3-x}O_4$ (nach Penoyer und Schafer [64]).

hebung der Entartung durch den Jahn-Teller-Effekt eintritt, wobei die resultierende tetragonale Verzerrung in die [001]-Richtung fällt. Reicht die Konzentration der Mn^{3+}-Ionen nicht aus, die makroskopische Symmetrie des Kristalls in eine tretragonale zu verwandeln, so bleibt der Kristall nach außen hin kubisch und die Verformung wird eher lokalen Charakter mit statistisch-gleichförmiger Verteilung der tetragonalen Achsen in alle drei gleichwertigen Richtungen [100], [010], [001] besitzen. Dabei kann es sich um im wahren Sinn des Wortes örtliche Verzerrungen handeln, d. i. isolierte und von einander unabhängige (statische oder quasistatische) Verzerrungen, oder es können bei höheren Mn^{3+}-Konzentrationen im Kristall größere Bereiche mit gemeinsamer Richtung der tetragonalen Achse entstehen. In beiden Fällen wird die resultierende makroskopische Anisotropie kubisch sein, wobei das D^2/kT-Glied wegen $\gamma < 0$ einen negativen Beitrag zu K_1 liefern wird. Die hohen negativen Werte von K_1 bei niedrigen Temperaturen im Teil des Systems $Mn_xFe_{3-x}O_4$ mit $1 < x < 1{,}8$, die von Palmer gemessen wurden [67], Abb. 4.18a, konnten gerade auf diese Weise zufriedenstellend erklärt werden, nämlich auf Grund des Beitrages des D^2/kT-Gliedes der Mn^{3+}-Ionen. Die resultierende Anisotropie wurde dabei als Summe der Einionenanisotropie von Mn^{3+} und Fe^{3+} in oktaedrischen Lagen betrachtet; für Fe^{3+} wurde nur das Glied a in Betracht gezogen, für Mn^{3+} nur das Glied D (Abb. 4.18a). Der Einfluß des D-Gliedes bei den Mn^{3+}-Ionen wird durch die schwächeren Austauschwechselwirkungen und das infolgedessen verhältnismäßig schwache auf diese Ionen wirkende Austauschfeld vergrößert (H_{eff} steht im Nenner des Ausdruckes (4.41) für die Anisotropie für $T = 0$ °K). Die aus den experimentellen Kurven bestimmte Konstante $|D|$ zeigte in den Grenzen von 2 bis 3 cm^{-1} zufriedenstellende Übereinstimmung mit den experimentellen Werten für das isoelektronische Cr^{2+}-Ion [68] und mit den durch Abschätzung auf Grund der Berechnung des Kristallfeldes aus dem Punktladungsmodell gewonnenen Werten [57].

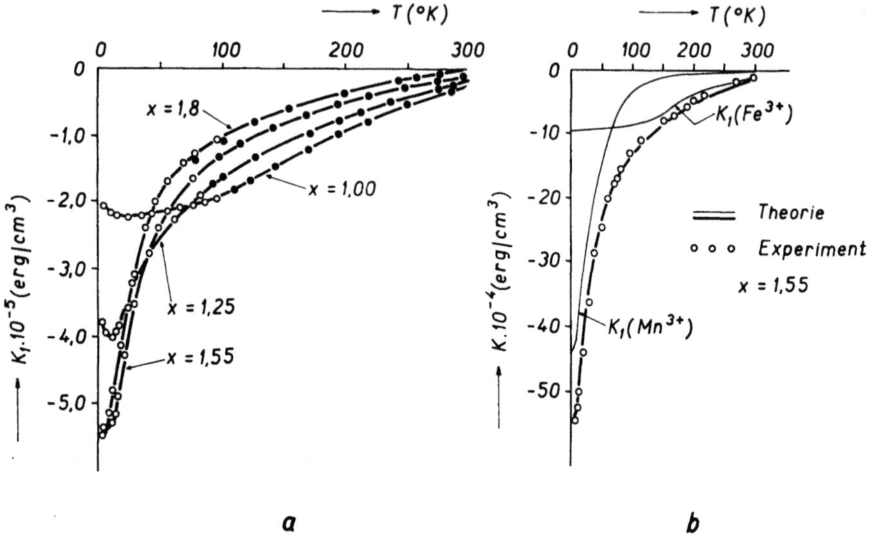

Abb. 4.18 Temperaturabhängigkeit der Anisotropiekonstante K_1 im System $Mn_xFe_{3-x}O_4$ $1 \leqq x \leqq 1{,}8$; a — experimentelle Kurven von Palmer [67], b — Vergleich mit der Theorie für $x = 1{,}55$ [58].

Die lokalen Verzerrungen können durch innere, mit der Anwesenheit von verschiedenen Gitterstörungen (Lehrstellen, fremde Ionen mit abweichenden Radien usw.) verbundene Spannungen stabilisiert werden (Abschn. 2.4). Bei nicht stabilisierten Mn^{3+}-Ionen, die den „rein" dynamischen Jahn-Teller-Effekt zeigen, wird die Einionenanisotropie eine ganz unterschiedliche Temperaturabhängigkeit besitzen und für $T \to 0$ °K hohe positive Werte erreichen [69]. Wir vermuten, daß die Tieftemperaturminima der gemessenen $K_1(T)$-Kurven (Abb. 4.18a) durch den Anisotropiebeitrag einer geringen Anzahl von solchen nicht-stabilisierten und den dynamischen Jahn-Teller-Effekt zeigenden Mn^{3+}-Ionen verursacht werden können. Diese Erklärung scheint durch die Tatsache unterstützt zu werden, daß bei größeren Mn^{3+}-Gehalten dieses Minimum verschwindet.

Es sei bemerkt, daß das axiale D-Glied bei nicht kubischen Kristallen eine einachsige Anisotropie erzeugt. So gibt z.B. $D = -2{,}8$ cm^{-1} beim Hausmanit Mn_3O_4, der ein tetragonal verzerrtes Spinellgitter besitzt, wenn wir die Spinverkantung berücksichtigen, eine einachsige Anisotropie vom $(K_1\alpha_3^2)$-Typ mit $K_1 = 1{,}9 \,.\, 10^7$ erg/cm^3 [57, 58]; dieser Wert scheint sehr gut mit experimentellen Angaben von Dwight und Menyuk übereinzustimmen [70].[30])

[30]) Die einachsige Anisotropie kann allerdings auch bei im wesentlichen kubischen Kristallen als induzierte Anisotropie entstehen (Siehe Abschn. 4.4).

Ionen mit orbitalentartetem Zustand (Co^{2+}, Fe^{2+}). Es ist bekannt, daß auch ein verhältnismäßig geringer Kobaltzusatz zu manchen Ferriten eine bedeutende Änderung der Anisotropie hervorruft, die sich durch einen positiven Beitrag zu K_1 bemerkbar macht. Wie als erster Slonczewski [71] bemerkte, hängt diese starke Anisotropiewirkung mit der Bahnentartung des Grundzustandes des Co^{2+}-Ions in einem trigonalen Feld in den oktaedrischen Lagen des Spinellgitters zusammen. Das trigonale Feld spaltet das Bahntriplett der Ionen $Co^{2+}(d^7)$, $Fe^{2+}(d^6)$ und ähnlich auch der Ionen mit den Konfigurationen d^2 und d^1 in ein Singulett und ein Dublett auf, wobei das Vorzeichen des trigonalen Feldes darüber entscheidet, welches der beiden Niveaus die niedrigere Energie besitzen wird. Genauer gesagt, kommt es darauf an, ob das Potential $\mathscr{V}_t$ der trigonalen Komponente des Kristallfeldes entlang der trigonalen Achse ein Maximum oder ein Minimum besitzt. Drücken wir $\mathscr{V}_t$ durch die Beziehung

$$\mathscr{V}_t = -Ce^2(xy + yz + xz)/a^3 \tag{4.42}$$

aus, so ist hierfür das Vorzeichen der Konstante C entscheidend. Das trigonale Feld wird einerseits (a) durch die positiven Ladungen der benachbarten Kationen, die einen positiven Beitrag zu C leisten, andererseits durch die Sauerstoffanionen, und zwar (b) durch ihre durch den Sauerstoffparameter $u \neq \frac{3}{8}$ charakterisierte Verschiebung, und (c) durch ihre elektrische Polarisation gebildet. Für $u > \frac{3}{8}$, den üblichen Fall, geben die beiden Effekte (b) und (c) einen negativen Beitrag zur Konstante C, der um so größer ist, je größer u ist. Zur Veranschaulichung sind in Tab. IV-6 die Werte dieser Beiträge für einen normalen und einen inversen Spinell aufgeführt, die von Smit und Mitarbeitern abgeschätzt wurden [72]. Wir sehen, daß bei normalen Spinellen $C < 0$ sehr wahrscheinlich ist, während wir bei inversen Spinellen $C > 0$ erwarten können. Es sei bemerkt, daß notwendigerweise $C > 0$ sein muß, wenn der Grundzustand des Co^{2+}-Ions im trigonalen Feld ein Dublett sein soll; beim Fe^{2+}-Ion ist gerade das Gegenteil der Fall.

Wir werden uns jetzt mit dem Fall eines Dubletts als Grundzustand im trigonalen Felde befassen. Der größeren Anschaulichkeit halber gehen wir vom Schema der Niveauaufspaltung durch das Kristallfeld in der Einelektronennäherung aus

Tabelle IV-6

Abschätzung der Hauptbeiträge zum Koeffizienten C des Potentials des trigonalen Feldes in der B-Lage des Spinellgitters; nach Smit u. a. [72]

	Normal ($u = 0{,}385$)	Invers ($u = 0{,}379$)
(a) Metall-Ionen	38	28
(b) Parameter u	−20	− 8
(c) Polarisierung der Sauerstoff-Ionen	−58	− 5

(Abschn. 2.2). Das Niveau d_ε, das im oktaedrischen Feld unter dem Niveau d_γ liegt, wird im Trigonalfeld in zwei Niveaus aufgespalten, das Singulett Φ_0 und das Dublett $\Phi_{\pm 1}$. Wie aus Abb. 4.19 ersichtlich ist, wird das Ion Co^{2+} $(3d^7)$ dann einen entarteten Grundzustand besitzen,[31]) wenn Φ_0 eine niedrigere Energie hat als $\Phi_{\pm 1}$; in diesem Fall wird nämlich ein Elektron für die vollständige Besetzung der $\Phi_{\pm 1}$-Bahnen fehlen, wo wir zwei Orbitale Φ_{+1}, Φ_{-1} zur Verfügung haben, in denen das „Elektro-

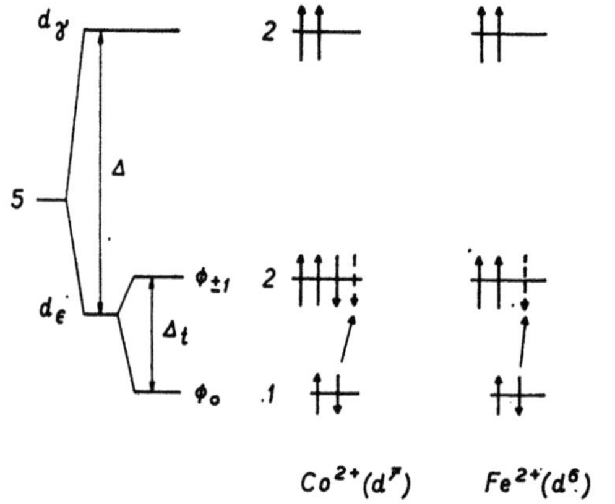

Abb. 4.19 Schema der Energieniveaus von Co^{2+}- und Fe^{2+}-Ionen im trigonalen Kristallfeld in der Einelektronen-Näherung; durch den Pfeil wird der Übergang zum ersten angeregten Zustand gekennzeichnet. Bei der angeführten Reihenfolge ist der Grundzustand von Co^{2+} ein Orbital-Dublett und von Fe^{2+} ein Orbital-Singulett; bei umgekehrter Reihenfolge (Umkehr des Vorzeichens des trigonalen Feldes) werden die Zustände beider Ionenarten ausgetauscht. (Nach Slonczewski [63].)

nenloch", das das fehlende Elektron darstellt, untergebracht werden kann. Pauschal werden jene Ionen einen Dublettgrundzustand besitzen, bei denen $\Phi_{\pm 1}$ eine ungerade Anzahl von Elektronen enthält.

Die Wellenfunktionen der Elektronen in Φ_m-Zuständen $(m = 0, \pm 1)$ müssen lineare Kombinationen der zu den d_ε-Bahnen gehörenden oktaedrischen Funktionen xy/r^2, yz/r^2 und xz/r^2 sein. Für die trigonale Achse in [111]-Richtung können sie in der Form

$$\Phi_m = 3^{-1/2}(\omega^{*m} yz + \omega^m zx + xy)/r^2 \tag{4.43}$$

$$m = 0, \pm 1\,, \quad \omega = \exp(2\pi j/3)\,, \quad \omega^* = \exp(-2\pi j/3)\,, \quad j = \sqrt{-1}$$

geschrieben werden [63], aus der folgt, daß das Maximum der Elektronendichte für Φ_0 entlang der trigonalen Achse konzentriert ist, während es dagegen für $\Phi_{\pm 1}$ außerhalb dieser Achse liegt. Aus diesem Grunde besitzt Φ_0 eine niedrigere Energie als $\Phi_{\pm 1}$, wenn $\mathscr{V}_t$ entlang der trigonalen Achse maximal ist, d.i. wenn der Einfluß der positiven Ladungen überwiegt. Die Konzentrierung der Ladung entlang der trigonalen Achse hängt gleichzeitig mit der Aufhebung der Komponente des Impulsmoments in dieser Richtung zusammen, während diese Komponente in den $\Phi_{\pm 1}$-Zuständen von Null verschieden ist. Die Lage ist hier ähnlich wie bei einem p-Elektron $(l = 1)$, dessen Niveau im freien Atom dreifach entartet ist (wie d_ε

[31]) Die Gültigkeit der Hundschen Regel (1) vorausgesetzt (S. 52).

im kubischen Feld) und dessen in $\hbar$-Einheiten ausgedrückte Bahndrehimpulskomponenten in einer vorgegebenen Richtung gleich $m = 0, \pm 1$ sind. Wir sprechen daher von Φ_m manchmal als vom effektiven p-Zustand, wobei der Index $m = 0, \pm 1$ die Komponente des Drehimpulses in Richtung der trigonalen Achse angibt.

Die Entartung des Grundzustandes führt zu einem von Null verschiedenen Bahnmoment, was mit dem Freiheitsgrad zusammenhängt, der der Bahnbewegung bei der Entartung verbleibt. Da das Bahnmoment der halbbesetzten d-Schale (d.h. der Konfiguration d^5) Null ist, kann zum Gesamtbahnmoment nur ein weiteres Elektron im $\Phi_{\pm 1}$-Niveau mit einem zum Gesamtspin des Ions entgegengesetzt orientierten Spin beitragen.[32]) Wie wir bereits erwähnten, handelt es sich bei diesen Elektronen um einen dem p-Zustand mit $m = \pm 1$ analogen Zustand, und wir sollten daher erwarten, daß die Komponente des Drehimpulses in Richtung der trigonalen Achse gleich $\pm \hbar$ sein wird. In Wirklichkeit jedoch wird sie, wenn wir auch den Einfluß der angeregten Zustände in Betracht ziehen [63], gleich

$$\langle L_t \rangle = \pm \alpha \hbar , \quad 1 < \alpha < \tfrac{3}{2} \tag{4.44}$$

sein, so als ob diesem p-Zustand ein effektiver Landé-Faktor $-\alpha$ zukäme.

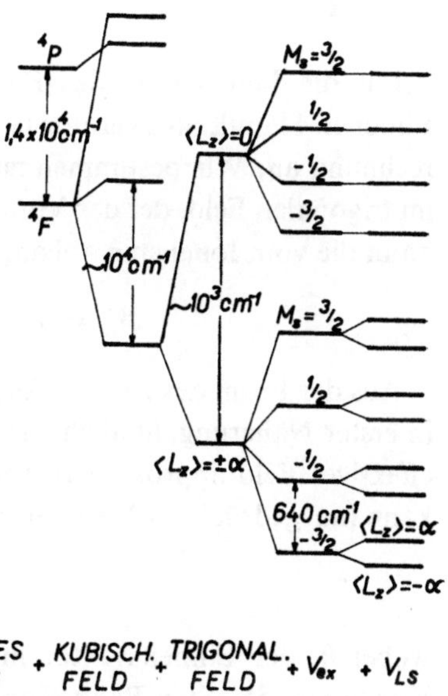

Abb. 4.20 Spaltung des ^{4}F-Grundterms des Co^{2+}-Ions (nach Slonczewski [71]).

Die Wechselwirkung des Ions mit dem Kristallfeld allein beeinflußt in keiner Weise die Elektronenspins. Infolgedessen wird jeder Orbitalzustand noch weitere $(2S + 1)$-fache, aus der räumlichen Quantelung des Spins folgende Entartung besitzen. Diese Entartung wird durch die Wechselwirkung aufgehoben, die die Energie

[32]) Nach dem vorhergehend Gesagten besitzt ein Elektron im Zustand Φ_0 eine Drehimpulskomponente gleich Null.

von der Spinorientierung gegenüber der Richtung des effektiven Austauschfeldes am Ort des Ions abhängig macht. Schließlich hebt die Spin-Bahn-Wechselwirkung $\lambda \boldsymbol{L} . \boldsymbol{S}$ bei einem nicht-eingefrorenen Bahnmoment wie in unserem Falle noch die ursprüngliche zweizählige Bahnentartung des Grundzustandes auf. Das Schema der Aufspaltung der Energieniveaus des Co^{2+}-Ions im Dublettgrundzustand ist in Abb. 4.20 veranschaulicht.

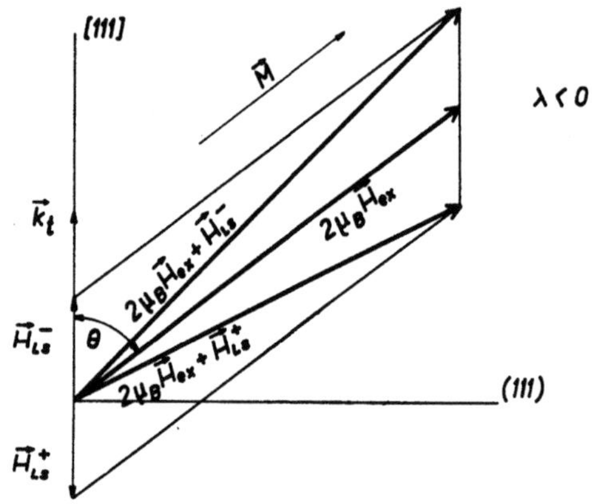

Abb. 4.21 Zur Definition des effektiven Feldes $\boldsymbol{H}_{LS}$ [73].

Für die Berechnung des Energiespektrums gehen wir von dem ursprünglichen Einionen-Hamilton-Operator (1.32) aus und wenden fortschreitend die Störungsrechnung an. Wir bestimmen zuerst den Grundzustand des Ions im kubischen und im trigonalen Feld, der der Voraussetzung nach zweimal bahnentartet ist und wenden dann die vom Ionenspin abhängige Störung an

$$\mathscr{H}_s = \mathscr{V}_{ex} + \mathscr{V}_{LS} = 2\mu_B \boldsymbol{H}_{ex} . \boldsymbol{S} + \lambda \boldsymbol{L} . \boldsymbol{S} . \tag{4.45}$$

Aus der Form des Ausdrucks (4.45) sieht man, daß die Spin-Bahn-Wechselwirkung in erster Näherung, ähnlich wie die Austauschwechselwirkung, durch ein bestimmtes effektives Feld approximiert werden kann, das wegen (4.44) zwei Werte annehmen kann (ausgedrückt in Vielfachen von $\hbar$)

$$\boldsymbol{H}_{LS} = \pm \alpha \lambda \boldsymbol{k}_t , \tag{4.46}$$

wobei $\boldsymbol{k}_t$ der Einheitsvektor in der Richtung der trigonalen [111]-Achse ist. Die Konstante der Spin-Bahn-Kopplung λ ist für Ionen mit mehr als 5 d-Elektronen (also für Co^{2+} und Fe^{2+}) negativ. Die Spinkomponente M_S in der durch die Vektorsumme der Felder $\boldsymbol{H}_{ex}$ und $\boldsymbol{H}_{LS}$ bestimmten Richtung (Abb. 4.21) gibt die zu $\mathscr{H}_s$ gehörende resultierende Energie; bezeichnen wir diese Energie mit ε, so wird

$$\varepsilon = |2\mu_B \boldsymbol{H}_{ex} \pm \alpha \lambda \boldsymbol{k}_t| \, M_S \tag{4.47}$$

$$M_S = -S, -S+1, \ldots, S ,$$

so daß für jeden zulässigen Wert M_S zwei Niveaus bestehen, die zwei möglichen Orientierungen des Bahnmoments entsprechen.

Es ist klar, daß für ein gegebenes M_S ε von der Orientierung von $\boldsymbol{H}_{ex}$ gegenüber der trigonalen Achse abhängt, und da $\boldsymbol{H}_{ex}$ gewöhnlich die gleiche Richtung wie die Magnetisierung hat, bestimmt diese Winkelabhängigkeit von ε auch die magnetische Anisotropie des Ions. Der Verlauf der Abhängigkeit von ε vom Winkel Θ zwischen

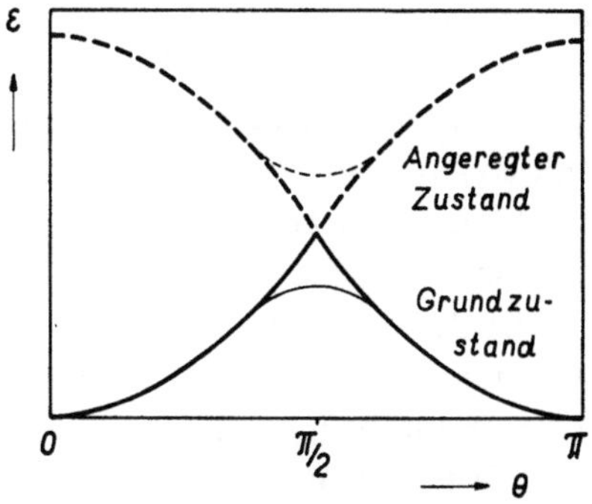

Abb. 4.22 Anisotropie des niedrigsten Dubletts $\varepsilon\,(M_S = -S)$ des Co^{2+}-Ions im trigonalen Feld [63].

$\boldsymbol{H}_{ex}$ und $\boldsymbol{H}_{LS}$ (d.h. zwischen $\boldsymbol{H}_{ex}$ und der trigonalen Achse) ist für beide Komponenten des Dubletts M_S = konstant in Abb. 4.22 wiedergegeben. Ist speziell $\Theta = \frac{1}{2}\pi$, so ist die Energie der beiden Niveaus $\langle L_t \rangle = \pm\alpha$ gleich, so daß die Entartung erhalten bleibt und erst bei höheren Näherungen oder infolge von Abweichungen des Kristallfeldes von der trigonalen Symmetrie aufgehoben wird [73].

Die Energien (4.47) bestimmen den Abstand der unteren Niveaus des Energiespektrums des Kations.[33]) Mit ihnen können wir nach gebräuchlichen statistischen Methoden die mittlere, auf ein Ion entfallende freie Energie $\mathscr{F}$ berechnen und durch Vergleich mit dem Ausdruck (4.5) für die kubische Anisotropie den Einionenbeitrag zur Anisotropiekonstante K_1 bzw. K_2 aus den Beziehungen [71]

$$K_1^{\text{ion}} = 4(\mathscr{F}_{110} - \mathscr{F}_{100}),$$
$$K_2^{\text{ion}} = 9(3\mathscr{F}_{111} - 4\mathscr{F}_{110} + \mathscr{F}_{100}), \qquad (4.48)$$

bestimmen (vgl. Tab. IV-1), in denen durch die zugehörigen Indices die Richtungen von $\boldsymbol{M}$ bezeichnet sind, für die $\mathscr{F}$ berechnet wurde. Dabei muß wiederum berücksichtigt werden, daß die Spinellstruktur im ganzen vier ungleichwertige, dreizählige, durch die Raumdiagonalen des Elementarwürfels bestimmte Achsen besitzt, so daß bei einer gegebenen Magnetisierungsrichtung (entsprechend der Richtung von $\boldsymbol{H}_{ex}$) der Winkel Θ für Ionen mit unterschiedlicher Richtung der lokalen trigonalen Achse pauschal

[33]) Die durch Aufspaltung des Bahnsinguletts durch die Austauschwechselwirkung entstandenen Niveaus sind in dieser Näherung isotrop und durch die Beziehung $\varepsilon' = \Delta_t + 2M_S\mu_B H'_{ex}$ gegeben, wobei H'_{ex}, das Austauschfeld im Singulettzustand, nicht pauschal mit H_{ex} identisch sein muß.

verschieden sein wird. Infolgedessen können wir die freie Energie $\mathscr{F}$ in der Form

$$\mathscr{F} = -(kT/N)\sum_{i=1}^{4} N_i \ln z_i \tag{4.49}$$

$$\sum_{i=1}^{4} N_i = N\,, \quad z_i = \sum_j \exp\left[-\varepsilon_j(\Theta_i)/kT\right]$$

schreiben, wo der Index i $(i = 1, \ldots, 4)$ die betreffende lokale dreizählige Achse bezeichnet und j sich auf die einzelnen, durch die Beziehungen (4.47) gegebenen Energieniveaus bezieht. Sind die Kationen gleichmäßig auf die vier Arten von B-Lagen verteilt $(N_i = N/4)$, so wird die resultierende Anisotropie kubisch, und K_1, K_2 werden Funktionen zweier Parameter sein, nämlich von $\alpha\lambda$ und $\mu_B H_{ex}$. Die Berechnung zeigt, daß für Co^{2+} und Fe^{2+}, bei denen $\lambda < 0$, gelten wird $K_1 > 0$, $K_2 < 0$.[34]) Was die Größe der Parameter $\alpha\lambda$ und $\mu_B H_{ex}$ anbetrifft, ist es am besten, sie als empirische Konstanten anzusehen und sie so zu wählen, daß die theoretische Kurve für die Temperaturabhängigkeit der Anisotropiekonstanten möglichst gut mit dem Versuch übereinstimmt. Was das Austauschfeld angeht, so genügt es manchmal, $\mu_B H_{ex} \approx \infty$ zu setzen, um die Tatsache auszudrücken, daß die Austauschwechselwirkung viel

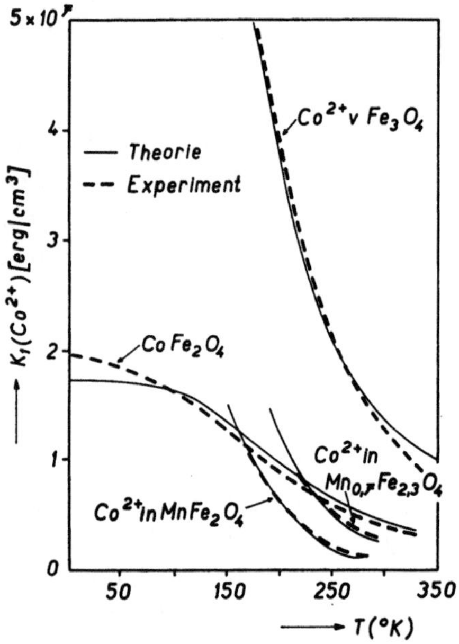

Abb. 4.23 Experimentelle und theoretische Kurven für die Temperaturabhängigkeit der Anisotropie einiger mit Co substituierten Ferrite (nach Slonczewski [63]).

[34]) Der Umstand, daß $K_1 > 0$, könnte auf den ersten Blick überraschend erscheinen, da (4.43) zeigt, daß die niedrigsten Energiewerte bei $\Theta = 0$ oder $\Theta = \pi$ erreicht werden können, d. h. für $\boldsymbol{M}$ in [111]-Richtung. Da aber diese Bedingung stets nur für eines der vier B_i-Untergitter erfüllt werden kann, erhält man durch Mittelung über diese Untergitter bei der kubischen Anisotropie $K_1 > 0$, d. h. die leichte Richtung ist parallel zu [100].

stärker ist als die Spin-Bahn-Kopplung. Beispiele derart angepaßter Kurven für verschiedene, geringere Kobaltmengen enthaltende Ferrite sind in Abb. 4.23 wiedergegeben. Für den Parameter $\alpha\lambda$ folgt hieraus der Wert $-132\,\mathrm{cm}^{-1}$ in verhältnismäßig guter Übereinstimmung mit dem für das freie Co^{2+}-Ion tabellierten Wert $\lambda = -176\,\mathrm{cm}^{-1}$.

Die Theorie der magnetokristallinen Anisotropie, deren Hauptgedanken wir hier wiedergegeben haben, wurde ursprünglich von Slonczewski für den Magnetit mit Co-Dotierungen sowie für weitere teilweise Co^{2+}-substituierte Ferrite ausgearbeitet [71][35]), sie kann aber auch ungeändert auf die durch Fe^{2+}-Ionen verursachte Anisotropie angewendet werden, wenn sich diese Ionen in einem Dublettgrundzustand befinden (vgl. Abb. 4.19). Das scheint z. B. im Si-dotierten Yttrium-Eisen-Granat der Fall zu sein [124]. Bei den inversen Spinellen ist der Sauerstoffparameter verhältnismäßig klein, und man kann daher erwarten, daß sich in diesem Fall nur Co^{2+} im Dublettzustand befinden wird. Für diese Überlegung spricht eine befriedigende Übereinstimmung der theoretischen und experimentellen Kurven für teilweise durch Kobalt substituierten Magnetit. Bei normalen Spinellen dagegen wird, wie Smit und andere [72] zeigten, wahrscheinlich wegen des verhältnismäßig großen Wertes des Sauerstoffparameters, in ähnlicher Weise der Einfluß der negativen Ladungen der Anionen überwiegen, so daß dann das Fe^{2+}-Ion im Dublettzustand vorhanden sein kann. Im Mischspinell schließlich, wie z.B. im $MnFe_2O_4$, wird das trigonale Kristallfeld offensichtlich von Ort zu Ort schwanken und kann eventuell auch das Vorzeichen ändern, oder es kann eine niedrigere Symmetrie besitzen.[36]) Auf diese Weise kann nach Smit erklärt werden, warum in ein und demselben Kristall Co^{2+} und Fe^{2+} im Dublettzustand vorkommen können, was wegen der positiven Beiträge beider Ionen zur Anisotropie in den Systemen $Mn_xFe_{3-x}O_4$, $x < 1$ und $MnTi_xFe_{2-x}O_4$ [12] (vgl. Abb. 4.17) als möglich erscheint.[37]) Die Abnahme des positiven Beitrages von Fe^{2+} zur Anisotropie für $x \to 1$ im System $Mn_xFe_{3-x}O_4$ kann durch den zunehmenden Inversionsgrad der Spinellstruktur erklärt werden. Eine andere Erklärung des anomalen Verlaufes der Anisotropie in diesem System wurde von Slonczewski vorgeschlagen[63].

Bei größeren Co^{2+}-Konzentrationen im System $Co_xFe_{3-x}O_4$ hört die lineare Abhängigkeit der Anisotropiekonstante von x auf. Um dieses Verhalten zu erklären, verallgemeinerte Tachiki das Modell von Slonczewski durch Einberechnung von mit dem Unordnungszustand des Kristall-

[35]) Eine genauere quantenmechanische Berechnung der Anisotropie des Co^{2+}-Ions im Spinell finden wir bei Baltzer [62].

[36]) Beim Fe_3O_4 kann ein verhältnismäßig homogenes Kristallfeld vorausgesetzt werden, da die Frequenz der Elektronensprünge $Fe^{2+} \rightleftarrows Fe^{3+}$ wenigstens bei höheren Temperaturen so hoch ist, daß sie die Unterschiede zwischen zwei- und dreiwertigen Eisenionen ausgleichen kann.

[37]) Die geringere Ionenanisotropie des Co^{2+} in $MnFe_2O_4$ im Vergleich zu Fe_3O_4 kann daher nicht nur mit dem kleineren Wert von $\mu_B H_{ex}$ zusammenhängen, sondern auch mit der Verringerung der Anzahl von Co^{2+}-Ionen im Dublettgrundzustand infolge der Schwankungen des Kristallfeldes.

gitters zuzammenhängenden Kristallfeldern niedrigerer Symmetrie und wandte es auf den Kobaltferrit $CoFe_2O_4$ an [73]. Wie aus der Abb. 4.23 zu ersehen ist, verursacht die Störung der trigonalen Symmetrie des Kristallfeldes pauschal eine Herabsetzung der Anisotropie.

Das Modell von Slonczewski wurde mit Erfolg auch für andere Co^{2+}-haltige ferrimagnetische Oxide angepaßt, besonders für die hexagonalen Verbindungen mit den in Abschn. 2.1 erwähnten Strukturen [43, 74].

Betrachten wir außer den oktaedrischen Ionen auch Ionen in anderen Koordinationen, besonders in tetraedrischen, so stellen wir fest, daß hier eine größere Ionenanzahl einen entarteten Grundzustand besitzen kann (vgl. Tab. II-10). In den Spinellen ist das tetraedrische Kristallfeld kubisch, ohne trigonale Komponente, infolge der tetragonalen Jahn-Teller-Verzerrung kann aber eine Aufspaltung eintreten.

Nach den Berechnungen von Baltzer [62] könnten tetraedrisch koordinierte Ionen d^2, d^3, d^7, d^8 tatsächlich große Anisotropiebeiträge liefern. Ein Ni^{2+}-Ion in tetraedrischer Koordination sollte z. B., wenn wir für seine Umgebung eine statische lokale Jahn-Teller-Verzerrung voraussetzen, zu K_1 die Energie $\approx -10^2\,cm^{-1}$ beitragen, so daß weniger als 0,1% Ni^{2+} in tetraedrischen Lagen des Ferrits $NiFe_2O_4$ zur Erklärung der gesamten Anisotropie dieses Stoffes genügen würde. Im Widerspruch zu diesen Hypothesen zeigen neuere experimentelle Arbeiten [75], daß der Anisotropie-Beitrag tetraedrich koordinierter Ni^{2+}-Ionen in Nickelferrit und in einigen Granaten positiv und von der Größenordnung $\approx 20\,cm^{-1}$ per Ion ist. Novák [75a] hat in seiner eingehenden theoretischen Analyse gezeigt, daß diese starke positive Anisotropie dem durch den Jahn-Teller-Effekt modifizierten Beitrag zweiter Ordnung der Spin-Bahn-Wechselwirkung zuzuschreiben ist.

Beitrag von Ionen Seltener Erden zur Anisotropie der Granate

Das Einionen-Modell, das wir im Zusammenhang mit der Entstehung der magnetischen Kristallanisotropie von Ferriten mit Spinellstruktur eingehend diskutierten, können wir auch auf den bekanntesten ferrimagnetischen Granat $Y_3Fe_5O_{12}$ anwenden. Die Fe^{3+}-Ionen, welche bei diesem Granat die einzige Sorte magnetischer Ionen sind, kommen hier in oktaedrischer (16*a*) und tetraedrischer (24*d*) Koordination vor. Aufspalten ihrer Terme durch das Kristallfeld kann in diesen Lagen wieder, ähnlich wie bei anderen Ferriten, als Hauptquelle der Anisotropie betrachtet werden. Die Aufspaltungskonstanten von Fe^{3+} in der Granatstruktur wurden von Geschwind [76] aus dem paramagnetischen Resonanzspektrum des Granats $Y_3Ga_5O_{12}$ mit kleiner Fe^{3+}-Konzentration experimentell ermittelt, und mit diesen Konstanten wurde nach dem Einionen-Modell die Anisotropiekonstante K_1 für $Y_3Fe_5O_{12}$ berechnet. Das Ergebnis $K_1 = -0{,}37\,cm^{-1}$ (pro Elementarzelle) stimmt mit dem durch direkte Messung der Anisotropie von $Y_3Fe_5O_{12}$ erhaltenen Wert $K_1 =$

Tabelle IV-7

Die Größe der Aufspaltung von Niveaus der Seltenen Erdionen in Granaten

Ion	Elektronen-konfiguration	Grundzustand des freien Ions	Δ_{LS} [82] (cm^{-1})	Δ_{KF} [83] (cm^{-1})	Δ_{ex} [84]*) (cm^{-1})
Sm^{3+}	$4f^5$	$^6H_{5/2}$	1200	245	—
Eu^{3+}	$4f^6$	$^7F_0$	1410	—	12,7; 11,9; 20,3
Gd^{3+}	$4f^7$	$^8S_{7/2}$	—	0	—
Tb^{3+}	$4f^8$	$^7F_6$	1770	130	—
Dy^{3+}	$4f^9$	$^6H_{15/2}$	1860	115	—
Ho^{3+}	$4f^{10}$	$^5I_8$	2000	100	—
Er^{3+}	$4f^{11}$	$^4I_{15/2}$	2350	90	18,2; 21,6
Tm^{3+}	$4f^{12}$	$^3H_6$	2660	80	—
Yb^{3+}	$4f^{13}$	$^2F_{7/2}$	2940	70	23,4; 26,4

*) Die angeführten Werte wurden direkt aus optischen Messungen bestimmt, nur im Falle des EuIG wurde die Mössbauer-Technik ausgenutzt. Δ_{ex} bei den anderen Ionen, bei denen ähnliche Messungen bisher nicht durchgeführt wurden, werden jedoch von derselben Größenordnung sein, wie z. B. aus der Größe der Austauschfelder folgt [86]. Zwei für Δ_{ex} angeführte Werte entsprechen den zwei nicht-äquivalenten Typen der dodekaedrischen Lagen, die in der Granatstruktur bestehen, wenn die Magnetisierung parallel zur [111]-Richtung orientiert ist. Im Falle des EuIG wurden alle drei Hauptwerte für *x*, *y*, *z* aufgeführt.

$= -0{,}24\ cm^{-1}$ nicht ganz überein, liegt jedoch verhältnismäßig nahe. Die Gründe für die Abweichung wurden zuerst in der Arbeit [77] diskutiert. Neuerdings wurde darauf hingewiesen, daß die Konstante *a* des Spin-Hamilton-Operators für Fe^{3+} in diamagnetischen Granaten verhältnismäßig stark von der Sorte der diamagnetischen Kationen (z.B. Ga^{3+}, Al^{3+} usw.) abhängt [78]. Tatsächlich ist es Rimai und Kushida [79] gelungen, durch Interpolation der für verschiedene Granate gewonnenen Kristallfeldparameter für den Yttrium-Eisen-Granat eine gute Übereinstimmung ($K_1 = -0{,}245\ cm^{-1}$) zu erreichen. Es bleiben jedoch gewisse Diskrepanzen hinsichtlich der Temperaturabhängigkeit von K_1 [80, 81].

Wenn wir das Yttrium in $Y_3Fe_5O_{12}$ teilweise oder ganz durch irgendein Element aus der Gruppe der Seltenen Erden ersetzen, erfährt die Anisotropie der Fe^{3+}-Ionen keine wesentlichen Änderungen, aber es kommt zu ihr ein Beitrag von dem Seltenen Erdion hinzu. Wie bereits erwähnt (Abschn. 1.3), sind die 4*f*-Elektronen der Seltenen Erden innere Elektronen und werden gegen den Einfluß umgebender Atome im Kristall in erheblichem Maße durch die äußeren Schalen der 5*s*- und 5*p*-Elektronen abgeschirmt. Infolgedessen wird die Größenordnung der an der Anisotropieentstehung beteiligten Wechselwirkungen anders sein als bei den Ionen der Eisengruppe. Die Wechselwirkung mit dem Kristallfeld, welche bei den Ionen der Eisengruppe dominierte sowie die Austauschwechselwirkung werden wesentlich geschwächt, so daß die *L*–*S*-Kopplung gewöhnlich zur stärksten Wechselwirkung wird. Das ist aus Tab.

IV-7 ersichtlich, wo die Durchschnittswerte für die Aufspaltung des Grundzustandes durch die Spin-Bahn-Kopplung, das Kristallfeld und die Austauschwechselwirkung aufgeführt sind; die Austauschwechselwirkung der Seltenen Erdionen mit den Fe^{3+}-Ionen wird von diesen Wechselwirkungen in der Mehrzahl der Fälle die schwächste sein.

Da wir es hier eindeutig mit einem „schwachen" Kristallfeld zu tun haben (Abschn. 1.2, S. 55, und 2.2, S. 138 f.), kommt es durch seine Wirkung zu keiner Zerstörung der Spin-Bahn-Kopplung, so daß die durch die Quantenzahlen L, S, J (vgl. S. 50) bestimmte grundlegende Multiplettstruktur im wesentlichen erhalten bleibt. Das Kristallfeld und ebenfalls die Austauschwechselwirkung stellen dann Störungen dar, die auf einzelne Multiplett-Niveaus einwirken und je nach Umständen ihre $(2J + 1)$-fache Entartung teilweise oder völlig aufheben. In der Regel wird es sich um das Multiplett mit der niedrigsten Energie handeln, das dem Grundzustand des freien Ions entspricht (vgl. Tab. IV-7).

Betrachten wir jetzt zuerst die Wirkung des Kristallfeldes auf ein beliebiges Multiplett-Niveau mit der Quantenzahl J. In der Granatstruktur befinden sich die Ionen der Seltenen Erden in dodekaedrischen Lagen (24c). Aus der Analyse der Struktur geht hervor, daß das Kristallfeld in diesen Lagen orthorhombische Symmetrie aufweist, wobei zwei Achsen in zur [110]-Richtung äquivalenten Richtungen liegen und die dritte in einer der [100]-Richtungen liegt. Wegen der Auswahlmöglichkeiten dieser

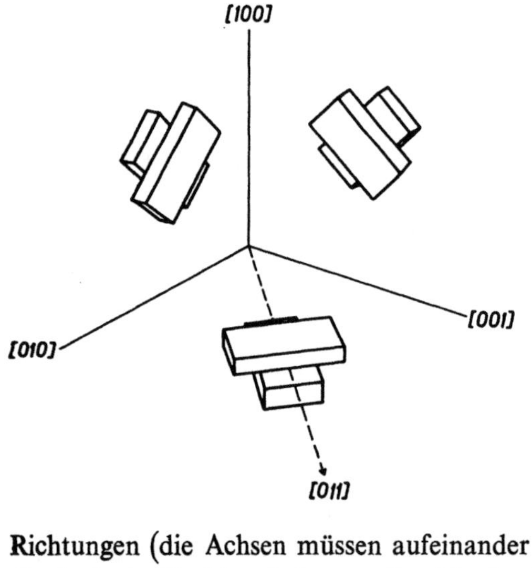

Abb. 4.24 Lokale orthorhombische Symmetrie dodekaedrischer Gitterplätze in Granat; die Achsenorientierung der sechs nicht-äquivalenten Lagen wird durch Quader dargestellt, deren Kanten zu diesen Achsen parallel sind. Für einige spezielle Lagen des Magnet- oder Austauschfeldes reduziert sich die Anzahl der nicht-äquivalenten Lagen (nach Walker [87]).

Richtungen (die Achsen müssen aufeinander senkrecht stehen), gibt es sechs nicht-äquivalente Dodekaederlagen, die sich durch die Orientierung des lokalen orthorhombischen Feldes voneinander unterscheiden (Abb. 4.24)[38]. Das orthorhombische

[38]) Es handelt sich um Nicht-Äquivalenz gleicher Art wie bei der Spinellstruktur, wo vier unterschiedliche Oktaederlagen mit einer zu den vier Körperdiagonalen des Grundwürfels parallelen Achse des Trigonalfeldes existieren.

Feld besitzt insofern eine niedrige Symmetrie, daß in ihm zur Aufspaltung des J-Multipletts auf die maximal zulässige Anzahl von Niveaus kommt. Wenn die Anzahl der $4f$-Elektronen gerade ist, sind alle diese Unterniveaus einfach (insgesamt $2J + 1$), bei ungerader Elektronenzahl zerfällt das ursprüngliche Multiplett in $J + \frac{1}{2}$ Kramers-Dublette (S. 139). Wenn das betrachtete Niveau den Grundzustand des Iones bildet, können wir also wieder von zwei unterschiedlichen Fällen sprechen, je nachdem, ob der Grundzustand im Kristallfeld entartet ist oder nicht.

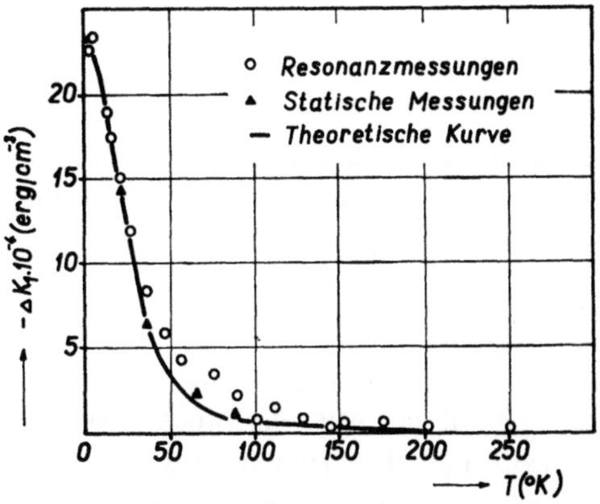

Abb. 4.25 Beitrag von Gd^{3+} zur Anisotropie des Granats $Gd_3Fe_5O_{12}$ [18].

Einen besonderen Platz nimmt das Gd^{3+}-Ion ein, dessen $4f$-Schale zur Hälfte aufgefüllt ist (Konfiguration $4f^7$) und das deshalb den Grundzustand $^8S_{7/2}$ mit dem Spin $\frac{7}{2}$ hat. Dieser Zustand bleibt in erster Näherung in einem beliebigen Kristallfeld unaufgespalten; der Effekt des Kristallfeldes äußert sich erst in den höheren Näherungen durch Hinzufügen angeregter Zustände. Das Energie-Spektrum und die Anisotropie können wir dann ähnlich wie für Fe^{3+} aus dem entsprechenden Hamilton-Operator berechnen[39]. In Abb. 4.25 ist in Abhängigkeit von der Temperatur der Beitrag ΔK_1 der Gd^{3+}-Ionen zur magnetischen Kristallanisotropie des Granats $Gd_3Fe_5O_{12}$ dargestellt, der durch Abziehen der Anisotropie des $Y_3Fe_5O_{12}$ von der Gesamtanisotropie der $Gd_3Fe_5O_{12}$ gewonnen wurde. Wegen der verhältnismäßig schwachen Austauschwechselwirkung zwischen Fe^{3+} und Gd^{3+} kann man erwarten, daß in ihm auch der dem Glied D^2/kT in (4.39) entsprechende Beitrag sichtbar zum Ausdruck kommen wird [80].

Gehen wir zur Erörterung der Anisotropie bei Ionen mit Dublett-Grundzustand über. Das Problem wird vereinfacht, wenn man dieses Grunddublett als isoliert betrachten kann, oder mit anderen Worten, wenn die Größe der Aufspaltung durch das Kristallfeld die Austauschenergie wesentlich übersteigt [87]. Dieser Bedingung, die wir im folgenden als erfüllt ansehen werden, genügt z. B. gut das Yb^{3+}-Ion,

[39]) Dieser Hamilton-Operator ist analog zu (4.38), enthält jedoch darüber hinaus die Glieder S_α^6 und die der orthorhombischen Symmetrie entsprechenden Glieder (vgl. [53]).

bei dem das Grunddublett vom nächst höheren Niveau um 550 cm^{-1} entfernt ist [88][40]).

Die Aufspaltung des Grunddubletts erreichen wir durch Anlegen eines Magnetfeldes, wobei wir die Analogie zur Aufspaltung des Zustandes $S = \frac{1}{2}$ benutzen und dem Dublett den „effektiven Spin" $S' = \frac{1}{2}$ zuschreiben können. Dieser effektive Spin hat zwei Orientierungen gegenüber der Richtung des Magnetfeldes $\boldsymbol{H}$, ähnlich wie der wirkliche Spin; die Größe des mit ihm gekoppelten magnetischen Moments wird jedoch von den ursprünglichen Quantenzahlen J, L und S abhängen. Für die Komponente des magnetischen Moments in Richtung $\boldsymbol{H}$ können wir formal die Beziehung

$$\mu = \mu_B g^{\text{eff}} \boldsymbol{S}' \,.\, \boldsymbol{H}/|\boldsymbol{H}| \tag{4.50}$$

schreiben, in der $\boldsymbol{S}'$ der effektive Spin und $g^{\text{eff}} = \alpha g_J$ der effektive g-Faktor ist, der sich von dem durch die Formel (1.39) gegebenen Landé-Faktor g_J im allgemeinen unterscheidet. In einem Kristallfeld von niedrigerer Symmetrie als kubisch wird im allgemeinen die Größe von μ von der Orientierung des $\boldsymbol{H}$-Feldes gegenüber den kristallographischen Achsen abhängen, so daß g^{eff} Tensorcharakter haben wird.

Wenn das Ion magnetische Nachbarn hat, kann die Entartung des Dubletts durch den Einfluß der Austauschwechselwirkungen aufgehoben werden. Zur Entstehung der Anisotropie ist es jedoch notwendig (wenn wir nicht die aus (4.50) folgende Anisotropie des magnetischen Moments annehmen), daß diese Austauschwechselwirkungen *anisotrop* sind, denn beim Spin $S' = \frac{1}{2}$ ist der Einionen-Beitrag zur Anisotropie Null. Eine von Null verschiedene Einionen-Anisotropie könnte nur dann entstehen, wenn das betrachtete Dublett nicht isoliert wäre oder bei einer größeren Entartung und effektivem Spin $S' > \frac{1}{2}$, vgl. (4.32). Für die spezifische Situation, die wir in Granaten vorfinden[41]), ist die Entstehung des anisotropen Austausches in Abb. 4.26 angedeutet. Wenn die Richtung der Gesamtmagnetisierung des Fe^{3+}-Untergitters und dadurch auch die Richtung von $\boldsymbol{H}_{ex}$ am Ort des betrachteten Ions geändert wird, wird auf seinen Spin ein gewißes Drehmoment ausgeübt, das bestrebt ist, ihn in diese neue zu $\boldsymbol{H}_{ex}$ parallele Richtung zu orientieren. Da das nicht-eingefrorene Bahnmoment durch eine starke L–S-Kopplung an den Spin gebunden wird, bringt jedoch der Orientierungswechsel des Spinvektors auch eine Änderung in der Orientierung von $\langle \boldsymbol{L} \rangle$ und dadurch auch eine Änderung in der Raumverteilung der Elektronendichte der $4f$-Elektronen mit sich. Infolge der Raumgliederung der f-Orbitale kommt es gleichzeitig zu Änderungen in ihrer Überlappung mit Orbitalen der Nachbarionen, welche die Austauschwechselwirkung mit den Fe^{3+}-Ionen vermitteln, und dadurch auch zur

[40]) Es sei jedoch darauf aufmerksam gemacht, daß man nicht in allen Fällen das Grunddublett als isoliert annehmen kann; für das Er^{3+}-Ion z. B. liegen 3 den angeregten Zuständen des Ions entsprechende Dubletts in der Entfernung bis zu 100 cm^{-1} vom Grunddublett [84].

[41]) Da die gegenseitigen Austauschwechselwirkungen zwischen den Seltenen Erdionen innerhalb des Untergitters $\{c\}$ sehr schwach sind, genügt es, die indirekten Austauschwechselwirkungen $R^{3+} - O^{2-} - Fe^{3+}$ (R^{3+} = Ion aus der Gruppe der Seltenen Erden) zu betrachten.

Veränderung der Größe von $\boldsymbol{H}_{ex}$. Das Austauschfeld wird so von der Magnetisierungsrichtung gegenüber dem lokalen Kristallfeld abhängig, und dasselbe wird offensichtlich auch von der Größe der Aufspaltung des Dubletts gelten. Es sei bemerkt, daß es bei einer ähnlichen, durch das Austauschfeld erzwungenen Verdrehung von f-Elektronen-Orbitalen zu bedeutenden Änderungen der elastischen Energie in der Umgebung von Ionen Seltener Erden kommt. Die magnetoelastische Kopplung und die damit zusam-

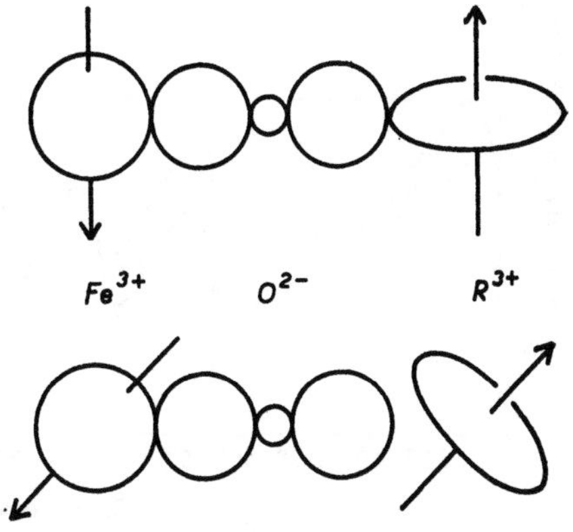

Abb. 4.26 Entstehung des anisotropen Austausches in Granaten Seltener Erden (schematisch).

menhängende Magnetostriktion sind so groß, daß sie ebenfalls zur magnetischen Kristallanisotropie auf wesentliche Weise beitragen können [89] – vgl. Abschn. 4.1, S. 331 f., und Abschn. 4.3, S. 394 f.

Die Größe der Aufspaltung des Dubletts können wir aus dem Spin-Hamilton-Operator

$$\mathscr{H}_s = \mu_B[(g_J - 1)/g_J]\, \boldsymbol{S}' \,.\, \mathbf{g}^{\mathrm{eff}} \mathbf{G} \,.\, \boldsymbol{H}'_{ex} + \mu_B \boldsymbol{S}' \,.\, \mathbf{g}^{\mathrm{eff}} \,.\, \boldsymbol{H} \qquad (4.51)$$

berechnen, in dem wir die Anisotropie des Austauschfeldes $\boldsymbol{H}_{ex} = \mathbf{G} \,.\, \boldsymbol{H}'_{ex}$ nach (4.33) ausgedrückt haben, wo $\boldsymbol{H}'_{ex}$ das zur Magnetisierung des Untergitters der Fe^{3+}-Ionen parallele isotrope Austauschfeld ist. Der Faktor $(g_J - 1)/g_J$, durch den die Größe von $\mathbf{g}^{\mathrm{eff}}$ reduziert wird, drückt die Tatsache aus, daß das Austauschfeld nur auf den Spin und nicht auf das ganze Impulsmoment $\boldsymbol{J}$ wirkt. Das zweite Glied in (4.51) stellt die Wechselwirkung mit dem äußeren Magnetfeld dar (vgl. (4.50)), das deshalb mitberücksichtigt wird, weil $\boldsymbol{H}_{ex}$ verhältnismäßig schwach ist. Der Tensor $\mathbf{G}$ hat im allgemeinen die gleiche Symmetrie wie $\mathbf{g}^{\mathrm{eff}}$. Wenn wir ihn als annähernd axialsymmetrisch betrachten und $\Delta G = G_{\parallel} - G_{\perp}$ setzen, dann kann man für kleine ΔG den Beitrag zur Anisotropie in der üblichen Form (4.5) [90] mit

$$K_1 = -\frac{NH'_{ex}G}{6}\left(\frac{\Delta G}{G}\right)^2 \approx -10^8 \left(\frac{\Delta G}{G}\right)^2 [\mathrm{erg/cm^3}]$$

ausdrücken; N bedeutet dabei die Anzahl der betrachteten Ionen in 1 cm^3, und für die Austauschenergie wurde durch Abschätzung $E_{ex} \approx 50k \approx 7 \,.\, 10^{-15}$ erg angenommen. Es ist augenscheinlich, daß wir für kleine $\Delta G/G$, z. B. $\Delta G/G \approx 0{,}1$, eine Anisotropie von der Größenordnung 10^6 erg/cm^3 erhalten. Die Größe der Anisotropie wächst mit wachsendem $\Delta G/G$. Wenn sich aber $G_{\|}$ und $G_{\perp}$ zu viel voneinander unterscheiden, kann man die Anisotropie nicht mehr in der üblichen Form (4.5) ausdrücken, und die Abhängigkeit der freien Energie von der Magnetisierungsrichtung wird kompliziert sein. Für diese anomalen Winkelabhängigkeiten der Anisotropie sind die bei Messung des Drehmoments in Abhängigkeit von der Orientierung der Magne-

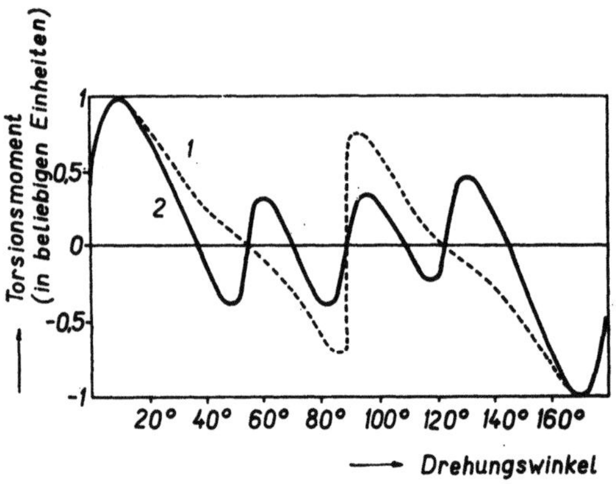

Abb. 4.27 Asymmetrische Drehmomentkurven der Granate $Gd_3Fe_5O_{12}$ mit 10% Dy — Kurve 1, und $Y_3Fe_5O_{12}$ mit 2,5% Dy — Kurve 2; die Kurven wurden auf ein maximales Torsionsmoment normiert, um den Unterschied in der Form besser hervortreten zu lassen. Die absolute Größe des Drehmoments für 1 Dy^{3+}-Ion ist im Falle des GdIG im Vergleich zu YIG etwa doppelt so groß. (Nach Calhoun u. a. [87].)

tisierung gegenüber den kristallographischen Achsen gewonnenen asymmetrischen Kurven charakteristisch (Abb. 4.27).

Das angeführte Modell paßt zu Ionen mit einer ungeraden Anzahl von $4f$-Elektronen und wurde auf Granate mit Ytterbium und Dysprosium erfolgreich angewendet [87][42]). Die Existenz einer Anisotropie der Austauschwechselwirkungen wurde durch das Studium der Infrarotspektren der Granate Seltener Erden experimentell bestätigt [84, 91, 92]. Theoretisch befaßte sich Levy [93] mit ihrer Entstehung. Zur Illustration ist in Abb. 4.28 eingezeichnet: (a) das Schema der Niveaus des Yb^{3+}-Ions und (b) die Anisotropie der Aufspaltung von Kramers-Dubletts durch die Austauschwechselwirkung, von Wickersheim beobachtet beim Studium des optischen Übergangs zwischen den niedrigsten Niveaus der $^2F_{7/2}$- und $^2F_{5/2}$-Multipletts (in Abb. 4.28a ist dieser Übergang durch einen Pfeil gekennzeichnet). Experimentelle Werte der Anisotropieenergien von Granaten Seltener Erden enthält Tab. IV-8.

Bei Ionen mit einer geraden Anzahl von $4f$-Elektronen kann man das Modell mit isoliertem Grunddublett nicht benutzen. Das orthorhombische Feld spaltet die Multiplett-Niveaus in Singulette auf, so daß das Magnet- und Austauschfeld keine weitere Aufspaltung mehr verursachen können. Der Einfluß magnetischer Wechselwirkungen äußert sich dann nur noch in einer Verschiebung dieser Niveaus, wobei diese Verschiebung infolge der Anisotropie der Austauschwechselwirkung von der Orientierung des magnetischen Moments des Fe^{3+}-Untergitters abhängen wird. Die

[42]) Die durch Ionen Seltener Erden hervorgerufene Anisotropie ist bisweilen so groß, daß es notwendig ist, Messung an Misch-Granaten mit kleinerer Konzentration dieser Ionen vorzunehmen und dann eventuell eine Extrapolation auf die 100%-Konzentration durchzuführen [18, 87].

Anisotropie wird dann dadurch hervorgerufen, daß diese Winkelabhängigkeit der Lage von Energieniveaus für verschiedene Niveaus verschieden ist, so daß mit dem sich ändernden Vektor $\boldsymbol{M}_{Fe}$ auch die Abstände einzelner Niveaus und mit ihnen freie Energie des Ions geändert werden. Die Situation wird manchmal dadurch kompliziert, daß die Austauschwechselwirkungen nur wenig schwächer sind als der Einfluß des Kristallfeldes, was zur Folge hat, daß die erwähnten Niveauabstandsänderungen

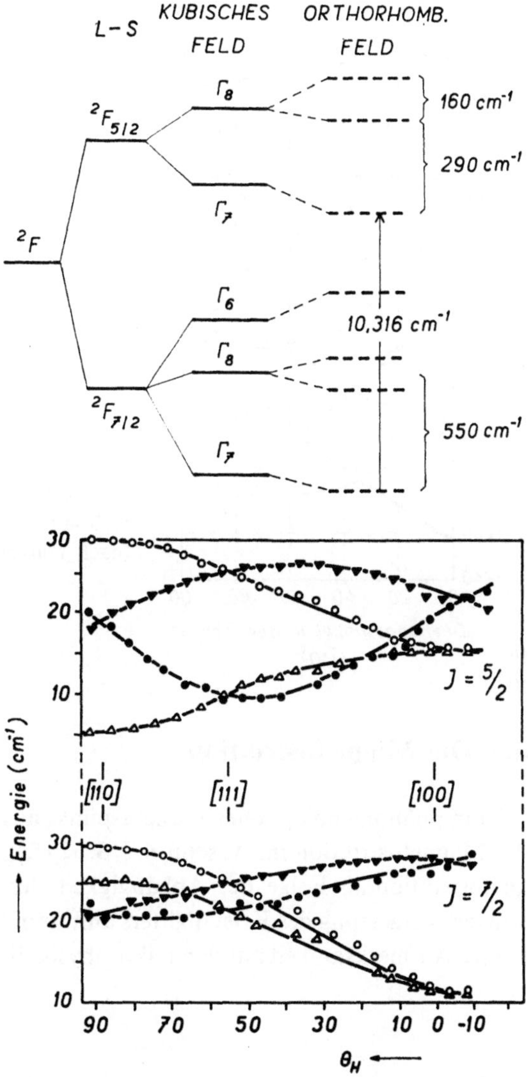

Abb. 4.28 (a) Schema der Aufspaltung des Grundterms des Yb^{3+}-Ions (nach Pappalardo und Wood [88]). (b) Größe der Austauschaufspaltung für die niedrigsten Niveaus der Multipletts $^2F_{7/2}$ und $^2F_{5/2}$ des Yb^{3+}-Ions in $Yb_3Fe_5O_{12}$. Dieses Ergebnis wurde durch Lichtabsorptionsmessung bei 77 °K an einem dünnen (Dicke ≈ 40 µm), in (110)-Ebene geschliffenem Plättchen erhalten; der Winkel Θ_H gibt die Orientierung des angelegten Magnetfeldes (und dadurch auch des Vektors $\boldsymbol{M}(Fe^{3+})$ und des Austauschfeldes) in der Plättchenebene an (nach Wickersheim [91]). Vier Äste für jedes der Dubletts $J = 7/2$, $J = 5/2$ entsprechen den nicht-äquivalenten dodekaedrischen Lagen, von denen es für die allgemeine Richtung Θ_H in der (110)-Ebene gerade vier gibt (für die Richtungen [100] und [111] wird diese Zahl auf 2 reduziert — vgl. Abb. 4.24).

mit der Größe der Aufspaltung vergleichbar sind. Das führt nicht nur zu hohen Anisotropiewerten, die annähernd von derselben Größenordnung sind wie bei Ionen, deren Grundzustand im Kristallfeld entartet ist (Tab. IV-8), sondern auch Anisotropieanomalien in den Richtungen, in denen sich zwei Niveaus völlig oder fast schneiden. Eine Vorstellung über den Verlauf von Energieniveaus in Abhängigkeit von der Orientierung des $\boldsymbol{M}_{Fe}$-Vektors gibt uns Abb. 4.29, in der die von Walker berechneten theoretischen Energieniveaus des Tb^{3+}-Ions $(4f^8)$ in einer von den sechs nicht-äquivalenten dodekaedrischen Lagen des Granates $Y_3Fe_5O_{12}$ wiedergegeben sind [77]. Es sei bemerkt, daß es bei der Berechnung der Anisotropie immer notwendig ist, die Mittelung über alle nicht-äquivalenten Lagen durchzuführen.

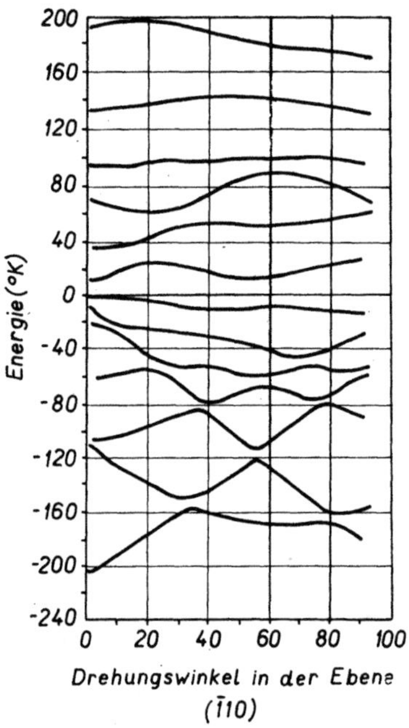

Abb. 4.29 Spektrum des Tb^{3+}-Ions in einer der sechs nicht-äquivalenten c-Lagen des Granats $Y_3Fe_5O_{12}$ (nach Walker [77]).

4.3 Die Magnetostriktion

Vom phänomenologischen Gesichtspunkt aus befaßten wir uns mit der Entstehung der Magnetostriktion im Abschn. 4.1 (S. 329 f.); Wir haben gezeigt, daß man die Magnetostriktion als Folge der Abhängigkeit der Energie des magnetischen Kristalls von der Verzerrung des Kristallgitters auffassen kann. In diesem Abschnitt werden wir unsere Aufmerksamkeit auf den mikrophysikalischen Aspekt der Erscheinung lenken.

Mikrophysikalischer Ursprung; die Volumen- und die Gestaltmagnetostriktion

Da die Entstehung der Magnetostriktion mit der magnetischen Kristallanisotropie eng verknüpft ist, ist natürlich zu erwarten, daß auch die mikroskopischen

Tabelle IV-8

Werte der Anisotropiekonstanten von Ferriten Seltener Erden mit Granatstruktur, die aus statischen Drehmomentmessungen abgeleitet wurden, mit Ausnahme der für $Y_3Fe_5O_{12}$ aus ferromagnetischer Resonanz gewonnenen Angaben

Ferrit	T (°K)	K_1 (erg/cm³)	K_2 (erg/cm³)	Quelle
$Y_3Fe_5O_{12}$	300	$-6{,}7 \cdot 10^3$		[80]
	80	$-22{,}0 \cdot 10^3$		
	4,2	$-24{,}8 \cdot 10^3$	$-10 \cdot 10^3$	
$Tb_3Fe_5O_{12}$	300	$-7 \cdot 10^3$		
	80	$-760 \cdot 10^3$	$-7{,}6 \cdot 10^6$	[18]
$Sm_3Fe_5O_{12}$	300	$-25 \cdot 10^3$		
	80	$-1{,}2 \cdot 10^6$	$+1{,}0 \cdot 10^6$	[18]
$Ho_3Fe_5O_{12}$	300	$-5 \cdot 10^3$		
	80	$-800 \cdot 10^3$	$-270 \cdot 10^3$	[18]
	4,2	$-12 \cdot 10^6$		
$Dy_3Fe_5O_{12}$	300	$-5 \cdot 10^3$		
	80	$-970 \cdot 10^3$	$+214 \cdot 10^3$	[18]
$Yb_3Fe_3O_5$	250	$-7{,}5 \cdot 10^3$		
	4,2	$-6{,}7 \cdot 10^6$*)		[80]

*) Extrapoliert aus 10% Yb in YIG.

Mechanismen – d. h. die durch Kombination des Einflusses von $L-S$-Kopplung und Kristallfeld entstehende Einionen-Anisotropie und anisotrope Austauschwechselwirkung – im wesentlichen identisch sein werden. Der Beitrag klassischer Dipol-Dipol-Wechselwirkungen ist normalerweise klein. Während jedoch bei der Untersuchung der Anisotropie der Kristall und zusammen mit ihm auch das Kristallfeld, als fest, konstant und von der Magnetisierungsrichtung unabhängig angenommen wurden, ist es jetzt notwendig, diese Voraussetzung aufzugeben und die erwähnten Wechselwirkungen mit den elastischen Kristalleigenschaften zu kombinieren. Zu diesem Zweck ergänzen wir den Spin-Hamilton-Operator (4.32) bzw. (4.32′) durch ein die elastische Energie $\mathscr{V}_e$ repräsentierendes Glied [94] (der Einfachheit halber lassen wir die Summation weg):

$$\mathscr{H}_s^{me} \cong -\mathbf{S}_i \cdot \mathbf{J}_{ij} \cdot \mathbf{S}_j + \mathbf{S}_i \cdot \mathbf{D} \cdot \mathbf{S}_i + \mathscr{V}_e . \tag{4.52}$$

Die Entstehung der magnetoelastischen Kopplung und Magnetostriktion wird verursacht durch die Abhängigkeit der in diesem Hamilton-Operator auftretenden Konstanten $\mathbf{J}_{ij}$ und $\mathbf{D}$ von der Deformation.[43]) Wenn wir die Verzerrungskomponenten symbolisch als ε_μ bezeichnen[44]), erhalten wir analog zu (4.10) in der linearen Näherung

$$\begin{aligned}\mathscr{H}_s^{me} \cong\ & -\boldsymbol{S}_i \,.\, \mathbf{J}_{ij}^0 \,.\, \boldsymbol{S}_j + \boldsymbol{S}_i \,.\, \mathbf{D}^{(0)} \,.\, \boldsymbol{S}_i + \\ & + \varepsilon_\mu \boldsymbol{S}_i \,.\, (\partial \mathbf{J}_{ij}/\partial \varepsilon_\mu)_0 \,.\, \boldsymbol{S}_j + \\ & + \varepsilon_\mu \boldsymbol{S}_i \,.\, (\partial \mathbf{D}/\partial \varepsilon_\mu)_0 \,.\, \boldsymbol{S}_i + \tfrac{1}{2} c_\mu \varepsilon_\mu^2 ,\end{aligned} \tag{4.53}$$

wo $\mathbf{J}_{ij}^0$, $\mathbf{D}^{(0)}$ dem unverzerrten Kristall entsprechen und die Ableitungen $-\partial \boldsymbol{J}_{ij}/\partial \varepsilon_\mu$, $-\partial \mathbf{D}/\partial \varepsilon_\mu$ die Abhängigkeit des $\mathscr{H}_s^{me}$ von der Verzerrung in linearer Näherung bestimmen und daher die Bedeutung mikroskopischer magnetoelastischer Konstanten haben. Die Energieniveaus des Hamilton-Operators (4.53) sind von den Verzerrungen ε_μ abhängig. Man kann sie durch Störungsrechnung gewinnen, wobei die in ε_μ linearen Glieder die Störung darstellen. Die wirkliche Verzerrung bestimmen wir dann durch Minimalisierung der gesamten freien Energie, die auch die elastische Energie $\frac{1}{2} c_\mu \varepsilon_\mu^2$ des Kristalls einschließt. Die Besetzung der Niveaus nehmen wir dabei als unveränderlich und dem nicht verzerrten Kristall entsprechend an.

Für die Lösung konkreter Situationen ist es vorteilhaft ähnlich wie bei der magnetokristallinen Anisotropie, die *Einionen-Näherung* [94–97] zu benutzen, die auf der Einführung des effektiven Austauschfeldes beruht. Den Spin-Hamilton-Operator erhalten wir dann in der Einionen-Form

$$\begin{aligned}\mathscr{H}_s^{me} =\ & \mu_B \boldsymbol{H}_{ex}^{(0)} \,.\, \mathbf{g}^{(0)} \,.\, \boldsymbol{S} + \boldsymbol{S} \,.\, \mathbf{D}^{(0)} \,.\, \boldsymbol{S} + \\ & + \varepsilon_\mu \left[\mu_B \frac{\boldsymbol{H}_{ex}^{(0)}}{|\boldsymbol{H}_{ex}^{(0)}|} \,.\, \left(\frac{\partial \boldsymbol{H}_{ex}}{\partial \varepsilon_\mu}\right)_0 \mathbf{g} \,.\, \boldsymbol{S} + \mu_B \boldsymbol{H}_{ex}^{(0)} \,.\, \left(\frac{\partial \mathbf{g}}{\partial \varepsilon_\mu}\right)_0 \,.\, \boldsymbol{S} \right] + \\ & + \varepsilon_\mu \boldsymbol{S} \,.\, \left(\frac{\partial \mathbf{D}}{\partial \varepsilon_\mu}\right)_0 \,.\, \boldsymbol{S} \,.\end{aligned} \tag{4.54}$$

Mikroskopische magnetoelastische Tensoren gibt es hier drei, die den Ausdrücken $(\partial \boldsymbol{H}_{ex}/\partial \varepsilon_\mu)\, \mathbf{g}$, $(\partial \mathbf{g}/\partial \varepsilon_\mu)$ und $(\partial \mathbf{D}/\partial \varepsilon_\mu)$ proportional sind. Das Austauschfeld $\boldsymbol{H}_{ex}$ selbst kann anisotrop sein, was man analog zu (4.51) nach Einführung des Tensors $\mathbf{G}$ durch die Beziehung $\boldsymbol{H}_{ex} = \boldsymbol{H}'_{ex} \,.\, \mathbf{G}$ berücksichtigen kann.

Aber auch bei isotropem Austausch (und daher isotropem $\boldsymbol{H}_{ex}$) wird der Beitrag der Austauschglieder zur magnetoelastischen Energie im allgemenien aus einem isotropen und einem anisotropen Teil bestehen. Der erste, den wir im Abschn. 4.1 nicht in Betracht gezogen haben, führt nur zu einer isotropen Volumenänderung, ohne

[43]) In (4.52) lassen wir die Glieder vierten Grades und eventuell der höheren Grade weg. Dies ist durch die Tatsache begründet, daß sie nicht zur *linearen* Magnetostriktion, sondern nur zu Gliedern höheren Grades in der Entwicklung (4.53) beitragen, die wir hier nicht betrachten, weil sie in der Regel klein sind.

[44]) $\varepsilon_\mu \equiv e_{rs}$, $e_{rr} = \varepsilon_{rr}$, $e_{rs} = \varepsilon_{rs} + \varepsilon_{sr}$, vgl. S. 330.

Verzerrung und Änderung der Symmetrie. Wir sprechen von der sog. ***Volumenmagnetostriktion***, die zwar im Vergleich zu den anisotropen Beiträgen (d. h. jenen, die von der Spinrichtung bzw. Magnetisierungsrichtung abhängen) meist groß ist, auf der anderen Seite jedoch der Beobachtung schwer zugänglich ist. Da sie von der Magnetisierung (und dadurch auch von der Temperatur) abhängt, modifiziert die Volumenmagnetostriktion die thermische Ausdehnung des Kristalls und kommt z. B. durch

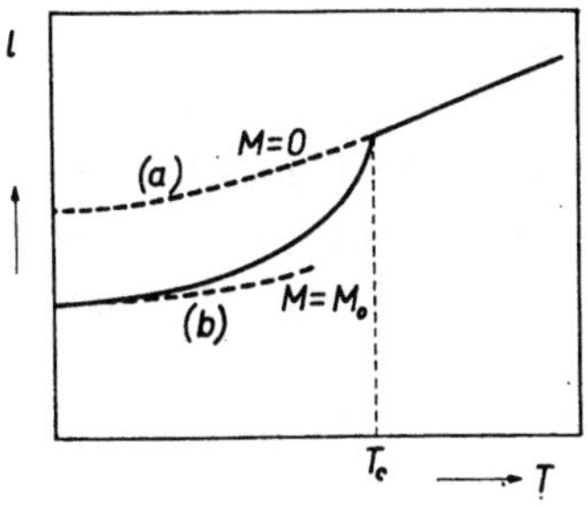

Abb. 4.30 Schematische Darstellung des Temperaturverlaufs der Volumenmagnetostriktion. Wenn es zu keiner magnetischen Ordnung käme, wäre der Verlauf der thermischen Ausdehnung „normal" — Kurve (a); der geordnete magnetische Zustand äußert sich jedoch durch eine nachträgliche Volumenänderung (voll ausgezogene Kurve). Wenn die vollkommene magnetische Ordnung, wie sie bei 0 °K besteht, auch bei höheren Temperaturen aufrechterhalten würde, wäre die thermische Ausdehnung durch die gestrichelte Kurve (b) gegeben. (Nach Smit und Wijn [21].)

eine Anomalie des thermischen Ausdehnungskoeffizienten am Curie-Punkt zum Ausdruck, wie es in Abb. 4.30 schematisch dargestellt wird. Der Volumenmagnetostriktionseffekt existiert auch im Zusammenhang mit dem Paraprozeß, wobei seine Größe mit der Größe des Paraprozesses direkt zusammenhängt. In Übereinstimmung damit wurde eine große Volumenmagnetostriktion dieses Typs z. B. bei ferrimagnetischen Granaten beobachtet [97], bei denen die schwache Wechselwirkung zwischen dem Untergitter der Seltenen Erden und den Fe^{3+}-Ionen einen großen Paraprozeß zur Folge hat.

Weiter werden wir uns ausschließlich mit jenen Beiträgen zur magnetoelastischen Energie befassen, die von der Richtung der Spins bzw. der Magnetisierung abhängen und sich durch eine Symmetrieänderung äußern (*Gestaltmagnetostriktion*). Die Theorie, welche vorläufig einen überwiegend phänomenologischen Charakter hat, verfolgt den Zweck, die in linearer Näherung durch die Konstanten λ_{100} und λ_{111} (bei kubischen Kristallen) bestimmte makroskopische Magnetostriktion mit den angeführten mikroskopischen Parametern zu beschreiben. Es handelt sich dabei einerseits um das Aufstellen formaler Beziehungen zwischen mikroskopischen und makroskopischen Parametern des Stoffes, die in erster Linie durch die magnetoelastischen Konstanten B_1, B_2 repräsentiert werden[45]), andererseits um das Auffinden von Kriterien, die es

[45]) Die Konstanten B_1, B_2 stellen bei kubischem Kristall die einzigen unabhängigen Komponenten des magnetoelastischen Tensors B_{ijkl} dar, der die magnetoelastische Energie f_{me} bestimmt (vgl. (4.11) und (4.13)):

$$f_{me} = \sum_{k,l} (\partial f_k / \partial \varepsilon_{kl})\, \varepsilon_{kl} = \sum_{ijkl} B_{ijkl} \alpha_i \alpha_j \varepsilon_{kl} \,.$$

Der Zusammenhang zwischen B_1, B_2 und λ_{100}, λ_{111} ist durch die Gleichungen (4.16) gegeben.

ermöglichen festzustellen, welchen Anteil einzelne mikrospische Parameter am resultierenden makroskopischen Effekt haben. Experimentelle Daten, auf die sich eine Analyse stützen kann, sind besonders die Temperaturabhängigkeiten makroskopischer Größen (B_1, B_2 bzw. λ_{100}, λ_{111}) [94–98], ferromagnetische Resonanzexperimente, die es erlauben, den Beitrag eines Austauschgliedes vom Beitrag des Kristallfeldes zu trennen [99], oder die direkte Größenabschätzung einiger mikroskopischer magnetoelastischer Kostanten aus der Druckabhängigkeit paramagnetischer Spektren der betreffenden, in isomorphen diamagnetischen Kristallen eingebauten Ionen. Die letzte, besonders von Phillips und White bei den Granaten Seltener Erden benutzte Methode [100] stützt sich auf die Tatsache, daß magnetoelastische Effekte durch spezifische Eigenschaften magnetischer Ionen und ihre Wechselwirkung mit dem Kristallgitter eines bestimmten Typs hervorgerufen werden. Neuerdings wurde auch die Druckabhängigkeit optischer Spektren zur Bestimmung und Analyse der magnetoelastischen Konstanten benutzt [101]. Die Erklärung der Ursache, warum einige Ionen unter sonst analogen Bedingungen einen großen und andere Ionen nur einen kleinen Magnetostriktionseffekt hervorrufen und auf welche Weise das Gitter über den resultierenden Effekt mitentscheidet, ist eine weitere Aufgabe der Theorie, die schon über die Grenzen der reinen Phänomenologie hinausgeht.

Wenn man die Änderungen der mit der Magnetostriktion verbundenen Kristallenergie den Pseudo-Dipol- bzw. Pseudo-Quadrupol-Wechselwirkungen zuschreiben kann (vgl. S. 354), ist es vorteilhaft, für die phänomenologische mikroskopische Theorie statt des Einionen-Formalismus das von Néel beschriebene Verfahren [48] zu benutzen, das von der Wechselwirkungsenergie der Ionenpaare (Atompaare) ausgeht. Der allgemeine Ausdruck für die Energie eines Atompaares wurde unter Voraussetzung axialer Symmetrie durch Gl. (4.36) gegeben. Betrachten wir, wie sich diese Energie ändert, wenn wir eine beliebige Deformation des Kristalls durchführen. Wie

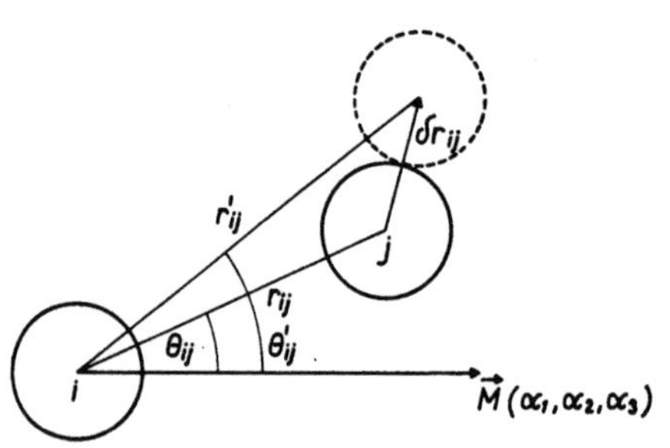

Abb. 4.31 Zur Entstehung der magnetoelastischen Energie; durch Änderung der gegenseitigen Lage der Atome *i*, *j* verändert sich ihr Beitrag zur elastischen und magnetokristallinen Energie.

aus Abb. 4.31 ersichtlich ist, ändert sich bei einer solchen Verzerrung sowohl der Abstand r_{ij} als auch der Winkel Θ_{ij}, den die Verbindungslinie der Mittelpunkte beider Atome mit der Magnetisierungsrichtung einschließt. Wenn wir uns auf das erste Glied in der Entwicklung (4.36) beschränken, wird die durch die Verzerrung bewirkte Energieänderung δw_{ij} gegeben sein durch

$$\delta w_{ij} = \delta q_{ij}^{(1)} . P_2 + q_{ij}^{(1)} . \delta P_2 =$$
$$= m_{ij}(\cos^2 \Theta_{ij} - \tfrac{1}{3})\, \delta r_{ij} + l_{ij}\delta(\cos^2 \Theta_{ij}) . \quad (4.55)$$

δr_{ij} sowie $\delta(\cos^2 \Theta_{ij})$ werden durch die Komponenten des Verzerrungstensors e_{rs} $(r, s = x, y, z)$ bestimmt. Wenn wir bedenken, daß der Kristall ursprünglich kubisch war und (4.55) durch e_{rs} und durch die Richtungskosinusse zu den kubischen Kristallachsen ausdrücken und nur die in e_{rs} linearen Glieder berücksichtigen, erhalten wir nach Summation über alle Paare i, j und Division durch das Kristallvolumen die Änderung der Dichte der freien Energie in der Form

$$\delta f = B_1 \sum e_{ii}\alpha_i^2 + B_2 \sum_{i<j} e_{ij}\alpha_i\alpha_j + B_3 \sum e_{ii} ; \quad (4.56)$$

α_i, α_j sind die Richtungskosinusse des Magnetisierungsvektors, die Konstanten B_1, B_2, B_3 sind lineare Funktionen der Mittelwerte der Atomkonstanten $l = \overline{l_{ij}}$ und $mr_0 = \overline{m_{ij}r_{ij}^{(0)}}$.[46]) Durch Vergleich mit Gl. (4.13) können wir uns überzeugen, daß mit Ausnahme des dritten, nicht von der Magnetisierungsrichtung abhängigen Gliedes der Ausdruck (4.56) mit der phänomenologisch eingeführten magnetoelastischen Energie formal übereinstimmt. Dadurch ist es uns gelungen die makroskopischen Konstanten B_1, B_2 durch die mikroskopischen, wenn auch immer noch phänomenologischen Konstanten l_{ij}, m_{ij} zu ersetzen, die die Größe der Pseudo-Dipol-Wechselwirkung bzw. ihre Abhängigkeit vom Abstand der Atome charakterisieren. Diese mikroskopischen, eventuell weitere, höheren Multipol-Wechselwirkungen entsprechende Konstanten können wieder aus den experimentell bestimmbaren Konstanten B_1, B_2 bzw. λ_{100}, λ_{111} usw. ermittelt werden.

Magnetostriktion als Folge mikroskopischer Spannungen

Wie bereits in der vorhergehenden Erläuterung angedeutet wurde, kann man die makroskopische Magnetostriktion als ein Ergebnis mikroskopischer, elastischer, durch magnetische Ionen hervorgerufener Spannungen auffassen. Diese Spannungen sind nach (4.53) durch die Ausdrücke

$$\mathbf{S}_i . (\partial \mathbf{J}_{ij}/\partial \varepsilon_\mu) . \mathbf{S}_j \quad \text{und} \quad \mathbf{S}_i . (\partial \mathbf{D}/\partial \varepsilon_\mu) . \mathbf{S}_i$$

bzw. durch die ihnen in (4.55) entsprechenden Ausdrücke gegeben und hängen von der Orientierung der Spins ab. Wenn die Spins geordnet sind, d. h. bei Vorliegen einer spontanen Magnetisierung, werden auch einzelne mikroskopische Spannungen korre-

[46]) Die betreffenden Ausdrücke sind in der ursprünglichen Arbeit von Néel angeführt [48], auf die wir den Leser auch betreffs der Einzelheiten der Berechnung verweisen.

liert und werden eine makroskopische, von der Magnetisierungsrichtung abhängige spontane Verzerrung des Kristalls hervorrufen, die wir Magnetostriktion nennen. Symmetrische Eigenschaften dieser makroskopischen Verzerrung hängen mit der makroskopischen Symmetrie des Kristalls zusammen und werden z.B. für kubische Kristalle durch die Beziehung (4.15) charakterisiert. Die Situation wird im großen und ganzen einfach sein, wenn es sich um einen einfachen, homogen magnetisierten ferromagnetischen Kristall handelt, bei dem magnetische Ionen oder Atome auf äquivalente kristallographische Lagen verteilt sind. Dann werden auch mikroskopische Magnetostriktionsspannungen homogen sein, und ihre Komponenten werden direkt den Ableitungen der freien Energie des Kristalls nach den Deformations-Komponenten ε_{rs} gleich sein.

Bei ferrimagnetischen Kristallen (Spinelle, Granate u. a.) werden jedoch einzelne Untergitter zur Gesamtverzerrung im allgemeinen unterschiedlich beitragen. Darüber hinaus finden wir sehr oft, daß die lokale Symmetrie der Umgebung magnetischer Ionen in ferrimagnetischen Kristallen von der makroskopischen Symmetrie abweicht (vgl. z. B. die vier verschiedenen Oktaederlagen im Spinell), was eine Erhöhung der Anzahl von mikroskopischen Parametern im Vergleich zu den makroskopischen Parametern zur Folge hat. Wenn wir von dieser Verwicklung absehen, können wir nach Callen [97] individuelle makroskopische magnetostriktive (bzw. magnetoelastische) Konstanten für einzelne Untergitter einführen. Resultierende, direkt meßbare Konstanten des ferrimagnetischen Kristalls sind dann durch die Summe der den einzelnen Untergittern entsprechenden Konstanten gegeben. Den ersten Schritt in Richtung zum Verständnis mikroskopischer, für die Entstehung der Magnetostriktion der Ferrimagnetika verantwortlicher Machanismen wird also die Bestimmung magnetostriktiver bzw. magnetoelastischer Konstanten der Untergitter darstellen.

Wie Callen u. a. gezeigt haben [97], richtet sich die Temperaturabhängigkeit magnetoelastischer Konstanten jedes der Untergitter nach demselben Gesetz wie die magnetoelastischen Konstanten eines Ferromagnetikums, nämlich

$$B^l_\mu(T) \cong B^l_\mu(0)\, \hat{I}_{l+1/2}[\mathfrak{L}^{-1}(m_0)] \cong B^l_\mu(0)\, m_0^{l(l+1)/2}\,, \tag{4.57}$$

wo $m_0 \equiv M(T)/M(0)$ die reduzierte Magnetisierung und $\hat{I}_{l+1/2}(x)$ die hyperbolische Bessel-Funktion ist, deren Argument die zur Langevin-Funktion inverse Funktion $\mathfrak{L}^{-1}(m_0)$ ist[47]), der Index l die Ordnung der Konstante (d. h. den Potenzgrad der Richtungskosinusse der Magnetisierung) angibt und μ alle unabhängigen Konstanten für die gegebene Ordnung l numeriert. In unserem Falle ist $l = 2$ und $\mu = 1{,}2$ (magnetoelastische Konstanten B_1, B_2). Für $T \to 0$ wird $m_0 \to 1$ gelten, und

[47]) Die aus der klassischen Theorie des Paramagnetismus bekannte Langevin-Funktion $\mathfrak{L}(x)$ ist eine klassische Variante der durch (1.44) definierten Brillouion-Funktion $B_S(x)$, welche für $S \to \infty$ in sie übergeht. Sie wird durch die Beziehung $\mathfrak{L}(x) \equiv \operatorname{ctgh} x - 1/x$ definiert, und für $x \ll 1$ ist $\mathfrak{L}(x) \cong \frac{1}{3}x$.

$\hat{I}_{l+1/2} \cdot [\mathfrak{L}^{-1}(m_0)]$ reduziert sich auf $m_0^{l(l+1)/2}$ ($= m_0^3$ in unserem Falle). Zur Illustration sind in Abb. 4.32 die Verläufe von $\hat{I}_{l+1/2}(x)$ als Funktionen von m_0 gezeichnet. Nach Callen soll (4.57) auch für den Temperaturverlauf magnetoelastischer Konstanten einzelner Untergitter gelten, es ist nur notwendig, m_0 durch die reduzierte Magnetisierung des zuständigen Untergitters zu ersetzen. Wenn uns (z. B. aus direkten Messungen der Kernresonanz oder aus der Analyse von Temperaturabhängigkeiten der Gesamtsuszeptibilität und Magnetisierung) bekannt ist, wie die Magnetisierung in den Untergittern von der Temperatur abhängt, ist es kein Problem, aus den experimentell erhaltenen Verläufen der makroskopischen Konstanten $\bar{B}_1(T)$, $\bar{B}_2(T)$[48]) die entsprechenden Konstanten $B_1(n)$, $B_2(n)$ für das n-te Untergitter, einschließlich ihrer Temperaturverläufe, abzuleiten. Es genügt dazu, die Additivität der Konstanten zu benutzen, die man durch folgende Beziehung ausdrücken kann

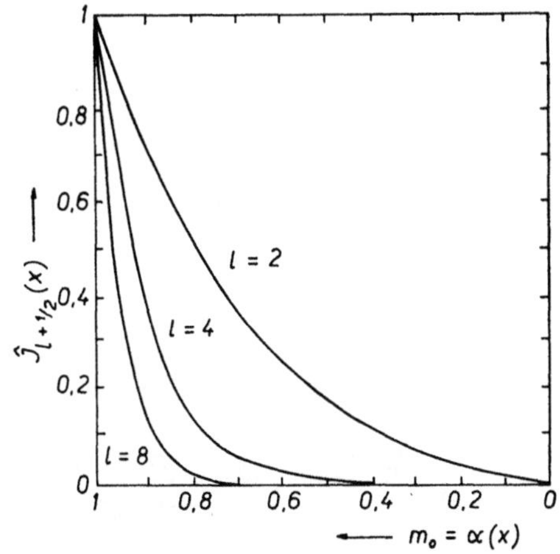

Abb. 4.32 Verlauf der reduzierten hyperbolischen Bessel-Funktionen $\hat{I}_{l+1/2}(x)$ als Funktion der reduzierten Magnetisierung $m_0 = \mathfrak{L}(x)$.

$$\bar{B}_\mu^l(T) = \sum_n B_\mu^l(n)\, \hat{I}_{l+1/2}(\mathfrak{L}^{-1}(m_n)) \,. \tag{4.58}$$

Weil die Temperaturabhängigkeit der Magnetisierung verschiedener Untergitter ziemlich voneinander abweichen kann (vgl. Abschn. 3.2), werden die Temperaturverläufe der *resultierenden* Konstanten $\bar{B}_\mu^l(T)$ besonders dann bedeutend verschieden sein, wenn sich die Konstanten beider Untergitter durch das Vorzeichen unterscheiden. Als Beispiel kann der ferrimagnetische Yttrium-Eisen-Granat (YIG) dienen, auf den die Theorie mit Erfolg angewandt wurde [97]. In Abb. 4.33 sind die Tempera-

[48]) Wir bezeichnen diese resultierenden Konstanten mit einem Querstrich, um sie von den, den einzelnen Untergittern entsprechenden Konstanten sicher zu unterscheiden. Das Experiment ergibt freilich meistens direkt die Magnetostriktionskonstanten λ_{100}, λ_{111}, aus denen man $\bar{B}_1$, $\bar{B}_2$ auf Grund der Beziehungen (4.16) bestimmen kann. Es sei bemerkt, daß man im Hinblick auf die gegenseitige Proportionalität magnetostriktiver und magnetoelastischer Konstanten auch für λ_{100}, λ_{111} die zu (4.57) und (4.58) analogen Beziehungen schreiben kann.

turverläufe von λ_{100} und λ_{111} aufgeführt, wobei die wiedergegebenen Kurven für optimal gewählte Parameter berechnet wurden[49])

$$B_1(a) = 2{,}0528 \,.\, 10^7, \quad B_2(a) = -6{,}1962 \,.\, 10^6$$

$$B_1(d) = -1{,}894 \,.\, 10^7, \quad B_2(d) = 1{,}8796 \,.\, 10^7 \,.$$

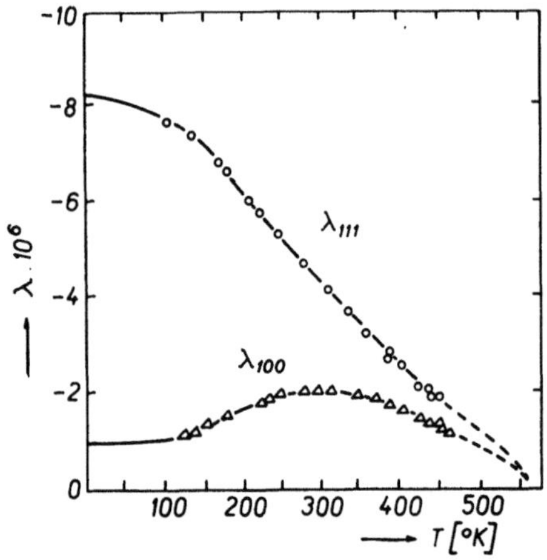

Abb. 4.33 Temperaturverlauf der Magnetostriktionskonstanten λ_{100} und λ_{111} für Yttrium-Eisen-Granat. Die ausgezogenen Kurven stellen die theoretische, von Callen u. a. [97] berechnete Abhängigkeit dar.

Oft liegt jedoch der Fall vor, daß der Beitrag von bestimmten Ionen zur Magnetostriktion ermittelt werden soll, die im Kristall nur in geringer Konzentration anwesend sind und daher kein homogenes Untergitter bilden. In einem solchen Falle werden die durch diese Ionen hervorgerufenen mikroskopischen Magnetostriktionsspannungen den Charakter von Singularitäten im Sinne der kontinuierlichen Elastizitätstheorie haben. Wenn wir die Komponenten der singulären Spannung des Ions q als $f_{kl}^{(q)}$ bezeichnen, ist der Beitrag dieser Singularität zur elastischen Energie gleich

$$\sum_{k,l} f_{kl}^{(q)} \varepsilon_{kl} \,.$$

Dabei ist ε_{kl} als *durchschnittliche* Deformation des Kristalls aufzufassen [63, 102]. Wenn wir andererseits voraussetzen, daß die freie Energie des Kristalls durch die Summe von Beiträgen einzelner Ionen gegeben ist, wird augenscheinlich gelten

$$f_{kl}^{(q)} = \partial f^{(q)} / \partial \varepsilon_{kl} \,, \tag{4.59}$$

[49]) In der Originalarbeit von Callen u. a. wurden die mit B_1 und B_2 durch die Beziehungen

$$B_1 = -\, 15/2\, (4\pi)^{1/2}\, B_{0,2}^{\gamma}$$

$$B_2 = -\, (15/4\pi)^{1/2}\, B_{0,2}^{\varepsilon}$$

zusammenhängenden Konstanten $B_{0,2}^{\gamma}$, $B_{0,2}^{\varepsilon}$ benutzt.

wobei $f^{(q)}$ die freie Energie des Ions q bedeutet. Dadurch wird das Problem auf die Bestimmung der freien Energie des magnetischen Ions in Abhängigkeit von der Deformation (und der Magnetisierungsrichtung) überführt, wozu man den entsprechenden Einionen-Hamilton-Operator, z. B. (4.54), benutzen kann. Wenn wir die Dichte der elastischen Energie des Kristalls analog zu (4.12) in der Form[50])

$$\begin{aligned} f_e = {} & \tfrac{1}{2}c_{11}(e_{xx}^2 + e_{yy}^2 + e_{zz}^2) + \tfrac{1}{2}c_{44}(e_{xy}^2 + e_{yz}^2 + e_{zx}^2) + \\ & + c_{12}(e_{yy}e_{zz} + e_{xx}e_{zz} + e_{yy}e_{xx}) + \\ & + \sum_{q=1}^{N} \sum_{k \leq l} f_{kl}^{(q)} e_{kl} \end{aligned} \tag{4.60}$$

ausdrücken, erhalten wir durch Minimalisierung dieses Ausdrucks die Gleichgewichtsverzerrungen und damit auch die Magnetostriktion. Dieses Verfahren hat Slonczewski [95] bei der Untersuchung des Beitrags von Co^{2+}-Ionen zur Magnetostriktion des Magnetits und anderer mit Kobalt dotierter Ferrite benutzt. Weil das Co^{2+}-Ion den orbitalentarteten Grundzustand aufweist, ist es in diesem Falle notwendig, statt des Spin-Hamilton-Operators (4.54) zur Bestimmung des Spektrums und der freien Energie den Störungs-Hamilton-Operator (4.45) anzuwenden, der durch ein die Abhängigkeit des Kristallfeldes von der Verzerrung ausdrückendes Glied (das Deformationspotential)

$$\mathcal{V}' = \sum_{i \leq j} V_{ij} e_{ij} + \ldots$$

ergänzt wird.

Einfluß der Elektronenstruktur der Kationen; Vergleich mit dem Experiment

Wie aus Experimenten bekannt ist, kann sich der Beitrag verschiedener Ionen zur Magnetostriktion, was Größe und Vorzeichen anbetrifft, sehr wesentlich unterscheiden. Im allgemeinen kann man sagen, daß eine extrem große Magnetostriktion die Ionen Seltener Erden verursachen (mit Ausnahme der Gd^{3+}- und Eu^{2+}-Ionen, die sich im S-Zustand befinden). Weiter in der Reihenfolge kommen dann die Ionen mit einem im Kristallfeld orbitalentarteten Zustand, vor allem die Co^{2+}-Ionen, bei denen der Beitrag zur Magnetostriktion ebenfalls groß ist (wenn auch im Vergleich zu den Seltenen Erden wesentlich kleiner), und schließlich die Ionen mit Singulett-Grundzustand, deren Beitrag verhältnismäßig klein ist. Aus dieser Reihenfolge sehen wir, daß – im großen und ganzen erwartungsgemäß – die Größe der Magneto-

---

[50]) $$e_{kl} = \begin{cases} \varepsilon_{kl} & \text{für } k = l \\ \varepsilon_{kl} + \varepsilon_{lk} & \text{für } k \neq l \end{cases}$$

striktion in direkter Beziehung zur Größe der magnetischen Kristallanisotropie steht. Um die Bedeutung der Elektronenkonfiguration und des Ionenzustandes für die Größe der Magnetostriktion besser zu verstehen, werden wir den Mechanismus der Entstehung der Magnetostriktion für einige ausgewählte Oxide qualitativ analysieren[51]).

Betrachten wir zuerst das antiferromagnetische CoO. Dieses Oxid hat eine NaCl-Struktur, und unterhalb der Néel-Temperatur zeigt es eine schwache tetragonale Verzerrung des Kristallgitters (Abschn. 2.1). Stellen wir uns vor, daß der Kristall ursprünglich ideal kubisch ist. Das kubische Kristallfeld läßt das niedrigste Niveau des Co^{2+}-Ions dreifach entartet; diese Entartung wird durch ein nichtgepaartes d_ε-Elektron hervorgerufen, das in einem effektiven p-Zustand ist (vgl. S. 366f.). Infolge der dreifachen Entartung ist der betreffende Bahndrehimpuls des Ions nicht eingefroren und kann sich beliebig einstellen.[52]) Seine Orientierung wird durch die $L-S$-Kopplung bestimmt werden und daher mit der des Spins $\boldsymbol{S}$ übereinstimmen. Das Maximum der Elektronendichte wird deshalb in der zu $\boldsymbol{S}$ senkrechten Ebene liegen, so daß die Elektronen der zu diesen Ebenen gehörenden Nachbarionen stärker abgestoßen werden als die Elektronen der anderen Ionen. Im antiferromagnetischen Zustand sind die Spins der Co-Ionen in der [001]-Richtung orientiert, so daß es möglich ist, wie Kanamori gezeigt hat [103], die tetragonale Verzerrung des antiferromagnetischen CoO den Unterschieden in der Elektronendichte in der [001]-Richtung und in den auf dieser Richtung senkrechten Ebenen zuzuschreiben. Trotzdem wir weder durch das Magnetfeld noch auf sonstige Weise die Spins aus ihrer Gleichgewichtsrichtung in nennenswertem Maße herausdrehen können, handelt es sich im wesentlichen um einen Magnetostriktionseffekt, dessen Größe wir direkt aus der tetragonalen Verzerrung $(a - c)/a$ bestimmen können, die für $T \to 0$ °K etwa 1,2% beträgt.

Wenn wir zur Spinellstruktur übergehen, dann wirkt, wie wir schon im Abschn. 4.2 eingehend erörtert haben, auf ein Co^{2+}-Ion in oktaedrischer Koordination neben dem kubischen auch ein trigonales Feld, das das Impulsmoment $\boldsymbol{L}$ an die [111]-Richtungen bindet. Da die Größe der Spin-Bahn-Wechselwirkung ungefähr um eine Größenordnung kleiner ist als die Aufspaltung Δ_t des Grundzustandes durch das trigonale Feld, wird die Lage des Vektors $\langle \boldsymbol{L} \rangle$, der den Mittelwert des Impulsmoments darstellt, von der Orientierung des Spins $\boldsymbol{S}$ (und daher der Magnetisierung $\boldsymbol{M}$) nur wenig beeinflußt werden. Deshalb wird auch die Verteilung der Elektronendichte der Co^{2+}-Ionen von der Orientierung der Magnetisierung nur wenig abhängen, so daß der Magnetostriktionseffekt bedeutend schwächer sein wird als im Falle des CoO. Nach Slonczewski [95] wird diese Verminderung der Magnetostriktion dem Ver-

[51]) Die nachstehende Betrachtung folgt im wesentlichen der Darlegung von J. Slonczewski.

[52]) Es handelt sich um die Analogie zum p-Elektron, dessen Impulsmoment bezüglich der Entartung der Zustände $m = \pm 1, 0$ im elektrostatischen Zentralfeld keine besonders gekennzeichnete Richtung aufweist und durch das Magnetfeld orientiert werden kann.

hältnis W_{LS}/Δ_t entsprechen, wenn wir die Energie der Spin-Bahn-Kopplung als W_{LS} bezeichnen. Davon abweichende Magnetostriktionseigenschaften des Co^{2+}-Ions in den beiden erwähnten Fällen sind in Abb. 4.34 schematisch dargestellt.

Die quantenmechanische Berechnung [95] zeigt, daß zum Magnetostriktionseffekt des Co^{2+}-Ions im Spinell neben dem „klassischen" Herausdrehen des Bahndrehimpulses $\langle \mathbf{L} \rangle$ aus der Richtung der trigonalen Achse und der damit zusammenhängenden Verzerrung der Elektronenschale

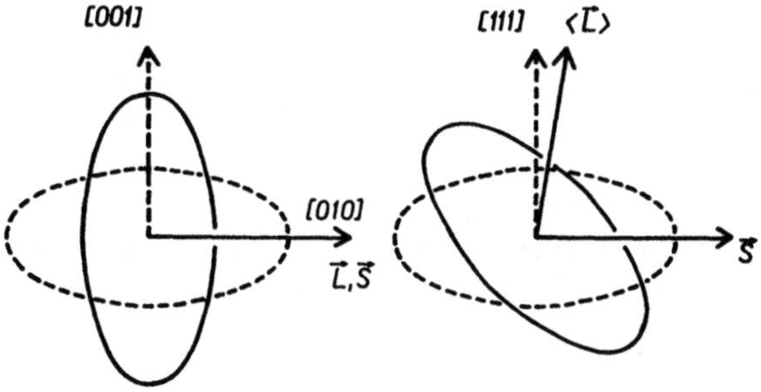

Abb. 4.34 Schematische Darstellung des Magnetostriktionseffektes der Co^{2+}-Ionen im kubischen und trigonalen Kristallfeld.

(Abb. 4.34) auch der Quanteneffekt beiträgt, welcher der teilweisen Überlagerung der Zustände mit verschiedener Orientierung von $\langle \mathbf{L} \rangle$, d. i. Φ_{+1} und Φ_{-1}, entspricht. Diese Vermischung hängt von der Orientierung des Spins ab und ist vollständig, wenn der Vektor $\mathbf{S}$ zur trigonalen Achse senkrecht steht. Beide Orientierungen von $\langle \mathbf{L} \rangle$ sind dann gleichwertig (vgl. auch Abb. 4.21), und den resultierenden Zustand kann man sich als schnelles Wechseln der Zustände $\Phi_{\pm 1}$ vorstellen. Bei anderen Winkeln nimmt die Zumischung des zweiten Zustandes ab, und für $\Theta \to 0$ oder π wird sie Null. Wir können uns anschaulich vorstellen, daß durch das Wechseln beider Zustände, das die Änderung der Orbitalbewegung von Elektronen mit sich bringt, ein zusätzlicher mechanischer Druck auf die umgebenden Sauerstoffionen entsteht, der sich als Magnetostriktionsspannung zeigt. Dieser Effekt sollte besonders bei tiefen Temperaturen ausgeprägt sein.

Bei Ionen, die einen nichtentarteten Grundzustand haben (z.B. Ni^{2+}, evtl. Fe^{2+} in oktaedrischer Koordination), wird die Magnetostriktion noch schwächer sein, denn bei diesen Ionen ist in erster Näherung $\langle \mathbf{L} \rangle = 0$. Der Magnetostriktionseffekt erscheint dann, ähnlich wie die Kristallanisotropie, erst in der höheren Näherung. Nach Tsuya [96] ist er für Ionen, die als freie Ionen nicht den S-Grundzustand besitzen, um einen Faktor der Größenordnung $(W_{LS}/\Delta E)^2$ kleiner als bei CoO. ΔE bezeichnet dabei den Abstand der niedrigsten Ionen-Energieniveaus. Die resultierende Magnetostriktion ist dann erwartungsgemäß wieder mindestens um eine Größenordnung kleiner als z.B. bei $CoFe_2O_4$, was die bei Nickel-Ferrit und Magnetit gefundenen experimentellen Werte bestätigen. Bei Ionen im S-Zustand (Fe^{3+}, Mn^{2+}) wäre endlich der durch die Spin-Bahn-Kopplung hervorgerufene Magnetostriktionseffekt in Anbetracht der Notwendigkeit, noch höhere Näherungen zu benutzen, wahrscheinlich so klein, daß Dipol-Wechselwirkungen überwiegen werden, deren Magnetostriktionseffekt wir schon früher erwähnt haben. Es ist notwendig, auch das Cu^{2+}-Ion zu erwähnen, bei dem der beschriebene Mechanismus wegen des niedrigen Spin-

Tabelle IV-9

Repräsentative Werte der Magnetostriktionskonstanten λ_{100} und ihre Beziehung zur orbitalen Entartung der Ionen (nach Slonczewski [95])

Orbitale Entartung des Grundzustandes	Ordnung $\lambda/\Delta E$	Stoff	Wirksames Ion*)	Experimenteller Wert**) λ_{100}
3	0	CoO	Co^{2+}	$-0{,}8 \cdot 10^{-2}$
2	1	$Co_{0,8}Fe_{2,2}O_4$	Co^{2+}	$-0{,}74 \cdot 10^{-3}$
1	2	$Ni_{0,8}Fe_{2,2}O_4$	$Ni^{2+}_{0,8}$, $Fe^{2+}_{0,2}$	$-3{,}6 \cdot 10^{-5}$
1	2	Fe_3O_4	Fe^{2+}	$-2{,}3 \cdot 10^{-5}$

*) Bei den letzten zwei Ferriten kann auch Fe^{3+} einen wesentlichen Beitrag liefern [96].
**) Für 20 °C mit Ausnahme von CoO, wo der durch Extrapolation auf 0 °K gewonnene Wert aufgeführt ist.

wertes $S = \frac{1}{2}$[53]) versagt und wo sich dann bei der Magnetostriktion der anisotrope Austausch geltend macht, von dem wir am Anfang dieses Abschnittes gesprochen haben. Die den Magnetostriktionseffekt verschiedener Ionen illustrierenden Beispiele enthält Tab. IV-9.

Eine Übersicht über experimentelle Werte von Magnetostriktionskonstanten verschiedener Ferrite mit Spinellstruktur gibt die Tab. IV-10. Obwohl das Einionen-Modell eine Reihe experimenteller Erfahrungen zufriedenstellend erklären kann – z.B.

Tabelle IV-10

Magnetostriktionskonstanten einiger Ferrite mit Spinellstruktur bei 20 °C

Ferrit	$\lambda_{100} \cdot 10^6$	$\lambda_{111} \cdot 10^6$	Quelle
Fe_3O_4	− 20	+ 78	[14]
$Mn_{0,75}Fe_{2,25}O_4$	− 8	+ 27	[104]
$Mn_{1,05}Fe_{1,95}O_4$	− 28	+ 4	[104]
$Mn_{0,4}Co_{0,3}Fe_{2,0}O_4$	−200	+ 65	[15]
$Mn_{0,6}Zn_{0,1}Fe_{2,1}O_4$	− 14	+ 14	[15]
$Ni_{0,8}Fe_{2,2}O_4$	− 36	− 4	[15]
$NiFe_2O_4$	− 45,9	− 21,6	[105]
$Co_{0,8}Fe_{2,2}O_4$	−590	+120	[15]
$Co_{0,3}Zn_{0,2}Fe_{2,2}O_4$	−210	+110	[15]

53) Vgl. S. 360.

den Ursprung des starken Magnetostriktionseffektes der Co^{2+}-Ionen im Vergleich zu den anderen Ionen, oder die lineare Abhängigkeit der Magnetostriktionskonstanten von der Ionenkonzentration in einigen Systemen, z.B. $Ni_xZn_{1-x}Fe_2O_4$ –, ergeben sich aus dem eingehenden Vergleich der mikroskopischen Theorie mit dem Experiment einige beträchtliche Diskrepanzen. Sie wurden z.B. beim System $Co_xFe_{3-x}O_4$ beobachtet [95], wo sie durch teilweisen Ausgleich der Magnetostriktionsspannungen

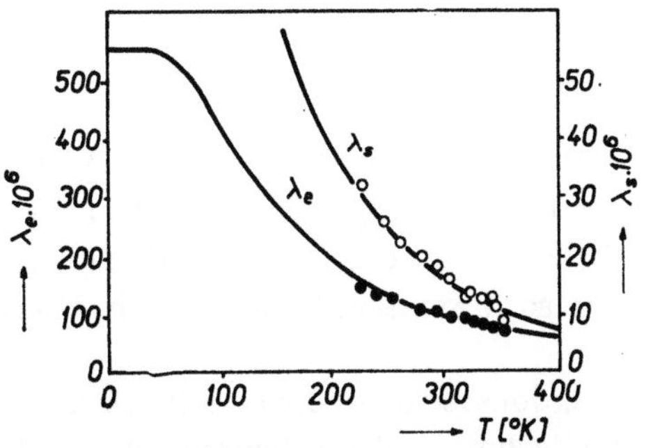

Abb. 4.35 Vergleich von theoretischer und experimenteller Temperaturabhängigkeit der Magnetostriktionskonstanten des Ferrits (MnCo) Fe_2O_4 (nach Slonczewski [63]).

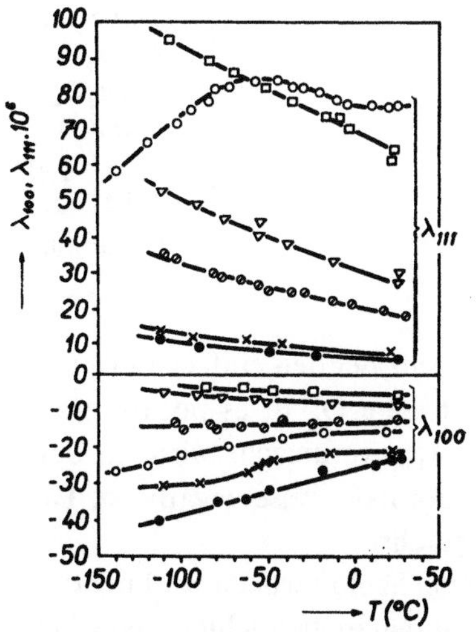

Abb. 4.36 Temperaturabhängigkeit der Magnetostriktionskonstanten im System $Mn_xFe_{3-x}O_4$, gemessen von Miyata und Funatogawa [104].

nach einem Valenzwechsel zwischen zwei- und dreiwertigen Eisenionen verursacht werden können. Dabei zeigt sich, daß durch den Elektronentransfer $Fe^{2+} \rightleftarrows Fe^{3+}$ vor allem der Wert λ_{111} beeinflußt wird, während λ_{100} praktisch unverändert bleibt. Demgegenüber ist bei CoMn-Ferrit die Übereinstimmung, auch was die Temperaturabhängigkeit der Magnetostriktionskonstanten betrifft, sehr gut (Abb. 4.35). Für einen weiteren Vergleich sind leider bisher zu wenig zuverlässige experimentelle Angaben über die Magnetostriktion verschiedener Ferrite und ferrimagnetischer Oxide vorhanden. Die Temperaturabhängigkeit der Magnetostriktionskonstanten kann von Fall zu Fall verschieden sein. Zur Illustration werden neben der Abb. 4.35, welche Kurven des Co^{2+}-Ionen enthaltenden $(MnCo)Fe_2O_4$ wiedergibt, in Abb. 4.36 die Temperaturabhängigkeiten von λ_{100} und λ_{111} für das System $Mn_xFe_{3-x}O_4$ gezeigt.

Eine Reihe von Messungen wurde an polykristallinen Proben durchgeführt. Der effektive Sättigungswert λ_s wird dann durch die Beziehung

$$\lambda_s = \tfrac{2}{5}\lambda_{100} + \tfrac{3}{5}\lambda_{111}$$

Tabelle IV-11

Die an polykristallinen Ferriten gemessenen Werte der Sättigungsmagnetostriktion λ_s (nach Smit und Wijn [21])

Ferrit	$\lambda_s \cdot 10^6$
$MnFe_2O_4$	$-$ 5
Fe_3O_4	$+$ 40
$CoFe_2O_4$	$-$110
$MgFe_2O_4$	$-$ 6
$Li_{0,5}Fe_{2,5}O_4$	$-$ 8
$NiFe_2O_4$	$-$ 26
$Ni_{0,5}Zn_{0,5}Fe_2O_4$	$-$ 11

gegeben. Bei den einfachen (quasi-binären) Eisenspinellen besitzt λ_s negative Werte, nur bei Fe_3O_4 ist es positiv, was durch den verhältnismäßig hohen positiven Wert von λ_{111} verursacht wird. In den anderen Fällen überwiegt der Einfluß von λ_{100}, das normalerweise negativ ist. Die λ_s-Werte einiger Eisenspinelle sind in Tab. IV-11 aufgeführt.

Zum Schluß wollen wir kurz den Magnetostriktionseffekt von Ionen Seltener Erden in Granaten betrachten. Wie bereits früher erwähnt, ist dieser Beitrag sehr stark, und mit vollem Recht wird manchmal von „gigantischen" Magnetostriktionen gesprochen. Die Experimente an partiell durch Ionen Seltener Erden substituiertem YIG haben gezeigt, daß der Beitrag dieser Ionen ihrer Konzentration proportional

Tabelle IV-12

Magnetostriktionskonstanten der Eisengranate Seltener Erden. Nach Iida [89], Clark u. a. [106] und Comstock u. a. [101] zusammengestellt.

Granat	$\lambda_{100} \cdot 10^6$				$\lambda_{111} \cdot 10^6$			
	$T = 1,5$	4,2	78	296 °K	1,5	4,2	78	296 °K
Y I G	—	$-$ 0,7	$-$ 0,7	$-$ 1,4	—	$-$ 5,3	$-$ 5,2	$-$ 2,90
Sm I G	—	—	159	—	—	—	$-$183	—
Eu I G	—	—	86	—	—	—	9,7	—
Gd I G	—	8,1	4,4	0,17	—	$-$ 4,1	$-$ 4,7	$-$ 2,9
Tb I G	—	—	67	—	—	—	560	—
Dy I G	—	$-$390	$-$200	$-$20	—	$-$800	$-$140	$-$ 14
Ho I G	—	—	$-$ 80,2	—	—	—	$-$ 56,3	—
Er I G	—	—	10,7	—	—	—	$-$ 19,4	—
Tm I G	—	—	25	—	—	—	$-$ 31	—
Yb I G	97	—	—	—	$-$ 31	—	—	—

ist, so daß man durch Abziehen der Magnetostriktion des reinen YIG die Einionen-Beiträge der Seltenen Erdionen zu den magnetoelastischen bzw. Magnetostriktionskonstanten gewinnen kann. Eine Übersicht über die erhaltenen Ergebnisse gibt Tab. IV-12[54]), während Abb. 4.37 die Proportionalität der durch Dy^{3+}-Ionen er-

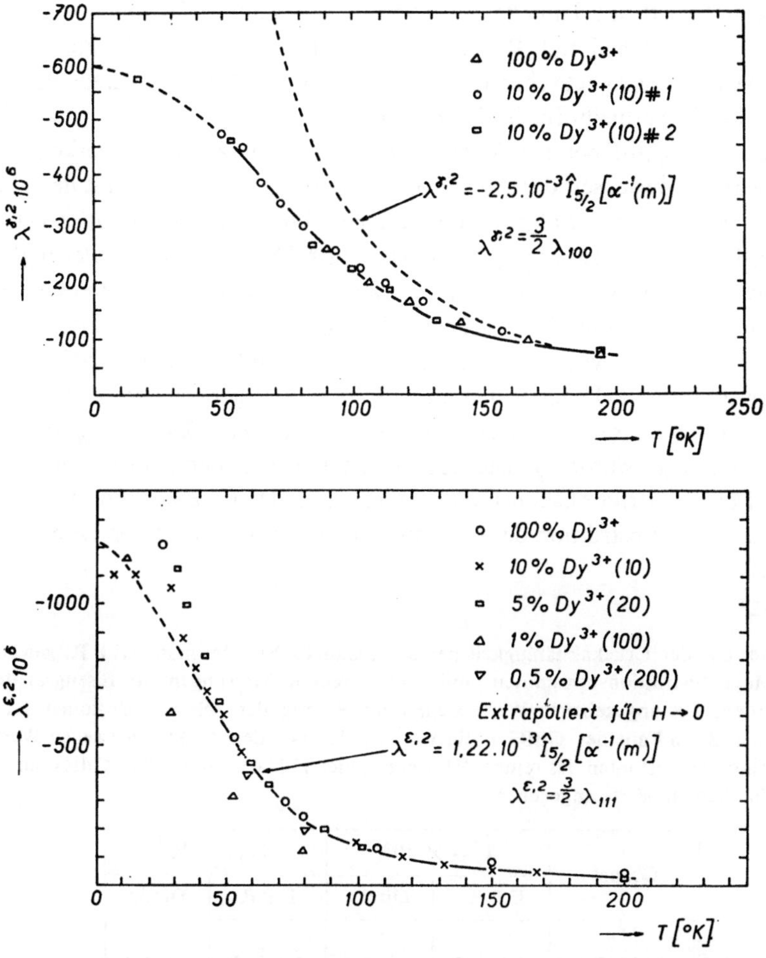

Abb. 4.37 Temperaturverlauf der Magnetostriktionskonstanten der Dy^{3+}-Ionen in $Dy_xY_{3-x} \cdot Fe_5O_{12}$ (auf 100 % Dy umgerechnet): (a) — λ_{100}, (b) — λ_{111}. Die Ergebnisse beweisen die Proportionalität zwischen der Anzahl der Dy^{3+}-Ionen und ihrem Magnetostriktionseffekt. Die ausgezogenen Kurven entsprechen dem aus der Einionen-Näherung abgeleiteten theoretischen Temperaturverlauf. — Die Übereinstimmung im Falle der Koeffizienten λ_{111} ist außerordentlich gut. Die Abweichung bei λ_{100} könnte durch die Annahme erklärt werden, daß der effektive Spin-Hamilton-Operator für diese Richtung höhere Potenzen von S'_α enthält, ohne daß die Proportionalität von λ_{100} und Dy-Konzentration zerstört würde. Nach Clark u. a. [106].

[54]) Zahlreiche Versuchsdaten und Beispiele findet der Leser auch in dem repräsentativen Übersichtsartikel von Bjelow [106a].

zeugten Magnetostriktion zu ihrer Konzentration dokumentiert. Dieser „Einionen-Charakter" der Magnetostriktion Seltener Erden ist jedoch mit dem ***Einionen-Ursprung*** der Magnetostriktion nicht identisch, so wie wir ihn am Anfang dieses Abschnittes besprochen haben. Wie aus Abschn. 4.2 bekannt ist, wird der Grundzustand der Seltenen Erdionen in Granaten (bei ungerader Anzahl von f-Elektronen) durch ein Kramers-Dublett mit dem effektiven Spin $S' = \frac{1}{2}$ gebildet. In einem solchen Falle reduziert sich das Glied mit $\mathbf{D}$ im Spin-Hamilton-Operator auf eine Konstante und trägt weder zur magnetischen Kristallanisotropie noch zur Magnetostriktion bei. Als einzige Quelle verbleibt für beide der anisotrope Austausch des Typs $\mathbf{S}_{Fe} \cdot \mathbf{J}_{Fe-R} \cdot \mathbf{S}_R$, in dem der Spin-Operator Seltener Erden $\mathbf{S}_R$ in *erster Potenz* vorkommt. Das hat ein lineares Anwachsen der Anisotropie und Magnetostriktion mit der Konzentration der R-Ionen zur Folge, und in diesem Sinne ist der Einionen-Charakter beider Größen aufzufassen. Phillips und White [100] haben einen Vergleich gemessener Magnetostriktionskonstanten mit den aus paramagnetischen Resonanzexperimenten unter Einwirkung eines mechanischen Drucks folgenden Werten durchgeführt. Die Experimente wurden an den diamagnetischen Granaten YGaG und YAlG mit kleinen Zusätzen Seltener Erden ausgeführt. Die Ergebnisse wurden mittels des Spin-Hamilton-Operators (4.54) ausgewertet, in dem das $(\partial \mathbf{H}_{ex}/\partial \varepsilon_\mu)\,\mathbf{g}$ enthaltende Glied vernachläßigt wurde[55]). Die auf diese Weise von den Autoren gewonnenen Werte der Magnetostriktionskonstanten enthält Tab. IV-13. Eine eingehendere Diskussion der Magnetostriktion der Granate Seltener Erden findet der Leser in [94a].

Tabelle IV-13

Vergleich der aus der Druckabhängigkeit der paramagnetischen Resonanz (E P R) gewonnenen Einionen-Magnetostriktionskonstanten mit den direkten Messungen an Eisengranaten der Seltenen Erden. Die angegebenen Werte stellen den Beitrag der Seltenen Erdionen dar (d. h., wenn es wie z. B. im Falle des GdIG nötig war, wurden von den direkt gemessenen Werten die Magnetostriktionskonstanten des reinen YIG subtrahiert). Nach [100]. Für GdIG sind die in [106] veröffentlichten Werte angegeben.

Granat	$\lambda_{100} \times 10^6$		$\lambda_{111} \times 10^6$	
	E P R	Direkt	E P R	Direkt
Gd I G	4,2 ± 2	8	1,7 ± 2	1,2
Yb I G	82	49	34	− 27,5
Er I G	216	420	−282	−300

[55]) Das bedeutet, daß man stillschweigend $\partial \mathbf{G}/\partial \varepsilon_\mu \sim \partial \mathbf{g}/\partial \varepsilon_\mu$ vorausgesetzt hat.

4.4 Induzierte Anisotropie

Betrachten wir den Kristall als ein System von N Atomen (Ionen), deren Lagen durch die Lagevektoren $\boldsymbol{r}_i$ $(i = 1, 2, \ldots N)$ bestimmt seien. Bei einer gegebenen Temperatur ist seine freie Energie im wesentlichen die Funktion dieser N Lagevektoren. Wenn im Kristall außerdem noch eine spontane Magnetisierung vorhanden ist, kommt die Abhängigkeit von der Orientierung des Magnetisierungsvektors dazu, so daß wir, unter der der Einfachheit halber aufgestellten Voraussetzung, daß die Magnetisierung überall gleiche Richtung und Größe hat, schreiben können

$$\mathscr{F} = \mathscr{F}(\boldsymbol{r}_i, \boldsymbol{M}). \tag{4.61}$$

Wenn wir die Atomlagen als fest betrachten, bleibt nur die Abhängigkeit von $\boldsymbol{M}$ übrig, und (4.61) kann man dann (von der magnetostatischen Energie abgesehen) auf eine den Ausdrücken (4.5) bis (4.7) für die Energie der magnetischen Kristallanisotropie entsprechende Form bringen. Die entsprechenden Anisotropiekonstanten sind dabei Funktionen von $\boldsymbol{r}_i$.

Es ist notwendig, sich diese im großen und ganzen evidenten Tatsachen vor Augen zu halten, wenn wir verstehen wollen, wie der Kristall dagegen reagieren kann, wenn wir in ihm auf eine bestimmte Weise, z.B. durch ein starkes Magnetfeld, die Magnetisierungsrichtung festhalten und ihm dabei die Freiheit zur Ausbildung energetisch vorteilhaftester Atomlagen $\boldsymbol{r}_i$ überlassen. Ein Beispiel einer solchen Anpassung des Kristalls an den bestehenden magnetischen Zustand ist die Magnetostriktion, welche wir im vorigen Abschnitt besprochen haben. Bei ihr entsteht in Abhängigkeit von der Richtung von $\boldsymbol{M}$ eine spontane makroskopische Kristallverzerrung, die durch Auslenkung der Atome aus ihren idealen Lagen und durch Veränderung ihrer gegenseitigen Abstände hervorgerufen wird. Für diese Änderungen ist charakteristich, daß die gegenseitige Anordnung und Konfiguration der Atome im Kristallgitter dabei nicht geändert wird.

In einigen Fällen kann sich jedoch der Kristall dem gegebenen magnetischen Zustand auch in einer anderen Weise anpassen. Solche Strukturen, bei denen z.B. auf äquivalenten Plätzen des Kristallgitters Atome oder Ionen zweierlei Art statistisch verteilt sind, wie es bei ungeordneten Legierungen oder inversen Spinellen der Fall ist, oder defekte Strukturen mit unbesetzen Lagen, eventuell mit Atomen auf Zwischengitterplätzen, besitzen offenkundig, was die lokale Anordnung von Atomen oder Defekten betrifft, einen bedeutenden Freiheitsgrad. Wenn wir die freie Energie des Kristalls in der Form

$$\mathscr{F} = \mathscr{F}_0 + \int (f_{ex} + f_K + f_{me} - \boldsymbol{M} \cdot \boldsymbol{H})\,\mathrm{d}V \tag{4.62}$$

schreiben, wo $\mathscr{F}_0$ von seinem magnetischen Zustand nicht abhängt und f_{ex}, f_K usw. die durch die entsprechenden Ausdrücke (4.3 bis 4.19) gegebenen Dichten der Austauschenergie, der magnetokristallinen, magnetoelastischen und magnetostatischen Energie sind, können wir unter solchen Bedingungen durch geeignete Umgruppierung der Atome, bei der einige Atome ihre Plätze wechseln oder bisher freie Lage besetzen, aus der ursprünglichen Anordnung eine Reihe von neuen Konfigurationen ableiten, ohne praktisch dadurch den „unmagnetischen“ Teil der freien Energie $\mathscr{F}_0$ (kristallographisch äquivalente Konfigurationen) zu ändern. Im Hinblick darauf, daß diese verschiedenen lokalen Anordnungen nicht magnetisch äquivalent zu sein brauchen (sie können im allgemeinen eine unterschiedliche „magnetische“ freie Energie $\mathscr{F} - \mathscr{F}_0$ besitzen), bietet eine solche innere Umgruppierung prinzipiell die Möglichkeit, sich dem gegebenen magnetischen Zustand (d.h. konkret bei magnetischer Sättigung, der gegebenen Magnetisierungsrichtung) anzupassen und so die gesamte freie Energie des Kristalls herabzusetzen. Durch diese Änderung der freien Energie wird die Magnetisierung stabilisiert. Die Beschränkung auf Konfigurationen, welche $\mathscr{F}_0$ praktisch unverändert lassen, hängt damit zusammen, daß die Änderungen „magnetischer“ Beiträge zur freien Energie bei Umgruppierung der Atome bzw. Gitterstörungen in der Regel sehr klein sind und daß sie die mit der Einbeziehung kristallographisch nicht-äquivalenter Konfigurationen verbundenen relativ großen Energieänderungen nicht kompensieren könnten[56]. Wenn wir den Kristall als homogen magnetisiert annehmen, können sich die Änderungen in der lokalen Anordnung vor allem in den Gliedern f_K und f_{me} bemerkbar machen, was nach außen hin durch Entstehung nachträglicher Anisotropie bzw. Magnetostriktion sichtbar wird. In diesem Abschnitt werden wir uns mit dem ersten Effekt befassen, der meist ausgeprägter ist und den man leichter experimentell verfolgen kann.

Damit jedoch Änderungen in der Atomkonfiguration überhaupt möglich sind, müssen die Atome (Ionen) sich durch den Kristall bewegen können. Zum Unterschied von der Magnetostriktion, bei der die Verformungsgeschwindigkeit durch elastische Konstanten des Kristalls, durch seine Form und Gesamtmasse bestimmt wird, so daß die Änderungen des magnetischen Zustandes gewöhnlich nur mit unbedeutender Verzögerung erfolgen werden[57], können die Änderungen in der lokalen Anordnung unter Umständen – wegen der starken Temperaturabhängigkeit der Geschwindigkeit der Diffusionsvorgänge – auch sehr langsam verlaufen. Diese Eigenschaft der Diffusion bietet jedoch die Möglichkeit, die entstandene, eine bestimmte Magnetisierungsrichtung stabilisierende Anordnung zu erhalten, wenn man die Probe schnell auf genügend tiefe Temperatur abkühlt, bei der die Atombewegung „einfriert“. Bei einem solchen „Einfrieren“ wird die ursprüngliche stabilisierte Magnetisierungsrichtung zu einer dauernden Vorzugsrichtung, was sich nach außen hin als eine zusätzliche einachsige Anisotropie bemerkbar macht. Da diese Anisotropie im Kristall

[56]) Vgl. auch S. 407f.

[57]) Wenn es sich um periodische Änderungen handelt, kann es, falls die Feldfrequenz mit einer von Eigenfrequenzen der Probe übereinstimmt, zur Resonanzerregung mechanischer Schwingungen des Kristalls kommen.

erst nachträglich durch Magnetisierung in bestimmter Richtung hervorgerufen wird, sprechen wir von *induzierter* oder auch *magnetfeldinduzierter Anisotropie.* Mit induzierter Anisotropie, vor allem bei ferrimagnetischen Oxiden, mit den Bedingungen und dem Mechanismus ihrer Entstehung sowie mit weiteren anschließenden Fragen werden wir uns in diesem Abschnitt befassen.

Es ist notwendig sich vor Augen zu halten, daß, obwohl zum „Induzieren" dieser Anisotropie meist das Magnetfeld benutzt wird, nicht dieses Feld selbst, sondern die *Magnetisierung* der Grund für ihre Entstehung ist. Durch das Feld erreichen wir nur, daß die Magnetisierung in der ganzen Probe homogen ist und eine bestimmte Richtung hat. Aber es ist genau so gut möglich, induzierte Anisotropie auch ohne Magnetfeld zu erzeugen, indem wir einen beliebigen remanenten oder entmagnetisierten Zustand der Probe stabilisieren und nachher einfrieren lassen. Weil der Magnetisierungsvektor in einem solchen Falle meist verschiedene Richtung in verschiedenen Teilen der Probe aufweist – im allgemeinen liegt eine Domänenstruktur vor –, wird sich auch die Richtung der induzierten Anisotropie von Ort zu Ort ändern. Speziell kommt es auf diese Weise zur Stabilisierung der Blochwände, die unter anderem die Entstehung eingeschnürter Hystereseschleifen (Perminvar-Effekt) und weitere Erscheinungen zur Folge hat, die wir unter der gemeinsamen Bezeichnung *der magnetischen Nachwirkung* zusammenfassen können (siehe Abschn. 6.3).

Das Induzieren einer einachsigen Anisotropie durch die sog. Magnetfeldtemperung, die auch bei polykristallinen Ferromagnetika möglich ist, wird schon längere Zeit in der Technologie einiger ferromagnetischer Werkstoffe, z. B. Legierungen des Permalloy-Typs (Fe-Ni), benutzt, die dadurch anisotrope magnetische Eigenschaften erhalten. Im Falle der Ferrite wurde diese Erscheinung zum erstenmal von Kato und Takei bei CoFe-Ferriten $Co_xFe_{3-x}O_4$ beobachtet [107]. Die Einführung dieser technologischen Prozesse in die Praxis stützte sich anfangs zumindest ganz auf Empirie, und erst später erhielten sie eine theoretische Grundlage durch die Arbeiten von Néel [48], Taniguchi [108, 109], Slonczewski [71] u. a.

Die induzierte Anisotropie und die mit ihr verbundenen Erscheinungen wurden in den letzten Jahren sowohl bei Legierungen als auch bei ferrimagnetischen Oxiden intensiv studiert (vgl. z.B. [110, 111]). Bei letzteren ist sie besonders bei Co-haltigen Ferriten und verwandten Oxiden am meisten ausgeprägt. Diese Tatsache überrascht nicht, wenn wir bedenken, daß auch im Fall der kubischen Anisotropie der Beitrag der Co^{2+}-Ionen mindestens um eine Größenordnung größer war als bei Mehrzahl der anderen Ionen der Eisengruppe.

Ursprung der induzierten Anisotropie

Durch das Vorhandensein einer induzierten Anisotropie wird die freie Energie nicht nur von der augenblicklichen Richtung des Magnetisierungsvektors abhängig, sondern auch davon, wohin die Magnetisierung im Laufe des induzierenden Prozesses gerichtet war, oder mit anderen Worten, welche Richtung durch diesen Prozeß stabilisiert wurde. Wenn wir diese Richtung als $\boldsymbol{\beta} \equiv \{\beta_1, \beta_2, \beta_3\}$ und die augenblickliche Magnetisierungsrichtung wie gewöhnlich als $\boldsymbol{\alpha} \equiv \{\alpha_1, \alpha_2, \alpha_3\}$ bezeichnen und uns auf kubische Kristalle beschränken, wird der einachsigen induzierten Anisotropie im Ausdruck für die Gesamtdichte der freien Energie in erster Näherung das Glied der Form

$$f_{Ki}(\boldsymbol{\alpha}, \boldsymbol{\beta}) = -F \sum_i \alpha_i^2 \beta_i^2 - G \sum_{i \neq j} \alpha_i \alpha_j \beta_i \beta_j \tag{4.63}$$

entsprechen; es stellt den allgemeinen mathematischen Ausdruck dar, der die Wirkung einer axialsymmetrischen physikalischen Größe auf einen kubischen Kristall beschreibt und in α_i, β_j symmetrisch ist.[58]) Da dieser Ausdruck *die Verringerung* der freien Energie durch Einfluß der induzierten Anisotropie darstellt, können wir die Konstanten F, G immer als *nicht negativ* betrachten (Abb. 4.38). Im weiteren werden wir zeigen, wie man zu dem Ausdruck (4.63) auf Grund entsprechender mikroskopischer Modelle für die induzierte Anisotropie gelangen kann.

Néel hat darauf aufmerksam gemacht [48, 113], daß die Größe der induzierten Anisotropie zu der Schlußfolgerung führt, daß ihr Ursprung im wesentlichen derselbe ist wie der der magnetischen Kristallenergie. Zu ihrer Erklärung genügen allerdings nicht die älteren Vorstellungen, die ihren Ursprung in lokalen elastischen Spannungen suchten, welche bei Umgruppierung der Atome entstehen und auf die Magnetisierung mittels magnetoelastischer Kopplung wirken [114]. Bei der mikrophysikalischen Erörterung der Kristallanisotropie (Abschn. 4.2) haben wir die Einionen-Näherung benutzt. Dieses bei ferrimagnetischen Oxiden gut bewährte Modell werden wir auch jetzt anwenden, um an einem einfachen Beispiel den Mechanismus der Entstehung einer induzierten Anisotropie zu erläutern und die mit ihr verbundenen Probleme anzudeuten. Es zeigt sich jedoch, daß man die induzierte Anisotropie auf diese Weise nur zum Teil erklären kann. Zur vollen Erläuterung ist es notwendig, einen Teil der Anisotropie den Ionenpaaren bzw. komplizierteren Konfigurationen zuzuschreiben.

Einionen-Modell. In diesem Modell wird vorausgesetzt, daß Beiträge einzelner magnetischer Ionen zur Anisotropieenergie additiv sind. Den Ausgangspunkt stellt

[58]) Dieser Ausdruck ist formal mit dem identisch, der die magnetoelastische Energie des durch Zug oder Druck in Richtung $\boldsymbol{\beta}$ verzerrten kubischen Kristalls beschreibt. Das ergibt sich aus Gl. (4.13), wenn wir e_{ii} und e_{ij} durch das Hooksche Gesetz ausdrücken (siehe z. B. Kittel-Galt [4], Gl. (7.19)). Diese Ähnlichkeit muß jedoch als rein formal angesehen werden und hat mit dem physikalischen Wesen beider Erscheinungen (induzierte Anisotropie und magnetoelastische Kopplung) nichts zu tun. Den Ausdruck (4.63) kann man als erstes, nichtkonstantes Glied in der Entwicklung nach Potenzen von α_i, β_j betrachten, das die aus der kubischen Struktur des Kristalls folgenden Symmetrieforderungen erfüllt. Er wurde von Néel [48] und Bickford [112] benutzt und hat sich in allen bisher bekannten Fällen vollauf bewährt.

dabei das Energie-Spektrum des Ions im Kristall dar. Dieses Spektrum unterscheidet sich vom Spektrum eines freien Ions infolge der Wechselwirkungen des Ions mit dem Kristallfeld und dem effektiven Austauschfeld, durch deren Einfluß unter Mitwirkung der $L-S$-Kopplung die Ionenenergie von der Magnetisierungsrichtung abhängig wird. Durch die Ionenumgruppierung, von der wir im Zusammenhang mit der Entstehung der induzierten Anisotropie gesprochen haben, können im Prinzip alle diese an der Entstehung der Anisotropie teilnehmenden Wechselwirkungen beeinflußt und dadurch auch die Beiträge einzelner Ionen zur Anisotropieenergie geändert werden. Am wichtigsten scheinen dabei jene Änderungen zu sein, die man beim Kristallfeld erreichen kann. Zu diesen Änderungen kann es auf zweierlei Weise kommen, und zwar: durch Übergang des betreffenden Ions an den Ort, an dem das Kristallfeld vom Gesichtspunkt des bestehenden magnetischen Zustands aus die vorteilhaftere Orientierung bzw. Größe hat, oder durch Änderung des Kristallfeldes direkt am Ort des Ions, die durch Umgruppierung der Umgebungsionen verwirklicht werden kann. Sehen wir uns den ersten Fall genauer an.

Wir betrachten einen ferrimagnetischen Spinell, z.B. Fe_3O_4 oder $MnFe_2O_4$, bei dem ein kleiner Teil der Kationen in *B*-Lagen durch Co^{2+}-Ionen ersetzt wird. Wie uns bekannt ist, gibt es im Spinellgitter vier Arten von diesen Lagen, die den vier Raumdiagonalen des Grundwürfels entsprechen (vgl. Abb. 4.39). Das Kristallfeld in diesen Lagen hat eine Trigonalkomponente, deren Achse zur entsprechenden Raumdiagona-

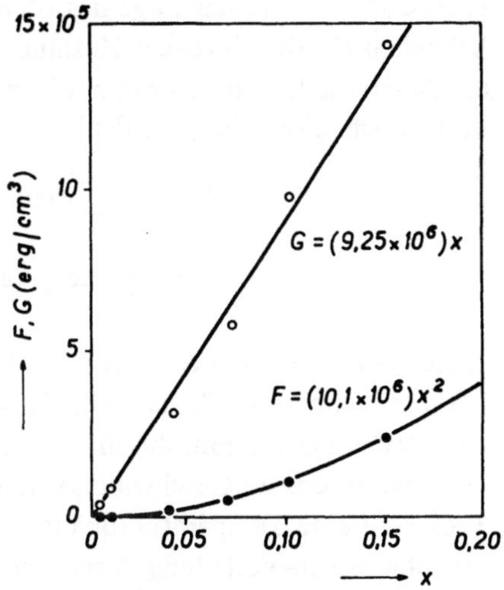

Abb. 4.38 Abhängigkeit der Konstanten der induzierten Anisotropie F und G von der Konzentration der Co^{2+}-Ionen für Kobalt-substituierten Magnetit $Co_xFe_{3-x}O_4$. Gemessen bei Raumtemperatur, die Glühung im Magnetfeld wurde bei 375 °K durchgeführt [112].

le parallel ist. Bei Vorliegen einer Magnetisierung wird sich das Spektrum des Co^{2+}-Ions in Lagen mit verschiedener Richtung des Trigonalfeldes im allgemeinen unterscheiden, denn nach (4.47) hängt die Lage der Spektralniveaus von der gegenseitigen Orientierung der Trigonalachse und des effektiven Austauschfeldes ab (vgl. auch Abb. 4.22). Aus der Aufspaltung des Grunddubletts folgt, daß man die niedrigste Energie für $\Theta = 0$ oder π erreicht (Θ bezeichnet den Winkel zwischen $\boldsymbol{H}_{ex}$ und der Trigonalachse), so daß die lokale Trigonalachse gleichzeitig „die leichte Richtung" für jedes individuelle Co^{2+}-Ion ist. Aus diesem Grunde werden vom energetischen Standpunkt aus einige Lagen für die Co^{2+}-Ionen vorteilhafter sein als andere, wenn die Magnetisierung (und daher $\boldsymbol{H}_{ex}$) in der allgemeinen Richtung $\boldsymbol{\beta}$ orientiert ist[59]). Am vorteil-

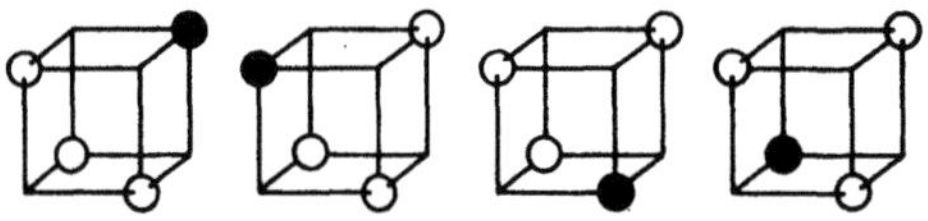

Abb. 4.39 Die vier Möglichkeiten für die Unterbringung eines isolierten Co^{2+}-Ions oder einer isolierten Kationenleerstelle im oktaedrischen Untergitter der Spinellstruktur.

haftesten werden dann offensichtlich jene Lagen sein, für welche die entsprechende Richtung des Trigonalfeldes (d.h. die entsprechende [111]-Richtung) am nächsten zur $\boldsymbol{\beta}$-Richtung liegt.

Nehmen wir jetzt an, daß der Kristall auf eine bestimmte Temperatur T_a ($T_a < T_c$) gebracht wurde, bei der die Co^{2+}-Ionen ihre Plätze wechseln können. Wenn wir die Magnetisierung des Kristalls ständig in der $\boldsymbol{\beta}$-Richtung halten, stabilisiert sich nach einer bestimmten Zeit ein Gleichgewichtszustand, der durch die Durchschnittszahl N_i ($i = 1, 2, \ldots, 4$) der Co^{2+}-Ionen in jeder der vier nichtäquivalenten oktaedrischen Lagen charakterisiert wird. Bei geringer Konzentration werden sich die Kobalt-Ionen praktisch unabhängig voneinander bewegen, und man kann daher N_i anhand der Boltzmann-Statistik festsetzen. Die Wahrscheinlichkeit des Vorkommens eines Co^{2+}-Ions in der Lage des i-ten Typs wird durch die Summe der Wahrscheinlichkeiten für die einzelnen Zustände des Spektrums gegeben sein, das zu dem Ion an dieser Stelle gehört. Wenn wir die gleiche Bezeichnung wie in (4.49) benutzen, können wir also schreiben [71]

$$N_i = N\{\sum_j \exp\left[-\varepsilon_j(\Theta_i')/kT_a\right]\}/\sum_i z_i\,, \tag{4.64}$$

$$z_i = \sum_j \exp\left[-\varepsilon_j(\Theta_i')/kT_a\right], \quad N = \sum_i N_i\,.$$

Durch den Strich bei Θ_i haben wir kenntlich gemacht, daß es sich um den Zustand bei der Temperatur T_a handelt. Da die Aufstellung dieses Gleichgewichtszustandes eine Bewegung des Ions durch den Kristall, also einen bestimmten Diffusionsvorgang voraussetzt, dessen Geschwindigkeit ähnlich wie bei allen analogen wärmeaktivierten Prozessen eine Temperaturabhängigkeit des Typs $\exp(Q/kT)$ zeigt, können wir die erreichte Ionen-Verteilung durch schnelle Abkühlung auf genügend tiefe Temperatur stabilisieren. Die freie Energie und daher auch die induzierte Anisotropie berechnen wir dann aus der Beziehung (4.49), wenn wir N_i durch (4.64) ausdrücken. Die freie Energie wird jetzt eine Funktion von T, T_a, $\boldsymbol{\alpha}$, $\boldsymbol{\beta}$ sein.

---

[59]) Stillschweigend setzen wir voraus, daß der Beitrag der anderen Ionen zur Anisotropie im Vergleich zu Co^{2+} so klein ist, daß wir ihn vernachlässigen können.

Wenn wir den derart für f_{Ki} gewonnenen Ausdruck mit (4.63) vergleichen, stellen wir fest, daß man von dem angeführten Modell nur das Glied mit der Konstante G ableiten kann, während das zweite Glied („das Glied F") gleich Null wird. Wir überzeugen uns leicht davon, wenn wir $\boldsymbol{\beta} \equiv [100]$ setzen. In diesem Falle ergibt sich aus (4.63) $f_{Ki} = -F\alpha_1^2$. Andererseits werden jedoch alle Θ_i' gleich sein, denn die Trigonalachsen schließen alle mit $\boldsymbol{\beta}$ den gleichen Winkel ein. Deshalb wird $N_i = \frac{1}{4}N$ für alle $i = 1, \ldots, 4$ und daher $F = 0$ sein. Im Gegensatz dazu hat das Experiment [112, 115, 116] die Existenz eines von Null verschiedenen Gliedes F bei dem System Co_x. $.Fe_{3-x}O_4$ und bei einigen anderen Co^{2+}-haltigen Spinellen klar bestätigt. Die Erklärung dieses Widerspruchs wird erleichtert durch die Abb. 4.38, in der nach [112] der Verlauf der experimentell bestimmten Konstanten G und F über der Co^{2+}-Konzentration in $Co_xFe_{3-x}O_4$ wiedergegeben ist. Es ist augenscheinlich, daß, während G erwartungsgemäß mit x linear anwächst, die Abhängigkeit F von x quadratisch ist. Daraus können wir den Schluß ziehen, daß das Einionen-Modell nur für $x \to 0$ berechtigt ist, wo F/G ebenfalls $\to 0$ sinkt, und daß das Glied F im Hinblick auf die quadratische Abhängigkeit von x wahrscheinlich der Anisotropie der Ionenpaare $Co^{2+}-Co^{2+}$ entspricht, die das Einion-Modell zumindest in der angeführten Form zu erfassen nicht imstande ist.[60])

Beitrag von Ionenpaaren und komplizierteren Konfigurationen zur induzierten Anisotropie. Wenn wir einen möglichen Anteil der orientierten Gruppen von zwei und mehr Ionen an der induzierten Anisotropie untersuchen wollen, ist es zweckmäßig, die betreffenden Mechanismen in zwei Gruppen einzuteilen. In der ersten wird es sich um die reine Modifikation anisotroper Einionen-Beiträge handeln, die durch entsprechende Anordnung der restlichen Ionen der Gruppe, also eigentlich durch Veränderung der Umgebung des betreffenden aktiven Ions zustandekommt. Wenn wir auf diese Weise z.B. den Beitrag der orientierten Paare $Co^{2+}-Co^{2+}$ zur induzierten Anisotropie erklären möchten, müßten wir zugeben, daß der Mechanismus des Anisotropie-Ursprungs derselbe bleibt wie bei den isolierten Co^{2+}-Ionen, daß jedoch durch Hinzufügen eines weiteren Kobalt-Ions in die benachbarte Oktaederlage die lokale Symmetrie und die Eigenschaften des Kristallfeldes, evtl. des Austauschfeldes, beim ersten Ion und umgekehrt geändert werden, so daß die resultierende Anisotropie in einer bestimmten Beziehung zur Orientierung des betrachteten Ionenpaars $Co^{2+}-Co^{2+}$ gegenüber den Kristallachsen stehen wird. Diese Vorstellung hat Tachiki bei Erörterung der magnetokristallinen Anisotropie des Co-Ferrits benutzt, aber ihre Richtigkeit im Falle des Beitrags von $Co^{2+}-Co^{2+}$-Paaren zur induzierten Anisotropie, z.B. des Systems $Co_xFe_{3-x}O_4$, wurde nicht nachgewiesen und wird auch nicht als wahrscheinlich betrachtet [117]. In die zweite Gruppe gehören die sich aus dem anisotropen Charakter der Austauschwechselwirkungen des

[60]) Es scheint, daß nicht immer $F \sim x^2$ sein muß; nach den Ergebnissen von Perthel [116] ist z. B. bei $Co_xNi_{1-x}Fe_2O_4$ diese Abhängigkeit ungefähr linear.

betreffenden Paares ergebenden Beiträge. In diesem Falle fehlen in der Regel konkrete Vorstellungen über Größe und Charakter eines solchen Beitrages, denn die Theorie des anisotropen Austausches in Oxiden, wo die Situation dadurch kompliziert ist, daß der Orbitalzustand jedes Kationenpaares durch das lokale Kristallfeld bestimmt wird (das im allgemeinen für beide Ionen des Paares verschieden ist) und daher seine Symmetrie widerspiegelt, ist bis jetzt nicht in erforderlichem Maße entwickelt worden. Aus diesem Grunde kann man hier nicht konsequent und ohne nähere Überprüfung die von Néel [48] und Taniguchi [108] für die durch Orientierung der Atompaare hervorgerufene induzierte Anisotropie ausgearbeiteten Theorien anwenden, denn diese Theorien beschränken sich auf Wechselwirkungen des Pseudodipol-Typs und vernachlässigen Effekte des Kristallfeldes (vgl. S. 355). Da sich jedoch eine Reihe von Autoren bei der Interpretation experimenteller Ergebnisse auf eine Theorie dieses Typs stützt, werden wir hier, trotz der erwähnten grundsätzlichen Vorbehalte – nicht zuletzt auch wegen ihres instruktiven Charakters –, die Hauptgedanken und Ergebnisse der Néel-Theorie in vereinfachter Gestalt anführen.

Setzen wir voraus. daß sich auf äquivalenten Plätzen des Gitters zwei Arten von Atomen (Ionen), A und B, befinden; in unserem oben betrachteten Falle können es die Co^{2+}- und Fe-Ionen sein. Im ganzen können drei verschiedene Arten von Paaren von Nachbaratomen vorkommen, und zwar $A-A$, $B-B$ und $A-B$. Nehmen wir weiter an, daß zwischen den Atomen jedes Paares die Pseudodipol-Wechselwirkung vom Typ (4.34) besteht, was man formal so ausdrücken kann, daß wir jedem Paar im Sinne der Gl. (4.36) die Energie

$$w_{ij} = l_{ij}(\cos^2 \Theta_{ij} - \tfrac{1}{3}), \quad i, j = A, B \tag{4.65}$$

zuschreiben. Der Einfachheit halber sei eine der Konstanten, sagen wir l_{BB}, bedeutend größer als die beiden anderen l_{AA} und l_{AB}[61]), die wir deshalb nicht zu berücksichtigen brauchen; $l_{BB} = l$ stellt dann maximale Energie dar, die man durch die Bildung des Paares $B-B$ gewinnen kann.

Betrachten wir ein solches Paar: seine Energie wird nach (4.65) vom Winkel Θ zwischen dem Magnetisierungsvektor und Lagevektor $\boldsymbol{r}$ eines Atoms in bezug auf das andere abhängen. Die Anzahl solcher verschiedenen Orientierungen wird gleich sein der Anzahl nächster Nachbarn eines beliebigen Atoms im Gitter.[62])

Bei der Temperatur $T = T_a$, bei der sich die Atome frei umgruppieren können, wird die Wahrscheinlichkeit des Vorkommens eines ausgewählten Paares $B-B$ in Richtung $\boldsymbol{r}_q$ $(q = 1, \ldots, n)$ im Gleichgewichtszustand durch den Ausdruck

$$P_q = \exp\left[(-l_a \cos^2 \varphi_q - \tfrac{1}{3})/kT_a\right] / \sum_{q=1}^{n} \exp\left[(-l_a \cos^2 \varphi_q - \tfrac{1}{3})/kT_a\right] \cong$$

[61]) Diese Voraussetzung entspricht der Wirklichkeit, wenn wir das oktaedrische Untergitter des Spinells betrachten und $A = Fe$, $B = Co^{2+}$ setzen.

[62]) Wir betrachten Atome in kristallographisch äquivalenten Lagen.

$$\cong n^{-1}[1 - (l_a/kT_a)(\cos^2 \varphi_q - \tfrac{1}{3})] , \qquad (4.66)$$

$$\cos \varphi_q = \boldsymbol{\beta} \cdot \mathbf{r}_q/|\mathbf{r}_q| ,$$

gegeben sein, denn $l_a \ll kT_a$. Dabei bedeutet $\boldsymbol{\beta} \equiv \{\beta_1, \beta_2, \beta_3\}$ wieder die bei der Temperatur T_a stabilisierte Richtung des Magnetisierungsvektors und l_a den Wert l_{BB} bei derselben Temperatur. Für kleine Konzentrationen x der Atome B gibt (4.66) direkt die Gleichgewichtsverteilung von Paaren dieser Atome in den einzelnen Richtungen an. Dazu braucht man nur P_q mit der Gesamtzahl der Paare $B-B$ in 1 cm^3, d. h. mit dem Faktor $nx^2N/2$, zu multiplizieren (N bedeutet die Gesamtzahl der Atome – A und B – in 1 cm^3). Wenn wir diese Verteilung „einfrieren" lassen, wird jedes Paar $B-B$ zur Anisotropieenergie im Durchschnitt wie folgt beitragen

$$w = l \sum_{q=1}^{n} P_q(\cos^2 \varphi'_q - \tfrac{1}{3}) , \quad \cos \varphi'_q = \boldsymbol{\alpha} \cdot \mathbf{r}_q/|\mathbf{r}_q| . \qquad (4.67)$$

Dabei haben wir mit φ'_q den Winkel bezeichnet, den der in Richtung $\boldsymbol{\alpha} \equiv \{\alpha_1, \alpha_2, \alpha_3\}$ orientierte Magnetisierungsvektor mit der Verbindungslinie $\mathbf{r}_q$ einschließt. Wenn wir (4.66) berücksichtigen und mit der Anzahl der Paare $B-B$ in 1 cm^3 multiplizieren, erhalten wir die Dichte der Energie der induzierten Anisotropie in der Form

$$f_{Ki} = \frac{nx^2 l_a l N}{2kT_a} \left(\frac{1}{9} - \frac{1}{n} \sum_{q=1}^{n} \cos^2 \varphi_q \cos^2 \varphi'_q \right) , \qquad (4.68)$$

was bei kubischen Kristallen im allgemeinen auf den Ausdruck (4.63) führt. Die Berechnung zeigt, daß die Konstanten F und G nicht voneinander unabhängig sind, sondern daß zwischen ihnen eine von der Symmetrie des Kristallgitters abhängige Beziehung besteht. Diese Beziehungen sind in Tab. IV-14 aufgeführt. Sie sind wichtig

Tabelle IV-14

Beziehung zwischen den Konstanten F und G der induzierten Anisotropie bei Richtungsordnung der Atom-Paare im kubischen Kristall [109] (f. c. c. = flächenzentriertes, b. c. c. = raumzentriertes, s. c. = einfaches kubisches Gitter; unter der isotropen Struktur verstehen wir polykristallines Material)

Kristallstruktur	F/A	G/A
f. c. c.	1	4
b. c. c.	0	1
s. c.	1	0
isotrop	1	2

$A = nx^2 l l_a N/2kT_a$.

beim Vergleich von Theorie und Experiment, und in komplizierteren Fällen können sie bei der Untersuchung helfen, um welche Art von Anordnung es sich handelt.

Es ist ersichtlich, daß man mit Hilfe dieses Modells zu Ergebnissen gelangen kann, die, zumindest was den Typ der Winkelabhängigkeit der induzierten Anisotropie anbetrifft, mit dem phänomenologischen, die Forderungen makroskopischer Symmetrie respektierenden Ausdruck (4.63) und daher nach dem früher Gesagten auch mit dem Experiment im Einklang sind. Zur Überprüfung der Theorie ist es freilich notwendig, daß auch die entsprechenden Beziehungen aus Tab. IV-14 erfüllt sind. Wie bereits angeführt, ergibt das Experiment, z. B. im Falle des Systems $Co_xFe_{3-x}O_4$, die Proportionalitäten $G \sim x$, $F \sim x^2$, was darauf hinweist, daß $G^{\text{Paar}} \approx 0$. Nach Tab. IV-14 sollte also im Sinne der Néel-Theorie die Orientierung der Paare $Co^{2+}-Co^{2+}$ zu den Kanten des Elementarwürfels parallel sein, d. h. sie sollte dem einfachen kubischen Gitter entsprechen. Diese Symmetrie entspricht freilich nicht der Spinellstruktur, in der die Verbindungslinie zweier Nachbar-Ionen des oktaedrischen Untergitters zur Flächendiagonale parallel ist (flächenzentriertes Gitter). Laut Tab. IV-14 sollte dann im Widerspruch zum Experiment $G^{\text{Paar}} = 4F$ gelten [115].

Bestrebt, die Grundzüge des Néel-Modells einzuhalten, erklären Smit und Wijn [21] diesen Widerspruch durch Existenz einer Superaustauschwechselwirkung, die durch Vermittlung der in der gleichen (100)-Ebene wie das betrachtete Co^{2+}-Co^{2+}-Paar liegenden Sauerstoff-Ionen zustandekommt. Wegen der quadratischen Symmetrie dieser Wechselwirkungen können wir annehmen, daß als charakteristische Richtung die auf der (100)-Ebene senkrechte, d. h. die [100]-Richtung gelten kann, so daß die resultierende Symmetrie einem einfachen kubischen Gitter entsprechen würde. Es sei darauf hingewiesen, daß man zu einer anderen effektiven Symmetrie als jener, die dem flächenzentrierten Gitter entspricht, wahrscheinlich auch auf Grund direkter Austauschwechselwirkungen gelangen könnte, wenn wir bedenken, daß der anisotrope Charakter dieser Wechselwirkungen von der *L-S* Kopplung herrührt, die von der Magnetisierungsorientierung gegenüber dem Bahnmoment abhängt. Dieses wird nach dem Vorhergehenden bei Co^{2+} in Richtung der entsprechenden lokalen trigonalen Achse gerichtet sein, so daß für zwei benachbarte Co^{2+}-Ionen neben der Verbindungslinie der Mittelpunkte beider Ionen auch die den Winkel der beiden trigonalen Achsen halbierende [100]-Richtung eine charakteristische Richtung sein wird. Die Winkelabhängigkeit der Energie des betreffenden Paares von Co^{2+}-Ionen wird allgemein dann einem Ellipsoid entsprechen [115], das im Extremfall zu axialer Symmetrie in der [001]-Richtung führen kann. Es ist nicht ausgeschlossen, daß man beide Gesichtspunkte für komplementär halten kann.

Als Hauptgrund für das Versagen der Néel-Theorie kann man jedenfalls die Vernachlässigung des Umgebungseinflusses des betreffenden Ionenpaares, seiner Symmetrie und physikalischen Eigenschaften betrachten. Aber damit, daß wir aufhören, ein solches Paar als völlig „isoliert“ zu betrachten, verlassen wir de facto überhaupt das Paarmodell und stehen vor der Aufgabe, den Beitrag größerer Ionengruppen und ihrer Konfigurationen zur induzierten Anisotropie zu untersuchen. Formal kann man dieses Problem so lösen, daß man einen gewissen (nicht allzu großen) Teil des Kristalls als Grundgebiet wählt und alle möglichen Atom-(Ionen-)Konfigurationen in diesem Gebiet untersucht [118, 117]. Diese Konfigurationen bestimmen *die lokalen*

Mikrozustände des betrachteten Kristalls. Man kann ihre Energie definieren, die neben der eigenen Bindungsenergie im allgemeinen auch magnetische Beiträge enthalten wird, von denen uns die interessieren, die von der Magnetisierungsrichtung abhängen. Da wir in diesem Modell die Beiträge einzelner Konfigurationen zur resultierenden Anisotropie wieder als *additiv* betrachten, ist es notwendig zu wissen, wie oft jede der Konfigurationen im betrachteten Kristall vorkommt. Wenn wir diese Häufigkeiten mit $N_1, N_2, \ldots, N_Q$ bezeichnen, können wir die gesamte Anisotropieenergie in der Form

$$F_K^{\text{tot}}(\boldsymbol{\alpha}, \boldsymbol{\beta}) = F_K(\boldsymbol{\alpha}) + F_{K_i}(\boldsymbol{\alpha}, \boldsymbol{\beta}) = \sum_G N_G(\boldsymbol{\beta}) f_K^G(\boldsymbol{\alpha}) \tag{4.69}$$

schreiben, wo F_K von der Magnetisierungsrichtung $\boldsymbol{\beta}$ zur Zeit der Entstehung der induzierten Anisotropie nicht abhängt und daher der normalen magnetokristallinen Anisotropie entspricht[63]).

Die Häufigkeiten $N_1, N_2, \ldots, N_Q$ können wir formal als Komponenten des Q-dimensionalen Vektors $\mathbf{N} \equiv \{N_1, \ldots, N_Q\}$ ansehen, der uns den Gesamtzustand des Kristalls definiert. Die Aufgabe, ihre Gleichgewichtswerte zu finden, ist analog zur Lösung des Problems einer Ordnung in kurzem Abstand, und man kann daher irgendeine zu diesem Zweck benutzte Methode anwenden [119]. Es sei bemerkt, daß durch die Vergrößerung des betrachteten Grundgebietes die mathematischen Schwierigkeiten enorm anwachsen und die Aufgabe praktisch unlösbar wird. Diese Schwierigkeiten hängen mit der wachsenden Anzahl von Konfigurationen zusammen, die in Erwägung zu ziehen sind. Iida und Miwa [117] lösten dieses Problem für den Spinell $Co_xFe_{3-x}O_4$ mit einer kleinen Menge von Kationen-Leerstellen. Als Grundgebiet nehmen sie im wesentlichen einen Oktanten des „**B**"-Typs, der vier in den Ecken eines regelmäßigen Tetraeders befindliche Kationen enthält. Wenn eines dieser 4 Kationen sich von den anderen drei gleichen unterscheidet (z. B. ein Co^{2+} neben drei Fe^{3+}), haben wir – wie aus Abb. 4.39 ersichtlich ist – im ganzen vier Anordnungsmöglichkeiten. Bei zwei und zwei verschiedenen Kationen (z. B. $Co^{2+}-Co^{2+}$-Paare neben $Fe^{3+}-Fe^{3+}$-Paaren) erhalten wir 6 verschiedene Konfigurationen usw. Insgesamt können wir auf diese Weise bei zwei Kationen-Typen 16 verschiedene Anordnungen erhalten. Das Grundgebiet enthält neben den Kationen natürlich auch Anionen, wobei die Grenzfläche so geführt wird, daß für einen „idealen" inversen Spinell mit durchschnittlicher Kationenladung in der B-Lage $q = 2{,}5$ die Gesamtladung des betrachteten Gebietes Null ist. Unter dieser Voraussetzung berechneten dann Iida und Miwa für einzelne Konfigurationen die effektive Coulomb-Energie und Konfigu-

---

[63]) Man kann sich natürlich vorstellen, wenn die magnetokristalline (kubische) und die induzierte (einachsige) Anisotrope im einfachsten Falle durch dieselben Konfigurationen (z. B. durch isolierte Co^{2+}-Ionen in den vier verschiedenen Lagen des Spinells) hervorgerufen werden, daß dann die relative Änderung ihrer Häufigkeit, die für die Entstehung einachsiger induzierter Anisotropie direkt verantwortlich ist, gleichzeitig die Größe der kubischen Grundanisotropie beeinflussen kann. Gewöhnlich kann man jedoch diesen Effekt vernachlässigen.

rations-Entropie. Durch Minimalisierung der gasamten freien Energie erhielten sie die Gleichgewichtswerte für $N_1, \ldots, N_Q$. Dieses Vorgehen berücksichtigt keine magnetischen Beiträge (auch nicht die anisotropen) und unterscheidet nicht jene Konfigurationen, die erst bei Vorliegen einer Magnetisierung nicht-äquivalent werden[64]).

Unter der Voraussetzung, daß die zugehörigen Anisotropieenergien im Vergleich zu den Unterschieden der betrachteten Coulomb-Energien klein sind, so daß durch

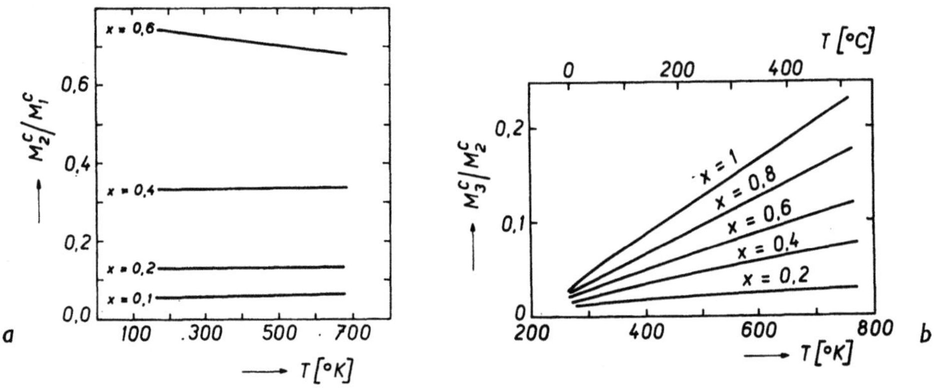

Abb. 4.40 Die aus den Nahordnungsenergien für das thermodynamische Gleichgewicht berechneten relativen Mengenzahlen der Konfigurationen von 4 Kationen, von denen ein (M_1^C), zwei (M_2^C) bzw. drei (M_3^C) Kationen Co^{2+}-Ionen sind. Die Berechnung bezieht sich auf die Ferrite der Zusammensetzung $Fe^{3+}[Co_x^{2+}Fe_{1-x}^{2+}Fe^{3+}]O_4$. Nach Iida und Miwa [117].

die Einführung der Magnetisierung die Häufigkeit von Konfigurationen des gegebenen Typs (z. B. die Gesamtzahl der „isolierten" $Co^{2+}-Co^{2+}$-Paare u. ä.) nicht verändert wird, ergibt jedoch die Berechnung von Iida und Miwa eine Information über den relativen Anteil der einzelnen Konfigurationstypen. Das Problem der induzierten Anisotropie kann dann für jeden einzelnen Konfigurationstyp getrennt gelöst werden, und die Summe in (4.69) ist folglich über verschiedene Konfigurations-Typen zu erstrecken Die Bedeutung ähnlicher Berechnungen beruht hauptsächlich auf der Abschätzung des Gewichtsfaktors der verschiedenen Beiträge zur induzierten Anisotropie, was für die Möglichkeit einer eventuellen Vereinfachung wichtig ist (vgl. Abb. 4.40).

Die wirkliche Berechnung ist allerdings ziemlich kompliziert, und mit Ausnahme einfachster Fälle, wo die Beiträge zur induzierten Anisotropie Einionen-Charakter haben, gelingt es nicht, den Rahmen der phänomenologischen Theorie zu überschreiten. Wenn wir auf unser Beispiel, Magnetit mit teilweiser Kobalt-Substitution, zurückkommen, können wir zwar abschätzen, wieviel von der Gesamtzahl der Co^{2+}-Ionen isoliert sind, wieviel von ihnen Co^{2+}-Co^{2+}-Paare bilden usw. (vgl. Abb. 4.40). Da wir jedoch mit Ausnahme der Einionen-Beiträge nicht imstande sind, die

[64]) Von diesem Gesichtspunkt aus sind z. B. auch die Konfigurationen in Abb. 4.39 äquivalent.

Anisotropie einzelner Konfigurationen zu berechnen, kommen wir auf diese Weise nicht viel weiter. Das einzige, was man günstigenfalls erreichen könnte, ist die Trennung einzelner Beiträge auf Grund ihrer Konzentrations- oder Temperaturabhängigkeit und die Bestimmung der Größe und des Charakters der gehörigen Anisotropien.

Das diskutierte Beispiel, ein Spinell mit einer gewissen, in der Regel kleinen Menge Co^{2+}-Ionen in oktaedrischen Lagen, beleuchtet gut die Grundursachen der Entstehung der induzierten Anisotropie. Die Wahl von Kobalt ist aus dem Grunde vorteilhaft, weil der anisotrope Effekt der Co^{2+}-Ionen alle anderen möglichen Beiträge übertrifft, die man deshalb neben dem Beitrag der Co^{2+}-Ionen vernachlässigen kann. Die Größe der durch die Co^{2+}-Ionen hervorgerufenen induzierten Anisotropie erleichtert gleichfalls das experimentelle Studium und ist die Ursache dafür, daß sich die Mehrzahl der experimentellen Arbeiten auf diesem Gebiet auf Kobalt enthaltende Systeme bezieht (siehe z. B. [110, 112, 115–118, 120])[65]).

Andererseits ist es aber notwendig, sich vor Augen zu halten, daß prinzipiell jedes Ion, das zur magnetischen Anisotropie irgendwie beitragen kann, sich ähnlich wie das Co^{2+} auch an der Entstehung der induzierten Anisotropie beteiligen kann. Es ist nur erforderlich, daß die allgemeinen Bedingungen für die Bildung anisotroper lokaler Anordnungen erfüllt sind, von denen wir früher gesprochen haben. Weil es sich dabei meist um sehr schwache Effekte handelt, sind diese Anisotropien verhältnismäßig wenig bekannt. Diese Anisotropien werden gewöhnlich im Zusammenhang mit der Kinetik ihrer Entstehung bzw. ihres Verschwindens untersucht (Relaxation induzierter Anisotropie). Deshalb werden wir einzelne wichtige Fälle erst nach dem folgenden, dem Relaxationsproblem gewidmeten Abschnitt diskutieren. Der Sinn dieses Vorgehens liegt darin, daß das Studium der Relaxationserscheinungen sehr oft nützliche Informationen liefert, die bei der Klärung des Ursprungs der Anisotropie nützlich sind.

Relaxation induzierter Anisotropie

Allgemeine Formulierung. Wie sich aus den vorhergehenden Betrachtungen ergibt, ist zur Ausbildung einer induzierten Anisotropie oder zu ihrer Änderung eine bestimmte Ordnung bzw. Umgruppierung im Kristallgitter erforderlich. Die diese Änderungen bewirkenden Vorgänge verlaufen mit endlicher Geschwindigkeit und haben in der Regel Diffusionscharakter. Das Problem der Relaxation induzierter Anisotropie wurde in voller Allgemeinheit zum erstenmal von Iida formuliert

[65]) Wir sind allgemein an den die induzierte Anisotropie in ferrimagnetischen Oxiden betreffenden Arbeiten interessiert; diese Studien beschränken sich nicht nur auf Spinelle, sondern sie haben auch den Co^{2+}-enthaltenden Oxiden mit hexagonaler Kristallstruktur eine beträchtliche Aufmerksamkeit gewidmet [74].

[117, 118][66]); auf seine Gedanken wird sich unsere weitere Erläuterung stützen.

Gehen wir von der Häufigkeit von Konfigurationen N_G im gewählten Grundgebiet als Definition des Kristallzustandes aus (S. 407). Im thermodynamischen Gleichgewicht werden diese Häufigkeiten von der Zeit unabhängig, so daß für den entsprechenden Zustandsvektor $\mathbf{N}^e \equiv \{\ldots, N_G^e, \ldots\}$ gilt

$$\frac{\mathrm{d}}{\mathrm{d}t}\mathbf{N}^e = 0 \tag{4.70}$$

(der Index e bedeutet, daß es sich um den Gleichgewichtszustand handelt). Wenn sich der Kristall in einem allgemeinen Zustand $\mathbf{N}$ befindet, der unter den gegebenen äußeren Bedingungen (Magnetisierungsrichtung bzw. Richtung und Größe des Magnetfeldes) nicht dem thermodynamischen Gleichgewicht entspricht, wird sich dieser Zustand (und daher einzelne Häufigkeiten N_G) mit der Zeit ändern und sich dem Gleichgewichtszustand $\mathbf{N}^e = \mathbf{N}_\infty$ nähern. Unter bestimmten Voraussetzungen über den Charakter der Prozesse, durch die diese Relaxation bewirkt wird (u. a. nimmt man an, daß es sich um den Markowschen Prozeß handelt, bei dem einzelne Akte – Ionen- oder Elektronensprünge u. ä. – nicht gegenseitig korreliert sind), können wir für kleine Abweichungen vom Gleichgewichtszustand ein System von linearen Differentialgleichungen schreiben, das in Matrixform lautet

$$\frac{\mathrm{d}}{\mathrm{d}t}(\mathbf{N} - \mathbf{N}^e) = -\mathbf{D}(\mathbf{N} - \mathbf{N}^e)\,. \tag{4.71}$$

Die Ordnung der Matrix $\mathbf{D}$ ist gleich der Anzahl der möglichen Konfigurationen im gewählten Grundgebiet und ihre Symmetrie wird durch die Symmetrie- und Topologieeigenschaften dieser Konfigurationen bestimmt. Ihre Elemente geben die Häufigkeit (Frequenz) der Übergänge zwischen zwei Konfigurationen an. So bestimmt z.B. das Element D_{GH} die Frequenz des Übergangs der Konfiguration H in die Konfiguration G, so daß $D_{GH}N_H$ die durch den Übergang $H \to G$ verursachte, auf das Zeitintervall eins bezogene Änderung von N_H darstellt. Die Diagonalelemente D_{GG} geben dagegen für dasselbe Zeitintervall die Gesamtänderung der Anzahl der G-Konfigurationen infolge ihres Übergangs in irgendeine andere Konfiguration wieder. Augenscheinlich wird daher gelten $D_{GG} = -\sum_{H \neq G} D_{HG}$[67]). Aus der Bedeutung

[66]) Obwohl sich Iida in erster Linie mit dem Problem der Relaxation induzierter Anisotropie in Co-Fe-Spinellen befaßte, sind seine Grundformulierungen so allgemein, daß man sie auch in anderen Fällen anwenden kann.

[67]) Wir können die Deutung der Matrixelemente D_{GH} auch auf folgende Weise geben: Es sei die Wahrscheinlichkeit W_{GH} so definiert, daß es im Zeitintervall $t + \mathrm{d}t$ zu einem Übergang $H \to G$ kommt. Dann wird $W_{GG} = 1 - \sum_{H \neq G} W_{HG}$ die Wahrscheinlichkeit dafür angeben, daß in demselben Zeitintervall die Konfiguration G unverändert bleibt. Wenn wir nun die entsprechenden *Frequenzen* der Übergänge ausdrücken wollen, müssen wir zu den Ableitungen $D_{GH} \equiv \mathrm{d}W_{GH}/\mathrm{d}t$ übergehen, die wir als unabhängig von t annehmen.

der Matrix $\mathbf{D}$ folgt ebenfalls, daß $\mathbf{D}\boldsymbol{N}^e = 0$ ist. Indem wir die Matrix $\mathbf{D}$ in die Diagonalform bringen, gewinnen wir ihre Eigenwerte λ^i und die ihnen entsprechenden Eigen-Zustandsvektoren $\boldsymbol{v}^i$, die die Basis des Konfigurationsraumes der Vektoren $\boldsymbol{N}$ bilden und die Beziehung

$$\mathbf{D}\boldsymbol{v}^i = \lambda^i \boldsymbol{v}^i \qquad (4.72)$$

erfüllen. Das in der Matrixform (4.71) geschriebene System von linearen Differentialgleichungen wird dann unter den gemachten Annahmen eine Lösung der Form

$$\boldsymbol{N} - \boldsymbol{N}^e = \sum_i a^i \exp(-\lambda^i t)\, \boldsymbol{v}^i \qquad (4.73)$$

besitzen, aus der die Deutung der Eigenwerte λ^i folgt; es sind inverse Werte der Relaxationszeiten

$$\tau^i = 1/\lambda^i\,, \qquad (4.74)$$

die die Geschwindigkeit und die Art und Weise bestimmen, wie sich der Zustandsvektor $\boldsymbol{N}$ dem durch den Vektor $\boldsymbol{N}^e$ charakterisierten Gleichgewichtszustand nähert. Die Gesamtheit aller dieser Größen stellt das Relaxationsspektrum des Systems bei den gegebenen äußeren Bedingungen dar. Die Koeffizienten werden durch die Ausgangskonfigurationen, d. h. durch die Anfangsbedingungen bei $t = 0$, bestimmt.

Die induzierte Anisotropie und ihre Relaxation werden meistens so studiert, daß nach Erreichen des Gleichgewichts in der Magnetisierungsrichtung $\boldsymbol{\beta}$ das Magnetfeld und mit ihm auch die Magnetisierung in eine neue Richtung $\boldsymbol{\alpha}$ gedreht wird, in der wir den Zeitverlauf des Drehmoments messen, das der einachsigen, in der ursprünglichen Lage $\boldsymbol{\beta}$ gebildeten induzierten Anisotropie entspricht. Das heißt, daß die Probe unmittelbar nach der Drehung in den Zustand des thermodynamischen Ungleichgewichts gerät und sukzessiv mit der Zeit in das der neuen Lage entsprechende Gleichgewicht relaxiert. Dabei kommt es zum Abbau der ursprünglichen induzierten Anisotropie und eventuell zur Entstehung einer neuen, die Magnetisierung in $\boldsymbol{\alpha}$-Richtung stabilisierenden Anisotropie. Als Richtungen $\boldsymbol{\alpha}$ und $\boldsymbol{\beta}$ wählen wir gewöhnlich die kristallographischen Richtungen [100] bzw. [110] in der (001)-Ebene, denn so kann man die Relaxation der Glieder F und G im allgemeinen Ausdruck (4.63) voneinander trennen[68]).

Die früher gegebene Formulierung und angedeutete Lösung des Relaxationsproblems entspricht augenscheinlich eben dieser Art von Experiment. Wenn uns also

[68]) Wenn wir die Zeitabnahme des Drehmoments in der (001)-Ebene verfolgen, dann messen wir für $\boldsymbol{\beta} \equiv [100]$ nach Drehung in die Richtung $\boldsymbol{\alpha} \equiv [110]$ die Relaxation des F-Gliedes und für $\boldsymbol{\beta} \equiv [110]$, $\boldsymbol{\alpha} \equiv [100]$ entsprechend die Relaxation des G-Gliedes. Der erste Teil dieser Behauptung ergibt sich augenblicklich aus (4.63) — vgl. auch S. 403 — der zweite Teil hängt damit zusammen, daß die [110]-Richtung den Winkel der aufeinander senkrecht stehenden Richtungen [100] und [010] halbiert, so daß die in Richtung $\boldsymbol{\beta} \equiv [110]$ induzierte Anisotropie des F-Typs ein Drehmoment Null in der [100]-Richtung ergibt.

N aus der allgemeinen Lösung (4.73) als Funktion der Zeit bekannt ist, können wir durch (4.69) auch die Zeitabhängigkeit der Anisotropie ausdrücken. Wir erhalten so den allgemeinen Ausdruck (pro Volumeneinheit)

$$f_K(\boldsymbol{\alpha}, \boldsymbol{\beta}, t) = V^{-1} \sum_G N_G(\boldsymbol{\beta}, t) f_K^G(\boldsymbol{\alpha}) = \tag{4.75}$$

$$= V^{-1} \sum_G \left(\sum_j a^j(\boldsymbol{\beta}) \exp(-\lambda^j t)\, v_G^j\right) f_K^G(\boldsymbol{\alpha}) =$$

$$= V^{-1} \sum_j \left[a^j \left(\sum_G v_G^j f_K^G\right) \exp(-\lambda^j t)\right],$$

der nach Auslassen der Glieder mit kubischer Symmetrie[69]) mit dem phänomenologischen Ausdruck

$$f_{K_i}(\boldsymbol{\alpha}, \boldsymbol{\beta}, t) = -F(t) \sum_i \alpha_i^2 \beta_i^2 - G(t) \sum_{i \neq j} \alpha_i \alpha_j \beta_i \beta_j \tag{4.63'}$$

zu vergleichen ist.

Bei einigen Arten von Experimenten, zu denen z. B. das Studium der Rotationshysterese [121, 122] oder der Erscheinungen der magnetischen Nachwirkung gehört (vgl. Abschn. 6.3), sind die Umstände, unter denen es zur Relaxation induzierter Anisotropie kommt, nicht so einfach. Hier wird nämlich nicht die Einstellung des Gleichgewichts unter konstanten Bedingungen verfolgt, sondern diese vor allem durch die Richtung des Magnetfeldes (bzw. der Magnetisierung) charakterisierten Bedingungen ändern sich im Zeitverlauf, so daß die induzierte Anisotropie in der gegebenen Zeit t und bei der bestimmten Magnetisierungsrichtung $\boldsymbol{\alpha}$ von den vorigen Änderungen der Magnetisierungsrichtung mit der Zeit abhängen wird. Wenn wir diese vorhergehenden Lagen durch die Richtung $\boldsymbol{\beta}$ charakterisieren, wird $\boldsymbol{\beta} = \boldsymbol{\beta}(\Theta)$ eine Funktion der Zeit Θ ($\Theta < t$) sein, so daß in Gl. (4.71) nicht nur der den tatsächlichen Zustand in einem gegebenen Augenblick beschreibende Vektor **N**, sondern auch der entsprechende Gleichgewichtszustand $\mathbf{N}^e$ eine Funktion der Zeit sein wird. Der Einfachheit halber beschränken wir uns hier auf den Fall einer einzigen Zeitkonstante $\tau = \lambda^{-1}$. (4.71) können wir dann durch folgendes System ersetzen

$$\frac{dN'_\varrho}{dt} = -\frac{N'_\varrho - N'_{\varrho\infty}}{\tau}, \quad \varrho = 1, 2, \ldots, \tag{4.76}$$

in dem die N'_ϱ allgemein eine gewisse lineare Kombination der ursprünglichen Komponenten N_i des Zustandsvektors **N** darstellen. Jede der möglichen Konfigurationen des Grundgebietes trägt durch einen bestimmten Anteil zur resultierenden Energie der induzierten Anisotropie bei. Wenn wir diese Energie in jedem Augenblick $\Theta < t$ auf eine beliebige virtuelle Endrichtung $\boldsymbol{\alpha}$ der Magnetisierung beziehen,

[69]) Dieser Teil entspricht der Zeitänderung der kubischen Anisotropie. Im Vergleich mit dem Gleichgewichtswert der kubischen Anisotropie ist diese Änderung gewöhnlich sehr gering.

(die wir vorteilhaft mit der Endposition $\boldsymbol{\alpha}(t)$ identifizieren[70]), werden die Beiträge der einzelnen Konfigurationen den Häufigkeiten N_i bzw. N'_ϱ proportional sein, so daß wir statt des Systems (4.76) eine einzige Gleichung

$$\frac{\mathrm{d}f_{Ki}}{\mathrm{d}\Theta} = -\frac{f_{Ki} - f_{Ki\infty}(\Theta)}{\tau} \tag{4.77}$$

schreiben können. In ihr haben wir mit $f_{Ki\infty}(\Theta)$ den Gleichgewichtswert der Energie der auf die Richtungen $\boldsymbol{\beta}(\Theta)$ und $\boldsymbol{\alpha}$ bezogenen induzierten Anisotropie bezeichnet; d. h. einer Anisotropie, die zustandekommen würde, falls der Magnetisierungsvektor in der Lage $\boldsymbol{\beta}$, die er in der Zeit Θ erreicht hat, stehen bliebe und sich stabilisierte. Die allgemeine Lösung der Gl. (4.77) lautet

$$f_{K_i}(t) = f_{K_i}(0)\,\mathrm{e}^{-t/\tau} + \int_0^t f_{K_i\infty}(\Theta)\,\mathrm{e}^{-(t-\Theta)/\tau}\,\frac{\mathrm{d}\Theta}{\tau}\,; \tag{4.78}$$

$f_{K_i}(0)$ bedeutet hier den Anfangswert der induzierten Anisotropie in der Zeit $t = 0$. Wenn wir von einem vollkommen entmagnetisierten Zustand ausgehen, können wir setzen $f_{K_i}(0) = 0$ (vgl. Abschn. 6.3).

Wir können uns leicht davon überzeugen, daß (4.78) für das früher beschriebene einfache Relaxationsexperiment ein Ergebnis liefert, das mit der ursprünglichen Lösung für konstantes $\boldsymbol{N}^e$ in Einklang ist. Wenn wir voraussetzen, daß die Drehung der Magnetisierung aus Richtung $\boldsymbol{\beta}$ in Richtung $\boldsymbol{\alpha}$ in der Zeit $\Theta = 0$ erfolgt ist, wird $f_{K_i\infty}(\Theta) = f_{K_i\infty}(\boldsymbol{\alpha})$ die von Θ unabhängige Konstante sein. Das zweite Glied in (4.78) ergibt dann

$$f_{K_i\infty}(\boldsymbol{\alpha})\,[1 - \exp(-t/\tau)]\,,$$

was die im Zeitverlauf durch Stabilisierung der Magnetisierung in Richtung $\boldsymbol{\alpha}$ entstehende induzierte Anisotropie ist. Dieses Glied wird bei der Messung nicht erfaßt, denn die Richtung $\boldsymbol{\alpha}$ ist dafür die leichte Richtung, so daß das Drehmoment in dieser Richtung Null ist. Das erste Glied $f_{K_i}(0)\exp(-t/\tau)$ beschreibt dagegen die Zeitabnahme der mit der Stabilisierung der ursprünglichen Richtung $\boldsymbol{\beta}$ verbundenen Anisotropie und kommt durch eine Torsion zum Ausdruck, deren Zeitverlauf wir in Richtung $\boldsymbol{\alpha}$ messen.

Einfaches Beispiel: isolierte Leerstelle. Da der allgemeine Zugang zur Lösung des Relaxationsproblems, wie wir ihn angedeutet haben, auf den ersten Blick zu abstrakt und kompliziert erscheint, werden wir jetzt versuchen, die Lösung an einem einfachen Beispiel zu verdeutlichen. Betrachten wir einen Spinell, dessen Oktaederlagen eine

[70]) Zur besseren Anschaulichkeit können wir uns vorstellen, daß wir den Magnetisierungsvektor, wenn er die Richtung $\boldsymbol{\beta}(\Theta)$ in der Zeit Θ erreicht hat, so rasch in die Richtung $\boldsymbol{\alpha}$ drehen, daß die lokale Anordnung durch diese „virtuelle" Veränderung nicht gestört wird, und daß wir so die Größe der den Richtungen $\boldsymbol{\beta}$ und $\boldsymbol{\alpha}$ entsprechenden induzierten Anisotropie messen.

Ionensorte (z. B. Fe^{3+}) und eine kleine Anzahl von Kationenleerstellen enthält. Diese Leerstellen können lokalisiert sein in einer der vier durch die entsprechende dreizählige Symmetrieachse charakterisierten Lagearten. Weil wir voraussetzen, daß ihre Gesamtzahl N sehr klein ist, werden sie nur isoliert vorkommen[71]) (Abb. 4.41). Wenn wir nun als Grundgebiet des Kristalls einen Oktanten wählen, welcher vier oktaedrische in einem regelmäßigen Tetraeder angeordnete Lagen 1, 2, 3, 4 enthält, genügt

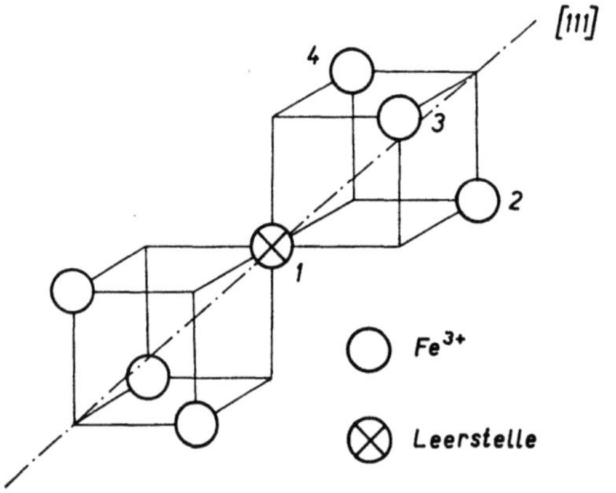

Abb. 4.41 Isolierte Kationen-Leerstelle in der oktaedrischen Lage eines Spinells; die eingezeichnete [111]-Richtung bestimmt die lokale trigonale Achse.

es, sich auf die durch 3 Kationen Fe^{3+} + 1 Leerstelle (□) gebildeten Konfigurationen zu beschränken. Wie schon aus früheren Erwägungen bekannt ist (S. 402), existieren insgesamt 4 verschiedene Konfigurationen, die sich durch die Richtung der trigonalen Achse am Ort der Leerstelle unterscheiden (vgl. Abb. 4.39). Eine Konfiguration, welche vier (der Voraussetzung nach gleiche) Kationen enthält, brauchen wir nicht in Erwägung zu ziehen, denn sie trägt nicht zur einachsigen induzierten Anisotropie bei. Die zugehörigen Häufigkeiten bezeichnen wir N_i ($i = 1, \ldots, 4$), so daß der Zustand des Kristalls – sofern es sich um lokale Ordnung des oktaedrischen Untergitters handelt – durch den Zustandsvektor $\mathbf{N} \equiv \{N_1, \ldots, N_4\}$ definiert ist. Es ist augenscheinlich, daß die N_i gleichzeitig die Zahlen der Leerstellen in den vier Lagearten des Spinells angeben.

Wir setzen weiter voraus, daß der Übergang von einer Konfiguration in die andere dadurch verwirklicht wird, daß ein Kation und eine Leerstelle, die sich an benachbarten Orten befinden, miteinander die Plätze wechseln. Dazu ist notwendig, daß das Kation eine gewisse Energiebarriere überwindet. Wenn wir alle vier Konfigurationen, z. B. bei Abwesenheit einer Magnetisierung oder wenn diese in der [100]-Richtung orientiert ist, als energetisch gleichwertig ansehen können, wird diese Barriere, von den betreffenden vier Lagen aus gesehen, in allen Fällen gleich sein, u. zw. gleich E_b. Bei Orientierung des Magnetisierungsvektors in eine beliebige Richtung werden jedoch

[71]) Neben der niedrigen Konzentration spielen hier Coulomb-Kräfte eine wichtige Rolle, welche die Anhäufung nicht kompensierter elektrischer Ladung verhindern und eine starke gegenseitige Abstoßung der Leerstellen bewirken [117].

die Energien der einzelnen Konfigurationen verschieden sein, und deshalb wird auch die Barriere, die ein Ion (oder bildlich eine Leerstelle) überwinden muß, für die verschiedenen Übergänge verschieden sein (Abb. 4.42). Die Überwindung der Barriere können wir als einen thermisch aktivierten Prozeß ansehen, dessen Wahrscheinlichkeit $\exp(-E/kT)$ proportional ist, so daß die Anzahl der Sprünge des betreffenden Lagetyps pro Zeiteinheit (d. h. seine Frequenz) gleich $\nu_0 \exp(-E/kT)$ sein wird.

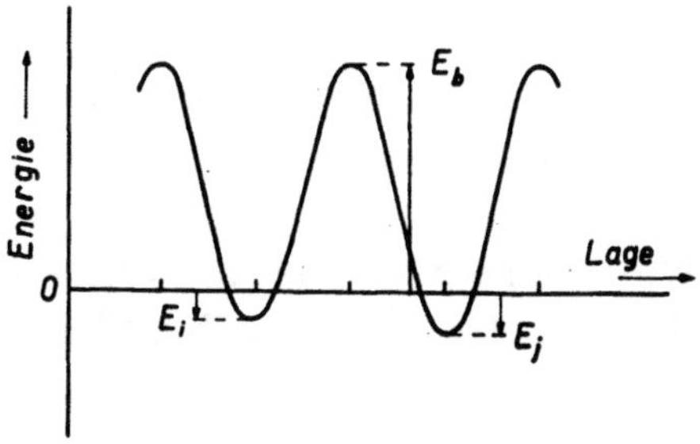

Abb. 4.42 Schematische eindimensionale Darstellung der Energieschwelle, die beim Übergang der Leerstelle aus der Lage *i* in die Lage *j* (oder umgekehrt) zu überwinden ist.

Jetzt können wir, indem wir die Beziehung aus Abb. 4.42 benutzen, die Matrix **D** hinschreiben, die wir im vorigen Abschnitt definiert haben. Es wird sein

$$-\mathbf{D} \equiv \begin{pmatrix} -6\nu_0\, e^{-(E_b-E_1)/kT} & 2\nu_0\, e^{-(E_b-E_2)/kT} & 2\nu_0\, e^{-(E_b-E_3)/kT} & 2\nu_0\, e^{-(E_b-E_4)/kT} \\ 2\nu_0\, e^{-(E_b-E_1)/kT} & -6\nu_0\, e^{-(E_b-E_2)/kT} & 2\nu_0\, e^{-(E_b-E_3)/kT} & 2\nu_0\, e^{-(E_b-E_4)/kT} \\ 2\nu_0\, e^{-(E_b-E_1)/kT} & 2\nu_0\, e^{-(E_b-E_2)/kT} & -6\nu_0\, e^{-(E_b-E_3)/kT} & 2\nu_0\, e^{-(E_b-E_4)/kT} \\ 2\nu_0\, e^{-(E_b-E_1)/kT} & 2\nu_0\, e^{-(E_b-E_2)/kT} & 2\nu_0\, e^{-(E_b-E_3)/kT} & -6\nu_0\, e^{-(E_b-E_4)/kT} \end{pmatrix} =$$

$$= 2\nu \begin{pmatrix} -3e^{E_1/kT} & e^{E_2/kT} & e^{E_3/kT} & e^{E_4/kT} \\ e^{E_1/kT} & -3e^{E_2/kT} & e^{E_3/kT} & e^{E_4/kT} \\ e^{E_1/kT} & e^{E_2/kT} & -3e^{E_3/kT} & e^{E_4/kT} \\ e^{E_1/kT} & e^{E_2/kT} & e^{E_3/kT} & -3e^{E_4/kT} \end{pmatrix}, \tag{4.79}$$

wo wir $\nu = \nu_0 \exp(-E_b/kT)$ gesetzt haben. Der Faktor 2 resultiert daher, daß zu jeder der betrachteten Konfigurationen des Grundtetraeders eine weitere symmetrische, zu derselben trigonalen Achse gehörige Konfiguration besteht, wobei die Leerstelle das Inversionszentrum (Symmetriezentrum) der beiden bildet (Abb. 4.41). Die Gesamtwahrscheinlichkeit eines beliebigen Sprunges wird dann doppelt so groß sein, denn von einem gegebenen Ort aus kann die Leerstelle mit gleicher Wahrscheinlichkeit in zwei äquivalente, symmetrisch gelegene Lagen übergehen.

Wie in der Mehrzahl ähnlicher Fälle können wir auch hier voraussetzen, daß die Änderungen der Energien E_i bei Drehung der Magnetisierung sowohl gegenüber E_b als auch gegenüber kT klein sind, d. h., daß $|E_i| \ll E_b$, $|E_i| \ll kT$ ist. Dann gilt

$$\exp E_i/kT \cong 1 + E_i/kT \tag{4.80}$$

und

$$\mathbf{D} = \mathbf{D}_0 + \mathbf{d}\,, \quad \mathbf{d} \ll \mathbf{D}_0\,, \tag{4.81}$$

wo

$$\mathbf{D}_0 = -2\nu \begin{pmatrix} -3 & 1 & 1 & 1 \\ 1 & -3 & 1 & 1 \\ 1 & 1 & -3 & 1 \\ 1 & 1 & 1 & -3 \end{pmatrix} \tag{4.82}$$

und

$$\mathbf{d} = -(2\nu/kT) \begin{pmatrix} -3E_1 & E_2 & E_3 & E_4 \\ E_1 & -3E_2 & E_3 & E_4 \\ E_1 & E_2 & -3E_3 & E_4 \\ E_1 & E_2 & E_3 & -3E_4 \end{pmatrix}. \tag{4.83}$$

Wenn wir noch $\overline{N}_i = \frac{1}{4}N$, $N_i = \overline{N}_i + n_i$, $\boldsymbol{n} \equiv \{n_1, \ldots, n_4\}$ setzen, wird offensichtlich $\mathbf{D}_0\overline{\boldsymbol{N}} \equiv 0$, $\overline{\boldsymbol{H}} \equiv \{\frac{1}{4}N, \frac{1}{4}N, \frac{1}{4}N, \frac{1}{4}N\}$ sein und daher

$$\frac{\mathrm{d}\boldsymbol{n}}{\mathrm{d}t} = -\mathbf{D}_0\boldsymbol{n} - \mathbf{d}\overline{\boldsymbol{N}} \tag{4.84}$$

gelten. Wenn wir schließlich analog zu $\boldsymbol{N}^e$ den Gleichgewichtsvektor $\boldsymbol{n}^e \equiv \boldsymbol{n}_\infty$ einführen, der wegen $\mathrm{d}\boldsymbol{n}^e/\mathrm{d}t = 0$ die Bedingung

$$\mathbf{D}_0\boldsymbol{n}^e + \mathbf{d}\overline{\boldsymbol{N}} = 0 \tag{4.85}$$

erfüllen muß, erhalten wir die Relaxationsgleichung

$$\frac{\mathrm{d}}{\mathrm{d}t}(\boldsymbol{n} - \boldsymbol{n}^e) = -\mathbf{D}_0(\boldsymbol{n} - \boldsymbol{n}^e), \tag{4.86}$$

welche die gleiche Form wie (4.71) hat, mit dem Unterschied, daß $\boldsymbol{N}$ durch den Abweichungsvektor $\boldsymbol{n}$ und die ursprüngliche Matrix $\mathbf{D}$ durch die Matrix $\mathbf{D}_0$, die von der Magnetisierungsrichtung nicht abhängt, ersetzt werden. Die physikalische Deutung dieses Kunstgriffs, den man auch in anderen komplizierteren Fällen benutzen kann, soweit (4.80) bzw. (4.81) Gültigkeit hat, beruht darauf, daß der Zeitverlauf der Relaxation unter den angeführten Voraussetzungen durch Eigenschaften der Matrix $\mathbf{D}_0$ bestimmt ist und keineswegs durch Änderungen der Häufigkeiten der Konfigurationen beeinflußt wird, zu denen es infolge der Abhängigkeit der Gleichgewichtsanordnung von der Magnetisierungsrichtung kommt.

Die Matrix $\mathbf{D}_0$ hat den einzigen (dreifach entarteten) von Null verschiedenen Eigenwert

$$\lambda = \tau^{-1} = 8\nu = 8\nu_0 \exp(-E_b/kT), \tag{4.87}$$

der nach (4.74) auch die Relaxationszeit τ des Systems bestimmt. Um die Richtigkeit dieses Ergebnisses zu beweisen, haben Iida und Iizuka für ν_0 den unabhängig aus der Analyse der Relaxation induzierter Anisotropie der Co^{2+}-Ionen in Magnetit gewonnenen Wert eingesetzt. Für reinen Magnetit mit einer geringen Leerstellenkonzentration haben sie auf diese Weise die Aktivierungsenergie $E_b \equiv Q = 0{,}941$ eV in sehr guter Übereinstimmung mit den direkt aus dem Experiment bestimmten Werten abgeleitet [123].

Das angeführte einfache Modell erfaßt (mit einer gewissen Idealisierung) den Relaxationsmechanismus der mit Leerstellenordnung verbundenen induzierten Anisotropie bei einer Reihe von eisenreichen Ferrospinellen, die wir im folgenden genauer besprechen werden. Wenn wir in diesem Modell die Leerstelle durch ein Elektron ersetzen, können wir die gewonnenen Vorstellungen unter ähnlichen Voraussetzungen (kleine Elektronen-Konzentration und nur eine Kationenart) auch auf die mit Elektronensprüngen und Ordnen der Ionenvalenzen verbundenen Relaxationserscheinungen übertragen. Dabei braucht es sich nicht immer um einen Spinell zu handeln. So enthält z.B. der Yttrium-Eisen-Granat, wenn er mit kleinen Mengen Si dotiert ist, in Oktaederlagen eine gewisse Menge Fe^{2+}-Ionen, welche die Ladung der Si^{4+}-Ionen kompensieren. Die lokale Symmetrie dieser Lagen ist, ähnlich wie im Spinell, trigonal, so daß die Zustandsvektoren und Relaxationsgleichungen die gleiche Form haben werden wie im obenangeführten Beispiel (vgl. [124]).

Da es zu Elektronensprüngen oft auch bei verhältnismäßig tiefen Temperaturen kommt, braucht hier die Forderung nach $|E_i| \ll kT$ nicht immer erfüllt zu sein. In einem solchen Fall kann man die zur vereinfachten Relaxationsgleichung (4.86) führende Näherung (4.80) nicht benutzen, und es ist notwendig, mit der ganzen Matrix **D**, einschließlich der die Abhängigkeit von der Magnetisierungsrichtung ausdrückenden Beiträge, zu arbeiten. In unserem Modell wird **D** dann drei unterschiedliche, von Null verschiedene Eigenwerte und daher auch drei (wenn auch relativ wenig) voneinander abweichende Relaxationszeiten besitzen. Das Problem kann man jedoch vereinfachen, wenn man sich, wie Hunt gezeigt hat [124], auf die Zustände mit der Magnetisierung in der (001)-Ebene beschränkt, denn aus Symmetriegründen wird dann gelten $E_1 = E_2$, $E_3 = E_4$ und daher auch $N_1 = N_2$, $N_3 = N_4$. Wenn wir die Abhängigkeit dieser beiden Energieniveaus von der Magnetisierungsrichtung (von der [100]-Richtung her gemessen) in der Form

$$\begin{aligned} E_1 = E_2 &= -\tfrac{1}{3}\varepsilon \sin 2\Theta \\ E_3 = E_4 &= \tfrac{1}{3}\varepsilon \sin 2\Theta \end{aligned} \tag{4.88}$$

schreiben und für die Besetzung des ersten Niveaus die reduzierte Größe $\xi = N_1/N$ einführen, erhalten wir die gewöhnliche Differentialgleichung

$$(\mathrm{d}\xi/\mathrm{d}t) + 8\xi\nu \cosh\left[(\varepsilon/3kT)\sin 2\Theta\right] = 2\nu \exp\left[(\varepsilon/3kT)\sin 2\Theta\right]. \tag{4.89}$$

Ihre Lösung hat die Form

$$\begin{aligned} \xi(\Theta, \Theta^a, t) &= \xi^e(\Theta) + \xi^e(\Theta^a) - \xi^e(\Theta)\,\mathrm{e}^{-\nu p t} \\ p &= 8\cosh\left[(\varepsilon/3kT)\sin 2\Theta\right] \end{aligned} \tag{4.90}$$

und unterscheidet sich von dem im Text diskutierten vereinfachten Fall dadurch, daß die Relaxationsfrequenz noch mit dem von Magnetisierungsrichtung und Temperatur abhängigen Faktor $\cosh[(\varepsilon/3kT)\sin 2\Theta]$ multipliziert wird.

Das Relaxationsspektrum, welches wir im angeführten Beispiel gewonnen haben, ist besonders einfach – es besteht aus einem einzigen diskreten Wert. Mit der Vergrößerung des Grundgebiets und der Erhöhung der Anzahl betrachteter Spezies und ihrer Konfigurationen bei der Analyse des Relaxationsprozesses wird dieses Spektrum komplizierter, es enthält in der Regel eine größere Anzahl von Relaxationszeiten und kann in bestimmten Fällen (z.B. bei einer großen Konzentration der an der induzierten Anisotropie beteiligten Ionen) den Charakter eines stetigen Spektrums annehmen. In einem solchen Falle kann man eine geeignete phänomenologische Beschreibung, z. B. die im Abschn. 6.3, S. 437 f., eingehender behandelte sog. logarithmische Verteilung der Zeitkonstanten, benutzen. Wir müssen annehmen, daß durch den Einfluß verschiedener Störungen und Unvollkommenheiten des Kristalls ein seinem Wesen nach diskretes Spektrum eine gewisse Streuung der Relaxationszeiten um einen bestimmten Mittelwert herum aufweisen kann, so daß wir es mit „Relaxationsbändern" endlicher Breite zu tun haben. Diese Schlußfolgerung hat fast allgemeine Gültigkeit, wenn es sich um eine mit Elektronensprüngen verbundene Relaxation handelt (vgl. S. 428 f. und Abschn. 6.3).

Über die Aufgabe der Leerstellen bei der Ionenwanderung. Zum Unterschied vom vorigen Beispiel, wo entsprechend der Voraussetzung die Umordnung der Leerstellen einen aktiven Faktor bei der Entstehung der induzierten Anisotropie und bei ihren Änderungen bildete (vgl. weiter S. 424 f.), können die Leerstellen bei Relaxationsprozessen auch eine andere, im wesentlichen indirekte Rolle eines Vermittlers bei der Reorientierung von Ionenkonfigurationen spielen. Die Anwesenheit von Leerstellen beschleunigt und erleichtert nämlich in erheblichem Maße die Ionenbewegung durch den Kristall. Diese Bewegung wird dann durch einfache Ionensprünge auf benachbarte unbesetzte Plätze im Gitter bewirkt (gegenseitiger Platzwechsel zwischen einem Kation und einer Leerstelle), was sicherlich ein energetisch weit günstigerer Prozeß ist als andere Diffusionsmechanismen ohne direkte Beteiligung von Leerstellen (Diffusion über Zwischengitterplätze). Andererseits ist jedoch eine genaue Lösung der unter Beteiligung von Leerstellen ablaufenden Relaxationsvorgänge verhältnismäßig kompliziert, auch wenn man den früher skizzierten allgemeinen Formalismus von Iida anwenden kann. Die Ursache dafür ist nicht nur die Notwendigkeit, weitere Konfigurationen zu berücksichtigen, die neben aktiven Ionen (z.B. Co^{2+}) auch Leerstellen enthalten, sondern auch die Tatsache, daß wegen der gewöhnlich geringen Leerstellenkonzentration jede Leerstelle *sukzessiv* zur Reorientierung einer größeren Anzahl von Konfigurationen beitragen muß. Die folgenden Anmerkungen sollen dem Leser die Probleme der Ionenumordnung durch Vermittlung von Leerstellen etwas näher bringen und einige aus der genaueren, von Iida durchgeführten Analyse [117, 118] folgende qualitative Schlußfolgerungen verdeutlichen. Als konkreten Fall wollen wir wieder den Spinell der allgemeinen Formel $Co_xFe_{3-x}O_4$ betrachten. Es ist jedoch notwendig, darauf aufmerksam zu machen, daß sich die Vermittlerrolle der Leerstellen auf analoge Weise auch bei anderen Ferriten geltend macht, wenn es sich um durch Ionenumordnung im Kristall bewirkte Relaxation handelt.

Vor allem soll man sich in Erinnerung bringen, daß, wenn ein Co^{2+}-Ion seine Lage durch einen Sprung auf einen unbesetzten Platz im Gitter ändern soll, vorher eine Konfiguration entstehen muß, bei der die Leerstelle die zu diesem Co-Ion unmittelbar benachbarte Lage einnimmt. Die Grundtypen der Konfigurationen mit

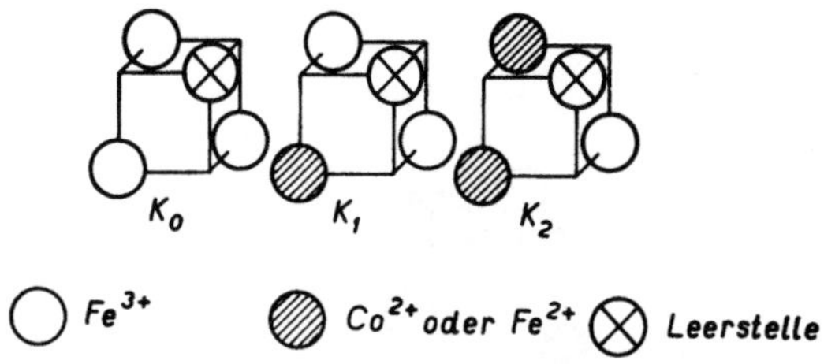

Abb. 4.43 Grundkonfiguration der 4 Oktaederplätze in $Co_xFe_{3-x}O_{4+\gamma}$, von denen ein Platz unbesetzt bleibt. Diesen Konfigurationen entsprechen unterschiedliche Coulombsche Nahordnungsenergien.

Leerstellen, die für die Lösung des Problems in Betracht kommen, sind in Abb. 4.43 eingezeichnet[71]). Nach einer von Iida auf Grund der Nahordnungsenergien durchgeführten Abschätzung [117] gelten für die Wahrscheinlichkeiten des Vorkommens der Konfigurationen K_0, K_1, K_2 folgende Relationen

$$\text{(für } T \approx 80°\text{C bis } 300°\text{C)}$$

$$K_1 : K_0 \sim 0{,}003 \cdot/.\ 0{,}045$$

$$K_2 : K_1 \sim 10^{-5} \cdot/.\ 10^{-3}\,.$$

Daraus folgt, daß Reorientierungen, die durch Vermittlung der Konfiguration K_1 bewirkt werden, wesentlich leichter und daher auch schneller verlaufen, als diejenigen, die den Übergang über die Konfiguration K_2 erfordern.

Wie schon früher erwähnt, können jetzt die Co^{2+}-Ionen entweder „isoliert" vorkommen oder Paare bzw. größere Ionengruppen (Tripletts, Ketten) bilden. Zur Wanderung eines isolierten Co^{2+}-Ions (Abb. 4.44a) kommt es immer durch Vermittlung der Konfiguration K_1, die entsteht, wenn irgendeins der benachbarten Fe-Ionen seinen Platz mit einer Leerstelle austauscht. Wir erwarten, daß die resultierende Relaxationszeit relativ kurz sein wird. Obwohl der ganze Prozeß verschiedene Typen von Sprüngen einschließt – schematisch sind sie in Abb. 4.44b dargestellt –, gehört zur Reorientierung isolierter Co^{2+}-Ionen eine einzige Relaxationszeit τ, die durch die Beziehung

$$\frac{1}{\tau} \cong 8\varrho' I' \cdot \frac{C}{I} \cong 4{,}65\varrho\bar{\nu} \exp\left(-Q/kT\right) \tag{4.91}$$

[71]) Zu einer 3 Co^{2+}-Ionen und 1 Leerstelle enthaltenden Konfiguration gehört eine so große Energie, daß man ihr Vorkommen nicht zu berücksichtigen braucht.

bestimmt ist, in der $\bar{\nu}$ und Q effektive Werte des Frequenzfaktors bzw. der Aktivierungsenergie darstellen. Die Relaxationszeit τ ist also der Leerstellenkonzentration ϱ indirekt proportional[73]), wobei $\varrho' = p\varrho$ $(p = 0{,}5815)$ die effektive Anzahl der am Prozeß beteiligten Leerstellen ist[74]). I', I, C sind die den genau so bezeichneten Sprüngen in Abb. 4.44 entsprechenden Frequenzen. Das Experiment [118] ergibt $\bar{\nu} = 7{,}5 \cdot 10^{12}$ Sek^{-1} und $Q = 1{,}0$ eV.

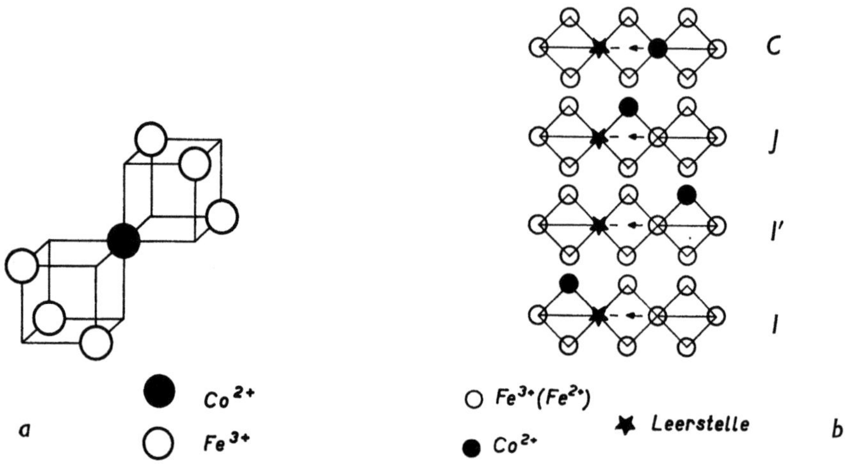

Abb. 4.44 (a) — Ein „isoliertes" Co^{2+}-Ion; (b) — Schematische Darstellung verschiedener Möglichkeiten, die für den durch Leerstellenwanderung bedingten Platzwechsel des isolierten Co^{2+} bestehen. (Nach [117]).

Wenn wir diesen Wert der Aktivierungsenergie mit der für einfache Leerstellenordnung beobachteten Aktivierungsenergie (vgl. S. 417) vergleichen, sehen wir, daß Q etwas höher ist. Diese Tatsache kann man dem Umstand zuschreiben, daß ein Co^{2+}-Ion größer und schwerer ist als Fe^{3+}, so daß für seinen Übergang auf den benachbarten unbesetzten Platz die Energieschwelle höher sein wird, sowie dem Umstand, daß die Übergänge I, I' Zustände mit verhältnismäßig abweichender Energie verbinden, so daß die Schwelle beim Übergang I' höher sein wird als beim Übergang I in umgekehrter Richtung.

In weiteren Bildern (Abb. 4.45 und 4.46) sind die Möglichkeiten für die Reorientierung der Paare Co^{2+}—Co^{2+} bzw. einer ganzen Kette von Co^{2+}-Ionen gezeichnet. Sowohl bei den Paaren als auch bei den Ketten gibt es im wesentlichen zwei Möglichkeiten. Entweder nähert sich die Leerstelle so, daß die Konfiguration K_1, oder so, daß die Konfiguration K_2 entsteht. Bei einer Kette heißt das im ersten Falle, daß die sukzessive Wanderung der Co^{2+}-Ionen vom Kettenrand anfängt (Richtung der Leer-

---

[73]) ϱ gibt die relative Anzahl der unbesetzten Plätze des oktaedrischen Untergitters an.

[74]) ϱ' bedeutet die Wahrscheinlichkeit des Vorkommens einer Leerstelle in der Nachbarschaft der Fe-Ionen 1, 2, ..., 6 in Abb. 4.44a. Im allgemeinen ist $\varrho' \neq \varrho$ infolge der Wechselwirkungen eines Co^{2+}-Ions mit Ionen in der 2. Sphäre.

stellenbewegung V_1). Im zweiten Falle beginnt die Annäherung der Leerstelle an irgendeins der inneren Kationen in der Kette (z.B. Nr. 3, Richtung der Leerstellenbewegung V_2). Nach dem Vorhergesagten erwarten wir, daß der erste der beiden Mechanismen leichter und schneller ablaufen wird. Sofern die Co^{2+}-Ionen Gruppen

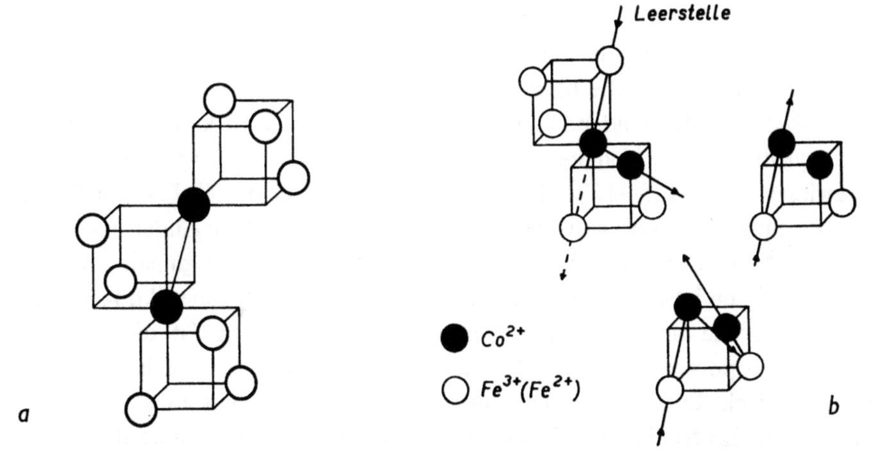

Abb. 4.45 (a) Ein (Co^{2+}-Co^{2+})-Paar. Wenn wir es als isoliert betrachten, bestehen insgesamt sechs mögliche Orientierungen für solche Paare, die durch die sechs Flächendiagonalen des Grundwürfels bestimmt sind. (b) Mögliche Reorientierungsarten des (Co^{2+}-Co^{2+})-Paares. Die Annäherungsrichtung einer Leerstelle ist durch einen Pfeil angedeutet. Die gestrichelte Linie führt zu einer Zerstörung des Paares. Nach Iida und Miwa [117].

zu dritt bilden (das ist bei größeren Kobalt-Konzentrationen in Betracht zu ziehen), wird die Umwandlung einer solchen Gruppe nur durch Vermittlung der Konfiguration K_2 möglich sein. Eine von Iida durchgeführte Analyse zeigt, daß in Überein-

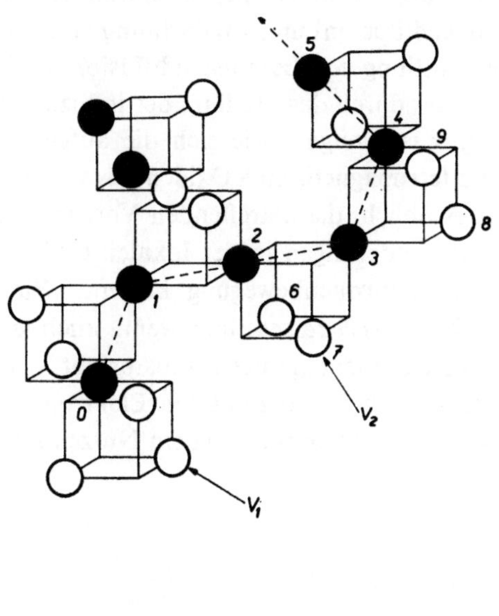

Abb. 4.46 Beispiel einer Kette von Co^{2+}-Ionen in oktaedrischen Lagen des Spinells. Die Pfeile V_1, V_2 bedeuten die Annäherung einer Leerstelle, die eine Reorientierung der Kette ermöglicht. Nach Iida und Miwa [117].

stimmung mit dem Experiment [115, 117, 118] für die Reorientierung der Paare *zwei* verschiedene Relaxationszeiten erhalten werden, während es bei Beteiligung größerer Gruppen von Co^{2+}-Ionen am Relaxationsprozeß (bei großen Co-Konzentrationen) zu einer merklichen Streuung der Zeitkonstanten kommt.

Eine eingehende Analyse der experimentellen Ergebnisse deutet weiter darauf hin, daß bei Leerstellendiffusion auch die Elektronenwanderung eine wichtige Rolle spielt, die, wenn sie mit der Leerstellenbewegung korreliert ist, durch die Wirkung elektrostatischer Kräfte die beim Übergang des Ions auf einen benachbarten unbesetzten Platz zu überwindende Energieschwelle herabsetzen kann. Auf diesen Umstand wurde in verschiedenen Zusammenhängen von einer Reihe von Autoren hingewiesen [117, 125–127]. Im angeführten Beispiel des CoFe-Spinells kann es durch Einfluß der Elektronenwanderung z.B. zu einer zeitlichen Änderung der Kobalt-Valenz $Co^{2+} \rightarrow Co^{3+}$ und dadurch zu einer energetischen Begünstigung der Konfiguration K_2 und Erleichterung der Diffusion von Kobalt-Ionen kommen. Für die Vermittlungsrolle der Leerstellen bei der Ionenwanderung ist die Abhängigkeit (indirekte Proportionalität) der Relaxationszeiten von der Leerstellenkonzentration charakteristisch. Diese Eigenschaft unterscheidet den Mechanismus von den Fällen, in denen die Leerstellen als ein aktiver Faktor bei der Entstehung der induzierten Anisotropie auftreten und in denen die Leerstellenkonzentration die Größe der induzierten Anisotropie, nicht aber die Relaxationsgeschwindigkeit beeinflußt.

Übersicht über experimentelle Ergebnisse und ihre Interpretation

In den vorhergehenden Abschnitten haben wir 3 typische Fälle der Entstehung und Relaxation der induzierten Anisotropie erörtert: (1) die Leerstellenordnung, (2) Ordnung der Ionenvalenzen durch den Mechanismus des Elektronensprungs (Elektronendiffusion) und (3) Ordnung von untereinander verschiedenen Kationen durch Vermittlung von Leerstellendiffusion. In diesem Abschnitt wollen wir auf der Grundlage der durch das Studium der induzierten Anisotropie gewonnenen experimentellen Ergebnisse zeigen, wie sich die aufgeführten Mechanismen bei einzelnen Ferriten und ferrimagnetischen Oxiden auswirken. Wegen der kinetischen Seite des Problems ist es üblich, die betreffenden Vorgänge in zwei Gruppen zu teilen, je nachdem, ob es zu Änderungen in der lokalen Ordnung durch Vermittlung von Ionen- (Atom-) oder Elektronenbewegung kommt. Wir sprechen dann von *Ionenprozessen* und *Elektronenprozessen*, und wenn auch eine solche Einteilung den Charakter der Vorgänge nicht immer restlos erfaßt – wir erwähnten schon früher, daß z. B. die Leerstellenbewegung mit den Elektronensprüngen korreliert werden kann –, wird sie doch hier von praktischem Nutzen sein.

Ionenprozesse. Da die mit Ionenbewegung verbundenen Prozesse durch eine verhältnismäßig hohe Aktivierungsenergie charakterisiert sind ($>0{,}7$ eV), sind die dadurch bedingten Relaxationseffekte gewöhnlich bei höheren Temperaturen zu beobachten. Die ausgeprägtesten Effekte wurden bei ferrimagnetischen kobalthaltigen Oxiden beobachtet. In unseren vorangegangenen Überlegungen gingen wir sehr oft vom konkreten Fall des teilweise durch Kobalt substituierten Magnetits ($Co_x \cdot Fe_{3-x}O_4$) aus. Die induzierte Anisotropie wurde in diesem System besonders von Iida u.a. [118, 128], Bickford u.a. [112] und Palmer [115] eingehend studiert. Die die Abhängigkeit der Konstanten F und G von der Kobalt-Konzentration x im Bereich kleiner x zeigenden Ergebnisse von Penoyer und Bickford haben wir in Abb. 4.38 aufgeführt. Die publizierten experimentellen Daten über die Relaxation der induzierten Anisotropie in diesem System deuten auf die Existenz mehrerer Relaxationskonstanten hin, die man im Sinne der früher dargelegten Theorie der Wanderung von isolierten Co^{2+}-Ionen und von Paaren dieser Ionen usw. zuschreiben kann. Die Relaxationszeiten sind dabei der Leerstellenkonzentration umgekehrt proportional, und für den speziellen Fall isolierter Ionen wird die Beziehung (4.91) erfüllt[75]). Für $\varrho \approx 10^{-5}$ oder größer ist $Q = 1{,}0$ eV, so daß für Temperaturen von etwa 100°C τ von der Größenordnung Minuten ist. Bei extrem kleiner Leerstellenkonzentration (reduzierte Proben) wächst die Aktivierungsenergie bis auf Werte von ungefähr 2 eV, was darauf hindeutet, daß es zur Ionen-Umordnung auf Grund eines anderen,

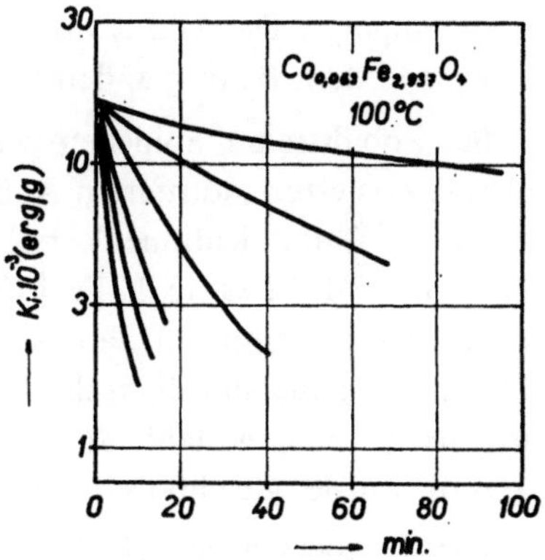

Abb. 4.47 Abnahme der induzierten Anisotropie von Magnetit mit kleinem Co^{2+}-Gehalt, gemessen nach Drehung des Magnetfeldes aus der vorher durch Glühung im Magnetfeld stabilisierten Richtung. Der Rückgang ist um so ausgeprägter, je größer der Oxidationsgrad der Probe und daher auch die Leerstellenkonzentration ist; der Ausgangswert von K_i ist jedoch in allen Fällen gleich. (Nach Iida und Inoue [118].)

schwierigeren Diffusionsmechanismus, z. B. durch Diffusion über Zwischengitterplätze, kommt. Es scheint, daß die Diffusion auch durch die Anwesenheit von Fe^{2+}-Ionen erleichtert wird, denn der Elektronenaustausch $Fe^{2+} \rightleftarrows Fe^{3+}$ kann, wenn er mit der Leerstellenbewegung korreliert ist, durch die Wirkung elektrostatischer

[75]) Verschiedene Autoren benutzen statt der echten Relaxationszeit die Halbwertszeit $\tau_{1/2}$, d. i. jene Zeit, in welcher der gemessene Effekt, in unserem Falle die induzierte Anisotropie, seinen Maximalwert um die Hälfte ändert. Der Vorteil der Einführung dieser Größe beruht auf der Möglichkeit der direkten und eindeutigen Feststellung aus dem Experiment.

Kräfte die Energieschwelle herabsetzen, die das Ion beim Übergang auf den benachbarten unbesetzten Platz überwinden muß (siehe auch S. 427). Auf die Größe der induzierten Anisotropie bleibt die Leerstellenkonzentration im betrachteten Fall ohne Einfluß, im Einklang mit der Vorstellung über ihre Vermittlungsfunktion. Das ist aus Abb. 4.47 ersichtlich, in der die Zeitabnahme der induzierten Anisotropie aufgetragen ist von Proben mit verschiedenen ϱ-Werten nach Drehung des Magnetfeldes aus der stabilisierten Richtung, wobei zuvor der volle Gleichgewichtswert der induzierten Anisotropie erreicht worden war; die Meßtemperatur ist dabei dieselbe wie bei der Magnetfeldtemperung.

Wie Messungen an einigen weiteren kobalthaltigen Spinellen (Ni—Co-Ferrit [116], Ni—Zn—Co-Ferrit [120]) gezeigt haben, ist in diesen Fällen die induzierte Anisotropie gewöhnlich kleiner als bei Magnetit. So wurden z.B. im letzten Falle nach Glühung im Magnetfeld bei 350°C für die Zusammensetzung $Co_xNi_{0,46-x}.Zn_{0,29}Fe_{2,25}O_{4+\gamma}$ Werte der induzierten Anisotropie bei Raumtemperatur gewonnen, die man mit folgenden Formeln ausdrücken kann

$$G = 7 \,.\, 10^5 x \text{ erg cm}^{-3}\,, \qquad F = 0{,}6 \,.\, 10^4 + 10^7 x^2 \text{ erg cm}^{-3}\,.$$

Es ist offensichtlich, daß die Verringerung vor allem das Glied G betrifft und wahrscheinlich mit der Reduzierung des Einionen-Beitrages von Co^{2+} durch den Einfluß der herabgesetzten und fluktuierenden lokalen Symmetrie des Kristallfeldes zusammenhängt. Der von x unabhängige Anisotropieteil vom F-Typ entspricht anscheinend dem Beitrag anderer Ionen oder der Leerstellen.

Bei kobaltfreien Spinellen wurden die durch Diffusionsprozesse des Ionen-Typs charakterisierten induzierten Anisotropien besonders an Ferriten studiert, die gleichzeitig Fe^{2+} und Kationenleerstellen in oktaedrichen Lagen enthalten. Als Beispiel kann man die Ferrite NiFe [129, 130], MgFe [131] und MnFe [132–134] mit kleinem Überschuß an Sauerstoff über das stöchiometrische Verhältnis anführen. Durch den Sauerstoffüberschuß wird die entsprechende Konzentration an Kationenleerstellen sichergestellt. In Magnetit mit Überschuß an Sauerstoff ($Fe_3O_{4+\gamma}$; $\gamma > 0$) wurde gleichfalls eine ähnliche induzierte Anisotropie festgestellt [135].

Der Temperaturbereich T_a, in dem man durch Glühung im Magnetfeld bei den erwähnten Ferriten induzierte Anisotropie erzeugen kann, erstreckt sich von Raumtemperatur bis zu einigen Hunderten °C (dieses Intervall ist nach oben durch die Curie-Temperatur beschränkt). Wie z. B. aus den Experimenten von Motzke [130] am Ferrit $Ni^{2+}_{0,4}Fe^{2+}_{0,6}Fe^{3+}_2O_{4+\gamma}$ folgt, gibt es zumindest zwei Temperaturbereiche, bei denen die zur Entstehung der induzierten Anisotropie benötigte Zeit den Laborbedingungen (d.h. größenordnungsmäßig Sekunden bis einige Stunden) entspricht. Aus Abb. 4.48, in der die Werte der induzierten Anisotropie K_i für eine polykristalline NiFe-Ferrit-Probe in Abhängigkeit von T_a bei konstanter Glühdauer wiedergegeben sind, folgt, daß der eine Temperaturenbereich gerade oberhalb Raumtemperatur, der zweite im Gebiet oberhalb 200°C liegt[76]). In einigen Fällen wurden mehrere solche Gebiete gefunden; bei MnFe-Ferriten z. B. vier zwischen Raumtemperatur und dem Curie-Punkt [133, 134]. Die an Proben mit verschiedenem Sauerstoffgehalt γ (und daher mit verschiedener Leerstellenkonzentration ϱ) durchgeführten Experimente zeigen dann, daß, während der Beitrag des „Tieftemperatur"-Mechanismus ($T_a \approx 300$°K) linear mit ϱ anwächst (Abb. 4.49), die Größe der im Bereich höherer

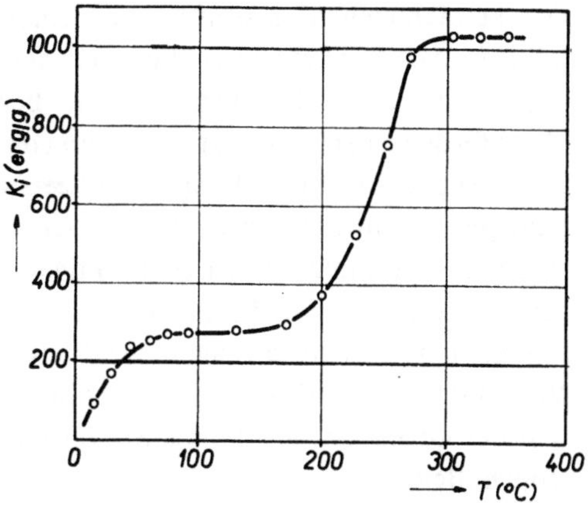

Abb. 4.48 Abhängigkeit der induzierten Anisotropie K_i des polykristallinen $Ni^{2+}_{0,4}Fe^{2+}_{0,6}Fe^{3+}_2O_{4+\gamma}$ von der Glühtemperatur; die Glühung dauerte in allen Fällen 10 Minuten, und anschließend wurde die Probe auf eine Temperatur von -75 °C abgekühlt, bei der die induzierte Anisotropie gemessen wurde [130].

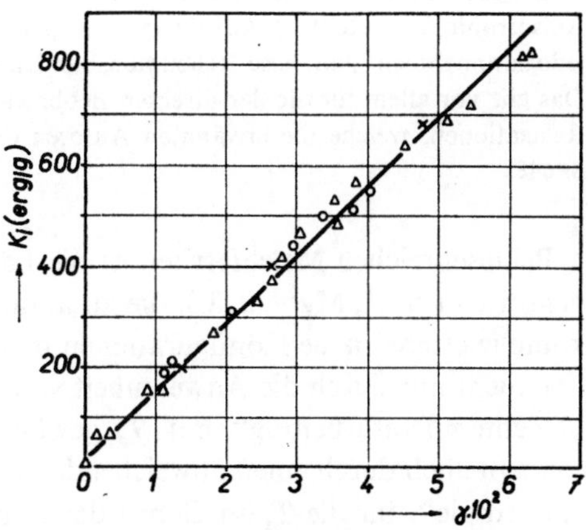

Abb. 4.49 Abhängigkeit der durch Glühung im Magnetfeld bei 75 °C erhaltenen maximalen induzierten Anisotropie vom Gehalt des überschüssigen Sauerstoffs γ (nach Motzke [130]).

Temperaturen induzierten Anisotropie von ϱ praktisch unabhängig ist. Man kann also schlußfolgern, daß bei dem ersten Vorgang die Kationenleerstellen als aktiver Faktor bei Entstehung der induzierten Anisotropie auftreten, hingegen ihre Aufgabe beim Hochtemperatur-Vorgang ähnlich wie bei Ferriten mit Co^{2+}-Ionen nur passiv ist; die Leerstellen ermöglichen und beschleunigen hier nur die Kationenumordnungen im Gitter.

[76]) Die genaue, durch Erreichen des „gesättigten" K_i-Wertes charakterisierte Lage hängt begreiflicherweise von der Glühdauer ab.

Knowles [135] studierte die induzierte „Tieftemperatur"-Anisotropie an einem Magnetit-Einkristall im Raumtemperaturbereich und fand $G = 40\,\mathrm{erg\,cm^{-3}}$, $F = 0$. Dieses Ergebnis steht damit in Einklang mit dem, was wir auf Grund des früher diskutierten Modells für die Leerstellenordnung in *B*-Lagen des Spinellgitters (S. 413) erwarten würden. Für die Interpretation der induzierten Anisotropie ist es aus diesem Grunde von prinzipieller Bedeutung, daß Magnetit nur eine einzige Kationenart enthält[77]), so daß Leerstellen potentiell die einzigen Gebilde im Kristall sind, die bei den betrachteten Temperaturen zu einer lokalen anisotropen Ordnung beitragen können. Aus der bekannten Leerstellenkonzentration und aus dem Meßwert für *G* folgt für die auf 1 Kationen-Leerstelle bezogene Anisotropieenergie $2{,}3 \cdot 10^{-16}$ erg. Diese Größe entspricht relativ gut dem von Yanase [125] für den Beitrag magnetischer Dipol-Dipol-Wechselwirkungen bei Leerstellenordnung berechneten Wert. Außerdem kann jedoch zur induzierten Anisotropie beitragen: (a) die Erhöhung der Konzentration von bestimmten magnetisch aktiven Ionen auf den für sie vorteilhaften Plätzen (die Anwesenheit von Leerstellen auf einem bestimmten *B*-Platztyp z. B. vergrößert infolge der elektrostatischen Wechselwirkungen die Wahrscheinlichkeit für das Vorkommen des Fe^{2+}-Ions auf demselben Platztyp), (b) die Änderung des Charakters und der Größe des Kristallfeldes von umliegenden Ionen und dadurch ihres anisotropen Beitrags.

Einige Autoren [136] haben bei Magnetit noch zwei weitere Relaxationsgebiete der induzierten Anisotropie festgestellt[78]). Auf Grund einer genauen Studie von Iida und Iizuka [123] kann man jedoch annehmen, daß diese Relaxationsbanden durch Verunreinigungen hervorgerufen wurden. Das gilt vor allem für die der direkten Beobachtung in der Umgebung von 100 °C zugänglichen Relaxationen, welche die erwähnten Autoren den Co^{2+}-Ionen zuschreiben. Vgl. Abschn. 6.3, S. 648.

Bei eisenreichen Mischferriten ist die Lage durch die Anwesenheit weiterer Kationensorten (Ni^{2+}, Mg^{2+} u. ä.), die zusammen mit den Fe-Ionen und evtl. Leerstellen kompliziertere lokale Konfigurationen bilden können, etwas kompliziert. Das äußert sich nicht nur durch die Anwesenheit von mindestens einem weiteren Beitrag (einem „Hochtemperaturbeitrag" mit T_a gewöhnlich oberhalb 200°C – vgl. Abb. 4.48), sondern auch durch einen abweichenden Charakter der induzierten „Tieftemperaturanisotropie", für die T_a im Gebiet der Raumtemperatur liegt. Zum Unterschied von Magnetit, wo diese Anisotropie ein Ergebnis reiner Leerstellenordnung im Hinblick auf die 4 Typen oktaedrischer Lagen darstellt und daher „vom Typ *G*" ist, zeigen die Mischferrite wie Ni—Fe, Mg—Fe in diesem Gebiete eine Anisotropie, die neben dem *G*-Glied auch ein von Null verschiedenes *F*-Glied enthält [130]. Die Größe

---

[77]) Wenn wir vom Valenzunterschied der Eisen-Ionen absehen, der jedoch durch den Effekt sehr schneller Elektronensprünge verwischt wird.

[78]) Meistens handelt es sich um Messungen der Desakkomodation der Permeabilität (vgl. Abschn. 6.3, S. 641 f.).

dieses Beitrags hängt neben ϱ auch von der Konzentration x des weiteren Ions (Ni^{2+}, Mg^{2+} u.ä.) ab, entsprechend der Beziehung

$$F \sim \varrho x(2 - x),$$

die andeutet, daß die zugehörige Anordnung auch orientierte Paare einbezieht, bei denen die Leerstelle ein Glied bildet. Sofern es sich um die induzierte „Hochtemperatur"-Anisotropie handelt, ist sie meist vom Typ F, ($G \approx 0$) [130, 137]. Die Vermittlungsrolle der Leerstellen kommt durch Verkürzung der Relaxationszeiten, ähnlich wie bei der Wanderung der Co-Ionen, zum Ausdruck. Die bei diesem Vorgang an NiFe- und MgFe-Ferriten beobachteten, im ganzen längeren Relaxationszeiten kann man dem Umstand zuschreiben, daß die Ni^{2+}- und Mg^{2+}-Ionen im Laufe der Reorientierung ihre Valenz beibehalten, während bei Kobalt die Diffusion durch die Valenzänderung $Co^{2+} \rightarrow Co^{3+}$ erleichtert wird (vgl. S. 422). Die Bedeutung der Anwesenheit von Fe^{2+}-Ionen bei diesen Ferriten kann zweifach sein: einerseits passiv, die Oxidation des Materials und Entstehung von Kationenleerstellen ermöglichend, andererseits aktiv, sich neben dem eigenen Beitrag zur induzierten Anisotropie durch Beeinflussung der Geschwindigkeit der Ionen- bzw. Leerstellenwanderung durch Elektronensprünge $Fe^{2+} \rightleftarrows Fe^{3+}$ dokumentierend.

Im Falle eines „Tieftemperatur"-Vorganges kann man diese Effekte in dem Zusammensetzungsgebiet verfolgen, wo die Konzentration $c(Fe^{2+})$ mit der Leerstellen-Konzentration ϱ vergleichbar ist. Einige experimentelle Ergebnisse [133, 138] deuten an, daß die induzierte Anisotropie dann dem Produkt $\varrho \cdot c(Fe^{2+})$ proportional ist, im Einklang mit der Vorstellung über den aktiven Beitrag der Fe^{2+}-Ionen zur induzierten Anisotropie. Da weiter für $c(Fe^{2+}) \rightarrow 0$ nicht nur die Größe der induzierten Anisotropie sinkt, sondern gleichzeitig auch die Relaxationszeit größer wird, kann man annehmen, daß die Anwesenheit der Fe^{2+}-Ionen bzw. die durch sie ermöglichte Elektronenwanderung die Leerstellendiffusion beschleunigt. Bei dem „Hochtemperatur"-Vorgang äußert sich die Anwesenheit von Fe^{2+} besonders durch die Abhängigkeit der Größe der induzierten Anisotropie von $c(Fe^{2+})$. Diese Abhängigkeit ist in der Regel *quadratisch* [130, 137], was einen Beitrag der bei Elektronensprüngen $Fe^{2+} \rightleftarrows Fe^{3+}$ vorübergehend entstehenden orientierten Paare Fe^{2+}-Fe^{2+} bedeuten kann. Es sei noch bemerkt, daß im Falle der MnFe-Spinelle ein weiterer Relaxationsprozeß bei Temperaturen von ca. -50 °C beobachtet wurde (vgl. Abschn. 6.3, Abb. 6.50, wo diesem Vorgang das *DA*-Maximum IV entspricht), welcher für die Abhängigkeit von ϱ und $c(Fe^{2+})$ ähnliche Züge trägt wie die früher erwähnte „Tieftemperatur"-Anisotropie. Seine Größe ist aber gleichzeitig auch der Konzentration von Mn-Ionen in den B-Lagen annähernd proportional [133]. Diese Umstände lassen die Vermutung zu, daß es sich um eine unter Mitwirkung von Elektronensprüngen und Leerstellenwanderung erfolgende Reorientierung der durch eine Leerstelle stabilisierten Jahn-Teller-Verzerrung des Mn^{3+}-Oktaeders handelt.

Von weiteren Systemen, bei denen die induzierte Anisotropie studiert wurde, nennen wir noch die MnFe-Spinelle aus dem Gebiet der manganreichen Zusammensetzung ($Mn_xFe_{3-x}O_{4+\gamma}$; $x > 1$). Die Ergebnisse unterscheiden sich von den früher erwähnten eisenreichen Ferriten hauptsächlich dadurch, daß keine Vorgänge mit T_a in der Umgebung von -50°C bzw. 20°C existieren und daß sie durch einen anderen

Relaxationsprozeß ersetzt zu sein scheinen, für den die entsprechende Glühtemperatur in der Umgebung von 100°C liegt [127, 139]. In einigen Fällen, besonders bei Magnetit mit kleinem Zn- oder Mn-Zusatz, wurde noch eine andere, bei wesentlich höheren Temperaturen (> 350°C) entstehende induzierte Anisotropie beobachtet. Sie könnte Konfigurationen entsprechen, welche Ionen in tetraedrischen Lagen einschließen, die in den erwähnten Fällen von substituierenden Zn- oder Mn-Ionen vorzugsweise besetzt werden [140].

Elektronenprozesse. Falls auf äquivalenten Plätzen des Kristallgitters Ionen eines bestimmten Elements in verschiedenen Valenzzuständen koexistieren, genügt oft reiner Elektronenaustausch zwischen ihnen zur Erreichung einer lokalen Valenzordnung dieser Ionen und zur Entstehung der induzierten Anisotropie. Da die Aktivierungsenergie für Elektronensprünge im Vergleich zur Ionendiffusion viel kleiner ist – in der Regel sind es Hundertstel, höchstens Zehntel eV –, genügen zur Entstehung dieses Typs induzierter Anisotropie verhältnismäßig tiefe Temperaturen, größenordnungsmäßig einige zehn °K, und zu ihrem völligen Einfrieren reicht oft nicht einmal die Temperatur von ca. 4°K aus. Diesen Umständen angepaßt sind auch die Methoden der experimentellen Beobachtung. Öfter als die direkte Messung der Drehmomentkurven und ihre Analyse wird die Verfolgung von Relaxationsänderungen der induzierten Anisotropie (Zeitabnahme des Drehmoments – vgl. S. 411) oder die Messung der Rotationshysterese [122] benutzt, und eine Reihe von Schlüssen wurde auch auf Grund der Messungen abgeleiteter Effekte gezogen (magnetische Nachwirkung – vgl. S. 634f.). Es ist notwendig, auch darauf aufmerksam zu machen, daß die Situation gewöhnlich durch eine große Streuung der Zeitkonstanten ziemlich kompliziert wird, die es oft nicht nur unmöglich macht, das ganze Relaxationsspektrum des studierten Vorganges durch eine Experimentalanordnung zu erfassen, sondern manchmal wesentliche Schwierigkeiten und Unsicherheiten auch bei der Identifizierung und gegenseitigen Zuordnung der mit verschiedenen Methoden studierten Erscheinungen hervorruft.

Der häufigste Fall entsteht durch die Valenzordnung der Eisen-Ionen (d. h. im wesentlichen durch die Ordnung der Fe^{2+}- und Fe^{3+}-Ionen). Der Mechanismus des Valenzaustausches $Fe^{2+} \rightleftarrows Fe^{3+}$, durch den diese Ordnung entsteht, wird als identisch mit dem für die elektrische Leitfähigkeit bei diesen Stoffen verantwortlichen Mechanismus der Elektronensprünge angesehen. Zu dieser Schlußfolgerung führt besonders die Übereinstimmung der Aktivierungsenergien der beiden Effekte (vgl. Abschn. 7.3, S. 761 f.). Eine induzierte Anisotropie dieses Typs kommt bei diese Ionen enthaltenden Spinellen und Granaten vor (vgl. z. B. [122, 124, 141–143]) und erreicht manchmal ziemlich hohe Werte, was man wahrscheinlich dem Effekt der Fe^{2+}-Ionen zuschreiben kann (vgl. S. 362). In Abb. 4.50 wird zur Illustration der Temperaturverlauf der induzierten Anisotropie eines NiFe-Ferrits dargestellt, die vom *F*-Typ ist. Als ein besonderer Fall gilt Magnetit, bei dem es nahe –120°C zur Valenzordnung der Eisen-Ionen im ganzen Kristall, d. h. auf große Entfernung, kommt. Die Wahl der *c*-Achse der orthorhombischen Symmetrie, die bei dieser Ordnung entsteht, und daher die Orientierung der Ordnung selbst, kann man durch Anlegen eines Magnetfeldes bei Durchgang durch den Transformationspunkt beeinflussen [144, 145] (vgl. S. 175 f.), so daß es sich augenscheinlich im wesentlichen um eine Erscheinung des gleichen Ursprungs wie bei der induzierten Anisotropie handelt.

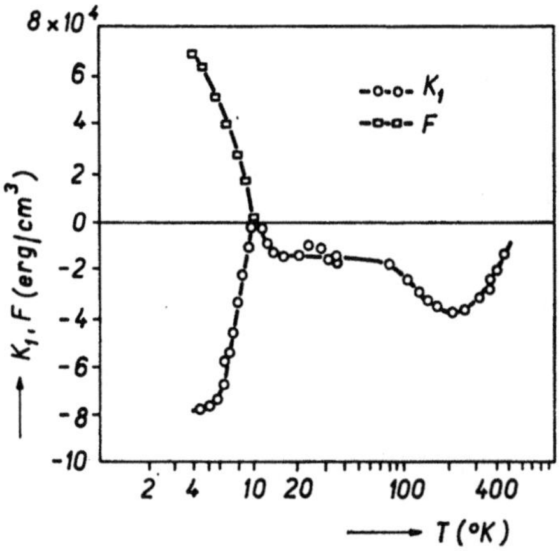

Abb. 4.50 Die an einem Einkristall der Zusammensetzung $Fe^{3+}_{1,00}[Ni^{2+}_{0,79}Fe^{2+}_{0,36}Fe^{3+}_{0,90}]O_4$ gemessene Temperaturabhängigkeit der Konstanten K_1 und F; die Probe wurde im Magnetfeld abgekühlt. (Nach Menyuk und Dwight [141].)

Bedeutende Aufmerksamkeit wurde in jüngster Zeit dem mit Silizium schwach dotierten YIG gewidmet [122, 124, 143, 146–149]. Das Silizium tritt in das Gitter als Si^{4+} (offenkundig in tetraedrische Lagen) ein und ruft bei einer entsprechenden Anzahl von Eisen-Ionen in oktaedrischen Lagen eine Valenzänderung von Fe^{3+} nach Fe^{2+} hervor. Nach Messungen von Hunt [124] verläuft die Relaxation der induzierten Anisotropie in zwei stark sich überlappenden Banden mit mittleren Aktivierungsenergien von ca. 0,01 eV bzw. 0,06 eV (diese Werte ändern sich etwas mit der Si-Konzentration). Die starke Streuung der Zeitkonstanten gelang es mit einer logarithmischen Verteilung zufriedenstellend auszudrücken (S. 637 f.). Während der Vorgang mit der höheren Aktivierungsenergie zur induzierten Anisotropie vom *G*-Typ führt, trägt die Bande mit der niedrigen Aktivierungsenergie auch durch das von Null verschiedene *F*-Glied bei. Im ersten Falle kann man im wesentlichen dasselbe Modell anwenden, das wir für die Leerstellenordnung in den 4 nicht-äquivalenten Lagen des Spinells benutzt haben. Auch in der Granatstruktur kann man ja die Oktaederlagen nach der Richtung der lokalen trigonalen Achse klassifizieren, die immer zu einer der Raumdiagonalen des Elementarwürfels parallel ist. Die resultierende Anisotropie muß dann vom *G*-Typ sein. Es scheint, daß dieser Prozeß der Verteilung *freier*, thermisch angeregter Elektronen (aus den durch Si^{4+}-Ionen gebildeten Donorzentren) entsprechen könnte, während der Prozeß mit niedrigerer Aktivierungsenergie einer Umordnung der in diesen Zentren gebundenen Elektronen zugeschrieben werden könnte. Dadurch wäre es möglich, auch die Erscheinung des *F*-Gliedes als Ergebnis der Änderung lokaler Symmetrie des Kristallfeldes von Fe^{2+}-Ionen in der

Umgebung von Si^{4+} aufzufassen. Ein sehr interessanter und attraktiver, bei einem mit Si dotierten Yttrium-Eisen-Granat beobachteter Effekt ist die Beeinflussung der Relaxation der induzierten Anisotropie bei Belichtung mit infraroter Strahlung der Wellenlänge von 1 bis 2 μm [149]. Der Haupteffekt entspricht der Beschleunigung des Relaxationsprozesses, was man besonders im Temperaturbereich beobachten kann, wo die normale Redistribution sehr langsam verläuft. In Abb. 4.51 wird die

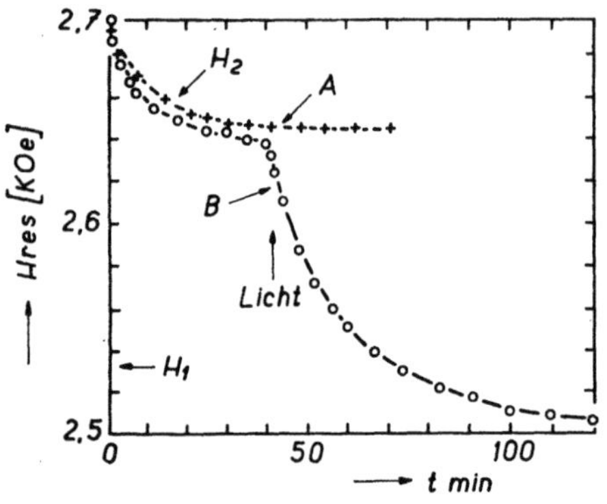

Abb. 4.51 Zeitverlauf des Resonanzfeldes H_2, nachdem die Magnetisierung der Probe mit der Zusammensetzung $Y_3Fe_{4,9}Si_{0,1}O_{12}$ aus der stabilisierten Richtung [111] (Resonanzfeldstärke H_1) in eine neue Lage parallel zur [11$\bar{1}$]-Richtung gedreht wurde. Kurve *A* entspricht der Messung ohne Belichtung, bei Kurve *B* führt die Belichtung zu einer starken Beschleunigung der Relaxation. Nach Teale und Temple [149].

Wirkung von infrarotem Licht auf den Relaxationsverlauf der induzierten Anisotropie bei 20°K dargestellt, die aus der Änderung des Resonanzfeldes ersichtlich ist.

Das Eisen ist natürlich nicht das einzige zur Koexistenz in verschiedenen Valenzzuständen fähige Ion. Ähnlich verhalten sich z. B. auch Kobalt, Mangan oder Kupfer. Bei Kobalt setzt man voraus, daß Co^{2+} das aktive Ion bei Entstehung der Anisotropie ist, während Co^{3+} höchstwahrscheinlich im Zustand mit niedrigem Spin, d. h. diamagnetisch sein wird. Der Valenzaustausch $Co^{2+} \rightleftarrows Co^{3+}$ kann dann unter zwei verschiedenen Situationen verlaufen, und zwar: (a) bei großer Konzentration der Co-Ionen so, daß Elektronensprünge in kurzem Abstand direkt zwischen den Kobalt-Ionen möglich sind, (b) bei kleiner Co-Konzentration, wo der Elektronenaustausch in größerem Abstand geschieht und durch andere Ionen (z. B. Fe) vermittelt wird. Im ersten Falle ist die Aktivierungsenergie klein, von der Größenordnung 0,1 eV, im zweiten Falle kann sie verhältnismäßig hoch sein (bis ~0,6 eV), denn sie schließt die Anregung des Ions ein, das die Elektronenübertragung vermittelt. Als Beispiele für den ersten Typ des Elektronenprozesses können die von Iizuka und Iida [150] studierten CoFe- und CoFeNi-Spinelle dienen, in die zweite Gruppe gehört die Mehrzahl der anderen untersuchten Fälle [151]. In Abb. 4.52 wird der Verlauf der induzierten Anisotropie im System $Co_xFe_{3-x}O_4$, $x > 1$ in Abhängigkeit von der Zusammensetzung dargestellt.

Die Situation bei Mangan und Kupfer wird durch den Jahn-Teller-Effekt der Mn^{3+}- und Cu^{2+}-Ionen kompliziert. Obwohl man auch die z. B. bei MnFe- und anderen Mn^{3+} enthaltenden Spinellen beobachtete induzierte Anisotropie und ihre entsprechenden Relaxationserscheinungen zumindest in einigen Fällen den Elektronensprüngen zwischen Mn^{2+} und Mn^{3+} und einer Ordnung dieser Ionen [152] zuschreiben könnte, scheint es so zu sein, daß der Hauptmechanismus ein anderer ist [111]. Nach Abschn. 2.4, S. 169 f., können wir erwarten, daß die lokalen Jahn-Teller-Verzerrungen der Umgebung von Mn^{3+}-Ionen durch eine Wechselwirkung mit anderen Störungen stabilisiert werden können. Als solche kann man z. B. Kationen-Leerstellen, weitere Jahn-Teller-Verzerrungen oder auch ein „überflüssiges"

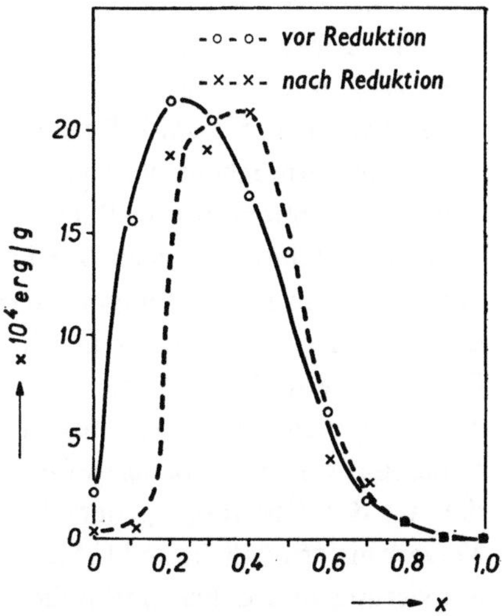

Abb. 4.52 Abhängigkeit der induzierten Anisotropie von der Zusammensetzung im System $Co_{1+2x} \cdot Fe_{2-2x}O_4$ [150]. Die gestrichelte Kurve entspricht der Messung nach Reduktion der Probe, wodurch der Sauerstoff- und daher auch der Co^{3+}-Gehalt etwas herabgesetzt wurde.

Elektron erwähnen, das den Valenzzustand des Eisens am benachbarten Oktaederplatz verändern und energetisch so eine bestimmte Störungsrichtung begünstigen kann. Dadurch entsteht im Kristall ein neues Gebilde, nämlich das gebundene Paar Elektron-Verzerrung bzw. das orientierte Paar Mn^{3+}—Fe^{2+}. Wenn es zu einer Reorientierung der Verzerrung und zu ihrer Stabilisierung in einer anderen Richtung kommen soll, muß auch das Elektron in eine andere Lage übergehen, so daß das Drehen der Verzerrung in Korrelation mit der Elektronenbewegung vor sich gehen wird. Auf diese Weise kann man verstehen, daß die induzierte Anisotropie selbst mit den anisotropen Eigenschaften der Mn^{3+}-Ionen verbunden sein kann, während der Relaxationsmechanismus dem üblichen Mechanismus der Elektronensprünge, z. B. des Typs $Fe^{2+} \rightleftarrows Fe^{3+}$, entspricht.

Wir wollen jetzt das System $Mn_xFe_{3-x}O_4$ näher betrachten, wofür relativ vollständige experimentelle Daten vorliegen. Im Zusammensetzungsbereich $x < 1$ enthält das oktaedrische Untergitter mehr Fe^{2+}-Ionen als die höchstmögliche Anzahl an Mn^{3+}-Ionen, vgl. S. 723 f. Die Übertragung der elektrischen Ladung geschieht hier durch Elektronensprünge $Fe^{2+} \rightleftarrows Fe^{3+}$ mit einem verhältnismäßig niedrigen Wert der Aktivierungsenergie (Größenordnung Hundertstel eV), und durch Valenzordnung der Eisen-Ionen kann dann induzierte Anisotropie wie bei anderen eisenreichen Ferriten entstehen. Diese Anisotropie ist bei sehr tiefen Temperaturen (in der Umgebung von Helium-Temperatur) zu beobachten, und mit ihr können die von Broese van Groenou und Pearson [153] anhand der Drehmomentmessungen an den im Magnetfeld von 20°K auf 1,4°K abgekühlten Proben bzw. bei Studium der Rotationshysterese im Temperaturbereich 1,4 bis 4,2°K erhaltenen Resultate erklärt werden. Die Ergebnisse zeigen einen Beitrag von *G*- und *F*-Typ zur induzierten Anisotropie und das Anwachsen beider Werte mit der Fe^{2+}-Konzentration. Es sei bemerkt, daß diese Anisotropie augenscheinlich dem Prozeß *B* in den *DA*- und tg δ-Spektren entspricht (Abschn. 6.3, S. 657 f.). Ein weiterer, von den erwähnten Autoren bei höheren Temperaturen beobachteter Beitrag zur induzierten Anisotropie ist vom Typ *F*, er wächst mit x (d. h. mit der Mangan-Konzentration) an, und sein Ursprung wurde den gekoppelten Paaren Fe^{2+}—Mn^{3+} zugeschrieben, deren Reorientierung durch Elektronenwanderung ermöglicht wird [111, 153–155]. In den *DA*-Spektren und Messungen von tg δ entspricht diesem Relaxationsmechanismus der Vorgang *C*. Beim Übergang über den stöchiometrischen Mn-Ferrit ($x = 1$) in das manganreiche Gebiet ($x > 1$) verschiebt sich in der Temperaturskala dieser Effekt zu höheren Temperaturen, und die Größe der entsprechenden induzierten Anisotropie wächst (im großen und ganzen linear) mit x an. Diese Änderung betrifft nicht die anisotrope Kopplung, die für alle x wahrscheinlich durch die anisotropen Eigenschaften des Mn^{3+} als Zentralion des tetragonal verzerrten Sauerstoff-Oktaeders gegeben ist, sondern bezieht sich nur auf die Art der Übertragung der elektrischen Ladung, welche die Reorientierung der Verzerrung ermöglicht und für $x > 1$ die Bildung von Ladungsträgern durch Wärmeaktivierung und daher eine höhere Aktivierungsenergie erfordert. In Abb. 4.53 ist die Abhängigkeit der induzierten Anisotropie $K_i = \frac{4}{5}F$ von x gezeigt, die von Gerber u. a. [155] bei 88 °K an einer Serie polykristalliner, nach zwei verschiedenen technologischen Verfahren hergestellter Proben gemessen wurde. Eine quantitative Analyse zeigt, daß an der Entstehung der induzierten Anisotropie nur ein Teil der zur Verfügung stehenden Mn^{3+}-Ionen teilnimmt, was man durch die Bildung stabilisierter, zu einer Reorientierung durch Wechselwirkung mit der Elektronenbewegung unfähiger Zusammenballungen dieser Ionen erklären kann.[79]) Die aus dem Bild ersichtliche Abnahme (Kurve a) des Wertes der induzierten Anisotropie durch den Einfluß der Oxidation der Proben kann man dann einfach durch die Erhöhung der Anzahl der unbeweglichen, durch Kationen-Leerstellen stabilisierten Mn^{3+}-Cluster erklären.

Aus der angeführten Übersicht ist augenscheinlich, daß das Studium der induzierten Anisotropie und der mit ihr verbundenen Erscheinungen bei verschiedenen ferrimagnetischen Oxiden sowie anderen Stoffen ein wichtiges Mittel zum besseren Verständnis der Wechselwirkungen von magnetischen Ionen in diesen Stoffen darstellt und die Möglichkeit bietet, tiefer unter die Oberfläche einer formellen Beschreibung

[79]) Wir vernachlässigen hier die Tatsache, daß ein gewisser Teil der Mn^{3+}-Ionen auch aus dem Grunde entfällt, daß diese Ionen den dynamischen Jahn-Teller-Effekt zeigen und infolgedessen keineswegs zur induzierten Anisotropie beitragen. Vgl. S. 163 f. und 364.

vorzudringen. Bei der induzierten Anisotropie treten individuelle Eigenschaften einzelner Ionen und lokale Eigenschaften des Kristallgitters in den Vordergrund; durch die Wahl entsprechender Konzentrationen und die Auswahl der Ionen kann man im Prinzip einzelne Effekte voneinander trennen und die Beziehungen zwischen den individuellen und kollektiven Eigenschaften der Ionen im Ionen-Kristall verfolgen. Die zur Zeit der vollen Ausnützung aller dieser Möglichkeiten im Wege

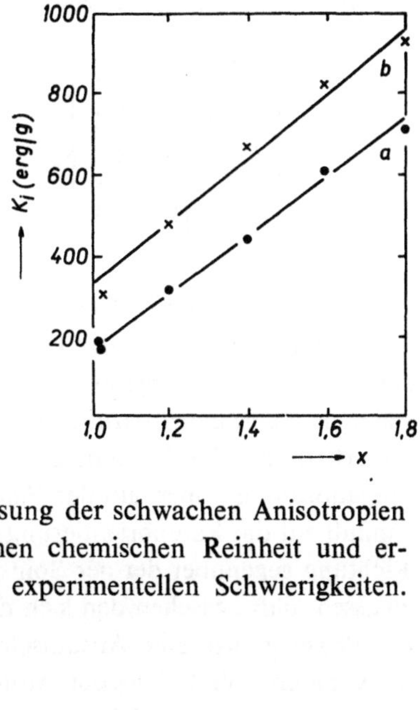

Abb. 4.53 Induzierte Anisotropie K_i für MnFe-Spinelle verschiedener Zusammensetzung $Mn_xFe_{3-x}O_{4+\gamma}$. Kurve (a): Glühung bei 1200 °C und 760 Torr. Kurve (b): Glühung bei 1200 °C und 10^{-2} Torr [155].

stehenden Haupthindernisse sind die mit der Messung der schwachen Anisotropien und weiter mit dem Erreichen der unentbehrlichen chemischen Reinheit und erschöpfenden Definition der Proben verbundenen experimentellen Schwierigkeiten.

4.5 Austauschanisotropie

In diesem Abschnitt werden wir zum Schluß des Kapitels eine weitere Anisotropieart kurz erwähnen, die sich durch ihre Eigenschaften und ihren Ursprung von den bisher behandelten Anisotropien deutlich unterscheidet. Es handelt sich um die zum erstenmal von Meiklejohn u.a. [156, 157] beobachtete und erklärte sog. Austauschanisotropie, deren charakteristische Eigenschaft das vektorielle Verhalten ist. Darunter verstehen wir, daß diese Anisotropie den Magnetisierungsvektor nicht nur bezüglich der Richtung, sondern auch in bezug auf die Orientierung bindet. Eine solche Anisotropie können wir phänomenologisch durch den Ausdruck

$$f_{Ke} = -K_e \cos\Theta\,, \qquad K_e > 0\,, \tag{4.92}$$

beschreiben, denn die zugehörige Periode muß gleich 2π sein.

Der Ursprung dieser Anisotropie wurde mit Austauschwechselwirkungen erklärt, die unter gewissen Umständen zwischen Atomen bestehen können, welche dicht an beiden Seiten der Grenzfläche zwischen zwei verschiedenen magnetischen Phasen liegen. Es handelt sich daher im wesentlichen um eine Eigenschaft heterogener Systeme. Um zumindest anzudeuten, wie und unter welchen Bedingungen es zur Entstehung der Austauschanisotropie kommt, betrachten wir zwei Phasen, die eine, A – ferromagnetisch, und die zweite, B – antiferromagnetisch (Abb. 4.54). Dieses System kann z. B. durch ein ferromagnetisches Metall (Co, Ni u. a.) und ein dieses bedeckendes antiferromagnetisches Oxid gebildet werden. Wir setzen zwei Tatsachen

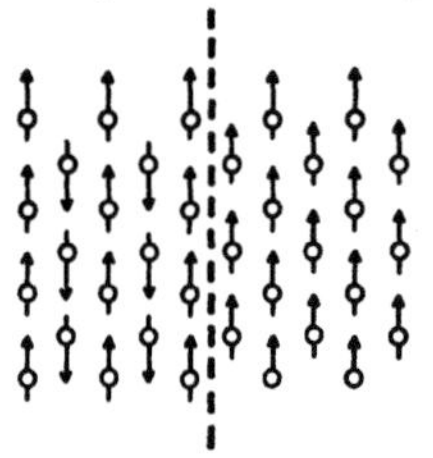

Abb. 4.54 Zur Entstehung der Austauschanisotropie.

voraus: einerseits, daß $T_c(A) > T_N(B)$ ist, andererseits, daß magnetische Atome (Ionen) beider Phasen in den an der Grenzfläche anliegenden Atomebenen kohärent verteilt sind. Wenn wir das System im Magnetfeld abkühlen, dann wird für $T < T_c$ offensichtlich die Magnetisierung der ferromagnetischen Phase zum Feld parallel sein. Unterhalb der Néel-Temperatur T_N kommt es zur wechselseitigen antiparallelen Spinanordnung innerhalb der Phase B. Das Magnetfeld bleibt zwar praktisch ohne Einfluß auf die Raumorientierung dieser Spins, es kann jedoch zur Korrelation ihrer Richtung gegenüber der der Spins der ferromagnetischen Phase kommen, wenn wir zulassen, daß zwischen den sich der Lage nach entsprechenden Atomen beiderseits der Phasengrenze eine Austauschwechselwirkung besteht. Die Voraussetzung über die kohärente Verteilung der Atome beider Phasen soll die Existenz dieser Wechselwirkung ermöglichen. Wenn wir das System genügend tief unterhalb T_N abkühlen, so daß eine ausreichende antiferromagnetische Anisotropie entsteht, frieren die Spins der Phase B in der ursprünglichen Richtung ein und werden auch nach Abschalten des Magnetfeldes die Spins der ferromagnetischen Phase A an sich binden. Da der vorausgesetzten Austauschwechselwirkung eine gewisse Energieflächendichte σ_{ex} zuzuordnen ist, die wir analog zu (4.1) in der Form

$$\sigma_{ex} = -k \cos \Theta \tag{4.93}$$

schreiben können, entsteht dadurch die vektorielle Anisotropie des betrachteten Typs. Ihre Volumendichte K_e hängt verständlicherweise von der Größe der Grenzfläche zwischen beiden Phasen ab und ist von der Größenordnung bis 10^6 erg/cm^3.

Neben den erwähnten Systemen Metall – Oxid wurde die Austauschanisotropie auch bei verschiedenen Systemen ferrimagnetischer Oxide im Gebiet von Zusammensetzungen festgestellt, wo zwei Phasen koexistieren können. Als ein Beispiel führen wir das System α-Fe_2O_3—$FeTiO_3$ an, bei dem bei Abkühlung im Magnetfeld zuerst das „schwachferromagnetische" Moment der an Fe_2O_3 reicheren Phase (vgl. Abschn.

3.5) ausgerichtet wird und später unter dem Einfluß der Austauschwechselwirkung das ferrimagnetische Moment der an Ti reicheren Phase antiparallel zu ihm orientiert wird [157] (vgl. das Phasendiagramm in Abb. 2.37). Ein anderes Beispiel können Spinellsysteme sein, welche eine tetragonale Phase ausscheiden, z. B. das System $Mn_xFe_{3-x}O_4$ in der Umgebung von $x = 2$ oder gemischte Manganite Zn—Mn und Mg—Mn [158] mit tetragonal verzerrter Spinellstruktur. Dabei kann die vektorielle Anisotropie wahrscheinlich auch nur durch bloße Zusammenballungen (Cluster) von Kationen ohne sichtbare Ausscheidung einer zweiten Phase entstehen. Da beim Herausdrehen der Magnetisierung aus der stabilisierten Richtung das System mit Austauschanisotropie manchmal in einen metastabilen Zustand gerät (was bei Umkehrung der Magnetisierungsrichtung immer der Fall ist), kann es durch Einfluß von thermischen Schwankungen, evtl. infolge anderer Relaxationsmechanismen, zur Zerstörung des ursprünglichen stabilisierten Zustandes und zur Magnetisierungsumkehr auch in der antiferromagnetischen Phase kommen. Eine ähnliche, durch sehr lange Relaxationszeiten charakterisierte Instabilität wurde bei den erwähnten gemischten Manganiten mit tetragonaler Hausmannitstruktur beobachtet. Eine ausführliche Analyse der Relaxationserscheinungen und weitere Beispiele für Austauschanisotropie findet der Leser z. B. in [159].

Aus dem Verhalten des ferrimagnetischen Spinells $Co^{2+}[Co^{2+}V^{4+}]O_4$, der im Gebiet unterhalb des Kompensationspunktes ($\Theta_k = 70°K$) einige für Materialien mit Austauschanisotropie charakteristische Eigenschaften (Verschiebung der Hystereseschleife) zeigt [160], können wir schließen, daß es zur Entstehung einer ähnlichen Anisotropie unter günstigen Umständen auch in einigen im wesentlichen homogenen ferrimagnetischen Stoffen bei Abkühlung im Magnetfeld auf Temperaturen unterhalb des Kompensationspunktes kommen kann. Die Austauschkopplung an der Grenze der antiferromagnetischen und ferro- bzw. ferrimagnetischen Phase wird dann direkt durch eine der Austauschwechselwirkungen im Ferrimagnetikum ersetzt. Im angeführten Fall sind es wahrscheinlich die V^{4+}—Co^{2+}-Wechselwirkungen, die das resultierende magnetische Moment der V^{4+}-Ionen an das ferrimagnetische Moment der Co^{2+}-Ionen koppeln. Letzteres wird durch Abkühlung im Magnetfeld stabilisiert, und bei tiefen Temperaturen kann man es dann infolge starker magnetischer Anisotropie der in den *B*-Lagen befindlichen Co^{2+}-Ionen nicht einmal in verhältnismäßig starken Feldern ($\approx 11\,000$ Oe) drehen, die auf der anderen Seite zur Drehung des magnetischen Moments der V^{4+}-Ionen genügen. Neben der Anisotropie spielen hier die Austauschwechselwirkungen $Co^{2+}(A)$—$Co^{2+}(B)$, die wesentlich stärker sind als alle anderen Wechselwirkungen, eine entscheidende Rolle. In jüngster Zeit wurde durch Perekalina u. a. über das Vorliegen einer vektoriellen Anisotropie auch in Co-haltigen hexagonalen ferrimagnetischen Oxidverbindungen des **Z**-Typs berichtet [161].

Es sei bemerkt, daß eine typische Eigenschaft, durch die die Austauschanisotropie zum Ausdruck kommt, die Verschiebung der Hystereseschleife in $(+H)$- oder $(-H)$-Richtung ist. Diese Erscheinung kann man auch praktisch, z. B. zur Verbesserung der Eigenschaften einiger hartmagnetischer Werkstoffe, benutzen.

Literatur zu Kap. IV

[1] J. Smit, J. Phys. Soc. Japan 17, Suppl. B-I (1962), 203.
[2] L. Landau, E. Lifschitz, Physik. Zs. Sowjetunion *8* (1935), 153.
[3] C. Herring, C. Kittel, Phys. Rev. *81* (1951), 869.
[4] C. Kittel, Revs. Mod. Phys. *21* (1949), 541;
C. Kittel, J. K. Galt, Solid State Physics (ed. F. Seitz, D. Turnbull), vol. *3*, S. 437, Academic Press, New York 1956.
[5] R. L. Douglas, Phys. Rev. *120* (1960), 1612.
[6] R. Becker, W. Döring, Ferromagnetismus, Kap. III, Springer, Berlin 1939;
E. Kneller, Ferromagnetismus, Kap. III, Springer-Verlag, Berlin—Göttingen—Heidelberg 1962.
[7] C. Zeener, Phys. Rev. *96* (1954), 1335.
H. B. Callen, E. Callen, J. Phys. Chem. Sol. *27* (1966), 1271.
[8] J. H. Van Vleck, Colloq. intern. de Magnétisme, Grenoble 1958, 60; J. Phys. radium *20* (1959), 124.
[9] P. K. Baltzer, Phys. Rev. *108* (1957), 580.
[10] Siehe z. B. C. Kittel, Introduction to Solid State Physics, II. Aufl., J Wiley & Sons, New York 1956.
[11] M. Fallot, Ann. de Phys. *6* (1936), 305.
[12] H. J. Williams, R. M. Bozorth, Phys. Rev. *55* (1939), 673.
[13] K. Honda et al., Sci. Rep. Tok. Univ. *24* (1935), 391.
[14] L. R. Bickford et al., Phys. Rev. *99* (1955), 1210.
[15] L. R. Bickford et. al., Phys. Rev. *99* (1955), 1788.
[16] L. R. Bickford, Phys. Rev. *78* (1950), 449.
[17] R. Perthel, W. Keilig, Monatsberichte der DAW*5* (1963), 109.
[18] R. F. Pearson, J. Appl. Phys. *33* Suppl. (1962), 1236.
[19] P. Wojtowicz, Phys. Letters *11* (1964), 18.
[20] K. Andres, B. Lüthi, J. Phys. Chem. Sol. *24* (1963), 584.
[21] J. Smit, H. P. J. Wijn, Ferrites, Philips' Technical Library, Eindhoven 1959.
[22] B. A. Lilley, Phil. Mag. *41* (1950), 792.
[23] D. J. Craik, R. S. Tebble, Ferromagnetism and Ferromagnetic domains, North-Holland Publ. Comp., Amsterdam 1965.
[24] P. Weiss, J. Phys. *6* (1907), 661.
[25] F. Bitter, Phys. Rev. *38* (1931), 1903;
L. von Hámos, P. A. Thiessen, Z. Phys. *71* (1931), 442; *75* (1932), 562.
[26] N. S. Akulov, M. Dechtjar, Ann. Phys *15* (1932), 750.
[27] L. W. McKeehan, W. C. Elmore, Phys. Rev. *46* (1934), 226; 529;
W. C. Elmore, Phys. Rev. *51* (1937), 982; *54* (1938), 309.
[28] H. J. Williams, Phys. Rev. *71* (1947), 646;
H. J. Williams et al., Phys. Rev. *75* (1949), 155.
[29] J. F. Dillon: Magnetism vol. III., ed. G. T. Rado, H. Suhl, Academic Press, New York and London 1963, S. 415.
[30] C. Kooy, U. Enz, Philips Res. Repts., *15* (1960), 7.
[31] A. H. Bobeck, Bell Syst. Tech. J. *46* (1967), 1901;
A. H. Bobeck, R. F. Fischer, A. J. Perneski, J. P. Remeika, L. G. Van Uitert, IEEE Trans. Magnetics, MAG-*5* (1969), 544.
[31a] A. A. Thiele, Bell Syst. Tech. J. *48* (1969), 3287;
A. A. Thiele et al., ibid. *50* (1971), 711.

[32] R. C. SHERWOOD, L. G. VAN UITERT, R., WOLFE, R. C. LE CRAW, Phys. Letters *25A* (1967), 297.
[32a] A. H. BOBECK et al., Appl. Phys. Lett. 17 (1970), 131;
R. C. Le Craw et al., J. Appl. Phys. 42 (1971), 1641;
A. H. BOBECK et al., IEEE Trans. Magnetics, MAG-7 (1971), 461.
[32b] H. B. CALLEN. Appl. Phys. Lett. *18* (1971), 311;
E. M. GYORGY et al., ibid,, S. 479;
A. ROSENCWAIG, W. J. TABOR, R. D. PIERCE, Phys. Rev. Lett. *26* (1971), 779.
[32c] Siehe z.B. R. M. JOSEPHS, B. F. STEIN, Czech. J. Phys. *B21* (1971), 351;
D. M. HEINZ et al., J. Appl. Phys. *42* (1971), 1243;
A. J. KURTZIG, F. B. HAGEDORN, IEEE Trans. Magnetics *MAG-7* (1971), 473.
[33] L. R. BICKFORD, J. M. BROWNLOW, R. F. PENOYER, Proc. IEE B *104* (1957), Suppl., 238.
[34] N. BLOEMBERGEN, Proc. I. R. E. *44* (1956), 1259.
[35] J. K. GALT et al. Phys. Rev. *79* (1950), 391.
[36] T. OKAMURA, Y. KOJIMA, Phys. Rev. *86* (1952), 1040.
[37] P. E. TANNENWALD, Phys. Rev. *99* (1955), 463.
[38] G. ELBINGER, Naturwissenschaften *48* (1961), 498; Z. Phys. *14* (1962), 273.
[39] T. H. PEREKALINA, A. V. ZALESSKIJ, ZhETF *46* (1964), 1985.
[40] T. M. PEREKALINA, A. V. ZALESSKIJ, Privatmitteilung.
[41] H. S. JARRET, R. K. WARING, Phys. Rev. *111* (1958), 1223.
[42] H. B. G. CASIMIR u. a., Colloque International de Magnétisme (Grenoble 1958), S. 296, CNRS, Paris 1959.
[43] W. H. CLOUD, J. P. JESSON, J. Appl. Phys. *37* (1966), 1398.
[44] J. H. VAN VLECK, Phys. Rev. *52* (1937), 1178.
[45] K. YOSIDA, J. Appl. Phys. *39* (1968), 511.
[46] J. H. VAN VLECK, Proc. IRE *44* (1956), 1248.
[47] L. D. LANDAU. E. M. LIFSCHITZ, Teorija polja, 3. Aufl., Kap. V., Fizmatgiz, Moskwa 1960.
[48] L. NÉEL, J. Phys. Rad. *15* (1954), 225.
[49] J. KANAMORI in Rado-Suhl „Magnetism", I, Academic Press, New York & London, 1963, S. 127–203.
[50] T. NAGAMIYA, K. YOSIDA, R. KUBO, Adv. in Phys. *4* (1955), 6.
[51] H. B. CALLEN, S. SHTRIKMAN, Solid State Commun. *3* (1965), 5.
[52] P. J. WOJTOWICZ, J. Appl. Phys. *33* Suppl. (1962), 1121.
[53] Siehe z.B. C. A. ALTSCHULER and B. M. KOZYREV, Elektronnyj paramagnitnyj resonans, Moskwa 1961;
W. LOW, E. L. OFFENBACHER in Solid State Phys. (ed. F. Seitz, D. Turnbull), Academic Press, New York and London 1965, Vol. *17*, S. 136.
[54] K. YOSIDA, M. TACHIKI, Progr. Theoret. Phys. (Kyoto) *17* (1957), 331.
[55] W. P. WOLF, Phys. Rev. *108* (1957), 1152.
[56] F. BLOCH, G. GENTILE, Zs. Phys. *70* (1931), 395; siehe auch [50].
[57] P. NOVÁK, Czech. J. Phys. *B16* (1966), 723.
[58] S. KRUPIČKA u. a., Proc. of the Int. Conf. on Magnetism, Nottingham 1964, 650; phys. stat. sol. *3* (1963), K118.
S. KRUPIČKA, P. NOVÁK, phys. stat. sol. *4* (1964), K 117.
[59] V. J. FOLEN, G. T. RADO, J. Appl. Phys. *29*, Suppl. (1958), 438S.
[59a] V. J. FOLEN, J. Appl. Phys. *31* (1960), 166S.
[60] T. MIYADAI, S. MIYAHARA, Y. MATSUO, J. Phys. Soc. Japan *20* (1965), 980.
[61] A. D. SNITZLER, V. J. FOLEN, G. T. RADO, J. Appl. Phys. Suppl. *33* (1962), 1293.
[62] P. K. BALTZER, J. Phys. Soc. Jap. 17 Suppl. B-1 (1962), 192; Thesis, Graduate School of Rutgers- State University of New Jersey, New Brunswick, 1963.

[63] J. C. Slonczewski, J. Appl. Phys. *32* Suppl., (1961), 253 S.
[64] R. F. Penoyer, M. W. Schafer, J. Appl. Phys. Suppl. *30* (1959), 315S.
[65] A. J. Heeger, T. G. Blocker III, S. K. Ghosh, Phys. Rev. *134*. (1964), A 399.
[66] W. Low, M. Weger, Phys. Rev. *118* (1960), 1119.
[67] W. Palmer, J. Appl. Phys. *33* Suppl. (1962), 1201.
[68] K. Ono et al., Phys. Rev. *96* (1954), 38; J. Phys. Soc. Japan *12* (1952), 1231.
[69] P. Novák, Czech. J. Phys. *B20* (1970), 259.
[70] K. Dwight, N. Menyuk, Phys. Rev. *119* (1960), 1770.
[71] J. C. Slonczewski, Phys. Rev. *110* (1958), 1341.
[72] J. Smit, F. K. Lotgering, R. P. Van Stapele, J. Phys. Soc. Jap. *17* Suppl. B-1 (1962), 270.
[73] M. Tachiki, Progr. Theor. Phys. (Kyoto) *23* (1960), 1055.
[74] J. Smit, F. K. Lotgering, V. Enz, J. Appl. Phys. *31* (1960), 137 S;
L. R. Bickford, J. Phys. Soc. Jap. *17*, Suppl. B-1 (1962), 272.
[75] A. J. Pointon, J. M. Robertson, Phil. Mag. *17* (1968), 703;
A. J. Pointon, J. M. Robertson, G. A. Wetton, J. Phys. (Fr.) *32* (1971), C1—850;
R. Krishnan, J. Appl. Phys. *39* (1968), 1340;
N. Z. Miryasow, FTT *12* (1970), 1256.
[75a] P. Novák, Czech. J. Phys. *B 22* (1971), 1198.
[76] S. Geschwind, Phys. Rev. *121* (1961), 363.
[77] L. R. Walker, J. Appl. Phys. *32* (Suppl.) (1961), 264 S.
[78] M. T. Hutchings, W. P. Wolf, Phys. Rev. Letters, *12* (1963), 187;
L. Rimai, R. W. Bierig, Phys. Rev. Letters *12* (1964), 520;
M. T. Hutchings, C. G. Windsor, W. P. Wolf, Bull. Am. Phys. Soc. *10* (1965), 329.
[79] L. Rimai, T. Kushida, Phys. Rev. *143* (1966), 160.
[80] G. P. Rodrigue, H. Meyer, R. V. Jones, J. Appl. Phys. *31* Suppl. (1960), 376 S.
[81] B. Lüthi, T. Henningsen, Proc. Intern. Conf. Magnetism, Nottingham 1964, S. 668;
J. R. Cunningham, J. Appl. Phys. *36* (1965), 249;
R. F. Pearson, A. D. Annis, J. Appl. Phys. *39* (1968), 1338.
[82] B. Bleaney, Proc. Phys. Soc. (London) *A68* (1955), 937.
[83] R. L. White, P. J. Andelin, Phys. Rev. *115* (1959), 1435.
[84] M. Tinkham, J. Appl. Phys. *33* Suppl. (1962), 1248.
[85] U. Atzmony, E. R. Bauminger, A. Mustachi, Phys. Rev. *179* (1969), 514.
[86] M. E. Caspari, A. Koicki, S. Koicki, G. T. Wood, Physics Letters *11* (1964), 195.
[87] B. A. Calhoun et al., J. Appl. Phys. *33* Suppl. (1962), 1259.
[88] R. Pappalardo, D. L. Wood, J. Chem. Phys. *33* (1960), 1734.
[89] S. Iida, J. Phys. Soc. Japan *22* (1967), 1201.
[90] W. P. Wolf, Proc. Phys. Soc. (Lendon) *74* (1959), 665.
[91] siehe K. A. Wickersheim in Rado-Suhl „Magnetism“, I, S. 269—298.
[92] K. A. Wickersheim, R. L. White, Phys. Rev. Letters *8* (1962), 483.
[93] P. M. Levy, Phys. Rev. *135* (1964), A 155; ibid *147* (1966), 311; ibid *177* (1969), 509; J. Appl. Phys. *37* (1966), 1314.
[94] E. Callen, J. Appl. Phys. *39* (1968), 519.
[94a] R. Alben, E. Callen, Phys. Rev. *186* (1969)), 522.
[95] J. C. Slonczewski, J. Phys. Chem. Solids *15* (1960), 335; Phys. Rev. *122* (1961), 1367; siehe auch J. Appl. Phys. *30*, Suppl. (1959), 310 S und [63].
[96] N. Tsuya, Sci. Repts. Research Insts. Tohoku Univ., Ser. *B8* (1957), 161; J. Appl. Phys. *29* (1958), 449.
[97] E. R. Callen, H. B. Callen, Phys. Rev. *129* (1963), 578;
E. R. Callen, A. E. Clark, B. De Savage, W. Colleman, H. B. Callen, Phys. Rev. *130* (1963), 1735.

[98] E. W. LEE, J. A. ROBEY, Proc. Intern. Conf. Magnetism, Nottingham 1964, S. 642.
[99] A. B. SMITH, R. V. JONES, J. Appl. Phys. *34* (1963), 1283.
[100] T. G. PHILLIPS, R. L. WHITE, J. Appl. Phys. *38* (1967), 1222; Phys. Rev. *153* (1967), 616; ibid *160* (1967), 316.
[101] R. L. COMSTOCK, R. A. BUCHANAN, R. L. WHITE, J. Appl. Phys. *39* (1968), 583.
[102] J. D. ESHELBY in Solid State Physics (ed. F. Seitz, D. Turnbull), Academic Press, Inc. New York 1956, Vol. *3*, S. 79.
[103] J. KANAMORI, Progr. Theor. Phys. (Kyoto) *17* (1957), 197.
[104] N. MIYATA, Z. FUNATOGAWA, J. Phys. Soc. Jap. *17*, Suppl. *B-1* (1962), 279.
[105] A. B. SMITH, R. V. JONES, J. Appl. Phys. *37* (1966), 1001.
[106] A. E. CLARK, J. J. RHYNE, E. R. CALLEN, J. Appl. Phys. *39* (1968), 573.
[106a] K. P. BJELOW in Magnetismus, Vorträge gehalten auf der Int. Konferenz Magnetismus in Dresden, 1966, VEB Deutscher Verlag f. Grundstoffindustrie, Leipzig 1967, S. *79*; siehe auch K. P. BJELOW, V. I. SOKOLOW, T. D. CHIEN, Fiz. Twer. Tela *10* (1968), 3708.
[107] Y. KATO, T. TAKEI, J. Inst. Elect. Engrs. *53* (1933), 408.
[108] S. TANIGUCHI, M. YAMAMOTO, Sci. Repts. Res. Insts. Tohoku Univ. *A6* (1954), 330; *A7* (1955), 269; *A8* (1956), 173.
[109] S. TANIGUCHI, Sci. Rep. RITU *8A* (1956), 173.
[110] J. C. SLONCZEWSKI in Rado-Suhl „Magnetism", I, S. 205.
[111] S. KRUPIČKA, K. ZÁVĚTA, J. Appl. Phys. *39* (1968), 930.
J. M. BROWNLOW, R. F. PENOYER, J. Appl. Phys. *29* (1958), 441.
[112] R. F. PENOYER, L. R. BICKFORD, Jr., Phys. Rev. *108* (1957), 271.
[113] L. NÉEL, J. Phys. Rad. *13* (1952), 269.
[114] J. L. SNOEK, Physica *6* (1939), 161; 591; *8* (1941), 711;
A. J. BOSMAN, Thesis, Amsterdam 1960.
[115] W. PALMER, Phys. Rev. *120* (1960), 342.
[116] R. PERTHEL, J. Phys. Soc. Jap. *17* Suppl. B-1 (1962), 288.
[117] S. IIDA, H. MIWA, J. Phys. Soc. Japan *21* (1966), 2505.
[118] S. IIDA, T. INOUE, J. Phys. Soc. Jap. *17* Suppl. B-1 (1962), 281.
[119] E. A. GUGGENHEIM, Mixtures, Clarendon Press, Oxford 1952.
[120] L. MICHALOWSKI, phys. stat. sol. *8* (1965), 543.
[121] G. DIETZMANN, C. MICHALK, Phys. stat. sol. *8* (1965), K25;
G. DIETZMANN, Wissenschaftl. Zs. Karl-Marx-Universität Leipzig *14* (1965).
[122] A. BROESE VAN GROENOU, J. L. Page, R. F. PEARSON, J. Phys. Chem. Sol. *28* (1967), 1017.
[123] S. IIDA, T. IIZUKA, J. Phys. Soc. Japan, *23* (1967), 185.
[124] R. P. HUNT, J. Appl. Phys. *38* (1967), 2826.
[125] A. YANASE, J. Phys. Soc. Jap. *17* (1962), 1005.
[126] B. KUBOTA u. a., J. Phys. Soc. Japan *17*, Suppl. B-1 (1962), 296.
[127] S. KRUPIČKA, Czech. J. Phys. *B14* (1964), 29.
[128] S. IIDA, H. SEKIZAWA, Y. AIYAMA, J. Phys. Soc. Japan *10* (1955), 907; *13* (1958), 58.
[129] R. WAGNER, Zs. angew. Physik *13* (1961), 187;
S. IIDA, Y. AIYMMA, H. SEKIZAWA, J. Phys. Soc. Japan *12* (1957), 742.
[130] K. MOTZKE, phys. stat. solidi *2* (1962), K 52; K 307; *4* (1964), K 13;
R. PERTHEL, Proc. of the International Conf. on Magnetism, Nottingham 1964, 603.
R. PERTHEL, Magnetismus, Vorträge gehalten auf der Int. Konferenz Magnetismus in Dresden 1966, VEB Deutscher Verlag für Grundstoffindustrie, Leipzig 1967, S. 102.
[131] R. GERBER, G. ELBINGER, phys. stat. sol. *4* (1964), 103;
R. GERBER, Czech. J. Phys. *B 18* (1968), 1204.
[132] R. GERBER, M. VICHR, Czech. J. Phys. *B14* (1964), 888.
[133] S. KRUPIČKA, J. Phys. Soc. Jap. *17*, Suppl. B-I (1962), 304.

[134] A. Marais et al., Compt. Rend. (Paris) *261* (1965), 2188.
[135] J. E. Knowles, Proc. of the Int. Conf. on Magnetism, Notingham 1964, S. 619.
[136] A. Bragiński, A. Marais, T. Merceron, J. Phys. Soc. Jap. *17*, Suppl. B-I (1962), 300; A. Bragiński, phys. stat. sol. *11* (1965), 603.
[137] N. L. Brjukhatow, N. L. Pakhomowa, W. A. Kozlow, Czech J. Phys. *B17* (1967), 347.
[138] A. Marais, T. Merceron, Compt. Rend. Acad. Sci. (Paris) *257* (1963), 1760.
[139] A. Bragiński, S. Siermiński, phys. stat. sol. *17* (1966), K11.
[140] Ch. Maxim, phys. stat. sol. *35* (1969), 211.
[141] N. Menyuk, K. Dwight, Phys. Rev. *112* (1958), 397; J. Appl. Phys. Suppl. *30* (1959), 36 S.
[142] R. P. Poplawsky et al., J. Appl. Phys. Suppl. *36* (1965), 1152.
[143] A. G. Gurjewitsch, A. P. Safantjewskij, V. I. Solowjew, E. S. Scher, Izw. AN SSSR, ser. fis. *25* (1961), 1361.
[144] L. R. Bickford, Rev. Mod. Phys. *25* (1953), 75.
[145] W. Palmer, Phys. Rev. *131* (1963), 1057.
[146] V. I. Solowiew, Fiz. Twer. Tela *6* (1964), 405.
[147] D. J. Epstein, L. Tocei, Appl. Phys. Letters *11* (1967), 55.
[148] T. S. Hartwick, J. Smit, J. Appl. Phys. *40* (1969), 3995.
[149] R. W. Teale, D. W. Temple, Phys. Rev. Letters *19* (1967), 904;
R. W. Teale, D. W. Temple, U. Enz, R. F. Pearson, J. Appl. Phys. *40* (1969), 1435.
[150] T. Iizuka, S. Iida, J. Phys. Soc. Japan *21* (1966), 222.
[151] K. J. Sixtus, Solid State Physics in Electronics and Telecommunication (Academic Press Inc, New York 1960), Bd. 3, S. 91;
A. Marais, T. Merceron, Compt. Rend. (Paris) *248* (1959), 2976;
M. Mizushima, J. Phys. Soc. Japan *18* (1963), 1441.
[152] S. Krupička, F. Vilím, Czech. J. Phys. *7* (1957), 723.
W. Gieseke, Z. angew. Phys. *11* (1959), 118;
A. Marais, T. Merceron, phys. stat. sol. 24 (1967), 635.
[153] A. Broese van Groenou, R. F. Pearson, J. Phys. Chem. Solids *28* (1967), 1027.
[154] E. Steinbeiss, phys. stat. sol. *3* (1963), K 159.
[155] R. Gerber, Dissertation, Institut für Festkörperphysik d. ČSAV, Praha 1966;
R. Gerber, L. Michalowsky, K. Motzke, E. Steinbeiss, phys. stat. sol. 16 (1966), 793.
[156] W. H. Meiklejohn, C. P. Bean, Phys. Rev. *102* (1956), 1413; *105* (1957), 904;
W. H. Meiklejohn, J. Appl. Phys. *33* Suppl. (1962), 1328.
[157] W. H. Meiklejohn, R. E. Carter, J. Appl. Phys. *30* (1959), 2020; *31* Suppl. (1960), 164 S.
[158] I. S. Jacobs, J. S. Kouvel, Phys. Rev. *122* (1961), 412.
[159] I. S. Jacobs, C. P. Bean, Magnetism III., (ed. G. T. Rado, H. Suhl), Academic Press, New York—London 1963, S. 271.
[160] N. Menyuk, K. Dwight, D. G. Wickham, Phys. Rev. Letters, *4* (1960), 119.
[161] T. M. Perekalina, A. D. Schurowa, S. S. Fonton, ZhETF *57* (1969), 749.
[162] W. H. Cloud, J. P. Jesson, J. Appl. Phys. *37* (1966), 1398.

KAPITEL V

FERROMAGNETISCHE RESONANZ

5.1 Entstehung der ferromagnetischen Resonanz

Bis auf wenige Ausnahmen haben wir uns in den vorhergehenden Kapiteln nur mit solchen Eigenschaften der studierten Stoffe beschäftigt, die ausschließlich von ihrem inneren Zustand abhängig sind und nicht direkt mit dem Einfluß äußerer magnetischer oder elektrischer Felder zusammenhängen. Im wesentlichen handelte es sich dabei um die Untersuchung verschiedener Beiträge zur Gesamtenergie respektive zur freien Energie des Kristalls, die den Gleichgewichtszustand unter gewöhnlichen äußeren Bedingungen, d.h. bei einer bestimmten Temperatur, einem bestimmten Druck und eventuell einer bestimmten Magnetisierungsrichtung (beim Studium der Anisotropie) bestimmt. Das magnetische Feld hatte, sofern wir gezwungen waren, es in unsere Erwägungen einzubeziehen, nur eine Behelfsfunktion und diente als Mittel der Realisierung gegebener äußerer Bedingungen.[1]) In diesem und in den folgenden zwei Kapiteln wird im Gegensatz dazu der Anteil äußerer Felder wesentlich, denn wir werden uns für solche Zustände und mit ihnen zusammenhängende Erscheinungen interessieren, die eine direkte Folge der Wechselwirkung eines Stoffes (Kristalls) mit äußeren Feldern sind und bei denen es in der Regel zum Energieaustausch zwischen Stoff und Feld kommt. Ein typisches Beispiel einer solchen Wechselwirkung zwischen Feld und Stoff ist die ferromagnetische Resonanz, mit der wir uns in diesem Kapitel befassen werden.

Bevor wir eine eingehende Erklärung vornehmen, werden wir im Einleitungsabschnitt eine schnelle Charakteristik der Erscheinung geben und kurz das physikalische Wesen der mit ihr zusammenhängenden Vorgänge darlegen. Wir wollen eine Probe eines beliebigen Ferromagnetikums betrachten, das bis zur Sättigung in einem starken Gleichfeld magnetisiert ist, so daß der Magnetisierungsvektor parallel mit dem inneren Magnetfeld $\boldsymbol{H}$ in der Probe liegt.[2]) Falls $\boldsymbol{H}$ plötzlich seine Richtung um einen gewissen Winkel Φ ändert, wird der Vektor $\boldsymbol{M}$ die Tendenz zeigen, dieser Änderung zu folgen und die neue, durch die Richtung des gedrehten Feldes $\boldsymbol{H}$

---

[1]) Eine Ausnahme dabei bildeten nur die Erwägungen über die paramagnetische Suszeptibilität und den Paraprozeß.

[2]) Der Einfachheit halber wollen wir die Anisotropie vernachlässigen.

bestimmte Gleichgewichtslage einzunehmen. Diese Lage wird der Magnetisierungsvektor jedoch nicht sofort einnehmen, sondern er wird anfangs wie ein Kreisel, der aus der Richtung der freien Achse ausgelenkt wurde, um diese Lage eine Präzessionsbewegung ausführen (Abb. 5.1a). Die Entstehung der Präzession ist eine Folge der gyromagnetischen Eigenschaften der Elementarmagnete im Stoff, über die wir im Abschnitt 1.3 gesprochen haben. Die Frequenz der Präzessionsbewegung

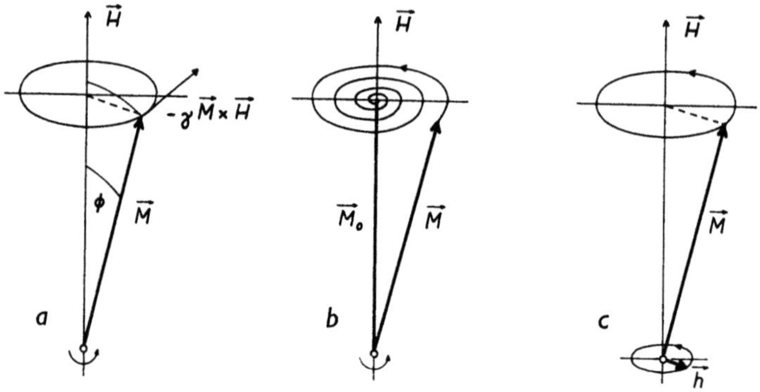

Abb. 5.1 Zur Entstehung der ferromagnetischen Resonanz.

hängt vom Moment der Kräfte ab, die den Vektor **M** in die mit **H** parallele Lage ziehen. Falls wir die magnetische Anisotropie und die Entmagnetisierung vernachlässigen, wird diese Frequenz durch die Larmorsche Formel für die Präzession eines freien magnetischen Moments im Magnetfeld [1]

$$\omega = \gamma H \tag{5.1}$$

gegeben, in dem $\gamma = ge/2mc$ das gyromagnetische Verhältnis ist, welches die Beziehung zwischen dem magnetischen Moment und dem zugehörigen Drehimpuls (Seite 60 und 500 f.) angibt.

Die Präzession, die durch die plötzliche Änderung der Richtung des Magnetfeldes oder, was damit äquivalent ist, durch die Auslenkung des Magnetisierungsvektors aus der Gleichgewichtslage hervorgerufen ist, wird jedoch nicht unendlich lange andauern, sondern sie wird nach einer gewissen Zeit durch Dämpfung praktisch unterdrückt werden. Das Ende des Vektors **M** wird also infolge der Dämpfung keine kreisförmige Bahn, sondern eine Spirale (Abb. 5.1b) verfolgen. Der Einfluß der Dämpfung kann durch ein schwaches, zirkular polarisiertes Hochfrequenzfeld kompensiert werden, das in der Ebene senkrecht zur Richtung des statischen Feldes wirkt und das in der gleichen Richtung wie der Magnetisierungsvektor (Abb. 5.1c) mit einer der Eigenfrequenz (5.1) der Präzession nahen Frequenz rotiert. In diesem Falle kommt es zu einer starken Wechselwirkung zwischen den gleichlaufend sich bewegenden Vektoren **M** und **h**, durch die die Präzession des Vektors **M** ununterbrochen angeregt wird, so daß sie trotz der Dämpfung aufrecht erhalten bleibt. Wir sprechen dann von einer sogenannten *ferromagnetischen Resonanz*, bei der die Probe einen Teil der Energie des Hochfrequenzfeldes aufnimmt, der für die mit der Überwindung der Dämpfung der Präzession verbundene Arbeit verbraucht wird und sich dabei in Wärme verwandelt.

Um jedoch eine Resonanz zu ermöglichen, muß die Resonanzfrequenz (5.1) bedeutend höher liegen als τ^{-1}, wo τ die sogenannte Relaxationsdauer oder Relaxationszeit, d. h. grob genommen die Zeit, die zur Dämpfung der Präzession notwendig ist, bedeutet. Die Relaxationszeit der Ferromagnetika ist in der Regel sehr kurz, sie liegt in der Größenordnung von 10^{-7} bis 10^{-10} Sek., so daß die ferromagnetische Resonanz im allgemeinen nur bei sehr hohen Frequenzen im Bereich der Zentimeter- und noch kürzeren Wellen untersucht werden kann. Im Gegensatz dazu kann sich die Präzession, falls sich das Magnetfeld im Vergleich zu τ^{-1} langsam ändert, praktisch nicht auswirken, und die Veränderungen der Magnetisierung verlaufen quasistatisch, womit wir sagen wollen, daß sie als eine Folge von Gleichgewichtszuständen betrachtet werden können, bei denen der Magnetisierungsvektor im wesentlichen den Änderungen des Feldes folgt.

Wir wollen nun näher die mikrophysikalische Seite der Erscheinung der ferromagnetischen Resonanz betrachten. Da die Magnetisierung eines Stoffes durch die Vektorsumme der elementaren Atommomente gegeben ist und demzufolge eigentlich eine Summe der Momente der im Stoffe anwesenden Elektronen darstellt, wollen wir zunächst für einen Augenblick auf die Eigenschaften des Elektrons im Magnetfeld zurückkommen. Wenn wir das Elektron als ein isoliertes Teilchen betrachten, auf das mit Ausnahme des magnetischen Feldes keine weiteren Kräfte einwirken, kann seine Energie in einem Magnetfeld zwei diskrete Werte annehmen, die zwei möglichen Orientierungen des Spinmoments gegenüber dem Magnetfeld (vgl. ebenfalls Abschnitt 1.3) entsprechen. Der Abstand der zwei Energieniveaus ist gleich der Arbeit, die aufgewendet werden muß, um das Spinmoment aus der „günstigen" Lage, in der die Komponente des magnetischen Moments des Elektrons in der Feldrichtung positiv ist, in die „ungünstige" Lage, in der diese Komponente negativ ist, umzudrehen, so daß

$$\Delta E = 2\mu_B H = \frac{e\hbar}{mc} H \tag{5.2}$$

gelten wird. Der Übergang des Elektrons aus dem einen Zustand in den zweiten ist demzufolge durch die Absorption oder Emission eines Energiequantums mit einer Frequenz

$$\omega = \Delta E/\hbar = (e/mc)\, H \tag{5.3}$$

gegeben, was nichts anderes als die Larmorsche Frequenz (5.1) für den Sonderfall $g_{\text{Spin}} = 2$ bedeutet. Falls demzufolge auf das Elektron neben dem statischen Felde $\boldsymbol{H}$ noch ein Hochfrequenzfeld mit einer Frequenz (5.3) einwirkt, werden durch das Hochfrequenzfeld Elektronenübergänge aus dem Zustand mit einer niedrigeren Energie in den angeregten Zustand induziert werden, und dadurch wird die Wahrscheinlichkeit anwachsen, daß wir das Elektron in diesem angeregten Zustand antreffen. Die Larmorsche Frequenz (5.3) kann dabei eine anschauliche Interpretation erhalten, denn sie ist die Frequenz der Präzessionsbewegung, die der Mittelwert des Spinvektors $\langle \boldsymbol{S} \rangle$ um den Vektor $\boldsymbol{H}$ ausführt. Wenn das früher angeführte zirkular polarisierte Magnetfeld $\boldsymbol{h}$ mit einer gleichen Frequenz gleichlaufend mit $\langle \boldsymbol{S} \rangle$ rotiert, kommt es zu einer Wechselwirkung beider Vektoren. Der Vektor $\boldsymbol{h}$ wirkt („klassisch" ausgedrückt) auf $\langle \boldsymbol{S} \rangle$ respektive $\langle \mu_S \rangle$ mit einem gewissen Drehmoment $\langle \mu_S \rangle \times \boldsymbol{h}$, das bestrebt ist, den Präzessionswinkel des Vektors $\langle \mu_S \rangle$ und demzufolge auch $\langle \boldsymbol{S} \rangle$ zu vergrößern, und das dadurch auch die Wahrscheinlichkeit des Umklappens des Spinmoments in die zweite zugelassene Lage erhöht. Diesen Prozeß, bei dem dem Hochfrequenzfeld Energiequanten entnommen werden, die für Übergänge zwischen den durch Quantelung der Spins im Magnetfeld entstehenden Niveaus verbraucht werden, können wir als besonderen und sogar besonders einfachen Fall der *magnetischen Resonanz* betrachten.

Falls wir an Stelle des Elektrons ein anderes Teilchen, z. B. einen Atomkern, allgemein mit einem höheren Spin S hätten, könnten wir die ganze vorhergehende Überlegung mit dem Unterschied wiederholen, daß im magnetischen Feld an Stelle von zweien nun $2S + 1$ äquidistante Energieniveaus auftreten werden, die durch die räumliche Quantelung des Spins gegenüber der Richtung von $\boldsymbol{H}$ entstanden sind. Der Abstand zweier benachbarter Niveaus wird jedoch wieder gleich $(ge\hbar/2mc)\, H$ sein, so daß wie früher zum Übergang auf das nächsthöhere Niveau ein Quantum mit einer Frequenz $\omega = (ge/2mc)\, H$ notwendig ist. Da jedoch auf Grund der sogenannten Auswahlregeln nur solche Übergänge zulässig sind, bei denen sich die S_z-Komponente des Spins in der Feldrichtung um $\pm \hbar$ ändert, können nur diese Übergänge und keine anderen zwischen benachbarten Niveaus realisiert werden. Sie können demzufolge wieder durch die Anwendung eines Hochfrequenzfeldes, dessen Frequenz ω die Resonanzbedingung (5.1) erfüllt, initiiert werden; diesem Felde wird dabei Energie in Quanten $\hbar\omega$ entnommen, die für die Umkehr des Spinmoments dem Felde gegenüber verbraucht wird oder, was damit gleichbedeutend ist, die zu einer Vergrößerung des Präzessionswinkels seines Mittelwertes $\langle \boldsymbol{S} \rangle$ verbraucht wird.

Nach dieser Abweichung, die die Erklärung des Begriffes der magnetischen Resonanz an einem isolierten Teilchen bezweckte, wollen wir wieder zu Systemen mit vielen Teilchen, zu Kristallen, zurückkehren. Wie wir eingehend im Abschnitt 1.2 ausgeführt haben, sind die Spin- und Bahnmomente der Elektronen innerhalb der Atome gegenseitig durch verhältnismäßig starke Wechselwirkungen gekoppelt, so daß nach außen hin ein starres System gebildet wird, das durch den resultierenden Drehimpuls $\boldsymbol{J}$ und entsprechende Quantenzahlen charakterisiert ist. Das äußere Magnetfeld $\boldsymbol{H}$ kann in der Regel nicht diese innere Struktur und Anordnung der Elektronenmomente im Atom wesentlich stören, und so verhält sich das ganze Atom im magnetischen Feld im Wesen als ein einziges Teilchen, bei dem die Aufgabe des Spins der Vektor $\boldsymbol{J}$ übernommen hat. Die Resonanzbedingung und ihre physikalische Interpretation, so wie wir sie für ein isoliertes Teilchen gebracht haben, bleibt auch hier gültig, es muß nur der Faktor g durch den entsprechenden Landéschen Faktor g_J ersetzt werden. Aus dem gleichen Grunde können wir jedoch in diesem Sinn auch den ganzen ferromagnetischen Kristall, in dem die Atommomente gegenseitig durch Austauschwechselwirkungen gekoppelt sind und in dem demzufolge eine spontane Magnetisierung existiert, als ein sehr großes isoliertes Einzelteilchen ansehen und dies zumindest dann, wenn wir ihn als eine einzige Domäne betrachten. Falls die

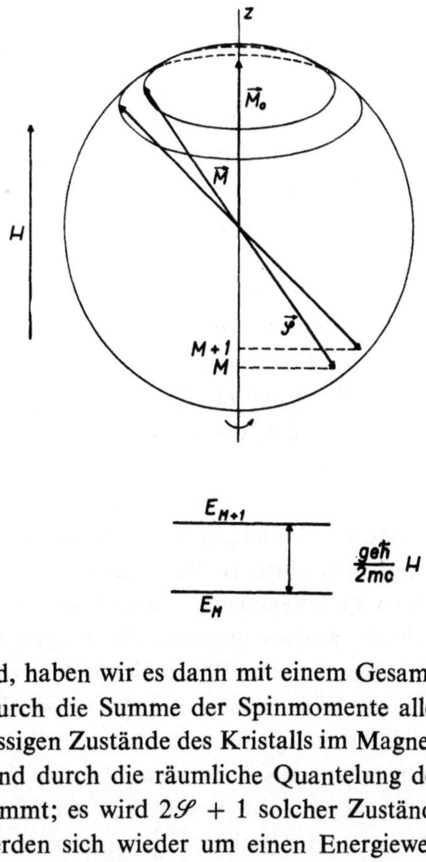

Abb. 5.2 Die Raumquantelung und Präzession des Gesamtspins $\mathscr{S}$ und der Magnetisierung **M** im Magnetfeld (in der Abbildung wird der Einfachheit halber $\gamma = |\boldsymbol{M}|/|\mathscr{S}| = 1$ gesetzt).

Orbitalmomente der Atome eingefroren sind, haben wir es dann mit einem Gesamtspin $\mathscr{S}$ des ganzen Kristalls zu tun, der durch die Summe der Spinmomente aller Atome (vgl. Seite 69) gegeben ist. Die zulässigen Zustände des Kristalls im Magnetfeld, die diesen Gesamtspin beibehalten, sind durch die räumliche Quantelung des Vektors $\mathscr{S}$ in Richtung des Feldes **H** bestimmt; es wird $2\mathscr{S} + 1$ solcher Zustände geben, und zwei benachbarte Zustände werden sich wieder um einen Energiewert $(ge\hbar/2mc)H$ unterscheiden (Abb. 5.2). Falls ein Hochfrequenzfeld mit einer Frequenz (5.1) auf den Kristall einwirkt, kann der Kristall diesem Felde Energie in Quanten $(ge\hbar/2mc)H$ entziehen, durch die in kleinen Sprüngen der Vektor $\mathscr{S}$ und mit ihm demzufolge die Magnetisierung **M** aus der Richtung des Feldes herausgedreht wird. Da $\mathscr{S}$ und daher auch **M** in allen Zuständen eine Präzessionsbewegung um die **H**-Richtung mit der gleichen Eigenfrequenz (5.1) ausführen, kann diese Energieübergabe als Resonanzabsorption interpretiert werden, bei der sich der Winkel und mit ihm die Energie der Präzessionsbewegung des Magnetisierungsvektors vergrößert. Falls das Spinsystem die gesamte, auf diese Weise gewonnene Energie beibehalten könnte, würde sich der Präzessionswinkel so lange vergrößern, bis sich die Magnetisierungsrichtung umkehren und der Resonanzeffekt eine Sättigung erreichen würde. Tatsächlich kommt es jedoch zu Energieverlusten, die durch die Abgabe vom Spinsystem an die Umgebung bedingt sind, sei es durch Abstrahlung oder sei es auf Grund eines anderen Relaxationsmechanismus. Dies hat zur Folge, daß sich ein Gleichgewicht zwischen der aufgenommenen und abgegebenen Energie einstellt, das durch einen gewissen Wert des Präzessionswinkels Φ_0 charakterisiert ist und einem gewissen Anregungsgrad entspricht. Die Größe dieses Winkels hängt von der Feldstärke h des Hochfrequenzfeldes ab.

Damit sind wir von einer anderen Seite her wieder bei der ursprünglichen Beschreibung der Entstehung der ferromagnetischen Resonanz, wie wir es mit ihr am Anfang dieses Abschnittes zu tun hatten, angelangt. Wir können nun jedoch die eigentlichen Ursachen dieser Erscheinung besser begreifen. Wir sehen, daß der Zustand, der unmittelbar nach Veränderung der Feldrichtung um den Winkel Φ entsteht, vom Standpunkt des Spinsystems ein angeregter Zustand ist und daß die auftretende Präzession eine untrennbare Eigenschaft dieses Zustandes ist. Bei der Dämpfung, die folgt, falls kein genügend starkes Hochfrequenzfeld einwirkt, verliert das Spinsystem an Energie und nimmt nach und nach eine Reihe von Zuständen mit immer kleinerem Präzessionswinkel ein, bis sich endlich ein Zustand mit niedrigster Energie, in dem $\boldsymbol{M}$ parallel mit der neuen Lage von $\boldsymbol{H}$ ist, einstellt. Wir wollen in Erinnerung bringen, daß die Anzahl der Atome im Kristall N und demzufolge auch der Gesamtspin $\mathcal{S}$ so groß sind, daß die Präzessionswinkel, die zu zwei benachbarten Zuständen gehören, sich nur sehr geringfügig voneinander unterscheiden. Eine Folge davon ist, daß die Änderungen des Präzessionswinkels bei der Dämpfung oder nach dem Einschalten eines Hochfrequenzfeldes praktisch stetig verlaufen, als ob es sich um keinen Quanteneffekt, sondern um einen klassischen Effekt handeln würde. Tatsächlich, wie wir uns bald überzeugen werden, kann die Theorie der ferromagnetischen Resonanz im Wesen klassisch formuliert werden, ohne daß wir dabei auf grundsätzliche Widersprüche mit der physikalischen Realität stoßen müßten.

Die ferromagnetische Resonanz gehört zu den Erscheinungen, die durch die Theorie früher vorausgesagt wurden, als es zu ihrer Entdeckung durch das Experiment kam. Diese theoretische Voraussage wurde sehr konkret bereits im Jahre 1935 durch Landau und Lifschitz [2] gemacht, es dauerte jedoch ganze 10 Jahre, bevor die ferromagnetische Resonanz wirklich experimentell beobachtet wurde. Den ersten, durch den Fortschritt in der Technik sehr kurzer elektromagnetischer Wellen ermöglichten Versuch dieser Art beschrieb Griffiths [3] im Jahre 1945. Nach dem Erscheinen der ersten experimentellen Arbeit wurde sehr bald die erste eingehendere Theorie der ferromagnetischen Resonanz ausgearbeitet; es ist die im Wesen phänomenologische Theorie von Kittel [4], die von Polder [5] ergänzt wurde, und die quantenmechanische Theorie von Van Vleck [6]. Hauptsächlich die phänomenologische Theorie machte, nachdem ihre Gültigkeit streng bewiesen wurde [6], eine rasche Entwicklung durch und erwies sich für die Beschreibung und Erklärung der Resonanzexperimente in den nachfolgenden Jahren als fruchtbar. Später wurde sie von Wangsness und anderen [7 – 10] so verallgemeinert, daß sie auch den Fall der Ferrimagnetika mit zwei oder mehreren magnetischen Untergittern erfaßte.

Eine neue Etappe begann ungefähr im Jahre 1956 durch die Ausarbeitung der Spinwellen-Theorie der ferromagnetischen Resonanz und durch die Anwendung moderner Methoden der Quantenphysik. Der Weg dazu wurde durch Arbeiten vorbereitet, die bestrebt waren, den Mechanismus der Breite der Resonanzlinie zu erklären, aber eine entscheidende Bedeutung hatten dabei neue Erscheinungen, die bei Resonanzversuchen in Hochfrequenzfeldern von größerer Feldstärke beobachtet wurden. Seit dieser Zeit haben sich die Kenntnisse über den Mechanismus der ferromagnetischen Resonanz und verschiedener mit ihr verbundener Erscheinungen bedeutend vertieft. Dazu haben namentlich die Arbeiten von Suhl, Walker, Clogston, Anderson, Schlömann und anderen [11 – 14] beigetragen.

5.2 Klassische Theorie

In diesem Abschnitt werden wir uns mit der makroskopischen Theorie der ferromagnetischen Resonanz, die auf der klassischen Bewegungsgleichung für den Magnetisierungsvektor beruht, beschäftigen. Die Resonanzbedingung und die Beziehung zwischen der dynamischen Magnetisierung und dem Hochfrequenzfeld (der Suszeptibilitätstensor) werden zunächst einer größeren Übersichtlichkeit halber unter stark vereinfachten Bedingungen abgeleitet werden. Am Ende des Abschnitts wollen wir dann zeigen, welchen Einfluß auf die Resonanz eine wenigstens teilweise Beseitigung dieser einschränkenden Voraussetzungen hat und wie die klassische Theorie allgemein formuliert werden kann. Im Verlauf des ganzen Abschnitts werden wir die Existenz magnetischer Untergitter nicht in Betracht ziehen, und wir werden deshalb keinen Unterschied zwischen Ferro- und Ferrimagnetismus machen. Im folgenden Abschnitt 5.3 werden wir dann nachträglich sehen, daß in den meisten Fällen dieses Vorgehen berechtigt ist, und wir werden auf einige Besonderheiten aufmerksam machen, die für Systeme mit Untergittern charakteristisch sind.

Suszeptibilitätstensor

Auf ein beliebiges magnetisches Moment $\boldsymbol{M}$, das sich in einem Magnetfeld $\boldsymbol{H}$ befindet, wirkt ein Drehmoment $\boldsymbol{M} \times \boldsymbol{H}$ ein. Wenn wir also auf den einfachen Fall zurückkommen, an dem wir versucht haben, die Entstehung der ferromagnetischen Resonanz (Abb. 5.1) zu erklären, können wir auf die gleiche Weise auch die Einwirkung des magnetischen Feldes auf den Magnetisierungsvektor erläutern, und anhand dessen können wir auch die zugehörige Bewegungsgleichung finden. Jedem magnetischen Moment, demzufolge auch der Magnetisierung, entspricht ein gewisses Impulsmoment; in diesem Falle ist das der Gesamtdrehimpuls der Volumeneinheit $\boldsymbol{J}$. Auf Grund der klassischen Mechanik muß die zeitliche Veränderung des Drehimpulses $\mathrm{d}\boldsymbol{J}/\mathrm{d}t$ dem Drehmoment gleich sein, das auf das betrachtete System einwirkt, so daß

$$\frac{\mathrm{d}\boldsymbol{J}}{\mathrm{d}t} = \boldsymbol{M} \times \boldsymbol{H} \tag{5.4}$$

gelten wird. Die Beziehung zwischen $\boldsymbol{J}$ und $\boldsymbol{M}$ ist durch das gyromagnetische Verhältnis $\gamma = ge/2mc$ bestimmt, so daß $\boldsymbol{M} = -\gamma \boldsymbol{J}$ ist und (5.4) in Gleichung

$$\dot{\boldsymbol{M}} = -\gamma \boldsymbol{M} \times \boldsymbol{H} \tag{5.5}$$

übergeht, die die gesuchte Bewegungsgleichung für die Präzession des Vektors $\boldsymbol{M}$ darstellt. Die Präzession, die durch Gleichung (5.5) ausgedrückt ist, ist jedoch nicht gedämpft; falls wir die Dämpfung berücksichtigen wollen, können wir dies einfach durch Anfügen eines geeigneten phänomenologischen Ausdrucks auf der rechten Seite von (5.5) machen. In der Regel wird dazu einer von zwei Ausdrücken

$$-\frac{\gamma\alpha}{M}[\boldsymbol{M} \times (\boldsymbol{M} \times \boldsymbol{H})] \tag{5.6a}$$

$$-\frac{\boldsymbol{M} - \boldsymbol{M}_0}{\tau} + \frac{|\boldsymbol{M}|}{|\boldsymbol{H}|}\frac{\boldsymbol{H}}{\tau} \tag{5.6b}$$

verwendet.

Der erste von ihnen stammt von Landau und Lifschitz [2], der zweite von Bloch und Bloembergen [15].[3]) In den angeführten Ausdrücken bezeichnet α die Dämpfungskonstante, τ die Relaxationszeit[4]) und $\boldsymbol{M}_0$ die Gleichgewichtslage des Vektors $\boldsymbol{M}$. Es kann gezeigt werden [16], daß beide Ausdrücke fast äquivalent sind, wenn $\tau = 1/\alpha\gamma H$ gesetzt wird. Beide stellen die Kraft dar, die senkrecht auf die Bahn des Vektors $\boldsymbol{M}$ wirkt und die bestrebt ist, diesen in die Gleichgewichtslage zurückzubringen. Es ist ersichtlich, daß die Größe der Dämpfung mit der Breite der Resonanzlinie direkt zusammenhängt. Bei der Untersuchung der Resonanzfrequenz und einigen weiteren Fällen kann jedoch die Dämpfung häufig vernachlässigt werden.

[3]) Ein anderer Ausdruck für Dämpfung wurde von Gilbert eingeführt; wir begegnen ihm in Kap. VI, Gl. (6.47).

[4]) An Stelle von (5.6b) kann ein allgemeinerer Ausdruck mit zwei verschiedenen Relaxationszeiten verwendet werden. Eine von ihnen entspricht der transversalen Magnetisierungskomponente M_{xy} und wird gewöhnlich mit T_2 bezeichnet, die zweite (T_1) entspricht der zum magnetischen Feld parallelen Komponente M_z.

Wir wollen nun einen beliebigen ferromagnetischen Körper betrachten, der zur Sättigung magnetisiert ist, so daß die Gleichgewichtslage des Magnetisierungsvektors in jedem Punkte mit der Richtung des Magnetfeldes im Innern des Körpers (Abb. 5.3) übereinstimmt. Wir wollen die magnetische Anisotropie vernachlässigen, und wir werden demzufolge den Körper als magnetisch isotrop betrachten. Der Einfachheit halber können wir voraussetzen, daß der Körper homogen magnetisiert

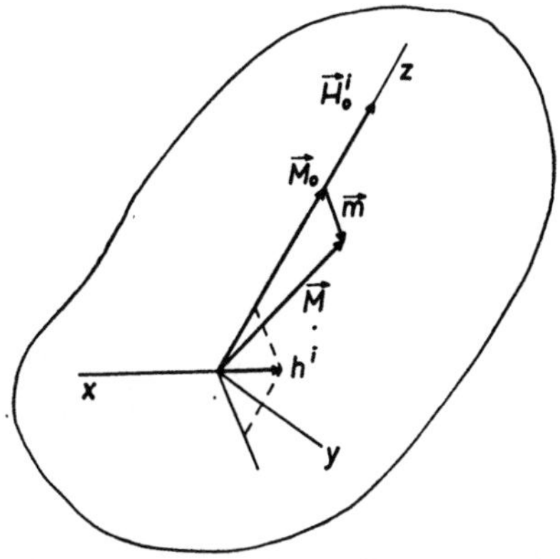

Abb. 5.3 Zur Ableitung des Suszeptibilitätstensors.

ist, auch wenn Polder [5] gezeigt hat, daß schon die Voraussetzung, daß $\boldsymbol{M}$ und $\boldsymbol{H}$ sich nur sehr langsam von Ort zu Ort ändern, ausreichend ist. Mit $\boldsymbol{H}_0^i$ und $\boldsymbol{M}_0$ bezeichnen wir das statische Magnetfeld im Innern des Körpers bzw. die ihm entsprechende Magnetisierung und führen ein rechtwinkliges Koordinatensystem x, y, z derart ein, daß $\boldsymbol{M}_0$ und $\boldsymbol{H}_0^i$ parallel zur z-Achse liegen.[5]) Neben dem statischen Feld wirkt auf den Körper noch ein Hochfrequenzfeld $\boldsymbol{h}^i$ mit einer Zeitabhängigkeit $e^{j\omega t}$ ein. Durch den Einfluß dieses zusätzlichen Feldes wird die Magnetisierung im allgemeinen eine gewisse dynamische Komponente $\boldsymbol{m}$ mit der gleichen Zeitabhängigkeit $e^{j\omega t}$ erhalten. Wir wollen $\boldsymbol{H}^i = \boldsymbol{H}_0^i + \boldsymbol{h}^i$, $\boldsymbol{M} = \boldsymbol{M}_0 + \boldsymbol{m}$ setzen und diese Werte in die Bewegungsgleichung (5.5) einsetzen[6]); die Dämpfung wollen wir bisher nicht berücksichtigen. Unter der Voraussetzung, daß $|\boldsymbol{h}| \ll |\boldsymbol{H}_0^i|$, $|\boldsymbol{m}| \ll |\boldsymbol{M}_0|$ ist, erhalten wir

$$\frac{d\boldsymbol{M}}{dt} = \frac{d\boldsymbol{m}}{dt} = -\gamma(\boldsymbol{M}_0 + \boldsymbol{m}) \times (\boldsymbol{H}_0^i + \boldsymbol{h}^i) \cong -\gamma(\boldsymbol{M}_0 \times \boldsymbol{h}^i + \boldsymbol{m} \times \boldsymbol{H}_0^i),$$

[5]) Wenn wir zulassen würden, daß sich die Lage von $\boldsymbol{H}_0^i$ von Ort zu Ort ändert, dann hätte dieses Koordinatensystem einen lokalen Charakter.

[6]) Es wäre richtig, in die Rechnung noch das Lorentzsche Feld $(4/3)\,\pi\boldsymbol{M}$ einzubeziehen; da jedoch $\boldsymbol{M} \times \boldsymbol{M} = 0$ ist, können wir dies vernachlässigen. Falls es sich um einen nicht kubischen Kristall handelte, sind die Abweichungen vom Werte $(4/3)\,\pi\boldsymbol{M}$ in der Anisotropie enthalten, über die wir uns schon früher geeinigt haben, sie als vernachlässigbar klein anzunehmen.

was, für die einzelnen Komponenten aufgeschrieben, die Beziehungen

$$
\begin{aligned}
j\omega m_x &= -\gamma(m_y H_0^i - M_0 h_y^i) \\
j\omega m_y &= -\gamma(M_0 h_x^i - m_x H_0^i) \\
m_z &= 0
\end{aligned}
\tag{5.7}
$$

ergibt. Daraus folgt für die Lösung von m_x, m_y, m_z

$$
\begin{aligned}
m_x &= \chi h_x^i + j\varkappa h_y^i \\
m_y &= -j\varkappa h_x^i + \chi h_y^i \\
m_z &= 0,
\end{aligned}
\tag{5.8}
$$

wobei

$$
\chi = \frac{M_0}{H_0^i} \frac{\omega_H^2}{\omega_H^2 - \omega^2}, \qquad \varkappa = \frac{M_0}{H_0^i} \frac{\omega_H \omega}{\omega_H^2 - \omega^2}, \tag{5.9}
$$

$$
\omega_H = \gamma H_0^i
$$

ist. Die Beziehungen (5.8) und (5.9) zeigen, wie die dynamische Magnetisierung vom Hochfrequenzfeld abhängt. Selbst wenn diese Beziehung linear ist, ist es ersichtlich, daß sie im Unterschied zum statischen Fall einen Tensorcharakter aufweist. Dadurch verstehen wir den Umstand, daß $\boldsymbol{m}$ neben der mit $\boldsymbol{h}^i$ parallelen Komponente auch eine von Null verschiedene senkrechte Komponente hat (z. B. für $\boldsymbol{h}^i = \boldsymbol{h}_x^i$, $h_y^i = 0$ ist m_x sowie $m_y \neq 0$). Die Größen χ, $\varkappa$ können dann als Komponenten des Suszeptibilitätstensors betrachtet werden[7]),

$$
\boldsymbol{\chi} = \begin{pmatrix} \chi & j\varkappa & 0 \\ -j\varkappa & \chi & 0 \\ 0 & 0 & 0 \end{pmatrix}. \tag{5.10}
$$

Mit seiner Hilfe kann (5.8) übersichtlich in der Matrixform

$$
\begin{pmatrix} m_x \\ m_y \\ m_z \end{pmatrix} = \begin{pmatrix} \chi & j\varkappa & 0 \\ -j\varkappa & \chi & 0 \\ 0 & 0 & 0 \end{pmatrix} \begin{pmatrix} h_x^i \\ h_y^i \\ h_z^i \end{pmatrix} \tag{5.11}
$$

ausgedrückt werden. Da hier $\boldsymbol{m}$ als Funktion des wirklichen inneren Feldes $\boldsymbol{h}^i$ auftritt, wird der Tensor $\boldsymbol{\chi}$ als *innerer Suszeptibilitätstensor* bezeichnet.

[7]) Analog zum Suszeptibilitätstensor kann der Permeabilitätstensor durch die Beziehung $\boldsymbol{\mu} = \boldsymbol{I} + 4\pi\boldsymbol{\chi}$ eingeführt werden, wo $\boldsymbol{I}$ der Identitätstensor ist, der durch die Einheitsmatrix dargestellt ist.

Die Komponenten des Suszeptibilitätstensors χ, $\varkappa$ weisen Resonanzeigenschaften für $\omega = \omega_H = \gamma H_0^i$ auf. In diesem Punkte sind sie unstetig und gehen gegen unendlich, was so aufgefaßt werden kann, daß hier $\boldsymbol{m} \neq 0$ existieren kann, auch wenn $\boldsymbol{h}^i \to 0$ ist, oder anders ausgedrückt, daß ω_H die Eigenfrequenz des Systems ist. Diese Interpretation ist jedoch nur dann richtig, falls $\boldsymbol{h}^i$ nicht vom $\boldsymbol{m}$ abhängt, d. h. für ein unendlich ausgedehntes Medium. Andernfalls muß in die Bewegungsgleichungen die Beziehung zwischen $\boldsymbol{m}$ und $\boldsymbol{h}^i$, die aus den Entmagnetisierungseinwirkungen der dynamischen Komponente der Magnetisierung hervorgeht, einbezogen werden. Falls wir dann die Komponenten m_x, m_y, m_z als Funktionen des äußeren Hochfrequenzfeldes $\boldsymbol{h}^e$ ausdrücken, erhalten wir die Tensorbeziehung

$$\boldsymbol{m} = \chi^e \cdot \boldsymbol{h}^e$$

analog zu (5.11), wo χ^e der sogenannte *äußere Suszeptibilitätstensor* ist, der sich allgemein vom inneren Tensor unterscheidet. Zu diesem Tensor können wir am einfachsten so gelangen, daß wir in den Gleichungen (5.8) das innere Feld mittels der äußeren Felder und Entmagnetisierungsfelder ausdrücken und diese Gleichungen für m_x, m_y, m_z lösen. Später wollen wir auf diese Weise den äußeren Tensor für ein kleines Ellipsoid ableiten und zeigen, auf welche Weise wir auch bei weniger einschränkenden Voraussetzungen vorgehen können, als wir es bei der Ableitung von (5.8) gemacht haben. Es muß jedoch betont werden, daß erst das Resonanzverhalten der Komponenten des äußeren Suszeptibilitätstensors die Bedingungen für die Entstehung der ferromagnetischen Resonanz in einer endlichen Probe ausdrückt.

Wenn wir die Dämpfung, z. B. in der Form (5.6a), in die Rechnung einbeziehen, wird χ und ebenfalls $\varkappa$ in (5.8) und (5.10) komplex, und bei Benutzung der Abkürzungen (5.9) können diese Ausdrücke in der Form [17]

$$\chi = \frac{M_0}{H_0^i} \frac{\omega_H^2(1 + \alpha^2) + \mathrm{j}\alpha\omega_H\omega}{\omega_H^2(1 + \alpha^2) + 2\mathrm{j}\alpha\omega_H\omega - \omega^2} \tag{5.12}$$

$$\varkappa = \frac{M_0}{H_0^i} \frac{\omega_H\omega}{\omega_H^2(1 + \alpha^2) + 2\mathrm{j}\alpha\omega_H\omega - \omega^2}$$

geschrieben werden.

Aus dem Verlauf dieser Komponenten in Abhängigkeit von H_0^i, was in Abb. 5.4 gezeigt ist, kann man ersehen, daß bei der Resonanz die realen und imaginären Anteile endlich bleiben. Während die realen Teile die typische Form einer Dispersionskurve aufweisen, haben die imaginären Teile, die die Verluste im ferromagnetischen Medium ausdrücken, ein Maximum für den Resonanzwert des Feldes. In Übereinstimmung mit der Erwartung wird nach (5.12) $\chi \to M_0/H_0^i$ und $\varkappa \to 0$ für $\omega \to 0$, wobei ebenfalls die Verluste verschwinden.

Bei der Ableitung des Tensors χ haben wir absichtlich ein beliebiges periodisches Feld $\boldsymbol{h}^i$ mit einer Zeitabhängigkeit $\exp(\mathrm{j}\omega t)$ vorausgesetzt, um den Tensorcharakter der Suszeptibilität klarer in Erscheinung zu bringen. Falls wir an Stelle dessen ein zirkular polarisiertes Feld verwenden würden, so wie wir es in den Überlegungen im Abschnitt 5.1 gemacht haben, wäre die Beziehung zwischen der zirkular polarisierten Komponente der Magnetisierung und diesem Felde skalar. Wir können uns

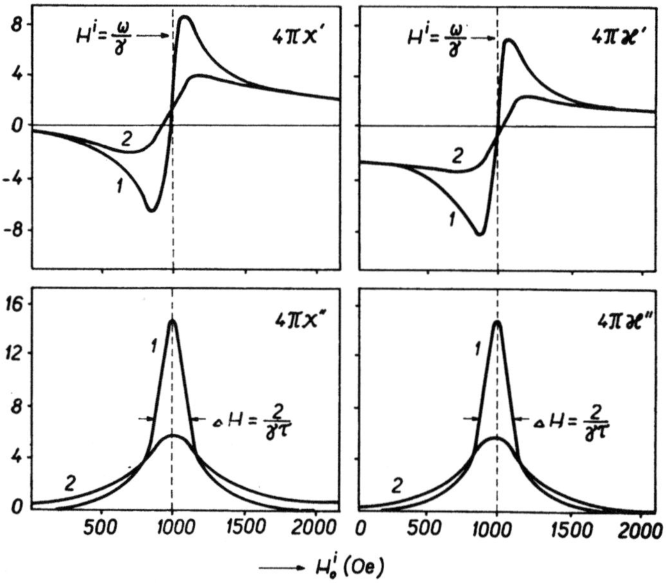

Abb. 5.4 Verlauf des realen und imaginären Teiles von Komponenten des Suszeptibilitätstensors in Abhängigkeit von H^i, berechnet für zwei verschiedene Werte der Resonanzlinienbreite $\Delta H = 2/\gamma\tau = 2\alpha\omega/\gamma$, $1 - \Delta H = 200$ Oe, $2 - \Delta H = 500$ Oe. Für die Berechnung wurde $4\pi M_0 = 3000$ Gauss, $\omega/2\pi = 2800$ MHz gewählt, so daß $\omega/\gamma = 1000$ Oe und die Relaxationskonstante $\alpha = 0{,}1$ bzw. 0,25 ist. (Nach Lax und Button [20]).

leicht davon überzeugen, wenn wir das Feld $\boldsymbol{h}^i$ mittels der zirkular polarisierten Komponenten

$$h_+^i = h_x^i + \mathrm{j}h_y^i \qquad h_-^i = h_x^i - \mathrm{j}h_y^i \tag{5.13}$$

ausdrücken. Durch Einsetzen in (5.8) erhalten wir für die zirkular polarisierten Komponenten der Magnetisierung die skalare Beziehung $m_\pm = (\chi \pm \varkappa)\, h_\pm^i$, die analog zu (5.11) in einer Matrixform als

$$\begin{pmatrix} m_+ \\ m_- \\ m_z \end{pmatrix} = \begin{pmatrix} \chi + \varkappa & 0 & 0 \\ 0 & \chi - \varkappa & 0 \\ 0 & 0 & 0 \end{pmatrix} \begin{pmatrix} h_+ \\ h_- \\ h_z \end{pmatrix} \tag{5.14}$$

geschrieben werden kann. Diese Gleichung zeigt, daß für zirkular polarisierte Komponenten der Tensor χ diagonal ist, so daß diese Komponenten als charakteristische Schwingungsarten im magnetisierten ferromagnetischen Stoff oder, wie wir sagen, im gyrotropen Medium aufgefaßt werden können.[8]) Wir können demzufolge die Beziehung

$$\chi_+ = \chi + \varkappa\,, \qquad \chi_- = \chi - \varkappa \tag{5.15}$$

aufstellen und einfach

$$m_\pm = \chi_\pm h^i_\pm \tag{5.16}$$

schreiben. Wenn wir χ_+, χ_- mittels (5.9) ausdrücken, erhalten wir

$$\chi_\pm = \frac{\gamma M_0(\omega_H \pm \omega)}{\omega_H^2 - \omega^2} = \frac{\gamma M_0}{\omega_H \mp \omega}\,. \tag{5.17}$$

Es ist ersichtlich, daß nur eine von diesen skalaren Suszeptibilitäten, und zwar χ_+, Resonanzeigenschaften ausweist, während die zweite mit einem sich vergrößernden ω monoton abnimmt. Das ist eine andere Ausdrucksweise für die Tatsache, daß der Drehsinn der eigentlichen Präzession des Magnetisierungsvektors durch die Orientierung des Feldes $\boldsymbol{H}^i_0$ bestimmt wird und daß diese Präzession nur dann angeregt wird, wenn der Vektor $\boldsymbol{h}^i$ im gleichen Sinn wie die Magnetisierung rotiert. Bei einem entgegengesetzten Drehsinn ist die Wechselwirkung zwischen $\boldsymbol{h}^i$ und $\boldsymbol{M}$ sehr schwach und führt zu keiner Resonanz. Zu einem ähnlichen Resultat würden wir auch auf Grund der Gleichungen (5.12) kommen, in denen die Dämpfung berücksichtigt ist.

Der Suszeptibilitätstensor in der Form (5.10) wurde von Polder [5] abgeleitet, der gleichzeitig gezeigt hat, daß dieser Tensor — abgesehen von den Beziehungen (5.9), durch die seine Komponenten spezifiziert sind — die allgemeinste lineare Beziehung zwischen $\boldsymbol{m}$ und $\boldsymbol{h}^i$ im isotropen gesättigten Ferromagnetikum darstellt, die die Forderung nach Invarianz gegen die Rotation um eine zur Magnetisierung parallele Achse erfüllt. Falls wir die magnetische Anisotropie berücksichtigen wollten, würde der Tensor $\boldsymbol{\chi}$ eine bedeutend kompliziertere Form annehmen, und mit Ausnahme der kristallographischen Hauptrichtungen könnte er nicht auf eine Diagonalform durch Zerlegung des Feldes $\boldsymbol{h}^i$ in zirkular polarisierte Komponenten [18] gebracht werden.

Der innere Suszeptibilitätstensor hat eine grundlegende Bedeutung für die Lösung verschiedener Probleme, die mit Eigenschaften der Ferro- und Ferrimagnetika in Hochfrequenzfeldern verbunden sind. Der von ihm abgeleitete Permeabilitätstensor kann direkt in Verbindung mit den Maxwellschen Gleichungen zur Beschreibung der Ausbreitung elektromagnetischer Wellen im gyrotropen Medium verwendet werden, was sich als sehr fruchtbar für die Lösung einer Reihe von Applikationsaufgaben erwiesen hat, die sich auf die Anwendung der Ferrite in verschiedenen

---

[8]) d. h. in einem Medium mit gyromagnetischen Eigenschaften. Wir wollen noch darauf hinweisen, daß (5.14) direkt durch eine Diagonalisierung der Matrix (5.10) erhalten werden könnte.

Komponenten der Mikrowellentechnik beziehen.[9]) Die Verwendung des Suszeptibilitätstensors wollen wir im folgenden an zwei einfachen Beispielen zeigen: an der Fortpflanzung einer ebenen Welle durch das gyrotrope Medium und der Ableitung der Resonanzbedingung für ein kleines Ellipsoid.

Die Ausbreitung elektromagnetischer Wellen im gyrotropen Medium; der Faradaysche und Cotton-Moutonsche Effekt

Als erstes Beispiel der Verwendung des Suszeptibilitätstensors wollen wir über die Ausbreitung elektromagnetischer Wellen in einem unendlich ausgedehnten, durch ein Feld $\boldsymbol{H}_z$ in Richtung der z-Achse magnetisierten Ferromagnetikum sprechen. Wir wollen voraussetzen, daß sich eine ebene Welle in der $\boldsymbol{k}$-Richtung ausbreitet, die mit der Richtung der statischen Magnetisierung z einen beliebigen Winkel Θ bildet. Eine solche Welle können wir durch den Phasenfaktor $\exp\{\mathrm{j}(\omega t - \boldsymbol{k} \, . \, \boldsymbol{r})\}$ charakterisieren, der die Abhängigkeit der dynamischen Komponenten des magnetischen Feldes $\boldsymbol{h}$ und der Induktion $\boldsymbol{b}$ von der Lage $\boldsymbol{r}$ und der Zeit t angibt. Die Vektoren $\boldsymbol{b}$ und $\boldsymbol{h}$ müssen die Maxwellschen Gleichungen

$$\operatorname{rot} \boldsymbol{E} = -\frac{\partial \boldsymbol{b}}{\partial t} \tag{5.18}$$

$$\operatorname{rot} \boldsymbol{h} = \varepsilon \frac{\partial \boldsymbol{E}}{\partial t}$$

erfüllen, die durch die Tensorgleichung

$$\boldsymbol{b} = \boldsymbol{\mu} \, . \, \boldsymbol{h} = (\mathbf{I} + 4\pi\boldsymbol{\chi}) \, . \, \boldsymbol{h} \tag{5.19}$$

ergänzt sind. Nach Eliminierung von $\boldsymbol{E}$ und $\boldsymbol{b}$ und Einsetzen von $\boldsymbol{h} = \boldsymbol{h}_0 \exp \mathrm{j}(\omega t - \boldsymbol{k} \, . \, \boldsymbol{r})$ erhalten wir als Bedingung für die Existenz einer von Null verschiedenen Lösung für $\boldsymbol{h}$ die Beziehung[10])

$$\begin{vmatrix} \mathrm{j}\omega\mu \sin\Theta & \omega K \sin\Theta & \mathrm{j}\omega \cos\Theta \\ -\gamma^2 \sin\Theta \cos\Theta & 0 & \gamma^2 \sin^2\Theta + \omega^2\varepsilon \\ \mathrm{j}\omega^2\varepsilon K & \gamma^2 + \omega^2\varepsilon\mu & 0 \end{vmatrix} = 0, \tag{5.20}$$

---

[9]) Über die Anwendung von Ferriten in Komponenten der Mikrowellentechnik existiert bereits eine sehr umfassende Literatur [19—31], auf die wir den Leser hinweisen wollen.

[10]) Die Ableitung findet der Leser z. B. in [19].

woraus zwei zulässige Werte für $k = 2\pi/\lambda = |\mathbf{k}|$

$$k_\pm = (\omega/c)\,\varepsilon^{1/2}\,. \tag{5.21}$$

$$\left\{\frac{(\mu^2 - \mu - K^2)\sin^2\Theta + 2\mu \pm [(\mu^2 - \mu - K^2)\sin^4\Theta + 4K^2\cos^2\Theta]^{1/2}}{2[(\mu - 1)\sin^2\Theta + 1]}\right\}^{1/2}$$

hervorgehen. Dabei haben wir $1 + 4\pi\chi = \mu$ und $4\pi\varkappa = K$ gesetzt. Es ist demzufolge ersichtlich, daß sich durch das gyrotrope Medium in jeder Richtung zwei ebene Wellen mit verschiedenen Wellenvektoren (und demzufolge auch mit einer verschiedenen Wellenlänge) fortpflanzen können, wobei k_+ und k_- von der gegenseitigen Orientierung des Wellenvektors gegenüber der Richtung der Magnetisierung z abhängen. Da für ein isotropes Medium mit der skalaren Permeabilität μ $k = (\omega/c)$. $(\varepsilon\mu)^{1/2}$ ist, können wir den Ausdruck in der geschweiften Klammer auf der rechten Seite von (5.21) als effektive skalare Permeabilität für die gegebene Ausbreitungsrichtung betrachten. Wir haben also wieder zwei effektive Permeabilitäten, eine für die Welle k_+, die zweite für k_-, und beide hängen dabei von Θ ab.

Wir wollen nun näher die zwei typischen Fälle $\Theta = 0$ und $\Theta = \pi/2$ betrachten. Für den ersten von beiden erhalten wir

$$k_\pm = (\omega/c)\,\varepsilon^{1/2}(\mu \pm K)^{1/2} = (\omega/c)\,\varepsilon^{1/2}(1 + 4\pi\chi_\pm)^{1/2}, \tag{5.22}$$

was beweist, daß für die Ausbreitung in Richtung der Magnetisierung beide effektiven Permeabilitäten den skalaren Permeabilitäten für ein zirkular polarisiertes Feld $\mathbf{h}$ gleich sind. Umgekehrt, wie wir uns leicht überzeugen können, sind beide Wellen, die den Wellenvektoren $\mathbf{k}_+$ und $\mathbf{k}_-$ in (5.22) zugehören, zirkular polarisiert, so daß eine transversale, in der zu M_0 senkrechten Ebene zirkular polarisierte Welle die Eigenmode für die Ausbreitung in Magnetisierungsrichtung darstellt. Falls wir in (5.22) für $\chi_\pm$ aus (5.17) einsetzen, erhalten wir

$$k_\pm = (\omega/c)\,\varepsilon^{1/2}\left(\frac{\omega_M + \omega_H \mp \omega}{\omega_H \mp \omega}\right)^{1/2}, \quad \omega_M = 4\pi\gamma M_0\,. \tag{5.23}$$

Es ist ersichtlich, daß in Übereinstimmung mit der Erwartung nur die rechtsdrehende Welle k_+ (auf die Richtung $\mathbf{H}_z$ resp. $\mathbf{M}_0$ bezogen), Resonanzeigenschaften aufweist, während die linksdrehende k_- sich für alle ω normal verhält.

Die Existenz der Resonanz für $\omega = \omega_H$ hat einige interessante Folgen für die Übertragungscharakteristik des gyrotropen Mediums. Wenn wir die Dämpfung vernachlässigen (unter dieser Bedingung wurde ebenfalls die Gleichung (5.23) abgeleitet) und falls wir voraussetzen, daß das Ferromagnetikum die elektrischen Eigenschaften eines Isolators aufweist, so daß keine Verluste durch elektrische Leitfähigkeit entstehen, gibt (5.23) reelle k_+-Werte für $\omega < \omega_H = \gamma H_z$ und $\omega > \omega_H + \omega_M = \gamma(H_z + 4\pi M_0) = \gamma B_z$ und rein imaginäre Werte für $\omega_H < \omega < \omega_H + \omega_M$. Während der reelle Wert des Wellenvektors einer normalen Fortpflanzung der Welle entspricht, führt ein imaginäres k zu einem Phasenfaktor der Form $\exp(j\omega t - \alpha z)$, der nicht mehr die Ausbreitung, sondern eine reine Dämpfung des in Betracht gezogenen Signals beschreibt. Das kann so interpretiert werden, daß im angeführten Frequenzband das gyrotrope Medium nicht fähig ist, die Welle k_+ in der z-Richtung zu übertragen.[11]) Der Verlauf der effektiven Permeabilität $\mu \pm K$ und des Wellenvektors resp. seines Realteiles in Abhängigkeit von der Größe des statischen Feldes H_z

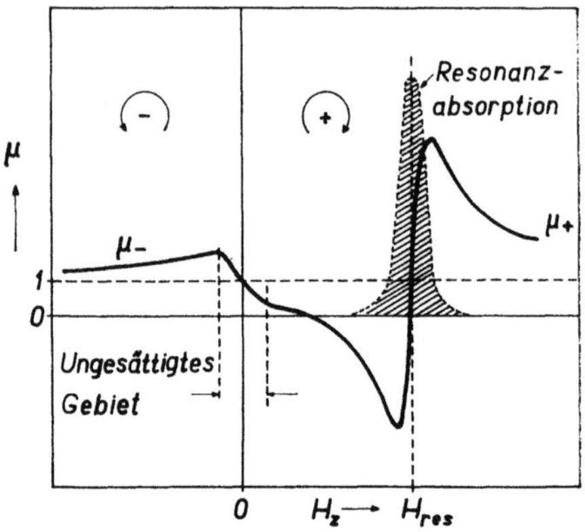

Abb. 5.5 Abhängigkeit der effektiven Zirkularpermeabilität $\mu_\pm = \mu \pm K$ von der Feldstärke des statischen Feldes H_z für die rechts- und linkszirkulare, sich in der mit dem Felde parallelen Richtung ausbreitende ebene Welle.

bzw. der Frequenz ω sind schematisch in Abb. 5.5 und 5.6 wiedergegeben; für $\omega = \omega_H + \omega_M$ resp. $H_z = H_{res} - 4\pi M_0$ ist $\mu_+ = \mu + K = 0$ und demzufolge $b_+ = 0$. Dies bedeutet jedoch nichts anderes, als daß m_+ und h_+ eine entgegengesetzte Phase aufweisen, so daß sich ihre Beiträge zum Induktionsfluß gegenseitig aufheben. Wir sprechen deshalb manchmal von einer Antiresonanz.

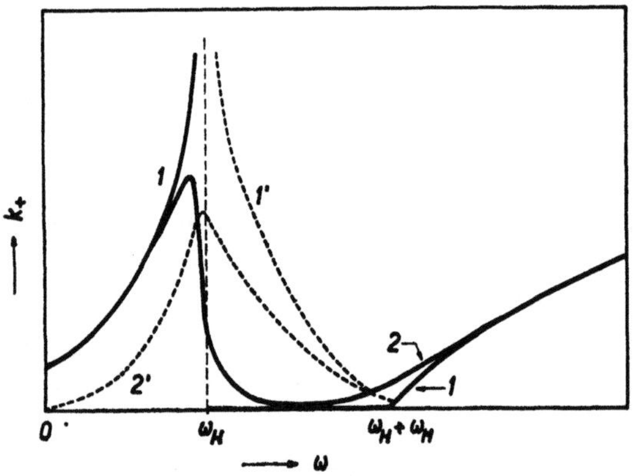

Abb. 5.6 Ausbreitungscharakteristiken einer rechtszirkularen (resonierenden) zirkularpolarisierten Welle durch ein in Fortpflanzungsrichtung magnetisiertes gyrotropes Medium: 1,1′ — realer und imaginärer Teil von k_+ für ein verlustfreies Medium ($\Delta\omega = \Delta H = 0$), 2,2′ — dasselbe für ein verlustbehaftetes Medium ($\Delta\omega$, $\Delta H \neq 0$).

[11]) Da jedoch, wie mittels (5.21) gezeigt werden kann, die Resonanzfrequenz vom Winkel Θ auf Grund der Beziehung $\omega^2 = \gamma^2 H_z(H_z + 4\pi M_0 \sin^2 \Theta)$ abhängt, können sich die rechtsdrehenden Wellen in anderen Richtungen ausbreiten. Sie werden jedoch nicht mehr zirkular, sondern elliptisch polarisiert sein.

Wie z. B. in [32] gezeigt wurde, können sich trotzdem Schwingungen mit einer bedeutend kürzeren Wellenlänge als der normalen Länge der elektromagnetischen Welle ausbreiten. Es sind dies die Spinwellen, von denen wir schon früher (Abschnitt 3.1) gesprochen haben, die dadurch gekennzeichnet sind, daß die Spins benachbarter Atome nicht mehr als parallel betrachtet werden können. Infolgedessen kommt im Gesamtdrehmoment, das auf das magnetische Moment des Atoms einwirkt, neben dem Magnetfeld auch der Beitrag der Austauschenergie zur Geltung. Dieser Fall entzieht sich jedoch dem Rahmen der einfachen Theorie, auf die wir unsere Erklärung begründet haben und wir werden uns mit ihm eingehender im Abschnitt 5.4 befassen.

Falls wir die Dämpfung durch Einführung einer phänomenologischen Konstante α berücksichtigen, ändert dies praktisch sehr wenig an den angeführten Übertragungseigenschaften der Resonanz-Mode k_+, zumindest sofern $\alpha \ll 1$ bleibt. Auch wenn die Ausbreitung im Frequenzband $\omega_H < \omega < \omega_H + \omega_M$ nicht mehr vollständig unterdrückt wird (k_+ wird immer wenigstens eine kleine reale Komponente haben), wird die Dämpfung der Welle in der Nähe der Resonanz so groß sein, daß die Übertragung auf größere Entfernung praktisch ausgeschlossen wird (Abb. 5.6).

Für Frequenzen, die genügend weit vom verbotenen Band entfernt liegen, können sich beide Wellen, sowohl die rechtsdrehende als auch die linksdrehende praktisch ohne Dämpfung, beide jedoch mit einer anderen Phasengeschwindigkeit ausbreiten. Mit diesem Umstand hängt direkt der sogenannte *Faraday-Effekt* zusammen. Wir wollen eine transversale, linear polarisierte Welle $\boldsymbol{h}$ betrachten, deren Fortpflanzungsrichtung z mit der Richtung des statischen Feldes H_z zusammenfällt (Abb. 5.7). Der Vektor $\boldsymbol{h}$, der in der Ebene xy liegt, kann in zwei zirkular polarisierte Komponenten zerlegt werden, deren Phasengeschwindigkeiten durch die Wellenvektoren $\boldsymbol{k}_+$ $\boldsymbol{k}_-$ aus (5.22) bestimmt sind. Nach dem Durchlaufen einer bestimmten Strecke l erhalten wir durch die Wiederzusammensetzung der beiden Komponenten von neuem eine linear polarisierte Welle, die jedoch infolge der Verschiedenheit der Wellenvektoren $\boldsymbol{k}_+ \neq \boldsymbol{k}_-$ eine Polarisationsebene aufweist, die gegenüber der ursprünglichen Lage gedreht ist (Faraday-Rotation). Die Größe dieser Drehung Φ hängt vom Phasenunterschied beider Komponenten für $z = z_0 + l$ ab:

$$\Phi = (l/2)(k_+ - k_-). \tag{5.24}$$

Wie aus Abb. 5.6 ersichtlich ist, wird die Rotation für die Frequenzen $\omega < \omega_H = \gamma H_z$ einen entgegengesetzten Sinn gegenüber den Frequenzen oberhalb der Antiresonanz, $\omega > \omega_H + \omega_M = \gamma B_z$, aufweisen. Wenn wir aus (5.22) in (5.24) einsetzen, können wir zeigen, daß sowohl für hohe Frequenzen $\omega \gg \gamma B_z$ (oder was das gleiche ist, für schwache Felder) als auch für niedrigere Frequenzen $\omega \ll \gamma H_z$ der Rotationswinkel ungefähr unabhängig von der Frequenz und der statischen Magnetisierung proportional ist,

$$\Phi/l \cong -(\varepsilon^{1/2}/c) \,.\, 4\pi\gamma M. \tag{5.25}$$

Der Faraday-Effekt ist eine nicht-reziproke Erscheinung. Darunter verstehen wir, daß die Rotation Φ für Wellen, die sich in beiden Richtungen der z-Achse fortpflanzen, sowohl der Größe als auch dem Drehsinn nach gleich ist und daß sich ihr Vorzeichen durch die Umkehrung der Ausbreitungsrichtung nicht ändert. Der Grund dafür liegt darin, daß die Rechts- und Linksdrehung auf die Richtung der Magnetisierung bezogen ist und nicht auf die Ausbreitungsrichtung, und deshalb weisen auch die Indices + und –, die wir beiden Wellen zugeordnet haben, bei einem Umtausch von $+z \rightarrow -z$ keine Änderung auf.[12]) Diese Eigenschaft des Faraday-Effekts wurde von Tellegen [33] und Hogan [34] zur Konstruktion des sogenannten Gyrators und weiterer nicht-reziproker Bauelemente in der Mikrowellentechnik ausgenutzt.

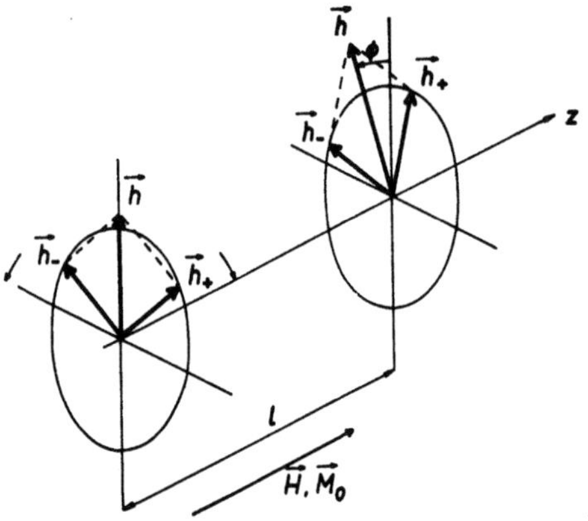

Abb. 5.7 Entstehung der Faraday-Rotation.

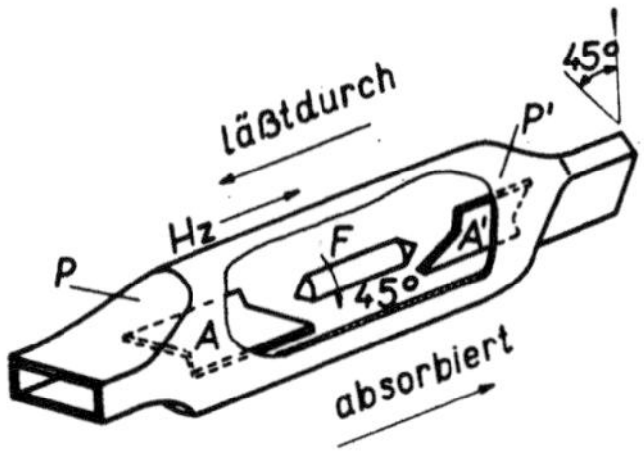

Abb. 5.8 Schema eines den Faraday-Effekt ausnutzenden Isolators: F — Ferritstab; A, A' — Dämpfungsfolien, die die Komponente der Welle mit dem elektrischen Vektor in der Folienebene schwächen; P, P' — Übergang vom Rechteck- auf zylindrischen Hohlleiter. Das Magnetfeld H_z sei so gewählt, daß die Faraday-Rotation 45° ist.

Bei diesen Elementen handelt es sich begreiflicherweise nicht um die Ausbreitung in einem unendlich ausgedehnten Medium, so daß die Randbedingungen berücksichtigt werden müssen. Im wesentlichen bleibt jedoch qualitativ der Charakter der betrachteten Erscheinungen erhalten. In Abb. 5.8 ist angedeutet, wie der Faraday-Effekt zur Konstruktion eines Richtleiters (eines sogenannten „Faraday-Isolators") benutzt werden kann, der die Mikrowellenenergie in einer Richtung praktisch ohne Verluste durchläßt, während er sie in der anderen Richtung absorbiert. Die Polarisationsebene wird dabei in diesem Bauelement um 45° gedreht. Ähnlich läßt sich bei einer Rotation von 90° erreichen, daß die reflektierte Welle, die beim Hin- und Rücklauf ihre Phase um insgesamt $2 \times 90° = 180°$ verändert, eine entgegengesetzte Phase als die ursprüngliche Welle (Prinzip des „Gyrators") aufweisen wird. Der Leser, den diese Anwendungen näher interessieren sollten, wird auf die zahlreiche Literatur [19—31] hingewiesen.

Wir wollen noch kurz den anderen Fall, in dem $\Theta = \pi/2$ ist, erwähnen. Die Ausbreitung wird dann in einer Richtung, die senkrecht zur Richtung des Feldes liegt, d. h. in der Ebene x, y erfolgen. Durch Einsetzen für Θ in (5.21) erhalten wir wieder zwei Werte für den Wellenvektor, die wir mit k_ε und k_μ bezeichnen:

$$k_\varepsilon = (\omega/c)\sqrt{\varepsilon}\,, \quad k_\mu = (\omega/c)\left[\frac{\varepsilon(\mu^2 - K^2)}{\mu}\right]^{1/2}. \tag{5.26}$$

[12]) Dies ist gut erkennbar, falls wir die Phasen beider Wellen betrachten: wenn sich die Fortpflanzungsrichtung umkehrt, geht $\boldsymbol{k}$ in $-\boldsymbol{k}$ über und l in $-l$; falls dabei die Bezeichnungen + und — aufrechterhalten bleiben, wird der Unterschied beider Phasen $-l(-k_+ + k_-)$ und daher der gleiche wie früher sein.

Die erste zu k_ε gehörende Welle kann demzufolge als unmagnetisch angesehen werden, während die zweite Resonanzeigenschaften aufweist, ähnlich wie die sich parallel zur Feldrichtung ausbreitende k_+-Welle. Es kann gezeigt werden, daß hier Resonanz für den Fall

$$\omega = [\omega_H(\omega_H + \omega_M)]^{1/2} = \gamma(BH)^{1/2} \tag{5.27}$$

auftritt, d. h. bei einer höheren Frequenz (bei einem niedrigeren Felde) als für k_+. Der Grund dafür liegt in der inneren Entmagnetisierung der präzedierenden magnetischen Momente, die im Abstand $\lambda/2$ eine entgegengesetzte Phasenlage besitzen (Abb. 5.9); dieses innere Entmagnetisierungsfeld entspricht einem effektiven Entmagnetisierungsfaktor von der Größe 4π (es handelt sich um eine unendlich ausgedehnte ebene Welle) und addiert sich zum Felde $\boldsymbol{h}$ in der Tensorbeziehung (5.11).[13]) Durch

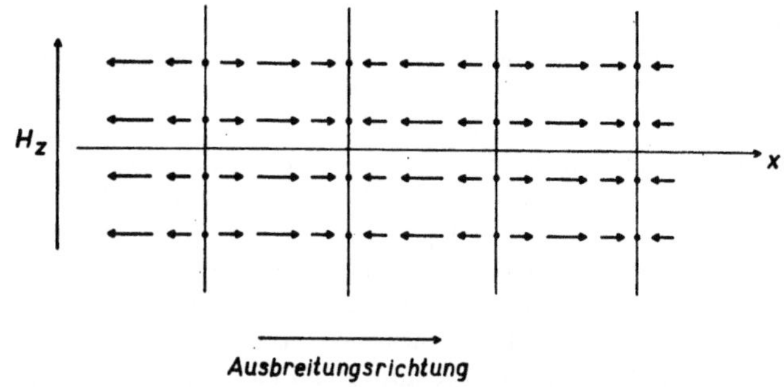

Abb. 5.9 Eine Momentaufnahme der Verteilung der dynamischen Magnetisierungskomponente m_x in Richtung der Ausbreitung der ebenen elektromagnetischen Welle durch ein gyrotropes Medium senkrecht zur Feldrichtung.

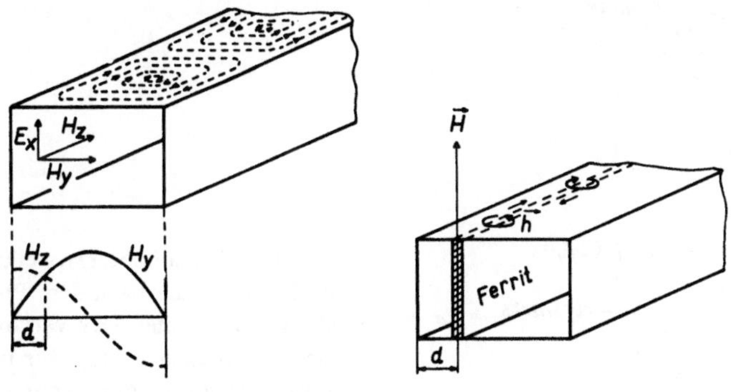

Abb. 5.10 Schematische Darstellung eines Resonanzisolators. Wie aus dem Diagramm der Feldstärkeverteilung des magnetischen Hochfrequenzfeldes im Hohlleiter mit rechteckigem Querschnitt ersichtlich ist, sind im Abstand d von der Wand die Amplituden H_y und H_z der transversalen bzw. longitudinalen Komponente einander gleich. Infolge des Phasenunterschiedes $\pi/2$ entsteht an dieser Stelle ein zirkular polarisierter Wellenzug.

[13]) Siehe das folgende Beispiel.

die Analyse der Wellengleichungen kann man ebenfalls beweisen, daß die zum k_ε gehörende Welle eine linear polarisierte Welle mit dem **h**-Vektor in Richtung der z-Achse darstellt, während für k_μ im Gegensatz dazu $h_z = 0$ ist. Diese Feststellung stimmt qualitativ gut damit überein, daß es nach (5.11) zur Anregung der Resonanz notwendig ist, daß zumindest eine der Komponenten h_x, $h_y \neq 0$ ist.

Da wir in diesem Fall zwei zueinander senkrecht polarisierte Wellen haben, die sich durch die Phasengeschwindigkeiten unterscheiden, können wir analog zur Optik von einer *Doppelbrechung* sprechen, u.zw. von einer Doppelbrechung, die durch das Magnetfeld, das senkrecht auf der Ausbreitungsrichtung steht, hervorgerufen wird (*Cotton-Mouton-Effekt*).

Die Eigenschaften der Ausbreitung der elektromagnetischen Wellen senkrecht zur Richtung des statischen Feldes werden ebenfalls sehr häufig zu Applikationszwecken verwendet, und zwar sowohl zu einer nicht reziproken Phasenverschiebung als auch im Bereich der ferromagnetischen Resonanz-Absorption zur Unterdrückung der Fortpflanzung in einer Richtung. Die Bedingungen der Ausbreitung sowie die Resonanzfrequenz werden dabei stark durch die Abmessungen und durch die Geometrie des gyrotropen Mediums (des Ferrits) beeinflußt. In Abb. 5.10 ist zur Illustration schematisch ein Richtungs-Isolator wiedergegeben, der auf dem Prinzip der Resonanzabsorption arbeitet. Das Ferritplättchen (Stäbchen) befindet sich im Hohlleiter an einer Stelle, an der bei der Ausbreitung der Grundmode TE_{01} der magnetische Vektor **h** zirkular polarisiert ist. Der Drehsinn dieser Polarisation ist für beide möglichen Fortpflanzungsrichtungen entgegengesetzt, und demzufolge wird bei der Resonanz nur das Signal absorbiert, das sich in der Richtung ausbreitet, für die der Vektor **h** im gleichen Sinne rotiert wie der präzedierende Vektor der Magnetisierung bei der Resonanz. In der zweiten Richtung läßt das Bauelement die Energie durch. Es zeigt sich, daß die Resonanzfrequenz bei dieser Anordnung ungefähr der ferromagnetischen Reso-

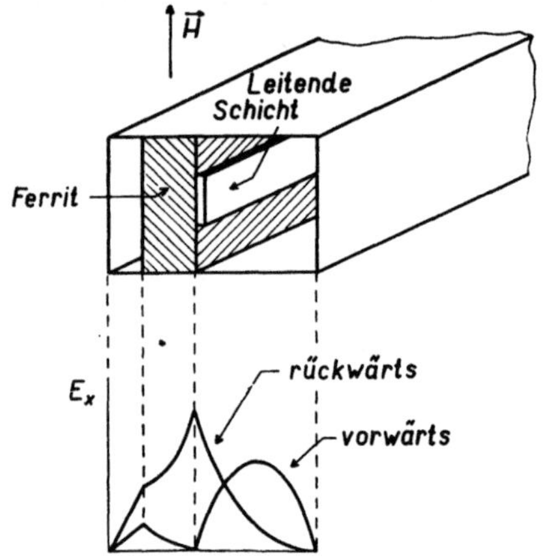

Abb. 5.11 Schematische Darstellung eines Richtungs-Isolators, der nach dem Prinzip der Feldverdrängung arbeitet. Der Verlauf der Amplitude des elektrischen Vektors für beide Fortpflanzungsrichtungen ist im unteren Teil angedeutet.

nanz in einer kleinen Probe mit analoger Geometrie, d. h. $\gamma(BH)^{1/2}$ für ein Plättchen nach Abb. 5.10, $\gamma(H + 2\pi M)$ für ein zylinderförmiges Stäbchen, usw. entspricht.

Eine ähnliche Funktion haben nichtreziproke Isolatoren, die auf dem Prinzip der sogenannten Feldverdrängung beruhen. Durch geeignete Anordnung eines Ferritplättchens im Hohlleiter kann ebenfalls der Verlauf der Amplitude des elektrischen Vektors der Welle für beide Ausbreitungsrichtungen, so wie in Abb. 5.11 gezeigt ist, beeinflußt werden; eine auf den Ferrit aufgebrachte dünne leitende Schicht absorbiert dann die elektromagnetische Energie nur bei Ausbreitung in der Richtung, für die der elektrische Vektor in der Ebene der Schicht ein Maximum aufweist.

Ein kleines Ellipsoid

Wir betrachten eine ferromagnetische Probe in der Form eines kleinen Ellipsoids, die homogen in der Richtung einer der Hauptachsen magnetisiert ist. Wir wollen diese Richtung als z-Achse eines rechtwinkligen Koordinatensystems betrachten, dessen x- und y-Achsen mit den zwei übrigen Ellipsoidachsen zusammenfallen. Die Entmagnetisierungsfaktoren in der Richtung dieser Achsen wollen wir mit N_x, N_y, N_z bezeichnen; es gilt $N_x + N_y + N_z = 4\pi$. Die magnetische Kristallanisotropie wollen wir zunächst vernachlässigen. Auf das Ellipsoid soll neben einem statischen Feld H_z, das zur Sättigung der Probe ausreicht, noch ein zu diesem senkrechtes Hochfrequenzfeld $h_x \ll H_z$ einwirken[14]) (Abb. 5.12); H_z, h_x bedeuten dabei die Feldstärken außerhalb der Probe, d. h. genauer gesagt das Feld, das am gegebenen Ort in Abwesenheit der Probe existieren würde. Was die Abmessungen der Probe anbetrifft, wollen wir voraussetzen, daß sie bedeutend kleiner sind als die Wellenlänge für die Ausbreitung der elektromagnetischen Welle im magnetisierten Stoff, so daß die Ausbreitung nicht berücksichtigt werden muß. Das Feld und die Magnetisierung

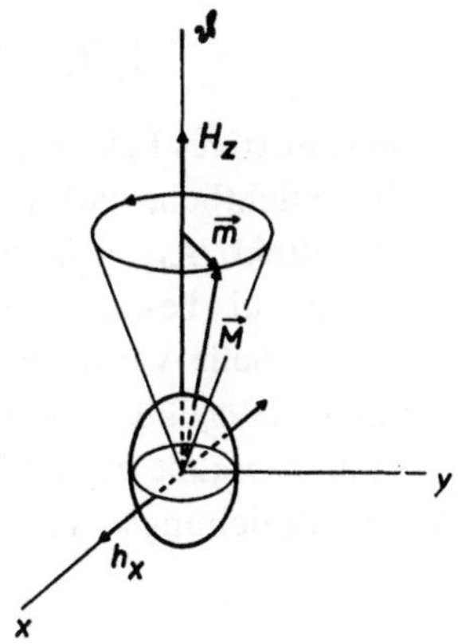

Abb. 5.12 Ferromagnetische Resonanz in einem kleinen Ellipsoid.

können dann in der ganzen Probe in jedem beliebigen Augenblick als homogen und gleichphasig betrachtet werden. Diese Situation entspricht der üblichen Anordnung, die beim experimentellen Studium der ferromagnetischen Resonanz verwendet wird.

Zur Untersuchung, unter welchen Bedingungen es zu Resonanz kommt, können wir wieder die Gleichungen (5.8) und (5.9) resp. (5.11) benutzen. Da jedoch die Felder,

---

[14]) Der allgemeine Fall eines Ellipsoids, das in einer beliebigen Richtung magnetisiert ist, wird z. B. in [35] diskutiert.

die in diesen Gleichungen auftreten, insgesamt innere Felder sind, müssen wir zuerst bestimmen, welches Feld im Innern des Ellipsoids herrscht. Unter den gemachten Voraussetzungen, die die Homogenität des statischen und dynamischen Feldes in der Probe sicherstellen, ist dies leicht; wir erhalten $h_x^i = h_x - N_x m_x$, $h_y^i = -N_y m_y$, $h_z^i = 0$, $H_0^i = H_z - N_z M_s$. Durch Einsetzen dieser Werte in (5.8) und Benutzung der Beziehungen (5.9) erhalten wir nach einer kurzen Rechnung die Gleichungen

$$\begin{aligned} \{\gamma^2[H_z + (N_x - N_z) M_s] [H_z + (N_y - N_z) M_s] - \omega^2\} m_x &= \\ = \gamma^2 M_s[H_z + (N_y - N_z) M_s] h_x \\ \{\gamma^2[H_z + (N_x - N_z) M_s] [H_z + (N_y - N_z) M_s] - \omega^2\} m_y &= \\ = \mathrm{j}\omega\gamma M_s h_x , \end{aligned} \qquad (5.28)$$

aus denen als Existenzbedingung einer nicht trivialen Lösung m_x, $m_y \neq 0$ für $h_x \to 0$ die bekannte Kittelsche Formel [4] für die Resonanzfrequenz

$$\omega_r = \gamma\{[H_z + (N_x - N_z) M_s] [H_z + (N_y - N_z) M_s]\}^{1/2} \qquad (5.29)$$

hervorgeht. Die Beziehung (5.29) ist sowohl von der Larmorschen Formel (5.11) als auch von der Resonanzbedingung, die für die Ausbreitung in einem unendlich ausgedehnten gyrotropen Medium gilt, dadurch verschieden, daß sie die Resonanzfrequenz von der Form der Probe und der Größe der Magnetisierung abhängig macht. Sie kann jedoch in eine einfachere Form (5.1) überführt werden, falls wir die Größe

$$\{[H_z - (N_x - N_z) M_s] [H_z - (N_y - N_z) M_s]\}^{1/2}$$

als ein effektives Feld H_{eff} betrachten, das die Eigenfrequenz der Präzession bestimmt. Es ist ersichtlich, daß im Spezialfall einer kugelförmigen Probe ($N_x = N_y = N_z = \frac{4}{3}\pi$) direkt $H_{\text{eff}} = H_z$ ist. Die Resonanzfrequenzen für verschiedene Formen der Probe, die als besondere oder Grenzfälle eines Ellipsoids betrachtet werden können, sind in Tabelle V-1 angeführt.

Für $\omega \neq \omega_r$ können wir die Gleichungen (5.28) durch den Ausdruck $\omega_r^2 - \omega^2$ dividieren und so m_x und m_y in der Abhängigkeit von h_x bestimmen. Wir erhalten lineare Beziehungen von der Form

$$m_x = \chi_{11}^e h_x , \quad m_y = \chi_{21}^e h_x ,$$

die darauf hinweisen, daß wir χ_{11}^e, χ_{21}^e als Komponenten des *äußeren Suszeptibilitätstensors*

$$\chi^e = \begin{pmatrix} \chi_{11}^e & \chi_{12}^e & 0 \\ \chi_{21}^e & \chi_{22}^e & 0 \\ 0 & 0 & 0 \end{pmatrix}$$

betrachten können, der $\boldsymbol{m}$ mit dem Felde $\boldsymbol{h}$ außerhalb der Probe verknüpft. Wenn wir keine besonderen Forderungen an $\boldsymbol{h}$ stellen (in den Gleichungen (5.28) haben wir vorausgesetzt, daß **h** parallel zur x-Achse liegt), so würden wir nach demselben Verfahren, das wir bei der Ableitung von (5.28) benutzt haben, auch die weiteren Komponenten dieses Tensors erhalten. Es zeigt sich dabei, daß zum Unterschied vom inneren Suszeptibilitätstensor $\chi_{11}^e = \chi_{22}^e$ nur dann gelten wird, falls $N_x = N_y$ ist, d. h. falls es sich um ein Rotationsellipsoid handelt, das in der Richtung der Rota-

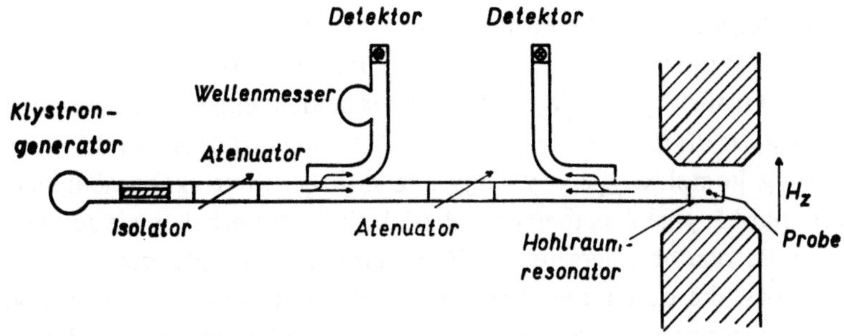

Abb. 5.13 Einfache Anordnung für das Studium der ferromagnetischen Resonanz.

Tabelle V-1

Werte des äußeren und inneren Feldes bei der Resonanz für einige Grenzfälle des magnetisch isotropen Ellipsoids; zur Sättigung der Probe ist $H_0^i > 0$ erforderlich ($\omega_M = 4\pi\gamma M$, $\gamma = ge/2mc = 17{,}6$ MHz/gauss für einen Elektronspin)

Form	N_x, N_y, N_z	γH_{res}	γH_0^i
Kugel	$N_x = N_y = N_z = \frac{4}{3}\pi$	ω	$\omega - \frac{\omega_M}{3}$
Dünnes, in seiner Ebene magnetisiertes Kreisplättchen	$N_y = N_z = 0$ $N_x = 4\pi$	$\left[\omega^2 + \left(\frac{\omega_M}{2}\right)^2\right]^{1/2} - \frac{\omega_M}{2}$	$\left[\omega^2 + \left(\frac{\omega_M}{2}\right)^2\right]^{1/2} - \frac{\omega_M}{2}$
Dasselbe; die Feldrichtung senkrecht zur Ebene des Plättchens	$N_x = N_y = 0$ $N_z = 4\pi$	$\omega + \omega_M$	ω
Langer, dünner Zylinder, H_z parallel zur Achse	$N_x = N_y = 2\pi$ $N_z = 0$	$\omega - \frac{\omega_M}{2}$	$\omega - \frac{\omega_M}{2}$
Dasselbe; jedoch H_z senkrecht zur Achse	$N_x = 0$ $N_y = N_z = 2\pi$	$\left[\omega^2 + \left(\frac{\omega_M}{4}\right)^2\right]^{1/2} + \frac{\omega_M}{4}$	$\left[\omega^2 + \left(\frac{\omega_M}{4}\right)^2\right]^{1/2} - \frac{\omega_M}{4}$

tionsachse magnetisiert ist. Falls wir die Kristallanisotropie vernachlässigen, gilt im Gegensatz dazu für die nicht-diagonalen Glieder wieder $\chi_{12}^e = -\chi_{21}^e$. Bei Vernachlässigung der Verluste wird χ_{12}^e rein imaginär, so daß es in der gebräuchlichen Form $\chi_{12}^e = -j\varkappa_{12}^e$ geschrieben werden kann. Die Ausdrücke für χ_{ij}^e, die den Einfluß der Dämpfung berücksichtigen, findet der Leser in [35].

Bei einer gebräuchlichen experimentellen Anordnung ist, wie wir schon angeführt haben, in der Regel $\boldsymbol{h} \equiv \boldsymbol{h}_x$. Die Probe – am häufigsten eine kleine Kugel – befindet sich in einem Hohlraumresonator (Abb. 5.13) und diese Anordnung des Experiments erlaubt es, die Größe $\chi_{11}^e = m_x/h_x$, d. h. eine der beiden diagonalen Komponenten des *äußeren Suszeptibilitätstensors* χ^e zu messen.[15]) Diese Größe ist bei Berücksichtigung der Dämpfung komplex, $\chi_{11}^e = \chi' - j\chi''$, so daß bei ihrer experimentellen Bestimmung zwei unabhängige Angaben erforderlich sind. Wir erhalten sie so, daß bei dem verwendeten Resonator einerseits die Verstimmung und andererseits die Änderung des Gütefaktors, die durch die Anwesenheit der ferromagnetischen Probe hervorgerufen wird, gemessen werden. Aus der ersten Angabe geht χ', aus der zweiten χ'' hervor. Der Verlauf von χ' und χ'' einer kugelförmigen Probe in Abhängigkeit von der Frequenz kann in der Umgebung der ferromagnetischen Resonanz durch die Beziehungen approximiert werden

$$\chi' = \frac{1}{4\pi} \frac{\omega_M \omega_r (\omega_r^2 - \omega^2)}{(\omega_r^2 - \omega^2)^2 + 4\alpha^2 \omega_r^2 \omega^2} \tag{5.30}$$

$$\chi'' = \frac{1}{4\pi} \frac{2\alpha \omega_M \omega_r^2 \omega}{(\omega_r^2 - \omega^2)^2 + 4\alpha^2 \omega_r^2 \omega^2},$$

in denen wir $\omega_M = 4\pi\gamma M_s$, $\omega_r = \gamma H_z$ gesetzt haben, und in denen α den Dämpfungskoeffizienten in dem Landau-Lifschitz'schen phänomenologischen Ausdruck (5.6a) bedeutet. In den Ausdrücken (5.30) haben wir die Glieder der Ordnung α^2 gegenüber den übrigen vernachlässigt.

Sehr oft interessiert uns nur der imaginäre Teil χ'', der die durch die Probe absorbierte Energie angibt. Die in der Volumeneinheit absorbierte Leistung, d. h. die in 1 cm^3 pro 1 sec verlorene Energie, ist χ'' proportional und kann durch

$$\frac{dW}{dt} = \tfrac{1}{2}\omega\chi'' h_x^2 \tag{5.31}$$

ausgedrückt werden[16]); $\chi''(\omega)$ gibt uns also den Verlauf der Resonanzabsorption an, und ihr Maximum bestimmt direkt die Resonanzfrequenz. Der Abstand der Punkte, an denen χ'' auf die Hälfte des maximalen Wertes abgesunken ist, gibt die sogenannte

[15]) Wie wir schon erwähnt haben, ist für ein Rotationsellipsoid und demzufolge auch für eine kugelförmige Probe die zweite von Null verschiedene Diagonalkomponente gleich.

[16]) Wir setzen dabei dauernd voraus, daß $h_y = 0$.

Halbwertsbreite oder *Breite* der Resonanzlinie $\Delta\omega$ an. Es kann gezeigt werden, daß in erster Näherung

$$\Delta\omega = 2\alpha\omega_r = 2\alpha\gamma H_z \tag{5.32}$$

gilt. Experimentell ist es jedoch einfacher, ω konstant zu lassen und das statische Magnetfeld H_z zu ändern, so daß wir χ'' als Funktion von H_z (Abb. 5.14) erhalten. Die Breite der Resonanzlinie ΔH, die dieser Darstellung entspricht, ist dann

$$\Delta H = 2\alpha H_{res} = 2\alpha\omega_r/\gamma\,, \tag{5.33}$$

und sie gilt also als direktes Maß für die Dämpfung α. Die Lage des Maximums der Kurve $\chi''(H)$ gibt die Größe des Resonanzfeldes, d. h. die Feldstärke des äußeren statischen Magnetfeldes, bei dem die ferromagnetische Resonanz auftritt, an. Wie aus (5.30) und (5.33) hervorgeht, ist bei der Resonanz $\chi''_{res} = M/\Delta H$.

In allen bisherigen Erwägungen haben wir die Kristallanisotropie beziehungsweise die magnetoelastische Anisotropie vernachlässigt. Bei Lösung der Probleme der Wellenausbreitung, bei denen es sich in der Regel um größere Volumina polykristalliner Ferrite oder anderer ferromagnetischer Isolatoren handelt, kann diese Näherung als im ganzen begründet betrachtet werden. Beim Studium der ferromagnetischen Resonanz an kleinen Proben, die überwiegend einkristallin sind, kann jedoch die Anisotropie nicht mehr vernachlässigt werden. Wie wir später sehen werden, beeinflußt die Anisotropie tatsächlich sehr stark die Resonanzfrequenz (resp. die Größe des Resonanzfeldes) und muß deshalb in Betracht gezogen werden. Eine Art, dies zu tun, beruht auf der Einführung der sog. effektiven Anisotropiefelder.

Tabelle V-2

Die Ausdrücke N_x^A, N_y^A für die Hauptrichtungen in kubischen und hexagonalen Kristallen*) (vgl. mit den Ausdrücken für H_A in Tab. IV-2)

Symmetrie	Richtung des Magnetfeldes	N_x^A, N_y^A
Kubisch	[100]	$N_x^A = N_y^A = 2K_1/M_s^2$
	[111]	$N_x^A = N_y^A = -\frac{4}{3}K_1/M_s^2 - \frac{4}{9}K_2/M_s^2$
	[110]	$N_x^A = -2K_1/M_s^2$ $N_y^A = K_1/M_s^2 + \frac{1}{2}K_2/M_s^2$
Hexagonal	[0001]	$N_x^A = N_y^A = 2K_1'/M_s^2$
	in der Ebene (0001)	$N_x^A \equiv N_\vartheta^A = -2(K_1' + 2K_2')/M_s^2$ $N_y^A \equiv N_\varphi^A = 36\lvert K_3\rvert/M_s^2 \cong 0$

*) Es wird eine magnetisch gesättigte Probe, d. h. mit Magnetisierung parallel zum statischen Magnetfeld, vorausgesetzt.

Für die Kristallanisotropie haben wir diese effektiven Felder im Abschn. 4.1 durch die Beziehung (4.23) definiert und auf gleiche Weise werden wir auch die der magnetoelastischen Anisotropie entsprechenden Felder einführen. Die Anisotropiefelder werden entsprechend ihrer Definition auf den Magnetisierungsvektor durch ein Drehmoment ähnlich wirken, als ob es sich um reelle Magnetfelder handelte, und es genügt daher, diese zusammen mit dem Entmagnetisierungsfeld dem Magnetfeld $\boldsymbol{H}$ auf der rechten Seite der Bewegungsgleichung (5.5) zuzurechnen. Die auf solche Weise ergänzte Gleichung lautet

$$\mathrm{d}\boldsymbol{M}/\mathrm{d}t = -\gamma\boldsymbol{M} \times (\boldsymbol{H}^i + \boldsymbol{H}_A + \boldsymbol{H}_{me})\,. \tag{5.34}$$

Ihre Lösung erfolgt wie früher, und schließlich erhalten wir eine Resonanzbedingung, in der neben dem äußeren Magnetfeld und den Entmagnetisierungsfaktoren auch die von $\boldsymbol{H}_A$, $\boldsymbol{H}_{me}$ bzw. von den entsprechenden Anisotropie-Konstanten und magnetoelastischen Konstanten abhängigen Glieder auftreten. Meistens genügt es, nur die Kristallanisotropie zu berücksichtigen. Die Resonanzbedingung für einen kubischen Kristall in der allgemeinen Form eines bis zur Sättigung längs einer der Hauptachsen (der z-Achse) magnetisierten Ellipsoids kann man dann nach Kittel [4] in folgender Form schreiben

$$\omega_r = \gamma\{[H_z + (N_x + N_x^A - N_z)\,M_s]\,[H_z + (N_y + N_y^A - N_z)\,M_s]\}^{1/2}\,. \tag{5.29'}$$

Die von K_1, K_2, M_s und von der Orientierung $\boldsymbol{M}$ gegenüber den kristallographischen Achsen abhängigen Größen N_x^A, N_y^A kann man dabei gewissermaßen als effektive,

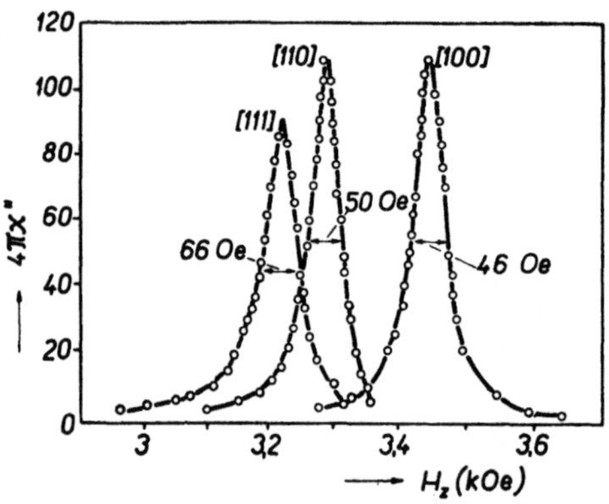

Abb. 5.14 Die bei Raumtemperatur an einer einkristallinen Kugelprobe in den kristallographischen Hauptrichtungen bei einer Frequenz von 9,3 GHz gemessenen Resonanzabsorptionskurven des Mn-Ferrits (nach Dillon u. a. [36]).

der Anisotropie zugehörige Entmagnetisierungsfaktoren auffassen, so daß $-N_x^A M_x$, $-N_y^A M_y$ die x- und y-Komponente des effektiven Anisotropiefeldes darstellen. Gemeinsam mit der analogen Größe N_z^A, die in (5.35) keineswegs explizit auftritt, bilden N_x^A, N_y^A die Diagonalkomponenten des Tensors $\mathbf{N}^A \equiv N_{ij}^A$, der eine gewisse Analogie zum Entmagnetisierungstensor darstellt. Falls die Ellipsoidachsen gegenüber den kristallographischen Achsen willkürlich orientiert sind, ist N_{ij}^A nicht diagonal, wobei $\boldsymbol{H}_A \equiv -\mathbf{N}^A \cdot \boldsymbol{M}$. Die Werte N_x^A, N_y^A sind für einige wichtige Fälle in Tab. V-2 angeführt. Zu Einzelheiten verweisen wir den Leser auf die Literatur [35, 38]. Es soll darauf aufmerksam gemacht werden, daß man die Abhängigkeit der Resonanzfrequenz (bzw. des Resonanzfeldes) von den Anisotropiekonstanten mit Vorteil zur experimentellen Bestimmung dieser Konstanten verwenden kann. Der Einfluß der Anisotropie auf die Resonanzfeldstärke ist aus Abb. 5.14 ersichtlich, in der die Reso-

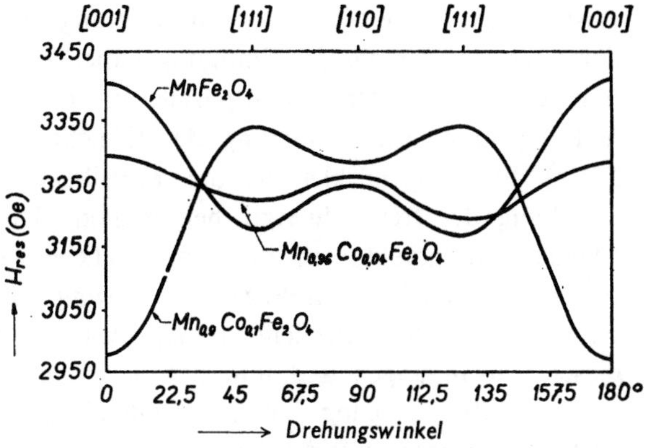

Abb. 5.15 Abhängigkeit H_{res} von der Orientierung des äußeren Magnetfeldes in der (110)-Ebene für MnCo-Ferrite. Bei stöchiometrischem $MnFe_2O_4$ ist $K_1 < 0$, bei $Mn_{0,9}Co_{0,1}Fe_2O_4$ ist $K_1 > 0$ [37].

nanzkurven von Mn-Ferrit ($K_1 < 0$) mit dem äußeren Magnetfeld H_z in den drei kristallographischen Hauptrichtungen wiedergegeben sind, und aus Abb. 5.15, welche die Abhängigkeit H_{res} von der Feldrichtung in der (110)-Ebene für die Ferrite $Mn_{1-x}Co_xFe_2O_4$ darstellt.

Im folgenden werden wir zeigen, wie man die Anisotropie in die Resonanzbeziehungen noch auf eine andere Weise einführen kann.

Ferromagnetische Resonanz als Problem der Eigenschwingungen; unvollständig gesättigter Kristall

Das Finden von Ausdrücken für effektive Felder, durch die wir in der Bewegungsgleichung (5.34) den Effekt der Anisotropie und weiterer Faktoren auf die Präzession des Magnetisierungsvektors ausgedrückt haben, kann in konkreten Fällen verhältnismäßig kompliziert sein. Deshalb werden wir jetzt eine neue Formulierung versuchen, bei der es möglich sein wird, das auf die Magnetisierung wirkende Drehmoment direkt in Abhängigkeit von der Energie des magnetischen Systems auszudrücken. Gleichzeitig werden wir einige einschränkende Voraussetzungen aufgeben, unter denen die bisherigen Ergebnisse meistens abgeleitet wurden, besonders was die Forderung nach magnetischer Sättigung der Probe und nach Parallelität der Magnetisierung mit der Richtung des Magnetfeldes anbelangt.

Der durch eine bestimmte Raumverteilung von Richtungen des Magnetisierungsvektors $\boldsymbol{M}(\boldsymbol{r})$ charakterisierte Gleichgewichtszustand der Probe (des Kristalls) wird durch das Minimum der gesamten freien Energie bestimmt. Ein solcher Gleichgewichtszustand kann von sehr unterschiedlicher Natur sein. Bisher setzten wir voraus, daß es sich um einen Zustand der gesättigten Magnetisierung handelt, wobei die Magnetisierung in der ganzen Probe homogen und mit der Feldrichtung parallel ist. Es kann jedoch auch ein einer bestimmten Domänenstruktur entsprechender Zustand sein – die Magnetisierungsrichtung ist dann im allgemeinen eine Funktion der Lage – oder ein der Sättigung naher Zustand, wo die Magnetisierung zwar homogen, jedoch nicht genau parallel mit der Richtung des einwirkenden Magnetfeldes ist u. ä. Jede Änderung der Gleichgewichtsverteilung der Magnetisierung $\delta\boldsymbol{M}(\boldsymbol{r})$, die genügend klein ist, um reversibel erreicht werden zu können, wird eine Erhöhung der freien Energie hervorrufen, deren Drehmoment bestrebt ist, den Magnetisierungsvektor in die ursprüngliche Gleichgewichtslage zurückzustellen. Als Resultat ergeben sich Präzessionsschwingungen um diese Lage, welche die Eigenschwingungen des betreffenden magnetischen Systems darstellen. Der Charakter dieser Schwingungen und ihre Frequenz sind durch einwirkende Drehmomente bestimmt. Zur Erregung eines bestimmten Typs von Schwingungen durch ein magnetisches Hochfrequenzfeld kann es nur unter speziellen Bedingungen kommen, von denen eine der grundlegenden die Forderung nach Frequenzgleichheit von Hochfrequenzfeld und entsprechender Eigenfrequenz des Systems (Resonanz) darstellt. Bei ferromagnetischer Resonanz (im engeren Sinne des Wortes) geht es um das Erregen und Erhalten homogener Präzession in der ganzen Probe oder zumindest in ihren mehr oder weniger makroskopischen Gebieten (den Körnern der polykristallinen Probe, den Domänen).[17]) Die entsprechenden Resonanzfrequenzen (eine oder mehrere) werden in das Spektrum der Eigenfrequenzen der Magnetisierungsschwingungen der Probe gehören. Wir sehen, daß die Aufgabe, die Resonanzfrequenzen zu finden, mit der Untersuchung von Eigenfrequenzen des magnetischen Systems identisch ist, und ihre Lösung kann analog zur Lösung von Aufgaben verlaufen, die z. B. die mechanischen Eigenschwingungen betreffen.

Wie bereits gesagt, wird der Charakter der Eigenschwingungen zusammen mit ihren Frequenzen im allgemeinen durch das auf den Magnetisierungsvektor in verschiedenen Teilen der Probe wirkende Drehmoment bestimmt sein. Im einfachsten, früher diskutierten Falle war das Drehmoment, bei Vernachlässigung aller energetischen Beiträge außer der magnetostatischen Energie, durch das Vektorprodukt $\boldsymbol{M} \times \boldsymbol{H}$ gegeben. In Wirklichkeit wird jedoch das einwirkende Drehmoment durch den Verlauf der freien Energie $\mathscr{F} = \mathscr{F}(\delta\boldsymbol{M}(\boldsymbol{r}))$ in der Umgebung des den Gleichgewichtszustand des Systems darstellenden Minimums bestimmt. Wir wollen zeigen, daß wir, wenn uns dieser Verlauf bekannt ist, unter Anwendung von Gesetzen der

[17]) Wir nehmen an, daß die Probe genügend klein ist, um von den Effekten der Wellenausbreitung absehen zu können. Einige nichthomogene Präzessionsmoden behandelt Abschn. 5.4.

klassischen Mechanik in klassischer Näherung sowohl die Bewegungsgleichungen für den Magnetisierungsvektor als auch die Resonanzbedingungen im großen und ganzen leicht ableiten können.

Die Aufgabe besteht aus zwei Teilen. Zuerst ist es notwendig, den dem Minimum der freien Energie des Kristalls entsprechenden Gleichgewichtszustand zu finden und nachher das dynamische Verhalten der Magnetisierung bei kleinen Abweichungen von diesem Zustand zu ermitteln. Das Problem der Energie bzw. der freien Energie eines ferromagnetischen Kristalls untersuchten wir eingehend im vorigen Kapitel. Wir sahen, daß man diese Energie gewöhnlich als Summe von vier Grundbeiträgen, d. h. der Austauschenergie, der magnetokristallinen, magnetoelastischen und magnetostatischen Energie (einschließlich der Entmagnetisierungsenergie) wie folgt schreiben kann

$$\mathcal{F} = \int (f_{ex} + f_A + f_{me} - \boldsymbol{M} \cdot \boldsymbol{H}) \, d\tau ,$$

wo für f_{ex}, f_A und f_{me} die betreffenden Ausdrücke aus Abschn. 4.1 einzusetzen sind und die Integration sich auf das Volumen der Probe bezieht. Das Finden des Zustandes, für den $\mathcal{F}$ ein Minimum ist, ist im allgemeinen sehr kompliziert, denn, mit Ausnahme einiger einfacher Fälle, wo die Probe im wesentlichen eine einzige Domäne bildet (z. B. nahe der magnetischen Sättigung), besteht die Aufgabe, eine stabile Domänenstruktur zu finden. Es handelt sich also um ein Problem, das in voller Allgemeinheit mathematisch nicht zu meistern ist. Diese Schwierigkeit kann man in der Weise umgehen, daß man anstatt rigorosen Suchens der Gleichgewichtskonfiguration von $\boldsymbol{M}(\boldsymbol{r})$ direkt die Forderung nach Ausbildung einer bestimmten einfachen Domänenstruktur als Lösung des angeführten statischen Problems stellt, wobei man zumeist die experimentell beobachteten Domänenstrukturen in geeigneter Weise idealisiert. Weiter werden wir annehmen, daß uns der statische Gleichgewichtszustand des Systems bekannt ist. Der zweite Schritt besteht in der Anwendung von Grundprinzipien der klassischen Mechanik auf unser magnetisches System. Wenn wir seine kinetische und potentielle Energie entsprechend spezifizieren, können wir z. B. die Lagrangesche Funktion $\mathcal{L}$ konstruieren und das Hamiltonsche Variationsprinzip oder die Lagrangeschen Gleichungen 2. Art [39] anwenden. Da bei einer Präzession mit kleinem Winkel die Magnetisierungsgröße M und daher auch das Impulsmoment $J = M/\gamma$ konstant bleibt, so ändert sich bei der Bewegung nicht einmal die entsprechende kinetische Energie. Infolgedessen wird bei der Präzession auch die potentielle Gesamtenergie beibehalten, die hier durch die freie Energie $\mathcal{F}$ repräsentiert wird (stillschweigend setzen wir voraus, daß es keine Dämpfung gibt). Die Bewegung erfolgt dann auf der durch die Bedingung $\mathcal{F}$ = Konst. bestimmten Bahn. Im Hinblick auf diese spezielle Situation kann man mit Vorteil die Hamiltonsche Funktion $\mathcal{H}$ anwenden, die wir in diesem Falle mit der freien Energie $\mathcal{F}$ direkt identifizieren können.

Anmerkung:

In klassischer Analogie können wir uns das magnetische Moment bzw. die Magnetisierung als einen um die eigene Achse rotierenden Kreisel vorstellen. Der diese *innere* Rotation beschreibende Winkel ψ ist eine zyklische Koordinate, denn das Impulsmoment $J = M/\gamma$ ist eine Bewegungskonstante, und die Lagrangesche Funktion $\mathscr{L}$ hängt von $\dot{\psi}$, nicht jedoch von ψ ab [39, 40]. $\mathscr{L}$ kann dann durch die Routhsche Funktion $\mathscr{R} = \mathscr{L} - \dot{\psi}\partial\mathscr{L}/\partial\dot{\psi}$ ersetzt werden, die in bezug auf die restlichen Veränderlichen die Lagrangeschen Gleichungen erfüllt und deshalb die effektive Lagrangesche Funktion des Systems mit reduzierter Anzahl der Freiheitsgrade darstellt. Wenn wir $\mathscr{R} = \mathscr{T} - \mathscr{F}$ schreiben ($\mathscr{F}$ stellt nun die potentielle Energie dar), wird das kinetische Glied $\mathscr{T}$ in verallgemeinerten Geschwindigkeiten q_r linear sein. Wenn wir also die Hamiltonsche Funktion des reduzierten Systems nach der allgemeinen Vorschrift bilden

$$\mathscr{H} = \sum p_r\dot{q}_r - \mathscr{R}(q, \dot{q}), \qquad p_r = \partial\mathscr{L}/\partial\dot{q}_r,$$

wird $\sum p_r\dot{q}_r = \mathscr{T}$ und daher $\mathscr{H} \equiv \mathscr{F}$ sein.

Das Vorgehen bei Ableitung der Bewegungsgleichungen werden wir für zwei Fälle, und zwar für die Probe mit einer einzigen Domäne (fast gesättigter Kristall) und für die Probe mit einfacher Domänenstruktur zeigen. Es sei darauf hingewiesen, daß wir, sofern es sich um Präzessionsschwingungen handelt, die mindestens in bestimmten Bereichen der Probe homogen sind, in unseren Betrachtungen gewöhnlich die gesamte freie Energie $\mathscr{F}$ durch ihre Dichte ersetzen können. Das Nähere wird sich aus der Erörterung der beiden ausgewählten Fälle ergeben.

Der fast gesättigte Kristall (eine einzige Domäne). Ein Kristall bilde zunächst einen einzigen Weiss'schen Bereich. Die Magnetisierung der ganzen Probe wird dann homogen sein, dabei braucht nicht notwendigerweise der Vektor $\mathbf{M}$ mit dem inneren Magnetfelde parallel zu sein. Die freie Energie des Kristalls bzw. ihre Dichte f wird bei gegebener Temperatur und konstantem äußerem Magnetfelde $\mathbf{H}$ Funktion der Magnetisierungsrichtung $f = f(\mathbf{M}/|\mathbf{M}|)$.[18]) Das System hat augenscheinlich zwei Freiheitsgrade, die wir durch die Winkelabweichungen Φ_x, Φ_y des Vektors $\mathbf{M}$ aus der Gleichgewichtslage in zwei aufeinander senkrechten Richtungen ausdrücken können. Für kleine Φ_x, Φ_y können wir f in eine Taylorsche Reihe entwickeln und höhere Glieder als quadratische vernachlässigen; dann ergibt sich

$$f(\Phi_x, \Phi_y) = f_0 + \tfrac{1}{2}f_{xx}\Phi_x^2 + f_{xy}\Phi_x\Phi_y + \tfrac{1}{2}f_{yy}\Phi_y^2, \tag{5.35}$$

wo f_0 die Dichte der freien Energie in der Gleichgewichtslage ist und $f_{ij}(i, j = x, y)$

[18]) Wir nehmen stillschweigend an, daß der Kristall eine Form hat, welche die homogene Magnetisierung zuläßt.

die für den Gleichgewichtszustand $\Phi_x = \Phi_y = 0$ angenommenen partiellen Ableitungen $(\partial^2 f/\partial\Phi_i\,\partial\Phi_j)_0$ sind. Das lineare Glied in (5.35) fehlt, denn aus der Gleichgewichtsbedingung folgt $(\partial f/\partial\Phi_x)_0 = (\partial f/\partial\Phi_y)_0 = 0$.

Jetzt können wir schon direkt zur Ableitung der Bewegungsgleichungen übergehen. Es läßt sich leicht zeigen, daß die Winkelabweichung $\Phi_x = M_x/M$ und Komponente des Impulsmoments $J_y = -\Phi_y M/\gamma$ ein Paar von sog. kanonisch konjugierten Größen für das von uns erwogene System darstellen und daher die aus der klassischen Mechanik bekannten Hamiltonschen Gleichungen erfüllen müssen.

Anmerkung:

Zwei Größen, p, q sind kanonisch konjugiert, wenn sie die Hamiltonschen Gleichungen $\dot{q} = \partial\mathscr{H}/\partial p$, $\dot{p} = -\partial\mathscr{H}/\partial q$ erfüllen. Ein solches Paar stellt z. B. die Koordinate x und der entsprechende Impuls p_x im gewöhnlichen rechtwinkeligen Koordinaten-System dar. Wenn uns bekannt ist, daß q_k, p_k, $k = 1, \ldots, n$ kanonisch konjugiert sind, so werden die aus q_k, p_k durch eine bestimmte Transformation abgeleiteten Größen eines anderen Systems Q_r, P_r eben dann kanonisch konjugiert sein, wenn die Beziehungen $[Q_r, Q_s] = [P_r, P_s] = 0$, $[P_r, Q_s] = \delta_{rs}$ Gültigkeit haben; das Symbol $[A, B]$ bedeutet dabei die sog. Poissonschen Klammern (siehe z.B. [39, 41]. Wenn wir in unserem Falle die Komponenten des Impulsmoments $\boldsymbol{J} = -\boldsymbol{M}/\gamma$ mit Hilfe von x, y, z, p_x, p_y, p_z auf Grund der allgemeinen Definition $\boldsymbol{J} = \boldsymbol{r} \times \boldsymbol{p}$ ausdrücken, erhalten wir unter der Voraussetzung $J_z \cong |\boldsymbol{J}| =$ Konst. das Ergebnis $[J_x, J_y] = J_z$, während alle anderen Klammern Null ergeben. Infolgedessen ist $[\Phi_x, J_y] = 1$ und daher Φ_x, J_y kanonisch konjugiert. Wir können selbstverständlich auch das Paar kanonisch konjugierter Größen J_x, Φ_y wählen, aber die gewonnenen Gleichungen wären identisch.

Wenn wir die Hamiltonsche Funktion mit der durch (5.35) beschriebenen Energie $f(\Phi_x, \Phi_y)$ identifizieren, erhalten wir diese Gleichungen in der Form

$$\begin{aligned} \dot{\Phi}_x &= |\boldsymbol{J}|^{-1}(f_{xy}\Phi_x + f_{yy}\Phi_y) \\ -\dot{J}_y &= f_{xx}\Phi_x + f_{xy}\Phi_y \quad , \end{aligned} \tag{5.36}$$

die schon die gesuchten Bewegungsgleichungen darstellen. Wenn wir die periodische Lösung der Form $\exp(\mathrm{j}\omega t)$ und $\boldsymbol{J} = -\boldsymbol{M}/\gamma$ einsetzen, kann man diese Gleichungen in folgende Form umschreiben

$$\begin{aligned} (f_{xy} + \mathrm{j}\omega M/\gamma)\,\Phi_x + f_{yy}\Phi_y &= 0 \\ f_{xx}\Phi_x + (f_{xy} - \mathrm{j}\omega M/\gamma)\,\Phi_y &= 0\,. \end{aligned} \tag{5.37}$$

Eine von Null verschiedene Lösung für Φ_x, Φ_y wird nur dann möglich sein, wenn die

Determinante dieses Systems gleich Null ist. Daraus ergibt sich die Bedingung für die *Eigenfrequenz* des Systems, die zugleich Resonanzfrequenz ist,

$$\omega_r = (\gamma/M)\,(f_{xx}f_{yy} - f_{xy}^2)^{1/2}\,. \tag{5.38}$$

Gewöhnlich ist es vorteilhafter, die polaren Winkel ϑ, φ einzuführen; die Bedingung (5.38) wird dann in

$$\omega_r = (\gamma/M \sin\vartheta)\,(f_{\vartheta\vartheta}f_{\varphi\varphi} - f_{\vartheta\varphi}^2)^{1/2} \tag{5.39}$$

übergehen, wo sich die Ableitungen $f_{\vartheta\vartheta}$ usw. wieder auf die Gleichgewichtsrichtung beziehen, für die $\partial f/\partial\vartheta = \partial f/\partial\varphi = 0$ ist. Wenn wir bedenken, daß für einige Richtungen im Kristall f_{xy} bzw. $f_{\vartheta\varphi}$ gleich Null ist, dann können wir z. B. (5.38) in der Gestalt

$$\omega_r = (\gamma/M)\,(H_x^{\mathrm{eff}}\,.\,H_y^{\mathrm{eff}})^{1/2} \tag{5.38a}$$

schreiben, die man manchmal ebenfalls mit Vorteil benutzt. Daraus ist zu ersehen, daß die Resonanzfrequenz durch das geometrische Mittel effektiver Felder bestimmt wird, deren Drehmoment in zwei zueinander senkrechten Richtungen wirkt. Diese Richtungen stellen, in bezug auf die Bedingung $f_{xy} = 0$, Hauptrichtungen der durch die Beziehung (5.35) gegebenen Energieoberfläche dar.

Die Resonanzbedingung (5.38) bzw. (5.39) ist bedeutend allgemeiner als die früher abgeleiteten analogen Beziehungen. Man kann sie für Kristalle unterschiedlicher Symmetrie und mit Anisotropieeigenschaften verschiedenen Ursprungs anwenden, denn man verlangt bloß die Kenntnis vom Verlauf der freien Energie in Abhängigkeit von der Magnetisierungsrichtung in der Umgebung ihrer Gleichgewichtslage. Gewöhnlich kommen wir mit dem f aus, das als Summe der in Abschn. 4.1 (siehe die Beziehungen (4.5) bis (4.7), (4.13), (4.18) bis (4.20)) diskutierten Beiträge f_K, f_{me}, f_H und f_d gegeben ist. Im Bedarfsfalle wäre es jedoch möglich, noch weitere Beiträge, z. B. die Energie der induzierten Anisotropie (4.63), hinzuzufügen. Die Austauschenergie muß bei Existenz einer einzigen Domäne – zumindest soweit wir uns für elektrisch wenig leitfähige Stoffe interessieren – nicht notwendigerweise in Erwägung gezogen werden, denn für homogene Magnetisierung ist $\nabla^2\boldsymbol{M} = 0$.[19]) Gleichzeitig liegt es klar auf der Hand, daß wir durch den Vergleich der Bewegungsgleichungen (5.36) mit Gl. (5.34) genaue Definitionsbeziehungen für die entsprechenden effektiven Felder H_A, H_{me} u. ä. gewinnen können. Auf der anderen Seite können wir uns leicht überzeugen, daß die früher abgeleiteten Ausdrücke für ω_r in den Gl. (5.38) und (5.39) enthalten sind. Für eine in der Richtung $\vartheta = \pi/2$, $\varphi = 0$ magnetisierte Kugelprobe haben wir z. B. bei Vernachlässigung der Anisotropie $f = -MH\sin\vartheta\cos\varphi + \frac{2}{3}\pi M^2$ mit dem Gleichgewichtszustand $\vartheta_0 = \pi/2$, $\varphi_0 = 0$; dann gilt $f_{\vartheta\vartheta} = f_{\varphi\varphi} =$

[19]) Es handelt sich hier immer nur um homogene Präzession, bei der die Magnetisierungsbewegung sowohl in bezug auf die Amplitude als auch die Phase in der ganzen Probe gleich ist.

$= MH$, $f_{\vartheta\varphi} = 0$ und daher nach (5.39) $\omega_r = (\gamma/M)\,MH = \gamma H$ im Einklang mit (5.29) für $N_x = N_y = N_z = \frac{4}{3}\pi$.

Eine eingehende Analyse auf Grund der Resonanzbedingung (5.39) haben für hexagonale Kristalle Weiss [42] und Smit und Beljers [43] und für Kristalle mit kubischer Symmetrie Artman [18] durchgeführt. Ihre Ergebnisse sind in Abb. 5.16 und 5.17 reproduziert. Während für genügend starke $\boldsymbol{H}_z$-Felder die Beziehung

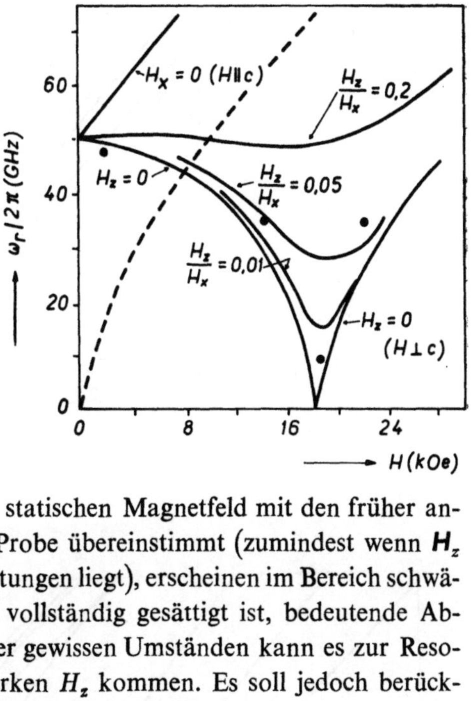

Abb. 5.16 Beziehung zwischen der Resonanzfrequenz $\omega_r/2\pi$ und dem Resonanzfeld bei hexagonalen Kristallen für verschiedene Orientierungen des Magnetfeldes gegenüber der hexagonalen Achse; die Punkte bezeichnen die Meßergebnisse an der orientierten Probe „Ferroxdure" $BaO \cdot 6Fe_2O_3$ (nach M. T. Weiss [42]). Gestrichelt ist die Abhängigkeit für den Fall einer Ebene leichter Magnetisierung ($K_1' < 0$) dargestellt.

zwischen der Resonanzfrequenz und dem statischen Magnetfeld mit den früher angeführten Ergebnissen für eine gesättigte Probe übereinstimmt (zumindest wenn $\boldsymbol{H}_z$ in einer der kristallographischen Hauptrichtungen liegt), erscheinen im Bereich schwächerer Felder, bei denen die Probe nicht vollständig gesättigt ist, bedeutende Abweichungen in der Resonanzlage, und unter gewissen Umständen kann es zur Resonanz auch bei zwei verschiedenen Feldstärken H_z kommen. Es soll jedoch berücksichtigt werden, daß es bei zu schwachen Feldern in der Probe meist noch Domänen geben wird, deren Anwesenheit, wie wir gleich zeigen werden, die Bedingungen für die Entstehung einer Resonanz gewissermaßen modifiziert.

Der Fall mehrerer Domänen. Wenn sich in der Probe eine größere Anzahl von Domänen ausbildet, ist die Lösung des Problems der Eigenfrequenzen komplizierter. Weder die Magnetisierung noch die freie Energie sind daher in solchem Falle im ganzen Volumen der Probe homogen verteilt. Die Dichte der freien Energie ändert sich im allgemeinen von Ort zu Ort, und bei rigorosem Vorgehen wäre es daher notwendig, mit der durch das Integral über das ganze Probenvolumen gegebenen gesamten freien Energie zu arbeiten. Dabei wird auch der Ausdruck für die Dichte der freien Energie in bezug auf innere Entmagnetisierungseffekte komplizierter sein, die dadurch hervorgerufen werden, daß innerhalb der Probe allgemein div $\boldsymbol{M} \neq 0$ ist und daß bei größerer Nichtkollinearität magnetischer Momente der Nachbario-

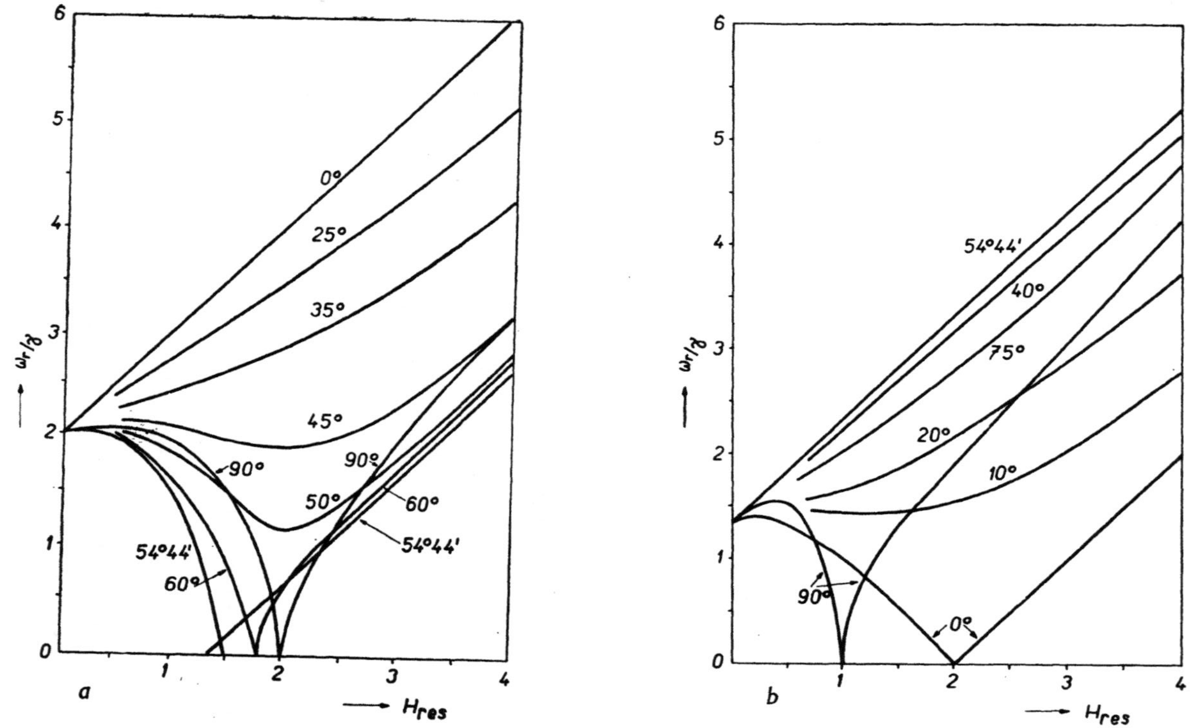

Abb. 5.17 Beziehung zwischen der Resonanzfrequenz ω_r/γ und dem Resonanzfeld H_{res} für kubische Kristalle bei verschiedenen Orientierungen des Magnetfeldes gegenüber den kristallographischen Achsen (für die Kugelprobe, ω_r/γ und H_{res} in Einheiten $|K_1|/M$ ausgedrückt; der Winkel ψ gibt die Abweichung des Feldes $\boldsymbol{H}$ in der (110)-Ebene von der [001]-Richtung an). (a) $K_1 < 0$, (b) $K_1 > 0$. Nach Artman [18].

nen, die vor allem in den Blochwänden eintritt (Abschn. 4.1), auch die Austauschenergie berücksichtigt werden muß.

Zum Glück kann man das ganze Problem ziemlich vereinfachen: vor allem kann man voraussetzen, daß die Blochwände genügend dünn sind, um ihr relatives Volumen und daher auch ihre Energie gegenüber dem Volumen und der Energie der restlichen Probe (d. i. der Domänen) vernachlässigen zu können. Daraus folgt die Möglichkeit, sich nur mit der Magnetisierungspräzession innerhalb der Domänen zu befassen, wo wir den Einfluß der Austauschenergie vernachlässigen können. Zweitens können wir die Domänenstruktur z. B. durch die Annahme entsprechend idealisieren, daß nur zwei Domänentypen bestehen, die sich nur durch die Magnetisierungsrichtung unterscheiden.[20])

Das auf diesen Voraussetzungen beruhende Modell eines ferromagnetischen Kristalls wurde zum erstenmal von Polder und Smit [44] angewendet und wird in Abb. 5.18 schematisch dargestellt. Die Probe hat die Form eines Ellipsoids und ist durch die auf einer (der längeren) Hauptachse senkrecht stehenden Blochwände in eine größere Anzahl plättchenförmiger Domänen geteilt. Über die Entfernung zwischen den Nachbarwänden wird vorausgesetzt, daß sie wesentlich kleiner ist als die Probenabmessungen. Unter diesen Bedingungen zerfällt die Probe in zwei magnetische

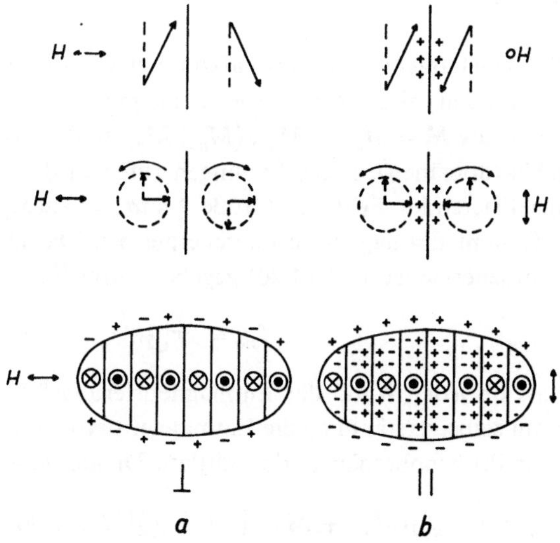

Abb. 5.18 Entstehung der Resonanz in einem Kristall mit Domänenstruktur (nach Polder und Smit [44]): (a) Mode ⊥ (Hochfrequenzfeld *h* senkrecht zur Wandebene), die Magnetisierung verläuft in der Wand stetig; (b) Mode ‖ (Hochfrequenzfeld parallel zur Wandebene), in der Wand entstehen zeitlich veränderliche, durch die dynamische Komponente der Magnetisierung gebildete Pole.

Untersysteme, von denen jedes durch einen Komplex von Domänen gebildet wird, die sich durch identische Magnetisierungsorientierung auszeichnen. Wenn es möglich wäre, diese Systeme als voneinander unabhängig anzusehen, würde sich dieser Fall

[20]) Diese Voraussetzung wird in der Regel nicht erfüllt werden, aber wir können sie in der Weise auffassen, daß wir den Domänenkomplex durch Eigenschaften einer „durchschnittlichen" Domäne repräsentieren.

in keiner Weise vom vorigen unterscheiden, wo es um eine einzige Domäne ging. Das ist jedoch nicht der Fall, denn magnetische Momente der benachbarten Domänen wirken aufeinander durch Dipolkräfte, die darauf beruhen, daß in einer Wand die Bedingung div $\boldsymbol{M} = 0$ im allgemeinen nicht erfüllt ist. Infolge dieser Bindung geht es beim Suchen der Eigenfrequenzen um ein Problem, das der Ermittlung der gekoppelten Oszillatoren ähnlich ist, durch dessen Lösung wir nicht eine, sondern zwei Eigenfrequenzen erhalten.

Im statischen Falle, d. i. im Gleichgewichtszustand, wird die Bedingung div $\boldsymbol{M} = 0$ meist auch an der Grenze der ferromagnetischen Bereiche erfüllt, denn die Normalkomponente der Magnetisierung bleibt in der Ruhelage bei Durchgang durch eine Blochwand stetig. Das hat jedoch für eine dynamische Magnetisierungskomponente nicht mehr Gültigkeit, wenn wir voraussetzen, daß der Vektor $\boldsymbol{M}$ in den Nachbardomänen eine Präzessionsbewegung um seine Ruhelage ausführt. Wenn wir uns vorstellen, daß diese Präzession einmal durch ein senkrechtes, das zweitemal durch ein mit der Wandebene paralleles Hochfrequenzfeld angeregt wird, werden wir feststellen, daß die dynamische Komponente $\boldsymbol{m}$ in der Wand nur im ersten Falle stetig bleibt (div $\boldsymbol{m} = 0$), während im zweiten Falle in der Wand fluktuierende magnetische Ladungen (div $\boldsymbol{m} \neq 0$) entstehen. Entmagnetisierungseffekte dieser Pole beeinflussen dann rückwirkend die Präzessionsbewegung des Vektors $\boldsymbol{M}$. Es läßt sich zeigen, daß die zwei angeführten Präzessionsarten — die wir mit $\perp$ und $\parallel$ bezeichnen — zwei Grundmoden der von uns betrachteten gekoppelten Schwingungen darstellen und daß jede von ihnen einer von den zwei erwähnten Eigenfrequenzen des Systems zuzuordnen ist.

Bei Unstetigkeit der Normalkomponente der Magnetisierung entstehen in den Blochwänden nicht kompensierte magnetische Ladungen mit der Flächendichte $\sigma_m = -$ div $\boldsymbol{M} = M_{n1} - M_{n2}$, ($M_{n1}$, M_{n2} sind Normalkomponenten von $\boldsymbol{M}$ in zwei Nachbardomänen). Diese Ladungen rufen in den benachbarten Domänen ein entmagnetisierendes Feld der Größe $\frac{1}{2}\,4\pi\sigma_m = 2\pi(M_{n1} - M_{n2})$ hervor und tragen so zur Gesamt-Entmagnetisierungsenergie bei. Die Dichte dieser inneren Entmagnetisierungsenergie ist nach (4.20) gegeben durch[21])

$$f_{dw} = 2\pi[\tfrac{1}{2}(M_{n1} - M_{n2})]^2\,, \tag{5.40}$$

so, als ob jeder Wand der Entmagnetisierungsfaktor 4π zuzuschreiben wäre. Dazu kommt selbstverständlich die Entmagnetisierungsenergie der magnetischen Ladungen an der Probenoberfläche; die mittlere Dichte dieser Energie ist gleich

$$f_d = \tfrac{1}{2}\{N_x[\tfrac{1}{2}(M_{1x} + M_{2x})]^2 + N_y[\tfrac{1}{2}(M_{1y} + M_{2y})]^2 + N_z[\tfrac{1}{2}(M_{1z} + M_{2z})]^2\}\,. \tag{5.41}$$

Wie aus Abb. 5.18 ersichtlich ist, wird diese Energie, ähnlich wie die innere Entmagnetisierungsenergie (5.40), für die zwei in dieser Abbildung gekennzeichneten Grund-Präzessionsmoden verschieden sein. Bei der mit $\perp$ bezeichneten Mode haben die magnetischen Ladungen an der Pro-

[21]) Um Komplikationen vorzubeugen, nehmen wir an, daß das Gesamtvolumen von Domänen beider Typen gleich ist. Diese Voraussetzung ist z. B. völlig berechtigt, wenn das äußere Magnetfeld senkrecht zu den Wänden orientiert ist oder wenn es Null ist.

benoberfläche bei den banachbarten Domänen wechselnde Vorzeichen, und deshalb wird ihr Entmagnetisierungseffekt praktisch aufgehoben ($M_{1x} = -M_{2x}$). Demgegenüber addieren sich bei der Mode ∥ diese entmagnetisierenden Effekte ($M_{1x} = M_{2x}$), so daß das entmagnetisierende Feld in Richtung x in der ganzen Probe homogen und gleich $-\frac{1}{2}N_x M_x$ ist.

Die eigentliche Berechnung der Resonanzfrequenzen ist ähnlich wie früher, wenn auch etwas umständlich, um hier reproduziert werden zu können. Man schreibt

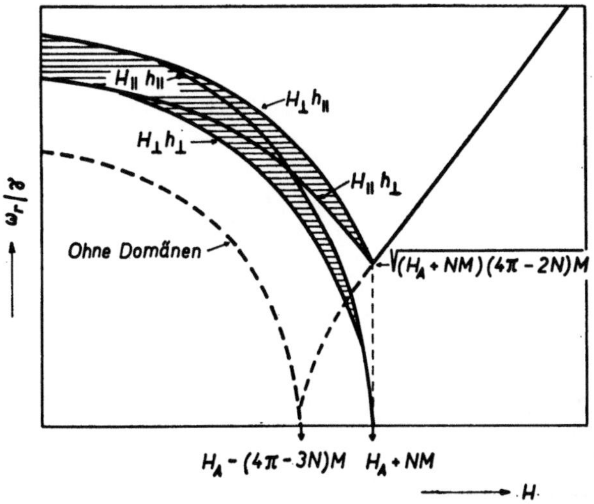

Abb. 5.19 Einfluß der Domänenstruktur auf die Beziehung zwischen der Resonanzfrequenz und dem Felde H bei einem hexagonalen Kristall ($BaO \cdot 6Fe_2O_3$). Die Indices ∥ und ⊥ bei H und h bezeichnen die Lage des statischen und Hochfrequenzfeldes gegenüber den Blochwänden; die mit $h_\parallel$ und $h_\perp$ bezeichneten Kurven entsprechen also den Moden ∥ und ⊥ mit den Frequenzen $\omega_\parallel$ und $\omega_\perp$ (nach Smit und Beljers [43]).

den Ausdruck für die mittlere Dichte der freien Energie der Probe auf. Die Kristallenergie und magnetostatische Energie im äußeren statischen Feld werden für beide Domänentypen durch gewöhnliche Ausdrücke gegeben sein, dazu kommt noch die innere (dynamische) Entmagnetisierungsenergie. Wir werden die kanonisch konjugierten (insgesamt vier) Größen finden und die Bewegungsgleichungen für die Magnetisierungen $\boldsymbol{M}_1$, $\boldsymbol{M}_2$ beider Domänensysteme aufstellen. Aus der Lösbarkeitsbedingung werden dann im allgemeinen zwei verschiedene Eigenfrequenzen resultieren, die wir in der Regel als $\omega_\perp$ und $\omega_\parallel$ bezeichnen,[22]) da sie durch ein zur Ebene der Wände senkrecht bzw. parallel orientiertes Hochfrequenzfeld angeregt werden können. Bei der gegebenen Form des Probekörpers hängen diese beiden

[22]) Diese Bezeichnung entspricht den zwei früher erwähnten Grundmoden ⊥ und ∥ (Abb. 5.18). Es ist jedoch darauf aufmerksam zu machen, daß diese Schwingungsarten im allgemeinen nicht rein sein müssen, sondern teilweise superponiert sein können. Reine, unvermischte Moden erhalten wir, falls das statische Magnetfeld zu den Wänden entweder senkrecht oder parallel ist.

Frequenzen vom äußeren statischen Magnetfeld (von seiner Größe und Richtung) und vom Typ und der Größe der Anisotropie ab. Zur Illustration sind in Abb. 5.19 diese von Smit und Beljers für einen einachsigen Kristall ($BaO.6\,Fe_2O_3$) gewonnenen Abhängigkeiten dargestellt. Die Probe wird in Form eines abgeflachten Rotationsellipsoids mit den Entmagnetisierungsfaktoren $N_x = N_y = N$, $N_z = 4\pi - 2N$ mit einer z-Achse vorausgesetzt, die mit der Richtung leichter Magnetisierbarkeit (hexa-

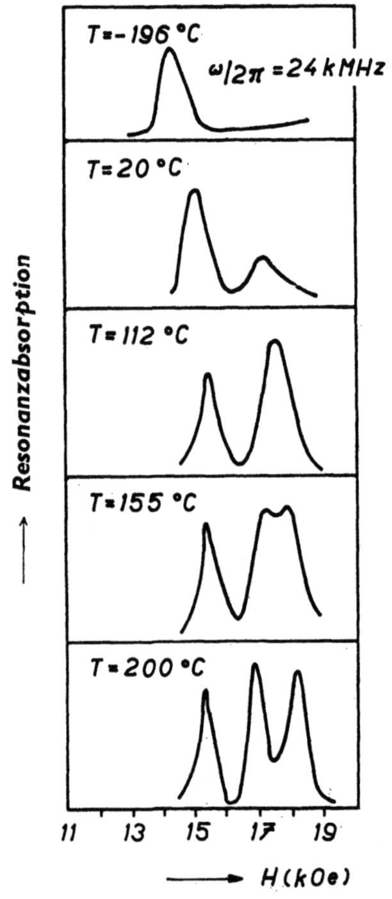

Abb. 5.20 Resonanzabsorptionsspektrum von $BaO \cdot 6Fe_2O_3$ bei verschiedenen Temperaturen. Das Hochfrequenzfeld ist gegenüber $\boldsymbol{H}$ unter 45° angelegt, um beide Moden $\parallel$ und $\perp$ gleichzeitig anregen zu können. (Nach [43]).

gonale Achse) identisch ist. Das Magnetfeld liegt in der Richtung der y-Achse. Eingezeichnet sind die Kurven $\omega_\perp$ und $\omega_\parallel$ vs. H für zwei extreme Orientierungsmöglichkeiten des $\boldsymbol{H}$-Feldes, u.zw. a) $\boldsymbol{H}$ ist zur Wandebene senkrecht, b) $\boldsymbol{H}$ ist zu den Wänden parallel. Für die anderen Fälle liegt die Frequenz innerhalb der schraffierten Bänder. Bei den Feldstärken $H > H_A + NM_s (H_A = 2K_1'/M_s)$ verschwindet die Domänenstruktur, die Probe ist gesättigt. Es besteht dann nur eine einzige, durch die Beziehung (5.40) gegebene Resonanzfrequenz. Eine ähnliche Analyse für kubische Kristalle, bei denen die Situation etwas komplizierter ist, hat Artman [18] durchgeführt. Er hat dabei das Magnetfeld in der [110]-Richtung vorausgesetzt, wo man erwarten kann, daß es senkrecht auf der Ebene der Blochwände stehen wird.

Die Abhängigkeit der Resonanzfrequenzen vom Feld bei bestehender Domänenstruktur, wie sie durch die graphische Darstellung in Abb. 5.19 (oder durch analoge Darstellungen für kubische Kristalle [18]) wiedergegeben ist, hat einige interessante Folgen für die Form der Kurven der Resonanzabsorption. Wenn wir die Frequenz des Hochfrequenzfeldes genügend tief wählen und bei konstanter Frequenz das Magnetfeld ändern, erhalten wir bei einachsigen Kristallen nach Abb. 5.19 nur ein einziges Resonanzmaximum.[23]) Bei genügend hoher Frequentz $\omega > \gamma[(H_A + NM_s) \cdot (4\pi - 2N) M_s]^{1/2}$ bekommen wir im Gegensatz dazu drei Resonanzmaxima. Diese Unterschiede im Resonanzspektrum kann man auch bei konstanter Frequenz beobachten, wenn wir bei wesentlich abweichenden Temperaturen messen, wie es in Abb. 5.20 gezeigt wird. Die Ursache dafür liegt im Anwachsen von H_A und M_s bei Erniedrigung der Temperatur.

Ähnlich war es bei einigen kubischen Ferriten möglich, auch die Existenz der Resonanznebenmaxima mit unvollständiger Sättigung und Anwesenheit von Weiss'-schen Bereichen zu erklären. Als Beispiel zeigt Abb. 5.21 die von Tannenwald [45] gemessenen Resonanzspektren von Co-Ferrit. Dieser Ferrit ist für die Beobachtung der mit unvollständiger Sättigung in bezug auf hohe Anisotropie verbundenen Effekte besonders vorteilhaft, aber auch in anderen Fällen beobachtete man auf der Seite schwächerer Felder die mit der Anwesenheit der Domänenstruktur (Fe_3O_4, MnFe-

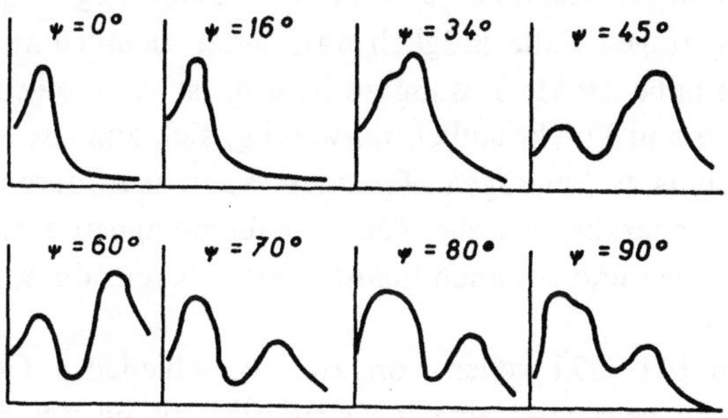

Abb. 5.21 Resonanzabsorption eines Co-Ferrit-Einkristalls für verschiedene Orientierungen des Magnetfeldes in der (110)-Ebene; der Winkel ψ gibt die Abweichung von der [001]-Richtung an. (Nach Tannenwald [45].)

Ferrit u. a. [46]) zusammenhängenden Resonanznebenmaxima. Die Form der Resonanzspektren hängt dabei wesentlich davon ab, ob K_1 positiv oder negativ ist [18]. Es ist zu bemerken, daß in der Regel keine Nebenmaxima vorkommen, wenn das Magnetfeld in der leichten Richtung des Kristalls liegt.

[23]) Bei kubischen Kristallen ist die Sachlage etwas verschieden.

Polykristalline Proben

Polykristallines Material enthält meist eine große Menge von zufällig orientierten Kristalliten, die sich durch Größe und Form unterscheiden. Jede polykristalline Probe stellt daher ein inhomogenes und ziemlich kompliziertes magnetisches System dar, und es überrascht nicht, daß sich die ferromagnetische Resonanz in einem solchen System von der Resonanz in Einkristallen etwas unterscheidet. Vom Gesichtspunkt des resultierenden Resonanzspektrums, d. i. der Abhängigkeit von der magnetischen Feldstärke, ist für Vielkristalle kennzeichnend: (a) größere Breite der Resonanzlinie im Vergleich zu Einkristallen, (b) eine Verschiebung des Resonanzfeldes gegenüber dem dem isotropen Material zugehörigen Wert. Die Ursache dieser Abweichungen ist in magnetischer Anisotropie und inneren entmagnetisierenden Feldern zu suchen, die infolge unterschiedlicher Orientierung der kristallographischen Achsen einzelner Kristallite gegenüber den im Innern der Probe wirkenden Magnetfeldern räumliche Schwankungen der Dichte der freien Energie in der Probe von Ort zu Ort verursachen, so daß jedem individuellen Kristallit eine andere „eigene" Resonanzfrequenz zuzuordnen ist. Hinzu kommt noch die gegenseitige dipolare Kopplung zwischen den magnetischen Momenten einzelner Kristallite, so daß man sich die ganze polykristaline Probe als ein aus einer großen Anzahl gegenseitig gekoppelter Resonatoren zusammengesetztes System vorstellen kann. Diese Vorstellung kommt dem vorstehenden Fall eines Vieldomänen-Einkristalls sehr nahe, das Problem der Bestimmung von Eigenfrequenzen des Systems ist jedoch jetzt noch komplizierter, denn die Anzahl der Untersysteme kann man keineswegs vernünftig reduzieren. Während es im voringen Falle möglich war, unter ziemlich annehmbaren Voraussetzungen eine beinahe exakte Lösung zu liefern, ist es infolgedessen bei Untersuchung der Resonanz in Polykristallen notwendig, sich zumeist nur mit einem näherungsweisen Ergebnis zu begnügen. Trotzdem kann man durch Theorien, die ausgearbeitet wurden, charakteristische Züge der ferromagnetischen Resonanz in Vielkristallen wahrnehmen und oft auch quantitative Übereinstimmung mit dem Experiment erreichen.

Diese Theorien [47–49] gehen von zwei verschiedenen Gesichtspunkten aus. Die erste von ihnen betrachtet einzelne Kristallite als im wesentlichen unabhängig und setzt voraus, daß es in jedem von ihnen separat zur Resonanz unter den Bedingungen kommt, die für den gegebenen Kristallit spezifisch sind. Der Einfluß der Umgebung wird sich dabei nur global durch eine bestimmte Modifikation dieser Resonanzbedingungen äußern, und die Kurve der Gesamt-Resonanzabsorption wird im wesentlichen durch die Superposition von Resonanzkurven einzelner Kristallite gegeben sein. Ein solches Vorgehen wird jedoch offensichtlich nur dann berechtigt sein, wenn Dipolkräfte zwischen den magnetischen Momenten verhältnismäßig schwach sind, so daß sie nur eine kleine Störung für die Magnetisierungspräzession in den einzelnen Körnern darstellen und daher in erster Näherung vernachlässigt werden können. Diese Voraussetzung wird sicher erfüllt, wenn für das effektive

Anisotropiefeld $H_A \approx |K_1|/M_s \gg M_s$ gilt. Den zweiten Gesichtspunkt, bei dem die ganze Probe als ein einziges unteilbares System betrachtet wird, kann man im Gegensatz dazu besonders in den Fällen anwenden, wo dipolare Wechselwirkungen zwischen den Kristalliten sehr stark sind und die Anisotropie überwiegen. Zur Präzession kommt es dann gleichzeitig in der ganzen Probe (einzelne Oszillatoren synchronisieren sich infolge der starken Kopplung), und die magnetische Anisotropie bzw. ihre Schwankungen von Korn zu Korn stellen für diese kollektive Präzessionsbewegung eine Störung dar, durch deren Einfluß die ursprünglich homogene Präzession in inhomogene Präzessionsmoden transformiert wird. Da wir uns mit dem Problem inhomogener Moden und ihrem speziellen Falle, den Spinwellen, eingehender erst im Abschn. 5.4 befassen werden, beschränken wir uns jetzt auf den ersten Fall, wo es einen Sinn hat, von individueller Resonanz in jedem Kristallit zu sprechen.

Setzen wir zuerst voraus, daß die „starke" Bedingung $|K_1|/M_s \gg M_s$ erfüllt ist, so daß man den Einfluß von Dipolarkräften vernachlässigen kann, durch die die magnetischen Momente einzelner Kristallite aufeinander wirken. Die Resonanzeigenfrequenz eines jeden Kristallites wird durch das Drehmoment bestimmt sein, durch das die Resultierende des angelegten Magnetfeldes und des effektiven Anisotropiefeldes auf seine Magnetisierung einwirkt. Man kann sie durch Anwendung des früher beschriebenen Vorganges anhand der Beziehung (5.39) finden (es genügt, den Eindomänenfall zu erwägen). Wenn wir dagegen die Frequenz konstant halten, wird die Resonanz in jedem Kristallit im allgemeinen bei einer anderen Feldstärke stattfinden, die von der Orientierung der kristallographischen Achsen des Kristallites gegenüber der Feldrichtung abhängt. Die Größe der durch die Probe bei bestimmtem H absorbierten Energie wird also, zumindest sofern die Linienbreite des Einkristalls im Vergleich zu H_A klein ist, dem relativen Volumen der Kristallite, für die H bei gegebenem ω die Resonanzbedingung (5.39) erfüllt, proportional sein. Bezeichnen wir die Wahrscheinlichkeit, daß wir an beliebiger Stelle der Probe einen Kristallit finden werden, dessen Resonanzfeld im Intervall $(H, H + \mathrm{d}H)$ liegt, als $w(H)\,\mathrm{d}H$. Wenn die Orientierung des Feldes gegenüber den Kristallitachsen durch die polaren Winkel Θ und Φ gegeben ist und wir das Feld, bei dem es zur Resonanz kommt, als $H_0(\Theta, \Phi)$ bezeichnen,[24]) wird

$$w(H) = \frac{1}{4\pi} \iint \delta(H - H_0(\Theta, \Phi))\,\mathrm{d}\Theta\,\mathrm{d}\Phi \tag{5.42}$$

sein, wobei $\delta(H - H_0)$ die Dirac'sche δ-Funktion ist.[25]) Weil $w(H)$ die Bedeutung

[24]) $H_0(\Theta, \Phi)$ folgt aus der Resonanzbedingung (5.39). Die Winkel Θ, Φ dürfen jedoch mit ϑ, φ nicht verwechselt werden, die sich auf den Magnetisierungsvektor beziehen. Darüber, wie die Berechnung erfolgt, kann sich der Leser aus der Originalarbeit von Schlömann [47] informieren.

[25]) Ihre Bedeutung in der Beziehung (5.42) besteht darin, daß durch sie der Integrand für alle Kristallitorientierungen gleich Null wird mit Ausnahme jener Orientierung, für die das Resonanzfeld H_0 mit dem fest gewählten H übereinstimmt. Je größer die Anzahl der Winkelpaare (Θ, Φ) ist, für die $H_0 = H$ gilt, desto größer wird $w(H)$.

einer Wahrscheinlichkeit hat, wird außerdem die Normalisierungsbedingung

$$\int w(H)\,\mathrm{d}H = 1 \tag{5.43}$$

gelten. Die Kurve der Resonanzabsorption $\chi''(H)$ wird dann unter der erwähnten Voraussetzung $\Delta H_{\text{Einkristall}} \ll H_A$ annähernd der Form der Verteilungskurve $w(H)$

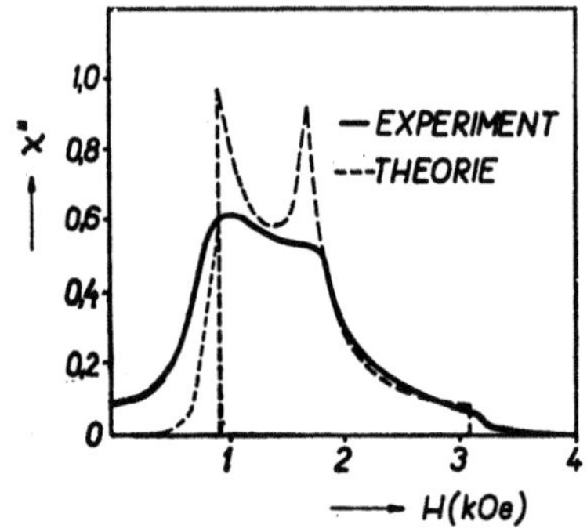

Abb. 5.22 Experimentelle und theoretische Kurve $\chi''(H)$ für $NiFe_{1,3}Al_{0,7}O_4$ bei 10 °C. Die theoretische Kurve entspricht der Verteilungsfunktion $w(H)$ für $2\gamma\,|K_1|/ /\omega M = 0{,}7$, so normalisiert, daß die von ihr begrenzte Fläche gleich der der experimentellen Kurve wird. Aus dem Vergleich beider Kurven folgt $g = 3{,}86$. (Nach Schlömann und Zeender [50].)

folgen. Durch den Einfluß der endlichen Linienbreite von einzelnen Kristalliten und durch die – wenn auch schwachen – dipolaren Wechselwirkungen wird natürlich die $\chi''(H)$-Kurve nur ein etwas „verschmiertes" Bild der $w(H)$-Kurve darstellen. In Abb. 5.22 wird nach Schlömann und Zeender zum Vergleich die experimentelle Kurve $\chi''(H)$ des Spinells $NiFe_{1,3}Al_{0,7}O_4$ zusammen mit der theoretischen Kurve $w(H)$ wiedergegeben, die nach dem angegebenen Verfahren berechnet und der experimentellen Kurve durch entsprechende Wahl des g-Faktors und des Anisotropiefeldes H_A angepaßt wurde.

Die Verteilungskurve $w(H)$ kann nur in einem endlichen Intervall von H von Null verschieden sein. Sie enthält gewisse charakteristische Singularitäten, die zu den Punkten gehören, in denen $H_0(\Theta, \Phi)$ einen Extremwert oder einen Sattelpunkt hat [47, 50]. Zwei von diesen Singularitäten, die dem Minimum und Maximum von H_0 entsprechen, erscheinen in den Endpunkten des Intervalls, in dem $w(H) \neq 0$ ist und kommen durch unstetigen Abschluß der Kurve $w(H)$ zum Ausdruck. Die Breite des ganzen Intervalls ist im behandelten Falle gleich $\frac{5}{3}H_A$ $(H_A = 2|K_1|/M_s)$. Die theoretische und experimentelle Kurve in Abb. 5.22 haben zwei Maxima. Wenn sich die Anisotropie verringert, gewinnt das auf der Seite niedrigerer H-Werte liegende Maximum die Oberhand und das rechte verschwindet sukzessiv. Diese Veränderung der Kurvenform hängt nach Schlömann damit zusammen, daß bei der Mehrzahl der Kristallite mit abnehmender Anisotropie die Gleichgewichtsrichtung des Magnetisierungsvektors sich immer mehr der Richtung des äußeren Magnetfeldes H annähert. Die Steilheit der Kurve im Bereich schwacher Felder kann durch den Einfluß der Domänenstruktur gemäßigt werden (in der Abbildung durch Punktierung bezeichnet).

Die angedeutete, besonders von Schlömann durchgearbeitete Theorie paßt sehr gut zur Erklärung von Resonanzkurven ferrimagnetischer Systeme, bei denen die antiparallel orientierten magnetischen Momente der Untergitter, z. B. in der Umgebung des Kompensationspunktes, beinahe kompensiert werden; das angeführte Beispiel war eben von dieser Art. Wenn wir dieselbe Näherung auch für Stoffe benutzen wollen, bei denen die „starke" Bedingung $|K_1|/M_s \gg M_s$ nicht gültig ist,

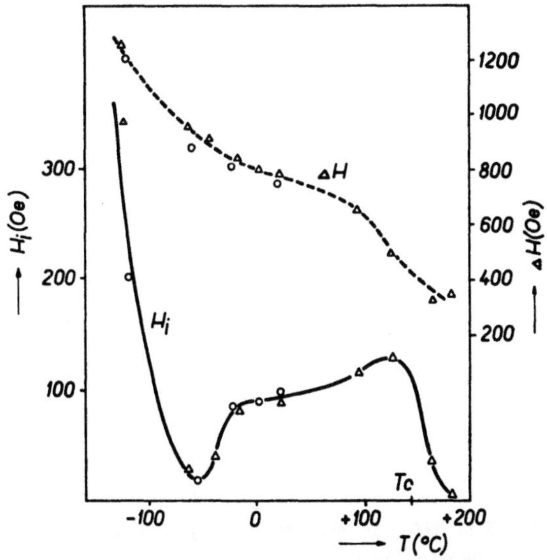

Abb. 5.23 Abhängigkeit von ΔH und H_i von der Temperatur für einen polykristallinen Ferrit mit der angenäherten Zusammensetzung $Mn_{0,45}Zn_{0,45} \cdot Fe_{2,1}O_4$ [52]. Im Temperaturgebiet unterhalb von ca. $-80\,°C$ ist $K_1 < 0$, und sein absoluter Wert wächst in Richtung auf tiefe Temperaturen stark an. Der Anisotropiebeitrag zu H_i ist in diesem Gebiet positiv und wächst ebenfalls in Richtung auf tiefe Temperaturen. Das Minimum von H_i in der Umgebung von $-50\,°C$ entspricht wahrscheinlich einem Maximum von K_1, das in diesem Gebiet positiv und klein ist.

ist es nötig, auf irgendwelche Weise mit den dipolaren Wechselwirkungen zu rechnen. Dabei ist auch der Einfluß von Poren und Rissen in Erwägung zu ziehen, die in polykristallinen gesinterten Proben immer anwesend sind. Die einfachste Art, diese Einflüsse zu berechnen, ist die Voraussetzung, daß das magnetische Moment eines jeden Kristallits mit der ganzen umliegenden Probe in irgendwelcher durchschnittlichen Wechselwirkung steht, welche die individuellen Wechselwirkungen mit einzelnen Körnern und Poren ersetzt. Mit dieser Erweiterung der Theorie befaßte sich wieder Schlömann [48] und leitete in Abhängigkeit von der Anisotropie und dem relativen Porenvolumen für die Verschiebung des Resonanzfeldes H_i (das sog. innere Zusatzfeld – ein von Okamura eingeführter Begriff [51]) und für die Halbwertsbreite ΔH die folgenden Ausdrücke (siehe auch [19]) ab

$$H_i \cong -\frac{K_1}{2M} + \tfrac{4}{3}\pi M(V/v + 1)^{-1} \qquad (5.44)$$

$$\Delta H_{\text{Vielkristall}} \cong \Delta H_{\text{Einkristall}} + |K_1|/M + 6\pi M v/V.$$

Hier bedeutet V das Volumen der ganzen Probe und v das Gesamtvolumen der Poren.

Wie Okamura auf Grund zahlreicher Experimente gezeigt hat [51], kann man für eine polykristalline Kugelprobe die Resonanzbedingung in der Gestalt

$$\omega_r = \gamma(H_{res} + H_i) \tag{5.45}$$

schreiben, wobei H_i — das sog. innere Zusatzfeld — für das gegebene Material im Einklang mit (5.44) nur von der Temperatur, aber nicht von der Frequenz abhängt. Die Größe H_i können wir daher direkt aus den Werten des Resonanzfeldes H_{res} für verschiedene Frequenzen oder auch

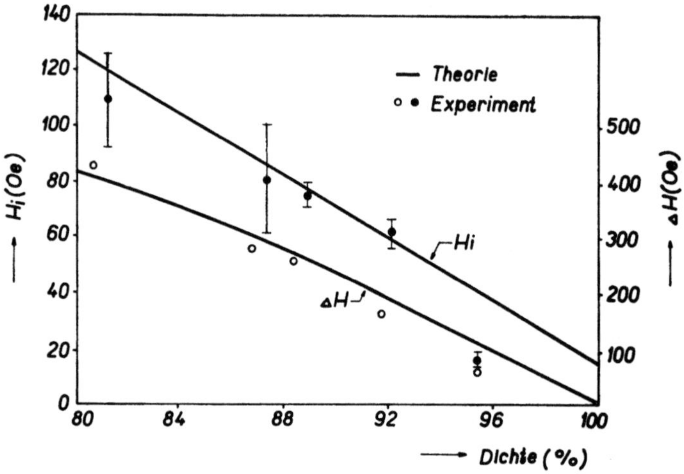

Abb. 5.24 ΔH- und H_i-Abhängigkeit von polykristallinem $Y_3Fe_5O_{12}$ von der Porosität (nach Rodrigue u. a. [54]).

aus der Messung bei einer Frequenz bestimmen, wenn uns der richtige Wert für γ z. B. aus der Messung an einem Einkristall bekannt ist. Eine andere Methode, die von Messungen an Proben verschiedener Form Gebrauch macht, wird in der Arbeit [53] beschrieben. Die Richtigkeit des Ausdrucks (5.44) für H_i und ΔH können wir z. B. aus dem Temperaturverlauf dieser Größen bei Materialien qualitativ beurteilen, bei denen K_1 bei einer bestimmten Temperatur das Vorzeichen wechselt (Abb. 5.23). Bei dieser Temperatur soll vor allem ΔH ein Minimum aufweisen. Im Bereich oberhalb dieser Temperatur muß dann irgendwo das Maximum $|K_1|/M$ liegen, denn für $T \to T_c$ wird $K_1/M \to 0$ sein. Wie aus (5.44) ersichtlich ist, sollte hier gleichzeitig ein Maximum von ΔH und ein Maximum oder Minimum von H_i existieren, je nachdem, ob in diesem Temperaturbereich $K_1 < 0$ oder > 0 ist. Wenn es keine Porosität ($v = 0$) gäbe, so würde H_i gleichzeitig mit K_1 das Vorzeichen wechseln; in Wirklichkeit jedoch sind Poren in mehr oder weniger starkem Maße immer anwesend, so daß der Einfluß der Anisotropie durch die Wirkung der inneren Entmagnetisierung der Poren teilweise überdeckt sein wird. Trotzdem ist aus Abb. 5.23, in welcher der Temperaturverlauf von H_i und ΔH des polykristallinen Ferrits $Mn_{0,45}Zn_{0,45} \cdot Fe_{2,1}O_4$ dargestellt wird, das erwähnte charakteristische Verhalten dieser beiden Größen in der Umgebung des Punktes $K_1 = 0$ gut zu sehen. Was die Abhängigkeit vom Porenvolumen betrifft, werden die theoretischen Beziehungen (5.44) in Abb. 5.24 mit den Meßergebnissen an polykristallinen Proben des Yttrium-Eisen-Granats $Y_3Fe_5O_{12}$ verglichen.

Für die praktische Anwendung polykristalliner Materialien in der Mikrowellentechnik ist es meist sehr wichtig, eine möglichst kleine Breite der Resonanzlinie zu erreichen. Nach (5.44) ist dazu – nebst kleiner eigener Linienbreite $\Delta H_{\text{Einkristall}}$ – notwendig, daß das Material praktisch porenlos ($v \to o$) ist und weiter, daß seine Anisotropie möglichst klein ist ($|K_1| \to 0$ bzw. $|K_1|/M \to 0$). Wenn auch diese Forderungen nicht restlos erfüllt werden können, hat man doch bemerkenswerte Erfolge bei der Herstellung vollkommen dicht gesinterter Werkstoffe mit einer kleinen Linienbreite erreicht [55]. Was die zweite Forderung anbelangt, entsprechen

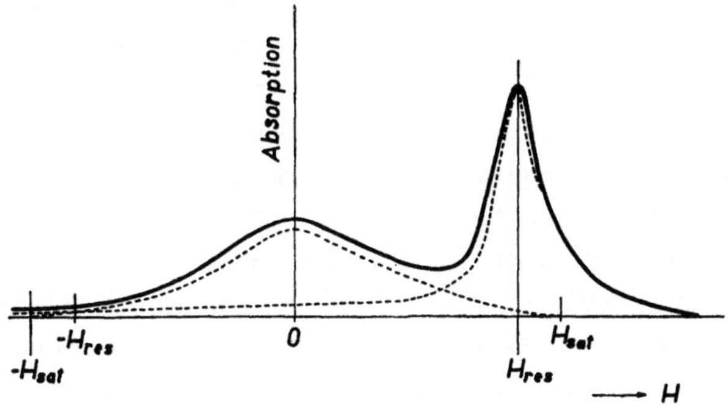

Abb. 5.25 Typischer Verlauf der Absorptionskurve $\chi''(H)$ mit durch die Domänenstruktur hervorgerufenen Verlusten in schwachen Feldern.

ihr sehr gut verschiedene Materialien, die sich aus Yttrium-Eisen-Granat $Y_3Fe_5O_{12}$ und Lithium-Ferrit $Li_{0,5}Fe_{2,5}O_4$ durch teilweisen Ersatz des Eisens durch einige nichtmagnetische Ionen ableiten. Die Benutzung von $Y_3Fe_5O_{12}$ und $Li_{0,5}Fe_{2,5}O_4$ als Grundmaterial ist dabei deshalb vorteilhaft, weil beide Stoffe in einkristalliner Form eine extrem schmale Resonanzlinie $\Delta H_{\text{Einkristall}} \lesssim 1$ Oe besitzen. Für gewisse Anwendungen ist auch eine Herabsetzung der Magnetostriktion wichtig, was z. B. durch Ce^{3+}-Dotierungen bei Granat-Materialien erreicht wird [56]. Für eine Diskussion über verschiedene Aspekte der Mikrowellenmaterialien siehe z. B. [57].

Die Existenz der Domänenstruktur kann ähnlich wie bei den Einkristallen zur zusätzlichen Resonanzabsorption im Bereich schwacher Felder führen. Bei $H = 0$ wird diese Absorption frequenzmäßig auf das Intervall

$$\gamma H_A \leqq \omega \leqq \gamma(H_A + 4\pi M_s)$$

beschränkt sein, dessen Randpunkte den Extremwerten entsprechen, welche die auf Seite 478 eingeführten Frequenzen $\omega_\perp$ und $\omega_\parallel$ annehmen können. Mit wachsendem Magnetfelde werden diese Verluste in der Regel herabgesetzt; ein typischer Verlauf der Absorptionskurve χ'' in Abhängigkeit von H ist in Abb. 5.25 wiedergegeben. Es ist offensichtlich, daß es notwendig ist, Material mit kleiner Anisotropie und niedrigem Magnetisierungswert zu wählen, wenn wir die Absorption in schwachen Feldern vermeiden wollen, was z. B. für das verlustlose Übertragen elektromagnetischer Wellen bei verschiedenen Mikrowellen-Anwendungen von Ferriten wichtig ist.

5.3 Ferrimagnetische Resonanz

Im vorhergehenden Abschnitt haben wir uns mit der klassischen Theorie der ferromagnetischen Resonanz beschäftigt, die auf der Vorstellung einer homogenen Präzession des Magnetisierungsvektors beruht, und anhand einer Reihe von Beispielen haben wir gezeigt, wie diese Theorie unter den in der experimentellen Praxis am häufigsten vorkommenden Bedingungen angewendet werden kann. Wir haben dabei vorausgesetzt, daß der magnetische Zustand des Stoffes (der Probe) in ausreichender Weise durch die makroskopische Magnetisierung bestimmt ist, wie dies wirklich bei normalen Ferromagnetika zutrifft, und haben dabei vorderhand eine eventuelle Existenz magnetischer Untergitter nicht berücksichtigt. Mit dem Einfluß der Untergitter auf die ferromagnetische Resonanz werden wir uns in diesem Abschnitt beschäftigen. Wir werden dabei zeigen, daß die vorhergehenden Ergebnisse formal ebenfalls für Ferrimagnetika in Geltung bleiben, es ist jedoch notwendig, die Definition einiger Konstanten – des gyromagnetischen Verhältnisses γ und der Dämpfungskonstante α – zu ändern. Gleichzeitig werden wir sehen, daß die Anwesenheit spontan magnetisierter Untergitter ebenfalls zu einigen neuen Erscheinungen führt, die bei normalen Ferromagnetika nicht auftreten können.

Resonanzfrequenzen von Systemen mit Untergittern

Wir werden dieses Problem zunächst anhand des einfachsten Modells eines Ferrimagnetikums mit zwei Untergittern erklären und werden später darauf hinweisen, wie die gewonnenen Folgerungen verallgemeinert werden können. Es sei bemerkt, daß wir mit zwei Untergittern bei der Mehrzahl der Spinelle auskommen und in der ersten Näherung ebenfalls bei Ferriten mit Granatstruktur, bei der beide durch Fe^{3+}-Ionen besetzten Untergitter in vieler Hinsicht als ein einziges Untergitter betrachtet werden können (Abschnitt 3.1).

Wir wollen die Magnetisierungen der Untergitter mit $\boldsymbol{M}_1$, $\boldsymbol{M}_2$ bezeichnen und die ihnen entsprechenden Drehimpulse mit $\boldsymbol{J}_1 = -\boldsymbol{M}_1/\gamma_1$, $\boldsymbol{J}_2 = -\boldsymbol{M}_2/\gamma_2$. Wegen der Nichtäquivalenz der Untergitter der Ferrimagnetika werden die gyromagnetischen Verhältnisse γ_1 und γ_2 im allgemeinen verschieden sein. In der Ruhelage sind beide Vektoren $\boldsymbol{M}_1$, $\boldsymbol{M}_2$ antiparallel zueinander orientiert, und ihr resultierendes $\boldsymbol{M}$, welches das nicht-kompensierte Moment der Volumeneinheit angibt, wird im Zustand der magnetischen Sättigung in Richtung des magnetischen Feldes $\boldsymbol{H}$ orientiert sein. Falls wir die Austauschwechselwirkungen durch molekulare Felder ausdrücken und dabei die Anisotropie und die Entmagnetisierung vernachlässigen, wird das auf die magnetischen Momente der Untergitter wirkende Gesamtfeld durch die Summe des magnetischen Feldes und des Austauschfeldes (des molekularen Feldes) bestimmt, so daß analog zu (5.5) resp. (5.34) für die Magnetisierungen $\boldsymbol{M}_1$, $\boldsymbol{M}_2$ die Bewegungsgleichungen

$$-\dot{\boldsymbol{M}}_1/\gamma_1 = \boldsymbol{M}_1 \times (\boldsymbol{H} + \boldsymbol{H}_1^{ex}) \tag{5.46}$$
$$-\dot{\boldsymbol{M}}_2/\gamma_2 = \boldsymbol{M}_2 \times (\boldsymbol{H} + \boldsymbol{H}_2^{ex})$$

geschrieben werden können, in denen

$$\boldsymbol{H}_1^{ex} = \nu_{11}\boldsymbol{M}_1 + \nu_{12}\boldsymbol{M}_2 \tag{5.47}$$
$$\boldsymbol{H}_2^{ex} = \nu_{12}\boldsymbol{M}_1 + \nu_{22}\boldsymbol{M}_2\,, \quad \nu_{12} < 0$$

gilt. Wegen $\nu_{ii}\boldsymbol{M}_i \times \boldsymbol{M}_i = 0$ und $\boldsymbol{M}_1 \times \boldsymbol{M}_2 = -\boldsymbol{M}_2 \times \boldsymbol{M}_1$ erhalten wir nach Einsetzen von (5.47) in (5.46)

$$-\dot{\boldsymbol{M}}_1/\gamma_1 = \boldsymbol{M}_1 \times \boldsymbol{H} - \boldsymbol{M}_1 \times \nu\boldsymbol{M}_2 \tag{5.48}$$
$$-\dot{\boldsymbol{M}}_2/\gamma_2 = \boldsymbol{M}_2 \times \boldsymbol{H} + \boldsymbol{M}_1 \times \nu\boldsymbol{M}_2\,, \quad \nu = -\nu_{12} > 0.$$

Diese Gleichungen beschreiben eine miteinander verbundene Präzessionsbewegung der Vektoren $\boldsymbol{M}_1$, $\boldsymbol{M}_2$, die durch die Austauschwechselwirkungen, welche durch die Konstante des molekularen Feldes ν charakterisiert sind, verkoppelt sind. Es geht uns darum, die Eigenfrequenzen dieses Systems zu finden, d. h. die Frequenzen, mit denen die Vektoren der Magnetisierung beider Untergitter eine kohärente Präzessionsbewegung um die Gleichgewichtslagen ausführen können. Zu diesem Zwecke wollen wir $\boldsymbol{M}_1$, $\boldsymbol{M}_2$ in eine statische und eine dynamische Komponente, $\boldsymbol{M}_i = \boldsymbol{M}_i^0 + \boldsymbol{m}_i$, $|\boldsymbol{m}_i| \ll |\boldsymbol{M}_i|$, zerlegen und die Zeitabhängigkeit $\boldsymbol{m}_i \sim \exp(\mathrm{j}\omega t)$ voraussetzen. Wenn wir die z-Achse als parallel zu $\boldsymbol{H}$ (und demzufolge auch zu $\boldsymbol{M}_i^0$) annehmen, müssen nun wegen der Symmetrie des betrachteten Systems gegenüber dieser Achse beide dynamischen Komponenten $\boldsymbol{m}_1$, $\boldsymbol{m}_2$ in der Ebene xy zirkular polarisiert sein. Wir können demzufolge für sie die Beziehungen

$$m_{ix} = m_i \exp(\mathrm{j}\omega t) \tag{5.49}$$
$$m_{iy} = -\mathrm{j}m_{ix} = -\mathrm{j}m_i \exp(\mathrm{j}\omega t)$$

aufstellen, wobei der Rotationssinn für beide Vektoren $\boldsymbol{m}_1$, $\boldsymbol{m}_2$ gleich sein muß und durch das Vorzeichen von ω bestimmt ist. Durch Einsetzen für $\boldsymbol{M}_1$, $\boldsymbol{M}_2$ in die Gleichungen (5.48), durch Zerlegung in die Komponenten und Benützung der Beziehungen (5.49) erhalten wir insgesamt zwei Gleichungen[26])

[26]) Genau genommen können die so gewonnenen Gleichungen ohne die Beziehungen (5.49) gelöst werden, zu deren Ableitung wir zusätzliche Erwägungen über die Symmetrie des Problems angestellt haben. Wir erhalten zunächst ω aus der Bedingung der Lösbarkeit des Systems, und durch eine Rückeinführung und Lösung für $\boldsymbol{m}_1$, $\boldsymbol{m}_2$ erhalten wir die Beziehungen (5.49) — siehe [35].

$$\left(H + \nu M_2 - \frac{\omega}{\gamma_1}\right) m_1 + \nu M_1 m_2 = 0$$

$$- \nu M_2 m_1 + \left(H - \nu M_1 - \frac{\omega}{\gamma_2}\right) m_2 = 0 \tag{5.50}$$

$$M_1 = |\mathbf{M}_1|, \qquad M_2 = |\mathbf{M}_2|, \qquad M_1 > M_2$$

für die Amplituden m_1, m_2, die wegen der realen Natur der Koeffizienten dieser Gleichungen ebenfalls real (positiv oder negativ) sein müssen. Aus der Bedingung der Lösbarkeit der Gleichungen (5.50) gehen die gesuchten Eigenfrequenzen

$$\omega_{1,2} = \tfrac{1}{2}[H(\gamma_1 + \gamma_2) + \nu(\gamma_2 M_1 - \gamma_1 M_2)] \pm$$
$$\pm \tfrac{1}{2}[H^2(\gamma_1 - \gamma_2)^2 + 2H\nu(\gamma_1 - \gamma_2)(\gamma_1 M_2 + \gamma_2 M_1) + \nu^2(\gamma_2 M_1 - \gamma_1 M_2)^2]^{1/2} \tag{5.51}$$

hervor.

Um diese Frequenzen und die ihnen entsprechenden Lösungen besser begreifen zu können, ersetzen wir die Amplituden in den Gleichungen (5.50) durch die Präzessionswinkel, die wir auf Grund von Abb. 5.26 durch die Beziehungen

$$\Phi_1 \cong \frac{m_1}{M_{1z}} \cong \frac{m_1}{M_1}, \quad \Phi_2 \cong \frac{m_2}{M_{2z}} \cong -\frac{m_2}{M_2} \tag{5.52}$$

ausdrücken können. Wir erhalten so die Gleichungen

$$(H - \omega/\gamma_1) M_1 \Phi_1 + \nu M_1 M_2 (\Phi_1 - \Phi_2) = 0 \tag{5.53}$$
$$(H - \omega/\gamma_2) M_2 \Phi_2 + \nu M_1 M_2 (\Phi_1 - \Phi_2) = 0.$$

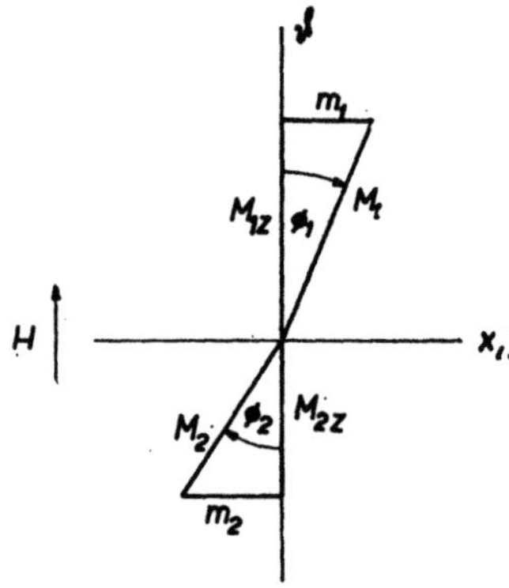

Abb. 5.26 Zur Definition der Winkel Φ_1, Φ_2 : $M_1 = |\mathbf{M}_1|$ und $M_2 = |\mathbf{M}_2|$ sind positiv, $M_{1z} > 0$, $M_{2z} < 0$. Φ_1, Φ_2 sind positiv, wenn $m_1 > 0$, $m_2 < 0$ gilt.

Wenn wir $\nu \to \infty$ setzen, kann für $M_1 \neq M_2$ nach (5.53) die Resonanzfrequenz nur dann endlich bleiben, falls $\Phi_1 = \Phi_2$ gilt. Mit Rücksicht darauf, daß die Austauschfelder in der Größenordnung von 10^5 bis 10^7 Oe liegen und demzufolge in der Regel

$$H \ll \nu(M_1 - M_2) \tag{5.54}$$

gilt, wird auch für ein endliches ν eine Lösung der Gleichungen (5.53) existieren, für die die Gleichheit der Präzessionswinkel wenigstens näherungsweise erhalten bleibt. Wenn wir in (5.53) die zweite Gleichung von der ersten Gleichung subtrahieren und $\Phi_1 \cong \Phi_2 \cong \Phi$ setzen, erhalten wir für die Resonanzfrequenz, die dieser Lösung entspricht, die Beziehung

$$\begin{aligned} \omega_r &\cong \frac{M_1 - M_2}{M_1/\gamma_1 - M_2/\gamma_2} H = \frac{M_1 - M_2}{J_1 - J_2} H = \gamma_{\text{eff}} H \\ \gamma_{\text{eff}} &= \frac{M_1 - M_2}{M_1/\gamma_1 - M_2/\gamma_2} = \frac{M_1 - M_2}{J_1 - J_2}. \end{aligned} \tag{5.55}$$

Es ist ersichtlich, daß ω_r in dieser Näherung nicht von der Konstante des Molekularfeldes ν abhängt und mit der normalen Resonanzfrequenz des Ferromagnetikums mit einem gyromagnetischen Verhältnis γ_{eff} identisch ist. Dieses effektive gyromagnetische Verhältnis charakterisiert die gyromagnetischen Eigenschaften des ferrimagnetischen Systems als eines Ganzen und hat insofern einen Sinn, als man die Vektoren $\boldsymbol{M}$ und $\boldsymbol{J}$ für kollinear halten kann, d. h. gerade für den Fall der Lösung $\Phi_1 \cong \Phi_2$. Falls im Sonderfall $\gamma_1 = \gamma_2 = \gamma$ gilt, wird die Bedingung $\Phi_1 = \Phi_2$ genau erfüllt sein; γ_{eff} wird dann gleich γ und die Resonanzfrequenz (5.55) wird, wie wir sehen werden, die einzige Eigenfrequenz des Systems von physikalischer Bedeutung sein. Die Präzessionsmode, die einer Lösung $\Phi_1 = \Phi_2$ mit der Resonanzfrequenz (5.55) entspricht, ist in der Abb. 5.27a wiedergegeben. Wegen der Gleichungen (5.52),

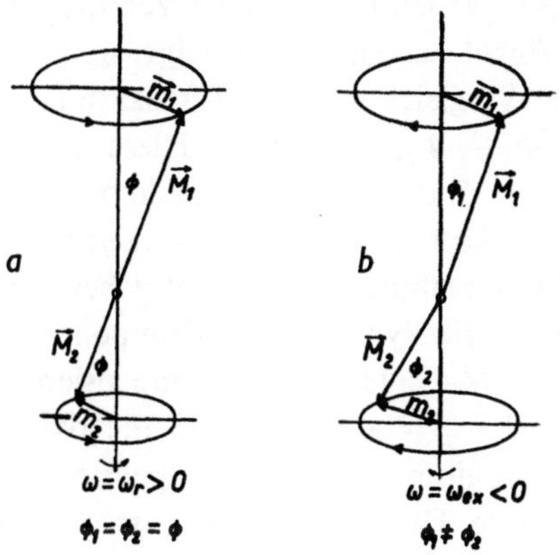

Abb. 5.27 Resonanzmoden eines Ferrimagnetikums mit zwei Untergittern, $M_1 > M_2$.

mit denen wir die Präzessionswinkel Φ_1, Φ_2 definiert haben, und wegen (5.49) werden beide Vektoren $\boldsymbol{m}_1$, $\boldsymbol{m}_2$ im positiven Sinn (bezogen auf die Feldrichtung $\boldsymbol{H}$) rotieren, denn nach (5.55) hat ω_r das gleiche Vorzeichen wie H, wobei $m_1 > 0$, $m_2 < 0$ sein wird.

Der zweiten Lösung der Gleichungen (5.53) entspricht eine Frequenz, die für $\nu \to \infty$ ebenfalls unendlich wird. Bei einem endlichen ν wird demzufolge diese Frequenz von der Größe des Molekularfeldes abhängen und, falls die Bedingung (5.54) erfüllt ist, wird sie bedeutend höher als ω_r sein. Der ungefähre Ausdruck für diese Frequenz kann leicht direkt aus den Gleichungen (5.53) abgeleitet werden, falls wir in diesen Gleichungen H gegenüber den anderen Gliedern vernachlässigen. Aus der Bedingung der Lösbarkeit

$$\begin{vmatrix} -\omega/\gamma_1 + \nu M_2 & -\nu M_2 \\ \nu M_1 & -\omega/\gamma_2 - \nu M_1 \end{vmatrix} = 0$$

gehen zwei Werte für ω hervor; der erste von ihnen $\omega = 0$ entspricht der im vorhergehenden abgeleiteten Frequenz ω_r für den Fall $H \to 0$, und die zweite gesuchte Frequenz ω_{ex} ist durch die Beziehung

$$\omega_{ex} \cong -\nu(\gamma_2 M_1 - \gamma_1 M_2) = -\nu\gamma_1\gamma_2 J \tag{5.56}$$

gegeben. Durch einen Vergleich mit (5.55) finden wir, daß ω_r und ω_{ex} entgegengesetzte Vorzeichen haben, so daß die zu ihnen gehörenden Präzessionsmoden einen entgegengesetzten Umdrehungssinn haben (Abb. 5.27b). Wenn wir den Ausdruck für ω_{ex} in eine beliebige der Gleichungen (5.53) einsetzen, erhalten wir die Bedingung für die Präzessionswinkel Φ_i und die Amplituden m_i

$$\frac{\Phi_1}{\Phi_2} = \frac{M_2/\gamma_2}{M_1/\gamma_1} = \frac{J_2}{J_1}, \quad \frac{m_1}{m_2} = -\frac{\gamma_1}{\gamma_2}. \tag{5.57}$$

Es ist ersichtlich, daß die Vektoren $\boldsymbol{M}_1$, $\boldsymbol{M}_2$ bei dieser Präzession um einen gewissen Winkel zueinander geneigt sind, so daß die entsprechende Energie des Systems im Vergleich mit dem Ruhezustand um den Beitrag der Austauschenergie $\frac{1}{2}\nu M_1 M_2 \cdot (\Phi_1 - \Phi_2)^2$ höher ist. Diese Tatsache macht sich in der Abhängigkeit von ω_{ex} vom effektiven Austauschfeld bemerkbar, und wir können demzufolge diese Resonanz als „Austauschresonanz" bezeichnen. Aus den Beziehungen (5.58) geht hervor, daß das Gesamtimpulsmoment $\boldsymbol{J}$ bei der Austauschresonanz räumlich konstant bleibt, denn die dynamischen Komponenten der Drehimpulse, die den Magnetisierungen $\boldsymbol{M}_1$, $\boldsymbol{M}_2$ entsprechen, kompensieren einander genau. Für den Sonderfall $\gamma_1 = \gamma_2$ wird $m_1 = -m_2$, so daß die dynamische Wirkung der Magnetisierungen beider Untergitter ebenfalls kompensiert wird. Dies kann so verstanden werden, daß in diesem Fall die Präzessionsmode, die der Austauschresonanz entspricht, keinen Beitrag zur dynamischen Suszeptibilität liefert und demzufolge nicht einmal durch ein Hochfrequenzfeld angeregt werden kann. Mit Rücksicht darauf verliert die Austauschresonanz für den Fall $\gamma_1 = \gamma_2$ ihren physikalischen Sinn, so daß ω_r die einzige wirkliche Resonanzfrequenz des betrachteten Systems bleibt.[27]) Es sei bemerkt, daß

[27]) Vom quantenmechanischen Standpunkt aus kann die Anregung der Austauschresonanz bei $\gamma_1 = \gamma_2$ als verbotener Übergang betrachtet werden.

die Ausdrücke für ω_r und ω_{ex} selbstverständlich auch direkt aus dem Ausdruck (5.51) abgeleitet werden können, falls wir ihn in eine Reihe entwickeln und nur die Glieder bis zur Ordnung v^{-1} berücksichtigen. Auf den Fall $M_1 \cong M_2$, für den diese Näherung nicht verwendet werden kann, wollen wir später zurückkommen.

Die Austauschresonanz wurde an Granaten Seltener Erden (Ho^{3+} – [58, 59], Yb^{3+}, Er^{3+}, Sm^{3+} [60] – siehe S. 507f.) experimentell festgestellt und eingehender studiert.

Wir sind also zu der Schlußfolgerung gelangt, daß Ferrimagnetika mit zwei Untergittern im allgemeinen zwei verschiedene Eigenfrequenzen aufweisen, von denen eine, die niedrigere, mit der Resonanzfrequenz der Ferromagnetika identisch ist, und die zweite, die in der Regel in den Bereich des infraroten Spektrums fällt, eine direkte Folge der Existenz der Untergitter ist. Es kann leicht gezeigt werden, daß diese beiden Frequenzen gleichzeitig die Resonanzfrequenzen des betrachteten Systems sind: es genügt, den Bewegungsgleichungen (5.46) resp. (5.50) ein Glied anzufügen, welches das Hochfrequenzfeld beschreibt. Eine Lösung, die ganz analog der bei Ferromagnetika (Abschnitt 5.2, Seite 449) ist, ermöglicht es, Ausdrücke für die Komponenten des Suszeptibilitätstensors abzuleiten, die speziell für den Mikrowellenbereich („ferromagnetische" Mode) unter der Voraussetzung $\omega_r \ll \omega_{ex}$ denen der Ferromagnetika gleich sein werden, nur muß hier γ durch das effektive gyromagnetische Verhältnis γ_{eff} ersetzt werden. Diese Äquivalenz mit den Ferromagnetika ist sehr wichtig, denn sie erlaubt es, die Beziehungen, die in Abschnitt 5.2 abgeleitet wurden, zu verwenden.

Wenn wir analog zu (5.17) die Zirkularsuszeptibilität χ_+ einführen, die die Beziehung zwischen der zirkular polarisierten Komponente der resultierenden Magnetisierung und dem zirkular polarisierten Hochfrequenzfeld angibt, können wir allgemein [10]

$$\chi_+(\omega) = \frac{\Omega_0}{\omega_r - \omega} + \frac{\Omega_1}{\omega_{ex} - \omega}$$

schreiben, wo

$$\Omega_0 = \gamma_{eff} M$$

und

$$\Omega_1 = -\gamma_{eff}(M_1 M_2/M)(\gamma_1 - \gamma_2)^2/\gamma_1\gamma_2$$

Abb. 5.28

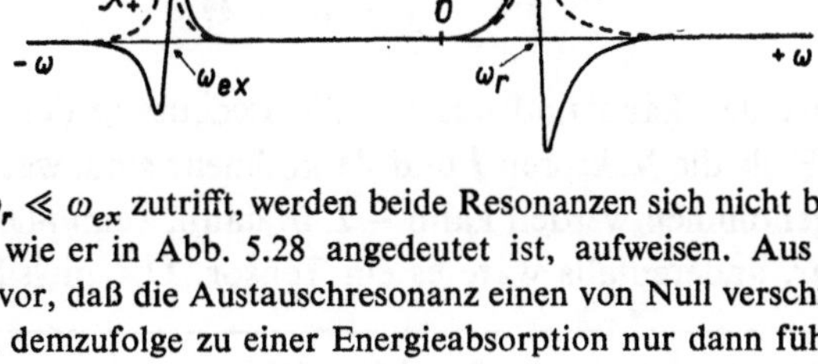

sind. Falls die Bedingung $\omega_r \ll \omega_{ex}$ zutrifft, werden beide Resonanzen sich nicht beeinflussen und $\chi_+(\omega)$ wird einen Verlauf, wie er in Abb. 5.28 angedeutet ist, aufweisen. Aus dem Ausdruck für Ω_1 geht gleichzeitig hervor, daß die Austauschresonanz einen von Null verschiedenen Beitrag zu $\chi_+(\omega)$ liefern kann und demzufolge zu einer Energieabsorption nur dann führen kann, falls $\gamma_1 \neq \gamma_2$.

Es sei darauf hingewiesen, daß wir nach Wangsness [61] analog wie beim effektiven gyromagnetischen Verhältnis eine effektive Dämpfungskonstante α_{eff} einführen können. Unter der Voraussetzung, daß die Dämpfungskonstanten beider Untergitter α_1 und α_2 klein sind, wird diese effektive Konstante durch die Beziehung

$$\alpha_{eff} = (\alpha_1 J_1^2 + \alpha_2 J_2^2)/J^2 \tag{5.58}$$

gegeben.

Die Analogie zwischen Ferrimagnetika und Ferromagnetika haben wir, sofern es sich um Resonanzeigenschaften handelt, bisher nur anhand eines stark vereinfachten Modells gezeigt, in dem z. B. keine Rücksicht auf die Anisotropie genommen wird. Die erhaltenen Resultate können jedoch verhältnismäßig leicht verallgemeinert werden. Falls zunächst die Anzahl der Untergitter größer als zwei ist, erhalten wir durch die Lösung eines Systems von Bewegungsgleichungen

$$-\dot{\boldsymbol{M}}_i/\gamma_i = \boldsymbol{M}_i \times (\boldsymbol{H} + \sum_j \nu_{ij} \boldsymbol{M}_j) \tag{5.59}$$

eine Reihe von Eigenfrequenzen, von denen die niedrigste wieder mit der „ferromagnetischen" Resonanzfrequenz (5.55) identifiziert werden kann, unter der Voraussetzung, daß diese Frequenz nicht von den Konstanten des Molekularfeldes ν_{ij} abhängt.[28]) Dies wird dann erfüllt sein, wenn die resultierende Magnetisierung $\boldsymbol{M} \neq 0$ ist und die Austauschfelder genügend stark sind. Das effektive gyromagnetische Verhältnis kann dabei analog zu (5.55) durch die Beziehung

$$\boldsymbol{M} = -\gamma_{eff} \boldsymbol{J} = \gamma_{eff} \sum_i \boldsymbol{M}_i/\gamma_i \tag{5.60}$$

definiert werden.

Bei der Summierung der Gleichungen (5.59) fallen auf der rechten Seite die ν_{ij} enthaltenden Glieder weg, denn wegen $\nu_{ij} = \nu_{ji}$ und $\boldsymbol{M}_i \times \boldsymbol{M}_j = -\boldsymbol{M}_j \times \boldsymbol{M}_i$ heben sich in der Summe $\sum_i \sum_j \nu_{ij} \boldsymbol{M}_i \times \boldsymbol{M}_j$ immer die Glieder, die sich nur in der Reihenfolge der Indizes unterscheiden, auf; wir erhalten demzufolge die Gleichung

$$-\frac{\mathrm{d}}{\mathrm{d}t} \sum_i \boldsymbol{M}_i/\gamma_i = \sum_i \boldsymbol{M}_i \times \boldsymbol{H},$$

die in der Form

$$\dot{\boldsymbol{J}} = \boldsymbol{M} \times \boldsymbol{H} \tag{5.61}$$

geschrieben werden kann und aus der die Bedeutung der Definition (5.60) gut ersichtlich ist. Falls die Vektoren $\boldsymbol{J}$ und $\boldsymbol{M}$ kollinear sind, was in der großen Mehrzahl der Fälle angenommen werden kann – z. B. dann, wenn alle $\boldsymbol{M}_i$ kollinear sind –, ist γ_{eff} ein Skalar, anderenfalls wäre es ein Tensor. Der physikalische Sinn der Unab-

[28]) Eine nähere Analyse siehe z. B. bei Smit [62].

hängigkeit der Resonanzfrequenz (5.55) von den Konstanten ν_{ij} ist der, daß es sich um eine Bewegung handelt, bei der die Austauschenergie des Systems die gleiche bleibt wie in der Ruhelage. Das System der Vektoren $\boldsymbol{M}_i$ deformiert sich bei dieser Bewegung nicht und präzediert als Ganzes, als ob es sich um ein einfaches Ferromagnetikum mit der Magnetisierung $\boldsymbol{M} = \sum_i \boldsymbol{M}_i$ handeln würde. Es soll darauf aufmerksam gemacht werden, daß wir auf ähnliche Weise ein Ferromagnetikum als ein System, das aus magnetischen Momenten einzelner Atome zusammengesetzt ist, betrachten können. Es existiert dann wieder nur eine Präzessionsmode – die ferromagnetische Resonanz–, bei der der Gesamtspin zusammen mit der Austauschenergie unverändert bleibt.

Eine eingehende Analyse der ferrimagnetischen Resonanz für Systeme mit drei Untergittern hat Wangsness [9] vorgenommen. Er hat u. a. gezeigt, daß bei einer dreieckförmigen Anordnung $\gamma_1 \neq \gamma_2 = \gamma_3$, falls wir die Beziehung zwischen dem Neigungswinkel der magnetischen Momente und dem Koeffizienten $\beta_2 = \nu_{B'B''}/\nu_{AB}$ (Seite 246) berücksichtigen, bei γ_{eff} die Abhängigkeit von den Magnetisierungen $\boldsymbol{M}_i$ durch die Abhängigkeit von β_2 ersetzt werden kann. Dieser Umstand hängt zusammen mit der qualitativen Verschiedenheit der „gespannten" kolinearen Néelschen Anordnung und der „ungespannten" dreieckförmigen Anordnung, die im Verhältnis zu der ersten einen weiteren Freiheitsgrad – den Neigungswinkel der magnetischen Momente (Seite 250) gewinnt.

Wenn wir zeigen wollen, daß die Äquivalenz zwischen ferromagnetischer und ferrimagnetischer Resonanz auch bei Berücksichtigung der magnetischen Anisotropie und Entmagnetisierung aufrechterhalten bleibt, können wir auf zwei Arten vorgehen: der übliche Weg führt über das effektive Anisotropiefeld, das zusammen mit dem Entmagnetisierungsfeld zum äußeren magnetischen Feld $\boldsymbol{H}$ und zu den Austauschfeldern in den Bewegungsgleichungen (5.46) resp. (5.48) hinzugerechnet werden kann. Dabei ist ersichtlich, daß die Entmagnetisierung, die von der Gesamtmagnetisierung abhängt, die Resonanzfrequenz (5.55) auf gleiche Weise beeinflußt, als ob es sich um einen ferromagnetischen Stoff handelte, so daß z. B. bei einer Nullanisotropie bei einem homogen magnetisierten ferrimagnetischen Ellipsoid die Resonanzbedingung (5.29) mit $\gamma = \gamma_{\text{eff}}$ und $M = |M_1 - M_2|$ gültig bleibt. Die Anisotropiefelder in den einzelnen Untergittern werden im Gegensatz dazu im allgemeinen verschieden sein, so daß die Äquivalenz mit dem Fall des Ferromagnetikums auf den ersten Blick nicht ersichtlich ist. Wie Wangsness für zwei Untergitter [8] gezeigt hat, kann jedoch auch hier die Wirkung der Teil-Anisotropiefelder der Untergitter durch ein einziges effektives Feld, das der Gesamtanisotropie–Konstante $K_1 = K_1^{(1)} + K_1^{(2)}$ und der resultierenden Magnetisierung $\boldsymbol{M} = \boldsymbol{M}_1 + \boldsymbol{M}_2$ entspricht, ersetzt werden. Dabei sind $K_1^{(i)}$ die Anisotropiekonstanten der Untergitter.[29]) Die zweite Möglichkeit

[29]) Dies Ergebnis ist entsprechend dem Grad der bei der Ableitung (5.55) verwendeten Näherung richtig, falls die betreffenden Anisotropiefelder bedeutend kleiner sind als die Austauschfelder.

besteht in dem direkten Beweis der Gültigkeit der allgemeinen Resonanzbedingung (5.38) auch für den Fall der Ferrimagnetika.

Auf Grund des Einionenmodells der Anisotropie (Abschnitt 4.2) können wir erwarten, daß die Anisotropieenergie in meisten Fällen eine additive Eigenschaft der Untergitter sein wird. Wenn wir uns auf zwei Untergitter beschränken, können wir also die Dichte der freien Energie des ferrimagnetischen Kristalls als Summe $f_1 + f_2 + f_{12}$ der freien Energien f_1, f_2 beider Untergitter ausdrücken, die die magnetostatische und magnetokristalline Energie beinhalten, und der Wechselwirkungsenergie f_{12}, die mit der Austauschenergie $v\boldsymbol{M}_1 \cdot \boldsymbol{M}_2$ identisch ist. Wenn wir diese Energien durch die Abweichungen Φ_{ix}, Φ_{iy} der Vektoren $\boldsymbol{M}_i$ von der Gleichgewichtslage ausdrücken und höhere als quadratische Glieder vernachlässigen, erhalten wir analoge Bewegungsgleichungen zu (5.37) in der Form

$$\begin{aligned} \mathrm{j}\omega(M_1/\gamma_1)\,\Phi_{1x} &= f_{1xy}\Phi_{1x} + f_{1yy}\Phi_{1y} + \partial f_{12}/\partial\Phi_{1y} \\ -\mathrm{j}\omega(M_2/\gamma_2)\,\Phi_{2x} &= f_{2xy}\Phi_{2x} + f_{2yy}\Phi_{2y} + \partial f_{12}/\partial\Phi_{2y} \\ -\mathrm{j}\omega(M_1/\gamma_1)\,\Phi_{1y} &= f_{1xx}\Phi_{1x} + f_{1xy}\Phi_{1y} + \partial f_{12}/\partial\Phi_{1x} \\ \mathrm{j}\omega(M_2/\gamma_2)\,\Phi_{2y} &= f_{2xx}\Phi_{2x} + f_{2xy}\Phi_{2y} + \partial f_{12}/\partial\Phi_{2x}\,, \end{aligned} \tag{5.62}$$

wo $f_{ixx}, f_{ixy}, \ldots$ für die partiellen Ableitungen $\partial^2 f_i/\partial\Phi_{ix}^2$, $\partial^2 f_i/\partial\Phi_{ix}\,\partial\Phi_{iy}$ usw. stehen. Dabei ist

$$\begin{aligned} f_{12} &= v(M_{1x}M_{2x} + M_{1y}M_{2y} + M_{1z}M_{2z}) \cong \\ &\cong -vM_1M_2[1 - \tfrac{1}{2}(\Phi_{1x}^2 + \Phi_{2x}^2 + \Phi_{1y}^2 + \Phi_{2y}^2) + \Phi_{1x}\Phi_{2x} + \Phi_{1y}\Phi_{2y}]\,, \end{aligned}$$

so daß

$$\partial f_{12}/\partial\Phi_{1x} = -\partial f_{12}/\partial\Phi_{2x} = vM_1M_2(\Phi_{1x} - \Phi_{2x})$$

und ähnlich ebenfalls für $\partial f_{12}/\partial\Phi_{iy}$.

Die Auslenkungen Φ_{ix}, Φ_{iy} können wir als Verallgemeinerung der Präzessionswinkel, die durch die Beziehungen (5.52) eingeführt sind, betrachten. Wegen der Anisotropie wird dann die Präzessionsbewegung im allgemeinen nicht kreisförmig, sondern elliptisch sein, so daß zu ihrer Festlegung zwei Amplituden notwendig sind. Auf ähnliche Weise wie bei Gleichungen (5.53) können wir nun zeigen, daß das Gleichungssystem (5.62) eine Lösung $\Phi_{1x} \cong \Phi_{2x}$, $\Phi_{1y} \cong \Phi_{2y}$ hat, in der die Eigenfrequenz mit (5.38) übereinstimmt, wobei $f_1 + f_2 = f$ und $\gamma = \gamma_{\text{eff}}$ sind. Dies läßt sich leicht erkennen, wenn man $\Phi_{1x} = \Phi_{2x} = \Phi_x$, $\Phi_{1y} = \Phi_{2y} = \Phi_y$ in (5.62) einsetzt, die Gleichungen paarweise addiert und mit (5.37) vergleicht.

Das Verhalten in der Umgebung des Kompensationspunktes; antiferromagnetische Resonanz

Wir wollen nun näher den Fall $M_1 \cong M_2$ betrachten, den wir aus unseren bisherigen Erwägungen ausgeschlossen hatten. Die Bedingung $M_1 \cong M_2$ wird vor allem bei Ferrimagnetika mit einem Kompensationspunkt (Abschnitt 3.1 und 3.2) in der unmittelbaren Umgebung dieses Punktes erfüllt sein. Die Untersuchung der Resonanz wird in diesem Falle besonders aus dem Grunde interessant, daß sich hier auf charakteristische Weise die Existenz und die Eigenschaften der Untergitter bemerkbar machen. Typische Vertreter von Ferrimagnetika mit Kompensationspunkt sind Ferrite Seltener Erden mit Granatstruktur – z. B. $Gd_3Fe_5O_{12}$, oder auch einige Spinelle – z. B. $Li_{1/2}Fe_{5/4}Cr_{5/4}O_4$, u. a. Ein Spezialfall sind Antiferromagnetika, bei denen beide Untergitter äquivalent sind, so daß $M_1 = M_2$ bei allen Temperaturen erfüllt ist.

Unterschiedliche Resonanzeigenschaften in der Umgebung des Kompensationspunktes rühren davon her, daß hier die Ungleichung (5.54) $H \ll \nu(M_1 - M_2)$ nicht erfüllt ist, von der wir bei der Ableitung der Ausdrücke für die Eigenfrequenzen ω_r und ω_{ex} ausgegangen sind. Demzufolge können diese Frequenzen nicht mehr durch die Ausdrücke (5.55) und (5.56) angenähert werden, sondern wir müssen von der allgemeinen Resonanzbedingung (5.51) ausgehen, die auch in diesem Falle gültig bleibt. Es ist ersichtlich, daß sich zusammen mit den Resonanzbedingungen auch die Bedeutung des effektiven gyromagnetischen Verhältnisses γ_{eff} ändert, denn *beide* Eigenfrequenzen werden nun von der Konstante des Molekularfeldes ν abhängen, so daß keine einzige Präzessionsmode mehr mit der ferromagnetischen Resonanz verglichen werden kann. Die Abhängigkeit der Resonanzfrequenz von ν hängt – wie wir bei der Analyse der Austauschresonanz angeführt haben – mit dem Anwachsen der Austauschenergie bei der Anregung der Präzession zusammen. Die Vektoren $\mathbf{M}_1$, $\mathbf{M}_2$ bleiben während der Präzession nicht mehr kollinear, sondern sie werden ähnlich wie bei der „Austauschresonanz" gegeneinander geneigt sein. Wir könnten uns darüber durch die Lösung der Gleichungen (5.53) überzeugen, die bei der Nichterfüllung der Bedingung (5.54) die Lösung $\Phi_1 \cong \Phi_2$ nicht zulassen.

Wir wollen nun kurz die physikalischen Ursachen dieses verschiedenen Verhaltens der Präzessionsmoden im Bereich des Kompensationspunktes anführen. Der Absolutwert des Drehmoments, durch das das Austauschfeld auf beide Vektoren $\mathbf{M}_1$, $\mathbf{M}_2$ einwirkt, ist gleich $\nu M_1 M_2 |\Phi_1 - \Phi_2|$ und wird demzufolge für $\Phi_1 = \Phi_2$ gleich Null sein. Falls auch bei einer Präzessionsbewegung die strenge Antiparallelität der Vektoren $\mathbf{M}_1$, $\mathbf{M}_2$ aufrechterhalten bliebe, so würde dies bedeuten, wenn wir von der Anisotropie und Entmagnetisierung absehen, daß für jedes der beiden Untergitter die Resonanzfreqenz durch die Larmorsche Beziehung (5.1) gegeben ist. Weil jedoch diese Frequenz für beide Vektoren $\mathbf{M}_1$, $\mathbf{M}_2$ gleich sein muß, kann bei einer Resonanz $\Phi_1 = \Phi_2$ nur dann streng gelten, falls $\gamma_1 = \gamma_2$ ist. Falls jedoch $\gamma_1 \neq \gamma_2$ ist, muß die Antiparallelität der Vektoren $\mathbf{M}_1$, $\mathbf{M}_2$ etwas gestört werden, so daß das entstehende Drehmoment des Austauschfeldes zu einer Gleichheit der Präzessionsfrequenzen in beiden Untergittern (Abb. 5.29) führt. Darüber, wie groß die Neigung der Vektoren $\boldsymbol{M}_1$, $\boldsymbol{M}_2$ gegeneinander sein muß, entscheidet der *Unterschied* zwischen den Austauschfeldern H_1^{ex}, H_2^{ex}, die auf diese Vektoren einwirken, d. h. die Größe $\nu(M_1 - M_2)$. Wenn dieser Unterschied groß ist, d. h. wenn die Ungleichung (5.54) erfüllt ist, genügt eine geringfügige Neigung zur Kompensation des Unterschiedes zwischen $\gamma_1 H$ und $\gamma_2 H$. Falls im Gegensatz dazu $M_1 \cong M_2$ ist, wird die Neigung der Vektoren $\boldsymbol{M}_1$, $\boldsymbol{M}_2$ auf die Resonanzfrequenz beider Untergitter fast die gleiche Wirkung haben, und ein großer Unterschied zwischen Φ_1 und Φ_2 wird also erforderlich sein, damit die angeführte Verschiedenheit der

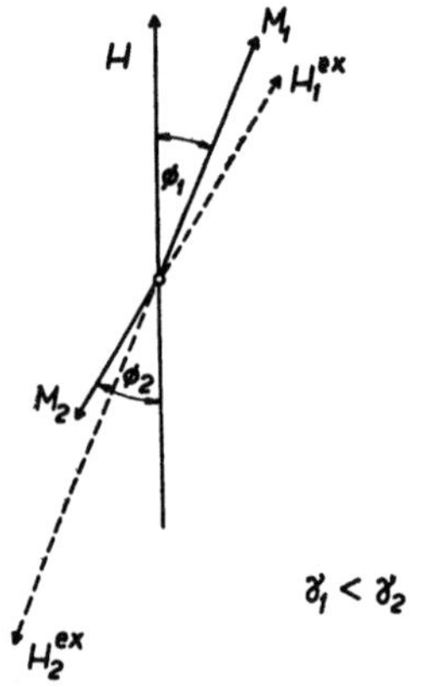

Abb. 5.29 Die aus der Forderung der Gleichheit von Präzessionsfrequenzen für beide Untergitter folgende gegenseitige Lage der Vektoren $\boldsymbol{M}_1$, $\boldsymbol{M}_2$. Für den angenommenen Fall $M_1 > M_2$, $\gamma_1 < \gamma_2$ wird das Torsionsmoment des Austauschfeldes dem Moment des Magnetfeldes H entgegengesetzt gerichtet sein.

Larmorschen Frequenzen $\gamma_1 H$, $\gamma_2 H$ ausgeglichen wird. Während im ersten Fall, d. h. bei der Erfüllung (5.54), $\Phi_1 \cong \Phi_2$ bleiben konnte, werden für $M_1 \cong M_2$ beide Präzessionswinkel deutlich voneinander verschieden.

Wir wollen nun näher das Verhalten der Resonanzfrequenzen beider Präzessionsmoden in der Umgebung des Kompensationspunktes betrachten. Neben dem eigentlichen Kompensationspunkt der Magnetisierung $(M = 0)$ müssen wir die Aufmerksamkeit einem weiteren Punkt zuwenden, bei dem der resultierende Drehimpuls einen Nullwert $(J = 0)$ erreicht. Diese beiden Punkte fallen nur dann zusammen, wenn $\gamma_1 = \gamma_2$ ist, anderenfalls werden sie bei verschiedenen, wenn auch meistens sehr nahen Temperaturen liegen. Falls es sich um die „ferromagnetische" Mode handelt, der bei einer genügenden Entfernung von diesen beiden Kompensationspunkten die Frequenz (5.55) zugehörte, können wir ihr Verhalten auf Grund des effektiven gyromagnetischen Verhältnisses γ_{eff} beurteilen. Wenn auch die Gleichung (5.56), durch die γ_{eff} definiert wurde, in der Umgebung des Kompensationspunktes ihre Gültigkeit verliert, können wir sie dennoch für die qualitative Charakterisierung des Verlaufes der Resonanzfrequenz dieser Mode benützen, wenn wir uns dem Kompensationspunkt nähern. Wie aus (5.56) hervorgeht, wird γ_{eff}, das außerhalb des Kompensationsbereichs positiv ist, bei einer Temperatur, bei der $M_1 = M_2$ und demzufolge $\boldsymbol{M} = 0$, durch Null verlaufen und wird im Punkte $J_1 = J_2$ $(\boldsymbol{J} = 0)$ unstetig und unendlich sein. Das bedeutet, wenn wir die Resonanzabsorption bei einer konstanten Frequenz ω messen, daß die Resonanz im Punkte $\boldsymbol{J} = 0$ beim äußeren Feld Null auftreten sollte, während in Richtung zum Punkte $\boldsymbol{M} = 0$ die Lage des

Absorptionsmaximums sich zu hohen Feldstärken verschieben sollte. Wie eine eingehendere Berechnung zeigt, bleibt γ_{eff} auch im Punkte $J = 0$ endlich, wenn es auch hier hohe Werte erreichen kann. In Abb. 5.30 ist die Abhängigkeit für γ_{eff} von der Temperatur gezeigt, die durch Messung an $Gd_3Fe_5O_{12}$-Granat [63] mit einem Kompensationspunkt $T_k = 13$ °C unter der Voraussetzung erhalten wurde, daß Resonanzbedingung (5.55) formell gültig bleiben kann.[30])

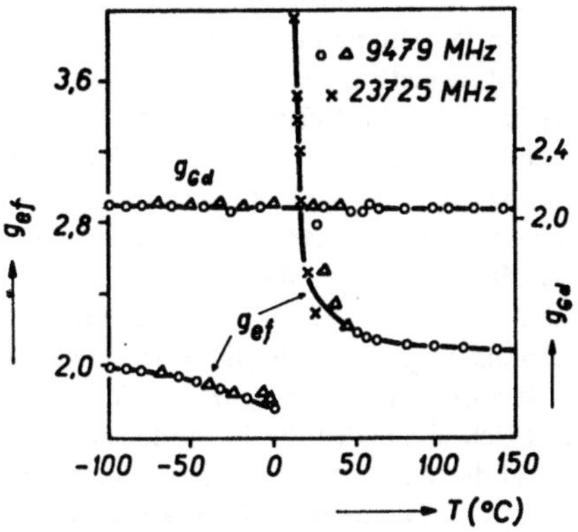

Abb. 5.30

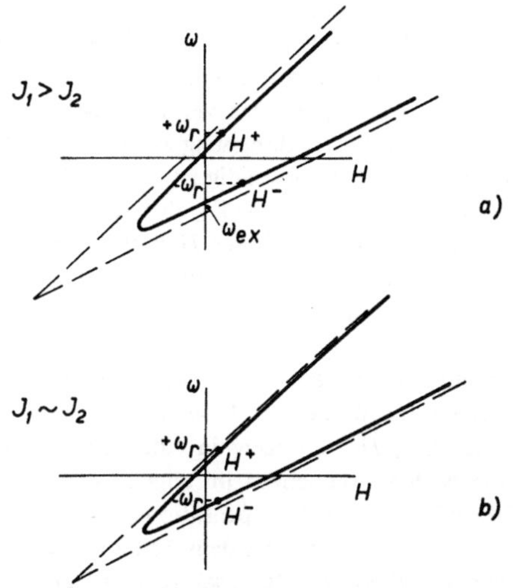

Abb. 5.31

Die „Austauschresonanz", die bei Erfüllung der Ungleichung (5.54) gewöhnlich in den Bereich des infraroten Spektrums fällt, verhält sich in der Umgebung des Kompensationspunktes ebenfalls anomal. Es ist dies aus dem Ausdruck (5.57) für ω_{ex} ersichtlich, der für ein magnetisches Feld Null gilt[31]), und zeigt, daß für $J \to 0$, d. h. in Richtung zum Kompensationspunkt, ebenfalls $\omega_{ex} \to 0$ gelten wird. Wie eine genauere Berechnung zeigt, bleibt zwar für $H \neq 0$ ebenfalls $\omega_{ex} \neq 0$ und wird von H abhängen; dies ändert jedoch nichts daran, daß bei Annäherung an den Kompensationspunkt die Frequenz der „Austauschmode" bedeutend sinkt, so daß diese zweite

[30]) Wie eine genauere Analyse [7, 8, 64] zeigt, hängt auch im Punkte $J = 0$ die Resonanzfrequenz von der äußeren Feldstärke ab, so daß in erster Näherung die Gleichung (5.55) zur Definition des „experimentellen" effektiven gyromagnetischen Verhältnisses angewendet werden kann.

[31]) Bei Erfüllung der Ungleichung (5.54) kann das Außenfeld nur einen sehr schwachen Einfluß auf ω_{ex} ausüben und deshalb haben wir bei der Ableitung von (5.57) auf diesen Einfluß keine Rücksicht genommen. In der Umgebung des Kompensationspunktes wäre es jedoch notwendig, diesen Einfluß in die Rechnung einzubeziehen, so daß (5.57) in diesem Falle ω_{ex} nur für ein magnetisches Feld Null angenähert darstellt.

Resonanz unter günstigen Verhältnissen ebenfalls bei normalen Resonanzversuchen im Bereich von Zentimeterwellen beobachtet werden kann.

Dabei kommt es zu einer Annäherung beider Resonanzen (im Punkte $J = 0$ sollten sie praktisch zusammenfallen) und in Übereinstimmung damit nähert sich auch der Charakter beider Moden. Es hat dann keinen Sinn mehr, von einer „Austausch" — oder einer „ferromagnetischen" Resonanz zu sprechen; die für diese Moden vorstehend angeführten charakteristischen Kennzeichen verwischen sich, und bei beiden kommt es zu einer gegenseitigen Neigung der Vektoren $\boldsymbol{M}_1$ und $\boldsymbol{M}_2$. Die einzige wesentliche Eigenschaft, durch die sich beide Präzessionsmoden auch weiterhin unterscheiden, ist der Rotationssinn. Dadurch können beide Resonanzen ebenfalls experimentell unterschieden werden, denn bei der Verwendung zirkular polarisierter Hochfrequenzfelder kann die eine Resonanz durch ein rechtsdrehendes und die zweite durch ein linksdrehendes Feld angeregt werden [10]. Das Verhalten beider Resonanzen können wir leicht auf Grund von Abb. 5.31 übersehen. Die Beziehung zwischen der Resonanzfrequenz und dem magnetischen Feld, das für die Resonanz notwendig ist, ist auf der Grundlage von (5.51) durch eine Hyperbel gegeben, die bei der Vernachlässigung der Anisotropie und der Entmagnetisierung durch den Ursprung geht. Der obere Ast dieser Hyperbel ($\omega > 0$) entspricht der rechtsdrehenden („ferromagnetischen") Mode, der untere Teil ($\omega < 0$) der linksdrehenden („Austausch"—) Mode. Die Abbildung ist für den Fall $J_1 > J_2$, $\gamma_1 > \gamma_2$ gezeichnet; von physikalischer Bedeutung ist nur der Teil der Hyperbel, bei der $H > 0$ ist. Wenn wir bei dem Versuch ein linear polarisiertes Hochfrequenzfeld mit einer Frequenz $\omega = \omega_r$ verwenden, können wir dadurch sowohl die rechtsdrehende als auch die linksdrehende Mode mit den Frequenzen $+\omega_r$, $-\omega_r$ bei Feldstärken des magnetischen Feldes H^+, H^- anregen; in einer genügenden Entfernung vom Kompensationspunkt werden diese beiden Frequenzen im allgemeinen genügend weit auseinander liegen, $H^+ \ll H^-$ — (a). Falls wir uns dem Kompensationspunkt nähern, ändert sich allmählich die Form der Hyberpel und ihre Lage gegenüber dem Achsenkreuz, und zwar auf die Weise, daß beide Resonanzen sich einander nähern; H^- fällt, während H^+ anwächst, so daß in der Nähe des Kompensationspunktes $H^+ \cong H^-$ — (b). Für den Fall $J_1 = J_2$ wird die Hyperbel direkt die Gerade $H = 0$ im Ursprung berühren, was einem Wert von $\omega_{ex} = 0$ bei einem magnetischen Feld Null entspricht.

Tatsächlich ist das Verhalten beider Präzessionsmoden im Bereich der Kompensation komplizierter und dies besonders aus zwei Gründen: vor allem muß die magnetische Kristallanisotropie in Betracht gezogen werden, deren Einfluß auf die Resonanzfrequenz anwächst, wenn wir uns dem Kompensationspunkt nähern. Es ist dies daraus ersichtlich, daß das resultierende effektive Anisotropiefeld, welches mit Rücksicht auf die Äquivalenz der rechtsdrehenden Mode mit der ferromagnetischen Resonanz als[32])

$$H_A^{\text{eff}} \cong \frac{2K}{M} = \frac{2(K^{(1)} + K^{(2)})}{M_1 - M_2} = \frac{H_A^{(1)} M_1 + H_A^{(2)} M_2}{M_1 - M_2} \tag{5.63}$$

geschrieben werden kann, anwächst, wenn wir uns dem Kompensationspunkt nähern, denn $M \to 0$, während der Zähler in (5.63) endlich bleibt. Der zweite Grund der Komplikation liegt in der Abhängigkeit der Magnetisierung der Untergitter vom

[32]) Der Einfachheit halber betrachten wir den Fall, daß entweder ein einachsiger Kristall in Richtung der Achse oder ein kubischer Kristall in der Richtung [100] oder [111] magnetisiert ist; sonst wäre es notwendig, noch mit dem zugehörigen Winkelfaktor zu multiplizieren (vgl. Tabelle V-2).

äußeren Feld. Diese Abhängigkeit, die wir in unsere Erwägungen nicht einbezogen haben, geht einerseits aus dem normalen Paraprozeß (Abschnitt 3.1) hervor, andererseits beruht sie auf der möglichen Störung der antiparallelen Orientation der Vektoren $\boldsymbol{M}_1$, $\boldsymbol{M}_2$ durch den Einfluß eines starken Gleichfeldes. Diese Störung der Antiparallelität ist durch die Tendenz bedingt, die Richtung der kleineren der beiden Magnetisierungen, die antiparallel zum magnetischen Felde steht, in die Richtung des Feldes zu drehen. Wie wir im Abschnitt 3.1 (Seite 203) gezeigt haben, kommt es dazu bei Überschreitung des kritischen Feldes $H_1 = \nu(M_1 - M_2)$. Die Lage dieses kritischen Feldes ist in Abb. (5.29) eingezeichnet; es ist ersichtlich, daß H_1 im Bereich der Kompensation verhältnismäßig klein sein wird, so daß es beim Experiment möglich ist, diesen Wert zu überschreiten. Die Abweichung von der Antiparallelität der Vektoren $\boldsymbol{M}_1$, $\boldsymbol{M}_2$ müßte dann direkt in den Bewegungsgleichungen (5.46) berücksichtigt werden.

Eine eingehendere Diskussion der Resonanzbedingungen unter Einbeziehung der Anisotropie und des Einflusses des magnetischen Feldes auf die Magnetisierung der Untergitter findet der Leser z. B. in [10, 64, 65]. Wir wollen hier nur des besseren Verständnisses wegen das Ergebnis für den speziellen Fall eines *Antiferromagnetikums* anführen. In diesem Fall, der besonders einfach ist, haben wir $M_1 = M_2 = M_0$, $\gamma_1 = \gamma_2 = \gamma$, $H_A^{(1)} = H_A^{(2)} = H_A$; die Resonanzfrequenzen beider Präzessionsmoden werden dann durch die Beziehung [65–67]

$$\omega/\gamma \cong H \pm [H_A(H_A + 2\nu M_0)]^{1/2} \tag{5.64}$$

bestimmt. Es sei angeführt, daß für beide Moden wieder $\Phi_1 \neq \Phi_2$, und zwar auch bei $H = 0$ sein wird.

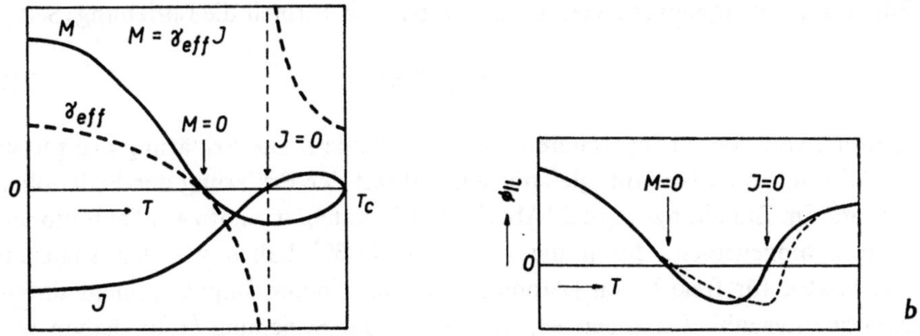

Abb. 5.32 Temperaturverlauf von M, J, γ_{eff} — (a) und der spezifischen Drehung Φ/l — (b) bei einem Ferrimagnetikum mit Kompensationspunkt (schematisch; in Abb. (b) ist das Ergebnis der genaueren Wangsness-Analyse gestrichelt gekennzeichnet).

Zum Abschluß wollen wir noch erwähnen, welchen Einfluß die Nähe des Kompensationspunktes auf die Faraday-Rotation ausübt. Wir wollen besonders den Temperaturbereich zwischen dem „magnetischen" Kompensationspunkt ($\boldsymbol{M} = 0$) und dem „mechanischen" Kompensationspunkt ($\boldsymbol{J} = 0$) betrachten. In diesem Intervall ist, wie aus (5.55) hervorgeht, $\gamma_{eff} < 0$; in Übereinstimmung damit ist, daß $\boldsymbol{M}$ und $\boldsymbol{J}$ hier gleich orientiert sind (Abb. 5.32a). Wenn wir die Beziehung (5.25) als Näherung für den Drehwinkel Φ/l in schwachen Feldern benutzen, sehen wir, daß sich durch eine Änderung des Vorzeichens des gyromagnetischen Verhältnisses auch der Drehsinn der Faraday-Rotation ändert. Der Verlauf der spezifischen Drehung Φ/l, die bis auf die Konstante außerhalb des Kompensationsbereiches durch das Produkt $\gamma_{eff}M$ gegeben ist, ist in Abhängigkeit von der Temperatur in Abb. 5.32b wiedergegeben. Wie die von Wangsness durchgeführte Analyse [68] zeigt, bleibt Φ/l im Punkte $\boldsymbol{J} = 0$ endlich; dabei kann unter bestimmten Umständen Φ/l im Intervall zwischen den beiden Kompensationspunkten noch zwei weitere Nullpunkte besitzen.

Der spektroskopische Aufspaltungsfaktor

Bisher haben wir die wirkliche Bedeutung des gyromagnetischen Faktors γ beiseite gelassen, den wir in die Bewegungsgleichungen für den Magnetisierungsvektor auf Grund einer formellen Definition, die auf der Definition analoger Größen in der Theorie der Teilchen und Atome beruht, eingeführt haben. Es wird deshalb am Platze sein, in diesem Sinn die bisherige Erklärung zu ergänzen und die Beziehung dieser makroskopischen γ-Werte, die bei der ferromagnetischen Resonanz erscheinen, zu den entsprechenden atomaren Konstanten zu erläutern. Das wird es uns ermöglichen, aus Resonanzversuchen wichtige Informationen über den Zustand magnetischer Ionen in den untersuchten Stoffen erhalten zu können.

Für das gyromagnetische Verhältnis γ haben wir formell die Beziehung (Seite 448)

$$\gamma = ge/2mc \tag{5.65}$$

eingeführt, von der wir im weiteren ausgehen werden. Die Erklärung des physikalischen Wesens von γ ist dann gleichbedeutend mit der Erklärung der Bedeutung des g-Faktors. Im Einleitungskapitel (Abschnitt 1.3) haben wir auf zwei Definitionen des g-Faktors hingewiesen: durch die Beziehung (1.39) haben wir den sogenannten Landé-Faktor für freie Ionen (Atome) eingeführt, deren Impulsmoment durch die Gesamtquantenzahl J gegeben ist, und durch die Beziehung (1.49) haben wir für Ionen mit eingefrorenem Orbitalmoment den sogenannten spektroskopischen Aufspaltungsfaktor definiert. Dieser zweite g-Faktor kann vor allem für Ionen der Eisengruppe verwendet werden, bei denen der Einfluß des Kristallfeldes über die Spin-Bahn-Wechselwirkung überwiegt. Im Gegensatz dazu ist bei Ionen der Seltenen Erden die Frage des g-Faktors komplizierter. Für die Bestimmung des magnetischen Sättigungsmomentes ist der Landé-Faktor (1.39) – vgl. Tabelle I-9 – oft von entscheidender Bedeutung, während bei Problemen, die z. B. die freie Energie des Ions oder Quantenübergänge zwischen den Niveaus des Energiespektrums betreffen, die beide von der Aufspaltung durch das Kristallfeld abhängen, die Definition des entsprechenden effektiven g-Faktors komplizierter wird. Der Einfachheit halber wollen wir uns auf die Ionen der Eisengruppe beschränken, für die die Definition (1.49) einen Sinn hat, und wir wollen zeigen, daß der g-Faktor, der vermittels der Beziehung (5.65) in den Beziehungen für die ferromagnetische Resonanz auftritt, im Wesen mit dem spektroskopischen Aufspaltungsfaktor identisch ist.

Wir wollen ein magnetisches System betrachten, das aus einer Volumeneinheit des gesättigten Ferromagnetikums mit der Magnetisierung $\boldsymbol{M}$ und dem Gesamtimpulsmoment $\boldsymbol{J}$ besteht. Wie wir in Abschnitt 5.1 erklärt haben, handelt es sich bei Anregung der ferromagnetischen Resonanz, falls wir Entmagnetisierungseffekte und die Kristallanisotropie vernachlässigen, um Quantenübergänge eines magnetischen Systems zwischen benachbarten Zeeman-Niveaus, deren Abstand durch das Resonanzquantum

$$\omega_r \hbar = -\Delta M_z H = (ge/2mc)\, \Delta J_z H \tag{5.66}$$

gegeben ist. Hier steht ΔM_z, ΔJ_z für Änderungen der z-Komponente (die in Richtung des Feldes $\boldsymbol{H}$ angenommen wird) der Gesamtmagnetisierung $\boldsymbol{M}$ und des Gesamtdrehimpulses $\boldsymbol{J}$ beim Übergang auf das benachbarte Niveau, d. h. bei der Absorption eines Resonanzquantums, und g ist der „makroskopische“ g-Faktor, dessen Interpretation wir suchen. Allgemein werden ΔM_z und ΔJ_z sich aus drei Beiträgen, die von den Spins, den Orbitalen der magnetischen Ionen und dem Restgitter herstammen, zusammensetzen. Für den betrachteten Quantenübergang muß dann ebenfalls

$$\Delta J_z = \hbar \tag{5.67}$$

gelten. Wie die quantenmechanische Berechnung [69] zeigt, wird bei einem eingefrorenen Bahnmoment in erster Näherung die Spinorientierung nicht durch die Spin-Bahn-Wechselwirkung beeinflußt, so daß das Gesamtspinmoment $\boldsymbol{J}^{\text{Spin}}$ auf die gleiche Weise gequantelt ist wie der Gesamtdrehimpuls $\boldsymbol{J}$ und demzufolge bei dem betrachteten Übergang ebenfalls

$$\Delta J_z^{\text{Spin}} = \hbar \tag{5.68}$$

gelten wird. Anderseits erhalten wir für die gesamte Änderung der Magnetisierung ΔM_z

$$\Delta M_z \cong \Delta M_z^{\text{Spin}} + \Delta M_z^{\text{Bahn}}, \quad \Delta M_z^{\text{Gitter}} \cong 0, \tag{5.69}$$

so daß wir durch Einsetzen in (5.66) insgesamt

$$\gamma = \frac{ge}{2mc} = -\frac{\Delta M_z}{\Delta J_z} \cong -\frac{\Delta M_z^{\text{Spin}} + \Delta M_z^{\text{Bahn}}}{\Delta J_z^{\text{Spin}}} \tag{5.70}$$

erhalten, denn laut (5.67) und (5.68) muß $\Delta J_z^{\text{Bahn}} + \Delta J_z^{\text{Gitter}} = 0$ sein. Beim Vergleich dieser Beziehung mit der Definition (1.49) des spektroskopischen Aufspaltungsfaktors stellen wir fest, daß (5.70) das Gleiche ausdrückt wie diese Definition. Wenn also der betrachtete ferromagnetische Stoff magnetische Ionen einer Art beinhaltet, gibt die ferromagnetische Resonanz direkt den Wert ihres spektroskopischen Aufspaltungsfaktors an. Wenn wir auf Grund der Beziehung (5.70) die g-Faktoren der einzelnen Untergitter eines Ferrimagnetikums bzw. die entsprechenden gyromagnetischen Verhältnisse γ_i definieren, können wir uns gleich davon überzeugen, daß das effektive gyromagnetische Verhältnis γ_{eff}, welches durch die Beziehung (5.55) bzw. (5.60) definiert ist, ebenfalls (5.70) erfüllen wird und demzufolge die gleiche physikalische Bedeutung wie das γ eines Ferromagnetikums mit $\boldsymbol{M} = \sum_i \boldsymbol{M}_i$, $\boldsymbol{J} = \sum_i \boldsymbol{J}_i$ haben wird. Im Gegensatz dazu ist die Lage bei einer „Austauschresonanz" komplizierter, da hier die Austauschenergie nicht erhalten bleibt.

Die Größe des spektroskopischen Aufspaltungsfaktors hängt vom Beitrag des magnetischen Bahnmoments und demzufolge von der Größe der Konstante der Spin-Bahn-Wechselwirkung λ ab. Falls wir $J^{\text{Bahn}} = 2\varepsilon J^{\text{Spin}}$ (vgl. S. 134) setzen, wird $g \cong 2(1 + \varepsilon)$, $\varepsilon \cong -\lambda/\Delta$ in Übereinstimmung mit (1.50). Bei Ionen im S-Zustand (Fe^{3+}, Gd^{3+}), die keinen Bahndrehimpuls besitzen, wird der Wert von g nahe dem Werte für den Spin eines freien Elektrons ($g \doteq 2{,}00$) sein. [33]) Die Werte der g-Faktoren einiger Eisenspinelle, die auf Grund von Resonanzversuchen bestimmt wurden, sind in Tabelle V-3 angeführt. Für den Fall des $Gd_3Fe_5O_{12}$-Granats gelang es nicht nur, den effektiven gesamten g-Faktor zu bestimmen, sondern auch direkt das Verhältnis der g-Faktoren des Untergitters der Fe^{3+}-Ionen und des Untergitters der Gd^{3+}-Ionen auf Grund von Messungen in der Umgebung des Kompensationspunktes, wo beide Resonanzmoden einer Messung zugänglich sind [70][34]), zu bestimmen.

Bei den sog. gyromagnetischen Versuchen (z. B. Einstein-deHaas- oder Barnett-Versuch) wird ebenfalls der g-Faktor gemessen, der jedoch prinzipiell vom spektroskopischen Aufspaltungsfaktor verschieden ist. Um eine Verwechslung zu vermeiden, wird dieser Faktor in der Regel als g' geschrieben und wird als magnetomechanisches Verhältnis bezeichnet. Bei diesen Versuchen messen wir im Prinzip ΔJ^{Gitter} unter Bedingungen, für die der gesamte Drehimpuls erhalten bleibt, d. h. $\Delta J = 0$. Für g' erhalten wir dann

$$\frac{g'e}{2mc} = \frac{\Delta M}{\Delta J^{\text{Gitter}}} \cong -\frac{\Delta(M^{\text{Spin}} + M^{\text{Bahn}})}{\Delta(J^{\text{Spin}} + J^{\text{Bahn}})},$$

[33]) Der Wert des g-Faktors des Spins eines Elektrons unterscheidet sich etwas von 2,00 infolge einer relativistischen Korrektur.

[34]) $g_{Fe^{3+}}/g_{Gd^{3+}} = 1{,}0103$, falls ein statisches Magnetfeld parallel zur [111]-Richtung liegt, und 1,0122 für ein Feld in der [100]-Richtung.

Tabelle V-3

Zusammensetzung	T (°K)	λ (cm)	g	Quelle
Fe_3O_4	130	3,35	2,08	[73]
		1,25	2,09	
	293	3,35	2,17	
		1,25	2,13	
$MnFe_2O_4$	4,2	3,2	2,060	[36]
	77	3,2	$2{,}019 \pm 0{,}003$	
	300	3,2	$2{,}004 \pm 0{,}002$	
$(Mn, Zn)Fe_2O_4$	4,2—300	1,25—10	2,00	[46]
$CoFe_2O_4$	363	1,25	$2{,}7 \pm 0{,}3$	[45]
	473	1,25	2,27	
$NiFe_2O_4$	293	1,25	2,19	[74]
$Ni_{0,95}Fe_{2,05}O_4$	4,2	1,25	2,2	[75]
	85	1,25	2,2	
	290	1,25	2,2	
$Ni_{0,75}Fe_{2,25}O_4$	4,2	1,25	2,16	[75]
	85	1,25	2,19	
	290	1,25	2,13	
$CuFe_2O_4$	77	1,25	2,44	[76]
	300	1,25	2,09	
$MgFe_2O_4$	77	1,25	2,04	[77]
	473	1,25	2,005	
$Li_{0,5}Fe_{2,5}O_4$	300	1,25	2,005	[78]

Tabelle V-4

Zusammen-setzung	g	g'	ε berechnet aus der Gl. $g = 2(1 + \varepsilon)$	ε berechnet aus der Gl. $g' = 2(1 - \varepsilon)$	Quelle
Fe_3O_4	2,13—2,17	1,93	0,065—0,09	0,04	[73], [79]
$NiFe_2O_4$	2,19	1,85	0,1	0,075	[72], [74]
Fe	2,09	1,92	0,045	0,04	[72], [80]
Co	2,18	1,85	0,09	0,075	[72], [80]
Ni	2,17	1,84	0,085	0,08	[72], [80]

so daß g' im wesentlichen das Verhältnis des magnetischen Gesamtmomentes des Ions (Atoms) zu seinem *Gesamtdrehimpuls* bestimmt. Die Theorie [71] gibt für g' die Beziehung $g' \cong 2(1 - \varepsilon)$, so daß zwischen g und g' die ungefähre Beziehung

$$g - 2 \cong 2 - g' \tag{5.71}$$

gelten sollte. Die experimentelle Bestimmung der g'-Faktoren für verschiedene Ferro- und ebenfalls Ferrimagnetika wurde von Scott [72] durchgeführt. Die Tabelle V-4, die unter anderem einige seiner Ergebnisse bringt, erlaubt es, die experimentellen g- und g'-Werte auf Grund der Beziehung (5.71) zu vergleichen. Es ist ersichtlich, daß die ε-Werte, die aus den Resonanzversuchen resultieren, in der Regel etwas höher liegen, als die aus den gyromagnetischen Versuchen bestimmten ε-Werte. Diese Diskrepanz ist bisher noch nicht voll erklärt worden.

Resonanz in Ferriten Seltener Erden mit Granatstruktur

Zum Schluß unserer Abhandlung über die Resonanz in den Ferrimagnetika werden wir die Resonanzerscheinungen in den Seltene Erden enthaltenden Granaten kurz erörtern. Die Ferrite Seltener Erden mit Granatstruktur kann man in mancher Hinsicht als Ferrimagnetika mit zwei durch die Fe^{3+}-Ionen bzw. die R^{3+}-Ionen Seltener Erden (Abschn. 3.1) gebildeten Untergittern betrachten, die durch eine verhältnismäßig schwache ferrimagnetische Wechselwirkung miteinander gekoppelt sind. Aus diesem Grunde sind solche Granate für die Beobachtung und das Studium von Austauschresonanzen besonders geeignet, deren Frequenz sich in den fernen infraroten Bereich beziehungsweise bis in den Submillimeterbereich des Spektrums verschiebt. In diesen Wellenlängenbereichen nimmt die Gitterabsorption schon wesentlich ab und der Stoff wird „durchsichtig“, so daß eine verhältnismäßig schwache „magnetische“ Absorption dann leichter festgestellt werden kann. Außerdem zeigen die Granate Seltener Erden auch einige charakteristische Eigentümlichkeiten der „ferromagnetischen“ Mikrowellen-Mode, welche es zweckmäßig machen, sie in einem besonderen Absatz zu erwähnen.

Fangen wir mit der „ferromagnetischen“ Resonanz an. Erscheinungen, an denen wir interessiert sind, hängen einerseits mit starker, durch Anwesenheit von Ionen Seltener Erden hervorgerufener Dämpfung der homogenen Präzession zusammen, andererseits handelt es sich um Anomalien des Resonanzfeldes H_{res}, die durch starke Änderungen der Anisotropieenergie bei „Überschneidung“ von Niveaus des Energiespektrums dieser Ionen verursacht werden, zu der es bei bestimmten Magnetisierungs-Orientierungen kommt (vgl. Abschn. 4.2, S. 378f.). In beiden Fällen genügen zum Hervorrufen dieser Erscheinungen auch sehr kleine Konzentrationen von Ionen

Seltener Erden, so daß man von individueller Wirkung dieser Ionen sprechen kann[35]).

In den die ferrimagnetische Resonanz betreffenden vorausgegangenen Erwägungen haben wir die Dämpfung entweder überhaupt nicht berücksichtigt, oder wir hielten sie für schwach, so daß sie auf die Resonanzfrequenz keinen merklichen Effekt ausübte. Diese Voraussetzung ist z. B. bei der Mehrzahl von ferrimagnetischen Oxiden mit Spinellstruktur oder bei einem Yttrium-Eisen-Granat voll berechtigt, bei dem die Dämpfung sogar extrem schwach ist, aber man kann sie nicht bei Granaten anwenden, welche Ionen Seltener Erden enthalten. Die Anwesenheit dieser Ionen bewirkt nämlich eine so starke Dämpfung, daß dadurch die Bedingungen wesentlich beeinflußt werden, unter denen es zur Resonanz kommt. Eine Ausnahme in dieser Hinsicht bilden nur die Ionen im *S*-Zustand (z. B. Gd^{3+}), die keine starke Dämpfung hervorrufen[36]).

Betrachten wir einen Granat als ferrimagnetisches, aus zwei Untergittern zusammengesetztes System, u. zw. aus dem durch die Fe-Ionen in den $[a]$- und (d)-Lagen gebildeten Untergitter *A*, das durch starke innere Wechselwirkung gekennzeichnet ist, und aus dem Untergitter *B* der Ionen Seltener Erden in den $\{c\}$-Lagen, das durch eine schwache Austauschwechselwirkung an das Untergitter *A* gekoppelt ist. Wie aus dem Verhalten des Granats $Y_3Fe_5O_{12}$ klar hervorgeht, ist die Relaxation der Fe^{3+}-Ionen sehr langsam [81], und es ist daher nicht notwendig, sie zu berücksichtigen. Demgegenüber sei angenommen, daß die Relaxationszeit von Ionen Seltener Erden sehr kurz ist, $\tau_B \ll \omega_r^{-1}$, und der Einfachheit halber nehmen wir $\tau_B \to 0$ an. In diesem Falle wird sich das magnetische Moment des Untergitters *B* so verhalten, als ob es keine gyromagnetischen Eigenschaften hätte, denn der augenblickliche Wert $\boldsymbol{M}_B$ wird immer zum resultierenden Felde $\boldsymbol{H} - \nu\boldsymbol{M}_A$ parallel orientiert sein,

$$\boldsymbol{M}_B/M_B = (\boldsymbol{H} - \nu\boldsymbol{M}_A)/|\boldsymbol{H} - \nu\boldsymbol{M}_A| \cong (\boldsymbol{H} - \nu\boldsymbol{M}_A)/\nu M_A\,, \quad \nu > 0\,, \tag{5.72}$$

so daß für $\boldsymbol{M}_A$, analog zu (5.48), im Hinblick auf $\boldsymbol{M}_A \times \boldsymbol{M}_A = 0$, gelten wird [82]

$$\dot{\boldsymbol{M}}_A/\gamma_A = -[1 - (M_B/M_A)]\,\boldsymbol{M}_A \times \boldsymbol{H}\,. \tag{5.73}$$

Das ist jedoch eine Bewegungsgleichung, formell gleich der eines Ferromagnetikums, die darauf hindeutet, daß das effektive gyromagnetische Verhältnis in diesem Falle gegeben ist durch

$$\gamma_{\text{eff}} = \gamma_A(M_A - M_B)/M_A = M/J_A\,. \tag{5.74}$$

[35]) Es sei bemerkt, daß die Mehrzahl von Resonanzexperimenten, besonders bei niedrigen Temperaturen, an Yttrium-Eisen-Granaten durchgeführt wurde, in denen die Y^{3+}-Ionen zum kleineren Teil (etwa bis zu 10%) durch Seltene Erden ersetzt wurden. Das „individuelle" Einwirken der Ionen bei Anisotropieeffekten ist dann im Einklang mit dem Einion-Modell der Anisotropie (Abschn. 4.2).

[36]) Über die Ursachen der starken, mit der Anwesenheit von Ionen Seltener Erden zusammenhängenden Dämpfung sowie über die betreffenden Mechanismen — siehe Abschn. 5.5.

Diese Beziehung unterscheidet sich von der früher abgeleiteten Beziehung (5.56) für γ_{eff}. Sie drückt die Tatsache aus, daß die Ionen im Untergitter *B* nur zu Änderungen der Magnetisierung, nicht jedoch zu Änderungen des Drehimpulses des Systems beitragen können, vgl. (5.70). Wir sehen, daß starke Dämpfung in einem der Untergitter einen wesentlichen Einfluß auf den effektiven g-Faktor ausübt und daher durch eine gewisse Verschiebung des Resonanzfeldes H_{res} zum Ausdruck kommt.

In Wirklichkeit wird natürlich τ_B nicht gleich Null sein, sondern es wird endlich, wenn auch klein sein. Die von Kittel [82, 83] in der ursprünglichen Theorie der ferromagnetischen Resonanz in Granaten Seltener Erden postulierte Beziehung $\tau_B \omega_{ex} \approx 1$ drückt die Bedingung für die sog. „schnellen" Relaxationen aus. Da die Relaxationszeit τ aus prinzipiellen Gründen zu niedrigen Temperaturen hin anwächst, kann man die Erfüllung dieser Bedingungen eher bei höheren Temperaturen erwarten. Die von Kittel auf Grund der Theorie schneller Relaxationen berechneten Kurven für die Temperaturabhängigkeit des effektiven g-Faktors sind in Abb. 5.33 zusammen mit den gemessenen Werten dargestellt. Während sich bei den Er- und Ho-Granaten wenigstens bei höheren Temperaturen befriedigende Übereinstimmung des Experiments mit der Theorie zeigt, ist das Verhalten der Sm- und Yb-Granate ziemlich abweichend. Das Gegenstück zu der Hypothese von „schnellen" Relaxationen bildet die Theorie sog. „langsamer" Relaxationen [84–86], welche die Relaxationszeit τ in bezug auf die Mikrowellenfrequenz ω (d. i. die Frequenz der auf die Probe einfallenden Strahlung) beurteilt, die im Vergleich zu ω_{ex} meist bedeutend kleiner ist. Weil die Theorie der „langsamen" Relaxationen den Rahmen der phänomenologischen Auffassung überschreitet und eine detailliertere Analyse des eigentlichen Relaxationsmechanismus erfordert, stellen wir ihre Diskussion bis Abschn. 5.5 zurück.

Die anomalen Anisotropieeigenschaften von Granaten Seltener Erden in der Umgebung der Überschneidung von Niveaus der Spektren Seltener Erdionen haben wir in Absch. 4.2 erwähnt. Für den Ursprung dieser Anomalien ist dabei, wie wir angeführt haben, keine vollkommene Überschneidung notwendig, sondern es genügt, daß zwei Niveaus für eine bestimmte Magnetisierungsorientierung dicht beieinander liegen. Gehen wir von der Äquivalenz zwischen ferromagnetischer und ferrimagnetischer Resonanz aus und benutzen wir die Resonanzbedingung (5.38), die wir durch die Voraussetzung weiter vereinfachen können, daß das Feld so orientiert ist, daß im Gleichgewichtszustand $(\partial^2 f / \partial \Phi_x \, \partial \Phi_y)_0 = 0$ gilt. Den Ausdruck für die Resonanzfrequenz können wir dann für eine Kugelprobe in der Form

$$\omega_r / \gamma_{\text{eff}} = \left[(H_{\text{res}} + H_A^x)(H_{\text{res}} + H_A^y) \right]^{1/2} , \tag{5.75}$$

schreiben, wobei

$$\mathrm{H}_A^x = M_s^{-1} (\partial^2 f_K / \partial \Phi_x^2) , \quad H_A^y = M_s^{-1} (\partial^2 f_K / \partial \Phi_y^2)$$

und f_K die Dichte der Anisotropieenergie ist. Die freie Energie von Ionen des betreffenden Seltenen Erdelements kann man auf Grund des Einion-Anisotropiemodells als einen additiven Bestandteil dieser Energie auffassen. Wenn also bei der Rotation des Kristalls eine solche Magnetisierungsorientierung erreicht wird, für welche eine Überschneidung von Niveaus der Spektren dieser Ionen eintritt (Abb. 4.29), werden H_A^x oder H_A^y, eventuell beide Größen, hohe negative Werte annehmen, was durch scharfe Maxima in der Winkelabhängigkeit des Resonanzfeldes H_{res} zum Ausdruck kommen wird. Diese experimentell zum erstenmal von Dillon [87] beobachteten Maxima erreichen bis zu 5000 Oe (Abb. 5.34). Ihre Größe wächst zu niedrigen Temperaturen hin, und für hohe Frequenzen ω (hohe Magnetfelder) wurde außerdem auch der Einfluß der magnetischen Feldstärke bzw. der Frequenz auf die Größe und Lage dieser Maxima beobachtet, der durch die Abhängigkeit der Spektralniveaus vom Magnetfeld zumindest teilweise erklärt werden kann – vgl. (4.51). Anomalien dieser Art treten auch bei großen Verdünnungen der entsprechenden Ionen auf und können eventuell zur Indikation kleiner Mengen von ihnen dienen. Eine Erklärung des Ursprungs der H_{res}-Maxima hat Kittel gegeben [88], und einen ge-

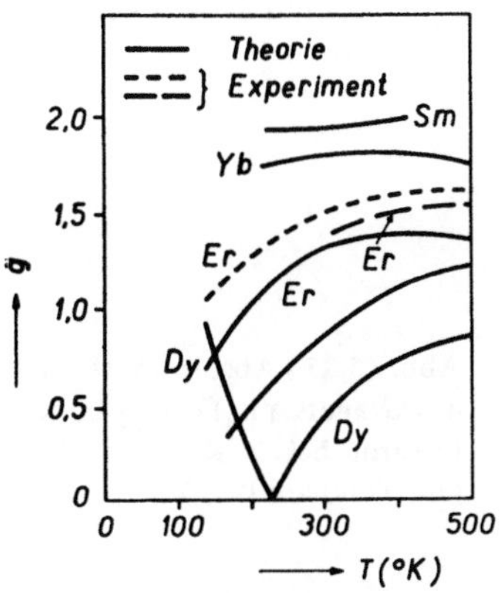

Abb. 5.33 Theoretische Temperaturabhängigkeit der g-Faktoren von Granaten Seltener Erden. Gestrichelt gezeichnet sind die von zwei verschiedenen Autoren gemessenen experimentellen Verläufe für ErIG (nach Kittel [82]).

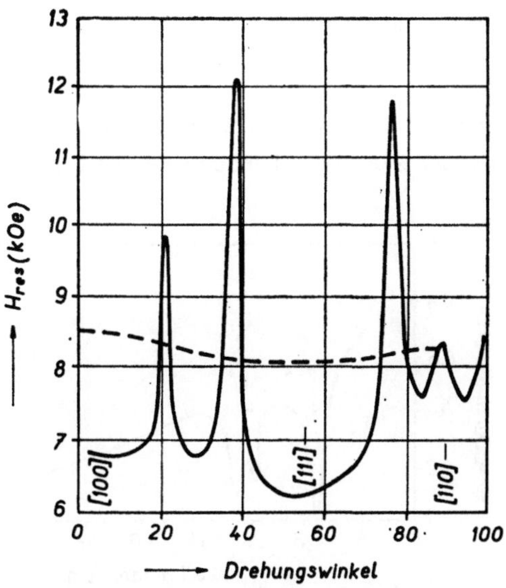

Abb. 5.34 Abhängigkeit des Resonanzelfdes H_{res} für YIG mit 0,2% Tb vom Winkel der Abweichung von der [001]-Richtung, gemessen in der (110)-Ebene. Die Meßtemperatur ist 1,5 °K. Die gestrichelte Kurve entspricht dem reinen $Y_3Fe_5O_{12}$ [89].

nauen quantitativen Vergleich der Theorie mit dem Experiment haben Dillon und Walker für Tb^{3+} durchgeführt [89]. Die Anomalien in YIG mit einer Yb-Dotierung wurden den Yb^{3+}-Ionen auf Oktaederplätzen zugeschrieben [84b].

Die Austauschresonanzen in Granaten wurden von Tinkham [90, 91] und anderen Autoren [92, 93] studiert, am eingehendsten an $Yb_3Fe_5O_{12}$. Aus den Ergebnissen dieser Messungen folgt, daß neben der einer Austauschresonanz mit der durch die Beziehung (5.57) gegebenen Frequenz ω_{ex} entsprechenden Absorption noch weitere Absorptionsmaxima in diesem Bereich auftreten. Während die eigene Austauschresonanz eine kollektive Präzessionsmode darstellt, bei der magnetische Momente beider Untergitter mit gleicher Phase präzedieren, entsprechen diese zusätzlichen Absorptionen nach Tinkham [91] den Anregungen ausschließlich des Untergitters von Ionen Seltener Erden. Wenn wir uns auf Ionen mit ungerader Anzahl von Elektronen wie Yb^{3+}, Er^{3+}, Sm^{3+} beschränken, für die diese Messungen durchgeführt wurden, kann man diese Anregungen als Quantenübergänge zwischen den Niveaus des Grunddubletts (vgl. Abschn. 4.2, S. 378 f.) interpretieren, die durch eine Austauschwechselwirkung mit dem Untergitter der Fe^{3+}-Ionen gespalten sind. Diese Übergänge entsprechen der Drehung des effektiven Spins $\mathbf{S}'$ im Austauschfelde. Wenn wir das gyromagnetische Verhältnis der Ionen Seltener Erden als γ_2 und die Magnetisierung der Fe^{3+}-Ionen als M_1 bezeichnen, so wird die betreffende Frequenz durch die Beziehung

$$\omega_2 = \gamma_2 \nu M_1 \tag{5.76}$$

gegeben sein. Weil sowohl γ_2 als auch ν anisotrop sind (vgl. Abschn. 4.2, S. 375 f.), werden sich diese Frequenzen für Ionen in den nichtäquivalenten Dodekaederlagen

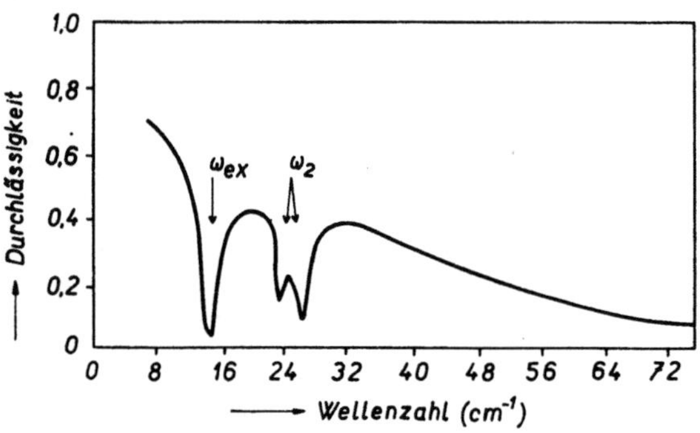

Abb. 5.35 Absorptionsspektrum des Granats $Yb_3Fe_5O_{12}$ im fernen Infrarot bei 2 °K. (Nach Sievers und Tinkham [93].)

Tabelle V-5

Die Werte von ω_{ex} und ω_2 für einige Granate $R_3Fe_5O_{12}$

R	ω_{ex} (cm^{-1})	ω_2 (cm^{-1})	Quelle
Yb^{3+}	14,1	23,4; 26,4	[60]
Er^{3+}	10,0	18,2; 21,6	[60]
Sm^{3+}	33,5		[60]
Ho^{3+}	38,5		[58]

(in bezug auf die Richtung von $\boldsymbol{M}_1$) voneinander unterscheiden. Im einfachsten Falle, wo $\boldsymbol{M}_1$ in der [111]-Richtung liegt, werden, wie es tatsächlich durch ein Experiment bestätigt wurde, zwei verschiedene Frequenzen ω_2 existieren. Zur Illustration ist in Abb. 5.35 für $Yb_3Fe_5O_{12}$ die Absorption im Infraroten in Abhängigkeit von der Frequenz bei verschiedenen Temperaturen dargestellt. Neben der Austauschresonanz sind auch beide zusätzlichen Maxima ω_2 zu sehen. In Tab. V-5 sind die bisher für verschiedene Granate Seltener Erden gewonnenen numerischen Hauptwerte aufgeführt. Es sei bemerkt, daß sich wegen der verschiedenen Temperaturabhängigkeit von M_1 und M_2 die Lage von ω_{ex} und ω_2 mit der Temperatur auf verschiedene Weise ändert, was gleichzeitig ihre Identifizierung ermöglicht. Führen wir noch an, daß außer den erwähnten noch weitere Moden existieren können, wobei es in einigen Fällen auch möglich wäre, Anregungen in ein höheres Dublett des Spektrums zu erwarten (vgl. Abb. 4.28).

5.4 Inhomogene Präzession

In den vorausgegangenen Erwägungen, die die Eigen-Präzessionsmoden von ferromagnetischen bzw. ferrimagnetischen Proben betrafen, setzten wir zweierlei voraus, u. zw.: (a) daß die Probenabmessungen im Vergleich mit der elektromagnetischen Wellenlänge genügend klein sind, so daß es nicht notwendig ist, die Ausbreitung zu berücksichtigen; (b) daß die Präzession homogen ist, d. h. daß sie die gleiche Amplitude und Phase im ganzen Probenvolumen aufweist. Die zweite Voraussetzung verliert dabei – genau genommen – ihren Sinn, falls die erste Annahme nicht erfüllt ist. Jetzt werden wir die Forderung nach homogener Präzession fallen lassen und nur die Voraussetzung der kleinen Probenabmessungen aufrechterhalten. Die Existenz von Untergittern werden wir vorderhand nicht berücksichtigen. Bei inhomogener Präzession wird die augenblickliche Lage des Magnetisierungsvektors nicht nur eine Funktion der Zeit, sondern auch der Lage sein, so daß

$$\boldsymbol{M} = \boldsymbol{M}(\boldsymbol{r}, t) = \boldsymbol{M}_0 + \boldsymbol{m}(\boldsymbol{r}, t)\,. \tag{5.77}$$

Wir werden uns dafür interessieren, ob inhomogene, durch Raumverteilung der dynamischen Magnetisierung $\boldsymbol{m}(\boldsymbol{r}, t)$ definierte Präzessionsmoden bestehen, die man für *Eigenmoden* der Probe halten könnte, von welchem Charakter diese Moden sind und welche Frequenzen sie haben. Dabei ist es nötig, sich gleich von Anfang an den Hauptunterschied gegenüber der homogenen Präzession vor Augen zu halten: bei inhomogener Präzession werden die magnetischen Momente nicht in der ganzen Probe parallel sein, und sie werden daher teils durch magnetische Dipolkräfte, teils durch Austauschkräfte aufeinander wirken. Diese Wechselwirkungen werden sich an beliebiger Stelle durch ein nachträgliches, auf den Vektor $\boldsymbol{M}$ wirkendes Drehmoment äußern, und dieses zusätzliche Drehmoment muß in die betreffende Bewegungsgleichung auf irgendeine Weise, z. B. in Form der entsprechenden effektiven Felder, einbezogen werden. Damit die resultierenden Moden Eigenschwingungen (freie Schwingungen) sind, ist es außerdem notwendig, daß diese Felder die Randbedingungen auf der Probenoberfläche erfüllen. Bei den von den magnetischen Dipolen herrührenden Feldern werden es die üblichen Randbedingungen der Magnetostatik sein, d. h. Stetigkeit der tangentiellen Feldkomponente und der Normalkomponenten der magnetischen Induktion. Bei den Austauschfeldern werden nach Bedarf besondere Bedingungen eingeführt [94][37]).

Bei der eigentlichen Lösung kann man verschiedene Näherungen benutzen, je nachdem, wie schnell sich die Lage des Magnetisierungsvektors im Raume ändert. Wenn diese Veränderungen genügend schnell sind, wird der Einfluß der Probenoberfläche auf die Präzession vernachlässigbar sein, so daß es überhaupt nicht notwendig ist, die Randbedingungen zu berücksichtigen. In solchen Fällen wird die Lösung in Form einer Fourier-Reihe gegeben

$$\boldsymbol{M}(\boldsymbol{r}, t) = \sum_{\boldsymbol{k}} \boldsymbol{M}_{\boldsymbol{k}}(t) \exp(\mathrm{j}\boldsymbol{k} \cdot \boldsymbol{r}), \tag{5.78}$$

die einer Überlagerung der ebenen Wellen mit den Wellenvektoren $\boldsymbol{k}$ entspricht. Die Wellenlänge dieser Wellen $\lambda = 2\pi/|\boldsymbol{k}|$ ist viel kleiner als die Probenabmessungen (praktisch darf sie nicht größer sein als etwa 1/10 des Längenausmaßes). Bei langsameren Raumveränderungen ist es nötig, die magnetostatischen Randbedingungen voll zu berücksichtigen und die entsprechenden Präzessionsmoden – die sog. magnetostatischen oder auch Walker-Moden – werden sich im allgemeinen von den ebenen Wellen ziemlich unterscheiden. Beachten wir jetzt die beiden Fälle etwas detaillierter.

Magnetostatische Moden

In diesem Falle ist es möglich, die Austauschwechselwirkungen völlig zu vernachlässigen, denn $\boldsymbol{M}(\boldsymbol{r}, t)$ ändert sich genügend langsam, so daß die Spins der benachbarten Atome praktisch kollinear bleiben. Auf den Magnetisierungsvektor wirkt also auf der gegebenen Stelle neben dem effektiven Anisotropiefelde nur noch das wirkliche *Magnetfeld*, das im Inneren der Probe herrscht. Wenn wir der Einfachheit halber von der Anisotropie absehen, wird in jedem Punkte $\boldsymbol{r}$ für $\boldsymbol{M}(\boldsymbol{r}, t)$ die Bewegungsgleichung gelten

$$\partial \boldsymbol{M}/\partial t = -\gamma \boldsymbol{M} \times \boldsymbol{H}^i, \tag{5.79}$$

[37]) Man kann z. B. voraussetzen, daß durch den Einfluß der Oberflächenanisotropie die magnetischen Momente (Spins) der Atome auf der Probenoberfläche fixiert sind (vgl. [95]); sehr oft ist es jedoch möglich, von den Oberflächeneffekten bei Austauschwechselwirkungen abzusehen.

wobei $\boldsymbol{H}^i$ und $\boldsymbol{M}$ gleichzeitig die Gleichungen der Magnetostatik

$$\operatorname{rot} \boldsymbol{H} = 0\,, \quad \operatorname{div} \boldsymbol{B} = \operatorname{div}(\boldsymbol{H} + 4\pi \boldsymbol{M}) = 0 \tag{5.80}$$

mit den entsprechenden Randbedingungen auf der Probenoberfläche erfüllen müssen. Das $\boldsymbol{H}^i$-Feld schließt also außer dem statischen, auch das Entmagnetisierungsfeld ein[38]), das durch die dynamische Magnetisierungskomponente $\boldsymbol{m}(\boldsymbol{r}, t)$ einesteils auf der Probenoberfläche, anderenteils im Innern der Probe hervorgerufen wird, so daß im allgemeinen auch innerhalb der Probe $\operatorname{div} \boldsymbol{m} \neq 0$ ist.[39])

Die Aufgabe, die Eigenpräzessionsmoden zu finden, beruht also auf der Bestimmung solcher $\boldsymbol{M} = \boldsymbol{M}(\boldsymbol{r}, t)$ bzw. $\boldsymbol{m}(\boldsymbol{r}, t)$, welche die Gleichungen (5.79) und (5.80) erfüllen und dabei den Randbedingungen genügen.

Die linearisierte Bewegungsgleichung (5.79), die mit Gl. (5.5) identisch ist, bestimmt die Beziehung zwischen der dynamischen Magnetisierungskomponente $\boldsymbol{m}(\boldsymbol{r}, t)$ und dem Hochfrequenzfeld $\boldsymbol{h}^i = \boldsymbol{h}^i(\boldsymbol{r}, t)$ an beliebiger Stelle $\boldsymbol{r}$ innerhalb der Probe. Diese Beziehung wird wieder durch die Gleichungen (5.8), (5.9) bzw. (5.11) ausgedrückt, aber wegen der Entmagnetisierungseffekte ist das $\boldsymbol{h}^i$-Feld selbst von $\boldsymbol{m}$ entsprechend der zweiten Gleichung von (5.80) abhängig. Wenn wir in diese Gl. $\boldsymbol{m}$ aus (5.8) einsetzen und $\boldsymbol{h}^i$ mittels des durch die Beziehung $\boldsymbol{h} = \operatorname{grad} \Psi$ definierten magnetischen Potentials ausdrücken, erhalten wir, unter der Voraussetzung, daß das statische Feld innerhalb der Probe homogen und mit der z-Achse parallel ist, die Differentialgleichung für Ψ innerhalb der Probe

$$(1 + 4\pi\chi)\left(\frac{\partial^2}{\partial x^2} + \frac{\partial^2}{\partial y^2}\right)\Psi + \frac{\partial^2 \Psi}{\partial z^2} = 0\,. \tag{5.81}$$

Außerhalb der Probe muß dann Ψ die Laplace-Gleichung $\Delta\Psi = 0$ erfüllen. Zulässige, die Randbedingungen erfüllende Lösungen dieser Gleichungen bestimmen die gesuchten Präzessionsmoden, denn von ihnen kann man die zulässigen Funktionen $\boldsymbol{m} = \boldsymbol{m}(\boldsymbol{r}, t)$ ableiten, welche die Verteilung der Präzessionsamplituden in der Probe beschreiben. Diese zulässigen Lösungen entsprechen bestimmten diskreten Werten des Parameters χ in der Gl. (5.81); χ ist jedoch die Diagonalkomponente des Suszeptibilitätstensors und hängt, wie aus (5.9) ersichtlich ist, von der Frequenz ω und weiter von den Parametern ω_H, ω_M oder, was ein und dasselbe ist, vom H^i-Feld und von der Größe der statischen Magnetisierung M ab. Jede zulässige Lösung (d. h. jede Eigenpräzessionsmode) wird daher wieder durch eine bestimmte Eigenfrequenz charakterisiert werden

$$\omega_0 = \omega_0(H^i, M)\,, \tag{5.81a}$$

---

[38]) Da wir uns für Eigenschwingungen (nicht erregte Schwingungen) interessieren, können wir das äußere Hochfrequenzfeld gleich Null setzen.

[39]) Bei der homogenen Präzession war innerhalb der Probe (des Ellipsoids) $\operatorname{div} \boldsymbol{m} = 0$, und deshalb genügte es zur Erfüllung der Gleichungen (5.80), nur die Entmagnetisierung von der Oberfläche zu berücksichtigen.

was ähnlich wie bei homogenen Präzessionsmoden im wesentlichen aus der Lösbarkeitsbedingung der Bewegungsgleichung erfolgt. Die eigentliche Lösung ist ziemlich kompliziert und wurde für spezielle Fälle eines Ellipsoids von Walker [96], Fletcher und Bell [97] sowie von anderen Autoren geliefert.

Da es sich um eine *Raumverteilung* der Präzessionsamplituden in der Probe handelt, benutzt man zur Charakterisierung einzelner Moden in der Regel drei

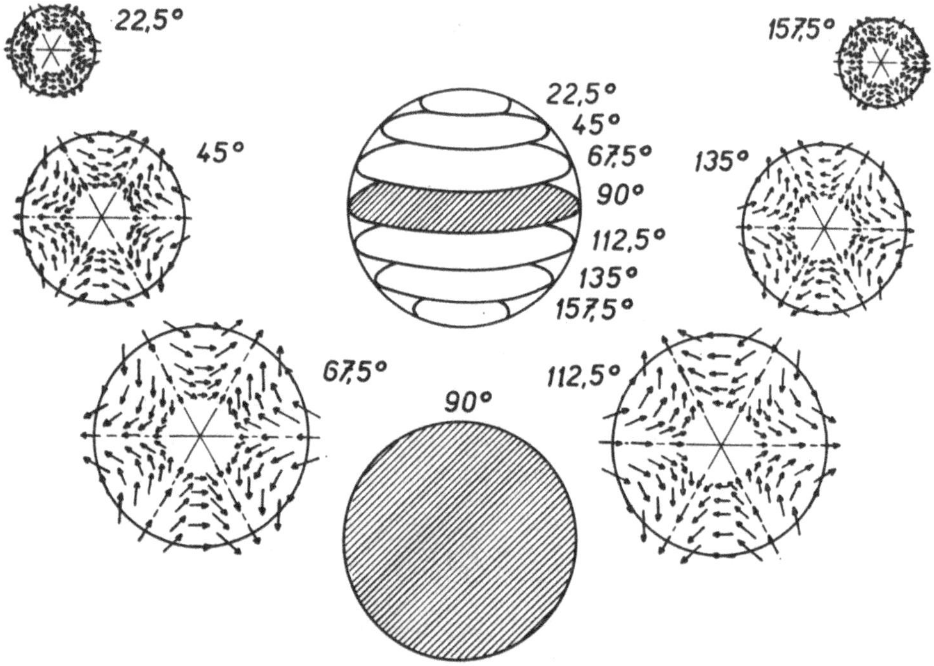

Abb. 5.36 „Momentaufnahme" der Verteilung der transversalen Magnetisierungskomponente der Mode (4, 3, 0) in einer Kugelprobe in den zum äußeren Magnetfeld $\boldsymbol{H}$ senkrechten Ebenen. (Nach Walker [96].)

Indices (n, m, r), welche die Anzahl und Verteilung der Knotenpunkte angeben. Die Verteilung der Präzessionsamplituden $\boldsymbol{m}(\boldsymbol{r})$ für eine solche Mode – u. zw. die Mode (4, 3, 0) in einer Kugelprobe – ist in Abb. 5.36 dargestellt. Eine weitere Abbildung (Abb. 5.37) zeigt dann, wie die Eigenfrequenz verschiedener Moden vom inneren Magnetfeld H^i und von der Magnetisierung der Probe M_0 abhängt. Es läßt sich zeigen, daß alle diese Frequenzen in einem Band zwischen γH^i und $\gamma(H^i + 2\pi M_0)$ liegen.

Experimentell wurden die magnetischen Moden zum erstenmal von White und Solt [98] beobachtet und besonders von Dillon [99] und Fletcher u. a. [100] weiter studiert. Da die Magnetisierung und das Feld der Probe miteinander gekoppelt sind (Gl. (5.80)), gehört zu einer inhomogenen Präzession ein ganz bestimmtes inhomo-

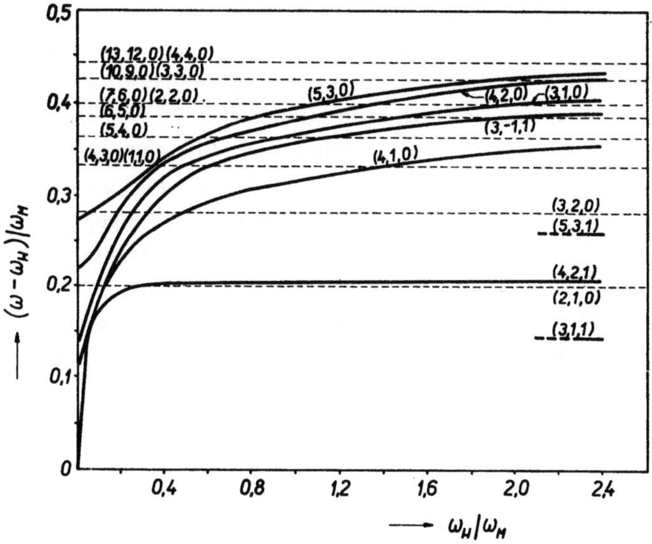

Abb. 5.37 Abhängigkeit der Differenz $\omega_0 - \gamma H^i$ von $\gamma H^i = \omega_H$ für einige magnetostatische Moden in einer Kugelprobe (beide Größen in Einheiten $\omega_M = 4\pi\gamma M_0$). (Nach Walker [96].)

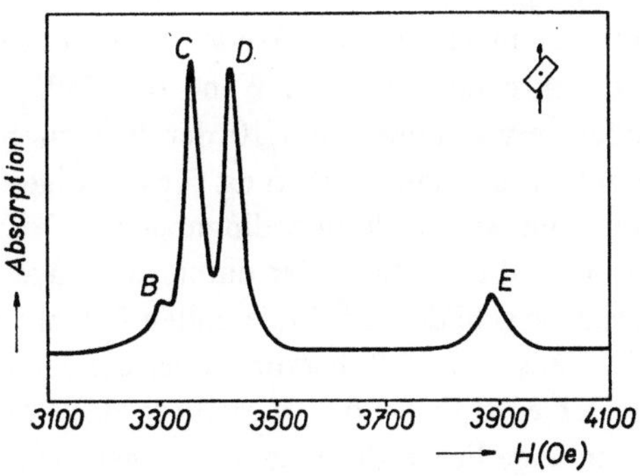

a

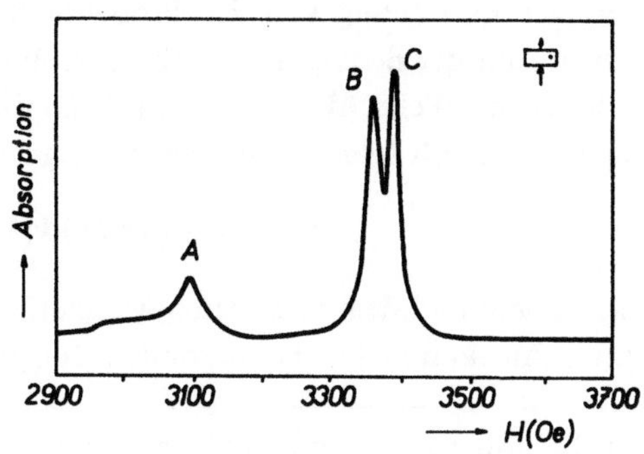

b

Abb. 5.38 Die von White und Solt Jr. an einer Kugelprobe von MnZn-Ferrit beobachteten magnetostatischen Moden [98].

genes inneres Hochfrequenzfeld $\boldsymbol{h}^i(\boldsymbol{r}, t)$. Infolgedessen können die magnetostatischen Moden durch kein homogenes Feld direkt erregt werden, das man bei üblicher Anordnung der Resonanzversuche verwendet, sondern es ist notwendig, das Experiment so durchzuführen, daß das angelegte Hochfrequenzfeld selbst an der Probenstelle inhomogen ist. Auf solche Weise können dann Moden angeregt werden, deren Symmetrie jener des inneren Hochfrequenzfeldes entspricht. Das inhomogene Feld von bestimmter Geometrie kann man entweder durch Anbringen der Probe an geeignete Stelle eines Hohlraumresonators oder durch Verwendung einer Probe erreichen, deren Form von der eines Ellipsoids abweicht. In Abb. 5.38 ist ein Spektrum von Moden dargestellt, das von White und Solt an einer Kugelprobe von MnZn-Ferrit beobachtet wurde, die in zwei verschiedenen Positionen im Resonator angebracht war.

Ebene Präzessionsmoden; Spinwellen

Zu jeder magnetostatischen Mode gehört eine bestimmte charakteristische Verteilung von Knotenpunkten, d. h. von jenen Punkten, in denen die Präzessionsamplituden gleich Null sind. Diese Punkte füllen gewisse Flächen aus, und ihre Entfernung ist von analoger Bedeutung wie die Wellenlänge. Wenn die Anzahl der Knotenpunkte zunimmt,[40]) verkürzen sich diese Entfernungen, und die Moden nähern sich in ihrem Charakter immer mehr den stehenden ebenen Wellen. Wenn die Wellenlänge, wie wir bereits oben angeführt haben, etwa unterhalb 1/10 der Probenabmessungen sinkt, stellen die ebenen Wellen schon eine gute Näherung für die Eigenpräzessionsmoden dar. In diesem Falle brauchen wir die Randbedingungen auf der Probenoberfläche nicht zu berücksichtigen, denn die Wirkung der durch die Präzession der Magnetisierung auf der Probenoberfläche gebildeten fluktuierenden Pole wird sich praktisch aufheben. Das geht anschaulich aus Abb. 5.39 hervor, in der die ebene Welle in einer Kugelprobe zusammen mit der entsprechenden Verteilung der Pole eingezeichnet ist. Bei genügend kleiner Wellenlänge liegen die Pole mit umgekehrten Vorzeichen so dicht nebeneinander, daß sich ihre Entmagnetisierungseffekte schon in geringer Entfernung von der Probenoberfläche kompensieren. Es bleibt also nur die innere, aus der Bedingung div $(\boldsymbol{H} + 4\pi\boldsymbol{M}) = 0$ folgende Entmagnetisierung übrig. Für die ebene Welle $\boldsymbol{M}(\boldsymbol{r}, t) = \boldsymbol{M}_k(t) \exp \mathrm{j}(\boldsymbol{k} \cdot \boldsymbol{r})$ wird das betreffende Entmagnetisierungsfeld durch folgende Beziehung gegeben sein

$$\boldsymbol{H}_{d,k} = -(4\pi/k^2)\, \boldsymbol{k}(\boldsymbol{k} \cdot \boldsymbol{M}_k) \exp(\mathrm{j}\boldsymbol{k} \cdot \boldsymbol{r})\,. \tag{5.82}$$

Außer diesem und dem angelegten Magnetfeld wirkt auf die Spinmomente noch das effektive Austauschfeld, das besonders für größere $|\boldsymbol{k}|$ zu berücksichtigen ist. Zum

---

[40]) Dies tritt ein, wenn wir zu Moden mit immer höheren Indices (m, n, r) fortschreiten.

Drehmoment trägt der durch die Beziehung (4.25)[41]) gegebene Teil des Austauschfeldes $\boldsymbol{H}'_{ex}$ bei, der die Veränderung des Austauschfeldes $\boldsymbol{H}_{ex} = \nu \boldsymbol{M}$ infolge der Nichtkollinearität der Spins ausdrückt. Für die Welle mit dem Wellenvektor $\boldsymbol{k}$ wird dieses Feld gleich [35]

$$\boldsymbol{H}'_{ex,\boldsymbol{k}} = C\,\nabla^2 \boldsymbol{M}(\boldsymbol{r}, t) = -a^2 \nu k^2\, \boldsymbol{M}_{\boldsymbol{k}}(t) \exp(\mathrm{j}\boldsymbol{k}\,.\,\boldsymbol{r})\,. \tag{5.83}$$

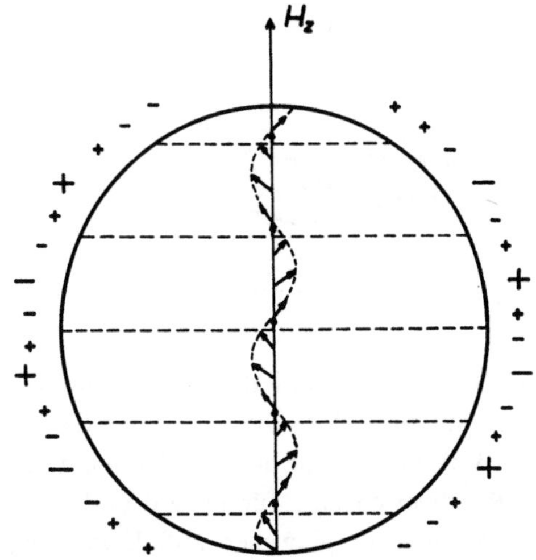

Abb. 5.39 Dynamische Verteilung magnetischer Pole an der Oberfläche einer Kugelprobe bei Anregung einer Spinwelle mit höherem k.

Wenn wir jetzt die Bewegungsgleichung hinschreiben

$$\partial \boldsymbol{M}/\partial t = -\gamma[\boldsymbol{M} \times (\boldsymbol{H} + \boldsymbol{H}_d + \boldsymbol{H}'_{ex})] \tag{5.84}$$

und ihre Lösungen in der Form (5.78) suchen, wird $\boldsymbol{H}_d = \sum_{\boldsymbol{k}} \boldsymbol{H}_{d,\boldsymbol{k}}$, $\boldsymbol{H}'_{ex} = \sum_{\boldsymbol{k}} \boldsymbol{H}'_{ex,\boldsymbol{k}}$. Unter der Annahme, daß $\boldsymbol{M}_{\boldsymbol{k}}(t)$ durch den Faktor $\exp j\omega t$ von der Zeit abhängt, zerfällt die linearisierte Gleichung (5.84) in ein System von Gleichungspaaren für die Fourier-Komponenten $\boldsymbol{M}_{\pm \boldsymbol{k}}$, in denen die Komponenten $+\boldsymbol{k}$ und $-\boldsymbol{k}$ nicht separiert sind. Diese Gleichungen lassen eine Transformation zu, die sie auf ein Gleichungssystem für unabhängige Oszillatoren überführt, welche die Eigenpräzessionsmoden der ferromagnetischen Probe vorstellen. Diese Wellen bilden eine klassische Variante der Spinwellen, die wir in Kap. III., Abschn. 3.1, erwähnt haben, und sind mit ihnen äquivalent. Ihr Dispersionsgesetz, d. i. die Abhängigkeit der Frequenz $\omega_{\boldsymbol{k}}$ vom Wellenvektor $\boldsymbol{k}$, ist durch die Beziehung [11]

$$\omega_{\boldsymbol{k}} = \gamma[(H^i + H_{ex} a^2 k^2)(H^i + H_{ex} a^2 k^2 + 4\pi M \sin^2 \Theta)]^{1/2} \tag{5.85}$$

[41]) Für einen kubischen Kristall. Im Falle eines einachsigen Kristalls wäre es möglich, den entsprechenden Ausdruck aus der Beziehung (4.4) abzuleiten. Es sei bemerkt, daß wir hier die Existenz der Untergitter nicht berücksichtigen. Wenn es um ein Ferrimagnetikum geht, kann man dieses Austauschfeld im Sinne eines gewissen, gegen die Störung der Kollinearität von Spins wirkenden effektiven Feldes auffassen.

gegeben, in der $H^i = H_z - N_z M$ die statische Feldstärke innerhalb der Probe darstellt[42]), $H_{ex} = \nu M$ und Θ der Winkel ist, den der Vektor $\boldsymbol{k}$ mit der z-Achse, d. h. mit der Richtung des Feldes $\boldsymbol{H}^i$, einschließt.

Das durch die Beziehung (5.85) gegebene Spinwellenspektrum ist in Abb. 5.40 dargestellt. Für große k wird das den Einfluß magnetischer Dipolkräfte auf die Präzession ausdrückende Glied $4\pi M \sin^2 \Theta$ wenig Bedeutung haben, so daß die Ab-

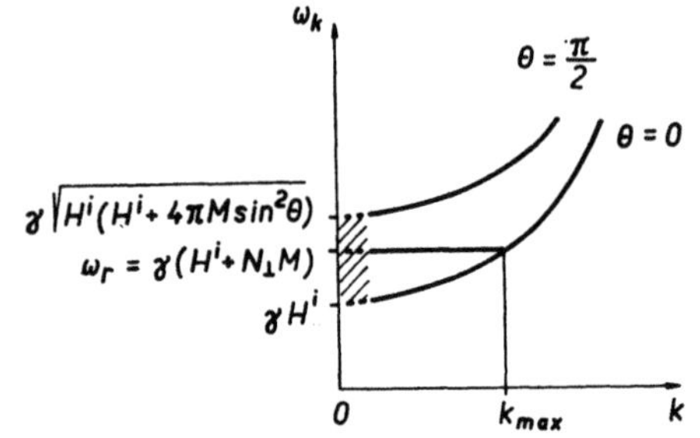

Abb. 5.40 Spinwellenspektrum eines Rotations-Ellipsoids (nach Suhl [11]).

hängigkeit des ω_k von $\boldsymbol{k}$ durch eine Parabel ausgedrückt wird. In Richtung zu niedrigeren k wächst jedoch die Bedeutung dieses Gliedes im Vergleich zu $H_{ex} a^2 k^2$. Durch seine Wirkung enthält das Spektrum ein ganzes Band von Frequenzen, die zwischen den Randwerten $\omega_{\min}$ für $\Theta = 0$ und $\omega_{\max}$ für $\Theta = \pi/2$ liegen. Für $k \to 0$ hören, wie bekannt, die Spinwellen auf, Eigenpräzessionsmoden zu sein, so daß es nötig ist, einen Teil des Spektrums für die kleinsten k durch ein Spektrum magnetostatischer Moden zu ersetzen. Die homogene Grundpräzessionsmode können wir jedoch als Spinwelle mit $\boldsymbol{k} = 0$, d. h. eine Spinnwelle mit unendlich großer Wellenlänge, betrachten. Ihre, durch die übliche Kittelsche Resonanzformel gegebene Frequenz liegt im Bande des für $k \to 0$ extrapolierten Spektrums der Spinwellen freilich nur dann, wenn das innere Feld H^i genügend groß ist. Wir können aus (5.85) und aus der Resonanzbedingung für das Rotationsellipsoid

$$\omega_r = \gamma[H_z - (N_z - N_\perp)\, M]\,,$$

leicht ableiten, daß ω_r innerhalb dieses Bandes ($\omega_{\min} \leqq \omega_r \leqq \omega_{\max}$) liegen wird, wenn die Bedingung erfüllt ist

$$H_z/4\pi M \geqq (4\pi N_z)^{-1}\,(N_\perp^2 + N_z^2)\,. \tag{5.86}$$

Speziell für eine Kugelprobe ($N_z = N_\perp = \frac{4}{3}\pi$) wird (5.86) in $H_z \geqq \frac{2}{3}\, 4\pi M$ übergehen, was man auch in der Form

$$\gamma H_z = \omega_r \geqq \tfrac{2}{3}\omega_M \tag{5.87}$$

[42]) Wir setzen voraus, daß die Probe in Form eines Ellipsoids längs der z-Achse magnetisiert ist, die mit einer der Hauptachsen identisch ist. Gewöhnlich nimmt man an, daß es sich um ein Rotations-Ellipsoid handelt, dessen Rotationsachse mit der z-Achse zusammenfällt.

schreiben kann. Bei Nichterfüllung von (5.86) bzw. (5.87) wird $\omega_r > \omega_{max}$ sein, und die Resonanzfrequenz wird oberhalb des Bandes der Spinwellen liegen.[43]) Wie aus Abb. 5.40 zu ersehen ist, existiert – den Fall $\omega_r = \omega_{min}$ ausgenommen, wo die Resonanzfrequenz der homogenen Präzession mit der unteren Kante des Bandes zusammenfällt[44]) – immer eine ganze Menge von Spinwellen, deren Eigenfrequenz gleich ω_r ist. Diese Spinwellen sind mit der Grundpräzessionsmode entartet und dieser Umstand ist, wie wir sehen werden, sehr wichtig, um sowohl den Dämpfungsmechanismus als auch die nichtlinearen Effekte bei ferromagnetischer Resonanz zu verstehen. Zur Entartung kommt es auch für $\omega_r > \omega_{max}$, es ist jedoch klar, daß im allgemeinen sowohl die Anzahl der Spinwellen, für welche die Entartungsbedingung $\omega_k = \omega_r$ erfüllt ist, als auch der entsprechende Bereich der Wellenvektoren $\boldsymbol{k}$ von der Lage ω_r gegenüber dem Spinwellenbande abhängen wird. Die größte Anzahl von entarteten Spinwellen besteht für $\omega_r = \omega_{max}$; von hier an nimmt sie nach beiden Seiten ab und wird für $\omega_r = \omega_{min}$ gleich Null.[45]) Es sei bemerkt, daß die Entartung der Spinwellen mit homogener Grundpräzessionsmode als Folge der Probenbegrenzung eintritt, wie zum erstenmal Suhl und Anderson [101] gezeigt haben. Bei einem unendlich ausgedehnten Ferromagnetikum wäre immer $\omega_r = \omega_{min}$ und deshalb würde keine Entartung entstehen.

Spinwellen in Linearkette

Weil die Spinwellen für das Verständnis verschiedener, nicht nur mit ferromagnetischer Resonanz, sondern auch mit dem magnetischen Zustand allgemein verbundener Erscheinungen von grundlegender Wichtigkeit sind, werden wir ihre Entstehung und Eigenschaften an einem einfachen Modell etwas näher erläutern [102]. Denken wir uns ein durch eine Kette von $N + 1$ Spins (Abb. 5.41) gebildetes lineares Ferromagnetikum-Modell. Wenn wir die dipolare Wechselwirkung zwischen ihnen vernachlässigen und sie als klassische Vektoren betrachten, so wird für das magnetische Moment $\boldsymbol{\mu}_i$ des i-ten Spins die Bewegungsgleichung lauten

$$\mathrm{d}\boldsymbol{\mu}_i/\mathrm{d}t = -\gamma\boldsymbol{\mu}_i \times [\boldsymbol{H} + \nu(\boldsymbol{\mu}_{i+1} + \boldsymbol{\mu}_{i-1})], \tag{5.88}$$

in der $\nu > 0$ die effektive Austauschkonstante zwischen den benachbarten Spins bedeutet. Wählen wir die durch den Einheitsvektor $\boldsymbol{k}_z$ charakterisierte z-Achse

---

[43]) $\omega_r \geqq \omega_{min}$ gilt immer.

[44]) Dieser Fall tritt bei einem unendlich dünnen, senkrecht zur Oberfläche magnetisierten Kreisplättchen ein, denn dann ist $N_z = 4\pi$, $N_\perp = 0$.

[45]) Da die Spinwellen, wie wir später sehen werden, Quantenzustände des Spinsystems darstellen, hat diese Anzahl die Bedeutung der Dichte von Zuständen mit der Energie $\hbar\omega_r$.

parallel zur Richtung des äußeren Magnetfeldes und setzen wir

$$\boldsymbol{\mu}_i = \mathbf{k}_z \mu_{iz} + \boldsymbol{\mu}_{i\perp} .$$

Wenn wir $|\boldsymbol{\mu}_{i\perp}| \ll \mu_{iz} \cong |\boldsymbol{\mu}|$ annehmen, können wir die Gleichung (5.88) durch Einführung der zirkular polarisierten Komponenten $\mu_{i\pm} = \mu_{ix} \pm \mathrm{j}\mu_{iy}$ vereinfachen. Wenn wir noch die Randbedingungen z. B. so wählen, daß die Randspins fest stehen ($\boldsymbol{\mu}_1 = \boldsymbol{\mu}_{N+1} = \boldsymbol{\mu}_0$), wird das Gleichungssystem (5.88), wie wir uns überzeugen können, als Lösung für kleine Amplituden haben

$$\mu_{i\pm}(t) = \mu_\pm \sin kx_i \exp(\mathrm{j}\omega t) , \tag{5.89}$$

in der $\mu_\pm$ die maximale Amplitude der zirkular polarisierten (rechts- bzw. linksdrehenden) Komponente des magnetischen Moments darstellt, x_i die Koordinate des i-ten Spins ist und k die folgende Bedingung erfüllt

$$kNa = l\pi , \quad l = 1, 2, \ldots N . \text{ [46]}$$

Diese Lösungen stellen die Präzession der Vektoren $\boldsymbol{\mu}_i$ um die z-Achse mit einer Amplitude dar, die sich längs der Kette mit sin kx ändert und auf diese Weise eine stehende Welle mit der Wellenlänge $\lambda = 2\pi/k$ bildet (Abb. 5.41a). Aus der Bedingung, daß (5.89) wirklich eine Lösung der Gleichungen (5.88) bedeutet, erfolgt dann die Bedingung für die Eigenfrequenzen ω_k

$$\omega_k = \gamma[H + 2\nu\mu(1 - \cos ka)] = \gamma[H + 4\nu\mu \sin^2(ka/2)] , \tag{5.90}$$

die sich für $H \to 0$ und $ka \ll 1$ auf die quadratische Beziehung reduziert

$$\omega_k \cong \gamma\nu\mu a^2 k^2 . \tag{5.91}$$

Insgesamt gibt es also N diskrete Werte für ω_k ($k = l\pi/Na$, $l = 1, \ldots N$), die das Spektrum der Eigenfrequenzen der von uns betrachteten Linearkette bilden. Wenn wir die Anzahl der Spins in der Kette anwachsen lassen, werden sich diese Frequenzen einander nähern und für $N \to \infty$ ein Kontinuum bilden. Die höchste, $k = \pi/a$ entsprechende Frequenz bleibt dabei aber unverändert und wird gleich $4\gamma\nu\mu$. Eine allgemeine Lösung würden wir durch die Überlagerung der Lösungen von (5.89) für verschiedene k erhalten.

Die stehenden Wellen (5.89) können wir auch als eine Überlagerung von zwei entgegengesetzt fortschreitenden Wellen mit den Wellenvektoren $k_x = \pm k_x$ auffassen. Die Präzessionsamplitude dieser fortschreitenden Wellen ist zum Unter-

[46]) Bei so gewählten Randbedingungen stellt die homogene Präzession ($k = 0$) keine Eigenmode dar. Sie wird jedoch eine solche bilden, wenn wir voraussetzen, daß die Spins an beiden Kettenenden frei sind.

schied von den stehenden Wellen längs der ganzen Kette konstant, und der Wellencharakter der Präzession kommt nur im Phasenunterschied der benachbarten Spinmomente zum Ausdruck (Abb. 5.41b). Die Lösung von Gleichungen in Form fortschreitender Wellen werden wir bei Benutzung „zyklischer" Randbedingungen $\boldsymbol{\mu}_i = \boldsymbol{\mu}_{N+i}$ gewinnen. Die homogene Präzession kann man für einen speziellen Fall der fortschreitenden Welle mit $\lambda = \infty$ $(k = 0)$ halten.

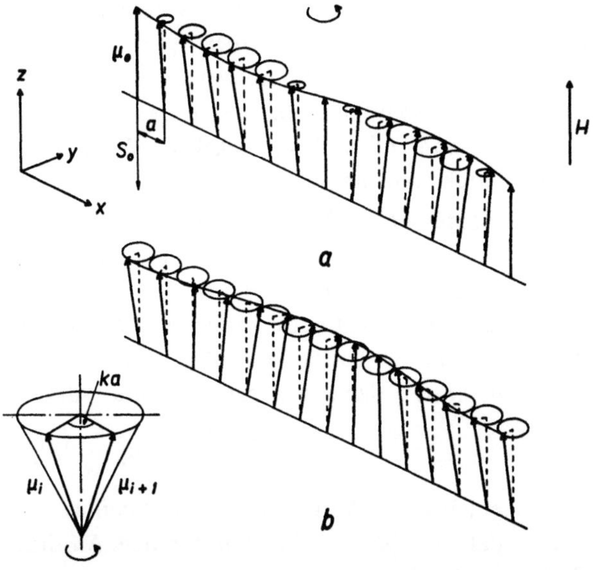

Abb. 5.41 Spinwellen in linearer Kette: (a) stehende Welle, (b) fortschreitende Welle. Im Fall (a) präzedieren die Nachbarspins in Phase, im Fall (b) ist der Phasenunterschied der Nachbarspins gegeben durch $2\pi a/\lambda = ak$.

Es ist möglich, diese fortschreitenden Wellen als ein klassisches Modell von Spinwellen anzusehen [102], die wir in Abschn. 3.1 kurz erwähnt haben. Im Grundzustand (d. h. am absoluten Nullpunkt) wirdd er Gesamtspin $\mathscr{S}$ praktisch in Richtung $-z$ liegen und der Größe nach gleich (1.52) sein. In der klassischen Näherung (S. 70) kann man deshalb die einzelnen Spins $\mathbf{S}_i$ als gewöhnliche, zum Gesamtspin $\mathscr{S}$ parallele Vektoren der Größe $S\hbar$ betrachten, wie wir es in Gl. (5.88) voraussetzten. Bei der Anregung des Spinsystems in irgendeinen angeregten Zustand verringert sich die Komponente des Gesamtspins in Richtung der z-Achse um ein ganzzähliges Vielfaches von $\hbar$, wobei es notwendig ist, daß zumindest einige der Spin-Vektoren aus ihrer ursprünglichen Richtung herausgedreht werden. Wegen der Spinäquivalenz in der Kette werden jedoch diese Spinabweichungen nicht lokalisiert sein, und man kann sie mit gleicher Wahrscheinlichkeit beliebigen Spins $\mathbf{S}_i$ zuordnen, so daß der Mittelwert der z-Komponente aller Spins gleich sein wird, nämlich

$$\langle S_{iz} \rangle = -(S - n/N)\,\hbar\,. \tag{5.92}$$

Durch n wird dabei die der Veränderung von $\mathscr{S}_z$ um $n\hbar$ entsprechende Gesamtzahl der Spinabweichungen bezeichnet. Im klassischen Modell setzen wir $\langle S_{iz} \rangle \equiv S_z$, dann werden alle Spinvektoren in einem angeregten Zustand mit der z-Richtung den gleichen Winkel bilden und bei von Null verschiedenen $H \equiv H_z$ um diese Richtung die Präzessionsbewegung ausführen. Die Größe des Präzessionswinkels und der Amplitude wird dabei von S, N und n abhängen. Die Grundpräzessionsmoden, durch deren Superposition wir den allgemeinen angeregten Zustand mit n Spinabweichungen ausdrücken können, erhalten wir als zulässige Zustände für $n = 1$. Diese Zustände entsprechen den in Abb. 5.41b dargestellten Wellen, und man kann sie daher als elementare Kollektivanregungen des Spinsystems – Spinwellen – interpretieren. Bei Erregung einer Spinwelle ändert sich $\mathcal{S}_z$ um $\hbar$, so daß es zur Gesamtveränderung um $n\hbar$ notwendig ist, n Spinwellen anzuregen. Die Anzahl der entstandenen Spinwellen bestimmt also (zusammen mit S und N) die Präzessionsamplitude, während k für die gegebene Welle die Phasendifferenz in der Präzession benachbarter Spins angibt (Abb. 5.41b).

Zur Anregung einer Spinwelle ist ein bestimmtes Energiequantum ε_k nötig. Wenn speziell $k = 0$ gilt, bleibt die Präzession homogen, und $\varepsilon_k = \varepsilon_0$ entspricht dem Larmor-Quantum $\hbar\omega_0 = \hbar\gamma H$. Bei $k \neq 0$ wächst auch die Austauschenergie des Systems an. Die Größe von ε_k folgt dann sofort aus der entsprechenden, durch die Beziehungen (5.90) bzw. (5.91) bestimmten Kreisfrequenz ω_k durch Multiplikation mit $\hbar$[47]). Wenn wir anstatt der Austauschkonstante v direkt das mit v durch die Beziehung

$$v = 2J/g^2\mu_B^2 = 2J/\gamma^2\hbar^2$$

zusammenhängende Austauschintegral J benutzen und wenn wir weiter in Erwägung ziehen, daß $\mu = \gamma\hbar S$ ist, können wir den Ausdruck für ε_k noch in eine üblichere Form umschreiben

$$\varepsilon_k = \hbar\omega_k \cong 2JSa^2k^2 \,. \tag{5.93}$$

In Wirklichkeit sind natürlich bei der homogenen Präzession die einzelnen Spins nicht genau parallel. Aus der Quantenmechanik folgt, daß zusammen mit den Größen $\mathcal{S}^2$, $\mathcal{S}_z$ zwar die Spinquadrate $\boldsymbol{S}_i^2$, nicht aber die z-Komponenten S_{iz} gleichzeitig meßbar sind (d. h. einen diskreten Wert aufweisen). Analog zum Vektor-Modell des Atoms können wir das in der Weise auffassen, daß die Vektoren $\boldsymbol{S}_i$ um den Gesamtspin $\mathcal{S} \cong \langle\mathcal{S}\rangle$ präzedieren, wobei ihre Phasen derart korreliert sind, daß $|\Sigma \boldsymbol{S}_i| = |\mathcal{S}| \cong \mathcal{S}_z$ gilt. Daraus ergibt sich allgemein, daß einzelne Spinmomente weder mit $\langle\mathcal{S}\rangle$ noch untereinander parallel sein werden. Das hat die Existenz fluktuierender, von Null verschiedener Transversalkomponenten zur Folge, welche die sog. Nullpunkt-Energien der Spinwellen verursachen, die, ähnlich wie die Nullpunkt-Gitterschwingungen, eine reine Quantenerscheinung darstellen.

Wenn die Anzahl der angeregten Spinwellen nicht allzu hoch ist, können wir sie

[47]) Dieses Spektrum der Spinwellen-Energien ist deshalb nicht entartet, weil wir keine Entmagnetisierungseffekte der Kettenenden in Betracht gezogen haben, so daß die beschriebene Lösung einer unendlich ausgedehnten Probe entspricht.

als voneinander unabhängig betrachten. Die Gesamtenergie des Spinsystems (der Kette) wird dann durch die Summe von Energien (5.93) einzelner Spinwellen gegeben sein

$$E_{\text{spin}} = \sum_{\boldsymbol{k}} (n_{\boldsymbol{k}} + \tfrac{1}{2})\, \omega_{\boldsymbol{k}} \hbar \cong \sum_{\boldsymbol{k}} n_{\boldsymbol{k}} \omega_{\boldsymbol{k}} \hbar \,, \tag{5.94}$$

wobei $n_{\boldsymbol{k}}$ die Anzahl der angeregten Wellen mit dem Wellenvektor $\boldsymbol{k}$ und $\frac{1}{2}\omega_{\boldsymbol{k}}\hbar$ die Nullpunkt-Energie der Spinwellen bezeichnen. Diesen Ausdruck können wir auch für einen unendlich ausgedehnten dreidimensionalen Kristall benutzen, wenn wir $\boldsymbol{k}$ als einen die Richtung der Wellenausbreitung im dreidimensionalen Raume bestimmenden Vektor auffassen. Aus der Form des Ausdrucks (5.94) ist ersichtlich, daß er eine Summe von Energien unabhängiger Oszillatoren des Bose-Typs ist. Aus diesem Grunde können wir den einzelnen Spinwellen Quasiteilchen – *Magnonen* – analog zuordnen, wie Phononen den Gitterschwingungen zugeordnet werden. Für die Lösung einiger Aufgaben ist diese Quasiteilchen-Beschreibung von elementaren Spinanregungen vorteilhafter als die Wellenbeschreibung.

Das angeführte einfache Modell für den Ursprung von Spinwellen in einer linearen Kette kann man unmittelbar zur Erläuterung der sog. „Spinwellenresonanz" in einer ebenen dünnen ferromagnetischen Schicht anwenden. Wie Valenta [103] gezeigt hat, ist es möglich, eine solche einkristalline Schicht als ein System ebener Untergitter des Néel-Typs aufzufassen, deren Magnetisierungen $\boldsymbol{M}_1, \ldots, \boldsymbol{M}_n$ durch ein Weiss'sches Molekularfeld mit der Konstante ν gegenseitig gekoppelt sind. Es geht daher um eine völlige Analogie zur obenangeführten Kette, denn es genügt, die Magnetisierungen $\boldsymbol{M}_i$ der einzelnen Ebenen mit den magnetischen Momenten $\boldsymbol{\mu}_i$ zu identifizieren. Die Spinwellenresonanz beruht dann auf der Erregung stehender Spinwellen mit dem Wellenvektor senkrecht zur Schichtoberfläche. Wie Kittel [104] gezeigt hat, kann man diese Wellen auch durch ein homogenes Hochfrequenzfeld anregen. Mit der Anwendung der Valenta'schen Theorie auf die Spinwellenresonanz befassen sich die Arbeiten [105, 106]. Die Spinwellenresonanzen wurden bis jetzt überwiegend an Metallschichten studiert und zur Ermittlung der effektiven Austauschkonstante benutzt [107, 108].

In antiferromagnetischen und ferrimagnetischen Kristallen sind ebenfalls elementare Kollektivanregungen möglich, die den Charakter von Spinwellen aufweisen [109 – 112], meist kann man für sie jedoch kein so einfaches und anschauliches Modell angeben wie im Falle eines Ferromagnetikums. Eine genaue Lösung der Aufgabe, das Spinwellenspektrum für konkrete ferrimagnetische Strukturen zu finden, ist wegen der Kompliziertheit dieser Strukturen und der sich daraus ergebenden mathematischen Schwierigkeiten mühsam (vgl. [112]). Gewisse Ergebnisse hat man im Falle der Spinelle [113, 114] und des Yttrium-Eisen-Granats [115] erreicht. Bei der großen Mehrheit der bisherigen, sich mit der Spinwellentheorie der ferromagnetischen Resonanz in den Ferrimagnetika befassenden Arbeiten wird jedoch die Existenz magnetischer Untergitter nicht berücksichtigt, und man benutzt das durch die Beziehung (5.85) bestimmte Spinwellenspektrum. Eine einfache Näherung, welche als direkte Verallgemeinerung des oben diskutierten eindimensionalen Modells anzusehen ist, hat Tinkham [91] auf Granate Seltener Erden angewendet. Die betrachtete

Kette stellt das Untergitter von Fe^{3+}-Ionen mit effektiver ferromagnetischer innerer Wechselwirkung dar (in der Wirklichkeit handelt es sich um zwei antiferromagnetisch aneinander gekoppelte Untergitter), und zu dieser Kette kommt noch eine zweite, durch die R^{3+}-Ionen der Seltenen Erden gebildete Linearkette hinzu. Die effektive Austauschkonstante zwischen den beiden Ketten bezeichnen wir als ν, die Austauschwechselwirkungen zwischen den R^{3+}-Ionen werden als schwach vernachlässigt. Das

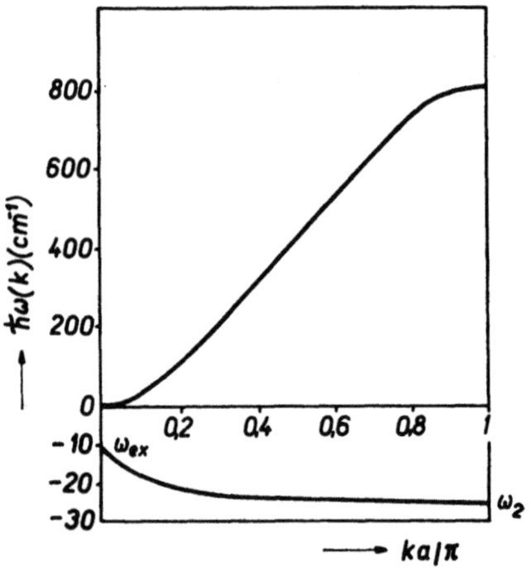

Abb. 5.42 Spinwellenspektrum ferrimagnetischer Granate Seltener Erden für ein vereinfachtes Zweigitter-Modell ($H = 0$); nach Tinkham [91].

resultierende Spektrum für $H = 0$ ist in Abb. 5.42 dargestellt; es hat zwei Äste, die für $k = 0$ bei den Resonanzfrequenzen ω_r und ω_{ex} zweier homogener Eigenpräzessionsmoden anfangen[48]) (vgl. Abschn. 5.3). Die dem Wert $k = \pi/a$ entsprechenden Moden stellen die Bewegung magnetischer Momente nur in einem der Untergitter dar. Speziell bei dem „Austauschast" handelt es sich um die Präzession im R^{3+}-Untergitter, und die entsprechende Frequenz ω_2 wird durch den Abstand der niedrigsten Spektralniveaus von R^{3+}-Ionen im Austauschfeld der Fe^{3+}-Ionen bestimmt sein (vgl. Abschn. 5.3, Gl. 5.76). Im allgemeinen wird das Spinwellenspektrum soviel Äste enthalten, wie magnetische Ionen in der Primitivzelle enthalten sind. Bei $Y_3Fe_5O_{12}$ erreicht z. B. diese Anzahl von unabhängigen Moden zwanzig [115]. Es sei bemerkt, daß bei den Problemen der ferromagnetischen Resonanz vor allem der „akustische" Ast zur Geltung kommt, den man unter gewissen Umständen mit den Spinwellen des Ferromagnetikums identifizieren kann [112].

5.5 Die Relaxation und die Breite der Resonanzkurve

Sofern wir in den vorigen Abschnitten die Dämpfung der Präzessionsbewegung erwähnten, faßten wir sie rein phänomenologisch als einen gewissen, nicht näher

[48]) Diese Äste stellen eine Analogie dar zum „akustischen" und „optischen" Ast der Gitterschwingungen.

definierten, der Wiedererlangung der Gleichgewichtslage des Magnetisierungsvektors zustrebenden Vorgang auf. Diesen Vorgang charakterisierten wir durch die Dämpfungskonstante α bzw. die Relaxationszeit τ, und in der mathematischen Beschreibung der Präzession entsprach ihm das Glied der Form (5.6a) oder (5.6b) auf der rechten Seite der Bewegungsgleichung für den Magnetisierungsvektor. Der Anschluß des die Dämpfung definierenden Gliedes an die Bewegungsgleichung – beide Formen sind bei kleinen Präzessionsamplituden äquivalent – führt zu einer gewissen Modifikation der Ausdrücke für die Komponenten des Suszeptibilitäts-Tensors (vgl. (5.12)) und außer anderem auch zur endlichen Breite der Resonanzlinie ΔH, die mit α durch die Beziehung (5.33) verbunden ist. Auf Grund dieser Beziehung können wir aus den experimentell gefundenen ΔH-Werten die entsprechenden Dämpfungskonstanten α und Relaxationszeiten τ bestimmen.

In diesem Abschnitt geht es uns um die Erläuterung des physikalischen Ursprungs der Dämpfung. Die Vorgänge, deren Ergebnis die Dämpfung der Präzessionsbewegung ist, sind freilich ziemlich kompliziert, und ihre Analyse erfordert tiefere, den Rahmen unserer Abhandlung übersteigende Kenntnisse der Quantentheorie. Deshalb ist es notwendig, sich mit der qualitativen Beleuchtung von Hauptaspekten des Problems zu begnügen. Diese Beschränkung kann man auch aus dem Grunde für berechtigt halten, daß bis jetzt weder die Detailmechanismen einzelner Relaxationsprozesse noch ihr relativer Anteil an der Gesamtdämpfung restlos klargelegt sind. Ein Leser, der sich mit der Problematik der ferromagnetischen Relaxation tiefer vertraut machen möchte, wird auf eine Reihe von sehr guten Übersichtsabhandlungen [16, 116–118] oder direkt auf die dort angeführten Originalarbeiten verwiesen.

Ferromagnetische Relaxation und ihre physikalische Deutung

Wie aus Tab. V-6 zu ersehen ist, in der die repräsentativen Werte ΔH für verschiedene Typen von ferrimagnetischen Oxiden angeführt sind, bewegen sich die experimentell gefundenen Halbwertsbreiten im Bereich von vier Größenordnungen: von $\approx 0{,}1$ Oe bei sehr reinem und perfekt einkristallinem Yttrium-Eisen-Granat $Y_3Fe_5O_{12}$ bis zu Werten der Größenordnung 10^3 Oe bei Magnetit und einigen Granaten Seltener Erden. Wenn wir $\gamma \approx 10^7$ Hz/Oe (für einen freien Elektronenspin ist $\gamma = 1{,}76 \,.\, 10^7$ Hz/Oe) und $\omega \approx 10^{11}$ Hz annehmen, entsprechen nach (5.33) diesen Halbwertsbreiten ΔH Dämpfungskonstanten α im Bereich von etwa 10^{-5} bis 10^{-1} und Relaxationszeiten der Größenordnung 10^{-6} bis 10^{-10} sec. Aus dieser Verschiedenheit der Relaxationszeiten können wir herausfühlen, daß es wahrscheinlich keinen universellen Relaxationsmechanismus gibt, der für alle diese Ferrimagnetika gemeinsam wäre, sondern daß anscheinend eine größere Anzahl von verschiedenen Mechanismen bestehen wird, deren Ausbildung und relativer Anteil an der

Tabelle V-6

Zusammensetzung	T (°K)	λ (cm)	ΔH (in Richtung [111])	Quelle	Anmerkung
$Y_3Fe_5O_{12}$	300	3,2	0,1 bis 10	[119] [120] [121]	Nach dem Grad der Oberflächen-Politur
$Li_{1/2}Fe_{5/2}O_4$	134 300	6 6	0,88 1,68	[122]	geordnete Struktur (vgl. S. 177)
$Mn_{0,9}Mg_{0,44} \cdot$ $\cdot Fe_{1,775}O_4$	300	3,2	16*)	[123]	*) in Richtung [100]
$MnFe_2O_4$	20 210 300	1,25 1,25 1,25	20 80 80	[124]	
$Mn_{0,45}Zn_{0,55}Fe_2O_4$	290	1,25	35	[125]	
$CuFe_2O_4$	77 300	1,25 1,25	120 60	[76]	
$NiFe_2O_4$	290	1,25	35	[74]	
$Ni_{0,95}Fe_{2,05}O_4$	4,2 85 290	1,25 1,25 1,25	30 55 50	[75]	
$Ni_{0,75}Fe_{2,25}O_4$	4,2 85 290	1,25 1,25 1,25	40 120 140	[75]	
Fe_3O_4	290	1,25	$4{,}3 \cdot 10^3$*)	[127]	*) in Richtung [100]
$Gd_3Fe_5O_{12}$	77 195	3 3	170 206	[63] [128]	
$Sm_3Fe_5O_{12}$	195 298	3 3	5000 2400	[128]	
$Er_3Fe_5O_{12}$	195 298	3 3	4400 1180	[128]	
$Yb_3Fe_5O_{12}$	77 195 298	3 3 3	5000 1404 304	[128]	

Gesamtrelaxation an spezifische Eigenschaften (chemische Zusammensetzung, kristalline und magnetische Struktur u. a.) des gegebenen Materials gebunden sind.

Auf Grund der Tabelle kann man entsprechend der Größe von ΔH ferrimagnetische Oxide in drei Gruppen einteilen. Die erste bilden Granate Seltener Erden und von den Ferriten besonders diejenigen, welche Fe^{2+}-Ionen enthalten, bei denen sich die Linienbreiten im Bereich von Hunderten bis Tausenden Oe bewegen. Die zweite Gruppe, in die vor allem Ferrite mit Spinellstruktur gehören, die kein (oder nur in sehr kleiner Konzentration) Fe^{2+} enthalten, wird durch die Halbwertsbreite der Größenordnung 10 bis 10^2 Oe charakterisiert. In die dritte Gruppe möchten wir endlich Oxide mit der Linienbreite um 1 Oe oder kleiner einreihen. Es sind vorderhand zwei Stoffe bekannt, die diese Forderung erfüllen: der Yttrium-Eisen-Granat $Y_3Fe_5O_{12}$ mit $\Delta H < 1$ Oe und geordneter Lithium-Ferrit $Li_{1/2}Fe_{5/2}O_4$, bei dem Halbwertsbreiten $\Delta H \approx 1$ Oe erzielt wurden. Besonders der Granat $Y_3Fe_5O_{12}$ hat sich wegen der außerordentlich schmalen Linienbreiten für das Studium der Relaxationsmechanismen als sehr vorteilhaft erwiesen. Wir werden sehen, daß diese Einteilung auch vom physikalischen Gesichtspunkt her durchaus begründet ist, denn in jeder Gruppe kann man die Entstehung der Resonanzlinienbreite einem anderen überwiegenden Relaxationsmechanismus zuschreiben. Aber ehe wir zur Diskussion einzelner Mechanismen übergehen, werden wir zuvor versuchen, das Wesen der Relaxationsprozesse von einem allgemeinen Gesichtspunkt aus zu verstehen.

Von Grundbedeutung für das Verständnis der ferromagnetischen Relaxation sind die im vorstehenden Abschnitt besprochenen Spinwellen bzw. ihre Quasiteilchen – die (Ferro-) Magnonen. Die Spinwellen stellen elementare Kollektivanregungen des magnetischen Systems dar. Die Anregung jeder Spinwelle ist mit Absorption eines Energiequantums verbunden, so daß die Gesamtenergie des magnetischen Systems gequantelt ist; sie wird bestimmt, wenn die Gesamtzahl der angeregten Spinwellen und ihre Verteilung nach $\boldsymbol{k}$ bekannt ist. Dadurch wird jedoch gleichzeitig auch der Zustand des magnetischen Systems definiert, denn die Anzahl und Verteilung der Spinwellen gibt auch die Größe des magnetischen Momentes $|\boldsymbol{M}|$ und die z-Komponente M_z an: Bei Anregung einer Spinwelle mit beliebigem $\boldsymbol{k}$ verringert sich nämlich die Größe der z-Komponente des Gesamtspinmoments $\mathcal{S}_z$ um $\hbar$ und daher das M_z um $\gamma\hbar$, so daß gilt

$$M_z = M_0 - n\gamma\hbar\,; \tag{5.95}$$

dabei bedeuten n die Gesamtzahl der angeregten Spinwellen und M_0 das magnetische Sättigungsmoment. Demgegenüber wird $|\boldsymbol{M}|$ nur von der Anzahl der Wellen mit $|\boldsymbol{k}| \neq \neq 0$ abhängen, denn die einer homogenen Präzession entsprechenden Spinwellen $\boldsymbol{k} = 0$, bei denen alle Spins mit gleicher Amplitude und Phase präzedieren, sind ohne Einfluß auf $\mathcal{S}^2$ und daher auch auf $|\boldsymbol{M}|$. Wenn wir die Anzahl der Spinwellen mit $\boldsymbol{k} \neq 0$ als n' bezeichnen, gilt

$$|\boldsymbol{M}| = M_0 - n'\gamma\hbar\,. \tag{5.96}$$

Das aus magnetischen Momenten (d. h. im wesentlichen aus Spins) der Atome (Ionen) eines Ferro- oder Ferrimagnetikums bestehende System[49]) ist jedoch nicht isoliert, sondern es ist an das Kristallgitter durch dieselben Wechselwirkungen gekoppelt, die für die Entstehung der magnetischen Kristall-Anisotropie und Magnetostriktion verantwortlich sind. Infolge dieser Wechselwirkungen besteht ein Energieaustausch zwischen dem magnetischen System und dem Gitter, so daß das Gitter vom thermodynamischen Gesichtspunkt aus für das magnetische System ein gewisses „Bad" darstellt. Wenn wir dieses „Bad" auf eine bestimmte Temperatur bringen, stellt sich nach einiger Zeit ein Gleichgewicht ein, das durch die Gleichheit der Geschwindigkeiten des Energieaustausches in beiden Richtungen, oder – falls wir dem magnetischen System eine eigene „Spintemperatur"[50]) zusprechen – durch die Temperaturgleichheit beider Systeme charakterisiert ist. Diesem Gleichgewichtszustand entspricht eine bestimmte Gleichgewichtsverteilung der Spinwellen (Magnonen) wodurch die Gesamtenergie, die Größe des magnetischen Moments und seine z-Komponente bestimmt sind.

Nehmen wir jetzt an, daß wir dieses Gleichgewicht z. B. durch eine plötzliche Änderung der Orientierung des Magnetfeldes $\boldsymbol{H}$ stören werden (Abb. 5.1). Wie wir in Abschn. 5.1 gesehen haben, führt eine solche Veränderung zur Präzessionsanregung um die neue Gleichgewichtslage und ist daher mit einer Erhöhung der Anzahl von Magnonen $\boldsymbol{k} = 0$ verbunden. Unter der ferromagnetischen Relaxation verstehen wir dann den Komplex von Elementarprozessen, durch die das Gleichgewicht des magnetischen Systems wieder hergestellt wird. Dabei handelt es sich um zwei Gleichgewichte, d. h. einmal um das Gleichgewicht innerhalb des magnetischen Systems und zum anderen um das Gleichgewicht gegenüber dem Gitter. Im ersten Falle transformieren sich die bei plötzlicher Veränderung des Magnetfeldes entstandenen Magnonen $\boldsymbol{k} = 0$ in Magnonen mit $\boldsymbol{k} \neq 0$, bis die Gleichgewichtsverteilung der Magnonen erreicht wird; diesen Relaxationstyp, bei dem die Energie aus der homogenen Präzession an Spinwellen übergeben wird, nennen wir die *Spin-Spinrelaxation*. Der zweite Relaxationstyp – die *Spin-Gitterrelaxation* – strebt den Ausgleich der Temperatur des magnetischen Systems mit der Gittertemperatur an und besteht daher in der Übergabe von überschüssiger Energie des magnetischen Systems an das

[49]) Den Begriff des „magnetischen Systems", der eine gewisse Abstraktion von anderen Kristalleigenschaften darstellt, die nicht mit dem magnetischen Zustand zusammenhängen, haben wir vorstehend schon einigemal angewendet. Ich setze voraus, daß dieser Begriff soweit anschaulich ist, daß er keine nähere Erklärung benötigt. Der Kristall zerfällt gewissermaßen in zwei Systeme, die in gegenseitiger Wechselwirkung stehen, u. zw. in ein „magnetisches System" und ein „Gitter", wobei zu jedem von ihnen ein bestimmter Teil der Gesamtenergie des Kristalls gehört.

[50]) Wenn wir uns ein isoliertes magnetisches System im Gleichgewichtszustand vorstellen, gehört zu jeder Temperatur eine bestimmte statistische Magnonenverteilung, die durch die Zahlen $n_{\boldsymbol{k}}$ gegeben ist, welche die Anzahl von Magnonen mit dem Wellenvektor (Impuls) $\boldsymbol{k}$ bezeichnen. Umgekehrt definiert uns jede solche Gleichgewichtsverteilung die Temperatur des Systems. Die auf solche Weise eingeführte Temperatur des magnetischen Systems muß nicht, wie wir sehen werden, mit der Temperatur des Gitters absolut identisch sein.

Gitter. Die Spin-Gitterrelaxation kann sowohl die homogene Präzession ($\boldsymbol{k} = 0$) als auch die Magnonen $\boldsymbol{k} \neq 0$ betreffen. Wenn wir die Wärmekapazität des Gitters als unendlich groß annehmen können, wird nach dem Temperaturausgleich beider Systeme der Endzustand mit dem Anfangszustand identisch sein; das heißt, daß die Gesamtzahl der Magnonen und ihre Verteilung die gleichen sein werden wie vor der Präzessionsanregung und $|\boldsymbol{M}|$ und M_z wegen (5.95) und (5.96) die ursprünglichen Werte annehmen werden.

Elementarprozesse, durch welche die beiden Relaxationsarten verwirklicht werden, können unterschiedlicher Natur sein. Über die wichtigsten von ihnen werden wir später im Zusammenhang mit der Erläuterung der Relaxationsmechanismen der drei erwähnten Gruppen von ferrimagnetischen Oxiden sprechen. Die Mehrzahl dieser Vorgänge können wir entweder als Zusammenstöße der Magnonen untereinander oder mit anderen ähnlichen Quasiteilchen, vor allem mit den Phononen beschreiben, welche die gequantelten Zustände der Gitterschwingungen darstellen,[51]) oder wir können diese Vorgänge als Streuung der Magnonen (Spinwellen) an Inhomogenitäten auffassen [117, 118]. Bei der Relaxation des magnetischen Momentes, um die es uns geht, ist es von grundsätzlicher Bedeutung, ob die Magnonen-Gesamtzahl bei diesen Prozessen geändert wird oder nicht. Wie aus den Beziehungen (5.95) und (5.96) ersichtlich ist, genügt die bloße Transformation der Spinwellen $\boldsymbol{k} = 0$ in die Spinnwellen mit $\boldsymbol{k} \neq 0$ ohne Veränderung der Magnonen-Gesamtzahl keineswegs zur Relaxation der z-Komponente des magnetischen Moments, für die es notwendig ist, die Herabsetzung der Magnonenzahl auf den ursprünglichen Gleichgewichtswert zu erreichen. Demgegenüber wird durch solche Prozesse, bei denen die Magnonen-Gesamtzahl erhalten bleibt, die Größe des magnetischen Moments $|\boldsymbol{M}|$ und dadurch auch die Transversalkomponente

$$M_\perp = (|\boldsymbol{M}|^2 - M_z^2)^{1/2} \tag{5.97}$$

beeinflußt werden. Da zu verschiedenen Prozessen im allgemeinen verschiedene Relaxationszeiten gehören, müssen die Komponenten M_z und $M_\perp$ – wie in Abb. 5.43 schematisch dargestellt ist – nicht mit gleicher Geschwindigkeit relaxieren. Diesen Sachverhalt kann man in der makroskopischen Bewegungsgleichung durch ein Dämpfungsglied (5.6b) vom Bloch-Typ mit zwei verschiedenen Relaxationszeiten, u. zw. mit einer für M_z und einer anderen für $M_\perp$, d. i. für $M_{x,y}$, Rechnung tragen.

Bevor wir zur Diskussion der Relaxationsmechanismen übergehen werden, überlegen wir noch, wie die Gesamtcharakteristik der ferromagnetischen Relaxation verändert wird, wenn wir anstatt der freien, abklingenden Präzession eine durch ein Hochfrequenzfeld dauernd in Anregung befindliche Präzession berücksichtigen, wie

---

[51]) Die Atomschwingungen im Gitter kann man mit Hilfe einfacher harmonischer Schwingungen bzw. der durch einen bestimmten Wellenvektor charakterisierten fortschreitenden Wellen beschreiben. Die Energie dieser Wellen ist gequantelt und man kann sie daher anhand des Quasiteilchen-Formalismus wie die Spinwellen oder Elektronenwellen im Kristall beschreiben.

es bei üblichen Resonanzversuchen geschieht. In diesem Falle geht es um einen stationären Zustand, in welchem dem Hochfrequenzfeld von der ferromagnetischen Probe die Energiequanten $\hbar\omega$ entzogen und in Magnonen homogener Präzession ($\boldsymbol{k} = 0$) transformiert werden, aus der die Energie durch verschiedene Relaxationsprozesse auf die anderen Spinwellen und auf das Gitter übergeht. Da es sich um einen stationären Zustand handelt, wird in der Probe eine konstante Anzahl von

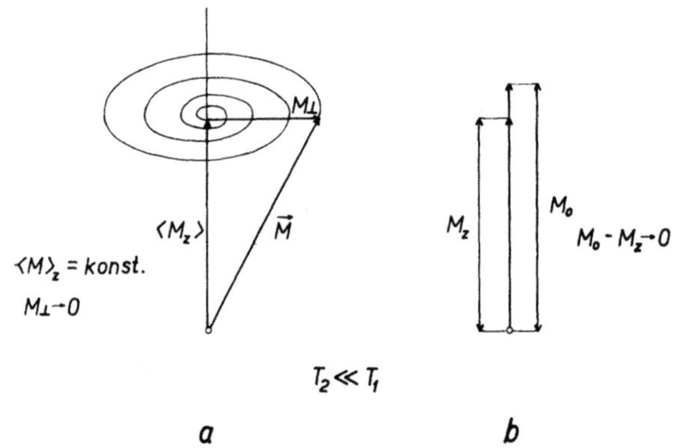

Abb. 5.43 Darstellung der transversalen und longitudinalen Relaxation unter der Voraussetzung, daß die Relaxationszeit T_1 der Längsrelaxation viel länger ist als die Relaxationszeit T_2 für die transversale Relaxation. Zuerst verläuft die Relaxation der Transversalkomponente $M_\perp \to 0$ — (a) und erst dann relaxiert die z-Komponente zum Maximalwert M_0 — (b).

Magnonen $\boldsymbol{k} = 0$ (konstanter Präzessionswinkel) aufrechterhalten, deren Verlust durch das Hochfrequenzfeld ersetzt wird. Bei der üblichen experimentellen Anordnung (vgl. Abschn. 5.2, S. 464) wird dann bei kleinen Präzessionswinkeln im wesentlichen die durch die Probe dem Hochfrequenzfeld entzogene Leistung, evtl. die Transversalkomponente der Magnetisierung $M_\perp$, gemessen. Die aus diesen Messungen folgende Breite der Resonanzlinie kann also als Maß für die Transversalrelaxation von $M_\perp$ genommen werden. Im Prinzip könnte man im Hohlraumresonator auch Veränderungen der magnetischen Induktion in Richtung des statischen Magnet-

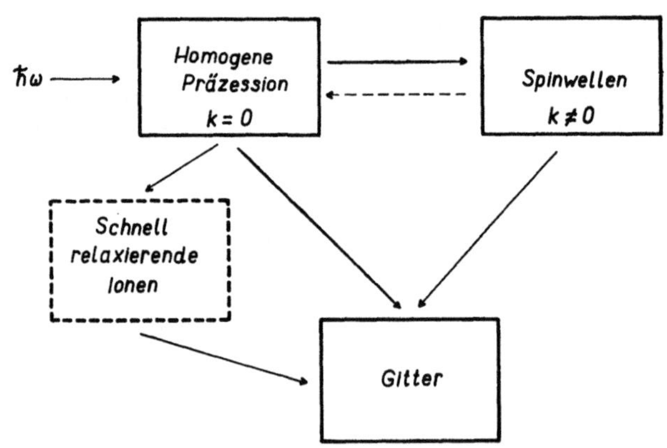

Abb. 5.44 Schematische Darstellung der Relaxationsvorgänge bei ferromagnetischer Resonanz.

feldes messen und auf solche Weise die longitudinale Relaxation bestimmen. Praktisch ist dies aber möglich nur bei hohen Leistungen (bei größeren Präzessionswinkeln), d. h. im nichtlinearen Gebiet, worüber wir eingehend im Abschn. 5.6 sprechen werden (vgl. [129]).

Die schematische Darstellung der Teilnahme von Spin-Spin- und Spin-Gitterrelaxationen an der Resonanzabsorption einer ferromagnetischen Probe ist in Abb. 5.44 angedeutet. Bei den nachfolgenden Relaxationsprozessen entscheidet über die Linienbreite der langsamste Vorgang, während sich aus den Vorgängen, die gleichzeitig verlaufen können, der schnellste geltend machen wird.

Wie aus der schematischen Abbildung 5.44 zu ersehen ist, kann eine homogene Präzessionsmode teils durch die direkte Spin-Gitterrelaxation, teils indirekt durch die Spin-Spinrelaxation mittels der Magnonen $\boldsymbol{k} \neq 0$ gedämpft werden. Die direkte Relaxation kommt meist dann zur Geltung, wenn Ionen anwesend sind, die wegen ihrer spezifischen Eigenschaften diesen Prozess beschleunigen; die Relaxationszeiten pflegen dann kurz, ΔH groß zu sein. Dieser Relaxationstyp ist z. B. für Granate charakteristisch, welche Ionen der Seltenen Erden enthalten. Bei indirekten Relaxationen, wo die Energie der homogenen Präzession zuerst auf die Spinwellen mit $\boldsymbol{k} \neq 0$ und erst dann durch ihre Mitwirkung mittels oft komplizierter Wechselwirkungen auf das Gitter übergeht, wird gewöhnlich vorausgesetzt, daß der langsamste und daher vom Gesichtspunkt der Resonanzlinienbreite entscheidende Vorgang das erste Glied dieses Prozesses, nämlich der Übergang $\boldsymbol{k} = 0 \rightarrow \boldsymbol{k} \neq 0$, ist. Hauptsächlich zwei Mechanismen kommen hier in Frage; in erster Linie handelt es sich um die sog. Zweimagnonen-Streuung an Inhomogenitäten, in einigen Fällen dann – speziell bei vollkommenen, homogenen Proben (z. B. bei $Y_3Fe_5O_{12}$) – auch um Mehrmagnonen-Prozesse. Diese drei Typen von Relaxationsmechanismen, anhand deren man zum größten Teil die Größenunterschiede von ΔH verschiedener ferrimagnetischer Oxide in Tab. V-6 erklären kann, werden wir jetzt in aller Kürze erwähnen. Eine detailliertere Übersicht und Diskussion verschiedener Relaxationsmechanismen wird der Leser z.B. in [16, 53] finden.

Schnell relaxierende Ionen

Bei Ionen, die im Kristallfeld kein vollständig eingefrorenes Bahnmoment haben, können wir eine starke Wechselwirkung des Spins mit Gitterschwingungen (Phononen) und eine schnelle Spin-Gitterrelaxation erwarten. Wir sprechen daher von schnell relaxierenden Ionen; es gehören dazu die Ionen der Seltenen Erden mit Ausnahme der Ionen $4f^7(Gd^{3+}, Eu^{2+})$ mit $L = 0$, und von den $3d^n$-Ionen kann man dazu z. B. Fe^{2+}, Co^{2+} (in Oktaederkoordination) zählen, eventuell noch einige weitere. Das Studium von paramagnetischen Relaxationen verschiedener, diese Ionen enthaltender Salze bestätigt die Voraussage über die kurzen Relaxationszeiten. Wenn solche Ionen in einem ferrimagnetischen Kristall eingebaut und durch Austauschwechselwirkungen mit den Spins der anderen magnetischen Ionen gekoppelt sind, kann durch ihre Vermittlung der homogenen Präzessionsmode Energie entzogen und an das Gitter abgegeben werden, was eine Erweiterung der Resonanzlinie verursacht. In diesem Sinne stellen also die schnell relaxierenden Ionen eine gewisse Brücke zwischen dem Spinsystem und dem Gitter dar. Die Versuche haben gezeigt,

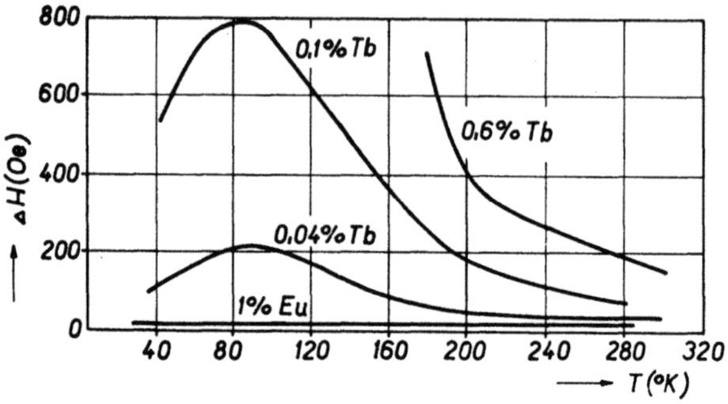

Abb. 5.45 Temperaturabhängigkeit von ΔH eines Yttrium-Eisen-Granats mit kleinem Zusatz Seltener Erden (nach Dillon und Nielsen [70]).

daß bereits sehr kleine Dotierungen von Seltenen Erden zum Yttrium-Eisen-Granat zu einer wesentlichen Verbreiterung der Resonanzkurve führen (vgl. Abb. 5.45) und dadurch haben sie bestätigt, daß die schnell relaxierenden Ionen tatsächlich den entscheidenden Anteil am entsprechenden Relaxationsmechanismus haben können. Eine wichtige, diese Relaxationsart charakterisierende Erscheinung ist die Existenz eines Maximums in der Temperaturabhängigkeit von ΔH, dessen Lage für den eigentlichen Relaxationsmechanismus wichtig ist (vgl. Abb. 5.45–7).

„Schnelle" und „langsame" Relaxationen. Zur Erklärung des Mechanismus, durch den es zur Energieübergabe von der Präzessionsmode an das Gitter kommt, wurden zwei verschiedene Theorien aufgestellt, für deren Bezeichnung sich nicht ganz passend „schnelle" und „langsame" Relaxation eingebürgert hat. Die erste rührt von De Gennes, Kittel und Portis her [83], und wir haben sie im vorhergehenden Abschnitt kurz erwähnt. Der Grundgedanke dieser Theorie ist folgender: Die Relaxationszeit des Untergitters der Fe^{3+}-Ionen ist, wie z. B. aus der schmalen Resonanzlinie von $Y_3Fe_5O_{12}$ folgt, sehr lang, so daß es nicht notwendig ist, dieselbe wegen der vorausgesetzten kurzen Relaxationszeiten von Ionen der Seltenen Erden zu berücksichtigen. Die schnell relaxierenden Ionen Seltener Erden sind auf der einen Seite durch die Austauschwechselwirkung mit der Spinpräzession des Untergitters Fe^{3+}, auf der anderen Seite durch eine starke Wechselwirkung mit dem Gitter gekoppelt. Die Energie der homogenen Präzession wird an das Gitter durch Vermittlung dieser zwei Kopplungen übergeben, so daß es sich im wesentlichen um eine aus zwei aufeinander folgenden

Vorgängen zusammengesetzte Relaxation handelt. Über die Geschwindigkeit der Energieübergabe entscheidet auf der einen Seite die durch die Beziehung (5.57) bestimmte Austauschfrequenz ω_{ex}, auf der anderen Seite die Relaxationszeit von Ionen Seltener Erden τ_B^{-1}.

Zur Berechnung von ΔH kann man die phänomenologischen Bewegungsgleichungen für zwei Untergitter benutzen, wenn wir zum Unterschied von dem auf S. 505

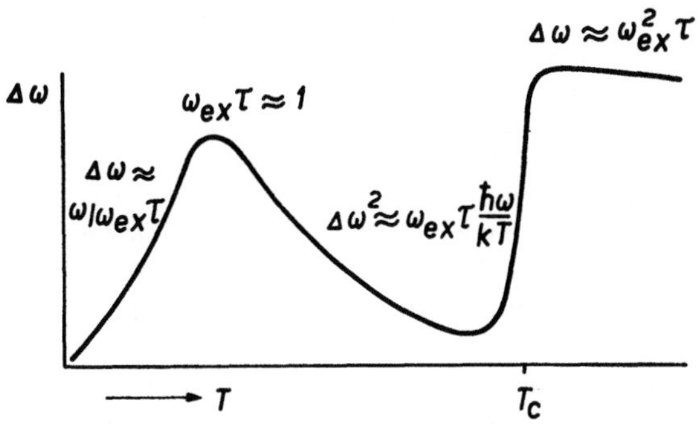

Abb. 5.46 Schematischer Verlauf von ΔH in Abhängigkeit von der Temperatur nach der Theorie schneller Relaxationen (nach Kittel [82, 83]).

diskutierten Falle $\tau_B \neq 0$ annehmen. Auf diese Weise werden wir für die beiden Grenzfälle [83] erhalten

$$\Delta H/H \cong (\omega_{ex}\tau_B)^{-1}(\gamma_A M_B/\gamma_B M_A) \approx (N_R/N_{Fe})(\omega_{ex}\tau_B)^{-1}, \quad \omega_{ex}\tau_B \gg 1, \tag{5.98}$$

$$\Delta H/H \cong \gamma_A \nu M_B \tau_B \approx (N_R/N_{Fe})\,\omega_{ex}^2\tau_B, \quad \omega_{ex}\tau_B \ll 1; \tag{5.99}$$

N_R, N_{Fe} bedeuten hier die Konzentrationen von Ionen Seltener Erden und der Fe^{3+}-Ionen. Im letzten Ausdruck wurde für die Magnetisierung von Ionen Seltener Erden (des Untergitters B), welche bei höheren Temperaturen, für die dieser Ausdruck gilt, klein ist, das Curiesche Gesetz $M_B \cong N_R\mu_B^2\nu M_A/kT$ und $\omega_{ex} \approx \nu\gamma_A M_A$ angenommen. Für den mittleren Bereich $\omega_{ex}\tau_B \approx 1$ sagt die Theorie ein Maximum in der Temperaturabhängigkeit von ΔH voraus, wie es aus der schematischen Abbildung 5.46 zu ersehen ist. Im Bereiche der Curie-Temperatur kann man dazu noch eine kräftige Zunahme von ΔH erwarten, die durch den Zusammenbruch der spontanen Magnetisierung des Untergitters $Fe^{3+}(A)$ verursacht wird.

Vom mikrophysikalischen Gesichtspunkt aus bedeutet die Energieübergabe aus dem Spinsystem des Untergitters Fe^{3+} an die Ionen Seltener Erden eine Anregung dieser Ionen durch die Larmor-Quanten $\hbar\omega_r$. Diese Exzitation kann kollektiv sein, wie sie bei einer phänomenologischen Lösung stillschweigend vorausgesetzt wird, oder sie kann einzelne Ionen betreffen. Da der

Abstand der Niveaus, zwischen denen es zur Exzitation kommt, gewöhnlich viel größer ist als $\hbar\omega_r$ (speziell $\omega_{ex} \gg \omega_r$), tritt die Anregung durch das Larmor- Quantum nur dann ein, wenn diese Niveaus durch die schnelle Spin-Gitterrelaxation ($\omega_{ex}^{-1} \gtrsim \tau_B$) stark verschmiert sind. Aus diesem Grunde kann man erwarten, daß die Gültigkeit der Theorie eher auf höhere Temperaturen beschränkt sein wird. Die Anregung durch das Resonanzquantum kann jedoch bei „Überschneidung" der Spektralniveaus von Ionen Seltener Erden erleichtert werden, zu der es bei einigen speziellen Orientierungen des Austauschfeldes kommen kann (vgl. Abb. 4.28). In der Umgebung einer solchen Überschneidung, die zugleich als Ursache von Anomalien des Resonanzfeldes H_{res} gilt (S. 506 f.), kann sich der Abstand zwischen dem Grundniveau und dem angeregten Niveau eventuell bis auf den Wert des Resonanzquantums $\hbar\omega_r$ verkleinern, so daß die Exzitation auch bei niedrigen Temperaturen möglich sein wird. Dillons Beobachtung [84], daß es im Falle einer engeren Annäherung der Niveaus des Tb^{3+}-Ions in Yttrium-Granat mit kleinen Tb-Gehalten zu einer wesentlichen Erweiterung der Resonanzlinie kommt, scheint mit dieser Schlußfolgerung in Einklang zu stehen. Über ähnliche Effekte haben auch Gurewitsch u. a. [84a] berichtet. Neuerdings wurden die Anomalien in der Winkelabhängigkeit der ΔH und H_{res} an Yb^{3+}: YIG beobachtet; sie können durch schnelle Relaxation der auf den Oktaederplätzen befindlichen Yb^{3+}-Ionen bei Annäherung ihres Energieniveaus geklärt werden [84b].

Die zweite, als Theorie der „langsamen Relaxationen" bekannte Lehrmeinung geht von einem anderen physikalischen Modell aus: sie betrachtet wiederum zwei Systeme, das Hauptsystem (A), verlustlos, mit sehr langer Relaxationszeit, und das Nebensystem (B), das mit jenem durch die Austauschwechselwirkung verbunden ist und sich durch starke Spin-Gitterrelaxation auszeichnet. Die Theorie setzt jedoch voraus, daß das relaxierende Nebensystem (B) – in Granaten das Untergitter der Seltenen Erdionen – anisotrope Niveaus des Energiespektrums hat, die von der augenblicklichen Richtung der Magnetisierung des Systems A abhängen – in Granaten das Untergitter Fe^{3+}. Bei den Seltenen Erdionen wird diese Anisotropie direkt durch den Anisotropiecharakter der Austauschwechselwirkungen, bei Ionen der Übergangselemente der Eisen-Gruppe durch den Einfluß der L-S-Kopplung auf die durch das Kristallfeld und die Austauschwechselwirkung gespaltenen Niveaus der Ionenenergie hervorgerufen (Abschn. 4.2). Relaxierende Ionen mit anisotropem Spektrum bilden im Kristall ein statistisches Teilsystem, dessen Gleichgewichtszustand bei der gegebenen Temperatur und gegebener Magnetisierungsrichtung durch bestimmte Besetzung der Spektralniveaus bestimmt sein wird. Wenn die Magnetisierung ihre Richtung ändert, so ändert sich gleichzeitig die wechselseitige Lage der Niveaus und infolgedessen auch die Gleichgewichtsverteilung über die Spektralzustände. Die zur Wiedererreichung des Gleichgewichts, d. i. zur erforderlichen Umgruppierung in der Besetzung einzelner Niveaus notwendige Zeit τ_B bestimmt die Relaxationszeit, mit der das System (B) fähig ist, sich der augenblicklichen Magnetisierungsrichtung des Systems (A) anzupassen. Diese Zeit ist im wesentlichen durch die Wahrscheinlichkeiten der Übergänge bestimmt, die zwischen den Spektralniveaus stattfinden müssen, wenn sich die kein Gleichgewicht darstellende Verteilung, in der sich das System unmittelbar nach der Veränderung der Magnetisierungsrichtung befand, in eine Gleichgewichtsverteilung (auf die neue Lage des Magnetisierungsvektors bezogen) umwandeln soll. Wenn das Ion eine größere

Anzahl von Anisotropieniveaus nahe am Grundzustand besitzt, kann die Anzahl der Relaxationszeiten im allgemeinen größer sein, und der ganze Relaxationsablauf wird dadurch komplizierter. Die Übergänge erfolgen durch Wechselwirkung von (B)-Ionen mit Phononen, also mit dem Gitter, so daß τ_B ähnlich wie beim Mechanismus der „schnellen Relaxationen" durch die Spin-Gitterrelaxation der (B)-Ionen bestimmt wird. Beide Mechanismen unterscheiden sich jedoch voneinander, wie wir gleich sehen werden, durch die Art und Weise, wie die Energie aus dem System (A) an das System (B) übergeben wird.

Bei ferromagnetischer Resonanz geht es um periodische, durch die Resonanzfrequenz ω_r charakterisierte Magnetisierungsänderungen, wobei das System (B) diesen Änderungen zu folgen bestrebt ist und entsprechend der zeitlich veränderlichen Orientierung des Magnetisierungsvektors relaxiert. Für die Dämpfung der homogenen Präzession im System (A) ist dann die wechselseitige Größe von ω_r und τ_B^{-1} offensichtlich entscheidend. Wenn $\omega_r \tau_B \ll 1$ ist, kann das System (B) den Magnetisierungsänderungen im System (A) folgen, und so kommt es praktisch zu keiner Dämpfung der Präzessionsbewegung. Ähnlich wird es auch im zweiten Grenzfall $\omega_r \tau_B \gg 1$ sein, wo die Magnetisierungsänderungen wieder zu schnell sind, um Änderungen in der Niveaubesetzung induzieren zu können; die Energie des Systems (B) ändert sich dann „adiabatisch", ohne daß es zu einer irreversiblen Energieabgabe aus dem System (A) kommt. Nur unter der Bedingung $\omega_r \tau_B \approx 1$ äußert sich die Verzögerung bei Einstellung der Gleichgewichtsbesetzung von Spektralniveaus der (B)-Ionen durch Energieverluste im System (A) und durch Dämpfung der Resonanzpräzession. Nach der Théorie der „langsamen Relaxationen" können wir deshalb wieder ein Maximum im Temperaturverlauf von ΔH erwarten, aber seine Lage wird diesmal nicht durch die Austauschfrequenz ω_{ex}, sondern durch die Resonanzfrequenz ω_r bestimmt sein. Da in der Regel $\omega_r \ll \omega_{ex}$ gilt, folgt aus der Beziehung $\omega_r \tau_B \approx 1$ eine etwas andere Vorstellung über die Relaxationsgeschwindigkeit der das System (B) bildenden Ionen. Wenn wir das experimentell festgestellte ΔH-Maximum bei Granaten Seltener Erden (Abb. 5.45) einmal auf Grund der „schnellen Relaxationen", das andere Mal auf Grund der „langsamen Relaxationen" interpretieren, so erhalten wir im zweiten Falle, weil $\omega_{ex}/\omega_r \approx 10^2$ ist, 100 mal längere Relaxationszeiten. Daher kommt auch die Bezeichnung der „langsamen" und „schnellen" Relaxationen.

Die Theorie der „langsamen" Relaxationen wurde ursprünglich von Clogston [130] für einen speziellen Typ von Dämpfung ausgearbeitet, die durch Elektronensprünge zwischen den sich durch die Valenz unterscheidenden Ionen desselben Elements hervorgerufen wird; so wie es z. B. bei den zugleich Fe^{2+}- und Fe^{3+}-Ionen enthaltenden Ferriten der Fall ist. Der Valenzaustausch ($Fe^{2+} \rightleftarrows Fe^{3+}$) zwischen den sich in energetisch nichtäquivalenten Gitterlagen befindlichen Ionen spielt in diesem Clogstonschen Mechanismus die Rolle von Quantenübergängen, durch die im Sinne unserer vorhergehenden Erläuterungen die Besetzungsänderungen der Spektralniveaus des Nebensystems B bewirkt werden, und die zu einem solchen Valenzaustausch notwendige durchschnittliche Zeit gibt dann direkt die Relaxationszeit τ_B

an.[52]) Die für die Halbwertsbreite der Resonanzlinie ΔH und für die Verschiebung des Resonanzfeldes δH_{res} aus diesem Mechanismus abgeleiteten Ausdrücke

$$\Delta H = -(P/M_A)\frac{\omega_r\tau_B}{1+(\omega_r\tau_B)^2} \tag{5.100}$$

$$\delta H_{res} = (P/2M_A)\frac{(\omega_r\tau_B)^2}{1+(\omega_r\tau_B)^2}$$

$$P = \sum_i\left[\left(\frac{\partial\varepsilon_i}{\partial\vartheta}\right)_{\vartheta_0}\left(\frac{\partial N_{i\infty}}{\partial\vartheta}\right)_{\vartheta_0} + \left(\frac{\partial\varepsilon_i}{\partial\varphi}\right)_{\varphi_0}\left(\frac{\partial N_{i\infty}}{\partial\varphi}\right)_{\varphi_0}\right] < 0 \text{ } ^{53})$$

bleiben jedoch auch in Kraft für den „langsamen" Relaxationsmechanismus, der mit Veränderungen der Gleichgewichtsbesetzung $N_{i\infty}$ der Niveaus ε_i des relaxierenden Systems von lokalisierten *B*-Ionen (mit unveränderlicher Valenz) zusammenhängt – vgl. [86]. Wie aus diesen Ausdrücken folgt kann man „langsame" Relaxationen dann erwarten, wenn die Niveaus ε_i bei der betreffenden Temperatur (d.h. bei der Temperatur, wo $\omega_r\tau_B \approx 1$ gilt) genügend besetzt sind und weiter, wenn die durch die Anisotropie verursachten Lageveränderungen dieser Niveaus im Vergleich mit ihrem gegenseitigen Abstand nicht allzu klein sind. Diesen Bedingungen entsprechen evident sowohl die Ionen Seltener Erden, für welche die Clogstonsche Theorie von Dillon [84], Teale und Tweedale [86] sowie Clarke [131] angewendet wurde, als auch einige weitere Übergangsionen (Fe^{2+}, Co^{2+} u. ä.) [152], die wir am Anfang unserer Erläuterung als schnell relaxierende bezeichnet haben. In der letzten Zeit hat man den Mechanismus der „langsamen Relaxationen" auch in diesem zweiten Falle zur Erklärung von Relaxatiosnerscheinungen in Ferriten mit Spinellstruktur angewendet [78, 124, 133]. Die Quantenvariante der in Granaten Seltener Erden auftretenden „langsamen Relaxationen" haben Van Vleck und Orbach geliefert [85], während die gegenseitige Beziehung der „langsamen" und „schnellen" Relaxation vom theoretischen Gesichtspunkt in den Arbeiten von Hartmann-Boutron [134] und Van Vleck [135] diskutiert wird.

Eine phänomenologische Beschreibung langsamer Relaxationen auf Grund des Relaxationsverhaltens der Konstanten der induzierten Anisotropie F und G (vgl. Abschn. 4.4) stammt von Teale [136]; diesen Vorgang kann man als äquivalent mit dem mikroskopischen Clogstonschen

[52]) Dieser Mechanismus ist im wesentlichen mit dem Mechanismus der Entstehung von induzierter Anisotropie und magnetischer Nachwirkung identisch (Abschn. 4.4 und 6.3). Wie wir in Abschn. 4.4 erläutert haben, kann sich ein Kristall durch Umgruppierung der Ionenvalenzen der gegebenen Magnetisierungsrichtung anpassen und auf solche Weise seine freie Energie herabsetzen. Dadurch entsteht eine effektive Kopplung zwischen der Magnetisierung und der Bewegung der Elektronen, die bestrebt sind, deren zeitlichen Veränderungen zu folgen.

[53]) Die Ableitungen beziehen sich auf die Ruhe-Gleichgewichtsrichtung der Magnetisierung $\boldsymbol{M}_A(\vartheta_0, \varphi_0)$.

Modell betrachten, sofern die Entfernung der für die Relaxationen verantwortlichen Niveaus ε_i, ε_j im Vergleich zu kT klein ist. Die Größe $-P$ in (5.100), welche die Höhe des Maximums von ΔH bestimmt, hat für die kristallographischen Hauptrichtungen die in Tab. V-7 angeführten Werte. Wir sehen, daß für $G = 0$ das Maximum in der [100]-Richtung nicht erscheint, bei $F = 0$, $G \neq 0$ wird dagegen das Maximum in dieser Richtung am markantesten sein. Im speziellen Falle $2F = G$ wird P und daher auch ΔH in allen drei Hauptrichtungen gleich sein. Wenn es auch für die Anwendung von phänomenologischen Ausdrücken im wesentlichen keine grundsätzliche Einschränkung gibt, mit Ausnahme der oben angeführten Bedingung $w \ll kT$ (w ist die maximale Entfernung der benachbarten anisotropen Energieniveaus ε_i, ε_j, die sich an der Relaxation beteiligen), ist diese Beschreibungsweise vor allem für die mit dem Austausch von Ionenvalenz verbundenen Relaxationen geeignet. Wenn wir voraussetzen, daß in diesem Falle $\varepsilon_i = w \cos^2 \Theta_i$ [130] ist, wo $\Theta_i (i = 1, 2, \dots, 4)$ den Winkel zwischen der Magnetisierung und den vier nichtäquivalenten [111]-Richtungen bezeichnet, wird $F = 0$ und $G = (4/9)\, Nw^2/kT$ gelten. Wenn dagegen die Kanten des Grundwürfels, d. i. die [100]-Richtungen charakteristisch sind und $\Theta_i (i = 1, 2, 3)$ die Winkel bezeichnen, die diese Richtungen mit dem Magnetisierungsvektor einschließen, wird $G = 0$ und $F = Nw^2/3kT$ sein (N bedeutet die Anzahl der an den Relaxationssprüngen je 1cm^3 beteiligten Elektronen).

Tabelle V-7

Ruherichtung der Magnetisierung	[100]	[111]	[110]
$-P$	$2G$	$\frac{2}{3}(4F + G)$	$2(F + G/2)$

Wie Teale und Tweedale [86] gezeigt haben, weist der Ausdruck P in (5.100), wenn wir ihn als Funktion der Temperatur betrachten, einen Extremwert (Minimum) in dem Temperaturbereich auf, für den der Abstand der an der Relaxation beteiligten Niveaus mit kT vergleichbar wird. Infolgedessen sollte die Temperaturabhängigkeit von ΔH im allgemeinen zwei Maxima aufweisen, das eine durch das Minimum von P und das zweite durch die Bedingung $\omega_r \tau_B = 1$ bestimmt. In speziellen Fällen können natürlich beide Maxima so dicht beieinander liegen, daß sie nicht unterscheidbar sind; die Wirkung „langsamer" Relaxationen wird dann besonders stark sein. Der Temperaturverlauf von ΔH eines Yttrium-Eisen-Granats mit kleinem Gehalt an Yb-Ionen, der in Abb. 5.47 eingezeichnet ist, kann tatsächlich als Resultat teilweiser Überdeckung der zwei erwähnten Maxima interpretiert werden. Wegen der Änderung, die der Faktor P im Temperaturverlauf von ΔH und δH_{res} bewirkt, erscheint es vorteilhaft zu sein, die Relaxationskonstante τ_B nicht aus der Lage des Maximums von ΔH, sondern aus der Beziehung

$$\omega_r \tau_B = -2\delta H_{res}/\Delta H \tag{5.101}$$

abzuschätzen, die aus (5.100) durch Dividieren der Ausdrücke für δH_{res} und ΔH folgt.

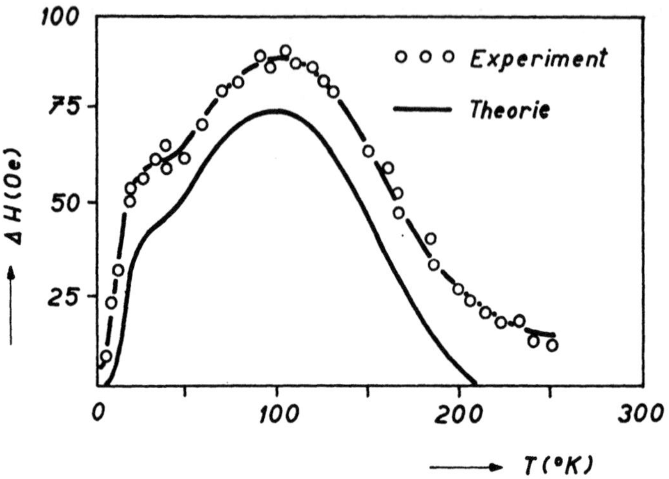

Abb. 5.47 Abhängigkeit von ΔH von der Temperatur für den Granat $(Yb_{0,021}Y_{0,979})_3Fe_5O_{12}$, gemessen in [111]-Richtung bei der Frequenz 9,6 GHz. Die gestrichelte Kurve bezeichnet die den „langsamen" Relaxationen entsprechende theoretische Abhängigkeit. (Nach Teale und Tweedale [86].)

Vergleich mit dem Experiment. Zur Klärung der Frage, welcher Mechanismus in gegebenem Falle, ob die „langsame" oder „schnelle" Relaxation wirklich zur Geltung kommt, ist es notwendig, einige Folgen beider Theorien mit dem Experiment zu vergleichen; für eine kritische Diskussion siehe z. B. [137]. Die Theorie *schneller Relaxationen* führt zu folgenden Schlüssen [137]: (a) die durch die Bedingung $\omega_{ex}\tau_B \approx 1$ bestimmte Lage des Maximums in der Abhängigkeit ΔH gegen T soll von der Frequenz unabhängig sein, (b) die Relaxationszeit τ_B im Bereich dieses Maximums sollte von Größenordnung 10^{-12} Sek. sein, und endlich (c), wenn wir die Temperaturabhängigkeit der Relaxationszeit T_1 für die Kernresonanz (z. B. der Fe^{57}-Kerne) messen, dann sollte der Temperaturverlauf der Größe $(T_1T)^{-1}$ – (T ist die Temperatur) – das Maximum bei der gleichen Temperatur wie ΔH aufweisen unter der Voraussetzung, daß auch diese Relaxation durch schnell relaxierende Ionen mit dem Mechanismus „schneller Relaxationen" bewirkt wird. Wenn wir diese Voraussagen mit experimentellen Daten, z. B. für YIG mit Dotierungen von Seltenen Erden vergleichen, so stellen wir fest, daß im Gegenteil: (a) die Lage des Maximums ΔH von der benutzten Frequenz abhängt (vgl. Abb. 5.48) [84, 86], (b) $\tau_B \approx 10^{-10}$ Sek. ist und (c) das Maximum von $(T_1T)^{-1}$ bei niedrigerer Temperatur als das Maximum von ΔH erscheint [138]. Auf der anderen Seite sind alle diese Befunde mit den Schlußfolgerungen der Theorie „langsamer Relaxationen" vereinbar und deuten so überzeugend auf ihre Berechtigung hin bei der Erklärung der Relaxationswirkung von geringen Mengen Seltener Erden im Yttrium-Eisen-Granat. In einigen Fällen – Yb^{3+}: YIG [86, 131], Nd^{3+}: YIG [139] und Ce^{3+}: YIG [140] – gelang es auf Grund der Theorie langsamer Relaxationen, eine quantitative Übereinstimmung mit den gemessenen Verläufen von ΔH vs. T zu erreichen und die grundlegenden Parameter des Relaxationsvorganges zu bestimmen. Zum Unterschied davon kann man die Ergebnisse von Seiden [141] für YIG-Proben, die die Ionen von Sm, Er, Dy, Nd, Ho, Pr und Yb in verschiedenen Konzentrationen enthalten, anhand dieser Theorie nicht restlos erklären. Der Autor gibt für ΔH die seinen Messungen entsprechende empirische Beziehung an

$$\Delta H = \nu M_B\{\omega_r\tau_B/[1 + (\omega_r\tau_B)^2]\}\,, \tag{5.102}$$

die sich vom Ausdruck für ΔH in (5.100) dadurch unterscheidet, daß der Faktor $M_A P^{-1}$ durch das effektive Austauschfeld νM_B ersetzt wird, mit dem die Ionen der Seltenen Erden auf das Untergitter $Fe^{3+}(A)$ zurückwirken. Eine theoretische Begründung dieser Beziehung hat man jedoch nicht geliefert.

Im großen und ganzen aber kann man die Grundfrage über die schnellen und langsamen Relaxationen in bezug auf das Tieftemperatur-Maximum von ΔH bei den Ionen Seltener Erden enthaltenden Granaten als im wesentlichen zu Gunsten der langsamen Relaxationen entschieden betrachten.

Von Ionen der Gruppe $3d^n$ wurden bisher als schnell relaxierende Ionen Co^{2+}, Fe^{2+} und mit einer gewissen Unsicherheit auch Mn^{3+} und Fe^{4+} identifiziert. Diese Unsicherheit hängt mit den Schwierigkeiten bezüglich der sicheren Bestimmung von

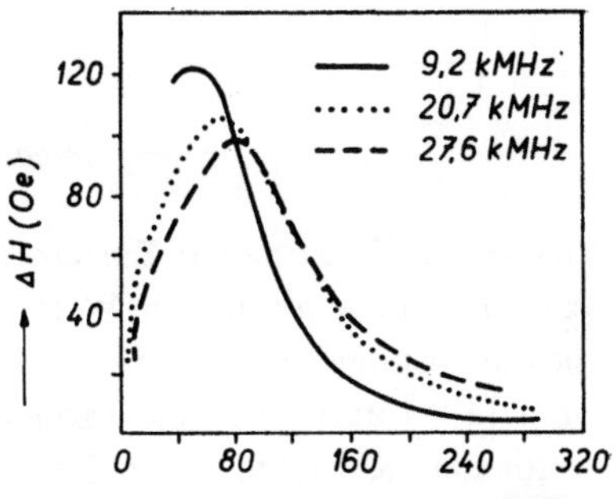

Abb. 5.48 Einfluß der Frequenz auf den Temperaturverlauf von ΔH für YIG mit 0,02% Tb. (Nach Dillon [84].)

Valenzen der Ionen zusammen, was besonders einige Spinelle betrifft. Auf Grund der Theorie langsamer Relaxationen wurden die Relaxationswirkungen der Co^{2+}-Ionen in Co : $MnFe_2O_4$ [133] eindeutig interpretiert, die durch ein charakteristiches Maximum in der Temperaturabhängigkeit von ΔH und durch die Anomalien des Resonanzfeldes zum Ausdruck kommen, welche mit der Überkreuzung oder Annäherung der anisotropen Energieniveaus zusammenhängen.

Die mit der Anwesenheit von Fe^{2+}-Ionen zusammenhängenden Relaxationen wurden in mit Si dotierten YIG und in den Spinellen Ni—Fe, Mn—Fe und Mg—Fe studiert. Im Falle des Granats stellte man zwei Maxima von ΔH fest, das eine im Bereich niedriger Temperaturen ($\approx$ 40 °K), das zweite bei verhältnismäßig hohen Temperaturen ($\approx$380 °K) [141–3]. Es ist wahrscheinlich, daß das Tieftemperatur-maximum den langsamen Relaxationen *lokalisierter* Fe^{2+}-Ionen entspricht, während das zweite Maximum bei ≈380 °K mit dem Mechanismus des Valenzaustausches $Fe^{2+} \rightleftarrows Fe^{3+}$ zusammenhängt. Aus der Anisotropie dieses zweiten Maximums (Abb. 5.49), die man mit den Angaben der Tab. V-7 vergleichen kann, folgt $F \approx 0$, $G \neq 0$, so daß es sich um Sprünge zwischen den Oktaederlagen handelt, welche eine axiale Symmetrie mit der [111]-Achse haben. Aus der Größe des Maximums und

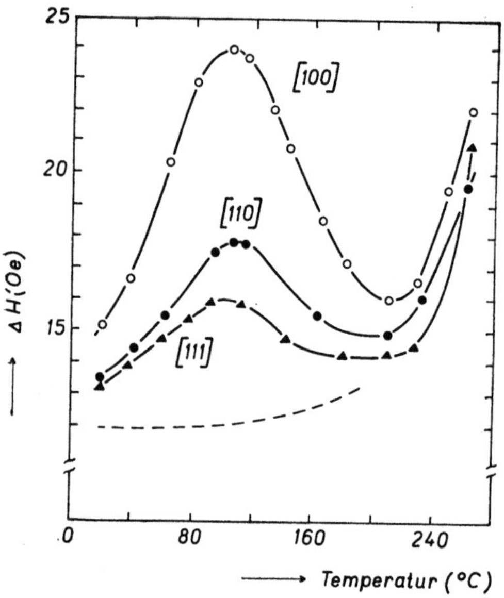

Abb. 5.49 Temperaturverlauf von ΔH in der Umgebung des Hochtemperaturmaximums für YIG mit Si-Dotierung ($Y_3Fe_{5-\delta}Si_\delta O_{12}$, $\delta = 0{,}06$, Meßfrequenz $\nu = 13{,}4$ GHz). Die schwach gestrichelte Linie gibt eine Abschätzung für die restliche Halbwertsbreite an, die man nach Subtraktion der Fe^{2+}-Relaxationsmaxima bekommen würde. (Nach Epstein und Wanas [144].)

aus seiner Form haben Epstein und Wanas für die mit einem Sprung verbundene Anisotropieenergie w den Wert $w \approx 5{,}5 \,.\, 10^{-4}$ eV und für die Aktivierungsenergie dieses Sprunges $\mathscr{E} = 0{,}25$ eV abgeleitet. Das mikroskopische, von Hartwick und Smit [145] ausgearbeitete Modell beruht auf der Annahme, daß das Fe^{2+}-Ion im trigonalen Kristallfeld der Oktaederlage der Granatstruktur einen orbitalen Dublettgrundzustand (vgl. Abschn. 4.2) besitzt, wie schon früher Hunt [146] aus seinen Magnetfeldtemperungsversuchen abgeleitet hat.

In der ursprünglichen Arbeit von Clogston wurde die Existenz des Maximums in der Temperaturabhängigkeit von ΔH des Ferrits Ni—Fe ([75], Abb. 5.50) auf Grund des relaxierenden Effektes der Elektronensprünge $Fe^{2+} \rightleftarrows F^{3+}$ erläutert, und spätere, von Galt und Spencer [126] durchgeführte Messungen an diesem Ferrit sprechen tatsächlich zu Gunsten der „langsamen" Relaxationen dieses Typs. Zwei ähnliche, mit zwei verschiedenen Relaxationen der Fe^{2+}-Ionen verbundene Maxima wurden bei MgFe-Ferriten festgestellt [147].

Bei MnFe-Spinellen mit der Zusammensetzung $Mn_xFe_{3-x}O_4$ erscheinen in den Temperaturabhängigkeiten von ΔH ebenfalls zwei Maxima, das eine im Temperaturbereich ≈20 °K, das andere bei Temperaturen von ≈150 °K bis ≈300 °K (entsprechend der chemischen Zusammensetzung). Die ursprüngliche Interpretation von Heeger u. a. [124] für den stöchiometrischen Manganferrit ($x = 1$), bei dem diese beiden Maxima auftreten (Abb. 5.51), schrieb den Tieftemperaturvorgang den „langsamen“ und den Hochtemperaturvorgang den „schnellen“ Relaxationen lokalisierter Fe^{2+}-Ionen zu. Weitere Messungen an einer größeren Anzahl von Proben mit der Zusammensetzung $x \gtrless 1$ [133, 148–9] haben gezeigt, daß, während die Anwesen-

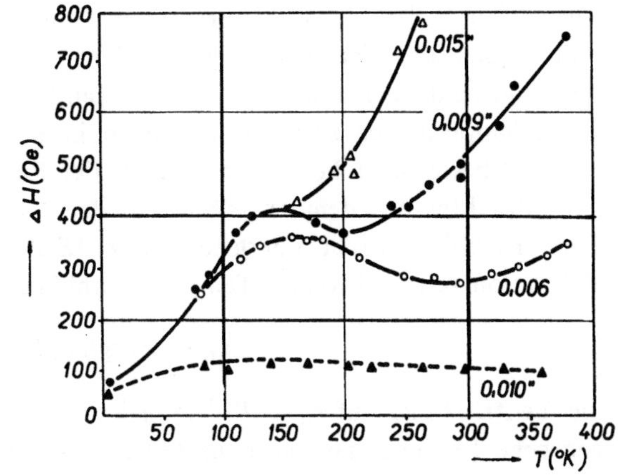

Abb. 5.50 Temperaturabhängigkeit von ΔH eines NiFe-Ferrits. Der bei höheren Temperaturen ($T > 100$ °K) augenscheinliche Einfluß der Probenabmessungen auf die Größe der Resonanzlinienbreite wird dem Skineffekt zugeschrieben (nach Yager u. a. [75]).

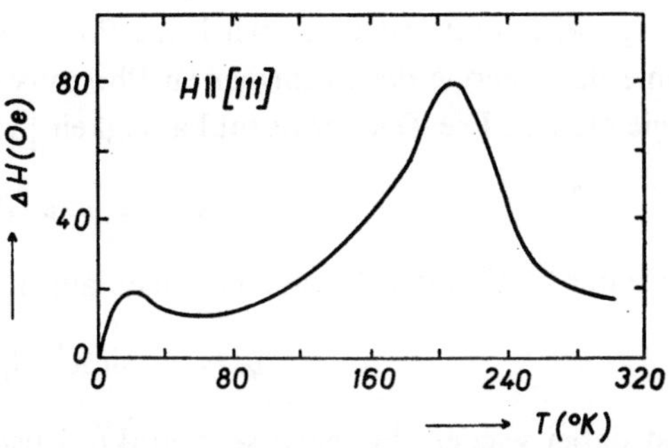

Abb. 5.51 Zwei Maxima in der Temperaturabhängigkeit von ΔH bei stöchiometrischem Mn - Ferrit. (Nach Heeger und Mitarb. [124].)

heit des Hochtemperaturmaximums durch einen größeren Fe^{2+}-Gehalt bedingt ist, die Größe des Tieftemperaturmaximums für $x \gtrsim 1$ der Mn^{3+}-Konzentration proportional erscheint. Deshalb wurde dieses Maximum von Clarke [133] den Relaxationswirkungen der Mn^{3+}-Ionen auf der Grundlage des „langsamen“ Relaxationsmechanismus zugeschrieben. Bei einem Hochtemperaturmaximum, das mit der Anwesenheit von Fe^{2+}-Ionen offenbar zusammenhängt, ist der Relaxationsmechanismus bis jetzt nicht klar. In den veröffentlichten Arbeiten wurden alle drei Deutungsmöglichkeiten herangezogen: schnelle Relaxationen [124], langsame Relaxationen lokalisierter Ionen [133] und mit Sprüngen $Fe^{2+} \rightleftarrows Fe^{3+}$ verbundene Relaxationen [149]. Dazu kommt der Skin-Effekt, der für die Zusammensetzungen $x < 1$ und Temperaturen $\gtrsim 80$ °K eine wichtige Rolle bei der Resonanz spielt und ein Maximum im Temperaturgang von ΔH hervorrufen kann [150, 189]. Fe^{4+}-Ionen sind in Yttrium-Eisen-Granat mit Zugabe von Ca anwesend; das (gespaltene) Relaxationsmaximum wurde bei tiefen Temperaturen von Tchernev [151] beobachtet.

Zum Schluß erwähnen wir in aller Kürze den eigentlichen Relaxationsmechanismus, durch den die stark relaxierenden Ionen die Energie an das Gitter übergeben. Dieser Prozess ist wichtig, denn er bestimmt die Relaxationskonstante τ_B. Neben dem Mechanismus des Valenzaustausches, der mit induzierter Anisotropie (Abschn. 4.4) und magnetischer Nachwirkung (Abschn. 6.3) eng verbunden ist und der in Kap. VII eingehender behandelt wird[54]), kommen bei langsamen Relaxationen lokalisierter Ionen hauptsächlich zwei Mechanismen in Betracht [141]. Der eine, den wir als „direkt" bezeichnen können, entspricht der Entstehung eines Phonons beim Übergang des Ions aus dem angeregten in den Grundzustand, wobei die Energie des Phonons gleich ist der Energiedifferenz ΔE der beiden Zustände. Die betreffende Relaxationszeit wird von der Temperatur abhängen entsprechend der Beziehung [152]

$$\tau_D = A_1 \operatorname{tgh}(\Delta E/2kT), \tag{5.103}$$

die für $\Delta E \ll 2kT$ auf $\tau_D \sim T^{-1}$ reduziert wird. Die Konstante A_1 ist dabei für das gegebene Ion und das gegebene Gitter charakteristisch. Der zweite (Orbachsche) Prozess ist in dem Sinne „indirekt", daß es zuerst zur Aufnahme eines Phonons durch das relaxierende Ion kommt, das dadurch in einen Zustand höherer Energie angeregt wird, und erst dann wird das Phonon mit einer Energie emittiert, die der Summe der Energie des absorbierten Phonons und der ursprünglichen Anregungsenergie gleicht. Die Temperaturabhängigkeit [152]

$$\tau_O = A_2 \exp(\Delta/kT) \tag{5.104}$$

kann unter bestimmten Voraussetzungen auf die Form gebracht werden [141]

$$\tau_O = A_2' \sinh^2(\Delta/2kT); \tag{5.105}$$

A_2 ist dabei wieder eine gewisse charakteristische Konstante und Δ bezeichnet die Entfernung jenes Niveaus, auf welches das System durch Absorption des ersten Phonons angeregt wird, vom Grundniveau. Es sei bemerkt, daß der Mechanismus der Valenzverschiebung, welcher durch analoge Temperaturabhängigkeit für τ wie der Orbachsche Prozeß charakterisiert wird, mit demselben den Umstand gemeinsam hat, daß das Elektron zuerst in den Zustand mit höherer, zur Überwindung der

[54]) Dieser Relaxationseffekt springender Elektronen darf jedoch nicht mit dem direkten Einfluß der elektrischen Leitfähigkeit verwechselt werden, welche die Präzession infolge des Skin-Effektes dämpft. Den direkten relaxierenden Leitfähigkeitseffekt vernachlässigen wir in allen bisherigen Erwägungen. Bei Koexistenz von Fe^{2+}- und Fe^{3+}-Ionen kann aber die elektrische Leitfähigkeit in solchem Maße steigen, daß die Wirkung des Skin-Effektes bei höheren Temperaturen beobachtet werden kann (vgl. Abb. 5.48).

energetischen Barriere beim Sprung nötiger Energie thermisch aktiviert wird und nachher seine Energie (einschließlich der Energiedifferenz des Ausgangs- und Endzustandes) an das Gitter in Form von Phononen abgibt. Zum Unterschied vom Orbachschen Prozeß geht es hier um Mehrphonon-Prozesse.

Zweimagnonenstreuung

Für das Auftreten dieses Vorgangs, bei dem ein Magnon $\boldsymbol{k} = 0$ verschwindet und statt seiner ein Magnon mit $\boldsymbol{k} \neq 0$ erscheint, müssen zwei Bedingungen erfüllt sein, u. zw. : (1) Erhaltung der Energie (beide Magnonen müssen gleiche Energie aufweisen), (2) die Probe beziehungsweise das auf die präzedierenden magnetischen Momente wirkende Feld darf nicht völlig homogen sein. Die erste Bedingung wird bei Proben endlicher Abmessungen für eine bestimmte Magnonenklasse, u. zw. für jene Magnonen erfüllt sein, welche eine ω_r gleiche Frequenz besitzen (vgl. Abb. 5.40) und daher mit homogener Präzessionsmode entartet sind. Von diesen Magnonen sprechen wir manchmal als von den Suhlschen Magnonen oder kurz S-Magnonen [11, 116]. Die zweite Bedingung sagt, daß es zu keiner Transformation von Magnonen $\boldsymbol{k} = 0 \rightarrow \boldsymbol{k} \neq 0$ kommen kann, wenn die Probe vollkommen perfekt ist. Als Inhomogenitäten können hier z. B. die Abweichungen von einer streng periodischen Anordnung der Ionen und magnetischen Momente, Einschlüsse anderer Phasen, Versetzungen und andere Gitterstörungen oder die z. B. durch Abweichungen von der Ellipsoidform der Probe hervorgerufenen Inhomogenitäten des inneren Magnetfeldes betrachtet werden. Von diesem Gesichtspunkt aus erscheinen die Inhomogenitäten des Entmagnetisierungsfeldes als sehr wirksam, die durch die Rauheit der Probenoberfläche verursacht werden (Oberflächengrübchen und Unebenheiten). Diese Störungen bilden eine Quelle lokaler Schwankungen des effektiven inneren Magnetfeldes und fungieren als Streuzentren für die homogene Präzession.

Daß diese Schwankungen zur Transformation der Magnonen $\boldsymbol{k} = 0 \rightarrow \boldsymbol{k} \neq 0$ notwendig sind, werden wir einfach folgendermaßen einsehen: das effektive, auf die magnetischen Momente wirkende Feld ändert sich infolge solcher Inhomogenitäten von Stelle zur Stelle. Wenn wir es durch die Fourier-Komponenten ausdrücken und in die Bewegungsgleichung einsetzen, werden wir uns überzeugen, daß die resultierende stationäre Lösung die Komponenten mit $\boldsymbol{k} \neq 0$ enthalten muß, was man als eine Vermischung der homogenen Präzession mit den Spinwellen $\boldsymbol{k} \neq 0$ oder auch als eine von Null verschiedene Wahrscheinlichkeit des Übergangs $\boldsymbol{k} = 0 \rightarrow \boldsymbol{k} \neq 0$ auffassen kann. Der eigentliche physikalische Grund ist dann der, daß bei einer Zweimagnonenstreuung der Impuls nicht erhalten bleibt ($\boldsymbol{k}$ ändert sich), was in Kristallen mit vollkommener Translationssymmetrie nicht möglich ist.

Da bei der Zweimagnonenstreuung die Gesamtzahl von Magnonen erhalten bleibt, kann jedoch dieser Mechanismus nur für die Relaxation der transversalen Magnetisierungskomponente $M_\perp$ verantwortlich sein, und vom Standpunkt der ferromagnetischen Gesamtrelaxation aus stellt er nur das erste Anfangsstadium dar. In den weiteren Phasen kommt es zu Wechselwirkungen der S-Magnonen mit den anderen Magnonen $\boldsymbol{k} \neq 0$, wodurch die durch homogene Präzession abgegebene Energie verhältnismäßig schnell über das ganze Spinwellenspektrum statistisch verteilt wird, und normalerweise kommt es dann in der Endphase zur Übergabe der Energie des magnetischen Systems an das Gitter. Der Zweimagnonen-Streuprozeß kann zur Breite der Resonanzlinie besonders in folgenden Fällen wesentlich beitragen: (a) wenn der Kristall keine perfekte Translationssymmetrie besitzt, wie es z. B. bei inversen oder gemischten ferrimagnetischen Spinellen der Fall ist, (b) bei rauher, unvollständig polierter Probenoberfläche; als ein Beispiel kann hier der reine, keine Verunreinigungen von Seltenen Erden enthaltende Yttrium-Eisen-Granat dienen, oder (c) bei polykristallinen Proben, falls die Magnetisierung im Vergleich zum effektiven Anisotropiefeld nicht klein ist (S. 480 f.). Die Größe der Linienbreite bewegt sich in dem Fall, daß der Zweimagnonenprozeß überwiegt, bei Einkristallen etwa im Bereich bis zehn, bei Polykristallen bis hundert Oe und wird durch die Wahrscheinlichkeiten $\lambda_{0\boldsymbol{k}}$ der Übergänge $\boldsymbol{k} = 0 \rightarrow \boldsymbol{k} \neq 0$ bestimmt.

Den Effekt der Inhomogenitäten in jedem beliebigen der Fälle (a) bis (c) können wir uns als Wirkung eines bestimmten fluktuierenden effektiven Feldes $\boldsymbol{H}_p(\boldsymbol{r}_i)$ vorstellen, das durch Superposition der Fourier-Komponenten mit den Amplituden $\boldsymbol{H}_p(\boldsymbol{k})$ [16] gegeben ist. Die Wahrscheinlichkeit für das gegebene $\boldsymbol{k}$ wird dann dem Quadrat der entsprechenden Amplitude $|\boldsymbol{H}_p(\boldsymbol{k})|^2$ proportional sein. Wenn wir das durch die Beziehung (5.85) gegebene und in Abb. (5.40) dargestellte Magnonenspektrum näher betrachten, werden wir feststellen, daß die Wellenvektoren der S-Magnonen, d. h. der mit homogener Präzessionensmode entarteten Magnonen mit $\boldsymbol{k} \neq 0$, nach oben durch ein gewisses $k_{\max}$ begrenzt sind, das von Probenform, Magnetisierungsgröße und Orientierung des Magnetfeldes abhängt. Daraus folgt, daß sich bei der Zweimagnonenstreuung die Komponenten $\boldsymbol{H}_p(\boldsymbol{k})$ des Störungsfeldes auswirken, die ebenfalls $|\boldsymbol{k}| \lesssim k_{\max}$ haben. Wenn sich das Feld $\boldsymbol{H}_p(\boldsymbol{r}_i)$ von Ion zu Ion unkorreliert ändert, wird $|\boldsymbol{H}_p(\boldsymbol{k})|^2$, wie aus der Analyse von C. W. Haas und H. B. Callen [16] folgt, für alle $\boldsymbol{k}$ gleich sein und gleich dem Mittelwert des Quadrates des fluktuierenden Feldes $\boldsymbol{H}_p(\boldsymbol{r}_i)$ sein

$$|\boldsymbol{H}_p(\boldsymbol{k})|^2 = \overline{H_p^2}\,. \tag{5.106}$$

In diesem Falle ist ein großer Teil der Komponenten $\boldsymbol{H}_p(\boldsymbol{k})$ ganz unwirksam, und infolgedessen müßte der Mittelwert $(\overline{H_p^2})^{1/2}$ verhältnismäßig hohe Werte erreichen, damit die Zweimagnonenstreuung bei Entstehung der Resonanzlinienbreite wirksam werden kann. Haas und Callen [16] führen z. B. den Wert $(\overline{H_p^2})^{1/2} = 10^5$ Oe an, wenn $\Delta H \approx 10$ Oe sein soll. Auf der anderen Seite, wenn das Spektrum der Schwankungen in der Umgebung eines bestimmten $\boldsymbol{k}$-Wertes konzentriert sein wird, der die Bedingung $|\boldsymbol{k}| \lesssim k_{\max}$ erfüllt, wird bei der Zweimagnonenstreuung die überwiegende Mehrzahl der Komponenten $\boldsymbol{H}_p(\boldsymbol{k})$ zur Wirkung kommen, was sich durch drastische Herabsetzung der benötigten Fluktuationsgröße bemerkbar machen wird. Für einen typischen Ferrospinell wird – wieder nach Haas und Callen – $k_{\max} \approx \approx 2\pi/200\,a$ gelten, wobei a die Entfernung der benachbarten Ionen ist. Wenn das Spektrum von $\boldsymbol{H}_p(\boldsymbol{k})$ ein Maximum für $|\boldsymbol{k}| \approx k_{\max}$ haben wird und wenn die Spektralbreite von derselben Größenordnung sein wird, erhalten wir für $(\overline{H_p^2})^{1/2}$ als Abschätzung nur ≈ 100 Oe.

Schließlich wird es offenbar auch vom Magnonenspektrum selbst, und zwar von der Anzahl der mit homogener Präzessionsmode entarteten $\boldsymbol{k} \neq 0$ Zustände abhängen. Wie wir in Abschn. 5.4 gezeigt haben, hängt diese Anzahl von der Lage der Frequenz ω_r der homogenen Präzession in bezug auf das das Spinwellenspektrum begrenzende Band ab und erreicht ein Maximum für $\omega_r = \omega_{\max}$, d. i. speziell bei einer Kugelprobe für (vgl. S. 516f.)

$$\omega_r = \omega_{\max} = \frac{2}{3}\,\omega_M = \frac{8\pi}{3}\,\gamma M\,. \qquad (5.107)$$

Auf Grund dieser allgemeinen Analyse kann man sich ein Bild davon machen, von welchem Typ die Schwankungen in einzelnen Fällen sein müssen, wenn sie zur Resonanzlinienbreite wirksam beitragen sollen. Im Falle (a) ist die Lage vorderhand verhältnismäßig wenig klar. Aus den Spinwechselwirkungen, die durch den Einfluß der Gitterunordnung fluktuieren, ist es notwendig, isotrope Austauschwechselwirkungen[55]) auszuschalten, und die Veränderungen der durch Raumfluktuationen von der Größe des magnetischen Moments hervorgerufenen Dipolwechselwirkungen werden gleichfalls wenig wirksam sein. Der Grund besteht darin, daß Dipolkräfte über weite Entfernungen wirken, so daß lokale Magnetisierungsabweichungen in erheblichem Maße kompensiert werden. Diese Schlußfolgerung steht im Einklang mit dem Experiment. Der Ersatz eines Teiles der Fe^{3+}-Ionen im Yttrium-Eisen-Granat $Y_3Fe_5O_{12}$ durch unmagnetische Ionen übt z. B. auf ΔH nur einen geringfügigen Einfluß aus [153], ähnlich wie bei Ferriten mit Spinellstruktur die Substitution magnetischer Ionen durch Zink zu keiner Linienverbreiterung führt. Es bleiben also nur die Wechselwirkungen übrig, welche anisotropen Charakter haben und sich gleichzeitig an der Entstehung magnetokristalliner Anisotropie beteiligen wie die Spin-Bahn-Kopplung, Pseudodipol-Wechselwirkungen u. ä. In der Originalarbeit von Clogston, Suhl, Walker und Anderson [12], in der die Entstehung der Resonanzlinienbreite von Ferriten zum erstenmal dem indirekten Relaxationsmechanismus vom Zweimagnonenstreuung-Typ zugeschrieben wurde, betrachtete man die Schwankungen der Pseudodipol-Wechselwirkungen als Ursache der Übergänge $\boldsymbol{k} = 0 \to \boldsymbol{k} \neq 0$. Später, als es gelungen war, tiefer einzudringen in die Erkenntnis vom Ursprung der magnetischen Kristallanisotropie, und als ihr im wesentlichen Einionencharakter deutlich erkannt wurde,

[55]) Die Ursache bildet der Umstand, daß der Operator der Austauschenergie mit dem Gesamtspin kommutiert und deshalb keine Veränderung desselben verursachen kann.

hat es sich als notwendig erwiesen, diese Ansicht zu revidieren. Die Pseudodipol-Wechselwirkungen, die sich in den meisten Fällen für eine Erklärung der Anisotropie als zu schwach erwiesen, genügen nicht einmal zur Erklärung der beobachteten ΔH-Werte, und nach Callen und Pittelli [154] ist es notwendig, den Hauptbeitrag von der Spin-Bahn-Wechselwirkung zu erwarten. Dabei darf man nicht die Wirkung von örtlichen Veränderungen dieser Wechselwirkungen mit Schwankungen des Anisotropiefeldes H_A verwechseln, denn zur Linienbreite tragen diese Wechselwirkungen mit einem anderen Näherungsgrad bei als zur Anisotropie. Die Hauptschwierigkeit besteht darin, daß alle diese Wechselwirkungen nur eine kurze Reichweite haben. Infolgedessen werden ihre Schwankungen in Stoffen wie ungeordnete inverse Spinelle u. ä. von Ion zu Ion praktisch nicht korreliert sein, so daß sie entsprechend der vorangegangenen allgemeinen Analyse absolut große Werte erreichen müßten. Es scheint, daß diese Forderung nur in einigen Spezialfällen, z. B. bei Co^{2+}-Substitutionen im Spinellgitter, erfüllt werden könnte [154–155]. Für YIG mit einer Co-Dotierung wurde die Voraussage von Haas und Callen [155] über die Größe der Verbreiterung der Resonanzlinie bei 0 °K durch Co^{2+} nicht bestätigt [156]. Anderseits geht es in der Regel dann um Ionen, die selbst schneller Relaxationen fähig sind, und man kann annehmen, daß die Energieabfuhr aus der homogenen Präzession unter Vermittlung schnell relaxierender Ionen in der Mehrzahl der Fälle wirksamer sein wird als die Zweimagnonenstreuung [78]. Die korrelierten Schwankungen, die nach dem oben Gesagten wirksamer sind, könnten z. B. durch die Wirkung der Magnetostriktion in der Umgebung von nichtmagnetischen Einschlüssen, Anhäufungen fremder Atome, Versetzungen u. ä. oder bei Entstehung von Keimen einer neuen Phase, eventuell bei Zerfall eines Einkristalls in Bereiche mit niedrigerer Symmetrie entstehen [157]. Im

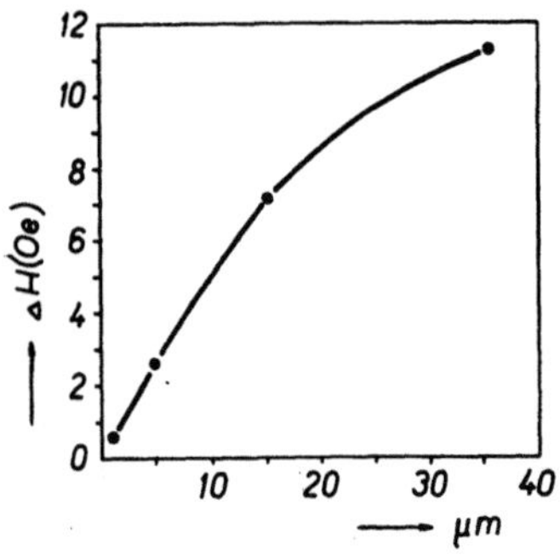

Abb. 5.52 Abhängigkeit von ΔH des Yttrium-Eisen-Granats von der mittleren Korngröße des Schleifmaterials (nach LeCraw u. a. [119]).

großen und ganzen kann man sagen, daß die experimentellen, hauptsächlich verschiedene ungeordnete Spinelle betreffenden Ergebnisse (vgl. z. B. [16]) vorderhand keine eindeutige Beantwortung der Frage des Einflusses der Zweimagnonenstreuung auf die Breite der Resonanzlinie bei diesen Stoffen gestatten.

Die Bedeutung der Zweimagnonenstreuung wurde im Fall (b) beim Yttrium-Eisen-Granat ($Y_3Fe_5O_{12}$) klar nachgewiesen, bei dem die Breite der Resonanzlinie von der Rauhigkeit der Probenoberfläche stark abhängt (Abb. 5.52). Die Wirksamkeit der Oberflächengrübchen auf den Relaxationsmechanismus hängt damit zusammen, daß ihre Abmessungen mit der Wellenlänge der bei der Zweimagnonenstreuung wirksamen Spinwellen vergleichbar sind (die Wellenlänge ist klein im Vergleich zu den Probenabmessungen, aber groß in bezug auf die zwischenatomaren Entfernungen). Für die durch die Rauhigkeit der Oberfläche verursachte Breite der Resonanzlinie liefert die Berechnung folgende Abschätzung [117]

$$\Delta H \approx M_s R / 2 r_0 \,, \tag{5,108}$$

in der M_s die spontane Magnetisierung, r_0 den Radius der Kugel und R den Radius des Grübchens ($\approx 2/3$ vom Radius des Korns des Schleifmaterials) bedeutet.

Über die Resonanz in Polykristallen haben wir schon in Abschn. 5.2 (S. 480f.) gesprochen, wo wir gezeigt haben, daß man zwei Grenzfälle unterscheiden kann, je nachdem, ob die durch zufällige Orientierung der Kristallite hervorgerufenen Schwankungen des Anisotropiefeldes im Vergleich zum Dipolfeld groß oder klein sind. Im ersten Falle ist es möglich, die Näherung der „unabhängigen Körner" anzuwenden, wogegen es im zweiten Falle infolge starker, zwischen den Momenten einzelner Kristallite wirkender Dipolkräfte gleichzeitig zur Resonanz in der ganzen Probe kommt. Nur in diesem zweiten Falle wird die Breite der Resonanzlinie durch die Zweimagnonenstreuung bestimmt sein.

Die Überlegenheit der Dipolkräfte über die Anisotropie-Schwankungen können wir durch die Beziehung $M_s \gg H_A \cong 2|K_1|/M_s$ charakterisieren. Der Einfachheit halber sei angenommen, daß das Material nicht porös ist, so daß das Anisotropiefeld H_A die einzige fluktuierende Größe sein wird. Wenn wir seine mittlere quadratische Abweichung als H_p bezeichnen, ergibt sich aus der Bedingung $M_s \gg H_A$, daß die Resonanzfrequenzen einzelner Körner in nächster Nähe der (unter der Voraussetzung der Nullanisotropie abgeleiteten) Resonanzfrequenz der ganzen Probe in einem Band liegen werden, dessen Breite bedeutend kleiner ist als die Breite des Spinwellenspektrums. Bei dieser Situation stellt H_p eine kleine Störung dar, durch deren Einfluß es zur Mischung der homogenen Präzessionsmode mit entarteten Spinwellen, eventuell mit magnetostatischen Moden, oder – was ein und dasselbe ist – zur von Null verschiedenen Wahrscheinlichkeit der Magnonentransformation $\boldsymbol{k} = 0 \rightarrow \boldsymbol{k} \neq 0$ kommt. Das Hinzunehmen einer weiteren fluktuierenden Größe in Form innerer Entmagnetisierungsfelder infolge von Poren und Hohlräumen im Material ändert nichts an diesem Charakter des Relaxationsprozesses, es vergrößert sich dadurch nur die Wahrscheinlichkeit einer Transformation der Magnonen $\boldsymbol{k} = 0$ in entartete S-Magnonen.[56]) Die diesem Mechanismus entsprechenden Ausdrücke für ΔH wurden von Geschwind und Clogston [158, 159] sowie von Schlömann [49] abgeleitet, und wir werden sie hier nicht reproduzieren.

[56]) Der Einfluß der inneren Entmagnetisierungsfelder ist analog zur Wirkung von Oberflächen-Unebenheiten auf die Breite der Resonanzlinie, wie sie bei Einkristallen beobachtet wurde.

Auf Grund einer allgemeinen Analyse können wir erwarten, daß in polykristallinen Stoffen durch die Zweimagnonenstreuung die Spinwellen bevorzugt angeregt werden, deren Wellenlängen mit den Kornabmessungen, die gewöhnlich im μm-Bereich liegen, vergleichbar sind. Zur Energie dieser „langen" Spinwellen tragen praktisch ausschließlich die auf größere Entfernung wirkenden magnetischen Dipolwechselwirkungen bei [111], während der Einfluß von Austauschkräften vernachlässigbar sein wird. Wie aus Abb. 5.40 zu ersehen ist, werden diese Spinwellen mit homogener Präzessionsmode nur dann entartet sein, wenn ω_r innerhalb des extrapolierten Bandes der Spinwellen liegen wird, d. h. wenn die Bedingung (5.86) bzw. (5.87) erfüllt sein wird. Daraus können wir schließen, daß der beschriebene Mechanismus für die Entstehung von ΔH bei einer polykristallinen Probe vor allem dann wirksam wird, wenn ω_r in das Band hineinfällt, während er für $\omega_r > \omega_{\max}$ „aussetzt". In der Umgebung der kritischen Frequenz (5.105) sollte dann ΔH sein Maximum erreichen. Diese

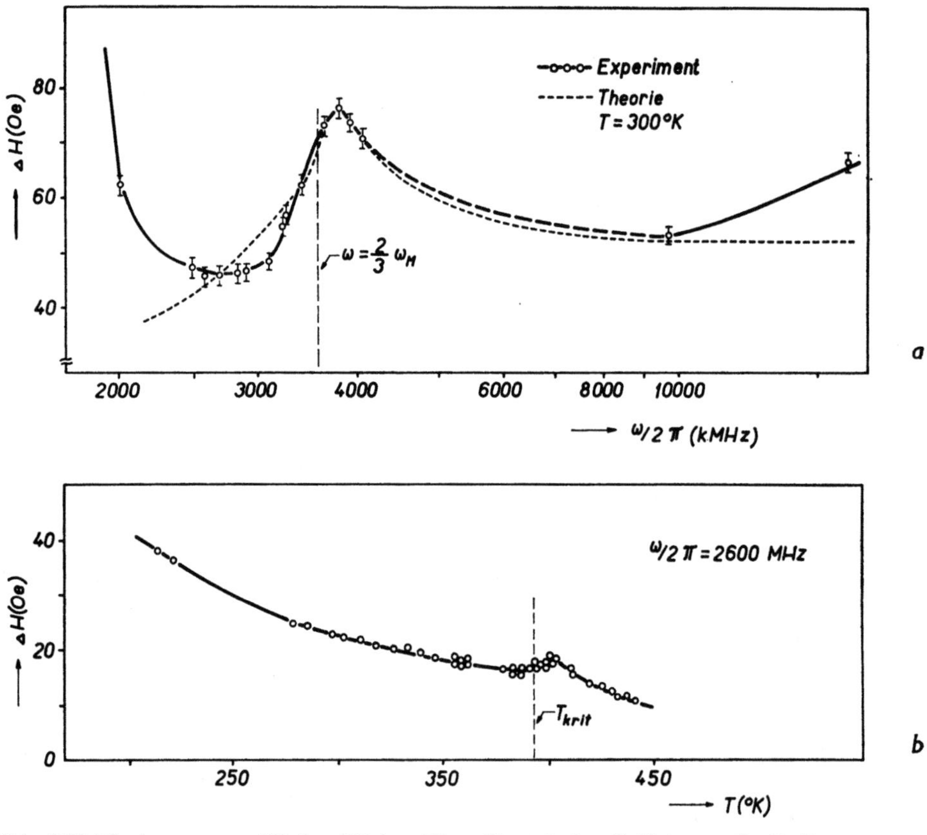

Abb. 5.53 Maximum von ΔH des Yttrium-Eisen-Granats im Gebiet, wo die Bedingung $\omega = \omega_{\max} = \frac{2}{3}\omega_M = \frac{8}{3}\pi\gamma M$ erfüllt ist, u. zw.: (a) aus der Frequenzabhängigkeit, $4\pi M =$ Konst. $=$ 1800 gauss, (b) aus der Temperaturabhängigkeit, $\omega/2\pi =$ Konst. $=$ 2600 MHz. (Nach Buffler [160].)

Schlußfolgerung hat Buffler experimentell bestätigt [160], der zu diesem Zwecke auch die Temperaturabhängigkeit ausgenutzt hat. Bei entsprechend gewählter fester Frequenz ω existiert dann eine bestimmte Temperatur T_{krit}, daß $\omega < \omega_{max}$ für $T > T_{krit}$ und $\omega > \omega_{max}$ für $T < T_{krit}$ ist. Die Versuchsergebnisse an polykristallinem Yttrium-Eisen-Granat zeigen (Abb. 5.53), daß in der Umgebung der vorausgesetzten kritischen Temperatur bzw. kritischen Frequenz tatsächlich ein ΔH – Maximum existiert. Die Richtigkeit der angeführten Interpretation wird dadurch verstärkt, daß ein ähnliches Verhalten bei Einkristallen desselben Materials festgestellt wurde, sofern die Probenoberfläche mit einem grobkörnigen Material geschliffen wurde [161]. Tatsächlich verschwindet dieses Maximum bei einer relativ vollkommenen, gut polierten Probe.

Es sei bemerkt, daß diese Erwägungen unter der Voraussetzung Gültigkeit haben, daß die Breite der Resonanzlinie des Einkristalls bedeutend kleiner ist als die mittlere Schwankung H_p. Im gegenteiligen Falle ist der Relaxationsmechanismus bei Polykristallen im wesentlichen mit dem Mechanismus des Einkristalls (z. B. bei Granaten Seltener Erden) identisch.

Mehrmagnonenprozesse; Eigenbreite von Yttrium-Eisen-Granat

Wenn wir von einem reinen Yttrium-Eisen-Granat-Kristall die Probenoberfläche möglichst vollkommen blank polieren, wird bei ihm die Linienbreite ΔH bei Zimmertemperatur unterhalb 1 Oe und bei niedrigen Temperaturen bis auf einige Hundertstel Oe herabgesetzt [162 – 164]. Wegen dieser extrem schmalen Resonanzlinie nimmt der Granat $Y_3Fe_5O_{12}$ eine ausgezeichnete und man kann sagen einmalige Stellung beim Studium der Relaxationsprozesse ein. Die eigentliche Ursache der Ausnahmeeigenschaften des Yttrium-Eisen-Granats beruht schon auf seiner Struktur und chemischen Zusammensetzung, denn bei Einhaltung des stöchiometrischen Sauerstoffgehalts enthält der reine $\{Y_3^{3+}\}[Fe_2^{3+}](Fe_3^{3+})O_{12}^{2-}$ nur homogene magnetische Untergitter mit einer einzigen Art magnetischer Ionen (Fe^{3+}), deren Wechselwirkung mit dem Gitter überdies sehr schwach ist. Es ist natürlich notwendig zu erwähnen, daß man die extrem kleinen ΔH-Werte nicht sofort, sondern erst nach mehrjährigen Bemühungen erreicht hat [162 – 164], die auf die Züchtung von möglichst vollkommenen, durch ein Minimum von Störungen gekennzeichneten, chemisch möglichst reinen Einkristallen hinzielten. Abb. 5.54 zeigt z. B., welchen Einfluß auf den Temperaturverlauf von ΔH die Güte der Oberfläche und Anwendung von hochreinen Rohstoffen ausübte.

Die Bedeutung der perfekten einkristallinen Proben von $Y_3Fe_5O_{12}$ beruht darauf, daß es sich um den ersten Fall handelt, wo es gelungen ist, die Wirkungen von Inhomogenitäten und schnell relaxierenden paramagnetischen Verunreinigungen in einem Maße auszuschalten, daß es mindestens in bestimmten Temperaturbereichen möglich war, die „Eigenrelaxation“ der homogenen Präzession zu beobachten. Außerdem, und zwar vor allem im Bereich nichtlinearer Erscheinungen, erlaubt es die extrem schmale Resonanzlinie die Relaxationseigenschaften einzelner Typen von Spinwellen zu verfolgen. Wertvolle Ergebnisse hat man in dieser Richtung besonders durch die bahnbrechenden Arbeiten von LeCraw, Spencer und Mitarbeitern erreicht [119, 166].

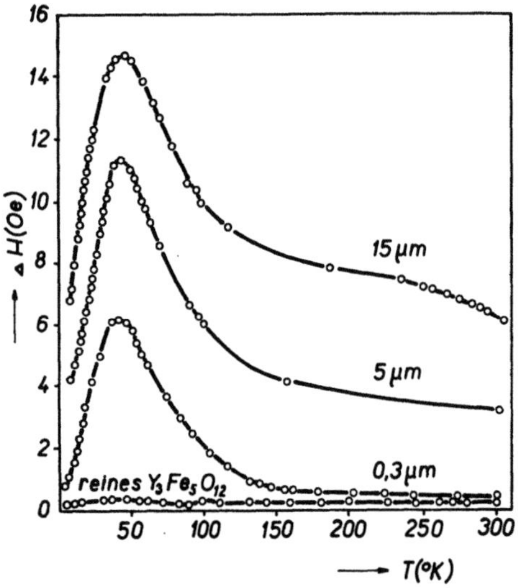

Abb. 5.54 Einfluß von Oberflächenrauhigkeit und Reinheit der Rohstoffe auf die Temperaturabhängigkeit von ΔH des Yttrium-Eisen-Granats (nach Spencer u. a. [165]).

Die Abhängigkeit des reziproken Wertes der Eigenrelaxationszeit τ_0^{-1} eines Yttrium-Eisen-Granats ist in Abb. 5.55 gekennzeichnet. Zur Eigenrelaxation tragen besonders folgende Prozeßarten bei [118]:

(a) Der Dreimagnonenprozeß, wobei ein Magnon $\boldsymbol{k} = 0$ in zwei Magnonen $\boldsymbol{k}$, $-\boldsymbol{k}$ mit halber Frequenz $\omega_{\boldsymbol{k}} = \omega_{-\boldsymbol{k}} = \omega_r/2$ zerfällt. Es ist offenkundig, daß in diesem Prozeß sowohl die Energie als auch der Impuls erhalten bleibt und daß es also zu diesem Prozeß auch in einem perfekten Kristall kommen kann. Um sein Zustandekommen überhaupt zu ermöglichen, ist es notwendig, daß die Frequenz $\omega_r/2$ innerhalb des Spinwellenbandes liegt (Abb. 5.40). Da bei diesem Mechanismus die Magnonenzahl größer wird, verringert sich dadurch die Größe des Magnetisierungsvektors $|\boldsymbol{M}|$ sowie die z-Komponente M_z. Weil die entsprechende Relaxationszeit T^{-1} proportional ist, kommt dieser Prozeß hauptsächlich im Bereich niedriger Temperaturen zur Geltung. Es sei bemerkt, daß der beschriebene Mechanismus bei nichtlinearen Effekten in der ferromagnetischen Resonanz eine wichtige Rolle spielt (Abschn. 5.6).

(b) Der Viermagnonenprozeß, bei dem zwei Magnonen $\boldsymbol{k} = 0$ verschwinden und statt ihrer zwei andere mit $\boldsymbol{k}$, $-\boldsymbol{k} \neq 0$ und mit gleicher Frequenz erscheinen. Das Energie- und Impulserhaltungsgesetz wird also wieder eingehalten, und da nicht einmal die Magnonen-Gesamtzahl geändert wird, betrifft diese Relaxation nur die Transversalkomponente $M_\perp$. In der Linienbreite ΔH des Yttrium-Eisen-Granats kommt sie, wegen der quadratischen Abhängigkeit von der Temperatur, wahrscheinlich erst bei höheren Temperaturen deutlicher zur Geltung [167].

Beide Mechanismen, (a) und (b), sind das Ergebnis der Dipol-Dipol-Wechselwirkungen zwischen den magnetischen Momenten [42].

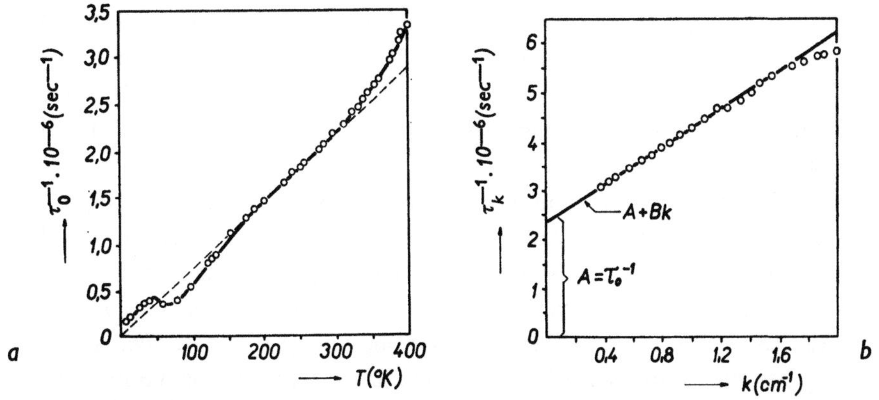

Abb. 5.55 Temperaturabhängigkeit von τ_0^{-1} für $Y_3Fe_5O_{12}$ — (a). Abb. (b) zeigt die Ableitung von τ_0 aus der Abhängigkeit der Relaxationszeit τ_k der Spinwellen von der Größe des Wellenvektors $\boldsymbol{k}$ (nach LeCraw und Spencer [166]).

(c) Der dritte Prozeß schließt die Wechselwirkung mit Phononen ein und entspricht einer Zweimagnonenstreuung $\boldsymbol{k} = 0 \to \boldsymbol{k} \neq 0$ bei gleichzeitiger Absorption oder Emission eines Phonons derart, daß die Energie sowie der Impuls erhalten bleiben. Nach Kasuya und Le Craw [166, 42, 168] ist für diesen Prozeß die starke lokale, magnetoelastische uniaxiale Anisotropie verantwortlich, die mit der Nichtäquivalenz einzelner Lagen des Fe^{3+}-Untergitters in der Granatstruktur zusammenhängt. Diesen Magnetostriktionseffekt kann man nicht makroskopisch beobachten, weil er in bezug auf die kubische Symmetrie des Kristalls kompensiert wird.

5.6 Nichtlineare Effekte

Die Erörterung der Resonanzerscheinungen in den vorgehenden Abschnitten war durch die Annahme eingeschränkt worden, daß der Präzessionswinkel des Magnetisierungsvektors genügend klein ist, so daß man in der die Präzession definierenden Bewegungsgleichung jene Glieder vernachlässigen kann, die in den dynamischen Komponenten des Feldes und der Magnetisierung nichtlinear sind. Diese lineare Annäherung entspricht der Forderung $M_z \cong |\boldsymbol{M}| = \text{Konst.}$, $\dot{M}_z = \dot{m}_z \cong 0$. In allgemeiner Form (5.5), ergänzt durch einen von den die Dämpfung beschreibenden

Ausdrücken (5.6a), (5.6b), ist freilich die Bewegungsgleichung nichtlinear, so daß die dynamischen Magnetisierungskomponenten $m_i(i = x,y,z)$, die wir durch ihre Lösung gewinnen, allgemein nichtlineare Funktionen der Amplitude des Hochfrequenz-Magnetfeldes sein werden. Dabei werden die Landau-Lifschitz- (5.6a) und Bloch-Bloembergen- (5.6b) Ausdrücke für die Dämpfung bei größeren Präzessionswinkeln nicht äquivalent sein, denn der Ausdruck L.-L. läßt die Magnetisierungsgröße unberührt ($|\boldsymbol{M}| = \text{Konst.}$), was bei B.-B. im allgemeinen nicht der Fall ist. Es ist also zu sehen, daß zur Nichtlinearität der Beziehung zwischen der dynamischen Magnetisierungskomponente $\boldsymbol{m} = \boldsymbol{m}(t)$ und dem Hochfrequenzfeld bei größeren Amplituden schon die nichtlineare klassische Bewegungsgleichung selbst führt, und zwar auch dann, wenn wir uns auf die Lösung in der Form homogener Präzession beschränken.

Wie aus der Lösung der nichtlinearen Bewegungsgleichung [169] folgt, ruft die Vergrößerung des Präzessionswinkels zwei neue Erscheinungen hervor: die Verminderung des Mittelwertes der z-Komponente der Magnetisierung und das Erscheinen der von Null verschiedenen dynamischen Magnetisierungskomponente m_z längs dieser Achse. Der erste Effekt – die Verminderung von $\langle M_z \rangle$ – ist auch von der Anschauung her gut begreiflich (Abb. 5.1), und man kann ihn als Verkleinerung der Ruhekomponente der Magnetisierung auffassen. Der zweite gilt als Folge der Beziehung

$$M_0^2 = M_x^2 + M_y^2 + M_z^2 = m_x^2 + m_y^2 + (m_z + \langle M_z \rangle)^2 , \qquad (5.109)$$

die für momentane Werte der Magnetisierungskomponenten gelten muß, wenn die Bedingung

$$|\boldsymbol{M}| = M_0 = \text{Konst.} \qquad (5.110)$$

erfüllt werden soll, die aus der Anwendung des Landau-Lifschitz-Ausdrucks (5.6a) für die Dämpfung folgt. Wenn wir in der Bewegungsgleichung höchstens Glieder zweiter Ordnung behalten, können wir für nicht allzu große Amplituden statt (5.109) angenähert schreiben

$$M_z = \langle M_z \rangle + m_z \cong M_0 - \frac{1}{2M_0}(m_x^2 + m_y^2) ; \qquad (5.111)$$

soweit die Präzession des Vektors $\boldsymbol{M}$ elliptisch (nicht kreisförmig) ist, stellt $m_x^2 + m_y^2$ eine periodische Funktion der Zeit mit der Kreisfrequenz 2ω dar, und dasselbe wird für m_z gelten.[57]) Dabei wird sowohl die Senkung der Ruhekomponente der Magneti-

[57]) Im Falle einer *kreisförmigen* Präzession, zu der es in einer magnetisch isotropen Probe mit Rotationssymmetrie gegenüber der Richtung des magnetischen Gleichfeldes ($N_x = N_y$) bei Anregung durch ein zirkular polarisiertes Hochfrequenzfeld kommt, wird $m_z = 0$ sein. Bei einer elliptischen Präzession, die bei Herabsetzung dieser Symmetrie — sei es schon durch den Einfluß magnetokristalliner Anisotropie, Formanisotropie oder einfach durch Einwirkung der *linearen*

sierung $\Delta M_z = M_0 - \langle M_z \rangle$ als auch die Amplitude der dynamischen Komponente m_z dem Quadrat der Amplitude des Hochfrequenzfeldes h proportional sein. Beide Erscheinungen sind daher den üblichen, in nichtlinearen Elektronenelementen beobachteten Effekten analog – die erste in bezug auf die Detektion und die zweite auf die Generation der zweiten harmonischen Frequenz.

Physikalisch interessanter sind jene nichtlinearen Erscheinungen, die mit Anregung und Wechselwirkungen *der Spinwellen* zusammenhängen. In Abschn. 5.5 haben wir gesehen, von welcher Bedeutung für die Dämpfung der homogenen Präzession der Umstand ist, daß die Bewegungsgleichung für $\boldsymbol{M}$ als Lösung auch inhomogene Präzessionsmoden zuläßt. In diesem Abschnitt werden wir zeigen, daß die Spinwellen auch die ferromagnetische Resonanz im nichtlinearen Bereich (d. i. in starken Hochfrequenzfeldern) auf entscheidende Weise beeinflussen. Unsere Erörterung werden wir in zwei Teile entsprechend der Natur der Grundanordnung des Experiments einteilen: im ersten Teil werden wir die Erscheinungen bei einer Resonanz im senkrechten Hochfrequenzfeld ($\boldsymbol{h} \perp \boldsymbol{H}$) behandeln, was analog ist zur normalen Resonanz in schwachen Feldern, im zweiten Teil werden wir dann die Resonanz im parallelen Feld ($\boldsymbol{h} \parallel \boldsymbol{H}$) erörtern.

Resonanz im senkrechten Hochfrequenzfeld

Betrachten wir zuerst die mit der „*Sättigung*" der homogenen Präzession zusammenhängenden Erscheinungen, welche bei genügend großen Amplituden des Hochfrequenzfeldes zutage treten. Wie schon aus der Anschauung klar ist, kann der Präzessionswinkel des Magnetisierungsvektors bei Erhöhung der Hochfrequenz-Feldstärke nicht unbegrenzt anwachsen. Wenn der Präzessionswinkel sich 90° nähert, sollte es zur Sättigung der Resonanzabsorption kommen, die durch die Abnahme der bei der Resonanz durch die Probe absorbierten Energie oder, was wegen (5.31) ein und dasselbe ist, durch Erniedrigung des Resonanzmaximums des Imaginärteiles der Suszeptibilität χ''_{res} gekennzeichnet ist. Gleichzeitig wird auch die Ruhekomponente der Magnetisierung $\langle M_z \rangle$ schnell sinken, und, wie es aus der Lösung der klassischen Bewegungsgleichung folgt [170], sollte dabei zwischen den beiden Größen fortwährend die Proportionalitätsbeziehung $\chi''_{\text{res}} \sim \langle M_z \rangle$ gelten.

Polarisation des anregenden hochfrequenten Magnetfeldes entsteht, werden die Amplituden der Komponenten m_x, m_y voneinander verschieden sein. Wenn dabei die Bedingung $|\boldsymbol{M}| =$ Konst. eingehalten werden soll, kann die durch den Endpunkt des Vektors $\boldsymbol{M}$ beschriebene Bahn nicht eben bleiben, so daß die Magnetisierungsbewegung auch die von Null verschiedene periodische Longitudinalkomponente m_z enthalten wird. Die Elliptizitätsbedingung der Präzession werden wir auch bei der Diskussion der direkten Spinwellenanregung durch das sog. Parallelpumpen wieder finden.

Bei Anwendung des allgemeinen Bloch-Ausdrucks für die Dämpfung bekommt man für die Kugelprobe [170]

$$\langle M_z\rangle / M_0 = \chi''_{res}/\chi''_0 = \left(1 + \tfrac{1}{4}\gamma^2 h^2 T_1 T_2\right)^{-1}, \qquad (5.112)$$

wobei $M_0 = |\boldsymbol{M}|$, χ''_0 der Resonanzwert der imaginären Suszeptibilität bei schwachem Hochfrequenzfeld ($h \to 0$) ist und T_1, T_2 die Relaxationszeiten für die longitudinale und transversale Magnetisierung bedeuten. Es sei bemerkt, daß $T_2 = 2(\gamma \Delta H)^{-1}$ ist. Unter der Voraussetzung *zirkularer* Polarisation des hochfrequenten Magnetfeldes ist der eigentliche physikalische Grund der Sättigung darin zu sehen, daß sich der Magnetisierungsvektor beim Präzessionswinkel $\Theta = 90°$ in der Ebene $xy(\langle M_z\rangle = 0)$ in möglichst enger Parallelität mit dem in gleichem Sinne rotierenden Hochfrequenzfeld bewegt, so daß eine gewisse „Sättigung" der dynamischen Magnetisierung eintritt. Es verschwindet der Grund für eine weitere Vorgrößerung des Präzessionswinkels, und die homogene Präzessionsmode absorbiert und strahlt Energiequanten aus mit gleicher Wahrscheinlichkeit. Bei *linear* polarisiertem Hochfrequenzfeld wird die Bahn des Endpunktes des Vektors $\boldsymbol{M}$ zwar nicht kreisförmig sein, für $\langle\Theta\rangle = 90°$ wird jedoch auch hier $\langle M_z\rangle = 0$ gelten.

Wenn die Präzession homogen bleiben würde und die entsprechende Dämpfungskonstante α von der Größe des Hochfrequenzfeldes h unabhängig wäre, sollte der Präzessionswinkel für $h = \Delta H = 2\alpha H_{res}$ 90° erreichen. Wie jedoch aus den Experimenten von Bloembergen u. a. [170, 171] folgt, kommt es zu einer Abnahme von χ''_{res} schon bei sehr viel schwächeren Feldern, als dieser Bedingung entspricht, und

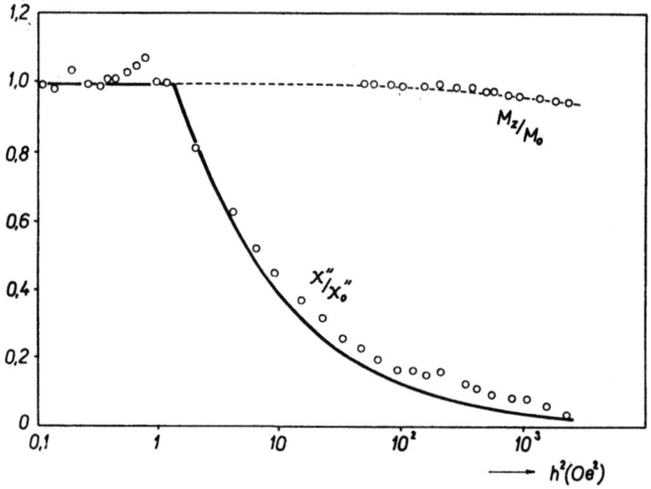

Abb. 5.56 Abhängigkeit von χ''_{res}/χ''_0 und $\langle M_z\rangle/M_0$ vom Quadrat der Amplitude des Hochfrequenzfeldes für einen Nickel-Ferrit-Einkristall (nach Bloembergen und Damon [171]).

zwar gewöhnlich bei $h \approx (1/50)\Delta H$. Demgegenüber bleibt $\langle M_z\rangle$ bei diesen Amplituden des Hochfrequenzfeldes im Widerspruch zu der Forderung $\chi''_{res} \sim \langle M_z\rangle$ praktisch unverändert (Abb. 5.56). Da es gleichzeitig noch zu weiteren Anomalien, vor allem zur Erscheinung eines weiteren Resonanzmaximums im Bereich niedrigerer statischer Felder kommt (Abb. 5.57), ist es klar, daß die ausschließlich auf die Vorstellung einer homogenen Präzession gegründete Theorie zur Erklärung dieser Erscheinungen nicht genügen kann.

Wenn wir eine allgemeine Lösung der nichtlinearen Bewegungsgleichung in Form einer Fourier-Reihe (5.78) suchen, dann wird – zum Unterschied von der linearen Näherung, wo wir, ohne das Störungsglied einzuschließen, für einzelne Spinwellen selbständige, voneinander unabhängige Gleichungen erhalten – die nichtlineare

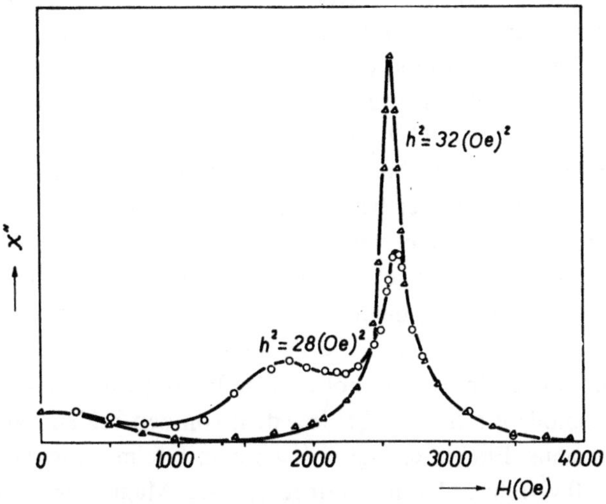

Abb. 5.57 Ferromagnetische Resonanzabsorption eines Ni-Ferrit-Einkristalls für Hochfrequenzfelder mit verschiedener Amplitude (nach Damon [129]).

Gleichung nach Einsetzen von (5.78) die Produkte von Amplituden der Spinwellen mit verschiedenen $\boldsymbol{k}$ enthalten, so daß die Spinwellen unabhängig voneinander gar nicht bestehen können. Das bedeutet, daß bei der stationären Lösung einer nichtlinearen Bewegungsgleichung der homogenen Präzessionsmode Spinwellen mit $\boldsymbol{k} \neq 0$ beigemischt sind, was man als eine von Null verschiedene Wahrscheinlichkeit für die Transformation von Magnonen mit $\boldsymbol{k} = 0$ in Magnonen mit $\boldsymbol{k} \neq 0$ und umgekehrt auffassen kann. Wir sehen nun, daß es infolge der Nichtlinearität der Bewegungsgleichung auch bei Abwesenheit von Inhomogenitäten oder anderen Störungen zu den Prozessen der Magnonenstreuung kommt, die den Präzessionscharakter beeinflussen.

Die erste Theorie, welche die bei ferromagnetischer Resonanz in starken Hochfrequenzfeldern antretenden Anomalien, d. i. *die vorzeitige Sättigung* von χ''_{res} und Erscheinung eines *Absorptions-Nebenmaximums* erläutert, hat Suhl ausgearbeitet [172]. In seiner Theorie werden die beiden erwähnten Erscheinungen der Instabilität der homogenen Präzessionsmode bei großen Präzessionswinkeln zugeschrieben. Diese Instabilität kann man in der Weise auffassen, daß bestimmte Spinwellen, die infolge der Nichtlinearität der Bewegungsgleichung mit der homogenen Präzession gekoppelt sind, bei Erreichung eines bestimmten kritischen Präzessionswinkels stark anzuwachsen beginnen. Sie führen dabei Energie aus der homogenen Präzessionsmode ab und verhindern so das weitere Anwachsen des Präzessionswinkels. Wenn wir also die Amplitude des Hochfrequenzfeldes sukzessiv vergrößern, wächst mit ihr zuerst auch der Präzessionswinkel. Nach Überschreiten des dem kritischen Winkel entsprechenden sog. Schwellwertes des Hochfrequenzfeldes wird sich jedoch der Präzessionswinkel nicht mehr vergrößern, und der stationäre Bewegungszustand magnetischer Momente wird zur Überlagerung von homogener Präzession (mit kritischem Winkel gleich Präzessionswinkel) mit bestimmten Spinwellen. Da die Anzahl dieser angeregten Spinwellen mit $\boldsymbol{k} \neq 0$ größer sein wird, als es sonst dem durch die Probentemperatur bestimmten Gleichgewichtszustand entspricht, wird die Länge des Magnetisierungsvektors bei Überschreiten des Schwellfeldes nicht konstant bleiben, sondern sie wird sich etwas verringern (vgl. Gl. (5.95) und (5.96)).

Die erwähnte Instabilität der homogenen Präzessionsmode kann nach Suhl von zweierlei Art sein, wobei jede der beiden Instabilitäten für einen anderen Effekt – die eine für den anomalen Verlauf von $\chi''(h)$ und die zweite für die Entstehung eines Nebenmaximums – verantwortlich ist. Unter zweierlei Instabilität verstehen wir dabei die Tatsache, daß im allgemeinen zwei verschiedene, verhältnismäßig eng begrenzte Spinwellenklassen existieren, die zu spontanem Wachstum fähig sind. Der für das Wachstum dieser Spinwellen notwendige Entzug von Energie aus der homogenen Präzessionsmode geschieht dabei in jedem von den beiden Fällen durch einen anderen Mechanismus. Einmal erfolgt er nach dem Dreimagnonenprozeß, bei dem ein Magnon $\boldsymbol{k} = 0$ verschwindet und statt seiner zwei Magnonen $\boldsymbol{k}_1, \boldsymbol{k}_2 \neq 0$ erscheinen. Die Forderung nach der Erhaltung von Energie und Impuls (vgl. Abschn. 5.5) führt zu den Bedingungen

$$\boldsymbol{k}_1 = -\boldsymbol{k}_2 = \boldsymbol{k}$$

$$\varepsilon_0 = \varepsilon_{\boldsymbol{k}} + \varepsilon_{-\boldsymbol{k}} \;,$$

so daß

$$\omega_{\boldsymbol{k}} = \tfrac{1}{2}\omega \; ; \tag{5.113}$$

die Frequenz des Hochfrequenzfeldes haben wir dabei als ω bezeichnet. Im zweiten Falle handelt es sich um einen Viermagnonenprozeß, bei dem zwei Magnonen $\boldsymbol{k} = 0$ verschwinden und zwei Magnonen mit den Impulsen $\boldsymbol{k}$, $-\boldsymbol{k}$ entstehen. Aus der Energieerhaltung folgt dann

$$\omega_{\boldsymbol{k}} = \omega \,. \tag{5.114}$$

Wir werden leicht erraten, daß dieser zweite Prozeß das Hauptmaximum der Resonanzabsorption betrifft, wogegen der erste wahrscheinlich für die Entstehung des Nebenmaximums verantwortlich sein wird. Wir bemerken, daß, während bei den zur Sättigung der Hauptresonanz führenden Viermagnonenprozessen bei Feldstärken größer als das Schwellfeld Spinwellen mit einem zur Richtung des statischen Magnetfeldes parallelen Wellenvektor ($\Theta_{\boldsymbol{k}} = 0$) am stärksten angeregt werden, die mit dem Resonanz-Nebenmaximum verbundene Instabilität zur Anregung von Spinwellen führt, für die $0 < \Theta_k < \frac{1}{4}\pi$ gilt [11].

Um die Entstehung eines Nebenmaximums zu begreifen, ist es notwendig, sich zu erinnern, wie das Spinwellenspektrum bei einem kleinen Ellipsoid aussieht. Aus der die Dispersionsbeziehung $\omega = \omega(\boldsymbol{k})$ angebenden Gl. (5.85) ist ersichtlich, daß für jedes $|\boldsymbol{k}|$ die Frequenz der entsprechenden Spinwellen eine Funktion der Probenform, der Magnetisierung $|\boldsymbol{M}|$ und des äußeren statischen Feldes H ist. Für die gegebene bestimmte Probe wird ω_k eine wachsende Funktion von H sein, so daß wir uns vorstellen können, daß sich bei wachsender statischer Feldstärke die ganze Abbildung des Spektrums (Abb. 5.40) nach oben verschiebt. Wenn wir das Hochfrequenzfeld mit einer konstanten Frequenz ω einschalten, dann bestehen, wie aus der Suhlschen Theorie folgt, in einem bestimmten Frequenz- bzw. Feldbereich Spinwellen mit dem Wellenvektor $\boldsymbol{k}$, welche die Bedingung (5.113) erfüllen und zu instabilem Wachstum fähig sind. Diese Spinwellen können die Ursache der Entstehung eines Nebenmaximums sein, sofern sich die angewandte Frequenz ω von der Resonanzfrequenz ω_r der homogenen Präzessionsmode hinreichend unterscheidet, die demselben Werte von H entsprechen würde, an welchem das Nebenmaximum liegen soll. Im anderen Falle taucht das Nebenmaximum in das Hauptmaximum ein, und der Dreimagnonenprozeß trägt dann mit dem Viermagnonenprozeß zur Sättigung der Hauptresonanz bei. Darüber, welcher von beiden Fällen eintritt, entscheidet die Tatsache, ob die Frequenz des Hochfrequenzfeldes ω größer oder kleiner ist als die charakteristische Frequenz (vgl. (5.107))

$$\omega_c = 2N_\perp \gamma M \tag{5.115}$$

($N_\perp$ ist der Entmagnetisierungsfaktor in der zur Achse des Ellipsoids senkrechten Richtung). Das Nebenmaximum erscheint nur für $\omega > \omega_c$, während es für $\omega < \omega_c$ nur Sinn hat, von einer Sättigung des Hauptmaximums zu sprechen. Für den Wert des kritischen Hochfrequenzfeldes, bei dem es zu einer zur Entstehung des Nebenmaximums führenden Instabilität kommt, erhalten wir in erster Näherung die Beziehung [172]

$$h'_{\text{krit}} \cong (\omega - \omega_r)\, \Delta H / 2\pi\gamma M\,. \tag{5.116}$$

Die Sättigung des Hauptmaximums soll laut Suhl dann auftreten, wenn die Amplitude des Hochfrequenzfeldes den kritischen Wert überschreitet

$$h_{\text{krit}} = \Delta H\, (\Delta H_k / 4\pi M)^{1/2}\,. \tag{5.117}$$

Hier bedeutet ΔH_k die Spinwellenlinienbreite, während ΔH die bei ferromagnetischer Resonanz gemessene Breite ist. Die Beziehung (5.116) gilt unter der Voraussetzung, daß ein selbständiges Nebenmaximum auf der Kurve $\chi''(H)$ besteht, so daß es zur Sättigung ausschließlich durch die Wirkung einer Viermagnonenstreuung kommt; dieser Fall entspricht gewöhnlich der Lage bei einem Experiment. Nach der Vorstellung über die Instabilität als eigentliche Ursache der Sättigung sollte χ''_{res} für $h < h_{\text{krit}}$

im großen und ganzen konstant bleiben und sollte abnehmen, wenn h die Schwelle h_{krit} überschreitet. Dieser Rückgang sollte für $h = h_{krit}$ plötzlich einsetzen, und nach der Theorie sollte er der Abhängigkeit $\chi''_{res} \sim h^{-1}$ entsprechen. Die gemessenen Abhängigkeiten weichen in der Regel von dieser Vorhersage ab: entweder gibt es keinen scharfen Knick bei h_{krit}, oder, falls der Knick scharf ist, wird wieder $\chi''_{res} \sim h^{-1}$ (in einem weiten Bereich von h-Werten) nicht erfüllt – vgl. Abb. 5.58. Suhl, Schlömann

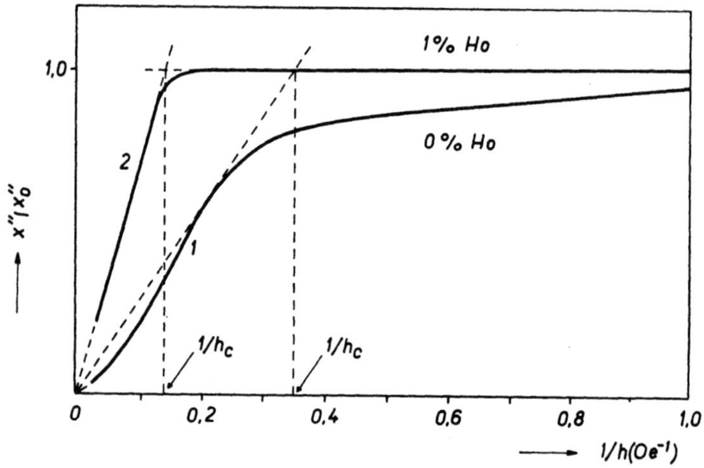

Abb. 5.58 Abhängigkeit χ''_{res}/χ''_0 von h^{-1} für reines $Y_3Fe_5O_{12}$ – 1 und für denselben Granat mit 1% Ho – 2. Die der ursprünglichen Suhlschen Theorie entsprechenden linearen Verläufe sind gestrichelt gezeichnet. Es ist augenscheinlich, daß bei Vergrößerung der Relaxation durch Zusatz von Ho^{3+}-Ionen die Übereinstimmung mit der Theorie besser ist als bei reinem YIG, bei dem sich die Zweimagnonen-Streuung stärker bemerkbar macht. (Nach Green und Schlömann [158].)

und andere [13, 26] waren bestrebt, diese Diskrepanz durch die Vorstellung über die Teilnahme einer durch Inhomogenitäten verursachten Zweimagnonenstreuung zu beseitigen. Diesen Annahmen entsprechend, verstärkt der Zweimagnonen-Streuprozeß, der als einer von den die Breite der Resonanzlinie im Bereich kleiner Feldstärken bestimmenden Hauptmechanismen gilt (vgl. Abschn. 5.5), die Exzitation der durch die Viermagnonenstreuung entstehenden Spinwellen, so daß die Anzahl derart angeregter Wellen schon bei Feldern $h < h_{krit}$ ein bedeutendes Niveau erreicht. Infolgedessen sollte sich χ_{res} schon von den schwächsten Feldern an allmählich verringern, und die Erscheinung der Instabilität sollte von keinem scharfen Knick in der Kurve $\chi''_{res}(h^{-1})$ begleitet werden. Im Bereich schwacher und mittlerer Felder sollte nach dieser Theorie für die Ablenkung $\chi''_0 - \chi''_{res}$ die Proportionalität $\chi''_0 - \chi''_{res} \sim h^2$ gelten. Diese quadratische Abhängigkeit wurde in der Arbeit [173] für polykristalline Proben experimentell bestätigt. Wie in den Arbeiten [174, 175] gezeigt wird, ist es jedoch zur quantitativen Erklärung der Abhängigkeiten

$\chi''_{\text{res}}(h)$ notwendig, auch lineare und nichtlineare Wechselwirkungen der Spinwellen untereinander zu berücksichtigen. Diese Wechselwirkungen spielen auch bei Einstellung des stationären Wertes des Präzessionswinkels bei der Resonanz eine wesentliche Rolle [174].

Vom Gesichtspunkt der Theorie und ihrer Bestätigung ist die Festsetzung der Größe ΔH_k von erheblicher Bedeutung, die im wesentlichen die Relaxationszeit der Spinwellen angibt. Dazu kann man im Prinzip die Beziehung (5.105) für das kritische Feld benutzen. Aber weil der Verlauf von $\chi''_{\text{res}}(h^{-1})$ im Punkte $h = h_{\text{krit}}$ nicht den erwarteten Knick aufweist, ist es erforderlich, h_{krit} z. B. durch Extrapolation des geraden Teiles der Abhängigkeit $\chi''_{\text{res}}(h^{-1})$ – siehe Abb. 5.58 – evtl. durch direkte Anpassung der experimentellen Abhängigkeit an die aus der Loosschen Theorie folgenden Kurven [175] zu bestimmen.

Resonanz im Parallelfeld

Während die Spinwellen bei der Anordnung $\boldsymbol{k} \perp \boldsymbol{H}$ indirekt durch Vermittlung homogener Präzession in der Weise angeregt werden, daß die Magnonen $\boldsymbol{k} = 0$ in Magnonen $\boldsymbol{k} \neq 0$ transformiert werden, bietet die Resonanzmethode im Parallelfeld unter gewissen Umständen die Möglichkeit direkter Spinnwellenanregung durch ein Hochfrequenzfeld. Dieses Verfahren, gewöhnlich „*Parallelpumpmethode*" genannt, wurde von Schlömann [13, 176] und Morgenthaler [177] vorgeschlagen. Eine Übersicht über die Grundlage dieser Methode und ihre Anwendungen kann der Leser aus dem Bericht von Haubenreisser [178] gewinnen. Als notwendige Vorasussetzung für die Anregung einer Spinwelle durch das magnetische, mit dem statischen $\boldsymbol{H}$-Felde parallele Hochfrequenzfeld $\boldsymbol{h}$ gilt die Existenz einer von Null verschiedenen Kopplung zwischen $\boldsymbol{h}$ und der dieser Welle entsprechenden Präzession, was voraussetzt, daß die Präzession nicht kreisförmig, sondern elliptisch ist. Die Magnetisierung hat dann eine von Null verschiedene, mit $\boldsymbol{h}$ (und daher mit $\boldsymbol{H}$) parallele Komponente mit einer Frequenz oszillierend, die gleich ist der zweifachen Präzessionsfrequenz $\omega_{\boldsymbol{k}}$ der zugehörigen Spinwelle. Das behält auch Gültigkeit für den speziellen Fall der homogenen Präzessionsmode $\boldsymbol{k} = 0$ (vgl. S. 550). Während jedoch bei homogener Präzession zur Elliptizität die Formanisotropie oder eine andere Anisotropie (im allgemeinen die Herabsetzung der makroskopischen Symmetrie des Systems) notwendig ist, genügt für das Auftreten elliptischer Präzession bei den Spinwellen $\boldsymbol{k} \neq 0$ das innere Entmagnetisierungsfeld $-$ div $4\pi \boldsymbol{m}_{\boldsymbol{k}}$, das $M \sin^2 \Theta_{\boldsymbol{k}}$ proportional (vgl. S. 514 f.) und daher $\neq 0$ ist, soweit $\sin \Theta_{\boldsymbol{k}} \neq 0$ gilt ($\Theta_{\boldsymbol{k}}$ ist der Winkel, welchen der Wellenvektor $\boldsymbol{k}$ mit dem $\boldsymbol{H}$-Felde einschließt).[58]) Jedenfalls ist zur Anregung einer stehenden Spinwelle mit

[58]) Wenn wir das Dispersionsgesetz für die Spinwellen (5.85) analog (5.38a) in die Gestalt $\omega_{\boldsymbol{k}}^2 = H^x_{\text{eff},\boldsymbol{k}} \cdot H^y_{\text{eff},\boldsymbol{k}}$ umschreiben, dann sehen wir, daß für $0 < \Theta_{\boldsymbol{k}} < \pi$ $H^x_{\text{eff},\boldsymbol{k}} \neq H^y_{\text{eff},\boldsymbol{k}}$ sein wird, was eine andere Darstellung der Bedingung für die Präzessionselliptizität ist.

der Kreisfrequenz ω_k ein Parallel-Hochfrequenzfeld notwendig, dessen Kreisfrequenz ω annähernd die Bedingung erfüllt

$$\omega = 2\omega_k = \omega_k + \omega_{-k}, \tag{5.118}$$

wobei die rechte Seite andeutet, daß die stehende Welle aus zwei fortschreitenden Wellen mit den Wellenvektoren $\pm\, \boldsymbol{k}$ zusammengesetzt ist.

Wenn wir die Bewegungsgleichung (5.5) bei paralleler Erregung durch ein Hochfrequenzfeld lösen, so stellen wir fest, daß diese Erregung selbst (zum Unterschied vom Falle eines senkrechten Hochfrequenzfeldes) nichtlinear ist, denn das Hochfrequenzfeld h kommt immer im Produkt mit der dynamischen Magnetisierungskomponente vor. Das bedeutet, daß die durch das Spinsystem absorbierte Leistung nicht nur mit der Amplitude des h-Feldes, sondern auch mit der Anzahl (Amplitude) der angeregten Spinwellen proportional wächst. Auf der anderen Seite ist die vom Spinsystem durch Relaxation an das Gitter abgegebene Leistung nur der Anzahl von Magnonen proportional. Bei Erhöhung der Feldstärke des anregenden Hochfrequenz-Magnetfeldes wächst also die absorbierte Leistung schneller als die dissipierte Leistung, was die Existenz eines kritischen Feldes h_K zur Folge hat, welches die Maximalerregung darstellt, bei der noch die ganze durch das Spinsystem absorbierte Leistung an das Gitter abgegeben werden kann ($P_{abs} = P_{Verlust}$). Für $h > h_K$ ist das nicht mehr möglich; es entsteht die vom exponentiellen Zeitwachstum der Spinwellenamplitude (Magnonenanzahl) begleitete Instabilität. Nur wegen dieser Instabilität ist die Spinwellenanregung für $h > h_K$ ausreichend, um experimentell beobachtet werden zu können. Da das kritische Feld h_K eine Funktion des Wellenvektors $\boldsymbol{k}$ der erregten Spinwellen ist, werden nur die Spinwellen mit kleinstem h_K angeregt werden; welche Wellen es sein werden, hängt in erster Reihe vom statischen Magnetfeld H und von der Frequenz des Hochfrequenzfeldes ω ab. Bei Anwendung von verschiedenen H und ω haben wir auf diese Weise eine Möglichkeit, verschiedene Spinwellen (d. h. Wellen mit verschiedenen $\boldsymbol{k}$) separat anzuregen und z. B. ihre durch die Größe von ΔH_k charakterisierten Relaxationseigenschaften zu studieren. Die Parallelpumpmethode können wir also im gewissen Sinne als eine „*Spinwellen-Spektroskopie*" auffassen. Zwischen ΔH_k und der kritischen Amplitude des Hochfrequenzfeldes h_K gilt die (aus der Energiebilanz folgende) Beziehung

$$h_K = \frac{\omega}{4\pi M\gamma} \frac{\Delta H_k}{\sin^2\Theta_k}. \tag{5.119}$$

Weil die Spinwellen, die mit dem Hochfrequenzfeld am stärksten gekoppelt sind, die geringsten h_K-Werte haben werden, müssen – nach dem, was gesagt wurde – bei einem Parallelpumpexperiment vor allem die Spinwellen mit den zur Richtung des Magnetfeldes senkrechten Wellenvektoren ($\Theta_k = \pi/2$) angeregt werden, für die die innere Entmagnetisierung und daher auch die Elliptizität maximal ist. In Abb. 5.59 ist der Verlauf des kritischen Feldes h_K in Abhängigkeit vom statischen Magnetfeld für einen Einkristall des Yttrium-Eisen-Granats (Felder in [111] -Richtung) dargestellt. Für $H < H_c$ nimmt h_K, wenn wir von den zwei Spitzen bei H_1 und H_2 absehen, mit wachsender Feldstärke H ab; dieser Bereich entspricht der Anregung von Spinwellen mit $\Theta_k = \pi/2$, wie man sich durch eine Analyse der Dispersionsbeziehung (5.85) und der entsprechenden Darstellung des Spinwellenspektrums in Abb. 5.40 überzeugen kann. Weil bei einem Parallelpumpexperiment die Bedingung $\omega = 2\omega_k$

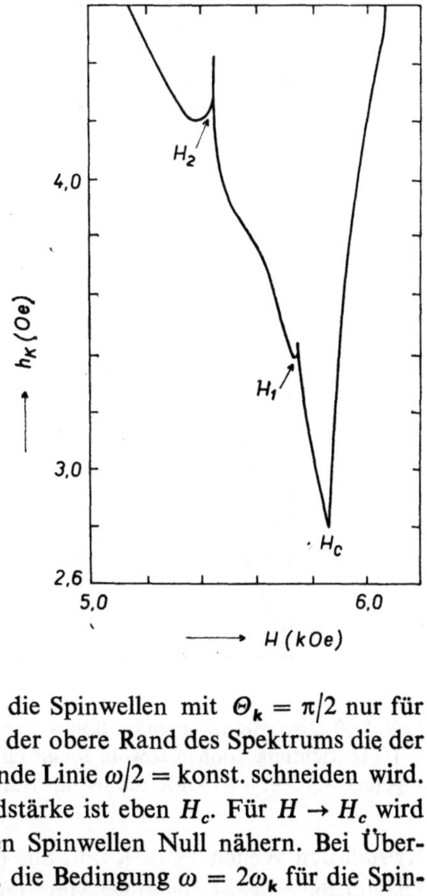

Abb. 5.59 Abhängigkeit der kritischen Mikrowellenfeldstärke h_K vom Gleichfeld H für Yttrium-Eisen-Granat; $\nu = 34{,}6$ GHz, die Felder in [111]-Richtung (nach Turner [179]).

(ω = konst.) immer erfüllt sein muß, können die Spinwellen mit $\Theta_k = \pi/2$ nur für solche Feldstärken H angeregt werden, für die der obere Rand des Spektrums die der Frequenz des Hochfrequenzfeldes entsprechende Linie $\omega/2$ = konst. schneiden wird. Die dieser Bedingung genügende Maximalfeldstärke ist eben H_c. Für $H \to H_c$ wird sich dabei der Wellenvektor $\boldsymbol{k}$ der angeregten Spinwellen Null nähern. Bei Überschreitung von H_c wird es nicht möglich sein, die Bedingung $\omega = 2\omega_k$ für die Spinwellen mit $\Theta_k = \pi/2$ zu erfüllen, und es werden die Spinwellen mit $\Theta_k < \pi/2$ angeregt werden. Da die Elliptizität dieser Spinwellen mit kleiner werdendem Θ_k abnimmt, wächst für $H > H_c$ das kritische Feld h_K wieder stark an, wobei nach (5.119) für $\Theta_k \to 0$, $h_K \to \infty$ gilt.

Die zwei Spitzen auf der Kurve $h_K(H)$ bei H_1 und H_2 werden durch die Wechselwirkung der Spinwellen mit den Schwingungen des Gitters infolge magnetoelastischer Kopplung hervorgerufen [180]. Ihre Lage wird durch den Schnittpunkt der Dispersionskurven von Spinwellen und Phononen bestimmt (Abb. 5.60) und hängt wegen der Beziehung

$$Dk^2/\gamma\hbar = H_c - H\,, \quad D = a^2 H_{ex} \quad ^{59)} \tag{5.120}$$

mit der effektiven Austauschkonstante D zusammen. Da im Kreuzungspunkt des Phonon- und Magnonspektrums die Phononen und Magnonen die gleiche Frequenz und Wellenlänge besitzen, kann man aus der bekannten Schallgeschwindigkeit im

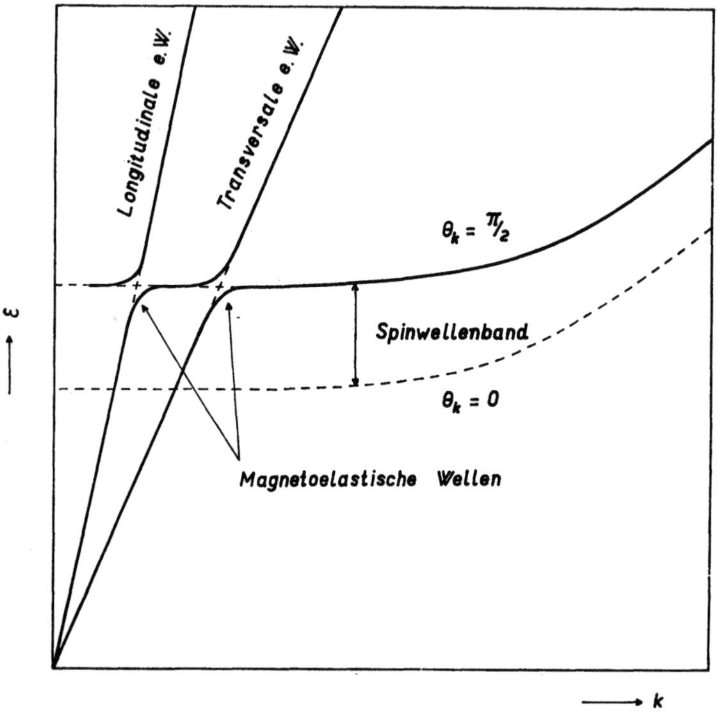

Abb. 5.60 Dispersionskurven für Spinwellen und elastische Wellen (Phononen). Für Magnetfelder in [111]-Richtung können sowohl longitudinale als auch transversale magnetoelastische Wellen angeregt werden, in [100]-Richtung nur transversale Wellen.

Kristall den Wellenvektor $\mathbf{k}$ und aus (5.120) die Austauschkonstante D bestimmen. Die auf diese Weise für einige Materialien gewonnenen D-Werte sind in Tab. V-8 aufgeführt. Außerdem steht die Breite der magnetoelastischen Spitzen in engem Zusammenhang mit den magnetoelastischen Konstanten B_1, B_2, die mit dieser Methode bei einer Reihe von Stoffen mit Erfolg gemessen wurden (siehe z. B. [180, 181]). Die Existenz der Maxima selbst hängt mit der Anregung der den gekoppelten Zuständen Magnon-Phonon entsprechenden magnetoelastischen Wellen zusammen. Im Falle

[59]) Die Beziehung (5.120) folgt aus der Dispersionsbeziehung (5.85), wenn wir H_c als lim H für $\Theta_{\mathbf{k}} = \pi/2$ und $\mathbf{k} \to 0$ definieren.

der Spitze bei H_1 handelt es sich um longitudinale, bei H_2 um transversale Wellen. Wenn die Magnetfelder H und h in der [001]-Richtung orientiert sind, besteht nur eine, den transversalen elastischen Wellen entsprechende Spitze (Abb. 5.61).

Aus der angeführten Übersicht ist zu ersehen, daß die Palette der im nichtlinearen Bereich vorkommenden Resonanzerscheinungen nicht nur ziemlich reichhaltig ist, sondern daß sie es ermöglicht, tiefer in die Sphäre mikroskopischer Vorgänge und

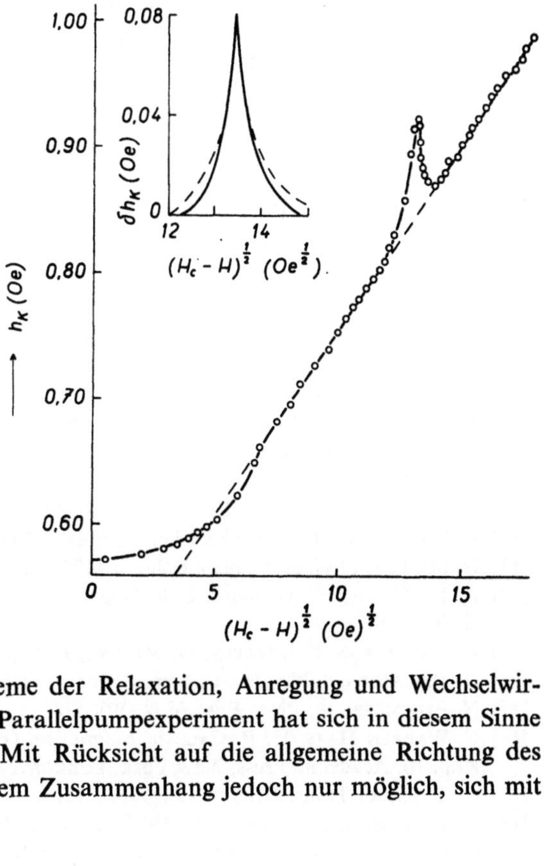

Abb. 5.61 Experimentelle Abhängigkeit der kritischen Mikrowellenfeldstärke h_K von $(H_c - H)^{1/2}$ für Yttrium-Eisen-Granat (T = 194 °K, Pumpfrequenz $\omega/2\pi = 23{,}2$ GHz, magnetische Felder parallel zur [100]-Richtung). Die magnetoelastische Spitze ist separat in vergrößertem Maßstab eingezeichnet; die gestrichelte Linie gibt die theoretisch berechnete Form der Spitze wieder. Nach Olson [188].

Mechanismen einzudringen (Probleme der Relaxation, Anregung und Wechselwirkungen der Spinwellen u. ä.). Das Parallelpumpexperiment hat sich in diesem Sinne als besonders fruchtbar erwiesen. Mit Rücksicht auf die allgemeine Richtung des vorliegenden Buches war es in diesem Zusammenhang jedoch nur möglich, sich mit

Tabelle V-8

Material	Temperatur (°K)	Pumpfrequenz (GHz)	D (Oe . cm²)
Y I G	300	11,4	$5{,}17 \cdot 10^{-9}$
Y I G	4,2	11,4	$4{,}90 \cdot 10^{-9}$
Y I G	4,2	34,7	$4{,}50 \cdot 10^{-9}$
Eu I G	4,2	34,7	$5{,}50 \cdot 10^{-9}$
Li-Ferrit	300	34.7	$8{,}80 \cdot 10^{-9}$

den Grundaspekten dieser Erscheinungen zu befassen. Sehr interessant ist z. B. die Frage des Einflusses der magnetokristallinen Anisotropie auf die kritischen Felder h_K [182] und auf die von Voigt [183] studierte Anisotropie der Spinwellenrelaxationen oder das Problem der Gleichgewichtseinstellung oberhalb der Instabilitätsschwelle [174, 184]. Es sei noch bemerkt, daß die nichtlinearen Effekte bei ferromagnetischer Resonanz, u. zw. sowohl die „klassischen" als auch die zweiten – „anomalen" –, mit Instabilitäten bei Spinwellenanregung verbundenen Effekte manche wichtigen Anwendungen in der Mikrowellentechnik (parametrische ferromagnetische Verstärker [185], harmonische Generatoren und Mischer für Mikrowellenfrequenzen [186], Leistungsbegrenzer [187] u. a.) gefunden haben.

Literatur zu Kap. V

[1] Seihe z. B. D. Bohm, Quantum Theory, New York 1952.
[2] L. Landau, E. Lifschitz, Physik. Z. Sowjetunion *8* (1935), 153.
[3] J. H. E. Griffiths, Nature *158* (1946), 670.
[4] C. Kittel, Phys. Rev. *71* (1947), 270.
[5] D. Polder, Phys. Rev. *73* (1948), 1120; Phil. Mag. *40* (1949), 99.
[6] J. H. Van Vleck, Phys. Rev. *78* (1950), 266.
[7] R. K. Wangsness, Phys. Rev. *91* (1953), 1085.
[8] R. K. Wangsness, Phys. Rev. *93* (1954), 68.
[9] R. K. Wangsness, Phys. Rev. *119* (1960), 1496.
[10] E. Schlömann, J. Phys. and Chem. Solids *2* (1957), 214.
[11] H. Suhl, J. Phys. and Chem. Solids *1* (1956), 209.
[12] A. M. Clogston, H. Suhl, L. R. Walker, P. W. Anderson, J. Phys. and Chem. Solids *1* (1956), 129.
[13] E. Schlömann, J. J. Green, U. Milano, J. Appl. Phys. *31* (1960), 386 S.
[14] H. B. Callen, J. Phys. and Chem. Solids *4* (1958), 256.
[15] N. Bloembergen, Phys. Rev. *78* (1950), 572.
[16] C. Warren Haas, H. B. Callen, Magnetism (Edited by G. T. Rado, H. Suhl), Vol. I., Kap. 10, Academic Press, New York, London 1963.
[17] G. T. Rado, Trans. IRE, AP-*4* (1956), 512.
[18] J. O. Artman, Phys. Rev. *105* (1957), 62; Proc. IRE *44* (1956), 1284.
[19] P. J. B. Clarricoats, Microwave Ferrites, Wiley, New York 1961.
[20] B. Lax, K. J. Button, Microwave Ferrites and Ferrimagnetics, McGraw-Hill, New York 1962.
[21] A. G. Fox, S. E. Miller, M. T. Weiss, Bell System Tech. Journ. *34* (1955), 5.
[22] E. O. Schulz-DuBois, A. J. Wheeler, M. H. Sirvetz, Trans. IRE-MTT *6* (1958), 423.
[23] B. Lax, Trans IRE-MTT *6* (1958), 5.
[24] P. K. Tien, H. Suhl, Prcc. IRE *46* (1958), 700.
[25] B. Lax, K. J. Button, L. M. Roth, J. Appl. Phys. *25* (1954), 124.
[26] E. Schlömann, Phys. Rev. *116* (1959), 828.
[27] K. J. Button, T. S. Hartwick, Magnetism, (ed. G. T. Rado, H. Suhl), I., Kap. 12.
[28] R. F. Soohoo, Theory and application of ferrites. 1. ed. Engelwood Cliffs, New Jersey, Prentice–Hall 1960.

[29] W. H. VON AULOCK, IEEE Trans. Magnetics *2* (1966), 251.

[30] W. H. VON AULOCK, C. E. FAY, in Advances in Electronics and Electron physics (Ed. L. Marton), Suppl. 5, Academics Press New York 1968.

[31] J. HELSZAJN, Principles of Microwave Ferrite Engeneering, Wiley - Interscience, New York 1969.

[32] J. SMIT, H. P. J. WIJN, Ferrites. Philips Technical Library, Eindhoven 1959.

[33] B. D. H. TELLEGEN, Philips Research Repts. *3* (1948), 81.

[34] C. L. HOGAN, Bell System Tech. J. *31* (1952), 1.

[35] A. G. GUREWITSCH, Ferrites at Microwave Frequencies, Consultans Bureau, New York 1963, (Moskwa 1960).

[36] J. F. DILLON, S. GESCHWIND, V. JACCARINO, Phys. Rev. *100* (1955), 750.

[37] P. E. TANNENWALD, M. H. SEAVEY, Proc. IRE *44* (1956), 1343.

[38] J. R. MACDONALD, Proc. Phys. Soc. (London) *A64* (1951), 968.

[39] G. JOOS, Lehrbuch der Theoretischen Physik, Akademische Verlagsgesellschaft, Leipzig 1954.

[40] W. F. BROWN, JR., Micromagnetics (ed R. E. Marshak), Interscience publishers, New York—London 1963.

[41] P. M. MORSE, H. FESHBACH, Methods of Theoretical Physics, Mc Graw-Hill, Inc., New York 1953, Kap. II.

[42] M. T. WEISS, IRE Natl. Conv. Record *3* (1955), Nr. 8, S. 95;
M. T. WEISS, P. W. ANDERSON, Phys. Rev. *98* (1955), 925.

[43] J. SMIT, H. G. BELJERS, Philips Res. Rep. *10* (1955), 113.

[44] D. POLDER, J. SMIT, Rev. Mod. Phys. *25* (1953), 89.

[45] P. E. TANNENWALD, Phys. Rev. *99* (1955), 463.

[46] E. SCHLÖMANN, Conf. on Magnetism Magnetic Materials, Boston, 1956 (1957).

[47] E. SCHLÖMANN, Raytheon Tech. Rept. R-15.

[48] P. E. TANNENWALD, Phys. Rev. *100* (1955), 1713.

[49] E. SCHLÖMANN, J. Phys. and Chem. Solids *6* (1958), 242; J. Appl. Phys. *40* (1969), 1199.

[50] E. SCHLÖMANN, J. R. ZEENDER, J. Appl. Phys. *29* (1958), 341.

[51] J. R. ZEENDER, E. SCHLÖMANN, J. Phys. and Chem. Solids *6* (1958), 257;
T. OKAMURA, Y. TORIZUKA, Y. KOJIMA, Phys. Rev. *88* (1952), 1425.

[52] S. KRUPIČKA, Czech. J. Phys. *6* (1956), 458.

[53] Z. FRAIT, Czech. J. Phys. *B11* (1961), 1.

[54] G. P. RODRIGUE, J. E. PIPPIN, W. P. WOLF, C. L. HOGAN, Trans. IRE MTT *6* (1958), 83.

[55] H. J. VAN HOOK, J. J. GREEN, J. Appl. Phys. *39* (1968), 730;
G. WINKLER, P. HANSEN, Mat. Res. Bull. *4* (1969), 825.

[56] R. L. COMSTOCK, J. J. RAYMOND, J. Appl. Phys. *38* (1967), 3737.

[57] A. S. HUDSON, A. I. CERAM, Marconi Rev,, *33* (1970), 21;
G. P. RODRIGUE, J. Appl. Phys. *34* (1963), 1281.

[58] A. J. SIEVERS, III, M. TINKHAM, J. Appl. Phys. *34* (1963), 1235.

[59] G. S. KRINCZIK, M. W. CZETKIN, J. Phys. Soc. Japan *17*, Suppl. B-I (1962), 358.

[60] M. TINKHAM, J. Appl. Phys. *33* (1962), 1248 S.

[61] R. K. WANGSNESS, Phys. Rev. *111* (1958), 813; *113* (1959), 771.

[62] J. SMIT, H. P. J. WIJN, Adv. in Electronics and Electr. Phys. *6* (1954), 69.

[63] B. A. CALHOUN, W. V. SMITH, J. OVERMAYER, J. Appl. Phys. *29* (1958), 427.

[64] S. GESCHWIND, L. R. WALKER, J. Appl. Phys. *30*, Suppl. (1959), 163.

[65] S. FONER, Magnetism (Edited by G. T. Rado, H. Suhl), I, Kap. 9.

[66] F. KEFFER, C. KITTEL, Phys. Rev. *85* (1952), 329.

[67] T. NAGAMIYA, K. YOSIDA, R. KUBO, Advances in Phys. *4* (1955), 1.

[68] R. K. WANGSNESS, Phys. Rev. *95* (1954), 339.

[69] J. H. Van Vleck, Physica *15* (1949), 197.
[70] J. F. Dillon, Jr., J. W. Nielsen, Phys. Rev. Letters *3* (1959), 465.
[71] C. Kittel, Phys. Rev. *76* (1949), 743.
[72] G. G. Scott, Journ. Phys. Soc. Japan *17*, Suppl. B-I (1962), 372.
[73] L. R. Bickford, Phys. Rev. *76* (1949), 137.
[74] W. A. Yager, J. K. Galt, F. R. Merritt, E. A. Wood, Phys. Rev. *80* (1950), 744.
[75] W. A. Yager, J. K. Galt, F. R. Merritt, Phys. Rev. *99* (1955), 1203.
[76] T. Miyadai, S. Miyahara, Y. Matsuo, J. Phys. Soc. Japan *20* (1965), 980.
[77] H. S. Belson, C. S. Kriessman, J. Appl. Phys. *30* (1959), 170.
[78] A. D. Schnitzler, V. J. Folen, G. T. Rado, J. Appl. Phys. *33* (1962), 1293.
[79] S. Brown, A. J. P. Mayer, G. G. Scott, Compt. rend. *238*, (1954), 2502.
[80] G. Asch, Compt. Rend. *249* (1959), 1483.
[81] J. F. Dillon, Phys. Rev. *105* (1957), 759.
[82] C. Kittel, Phys. Rev. *115* (1959), 1587; J. Appl. Phys. *31*, Suppl. (1960), 11 S.
[83] P. G. de Gennes, C. Kittel, A. M. Portis, Phys. Rev. *116* (1959), 323.
[84] J. F. Dillon, Jr., J. W. Nielsen, Phys. Rev. Letters, *3* (1959), 30;
J. F. Dillon, Jr., Phys. Rev. *127* (1962), 1495.
[84a] A. G. Gurewitsch, Hsien Chen Meng, S. S. Starobinez, W. I. Solowjew, I. E. Myl'nikowa, Isv. Akad. Nauk SSSR, Ser. Fis. *28* (1964), 462;
W. I. Solowjew, A. G. Gurewitsch, Fis. Tver. Tela *7* (1965), 1761 (Englische Übersetzung: Soviet Phys. Sol. State *7* (1965), 1420.
[84b] J. F. Dillon, Jr., J. P. Remeika, L. R. Walker, J. Appl. Phys. *18* (1967), 2235;
siehe auch B. H. Clarke, Brit. J. Appl. Phys. *18* (1967), 727;
J. Loos, Czech. J. Phys. *B.20* (1970), 969.
[85] J. H. Van Vleck, R. Orbach, Phys. Rev. Letters *11* (1963), 65.
[86] R. W. Teale, K. tweedale, Phys. Letters *1* (1962), 298.
[87] J. F. Dillon, Jr., Phys. Rev. *105* (1957), 759; *111* (1958), 1476.
[88] C. Kittel, Phys. Rev. Letters *3* (1959), 169; Phys. Rev. *117* (1960), 681.
[89] J. F. Dillon, Jr., L. R. Walker, Phys. Rev. *124* (1961), 1401;
L. R. Walker, J. Appl. Phys. *33* (1962), 1243;
siehe auch D. L. Huber, J. Appl. Phys. *36* (1965), 1005.
[90] A. J. Sievers, III, M. Tinkham, Phys. Rev. *124* (1961), 321.
[91] M. Tinkham, Phys. Rev. *124* (1961), 311.
[92] P. L. Richards, J. Appl. Phys., Suppl. *34* (1963), 1237.
[93] A. J. Sievers, III, M. Tinkham, Phys. Rev. *129* (1963), 1995.
[94] W. S. Ament, G. T. Rado, Phys. Rev. *97* (1955), 1558.
[95] L. Néel, J. Phys. Rad. *15* (1954), 225.
[96] L. R. Walker, Phys. Rev. *105* (1957), 390; J. Appl. Phys. *29* (1958), 318.
[97] P. C. Fletcher, R. O. Bell, J. Appl. Phys. *30* (1957), 687.
[98] R. L. White, J. H. Solt, Jr., Phys. Rev. *104* (1956), 56.
[99] J. F. Dillon, Jr., Bull Am. Phys. Soc. *1* (1956), 125.
[100] P. C. Fletcher, J. H. Solt, Jr., R. Bell, Phys. Rev. *114* (1959), 739.
[101] H. Suhl, P. W. Anderson, Phys. Rev. *100* (1955), 1788.
[102] F. Keffer, H. Kaplan, Y. Yafet, Am. J. Phys. *21* (1953), 250.
[103] L. Valenta, Czech. J. Phys. *7* (1957), 127, 133.
[104] C. Kittel, Phys. Rev. *110* (1958), 1295; *112* (1958), 2139.
[105] D. Fraitová, Czech. J. Phys. *B10* (1960), 74; *B11* (1961), 500.
[106] L. Valenta, Proc. Int. Conf. Magnetism, Nottingnam, 1964, S. 830.
[107] M. H. Seavey, Jr., P. E. Tannenwald, J. Appl. Phys. *30* (1959), 227 S.
[108] Z. Frait, E. N. Mitchell, Proc. Int. Conf. Magnetism, Nottingham 1964, S. 316.

[109] C. KITTEL, Quantum thory of Solids, J. Wiley, New York—London 1963.
[110] P. W. ANDERSON, Phys. Rev. *86* (1952), 694.
[111] A. W. SÁENZ, Phys. Rev. *125* (1962), 1940.
[112] L. R. WALKER, Magnetism (Edited by G. T. Rado, H. Suhl), Vol. I, 8. Kap. Acad. Press., New York-London, 1963.
[113] L. KOWALEWSKI, Acta Phys. Polonica *20* (1961), 675.
[114] L. KOWALEWSKI, Acta Phys. Polonica, *21* (1962), 121.
[115] A. BROOKS HARRIS, Phys. Rev. *132* (1963), 2398.
[116] C. KITTEL, J. Phys. Soc. Japan, *17*, B-I (1962), 392.
[117] M. SPARKS, R. LOUDON, C. KITTEL, Phys. Rev. *122* (1961), 791.
[118] M. SPARKS, Ferromagnetic Relaxation Theory, McGraw-Hill 1964.
[119] R. C. LECRAW, E. G. SPENCER, C. S. PORTER, Phys. Rev. *110* (1958), 1311.
[120] R. C. LECRAW, E. G. SPENCER, J. Appl. Phys. *30* (1959), 185 S.
[121] A. G. GUREWITSCH, J. E. GUBLER, FTT *1* (1959), 1847.
[122] J. P. REMEIKA, R. L. COMSTOCK, J. Appl. Phys. *35* (1964), 3320.
[123] K. P. BJELOW, W. F. BJELOW, A. A. POPOWA, ZhETF *38* (1960), 1908.
[124] A. J. HEEGER, T. G. BLOCKER III, S. K. GHOSH, Phys. Rev. *134* (1964), A 399.
[125] J. K. GALT, W. A. YAGER, J. P. Remeika, F. R. MERRITT, Phys. Rev. *81* (1951), 470.
[126] J. K. GALT, E. G. SPENCER, Phys. Rev. *127* (1962), 1572.
[127] L. R. BICKFORD, Phys. Rev. *78* (1950), 449.
[128] R. V. JONES, G. P. RODRIGUE, W. P. WOLF, J. Appl. Phys. *29* (1958), 434.
[129] R. W. DAMON, Magnetism (ed. G. T. Rado, H. Suhl), I., Kap. 11.
[130] A. M. CLOGSTON, Bell. Syst. Tech. J. *34* (1955), 739.
[131] B. H. CLARKE, K. TWEEDALE, R. W. TEALE, Phys. Rev. *139* (1965), A 1933.
[132] R. L. WHITE, Phys. Rev. Letters *2* (1959), 465.
[133] B. H. CLARKE, R. W. TEALE, J. Appl. Phys. *35* (1964), 892;
B. H. CLARKE, J. Phys. Chem. Solids *27* (1966), 353.
[134] F. HARTMANN-BOUTRON, Phys. Condensed Matter *2* (1963), 80.
[135] J. H. Van VLECK, Proc. Int. Conf. Magnetism, Nottingham, 1964, S. 401.
[136] R. W. TEALE, Proc. Phys. Soc. *92* (1967), 411.
[137] M. SPARKS, J. Appl. Phys, *38* (1967), 1031.
[137a] F. HARTMANN-BOUTRON, Czech. J. Phys. *A17* (1967), 387.
[138] C. ROBERT, J. E. WINTER, C. R. Acad. Sci. Paris, *253* (1961), 2925.
[139] B. H. CLARKE, Phys. Rev. *139* (1965), A 1944—8.
[140] W. G. NIELSEN, J. C. HENSEL, R. C. LECRAW, J. P. REMEIKA, J. Appl. Phys. *38* (1967), 1025.
[141] P. E. SEIDEN, Phys. Rev. *133* (1964), A 728.
[142] D. TCHERNEV, J. Appl. Phys. *37* (1966), 1338; *38* (1967), 1046; Thesis, M. I. T. Department of Electrical Eng., 1965.
[143] J. H. JUDY, J. Appl. Phys. *37* (1966), 1328.
[144] D. J. EPSTEIN, M. A. WANAS, nicht veröffentlichte Arbeit.
[145] T. S. HARTWICK, J. SMIT, J. Appl. Phys. *40* (1969), 3995; siehe auch J. Phys. C., Solid State Phys. *3* (1970), 1376.
[146] R. P. HUNT, J. Appl. Phys. *37* (1966), 1330; *38* (1967), 2826.
[147] A. K. GOSWAMI, M. ROSENBLOOM, R. W. TEALE, J. Appl. Phys. *39* (1968), 828.
[148] W. I. SOLOWJEW, Fis. Tverd. Tela *6* (1964), 2524.
[149] Z. SMETANA, J. Phys. Chem. Sol. *30* (1969), 1009.
[150] M. MARYŠKO, phys. stat. sol. (*a*) *7* (1971), K 117.
[151] D. I. TCHERNEV, J. Appl. Phys. *39* (1968), 826.
[152] R. ORBACH, Proc. Roy. Soc. (London) *A264* (1961), 458.

[153] z. B. L. R. Hodges, Jr., W. R. Wilson, G. P. Rodrigue, G. R. Harrison, J. Appl. Phys. *38* (1967), 1127;
K. A. Lehman, J. Appl. Phys. *37* (1966), 1087.

[154] H. B. Callen, E. E. Pittelli, Phys. Rev. *119* (1960), 1523.

[155] C. W. Haas, H. B. Callen, J. Appl. Phys. *32* (1961), 157 S; Phys. Rev. *122* (1961), 59.

[156] M. D. Sturge, F. R. Merritt, J. C. Hensel, J. P. Remeika, Phys. Rev. *180* (1969), 402—412, 413—423.

[157] S. Krupička, Z. Šimša, Z. Smetana, Czech. J. Phys. *B18* (1968), 1016;
Z. Smetana, phys. stat. sol. *25* (1968), K87;
V. Kopský, Czech. J. Phys. *B18* (1968), 1094; *B21* (1971), 187, 205; *B22* (1972), 143.

[158] J. J. Green, E. Schlömann, IRE Trans. MTT-*8* (1960), 100.

[159] S. Geschwind, A. M. Clogston, Phys. Rev. *108* (1957), 49.

[160] C. R. Buffler, J. Appl. Phys. *30* (1959), 172 S.

[161] C. R. Buffler, J. Appl. Phys. *31* (1960), 222 S.

[162] J. W. Nielsen, J. Appl. Phys. *29* (1958), 390.

[163] J. W. Nielsen, J. Appl. Phys. *31* (1960), 51 S.

[164] R. A. Laudise, R. C. Linares, E. F. Dearborn, J. Appl. Phys. *33* (1962), 1362.

[165] E. G. Spencer, R. C. LeCraw, A. M. Clogston, Phys. Rev. Letters *3* (1959), 32.

[166] R. C. LeCraw, E. G. Spencer, J. Phys. Soc. Japan, Suppl. *17* (B1) (1962), 401.

[167] P. Pincus, M. Sparks, R. C. LeCraw, Phys. Rev. *124* (1961), 1015; siehe auch [85].

[168] T. Kasuya, R. C. LeCraw, Phys. Rev. Letters *6* (1961), 223.

[169] A. G. Gurewitsch, Ferromagnitnyj resonans, Moskwa 1961, S 285.

[170] N. Bloembergen, S. Wang, Phys. Rev. *87* (1952), 392.

[171] N. Bloembergen, R. W. Damon, Phys. Rev. *85* (1952), 699.

[172] H. Suhl, J. Phys. Chem. Solids *1* (1957), 209.

[173] E. Schlömann, J. J. Green, V. Milano, J. Appl. Phys. *31* (1960), 386 S.

[174] J. Loos, Czech. J. Phys. *B17* (1967), 595; phys stat. sol. *23* (1967), 721.

[175] J. Loos, A. Linzen, J. Dušek, Czech. J. Phys. *B20* (1970), 211.

[176] E. Schlömann, Ferromagnetic Resonance at High Power Levels, Raytheon Technical Report R-48 (1959).

177] F. R. Morgenthaler, J. Appl. Phys. *31* (1960) 95 S.

178] W. Haubenreisser, Z. angew. Phys. *18* (1965), 432.

179] E. H. Turner, Phys. Rev. Letters *5* (1960), 100.

[180] F. R. Morgenthaler, J. Appl. Phys. *34* (1963), 1289.

[181] D. Linzen, in Magnetismus (Int. Konferenz in Dresden 1966) VEB Deutscher Verlag für Grundstoffindustrie, Leipzig 1967.

[182] W. Haubenreisser, D. Linzen, E. Glauche, phys. stat. sol. *1* (1961), 764;
W. Haubenreisser, D. Linzen, Phys. stat. sol. *2* (1962), 734; phys. stat. sol. *3* (1963), 133;
W. Haubenreisser, phys. stat. sol. *3* (1963), K 181.

[183] F. Voigt, Ann. Phys. *21* (1968), 202, 213, 219.

[184] B. Gottlieb, H. Suhl, J. Appl. Phys. *33* (1962), 1508.

[185] H. Suhl, J. Appl. Phys. *28* (1957), 1225.

[186] R. L. Yepsen, J. Appl. Phys. *32* (1961), 2627.

[187] G. S. Uebele, I. R. E. Trans. on Microwave Theory Tech. MTT-*7* (1959), 18.

[188] F. A. Olson, J. Appl. Phys. *34* (1963), 1281.

[189] Y. Watanabe, S. Saito, S. Takemoto, J. Phys. Soc. Japan *32* (1972), 1500.

KAPITEL VI

MAGNETISIERUNGSVORGÄNGE

6.1 Magnetisierungskurve

Im Abschnitt 4.1 sprachen wir von der Energie des ferromagnetischen Kristalls und zeigten, wie die Forderung nach einem Minimum dieser Energie meist zur Bildung einer Domänenstruktur führt. Dabei setzten wir voraus, daß kein äußeres Magnetfeld vorhanden war, so daß die magnetostatische Energie im *äußeren* Feld keinen Beitrag zu dieser Energie lieferte. Jetzt wird uns jedoch interessieren, wie sich der magnetische Zustand des Kristalls bzw. die zugehörige Domänenstruktur unter dem Einfluß eines Magnetfeldes ändert. Wir werden allerdings nur solche Zustände und ihre Änderungen in Erwägung ziehen, bei denen wir den Wert der spontanen Magnetisierung als konstant annehmen können. Deshalb schließen wir z. B. den Paraprozeß oder solche Fälle, bei denen unter dem Einfluß eines Magnetfeldes der magnetische Zustand im engeren Sinne, d. h. die grundlegende Konfiguration der atomaren magnetischen Momente (vgl. Abschnitt 3.1) geändert wird, aus. Den so abgegrenzten Problemkreis nennen wir meist Probleme der technischen Magnetisierung. Offensichtlich reicht zu ihrer Behandlung die auch im Abschnitt 4.1 benutzte makroskopische Beschreibung aus.

Sehen wir von den Einbereichsteilchen ab, so kommt einem ferromagnetischen Kristall in Abwesenheit eines äußeren Feldes, wenn er sich in einem durch das absolute Minimum der freien Energie bestimmten Grundzustand befindet, ein magnetisches Gesamtmoment vom Werte Null zu (entmagnetisierter oder pauschal unmagnetischer Zustand). Analog erwarten wir, daß bei angelegtem magnetischen Feld ebenfalls ein Zustand existiert, bei dem dem ferromagnetischen Kristall ein absolutes Minimum der freien Energie zukommt, wobei jedoch das Hinzukommen der potentiellen Energie $-\boldsymbol{M} \cdot \boldsymbol{H}$ bewirkt, daß das resultierende magnetische Moment von Null verschieden ist. Die Abhängigkeit der durchschnittlichen Magnetisierung einer ferromagnetischen Probe von der magnetischen Feldstärke H bezeichnen wir allgemein als Magnetisierungskurve. Wegen der Irreversibilität der bei Änderungen des Magnetfeldes verlaufenden Prozesse ist aber diese Kurve nicht eindeutig definiert und hängt von der magnetischen Vorgeschichte der Probe ab. Daraus folgt, daß die alleinige Untersuchung der Zustände, die die Bedingung eines Minimums der freien Energie erfüllen, nur von beschränkter Bedeutung ist, wenn nicht gleichzeitig die

Wege betrachtet werden, auf denen ein derartiger Zustand erreicht werden kann. Dadurch tritt die Frage der Vorgänge in den Vordergrund, die während der Magnetisierung der Probe ablaufen und mit denen wir uns jetzt zunächst befassen wollen.

Elementare Magnetisierungsvorgänge

Sämtliche Vorgänge, die während der Magnetisierung eines ferromagnetischen Körpers ablaufen, können in zwei elementare Gruppen eingeteilt werden:

a) Verschiebungen der Blochwände,

b) Drehung des Magnetisierungsvektors.

Beide Arten von Vorgängen können reversibel oder irreversibel verlaufen.

Betrachten wir zuerst die Wandverschiebungen. Bei ihnen verläuft die Magnetisierung so, daß das Volumen der ferromagnetishen Domänen, deren Magnetisierungsvektor günstig im Hinblick auf das einwirkende Feld orientiert ist, auf Kosten der Domänen mit ungünstiger Orientierung wächst. Schematisch ist dieser Prozeß für die 180°-und 90°-Wände in Abb. 6.1 dargestellt. Wir wollen nun versuchen, die Verschiebung einer einzigen Wand näher zu beschreiben, die wir uns als isoliert, ohne Wechselwirkung mit anderen Wänden vorstellen wollen.

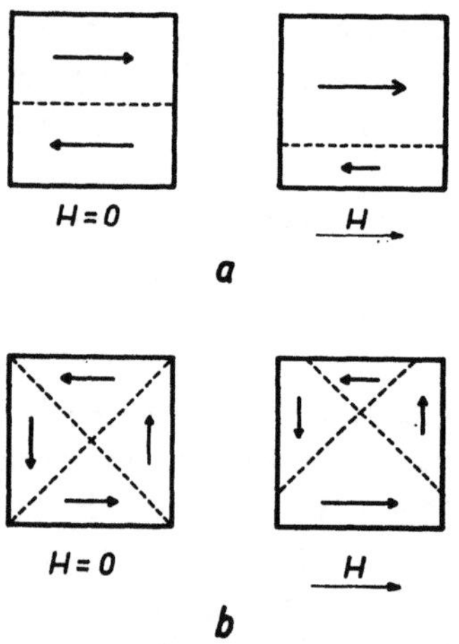

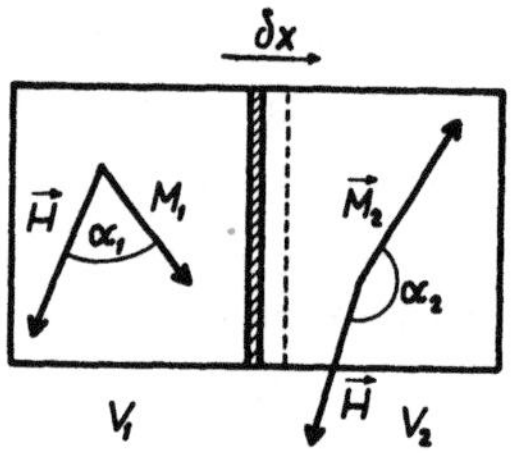

Abb. 6.2

Abb. 6.1 Magnetisierung durch Wandverschiebungen: (a) 180°-Wände, (b) 90°-Wände.

Diese Voraussetzung bedeutet eigentlich eine etwas übertriebene Vereinfachung des Problems. Ist mehr als eine Wand vorhanden, so wird die Domänenstruktur vom energetischen Standpunkt aus als Ganzes immer stabil sein, so daß die Lage der einzelnen Wände von der Lage der übrigen Wände abhängt. Infolge dieser Wechselwirkungen zwischen den Wänden sind die Bewegungen der Wände wechselseitig gekoppelt, so daß es sich eigentlich um eine kooperative Erscheinung handelt. Trotz dieser starken Vereinfachung kann die Vorstellung von einer isolierten Wand sehr nützlich sein, da wenigstens im Prinzip die meisten der mit der Bewegung der Wände zusammenhängenden Erscheinungen auf dieser Grundlage verglichen werden können.

Betrachten wir also eine isolierte, zwei Domänen mit den Volumina V_1, V_2 und den Magnetisierungen $\boldsymbol{M}_1$, $\boldsymbol{M}_2$ voneinander trennende Wand mit der Fläche S (Abb. 6.2). Die Orientierung der Wand gegenüber den Magnetisierungen $\boldsymbol{M}_1$, $\boldsymbol{M}_2$ ist durch die allgemeine Bedingung der Kontinuität der Normalkomponente der Magnetisierung am Ort der Wand bestimmt und wird daher parallel zum Vektor $\boldsymbol{M}_1 - \boldsymbol{M}_2$ sein. Die magnetostatische Energie beider Domänen in einem äußeren Feld $\boldsymbol{H}$ ist gleich $-(V_1\boldsymbol{M}_1 + V_2\boldsymbol{M}_2) . \boldsymbol{H}$. Das Feld $\boldsymbol{H}$ muß genügend klein sein, damit die Grundkonfiguration der Domänen erhalten bleibt. Bei Verschiebung der Wand um δx ändert sich diese Energie um

$$\begin{aligned} \delta E_H &= -(\boldsymbol{M}_1 - \boldsymbol{M}_2) . \boldsymbol{H} S\, \delta x = \\ &= -M_s H (\cos\alpha_1 - \cos\alpha_2)\, S\, \delta x . \end{aligned} \tag{6.1}$$

Speziell für eine 180°-Wand und ein zur Magnetisierung paralleles Feld wird $\alpha_1 = 0$, $\alpha_2 = 180°$ und daher

$$\delta E_H = -2M_s HS\, \delta x = -2M_s H\, \delta V . \tag{6.2}$$

War die Wand vor der Verschiebung um δx bei Einwirkung des Feldes $\boldsymbol{H}$ im Gleichgewicht, so folgt aus der allgemeinen Gleichgewichtsbedingung

$$\delta E^{\text{tot}} = \delta(E + E_H) = 0 ,$$

wo E alle energetischen Beiträge mit Ausnahme der potentiellen Energie im äußeren Feld E_H – also auch die Entmagnetisierungsenergie E_d – einschließt, die Beziehung

$$-\delta E_H = M_s H (\cos\alpha_1 - \cos\alpha_2)\, S\, \delta x = \delta E . \tag{6.3}$$

Aus dieser Beziehung kann im Prinzip das die Wand in der Lage x im Gleichgewicht haltende Feld $H = H(x)$ bestimmt werden

$$H(x) = [S M_s (\cos\alpha_1 - \cos\alpha_2)]^{-1} (\partial E / \partial x)_x . \tag{6.4}$$

Dieses Gleichgewicht kann noch ausführlicher interpretiert werden. Die durch den Ausdruck (6.1) gegebene Energieänderung δE_H ist offensichtlich der bei der Verschiebung der Wand um δx durch eine senkrecht auf die Wandebene wirkende Kraft von der Größe $S M_s H (\cos\alpha_1 - \cos\alpha_2)$ geleisteten Arbeit äquivalent. Das bedeutet, daß das Magnetfeld auf die Wand mit einem effektiven Druck wirkt, dessen Größe (je 1 cm^2 Wandfläche) gegeben ist durch

$$P = M_s H (\cos\alpha_1 - \cos\alpha_2) = (\boldsymbol{M}_1 - \boldsymbol{M}_2) . \boldsymbol{H} . \tag{6.5}$$

Unter der Einwirkung dieses Druckes kann die Wand in Bewegung geraten, und zwar so lange, bis der durch das Magnetfeld hervorgerufene Druck, der hier die treibende Kraft darstellt, von der Bindungskraft ausgeglichen wird, mit der sich der Kristall gegen die Änderung der Wandlage und die durch sie hervorgerufene Erhöhung von E wehrt. Diese ebenfalls als Druck pro Wandfläche gerechnete Bindungskraft wird offensichtlich durch die Beziehung ausgedrückt

$$R = -(1/S)(\partial E/\partial x), \tag{6.6}$$

so daß das Gleichgewicht

$$P(\boldsymbol{H}) + R(x) = 0 \tag{6.7}$$

gerade die Bedingung (6.4) ausdrückt.

Daraus ist ersichtlich, daß die Ableitung der Energie $\partial E/\partial x$ die entscheidende Größe für die Beweglichkeit der Wand darstellt. Die Hauptbeiträge, die die Energie des Kristalls bei Abwesenheit eines äußeren Feldes von der Lage der Wand abhängig machen, sind neben der Entmagnetisierungsenergie insbesondere jene, die mit verschiedenen Defekten und Unvollkommenheiten des Kristalls zusammenhängen (Ver-

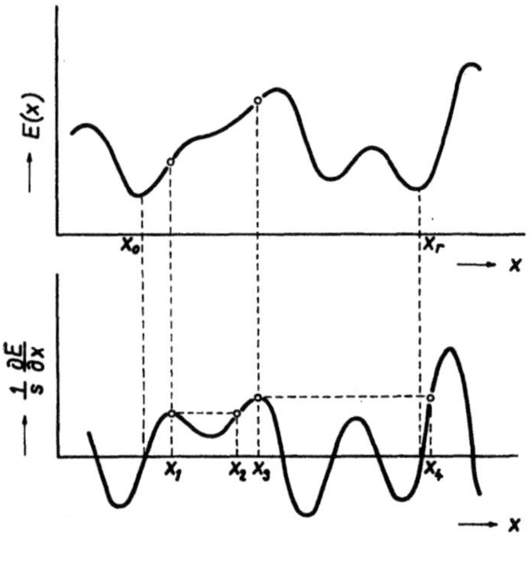

Abb. 6.3 Zur Entstehung nichtreversibler Wandverschiebungen: (a) Abhängigkeit der Energie E von der Wandlage x, (b) Verlauf der Funktion $S^{-1}(\partial E/\partial x)$.

setzungen, Poren, unmagnetische Einschlüsse u. ä.)[1]). Durch ihre Einwirkung wird die Abhängigkeit der Kristallenergie von der Wandlage einen unregelmäßigen, fluktuierenden Charakter zeigen, wie es schematisch in Abb. 6.3a angedeutet ist. In Ab-

[1]) Einige von ihnen, wie die Poren oder die unmagnetischen Einschlüsse, hängen im Grunde genommen ebenfalls mit der Entmagnetisierungsenergie zusammen, da ihre Anwesenheit im Kristall die Entstehung magnetischer Pole innerhalb des Kristalls zur Folge hat. Ein weiterer wichtiger Beitrag zu $\partial E/\partial x$ kann die durch einen lokalen Ordnungszustand verursachte Stabilisierung sein (induzierte Anisotropie), über die wir noch ausführlicher im Abschnitt 6.3 sprechen werden.

wesenheit eines Feldes wird die Wand irgendeine der durch die lokalen Minima auf der Kurve $E = E(x)$ bzw. durch die Nullpunkte der Funktion $R(x) = -(1/S)(\partial E/\partial x)$ bestimmten stabilen Lagen einnehmen – z.B. die Lage x_0. Lassen wir nun die Feldstärke von Null an zunehmen, so wird sich die Wand zuerst reversibel bewegen,[2] bis sie sich bei einem bestimmten kritischen Feld H_0, für das der Druck $P = \mathbf{H}_0 \cdot (\mathbf{M}_1 - \mathbf{M}_2)$ gerade dem Wert des ersten Maximums auf der Kurve $-R(x)$ (Abb. 6.3b) gleich ist, aus der Potentialmulde in der Umgebung des Punktes x_0 loslöst und eine irreversible Verschiebung nach dem Punkt $x = x_2$ eintritt (Barkhausensprung). Die Lage der Wand $x = x_1$, in der dieser Sprung eintritt, entspricht dem Wendepunkt der Kurve $E(x)$. Bei weiterem Anwachsen des Feldes wird abermals eine reversible Verschiebung bis zum Punkt x_3 und darauf ein Sprung nach x_4 folgen usw. Es ist auf den ersten Blick ersichtlich, daß bei diesen irreversiblen Verschiebungen eine Hysterese entsteht, da die Wand nicht in die Ausgangslage zurückkehrt, wenn das Feld wieder auf Null herabgesetzt wird, sondern in der nächsten stabilen, durch das nächstgelegene Minimum der Kurve $E(x)$ gekennzeichneten Lage – im Punkte x_r – liegen bleibt.

Auf Grund dieser Betrachtungen können wir leicht den Ausdruck für die Suszeptibilität bei der Magnetisierung durch Wandverschiebung ableiten. Nehmen wir an, daß sich die Wand bei einem Feld H im Gleichgewicht in irgendeiner Lage x befindet. Erhöhen wir das Feld um ΔH, so wird die Wand um Δx verschoben und die Komponente der Magnetisierung in Feldrichtung wächst dadurch um $M_s(\cos\alpha_1 - \cos\alpha_2) \cdot \Delta V/V$, wobei $\Delta V = S\,\Delta x$ das ummagnetisierte Volumen bedeutet. Daraus folgt für die Suszeptibilität (in einem beliebigen Punkt der Magnetisierungskurve und bei einer beliebigen Änderung ΔH)

$$\chi = \Delta M/\Delta H = (S/V)\, M_s(\cos\alpha_1 - \cos\alpha_2)(\Delta x/\Delta H)\,;$$

speziell für $\Delta H \to 0$ erhalten wir unter Benutzung von (6.4) den Ausdruck für *die reversible Suszeptibilität*

$$\begin{aligned}\chi_{\text{rev}} &= (\mathrm{d}M/\mathrm{d}H)_x = (S/V)\, M_s(\cos\alpha_1 - \cos\alpha_2)(\mathrm{d}H/\mathrm{d}x)^{-1} = \\ &= (S^2/V)\, M_s^2(\cos\alpha_1 - \cos\alpha_2)^2/(\partial^2 E/\partial x^2)\,.\end{aligned} \qquad (6.8)$$

Wichtig ist insbesondere der Fall der *Anfangssuszeptibilität* χ_0, die dem entmagnetisierten Zustand der Probe bei $H = 0$ (Wandlage $x = x_0$) entspricht. χ_0 ist wiederum durch die Beziehung (6.8) gegeben, in der die Ableitung $\partial^2 E/\partial x^2$ im Punkte $x = x_0$ vorgenommen werden muß. Ist in der ferromagnetischen Probe mehr als eine Wand vorhanden, muß eine Summierung der Ausdrücke vom Typ (6.8) für alle Blochwände durchgeführt werden.[3] Bei polykristallinen Proben muß dann noch die entsprechende Mittelung für die Winkel α_1, α_2 durchgeführt werden.

---

[2]) Ihre Lage x ist für jedes H eine Lösung der Gleichung (6.7).

[3]) V besitzt dabei die Bedeutung des Volumens der gesamten Probe.

Bisher haben wir stillschweigend vorausgesetzt, daß die Blochwände völlig eben und starr sind, so daß sie bei der Bewegung nicht deformiert werden. In Wirklichkeit ist es oft energetisch vorteilhafter, wenn die der Wirkung des äußeren Feldes ausgesetzte Wand die genau ebene Form nicht beibehält (siehe z.B. [1]). Dieser Fall tritt ein, wenn der ferromagnetische Kristall Störungen (Versetzungen, Einschlüsse, Poren) enthält, durch die die Wandbewegung behindert wird. Werden die die Wand

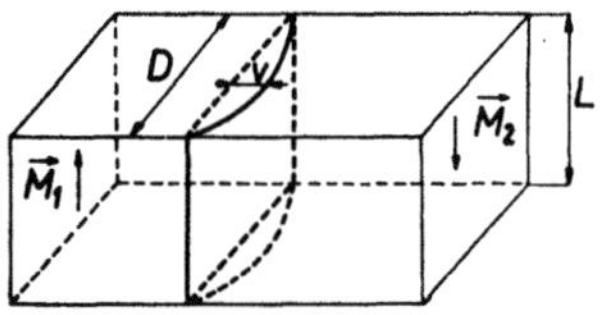

Abb. 6.4 Zylindrische Auswölbung einer Blochwand.

aufhaltenden Störstellen z. B. von zu dem Vektor $\boldsymbol{M}_1 - \boldsymbol{M}_2$ parallelen Geraden gebildet, so wird die Wand zylinderförmig ausgewölbt (Abb. 6.4); dabei bleibt die Bedingung der Kontinuität der Normalkomponente der Magnetisierung erhalten, so daß am Ort der Wand keine magnetischen Pole entstehen. Die Kraft, welche die dem Druck des Feldes $\boldsymbol{H} \,.\, (\boldsymbol{M}_1 - \boldsymbol{M}_2)$ ausgesetzte Wand im Gleichgewicht hält, stammt dann ausschließlich von der Änderung der Wandenergie, die einerseits durch die Vergrößerung der Wandfläche, anderseits durch die Änderung der Anisotropieenergie in Zusammenhang mit ihrer Krümmung verursacht wird. Die Gleichgewichtsbedingung bei einem gegebenen Feld H können wir dann durch die Beziehung

$$\boldsymbol{H} \,.\, (\boldsymbol{M}_1 - \boldsymbol{M}_2)\, \delta V = \delta(S\sigma_w) \approx \bar{\sigma}_w\, \delta S \tag{6.9}$$

ausdrücken, in der wir $\delta\sigma_w \approx 0$ gesetzt haben und in der das Symbol $\bar{\sigma}_w$ den Mittelwert der Energiedichte der gekrümmten Wand bedeutet. Approximieren wir den in Wirklichkeit kreisförmigen Bogen der Wand durch einen parabolischen und benutzen wir die bekannten, für kleine Krümmungen gültigen Formeln

$$V = \tfrac{2}{3} DvL\,, \quad S = DL(1 + \tfrac{8}{3} v^2/D^2)\,,$$

so erhalten wir den Ausdruck für das Maß der Auswölbung v als Funktion des Feldes H,

$$v = \frac{M_s(\cos\alpha_1 - \cos\alpha_2)\, D^2}{8\bar{\sigma}_w}\, H\,. \tag{6.10}$$

Die Bedeutung der verwendeten Symbole ist aus Abb. 6.4 ersichtlich. Setzen wir voraus, daß der mittlere Abstand der Wände gleich d ist, so erhalten wir für die Anfangssuszeptibilität den von Kersten [2] abgeleiteten Ausdruck

$$\chi_0 = \left(\frac{\Delta M}{H}\right)_{H \to 0} = \frac{1}{6}\frac{M_s^2 D^2}{\sigma_w d}\,. \tag{6.11}$$

Sind die die Wandbewegung behindernden Störungen so beschaffen, daß der Vektor $\boldsymbol{M}_1 - \boldsymbol{M}_2$ bei der Krümmung nicht überall parallel zur Wandoberfläche liegt, wird z. B. die Wand entlang einer geschlossenen Umrißlinie festgehalten, so treten am Ort der Wand magnetische Pole auf. Es zeigt sich, daß die diesen Polen entsprechende Entmagnetisierungsenergie eine viel wirksamere Bremse für die Deformation der Wand ist als die Erhöhung ihrer Energie infolge der Oberflächenvergrößerung. Unter der Voraussetzung, daß die Krümmung die Gestalt eines Rotationsellipsoids mit der kurzen Halbachse v und der großen Halbachse $D/2$ besitzt, kann für die Anfangssuszeptibilität der Ausdruck [3]

$$\chi_0 \approx M_0^4 D/K^2 d \tag{6.12}$$

abgeleitet werden, in dem K die Anisotropiekonstante ist.

Können sich die Wände unter der Einwirkung eines Feldes aus irgendwelchen Gründen überhaupt nicht bewegen, oder sind keine Wände anwesend, so kommen bei der Magnetisierung die Drehprozesse zur Geltung. Der erste Fall tritt dann ein, wenn das Feld H senkrecht zu einem System paralleler Wände orientiert ist (Abb. 6.5),[4] der zweite Fall betrifft entweder kleine Einbereichsteilchen oder die Endphase des Magnetisierungsprozesses, wo praktisch bereits alle Wände verschwunden sind. Beim Rotationsmechanismus erfolgt eine Drehung des Magnetisierungsvektors aus der leichten Richtung (vgl. Abschn. 4.1) in die Feldrichtung. Das magnetische Feld wirkt auf den Vektor $\boldsymbol{M}$ durch ein Drehmoment $\boldsymbol{M} \times \boldsymbol{H}$ ein (vgl. Abschn. 5.1), und

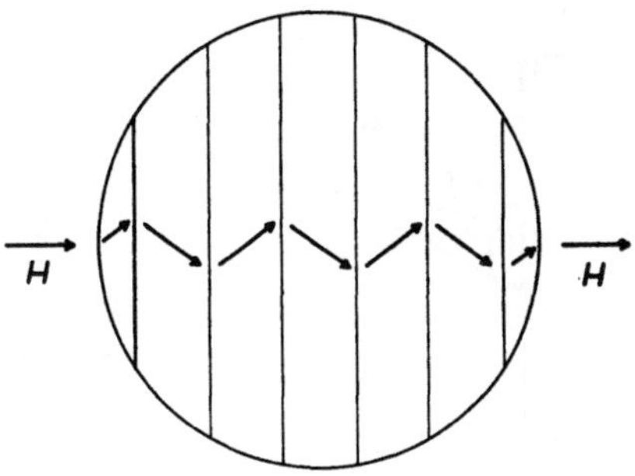

Abb. 6.5 Magnetisierung eines Vieldomänenkristalls durch Drehen des Magnetisierungsvektors; Magnetfeld senkrecht zur Wandebene.

im Gleichgewicht wird dieses Moment durch ein entgegengesetzt orientiertes Moment der Anisotropiekräfte kompensiert, die sich bemühen, die Magnetisierung in die leichte Richtung zurückzudrehen (Abb. 6.6).[5]

[4]) Wie Kaczér und Gemperle [4] bewiesen, kann aber in einem derartigen Fall ein anderer Magnetisierungsvorgang eintreten, die sogenannte Wandrotation.

[5]) Im allgemeinen handelt es sich um eine, durch die Summe der magnetokristallinen, magnetoelastischen und magnetostatischen (Entmagnetisierungs-)Energie gegebene effektive Anisotropie.

Im Falle einachsiger Anisotropie mit der Konstante K z. B. ist (Abb. 6.6)

$$\mathscr{F} = K \sin^2\Theta - M_s H \cos(\alpha - \Theta), \tag{6.13}$$

woraus der Gleichgewichtswinkel Θ_0 aus der Bedingung $\partial\mathscr{F}/\partial\Theta = 0$, $(\partial^2\mathscr{F}/\partial\Theta^2)_{\Theta=\Theta_0} > 0$ folgt. Speziell für $\alpha = 90°$ erhalten wir die Lösung

$$\sin\Theta_0 = M_s H/2K = H/H_A\,, \quad H \leqq H_A\,,$$

die der von H unabhängigen Suszeptibilität

$$\chi = M_s^2/2K = M_s/H_A, \quad H < H_A \tag{6.14}$$

entspricht. Ist $H > H_A$, so bleibt $\Theta = 90°$ und daher $\chi_0 = 0$. Umgekehrt stellen wir bei $\alpha = 180°$ fest, daß nur $\Theta = 0$ oder $180°$ stabile Lagen sind, wobei das Umklappen des Magnetisierungsvektors bei $H = H_A = 2K/M_s$ eintritt. Die Magnetisierungskurven sind für beide Fälle in Abb. 6.7 wiedergegeben. Wie das angeführte Beispiel andeutet, können die Rotationsvorgänge sowohl reversibel als auch irreversibel verlaufen.

In Wirklichkeit können wir allerdings keinen Kristall als genau einachsig ansehen, da eine gewisse Anisotropie z. B. selbst in der Basisebene eines hexagonalen Kristalls auftritt (vgl. Abschn. 4.1); um so eher können wir bei kubischen Kristallen, bei denen

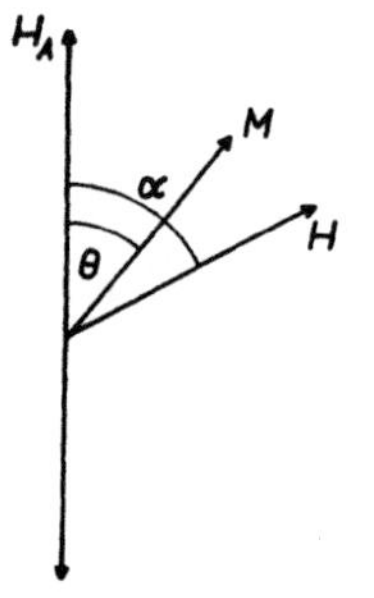

Abb. 6.6 Zur Berechnung der Suszeptibilität für den Rotationsmechanismus.

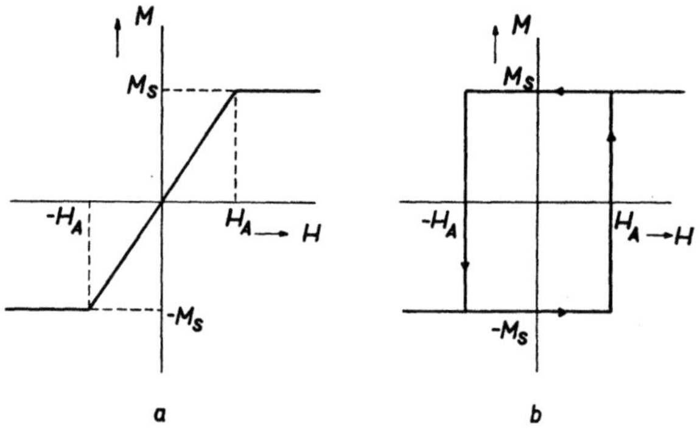

Abb. 6.7 Magnetisierungskurven für einen einachsigen Kristall bei Rotation des Magnetisierungsvektors: (a) $\alpha = 90°$, (b) $\alpha = 180°$.

die Kristallanisotropie eine völlig andere Winkelabhängigkeit als bei den einachsigen Kristallen besitzt, ein abweichendes Verhalten erwarten. Betrachten wir einen Kristall mit der leichten Richtung parallel zur x-Achse (Abb. 6.8). Beschränken wir uns auf den Bereich schwacher Felder, so können wir analog zu (4.23) zwei effektive Anisotropiefelder H_A^y, H_A^z definieren, die den Widerstand des Magnetisierungsvektors gegenüber dem Herausdrehen aus der leichten Richtung in der Ebene xy bzw. xz beschreiben. Für kleine Abweichungen Θ_y, Θ_z erhalten wir analog zu (6.14) die Komponenten der Suszeptibilität in Richtung der x-, y-, z-Achsen durch die Beziehungen[6])

$$\chi_{xx} = 0\,, \; \chi_{yy} = M_s/H_A^y\,, \; \chi_{zz} = M_s/H_A^z\,. \tag{6.15}$$

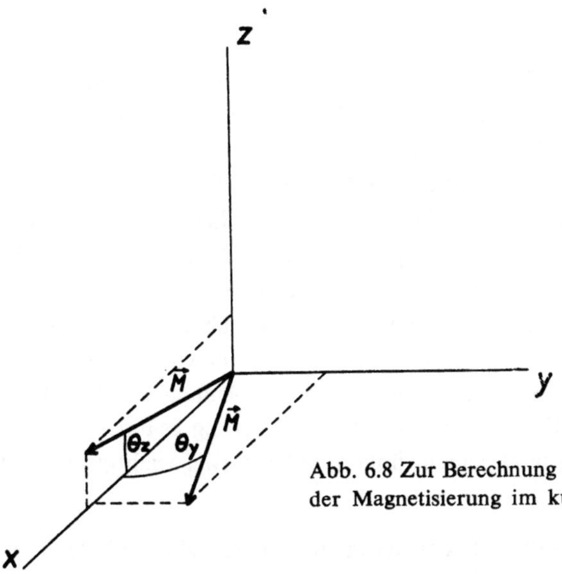

Abb. 6.8 Zur Berechnung der Suszeptibilität bei Drehung der Magnetisierung im kubischen Kristall.

Für die Anfangssuszeptibilität polykristalliner Proben mit statistischer Orientierung der Kristallite folgt hieraus durch Mittelung

$$\chi_0 = \tfrac{1}{3}(M_s/H_A^y + M_s/H_A^z) \tag{6.16}$$

und speziell für kubische Kristalle, bei denen $H_A^y = H_A^z = H_A$,

$$\chi_0 = \tfrac{2}{3} M_s/H_A\,. \tag{6.17}$$

Dabei wird $H_A = 2K_1/M_s$ für $K_1 > 0$, und $\tfrac{4}{3}\,|K_1|/M_s$ für $K_1 < 0$ (vgl. Tab. IV-3).[7]) Der Ausdruck (6.17) ist selbstverständlich auch bei einachsigen, z. B. hexagonalen Kristallen gültig, falls ihre Symmetrieachse mit der Richtung der leichten Magnetisierung übereinstimmt, d. h. für $K_1' > 0$.

Die allgemeine Lösung des Gleichgewichts bei Drehprozessen für Kristalle mit unterschiedlicher Symmetrie unter Einbeziehung der verschiedenen Anisotropiearten ist rechnungsmäßig ziemlich kompliziert, und wir wollen uns hier nicht damit befassen.

---

[6]) Es sei bemerkt, daß die Suszeptibilität eines Einkristalls allgemein ein Tensor ist. Gewöhnlich interessiert uns aber nur die zur Feldrichtung parallele Komponente der Magnetisierung, so daß wir uns des Tensorcharakters der Suszeptibilität nicht voll bewußt werden.

[7]) Bei Vernachlässigung von K_2.

Der Leser findet Näheres über dieses Problem in einer Reihe von Originalarbeiten [5, 6] oder in den großen Monographien über Ferromagnetismus [1, 7–9].

Jungfräuliche Kurve

Bisher haben wir uns mit den Magnetisierungsvorgängen vom Standpunkt ihres Mechanismus aus beschäftigt. Unsere nächste Aufgabe wird sein zu erforschen, wie diese Elementarvorgänge unter verschiedenen Umständen in den einzelnen Phasen des Magnetisierungsprozesses eines ferromagnetischen Körpers (einer ferromagnetischen Probe) auftreten. Diese Frage ist stark durch die Hysterese kompliziert, die durch die irreversiblen Magnetisierungsvorgänge hervorgerufen wird. Deshalb genügt es für die eindeutige Bestimmung des Zustandes eines magnetischen Stoffes nicht, nur das magnetische Feld H zu kennen, man muß auch Informationen über die magnetische Vorgeschichte der Probe besitzen. Wenn wir daher die während der Magnetisierung verlaufenden Vorgänge untersuchen, so ist es nötig, sowohl den Anfangszustand der Probe als auch die Art, in der das Feld während der Magnetisierung geändert wird, gut zu definieren. Wir wollen uns, wie allgemein üblich, auf die zwei wichtigsten Fälle beschränken:

a) Als Ausgangszustand wählen wir den entmagnetisierten Zustand, den wir z. B. durch Erhitzen auf Temperaturen oberhalb der Curietemperatur mit nachfolgender Abkühlung oder einfach durch Entmagnetisierung in einem Wechselfeld mit all-

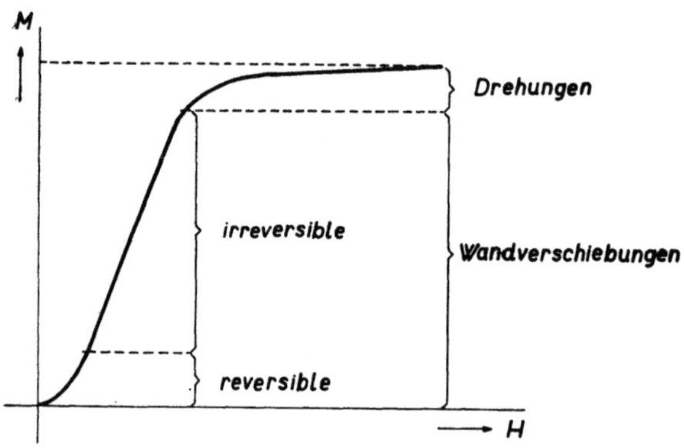

Abb. 6.9 Die Kurve der primären Magnetisierung eines typischen polykristallinen Ferromagnetikums mit Angabe vorherrschender Magnetisierungsmechanismen.

mählich abnehmender Amplitude erreichen.[8]) Durch allmähliche Verstärkung des Feldes von Null auf den für die technische Sättigung der Probe notwendigen Wert erhalten wir dann die sogenannte *jungfräuliche Kurve* (*Neukurve*).

[8]) Über den Einfluß der Entmagnetisierungsart auf den entmagnetisierten Endzustand siehe z. B. [1].

b) Wir setzen voraus, daß die Probe zu Beginn in einem starken Feld H_{max} gesättigt ist. Durch allmähliche Änderung $H_{max} \to -H_{max}$ erhalten wir den absteigenden Ast der Hystereseschleife. Zum Unterschied vom Falle a) sprechen wir dann von einer *Ummagnetisierung* der Probe.

Wir werden uns jetzt zunächst mit der Neukurve beschäftigen, d.i. mit den Änderungen des magnetischen Zustandes der entmagnetisierten Probe bei ihrer Magnetisierung. Eine typische derartige Kurve (für ein polykristallines Ferromagnetikum) ist in Abb. 6.9 dargestellt. Es ist ersichtlich, daß auf ihr, grob genommen, drei voneinander durch eine Art „Knie“ abgeteilte Gebiete unterschieden werden können. In der Abbildung sind auch die Elementarvorgänge angedeutet, die in dem betreffenden Gebiet gewöhnlich überwiegen. Wir wollen diese Gebiete der Reihe nach betrachten.

Das Gebiet der schwachen Felder (Rayleighsches Gebiet). Wir wollen vorerst den Fall beiseite lassen, bei dem die Magnetisierung in schwachen Feldern durch Drehung des Magnetisierungsvektors erfolgt und wollen voraussetzen, daß in diesem Gebiet ausschließlich Wandverschiebungen stattfinden. Wie bereits früher erwähnt, ist die Kristallenergie aus den verschiedensten Gründen von der Lage der Wände abhängig (vgl. Abb. 6.3). Wir können daher erwarten, daß in einem pauschal entmagnetisierten Zustand die Blochwände zufällig auf jene Lagen verteilt sind, denen ein lokales Minimum der Energie entspricht (vorausgesetzt, daß es sich um eine polykristalline Probe bzw. um einen großen Einkristall mit einer großen Anzahl Domänen handelt). Dabei wird offensichtlich nur ein verhältnismäßig geringer Prozentsatz dieser Minima von den Wänden besetzt sein. Bei Erhöhung der Feldstärke wird sich jede Wand zunächst bis zu einer kritischen Feldstärke reversibel bewegen, worauf ein Barkhausensprung eintreten wird. Diese kritische Feldstärke, bei der zum ersten Mal eine irreversible Verschiebung eintritt, hängt von der Tiefe und der Gestalt der Energiemulde ab und wird im allgemeinen für jede Wand verschieden sein. Es ist daher klar, daß das Verhalten des Ferromagnetikums in schwachen Feldern prinzipiell durch die Statistik der Minima auf der $E(x)$-Kurve bestimmt wird. Bei normalen Ferromagnetika (oder Ferrimagnetika), bei denen der entmagnetisierte Zustand nicht z. B. durch magnetische Nachwirkung stabilisiert wurde (Abschn. 6.3), können wir voraussetzen, daß die kritischen Feldstärken, die durch die Wendepunkte im Relief der Potentialmulde (d.i. durch die Maxima der $\partial E/\partial x$-Kurve) bestimmt sind, irgendeinem statistischen Verteilungsgesetz, z. B. dem Gaußschen, gehorchen, so daß stets Wände existieren, für die diese kritische Feldstärke beliebig klein ist. Mit anderen Worten, wir erwarten, daß bei einigen Wänden die irreversiblen Verschiebungen schon in sehr schwachen Feldern eintreten werden. Die Magnetisierung der Probe wird daher auch im Bereich schwacher Felder aus zwei Beiträgen zusammengesetzt sein, einem reversiblen und einem irreversiblen,

$$M = M_r + M_{irr}.$$

Setzen wir voraus $M_r = \chi_0 H$, $M_{irr} = \frac{1}{2}\alpha H^2$, so folgt eine quadratische Abhängigkeit der Magnetisierung M vom Feld H

$$M = \chi_0 H + \tfrac{1}{2}\alpha H^2 \,, \tag{6.18}$$

die einen speziellen Fall des bekannten Rayleighschen Gesetzes darstellt, wonach für eine beliebige Änderung der Magnetisierung in der Nähe des entmagnetisierten Zustandes gilt [7, 10]

$$M - M' = \chi_0(H - H') \pm \tfrac{1}{2}\alpha(H - H')^2 \,. \tag{6.19}$$

Die Konstanten χ_0, α sind für das gegebene Material (die gegebene Probe) charakteristisch; $\chi_0 = \lim_{H \to 0} (M/H)$ ist die Anfangssuszeptibilität, die nur durch reversible Verschiebungen bestimmt ist, während α mit den statistischen Eigenschaften der irreversiblen Verschiebungen in schwachen Feldern zusammenhängt. Als Rayleighschen Bereich betrachten wir den Feldstärkebereich, in dem (6.18) bzw. (6.19) mit konstanten, von H unabhängigen χ_0 und α gelten. Das Auftreten irreversibler Verschiebungen im Rayleigh-Bereich führt verständlicherweise zu Hystereseerscheinungen; wie aus (6.19) folgt, ist die zugehörige Hystereseschleife aus parabolischen Bögen gebildet (Abb. 6.10).

Wie wir sahen, besitzen für das Verhalten in schwachen Feldern die Kräfte eine entscheidende Bedeutung, durch die die Wände an ihre stabilen Lagen gebunden werden. Handelt es sich speziell um die Anfangssuszeptibilität, so ist nach (6.8) diese Kraft direkt durch die Krümmung im Punkte des Minimums der $E(x)$-Kurve ge-

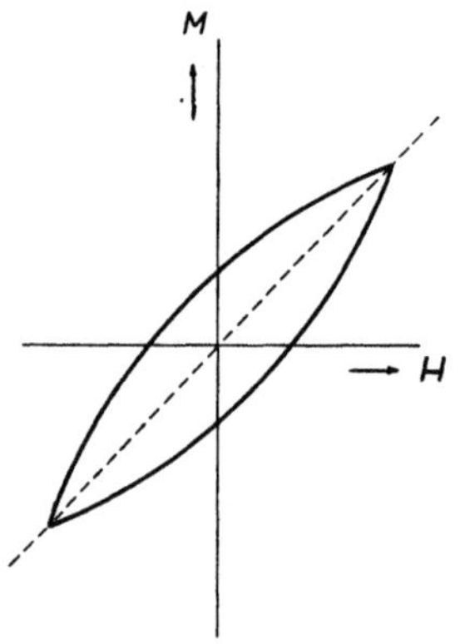

Abb. 6.10 Die Form einer Hystereseschleife im Rayleigh-Gebiet.

geben, d. i. durch die Größe $(\partial^2 E/\partial x^2)_{x=x_0}$, die wir als Konstante der Wandbindung ansehen können. Die wahre Bedeutung dieser Konstante wird klar, wenn wir uns vorstellen, daß in der Umgebung des Punktes x_0 die $E(x)$-Kurve durch eine Parabel angenähert werden kann, so daß $\partial^2 E/\partial x^2 = \text{konst.} = k_w$ für x nahe x_0. Diese Näherung entspricht nach (6.8) der obigen Voraussetzung $\chi_0 = \text{konst.}$; die Wandbindung ist dann quasielastisch, so daß für geringe (und reversible) Wandverschiebungen nach (6.6) gilt

$$R(x) = -k_w x \tag{6.20}$$

und daher $x \sim H$. Für χ_0 erhalten wir dann auf Grund von (6.8) die Abschätzung

$$\chi_0 \approx M_s^2/l\bar{k}_w\,, \tag{6.21}$$

wo l den mittleren Abstand benachbarter Wände und $\bar{k}_w$ den Mittelwert der Bindungskonstante k_w bedeutet.

Es ist ersichtlich, daß neben der spontanen Magnetisierung und der durchschnittlichen Domänengröße jene Kraft für die Größe von χ_0 eine grundlegende Bedeutung besitzt, die die Wände in die Gleichgewichtslage zieht, d. i. der Wert der Bindungskonstante k_w. Um diese Konstante grob abschätzen zu können, wollen wir $\chi_0 \approx 50$, $l = 10^{-3}$ cm, $M_s = 300$ gauss setzen; nach (6.21) wird dann $k_w \approx 2.10^6$ dyn/cm^3. Bei einer Verschiebung um 10^{-5} cm, was größenordnungsmäßig eine der Wanddicke entsprechende Strecke bedeutet, wird also der durchschnittliche, auf 1 cm^2 Wandfläche wirkende Druck R etwa gleich ≈ 20 dyn/cm^2 sein, und die dieser Verschiebung entsprechende Energieänderung wird $\Delta E \approx \frac{1}{2}\,k_w x^2 \approx 10^{-4}$ erg/cm^2 betragen. Dieser Energiezuwachs, der bewirkt, daß die Wand an eine bestimmte Lage gebunden ist, kann seinen Ursprung in einer Änderung der Wandenergie selbst oder in Änderungen der Volumendichte der Energie des restlichen Kristalls (der Domänen) besitzen. Grund für die lokalen Variationen der Wandenergie σ_w können Fluktuationen der beteiligten Energien sein, d. i. der Austauschenergie, der magnetokristallinen Energie und insbesondere der magnetoelastischen Energie, bei der diese Fluktuationen infolge der inneren mechanischen Spannungen, die in einem realen Ferromagnetikum stets vorhanden sind, hohe Werte erreichen können. Hinzu kommt noch der Einfluß der Poren und der nichtmagnetischen Einschlüsse, die, wenn sie am Ort der Wand

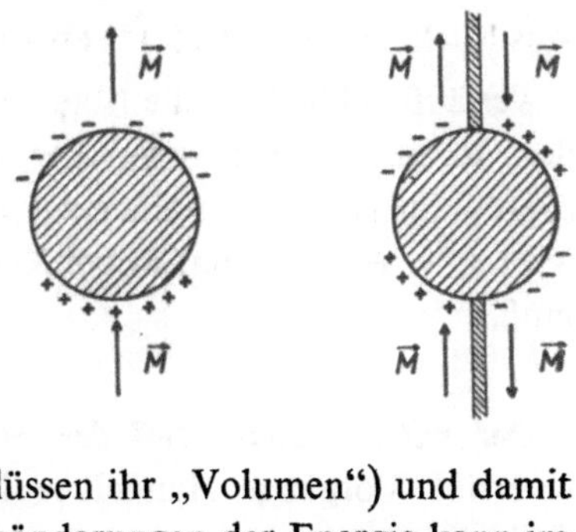

Abb. 6.11 Herabsetzung der magnetostatischen Energie bei Vorhandensein einer Blochwand im Falle von Inhomogenitäten (Poren, Einschlüsse u. ä.).

liegen, ihre Gesamtfläche (bzw. bei kleinen Einschlüssen ihr „Volumen") und damit ihre Energie verringern. Die Wirkung der Volumenänderungen der Energie kann im wesentlichen der den Poren und nichtmagnetischen Einschlüssen entsprechenden magnetostatischen Energie zugeschrieben werden bzw. den örtlichen Fluktuationen von Richtung und Größe der Magnetisierung innerhalb der Domänen, die durch Inhomogenitäten und mit ihnen verbundene Änderungen der Austausch-, der Kristall- und der magnetoelastischen Energie verursacht sind. Durch diese Volumenfluktuationen entstehen innerhalb des Kristalls magnetische Ladungen, die die Quellen von die magnetostatische Energie erhöhenden Streufeldern sind. Wie aus der schematischen Abb. 6.11 ersichtlich ist, wird diese Energie herabgesetzt, wenn ein die Quelle eines Streufeldes bildender Bereich von einer Wand durchschnitten wird.

Die Poren und die nichtmagnetischen Einschlüsse beeinflussen daher sowohl die Dichte der Wandenergie als auch die Energiedichte in den Domänen; dabei beeinflussen die Einschlüsse, die eine viel geringere Abmessung als die Wanddicke haben, hauptsächlich die Wandenergie, während bei den Einschlüssen, deren lineare Ausmaße mit der Wanddicke vergleichbar sind, der Einfluß auf die Domänenenergie überwiegt. Bei Einschlüssen, die bedeutend größer als die Wanddicke sind, ist die Situation durch die Bildung einer sekundären Domänenstruktur kompliziert (vgl. Abschn. 4.1). Zusammenfassend kann man sagen, daß die Bewegung der Blochwände in erster Linie durch Poren und nichtmagnetische, in der Größe mit der Wanddicke vergleichbare Einschlüsse und in zweiter Linie durch die Wirkung der inneren Spannungen, die der Magnetostriktionskonstante direkt proportional ist, beeinflußt wird. Es sei bemerkt, daß wir die gleichen Einflüsse auch bei der Koerzitivkraft antreffen werden.

Zur Erklärung des Mechanismus der Wandbindungen haben mit ihren Arbeiten insbesondere Becker [11], Kondorski [12], Kersten [13], Néel [14—16], Dijkstra und Wert [17], Vicena [18] und andere beigetragen; auf diese Arbeiten, eventuell auch auf größere, dem Ferromagnetismus gewidmete Monographien [1, 7, 8], verweisen wir den Leser, der diese Probleme näher kennen lernen will.

Ist die Wand an einigen Stellen viel stärker als an anderen gebunden, kann eine Aufwölbung der Wand eintreten. Die Frage der energetischen Bilanz ist dann unter Berücksichtigung des auf S. 572f. Gesagten zu lösen, wo wir die näherungsweisen Ausdrücke für χ unter der vereinfachten Voraussetzung einführten, daß die Wand mit Ausnahme der Haltpunkte völlig frei ist. Man kann leicht einsehen, daß die Wandaufwölbung bei Berücksichtigung der Einflüsse, über die wir eben im Zusammenhang mit der Parallelverschiebung der Wand sprachen, erschwert werden kann, so daß die Ausdrücke (6.11) und (6.12) eher die obere Grenze für χ_0 darstellen.

Verläuft schließlich die Magnetisierung in schwachen Feldern ausschließlich nach dem Rotationsmechanismus, so sind diese Prozesse reversibel. Für die Anfangssuszeptibilität kann dann einer der Ausdrücke (6.14) bis (6.17) benützt werden; immer wird $\chi_0 \sim M_s^2/|K|$ sein, wobei K als effektive Anisotropiekonstante aufgefaßt werden muß.

Der mittlere steile Teil der Magnetisierungskurve. In diesem Teil überwiegen irreversible Vorgänge. Handelt es sich um Wandverschiebungen, was am häufigsten der Fall ist, so sprechen wir von *Barkhausen-Sprüngen*. Es können aber, wie wir gesehen haben, auch irreversible Drehungen vorkommen. In beiden Fällen ändert sich die Magnetisierung diskontinuierlich, da bei Erreichen einer kritischen Feldstärke, die für das Freiwerden der Wand oder für das Umklappen der Magnetisierung nötig ist, eine jähe sprunghafte Erhöhung der Magnetisierung eintritt, ohne daß dazu eine weitere Erhöhung der Feldstärke notwendig ist.

Im folgenden wollen wir ausschließlich die irreversiblen Verschiebungen behandeln. In Proben, die eine große Anzahl Domänen enthalten, insbesondere in Polykristallen, ist die Magnetisierungskurve trotz der durch die Barkhausen-Sprünge hervorgerufenen Diskontinuitäten in normalem Maßstab glatt. Bei entsprechender Vergrößerung

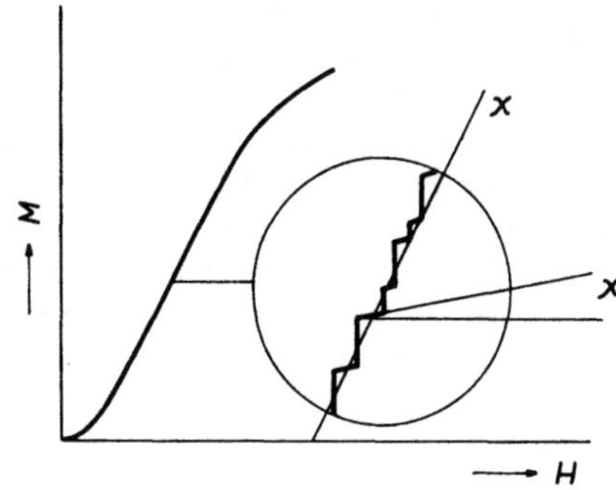

Abb. 6.12 Die Magnetisierungskurve im Gebiet irreversibler Wandverschiebungen.

würde aber tatsächlich anstelle einer glatten Kurve der erwartete stufenförmige Verlauf erscheinen (Abb. 6.12), wie aus dem klassischen Barkhausenschen Versuch [19] folgt, der zum erstenmal die Diskontinuität eines Magnetisierungsprozesses zeigte.[9])

Wie die Abbildung zeigt, ist der Magnetisierungszuwachs in jedem Abschnitt des mittleren Teils der Magnetisierungskurve aus einem reversiblen und einem irreversiblen Anteil zusammengesetzt, da jede Wand sich zwischen zwei aufeinanderfolgenden Sprüngen im wachsenden Feld reversibel bewegt (vgl. Abb. 6.3). Wir können daher schreiben

$$\Delta M = \Delta M_r + \Delta M_{irr} = \chi_r \Delta H + \Delta M_{irr}$$

und daher

$$\chi = \frac{\Delta M}{\Delta H} = \chi_r + \chi_{irr}, \tag{6.22}$$

$$\chi_{irr} = \Delta M_{irr}/\Delta H .$$

Die Suszeptibilität χ gibt dabei die mittlere Steigung der stufenförmigen Kurve an.

Die Größe der Barkhausen-Sprünge und ihre statistische Verteilung sind sehr empfindlich gegenüber der magnetischen Vorgeschichte und gegenüber der Anzahl und Verteilung der Störstellen im Material. Wesentlich ist auch der Einfluß der Probengestalt. Charakterisieren wir die Gestalt mit Hilfe des Entmagnetisierungsfaktors N, dann macht sich für $N \approx 0$ (z. B. bei einer

[9]) Wie aus späteren Versuchen von Bozorth und Dillinger [20] und anderer folgt, ist der Mittelwert des Volumens, das durch einen einzigen Sprung ummagnetisiert wird, von der Größenordnung 10^{-9} cm^3; bei den gewöhnlich bei der Messung der Magnetisierungskurven verwendeten Probenabmessungen müßte die Kurve in Abb. 6.12 ungefähr 10^9mal vergrößert werden, wenn wir ihre Einzelheiten in dem Maßstab, in dem sie eingezeichnet sind, erhalten wollten.

ringförmigen Probe) die äußere Entmagnetisierungsenergie der Probe nur unmerklich in der energetischen Gesamtbilanz bemerkbar, so daß die Abhängigkeit der Energie von der Lage der Wände praktisch ausschließlich durch die inneren Störstellen bestimmt sein wird. In Übereinstimmung hiermit wird im mittleren Teil der Magnetisierungskurve der Beitrag der irreversiblen Verschiebungen überwiegen, so daß $\chi_{irr} \gg \chi_r$ ist. Wächst der Entmagnetisierungsfaktor, dann nimmt mit dem allmählich anwachsenden magnetischen Moment der Probe die Entmagnetisierungsenergie und damit allmählich auch ihr Einfluß auf die Wandverschiebungen zu. Das äußert sich auf zweierlei Art: einerseits durch Erhöhung des Anteils der reversiblen Verschiebungen, andererseits durch allmähliche Abnahme der Länge der irreversiblen Sprünge. Die erste Erscheinung hängt damit zusammen, daß die Änderungen der Domänenstruktur an der Probenoberfläche, die entscheidend für die Zunahme der Entmagnetisierungsenergie sind, praktisch reversibel verlaufen; deshalb nimmt auch der Beitrag der Entmagnetisierungsenergie bei einer Bewegung der Wand innerhalb der Probe kontinuierlich mit ihrem Abstand von der ursprünglichen Gleichgewichtslage zu. Die zweite Erscheinung kann eigentlich auf dieselben Ursachen zurückgeführt werden, und man kann sie als Folge der Schwächung des Feldes innerhalb der Probe infolge der Entmagnetisierung auffassen. Diese Änderungen bei Magnetisierungsprozessen bei $N \neq 0$ hängen mit der bekannten Tatsache zusammen, daß die an offenen Proben gemessene Magnetisierungskurve infolge der Entmagnetisierung weniger steil ist als die an ringförmigen Proben gemessene Kurve.

Einmündung in die magnetische Sättigung. Bei hinreichend großen Feldstärken verschwinden sämtliche Domänen mit ungünstig orientierter Magnetisierung, sämtliche möglichen Wandverschiebungen sind beendet, und eine weitere Erhöhung des magnetischen Moments der Probe kann nur noch durch Drehung des Magnetisierungsvektors und durch den Paraprozeß erreicht werden.[10]) Betrachten wir konkret eine polykristalline Probe, so wird der Magnetisierungsvektor in den einzelnen Kristalliten nach Beendigung der Wandverschiebungen in jene leichten Richtungen orientiert sein, die mit der Feldrichtung die kleinsten Winkel einschließen. Die nun folgenden Rotationen entsprechen dann der allmählichen Drehung der Magnetisierung aus diesen Richtungen in die Feldrichtung. Die Leichtigkeit oder Schwierigkeit dieser Prozesse hängt von der Größe des Anisotropiefeldes H_A ab (vgl. Seite 574). In der Nähe der technischen Sättigung können wir die Abweichung ΔM der Magnetisierung vom Sättigungswert durch eine Reihe in $1/H$ darstellen (das Einmündungsgesetz) [21]

$$\Delta M = M_s - M = \frac{b}{H^2} + \frac{c}{H^3} + \ldots\ldots - \chi_p H\,, \tag{6.23}$$

in der χ_p die Paraprozeß-Suszeptibilität bedeutet. Die Konstante b, auf die man sich gewöhnlich beschränken kann, ist bei einem polykristallinen kubischen Material durch die Beziehung gegeben [22]

$$b = \tfrac{8}{105} K^2/M_s\,, \tag{6.24}$$

in der K wieder die Bedeutung einer effektiven Anisotropiekonstante hat, die den Beitrag verschiedener Anisotropiearten zusammenfaßt. Das Glied $1/H$ fehlt deshalb

[10]) Das bedeutet, daß die Bloch-Wände praktisch verschwinden.

in (6.23), weil für $H \to \infty$ bei Vernachlässigung des Paraprozesses die Magnetisierungsarbeit $H.\ \Delta M = 0$ sein muß. In Wirklichkeit muß aber auch dieses Glied bei der Analyse der gemessenen Abhängigkeiten in Betracht gezogen werden; sein Ursprung wird in der Porosität, den Einschlüssen und anderen Störstellen in realen ferromagnetischen Stoffen gesucht [23].

Bei der Ableitung der Beziehung (6.23) wurden die Kristallite als voneinander unabhängig angesehen. In Wirklichkeit besteht zwischen ihnen eine durch die inneren Entmagnetisierungsfelder hervorgerufene Wechselwirkung, die von den unterschiedlichen Orientierungen der Magnetisierung der einzelnen Kristallite herrührt. Eine genaue Berechnung dieser Wechselwirkungen ist aber kompliziert [24]. Stellen wir uns einen kugelförmigen Kristallit in ein Medium mit mittlerer Magnetisierung M eingebaut vor, so ist er außer der Einwirkung des betreffenden magnetischen Feldes auch noch der Einwirkung eines durch die Umgebung induzierten Feldes ausgesetzt, das gleich dem Lorentz-Feld $\frac{4}{3}\pi M$ ist. Die Drehung des Magnetisierungsvektors des betrachteten Kristallits können wir uns daher als Orientierung des magnetischen Dipols gegenüber den Anisotropiekräften in einem Felde vorstellen, das durch die Summe $H + \frac{4}{3}\pi M$ gegeben ist. Durch diese Summe muß das Feld H im Ausdruck (6.23) ersetzt werden. Aus den von Šternberk an kugelförmigen Proben von polykristallinen Ferriten mit verschiedener Porosität durchgeführten Messungen folgt [25], daß diese Folgerung nur bei Proben mit großer Porosität sehr gut mit dem Experiment übereinstimmt, während bei dichteren Proben das Lorentz-Feld mit einem nummerischen Faktor < 1 reduziert werden muß. Es ist erwähnenswert, daß die aus diesen Messungen resultierende effektive Anisotropiekonstante ungefähr um eine Größenordnung höher ist als die für K_1 bekannten Werte und überdies dem Quadrat der Magnetisierung proportional ist, so daß sie wahrscheinlich der Formanisotropie entspricht. Mirjasow hingegen [26] gelang es durch Messung an Proben mit geringer Porosität, Werte der Anisotropiekonstante abzuleiten, die den an Einkristallen gemessenen K_1-Werten entsprachen.

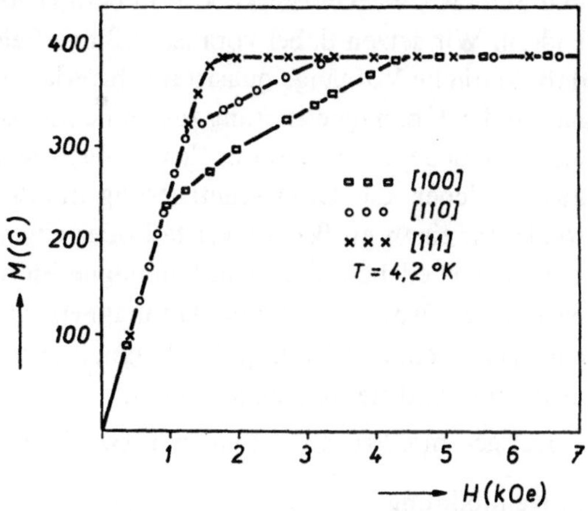

Abb. 6.13 Magnetisierungskurven des Einkristalls $Mn_{1,49}Fe_{1,51}O_4$ bei 4,2 °K, gemessen an einer Kugelprobe (H ist die Feldstärke des äußeren Feldes). Messung von B. Zítka.

Bei Einkristallproben mit geometrisch einfachen Domänenstrukturen (z. B. bei rahmenförmigen Proben) besitzen die Magnetisierungskurven eine etwas andere Gestalt. Nach Erreichen des für die Freisetzung der Wand nötigen kritischen Feldes, das meist vernachlässigbar klein ist, verläuft die Magnetisierung bis zum oberen Kurvenknie praktisch als ein einziger Barkhausen-Sprung. Der Magnetisierungsgrad, der so erreicht wird, ist für verschiedene kristallographische Richtungen verschieden ebenso wie der weitere Verlauf der Magnetisierung durch Rotationsprozesse. Bei Einkristallproben mit von Null verschiedenem Entmagnetisierungsfaktor (Kugel u. ä.) – Abb. 6.13 – ist die Neigung des unteren, allen kristallographischen Richtungen gemeinsamen Teils der Magnetisierungskurve dem Entmagnetisierungsfaktor indirekt proportional. In diesem Falle handelt es sich eher um reversible Verschiebungen im Gleichgewicht mit dem Entmagnetisierungsfeld als um einen Barkhausen-Sprung. Beachten wir, daß bei Magnetisierung in den Hauptrichtungen die Sättigung bei *endlichen* Feldstärken erreicht wird. Wir begegneten dieser Tatsache bereits bei der Beschreibung der Magnetisierung nach dem Rotationsmechanismus; wir dürfen jedoch nicht vergessen, daß dies nur für einige, u. zw. nur für die Hauptrichtungen des Kristalls gilt. In den allgemeinen Richtungen nähert sich die Magnetisierung der Sättigung asymptotisch ebenso wie in Vielkristallen. Die Ausarbeitung einer ausführlichen Theorie der Magnetisierungskurve von Einkristallen verdanken wir vor allem Néel [27], Lawton und Stewart [28] und anderen (siehe auch [1]).

Der Ummagnetisierungsprozeß

Betrachten wir nun, wie die Magnetisierungsvorgänge verlaufen werden, wenn wir anstelle des entmagnetisierten Zustandes den Zustand der technischen Sättigung in irgendeinem genügend starken magnetischen Feld H_m als Ausgangszustand wählen und wenn wir die Feldstärke kontinuierlich von $H = H_m$ über $H = 0$ nach $H = -H_m$ ändern. Wir setzen dabei voraus, daß das Feld genügend langsam geändert wird, so daß sämtliche Vorgänge quasistatisch verlaufen; die Diskussion über die mit der Dynamik der Ummagnetisierung zusammenhängenden Fragen wollen wir bis zum Kap. 6.2 aufschieben. Aus unseren Erwägungen schließen wir vorläufig kleine Kriställchen aus, in denen die Ummagnetisierung durch Drehprozesse verläuft, und betrachten wiederum einen großen Einkristall oder einen Vielkristall mit Kristalliten, die keine Einbereichsteilchen sind. Die Ummagnetisierung verläuft dann im wesentlichen so, daß in der Probe sogenannte Ummagnetisierungskeime entstehen, d. i. Bereiche mit entgegengesetzter Richtung der Magnetisierung, die sich dann über die ganze Probe ausbreiten und sie ummagnetisieren.

Der gesamte Prozeß kann also in zwei Phasen eingeteilt werden:

a) Keimbildung

b) Wachstum der Keime durch Verschiebung der sie begrenzenden Blochwände.

Vom Verlauf dieser beiden Phasen in Abhängigkeit von dem in der erwähnten Weise veränderlichen magnetischen Feld hängt die Form der Hystereseschleife und damit auch Remanenz und Koerzitivkraft der Probe ab.

Bei der Bildung eines Keimes muß infolge des ungünstig hohen Verhältnisses von Oberfläche zu Volumen ein gewisser Energiewall überwunden werden [29]. Dieser Wall kann durch einen kritischen Feldwert charakterisiert werden, das sogenannte *Keimbildungsfeld* H_N, bei dessen Erreichen der Keim gebildet wird.[11]) Die Rechnung zeigt, daß bei vollkommen idealen Einkristallen ohne Störstellen H_N dieselbe Größenordnung besitzen könnte wie das kritische Feld der Ummagnetisierung durch Drehung, d.i. $H_N \approx |K|/M_s$. Diese Beziehung liefert aber in den meisten Fällen einen vielfach höheren Wert im Vergleich zu der gemessenen Koerzitivkraft, so daß in Realkristallen, die verschiedene Störstellen enthalten, das Keimbildungsfeld notwendigerweise wesentlich schwächer sein wird. Den Grund hierfür müssen wir in den inneren Streufeldern der Störstellen suchen (vgl. Seite 579), deren magnetostatische Energie durch die Bildung von Keimen an günstigen Stellen herabgesetzt wird.

Als günstige Stellen für die Bildung von Ummagnetisierungskeimen kommen Poren, Einschlüsse und (bei Vielkristallen) die Korngrenzen usw. in Betracht. Es handelt sich um eine ähnliche Erscheinung wie bei der Bildung einer sekundären Domänenstruktur in der Umgebung von Störstellen, bei der eine Herabsetzung der inneren Entmagnetisierungsenergie eintritt. Goodenough [30] beschäftigte sich theoretisch mit den Bedingungen der Keimbildung an diesen Störstellen. Aus seiner Analyse folgt, daß H_N sowohl positiv als auch negativ sein kann.

Für den weiteren Verlauf der Ummagnetisierung ist von entscheidender Bedeutung, bei welcher Feldstärke sich der Keim irreversibel in seine Umgebung hinein auszubreiten beginnt. Diese Feldstärke nennen wir *Wachstumsfeldstärke* und bezeichnen sie mit H_w. Der Wert von H_w hängt von der Dichte und der Verteilung der magnetischen Ladungen in der Umgebung des Keimes und von der Flächendichte der Wandenergie ab, denn beim Wachstum des Keimes wird die Oberfläche der Wand vergrößert. Aus diesem Grunde wird H_w meist etwas größer als das kritische Feld H_0 sein, das zur reinen Loslösung der Wand aus der Potentialmulde bei irreversibler Parallelverschiebung notwendig ist (vgl. Seite 570, Abb. 6.3).[12]) Das Wachstumsfeld H_w kann allgemein größer oder kleiner als das Keimbildungsfeld sein; außerdem werden beide, H_w und H_N, von Keim zu Keim verschieden sein.

Lassen wir vorläufig den Fall beiseite, in dem $H_N > H_w$ ist, so sehen wir leicht ein, daß Keime mit kleinem H_w den Hauptanteil an der Ummagnetisierung haben werden. Da H_w mit der Dichte der magnetostatischen Ladungen am Entstehungsort des ummagnetisierten Keimes anwächst, kann man erwarten, obwohl es auf den ersten Blick paradox erscheint, daß Störstellen, deren Streufelder schwach sind, für die Ummagnetisierung von großer Bedeutung sein werden. Goodenough zeigte übereinstim-

[11]) H_N wird als positiv angesehen, wenn es entgegengesetzt zum ursprünglichen Feld H_m orientiert ist.

[12]) Das bedeutet allerdings noch nicht, daß H_w notwendigerweise zur Überwindung sämtlicher Barrieren ausreichen muß, denen die Wand während des Ummagnetisierungsprozesses begegnet, und daß es daher größer als alle H_0 entlang der Bahn der Wand ist.

mend [30], daß z. B. die inneren, an der Korngrenze entstehenden Keime leichter beweglich sind und daher für die Ummagnetisierung eine größere Bedeutung besitzen als Keime an der Oberfläche der Probe. Die Bildung von Keimen an der Grenze zweier Körner, deren Magnetisierung infolge der verschiedenen Orientierung der kristallographischen Hauptrichtungen nicht parallel ist, ist in Abb. 6.14 angedeutet. Bedingung für die Keimbildung ist eine von Null verschiedene magnetische Ladungs-

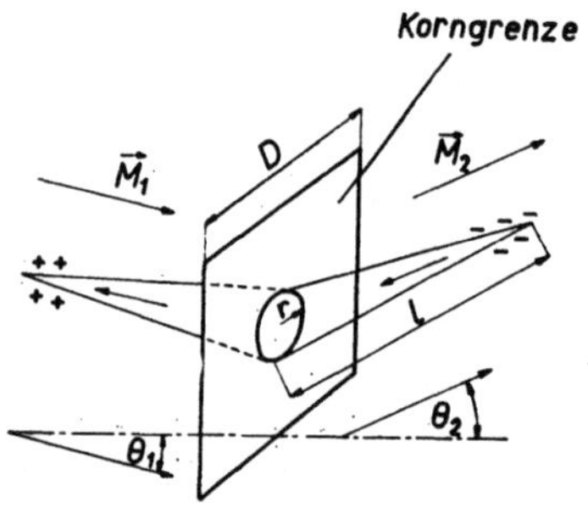

Abb. 6.14 Entstehung der Ummagnetisierungskeime an der Grenze zweier benachbarter Kristallite. (Nach Goodenough [30].)

dichte an der Korngrenze, $\sigma_m = M_{n1} - M_{n2} = M_s(\cos\Theta_1 - \cos\Theta_2) \neq 0$, was der Bedingung $\Theta_1 \neq \Theta_2$ entspricht. Das Wachstumsfeld eines solchen Keimes wird gleichzeitig mit dem Ausdruck $M_s(\cos\Theta_1 - \cos\Theta_2)$ und deshalb, bei konstantem M_s, mit der Differenz der Winkel Θ_1, Θ_2 abnehmen.

Erzielen wir auf irgendeine Weise (durch Kristallitorientierung (Textur), durch mechanische Spannung oder induzierte Anisotropie), daß in der ganzen Probe $\Theta_1 \approx \Theta_2$ ist, so sinkt H_w auf einen sehr kleinen Wert. Nach der zitierten Arbeit von Goodenough wird unter diesen Umständen gleichzeitig $H_N > 0$, so daß der Fall $H_N > H_w$ eintreten kann, bei dem die Ummagnetisierung praktisch durch einen einzigen Barkhausen-Sprung erfolgt.

Wir haben bereits gesagt, daß davon, wie die beiden Ummagnetisierungsphasen, d. i. Keimbildung und irreversibles Keimwachstum, verlaufen, die Gestalt der Hystereseschleife und die beiden wichtigen Konstanten, die remanente Magnetisierung und die Koerzitivkraft, abhängen. Nach dem Vorhergehenden ist für beide Phasen der Wert der betreffenden kritischen Feldstärken H_N und H_w entscheidend, und zwar nicht nur der absolute, sondern auch der relative Wert; wichtig sind auch die Schwankungen dieser Felder von Keim zu Keim. Betrachten wir zwei extreme Fälle:

a) Es sei $H_N < 0$, so daß die Keime spontan ohne Hilfe eines äußeren Feldes bereits oberhalb des remanenten Zustandes im Gebiet positiver Felder $0 < H < H_m$ entstehen. Die remanente Magnetisierung, verglichen mit M_s, wird dann infolge der so gebildeten Keime bedeutend geringer sein und der weitere Verlauf der Ummagnetisierung wird durch die statistische Verteilung der H_w-Felder bestimmt bzw. durch die Energieschwankungen des Kristalls bei den irreversiblen Wandverschiebungen. Da diese Felder meist eine ziemliche Streuung besitzen, erhalten wir eine Hystereseschleife von normaler Gestalt. Die Koerzitivkraft wird dann durch den Mittelwert der maximalen kritischen Feldstärken (incl. der Feldstärke H_w) bestimmt, die bei den irreversiblen Verschiebungen der einzelnen Wände auftreten:

$$H_c = \left(\overline{H_{0\,\max}^2}\right)^{1/2}. \tag{6.25}$$

$H_{0\max}$ ist dabei für jede Wand als Maximum des Ausdrucks (6.4) entlang der gesamten

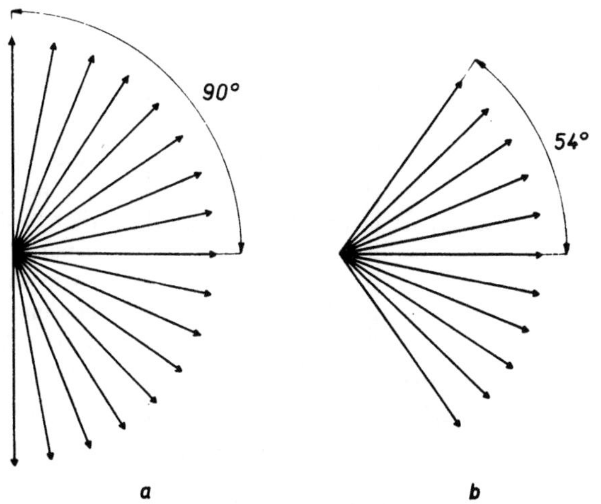

Abb. 6.15 Verteilung der Magnetisierungsrichtungen einer polykristallinen Probe im remanenten Zustand: (a) bei einachsiger Anisotropie, (b) bei kubischer Anisotropie.

Bahn der Wand zu bestimmen. Die Ableitung detaillierter Ausdrücke für H_c, die verschiedenen, bereits früher im Zusammenhang mit dem Verhalten der Wand im Bereich schwacher Felder diskutierten Situationen entsprechen, wurde in den Arbeiten von Kersten [13, 31], Néel [14, 15], Kondorski [12], Vicena [18], Dijkstra und Wert [17] und anderen gegeben.

b) es sei $H_N > 0$ und gleichzeitig $H_N > H_w$. Im remanenten Zustand werden dann keine Keime mit umgekehrter Richtung der Magnetisierung vorhanden sein. Bei einer polykristallinen Probe kann eine Verringerung der Magnetisierung nur durch Drehprozesse bewirkt werden, die in jedem Kriställchen die Magnetisierung in die den kleinsten Winkel mit der Feldrichtung einschließende leichte Richtung einstellen (Abb. 6.15). Die remanente Magnetisierung wird infolgedessen meist höher als im Falle (a) sein, und die Ummagnetisierung tritt erst beim Überschreiten der Keimbildungsfeldstärke H_N ein.[13]) Dies geschieht häufig in einem einzigen großen Barkhausen-Sprung, durch den das ganze Probevolumen ummagnetisiert wird. Handelt es sich speziell um einen in der leichten Richtung magnetisierten Einkristall oder um einen Vielkristall mit induzierter leichter Richtung parallel zur Feldrichtung, so er-

[13]) Die Voraussetzung $H_N > 0$ kann nach dem vorher Gesagten gewöhnlich nur dann erfüllt werden, wenn die Richtung der Magnetisierung in benachbarten Kriställchen keine allzugroßen Unterschiede aufweist.

halten wir eine rechteckige Hystereseschleife (Abb. 6.16). Die an einer derartigen Schleife gemessene Koerzitivkraft ist gleich dem Keimbildungsfeld $H_c = H_N$.

Anmerkung:

Daß in diesem Falle wirklich $H_N > H_{0\max}$ ist, können wir experimentell dadurch beweisen, daß nach Überschreiten des Feldes H_N, das den Beginn des Ummagne-

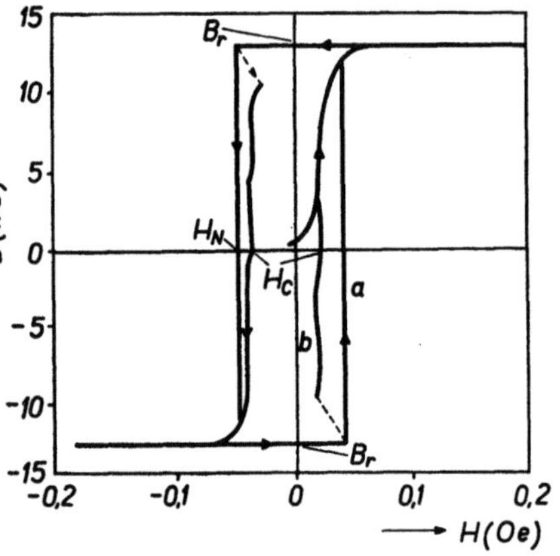

Abb. 6.16 Rechteckige Hystereseschleife bei grossen Barkhausen-Sprüngen — (a), die quasistatisch nach Anlegen eines Startfeldimpulses aufgenommene Schleife — (b); der Unterschied zwischen der scheinbaren, durch das Feld H_N bestimmten Koerzitivkraft und ihrem wirklichen Werte $H_c = H_{0\,\max}$ ist augenscheinlich (nach [9]).

tisierungsprozesses auslöst, die Feldstärke sofort herabgesetzt wird. Sofern die neu eingestellte Feldstärke in das Interval $H_{0\max} < H < H_N$ fällt, verläuft die Ummagnetisierung ungestört weiter. Das schwächste Feld, in dem die Ummagnetisierung noch stattfindet, bestimmt die Koerzitivkraft der Wandverschiebung und ist daher gleich $H_{0\max}$ (Abb. 6.16 Kurve b). Versuche dieser Art haben Stewart [32, 33], Bozorth [39] und weitere [34] durchgeführt. Bei den Ferriten finden wir große Barkhausen-Sprünge einerseits bei Versuchen mit rahmenförmigen Einkristallen (siehe Abschn. 6.2, Seite 601f.), andererseits bei Vielkristallen in Zusammenhang mit der Bildung einer induzierten Anisotropie (Abschn. 6.3). In letzterem Fall muß aber die eigentliche Anisotropie der Kriställchen genügend klein sein, damit die induzierte Anisotropie entscheidend für die leichte Richtung wird. Das Studium großer Barkhausen-Sprünge und ihrer Entstehungsbedingungen ist sowohl für die Erklärung der Dynamik der Ummagnetisierungsvorgänge als auch für ein tieferes Verständnis der energetischen Verhältnisse in der Probe und des Anteils der verschiedenen Mechanismen an der Ummagnetisierung von Bedeutung.

In einigen Fällen ist es energetisch vorteilhafter, wenn die Ummagnetisierung nicht durch Wandverschiebung, sondern durch Rotationsprozesse erfolgt, d. i. im Grunde genommen durch ein Umklappen der Magnetisierung in die entgegengesetzte Richtung. Dieser Ummagnetisierungsmechanismus tritt vor allem bei kleinen (Einbereichs-) Teilchen auf. Für ein isoliertes Einbereichsteilchen leiten wir die durch Drehung der Magnetisierung entstehende Magnetisierungskurve durch Minimalisierung der Beziehung (6.13) mit $\alpha = 180°$ ab. Wie aus Abb. 6.7a ersichtlich, ist diese Kurve rechteckig mit einer Koerzitivkraft

$$H_c = 2K/M_s\,. \tag{6.26}$$

Dieses Ergebnis gilt für eine beliebige einachsige, durch die effektive Konstante K ausgedrückte Anisotropie; bei der Kristallanisotropie gilt direkt $K = K_1'$, bei der magnetoelastischen Anisotropie $K = (3/2)\,\lambda\sigma$ und bei der Formanisotropie (ein langgezogenes Ellipsoid mit den Entmagnetisierungsfaktoren $N_\perp$ und $N_\parallel$) $K = (1/2)(N_\perp - N_\parallel)\,M_s^2$. Es sei bemerkt, daß der Ausdruck (6.26) für die Koerzitivkraft auch für einen kubischen Kristall mit $K_1 > 0$ gilt, wenn das Feld in der [001]-Richtung angelegt wird. Bei einem aus einer großer Anzahl nicht orientierter kleiner Kristallite bestehenden polykristallinen Material wird die resultierende Hystereseschleife durch die Überlagerung der Schleifen für die verschiedenen Werte von α gegeben sein; bei einachsiger Anisotropie erhalten wir dann durch Mittelung [35]

$$\bar{H}_c = 0{,}96K/M_s \tag{6.27}$$

und bei kubischer Anisotropie ($K_1 > 0$) [36]

$$\bar{H}_c = 0{,}64K_1/M_s\,. \tag{6.27'}$$

Die entsprechenden relativen Werte der remanenten Magnetisierung M_r/M_s sind im einachsigen Fall 0,5 und beim kubischen Kristall 0,831 bzw. 0,866, je nachdem, ob $K_1 > 0$ oder $K_1 < 0$ ist (vgl. Abb. 6.15).

Bei der Ableitung der Beziehungen (6.26) bzw. (6.27) und (6.27′) werden zwei Dinge vorausgesetzt: (a) daß im gesamten Teilchenvolumen die Ummmagnetisierung kohärent verläuft, das heißt, daß die Magnetisierung in jedem Augenblick im ganzen Kristall homogen bleibt; (b) daß die Teilchen in der Probe unabhängig voneinander ummagnetisiert werden. Die Voraussetzung (a) kann bei kugelförmigen Teilchen als erfüllt angesehen werden, deren Durchmesser $d \ll d_{\mathrm{krit}}$ ist; bei größeren Teilchen, deren Abmessungen an der Grenze der Einbereichsteilchen liegen, besonders aber bei Teilchen von langgestreckter Gestalt, kann die sogenannte nicht-kohärente Rotation eintreten, die eine erhebliche Herabsetzung der Koerzitivkraft zur Folge hat. Mit der Frage der kohärenten und nicht-kohärenten Rotation werden wir noch in anderem Zusammenhang zu tun haben, und zwar bei der Behandlung der Mechanismen der Impuls-Ummagnetisierung. Die Rolle der gegenseitigen Beeinflussung der Teilchen ist bisher nicht völlig geklärt. Nach den Aussagen, zu denen Wohlfahrt [37] gelangte, könnte die Voraussetzung einer gegenseitigen Unabhängigkeit der Teilchen – Voraussetzung (b) – als gute Näherung angenommen werden, wenn die magnetische Kristallanisotropie überwiegt. Bei der Formanisotropie dagegen sollte die wechselseitige Wirkung zwischen den Kristalliten stark hervortreten und eine wesentliche Herabsetzung der Koerzitivkraft bewirken.

Dem Rotationsmechanismus in kleinen Teilchen begegnen wir im Absatz 6.4 bei der Diskussion der Eigenschaften der hartmagnetischen Ferrite (Seite 681 f.).

6.2 Dynamik der Magnetisierungsvorgänge

Im vorigen Paragraphen behandelten wir die Magnetisierungsvorgänge vom Standpunkt der Gleichgewichtszustände der ferromagnetischen Körper im magnetischen Feld. Wir setzten voraus, daß die Geschwindigkeit, mit der sich der magnetische Zustand des Körpers den Änderungen des äußeren Feldes anpaßt, bedeutend größer als die Geschwindigkeit dieser Änderungen selbst ist, so daß die Magnetisierungskurve einer Kette von Gleichgewichtszuständen entspricht. Eine derartige Magnetisierungskurve nennen wir eine statische Kurve. Im vorliegenden Paragraphen wird uns hingegen interessieren, wie die Magnetisierungsvorgänge durch die Geschwindigkeit der Änderungen des magnetischen Feldes beeinflußt werden können und wie der zeitliche Verlauf der Magnetisierungsvorgänge selbst aussieht. Konkret werden wir uns mit zwei Fragen befassen: einerseits mit dem Einfluß der Frequenz eines magnetischen Wechselfeldes auf die elementaren Magnetisierungsprozesse (Drehung, Wandverschiebung), andererseits mit dem Mechanismus und dem zeitlichen Verlauf der Ummagnetisierungsprozesse bei plötzlichen (impulsförmigen) Änderungen des magnetischen Feldes. Wir wollen mit der Untersuchung der Dynamik des einfachsten Magnetisierungsvorganges, der Drehung des Magnetisierungsvektors, beginnen. Wir setzen im ganzen Paragraphen voraus, daß die ferromagnetische bzw. ferrimagnetische Probe einen hohen spezifischen Widerstand besitzt, so daß vom Skineffekt abgesehen werden kann, und weiter, daß die Probenabmessungen klein im Vergleich zur Wellenlänge der elektromagnetischen Welle in der Probe sind.

Frequenzabhängigkeit der Drehprozesse; natürliche ferromagnetische Resonanz

Bei den Rotationsvorgängen tritt der Gleichgewichtszustand dann ein, wenn das Drehmoment des Feldes $\boldsymbol{M} \times \boldsymbol{H}$ durch das Moment der Anisotropiekräfte kompensiert ist (vgl. Seite 573 f.), so daß das auf die Magnetisierung einwirkende resultierende Drehmoment gleich Null ist. Stören wir dieses Gleichgewicht durch irgendeine schnelle Änderung des Feldes $\boldsymbol{H}$, so erzeugen wir eine Situation, die völlig analog zu jener ist, von der wir bei der elementaren Erklärung der Entstehung der ferromagnetischen Resonanz ausgegangen sind (Abschn. 5.1): der Magnetisierungsvektor beginnt eine Präzessionsbewegung zu beschreiben und nimmt nach Dämpfung dieser Präzession – wenn wir inzwischen nicht von Neuem das Feld $\boldsymbol{H}$ ändern – eine der neuen Gleichgewichtslage entsprechende Richtung ein. Die Frequenz ω_r dieser Präzession wird durch ein effektives Feld bestimmt, das die Kräfte repräsentiert, die bestrebt sind, den Magnetisierungsvektor in die neue Gleichgewichtslage zu überführen, und das für kleine Amplituden durch die Beziehung (5.38) bzw. (5.39) gegeben ist. Die Entstehung der Präzession ist allerdings an die Bedingung geknüpft, daß die für die Dämpfung der Präzession notwendige Zeit τ wesentlich länger als die Periode der Präzessionsschwingungen ist, d. h. es muß gelten

$$\omega_r \gg \tau^{-1} = \omega_{\text{relax}} \,. \tag{6.28}$$

In einem derartigen Fall sprechen wir von einer schwachen Dämpfung, und bei der ferromagnetischen Resonanz im Kapitel 5 haben wir die Gültigkeit von (6.28) fast überall vorausgesetzt. Für die Zwecke dieses Absatzes, wo es uns um die allgemeine Analyse der Frequenzabhängigkeit der Magnetisierungsänderungen geht, ist diese Beschränkung jedoch nicht vorteilhaft. Wir werden daher auch den zu (6.28) umgekehrten Fall $\omega_r < \tau^{-1}$ betrachten, der einer „starken" Dämpfung entspricht. In diesem Fall kommt es eigentlich überhaupt zu keiner Präzession, so daß die gyromagnetischen Eigenschaften des magnetischen Moments sich in keiner Weise äußern und die Magnetisierung mit einer gewissen Verzögerung direkt den Feldänderungen folgt.

Wenn wir allgemein voraussetzen, daß die Dämpfung vom Landau-Lifschitz-Typ ist (vgl. 5.6a), so wird die augenblickliche Lage des Magnetisierungsvektors durch die Bewegungsgleichung bestimmt

$$\dot{\boldsymbol{M}} = -\gamma \boldsymbol{M} \times \boldsymbol{H}^{\text{eff}} - \frac{\gamma\alpha}{M}\left[\boldsymbol{M} \times (\boldsymbol{M} \times \boldsymbol{H}^{\text{eff}})\right], \tag{6.29}$$

in der der Dämpfungskoeffizient α mit der Relaxationszeit τ durch die Beziehung

$$\tau^{-1} = \omega_{\text{relax}} = \alpha\gamma|\boldsymbol{H}^{\text{eff}}| \tag{6.30}$$

verknüpft ist und $\boldsymbol{H}^{\text{eff}}$ das effektive innere Feld ist, das den Vektor $\boldsymbol{M}$ an die leichte Richtung bindet.[14]) Die Lösung der Gleichung (6.29) kann in der Form geschrieben

---

[14]) Allgemein ist $\boldsymbol{H}^{\text{eff}}$ durch die Summe des äußeren Magnetfeldes, des entmagnetisierenden Feldes $-\mathbf{N}\boldsymbol{M}$ und des effektiven Anisotropiefeldes gegeben; das auch in der Form $-\mathbf{N}_A^{\text{eff}}\boldsymbol{M}$ [39] geschrieben werden kann; vgl. die Bemerkung auf Seite 466. $\mathbf{N}$ resp. $\mathbf{N}_A^{\text{eff}}$ sind die Entmagnetisierungstensoren, die der tatsächlichen Entmagnetisierung und der durch die Anisotropie verursachten effektiven „Entmagnetisierung" entsprechen. Wegen des Tensorcharakters dieser Größen ist $\boldsymbol{H}^{\text{eff}}$ im allgemeinen eine Funktion der augenblicklichen Lage der Magnetisierung und braucht daher im Raume nicht konstant zu bleiben. Genau genommen wird $\boldsymbol{H}^{\text{eff}}$ nur dann konstant sein, wenn die Entmagnetisierung vernachlässigt werden kann (z. B. für eine unendlich ausgedehnte Probe) und wenn die Gleichgewichtslage, um die der Vektor $\boldsymbol{M}$ seine Präzessionsbewegung ausführt, in irgendeine ausgezeichnete kristallographische Richtung fällt. Solche Richtungen sind z. B. bei kubischen Kristallen die Richtungen [100] und [111] oder bei einachsigen Kristallen (für $K_1' > 0$) die zur Achse parallele Richtung, vgl. Tab. V-2.

werden [38]

$$M_x = \Delta M \exp\{j\omega_r t - t/\tau\}$$
$$M_y = \Delta M \exp\{j\omega_r t - t/\tau + \pi/2\} \tag{6.31}$$
$$M_z = M[1 - (\Delta M/M)^2 \exp\{-2t/\tau\}],$$

wobei ω_r die Resonanzfrequenz und ΔM die Änderung der Magnetisierung zwischen Anfangs- und Endzustand (nach Dämpfung der Präzession) ist. Die Bedeutung der Bedingung (6.28) bzw. des entgegengesetzten Falles $\omega_r \ll \tau^{-1}$ ist aus dieser Lösung klar ersichtlich.

Wir wollen nun annehmen, daß wir an Stelle der diskontinuierlichen Änderung des Feldes es mit einem Feld zu tun haben, das sich kontinuierlich und periodisch mit

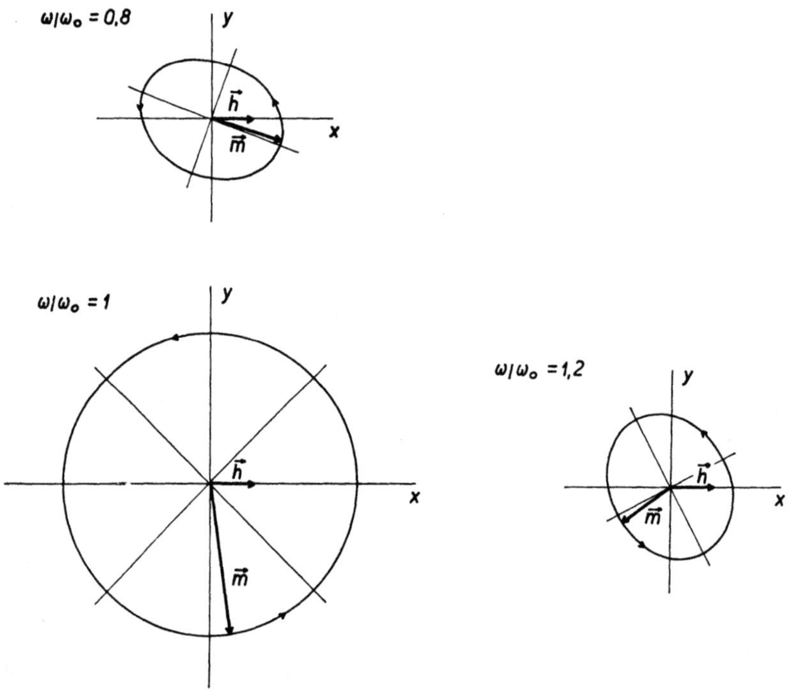

Abb. 6.17 Verhalten der dynamischen Magnetisierungskomponente in der Umgebung der Resonanz bei Erregung durch ein schwaches Wechselfeld. (Berechnung durchgeführt für $\alpha = 0{,}1$).

dem Zeitfaktor $\exp j\omega t$ ändert und dessen Amplitude sehr klein gegen $|\boldsymbol{H}^{\text{eff}}|$ ist (Abb. 6.17). Dadurch soll gewährleistet sein, daß die Gleichgewichtsrichtung der Magnetisierung sich nur wenig durch die Einwirkung des angelegten Wechselfeldes ändert, so daß die momentane Lage der Magnetisierung sich nur wenig von der Ruhelage unterscheiden wird. Unser Ziel wird es sein, die Beziehung zwischen dem Momentanwert der Magnetisierung und dem zugehörigen Wert des magnetischen Wechselfeldes zu untersuchen. Zu diesem Zweck ersetzen wir $\boldsymbol{H}^{\text{eff}}$ in der Gleichung (6.29) durch die Summe $\boldsymbol{H}^{\text{eff}} + \boldsymbol{h} \exp j\omega t$ und führen die durch die Voraussetzung $|\boldsymbol{h}| \ll |\boldsymbol{H}^{\text{eff}}|$, $|\boldsymbol{m}| \ll |\boldsymbol{M}|$ ermöglichte Linearisierung dieser Gleichung durch. Durch die Lösung, die der im Paragraph 5.2 gegebenen völlig analog ist, erhalten wir dann die Beziehung zwischen der dynamischen Komponente der Magnetisierung $\boldsymbol{m}$ und dem Hochfrequenzfeld $\boldsymbol{h}$, die durch den Tensor der Suszeptibilität (Gleichung 5.11) ausgedrückt ist; je nach den Umständen kann dieser Tensor entweder als ein innerer oder äußerer Suszeptibilitätstensor aufgefaßt werden. Bei der Untersuchung von Magnetisierungsvorgängen ist es meist ausreichend, den inneren Tensor in Erwägung zu ziehen.

Um einen konkreten Fall vor Augen zu haben, wollen wir voraussetzen, daß es sich um ein Einbereichsteilchen (Kristall) in einem äußeren statischen Feld Null handelt. Die Gleichgewichtslage der Magnetisierung ist dann durch die Richtung der leichten Magnetisierung gegeben, wobei wir voraussetzen wollen, daß es sich un einen kubischen oder einachsigen Kristall (mit der leichten Richtung parallel zur Kristallachse) handelt. In einem derartigen Fall wird $\boldsymbol{H}^{\text{eff}}$, wenn wir von der Entmagnetisierung absehen, parallel zur leichten Richtung gleich dem Anisotropiefeld $\boldsymbol{H}_A$ sein.[15]) Legen wir ein Wechselfeld $\boldsymbol{h} \exp(j\omega t)$ an – der Einfachheit halber nehmen wir an, daß es senkrecht zu $\boldsymbol{H}_A$ ist –, so erhalten wir formal die gleiche Situation wie die, von der wir bei der Ableitung des inneren Suszeptibilitätstensors in § 5.2 ausgegangen sind (Seite 449). Die Beziehung zwischen der dynamischen Komponente der Magnetisierung und dem Wechselfeld wird wieder durch eine Tensorgleichung von der Gestalt (5.11) ausgedrückt; bei Berücksichtigung der Dämpfung werden die Komponenten des Suszeptibilitätstensors durch die Ausdrücke (5.12) gegeben sein, in denen ω_H durch die Larmor-Frequenz im Anisotropiefeld

$$\omega_0 = \gamma H_A \tag{6.32}$$

ersetzt werden muß.

Betrachten wir die Frequenzabhängigkeiten dieser Ausdrücke. Für $\omega > 0$ ist $\varkappa \to 0$, und χ muß in die statische Suszeptibilität übergehen; wir erhalten so in Übereinstimmung mit (6.14) tatsächlich wieder $\chi_0 = \omega_M/4\pi\omega_0 = M/H_A$. Bei niedrigen Frequenzen $\omega \ll \omega_0$ ändert sich die Situation nur wenig gegenüber dem statischen Fall: die dynamische Magnetisierung $\boldsymbol{m}$ bleibt praktisch in Phase mit dem Wechselfeld und folgt seinen Änderungen verzögerungslos. Wächst ω und nehmen wir an, daß die Bedingung für schwache Dämpfung (6.28) erfüllt ist, so wird sich die Bewegung des Endpunktes des Vektors $\boldsymbol{m}$ allmählich aus einer linearen in eine elliptische verwandeln, bis bei Erfüllung der Bedingung

$$\omega^2 = \omega_0^2(1 + \alpha^2) \cong \omega_0^2$$

[15]) Siehe Anmerkung Seite 591.

Resonanz eintritt, bei der der Vektor $\boldsymbol{M}$ eine kreisförmige Präzession ausführt; $\boldsymbol{m}$ bewegt sich dann gleichförmig, seine Größe ändert sich nicht, und gegen über dem Feld ist es um $\pi/2$ phasenverschoben (Abb. 6.17). Der Realteil χ' der Suszeptibilitätskomponente in Richtung des Feldes, um den es uns meist in erster Linie geht, ist bei Resonanz gleich $\chi_0/2$, während sein Imaginärteil maximal ist. Bei weiterer Erhöhung der Frequenz nimmt χ' weiter ab und erreicht negative Werte; für $\omega \to \infty$ nähert es sich

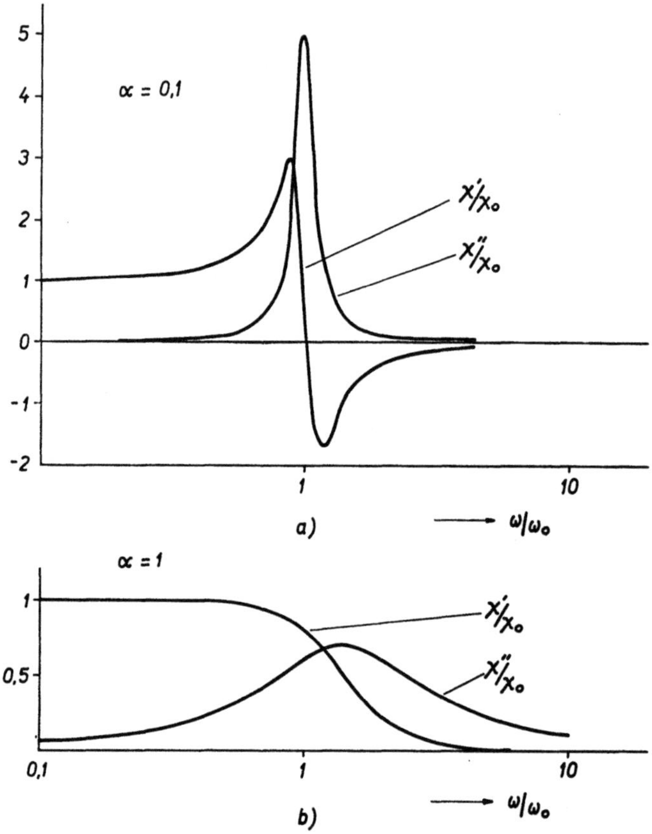

Abb. 6.18 Die Frequenzabhängigkeiten von χ', χ'' (*a*) für den Resonanzfall ($\alpha = 0{,}1$), (b) für den Relaxationsfall ($\alpha = 1$).

dem Wert Null. Die Zirkularpräzession geht dabei wieder in eine ständig flacher werdende elliptische Präzession über, wobei gleichzeitig die Amplitude abnimmt; die durch den Endpunkt des Vektors $\boldsymbol{m}$ beschriebene Ellipse hat dabei zum Unterschied vom Fall $\omega < \omega_0$ eine zur Feldrichtung senkrecht orientierte große Achse. Der Verlauf von χ' und χ'' bei schwacher Dämpfung ist in Abb. 6.18 dargestellt. Ist die Dämpfung dagegen sehr stark, $\alpha \gtrsim 1$, $\omega_0 \lesssim \tau^{-1} = \omega_{\text{relax}}$, so kann keine Resonanz eintreten und die Frequenzabhängigkeit $\chi = \chi(\omega)$ geht in eine normale Relaxationskurve (Abb. 6.18b) über. Ein Maximum der Verluste tritt dann für die Frequenz $\omega = \omega_{relax}$ ein; das Auftreten von Verlusten in der Umgebung dieser Frequenz ist von einer kontinuierlichen Abnahme des Realteils der Suszeptibilität begleitet, wobei für $\omega = \omega_{relax}$ wiederum $\chi' = \chi_0/2$ gilt. Zum Unterschied vom Resonanzverlauf bleibt bei einer Kurve mit Relaxationscharakter ständig $\chi' \geqq 0$, und das für die Resonanz charakteristische Maximum und Minimum von χ' verschwindet.

Es ist also ersichtlich, daß für die Form der Frequenzabhängigkeit der Anfangssuszeptibilität bei Drehprozessen die Werte der Resonanzfrequenz bzw. der Relaxationsfrequenz von entscheidender Bedeutung sind, die eine kritische Frequenz darstellen, oberhalb der die Magnetisierungsvorgänge „aussetzen", weil die Magnetisierung nicht mehr den Feldänderungen folgen kann. Da es sich hier um Resonanz im eigenen Anisotropiefeld ohne Einwirkung eines äußeren statischen Magnetfeldes handelt, sprechen wir manchmal von *natürlicher Resonanz*. Der Ausdruck (6.32), der die entsprechende Resonanzfrequenz angibt, kann erfolgreich auf kubische und einachsige Kristalle angewendet werden, obwohl er unter stark vereinfachenden Voraussetzungen abgeleitet wurde. Für H_A setzen wir dabei den entsprechenden Ausdruck aus Tab. IV-3 ein; speziell für einachsige Kristalle wird $H_A = 2K_1'/M_s$ und für kubische Kristalle $H_A = 2K_1/M_s$ oder $(4/3)|K_1|/M_s$, je nachdem, ob $K_1 > 0$ oder $K_1 < 0$ ist.[16])

In komplizierten Fällen muß man genau bedenken, was als effektives Feld für die Resonanz anzusehen ist. Allgemein wird dieses Feld von der momentanen Magneti-

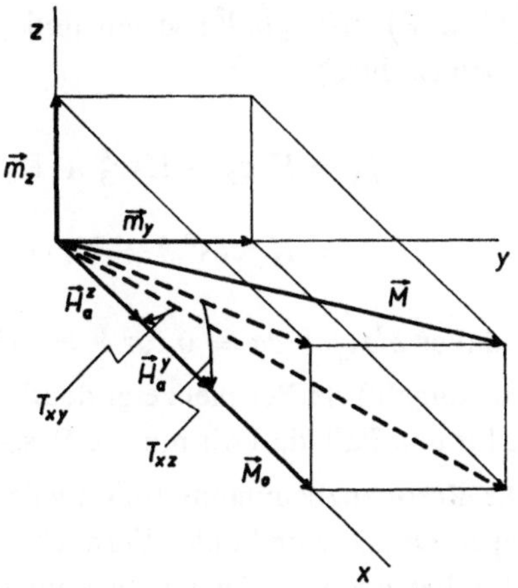

Abb. 6.19 Effektives Anisotropiefeld in einem tetragonalen Kristall mit $K_1 > 0$.

sierungsrichtung abhängen, so daß die Analogie mit einem wirklichen magnetischen Feld ihre Anschaulichkeit verliert. Wir wollen das an einem einfachen Beispiel zeigen: betrachten wir einen tetragonalen Kristall, dessen leichte Richtungen in der (001)-Ebene ($K_1 > 0$) – Abb. 6.19 – liegen.[17]) Das Drehmoment der Kristallanisotropie-

---

[16]) Wenn K_2 vernachlässigt wird.

[17]) Eine Anisotropie dieses Typs besitzt z. B. der Hausmanit Mn_3O_4.

energie, das gegen die Herausdrehung des Magnetisierungsvektors aus der leichten Richtung wirkt, wird von der Magnetisierungsrichtung abhängen. Benutzen wir die allgemeine Definition des Anisotropiefeldes (vgl. (4.23)), so können wir zwei verschiedene Felder H_A^y, H_A^z einführen, die die Drehmomente T_{xz}, T_{xy} in den Ebenen (xz) und (xy) bestimmen. Zerlegen wir die Magnetisierung in die Komponenten $M_x \cong M_0$, $M_y = m_y$, $M_z = m_z$ (x sehen wir als leichte Richtung an), so wird das auf diese Komponenten einwirkende Drehmoment die Größe 0, $m_y H_A^y$, $m_z H_A^z$ haben (H_A^y, H_A^z liegen in der x-Richtung). Setzen wir diese Ausdrücke in Gleichung (6.29) ein, so erhalten wir eine Bewegungsgleichung, deren Lösung uns unter anderem die Resonanzfrequenz

$$\omega_0 = \gamma (H_A^y H_A^z)^{1/2} \tag{6.33}$$

liefert.

Infolge der Verschiedenheit der Drehmomente in den beiden senkrechten Richtungen wird die resultierende Präzession nicht kreisförmig, sondern elliptisch sein. Die Gleichung (6.33) kann auch für hexagonale oxidische ferrimagnetische Stoffe mit $K_1' < 0$ benutzt werden, die gewöhnlich als Stoffe mit einer Ebene leichter Magnetisierung bezeichnet werden (vgl. Abschn. 4.2 und 6.4).

Es sei bemerkt, daß man zum gleichen Ergebnis auch auf Grund des im § 5.2 (Seite 470 f.) beschriebenen, zur Resonanzbedingung (5.38) bzw. (5.39) führenden Verfahrens gelangen kann. Wir können uns sofort überzeugen, daß z. B. (5.39) in (6.33) übergeht, wenn wir im Sinne der allgemeinen Definition $H_A^y = (M \sin \vartheta)^{-1} (\partial^2 f_K / \partial \varphi^2)$, $H_A^z = (M \sin \vartheta)^{-1} (\partial^2 f_K / \partial \vartheta^2)$ setzen und wenn wir annehmen, daß in unserem Falle f_K gegeben ist durch

$$f_K = K_1 \alpha_3^2 + K_2 \alpha_3^4 + K_3 (\alpha_1^4 + \alpha_2^4) =$$
$$= K_1 \cos^2 \vartheta + K_2 \cos^4 \vartheta + K_3 \sin^4 \vartheta \, (1 - \tfrac{1}{2} \sin^2 2\varphi)$$

und daher $\partial^2 f_K / \partial \vartheta \, \partial \varphi = 0$ für $\vartheta = \pi/2$.

Das angeführte Beispiel zeigt deutlich die Vorteile dieser zweiten Art von Behandlung für den Fall, daß wir nur die Resonanzfrequenz bestimmen wollen.

Die Resonanzbedingung (6.32) wurde unter der Voraussetzung der Existenz einer einzigen Domäne und unter Vernachlässigung der Entmagnetisierung abgeleitet. Man muß daher noch erwähnen, was für einen Einfluß die Nichterfüllung dieser Bedingen auf die erhaltenen Resultate haben kann. Das bereits in Abschn. 5.2 Gesagte gilt auch für den Einfluß der Domänenstruktur auf die natürliche ferromagnetische Resonanz. Besitzt das magnetische Wechselfeld eine zur Ebene der Blochwände parallele Komponente, so entstehen bei der Präzession in den Wänden magnetische Ladungen, deren entmagnetisierende Wirkung die Resonanzfrequenz zu höheren Werten hin verschiebt (Abb. 5.18 und 5.19). Für verschiedene Orientierungen des Wechselfeldes und verschiedene Probenformen und dadurch verursachte unterschiedliche äußere Entmagnetisierung erhalten wir Resonanzfrequenzen, die im Bereich

$$\gamma H_A \leqq \omega_0 \leqq \gamma(H_A + 4\pi M_s)$$

liegen.[18]) Diese Tatsache äußert sich durch eine Verbreiterung des Maximums der $\chi''(\omega)$ – Kurve, die die Frequenzabhängigkeit der Verluste wiedergibt, und durch eine Verschiebung dieses Maximums zu höheren Frequenzen.

Was den Einfluß der Entmagnetisierung anbetrifft, so können wir erwarten, daß ihre Wirkung in den Fällen, die uns hier interessieren – d. i. in schwachen Wechselfeldern ohne statische Vormagnetisierung –, meist gering sein wird. Die Ursache liegt im Vorhandensein der Domänenstruktur bzw. in dem polykristallinen Aufbau des Materials, der zur Folge hat, daß die Magnetisierung in verschiedenen Teilen der Probe verschieden orientiert ist, so daß sich die entstehenden Entmagnetisierungsfelder gegenseitig in beträchtlichem Maße kompensieren. Eine genaue Berechnung der Entmagnetisierungseinflüsse ist schwierig. Sofern es sich um innere Streufelder handelt, kann man zeigen [40], daß ihr Einfluß umgekehrt proportional zur Permeabilität des Materials und meist gering, wenn auch nicht vernachlässigbar ist.

Die Dynamik der Blochwand

Als wir im Abschn. 6.1 über die Magnetisierung durch Verschiebung der Blochwände sprachen, interessierte uns nur die durch die Gleichgewichtsbedingung (6.4) bzw. (6.7) gegebene Anfangs- und Endlage der Wand. Wenn wir jetzt von der Dynamik der Wand sprechen, so haben wir dagegen die Art im Sinn, wie die Wandverschiebung durchgeführt wird, d. i. wie die Wand auf Änderung der äußeren Bedingungen, insbesondere des Feldes, reagiert, wie schnell sie sich bewegt und wie eigentlich der Mechanismus einer derartigen Verschiebung aussieht.

Soweit die Annahme berechtigt ist, daß die Wand sich als Ganzes ohne wesentliche Deformierung verschiebt, genügt es für die formale Beschreibung der Wandbewegung, in jedem Augenblick ihre Lage zu kennen. Diese Forderung ist äquivalent der Auffindung der Bewegungsgleichung für die Wand, die, wie wir sehen werden, völlig analog den Bewegungsgleichungen mechanischer Systeme ist. Für das Verständnis des Verschiebungsmechanismus muß man sich dann bewußt sein, daß an der Durchgangsstelle der Wand während ihres Durchganges eine Drehung der elementaren magnetischen Momente erfolgt. Diese Drehung kann vom Standpunkt des Systems magnetischer Momente als Larmor-Präzession aufgefaßt werden, deren Frequenz auf diese Weise mit der Wandgeschwindigkeit verbunden ist. Wir führen so im Grunde

---

[18]) Vgl. Seite 475 f.

genommen das Problem des Verschiebungsmechanismus auf die Untersuchung dieser Präzessionsbewegung, der Bedingungen ihrer Entstehung, ihrer Frequenz, Dämpfung usw. zurück.

Betrachten wir eine 180°-Wand, die sich unter Einwirkung eines Feldes H_x mit der Geschwindigkeit v bewegt (Abb. 6.20). Für die Winkelgeschwindigkeit ω der Bewegung des Magnetisierungsvektors am Ort der Wand wird dann die Beziehung gelten

$$\omega = - d\Phi/dt = (d\Phi/\mathrm{d}z)\, v\,. \tag{6.34}$$

Zur Entstehung dieser Präzession ist ein bestimmtes Drehmoment notwendig, das wir uns als das Moment irgendeines effektiven, in Richtung der z-Achse orientierten Feldes vorstellen können. Die Entstehung dieses Feldes erklären wir folgendermaßen. Es ist klar, daß das Feld H_x nicht allein die unmittelbare Ursache der Drehung des Moments um die z-Achse sein kann, da das von ihm hervorgerufene Torsionsmoment $MH_x \sin \Phi$ senkrecht auf die Wandebene wirkt und daher bestrebt ist, die magnetischen Momente aus dieser Ebene abzulenken. Die Präzession, die dieser direkten Wirkung des Feldes H_x entsprechen würde, bleibt aber nur auf die anfängliche Ablenkung der magnetischen Momente aus der xy-Ebene beschränkt (Abb. 6.20). Gleichzeitig mit ihr entsteht nämlich in der Wand eine auf die Wandebene senkrechte Komponente der Magnetisierung, die zum Auftreten magnetischer Ladun-

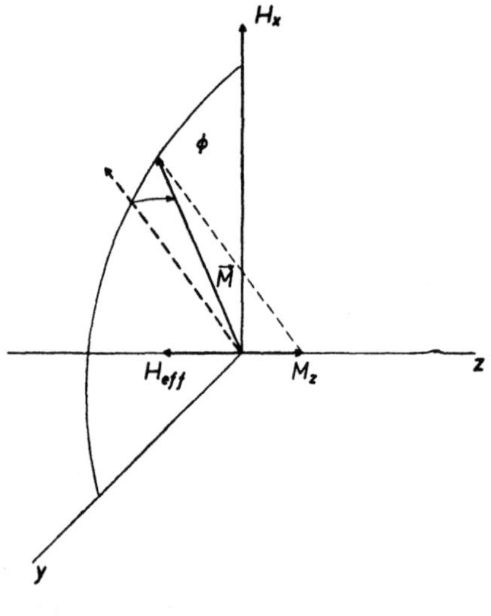

Abb. 6.20 Zur Entstehung des effektiven Feldes bei Bewegung der Wand.

gen und daher auch zum Auftreten eines Entmagnetisierungsfeldes am Ort der Wand führt. Dieses Entmagnetisierungsfeld ist parallel zur z-Achse. Unter seiner Wirkung beginnen sich die magnetischen Momente um diese Achse zu drehen, und die Wand setzt sich als Ganzes in Bewegung. Zu diesem Entmagnetisierungsfeld kommen noch Beiträge der magnetischen Anisotropie und der Austauschenergie hinzu, die Folgen der Wanddeformation sind.[19]) Das resultierende effektive Feld $\boldsymbol{H}_{\text{eff}}$, das die eigentliche Ursache der Wandbewegung ist, ist daher die Summe des Entmagnetisierungsfeldes $-4\pi \boldsymbol{M}_z$ und dieser beiden Beiträge.[20]) Aus der Larmor-Beziehung

$$\omega \cong \gamma H_{\text{eff}}$$

erhalten wir auf Grund von (6.34) für das effektive Feld

$$H_{\text{eff}} \cong (v/\gamma)(\mathrm{d}\Phi/\mathrm{d}z) \,. \tag{6.35}$$

Das bedeutet, daß die Wand sich um so schneller bewegt, je größer die Abweichung der Magnetisierung aus der Wandebene und je größer daher H_{eff} ist.

Die sich bewegende Wand besitzt Trägheitseigenschaften, und man kann ihr daher eine gewisse effektive Masse zuschreiben. Das darf uns nicht allzusehr überraschen, da bei der Umkehrung der magnetischen Momente notwendigerweise ihre gyroskopischen Eigenschaften wirksam werden, die aus der wechselseitigen Abhängigkeit von magnetischem Moment und Impulsmoment folgen. Wir wollen kurz andeuten, wie man zum Begriff der effektiven Masse der Wand gelangen kann. Mit der Anwesenheit des Feldes $\boldsymbol{H}_{\text{eff}}$ ist eine Energie verbunden, die auf die Flächeneinheit der Wand bezogen, einen durch die Bewegung verursachten Energiezuwachs $\Delta\sigma_w$ bedeutet. Nehmen wir $\Delta\sigma_w$ als Entmagnetisierungsenergie an (vgl. (4.20)), so erhalten wir

$$\Delta\sigma_w = -\frac{1}{2}\int_{-\infty}^{\infty} M_z H_{\text{eff}}\,\mathrm{d}z = \frac{1}{8\pi}\int_{-\infty}^{\infty} H_{\text{eff}}^2\,\mathrm{d}z \cong \frac{v^2}{8\pi\gamma^2}\int_{-\infty}^{\infty}(\mathrm{d}\Phi/\mathrm{d}z)^2\,\mathrm{d}z = \tfrac{1}{2}m_w v^2 \,. \tag{6.36}$$

Man sieht, daß $\Delta\sigma_w$ proportional v^2 ist und daß es daher als kinetische Energie interpretiert werden kann, wenn man voraussetzt, daß der Wand eine effektive Masse m_w zugeschrieben werden kann. Die Größe m_w hängt vom Werte des Integrals

$$\int_{-\infty}^{\infty}(\mathrm{d}\Phi/\mathrm{d}z)^2\,\mathrm{d}z = \int_0^{\pi}(\mathrm{d}\Phi/\mathrm{d}z)\,\mathrm{d}\Phi$$

ab, der umgekehrt proportional zur Wanddicke ist. Für den speziellen Fall einer 180°-Blochwand in Fe_3O_4 hat Galt [41] durch Rechnung $m_w \approx 10^{-10}$ g/cm² gefunden.

Wegen der Trägheit wird sich die Wand nach Einschalten des magnetischen Feldes zunächst gleichförmig beschleunigt bewegen. Ihre Geschwindigkeit kann aber infolge der mit jeder Präzession verbundenen Dämpfung, die sich durch eine Bremswirkung bei der Wandbewegung äußert, nicht unbegrenzt wachsen. Die Dämpfung bedeutet

---

[19]) Diese Beiträge können meist vernachlässigt werden.

[20]) Die resultierende Bewegung des Magnetisierungsvektors ist durch die Vektorsumme des effektiven Feldes $\boldsymbol{H}_{\text{eff}}$ und des angelegten Feldes $\boldsymbol{H}_x$ gegeben; meist ist aber $|\boldsymbol{H}_x| \ll |\boldsymbol{H}_{\text{eff}}|$.

im wesentlichen eine Energieübergabe aus dem System der in Präzessionsbewegung befindlichen magnetischen Momente an das Gitter. Diese Energie wird durch das magnetische System aus der Arbeit der magnetischen Kräfte bei der Wandverschiebung als Folge der Verringerung der magnetostatischen Energie gewonnen. Die maximale Geschwindigkeit, die die Wand bei ungestörter Bewegung über eine genügend große Entfernung erreichen kann, wird daher durch die Gleichheit der Energiebeträge bestimmt, die das magnetische System in jedem Augenblick empfängt und verliert. Mit anderen Worten, während der Wandbewegung tritt nach einer gewissen Dauer ein stationärer Zustand ein, in dem die gesamte gewonnene Leistung durch Dämpfung verbraucht wird, so daß die Energie und daher auch die Geschwindigkeit der in Bewegung befindlichen Wand konstant bleiben. Gehen wir von der Bewegungsgleichung für $\boldsymbol{M}$ in der Landau-Lifschitz Form (6.29) aus und setzen voraus, daß $H_x \ll H_{\text{eff}}$ ist, so erhalten wir unter Berücksichtigung von (6.36) für die pro Flächeneinheit der Wand verlorene Leistung

$$\int_{-\infty}^{\infty} (\boldsymbol{H}_{\text{eff}} \cdot \dot{\boldsymbol{M}})\, \mathrm{d}z \cong \alpha\gamma M \int_{-\infty}^{\infty} H_{\text{eff}}^2\, \mathrm{d}z = 8\pi\alpha\gamma M \Delta\sigma_w = \beta v^2 ,$$

so daß die Wand bei ihrer Bewegung durch eine effektive Kraft $-\beta v$ gebremst wird, die durch den zur Dämpfungskonstante α der Präzessionsbewegung proportionalen Viskositätskoeffizienten

$$\beta = 4\pi\alpha\gamma M m_w = (\alpha M/\gamma) \int_{-\infty}^{\infty} (\mathrm{d}\Phi/\mathrm{d}z)^2\, \mathrm{d}z \tag{6.37}$$

charakterisiert ist. Aus der Gleichheit von verbrauchter und aufgenommener Leistung

$$2MH_x v = \beta v^2$$

folgt dann für die Geschwindigkeit v im stationären Zustand die Beziehung

$$v = 2MH_x/\beta , \tag{6.38}$$

die auf die direkte Proportionalität zur angelegten Feldstärke H_x hinweist.

In Wirklichkeit bewegt sich aber die Wand nie völlig frei, da sie auf ihrer Bahn auf verschiedene Hindernisse, wie z. B. Poren und Einschlüsse bzw. in deren Umgebung ausgebildete Sperrdomänen, stößt (vgl. Abschn. 6.1, Seite 579). Die Wechselwirkungen der Wand mit diesen Störstellen verringern ihre Beweglichkeit so, als ob ein effektives treibendes Feld H_{eff} vorhanden wäre, das gleich ist dem angelegten Feld H_x, verringert um das zu Überwindung der Hindernisse notwendige Feld H_0. Für die Wandgeschwindigkeit gilt dann anstatt (6.38) die lineare Beziehung

$$v = (2M/\beta)(H_x - H_0) , \quad H_x > H_0 , \tag{6.39}$$

wobei H_0 ungefähr der Koerzitivkraft entspricht. Die Beziehung (6.39) wurde experimentell durch eine Reihe von Versuchen bestätigt [41–44], die gleichzeitig die Bestimmung der Größe des Viskositätskoeffizienten β ermöglichten (Abb. 6.21). Abweichungen von der konstanten Geschwindigkeit wurden erst bei stärkeren Feldern beobachtet.

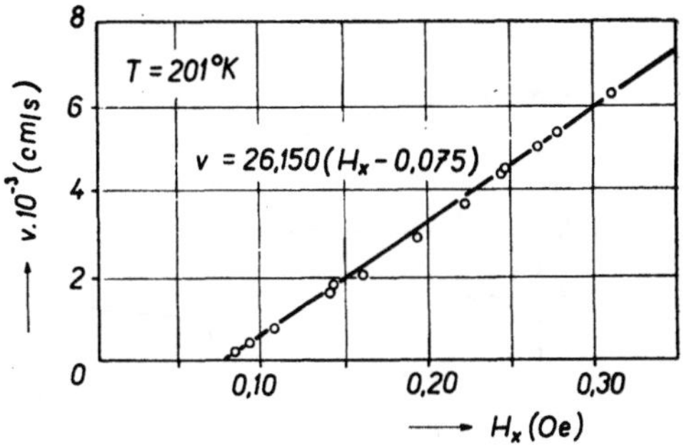

Abb. 6.21 Bestätigung der Beziehung (6.39) durch Experimente mit einer sich bewegenden Wand. (Nach Galt [42].)

Die Bewegung einer ebenen Wand über eine größere Entfernung kann meist nur bei Einkristallen gut beobachtet werden. Geeignet hierfür sind rahmenförmige Proben, bei denen eine gut definierte Domänenstruktur mit einer geringen Anzahl von Blochwänden erzielt werden kann (Abb. 6.22a). Galt und andere [41-44] haben eine Reihe von Experimenten an solchen, aus Einkristallen verschiedener Ferrite hergestellten Proben durchgeführt. Die Versuchsanordnung ist schematisch in Abb. 6.22b dargestellt; durch die Primärwindung fließen rechteckförmige Stromimpulse, die für ein gewisses Zeitintervall ein konstantes Magnetfeld erzeugen, während die Spannung an der Sekundärwindung der zeitlichen Ableitung des Induktionsstromes (und daher dB/dT) und damit der Geschwindigkeit der in Bewegung befindlichen Wand proportional ist. Die Abb. 6.23a beweist die Konstanz der Geschwindigkeit für den größten Teil der Impulsdauer. Der Ursprung des scharfen Anfangsmaximums ist nicht völlig klar und könnte nach [42] damit

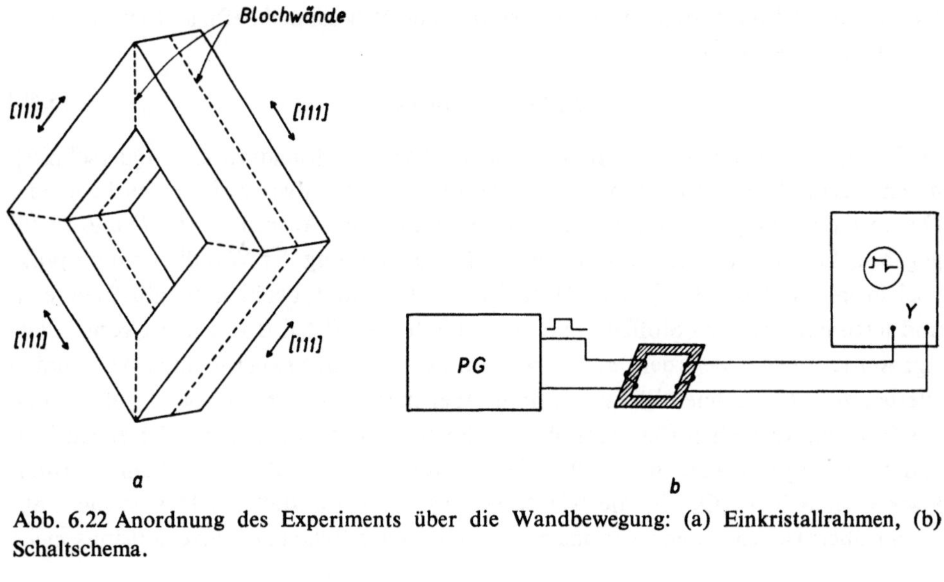

Abb. 6.22 Anordnung des Experiments über die Wandbewegung: (a) Einkristallrahmen, (b) Schaltschema.

zusammenhängen, daß die Wechselwirkung mit den Inhomogenitäten erst dann zur Geltung kommt, wenn die Wand sich schon etwas aus ihrer uspründlichen Gleichgewichtslage entfernt hat; das Minimum am Ende des Pulses ist dadurch hervorgerufen, daß die Wand nach Abschalten des Feldes um ein kleines Stück in die nächste stabile Lage zurückkehrt. Abb. 6.23b zeigt, wie sich der Verlauf der effektiven Wandgeschwindigkeit unter dem Einfluß eines starken Feldes H_x ändert.

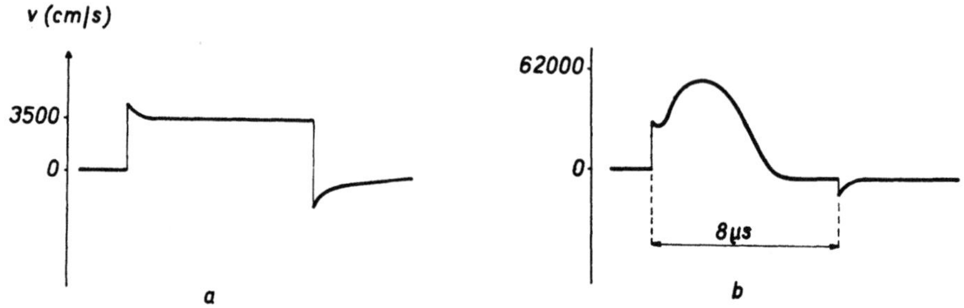

Abb. 6.23 Abbildungen des Spannungsechos bei der Wandbewegung für kleines — (a) und großes — (b) H_x; der Ordinaten-Maßstab gibt direkt die Geschwindigkeit der Wand an. (Nach Galt [42].)

Der Viskositätskoeffizient β ist eine wichtige Materialkonstante. Er ist, wie Gleichung (6.37) andeutet, auf ähnliche Ursachen zurückzuführen wie die bei der ferromagnetischen Resonanz beobachtete Dämpfung. Bei Stoffen mit geringer elektrischer Leitfähigkeit, also bei den meisten Ferriten, werden die Ursachen daher Spin-Gitter- bzw. Spin-Spin-Relaxationsvorgänge sein, über die wir in Abschn. 5.5 sprachen. Im Falle größerer Leitfähigkeit, wie wir sie z. B. beim Magnetit finden, tragen auch die bei der Wandbewegung entstehenden mikroskopischen Wirbelströme zur Dämpfung bei. Der aus der Wirbelstromdämpfung resultierende Viskositätskoeffizient ist durch die Beziehung gegeben [45]

$$\beta_e \cong 16 B_s^2 d / \pi^3 \varrho c^2 , \tag{6.40}$$

in der B_s die Sättigungsinduktion, d die Probendicke (quadratischer Querschnitt), ϱ den spezifischen elektrischen Widerstand und c die Lichtgeschwindigkeit bedeuten. Das resultierende β ist allgemein durch die Summe der Ausdrücke (6.37) und (6.40) gegeben. Bei metallischen Materialien wird die Dämpfung der Wandbewegung praktisch allein durch den Einfluß der Wirbelströme bestimmt, bei nichtmetallischen ferri- und ferromagnetischen Stoffen kann der Einfluß der Wirbelströme meist vernachlässigt werden. Der Koeffizient α, den wir mittels (6.37) aus experimentell bestimmten Werten von β berechnen können, stimmt aber nicht immer hinreichend gut mit den aus Resonanzversuchen folgenden Werten überein. Dies ist aus Tab. VI-1 ersichtlich, in der der Vergleich an mehreren Beispielen durchgeführt ist. Besonders beim Yttrium-Eisen-Granat $Y_3Fe_5O_{12}$ ist die Nichtübereinstimmung auffallend. Das ist nicht allzusehr überraschend, wenn wir uns erinnern, daß der Relaxationsmechanismus meist

Tabelle VI-1

Vergleich von Werten der aus Wandbeweglichkeitsmessungen (α_W) und aus Resonanzexperimenten (α_{res}) bestimmten Dämpfungskonstante

Zusammensetzung	T (°K)	$\alpha_W \cdot 10^3$	$\alpha_{res} \cdot 10^3$	Quelle
Fe_3O_4	300	61,5	100	[42]
$Ni_{0,75}Fe_{2,25}O_4$	300	7,6	16,5	[42]
$Mn_{1,4}Fe_{1,6}O_4$	195	29	9,2	[43]
	77	35	26	[43]
	4,2	1960	55	[43]
$Y_3Fe_5O_{12}$	300	39	0,17	[44]
	201	38	0,32	[44]
	77	44	0,91	[44]
	4,2	57	0,21	[44]

von der Größe des Präzessionswinkels abhängt, der bei der Wandbewegung sehr groß ist und sich $\pi/2$ nähert. Außerdem unterscheidet sich das Spektrum der höheren Präzessionsmoden, das bei den Relaxationsvorgängen eine wichtige Rolle spielt, im Bereich der Blochwand, in dem die Magnetisierung nicht homogen ist, vom Spektrum der Moden und Spinwellen innerhalb der Domänen [46]. Schließlich kann die große Diskrepanz der Dämpfungskonstanten bei $Y_3Fe_5O_{12}$ nach Hagedorn und Gyorgy [44] als Folge einer sehr schwachen Dämpfung erklärt werden, die bei diesem Granat die Ursache einer extrem schmalen Resonanzlinie ist.

Die Ableitung der Beziehung (6.37) zwischen Viskositätskoeffizient β und Dämpfungskonstante α beruht auf der Voraussetzung, daß die Wand fähig ist, ihre gesamte in einem bestimmten Bereich angehäufte magnetostatische Energie vollständig an das Gitter in einem für ihren Durchgang durch diesen Bereich notwendigen Zeitintervall abzugeben. Nach Hagedorn und Gyorgy ist diese Voraussetzung im Falle sehr geringer Dämpfung nicht zutreffend. Dagegen kann man jedoch erwarten, daß ein Teil der Energie auch nach Durchgang der Wand im magnetischen System erhalten bleibt. Anschaulich bedeutet das, daß sich hinter der sich bewegenden Wand eine Art Wirbel bildet, etwa wie ein „Spinwellenpaket" — die Magnetisierung wird dort nicht völlig homogen sein —, und die Wechselwirkung dieser Störung des magnetischen Systems mit der Wand wird eine Bremswirkung auf ihre Bewegung ausüben. Im Grenzfall $\alpha \to 0$ sollte die Gleichgewichtsgeschwindigkeit der Wand proportional $H_x^{1/2}$ sein.

Bei der Bewegung der Wand über kurze Entfernungen kann die Wandgeschwindigkeit nicht als konstant angesehen werden. In einem solchen Falle machen sich auch ihre Trägheitseigenschaften bemerkbar, da ihr Trägheitswiderstand $m_w\ddot{z}$ von Null verschieden sein wird. Wird die Wand am Anfang in ihrer Gleichgewichtslage $z = 0$ durch eine Kraft $R(z)$ festgehalten, dann können wir für kleine Entfernungen z, für die $R(z) = -k_w z$ gilt, wenn wir auch weiterhin den viskosen Charakter der Dämpfung voraussetzen, die Bewegungsgleichung der 180°-Wand in der Form schreiben

$$m_w\ddot{z} + \beta\dot{z} + k_w z = 2M_s H_x\,. \tag{6.41}$$

Diese Gleichung stimmt formal mit der für die erzwungenen Schwingungen eines harmonischen Oszillators gültigen Gleichung überein. Für genügend schwache Felder H_x, die sich mit der Zeit wie exp $j\omega t$ ändern, hat ihre Lösung die Form

$$z = \frac{2M_s H_{x0}/k_w}{1-(m_w/k_w)\,\omega^2 + j(\beta/k_w)\,\omega}\, e^{j\omega t}\,. \tag{6.42}$$

Der Beitrag der betrachteten Wand zur Suszeptibilität ist gleich $2zM_s/H_x$, so daß bei paralleler Anordnung der 180°-Wände im Abstand l für die Suszeptibilität der Ausdruck

$$\chi(\omega) = \chi_0[1 - (m_w/k_w)\,\omega^2 + j(\beta/k_w)\,\omega]^{-1} \tag{6.43}$$

erhalten wird, in dem $\chi_0 = 4M_s^2/lk_w$ die statische Suszeptibilität darstellt, wenn wir voraussetzen, daß das angelegte Feld zur Magnetisierung in den Domänen parallel st.[21])

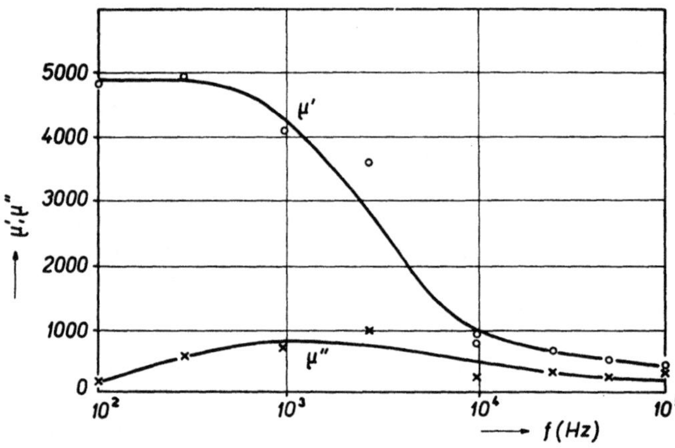

Abb. 6.24 Frequenzabhängigkeit von μ', μ'' für einen Einkristallrahmen von Fe_3O_4 (nach Galt [41]).

Die Suszeptibilität (6.43) ist offensichtlich komplex und kann in der Form $\chi = \chi' - j\chi''$ ausgedrückt werden. Ist die Dämpfung schwach, d.h. $\beta^2 \ll k_w m_w$, so ist der

[21]) Der Faktor 4, um den sich der hier angeführte Ausdruck von (6.21) unterscheidet, hängt damit zusammen, daß wir diesmal ausschließlich 180°-Wände und eine optimale Feldorientierung vorausgesetzt haben. Die Beziehung (6.21) stellt nur eine größenordnungsmäßige Abschätzung dar, in der wir keine derartigen speziellen Voraussetzungen gemacht haben.

Frequenzverlauf der Suszeptibilität vom Resonanztyp mit einer Resonanzfrequenz

$$\omega_0 = (k_w/m_w)^{1/2}\,, \tag{6.44}$$

während er im entgegengesetzten Grenzfall ($\beta^2 \gg k_w m_w$) Relaxationscharakter mit einer entsprechenden kritischen (Relaxations-)Frequenz

$$\omega_c = k_w/\beta \tag{6.45}$$

zeigen wird. Der reine Resonanzfall kommt selten vor; häufiger begegnen wir dem relaxationsartigen Verlauf der Frequenzabhängigkeit der Suszeptibilität oder Übergangstypen beider Kurven. In Abb. 6.24 ist die Abhängigkeit der komplexen Suszeptibilität von der Frequenz für einen rahmenförmigen Fe_3O_4-Einkristall aufgetragen. Es sei bemerkt, daß k_w im Gegensatz zu m_w und β, die direkte Materialkonstanten sind, von der Qualität der gemessenen Probe abhängt und daher zu den sogenannten strukturabhängigen Parametern gehört, ähnlich wie z. B. die Koerzitivkraft und die Permeabilität.

Die Impulsummagnetisierung

Mit den Prozessen, die an der Ummagnetisierung beteiligt sind, haben wir uns bereits im Abschnitt 6.1 beschäftigt, wir setzten dort aber nur langsame Änderungen des magnetischen Feldes voraus, bei denen die Magnetisierungskurve einer Kette von Gleichgewichtszuständen entspricht. Sind die Feldänderungen jedoch nicht langsam, so kann eine kompliziertere Situation eintreten, bei der die Magnetisierungsänderungen gegenüber dem Feld verzögert sind. Verläuft z. B. die Ummagnetisierung periodisch in einem Wechselfeld und ist die Frequenz des Feldes so hoch, daß der Ummagnetisierungsprozeß – z. B. eine Wandverschiebung – während einer halben Periode nicht zu Ende gehen kann, so wird sich nicht nur der Zeitverlauf der Magnetisierung gegenüber dem Feld verzögern, sondern gleichzeitig wird auch die Amplitude der Wechselmagnetisierung kleiner werden. Für Frequenzen, die einen bestimmten kritischen Grenzwert überschreiten, wird dann der betreffende Magnetisierungsmechanismus völlig ausgeschaltet werden. Eine genaue Lösung der Probleme der Wechselstrommagnetisierung bei höheren Frequenzen, die meist zu einer Deformation der Hystereseschleife und damit auch zu einer Verzerrung des Ausgangssignals führt, ist schwierig. Wir werden uns hier mit dem physikalisch einfacheren Fall einer Impuls-Ummagnetisierung befassen, bei der wir voraussetzen, daß die Ummagnetisierung durch Anwendung eines konstanten Feldes von begrenzter Dauer, d. h. unter dem Einfluß eines rechteckigen Impulses, wie in Abb. 6.25a angedeutet, eintritt. Über die Anstiegsdauer dieser Impulse setzen wir dabei voraus, daß sie genügend kurz ist, um die Feldänderung als momentan ansehen zu können.

Legen wir ein solches Impulsfeld z. B. an eine ringförmige Probe, d. h. geben wir einen rechteckigen Stromimpuls auf ihre Primärwicklung, so induzieren wir in der Sekundärwindung eine Spannung, deren Zeitverlauf bis auf einige Faktoren mit dem Verlauf der zeitlichen Ableitung des magnetischen Flusses übereinstimmt und daher ein Bild des Verlaufes und der Geschwindigkeit der Ummagnetisierung ist (Abb. 6.25b, vgl. auch S. 601). Den Rechteckimpuls in der Primärwindung wählen wir dabei

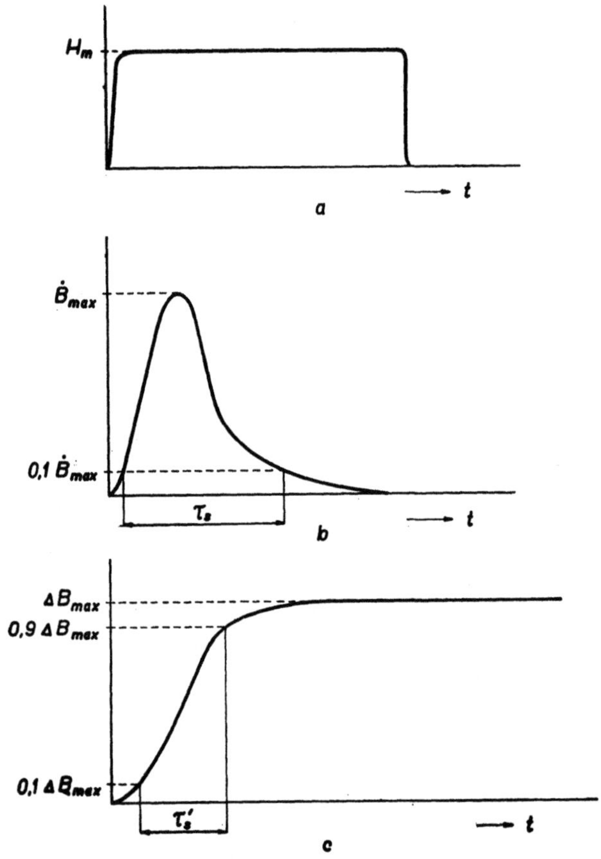

Abb. 6.25 Zur Impuls-Ummagnetisierung: (a) Impulsform, (b) Spannungsecho $\sim$ dB/dt, (c) integrierte Spannung $\sim$ $B(t)$. Es sind zwe verwendete Definitionen der Umi magnetisierungszeit τ_s eingezeichnet.

länger als die für die völlige Ummagnetisierung der Probe benötigte Zeit, d.h. länger als den Ausgangsimpuls in der Sekundärwindung der Probe. Da es in der Praxis schwierig ist, das genaue Ende dieses „Echos“ zu bestimmen, wird meist eine der konventionellen Definitionen für die Ummagnetisierungsdauer angewendet, deren Bedeutung aus Abb. 6.25 ersichtlich ist.

In Analogie zur quasistatischen Ummagnetisierung sollten wir auch bei der Impuls-Ummagnetisierung die ablaufenden Vorgänge kontinuierlich von der Sättigung im Felde $+H_m$ bis zur Sättigung in $-H_m$ verfolgen. Bei Proben mit einer rechteckigen Hystereseschleife unterscheidet sich der remanente Zustand aber nur sehr wenig vom Zustand der technischen Sättigung, und wir brauchen daher anstelle des gesamten Verlaufes zwischen $+H_m$, $-H_m$ nur den Ummagnetisierungsprozeß aus dem remanenten Zustand in den Zustand bei einem Feld $-H_m$ zu betrachten bzw. — wenn wir die Vorgänge nicht berücksichtigen, die nach Beendigung des Ummagnetisierungsimpulses ablaufen — nur die Ummagnetisierung von einem remanenten Zustand in den anderen. Diese Situation entspricht auch der gewohnten Anwendung magnetischer Elemente mit rechteckiger Hystereseschleife, wo das Umklappen zwischen den stabilen Zuständen $+B_r$, $-B_r$ ausgenutzt wird. Im Falle einer nicht rechteckigen Hystereseschleife verwendet man jedcch auch eine Serie von aufeinanderfolgenden Impulspaaren entgegengesetzter Polarität, die es ermöglichen, den gesamten Ummagnetisierungsprozeß aus dem Sättigungszustand zu verfolgen. Soweit aber nicht ausdrücklich anders vermerkt ist, werden wir unter dem Begriff Impuls-Ummagnetisierung nur die Ummagnetisierung aus dem remanenten Zustand verstehen. Dieser Prozeß kann auch leichter experimentell verfolgt werden. Prinzipiell kann so vorgegangen werden, daß die Probe durch einen vorbereitenden konstanten Impuls ausreichender Intensität über die technische Sättigung in den remanenten Zustand gebracht wird, worauf durch einen Meßimpuls von veränderlicher Stärke die Ummagnetisierung durchgeführt wird[22]). Im Verlauf der Messung wird dann die Folge dieser zwei Impulse ständig wiederholt.

Für die Erklärung des Prozesses der Impuls-Ummagnetisierung werden drei verschiedene Mechanismen angeführt [51]: (a) Wandverschiebung, (b) inhomogene Drehung, (c) homogene Drehung. Auch wenn es bisher nicht gelungen ist, die Bedingungen genau zu definieren, unter denen die einzelnen Mechanismen wirksam werden, so scheint es, daß diese drei Typen von Ummagnetisierungsvorgängen für die Erklärung der Impuls-Ummagnetisierung, insbesondere bei Proben mit rechteckiger Hystereseschleife, ausreichen, und das unabhängig davon, ob es sich um Ferritkerne, um dünne ferromagnetische Schichten oder um andere weiche ferromagnetische Elemente handelt. Die Rechteckigkeit der Hystereseschleife hat dabei eine spezielle Bedeutung: bei Materialien bzw. Proben mit rechteckiger Hystereseschleife kann man in der Regel durch geeignete Wahl der Versuchsbedingungen, insbesondere der Größe des Umklappimpulses, erreichen, daß bei der Ummagnetisierung praktisch stets nur einer der angeführten Mechanismen wirksam ist, der dann besser indentifiziert werden kann.[23]) Bei Materialien, die keine rechteckige Hystereseschleife besitzen, verläuft die Impulsummagnetisierung meist in komplizierter Weise und unter gleichzeitiger Beteiligung mehrerer Mechanismen.

Die Ummagnetisierung durch *Wandverschiebung* ist im Grunde genommen dem quasistatischen Fall ähnlich. Sie umfaßt die Keimbildung der Wände bzw. der Ummagnetisierungskeime, die Verbreitung dieser Keime durch Wandverschiebung über die gesamte Probe und das abermalige Verschwinden der Wände, und man kann sie daher auf Grund des in Abschn. 6.1 (Seite 584f.) beschriebenen Goodenoughschen Modells verstehen. Die zum Ablauf dieses Prozesses nötige Zeit wird im wesentlichen durch die durchschnittliche Wandgeschwindigkeit und durch die Entfernung bestimmt, die die Wände durchlaufen müssen, bevor sie auf eine andere Wand stoßen. Für die eigent-

[22]) Die verwendeten experimentellen Anordnungen findet der Leser z. B. in [47—50].

[23]) Übrigens sind vom Standpunkt der technischen Anwendung im Impulsbetrieb (Speicher- und Schaltelemente u. a.) gerade Materialien mit rechteckiger Hystereseschleife wichtig.

liche Wandbewegung gilt das, was im vorgehenden Abschn. (Seite 598 f.) gesagt wurde. Die Wandgeschwindigkeit kann für nicht allzu starke Felder für den größten Teil der Bahn in einem gegebenen Feld als konstant angesehen werden. Sie wird durch die Beziehung (6.39) gegeben und ist daher eine lineare Funktion des angelegten Feldes H. Verläuft die Ummagnetisierung durch Verschiebung einer einzigen Wand (oder einer geringen Anzahl Wände) über eine definierte Strecke, wie z. B. bei rahmenförmigen Einkristallen (Abb. 6.22), so folgt aus (6.39) direkt die Beziehung für die Ummagnetisierungsdauer τ_s

$$\frac{1}{\tau_s} = \frac{2M_s}{\beta d}(H - H_0) = S_w^{-1}(H - H_0)\,, \tag{6.46}$$

in der d die von der Wand zu durchlaufende Strecke bedeutet und S_w meist als „Schaltkoeffizient" bezeichnet wird. Seine Bedeutung tritt deutlicher hervor, wenn wir (6.46) umschreiben in

$$\tau_s(H - H_0) = S_w = \text{konst}\,. \tag{6.46'}$$

Bei polykristallinen Materialien ist die Situation komplizierter, weil die Bahn der Wände, die von der Anzahl der gebildeten Ummagnetisierungskeime abhängt, nicht genau genug im vorhinein abgeschätzt werden kann. Setzen wir nach Haynes [52] voraus, daß die Ummagnetisierungskeime im Ferromagnetikum statistisch verteilt sind und daß ihre Anzahl vom Feld H (d. i. von der Größe des Ummagnetisierungsimpulses) unabhängig ist, so erhalten wir für $1/\tau_s$ eine lineare Abhängigkeit von H analog zu (6.46). Diese Voraussage ist aber nicht immer im Einklang mit dem Experiment, das oft ein schnelleres, nicht lineares Wachstum der Ummagnetisierungsge-

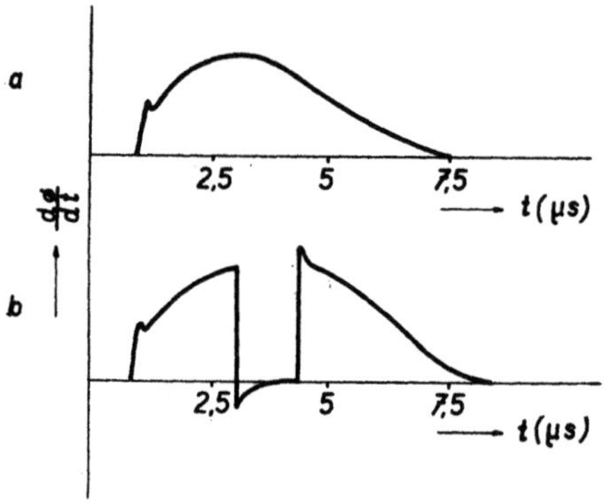

Abb. 6.26 Verlauf des Spannungsechos bei Impuls-Ummagnetisierung eines Ferritringkernes: (a) ohne Unterbrechung, (b) mit Unterbrechung. (Nach Gyorgy [51].)

schwindigkeit mit dem Feld zeigt [51]. Wie Conger und Essig [53] bemerkten, kann dies davon herrühren, daß die Anzahl der gebildeten Keime selbst eine Funktion, und zwar eine wachsende Funktion der Feldstärke ist.

Diese Erklärung wird durch die direkte Beobachtung der Domänenstruktur einer dünnen Permalloy-Schicht unterstützt [51,54], bei der der Ummagnetisierungsprozeß in dem Augenblick unterbrochen wurde, in dem die Ummagnetisierung ungefähr 50% erreichte. Die gefundene Domänenzahl wächst mit der Größe des Ummagnetisierungsfeldes, so daß unter der Voraussetzung, daß die Domänenstruktur im wesentlichen mit der statischen übereinstimmt, auf die Abhängigkeit der Anzahl der gebildeten Keime (Wände) von der Feldstärke geschlossen werden kann. Die Berechtigung der Voraussetzung der Äquivalenz von statischer und dynamischer Domänenstruktur, die im gesamten Modell der Ummagnetisierung durch Wandverschiebung stillschweigend angenommen wird, kann z. B. durch den Verlauf der Ummagnetisierung bei unterbrochener Impuls-Ummagnetisierung bewiesen werden [51]. In Abb. 6.26 ist der Verlauf des Echos bei Impuls-Ummagnetisierung eines Ferritringkernes angedeutet, die (a) ohne Unterbrechung, (b) mit Unterbrechung abläuft. Es ist ersichtlich, daß die Unterbrechung nichts an der Form des Echos ändert, das nach Wiedereinschalten des Ummagnetisierungsimpulses genau dort wieder einsetzt, wo es unterbrochen wurde.

Bei Drehprozessen wird vorausgesetzt, daß die Magnetisierung gleichzeitig in der ganzen Probe umklappt, ohne daß dabei Blochwände gebildet werden. Infolge der gyromagnetischen Eigenschaften der magnetischen Momente wird aber die Bewegung des Magnetisierungsvektors Präzessionscharakter haben, der aus der Bewe-

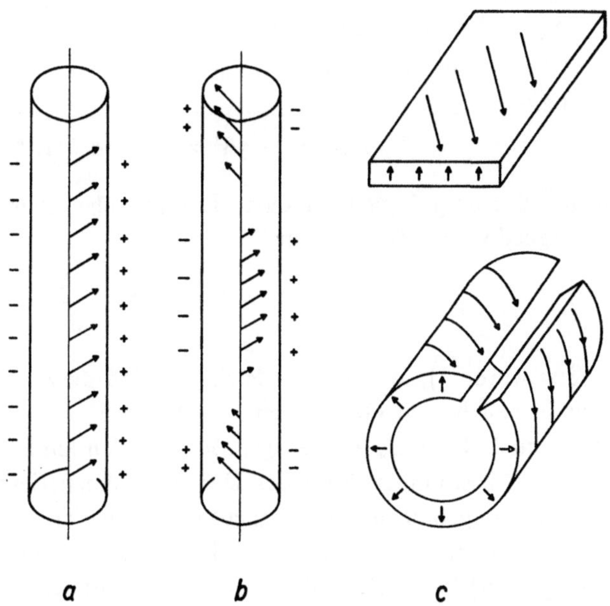

Abb. 6.27 Zur Ummagnetisierung durch Rotation in einem langen Zylinder. (Nach Gyorgy [51].)

gungsgleichung (6.29) folgt; bleibt die Magnetisierung dabei in der gesamten Probe homogen, so sprechen wir von einer homogenen Drehung, anderenfalls handelt es sich um eine nicht-homogene Drehung.

Das von Gyorgy [55, 56] vorgeschlagene Modell einer *inhomogenen Drehung* setzt voraus, daß die Ummagnetisierung zwar gleichzeitig in der ganzen Probe, aber so eintritt, daß die Entmagnetisierungseinflüsse der Oberfläche nicht zur Wirkung kommen. Betrachten wir einen unendlich langen, entlang der Achse magnetisierten Zylinder, der auch als Modell eines Toroids dienen kann, da in beiden Fällen die Magnetisierung in Längsrichtung zu dem Wert Null des Entmagnetisierungsfeldes führt. Beim Einschalten des Ummagnetisierungsfeldes beginnt der Magnetisierungsvektor eine Präzessionsbewegung um die Zylinderachse zu beschreiben. Der Präzessionswinkel ändert sich unter dem Einfluß der Dämpfung allmählich von 180° auf 0° und auf diese Weise erfolgt die Ummagnetisierung. Wie in Abb. 6.27a schematisch angedeutet ist, entstehen im Falle, daß der Magnetisierungsvektor in jedem Augenblick in der ganzen Probe homogen bleibt, auf der Oberfläche des Zylinders magnetische Pole, deren Entmagnetisierungswirkungen die Präzessionsbewegung stark beeinflussen. Bei der nicht-homogenen Drehung hingegen setzen wir voraus, daß irgendeine inhomogene Präzessionsmode entsteht, z. B. die von Gyorgy geforderte Spiralmode (Abb. 6.27d), die durch eine Raumverteilung der Magnetisierungsrichtungen in der Probe charakterisiert ist, bei der die Wirkungen der Pole sich praktisch gegenseitig aufheben. Die Präzession erfolgt dann fast ausschließlich unter dem Einfluß des angelegten Magnetfeldes. Die theoretische Analyse zeigt, daß die Ummagnetisierungsgeschwindigkeit eine lineare Funktion des Feldes H sein muß, so daß für die Magnetisierungsdauer abermals die Beziehung (6.46) mit dem Schaltkoeffizienten S_w geschrieben werden kann.

Gehen wir bei der Lösung von der von Gilbert modifizierten Bewegungsgleichung [57] aus

$$\dot{\boldsymbol{M}} = -\gamma \boldsymbol{M} \times \boldsymbol{H} + (\alpha/M)\, \boldsymbol{M} \times \dot{\boldsymbol{M}}\,, \tag{6.47}$$

in der das ursprüngliche Landau-Lifschitzsche Dämpfungsglied durch ein Dämpfungsglied vom Viskositätstyp

$$(\alpha/M)\, \boldsymbol{M} \times \frac{\mathrm{d}\boldsymbol{M}}{\mathrm{d}t}$$

ersetzt wurde[24]), so sehen wir leicht ein, daß die zur Ummagnetisierung notwendige Zeit in den beiden Grenzfällen $\alpha \to 0$ und $\alpha \to \infty$ unendlich sein wird, was nach (6.46) auch durch $S_w \to \infty$ ausgedrückt werden kann. Daraus folgt, daß $S_w = S_w(\alpha)$ für einen bestimmten Wert des Dämpfungskoeffizienten α ein Minimum besitzen wird, das ungefähr der Ummagnetisierung im Verlauf einer halben Periode der Präzessionsbewegung entspricht. Nach den Berechnungen von Kikuchi [59] und Gyorgy [56] liegt der Minimalwert des Schaltkoeffizienten S_w in Übereinstimmung mit zahlreichen Experimenten in der Nähe von 0,2 µsec Oe. Dabei ist bemerkenswert, daß dieser Wert nach den experimentellen Ergebnissen [55, 60] für die verschiedensten Materialien gleich zu sein scheint, unabhängig davon, ob es sich um Ferrite ver-

[24]) Es kann gezeigt werden, daß dieser Dämpfungstyp für kleine Werte von α den beiden oben erwähnten, die Dämpfung beschreibenden Gliedern — (5.6a) und (5.6b) — äquivalent ist [58].

schiedenster Zusammensetzung oder um metallische ferromagnetische dünne Schichten handelt.

Liegt nicht eine inhomogene, sondern eine *homogene Rotation* vor, so müssen wir überlegen, auf welche Weise das entstandene Entmagnetisierungsfeld den Verlauf der Präzession beeinflussen kann. Sein Einfluß wird verständlicherweise von der Gestalt der Probe abhängen, und man kann zeigen, daß das Entmagnetisierungsfeld in vielen Fällen den Ummagnetisierungsprozeß beschleunigen kann. Der Einfluß des Entmagnetisierungsfeldes auf den Ummagnetisierungsvorgang wurde zuerst von Conger [61] im Zusammenhang mit der Ummagnetisierung dünner ferromagnetischer Schichten besprochen, später wurde ein analoges Modell von Shevel [60] und von Gyorgy und Hagedorn [50, 62] auch für Ferritringkerne ausgearbeitet. Dieses Modell geht ebenfalls von einem unendlich langen Zylinder aus, den wir uns aus dünnen, aufeinanderliegenden, kreisförmig zusammengedrehten Schichten aufgebaut vorstellen können (Abb. 6.27c). Die Magnetisierung, die ursprünglich zur Zylinderachse und daher zur „Ebene" der Schichten parallel war, beginnt nach Einschalten eines entgegengesetzt orientierten magnetischen Feldes eine Präzessionsbewegung um ihre ursprüngliche Lage zu beschreiben, bei der sie sich aus der Schichtenebene herausneigt. Auf den Zylinder bezogen bedeutet das, daß eine kleine, von Null verschiedene Radialkomponente der Magnetisierung M_r entsteht, deren Diskontinuität an der Zylinderoberfläche ein Entmagnetisierungsfeld $H_d \approx -4\pi M_r$ hervorruft, das in die Zylindermitte gerichtet ist. Dieses Entmagnetisierungsfeld beeinflußt durch sein Drehmoment auch den Magnetisierungsvektor und ruft so eine Präzessionsbewegung um die Normale der Schichtebene hervor. Die Bewegung der Magnetisierung ist eine Resultierende dieser beiden Präzessionsbewegungen und wird daher im allgemeinen Schraubenform besitzen (Abb. 6.27c). Da aber das Entmagnetisierungsfeld für die üblichen Materialien bereits bei einer geringen Herausdrehung der Magnetisierung aus der Schichtebene ziemlich hohe Werte erreicht, wird die Präzessionsbewegung um die Entmagnetisierungsfeldrichtung schneller und daher auch für die Ummagnetisierungsdauer entscheidend sein. Zur Drehung der Magnetisierung kommt es dann praktisch in der „Ebene" der Schichten. Über die Stärke des Entmagnetisierungsfeldes und damit auch über die Ummagnetisierungsgeschwindigkeit entscheidet die Größe der Radialkomponente M_r, die wiederum von der Intensität des angelegten Feldes abhängt. Eine eingehendere Analyse zeigt, daß auch bei diesem Mechanismus eine lineare Beziehung vom Typ (6.46) erfüllt sein wird.

Die Wechselwirkung der Magnetisierung mit dem Entmagnetisierungsfeld beschleunigt aber nicht nur den Ummagnetisierungsprozeß, sie macht ihn auch energetisch weniger anspruchsvoll. Wenn die Ummagnetisierung nur unter dem Einfluß des angelegten Feldes H verlaufen müßte, dann würde in einem bestimmten Augenblick die gesamte Magnetisierung senkrecht zur Zylinderachse gerichtet sein, was ein Anwachsen der Entmagnetisierungsenergie auf einen Wert von etwa πM_s^2 zur Folge hätte. Diese Energie müßte aus der ursprünglichen, in der Probe nach dem Einschalten des Feldes H gespeicherten potentiellen Energie $M_s H$ gewonnen werden. Ein derartiger Prozeß könnte nur dann verwirklicht werden, wenn $M_sH > \pi M_s^2$, was bei den gebräuchlichen Materialien für das Feld H eine Schwellfeldstärke von der Größenordnung 10^3 Oe bedeuten würde. Infolge der Wechselwirkung der Magnetisierung mit dem Entmagnetisierungsfeld wird die Entmagnetisierungsenergie stark herabgesetzt ($M_r \ll M_s$), wodurch auch die Schwellfeldstärke sinkt. Die Entmagnetisierungsenergie wird dann $(1/8\pi)\,H_d^2$, was mit der potentiellen Energie M_sH verglichen, den oberen Grenzwert für das Entmagnetisierungsfeld $H_d \approx (8\pi HM_s)^{1/2}$ ergibt. Betrachten wir z. B. einen Ferrit mit $M_s \approx 150$ gauss und wählen wir $H = 2$ Oe, so würde H_d höchstens 90 Oe betragen. Setzen wir voraus, daß die Ummagnetisierung im günstigsten Fall im Laufe einer halben Periode der Präzessionsbewegung um das Feld H_d erfolgt, so erhalten wir gleichzeitig den unteren Grenzwert für die Ummagnetisierungsdauer

$$\tau_{s\,\min} \approx \pi/\gamma H_{d\,\max} \approx 2\,.\,10^{-9}\ \mathrm{s}\,.$$

Es sei erwähnt, daß es für den beschriebenen Mechanismus nicht unbedingt notwendig ist, daß die Magnetisierung in der ganzen Probe wirklich homogen bleibt. Wesentlich

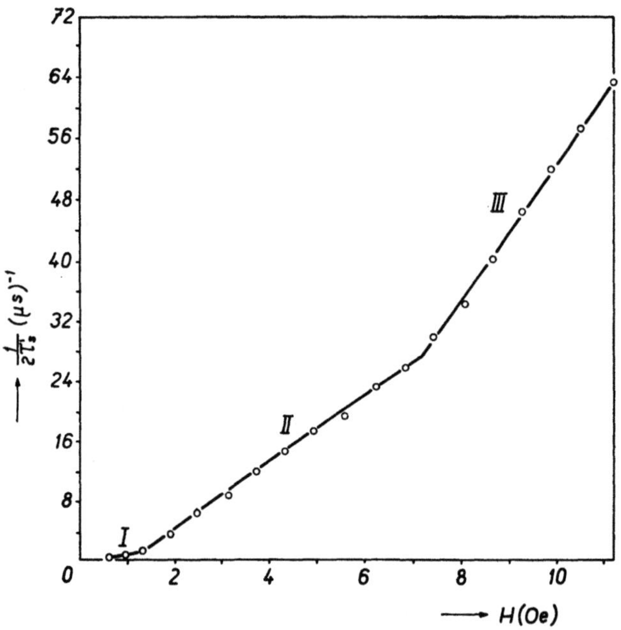

Abb. 6.28 Abhängigkeit $(2\tau_s')^{-1}$ von der Größe des Impulsfeldes H bei dem Ferrit $Mn_{0,57}Mg_{0,27}Zn_{0,24}\,\cdot\,.\,Fe_{1,94}O_4$. (Nach Gyorgy [51].)

ist, daß die während der Ummagnetisierung entstehenden Konfigurationen zu genügend starken Entmagnetisierungsfeldern führen, die den ganzen Vorgang beschleunigen. Das angewandte Feld spielt hier eine ähnliche Rolle wie bei der Bewegung der Blochwand, da es zur Ummagnetisierung eigentlich nur im Anfangsstadium beiträgt, indem es das Entmagnetisierungsfeld hervorruft, das im weiteren Verlauf die eigentliche Ursache für die Drehung des Magnetisierungsvektors ist.

Die Existenz von drei verschiedenen Ummagnetisierungsmechanismen beweist die experimentelle Abhängigkeit $1/\tau_s$ von der angewandten Impulsfeldstärke.[25]) Ein typischer derartiger Verlauf ist in Abb. 6.28 dargestellt. Sehen wir vom Bereich der schwachen Felder ($H \lesssim H_c$) ab, der in der Abbildung nicht dargestellt ist, so können wir ganz klar drei verschiedene Abschnitte unterscheiden (in der Abb. mit I, II, III bezeichnet), von denen zwei, die in den Bereich mittlerer und stärkerer Felder fallen,

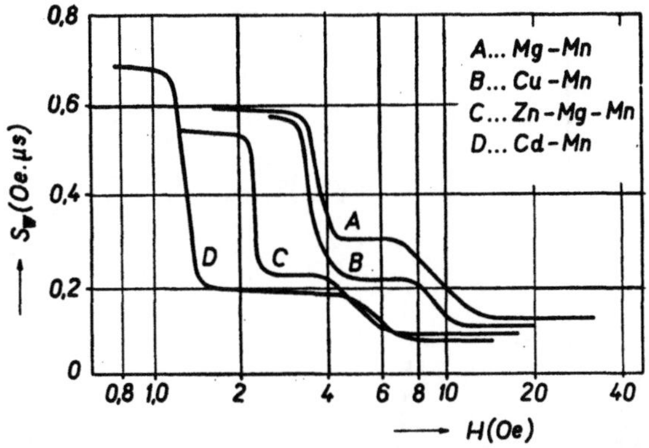

Abb. 6.29 S_w in Abhängigkeit von H für einige Ferrittypen (nach Shevel [60].)

deutlich linearen Charakter besitzen. Nach (6.46) liefert die Neigung dieser Geraden den Wert des Schaltkoeffizienten S_w. Die Werte von S_w für einige Spinellferrite mit rechteckiger Hystereseschleife sind in Abhängigkeit von H nach den Messungen von Shevel in der nächsten Abbildung (Abb. 6.29) dargestellt; drei deutlich gegeneinander abgegrenzte, durch verschiedene Werte von S_w charakterisierte Abschnitte beweisen die Existenz dreier verschiedener Mechanismen. Der erste Abschnitt (I) ist manchmal gekrümmt, wie dies in der nächsten Abb. 6.30 gut zu sehen ist, die den Verlauf in schwächeren Feldern zeigt.

Die Zuordnung der beschriebenen drei Mechanismen zu den drei Kurvenabschnitten bietet sich von selbst an: bei Feldern, die nur wenig über der Koerzitivkraft liegen (Abschnitt I), erfolgt die Ummagnetisierung durch Wandverschiebung, da die Vorgänge infolge der geringen Feldstärke so langsam ablaufen, daß sich ähnlich wie bei der quasistatischen Ummagnetisierung eine Domänenstruktur ausbilden kann. Die Krümmung der Abhängigkeit $1/\tau_s$ gegen H kann dabei mit dem Anwachsen der Anzahl der ummagnetisierten Keime mit der Feldstärke H zusammenhängen (Seite 608). Bei Erhöhung des Feldes H tritt dann als zweiter Prozeß die inhomogene Drehung auf, die schneller zur Ummagnetisierung führt als die Wandverschiebungen und daher wirksam wird. Daß es sich wirklich um einen anderen Mechanismus handelt, ist aus den Versuchen mit unterbrochener Ummagnetisierung ersichtlich, die zeigen, daß die Gestalt des Echos, zum Unterschied vom Bereich I (vgl. Abb. 6.26), durch die Unterbrechung des Ummagnetisierungsvorganges stark verändert wird [51]. Der

[25]) Die am häufigsten benutzten Definitionen für τ_s sind in Abb. 6.25 wiedergegeben.

Abschnitt (III) schließlich wird meist mit der homogenen Drehung in Verbindung gebracht, und zur Unterstützung dieser Schlußfolgerungen werden einige Experimente angeführt [51].

Bei Feldern $H \approx H_c$ erreicht $1/\tau_s$ ein Minimum und wächst dann für $H \to 0$ zu hohen Werten an. Die Verkürzung der Ummagnetisierungszeit im Feldbereich unterhalb der Koerzitivkraft hängt damit zusammen, daß die Größe des Impulses hier

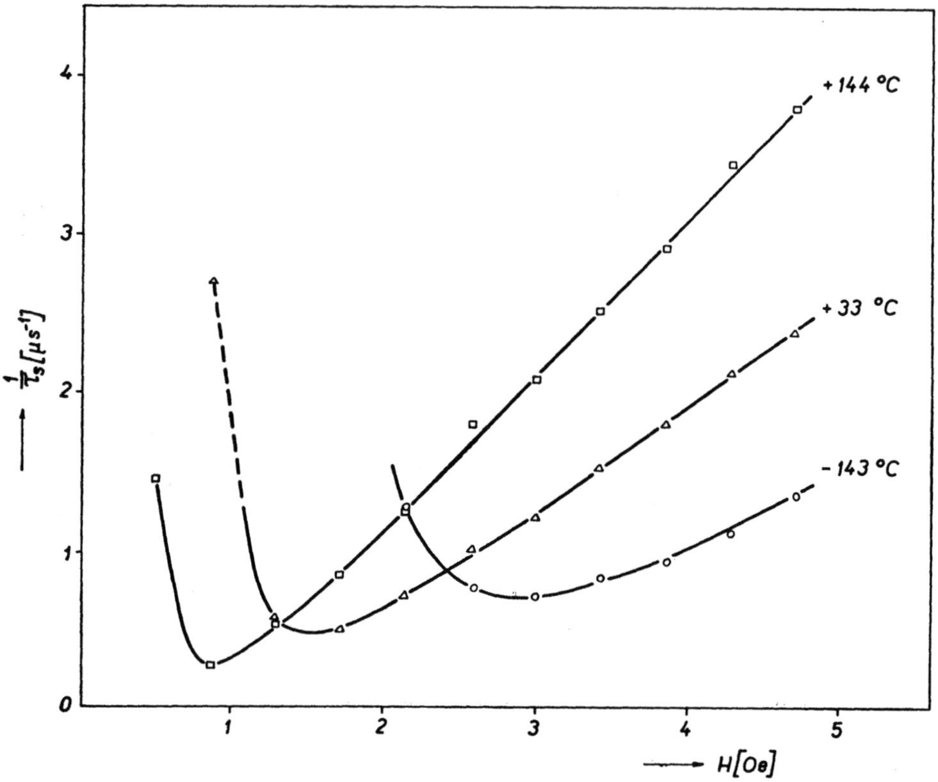

Abb. 6.30 Abhängigkeit $(\tau_s)^{-1}$ von der Größe des Impulsfeldes H bei dem Ferrit $Mn_{0,55} \cdot Mg_{0,61}Fe_{1,84}O_4$.

nicht mehr zur völligen Ummagnetisierung ausreicht, das ummagnetisierte Volumen nimmt schnell mit der Feldstärke ab, und für ein genügend kleines H (wenigstens bei Materialien mit rechteckiger Hystereseschleife) kommen praktisch ausschließlich reversible Prozesse in Frage, von denen angenommen werden kann, daß sie schneller als die irreversiblen verlaufen.[26])

Zur Unterscheidung der verschiedenen Ummagnetisierungsmechanismen eignet sich auch gut die direkte Verfolgung des Echos der Impulsummagnetisierung in der

[26]) Es handelt sich offensichtlich um einen Rotationsmechanismus.

Sekundärwindung. Typische, an einem MnMg-Ferrit mit rechteckiger Hystereseschleife bei verschiedenen Feldstärken gemessene Echos sind in Abb. 6.31 eingezeichnet. Das Nebenmaximum am Anfang der Kurve entspricht den schnellen reversiblen Prozessen, während der zweite breite Impuls den Verlauf der irreversiblen Vorgänge wiedergibt, die für den größten Teil der Ummagnetisierung verantwortlich sind.[27]) Zum Unterschied von Ferriten mit rechteckiger Hystereseschleife, bei denen

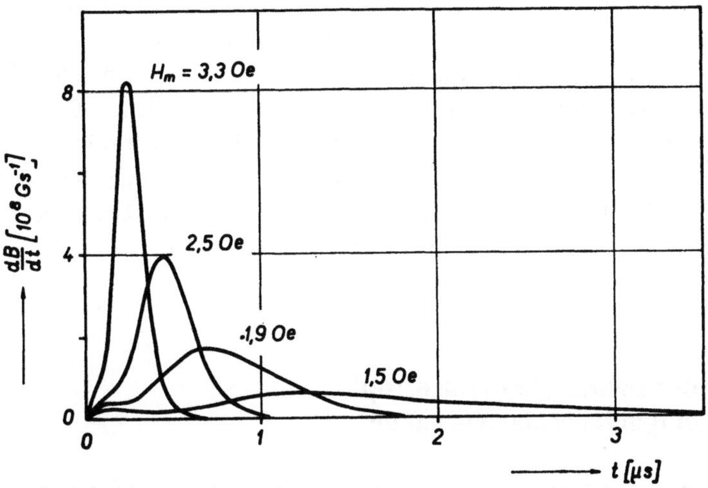

Abb. 6.31 Spannungsechos des Ferrits $Mn_{0,55}Mg_{0,61}Fe_{1,84}O_4$ bei verschiedenen Feldstärken des Impulsfeldes.

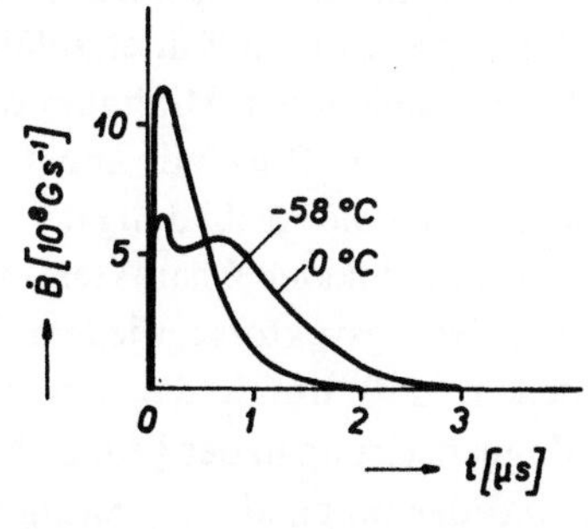

Abb. 6.32 Spannungsechos des Ferrits $Mn_{0,75}Fe_{2,25} \cdot O_4$ im Impulsfeld 1,7 Oe. (a) Im Zustand mit einer Rechteckschleife ($T = 0$ °C), (b) im Zustand mit normaler Schleife ($T = -58$ °C). (Nach Zítka und Roskovec [64].)

diese beiden Vorgänge klar zu unterscheiden sind, gehen sie bei Ferriten mit normaler Hystereseschleife fast völlig ineinander über, und die gesamte Ummagnetisierung verläuft bedeutend schneller [63]. Das ist z. B. aus Abb. 6.32 ersichtlich, in der die Echos für MnFe-Ferrit bei zwei verschiedenen Temperaturen dargestellt sind; bei der höheren Temperatur besitzt der Ferrit infolge Temperung im magnetischen Feld eine

[27]) Die Gesamtänderung des magnetischen Flusses ist der vom Echoimpuls eingeschlossenen Fläche proportional.

rechteckige Hystereseschleife[28]) – (a), bei der niedrigeren Temperatur – (b) ist die Schleife infolge der Störung des stabilisierten Zustandes durch die Änderung des Vorzeichens der Anisotropiekonstante bei einer dazwischen liegenden Temperatur nicht mehr rechteckig [64].

Es sei zum Schluß bemerkt, daß, obwohl die angeführten drei Mechanismen im wesentlichen die bei der Impulsmagnetisierung beobachteten wichtigen Effekte befriedigend erklären, in dieser Sache das letzte Wort wahrscheinlich noch nicht gesprochen worden ist. Die erwähnten Mechanismen stellen eher Beispiele für Prozesse eines bestimmten Typs dar, während in Wirklichkeit die Ummagnetisierungsmoden offensichtlich viel mannigfältiger sein können. Da es sich im Prinzip um Vorgänge handelt, die mit der Anregung und Transformation verschiedener Präzessionsbewegungen verbunden sind, können wir einen weiteren Fortschritt offensichtlich auf Grund eines eingehenden Studiums von Spinwellen und Präzessionsmoden erwarten, was sich in den letzten Jahren als fruchtbar bei der Erklärung der mit der ferromagnetischen Resonanz verbundenen Effekte erwiesen hat.

6.3 Einfluß der induzierten Anisotropie auf die Magnetisierungsvorgänge

Wie wir in Abschn. 4.4 gesehen haben, hat die sogenannte induzierte magnetische Anisotropie ihren Ursprung in bestimmten lokalen Anordnungen der Ionen (bzw. Fehlstellen, Zwischengitteratomen u. a.) im Kristallgitter. Eine derartige Anordnung entsteht spontan – sofern allerdings die Temperatur des Kristalls die notwendige Umgruppierung im Gitter zuläßt – und kann als Anpassung des Kristalls an die Forderung nach einem Minimum der freien Energie, d. i. praktisch an den existierenden magnetischen Zustand, angesehen werden. Der magnetische Zustand des Kristalls wird durch die Ausbildung der induzierten Anisotropie stabilisiert, was im allgemeinen wegen des lokalen Charakters der Anordnung eine Stabilisierung der Lage des Magnetisierungsvektors an jedem Ort des Kristalls bedeutet. Man kann sich daher vorstellen, daß durch die induzierte Anisotropie jede beliebige Raumverteilung der Magnetisierung in der Probe stabilisiert werden kann, einerlei ob sie homogen (Zustand der magnetischen Sättigung) oder inhomogen (z. B. eine bestimmte Domänenstruktur) ist. Die für die Änderung des magnetischen Zustandes erforderliche Energie nimmt infolge der Stabilisierung um den Betrag der sogenannten *Stabilisierungsenergie* zu, die in direkter Beziehung zur induzierten Anisotropie steht. Daraus folgt, daß die induzierte Anisotropie den Magnetisierungsvorgang auf eine bestimmte Art beeinflussen wird; mit den damit zusammenhängenden Fragen werden wir uns in diesem Abschnitt beschäftigen. Dabei können zwei Fälle unterschieden werden, je

[28]) Vgl. Abschn. 6.3.

nachdem, ob die induzierte Anisotropie und daher auch die Stabilisierung „eingefroren" ist, so daß man von deren zeitlichen Änderungen absehen kann, oder ob bei den untersuchten Magnetisierungsvorgängen auch zeitliche, mit Entstehung und Verschwinden der induzierten Anisotropie zusammenhängende Vorgänge wirksam werden. In diesem zweiten Fall sprechen wir dann zusammenfassend von Vorgängen *der magnetischen Nachwirkung*.

Die Stabilisierung der Domänenstruktur

Setzen wir eine entmagnetisierte Probe voraus. Einem solchen Zustand entspricht irgendeine durch eine bestimmte Raumanordnung der Domänen und der Blochwände charakterisierte Domänenstruktur. Sind die Voraussetzungen für die Entstehung induzierter Anisotropie erfüllt, so wird diese Domänenstruktur durch Ausbildung einer lokalen Anordnung stabilisiert werden. Diese Stabilisierung wird allgemein sowohl die Domänen selbst als auch die Blochwände betreffen, und wie wir sehen werden, kann beides die Magnetisierungsvorgänge in der Probe beeinflussen.

In unseren Betrachtungen wollen wir uns auf Kristalle mit kubischer Gesamtsymmetrie beschränken und zuerst voraussetzen, daß es sich um eine „eingefrorene" induzierte Anisotropie handelt, d. h. daß im Verlauf der untersuchten Magnetisierungsprozesse keine Änderungen der lokalen Anordnung mehr eintreten werden. Dies kann durch Abkühlung einer entmagnetisierten Probe von Temperaturen, bei denen Stabilisierung eintrat, auf eine genügend tiefe Temperatur erfolgen, so daß die Änderungen der lokalen Anordnung und daher auch der induzierten Anisotropie nur sehr langsam verlaufen und daher vernachlässigt werden können.

Wie wir in Abschn. 4.4 ausführten, handelt es sich bei der Entstehung der induzierten Anisotropie insgesamt um wärmeaktivierte Prozesse, die meist Diffusionscharakter besitzen; ihre Relaxationszeiten wachsen mit abnehmender Temperatur nach einem exponentiellen Gesetz.

Stabilisierung der Magnetisierungsrichtung innerhalb der Domänen. Im entmagnetisierten Zustand entspricht die Orientierung des Magnetisierungsvektors innerhalb der Domänen einer der Richtungen leichter Magnetisierung. Sind die mechanischen Spannungen in der Probe schwach genug, so werden diese Richtungen durch die magnetische Kristallanisotropie bestimmt. Meistens ist es die [111]-Richtung oder ihr äquivalente Richtungen, wenn $K_1 < 0$ ist, oder aber die [100]-Richtung und ihr äquivalente Richtungen, wenn $K_1 > 0$ ist. Die Stabilisierungsenergie messen wir ähnlich wie die Kristallenergie durch die Arbeit, die zum Herausdrehen des Magnetisierungsvektors aus der stabilisierten, in unserem Falle der leichten Richtung in eine allgemeine Richtung $\{\alpha_1, \alpha_2, \alpha_3\}$ nötig ist. Zu ihrer Bestimmung können wir direkt den allgemeinen Ausdruck (4.63) für die induzierte Anisotropie benützen, in dem wir

$$\beta_1 = \beta_2 = \beta_3 = 3^{-1/2} \qquad \text{für } K_1 < 0$$

und

$$\beta_1 = 1,\ \beta_2 = \beta_3 = 0 \qquad \text{für } K_1 > 0$$

setzen. Es ist ersichtlich, daß im ersten Fall $(K_1 < 0)$ nur das Glied G zur Stabilisierung beiträgt, das zur freien Energie einen anisotropen Beitrag der Form

$$-(G/3)(\alpha_1\alpha_2 + \alpha_2\alpha_3 + \alpha_3\alpha_1)$$

liefert, während sich das Glied F auf die Konstante $-F/3$ reduziert und daher bei der Änderung der Magnetisierungsrichtung nicht zur Geltung kommt. Im zweiten Fall dagegen $(K_1 > 0)$ ist die Stabilisierung durch das Glied F mit einer Winkelabhängigkeit vom Typ $-F\alpha_1^2$ bestimmt, während das Glied G Null ergibt. Daraus folgt, daß die Stabilisierung innerhalb der Domänen gleichzeitig von der Art der induzierten Anisotropie und von der kristallographischen Richtung der leichten Magnetisierbarkeit abhängt. Bei vielen Ferriten, die induzierte Anisotropie aufweisen, überwiegt, wie in Abschn. 4.4 ausgeführt wurde, das Glied F, während $G \approx 0$. In einem solchen Fall kann die Stabilisierung der Domänen nur dann eintreten, wenn $K_1 > 0$, d. i. wenn die Kanten des Elementarwürfels Richtungen leichter Magnetisierbarkeit sind.

Genau genommen, ist diese Behauptung nur für den idealen Fall einer völlig homogenen Magnetisierung innerhalb der Domänen richtig. In Wirklichkeit kann sich die Richtung der Magnetisierung in der Umgebung von Störstellen (Einschlüssen, Poren usw.) ziemlich von der kristallographischen leichten Richtung unterscheiden. In solchen Bereichen tritt Stabilisierung auch dann ein, wenn die Stabilisierung der Domänen Null ist. Man muß sich aber vergegenwärtigen, daß die erwähnten *Inhomogenitäten* der Magnetisierung, nicht aber ihre mit der kristallographischen leichten Richtung identische Pauschalrichtung in der Domäne stabilisiert sind. Die Stabilisierung solcher Inhomogenitäten kann einen großen Einfluß auf die von ihnen kontrollierten Magnetisierungsprozesse ausüben, z. B. auf die Beweglichkeit der Blochwände [65].

Durch die Stabilisierung der leichten Richtung in den Domänen werden nach dem Gesagten vor allem die Rotationsmagnetisierungsprozesse beeinflußt. Bei ihnen bewirkt die Stabilisierung eine Vergrößerung des Drehmoments der Kristallanisotropie um den Betrag der induzierten Anisotropie. Die Gleichgewichtslage des Magnetisierungsvektors für die Drehung in einem äußeren Felde $\boldsymbol{H}$ finden wir dann aus der Bedingung

$$f_K + f_{K_i} - \boldsymbol{H} \cdot \boldsymbol{M}_s = \text{Minimum},$$

in der f_K und f_{K_i} die Dichte der Kristallenergie und der induzierten Anisotropieenergie sind. Wir werden aber sehen, daß die Stabilisierung der Domänen in einigen Fällen auch bei Wandverschiebung beobachtet werden kann. Obwohl wir hier von der Stabilisierung der Domänen in einer entmagnetisierten Probe sprachen, wäre es möglich, die gesamte Betrachtung leicht auf einen beliebigen magnetischen Zustand der Probe mit einem von Null verschiedenen äußeren Felde zu verallgemeinern. Für die Gestalt der Hystereseschleife besitzt z. B. die Stabilisierung in starken Magnetfeldern, in denen die ganze Probe eine einzige Domäne bildet, große Bedeutung.

Die Stabilisierung der Wände. Betrachten wir eine Blochwand, die zwei Domänen mit den Magnetisierungen $\boldsymbol{M}_1$, $\boldsymbol{M}_2$ trennt (Abb. 6.33). In der Wand tritt ein allmählicher Übergang der Magnetisierung aus der Richtung $\boldsymbol{M}_1$ in die Richtung $\boldsymbol{M}_2$ ein, und dieser Übergang kann in makroskopischer Näherung als kontinuierlich angesehen werden. Wir bezeichnen die Lage der Wandmitte mit z_0. Der Richtungskosinus β_i des Magnetisierungsvektors in einem beliebigen Punkte z, bezogen auf die kubischen Kristallachsen, ist dann eine Funktion von $z - z_0$[29]). Der Einfachheit halber werden wir voraussetzen, daß diese Verteilung der Magnetisierungsrichtungen in der Wand selbst durch die Stabilisierung nicht geändert wird, nicht einmal bei einer beliebigen Verschiebung der Wand.

Diese Voraussetzung ist ungefähr erfüllt, wenn die induzierte Anisotropie viel schwächer als die Kristallanisotropie wird. Im entgegengesetzten Falle, bei starker induzierter Anisotropie, kommt es infolge der Stabilisierung bei Verschiebung der Wand aus der stabilisierten Lage zu inneren Deformationen der Verteilung des Magnetisierungsvektors in der Wand. Es ist klar, daß im allgemeinen durch die Stabilisierung der Gesamtanteil der Anisotropieenergie an der Wand-

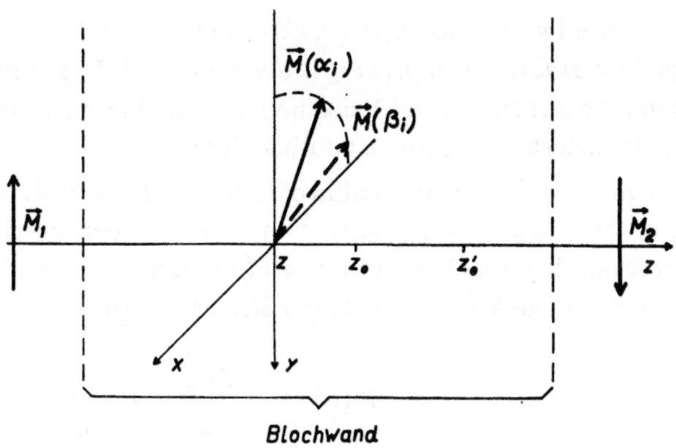

Abb. 6.33 Zur Entstehung der Stabilisierung der Blochwand.

energie verringert wird. Nach der einfachen Theorie der Blochwand (vgl. Abschn. 4.1) soll jedoch der Beitrag der Anisotropie zur Wandenergie dem Beitrag der Austauschenergie gleich sein, so daß die Verminderung des ersten Beitrags auch eine Verminderung des zweiten Beitrags und damit eine Vergrößerung der Wanddicke verursacht.

[29]) Die Beziehung zwischen Magnetisierungsrichtung und Abstand $z - z_0$ hängt selbstverständlich vom Wandtyp ab; als Parameter treten die grundlegenden Materialkonstanten auf (Austauschkonstante, Konstanten der magnetokristallinen Anisotropie und Magnetostriktionskonstanten). Für verschiedene Wandtypen in kubischen Kristallen sind diese Beziehungen z. B. in der Arbeit von B. A. Lilley [66] angeführt.

Setzen wir voraus, daß die Wand aus der ursprünglichen stabilisierten Lage z_0 genügend schnell in eine neue Lage z_0' verschoben wird, so daß während der Verschiebung keine Änderung der induzierten Anisotropie erfolgt. Drücken wir den Richtungskosinus der Magnetisierung α_i, der der neuen Lage der Wand entspricht, abermals als Funktion des Abstandes von der Wandmitte aus, d. h. diesmal als Funktion von $z - z_0'$, so können wir den allgemeinen Ausdruck (4.63) für die Energiedichte der induzierten Anisotropie in die Form umschreiben

$$f_{K_i} = -F\Omega_1(z - z_0', z - z_0) - G\Omega_2(z - z_0', z - z_0), \tag{6.48}$$

$$\Omega_1(z - z_0', z - z_0) \equiv \sum_i \alpha_i^2\beta_i^2, \quad \Omega_2(z - z_0', z - z_0) \equiv \sum_{\substack{i,j\\ i\neq j}} \alpha_i\alpha_j\beta_i\beta_j .$$

Integrieren wir nun (6.48) nach z in den Grenzen $-\infty$, $+\infty$, so erhalten wir den Gesamtbeitrag der induzierten Anisotropie zur Wandenergie, bezogen auf die Flächeneinheit, als Funktion des Abstandes $u = z_0' - z_0$

$$W_s(u) = -F\, S_1(u) - G\, S_2(u)\,; \tag{6.49}$$

S_1, S_2 bedeuten hier die Integrale

$$S_i(u) = \int_{-\infty}^{+\infty} \Omega_i(z - z_0', z - z_0)\, \mathrm{d}z\,, \quad i = 1, 2\,. \tag{6.50}$$

Ist speziell $u = 0$, so ergibt (6.49) direkt die durch die Stabilisierung gewonnene Energie (*die Stabilisierungsenergie der Wand*).[30]) Die Differenz $W_s(u) - W_s(0)$ bestimmt dann die Arbeit, die bei Verschiebung der Wand zusätzlich geleistet werden muß, um die induzierte Anisotropie zu überwinden.

Um den Einfluß der Stabilisierung auf die Wandverschiebungsprozesse zu verfolgen, ist es meist vorteilhaft, von den Energien zu den auf die Wand ausgeübten Drucken überzugehen. Analog zu (6.6) definieren wir daher den sogenannten *Stabilisierungsdruck* P_s mit Hilfe der Beziehung [68]

$$P_s(u) = -\frac{\partial W_s}{\partial u} = F\frac{\partial S_1}{\partial u} + G\frac{\partial S_2}{\partial u}\,. \tag{6.51}$$

In Gegenwart eines äußeren magnetischen Feldes $\boldsymbol{H}$ wird die Gleichgewichtslage der Wand durch die Gleichung bestimmt

$$P_s(u) + R(u) + (\boldsymbol{M}_1 - \boldsymbol{M}_2)\,.\,\boldsymbol{H} = 0\,, \tag{6.52}$$

[30]) Bis auf den Beitrag des konstanten Gliedes, das nicht von α_i und β_i abhängt und daher in (4.63) ausgelassen wurde. Dieses Glied bewirkt eine isotrope Gesamterniedrigung des Niveaus der Kristallenergie und braucht meist nicht in Erwägung gezogen zu werden; in einigen Fällen aber könnte diese Vernachlässigung zu falschen Resultaten führen (vgl. z. B. [67]).

in der $R(u)$ die in Abschn. 6.1, Seite 570 definierte Bindungskraft der Wand ist. Der Stabilisierungsdruck kann manchmal mit Vorteil durch ein effektives Stabilisierungsfeld $\boldsymbol{H}_s$ ausgedrückt werden, d. h. durch ein Feld, dessen Druck auf die Wand gleich P_s ist:

$$-(\boldsymbol{M}_1 - \boldsymbol{M}_2) \cdot \boldsymbol{H}_s = P_s . \tag{6.53}$$

Es sei bemerkt, daß $\boldsymbol{H}_s$ eine Funktion von $\boldsymbol{u}$ ist und daher von der Lage der Wand abhängt. Die Gleichung (6.52) kann dann in der Form

$$(\boldsymbol{M}_1 - \boldsymbol{M}_2) \cdot (\boldsymbol{H} - \boldsymbol{H}_s(u)) + R(u) = 0 \tag{6.54}$$

geschrieben werden.

Der Verlauf der den Stabilisierungsdruck bestimmenden Funktionen $\partial S_1/\partial u$, $\partial S_2/\partial u$ wurde für verschiedene Wandtypen von Taniguchi [67] unter Anwendung typischer Werte für die Materialkonstanten berechnet.[31]) Seine Ergebnisse sind für

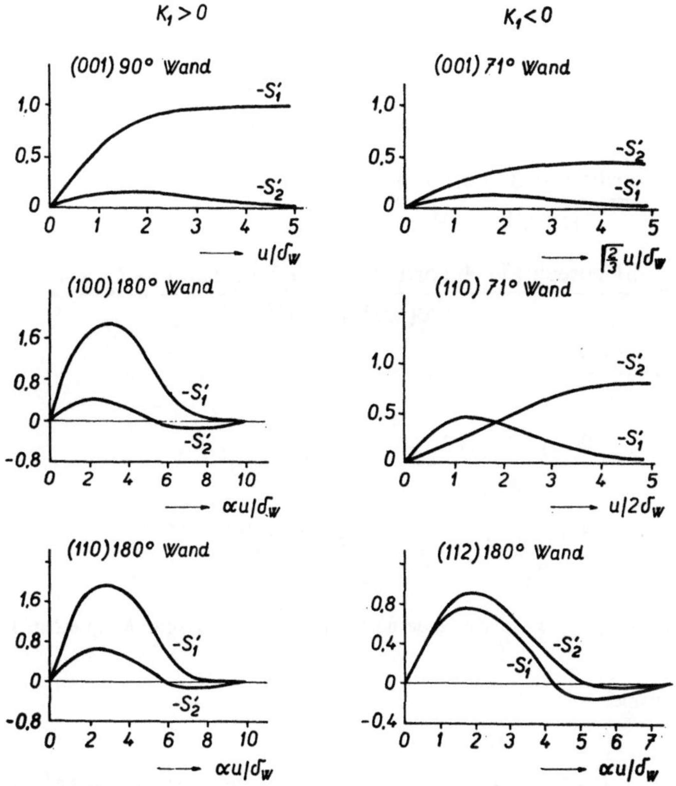

Abb. 6.34 Verlauf der Funktionen $S_1' = \partial S_1/\partial u$ und $S_2' = \partial S_2/\partial u$ für verschiedene Wandtypen. (Nach Taniguchi [67].)

[31]) Taniguchi berücksichtigt bei seinen Berechnungen auch den Beitrag der magnetoelastischen Energie.

Tabelle VI-2

Die Koeffizienten C_1 und C_2 für verschiedene Wandtypen [66, 69]

K_1 (magnetokristalline Anisotropiekonstante)	Wandebene	Wandtyp	$C_1 \cdot \delta_w$	$C_2 \cdot \delta_w$
	(100)	90°	$\frac{2}{3}$	$\frac{1}{6}$
$K_1 > 0$	(100)	180°	$\frac{4}{3}p \cdot \Phi(V)$	$p \cdot \Psi(V)$
	(110)	180°	$\frac{4}{3}p \cdot \Phi(V)$	$p[\frac{1}{6}\Phi(V) + \Psi(V)]$
	(100)	71°	0,06	0,21
$K_1 < 0$	(110)	71°	0,23	0,10
	(112)	180°	$\frac{1}{3}p[\frac{1}{3}\Phi(V) + 4\Psi(V)]$	$\frac{1}{3}p[\frac{11}{6}\Phi(V) + \Psi(V)]$

$$\Phi(V) = \frac{\cosh^2 V - 3V\coth V + 2}{(\cosh V - 1)^2}$$

$$\Psi(V) = \frac{3V\operatorname{cosech} V(1 + \cosh^2 V) + \cosh V(\cosh V - 6) - 1}{3(\cosh V - 1)^2}$$

$$\cosh V = \frac{2 + \varrho}{\varrho}$$

$$K_1 > 0: \varrho = \frac{9(c_{11} - c_{12})\lambda_{100}^2}{4K_1}; \quad p = (1 + \varrho)^{1/2}$$

$$K_1 < 0: \varrho = \frac{54c_{44}\lambda_{111}^2}{|K_1|}; \quad p = \frac{1}{2}\left(\frac{8 + \varrho}{3}\right)^{1/2}$$

Hierbei sind c_{11}, c_{12}, c_{44} elastische Koeffizienten, λ_{100}, λ_{111} sind Magnetostriktionskonstanten.

Numerisches Beispiel

Nehmen wir an

$$|\lambda_{100}| = |\lambda_{111}| = 10^{-5}, \; c_{11} - c_{12} = c_{44} = 10^{12}\ \text{dyn/cm}^2, \; |K_1| = 10^4\ \text{erg cm}^{-3},$$

so resultieren folgende Werte

für

$$K_1 > 0: \quad p = 1{,}01; \; \Phi(V) = 1{,}02; \; \Psi(V) = 0{,}38$$

$$K_1 < 0: \quad p = 0{,}84; \; \Phi(V) = 1{,}26; \; \Psi(V) = 0{,}65$$

eine qualitative Diskussion dieses Verlaufs ausreichend, und einige charakteristische Kurven sind in Abb. 6.34 wiedergegeben; als Veränderliche dient der reduzierte Abstand der Wand von der ursprünglichen stabilisierten Lage, wobei δ_w den Parameter der Wanddicke (4.28) bedeutet. Für hinreichend kleine Wandverschiebungen u sind $-\partial S_1/\partial u$, $-\partial S_2/\partial u$ wachsende Funktionen von u, so daß $P_s < 0$ tatsächlich die Kraft ist, die die Wand in der ursprünglichen Lage festhält. Die Form beider Funktionen für größere Werte von u hängt dagegen schon wesentlich vom Wandtyp und vom Vorzeichen der Anisotropiekonstante ab. Auffallend ist z. B. der Unterschied zwischen der Stabilisierung der 180°-Wände und der anderen Wandarten. Bei 180°-Wänden durchlaufen z. B. die Funktionen $-\partial S_1/\partial u$, $-\partial S_2/\partial u$ und daher auch $P_s(u)$ bei einem bestimmten u/δ_w zunächst ein Maximum und gehen dann gegen Null. Dabei sind sie in einem bestimmten Bereich negativ – mit Ausnahme der Funktion $-\partial S_1/\partial u$ für $K_1 > 0$, die stets positiv bleibt – so daß $P_s(u) > 0$ ist. Hingegen bleibt bei 71°- und 90°-Wänden ständig $P_s(u) \leqq 0$, und in einigen Fällen ist es auch für $u \to \infty$ von Null verschieden. Für kleine u können wir die Funktionen $-\partial S_1/\partial u$, $-\partial S_2/\partial u$ durch die lineare Abhängigkeit $C_1 u$ bzw. $C_2 u$ approximieren; die Werte der Konstanten C_1, C_2, die für eine quantitative Auswertung von Experimenten wichtig sind, die mit der magnetischen Nachwirkung (insbesondere in schwachen Feldern) zusammenhängen, sind für verschiedene Wandtypen in Tab. VI-2 aufgeführt.

Eine wichtige Rolle zum Verständnis der physikalischen Ursachen für die Unterschiede zwischen den Kurven in Abb. 6.34 spielt die Stabilisierung der Domänen. Lassen wir der Einfachheit halber zu, daß $G = 0$, so daß P_s nur durch den Verlauf von $-\partial S_1/\partial u$ gegeben ist. Ist $K_1 > 0$, so ist die Richtung der Magnetisierung innerhalb jeder Domäne stabilisiert (Seite 618). Geht eine 180°-Wand durch die Domäne hindurch, so ändert die Magnetisierung in der Domäne nur ihre Polarität, nicht aber ihre Richtung, so daß sich an der Stabilisierung der Domäne nichts ändert und für $u \to \infty$ $P_s \to 0$ gilt. Eine andere Situation tritt beim Durchgang einer 90°-Wand ein. Die neue Magnetisierungsrichtung wird in diesem Fall senkrecht zu der ursprünglichen stabilisierten Richtung stehen, so daß die Energie des Kristalls mit wachsendem u ständig zunimmt. Für eine Verschiebung der Wand muß daher ständig Arbeit aufgebracht werden, die bei einer sonst freien Wand gegen den Druck P_s geleistet wird. Infolgedessen nimmt P_s zunächst zu und erreicht schließlich einen konstanten Wert. Ist $K_1 < 0$, so wird bei $G = 0$ die Richtung der Magnetisierung in den Domänen nicht stabilisiert sein — stabilisiert sind nur die Wände — und deshalb wird sowohl bei der 180°- als auch bei der 71°-Wand der Verlauf qualitativ ähnlich sein, d. h. für $u \to \infty$ wird gelten $P_s \to 0$.

Ist die induzierte Anisotropie stark, so sind die stabilisierten Wände stark verbreitet (vgl. Seite 619) und praktisch unbeweglich. Paulus u.a. [70], die ihre Schlußfolgerungen auf die direkte Beobachtung von Domänen und Wänden nach der Magnetpulvermethode in einem Ni – Ferriteinkristall mit geringem Co-Zusatz stützen, zeigten, daß die Magnetisierung der Probe in diesem Fall im wesentlichen nach zwei Mechanismen verlaufen kann; und zwar durch Keimbildung von Bereichen mit umgekehrter Magnetisierungsrichtung innerhalb der ursprünglichen Domänen oder durch Bildung beweglicher 180°-Wände am Ort der ursprünglichen stabilisierten Wand. Dieser zweite

Mechanismus ersetzt eigentlich die Verschiebung der stabilisierten Wand, stellt aber eine bessere Annäherung an die wirkliche Situation dar. Der Grund liegt darin, daß diese bewegliche Wand infolge der Fixierung der Magnetisierungsrichtungen durch die induzierte Anisotropie am Ort der ursprünglichen Wand eine verhältnismäßig starke Inhomogenität zurückläßt, die bei der Sichtbarmachung der Domänenstruktur als Wand erscheint. Der Vorgang kann also um so eher als Entstehung einer beweglichen Wand, begleitet von einer Umgruppierung der Winkelabhängigkeit der Magnetisierung in der ursprünglichen stabilisierten Wand, betrachtet werden, je dünner die in Bewegung gesetzte emittierte Wand im Vergleich zur ursprünglichen Wand ist und je unterschiedlicher daher ihre Winkelverteilung wird. Da sich die beweglichen Wände spontan bei Abkühlung des Materials im entmagnetisierten Zustand bilden können (wegen der Temperaturabhängigkeit der Magnetisierung und der Kristallanisotropie), gibt es bei den Magnetisierungs- und Ummagnetisierungsprozessen eine Reihe von Möglichkeiten für die Absorption und Emission von beweglichen Wänden durch die stabilisierten Wände; die letzteren werden dadurch im allgemeinen in mehrfache Wände vom Typ $k\pi$, $k = 0, 1, 2, \dots$ umgewandelt.

Der Perminvareffekt und die Entstehung der rechteckigen Hystereseschleife

Wir werden nun zeigen, wie sich die Stabilisierung der Wände und Domänen bei der Magnetisierung der Probe äußert. Setzen wir voraus, daß im Anfangsstadium die Blochwand eine stabile Lage z_0 einnimmt, die irgend einem der lokalen Minima auf der Kurve der potentiellen Energie $E = E(z)$ entspricht. Tritt an dieser Stelle Stabilisierung der Wand ein, so ist die resultierende potentielle Energie für eine beliebige Lage z durch die Summe der ursprünglichen Energie $E(z)$ und der Stabilisierungsenergie $W(u) = W(z - z_0)$ gegeben. In Übereinstimmung hiermit vertieft sich – wie schematisch in Abb. 6.35 angedeutet – die Potentialmulde am Ort z_0, und dadurch wächst der Energiewall, den die Wand überwinden muß, wenn sie sich irreversibel an einen anderen Ort verschieben soll. Das bedeutet, daß durch die Stabilisierung das kritische Feld H_k vergrößert wird, bei dem die Wand sich aus der Potentialmulde befreit. Es wächst um ein durch die Beziehung (6.35) gegebenes Stabilisierungsfeld $H_p \equiv H_s(u_k)$, das für eine kritische, aus der Bedingung

$$\frac{\mathrm{d}}{\mathrm{d}u}\left[E(z_0 + u) + W(u)\right] = \text{Maximum}$$

folgende Wandverschiebung u_k genommen wird.

Bei normalen ferromagnetischen (oder ferrimagnetischen) Stoffen ist die Tiefe der Potentialmulden statistisch verteilt, so daß das kritische Feld H_k beliebig kleine Werte annehmen kann. Ohne Stabilisierung kommt es daher bei der Magnetisierung schon in sehr schwachen Feldern zu irreversiblen Wandverschiebungen, die zur Bildung einer, durch lineare Zunahme der Permeabilität mit dem magnetisierenden Feld charakterisierten Rayleigh-Schleife führen (Abschn. 6.1, S. 577 f. und Abb. 6.36a). Durch den Einfluß der Stabilisierung werden alle durch Wände besetzten Minima vertieft.

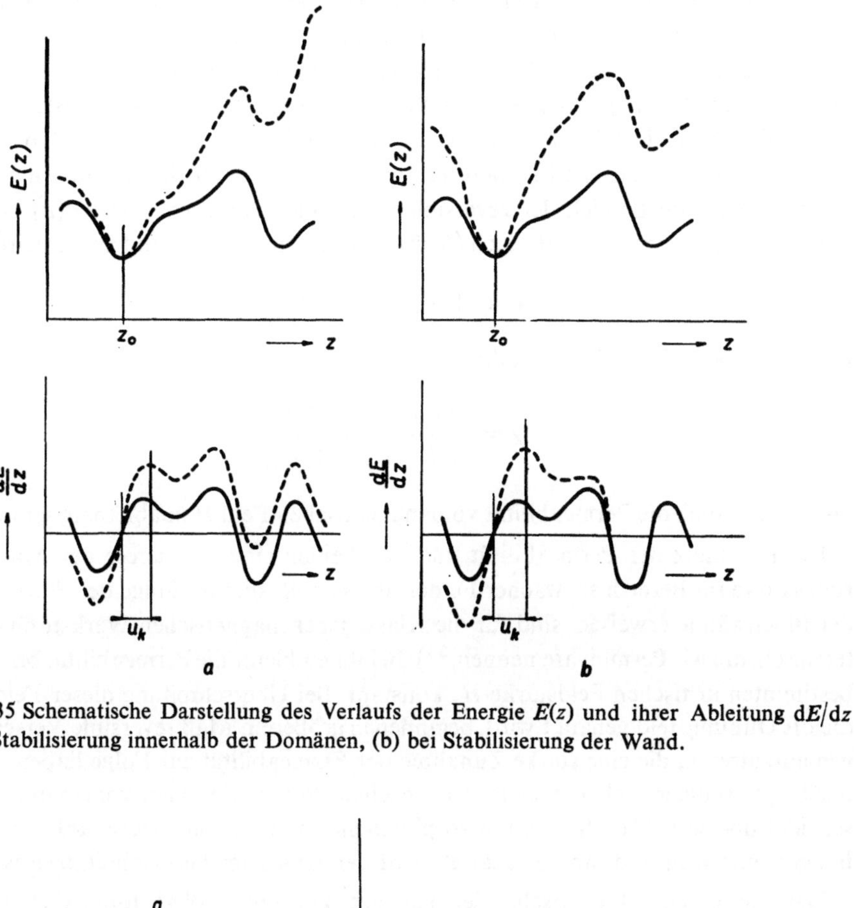

Abb. 6.35 Schematische Darstellung des Verlaufs der Energie $E(z)$ und ihrer Ableitung $\mathrm{d}E/\mathrm{d}z$ (a) bei Stabilisierung innerhalb der Domänen, (b) bei Stabilisierung der Wand.

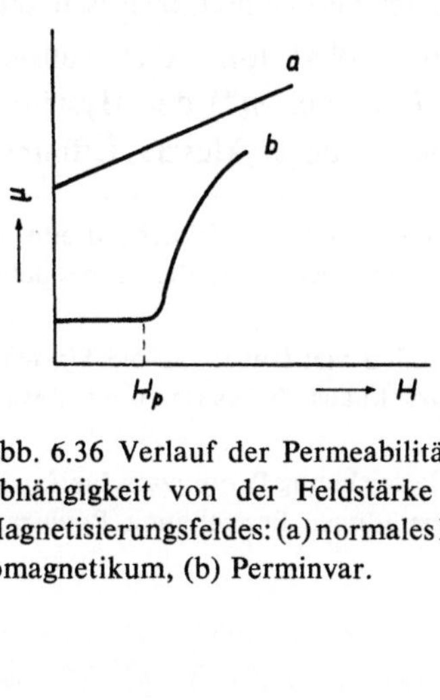

Abb. 6.36 Verlauf der Permeabilität in Abhängigkeit von der Feldstärke des Magnetisierungsfeldes: (a) normales Ferromagnetikum, (b) Perminvar.

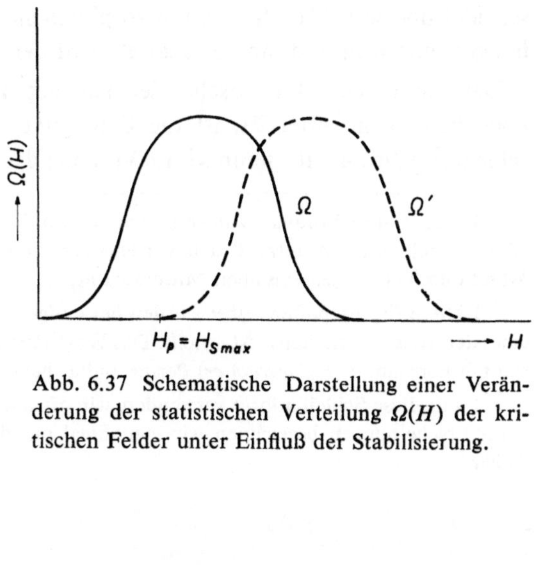

Abb. 6.37 Schematische Darstellung einer Veränderung der statistischen Verteilung $\Omega(H)$ der kritischen Felder unter Einfluß der Stabilisierung.

Diese Vertiefung wird für alle Wände gleich sein, da wir wegen der üblichen Abmessungen der Domänen und Wände voraussetzen können, daß die Konstanten F, G, die die induzierte Anisotropie bestimmen, überall den gleichen Wert besitzen werden. Nehmen wir die Breite der Potentialmulde für alle Wände als gleich an[32]) und beschränken uns auf einen einzigen Wandtyp, so können wir die resultierende Wirkung der Stabilisierung auf Grund der Abb. 6.37 verstehen: Die Gestalt der ursprünglichen statistischen Verteilung der kritischen Feldstärken bleibt im wesentlichen erhalten, es tritt nur eine Verschiebung der gesamten Verteilung um das Stabilisierungsfeld H_p ein. Bei Feldstärken $H < H_p$ werden sämtliche Verschiebungen ohne Hysterese reversibel verlaufen, so daß die Magnetisierungskurve für diesen Bereich auf eine Gerade reduziert wird. Im Bereich der reversiblen Verschiebung können wir $R(u) \cong -k_w u$, $P_s(u) \cong -k_s u$ setzen, so daß nach (6.52) z. B. für eine 180°-Wand gelten wird

$$-u\,(k_s + k_w) + 2M_s H = 0\,. \tag{6.55}$$

Das bedeutet, daß die Suszeptibilität

$$\chi = \frac{2M_s u}{Hl} = \frac{4M_s^2}{(k_s + k_w)\,l} \tag{6.56}$$

und mit ihr auch die Permeabilität vom magnetischen Feld H unabhängig sein werden.

Die Konstanz der Permeabilität und das Fehlen einer Hysterese der Magnetisierungskurve im Bereich schwacher Felder, die sich als direkte Folge der Stabilisierung der Blochwände erweisen, sind für die Klasse jener magnetischen Werkstoffe charakteristisch, die wir Perminvare nennen.[33]) Bei ihnen bleibt die Permeabilität bis zu einer bestimmten kritischen Feldstärke H_p konstant. Bei Überschreitung dieser Feldstärke, die oft Öffnungsfeld genannt wird, beginnen in größerem Maß reversible Verschiebungen aufzutreten, die eine starke Zunahme der Permeabilität zur Folge haben — Abb. 6.36b; je weniger sich die Tiefe der einzelnen Potentialmulden voneinander unterscheidet und je größer H_p ist, um so plötzlicher werden die irreversiblen Verschiebungen einsetzen und um so schärfer wird der Knick im Permeabilitätsverlauf sein.

Das zweite charakteristische Zeichen der Perminvar-Werkstoffe, das vielleicht noch bemerkenswerter ist, ist die Einengung (das „*Einschnüren*") der Hystereseschleife,[34]) die auftritt, wenn wir im Verlaufe des Magnetisierungszyklus das Öffnungs-

---

[32]) Durch diese Voraussetzung ersetzen wir im Grunde genommen die wirkliche Breite der Mulde durch einen Mittelwert, d. h. wir ersetzen die kritische Verschiebung u_k der individuellen Wand durch einen gemeinsamen Mittelwert $\bar{u}_k$.

[33]) Diese Eigenschaften selbst wurden bei einigen Werkstoffen viel früher als die Ursachen eines derartigen Verhaltens festgestellt. Das Wort *Perminvar* drückt aus, daß es sich um ein Material mit konstanter (= *invarianter*) Permeabilität handelt.

[34]) Für diese Schleifenform verwenden wir oft auch die Bezeichnung Perminvarschleife, und beide Erscheinungen bezeichnen wir manchmal mit der gemeinsamen Bezeichnung *Perminvar-Effekt*.

feld überschreiten (Abb. 6.38), und meist in sehr starken Feldern wieder verschwindet.

Die Entstehung der eingeschnürten Schleife verstehen wir aus Abb. 6.39, in der schematisch die Änderungen der Lage einer Blochwand im Verlauf des Magnetisierungszyklus dargestellt sind. Die Verschiebung u der Wand aus ihrer ursprünglichen stabilisierten Lage ist dabei in senkrechter Richtung aufgetragen, während in waagrechter Richtung die zugehörigen Werte $R(u)$ und $P_s(u)$ aufgetragen sind. Die Lage

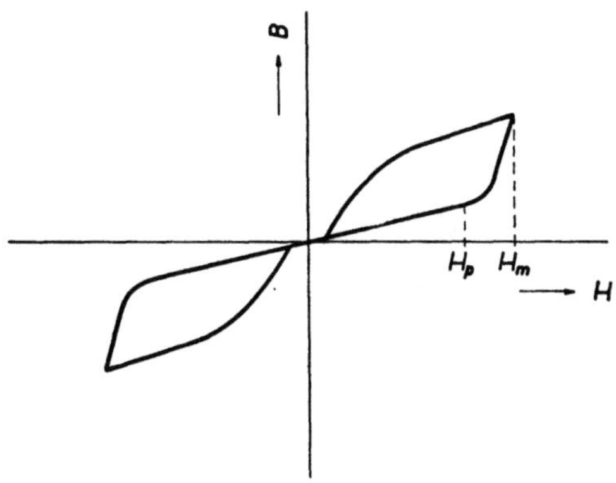

Abb. 6.38 Schematische Darstellung einer eingeschnürten (Perminvar-)Hystereseschleife.

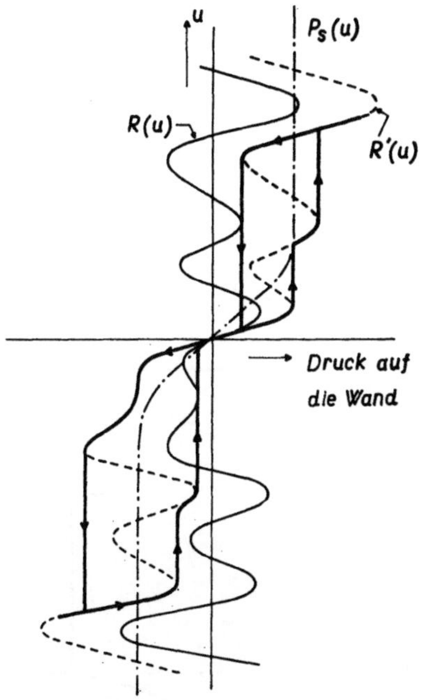

Abb. 6.39 Zur Entstehung der Perminvar-Schleife.

der Wand wird nach Gleichung (6.52) für ein beliebiges magnetisches Feld $\boldsymbol{H}$ durch das Gleichgewicht zwischen der gesamten Bindungskraft $R'(u) = R(u) + P_s(u)$ und dem Druck $\boldsymbol{H} \cdot (\boldsymbol{M}_1 - \boldsymbol{M}_2)$, mit dem das Magnetfeld auf die Wand einwirkt, bestimmt. Tragen wir daher $R'(u)$ als Funktion von u auf, so werden die stabilen Lagen während des Magnetisierungszyklus bestimmten Abschnitten dieser Abhängigkeit entsprechen (in der Abb. stark ausgezogen). Bei wachsendem H werden es jene Abschnitte sein, für die $\mathrm{d}R'/\mathrm{d}u < 0$ ist[35]), während bei abnehmendem H dagegen die Abschnitte mit $\mathrm{d}R'/\mathrm{d}u > 0$ den stabilen Lagen entsprechen werden. In den Wendepunkten (lokalen Extremwerten der Funktion $R'(u)$) treten irreversible Verschiebungen ein.

[35]) Sämtliche Drucke und Kräfte, die auf die Wand einwirken, messen wir in positiver Richtung, d. h. in Richtung von wachsendem u. Das Gleichgewicht kann nur dann eintreten, wenn $-R'(u)$ im betrachteten Punkt eine zunehmende Funktion von u ist.

Die stark ausgezogene Linie gibt dann, bis auf den Maßstab, direkt die einer Blochwand entsprechende elementare Hystereseschleife wieder. Ihre eingeschnürte Form ist aus der Abbildung gut ersichtlich. Die resultierende Hystereseschleife der gesamten Probe wird eine Überlagerung ähnlicher elementarer Schleifen sein und wird daher ebenfalls eingeschnürt sein. Der Grad der Einschnürung und die Gestalt der Schleife werden dabei vom Verlauf der resultierenden Bindungskraft $R'(u) = R(u) + P_s(u)$,

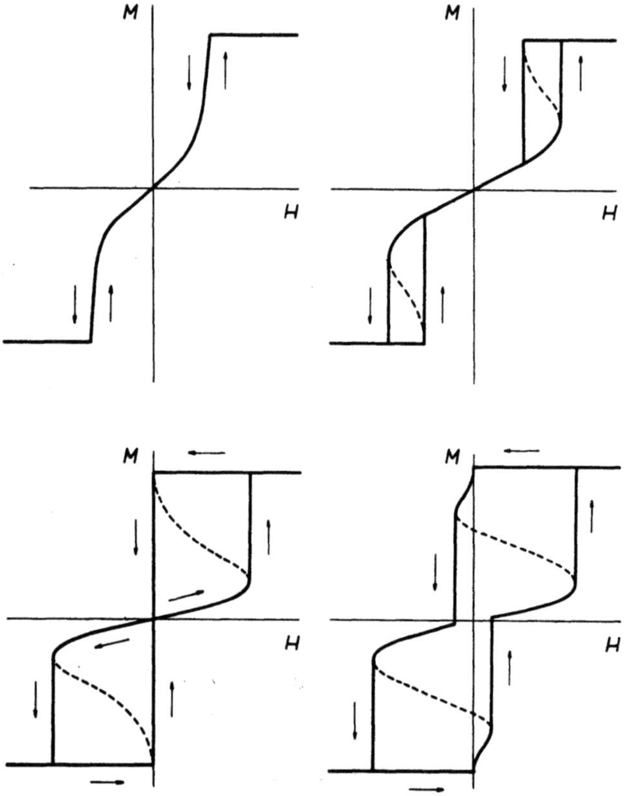

Abb. 6.40 Idealisierte Perminvar-Schleifen ($R(u) \to 0$) für verschiedene Typen des Verlaufs $P_s(u)$ (gestrichelt dargestellt), vgl. auch Abb. 6.34. (Nach Taniguchi [67].)

von ihrer statistischen Streuung bei den einzelnen, an der Magnetisierung beteiligten Wänden und verständlicherweise auch vom maximalen Magnetisierungsfeld abhängen.

Wie wir früher zeigten, hängt der Verlauf des Stabilisierungsdruckes $P_s(u)$ sowohl vom Typ der Blochwand, als auch vom gegenseitigen Größenverhältnis der Konstanten F und G im Ausdruck (4.63) für die induzierte Anisotropie ab, während über die Größe von P_s in jedem einzelnen Fall die absolute Größe dieser Konstanten entscheidet. Allgemein kann man sagen, daß die Einschnürung um so deutlicher sein wird, je größer das Verhältnis P_s/R ist. Im Grenzfall, wenn $R(u)$

gegenüber $P_s(u)$ vernachlässigt werden kann, erhalten wir für verschiedene Wandtypen die in Abb. 6.40 dargestellten idealisierten Schleifen. Eine wichtige Bedingung für die Entstehung einer eingeschnürten Schleife ist, daß die Wand bei ihrer Verschiebung aus der stabilisierten Lage im Wirkungsbereich des Stabilisierungsdrucks verbleibt. Entfernt sich die Wand aus dieser Lage so weit, daß $P_s(u)$ im Vergleich zu den Fluktuationen der Funktion $R(u)$ sehr klein wird, so muß ein Feld entgegengesetzten Vorzeichens angelegt werden, wenn die Wand zurückgebracht werden soll, und die Einschnürung verschwindet in einem solchen Fall praktisch vollkommen. Damit kann erklärt werden, daß die Perminvarschleife bei Anlegen sehr starker Felder meist wieder in eine normale Schleife übergeht. Von diesem Gesichtspunkt aus erscheint die 90°-Wand besonders günstig für die Entstehung einer Perminvarschleife, da bei ihr $P_s(u)$ bei beliebig großen Wandabständen seinen Maximalwert beibehält. Bei 180°-Wänden dagegen nähert sich $P_s(u)$ für große u-Werte dem Wert Null und ändert in einigen Fällen auch seine Polarität, so daß an Stelle einer Anziehung eine Abstoßung der Wand eintritt (Abb. 6.34).[36]) Es sei bemerkt, daß die während der Magnetisierung verschwundenen Wände bei einer nachfolgenden Verringerung des magnetisierenden Feldes oft nicht wieder an ihrer ursprünglichen Stelle erscheinen. Dadurch wird die Korrelation mit der stabilisierten Domänenstruktur gestört und der Perminvareffekt nimmt ab oder verschwindet eventuell vollkommen. Als Maß der Größe von $R(u)$ können wir die Koerzitivkraft H_c ansehen (vgl. Seite 587); ist daher ein ferromagnetisches Material, abgesehen von der Stabilisierung, magnetisch weich, d. h. besitzt es eine kleine Koerzitivkraft, so erwarten wir bei gleicher Stabilisierung einen stärker ausgeprägten Perminvareffekt als bei magnetisch harten Werkstoffen. Aus dem gleichen Grunde bleibt die Schleife selbst bei Anlegen starker Felder eingeschnürt, wenn das durch die Beziehung (6.53) definierte Stabilisierungsfeld $H_s(u)$ mit der Koerzitivkraft vergleichbar oder größer als sie ist, während bei $H_s \ll H_c$ die Einschnürung nur in relativ schwachen Feldern auftritt. Da die Koerzitivkraft in der Regel mit der Kristallanisotropie wächst, ist für die Eigenschaften der Perminvarschleife offensichtlich das Verhältnis der Größe der induzierten Anisotropie und der Kristallanisotropie entscheidend. Wie wir im weiteren sehen werden, ist dieses Kriterium auch für die Entstehung einer rechteckigen Hystereseschleife sehr wichtig.

Der Perminvareffekt wurde zuerst von Elmen [71] an Legierungen von Eisen, Nickel und Kobalt beobachtet. Nach der obigen Beschreibung handelt es sich um einen Effekt, der allen Materialien gemeinsam ist, bei denen eine Stabilisierung der Domänenstruktur möglich ist, d. h. allen Materialien, in denen induzierte Anisotropie entstehen kann. Tatsächlich wurden seitdem Perminvareigenschaften bei einer ganzen Reihe weiterer metallischer und nichtmetallischer Ferromagnetika und Ferrimagnetika festgestellt. Die Anzahl der heute bekannten Ferrite und ferrimagnetischen Oxide mit Perminvareigenschaften ist groß und umfaßt die verschiedensten Zusammensetzungen. Einen ausgeprägten Perminvareffekt können wir dort erwarten, wo eine starke induzierte Anisotropie vorhanden ist und wo die magnetokristalline Anisotropie des Materials dabei verhältnismäßig klein ist. Dieser Bedingung entsprechen am besten Ferrite bzw. andere Ferrimagnetika, die eine kleine Menge Co^{2+}-Ionen enthalten. Wie im Abschn. 4.2 gezeigt wurde, ist der Beitrag des Co^{2+}-Ions zur Kristallaniso-

[36]) Taniguchi [67] machte aber darauf aufmerksam, daß der Perminvareffekt bei 180°-Wänden durch eine starke Wechselwirkung mit 90°-Wänden bzw. mit den die Sperrdomänen trennenden Wänden anderer Typen verstärkt werden kann; die Verschiebung einer 180°-Wand ist nämlich stets von einer Verschiebung solcher Wände begleitet, so daß ihre Stabilisierungsbindung auch auf die 180°-Wand zurückwirkt.

tropie kubischer Spinelle positiv und kann daher bei geeigneter Konzentration die negative Anisotropie der übrigen Ionen zum größten Teil kompensieren. Dabei bleibt der Beitrag der Kobaltionen zur induzierten Anisotropie, der bekanntlich groß ist, ungeschwächt, so daß die Bedingungen für die Existenz einer stark eingeschnürten Schleife erfüllt sind. Die experimentell gefundenen Hystereseschleifen von Ferriten mit geringem Kobaltzusatz bestätigen diese Schlußfolgerung [72–75]. Ein weniger ausgeprägter Perminvareffekt wurde aber auch bei anderen Ferriten beobachtet, insbesondere bei Ferriten, die gleichzeitig Fe^{2+} und Kationenleerstellen enthalten [64, 73], und weiter bei solchen Ferriten, bei denen eine induzierte Anisotropie durch Elektronenanordnung bzw. durch Änderung der Elektronenkonfiguration der Kationen erzeugt werden kann [76–78].[37]) Bei der Stabilisierung durch Elektronenprozesse ist der Perminvareffekt nur bei tieferen Temperaturen wahrnehmbar und zeigt meist eine zeitliche Instabilität, die dadurch verursacht wird, daß kein völliges „Einfrieren" der induzierten Anisotropie erreicht werden konnte. In den anderen Fällen, in denen die Stabilisierung durch Diffusion von Ionen bzw. Leerstellen entsteht, erzielt man sehr häufig auch bei Zimmertemperatur einen stabilen Perminvareffekt. Bei den erwähnten Ferriten mit geringem Kobaltzusatz z. B. ist die Einschnürung praktisch fast bis +100 °C stabil; sie wird bei langsamen Abkühlungen der Probe von höheren Temperaturen ohne besonders lange Erwärmung erreicht. Das Verschwinden der Perminvarschleife bei diesen und einigen anderen Perminvarferriten nach Abkühlung unter eine bestimmte kritische Temperatur wird in der Regel durch die Vorzeichenänderung der Anisotropiekonstante und die dadurch hervorgerufene Änderung der Domänenstruktur verursacht. Eine ähnliche Wirkung kann auch eine starke Änderung der Größe der Anisotropie haben, die die Verteilung der magnetischen Momente in der Wand beeinflußt, so daß ihre Dicke verändert und damit auch ihre Stabilisierung zerstört wird [79].

Die Einschnürung der Hystereseschleife und die Unabhängigkeit der Permeabilität vom Magnetisierungsfeld sind Eigenschaften, die vorteilhaft in der Praxis angewendet werden können. Durch die Einschnürung der Schleife werden die Energieverluste bei der Wechselstrommagnetisierung in schwachen Feldern wesentlich herabgesetzt, da die Hystereseverluste praktisch verschwinden. Von diesem Standpunkt aus wird es vorteilhaft sein, wenn die Einschnürung der Schleife möglichst vollständig und das Öffnungsfeld möglichst groß ist (hysteresefreie Schleifen in schwachen Feldern). Gleichzeitig möchte man meist einen möglichst hohen Wert der Permeabilität erreichen, obwohl diese bei den Perminvarmaterialien im ganzen niedriger als bei Materialien mit nichtstabilisiertem Zustand ist. In Verbindung mit der Forderung nach einem starken Öffnungsfeld kann man so einen relativ hohen Wert der „Öffnungsintensität der Magnetisierung" M_p gewährleisten, d. i. der Magnetisierung bei der Feldstärke, die gleich dem Öffnungsfeld ist. Da M_p dem ummagnetisierten Volumen proportional ist, wird es einerseits dem Produkt aus Gesamtfläche der Wände im Einheitsvolumen und Sättigungsmagnetisierung M_s, andererseits dem kritischen Wert der Verschiebung u_k proportional sein, den wir wegen der Abhängigkeit von P_s von u als proportional zur Wanddicke δ_w annehmen können. Von diesem Gesichtspunkt aus wird es daher vorteilhaft sein, eine Domänenstruktur mit möglichst geringen Domänenabmes-

[37]) Vgl. was über die induzierte Anisotropie verschiedener Ferrite im Abschn. 4.4 gesagt wurde.

sungen und daher möglichst großer Gesamtfläche der Wände zu erzeugen. Einen Vergleich einiger Ferrite nach diesen Kriterien finden wir z. B. in der Arbeit von Kornetzki [80].

Halten wir ein polykristallines Material mit Perminvareigenschaften in einem magnetischen Feld, das für die technische Sättigung ausreichend ist, genügend lange bei einer Temperatur, bei der die zur Bildung einer induzierten Anisotropie führenden Vorgänge ablaufen können, so wird der Sättigungszustand stabilisiert, und die Probe wird nach dem Abkühlen in vieler Hinsicht Eigenschaften aufweisen, die denen eines Einkristalls ähneln. Sie wird magnetisch anisotrop sein und wird bei Magnetisierung in der stabilisierten Richtung, die die Rolle der „leichten" Magnetisierungsrichtung übernimmt, unter günstigen Umständen eine rechteckige Hystereseschleife besitzen. Unter günstigen Umständen verstehen wir hier die Erfüllung der Forderung nach einer genügend starken induzierten Anisotropie, die mit der eigentlichen Kristallanisotropie konkurrieren kann. Die Bedeutung dieser Bedingung ist aus Abb. 6.41 ersichtlich. Ohne Stabilisierung würde der Magnetisierungsvektor beim Übergang von der Sättigung zum remanenten Zustand in jedem Korn die nächste leichte Richtung einnehmen. Die Inhomogenität der Magnetisierung, die dadurch entsteht, erleichtert die Bildung von Ummagnetisierungskeimen, und die Hystereseschleife wird dann ihre normale Gestalt besitzen. Bei Vorliegen einer Stabilisierung wirkt jedoch auf die Magnetisierung in den einzelnen Kristalliten das Moment der induzierten Anisotropie gegen das Drehmoment der Kristallanisotropie, so daß die Streuung der Magnetisierungsrichtungen im remanenten Zustand geringer ist als im nicht stabilisierten Zustand. Ist die induzierte Anisotropie stärker als die magnetokristalline, so wird sich der remanente Zustand nur wenig vom Sättigungszustand unterscheiden, die Bildung von Ummagnetisierungskeimen wird wesentlich eingeschränkt sein, und die

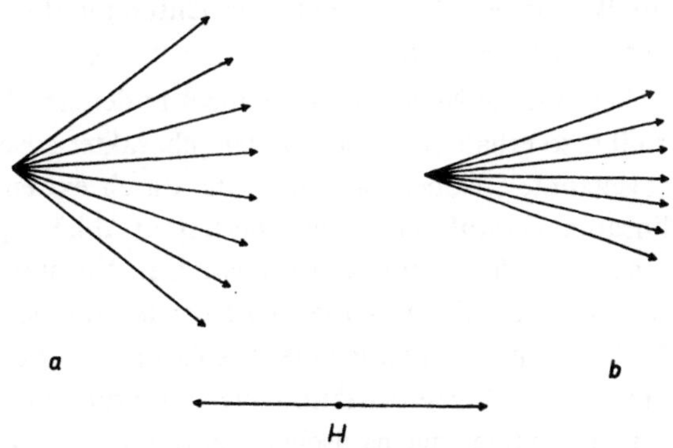

Abb. 6.41 Verteilung der Magnetisierungsrichtungen eines polykristallinen Ferromagnetikums im Remanenzzustand: (a) ohne induzierte Anisotropie, (b) nach Ausbildung induzierter Anisotropie durch Magnetfeldtemperung.

Hystereseschleife nimmt eine rechteckige Form an. Die Ummagnetisierung geschieht dann in der Regel auf einmal durch einen einzigen Barkhausensprung, da der Sättigungszustand eigentlich der einzige stabile Zustand der Probe während des ganzen Magnetisierungszyklus ist.

Solche fast vollkommenen Rechteckschleifen wurden bei einigen Ferriten mit geringem Kobaltgehalt (z. B. bei durch Kobalt substituiertem Magnetit) nach Glühen in einem magnetischen Feld bei Temperaturen oberhalb 150 °C erzielt. Die Rechteckschleife ist dabei in der Umgebung der Zimmertemperatur stabil. Bei niedrigen Temperaturen wurden Rechteckschleifen bei einigen kupferhaltigen Ferritsystemen (Mn–Cu, Mg–Cu u.a.) [81–86] und bei teilweise reduzierten und daher Fe^{2+}-Ionen enthaltenden Yttrium-Eisen-Granaten gefunden [87] (vgl. Abb. 6.53).

Zur Illustration sind in Abb. 6.42 Hystereseschleifen eines MnFe-Ferrits der Zusammensetzung $Mn_{0,75}Fe_{2,25}O_{4+\gamma}$ wiedergegeben, die nach vorhergehender Wärmebehandlung bei Zimmertemperatur bei verschiedenen Aussteuerungen gemessen wurden.

a) Perminvarzustand: Probe bei 262 °C entmagnetisiert, 1 Stunde auf dieser Temperatur gehalten und dann langsam auf 20 °C abgekühlt.

b) Rechteckschleife: im Magnetfeld von 2,6 Oe bei 262 °C 1 Stunde lang geglüht und dann langsam im gleichen Feld auf 20 °C abgekühlt.

Es sei bemerkt, daß zur Schaffung eines stabilisierten Magnetisierungszustandes anstatt eines Gleichstromfeldes eben so gut ein Wechselfeld angewendet werden kann. Sogar in dem Temperaturbereich, in dem die mittlere Zeitkonstante des Stabilisierungsvorgangs etwas kleiner als die Periode des Magnetisierungsfeldes ist, tritt eine rechteckige Hystereseschleife ohne vorhergehende Magnetfeldbehandlung auf [88].[38]) Auf eine andere Möglichkeit der Entstehung einer rechteckigen Hystereseschleife im Wechselstromfeld machen Knowles und Broese Van Groenou aufmerksam [89] (Siehe S. 652 f.). Ist die Amplitude des magnetisierenden Feldes nur so groß, daß die Wände zwar bis zur Korngrenze verschoben werden, aber nicht vollständig verschwinden, so werden sie in dieser Verschiebungslage stabilisiert. Diese Stabilisierung bindet die Wände bei Umkehr der Feldrichtung und ist Ursache für die rechteckige Gestalt der Hystereseschleife.

Verläuft die Magnetisierung nicht in der stabilisierten Richtung, sondern senkrecht zu ihr, so erhalten wir eine andere charakteristische Gestalt der Hystereseschleife, die sogenannte „Isopermschleife", die durch extrem niedrige Remanenz und praktisch linearen Verlauf der Magnetisierung in Abhängigkeit von der Größe des magnetisierenden Feldes charakterisiert ist. Der Vollständigkeit halber wollen wir noch erwähnen, daß die Stabilisierung einer bestimmten Richtung in einem polykristallinen Material und damit auch die Ausbildung einer effektiven Anisotropie bei Materialien mit starker Magnetostriktion auch dadurch erreicht werden kann, daß wir die Probe einer einseitigen mechanischen Spannung aussetzen (vgl. Abschn. 6.4, Seite 685). Diese Anisotropie ist allerdings nur vorhanden, solange die mechanische Spannung ein-

[38]) Im Abschn. 6.4 werden wir noch über eine andere Art von Ferritwerkstoffen mit rechteckiger Hystereseschleife sprechen, die spontan ohne besonderen Stabilisierungsprozeß entsteht; der Ursprung dieser Rechteckigkeit scheint aber nicht in direktem Zusammenhang mit dem beschriebenen Stabilisierungsmechanismus zu stehen.

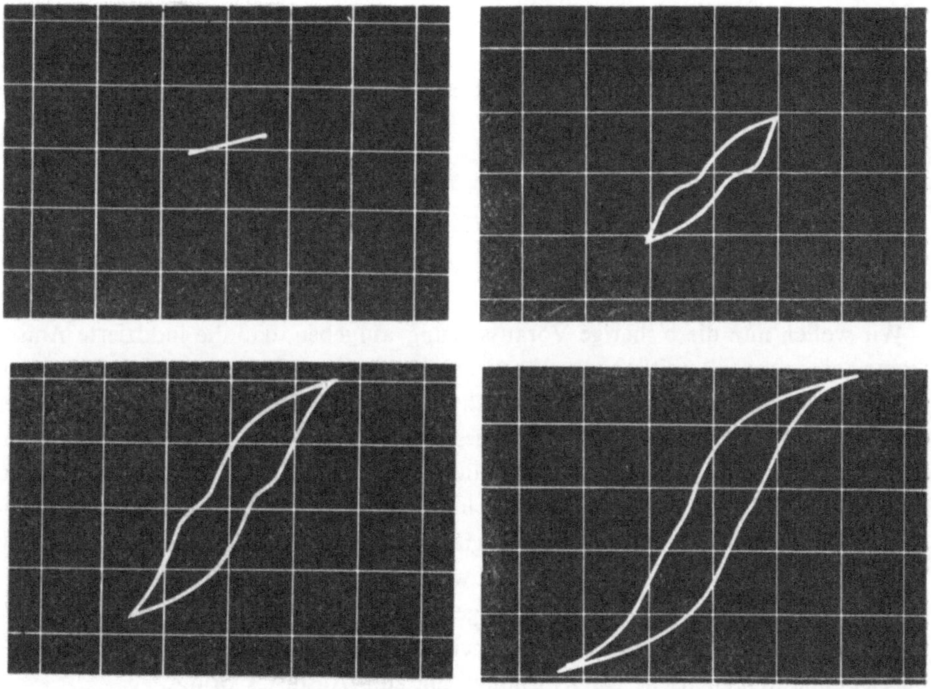

Abb. 6.42a

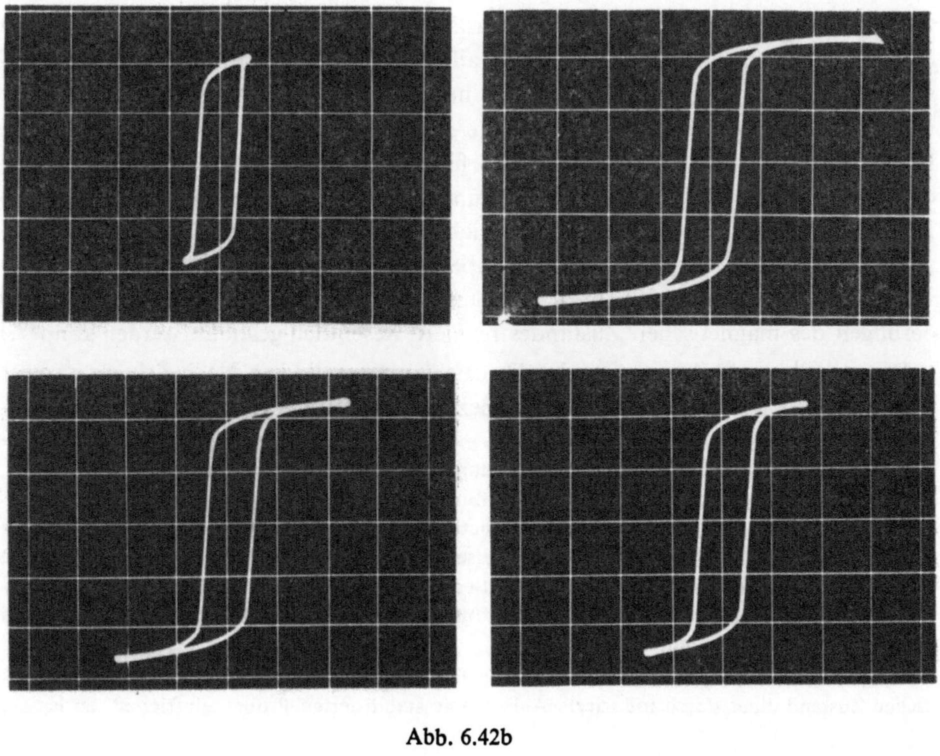

Abb. 6.42b

wirkt, wenn nicht gleichzeitig die oben beschriebene Stabilisierung durch induzierte Anisotropie eintritt.

Die magnetische Nachwirkung

Wir wollen nun die bisherige Voraussetzung aufgeben, daß die induzierte Anisotropie „eingefroren", zeitlich unveränderlich ist, um ihre Wirkung auf die Magnetisierungsvorgänge für den Fall zu untersuchen, daß die Versuchsdauer bzw. die Dauer des eigentlichen Magnetisierungsvorganges mit der zur Bildung der induzierten Anisotropie notwendigen Zeit vergleichbar oder länger ist. Wie in Abschn. 4.4 ausgeführt, erfordert die Bildung oder Änderung der induzierten Anisotropie eine bestimmte Anordnung bzw. Umordnung des Kristallgitters. Die diese Änderungen bewirkenden Vorgänge verlaufen mit endlicher Geschwindigkeit und besitzen in der Regel Diffusionscharakter. Dadurch entsteht eine gewisse Verzögerung bei der Anpassung der Probe an die Änderungen des magnetischen Zustandes, wie die allgemein gebrauchte Bezeichnung „magnetische Nachwirkung" gut zum Ausdruck bringt.[39])

Die Zeitkonstanten, die die Geschwindigkeit der für magnetische Nachwirkung verantwortlichen Diffusionsvorgänge bestimmen, hängen unmittelbar mit den Wahrscheinlichkeitswerten der Übergänge von Ionen, Elektronen u. ä. an andere Gitterstellen zusammen und können unter Umständen ein diskretes oder kontinuierliches Spektrum bilden. Am einfachsten wäre allerdings der Fall einer einzigen Zeitkonstante, der in Wirklichkeit aber selten ist und eher als eine gewisse Idealisierung der wahren Verhältnisse betrachtet wird, die eine Vereinfachung der Erwägungen und Berechnungen ermöglicht. Viel häufiger finden wir kontinuierliche Spektren, die durch eine bestimmte statistische Verteilung der Zeitkonstanten um einen gewissen Mittelwert charakterisiert sind. Da es sich um wärmeaktivierte Prozesse handelt, werden diese Zeitkonstanten stark temperaturabhängig sein, so daß durch Erwärmen oder Abkühlen der Probe die Geschwindigkeit, mit der die Probe auf Änderungen des magnetischen Zustandes reagiert, wesentlich geändert werden kann[40].)

Die grundlegende Konzeption der Theorie der magnetischen Nachwirkung stammt von Néel [68]. Seine Theorie war zwar speziell für die durch Diffusion von Zwischen-

[39]) Manchmal wird die genauere Bezeichnung „magnetische Diffusionsnachwirkung" benützt, um diese Erscheinung von den mit der Wärmefluktuation der Magnetisierung zusammenhängenden Effekten zu unterscheiden [90]. Die magnetische Diffusionsnachwirkung wurde zuerst von Richter an mit Kohlenstoff verunreinigtem α-Eisen beobachtet [91, 92]; in diesem Falle handelte es sich um die Diffusion von auf Zwischengitterplätzen im Kristallgitter anwesenden Kohlenstoffatomen. Die magnetische Nachwirkung durch Diffusion wird daher manchmal auch als Nachwirkung vom „Richter-Typ" bezeichnet.

[40]) Die Temperaturabhängigkeit der Zeitkonstanten verwenden wir z. B. dazu, um den magnetischen Zustand einer durch induzierte Anisotropie stabilisierten Probe „einfrieren" zu lassen.

gitteratomen des Kohlenstoffs im α-Eisen verursachte Nachwirkung gedacht, die schon lange vorher eingehend von Richter [91, 92], Snoek [93] und anderen studiert worden war, besitzt aber allgemeinen Charakter. Spezifisch in Néels Theorie sind nur die Wahl der Konstanten $F \neq 0$, $G = 0$ im allgemeinen Ausdruck (4.63) für die induzierte Anisotropie und die Wahl der Anisotropiekonstante $K_1 > 0$, wie es dem betrachteten Fall von Eisen mit einer geringen Konzentration von Kohlenstoffatomen auf Zwischengitterplätzen entspricht. Néels Darstellung kann leicht so verallgemeinert werden, daß sie auch die übrigen Möglichkeiten einer Wahl der Konstanten F, G und K_1 einschließt. Hingegen sind die mikroskopischen Mechanismen, die sowohl für die Entstehung der induzierten Anisotropie als auch für verschiedene Erscheinungen der magnetischen Nachwirkung verantwortlich sind, in starkem Maße spezifisch für eine gegebene Materialklasse, also z. B. auch für die magnetischen Oxide vom Typ der Ferrite.

Tabelle VI-3

Die wichtigsten Nachwirkungserscheinungen

Effekt	Charakteristische physikalische Erscheinungen
Relaxation der induzierten Anisotropie	Durch Veränderung der Gleichfeldorientierung verursachte zeitliche Änderungen der induzierten Anisotropie in magnetisch gesättigten Proben
Rotationshysterese und Rotationshystereseverluste	Dämpfung der gleichmäßigen Drehung der Probe durch das Drehmoment der induzierten Anisotropie
Vergrößerung der FMR-Linienbreite	Dämpfung der homogenen Präzession; frequenzabhängige Maxima in den $\Delta H - T$-Kurven
Desakkommodation	Durch Wandstabilisierung verursachte Permeabilitätabnahme mit der Zeit
Magnetisierungsviskosität	Durch eine allmähliche Destabilisierung der Wände verursachte Magnetisierungszunahme mit der Zeit nach dem Anlegen eines Feldes
Zeitliche Veränderungen der Form der Hystereseschleife, ihre Einschnürung und Rechteckigkeit	Stabilisierung und Destabilisierung der Magnetisierungsrichtung in Wänden und Domänen; dynamische Rechteckigkeit
Magnetische Verluste in Wechselfeldern	Dämpfung der Wandbewegung; Maxima in den $\operatorname{tg}\delta - T$- und $\operatorname{tg}\delta - \omega$-Kurven

Die wichtigsten, mit der magnetischen Nachwirkung verbundenen Effekte sind in Tab. VI-3 aufgeführt und kurz charakterisiert. Die Informationen, die wir durch ihre Untersuchung gewinnen können, beziehen sich auf (1) die lokale Ordnung, den Ursprung und die Größe der elementaren anisotropen Wechselwirkungen, (2) die Kinetik und den Mechanismus der Vorgänge, durch die die notwendige lokale Umgruppierung im Gitter (Diffusion) verwirklicht werden, einschließlich der Relaxationszeiten, (3) den Einfluß der magnetischen Nachwirkung auf die Magnetisierungsvorgänge (Bewegungen der Blochwände) bzw. die Magnetisierungsvorgänge selbst. In Übereinstimmung mit der Zielsetzung des ganzen Abschnittes werden wir uns insbesondere den in (3) enthaltenen Fragen widmen; ihre Erläuterung gibt uns gleichzeitig Gelegenheit, die Ergebnisse des Studiums der magnetischen Nachwirkung zur Lösung der unter (1) und (2) angeführten Probleme zu benutzen, die eingehend im Abschn. 4.4 behandelt werden. Obwohl es für diesen Zweck zweifellos am einfachsten ist, die direkten Untersuchungen der induzierten Anisotropie und ihrer Relaxation bzw. der mit ihr verbundenen Rotationshysterese [94, 95] auszunutzen, können in diesem Fall auch die übrigen Nachwirkungserscheinungen, einschließlich jener, die mit Relaxation der Blochwände verbunden sind, eine wichtige Informationsquelle bilden. Das gilt vor allem in den Fällen, in denen die Relaxationszeiten zu kurz sind, so daß eine direkte Beobachtung der zeitlichen Torsionsänderungen nicht möglich ist. Die Vorgänge, durch die die induzierte Anisotropie und ihre Relaxation bewirkt werden, sind pauschal durch ein bestimmtes Spektrum von Zeitkonstanten charakterisiert. Dieses Spektrum kann, wie erwähnt, aus einem oder mehreren diskreten Werten bestehen oder kontinuierlich sein. Für die weitere, im wesentlichen phänomenologische, von der induzierten Anisotropie der Form (4.63) und ihrer Relaxation ausgehende Behandlung, ist es vorteilhaft, auch den adäquaten phänomenologischen Ausdruck für das Spektrum der Zeitkonstanten zu finden. Es sind damit kontinuierliche Spektren gemeint, deren Existenz bei der Erklärung der meisten Versuche vorausgesetzt werden muß.

Setzen wir voraus, daß das Spektrum durch die Verteilungsfunktion $p(\tau)$ gegeben ist, so daß $p(\tau)\,\mathrm{d}\tau$ die Wahrscheinlichkeit dafür angibt, daß die Zeitkonstante im Intervall $(\tau, \tau + \mathrm{d}\tau)$ liegen wird, und daß daher

$$\int_0^\infty p(\tau)\,\mathrm{d}\tau = 1 \tag{6.57}$$

gilt. Im Abschn. 4.4 Gleichung (4.78) leiteten wir für die Relaxation der induzierten Anisotropie den Ausdruck ab

$$f_{K_i}(t) = f_{K_i}(0)\,\mathrm{e}^{-t/\tau} + \int_0^t f_{K_i\infty}(\Theta)\,\mathrm{e}^{-(t-\Theta)/\tau}\,\frac{\mathrm{d}\Theta}{\tau}\,, \tag{6.58}$$

in dem $f_{K_i}(0)$ der Anfangswert der induzierten Anisotropie zur Zeit $t = 0$ ist, der unter der Voraussetzung Null gesetzt werden kann, daß wir vom vollständig entmagnetisierten Zustand ausgehen. Wir wollen diese Beziehung, die Grundlage unserer weiteren Überlegungen bildet, für den Fall umschreiben, daß statt einer einzigen Zeitkonstanten τ ein kontinuierliches Spektrum $p(\tau)$ vorliegt. Wir ersetzen den Ausdruck $\tau^{-1} \exp\{-(t - \Theta)/\tau\}$ im Integrand auf der rechten Seite durch die Funktion $g(t - \Theta)$, die durch die Beziehung

$$g(t - \Theta) = \int_0^\infty p(\tau)\, e^{-(t-\Theta)/\tau} \frac{d\tau}{\tau} \tag{6.59}$$

definiert ist. Weiter definieren wir die Relaxationsfunktion

$$\mathscr{G}(t) = \int_0^t g(t - \Theta)\, d\Theta\,, \tag{6.60}$$

die offensichtlich eine monotone Funktion von t ist, wobei $\mathscr{G}(0) = 0$ und $\mathscr{G}(t) \to 1$ für $t \to \infty$.

Im Falle einer einzigen Zeitkonstante τ wird

$$\mathscr{G}(t) = 1 - e^{-t/\tau}\,. \tag{6.61}$$

Die Bedeutung der Funktion $\mathscr{G}(t)$ ist aus Gleichung (6.60) ersichtlich. Bleibt der Magnetisierungsvektor nach anfänglicher Entmagnetisierung in der Zeit $\Theta = 0$, die uns garantieren soll, daß $f_{K_t}(0) = 0$ ist, am betrachteten Ort des Kristalls während der ganzen Zeit $0 < \Theta < t$ ohne Änderung in der Lage $\boldsymbol{\beta}$, um dann im Zeitpunkt t plötzlich seine Richtung nach $\boldsymbol{\alpha}$ zu ändern, so wird nach (6.60)

$$f_{K_t}(t) = f_{K_t\infty}(\boldsymbol{\alpha}, \boldsymbol{\beta})\, \mathscr{G}(t)\,. \tag{6.62}$$

$\mathscr{G}(t)$ beschreibt also die relative Zunahme der Stabilisierungsenergie bzw. der induzierten Anisotropie mit der Zeit.

Die Entstehung eines kontinuierlichen Spektrums von Zeitkonstanten können wir z. B. als Folge der durch verschiedene Inhomogenitäten des Materials verursachten Streuung der Aktivierungsenergie ansehen. Wir können uns leicht überzeugen, daß ein verhältnismäßig kleiner Unterschied der Aktivierungsenergien zu größenordnungsmäßigen Änderungen der Zeitkonstanten führen kann; das folgt aus der exponentiellen Abhängigkeit zwischen beiden Größen. Infolge dieser exponentiellen Abhängigkeit erhalten wir auch bei einer symmetrischen Verteilung der Aktivierungsenergie um einen bestimmten Mittelwert $\mathscr{E}_0$ eine Verteilung der Zeitkonstanten, die symmetrisch um einen Mittelwert in der $\ln\tau$-Skala sein wird. Im einfachsten Fall, wenn wir voraussetzen, daß die Aktivierungsenergien gleichmäßig im Intervall $(\mathscr{E}_1, \mathscr{E}_2)$ verteilt sind – Abb. 6.43, erhalten wir eine gleichmäßige Verteilung von $\ln \tau$ im Intervall $(\ln \tau_1, \ln \tau_2)$. Diese Verteilung, die häufig erfolgreich als Näherung der wirklichen Verteilung angewendet werden kann, nennen wir logarithmische Verteilung; sie wurde zuerst von Richter [91] und Becker [96] benutzt. Für die Verteilungsfunktion $p(\tau)$ erhalten wir dann

$$p(\tau) = kT/\tau(\mathscr{E}_2 - \mathscr{E}_1) = [\tau(\ln \tau_2 - \ln \tau_1)]^{-1},$$

so daß

$$g(t - \Theta) = \int_{\tau_1}^{\tau_2} \frac{e^{(\Theta - t)/\tau}}{\ln(\tau_2/\tau_1)} \frac{d\tau}{\tau^2} \tag{6.63}$$

und

$$\mathscr{G}(t) = 1 + \frac{1}{\ln(\tau_2/\tau_1)} [\mathrm{Ei}(-t/\tau_2) - \mathrm{Ei}(-t/\tau_1)]. \tag{6.64}$$

Die Funktion $\mathrm{Ei}(-x)$ bedeutet hier ein Exponetialintegral; der Leser findet es z. B. in [97] tabelliert. Der Ausdruck (6.64) kann vereinfacht werden, wenn $\tau_1 \ll t \ll \tau_2$; wir erhalten dann eine gewöhnliche logarithmische Abhängigkeit

$$\mathscr{G}(t) \cong 1 + \frac{C + \ln(t/\tau_2)}{\ln(\tau_2/\tau_1)}. \tag{6.65}$$

Bei Ferriten kann diese Beziehung wegen der großen Streuung der Zeitkonstanten (oft 10^8 und größer [98, 99]) im Falle einer durch Elektronendiffusion hervorgeru-

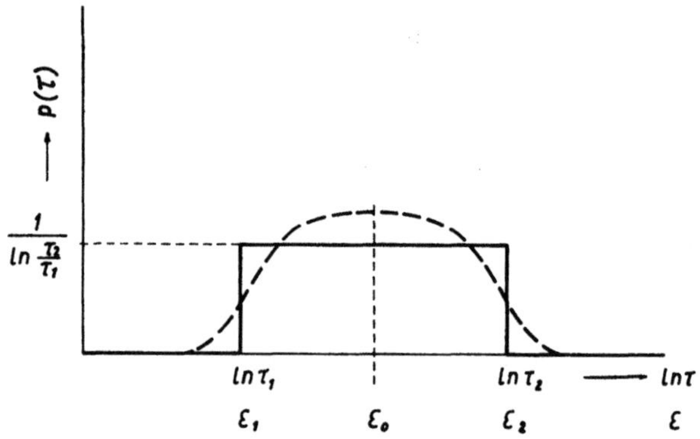

Abb. 6.43 Logarithmische Verteilung der Zeitkonstanten. Gestrichelt ist die wirkliche Verteilung der Zeitkonstanten gekennzeichnet, welche durch die logarithmische Verteilung approximiert wird.

fenen magnetischen Nachwirkung meist erfolgreich angewendet werden. Es sei bemerkt, daß zur Streuung der Zeitkonstanten allerdings neben der Streuung der Aktivierungsenergie auch die Kompliziertheit des Diffusionsmechanismus selbst beitragen kann, der nicht nur aus einfachen Sprüngen zwischen benachbarten Lagen, sondern auch aus mehrfachen Sprüngen bestehen kann.

Die Relaxation der Stabilisierungsenergie der Blochwand

Wie wir bereits erwähnten, äußern sich die Stabilisierungswirkungen der induzierten Anisotropie am stärksten bei Vorgängen, die mit den Verschiebungen der Blochwände zusammenhängen, und daher wollen wir uns auch jetzt im Zusammenhang mit der magnetischen Nachwirkung auf diese Art Magnetisierungsvorgänge konzentrieren. Zuerst leiten wir den allgemeinen Ausdruck für die Zeitabhängigkeit der Stabilisierungsenergie der Wand ab, der der Beziehung (6.58) analog sein wird, und dann wollen wir dieses grundlegende Ergebnis auf drei typische Situationen anwenden, denen wir am häufigsten bei der magnetischen Nachwirkung begegnen: (a) Desakkomodation, (b) Zunahme der Magnetisierung mit der Zeit (magnetische Nachwirkung im engeren Sinn), (c) Entstehung von Relaxationsverlusten bei der Magnetisierung in Wechselfeldern.

Kehren wir für einen Augenblick zu der Beziehung (6.48) zurück; aus ihr folgt, daß die Energiedichte der induzierten Anisotropie f_{K_i} in einem gegebenen Punkt z bei Anwesenheit einer Blochwand als Funktion der Abstände dieses Punktes von der Wandmitte in der ursprünglichen (stabilisierten) Lage z_0 sowie in der neuen Lage z_0' ausgedrückt werden kann.[41]) An dieser Tatsache ändert sich nichts, wenn nun z_0 als eine Funktion der Zeit angenommen wird; nur f_{K_i} wird analog zur Gleichung (6.58) von der magnetischen Vorgeschichte abhängig, was in diesem Falle eine Abhängigkeit von den vorhergegangenen, durch die Funktion $z_0 = z_0(\Theta)$ beschriebenen Änderungen der Wandlage bedeutet. Wollen wir den Beitrag $W_s(t)$ der induzierten Anisotropie zur Wandenergie für den Fall berechnen, daß die Wand zur Zeit t die Lage $z_0'(t)$ einnimmt, so können wir von der Beziehung (6.58) ausgehen, in der wir der Einfachheit halber $f_{K_i}(0) = 0$ setzen, sie entsprechend (6.48) transformieren und nach z von $-\infty$ bis $+\infty$ integrieren. Beim Austausch der Reihenfolge der Integration erhalten wir bei einem beliebigen Spektrum der Zeitkonstanten für $W_s(t)$ die Beziehung

$$W_s(t) = \int_0^t W_{s\infty}(u)\, g(t - \Theta)\, \mathrm{d}\Theta\,, \tag{6.66}$$

in der

$$W_{s\infty}(u) = \int_{-\infty}^{\infty} f_{K_i\infty}(z, \Theta)\, \mathrm{d}z \tag{6.67}$$

die Energie bedeutet, die die induzierte Anisotropie zur Wandenergie beitragen würde, wenn völlige Stabilisierung der Wand in der Lage $z_0 = z_0(\Theta)$ und dann ihre sehr schnelle Verschiebung (ohne Änderung der Stabilisierung) in die virtuelle Lage $z_0' = z_0(\Theta) + u \equiv z_0(t)$ eintreten würde. Die Energie $W_s(u)$, für die auch ein ge-

[41]) Der Ausdruck $z - z_0$ bestimmt die Richtung $\boldsymbol{\beta}$, der Ausdruck $z - z_0'$ die Richtung $\boldsymbol{\alpha}$ im allgemeinen Ausdruck für f_{Ki}.

nauerer Ausdruck unter Benutzung von (6.49) und (6.50) angegeben werden kann, ist daher wegen der dynamischen Veränderlichen

$$u = z_0(t) - z_0(\Theta) \tag{6.67a}$$

eine Funktion der Zeit.

Der Einfachheit halber setzen wir voraus, daß die Glieder F und G im Ausdruck (4.63) für die induzierte Anisotropie das gleiche Zeitkonstanten-Spektrum besitzen. Pauschal ist diese Bedingung allerdings nicht erfüllt, und jedes dieser beiden Glieder kann eine andere Verteilungsfunktion $g(t - \Theta)$ haben; in solchen Fällen müßte die rechte Seite von (6.66) analog zu (6.49) durch die Summe

$$F \int_0^t S_{1\infty}(u)\, g_1(t - \Theta)\, \mathrm{d}\Theta + G \int_0^t S_{2\infty}(u)\, g_2(t - \Theta)\, \mathrm{d}\Theta \tag{6.68}$$

ersetzt werden. In der Praxis ist häufig $G \approx 0$, so daß dieses Problem nicht auftritt; es ist aber klar, daß die Berücksichtigung verschiedener Verteilungsfunktionen für die Glieder F und G keine besondere Schwierigkeiten bereiten würde.

Wenn wir den Einfluß der magnetischen Nachwirkung auf die Wand lieber mit Hilfe des effektiven, in der Lage $z_0'(t)$ auf sie einwirkenden Druckes angeben, so erhalten wir analog zu (6.51)

$$P_s(t) = -\frac{\partial W_s(t)}{\partial z_0'} = -\frac{\partial W_s(t)}{\partial u} = -\int_0^t \frac{\partial W_{s\infty}(u)}{\partial u}\, g(t - \Theta)\, \mathrm{d}\Theta \tag{6.69}$$

oder, wenn wir die eventuelle Verschiedenheit der Spektren der Zeitkonstanten der Glieder F und G berücksichtigen wollen,

$$P_s(t) = F \int_0^t \frac{\partial S_1}{\partial u}\, g_1(t - \Theta)\, \mathrm{d}\Theta + G \int_0^t \frac{\partial S_2}{\partial u}\, g_2(t - \Theta)\, \mathrm{d}\Theta\,. \tag{6.69a}$$

Die Funktionen S_1, S_2 bzw. $\partial S_1/\partial u$, $\partial S_2/\partial u$ sind dabei mit den schon früher (Seite 620f., Abb. 6.34) eingeführten Funktionen identisch, und der einzige Unterschied besteht darin, daß die Veränderliche u jetzt nach (6.67a) von der Zeit abhängt. Diese Beziehungen wenden wir weiter zur Erläuterung der grundlegenden, mit Wandverschiebungen verbundenen Erscheinungen der magnetischen Nachwirkung an. Kennen wir nämlich den effektiven Druck P_s auf die Wand in jeder ihrer Lagen und zu einer beliebigen Zeit, können wir die Grundgleichung des Gleichgewichts (6.52) dazu benutzen, die wirkliche Wandlage als Funktion der Zeit zu erhalten. Es ist klar, daß wir dazu gleichzeitig Angaben über die zeitlichen Änderungen der Magnetisierung erhalten, die für uns eine äußere, meist der experimentellen Beobachtung zugängliche Folge der magnetischen Nachwirkung sind.

Desakkommodation. Wir setzen voraus, daß in der Zeit $\Theta = 0$ die Probe entmagnetisiert wurde, so daß $f_{K_i}(0)$ gleich Null gesetzt werden kann.[42]) Während der Zeit $0 < \Theta < t$ lassen wir den entmagnetisierten Zustand stabilisieren und schalten dann in der Zeit $\Theta = t$ ein äußeres Feld H ein und messen – z. B. ballistisch – die Größe der Magnetisierung. Wiederholen wir diesen Versuch für verschiedene Zeiten t, so erhalten wir eine die Änderungen der Magnetisierung (Permeabilität, Suszeptibilität) mit der Schaltzeit t beschreibende Kurve. Solche Kurven sinken monoton ab, und wir sprechen daher von Desakkommodation.

Ursache dieses Absinkens ist die allmähliche Stabilisierung der Wand nach der Entmagnetisierung der Probe. Die Lage kann am besten übersehen werden, wenn wir uns auf den Bereich schwacher Felder beschränken, in dem praktisch alle Wandverschiebungen reversibel verlaufen. Wir setzen außerdem voraus, daß das Verhalten der Gesamtheit der Blochwände durch das Verhalten einer einzigen repräsentativen „durchschnittlichen" Wand beschrieben werden kann, der wir eine der Gesamtfläche der Wände im Einheitsvolumen der Probe gleiche Fläche zuschreiben. Die auf diese Wand bezogene Veränderliche u ist im ganzen Intervall $0 < \Theta < t$ von Θ unabhängig und ist gleich $z_0(t) - z_0(0)$, d. h. sie ist durch die Verschiebung der Wand unmittelbar nach Einschalten des Feldes gegeben. Infolgedessen werden auch die Funktionen S_i und $\partial S_i/\partial u$ nicht von Θ abhängen, so daß wir durch Einsetzen in (6.69a) erhalten

$$P_s(t) = F\,\frac{\partial S_1}{\partial u}\,\mathcal{G}_1(t) + G\,\frac{\partial S_2}{\partial u}\,\mathcal{G}_2(t)\,, \tag{6.70}$$

wo Werte der Funktionen $\partial S_1/\partial u$, $\partial S_2/\partial u$ für $u = z_0(t) - z_0(0)$ angenommen sind und

$$\mathcal{G}_i(t) = \int_0^t g_i(t - \Theta)\,\mathrm{d}\Theta\,, \quad \mathrm{i} = 1, 2$$

gilt. Die Funktionen $\partial S_i/\partial u$ und u besitzen entgegengesetztes Vorzeichen, so daß die $\mathcal{G}_i(t)$ positiv sind und mit der Zeit von Null bis Eins wachsen. Der durch die Gleichung (6.70) bestimmte Druck P_s stellt eine nachträgliche, mit der Zeit zunehmende Bindungskraft der Wand dar. Die zeitliche Zunahme der Wandbindung bedeutet ihre allmähliche Stabilisierung, die von einer Abnahme der Abweichung $u(t)$ und damit auch von einer Abnahme der Magnetisierung der Probe begleitet ist.

[42]) Um tatsächlich $f_{Ki}(0) = 0$ zu erhalten, müßten die Ionen, Leerstellen u. ä., die die Ursache der induzierten Anisotropie sind, völlig isotrop verteilt sein. Das ist in der Regel nicht möglich. Wie Néel [68] zeigte, genügt es aber vollkommen, wenn bei der Entmagnetisierung eine genügend radikale Umgruppierung der Blochwände erfolgt, derart, daß ihre neuen Lagen von den ursprünglichen als völlig unabhängig angesehen werden können. Es genügt meist zu diesem Zweck, die Entmagnetisierung in einem Wechselfeld mit abnehmender Amplitude (z. B. durch Anwendung gedämpfter, durch die Entladung eines Kondensators gewonnener Schwingungen) einigemal nacheinander zu wiederholen (siehe z. B. [76]).

Die Abweichung $u(t)$ wird durch die Gleichung (6.52) bestimmt, die das Gleichgewicht der auf die Wand einwirkenden Kräfte beschreibt. Beschränken wir uns auf schwache Felder und kleine Wandverschiebungen, so können wir diese Gleichung exakt lösen. Dann ist $R(u) \cong -k_w u$, $P_s(u, t) \cong -k_s(t)\, u$, und wir erhalten analog zu (6.55) und (6.56) z. B. für eine 180°-Wand unter der Voraussetzung, daß das Magnetfeld zur Wandebene parallel ist,

$$u(t) = \frac{2M_s H}{k_w + k_s(t)}$$

oder, wenn wir zur Suszeptibilität übergehen,

$$\frac{1}{\chi(t)} = \frac{k_w + k_s(t)}{4M_s^2 S} = \frac{1}{\chi_0} + \frac{1}{\chi_1}\mathcal{G}_1(t) + \frac{1}{\chi_2}\mathcal{G}_2(t)\,. \tag{6.71}$$

Hier bedeutet χ_0 den unrelaxierten Wert der Suszeptibilität, S die effektive Gesamtfläche der Wände im Einheitsvolumen, und χ_1, χ_2 sind durch die Beziehungen

$$\frac{1}{\chi_1} = \frac{F}{4M_s^2 S}\left(\frac{1}{u}\frac{\partial S_1}{\partial u}\right)_{u\to 0}, \quad \frac{1}{\chi_2} = \frac{G}{4M_s^2 S}\left(\frac{1}{u}\frac{\partial S_2}{\partial u}\right)_{u\to 0}$$

definierte Konstanten. Durch Messung der Desakkommodation der Suszeptibilität in schwachen Feldern (Anfangssuszeptibilität) können wir also mit Hilfe der Gleichung (6.71) experimentell den Verlauf der den Beiträgen der Glieder F und G im Ausdruck für die Anisotropie entsprechenden Relaxationsfunktionen $\mathcal{G}_1(t)$, $\mathcal{G}_2(t)$ feststellen, allerdings unter der Voraussetzung, daß es uns gelingt, die beiden Beiträge voneinander zu unterscheiden.

In Wirklichkeit ist eine solche Trennung ohne vorhergehende Informationen über die Konstanten der induzierten Anisotropie bzw. über die betreffenden Spektren der Relaxationszeiten sehr schwierig, wenn nicht unmöglich. Andererseits wird die Analyse der Desakkommodationskurven oft dadurch erleichtert, daß eine der Konstanten der induzierten Anisotropie, meistens G, sehr viel kleiner als die andere ist, so daß sie in erster Näherung vernachlässigt werden kann; die Aufgabe ist dann auf die Analyse *einer* Relaxationsfunktion $\mathcal{G}(t)$ beschränkt. Weitere Informationen, z. B. über den Typ der an der magnetischen Nachwirkung beteiligten Wände und über die Verteilungsstatistik ihrer kritischen Feldstärke, können durch die Untersuchung der Desakkommodation in stärkeren Feldern gewonnen werden [101—103]. Dabei wird der Umstand ausgenutzt, daß die Anzahl der Wände, die durch ein gegebenes Magnetfeld aus den Potentialmulden, in denen sie sich nach der Entmagnetisierung der Probe festgesetzt haben, freigesetzt werden können, mit der Zeit so abnimmt, als ob das angelegte Feld um das mit dem Druck $P_s(t)$ nach der Beziehung (6.53) zusammenhängende effektive Nachwirkungsfeld $H_s(t)$ verringert würde. Die auf diese Weise für einen polykristallinen Manganferrit $Mn_{1,36}Fe_{1,64}O_4$ bei der Temperatur des flüssigen Stickstoffs abgeleitete Verteilung der kritischen Feldstärken der Blochwände ist zusammen mit dem Verlauf der zugehörigen Desakkommodationskurven in Abb. 6.44 wiedergegeben. Es sei bemerkt, daß die Desakkommodation der Anfangspermeabilität auch vorteilhaft kontinuierlich durch Anwendung eines Wechselfeldes gemessen werden kann [104].

Bei den Ferriten wurde die Desakkommodation zuerst von Snoek beobachtet [100], und zwar bei einigen Fe^{2+} enthaltenden MnZn-Ferriten – Abb. 6.45. Die von ihm beschriebene Desakkommodation hing offensichtlich mit den Ordnungsprozessen von Kationen und Leerstellen zusammen, die bei eisenreichen Ferriten auftreten, die in einer leicht oxydierenden Atmosphäre geglüht werden und dadurch etwas Sauerstoff über das stöchiometrische Verhältnis hinaus enthalten (vgl. Abschnitt 4.4, Seite 424 f.). Später wurde dieser Desakkommodationstyp eingehend von weiteren Autoren an verschiedenen Zusammensetzungen studiert [102, 105–112]. Auch die mit den Elektronenprozessen zusammenhängende Desakkommodation wurde untersucht, und zwar hauptsächlich bei Mangan- und Manganmagnesiumferriten [98, 103, 113]. Die Versuche zeigen, daß die Streuung der Zeitkonstanten bei Elektronenvorgängen im Vergleich zu den Ionencharakter besitzenden Diffusionsvorgängen meist sehr viel

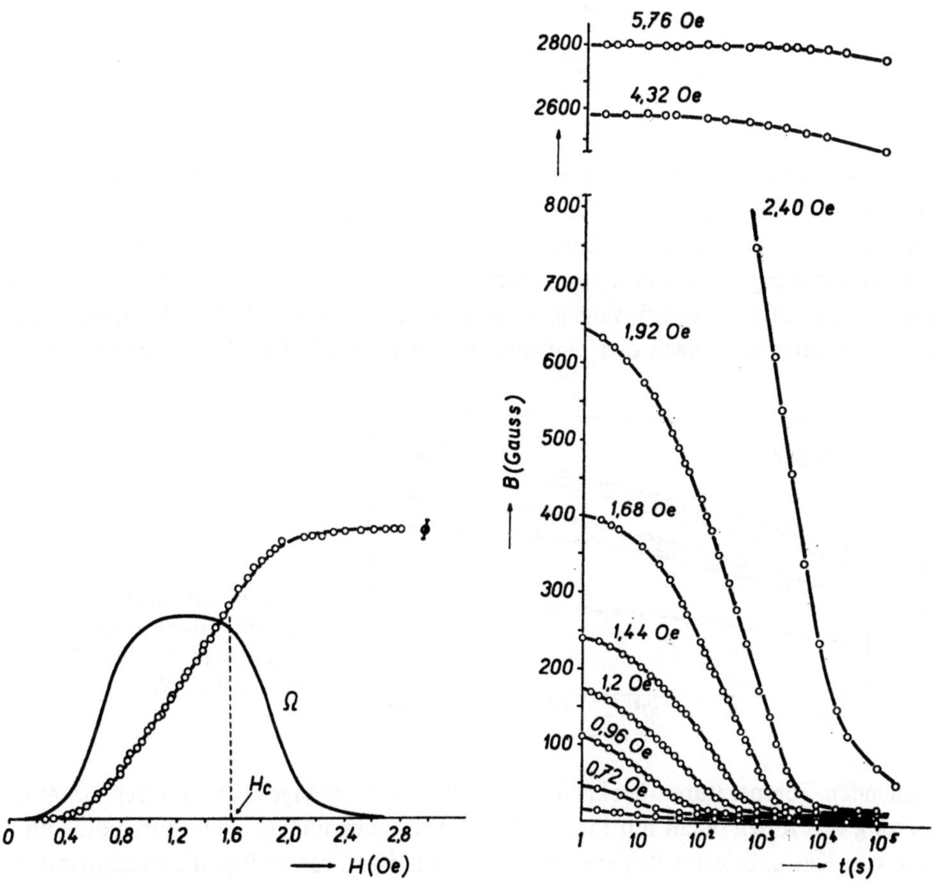

Abb. 6.44 Desakkommodationskurven und die aus ihnen abgeleitete statistische Verteilung kritischer Felder der Blochwände $\Omega = d\Phi/dH$ für den Ferrit $Mn_{1,36}Fe_{1,64}O_4$ bei 77 °K. (Nach Kratochvílová [103].)

größer ist [98, 99]. Infolgedessen kann dann in einem bestimmten Temperaturbereich oft für die Relaxationsfunktion die für $\tau_1 \ll t \ll \tau_2$ gültige logarithmische Näherung (6.65) angewendet werden. Die Desakkommodationskurven (6.71) werden so auf eine lineare Beziehung zwischen $1/\chi(t)$ und $\log t$ reduziert. Beispiele von bei verschiedenen Temperaturen aufgenommenen $1/\chi(t)$-Kurven sind für beide Arten von Vorgängen (Elektronen- und Ionenprozesse) in Abb. 6.46 und 6.47 wiedergegeben.

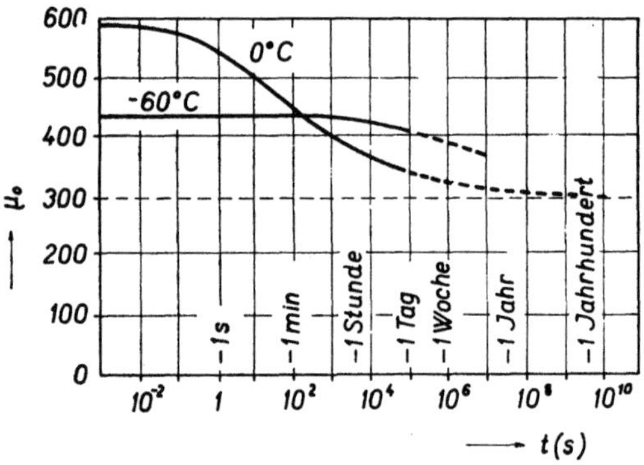

Abb. 6.45 Desakkommodation des MnZn-Ferrits. (Nach Snoek [100].)

Wie bereits oben erwähnt, hängen die Zeitkonstanten der magnetischen Nachwirkung stark von der Temperatur ab. Da das Zeitintervall, in dem wir im Laboratorium die Desakkommodation messen können, notwendigerweise begrenzt ist, müssen wir für die Beobachtung eines bestimmten Vorganges stets eine günstige Temperatur wählen. Die mit den Elektronendiffusionsprozessen zusammenhängende Desakkommodation kann bei tieferen, je nach den Umständen ungefähr bei 100 – 200 °K und tiefer be-

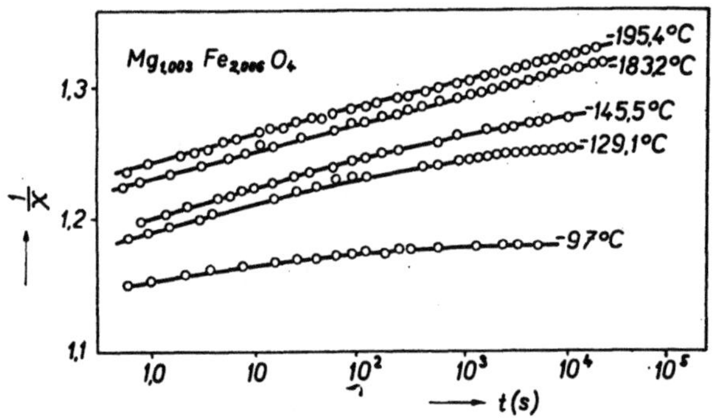

Abb. 6.46 Beispiel von Desakkommodationskurven $(\chi(t))^{-1}$ gegen $\log t$ für den Elektronenprozeß [98].

ginnenden Temperaturen beobachtet werden. Bei Vorgängen, die mit der Umgruppierung von Ionen (nicht nur ihrer Valenzen) zusammenhängen und durch die Diffusion von Kationenleerstellen ermöglicht werden, ist es vernünftig, die Messungen bei Temperaturen oberhalb ungefähr – 50 °C durchzuführen.[43])

[43]) Die obere Grenze ist durch die Curie-Temperatur gegeben.

Die Temperaturabhängigkeit der Zeitkonstanten kann mit Vorteil zur Darstellung ihrer Spektren verwendet werden [106]. Wählen wir zwei von der Beendigung der Entmagnetisierung an gerechnete Zeiten t_1, t_2. In diesen Zeitpunkten messen wir die Suszeptibilität und wiederholen dann die Messung bei verschiedenen Temperaturen.

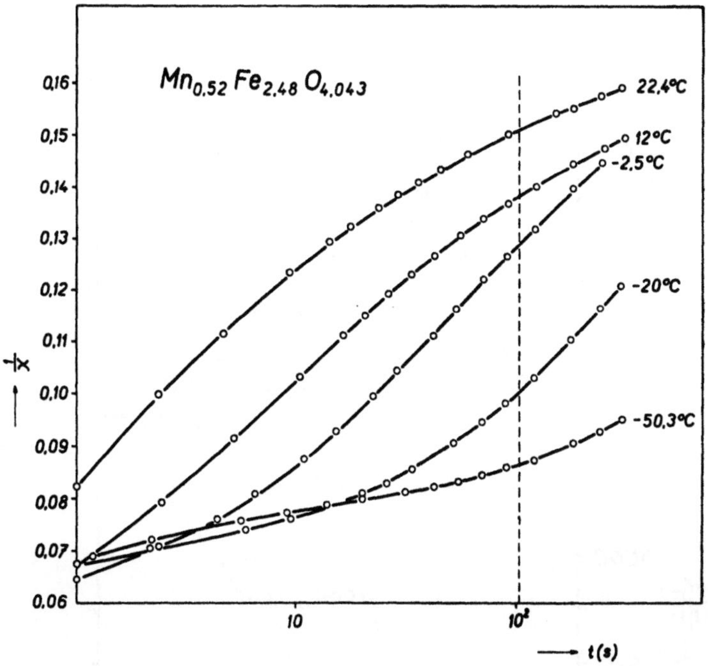

Abb. 6.47 Beispiel von Desakkommodationskurven $(\chi(t))^{-1}$ gegen $\log t$ für den Ionenprozeß [107].

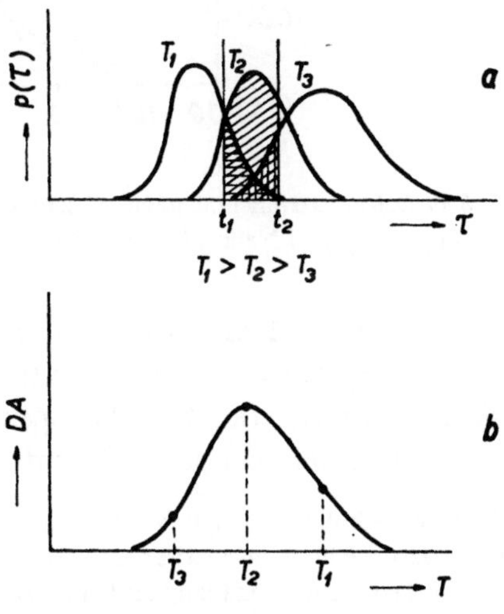

Abb. 6.48 Zur Erörterung des Desakkommodationsspektrums. (a) Statistische Verteilung der Zeitkonstanten $p(\tau)$ bei drei verschiedenen Temperaturen, (b) Darstellung des Übergangs zur Temperaturskala. Die Werte DA entsprechen den schraffierten Flächen unter der betreffenden Kurve $p(\tau)$.

Die relative Änderung des reziproken Wertes der Suszeptibilität $[\chi^{-1}(t_2) - \chi^{-1}(t_1)]/\chi^{-1}(t_1)$, die wir der Kürze halber mit dem Symbol *DA* (Desakkommodation) bezeichnen, können wir als Maß für die Größe der Desakkommodation im untersuchten Zeitintervall ansehen; sie charakterisiert ungefähr die Häufigkeit der zur Desakkommodation beitragenden Elementarvorgänge, deren Zeitkonstanten im Inter-

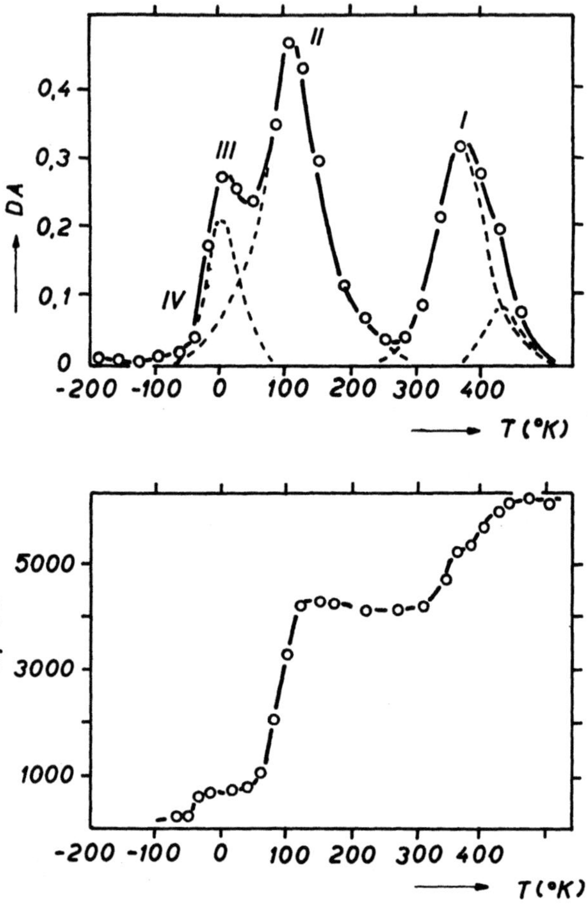

Abb. 6.49 *DA*-Spektrum und nach Abschrecken gemessene induzierte Anisotropie des Spinells $Mn_{0,2}Fe_{2,80}O_{4,014}$. Nach Marais u. Merceron [114].

vall (t_1, t_2) liegen. Tragen wir die Temperaturabhängigkeit von *DA* auf, so erhalten wir eine Kurve, wie aus Abb. 6.48 ersichtlich ist, die als ungefähres, in die Temperaturskala transformiertes Bild des Spektrums der Zeitkonstanten aufgefaßt werden kann.[44]) Die Kurve *DA* gegen *T* wird manchmal *Desakkommodationsspektrum* ge-

[44]) Etwas Ähnliches finden wir auch bei der Untersuchung der durch die magnetische Nachwirkung verursachten magnetischen Verluste; statt der Frequenzabhängigkeit untersucht man häufig die Temperaturabhängigkeit bei konstanter Frequenz (vgl. Seite 657).

nannt; sie enthält meist ein oder mehrere charakteristische Maxima, die den Temperaturen ensprechen, bei denen die Häufigkeit der Elementarvorgänge mit den in das Intervall (t_1, t_2) fallenden Zeitkostanten am größten ist. Durch Wahl der Länge des untersuchten Intervalls können wir die Unterscheidbarkeit der einzelnen Maxima des Spektrums beeinflussen.

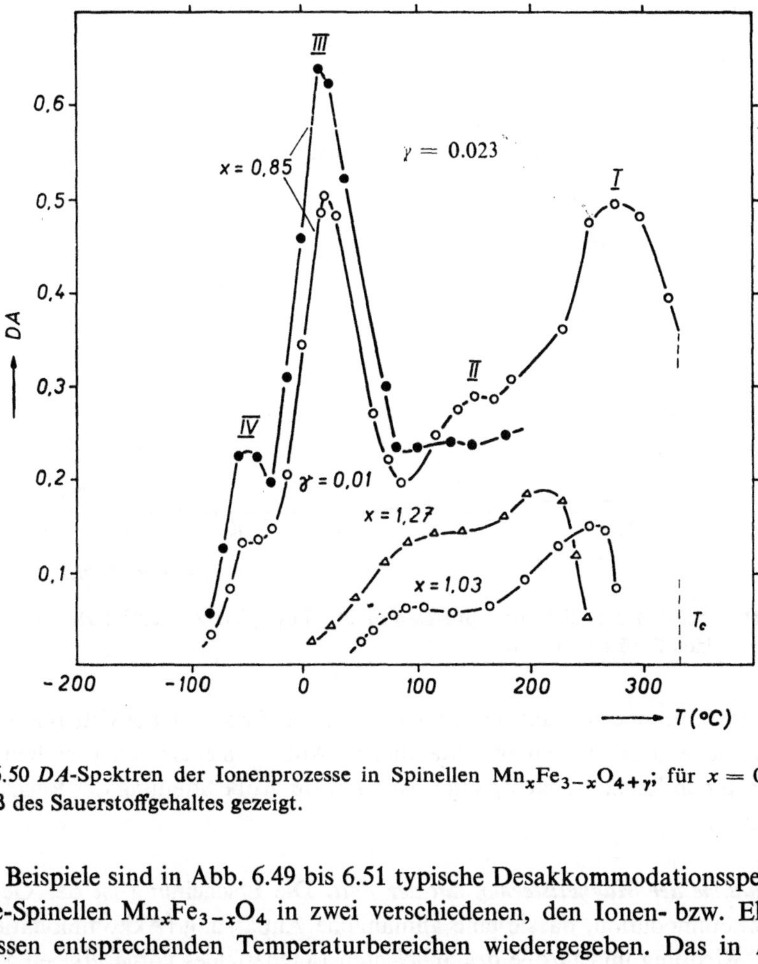

Abb. 6.50 *DA*-Spektren der Ionenprozesse in Spinellen $Mn_xFe_{3-x}O_{4+\gamma}$; für $x = 0{,}85$ ist der Einfluß des Sauerstoffgehaltes gezeigt.

Als Beispiele sind in Abb. 6.49 bis 6.51 typische Desakkommodationsspektren von MnFe-Spinellen $Mn_xFe_{3-x}O_4$ in zwei verschiedenen, den Ionen- bzw. Elektronenprozessen entsprechenden Temperaturbereichen wiedergegeben. Das in Abb. 6.49 dargestellte *DA*-Spektrum $(x = 0{,}2)$ ist auch für die meisten anderen eisenreichen Ferrite (NiFe, MgFe usw.) charakteristisch; es demonstriert in überzeugender Weise den Zusammenhang mit der induzierten Anisotropie. Man kann deutlich drei Hauptmaxima I–III bei den Temperaturen 380 °C, 100 °C und 0 °C feststellen sowie die Andeutung eines weiteren Vorganges bei −50 °C, der nur bei MnFe-Ferriten vorkommt. Mit zunehmender Leerstellenkonzentration $c_\square$ werden die Maxima I und II in der Regel ohne wesentliche Veränderung ihrer Größe zu niedrigen Temperaturen verschoben; die Lage des Maximums III hingegen hängt praktisch nicht von $c_\square$ ab, seine Größe ist aber $c_{\square}$ ungefähr direkt proportional (vgl. Abb. 6.50). Für Spektren der Mn-reichen Zusammensetzungen ($x > 1$) ist die Abwesenheit der Maxima III und IV charakteristisch (Abb. 6.50). Diese und weitere in den Arbeiten [109, 102, 115] enthaltenen Feststellungen stimmen mit der Erklärung des Ursprungs der induzierten Anisotropie und ihrer Relaxation in diesen Spinellen überein.[45]) In den zu den Elektronenprozessen gehörenden Tieftemperatur-*DA*-Spektren (Abb. 6.51) beobachtet

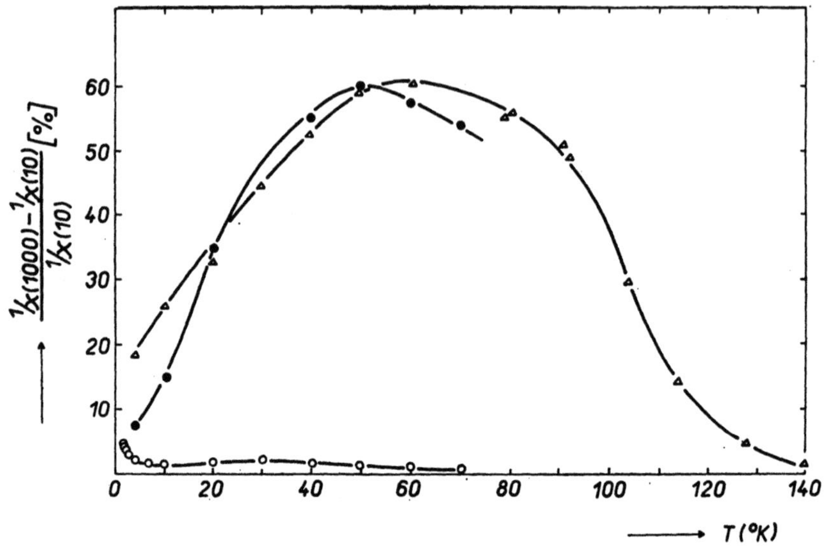

Abb. 6.51 *DA*-Spektren der Elektronenprozesse in $Mn_xFe_{3-x}O_4$: $x = 0{,}95$ (○), $x = 1{,}06$ (●), $x = 1{,}17$ (△). Nach Závěta u. a. [113].

man zwei verschiedene Relaxationsbanden *B*, *C*, die für $x < 1$ koexistieren und den in gleicher Weise bezeichneten tg δ-Maxima in Abb. 6.58 entsprechen sollten (siehe S. 657 f.). Für den Relaxationsvorgang *C* ist eine sehr große Streuung der Relaxationszeiten typisch.

Die Zunahme der Magnetisierung mit der Zeit. Die Erscheinung ist das Gegenteil der Desakkommodation, da sie eine allmähliche Anpassung (Akkommodation) an die durch Richtung und Größe des angelegten Magnetfeldes vorgegebenen äußeren Bedingungen bedeutet. Wir können sie unter verschiedenen Umständen beobachten, der Übersichtlichkeit halber gehen wir aber von einer Situation aus, die an dieselben Bedingungen anknüpft, die wir bei der Entstehung der Desakkommodation bespro-

[45]) Wie Iida zeigte [116], kann die Existenz des *DA*-Maximums II in eisenreichen Ferriten mit geringen Kobaltverunreinigungen erklärt werden (siehe das in Abschn. 4.4 Gesagte über die durch Ordnung von Co^{2+}-Ionen erzeugte induzierte Anisotropie). Diese Vermutung ist in Einklang mit den von Motzke durchgeführten Messungen der induzierten Anisotropie an NiZn-Ferriten.

chen haben. Setzen wir wieder voraus, daß in der Zeit $\Theta = 0$ eine Entmagnetisierung der Probe vorgenommen wurde und daß die Probe während der darauf folgenden Zeit $0 < \Theta < t_1$ keinem äußeren Magnetfeld ausgesetzt war. In der Zeit t_1 schalten wir das Feld ein und beobachten von diesem Moment ab, wie sich die Magnetisierung mit der Zeit ändert. Das Ergebnis ist eine Zunahme der Magnetisierung, die so lange andauert, bis ein dem angelegten äußeren Magnetfeld entsprechendes Gleichgewicht erreicht ist

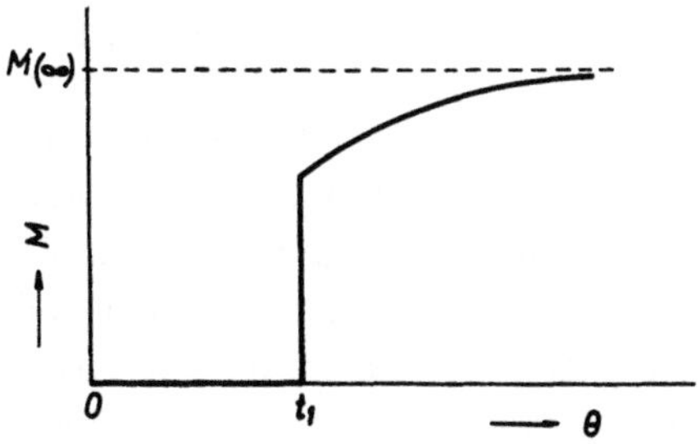

Abb. 6.52 Anwachsen der Magnetisierung mit der Zeit bei magnetischer Nachwirkung (schematisch).

(Abb. 6.52). Erfolgt die Magnetisierung, wie wir hier voraussetzen, durch Wandverschiebungen, so kann eine derartige Zunahme der Magnetisierung offensichtlich damit erklärt werden, daß die Wände, die in der Zeit $\Theta = t_1$ bei Einschalten des Feldes aus ihren ursprünglichen Lagen gerückt worden sind, in der Zeit $\Theta > t_1$ bis zum Erreichen des Gleichgewichts in Bewegung bleiben. Qualitativ kann diese Erscheinung so aufgefaßt werden, daß die im Zeitintervall $0 < \Theta < t_1$ gebildete Stabilisierung nach Verschiebung der Wand durch das magnetische Feld ihre Existstenzberechtigung verliert und allmählich aufgehoben wird. Dadurch wird auch der die Wand in der ursprünglichen Lage festhaltende Druck geschwächt, die Wand wird allmählich frei und entfernt sich. Dabei tritt eine Stabilisierungstendenz für die momentane Lage ein, die die Wand gerade einnimmt. Gestalt und Tiefe der Potentialmulde, in der die Wand ursprünglich stabilisiert war, und die Stärke des anregenden Magnetfeldes sind dann dafür entscheidend, ob der Endzustand durch eine reversible Verschiebung erreicht wird oder ob die Wand den Energiewall überwindet und sich irreversibel in eine neue Lage verschiebt bzw. sich nach Durchlaufen der Domäne mit einer anderen Wand vereinigt. Die Frage der Wandbewegung bei gleichzeitigem Einfluß der magnetischen Nachwirkung und eines äußeren Magnetfeldes kann unter gewissen vereinfachenden Bedingungen auch rechnerisch mittels Gleichung (6.52) gelöst werden [117, 118].

Betrachten wir das Verhalten einer isolierten Wand und berechnen den Druck, $P_s(z_0, t)$, dem sie infolge der magnetischen Nachwirkung ausgesetzt ist. Für $P_s(z_0, t)$ wurde die allgemeine Beziehung (6.69) bzw. (6.69a) abgeleitet, so daß es genügt, das Verhalten der Veränderlichen $u = z_0(t) - z_0(\Theta)$ zu spezifizieren. Im vorliegenden Fall können wir für $\Theta < t_1$ $z_0(\Theta) = 0$ setzen, so daß u in diesem Zeitintervall gleich $z_0(t)$ ist und nicht von Θ abhängt.[46]) Für $\Theta > t_1$ hingegen wird $z_0(t)$ von Θ abhängig

[46]) Wir setzen voraus $t \geqq t_1$; für $t < t_1$ ist $z_0(t) - z_0(\Theta) = 0$.

sein, so daß in (6.69) u als unbekannte Funktion im Integrand bleibt. Nach Einsetzen für $P(z_0, t)$ stellt also die Gleichgewichtsgleichung (6.52) eine Integralgleichung für $z_0(t)$ dar, die allgemein nicht exakt lösbar ist.

Néel [68] zeigte, wie diese Schwierigkeit für den Fall beseitigt werden kann, daß die magnetische Nachwirkung schwach ist und nur eine geringe Störung der Wandbewegung darstellt. Das Problem der Wandbewegung kann dann nach der Methode der sukzessiven Näherungen gelöst werden, bei der wir voraussetzen, daß die Lage der Wand $z_0\,(t)$ in erster Näherung gleich sein wird der Lage ohne Nachwirkung. In dieser Näherung gilt $u = z_0(t)$ für $\Theta < t_1$ und $u = 0$ für $\Theta > t_1$, so daß die Integration in (6.69) bzw. (6.69a) ohne Schwierigkeiten durchgeführt werden kann. Durch Einsetzen in (6.52) und Lösen für $z_0(t)$ erhalten wir die erste Korrektur für die Lage der Wand in Abhängigkeit von der Zeit. Mit diesem neuen Wert können wir den ganzen Vorgang wiederholen, erhalten die zweite Korrektur für $z_0(t)$ und können so beliebig lange fortfahren, bis wir $z_0(t)$ mit befriedigender Genauigkeit erhalten. Oft aber können wir uns auf die erste Näherung beschränken. Für $P_s(t)$ erhalten wir dann die ungefähre Beziehung

$$P_s(t) \cong F\left(\frac{\partial S_1}{\partial u}\right)_{u=z_0(t)} \int_0^{t_1} g_1(t-\Theta)\,\mathrm{d}\Theta + G\left(\frac{\partial S_2}{\partial u}\right)_{u=z_0(t)} \int_0^{t_1} g_2(t-\Theta)\,\mathrm{d}\Theta \cong$$

$$\cong F\left(\frac{\partial S_1}{\partial u}\right)_{u=z_0(t)} [\mathscr{G}_1(t) - \mathscr{G}_1(t-t_1)] + G\left(\frac{\partial S_2}{\partial u}\right)_{u=z_0(t)} [\mathscr{G}_2(t) - \mathscr{G}_2(t-t_1)]\,,$$

die bei logarithmischer Verteilung der Zeitkonstanten und Erfüllung der Bedingung $\tau_1 \ll t - t_1 \ll \tau_2$ eine lineare Abhängigkeit zwischen $P_s(t)$ und $\log t$ ergibt.

Ein anderer Weg führt über die Vereinfachung der Gestalt der Funktionen $\partial S_1/\partial u$, $\partial S_2/\partial u$ [117, 118]; ersetzen wir diese Funktionen z. B. durch lineare Abschnitte, so kommt die unbekannte Funktion $z_0(\Theta)$ in den Integralen (6.69a) nur in der ersten Potenz vor, und die Gleichung (6.52) geht dann in eine Integralgleichung vom Volterra-Typ über, die man lösen kann. Setzen wir der Einfachheit halber voraus, daß sich die Wand nicht zu sehr von ihrer ursprünglichen stabilisierten Lage entfernt, und vereinfachen wir die Überlegung noch dadurch, daß wir in (6.69a) $G = 0$ setzen. Dann ist

$$\partial S_1/\partial u \cong C_1 u = C_1[z_0(t) - z_0(\Theta)]\,,$$

und durch Einsetzen in (6.52) erhalten wir die Integralgleichung

$$z_0(t) - \int_{t_1}^{t} \frac{g_1(t-\Theta)}{\mathscr{G}_1(t) + A}\, z_0(\Theta)\,\mathrm{d}\Theta = B[\mathscr{G}_1(t) + A]\,, \tag{6.73}$$

die die Wandbewegung als Funktion der Zeit beschreibt.[47]) In ihr verwandten wir die

[47]) Diese Gleichung verwenden wir auch zur Beschreibung der magnetischen Relaxation der Wand in einem magnetischen Wechselfeld.

Abkürzungen

$$A = k_w / C_1 F, \quad B = \frac{(\boldsymbol{M}_1 - \boldsymbol{M}_2) \cdot \boldsymbol{H}}{C_1 F}.$$

Für den Fall einer einzigen Zeitkonstante τ kann die Lösung der Gleichung (6.73) leicht in der geschlossenen Form [118]

$$z_0(t) = \frac{B}{A+1} \left\{ 1 + \frac{1}{A} \left[1 - \exp\left(- \frac{t - t_1}{\tau} \frac{A}{A+1} \right) \right] \right\} \tag{6.74}$$

gefunden werden; für die allgemeine Gestalt des Spektrums können z. B. sukzessive Näherungen und nummerische Integrationen verwendet werden. Ein wichtiges, aus der Lösung (6.74) folgendes Ergebnis ist, daß die Endlage der Wand $z_0\,(t \to \infty)$ unab-

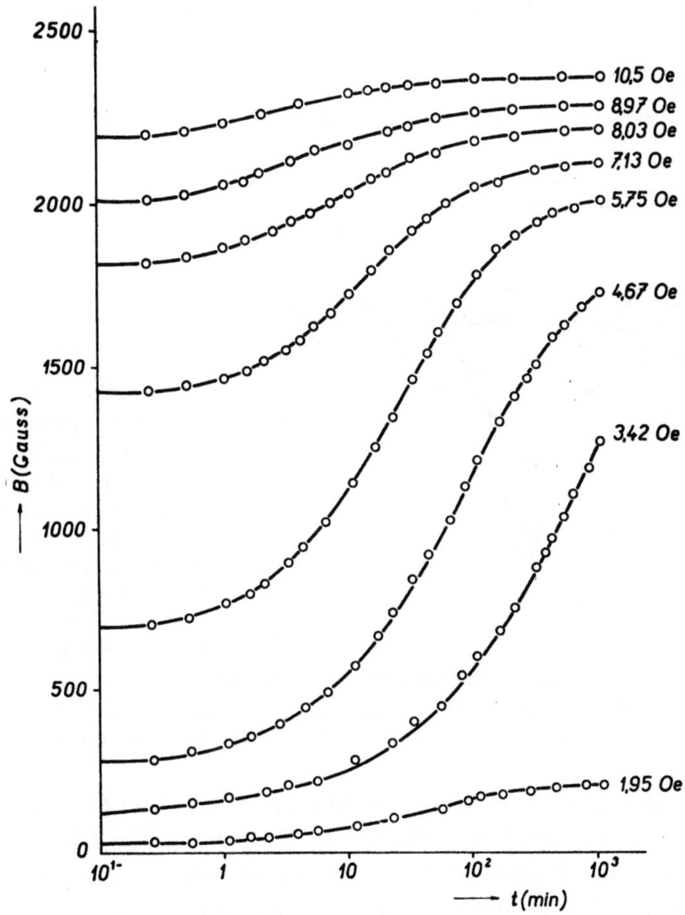

Abb. 6.53 Kurven des Anwachsens der Magnetisierung mit der Zeit für den Ferrit $Cu_{0,47}Mn_{0,53} \cdot Fe_2O_4$; Gleichfeldmessung bei 77 °K [118].

hängig von einer vorhandenen magnetischen Nachwirkung ist. Infolgedessen können wir erwarten, daß die Wände, die ohne Stabilisierung der induzierten Anisotropie durch das angelegte Feld aus dem Potentialminimum herausgerissen und irreversibel verschoben wurden, sich auch ähnlich bei Gegenwart einer Stabilisierung und magnetischen Nachwirkung verhalten werden, nur mit dem Unterschied, daß sie erst nach einer gewissen Zeit frei gesetzt werden. In Abb. 6.53 sind die Kurven der Zunahme der Magnetisierung mit der Zeit für einen MnCu-Ferrit bei der Temperatur des flüssigen Stickstoffes wiedergegeben. Die Abbildung zeigt, daß die zeitliche Zunahme der Magnetisierung in schwachen und starken Feldern verhältnismäßig gering und in mittleren Feldern stark ist. In schwachen Feldern ist der Grund dafür, daß H für die meisten Wände kleiner als das betreffende kritische Feld H_k ist; die Wände bewegen sich daher reversibel innerhalb der ursprünglichen Potentialminima, und der Unterschied zwischen Anfangs- und Endlage der Wand ist gering, da beide im Bereich ein und desselben Minimums liegen. In starken Feldern ist hingegen für die meisten Wände $H > H_k + H_s$, so daß ihre irreversible Verschiebung sofort nach Einschalten des Feldes, ohne zeitliche Verzögerung, eintritt. Im Bereich mittlerer Felder $H_k < H < H_k + H_s$ bewegen sich die Wände eine gewisse Zeit innerhalb der Potentialmulde,

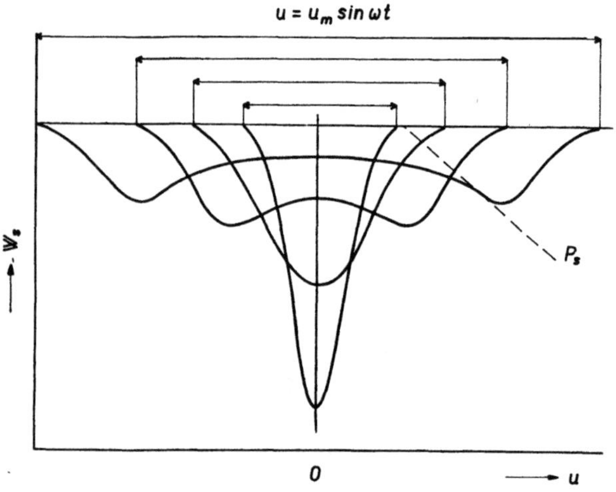

Abb. 6.54 Schematische Darstellung des Verlaufes der Stabilisierungsenergie $W_s(u)$ einer Blochwand bei sinusförmiger Bewegung mit verschiedenen Amplituden (nach Knowles und Broese van Groenou [89, 120]). Es wird vorausgesetzt, daß die periodische Bewegung der Wand lange genug andauerte, um einen stationären Zustand zu erreichen. Die gestrichelt angedeutete Richtungslinie im Wendepunkt der Mulde gibt den kritischen Nachwirkungsdruck an, der durch die Einwirkung des Magnetfeldes überwunden werden muß, damit die Wand sich wieder bewegen kann.

und ihre Loslösung und irreversible Verschiebung tritt erst im Laufe der Zeit ein, so daß der Unterschied zwischen Anfangs- und Endlage der Wand im Mittel groß ist.

Die Zunahme der Magnetisierung mit der Zeit und einige mit ihr verbundene Anomalien wurden an MnCo- und MnCu-Ferriten untersucht [118, 119]. Beobachten wir die Zunahme der Magnetisierung nicht in einem Gleichfeld, sondern in einem magnetischen Wechselfeld, so werden bei wiederholten Magnetisierungszyklen neben der

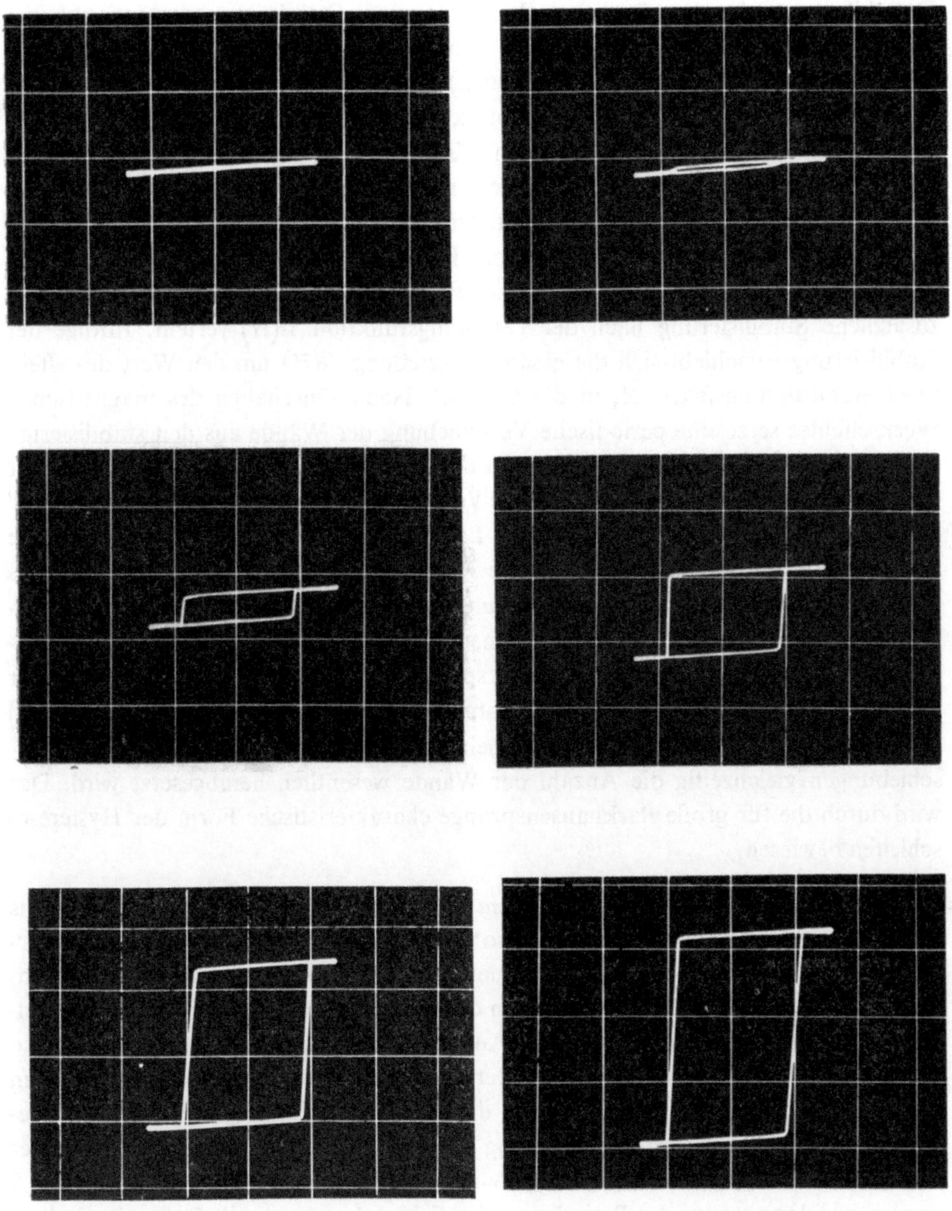

32 min 60 min

Abb. 6.55 Anwachsen der Hystereseschleife mit der Zeit für den Ferrit $Cu_{0,47}Mn_{0,53}Fe_2O_4$ in einem 50 Hz-Wechselfeld mit der Amplitude $H_m = 5{,}3$ Oe. Unter den einzelnen Oszilloskopaufnahmen ist die Zeit nach Einschalten des Feldes angegeben [78].

Destabilisierung der ursprünglichen Wandlagen neue Stabilisierungspotentialminima in den Grenzlagen der Wand gebildet (Abb. 6.54), so daß rechteckige Hystereseschleifen entstehen [89, 120] (vgl. Seite 632). Ansonsten ähnelt der Wachstumseffekt dem im statischen Fall, falls die Amplitude des Wechselfeldes genügend groß ist [84]. Die Entwicklung der Hystereseschleife in einem 50 Hz-Wechselfeld ist in Abb. 6.55 wiedergegeben. Zu Beginn ist die Schleife hysteresefrei, nach einer gewissen Zeit öffnet sie sich und wächst mit der Zeit. Die Erklärung dieses Vorganges kann auf Grund der Abb. 6.37 verstanden werden. Die kritischen, für die irreversiblen Verschiebungen der Wände im entmagnetisierten Zustand notwendigen Felder sind ohne zusätzliche Stabilisierung nach der Verteilungsfunktion $\Omega(H)$ verteilt. Infolge der Stabilisierung verschiebt sich die gesamte Verteilung $\Omega(H)$ um den Wert des effektiven Stabilisierungsfeldes H_s in die Lage Ω'. Nach Einschalten des magnetischen Wechselfeldes setzt eine periodische Verschiebung der Wände aus den stabilisierten Lagen ein, die eine Abnahme von H_s mit der Zeit bewirkt. In Abb. 6.37 können wir dies durch schrittweise Verschiebung der Verteilungsfunktion für H_k aus der Lage Ω' zurück in Richtung der ursprünglichen Lage demonstrieren. Wenn die Amplitude des Magnetisierungsfeldes kleiner als die Kante der Verteilung $\Omega(t)$, d. i. kleiner als $H_s(t)$ bleibt, werden alle Wandverschiebungen reversibel sein. Im entgegengesetzten Fall beginnen irreversible Verschiebungen, und es tritt eine Hystereseschleife auf. Dabei kann man voraussetzen, daß die ursprüngliche Domänenstruktur, die bei der Entmagnetisierung bei höherer Temperatur (in diesem Fall bei Zimmertemperatur) gebildet wurde, bei $T = 77$ °K instabil sein wird, so daß bei den irreversiblen Verschiebungen gleichzeitig die Anzahl der Wände wesentlich herabgesetzt wird. Das wird durch die für große Barkhausensprünge charakteristische Form der Hystereseschleifen bewiesen.

Wandrelaxation bei der Magnetisierung in Wechselfeldern. Wir beschränken uns auf Wechselfelder kleiner Amplituden, so daß sämtliche Wandverschiebungen reversibel verlaufen. Wir werden dieselbe Situation wie im vorhergehenden Fall betrachten, nur mit dem Unterschied, daß das in der Zeit t_1 eingeschaltete Feld ein Wechselfeld ist. Wir erleichtern uns weiter die Aufgabe durch die Voraussetzung, daß t_1 so groß ist, daß die Stabilisierung im Zeitintervall $(0, t_1)$ zu Ende gehen konnte.[48]) Wenn wir zunächst die Trägheitseigenschaften der Wand vernachlässigen, wird ihre Bewegung wieder durch eine Integralgleichung des Typs (6.73) bestimmt, in der wir unter den gemachten Voraussetzungen $\mathscr{G}_1(t) = 1$ setzen können; statt der Konstante B werden wir dann wegen der Periodizität des Feldes den Ausdruck $B_0 \exp j\omega t$ haben. Für den Fall einer einzigen Zeitkonstante τ finden wir leicht die periodische Lösung in der Form [69]

$$z_0(t) = (B_0/A)\, \Xi(\omega\tau) \exp(j\omega t)\,,$$

[48]) Wir werden sehen, daß diese Beschränkung nicht wesentlich ist, denn uns wird nur die stabilisierte periodische Wandbewegung interessieren.

$$\Xi(\omega\tau) = \frac{1 + \omega^2\tau^2(\eta + 1) - j\omega\tau\eta}{1 + \omega^2\tau^2(1 + \eta)^2}, \quad \eta = A^{-1}. \tag{6.75}$$

Es ist augenscheinlich, daß die Amplitude $z_0(t)$ komplex und von ω abhängig ist, was auf den Relaxationsverlauf der Frequenzabhängigkeit hinweist. Der Faktor $B_0/A = (\boldsymbol{M}_1 - \boldsymbol{M}_2) \cdot \boldsymbol{H}_0/k_w$ gibt die Größe der Wandauslenkung für $\omega \to 0$ an, während die Funktion $\Xi(\omega\tau)$ die Frequenzabhängigkeit von $z_0(t)$ definiert. Der Real- und Imaginärteil von $\Xi(\omega\tau)$ ist in Abb. 6.56 für verschiedene Werte des Parameters A wiedergegeben, der die gegenseitige Größe der Bindungskraft der nicht stabilisierten Wand und des Stabilisierungsdrucks angibt. Für $\omega \to \infty$ nähert sich der Realteil der Amplitude z_0 dem Wert $B_0/(1 + A) = [(\boldsymbol{M}_1 - \boldsymbol{M}_2) \cdot \boldsymbol{H}_0]/(k_w + C_1F)$, was der Wandauslenkung in der durch die Stabilisierung vertieften Potentialmulde entspricht. Der Imaginärteil der Amplitude z_0 erreicht sein Maximum bei der Frequenz

$$\omega_m = \frac{1}{\tau}\frac{A}{1 + A} = [\tau(1 + \eta)]^{-1}, \quad \eta = A^{-1}, \tag{6.76}$$

welche die Bedeutung der Relaxationsfrequenz hat, während tg δ sein Maximum für

$$\omega\tau = \left[\frac{\mu_0 + 1}{(1 + \eta)(1 + \eta + \mu_0)}\right]^{1/2} \cong \left(\frac{1}{1 + \eta}\right)^{1/2} \text{(solange } \eta \ll \mu_0 \text{ gilt)}$$

besitzt. Es ist klar, daß $\omega_m\tau \to 0$ für $A \to 0$, d. h. für den hypothetischen Fall gilt, daß die Wandbindung ausschließlich durch den Stabilisierungseffekt der induzierten Ani-

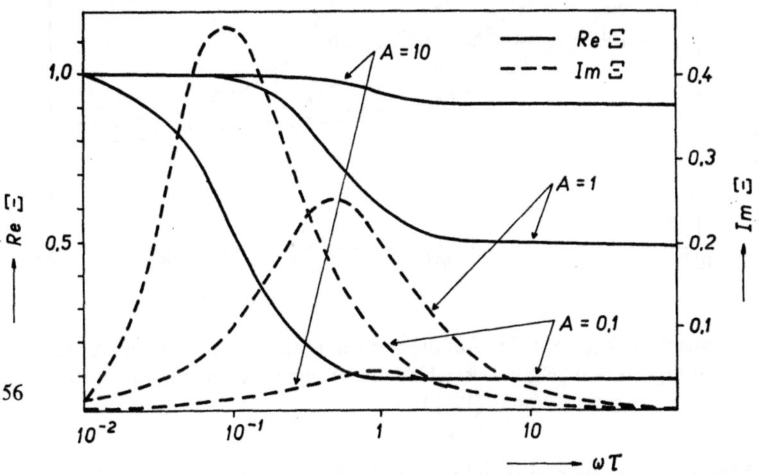

Abb. 6.56

sotropie bestimmt wäre; demgegenüber gilt für eine sehr schwache Stabilisierung $A \to \infty$ und $\omega_m\tau \to 1$. Daraus folgt, daß die Relaxationsfrequenz im allgemeinen von den Parametern der Wand und der Größe der Stabilisierung abhängt, so daß die übliche Beziehung $\omega_m\tau \approx 1$ nur bei schwacher Stabilisierung erfüllt sein wird. Wenn wir das Verhalten des ganzen Komplexes von Blochwänden im Material mit Hilfe einer einzigen „durchschnittlichen" Wand approximieren, wird der Verlauf der Frequenzabhängigkeit der komplexen Suszeptibilität mit $\Xi(\omega\tau)$ übereinstimmen. Es sei bemerkt, daß zur Breite des Maximums von χ'' neben der eigenen Streuung der Zeitkonstanten τ auch die Streuung der Bindungskräfte k_w einzelner Wände beiträgt [121].

Die theoretischen Kurven in Abb. 6.56 kann man mit den gemessenen Frequenzverläufen der Anfangspermeabilität von schwach Si-dotiertem Yttrium-Eisen-Granat vergleichen (Abb. 6.57). Die Anwesenheit von Si bewirkt die Valenzänderung $Fe^{3+} \rightarrow \rightarrow Fe^{2+}$ für eine entsprechende Menge Eisenionen in oktaedrischen Lagen und dadurch auch die Entstehung der durch die Elektronensprünge $Fe^{2+} \rightleftarrows Fe^{3+}$ verursachten Relaxationen. Die Verschiebung der Kurven durch Temperaturänderung beweist eine starke Temperaturabhängigkeit der Relaxationszeit τ im Einklang mit dem zu erwartenden Verhalten thermisch aktivierter Prozesse. Für 20 °C erhalten wir $\chi_0/\chi_\infty \cong \cong 30$ und nach (6.76) $\eta = A^{-1} = 29$. Der verhältnismäßig hohe Wert von η beweist den die eigene Bindungskraft der Wand überwiegenden Effekt der Stabilisierung durch magnetische Nachwirkung. Diese Schlußfolgerung ist im Einklang mit der Tatsache,

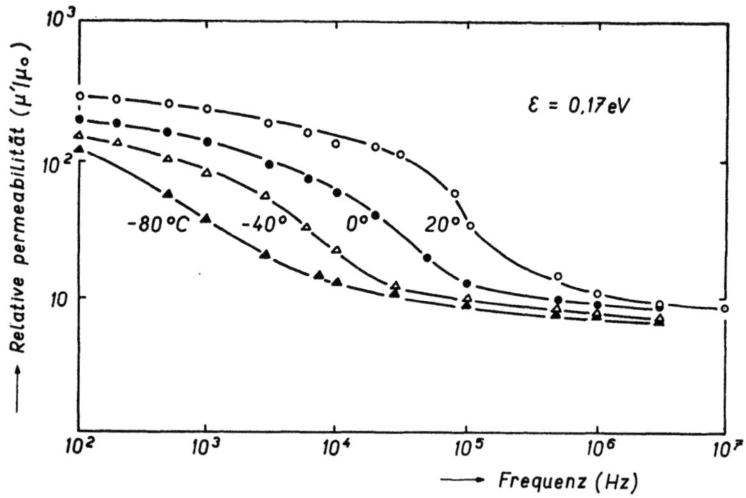

Abb. 6.57 Frequenzabhängigkeit der Anfangspermeabilität des Si-dotierten Yttrium-Eisen-Granats $Y_3Fe_{5-\delta}Si_\delta O_{12}$, $\delta = 0{,}068$, bei verschiedenen Temperaturen. An einem Rahmeneinkristall gemessen. (Nach Epstein und Wanas [122].)

daß die Messung an einer einkristallinen Rahmenprobe durchgeführt wurde. Demgegenüber ergibt sich aus der Messung an polykristallinen Proben [88] für η ein um eine Größenordnung kleinerer Wert bei gleichzeitiger Erhöhung der Relaxationsfrequenz ω_m, im großen und ganzen im gleichen Verhältnis, wie es Gl. (6.76) verlangt (vgl. Abb. 6.72).

Die anschauliche Interpretation der Frequenzabhängigkeiten in Abb. 6.56 ergibt sich von selbst. Bei Frequenzen $\omega \ll \omega_m$ kann sich die induzierte Anisotropie bei der Wandbewegung dem augenblicklichen Zustand anpassen, so daß die Wand ihren „Stabilisierungswall" bei sich trägt und sich frei bewegt, als gäbe es keine Stabilisierung. Wenn dagegen $\omega \gg \omega_m$ ist, kann die induzierte Anisotropie den Änderungen in der Wandlage nicht genügend folgen, der Stabilisierungswall bleibt an seinem Ort, und die Wand bewegt sich innerhalb desselben. Bei $\omega \approx \omega_m$ entstehen Relaxationsverluste, denn die Anpassungsgeschwindigkeit entspricht ungefähr der Wandbewegungsperiode. Die Ungenauigkeit, die wir durch Vernachlässigung der Trägheitseigenschaften der Wand begangen haben, kommt bei den tieferen Frequenzen, bei denen wir die Wandrelaxationen gewöhnlich verfolgen, nicht zum Vorschein. Übrigens kann man das ganze Problem leicht so formulieren, daß auch die Wandträgheit mitberücksichtigt ist. Es genügt, auf der linken Seite von Gl. (6.73) ein den Trägheitswiderstand der Wand ausdrückendes Glied $m_w \ddot{z}_0$ hinzuzufügen. Wir erhalten so eine Integrodifferentialgleichung, die man durch Ableitung in eine gewöhnliche Differentialgleichung dritter Ordnung überführen kann. Daraus ist ersichtlich, daß sich die Bewegungsgleichung der Wand unter dem Einfluß magnetischer Nachwirkung von Gl. (6.41) unterscheidet und daß daher die durch magnetische Nachwirkung hervorgerufenen Relaxationen nicht den Charakter viskoser Dämpfung haben. Die Lösung der Bewegungsgleichung dritter Ordnung zeigt, daß, wie erwartet, der Relaxationsverlauf für die Relaxationsfrequenzen $\omega_m \ll \omega_0 = (k_w/m_w)^{1/2}$ dem in Abb. 6.56 gezeigten gleich ist. Bei Nichterfüllung dieser Bedingung würde es zur Überdeckung der durch magnetische Nachwirkung verursachten Relaxation mit der Wandresonanz kommen (vgl. Abschn. 6.2, S. 603 f.).

Die Relaxationsverluste zeigen sich als Maximum in der Frequenzabhängigkeit des Imaginärteiles der Suszeptibilität $\chi''(\omega)$ und des Verlustfaktors tg δ bei gleichzeitiger Verringerung von χ'. Wegen der starken Temperaturabhängigkeit der Zeitkonstanten τ ändert sich die Lage dieses Maximums ebefalls stark mit der Temperatur. Deshalb können wir ähnlich wie bei Darstellung des Desakkommodationsspektrums das Bild dieses Maximums bequemer gewinnen, indem wir z. B. die Temperaturabhängigkeit von tg δ bei konstanter Frequenz aufnehmen (Abb. 6.58, siehe auch Abb. 6.59). In dem gewöhnlich verwendeten Frequenzbereich, von einigen Hundert Hz bis zu einigen Hundert kHz, entsprechen die gefundenen Maxima in der Regel den Elektronenprozessen, da diese im Vergleich zu den Ionenvorgängen niedrigere Aktivierungsenergien ($\leqq$ 0,7 eV) und daher kürzere, für die Messung im Bereich der zugänglichen Temperaturen geeignete Relaxationszeiten haben. Als Beispiel sind in Abb. 6.59 die Temperaturabhängigkeiten von tg δ bei den Spinellen $Mn_xFe_{3-x}O_4$ in einem breiten Temperaturbereich gezeigt [124] (vgl. auch [125]). Man kann deutlich drei mit *A*, *B*, *C* bezeichnete Gruppen von Maxima sehen, die, was ihre Größe und Lage anbelangt, verschiedene Abhängigkeit von der chemischen Zusammensetzung zeigen. Dieses Verhalten ist begreiflicherweise auf die Verschiedenheit der für die Maxima *A*, *B*, *C* verantwortlichen Mechanismen zurückzuführen. (Vgl. Abschn. 4.4.) Während der Prozeß *B* einer durch Elektronensprünge $Fe^{2+} \rightleftarrows Fe^{3+}$ bewirkten Anordnung von Fe^{2+}-Ionen entspricht und analog zu den Erscheinungen in anderen Spinellen ist, die gleichzeitig Fe^{2+} und Fe^{3+} im oktaedrischen Untergitter enthalten,[49]) hängen die beiden anderen Prozesse *A* und *C* mit der Anwesenheit von Manganionen, genauer Mn^{3+}-Ionen, zusammen. Sie wurden als thermisch aktivierte Reorientierung der Jahn-Teller-Verzerrungen interpretiert [124], wobei es sich beim Vorgang *A* wahr-

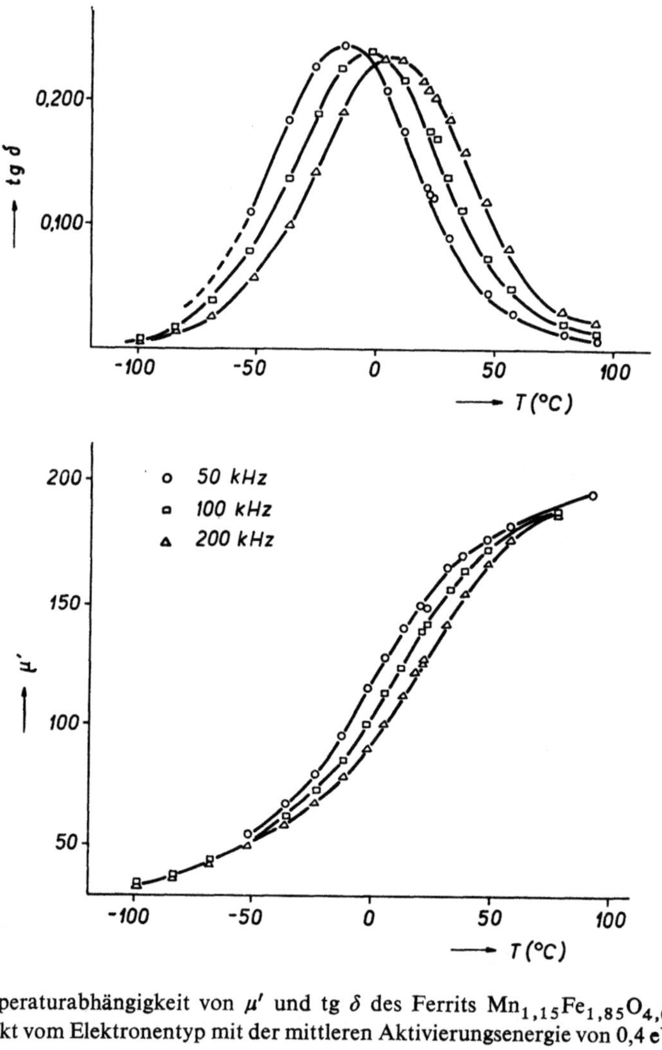

Abb. 6.58 Temperaturabhängigkeit von μ' und tg δ des Ferrits $Mn_{1,15}Fe_{1,85}O_{4,05}$, die einen Relaxationseffekt vom Elektronentyp mit der mittleren Aktivierungsenergie von 0,4 eV zeigt [123].

[49]) In manchen Fällen genügt zur Entstehung solcher Relaxationen eine sehr kleine Fe^{2+}-Ionenkonzentration, die z. B. infolge einer teilweisen Reduktion des Materials beim Brennen bei hohen Temperaturen auftreten kann.

scheinlich um nicht-stabilisierte Verzerrungen (dynamischer J-T-Effekt) und beim Vorgang *C* um stabilisierte Verzerrungen handelt, deren Reorientierung mit der Elektronenbewegung korreliert ist. Eine alternative Erklärung nimmt für *C* einen Valenzaustausch zwischen den Manganionen an, z. B. $Mn^{2+} \rightleftarrows Mn^{3+}$ [126]. Die Relaxationen des Typs *C* wurden auch bei anderen Mangan enthaltenden Ferrospinellen, wie MnZn – [92, 127], MnMg – [98] und MnCu – [124] gefunden. Wie man

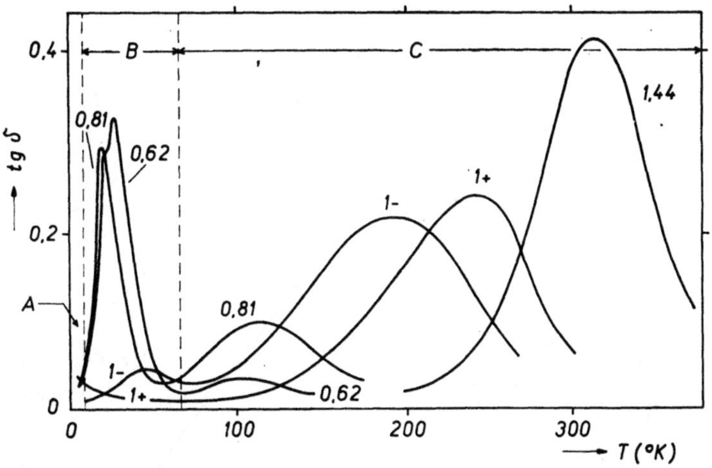

Abb. 6.59 Temperaturverlauf von tg δ für $Mn_xFe_{3-x}O_4$-Spinelle. Die x-Werte sind an den Kurven angegeben; die mit 1^+ und 1^- bezeichneten Kurven gehören zu Mn-Ferrit ($x = 1$) mit Sauerstoffüberschuß bzw. Sauerstoffunterschuß [124].

aus der Abb. 6.59 erkennt, koexistieren im eisenreichen Gebiet ($x < 1$) die beiden Maxima *B* und *C*. Beim Übergang zu den eisenarmen Zusammensetzungen ($x > 1$) verschwindet das erste Maximum rasch, während das zweite stark anwächst und sich zu höheren Temperaturen verschiebt. Ein ähnliches Verhalten hat man sowohl bei den MnZnFe-Spinellen als auch bei den MnCuFe-Spinellen beobachtet. Im letzt erwähnten System können sich, ähnlich wie bei den CuMg-Ferriten [128], an den Relaxationen auch die Kupferionen beteiligen, sei es durch Valenzaustausch oder durch den Jahn-Teller-Effekt der Cu^{2+}-Ionen oder durch beide Mechanismen. Der Valenzaustausch $Co^{2+} \rightleftarrows Co^{3+}$ führt ebenfalls in Anbetracht des starken Anisotropiebeitrages der Co^{2+}-Ionen zu sehr ausgeprägten Relaxationsserscheinungen [72, 106, 129, 130].

Als eine wichtige Größe, die man aus der Verschiebung der tg δ-Maxima bei Frequenzänderungen ableiten kann, gilt die mittlere Aktivierungsenergie des betreffenden Vorgangs. Ein Beispiel einer linearen Abhängigkeit log ω_m gegen $10^3/T$, aus deren Neigung wir die Werte der Aktivierungsenergie ableiten, ist für verschiedene Ferrite, die durch Elektronenprozesse verursachte magnetische Nachwirkung zeigten, in Abb. 6.60 wiedergegeben. In einigen Fällen, jedoch nicht immer, stimmen diese Aktivierungsenergien mit den aus der Temperaturabhängigkeit der elektrischen Leitfähigkeit abgeleiteten Aktivierungsenergien überein (vgl. Abschn. 7.3). Die Aktivierungsenergien der Elektronenprozesse sind in der Regel von der Größenordnung einiger Hundertstel bis Zehntel eV; besonders niedrig sind sie für Elektronensprünge des Typs $Fe^{2+} \rightleftarrows Fe^{3+}$ in den Fällen, z. B. Prozeß *B* bei den MnFe-Spinellen, wo die große Konzentration von Eisenionen die Realisierung der Valenzverschiebung un-

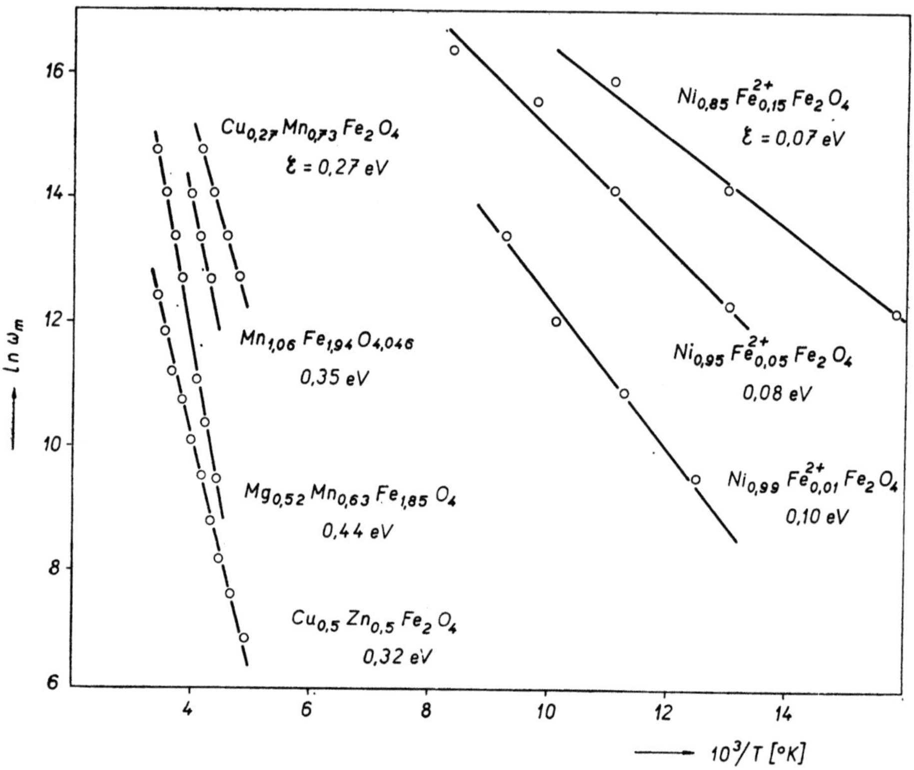

Abb. 6.60 Abhängigkeit log ω_m gegen T^{-1} für verschiedene Ferrospinelle; die Temperaturen entsprechen der Lage des Maximums für die Kurven tg δ gegen T bei gegebenem ω_m.

mittelbar zwischen Ionen auf Nachbarplätzen ermöglicht. Wenn der Mechanismus kompliziert ist, d. h. wenn er den Valenzaustausch zwischen weiter entfernt liegenden Ionen miteinbezieht, die durch eine Reihe anderer Ionen voneinander getrennt sind (z. B. Ni-Ferrit mit geringer Konzentration von Co^{2+} und Co^{3+}), ist die Aktivierungsenergie um einige Zehntel eV höher [72, 79, 88]. Es sei bemerkt, daß die aus den Verschiebungen der tg δ-Maxima bestimmten Aktivierungsenergien gewöhnlich höher sind als jene, die man bei tieferen Temperaturen aus der Desakkommodation der Anfangssuszeptibilität gewinnen kann [98]. Da jedoch die Änderung der Aktivierungsenergie mit der Temperatur in einigen Fällen bei einem einzigen Experiment (Verschiebung der tg δ-Maxima) beobachtet wurde [131] und weil ähnliche Änderungen oft auch bei einem analogen Verlauf der elektrischen Leitfähigkeit vorkommen (Abschn. 7.1 und 7.3), kann man annehmen, daß diese Unterschiede wahrscheinlich eher mit der Änderung des Mechanismus der Elektronendiffusion als mit der etwas unterschiedlichen Bedeutung der Relaxationskonstanten in den beiden Prozessen zusammenhängen (vgl. Gl. 6.76).[50])

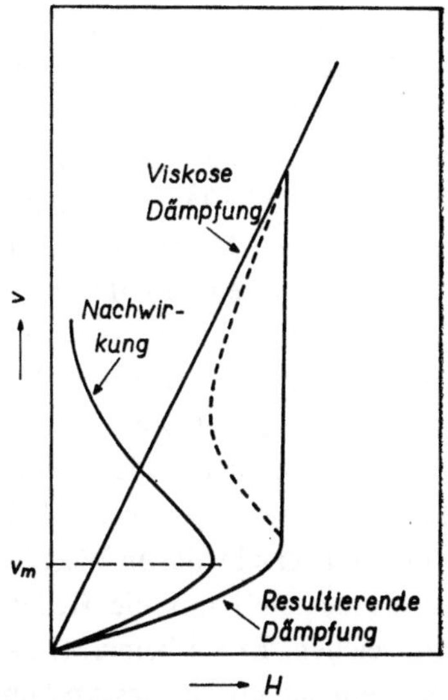

Abb. 6.61 Beziehung zwischen der Geschwindigkeit v der Blochwand und der Feldstärke H bei Nachwirkungsdämpfung und viskoser Dämpfung [122].

Zum Schluß dieses die magnetische Nachwirkung behandelnden Abschnitts erwähnen wir kurz den Einfluß der Nachwirkung auf die Blochwandbewegung, wenn diese Bewegung über einen *größeren Abstand* erfolgt. Wie sich aus der vorangegangenen Erörterung ergab, haben die Relaxationseffekte der Stabilisierung durch Diffusionsprozesse nicht den Charakter einer viskosen Dämpfung. Das kommt ganz allgemein durch die Nichtanwendbarkeit der Bewegungsleichung (6.41) und speziell – bei einer stetigen Gleichgewichtsbewegung der Wand, bei der die Triebkraft des Magnetfeldes durch die Bremswirkung der Dämpfung kompensiert wird – durch eine nichtlineare Abhängigkeit der Wandgeschwindigkeit von der Feldstärke zum Ausdruck. Janak [117], der dieses Problem löste, hat gezeigt, daß für die 180°-Wand sogar ein gewisses kritisches Feld existiert, dessen Überschreitung zur Instabilität in dem Sinne führt, daß sich die Wand aus dem Bereich des Bremseffektes der magnetischen Nachwirkung freimacht und ihre Bewegung dann einem anderen Bremsmecha-

[50]) Für eine und dieselbe Art von Nachwirkungsmechanismus kann man Desakkommodationen bei wesentlich tieferen Temperaturen beobachten als die mit der Wandrelaxation verbundenen magnetischen Verluste. Das liegt daran, daß man durch Desakkommodation die Vorgänge mit Zeitkonstanten $\tau \gtrsim 1$ Sek. gewöhnlich gut verfolgen kann, während die magnetischen Verluste eher bei höheren Frequenzen von der Größenordnung 10^3 bis 10^6 Hz bequem gemessen werden können.

nismus unterworfen sein muß. Dieses Ergebnis ist in Abb. 6.61 schematisch dargestellt. Für $H < H_m$ bewegt sich die Wand unter dem Einfluß der magnetischen Nachwirkung, und ihre Geschwindigkeit wächst mit der Feldstärke H an. Wenn die Wand aber einmal die der kritischen Feldstärke H_m entsprechende Geschwindigkeit v_m erreicht, dann sollten zur weiteren Erhöhung der Geschwindigkeit wieder niedrigere Feldwerte ausreichen. In Wirklichkeit macht sich die Wand bei Erreichen von v_m aus der Sphäre des Stabilisierungsdrucks frei, sie erhöht ihre Geschwindigkeit und erreicht die Gleichgewichtsbewegung erst unter dem Einfluß irgendeines weiteren Relaxationsmechanismus, von dem wir der Einfachheit halber voraussetzen können, daß er den Charakter der viskosen Dämpfung $(v \sim H)$ hat. Physikalisch heißt das, daß die magnetische Diffusionsnachwirkung nur für kleinere Geschwindigkeiten $(v < v_m)$ ein wirksamer Bremsmechanismus sein kann. Bei Überschreiten dieser Geschwindigkeit, die selbst eine Funktion der Relaxationszeit τ des Diffusionsvorgangs ist, können diese Prozesse nicht mehr der Änderung der Spins während des Durchgangs der Wand durch das gegebene Probengebiet folgen, und sie werden unwirksam. Diese Schlußfolgerung bezieht sich jedoch vor allem auf die 180°-Wände, bei denen der Stabilisierungsdruck der Nachwirkung $P_s \neq 0$ praktisch nur im Gebiet der Wand selbst ist. Demgegenüber behält P_s bei den 90°-Wänden praktisch einen konstanten von Null verschiedenen Wert in der ganzen anliegenden Domäne (vgl. Abb. 6.34), und infolgedessen kann die Wand nicht aus dem Bereich der Stabilisierungswirkungen entweichen. Es sei bemerkt, daß die Wandgeschwindigkeiten, denen wir gewöhnlich bei Ummagnetisierungsexperimenten an Rahmenproben begegnen, oft zu groß sind, so daß die beobachtete Dämpfung nicht der Diffusionsnachwirkung, sondern einem anderen Relaxationsmechanismus zuzuschreiben ist. (Vgl. Abschn. 6.2, S. 600f.).

6.4 Polykristalline Ferritwerkstoffe

Die bisher in diesem Kapitel behandelten und mit den Magnetisierungsprozessen zusammenhängenden Eigenschaften der Ferrite werden in einer Vielzahl von Anwendungen ausgenutzt. Als Beispiel führen wir Ferritkerne für Hochfrequenzinduktionsspulen, Transformatoren, Antennen und ähnliches an, bei denen die Prozesse in Hochfrequenzfeldern, meist schwachen Feldern, ablaufen, weiter Ferritspeicherkerne, die die rechteckige Form der Hystereseschleife ausnutzen und nach einem Impulsprogramm der Ummagnetisierung arbeiten, oder schließlich die Ferritdauermagnete, die die hohe Koerzitivkraft einiger Ferrite ausnutzen.[51]) Bei diesen Anwendungen werden die Ferrite meist in Form polykristalliner gesinterter Werkstoffe benutzt, meist mit isotroper Verteilung der Orientierung der Kristallite. Die vom Standpunkt

[51]) Einige Anwendungen, die aus dem Verhalten der Ferrite im Bereich der ferromagnetischen Resonanz folgen, haben wir schon im Kapitel V (Seite 458f.) erwähnt.

der Anwendung wichtigen Parameter (Permeabilität, Koerzitivkraft u. ä.) sind meist nicht echte Materialkonstanten der Ferrite, sondern hängen außer von der chemischen Zusammensetzung auch von verschiedenen Defekten und Unvollkommenheiten der Kristallite und nicht zuletzt auch von der polykristallinen Struktur der Werkstoffe ab, d. i. von Gestalt und Größe der Körner und Gestalt und Größe der Poren usw. In diesem Abschnitt fassen wir die bisherigen Schlußfolgerungen über die Magnetisierungsvorgänge vom Standpunkt dieser technisch wichtigen makroskopischen Parameter zusammen, ergänzen sie und erwähnen kurz, wie optimale Bedingungen erreicht werden können.

Der Wunsch nach Erreichen optimaler Parameter kann meist nicht universell realisiert werden, da es sich häufig um einander direkt entgegengesetzte Tendenzen handelt. Ein ganz triviales Beispiel sind die magnetisch weichen und die magnetisch harten Werkstoffe, deren Charakteristiken zueinander im Widerspruch stehen. Es gibt aber auch weniger auffällige Beschränkungen; man kann z. B., wie wir sehen werden, nicht gleichzeitig die Forderung nach hoher Permeabilität und nach Verwendbarkeit des Werkstoffes bei hohen Frequenzen erfüllen. Sehen wir vorläufig von den für Dauermagnete bestimmten, magnetisch harten Werkstoffen ab, so gibt es aber doch eine Bedingung, die zum Erreichen guter Eigenschaften der überwiegenden Mehrzahl der Ferritwerkstoffe gemeinsam ist, und zwar die Homogenität der chemischen Zusammensetzung und der Phasenzusammensetzung. Die Erfüllung dieser Bedingung muß durch eine geeignete technologische Arbeitsweise gewährleistet werden. Häufig ist das eine ziemlich schwierige Aufgabe, da einige Ferrite an der Luft eine starke Tendenz zur Oxydation und zum Ausscheiden fremder Phasen zeigen. Besonders heikel sind in dieser Beziehung Systeme, die Mn^{2+}- und Fe^{2+}-Ionen enthalten, die leicht ihre Wertigkeit ändern. Die Art und Weise, wie die geforderte Zusammensetzung und die Homogenität der Werkstoffe erzielt werden kann, werden wir aber hier nicht näher beschreiben, da es sich dabei eher um Fragen chemischer Natur handelt. Wir wollen im folgenden voraussetzen, daß die Forderung nach Homogenität des Werkstoffs a priori erfüllt ist.

Bedingungen für die Erreichung hoher Permeabilität

Wir betrachten vor allem die Anfangspermeabilität, da die Ferrite meist im Bereich schwacher Felder verwendet werden. Im Abschnitt 6.1 haben wir drei Mechanismen angeführt, die bei der Magnetisierung in schwachen Feldern wirksam sind und die daher zur Anfangspermeabilität bzw. Suszeptibilität beitragen können: die reversible Verschiebung der Blochwände, die Auswölbung der Wände und die Drehung des Magnetisierungsvektors. Die diesen Mechanismen entsprechenden Ausdrücke für die Anfangssuszeptibilität χ_0 wurden durch die Gleichungen (6.21), (6.11), (6.12), (6.16) und (6.17) gegeben und sind der Übersicht halber in Tabelle VI-4 noch einmal

Tabelle VI-4

Ausdrücke für die Anfangssuszeptibilität χ_0 polykristalliner kubischer Werkstoffen bei verschiedenen Magnetisierungs-Mechanismen

Magnetisierungs-Mechanismus	Ausdruck für χ_0	Bezeichnung im Text
Reversible Wandverschiebungen	$\approx M_s^2/l\bar{k}_w$	(6.21)
Zylindrische Wandauswölbung	$M_s^2 D^2/6d\sigma_w$	(6.11)
Ellipsoidförmige Wandauswölbung	$\approx M_s^4 D/K^2 d$	(6.12)
Drehung des Magnetisierungsvektors	$2M_s/3H_A$	(6.17)

aufgeführt. Wie ersichtlich, ist die erste Bedingung für eine hohe Suszeptibilität in allen Fällen ein genügend hoher Wert der spontanen Magnetisierung M_s, und die zweite Bedingung, die ebenfalls alle Mechanismen gemeinsam haben, ist die Herabsetzung der magnetischen Anisotropie auf einen möglichst niedrigen Wert. Diese zweite Forderung erscheint deutlich beim Rotationsmechanismus (Gleichungen (6.16),(6.17)) und auch bei der Wandauswölbung, sofern die Wand durch die entmagnetisierende Wirkung der gebildeten Pole festgehalten wird (Gleichung (6.12)). Sie gilt aber auch für die übrigen Fälle: Für Gleichung (6.11) folgt sie aus der Proportionalität $\sigma_w \sim \sim K^{1/2}$, und bei Parallelverschiebungen der Wände, d. i. ohne Auswölbung (Gleichung (6.21)), hängt sie damit zusammen, daß für $K \approx 0$ auch $\sigma_w \approx 0$ ist und infolgedessen sowohl $d\sigma_w/dx$ als auch $d^2\sigma_w/dx^2$ und daher auch k_w klein sind.[52]) Dabei muß K im Sinne der effektiven Anisotropie aufgefaßt werden, in die neben der eigenen Kristallanisotropie auch die magnetoelastische Anisotropie und im Falle der Drehprozesse auch die Formanisotropie eingehen.[53])

Den Einfluß der Anisotropie auf die Anfangssuszeptibilität bei Wandverschiebungen können wir uns anschaulich auch folgendermaßen vorstellen: bei sehr geringer Anisotropie wird die Wanddicke δ_w verhältnismäßig groß sein, so daß sich die lokalen Energieschwankungen fast völlig innerhalb des Wandvolumens ausmitteln werden und eine nicht zu große Wandverschiebung auf die resultierende Energie nur geringen Einfluß haben wird. Nehmen wir das Einschluß-Modell von Kersten [31] als Grundlage, so wird die Gesamtenergie des Kristalls von der Wechselwirkung der nichtma-

[52]) In erster Näherung können wir die Änderungen der Kristallenergie bei der Wandverschiebung direkt mit den Änderungen der Wandenergie σ_w identifizieren.

[53]) Genau genommen unterscheidet sich die effektive Anisotropie, die bei Wandverschiebungen wirksam ist, allgemein von der Anisotropie innerhalb der Domänen, die für die Drehprozesse entscheidend ist [132].

gnetischen Einschlüsse bzw. Poren mit der Magnetisierung innerhalb der Wand abhängen. Für kleine Einschlüsse ($d \ll \delta_w$) wird sich diese vom Abstand der Einschlüsse von der Wandmitte abhängende Wechselwirkungsenergie bei geringen Wandverschiebungen um so langsamer ändern, je langsamer die entsprechenden Änderungen der Magnetisierung sind, d. h. je größer δ_w ist. Eine genauere Rechnung bestätigt diese Schlußfolgerung und ergibt für χ_0 die Beziehung [31 (1948)]

$$\chi_0 \approx \text{Konst.}\ \frac{M_s^2 \delta_w s^2}{K d^3 l}\,, \tag{6.77}$$

in der s den mittleren Abstand der Einschlüsse, d ihren Durchmesser und l den mittleren Abstand der Wände bedeuten.

Unabhängig davon, nach welchem der aufgeführten Mechanismen die Magnetisierung in schwachen Feldern vor sich geht, bleibt also neben einer genügend großen Magnetisierung die Erfüllung der Bedingung eines möglichst kleinen K_1 und λ_s Voraussetzung für das Erreichen einer hohen Permeabilität. Diese Bedingungen sind gleichzeitig die einzigen, die sich auf die grundlegenden Materialkonstanten beziehen und die daher in mehr oder weniger starkem Maße durch die Wahl der chemischen Zusammensetzung erfüllt werden können. Sehr häufig benutzen wir hierbei die Temperaturabhängigkeit der Kristallanisotropie, die sehr steil abnimmt, wenn die Temperatur sich dem Curiepunkt nähert. Diese Abnahme der Anisotropie überwiegt die gleichzeitige Abnahme von M_s, so daß bei den meisten Ferriten die Anfangspermea-

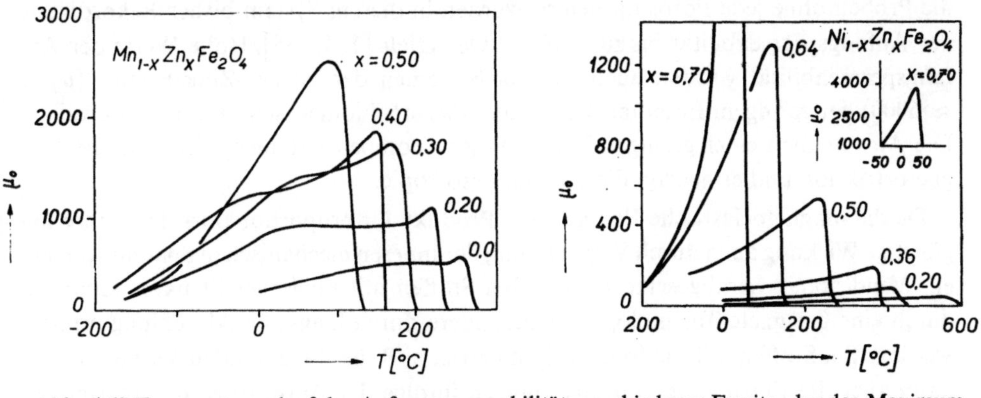

Abb. 6.62 Temperaturverlauf der Anfangspermeabilität verschiedener Ferrite, der das Maximum knapp unterhalb T_c zeigt. (Nach Smit und Wijn [3].)

bilität ein ausgeprägtes Maximum kurz unterhalb der Curietemperatur besitzt (Abb. 6.62). Durch geeignete chemische Zusammensetzung, insbesondere durch den Einbau einer bestimmten Menge diamagnetischer Kationen, z. B. Zn^{2+}, in das Ferritgitter, können wir die Curietemperatur knapp über den Bereich der Arbeitstemperatur verschieben und so die Permeabilität wesentlich erhöhen. In anderen Fällen benutzen wir die Tatsache, daß in einigen Systemen Zusammensetzungen bzw. Zusammensetzungsbereiche vorkommen, für die K_1, eventuell auch λ_s, ungefähr gleich Null ist. Als Beispiel kann das ternäre System $MnFe_2O_4$–$ZnFe_2O_4$–Fe_3O_4 dienen (Abb. 6.63), in dem bei Zimmertemperatur sowohl eine Linie gefunden werden kann, entlang der die Bedingung $K_1 = 0$ erfüllt ist, als auch eine Linie $\lambda_s = 0$. Durch sorgfältige Herstellung, Wahl der geeigneten Zusammensetzung und Anwendung einer Technologie,

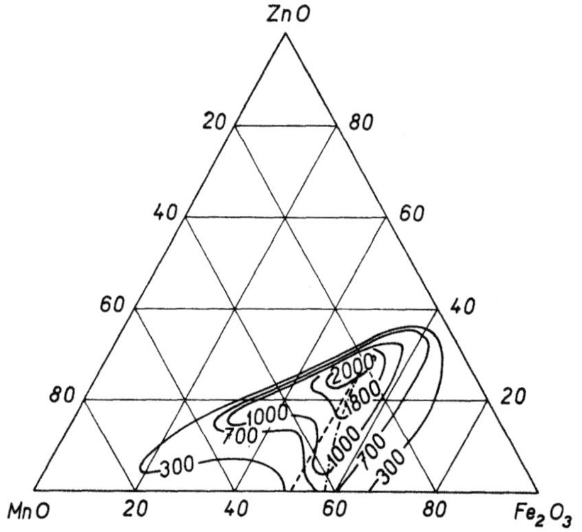

Abb. 6.63 Darstellung der im MnZn-Ferrit-System erreichten μ_0-Werte. Gestrichelt ist die Linie $\lambda_s = 0$, strichpunktiert die Linie $K_1 = 0$ gezeichnet. (Nach Ohta [163].)

die Proben ohne jede Porosität liefert, wurden in diesem System bisher Rekordwerte der Anfangspermeabilität bis zu $3 \cdot 10^4$ G/Oe erzielt [134, 135]. Hohe Werte der Anfangspermeabilität wurden auch in den Systemen der Nickel–Zink-Ferrite ($\mu_0 \approx \approx 6000$) bei geringem Eisenüberschuß über das stöchiometrische Verhältnis erreicht. Die Anwesenheit einer geringen Menge Fe_3O_4 kompensiert hier wiederum die Magnetostriktion und erniedrigt die Kristallanisotropie.

Da die magnetoelastische Energie dem Produkt $\lambda_s\sigma$ proportional ist, kann ihre ungünstige Wirkung auch durch Verringerung der inneren mechanischen Spannungen auf ein Mindestmaß herabgesetzt werden. Bei Stoffen mit kubischer Struktur kann das durch eine geeignete Technologie, insbesondere durch langsame Abkühlung erreicht werden. Bei Stoffen mit niedrigerer Symmetrie, z. B. bei hexagonalen Verbindungen, kann aber die Entstehung von Spannungen infolge der Anisotropie des Wärmeausdehnungskoeffizienten nicht verhindert werden [3].

Die Bedingung $K_1 = 0$ kann infolge des positiven Beitrages der Co^{2+}-Ionen zur magnetokristallinen Anisotropie meist leicht durch Einbau dieses Ions in die entsprechenden Systeme erreicht werden (vgl. Abschn. 4.2). Diese Art der Kompensation der Kristallanisotropie ist aber unvorteilhaft, wenn wir eine hohe Permeabilität anstreben, da durch die Co^{2+}-Ionen die Magnetostriktion stark erhöht wird. Es sei bemerkt, daß trotz Erzielung von $K_1 = 0$ die magnetokristalline Anisotropie nicht restlos beseitigt sein muß: der Einfluß der Konstanten höherer Ordnung, insbesondere von K_2, der nicht immer völlig vernachlässigbar sein muß (vgl. Abschn. 4.1 und 4.2), und der Einfluß der induzierten Anisotropie bleiben bestehen.

Die Erfüllung der Bedingung $K_1 = 0$ kann bei einer gegebenen Zusammensetzung in der Regel nur bei einer bestimmten Temperatur erreicht werden, bei der dann ein Maximum im Temperaturverlauf der Permeabilität auftritt (Abb. 6.64).[54] Manchmal

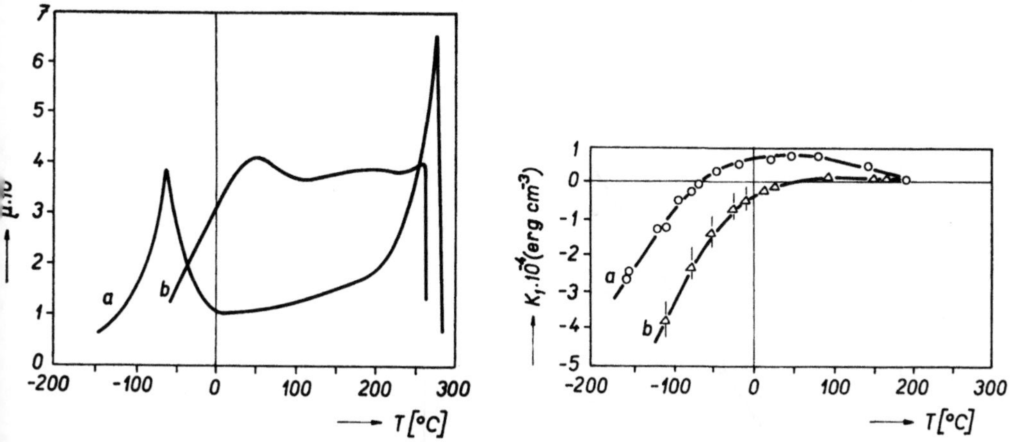

Abb. 6.64 Temperaturverlauf der Anfangspermeabilität μ_0 und der Anisotropiekonstante K_1 zweier MnZn-Ferrite: (a) $Mn_{0,59}Zn_{0,21}Fe_{2,2}O_4$, (b) $Mn_{0,31}Zn_{0,39}Fe_{2,3}O_4$. Die Permeabilität wurde an einem aus einem Einkristall herausgearbeiteten Ringkern gemessen. (Nach Ohta [163].)

ist es vorteilhaft, die Zusammensetzung so zu wählen, daß dieses Maximum (d. i. der Punkt $K_1 = 0$) bei einer Temperatur liegt, die etwas niedriger als die Arbeitstemperatur ist. So kann erreicht werden, daß die Permeabilität in einem gewissen Bereich in der Umgebung der Arbeitstemperatur fast völlig temperaturunabhängig wird, was für eine Reihe technischer Anwendungen von grundlegender Bedeutung ist.

Eine hohe Anfangspermeabilität kann aber nicht erzielt werden, wenn nicht gleichzeitig die mit der polykristallinen Struktur des Materials zusammenhängenden Parameter optimale Werte besitzen. Gestalt und Größe bzw. Anordnung der Kristalle, die Anzahl, Gestalt und Größe der Poren u. ä., das alles sind Faktoren, die einen wesentlichen Einfluß auf die Magnetisierungsprozesse und damit auf die Permeabilitätswerte ausüben. Die eigentliche Ursache dieser Wirkung ist der Einfluß der angeführten Parameter auf die Domänenstruktur, die der Ausgangszustand für die Magnetisierung in schwachen Feldern ist, und auf ihre Stabilität, insbesondere was die Möglichkeit reversibler Wandverschiebungen anbetrifft. Die Beeinflussung der Anfangspermeabilität erfolgt dann einerseits über Größen wie den mittleren Abstand der Blochwände l, die Bindungskonstante k_w u. a., die in den Ausdrücken für χ_0 in Tab.

[54]) In diesem Punkte ändert K_1 in der Regel das Vorzeichen.

VI-4 auftreten, andererseits dadurch, daß der Anteil der einzelnen Mechanismen selbst bei der Magnetisierung in schwachen Feldern von der polykristallinen Struktur abhängig ist.[55])

Mit dem Einfluß der polykristallinen Struktur auf die Permeabilität der Ferrite haben sich besonders eingehend Guillaud und seine Mitarbeiter beschäftigt [136 bis 139]. Abbildung 6.65 zeigt das Untersuchungsergebnis über den Einfluß der Korn-

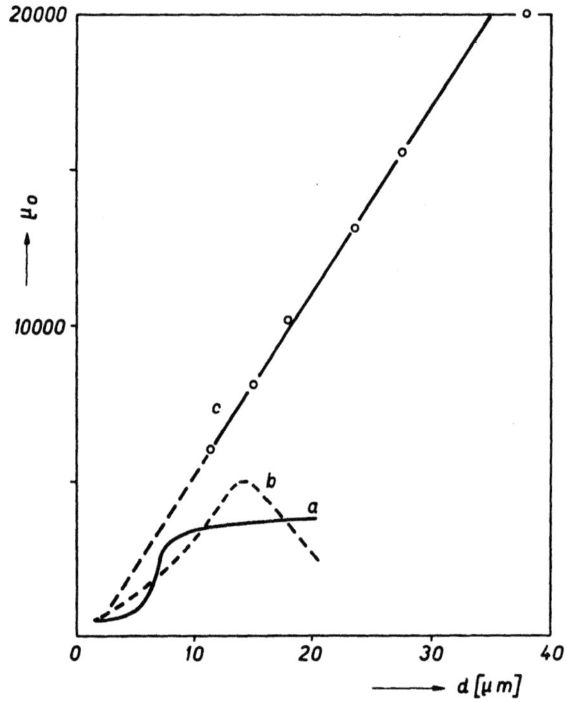

Abb. 6.65 Einfluß der Korngröße auf die Anfangspermeabilität μ_0 der Ferrite (a) MnZn, (b) NiZn (nach Guillaud u. a. [138]), (c) MnZn ohne Porosität nach Röss u. a. [135].)

größe auf die Anfangspermeabilität von MnZn- und NiZn-Ferriten. Die eingezeichneten Abhängigkeiten beziehen sich zwar auf bestimmte Ferritzusammensetzungen, ihre Gestalt ist aber auch für andere Zusammensetzungen dieser Systeme charakteristisch. Der beobachtete Verlauf wurde von Guillaud dahingehend interpretiert, daß bei Körnern, deren lineare Abmessungen 5 bis 6 µm nicht überschreiten, die Magnetisierung durch Drehprozesse verläuft, während es sich bei größeren Körnern um reversible Wandverschiebungen handelt, die in der Regel zu höheren Permeabilitätswerten führen.[56]) Diese Verschiebungen können praktisch ohne Deformation der

[55]) Wir können uns leicht davon überzeugen, daß die einzelnen Mechanismen, denen die Formeln in Tab. VI-4 entsprechen, allgemein auch bei gleichen Werten der in ihnen auftretenden Parameter, zu wesentlich unterschiedlichen Suszeptibilitätswerten führen.

[56]) Bei den MnZn-Ferriten kam Guillaud zu einer guten Übereinstimmung mit der experimentellen Kurve *a* in Abb. 6.64, wenn er eine statistische Verteilung der Kristallitgröße annahm und für Drehprozesse $\mu_0 = 500$ und für Wandverschiebungen $\mu_0 = 4000$ voraussetzte.

Wände solange ungestört verlaufen, solange die Poren, die in gesinterten Werkstoffen meist anwesend sind, nur zwischen den Körnern vorkommen. Treten Poren auch innerhalb der Körner auf, was häufig bei weiterer Vergrößerung ihrer Abmessungen geschieht, so werden diese inneren Poren die freie Beweglichkeit der Wände behindern, und bei der Magnetisierung wird der Vorgang der Wandauswölbung vorherrschen. Die Permeabilität wird in diesem Korngrößenbereich (oberhalb 15 µm) wieder ab-

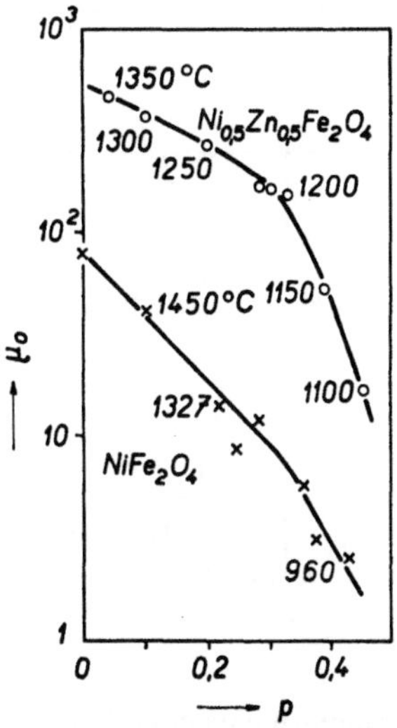

Abb. 6.66 Abhängigkeit der Anfangspermeabilität μ_0 vom relativen Porenvolumen p. Bei einzelnen Punkten sind die Sintertemperaturen vermerkt. (Nach Smit und Wijn [3].)

nehmen. Die Tatsache, daß diese Abnahme besonders bei NiZn-Ferriten deutlich hervortritt, hängt offensichtlich mit den Schwierigkeiten zusammen, diese Materialien dicht zu sintern. Wie die Arbeiten von Röss u. a. [135] zeigen, ändert sich für MnZn-Ferrite die von Guillaud gefundene Abhängigkeit der Permeabilität von der Korngröße, wenn es gelingt, durch eine spezielle Technologie porositätsfreie Proben herzustellen (Kurve *c* in Abb. 6.65). Die ungünstige Wirkung der Poren äußert sich aber nicht nur bei den Wandverschiebungen, sondern auch bei den Drehprozessen. Ursache sind innere, in der Umgebung der Poren entstehende Entmagnetisierungspole, die einerseits die Wirkung des äußeren Feldes herabsetzen, so als ob in den magnetischen Schaltkreis des Kerns ein bestimmter Luftspalt eingeschaltet würde, und anderseits Formanisotropie verursachen können, wenn die Poren nicht kugelförmig sind. Zur Illustration ist in Abb. 6.66 die Abhängigkeit der Anfangspermeabilität von Ni- und NiZn-Ferriten vom relativen Porenvolumen eingetragen.

Zur Charakterisierung der inneren Entmagnetisierung wird der sogenannte innere Entmagnetisierungsfaktor N_i eingeführt. Sein Wert kann aus der Tangente der sogenannten idealen (oder auch anhysteresischen) Magnetisierungskurve im Punkte $H = 0$ abgeleitet werden. Die Punkte dieser Kurve erhalten wir dadurch, daß wir über das Gleichstrommeßfeld H ein Wechselfeld überlagern, dessen Amplitude wir von hohen Werten bis auf Null herabsetzen [1, 140]. Der typische Verlauf des inneren Entmagnetisierungsfaktors N_i ist in Abb. 6.67 wiedergegeben. Während bei kubischen Spinellen der Verlauf für verschiedene Zusammensetzungen keine großen Unterschiede zeigt, ist N_i bei Co_2**Z**-Materialien (hexagonales Oxid mit einer Ebene leichter Magnetisierung) bedeutend größer, und zwar auch bei geringer Porosität. Dieser Effekt kann mit der entmagnetisierenden Wirkung jener Körner erklärt werden, die mit ihrer Ebene leichter Magnetisierung ungünstig gegenüber dem einwirkenden Felde orientiert sind. Infolge seiner ausgeprägten Kristallanisotropie bleibt ein solcher Kristall in einem schwachen Feld unmagnetisiert, so daß seine entmagnetisierende Wirkung praktisch gleich der eines Hohlraumes gleicher Abmessungen ist.

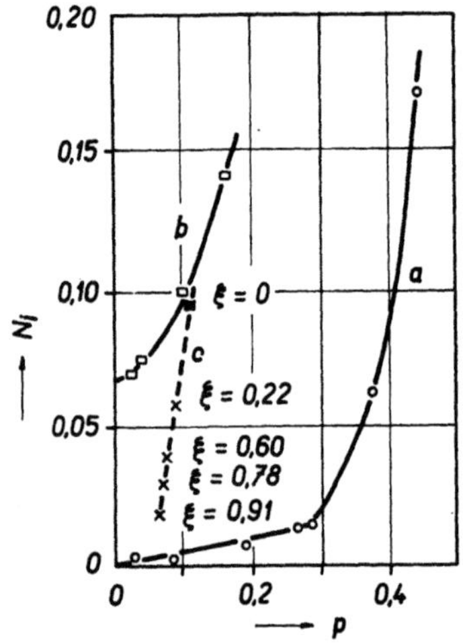

Abb. 6.67 Typischer Verlauf des inneren Entmagnetisierungsfaktors N_i in Abhängigkeit vom relativen Porenvolumen p (a) $Ni_{0,5}Zn_{0,5}Fe_2O_4$-, (b) isotrope (nicht orientierte) Co_2**Z**-Proben, (c) orientierte Co_2**Z**-Proben mit verschiedenem Orientierungsgrad ξ (nach Smit und Wijn [3]).

Wenn wir eine orientierte Probe herstellen, d. i. eine magnetisch anisotrope Probe, und dabei die Feldrichtung parallel zur größten Dimension der Kristallite wählen, dann verschwindet diese innere Entmagnetisierung, und die Werte von N_i nähern sich den Werten kubischer Werkstoffe. Den analytischen Ausdruck für N_i, der die Abhängigkeit des inneren Entmagnetisierungsfaktors vom relativen Porenvolumen und von der mittleren Permeabilität der Probe ausdrückt, haben Brož und Šternberk [141] abgeleitet.

Die Optimalisierung der angeführten Parameter kann durch geeignete Wahl der Technologie bei der Herstellung der Werkstoffe erreicht werden, insbesondere durch richtige Wahl des Temperaturzyklus während des Endbrandes und der Abkühlung. Diese Herstellungsbedingungen sind im allgemeinen für verschiedene chemische Zusammensetzungen der Werkstoffe sehr verschieden. Umgekehrt können wieder durch verschiedene Zusätze, eventuell durch Änderung der Zusammensetzung, der Ablauf der Vorgänge und das Kristallwachstum im positiven und negativen Sinne beeinflußt werden [142–146]. Der Vollständigkeit halber sei noch bemerkt, daß außer der Temperatur auch noch andere äußere Einflüsse die Permeabilität beeinflussen können, z. B. eine äußere mechanische Zug- oder Druckspannung, die Art der Entmagnetisierung oder ähnliches.

Die Frequenzabhängigkeit der Permeabilität und die magnetischen Verluste

Infolge ihres verhältnismäßig hohen elektrischen Widerstandes liegt der Schwerpunkt der Anwendung der Ferritwerkstoffe im Hochfrequenzbereich. Eine wichtige Charakterisierung des Materials ist dabei die Frequenzabhängigkeit der komplexen Permeabilität $\mu = \mu' - j\mu''$. Diese Abhängigkeit bezeichnen wir manchmal auch als *magnetisches Spektrum* des Ferrits [38, 39, 147].[57])

Wie wir in Abschn. 6.2 sahen, verlaufen infolge des gyromagnetischen Effekts alle Magnetisierungsvorgänge mit endlicher Geschwindigkeit, so daß die Fähigkeit, den Änderungen des Feldes zu folgen, bei jedem Magnetisierungsmechanismus durch eine bestimmte kritische Frequenz begrenzt sein muß. Das Aussetzen der Magnetisierungsvorgänge bei dieser Frequenz macht sich durch eine Abnahme des Realteiles der Permeabilität bemerkbar, während der Imaginärteil bei dieser Frequenz ein Maximum hat. Je nach den Umständen kann die kritische Frequenz die Bedeutung einer Resonanzfrequenz oder einer Relaxationsfrequenz haben, was am Verlauf von μ' zu erkennen ist.[58]) Dabei können sowohl Resonanz als auch Relaxation im Prinzip mit jedem der beiden elementaren Mechanismen zusammenhängen, nämlich sowohl mit der Drehung als auch mit der Wandverschiebung. Darüber, welcher der beiden Fälle eintritt, entscheidet der relative Wert von Resonanz- und Relaxationsfrequenz, die zu dem gegebenen Magnetisierungsmechanismus gehören. Die Resonanz- und Relaxationsfrequenzen wurden in Abschn. 6.2 durch die Gleichungen (6.30), (6.32), (6.44) und (6.45) gegeben und sind übersichtshalber in Tab. VI-5 noch einmal zusammengestellt. Es werden auch die durch Kombination mit den Ausdrücken für χ_0 aus Tab. VI-4 entstandenen Beziehungen aufgeführt, die sowohl vom Standpunkt der Interpretation konkreter magnetischer Spektren als auch für praktische Erwägungen bei der Wahl des besten Ferritwerkstoffes für einen gegebenen Zweck wichtig sind. Aus Tab. VI-5 ist unter anderem zu ersehen, daß die Forderung nach einer hohen Anfangssuszeptibilität in keinem Falle mit der nach einer hohen kritischen Frequenz – die im größten Teil der Fälle gleichzeitig als Grenzfrequenz für die technische

[57]) Diese Bezeichnung ist voll berechtigt, da, wie wir bereits ausführllch im V. Kapitel gezeigt haben, $\chi'' = \mu''/4\pi$ im Grunde genommen die durch die magnetische Probe dem Hochfrequenzfeld entzogene Energie wiedergibt, so daß die Abhängigkeit $\chi'' = \chi''(\omega)$ ein Absorptionsspektrum im üblichen Sinne beschreibt. Die Eigenschaftsbezeichnung „magnetisch" drückt die Tatsache aus, daß die zu dieser Absorption führenden Quantenübergänge durch die magnetische Komponente des Hochfrequenzfeldes angeregt werden, zum Unterschied von den „dielektrischen" Spektren, bei denen die elektrische Komponente die aktive Komponente darstellt. Von diesem Standpunkt aus ist der Verlauf $\chi''(\omega)$ bei der ferromagnetischen Resonanz ein allgemeiner Fall des magnetischen Spektrums der Probe in einem statischen magnetischen Feld $H \neq 0$, während uns hier der spezielle Fall interessiert, daß das statische Feld gleich Null ist.

[58]) Im Resonanzfall tritt für μ' vor seiner Abnahme im Bereich der kritischen Frequenz ein charakteristisches Maximum auf, dem ein Minimum oberhalb dieser Frequenz folgt, während der Relaxationsverlauf durch eine monotone Abnahme von μ' gekennzeichnet ist. Es können allerdings auch Übergangstypen der Spektren vorkommen.

Tabelle VI-5

Ausdrücke für die Resonanz- und Relaxationsfrequenzen (γ — gyromagnetisches Verhältnis, H_A — effektives Anisotropiefeld, M_s — Sättigungsmagnetisierung, χ_0 — Anfangssuszeptibilität, α — Dämpfungskonstante bei Rotationsprozessen, H^{eff} — effektives inneres Feld, $\bar{k}_w$ — mittlere Bindungskonstante der Wände, m_w — effektive Wandmasse, c — eine vom Wandtyp abhängige Konstante, größenordnungsmäßig gleich 1, l — mittlerer Wandabstand, β — Dämpfungskoeffizient bei Wandverschiebungen)

Magnetisierungsprozeß	Resonanzfrequenz ω_0	Relaxationsfrequenz ω_{relax}
Rotation	$\gamma H_A = \frac{2}{3}\gamma M_s/\chi_0$	$\alpha\gamma H^{eff}$
Wandverschiebungen	$(\bar{k}_w/m_w)^{1/2} = M_s(c/lm_w\chi_0)^{1/2}$	$\bar{k}_w/\beta$

Anwendbarkeit des Werkstoffes angesehen werden kann — vereinbar ist. Im Hinblick auf die gegebene Anwendung muß man daher stets einen Kompromiß zwischen den beiden Forderungen suchen.

Der Verlauf des magnetischen Spektrums eines polykristallinen Ferrits wird einerseits von den zur Anfangssuszeptibilität beitragenden Magnetisierungsprozessen, an-

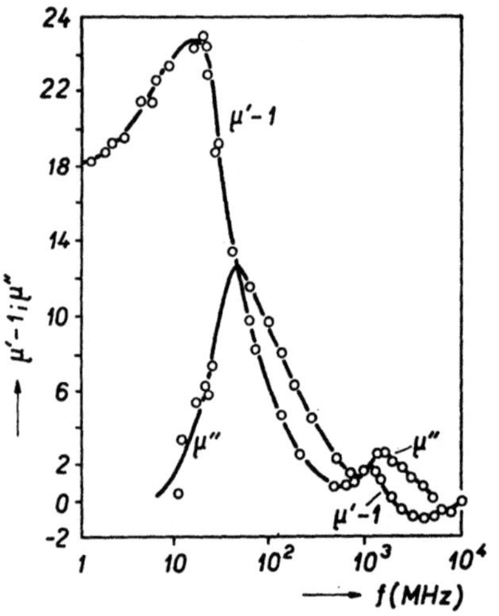

Abb. 6.68 Magnetisches Spektrum des Materials Ferramic A (nach Rado u. a. [148]).

dererseits von den mit diesen Vorgängen verbundenen kritischen Frequenzen abhängen. Wir haben gesehen, daß allgemein bei polykristallinen Ferriten an der Magnetisierung in schwachen Feldern gleichzeitig Drehungen und Wandverschiebungen (bzw. Wandauswölbungen) beteiligt sein können. In einem solchen Falle sollte das Spektrum zwei Dispersionsbereiche der Permeabilität enthalten, die je nach den Umständen entweder Resonanz- oder Relaxationscharakter haben. Derartige Spektren wurden tatsächlich bei einer Reihe von Ferriten beobachtet, z. B. bei Li-, MgFe-, Ni-Ferrit u. a., insbesondere wenn es sich um gut dichtgesinterte Proben mit geringer Porosität handelte. In anderen Fällen aber, insbesondere bei stark porösen Materialien, wird nur ein einziger Dispersionsbereich beobachtet. In einem derartigen Falle ist es manchmal schwer zu entscheiden, ob es sich nur um eine Überdeckung der bei-

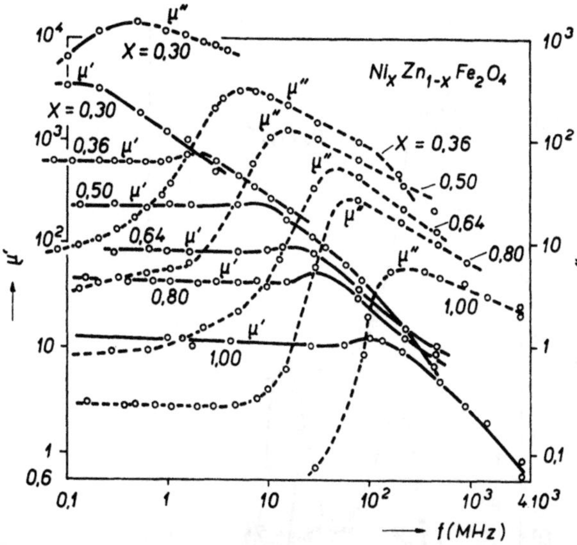

Abb. 6.69 Magnetische Spektren von NiZn-Ferriten (Ferroxcube IV-Werkstoffe; nach Smit und Wijn [3]).

den Bereiche handelt, oder ob das Auftreten eines einzigen Dispersionsbereiches eine Folge der Tatsache ist, daß wegen der Porosität des Materials, wegen zu geringer Korngröße oder aus anderen Ursachen der Magnetisierungsprozeß nur durch Drehungen erfolgen kann. Als Beispiele beider Arten von Spektren sind in den Abb. 6.68 und 6.69 die Frequenzabhängigkeiten von μ' und μ'' eines MgFe-Ferrits (Ferramic A) [148] und von NiZn-Ferriten mit unterschiedlicher Zusammensetzung (Ferroxcube IV) [149] wiedergegeben. Ferrite mit Granatstruktur haben Spektren, die den Spektren von Ferriten mit Spinellstruktur sehr ähnlich sind [150]. Bei hexagonalen Ferriten, sofern sie eine zur *c*-Achse parallele Richtung der leichten Magnetisierbarkeit haben ($K_1' > 0$), ist das Spektrum komplizierter, da es außer der natürlichen ferromagnetischen Resonanz im Bereich von einigen zehntausend MHz meist noch zwei weitere, teilweise überlagerte Dispersionsbereiche bei niedrigeren Frequenzen aufweist (Abb. 6.70). Für hexagonale Ferrite mit einer Ebene leichter Magnetisierung dagegen ist das Spektrum einfach und besteht meist nur aus einem einzigen ungeteilten Dispersionsbereich (Abb. 6.71).

Es ist nicht immer leicht, den beobachteten Dispersionsbereichen bestimmte Magnetisierungsmechanismen zuzuschreiben, und häufig genügt die Anwendung der Formeln in Tab. VI-5 nicht für eine eindeutige Entscheidung. Das hängt einerseits zusammen mit unseren ungenauen Kenntnissen über einige, von der polykristallinen

Struktur abhängige Größen, die in diesen Formeln auftreten, andererseits mit den Schwierigkeiten bei der Bestimmung des relativen Beitrages der Drehungen und Wandverschiebungen zur resultierenden Anfangssuszeptibilität. Aus diesen Gründen wendet man bei der Interpretation der Spektren verschiedene indirekte Argumente an, die z. B. aus der Abhängigkeit der Spektren von der Temperatur, von der Größe des angewendeten Magnetfeldes oder aus dem Vergleich mit Spektren von Einkristall-

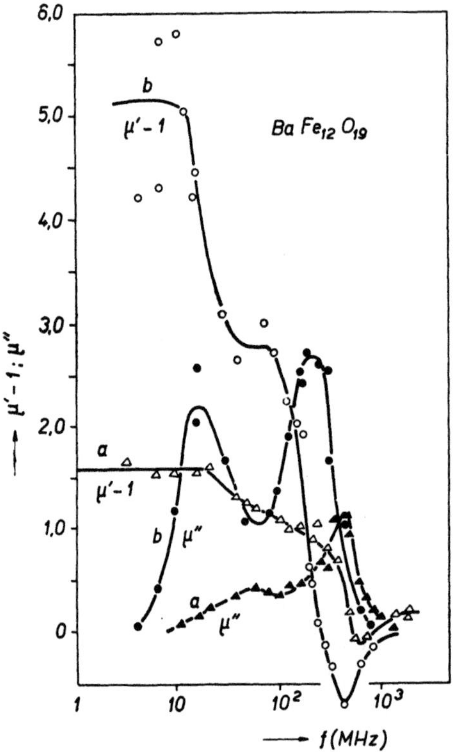

Abb. 6.70 Magnetisches Spektrum von $BaFe_{12}O_{19}$: (a) isotrope (nicht orientierte) Probe, (b) texturierte Probe, Kristallite mit zur Meßfeldrichtung paralleler hexagonaler Achse. (Nach Smit und Wijn [3].)

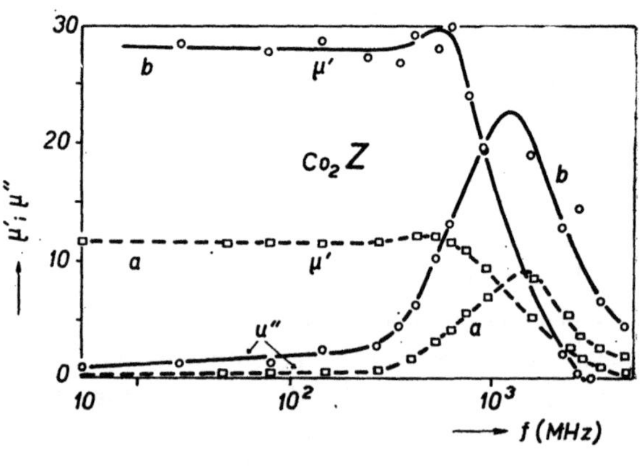

Abb. 6.71 Magnetisches Spektrum des Ferroxplana-Materials $Co_2\mathbf{Z}$; (a) isotrope (nicht orientierte Probe), (b) texturierte Probe (nach Smit und Wijn [3]).

proben u. ä. folgen [34, 148, 151]. Zusammenfassend kann man sagen, daß im Falle der Existenz zweier getrennter Dispersionsbereiche der erste von ihnen, mit einer niedrigeren kritischen Frequenz, in der Regel den Wandverschiebungen, der zweite dagegen, der bei höheren Frequenzen liegt, den Drehprozessen zuzuschreiben ist.

Diese zweite Dispersion, die Rotationsdispersion, besitzt gewöhnlich Resonanzcharakter, in Übereinstimmung damit, daß bei den meisten Ferriten der Dämpfungsfaktor $\alpha \ll 1$ ist, was nach (6.30) und (6.32) der Bedingung für die Entstehung der Resonanz $\omega_{relax} \ll \omega_0$ äquivalent ist. Die aus bekannten Werten der Anisotropiekonstante K_1 und der Sättigungsmagnetisierung M_s mittels der Formel (6.30) berechneten Resonanzfrequenzen sind meist etwas niedriger als die entsprechenden experimentellen, aus den Spektren abgeleiteten Werte (Tab. VI-6); diese Abweichung kann auf Grund des Einflusses der Domänenstruktur auf die Resonanzfrequenz erklärt werden (vgl. Seite 597)[59]). Die mit Wandverschiebungen verbundene Dispersion hat je nach den Umständen Resonanz- oder Relaxationscharakter, meistens aber handelt es sich um einen Übergangstypus, der andeutet, daß beide Frequenzen ω_{0w}, ω_c nur wenig voneinander verschieden sind. Der quantitative Vergleich der Theorie mit dem Experiment stößt bei der Bestimmung des mittleren Abstands der Blochwände auf Schwierigkeiten. Setzen wir voraus, daß beim MgFe-Ferrit, dessen Spektrum in Abb. 6.68 wiedergegeben ist, dieser Abstand $\approx 10^{-3}$ cm beträgt und $\chi_0 \approx 1{,}5$, $M_s = 131$ gauss, $m_w \approx 10^{-10}$ g/cm^2, so erhalten wir

$$\omega_{0w}/2\pi \approx (M_s/2\pi)(\chi_0 m_w l)^{-1/2} \approx 55 \text{ MHz}$$

in zufriedenstellender Übereinstimmung mit dem aus dieser Abbildung zu entnehmenden Wert von 45 MHz. Man muß jedoch betonen, daß die Wahl von $l \approx 10^{-3}$ cm, selbst wenn sie sich

Tabelle VI-6

Vergleich theoretischer und experimenteller Werte für die Resonanzfrequenz der Spinrotation ω_0 bei polykristallinen Ferriten $Mg_{1-x}Fe_{2+x}O_4$ [152] und $Mg_{1-x}Ni_xFe_2O_4$ [153]

Zusammensetzung	Temperatur °C	K_1 10^4 erg cm^{-3}	M_s G	H_A Oe	$(\omega_0/2\pi)_{theor}$ MHz	$(\omega_0/2\pi)_{exp}$ MHz
$Mg_{0,97}Fe_{2,03}O_4$	26	− 3,1	183	225	640	1100
$Mg_{0,95}Fe_{2,05}O_4$	26	− 3,3	131	335	940	1400
$Mg_{0,95}Fe_{2,05}O_4$	−196	−11,3	183	820	2300	3900
$Mg_{0,81}Fe_{2,19}O_4$	26	− 4,3	123	470	1300	1700
$Mg_{0,81}Fe_{2,19}O_4$	−196	−11,7	151	1030	2900	4000
$MgFe_2O_4$	20	− 2,4	85	380	1050	2040
$Mg_{0,5}Ni_{0,5}Fe_2O_4$	20	− 3,8	120	420	1180	2260
$NiFe_2O_4$	20	− 4,6	220	280	780	2500

[59]) Damit hängen offensichtlich auch die meist beträchtliche Breite der Resonanzkurve und die Form des Maximums zusammen. Eine andere Quelle der Abweichung kann der Einfluß der Formanisotropie der Poren bzw. der magnetoelastischen Energie auf die effektive Anisotropie sein.

auf die experimentell bestimmte Korngröße stützt [148], ziemlich willkürlich ist und die angeführte Schätzung problematisch macht.

In den Fällen, in denen nur ein einziger Dispersionsbereich im magnetischen Spektrum beobachtet werden kann, ist das oft durch die Nähe, eventuell Gleichheit der beiden Resonanzfrequenzen ω_0, ω_{0w} verursacht. Die beiden Vorgänge können dann durch Änderung der Temperatur unterschieden werden. In anderen Fällen kann die Wandresonanz einfach deshalb nicht auftreten, weil die Magnetisierung auch im statischen Fall nur durch Drehung des Magnetisierungsvektors erfolgt. Diese Situation kann dann vorliegen, wenn die Kristallite, aus denen die polykristalline Probe aufgebaut ist, sehr klein sind, oder wenn die Wandbewegungen durch Poren im Material blockiert sind.

Bei der Analyse von Spektren hexagonaler Ferrite mit $K_1' > 0$ (Abb. 6.70) erhalten wir gute Übereinstimmung, wenn wir die Resonanz im Bereich von 50 GHz (nicht eingezeichnet) den Drehungen zuschreiben, während die beiden Dispersionsbereiche bei 10^1 und $10^2 - 10^3$ MHz offensichtlich mit den Wandverschiebungen zusammenhängen. Die höhere der beiden Frequenzen stimmt gut mit der Schätzung für die Wandresonanz überein, der Ursprung der Dispersion bei der niedrigeren Frequenz ist aber bis jetzt noch nicht geklärt.

Hexagonale Ferrite mit einer Ebene leichter Magnetisierung ($K_1' < 0$), auch unter dem Handelsnamen Ferroxplana bekannt, sind unter anderem deshalb vorteilhaft, weil bei ihnen eine besonders günstige Frequenzcharakteristik der Permeabilität erreicht werden kann. Wenn nämlich bewirkt wird, daß die Magnetisierung ausschließlich durch Drehprozesse erfolgt, so wird das Spektrum einen einzigen Dispersionsbereich enthalten, der einer Resonanz mit der durch den Ausdruck (6.33) gegebenen Frequenz entspricht; kombinieren wir ihn mit (6.16), so erhalten wir

$$\omega_0 \chi_0 = \tfrac{1}{3}\gamma M_s[(H_A^z/H_A^y)^{1/2} + (H_A^y/H_A^z)^{1/2}] \cong \tfrac{1}{3}\gamma M_s(H_A^z/H_A^y)^{1/2}, \qquad (6.78)$$

weil H_A^z – das Anisotropiefeld, das die auf die hexagonale Achse bezogene einachsige Anisotropie ausdrückt, – bedeutend größer als das Feld H_A^y ist, das die Anisotropie innerhalb der Ebene der leichten Magnetisierung charakterisiert. Der Vergleich mit der analogen Beziehung für kubische und magnetisch einachsige Kristalle

$$\omega_0 \chi_0 = \tfrac{2}{3}\gamma M_s \qquad (6.79)$$

zeigt, daß bei gleichem M_s und χ_0 bei Werkstoffen mit einer Ebene leichter Magnetisierung höhere kritische Frequenzen erzielt werden können, sobald $H_A^z/H_A^y > 4$. In Wirklichkeit ist dieses Verhältnis von der Größenordnung 10^2, so daß ungefähr eine fünffache Erhöhung erwartet werden kann. Das Experiment bestätigt diese Schlußfolgerung, wie aus dem Vergleich der Abb. 6.71 und 6.69 ersichtlich ist.

Eine weitere Verbesserung wird bei diesen Werkstoffen dadurch erreicht, daß durch geeignete technologische Behandlung im Magnetfeld eine Orientierung der Körner vorgenommen wird. Zum Unterschied von gewöhnlichen polykristallinen Materialien, die sich nach außen hin magnetisch isotrop verhalten, haben wir es dann mit anisotropen Werkstoffen zu tun, bei denen die Körner so angeordnet sind, daß ihre Basisebenen parallel zueinander liegen. Legen wir ein Feld in einer Richtung parallel zu den Basisebenen an, so wird eine verhältnismäßig hohe Permeabilität beobachtet, da sich die magnetischen Momente ausschließlich in der Ebene der leichten Magnetisierung gegen das Feld H_A^y drehen. Dabei bleibt die Resonanzfrequenz praktisch unverändert. In Abb. 6.71 ist zum Vergleich das Spektrum einer anisotropen und einer isotropen Probe gegenübergestellt. Obwohl die Erhöhung der Permeabilität bei dem anisotropen Material beträchtlich ist, zeigt sie im Hinblick auf das Verhältnis $H_A^z/H_A^y \approx 100$ dennoch deutlich, daß die Orientierung der Kristallite bei dieser Probe offensichtlich unvollkommen war.

Die Mechanismen, von denen wir im Zusammenhang mit der Entstehung der Dispersion der Permeabilität bisher sprachen, sind allen Ferriten oder ferro- und ferrimagnetischen Werkstoffen gemeinsam, deren spezifischer elektrischer Widerstand groß genug ist, um den Skineffekt und die Dämpfung der Magnetisierungsprozesse durch Wirbelströme zu behindern. In einigen Fällen kann aber die Dispersion noch aus anderen Gründen entstehen. Vor allem müssen wir den verhältnismäßig häufigen Fall einer Dämpfung der Magnetisierungsvorgänge, insbesondere der Wandverschiebungen, durch die magnetische Nachwirkung (Abschn. 6.3) erwähnen. Weil es sich bei der Nachwirkung um wärmeaktivierte Prozesse handelt, die häufig Diffusionscharakter besitzen, wird die zugehörige mittlere Relaxationsfrequenz ω_m stark von der Temperatur abhängen;[60]) die Abhängigkeit kann in der Regel durch das Exponentialgesetz

$$\omega_m = \omega_0 \exp\left(-\mathscr{E}/kT\right) \tag{6.80}$$

ausgedrückt werden, in dem $\mathscr{E}$ die entsprechende mittlere Aktivierungsenergie angibt. Bei Zimmertemperatur und tieferen Temperaturen kann im magnetischen Spektrum praktisch nur die mit Elektronenprozessen verbundene Nachwirkung wirksam werden, da die durch Diffusion von Ionen oder Leerstellen bedingten Vorgänge bei diesen Temperaturen zu langsam verlaufen. Die magnetische Nachwirkung, die sich als besonders wirksam bei den Wandverschiebungen erweist, wird das Spektrum offensichtlich nur dann beeinflussen, wenn ω_m kleiner ist als die kritische Frequenz der Verschiebungen (Resonanz- oder Relaxationsfrequenz). Ist die den Diffusionsvorgängen entsprechende Aktivierungsenergie $\mathscr{E}$ klein, was insbesondere dann zutrifft, wenn im Ferrit in genügender Konzentration gleichzeitig Fe^{2+}- und Fe^{3+}-Ionen

---

[60]) Wir sprechen von einer mittleren Relaxationsfrequenz, weil es sich in den meisten Fällen um ein ganzes Spektrum von Relaxationsfrequenzen handelt (vgl. Seite 636f.). Die mittlere Relaxationsfrequenz definieren wir gewöhnlich als die Frequenz, bei der der Verlustfaktor $\mathrm{tg}\,\delta = \mu''/\mu'$ einen maximalen Wert erreicht.

anwesend sind, zwischen denen die Elektronen leicht übergehen können, so wird ω_m bei Zimmertemperatur meist oberhalb dieser Frequenzen liegen, und die Dispersion erscheint erst bei niedrigeren Temperaturen. Bei höheren Aktivierungsenergien ($\mathscr{E} \approx$ 0,3 bis 0,5 eV), denen wir z. B. bei Ferriten begegnen, die Mn^{3+}-Ionen enthalten oder bei denen die Fe^{2+}-Konzentration gering ist, äußert sich die magnetische Nachwirkung meist schon bei Zimmertemperatur durch ein selbständiges, von einer μ'-Abnahme begleitetes Maximum auf der $\mu''(\omega)$-Kurve (Abb. 6.72). Da aber die Bandbreite der Zeitkonstanten groß ist, erscheint eine gewisse Erhöhung der magnetischen Verluste im Bereich niedrigerer Frequenzen auch dann, wenn die mittlere Relaxationsfrequenz der magnetischen Nachwirkung ω_m selbst schon höher als die kritische Frequenz für die Dämpfung der Wandverschiebungen ist.

Eine andere Quelle der Dispersion der Permeabilität können die mechanischen Resonanzen der Probe sein, die infolge der magnetoelastischen Kopplung besonders bei Materialien mit starker Magnetostriktion bei Wechselfeldmagnetisierung der Probe angeregt werden können. Die Entstehung dieser Resonanzen äußert sich im magnetischen Spektrum durch ein scharfes, von einem Minimum gefolgtes Maximum auf der μ'-Kurve und durch ein Maximum von μ'' [147].

Bei Proben mit größeren Abmessungen schließlich kann die sogenannte Dimensionsresonanz auftreten, bei der die Länge der elektromagnetischen Welle im Material mit den Probenabmessungen vergleichbar wird [154].

Alle erwähnten Dispersionsmechanismen der Permeabilität sind gleichzeitig Quellen magnetischer Verluste, deren Maximum in den Bereich der betreffenden kritischen Frequenzen fällt. Die Größe der Verluste beurteilen wir gewöhnlich nach dem sogenannten Verlustfaktor $\mathrm{tg}\,\delta = \mu''/\mu'$, der den Phasenwinkel angibt, um den sich die Magnetisierung zeitlich gegenüber dem Feld verzögert. Die magnetischen Verluste sind ein wichtiger Beurteilungsfaktor für die Qualität des Materials und für eventuelle Beschränkungen seiner Verwendbarkeit. Die Verluste, von denen wir im Zusammenhang mit dem Aussetzen der elementaren Magnetisierungsvorgänge sprachen, und die durch die magnetische Nachwirkung verursachten Verluste stellen *die eigentlichen Materialverluste* in schwachen Feldern dar, für die alle Magnetisierungsvorgänge als reversibel angesehen werden können. Zusammengefaßt werden sie manchmal nicht ganz zutreffend als „Restverluste" bezeichnet, womit angedeutet wird, daß es sich um Verluste handelt, die nach der Abtrennung der beiden übrigen Typen, Hystereseverluste und Wirbelstromverluste, übrig geblieben sind.[61])

Die Wirbelstromverluste, die bei metallischen ferromagnetischen Werkstoffen meist die Hauptquelle der Verluste bei höheren Frequenzen sind, können bei Ferritwerkstoffen wegen ihrer niedrigen elektrischen Leitfähigkeit meist vernachlässigt wer-

[61]) Die Hystereseverluste sind der ersten Potenz und die durch Wirbelströme verursachten Verluste der zweiten Potenz der Frequenz proportional; sie können deshalb voneinander unterschieden werden, wenn die Restverluste im betreffenden Frequenzbereich als konstant angesehen werden können.

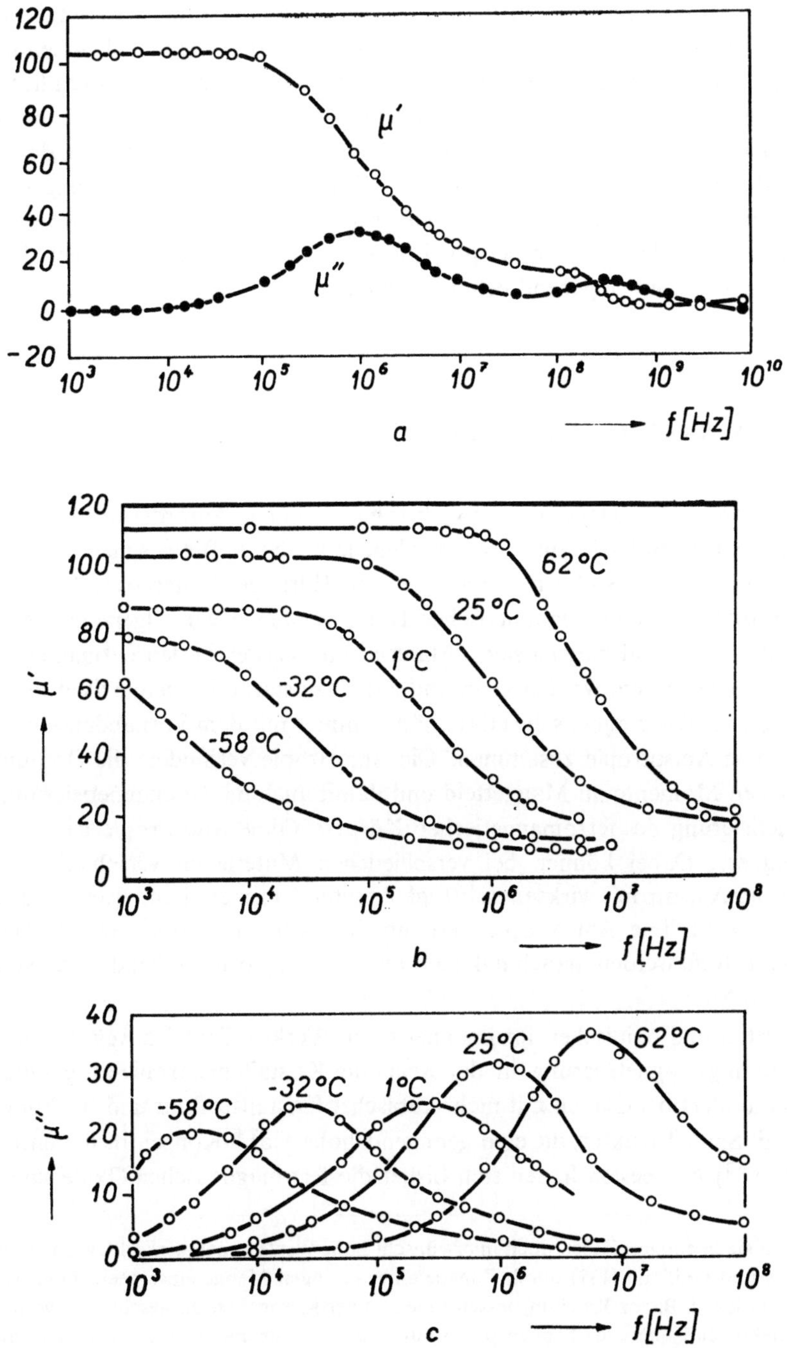

Abb. 6.72 Magnetische Spektren des Yttrium-Eisen-Granats: (a) Frequenzabhängigkeit von μ', μ'' bei Zimmertemperatur, (b) und (c) dito für andere Temperaturen. (Nach Epstein und Frackiewicz [88].)

den.[62]) Die Hystereseverluste, die mit der Irreversibilität der Magnetisierungsvorgänge zusammenhängen, treten bei den Ferriten verhältnismäßig wenig in Erscheinung, da der Hauptanwendungsbereich von Ferritwerkstoffen in schwachen Feldern liegt. Weil diese Verluste der Fläche der Hystereseschleife proportional sind, die bei einem Magnetisierungszyklus durchlaufen wird, bewährt sich zur Verringerung der Hystereseverluste in schwachen und mittelstarken Feldern auch die Anwendung von Ferriten mit einer Perminvar-, evtl. einer Isoperm-Hystereseschleife [80] (siehe Abschn. 6.3). Hauptquelle der Verluste bei polykristallinen Ferriten bleiben daher die Restverluste, die wir oben eingehend behandelt haben.

Ferrite als Werkstoffe für Dauermagnete

Auch wenn die an Dauermagnetwerkstoffe gestellten Anforderungen in Einzelheiten einige Unterschiede aufweisen werden, je nachdem für welchen Zweck diese Magnete dienen sollen, so bleibt die magnetische Härte des Materials stets die grundlegende Forderung. Unter magnetischer Härte verstehen wir allgemein die Eigenschaft, daß das einmal magnetisierte Material nur schwer in den entmagnetisierten Zustand zurückgebracht werden kann und daß dazu starke Entmagnetisierungsfelder notwendig sind. Die magnetische Härte hängt immer mit dem Vorhandensein irgendeiner Art von Anisotropie zusammen. Die Anisotropie verhindert die Drehung der magnetischen Momente im Magnetfeld und damit auch die Ummagnetisierung bzw. Entmagnetisierung des ferromagnetischen Körpers. Ohne Anisotropie gäbe es keine Dauermagnete. Dabei können bei verschiedenen Materialien verschiedene Arten magnetischer Anisotropie wirksam sein (vgl. Abschn. 4.1), meist handelt es sich aber um die magnetokristalline Anisotropie und um die Formanisotropie. Die magnetisch harten Werkstoffe werden manchmal nach der Art der vorherrschenden Anisotropie eingeteilt [155].

Bei Ferriten und oxidischen ferrimagnetischen Werkstoffen wird wegen ihrer niedrigen Sättigungsmagnetisierung in der Regel die Kristallanisotropie ausgenutzt. Sie erreicht besonders bei Oxiden mit nicht-kubischer Kristallstruktur und bei kubischen Ferriten mit Spinellstruktur, die eine genügend hohe Co^{2+}-Konzentration enthalten, hohe Werte.[63]) Am besten haben sich bisher die ferrimagnetischen Oxide vom Typ

[62]) Wenn sie in einigen Fällen doch unerwünscht hohe Werte annehmen sollten, so können sie nach Paulus und Guillaud [139] durch Zugabe einer geringen Menge eines geeigneten Additivs verringert werden; z. B. von Kalzium, dessen Ionen an der Korngrenze ausgeschieden werden und dort eine elektrisch isolierende Schicht bilden, die die Wirbelströme unterbricht und so die von ihnen verursachten Verluste herabsetzt.

[63]) Es ist erwähnenswert, daß die ersten oxidischen Dauermagnete aus Kobaltferrit hergestellt wurden [156], und zwar schon im Jahre 1933.

$BaO.6Fe_2O_3$ mit hexagonaler Magnetoplumbitstruktur bewährt (die Ba^{2+}-Ionen können teilweise oder ganz durch Pb^{2+}- oder Sr^{2+}-Ionen ersetzt werden), die heute als Dauermagnetwerkstoffe für die verschiedensten Zwecke verwendet werden.[64])

Die für magnetisch harte Werkstoffe charakteristischen Parameter sind von der statischen Hystereseschleife abgeleitet.[65]) Es sind dies die remanente Induktion B_r, die Koerzitivkraft ${}_BH_c$ bzw. ${}_MH_c$ und der Maximalwert des sogenannten Energie-

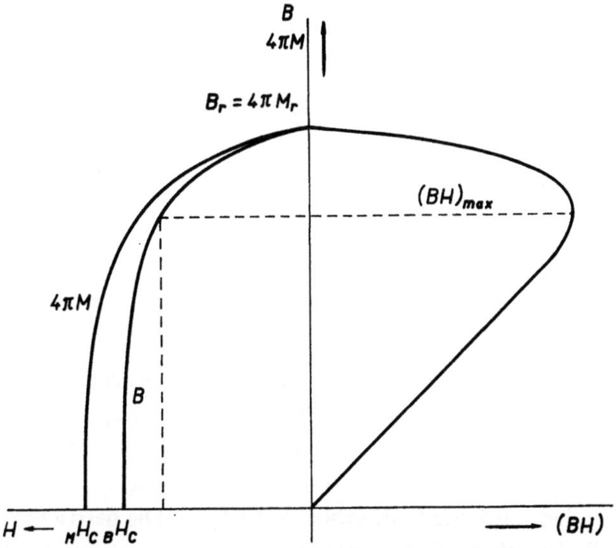

Abb. 6.73 Zur Definition von ${}_BH_c$, ${}_MH_c$, M_r und $(BH)_{max}$.

produkts $(BH)_{max}$; ihre Bedeutung ist aus Abb. 6.73 ersichtlich. Die nützlichen Eigenschaften der hexagonalen Oxide vom $BaO.6Fe_2O_3$-Typ folgen aus der starken einachsigen Kristallanisotropie, die als Anisotropiekonstante K_1' ausgedrückt, bei Zimmertemperatur Werte über $3 \cdot 10^6$ erg/cm^3 erreicht. Um diese starke Anisotropie aber voll zur Wirkung zu bringen, muß gewährleistet sein, daß die Entmagnetisierung entlang des absteigenden Astes der Hystereseschleife durch kohärente Rotation erfolgt, da die übrigen Vorgänge – Keimbildung und Wandverschiebung bzw. nichtkohärente Rotationen – in der Regel mit einer geringeren Koerzitivkraft verbunden sind. Daraus folgt die Forderung, daß die das polykristalline Material bildenden Kristallite Einbereichsteilchen sein müssen.

[64]) Diese Werkstoffe wurden im Jahre 1952 von der Firma Philips unter der Bezeichnung „Ferroxdure" in den Handel gebracht.

[65]) Man muß bei den Hystereseschleifen die Abhängigkeit der magnetischen Induktion B vom Feld H von der ähnlichen Abhängigkeit für die Magnetisierung M (bzw. $4\pi M$) vom Feld H unterscheiden. Die von den beiden Schleifenarten abgeleiteten Parameter sind im allgemeinen verschieden. In der technischen Praxis benutzt man häufiger die auf die B–H-Schleife bezogenen Parameter, vom physikalischen Standpunkt aus sind die auf die Magnetisierung bezogenen Parameter elementarer. Damit keine Verwechslung eintritt, werden wir die auf den Kurven B–H bzw. M–H gemessenen Werte der Koerzitivkraft durch Indices unterscheiden und schreiben: ${}_BH_c$, ${}_MH_c$.

In Abschn. 4.1 führten wir den Ausdruck (4.29) für die kritischen Abmessungen eines kugelförmigen Eindomän-Teilchens ein. Benutzen wir die für $BaO.6\,Fe_2O_3$ bei Zimmertemperatur gültigen Werte, $K_1' = 3{,}3 \,.\, 10^6$ erg/cm^3, $4\pi M_s = 4780$ gauss, $T_c = 723$ °K, und nehmen wir $a \cong 3 \,.\, 10^{-8}$ cm, so erhalten wir zunächst nach (4.28) $\sigma_w \cong 5$ erg/cm^2 und nach Einsetzen in die erwähnte Formel $d_{\text{krit}} = 0{,}5 \,.\, 10^{-4}$ cm. Wir können daher bei Zimmertemperatur ein Einbereichsverhalten erwarten, wenn

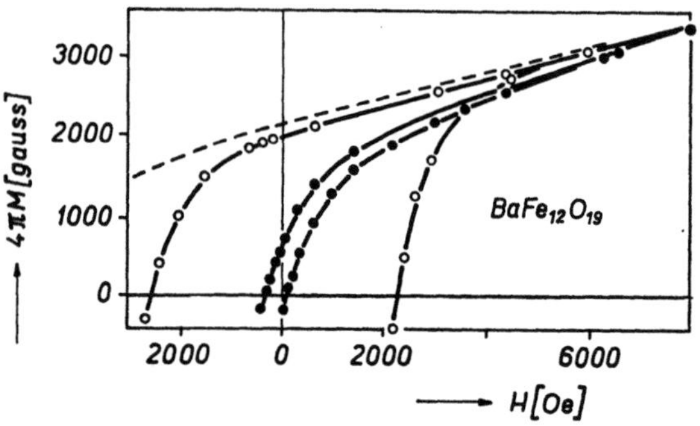

Abb. 6.74 Einfluß der Brenntemperatur (bzw. der Korngröße) auf die Form der Hystereseschleife von $BaFe_{12}O_{19}$ (nach Rathenau u. a. [157]).

die Körner kleiner als 1 µm sind. Abb. 6.74 zeigt anschaulich den Unterschied in der Form der Hystereseschleife bei zwei $BaO.6\,Fe_2O_3$-Proben, die bei zwei verschiedenen Temperaturen gebrannt wurden; die bei 1350 °C gebrannte Probe (○) besaß eine durchschnittliche Korngröße von 1 µm, die bei 1400 °C gebrannte Probe (●) eine durchschnittliche Korngröße von 10 µm. Die gestrichelte Kurve entspricht dem theoretischen Verlauf der Entmagnetisierung bei reinen Drehprozessen.

Bei reinen Drehprozessen sollte nach (6.27) ein polykristallines, aus statistisch orientierten Kristalliten bestehendes Material eine Koerzitivkraft ${}_MH_c = 0{,}96K_1'/M$ besitzen, was für Bariumferrit $BaO.6Fe_2O_3$ bei Zimmertemperatur ungefähr einem Wert von 8000 Oe entspricht. Die experimentell erzielten ${}_MH_c$-Werte sind in der Regel niedriger, was zeigt, daß die Bildung einer gewissen Anzahl von Blochwänden bei der Einwirkung eines negativen (entmagnetisierenden) Feldes nicht völlig vermieden werden kann.[66]) Eine der Ursachen sind die gegenseitigen magnetischen Wechselwirkungen zwischen den Körnern, die unvermeidbar sind, wenn man nicht eine über ein vernünftiges Maß hinaus gehende Porosität des Materials zulassen will. Außerdem kann man auch das Korngrößenwachstum während des Sintervorganges nicht völlig beschränken. Von der Anwesenheit von Blochwänden bei feinkörnigem $BaO.6\,Fe_2O_3$ können wir uns durch die Temperaturabhängigkeit von ${}_MH_c$ überzeugen (Abb. 6.75). Zwischen 200 und 300 °C findet man ein ausgeprägtes Maximum von ${}_MH_c$, während es in Richtung zu tiefen Temperaturen abnimmt. Das steht im Widerspruch zu der Beziehung (6.27), der zufolge ${}_MH_c$ unter der Voraussetzung reiner Rotationsprozesse mit abnehmender Temperatur wie K_1'/M_s zunehmen sollte. Diesen Widerspruch er-

[66]) Auch wenn das Teilchen ohne äußeres Feld Einbereichsverhalten besitzt, können sich in ihm unter dem Einfluß eines magnetischen Feldes Blochwände ausbilden. Siehe darüber [157].

klärte Rathenau mit der Temperaturabhängigkeit der kritischen Teilchengröße. Wie aus (4.26) und (4.29) folgt, ist d_{krit} dem Ausdruck $\sqrt{K_1'}/M_s$ proportional, dessen Temperaturabhängigkeit in Abb. 6.76 wiedergegeben ist, und wird daher bei tiefen Temperaturen kleiner sein als bei hohen Temperaturen. Infolgedessen erwarten wir, daß die Anzahl der Wände bei tiefen Temperaturen zunimmt und damit die Koerzitivkraft abnimmt. Das Maximum in der ${}_MH_c-T$-Kurve kann dann durch gleichzeitige

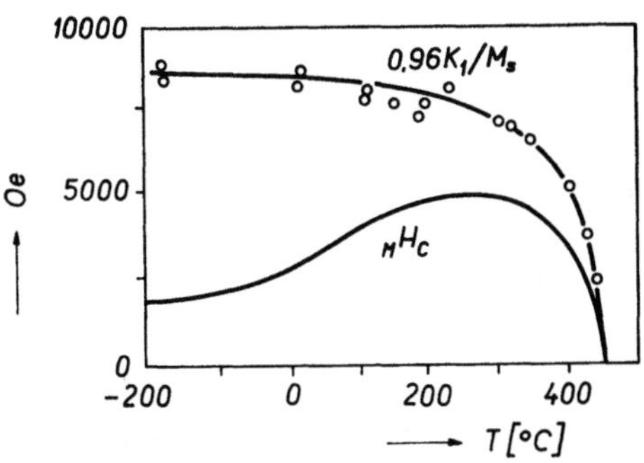

Abb. 6.75 Temperaturabhängigkeit von ${}_MH_c$ und K_1'/M_s bei feinkörnigem $BaFe_{12}O_{19}$ [158].

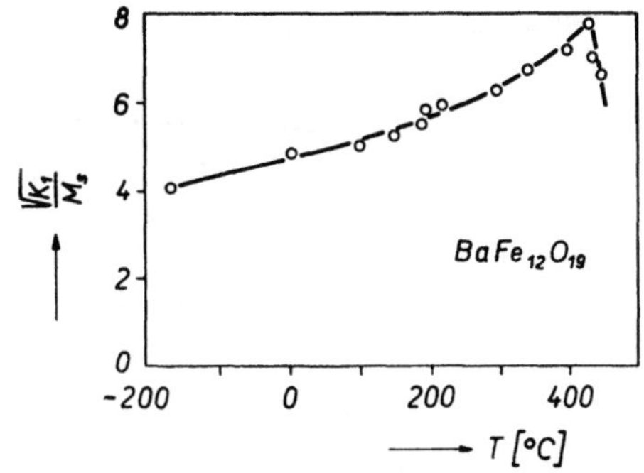

Abb. 6.76 Temperaturabhängigkeit von $(K_1')^{1/2}/M_s$ des Ferrits $BaFe_{12}O_{19}$ [157].

entgegengesetzte Wirkung der Temperaturabhängigkeit von d_{krit} und der Temperaturabhängigkeit der Bindungskraft der Blochwände hervorgerufen werden.

Die Abnahme der Koerzitivkraft und die Bildung von Blochwänden während der Abkühlung können manchmal unangenehme praktische Folgen haben. Die entstandenen Blochwände, auch wenn sie nach einer nochmaligen Erwärmung nicht mehr stabil sind, verbleiben dennoch im Material als metastabile Gebilde, die seine Koerzitivkraft herabsetzen und im Falle eines ungünstig gewählten Arbeitspunktes die teilweise oder völlige Entmagnetisierung des Magneten verursachen können. Diese Erscheinung nennt man manchmal Temperaturinstabilität des Magneten.

Die Verbesserung der Materialparameter der magnetisch harten Ferritwerkstoffe wird durch Orientierung der Kristallite erreicht. Zu diesem Zweck wird das aus kleinen $BaO.6\,Fe_2O_3$-Kriställchen bestehende Pulver vor dem Endbrand in einem magnetischen Feld gepreßt. Die einzelnen Kriställchen, die meist Plättchenform besitzen, orientieren sich im magnetischen Feld so, daß ihre hexagonalen Achsen, die Richtungen leichter Magnetisierbarkeit sind, sich parallel zueinander anordnen. Diese Orientierung wird durch die nachfolgende Sinterung nicht aufgehoben, sondern im Gegenteil noch vervollkommnet, so daß das resultierende Material ausgeprägt anisotrop ist und eine einzige Richtung leichter Magnetisierbarkeit besitzt.[67]) Eine typische

[67]) Wie Rathenau u.a. [157] zeigten, werden im Verlauf des Kornwachstums während des Sinterns die Kristallite mit ungünstiger Orientierung von den richtig orientierten Kristalliten aufgezehrt, allerdings unter der Voraussetzung, daß vorher durch das Pressen im Magnetfeld schon eine ausreichende Orientierung erreicht wurde.

Hystereseschleife eines orientierten Bariumferrits ist in Abb. 6.77 wiedergegeben; es ist ersichtlich, daß infolge der Orientierung die Schleife rechteckiger wird, was sich in einer wesentlichen Erhöhung der remanenten Magnetisierung M_r und des Energieproduktes $(BH)_{max}$ äußert. Die Koerzitivkraft dagegen ist bei den orientierten Werkstoffen in der Regel etwas niedriger, was mit der Anwesenheit von Blochwänden erklärt werden kann, die über die Grenzen einer größeren Anzahl von Körnern reichen.

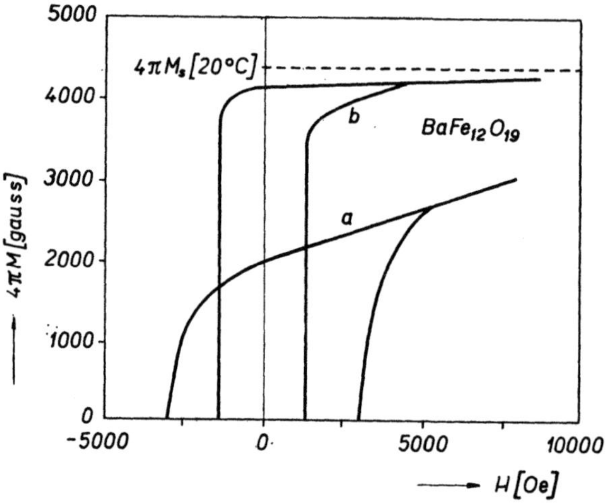

Abb. 6.77 Hystereseschleife des nichtorientierten (a) und orientierten (b) Ferrits $BaFe_{12}O_{19}$. (Nach Smit und Wijn [3].)

Die Bildung dieser Wände wird durch die Orientierung der Kristallite erleichtert und kann auch nicht dadurch verhindert werden, daß wir die Korngröße unter der Grenze d_{krit} halten. Typische Werte für M_r, ${}_MH_c$, ${}_BH_c$ und $(BH)_{max}$, die bei orientierten und nichtorientierten $BaO.6\,Fe_2O_3$-Ferriten erreicht werden, sind zusammen mit den bei anderen hexagonalen Oxiden gefundenen Ergebnissen in Tab. VI-7 wiedergegeben.

Ungefähr die gleichen Werte wie beim nichtorientierten $BaO.6\,Fe_2O_3$-Ferrit wurden auch bei teilweiser bzw. vollständiger Substitution des Bariums durch Strontium oder Blei und bei Ersatz eines Teiles der Sauerstoffionen durch Fluor erhalten. Auch

Tabelle VI-7

Parameter magnetisch harter hexagonaler Ferrite

	$B_r(G)$	${}_MH_c$ (Oe)	${}_BH_c$ (Oe)	$(BH)_{max}$ (G.Oe)
$BaFe_{12}O_{19}$ — orientiert	4080	1450—2100	1360—1930	3,0—4,45 . 10^6
$BaFe_{12}O_{19}$ — isotrop	2000	3000	1650	0,8 . 10^6
Fe_2 **W**	—	—	—	10^6
$SrFe_{12}O_{19}$*)	4100	3000	—	4 . 10^6

*) Genaue Zusammensetzung: $(SrO)_{1-x} . (CaO)_x . 5{,}6\,Fe_2O_3$, $x < 0{,}1$ [158].

einige andere Typen von hexagonalen Ferriten, z. B. Verbindungen vom Typ Fe_2**W**, besitzen, wie die Tabelle zeigt, ähnliche Eigenschaften. Im Bestreben, die Koerzitivkraft bzw. die Remanenz und das Energieprodukt der Ferritmagnete zu erhöhen, wurden auch systematische Versuche über die Substitution von Fe^{3+}-Ionen durch andere magnetische und nichtmagnetische Ionen durchgeführt. Diese Versuche waren aber nur in bezug auf die Koerzitivkraft erfolgreich; es wurden Werte von ${}_MH_c$ bis zu 10 000 Oe erzielt, allerdings um den Preis einer bedeutenden Herabsetzung der Sättigungsmagnetisierung und der remanenten Magnetisierung.

Es sei bemerkt, daß es bei Strontiumferrit gelungen ist, die Koerzitivkraft im Vergleich zu Bariumferrit etwas zu erhöhen und damit gleichzeitig einen höheren Wert des Energieprodukts zu erreichen [158, 158a].

Ferrite mit rechteckiger Hystereseschleife

Bei den magnetisch weichen Ferritwerkstoffen kann unter Umständen eine rechteckige Hystereseschleife ohne Orientierung der Kristallite erzielt werden. Zwei Arbeitsweisen haben wir schon früher erwähnt. Die eine von ihnen nutzt die induzierte Anisotropie aus, die, wenn sie genug stark ist, nach dem Einfrieren eine einheitliche Richtung leichter Magnetisierbarkeit in der ganzen Probe erzeugt; über diesen Weg haben wir im Abschn. 6.3 ausführlich gesprochen. Er kann vor allem dort mit Erfolg angewendet werden, wo die Kristallanisotropie verhältnismäßig schwach gegenüber der induzierten Anisotropie ist (NiZnCo-Ferrite) [109]. Die zweite Möglichkeit beruht in der Ausbildung einer Vorzugsrichtung der Magnetisierung durch anlegen einer dauernden mechanischen Spannung. Dies kann bei Werkstoffen mit starker Magnetostriktion durchgeführt werden und wurde praktisch bei NiZn-Ferrit angewendet [3]. Die Hystereseschleife bleibt dann nur so lange rechteckig, wie die mechanische Spannung wirksam ist.

Die Richtung der anzulegenden mechanischen Spannung hängt dabei vom Vorzeichen der effektiven Magnetostriktionskonstanten λ_s ab. Ist $\lambda_s < 0$ wie bei NiZn- und vielen anderen Ferriten, so muß im Material ein Druck in der Richtung, die Richtung leichter Magnetisierbarkeit werden soll, ausgeübt werden (vgl. Abschn. 4.3). Eine Zugspannung würde dagegen in einem solchen Fall zu einer Herabsetzung der remanenten Magnetisierung führen. An NiZn-Ferritringkernen wurde nach diesem Prinzip eine rechteckige Hystereseschleife in der Weise erzielt, daß die Ferritkerne bei hoher Temperatur mit Glasringen überzogen wurden, deren Wärmeausdehnung größer als die des Ferrits war. Nach der Abkühlung erzeugte der Glasring im Ferrittoroid einen tangentialen Druck, der bei genügend hohen Werten eine Vorzugsrichtung der Magnetisierung entlang des Umfangs des Ringkernes hervorrief. Eine so gewonnene Familie von bis zu verschiedenen Maximalfeldstärken ausgesteuerten rechteckigen Hystereseschleifen ist in Abb. 6.78 wiedergegeben; ihre Gestalt unterscheidet sich drastisch von der Gestalt der Hystereseschleife desselben Ferrits, wenn er keiner mechanischen Spannung ausgesetzt wurde.

Die wichtigste Gruppe von Ferritwerkstoffen mit rechteckiger Hystereseschleife sind aber jene Ferrite, bei denen die Hystereseschleife schon im isotropen Zustand auftritt, ohne daß es nötig wäre, im Material auf irgendeine Weise eine magnetische oder Kristallographische Textur hervorzurufen. Als Beispiele können die MnMg-, MnCu- oder NiMn-Ferrite dienen, wobei die Existenz der rechteckigen Schleife stets an einen nicht allzu ausgedehnten Zusammensetzungsbereich innerhalb der erwähnten Systeme gebunden ist (Abb. 6.79).

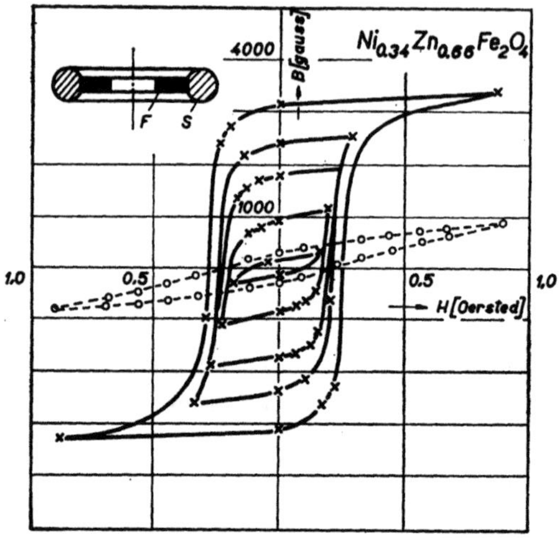

Abb. 6.78 Hystereseschleife des Ferritringkerns F mit $\lambda_s < 0$, der einem radialen Druck durch den überzogenen Glasring S ausgesetzt wurde. (Nach Smit und Wijn [3].)

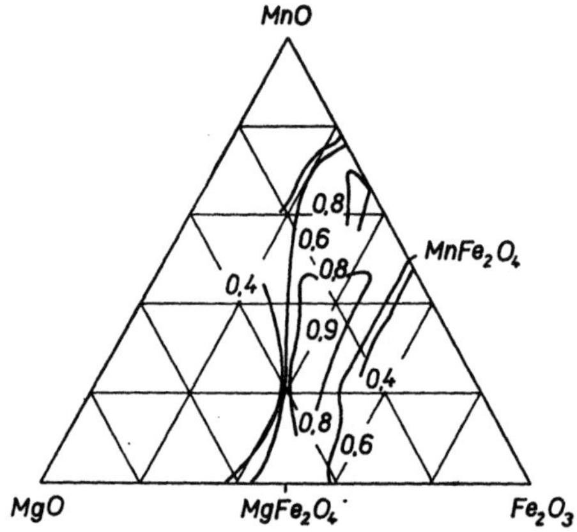

Abb.6.79 Zusammensetzungsgebiet mit Rechteck-Schleife im MnMg-Ferritsystem mit Angabe von Werten des Rechteckigkeits-Koeffizienten R_s. (Nach Goodenough [160].)

Der Ursprung der rechteckigen Hystereseschleife dieser Ferrite ist noch nicht völlig geklärt. Mit der Frage ihrer Entstehung befaßte sich als erster Goodenough [30], der die Bedingung für ein Nukleationsfeld H_N mit positivem Vorzeichen suchte (Abschn. 6.1, Seite 585 f.), d. i. die Bedingung, bei der die Bildung der Ummagnetisierungskeime erst bei negativen Feldstärken nach dem Überschreiten des Remanenzpunktes auf dem absinkenden Ast der Hystereseschleife einsetzt. Unter der Voraussetzung, daß die Keime an den Korngrenzen gebildet werden, leitete er diese Bedingung in der Form ab

$$LM_s^2 (\cos \Theta_1 - \cos \Theta_2)^2 < 60\, \sigma_w\,; \tag{6.81}$$

L bedeutet hier den mittleren Korndurchmesser, M_s die spontane Magnetisierung, σ_w die Flächendichte der Wandenergie, und Θ_1, Θ_2 sind die Winkel, die die Vektoren der Magnetisierung in den benachbarten Kristalliten mit der Normalen zur Grenzfläche bilden. Da $\sigma_w \sim \sqrt{K}$ (vgl. Seite 340), bedeutet dieses Ergebnis Goodenoughs, daß eine rechteckige Schleife bei Werkstoffen mit großer Anisotropie erwartet werden kann, wobei geringe Korngröße und niedrige Magnetisierung von Vorteil sein sollten. Diese Ergebnisse wurden aber nicht eindeutig von der Erfahrung bestätigt, und eine Reihe grundsätzlicher Fragen, unter ihnen der Umstand, weshalb in einigen Systemen Rechteckigkeit vorkommt und in anderen nicht, blieben unerklärt.

Baltzer [161] sprach hingegen die Vermutung aus, daß die Ursache der Rechteckigkeit in der Aufhebung der effektiven Anisotropie innerhalb der Domänen liegt.[68]) In einem solchen Fall, wenn wir vom Sättigungszustand aus, in dem die Probe eine einzige große Domäne bildet, entlang des absteigenden Astes der Hystereseschleife entmagnetisieren, bleibt die Magnetisierung in der gesamten Probe parallel zur Feldrichtung, da keine anisotropen Kräfte vorhanden sind, die bestrebt wären, in den einzelnen Kristallen den Magnetisierungsvektor in die entsprechenden leichten Richtungen zu drehen. Infolgendessen bleibt $M_r \approx M_s$, und die Umkehrung der Magnetisierung erfolgt erst, wenn ein bestimmtes negatives kritisches Feld überschritten ist, sodaß die Hystereseschleife rechteckige Gestalt besitzen wird.

Diese Vorstellung ist mit der oben erwähnten Bedingung Goodenoughs (6.81) für die Bildung einer rechteckigen Schleife nicht unvereinbar. Ist die Anisotropie *innerhalb der Domäne* $K_D = 0$, dann ist $\cos \Theta_1 \doteq \cos \Theta_2$ und (6.81) wird erfüllt sein, wenn die effektive, auf den Magnetisierungsvektor *innerhalb der Wand* einwirkende Anisotropie K_w von Null verschieden ist.)[69] Die eingehende Analyse Baltzers ergibt, daß man in der Mehrzahl der Fälle tatsächlich $K_D \neq K_w$ erwarten kann. Für die Erfüllung der Bedingung $K_D = 0$ ist es aber nicht immer nötig, daß die magnetokristalline Anisotropie gleich Null ist. Es genügt, wenn sie durch die magnetoelastische Energie aufgehoben wird, was unter günstigen Umständen eintreten kann, wenn die Magnetostriktionskonstanten λ_{111}, λ_{100} bestimmte Relationen erfüllen. Dabei scheint es wesentlich zu sein, daß die einzelnen Kristallite, aus denen die polykristalline Probe aufgebaut ist, sich nicht frei unter dem Einfluß der Magnetostriktion deformieren können, (d. h. so wie ein isolierter Einkristall), sondern daß sie der Kraftwirkung der umgebenden Kristallite ausgesetzt sind, die eine Quelle mechanischer Spannungen darstellen. Seine Schlußfolgerungen belegt Baltzer durch die Analyse der Ergebnisse von Magnetostriktionsmessungen an den Systemen $MgFe_2O_4$–Mn_3O_4 und $NiFe_2O_4$–$NiMn_2O_4$.

Eine weitere Ursache für die Entstehung einer rechteckigen Hystereseschleife kann nach Wijn und Mitarbeitern [162] die Aufhebung der Magnetostriktion in der leichten Richtung sein, d. i. die Erfüllung der Bedingung $\lambda_{111} \approx 0$, bei Beibehaltung von verhältnismäßig hohen negativen Werten von K_1. Diese Hypothese wird durch die Ergebnisse von Ohta und Kobayashi [163] und von Shichio und Mirosawa [164] im System der MnZnFe-Spinelle unterstützt; ähnlich wird die Bildung einer rechteckigen Schleife in Li-Ferriten erklärt [165]. Für die endgültige Entscheidung wird es ohne Zweifel notwendig sein, genaue Information über die grundlegenden Konstanten

[68]) Diese Anisotropie kann im allgemeinen von der Anisotropie, die in den Blochwänden auftritt, verschieden sein; genaue Definitionen siehe [132].

[69]) Dabei kann auch die magnetostatische Energie eine gewisse Rolle spielen, die z. B. bei geschlossenen ringförmigen Proben die Magnetisierungsrichtung entlang des Umfanges zu einer Vorzugsrichtung macht.

(K_1, λ_{100}, λ_{111}) in einer größeren Anzahl von Systemen mit rechteckiger Hystereseschleife zu gewinnen. Es sei bemerkt, daß eine wesentliche Erniedrigung von λ_{111} bei MnZnFe-Spinellen im Bereich von manganreicheren Zusammensetzungen eintritt, also gerade bei jenen Zusammensetzungen, die Mn^{3+}-Ionen enthalten, welche sich durch eine starke Tendenz zur Verzerrung des Kristallgitters infolge des Jahn-Teller-Effekts auszeichnen (vgl. Abschn. 2.4). Der Umstand, daß praktisch alle Ferritzusammensetzungen mit rechteckiger Hystereseschleife Jahn-Teller-Ionen (Mn^{3+}, Cu^{2+}) enthalten, wurde zuerst von Baltzer bemerkt [161]. Wiechec und Kelley [166] untersuchten eingehend in den „Rechteck"-Zusammensetzungen der MnMgZn-Ferrite den Einfluß der verschiedensten Ionen auf die Gestalt der Schleife und stellen fest, daß optimale Rechteckigkeit dann erreicht wird, wenn ungefähr 14% der oktaedrischen Lagen von Mn^{3+}- (oder Cu^{2+}-) Ionen besetzt sind;[70]) ist diese Bedingung erfüllt, so hat die Substitution der übrigen Ionen praktisch keinen Einfluß auf die Rechteckigkeit.[71]) Die Verzerrung der Umgebung der Mn^{3+}- und Cu^{2+}-Ionen, die wahrscheinlich infolge des Jahn-Teller-Effekts eintritt, kann die lokale Symmetrie des Kristalls ändern und so wesentlich die magnetokristalline Anisotropie[72]) und eventuell auch die Magnetostriktion, zumindest lokal, beeinflussen. Der eigentliche Mechanismus kann aber komplizierter sein als die bloße Beeinflussung der makroskopischen Konstanten (K_1, λ_{111}). Eine wichtige Rolle bei der Modifizierung der Magnetisierungsvorgänge und Bildung einer rechteckigen Hystereseschleife kann die Bildung von Bereichen mit erhöhter Konzentration an deformierenden Ionen spielen, die vom Standpunkt der Herabsetzung der gesamten elastischen Energie des Kristalls vorteilhaft sein kann. Auf diese Möglichkeit hat Goodenough [167] aufmerksam gemacht, der der Ansicht ist, daß bei der Entstehung einer rechteckigen Hystereseschleife die Unterschiede der Magnetisierung innerhalb und außerhalb der Ionenhaufen am wichtigsten sind. Eine Reihe experimenteller, von Goodenoughs Hypothese beeinflußter Arbeiten, bringt Beweise für die reale Existenz derartiger Inhomogenitäten in J.-T.-Ionen enthaltenden Spinellen [168–170]. Wichtig ist in diesem Zusammenhang die Beobachtung von Starzewa und Schur [171], die sich mit dem Studium der Domänenstruktur eines rechteckigen MnMg-Ferrits befaßten. Sie stellten fest, daß es zwei verschiedene Strukturtypen gibt, die in verschiedenen Bereichen des Magnetisierungszyklus stabil sind und sprunghaft ineinander übergehen. Dabei war die im entmagnetisierten Zustand entstehende Domänenstruktur sehr kompliziert und zeichnete sich durch geringe Beweglichkeit der Blochwände aus. Ein derartiges Verhalten kann durch die Anwesenheit lokaler, von Ort zu Ort unterschiedlicher Spannungen hervorgerufen

---

[70]) Ausgangszusammensetzung in Mol %: 14,3 MgO, 40,8 MnO, 3,7 ZnO, 41,2 Fe_2O_3.

[71]) Bei einer Konzentration von 14% entfällt 1 Mn^{3+}- bzw. Cu^{2+}-Ion auf ungefähr 7 oktaedrische Ionen. Wie aus der Analyse der Spinellstruktur folgt (vgl. Abb. 2.3), bietet dieses Verhältnis im Prinzip die Möglichkeit zur Bildung eines Ordnungszustandes im oktaedrischen Untergitter, bei dem jedes der verzerrenden Ionen als nächste Nachbaren indifferente, keine Verzerrung hervorrufende Ionen besäße.

[72]) Vgl. auch. Abschn. 4.2, Seite 363 f., und 4.4, Seite 431 f.

werden oder allgemeiner durch die Existenz großer Schwankungen der magnetokristallinen und der magnetoelastischen Energie innerhalb der Probe. Der diskontinuierliche Übergang zu der in stärkeren Feldern stabilen Struktur scheint dann direkt mit der schnellen Änderung der Magnetisierung in der Umgebung der Koerzitivkraft bei Werkstoffen mit rechteckiger Hystereseschleife zusammenzuhängen.

Der Rechteckigkeitsgrad des Werkstoffes und damit auch seine Qualität wird meist nach zwei Kriterien beurteilt: das eine ist der Wert der sogenannten relativen Remanenz B_r/B_m, wo $B_m = B(H_m)$ die magnetische Induktion bei der maximalen Feldstärke ist, bis zu der die Schleife angesteuert wird, das zweite ist der sogenannte Rechteckigkeitskoeffizient R_s, der als Maximum des Ausdruckes $B(-H_m/2)/B(H_m)$ definiert wird. Die Bedeutung der beiden Kriterien ist aus Abb. 6.80 ersichtlich. Wie aus dem Vorhergehenden folgt, hängt der Grad der Rechteckigkeit dieser magnetisch „isotropen" Werkstoffe wesentlich von der chemischen Zusammensetzung ab. Die in der Praxis am häufigsten verwendeten Werkstoffe sind Mangan-Magnesium-Ferrite [173], die manchmal in geringer Konzentration auch Zink enthalten, das die Koerzitivkraft herabsetzt, ohne die Rechteckigkeit merklich zu verschlechtern. Außer bei diesen Ferriten wurde gute Rechteckigkeit auch bei den Ferritsystemen MnCu [83], MnNi [174], MgCu [81, 82], NiCu [175], CdMnMg [176], LiMn [165] u. a. erzielt.

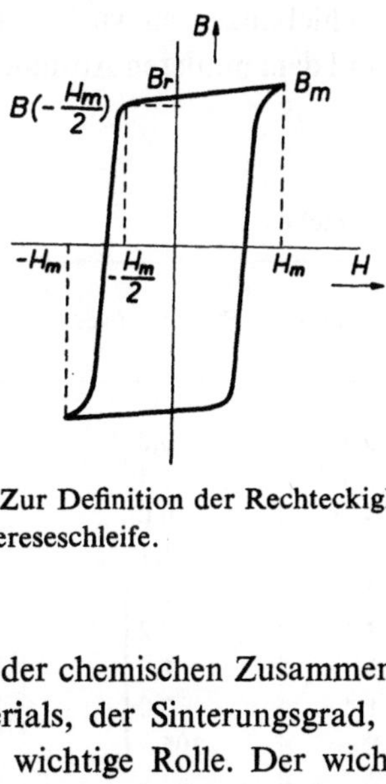

Abb. 6.80 Zur Definition der Rechteckigkeit einer Hystereseschleife.

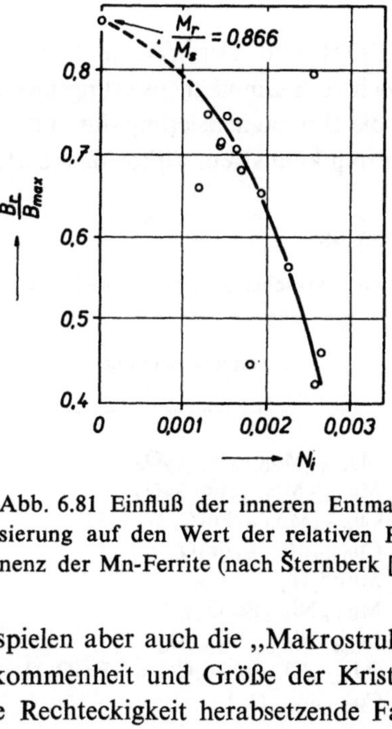

Abb. 6.81 Einfluß der inneren Entmagnetisierung auf den Wert der relativen Remanenz der Mn-Ferrite (nach Šternberk [172]).

Außer der chemischen Zusammensetzung spielen aber auch die „Makrostruktur" des Materials, der Sinterungsgrad, die Vollkommenheit und Größe der Kristallite u. ä. eine wichtige Rolle. Der wichtigste, die Rechteckigkeit herabsetzende Faktor scheint hier die Porosität zu sein, deren mit der Existenz innerer entmagnetisierender Felder zusammenhängender schädlicher Einfluß aus Abb. 6.81 ersichtlich ist.

Ferrite mit rechteckiger Hystereseschleife werden am häufigsten als Kerne für Speicherelemente in Rechenmaschinen verwendet, in denen diese Kerne nach einem Impulsprogramm arbeiten. Aus diesem Grunde sind für die Qualität des Materials neben der eigentlichen Rechteckigkeit auch einige dynamische Parameter entscheidend. Es handelt sich insbesondere um den durch die Beziehung (6.46) definierten Schaltkoeffizienten S_w, durch den die Geschwindigkeit der Ummagnetisierung cha-

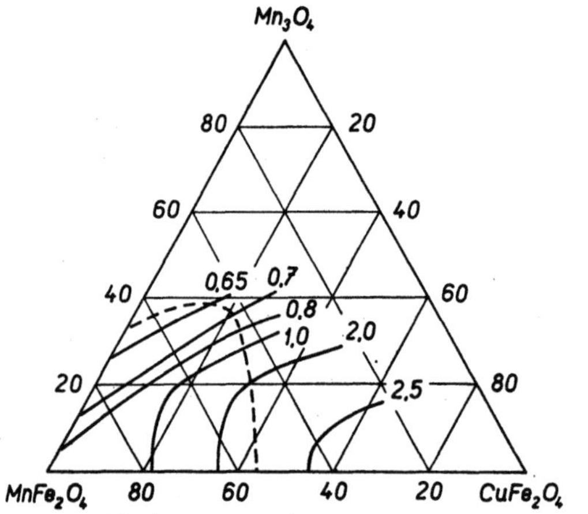

Abb. 6.82 Verlauf des Schaltkoeffizienten S_w im System der MnCu-Eisenspinelle. (Nach Weisz und Brown [83].)

rakterisiert wird. Der Wert des Schaltkoeffizienten hängt sowohl vom Material selbst als auch vom Ummagnetisierungsmechanismus ab (vgl. Abschn. 6.2 Seite 608 f.). Erfolgt die Ummagnetisierung durch Blochwandverschiebungen, so wird nach (6.46) S_w dem Produkt aus dem Viskositätskoeffizienten β und dem mittleren Abstand d, den die

Tabelle VI-8

Parameter typischer Ferrite mit rechteckiger Hystereseschleife

Zusammensetzung	H_0 (Oe)	S_w (Oe . µsec)	Quelle
$Mg_{0,45}Mn_{0,78}Fe_{1,77}O_4$	0,9	0,8	[3]
$Mg_{0,61}Mn_{0,56}Fe_{1,84}O_4$	1,5	1,3	[177]
$Cu_{0,25}Mn_{0,75}Fe_2O_4$	0,85	0,8	[3]
$Cu_{0,47}Mn_{0,53}Fe_2O_4$	0,65	1,1	[177]
$MnFe_2O_4$	0,5	1,6	[3]
$Mg_{0,6}Ni_{0,4}Fe_2O_4$	3,6	2,2	[3]
$Li_{0,47}Ni_{0,06}Fe_{2,47}O_4$	2	1	[3]
$(Mg_{0,6}Ni_{0,4})_{0,985}Co_{0,015}Fe_2O_4$*)	1,4	2,0	[3]
$Co_{0,1}Fe_{2,9}O_4$*)	8	105	[3]

*) Rechteckschleife nach Magnetfeldtemperung.

Wand überwinden muß, proportional sein. Da wir einen möglichst geringen Wert für S_w anstreben, erscheint es vorteilhaft, eine Verschiebung der Wände über allzu große Entfernungen zu vermeiden (z. B. durch Verhinderung eines übermäßigen Kornwachstums). Die Berechtigung dieser Forderung kann durch den Vergleich bekannter isotroper Ferritkerne mit Rechteckschleife mit solchen Werkstoffen bewiesen werden, die infolge der Stabilisierung durch die induzierte Anisotropie in einem einzigen großen Barkhausensprung ummagnetisiert werden. Wie Tabelle VI-8 zeigt, in der einige typische Werte für S_w von Ferriten mit rechteckiger Hystereseschleife aufgeführt sind, besitzen „isotrope" Ferrite in der Regel Werte $S_w \leqq 1$ µsec . . Oe, während bei stabilisierten „anisotropen" Ferriten S_w-Werte bis zu 100 µsec . Oe gefunden werden. Die Abhängigkeit des Schaltkoeffizienten von der chemischen Zusammensetzung beim System der MnCuFe–Ferrite ist in Abb. 6.82 wiedergegeben. Besonders kurze Ummagnetisierungszeiten wurden bei LiMnFe-Spinellen erzielt [165].

Literatur zu Kap. VI

[1] E. Kneller, Ferromagnetismus, Springer, Berlin, Göttingen, Heidelberg 1962.
[2] M. Kersten, Z. angew. Phys. *8* (1956), 313 u. 382.
[3] J. Smit, H. P. J. Wijn, Ferrites, Philips' Technical Library, Eindhoven 1959.
[4] J. Kaczér, R. Gemperle, Czech. J. Phys. *B11* (1961), 157.
[5] N. S. Akulow, Z. Phys. *67* (1931), 794; *69* (1931), 78.
[6] R. Gans, E. Czerlinski, Ann. Phys. *16* (1933), 625.
[7] R. Becker, W. Döring, Ferromagnetismus, Springer, Berlin 1939.
[8] S. W. Wonsowski, J. S. Schur, Ferromagnetism, GITTL, Moskwa, Leningrad 1948.
[9] R. M. Bozorth, Ferromagnetism, Nostrand, New York 1951.
[10] Lord Rayleigh, Phil. Mag. *23* (1887), 225.
[11] R. Becker, Phys. Z. *33* (1932), 905.
[12] E. Kondorski, Phys. Z. Sowjet. *11* (1937), 597; Dokl. Akad. Nauk SSSR *68* (1949), 37.
[13] M. Kersten, Probleme der technischen Magnetisierungskurve, Springer, Berlin 1938, S. 42.
[14] L. Néel, Cahiers de phys. *25* (1944), 1.
[15] L. Néel, C. R. Acad. Sci. Paris *223* (1946), 198; Ann. Univ. Grenoble *22* (1946), 299.
[16] L. Néel, Physica, Haag *15* (1949), 225.
[17] L. J. Dijkstra, C. Wert, Phys. Rev. *79* (1950), 979.
[18] F. Vicena, Czech. J. Phys. *4* (1954), 419; Czech. J. Phys. *5* (1955), 480.
[19] H. Barkhausen, Phys. Z. *20* (1919), 401.
[20] R. M. Bozorth, J. F. Dillinger, Phys. Rev. *35* (1930), 733.
[21] N. S. Akulow, Z. Phys. *69* (1931), 822.
[22] R. Gans, Ann. Phys., Lpz. *15* (1932), 28.
[23] L. Néel, J. Phys. Rad. *9* (1948), 184.
[24] E. P. Wohlfarth, Proc. Roy. Soc., London *A232* (1955), 208.
[25] J. Šternberk, Czech. J. Phys. *B12* (1962), 471.
[26] N. Z. Mirjasow, Ferrity. Sammelwerk aus der Konferenz in Minsk IAN BSSR 1960, S. 199; G. F. Dionne, J. Appl. Phys. *40* (1969), 1839.

[27] L. Néel, J. Phys. Rad. *5* (1944), 241.
[28] H. Lawton, K. H. Stewart, Proc. Roy. Soc., London *A193* (1948), 72.
[29] W. F. Brown, Jr., Micromagnetics, Interscience Publ. J. Wiley, New York, London, 1963.
[30] J. B. Goodenough, Phys. Rev. *95* (1954), 917.
[31] M. Kersten, Grundlagen einer neuen Theorie der ferromagnetischen Hysterese und der Koerzitivkraft, Hirzel, Leipzig 1943; Phys. Z. *44* (1943), 63; Z. Phys. *124* (1948), 714; Z. phys. Chem. *198* (1951), 89.
[32] K. H. Stewart, Proc. Phys. Soc. London *A63* (1950), 761.
[33] K. H. Stewart, J. Phys. Radium *12* (1951), 325.
[34] H. J. Williams, M. Goertz, J. Appl. Phys. *23* (1952), 316.
[35] E. C. Stoner, E. P. Wohlfarth, Phil. Trans. *240A* (1948), 599.
[36] L. Néel, C. R. Acad. Sci. Paris *224* (1947), 1488.
[37] E. P. Wohlfarth, Advances in Physics (Phill. Mag. Suppl.) *8* (1959), 87.
[38] P. A. Miles, W. B. Westphal, A. von Hippel, Rev. Mod. Phys. *29* (1957), 279.
[39] A. G. Gurewich, Ferrity na swerchwysokich czastotach, GIFML, Moskwa 1950.
[40] D. Polder, J. Smit, Revs. Mod. Phys. *25* (1953), 89.
[41] J. K. Galt, Phys. Rev. *85* (1952), 664.
[42] J. K. Galt, Bell System Tech. J. *33* (1954), 1023.
[43] J. F. Dillon Jr., H. E. Earl Jr., J. Appl. Phys. *30* (1959), 202.
[44] F. B. Hagedorn, E. M. Gyorgy, J. Appl. Phys. *32* (1961), 282 S.
[45] C. Kittel, J. K. Galt, Solid State Physics Vol. 3, Academic Press, New York, London 1956, S. 437.
[46] J. M. Winter, Phys. Rev. *124* (1961), 452.
[47] H. Van der Heide, H. G. Bruijning, H. P. J. Wijn, Philips Tech. Rund. *18* (1956), 334.
[48] H. Lachowicz, J. Markowski, W. Turewicz, Archivum elektrotech. *7* (1959), 735.
[49] B. Zítka. Czech. J. Phys. *A 10* (1960), 230.
[50] E. M. Gyorgy, F. B. Hagedorn, J. Appl. Phys. *30* (1959), 1368.
[51] E. M. Gyorgy, J. Appl. Phys. *31* (1960), 110S.
[52] M. K. Haynes, J. Appl. Phys. *29* (1958), 472.
[53] R. L. Conger, F. C. Essig, J. Appl. Phys. *28* (1957), 855.
[54] F. B. Hagedorn , J. Appl. Phys. *30* (1959), 254S.
[55] E. M. Gyorgy, J. Appl. Phys. *28* (1957), 1011.
[56] E. M. Gyorgy, J. Appl. Phys. *29* (1958), 1709.
[57] T. L. Gilbert, Phys. Rev. *100* (1955), 1243;
T. L. Gilbert, J. M. Kelly, Proc. Conf. Magnetism and Magnetic Materials, Pittsburgh 1955, A. I. E. E. Publ. T-28 (1955), 253.
[58] S. Iida, J. Phys. Chem. Solids *24* (1963), 625.
[59] R. Kikuchi, J. Appl. Phys. *27* (1956), 1352.
[60] W. L. Shevel Jr., J. Appl. Phys. *30* (1959), 47S.
[61] R. L. Conger, F. C. Essig, Phys. Rev. *104* (1956), 915.
[62] E. M. Gyorgy, F. B. Hagedorn, J. Appl. Phys. *30* (1959), 308S.
[63] B. Zítka, V. Roskovec, nicht veröffentlicht.
[64] B. Zítka, V. Roskovec, Czech. J. Phys. *B13* (1963), 858.
[65] E. Steinbeiss — Privatmitteilung.
[66] B. A. Lilley, Phil. Mag. *41* (1950), 792.
[67] S. Taniguchi, Sci. Rep. RITU *A8* (1956), 173.
[68] L. Néel, J. Phys. Radium *13* (1952), 249.
[69] S. Krupička, V. Roskovec, Czech. J. Phys. *B15* (1966), 99.
[70] M. Paulus, phys. stat. sol. *22* (1967), K87.

[71] G. W. Elmen, J. Franklin Inst. *206* (1928), 317.
[72] K. J. Sixtus, Solid State Physics in Electronics and Telecommunications 3/1, Academic Press London, New York 1960, S. 91.
[73] A. v. Kienlin, Z. angew. Phys. *9* (1957), 520, 631; *10* (1958), 167, 562.
[74] M. Kornetzki, J. Brackmann, J. Frey, Naturwiss. 42 (1955), 482; Siemens Z. *32* (1958), 412.
[75] C. Heck, G. Vaceari, Z. angew. Phys. *17* (1964), 92.
[76] U. Enz, Physica *24* (1958), 68.
[77] E. Steinbeiss, phys. stat. sol. *3* (1963), K159.
[78] J. Brož, S. Krupička, B. Zítka, Czech. J. Phys. *9* (1959), 314.
[79] L. Michalowsky, phys. stat. sol. *8* (1965), 543.
[80] M. Kornetzki, ETZA *80* (1959), 124.
[81] A. P. Greifer, W. J. Croft, J. Appl. Phys. *30* (1959), 34S.
[82] A. P. Greifer, W. J. Croft, J. Appl. Phys. *31* (1960), 85.
[83] R. S. Weisz, D. L. Brown, J. Appl. Phys. *31* (1960), 269 S.
[84] E. Kratochvílová, S. Krupička, J. Šternberk, B. Zítka, Czech. J. Phys. *A 14* (1964), 293; phys. stat. sol. *6* (1964), 23.
[85] A. Pierrot, Solid State Physics in Electronics and Telecommunications 3/1 (Proc. Int. Conf., Brussels 1958), Academic Press 1960, S. 133.
[86] A. v. Kienlin, Z. angew. Phys. *11* (1959), 118.
[87] B. A. Calhoun, J. Appl. Phys. *30* (1959), 293 S.
[88] D. J. Epstein, B. Frackiewicz, J. Appl. Phys. *30*, Suppl. (1959), 295S.
[89] J. E. Knowles, A. Broese van Groenou, Mullard Research Laboratories Report No. 2550 (1965), phys. stat. sol. *14* (1966), 91.
[90] L. Néel, J. Phys. Radium *11* (1950), 49; *12* (1951), 339.
[91] G. Richter, Ann. Phys., Lpz. *29* (1937), 605; Probleme der technischen Magnetisierungskurve, Springer, Berlin 1938, S. 9.
[92] W. Giesecke, Z. angew. Phys. *11* (1959). 91.
[93] J. L. Snoek, Physica *5* (1938), 663; *6* (1939), 161, 797.
[94] G. Dietzmann, Wiss. Zeit. Karl-Marx-Universität, Leipzig (1965), 821; G. Dietzmann, C. Michalk, phys. stat. sol. *8* (1965), K258.
[95] A. Broese van Groenou, R. F. Pearson, J. Phys. Chem. Solids. *28* (1967), 1027.
[96] R. Becker, Z. Phys. *33* (1925), 185.
[97] Jahnke-Emde, „Tafeln höherer Funktionen". Teubner, Stuttgart 1948.
[98] S. Krupička, Czech. J. Phys. *B10* (1960), 782.
[99] O. Köhler, Z. angew. Phys. *11* (1959), 103.
[100] J. L. Snoek, New Developments in Ferromagnetic Materials, Elsevier, New York—Amsterdam 1949, § 17; Physica *15* (1949), 244.
[101] P. Brissonneau, J. Phys. Chem. Solids 7 (1958), 22.
[102] A. Braginski, phys. stat. sol. *11* (1965), 603; Arch. Elektrotechniki *13* (1964), 823; *14* (1965), 419.
[103] E. Kratochvílová, Czech. J. Phys. *B15* (1965), 718.
[104] S. Krupička, Czech. J. Phys. *B10* (1960), 40.
[105] U. Enz, Physica *24* (1958), 609.
[106] A. Marais, T. Merceron, CR Acad. Sci. Paris *248* (1959), 2976; *249* (1959), 2511.
[107] S. Krupička, F. Vilím, Czech. J. Phys. *B11* (1961), 10.
[108] A. Braginski, A. Marais, T. Merceron, J. Phys. Soc. Jap. *17* Supl. B-I (1962), 300.
[109] S. Krupička, J. Phys. Soc. Jap. *17* Supl. B-I (1962), 304.
[110] S. Iida, T. Inoue, J. Phys. Soc. Jap. *17* Supl. B-I (1962), 281.
[111] A. Yanase, J. Phys. Soc. Jap. *17* (1962), 1005.

[112] GH. MAXIM, phys. stat. sol. *35* (1969), 211.
[113] K. ZÁVĚTA, E. I. TRINKLER, F. ZOUNOVÁ, phys. stat. sol. *14* (1966), K9.
[114] A. MARAIS, T. MERCERON, CR Acad. Sci. Paris, *261* (1965), 2188.
[115] A. BRAGINSKI, T. MERCERON, J. Phys. Soc. Jap. *17* (1962), 1611.
[116] S. IIDA, T. IIZUKA, J. Phys. Soc. Jap. *23* (1967), 185.
[117] J. F. JANAK, J. Appl. Phys. *34* (1963), 3356.
[118] E. KRATOCHVÍLOVÁ, Czech. J. Phys. *B15* (1965), 901, 912.
[119] K. M. BOLSCHOWA, T. A. JELKINA, West. Mosk. Un. serija III *18* (1963), 59; Izw. AN SSSR, Ser. fis. *25* (1961), 1407.
[120] A. BROESE VAN GROENOU, Phil. Res. Rep. *22* (1967), 463.
[121] V. ROSKOVEC, Czech. J. Phys. *B18* (1968), 487.
[122] D. J. EPSTEIN, M. A. WANAS, Nicht veröffentlichte Arbeit.
[123] S. KRUPIČKA, F. VILÍM, Czech. J. Phys. *7* (1957), 723.
[124] S. KRUPIČKA, K ZÁVĚTA, J. Appl. Phys. *39* (1968), 930.
[125] N. YAMADA, S. IIDA, J. Phys. Soc. Jap. *24* (1968), 952;
S. IIDA, K. MIZUSHIMA, N. YAMADA, T. IIZUKA, J. Appl. Phys. *39* (1968), 818.
[126] T. MERCERON, Ann. Phys. *10* (1965), 121;
A. MARAIS, T. MERCERON, phys. stat. sol. *24* (1967), 635.
[127] T. OKADA, T. AKASHI, J. Phys. Soc. Jap. *20* (1965), 639.
[128] A. MARAIS, T. MERCERON, CR Acad. Sci. Paris, *261* (1965), 901.
[129] T. IIZUKA, S. IIDA, J. Phys. Soc. Jap. *21* (1966), 222.
[130] M. MIZUSHIMA, J. Phys. Soc. Jap. *18* (1963), 1441.
[131] M. WURLITZER, phys. stat. sol. *2* (1962), 1750.
[132] P. K. BALTZER, Phys. Rev. *108* (1957), 580.
[133] W. WIECHEC, C. M. KELLEY, J. Appl. Phys. *33* (1962), 3054.
[134] Y. SHICHIJO, G. ASANO, E. TAKAMA, J. Appl. Phys. *35* (1964), 1646.
[135] E. RÖSS, O. HANKE, E. MOSER, Z. angew. Phys. *17* (1964), 504.
[136] CH. GUILLAUD, M.PAULUS, C. R. Acad. Sci. Paris *242* (1956), 2525.
[137] CH. GUILLAUD, M. PAULUS, R. VAUTIER, C. R. Acad. Sci. Paris *242* (1956), 2712.
[138] CH. GUILLAUD, Proc. IEE Part *B104* (1957), 5, 165.
[139] M. PAULUS, CH. GUILLAUD, J. Phys. Soc. Jap. *17* Supl. B-I (1962), 632.
[140] W. STEINHAUS, E. GUMLICH, Verh. deutsch. phys. Ges. *17* (1915), 369.
[141] J. BROŽ, J. ŠTERNBERK, Czech. J. Phys. *B10* (1960), 670.
[142] G. ECONOMOS, J. Amer. Cer. Soc. *38* (1955), 241, 292 u. 335.
[143] D. L. FRESH, Proc. IRE *44* (1956), 1303.
[144] A. E. PALADINO JR., J. Amer. Cer. Soc. *42* (1959), 168.
[145] W. D. JOHNSTON, „The Chemistry of Mixed Valence Materials“ im Buch Thermoelectricity: Science and Engineering, von R. R. HEIKES and R. W. URE, Interscience N. York—London 1961, S. 232.
[146] C. J. KRIESSMAN, N. V. GOLDBERG, Magnetism III, Edit. G. T. Rado and H. Suhl, Academic Press, N. York—London 1963, S. 553.
[147] L. A. FOMENKO, Usp. Fis. Nauk *64* (1958), 669.
[148] G. T. RADO, R. W. WRIGHT, W. H. EMERSON, Phys. Rev. *80* (1950), 273.
[149] J. J. WENT, E. W. GORTER, Philips Tech. Rundschau *13* (1952), 221.
[150] G. A. SMOLENSKIJ, M. XIAN-ZHEN, E. C. SCHER, Izw. AN SSSR, Ser. fis. *25* (1961), 1402.
[151] H. P. J. WIJN et al., Revs. Mod. Phys. *25* (1953), 91.
[152] G. T. RADO, J. FOLEN, W. H. EMERSON, Proc. IEE *104* (1956), 198.
[153] V. I. SCHACHOW, E. I. KONDORSKI, FTT *4* (1962), 29.
[154] F. G. BROCKMAN, P. H. DOWLING, W. G. STENECK, Phys. Rev. *77* (1950), 85.
[155] M. MC CAIG, J. Appl. Phys. *35* (1964), 958.

[156] Y. Kato, T. Takei, J. Elec. Eng. (Japan) *53* (1933), 408.
[157] G. W. Rathenau, J. Smit, A. L. Stuijts, Z. Phys. *133* (1952), 250.
[158] A. Cochardt, J. Appl. Phys. *34* (1963), 1273.
[158a] A. Cochardt, J. Appl. Phys. *37* (1966), 1112; ibid. *38* (1967), 1904;
B. T. Shirk, W. R. Buessem, J. Appl. Phys. *40* (1969), 1294.
[159] H. Rabl, Siemens Z. *36* (1962), Nr. 1.
[160] J. B. Goodenough, Proc. IEE *104* Part B Suppl. (1957), 400.
[161] P. K. Baltzer, Conference on Magnetism and Magnetic Materials, Pittsburgh 1955, S. 247.
[162] H. P. J. Wijn, E. W. Gorter, C. J. Esweldt, P. Gelderman, Philips Tech. Rev. *16* (1954), 49; Philips Tech. Rundschau *16* (1954), 124.
[163] K. Ohta, J. Phys. Soc. Japan *18* (1963), 684;
K. Ohta, N. Kobayashi, Jap. J. Appl. Phys. *3* (1964), 576.
[164] Y. Shichio, M. Mirosawa, Jap. Patent Sho 36-5219;
Y. Shichio, Trans. Jap. Inst. Metals *2* (1961), 204.
[165] R. G. West, J. Appl. Phys. *34* (1963), 1113.
[166] W. Wiechec, C. M. Kelley, J. Appl. Phys. *33* (1962), 3054.
[167] J. B. Goodenough, J. Appl. Phys. *36* (1965), 2342.
[168] D. B. Rogers, R. W. Germann, R. J. Arnott, J. Appl. Phys. *36* (1965), 2338.
[169] G. Blasse, Phil. Res. Rep. *20* (1965), 528.
[170] Z. Šimša, J. Phys. Chem. Solids *28* (1967), 2435;
S. Krupička, Z. Šimša, Z. Smetana, Czech. J. Phys. *B 18* (1968), 1016.
[171] I. E. Starzewa, Ja. C. Schur, Izw. AN SSSR, ser. fis. *25* (1961), 1469.
[172] J. Šternberk, Czech. J. Phys. *9* (1959), 408.
[173] E. Albers-Schoenberg, J. Appl. Phys. *25* (1954), 152;
Siehe z. B. I. J. Hegyi, ibid., S. 176.
[174] Ho Bin Im, D. G. Wickham, J. Appl. Phys. *35* (1964), 1442.
[175] C. Guillaud, Franz. Patent.
[176] B. R. Eichbaum, J. Appl. Phys. *30* (1959), 49S.
[177] B. Zítka, V. Roskovec, nicht veröffentlicht.

KAPITEL VII

ELEKTRISCHE EIGENSCHAFTEN

7.1 Die elektrische Leitfähigkeit

In diesem Kapitel werden wir uns mit den Eigenschaften der ferrimagnetischen Oxide befassen, die mit der Wechselwirkung mit elektrischen Feldern zusammenhängen. Während wir uns bei der Analyse und der Beschreibung der magnetischen Eigenschaften auf ein reiches Versuchsmaterial und mehr oder weniger vollständige Ergebnisse einer weitverzweigten theoretischen Forschung stützen konnten, müssen wir uns hier mit unverhältnismäßig ärmeren Versuchsergebnissen zufrieden geben und uns mit theoretischen Vorstellungen befassen, die erst in neuester Zeit genauere und definitive Formen annehmen. Diese Tatsachen sowie der Umstand, daß eine eingehendere Beschreibung der gegenwärtigen Theorien einen verhältnismäßig großen Hilfsapparat erfordern würde, dessen Entwicklung den Rahmen dieses Buches bedeutend überschreiten würde, haben eine gewisse Änderung in der Behandlung des Stoffes erzwungen. Obwohl wir auch hier dem Grundsatz treu bleiben wollen, vor allem grundlegende physikalische Gesetzmäßigkeiten und Konzeptionen zu behandeln, die die Eigenschaften der untersuchten Stoffe von einem einheitlichen Gesichtspunkt aus erklären, werden wir uns dennoch überall dort, wo der Mangel an Versuchsergebnissen oder die Unklarheit des Ursprunges der beobachteten Effekte uns ein tieferes Eindringen nicht gestatten, mit einer mehr oder weniger beschreibenden Form begnügen müssen.

Einige Grundbegriffe und experimentelle Tatsachen

Wenn wir von der durch Diffusion elektrisch geladener Ionen verursachten Leitfähigkeit (Ionenleitfähigkeit) absehen, die bei den von uns untersuchten Oxiden infolge ihres sehr niedrigen Wertes praktisch nicht zur Wirkung kommt, bleibt die Bewegung der Elektronen als einzige Quelle des elektrischen Stromes übrig. Im einleitenden Kapitel zeigten wir mit Hilfe der grundlegenden Eigenschaften des Elektronenbänderspektrums in Kristallen die Ursachen für die großen Unterschiede in der Leitfähigkeit in verschiedenen Fällen; bei Metallen ist sie sehr groß und bei Isolatoren dagegen völlig vernachlässigbar. Betrachten wir nun die Halbleiter und die Isolatoren, zwischen denen vom Standpunkt des Bändermodells aus kein grundsätzlicher Unterschied besteht, da sie sich nur durch die Breite der verbotenen Zone unterscheiden. Der elektrische Strom entsteht dadurch, daß die Elektronen in den teilweise gefüllten Bändern durch das elektrische Feld in einen Zustand höherer Energie überführt werden. Bei Halbleitern und Isolatoren sind an der Leitung des elektrischen Stromes einerseits Elektronen beteiligt, die durch Wärmeanregung aus dem Valenzband bzw. aus den Donorniveaus an die untere Kante des Leitungsbandes gebracht wurden, anderseits Elektronen im Valenzband, in dem eine gewisse Anzahl Elektronenlöcher übrig geblieben ist, nachdem Elektronen in Akzeptorniveaus oder in das Leitungsband angeregt wurden. Wie bereits (Seite 40) erwähnt, tragen die Elektronen des Valenzbandes zur elektrischen Leitfähigkeit in einer Weise bei, als ob sich an ihrer Stelle Löcher mit einer Ladung $+e$ bewegen würden. Infolgedessen sprechen wir dann von zweierlei Leitfähigkeit, der Elektronen- und der Löcherleitfähigkeit, oder auch von einer n- und p-Leitfähigkeit. Pauschal können an der elektrischen Leitfähigkeit beide Ladungsträgerarten gleichzeitig beteiligt sein, Elektronen und Löcher. Darüber, welcher Beitrag im gegebenen Falle überwiegt, können wir experimentell durch Bestimmung des Vorzeichens der thermoelektrischen Spannung (Seebeck-Effekt) eine Aussage erhalten. Ausgehend von dieser Beziehung zwischen dem Vorzeichen der Thermokraft und der Art der Leitfähigkeit können wir den Begriff der Elektronen-(n) und der Löcher-(p) Leitfähigkeit per Definition auch auf die Fälle ausdehnen, bei denen das Bändermodell keine gute Annäherung an die physikalische Wirklichkeit liefert. In diesem Sinne werden wir im folgenden die Begriffe der n- und p- Leitfähigkeit anwenden.

Beim Studium der elektrischen Leitfähigkeit ist die sogenannte *Beweglichkeit* μ ein wichtiger Begriff. Sie wird als Verhältnis der mittleren Translationsgeschwindigkeit der Träger (Elektronen, Löcher) $\langle \mathbf{v} \rangle$ und der elektrischen Feldstärke definiert, so daß

$$\langle \mathbf{v} \rangle = \mu \mathbf{E} . \tag{7.1}$$

Den Begriff der mittleren Geschwindigkeit $\langle \mathbf{v} \rangle$ können wir in Realkristallen unabhängig von den Vorstellungen des Bändermodells erklären, indem wir die Bewegung eines Elektrons über eine genügend lange Zeit verfolgen. Wegen der Unvollkommenheiten des Kristalls und wegen der Gitterschwingungen bewegt sich das Elektron nicht frei im Kristall, wie es für eine ebene Welle der Fall wäre, sondern wird an Störzentren gestreut. Diese Streuung kann als „Zusammenstöße“ von Elektronen (z. B. mit Phononen) aufgefaßt werden, die die Größe und Richtung der Elektronengeschwindigkeit ändern. Bezeichnen wir die Gesamtänderung der Lage des Elektrons nach einer großen Anzahl solcher Zusammenstöße als $\Delta \mathbf{r}$ und die zugehörige Zeit als t, dann gilt

$$\langle \mathbf{v} \rangle = \Delta \mathbf{r} / t . \tag{7.2}$$

In der Literatur wird für die so eingeführte mittlere Geschwindigkeit der Begriff „drift velocity" verwendet.

Im Bändermodell werden die Elektronenzusammenstöße durch den Relaxationsvorgang charakterisiert, durch den die unter der Einwirkung des elektrischen Feldes in einen Zustand höherer Energie angeregten Elektronen in ihren ursprünglichen Zustand zurückkehren. Wo die Vorstellung lokalisierter Elektronen, die auf kurze

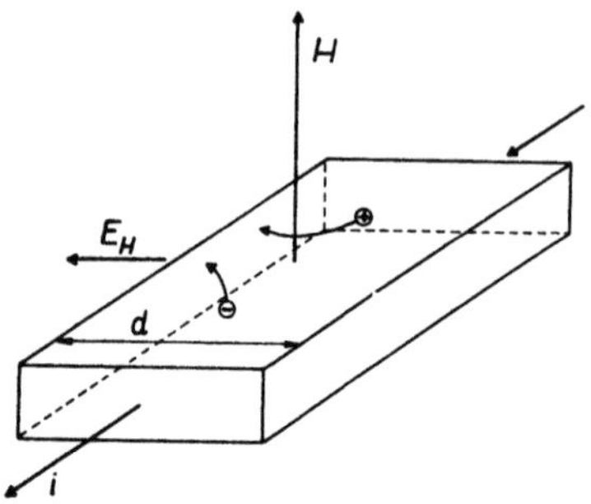

Abb. 7.1 Zur Entstehung der Hall-Spannung.

Entfernung von Ion zu Ion springen (Valenzaustausch) berechtigt ist, stellt jeder derartige Sprung einen Zusammenstoß dar. In beiden Fällen behalten die Definitionsgleichungen (7.2) und (7.1) ihre Bedeutung.

Die Beweglichkeit ist für Elektronen und Löcher verschieden, in der Regel hängt sie aber wenigstens für schwache Felder nicht von der elektrischen Feldstärke E ab. Für die elektrische Leitfähigkeit können wir dann den Ausdruck schreiben

$$\sigma = e(n\mu_n + p\mu_p), \tag{7.3}$$

in dem e die Ladung des Elektrons, n und p die auf das Einheitsvolumen bezogenen Konzentrationen der Ladungsträger (Elektronen und Löcher) und μ_n, μ_p deren Beweglichkeit bedeuten. Man sieht, daß prinzipiell die Unterschiede in den Werten der elektrischen Leitfähigkeit einerseits den Unterschieden in der Trägerkonzentration, anderseits den Unterschieden in den Beweglichkeiten zugeschrieben werden können. Es zeigt sich, daß die Beweglichkeiten in verschiedenen halbleitenden Materialien sehr unterschiedlich sein können. In der Regel bewegen sie sich in den Grenzen 10^{-5} bis 10^5 cm^2/V sec; es wurden aber auch bedeutend geringere Beweglichkeiten gefunden, von Größenordnungen bis herab zu 10^{-8} cm^2/V sec. Wie wir später sehen werden (Seite 726f.), muß die Beweglichkeit wenigstens einer Trägerart einen bestimmten minimalen kritischen Wert überschreiten, wenn für den gegebenen Fall das Bändermodell anwendbar sein soll.

Außer bei der elektrischen Leitfähigkeit tritt die Trägerbeweglichkeit auch beim *Hall-Effekt* in Erscheinung (Abb. 7.1). Die Hall-Spannung $E_H = E_y \,.\, d$ ist dem Produkt aus magnetischer Feldstärke H und Stromdichte i proportional, wobei die Proportionalitätskonstante R_H – die sogenannte Hall-Konstante – mit der Beweglichkeit durch die Beziehung

$$R_H = \pm \mu / c\sigma \tag{7.4}$$

zusammenhängt, die unter der Voraussetzung abgeleitet ist, daß nur eine Art Leitfähigkeit vorhanden ist.[1]) Das Vorzeichen + bezieht sich auf die Löcherleitfähigkeit, das Vorzeichen – auf die Elektronenleitfähigkeit. Da die in der Beziehung (7.4) auftretende Beweglichkeit nicht immer mit der bei der elektrischen Leitfähigkeit wirksamen Beweglichkeit übereinstimmen muß (Beziehung (7.3)), kann (7.4) als Definitionsgleichung für die sog. *Hall-Beweglichkeit* (Bezeichnung μ_H) angesehen werden. Die Bestimmung der Hall-Beweglichkeit bei Stoffen mit spontaner Magnetisierung wird durch den Beitrag der spontanen Magnetisierung zum Hall-Effekt erschwert, wobei es schwierig ist, beide Erscheinungen zu trennen (vgl. Abschn. 7.3).

Eine der grundlegenden Charakteristiken, durch die sich die elektrische Leitfähigkeit der Metalle und der Halbleiter unterscheidet, ist ihre Temperaturabhängigkeit. Während die Leitfähigkeit bei der Metalleitung mit wachsender Temperatur schwach abnimmt, nimmt sie bei den Halbleitern mit zunehmender Temperatur zu, und zwar in der Regel sehr schnell. Am häufigsten kann die Temperaturabhängigkeit von σ bei Halbleitern durch eine exponentielle Beziehung beschrieben werden

$$\sigma = \sigma_0 \exp\left(-\mathscr{E}/kT\right), \tag{7.5}$$

in der der Faktor σ_0 nur wenig von der Temperatur abhängt, so daß wir ihn in einem gewissen beschränkten Temperaturbereich als konstant ansehen können. $\mathscr{E}$ bedeutet hier die Aktivierungsenergie der elektrischen Leitfähigkeit, die bei Halbleitern, bei denen das Bändermodell angewendet werden kann, in der Regel mit der Breite der verbotenen Zone zusammenhängt (Eigenleitfähigkeit) bzw. mit dem Abstand der Donor- oder Akzeptorniveaus von der Unterkante des Leitungsbandes bzw. von der Oberkante des Valenzbandes. In einem solchen Fall entspricht die Zunahme der Leitfähigkeit mit der Temperatur in der Regel der Zunahme der Trägerzahl, während die Beweglichkeit sich mit der Temperatur nicht wesentlich ändert. Ist die Näherung mittels des Bändermodells nicht anwendbar, so ist die wahre Bedeutung der Aktivierungsenergie komplizierter. Das werden wir später besprechen und werden dabei sehen, daß die Temperaturabhängigkeit von σ in diesem Fall meist durch Änderung der Beweglichkeit verursacht wird.

In manchen Fällen kann die Temperarurabhängigkeit der Leitfähigkeit nicht durch die einfache Beziehung (7.5) ausgedrückt werden, und zwar selbst dann nicht, wenn wir eine eventuelle Temperaturabhängigkeit von σ_0 berücksichtigen. Statt dessen können dann manchmal die Summen zweier bzw. einer größeren Anzahl von Exponentialgliedern dieser Art mit verschiedenen Aktivierungsenergien erfolgreich angewendet werden. Jedes dieser Glieder entspricht dann einem anderen Übertragungsmechanismus der elektrischen Ladungen. Manchmal tritt auch in der Umgebung

---

[1]) Den allgemeinen Ausdruck findet der Leser in der geläufigen Halbleiterliteratur, z. B. in [1].

einer bestimmten Temperatur eine Änderung des grundlegenden Charakters der Leitfähigkeit von Halbleitung zu Metalleitfähigkeit ein. Diese Änderungen können kontinuierlich oder sprunghaft auftreten (vgl. Seite 704 f.).

Die Oxide der Übergangselemente, die in den vorangegangenen Kapiteln behandelt wurden, gehören dem Charakter ihrer elektrischen Leitfähigkeit nach bis auf wenige Ausnahmen zu den Halbleitern. In einigen Fällen ist aber die Leitfähigkeit so gering, daß wir berechtigt sind, diese Stoffe als Isolatoren zu bezeichnen. Die Beweglichkeit, so weit sie zuverlässig aus Leitfähigkeitsmessungen bestimmt werden konnte, ist in der Regel sehr gering und bewegt sich in den Grenzen von ungefähr 10^{-1} – – 10^{-5} cm^2/V sec. Die niedrigen Beweglichkeitswerte sind, wie wir später sehen werden, für den Leitfähigkeitsmechanismus dieser Stoffe charakteristisch. Die Temperaturabhängigkeit der elektrischen Leitfähigkeit entspricht meist der Beziehung (7.5), wobei die Unterschiede in der Leitfähigkeit bei gegebener Temperatur in der Regel mit Unterschieden in der Aktivierungsenergie zusammenhängen.

Wie zuerst Meyer und Neldel beobachten konnten [2], sind die Konstanten σ_0 und $\mathscr{E}$ in der die Temperaturabhängigkeit der elektrischen Leitfähigkeit beschreibenden Beziehung (7.5) nicht

Tabelle VII-1

Charakteristische Werte der elektrischen Leitfähigkeit und ihre Aktivierungsenergien

Zusammensetzung	$\sigma_{300°K}$ (Ω^{-1} cm^{-1})	σ_0 (Ω^{-1} cm^{-1})	$\mathscr{E}$ (eV)	Autor
MnO	$2,5 . 10^{-11}$	2,8	0,67	[5]
CoO	10^{-10}	8,0	0,66	[5]
NiO	10^{-12}	$8,0 . 10^{-4}$	0,54	[5]
Fe_2O_3	$1,8 . 10^{-4}$ ¹)	$2,0 . 10^4$	0,68	[6]
$MnFe_2O_4$	$1,4 . 10^{-2}$	$2,0 . 10^{-1}$	0,07	[7]
$Mn_{1,54}Fe_{1,46}O_4$	$3,9 . 10^{-5}$	7,2 . 10	0,38	[7]
$NiFe_2O_4$ ²)	$1,3 . 10^{-5}$	$4,3 . 10^{-1}$	0,27	[8]
$Ni_{0,5}Zn_{0,5}Fe_2O_4$	$1,0 . 10^{-6}$	10	0,40	[9]
MnV_2O_4	$3,5 . 10^{-4}$	3,2	0,23	[10]
CoV_2O_4	$1,2 . 10^{-1}$	1,6	0,07	[10]
$Y_3Fe_5O_{12}$ ²)	10^{-11}	$7,9 . 10^{-9}$	0,14	[11]
		$6,0 . 10^3$ ³)	1,1 ³)	[11]
$BaFe_{18}O_{27}$	1,6	10^2	0,10	[9]
$BaZnFe_{17}O_{27}$	$6,0 . 10^{-6}$	$3,0 . 10^{-2}$	0,22	[9]

¹) Leitfähigkeit bei 150 °C.
²) Messung an einem Einkristall.
³) Aus dem Temperaturverlauf bei höheren Temperaturen.

gänzlich unabhänging. Bei Materialien, die sich nicht allzusehr durch die chemische Zusammensetzung unterscheiden und bei denen es sich daher offensichtlich um den gleichen Leitfähigkeitsmechanismus handelt, besitzt diese Abhängigkeit die Gestalt

$$\mathcal{E} = A \ln \sigma_0 + B \tag{7.6}$$

(Meyer-Nedelsche Regel). Die Abhängigkeit (7.6) wurde zuerst bei den Oxiden TiO_2, ZnO, Fe_2O_3 und UO_2 [2] und später beim Siliziumkarbid [3] festgestellt. Die theoretische Begründung, wenigstens für den speziellen Fall der Donatoren-Halbleiter, stammt von Busch [3]. Es zeigt sich aber, daß die Beziehung (7.6) allgemeinere Bedeutung besitzt, und es wurde festgestellt, daß sie z. B. auch für die entsprechenden Konstanten τ_∞, $\mathcal{E}_m$ der magnetischen Nachwirkung vom Elektronentyp gilt [4] (Seite 657f.).

Beide, Leitfähigkeit wie Aktivierungsenergie, hängen von der chemischen Zusammensetzung und der Kristallstruktur des Oxids ab; in Tab. VII-1 sind charakteristische Werte aufgeführt. Die Erfahrung zeigt, daß die elektrische Leitfähigkeit meist stark zunimmt, wenn in dem betreffenden Stoff auf gleichwertigen kristallographischen Plätzen Ionen desselben Elements, aber von unterschiedlicher Wertigkeit vorkommen. Bei dem binären Ferrit MFe_2O_4 mit Spinellstruktur z. B. kann durch

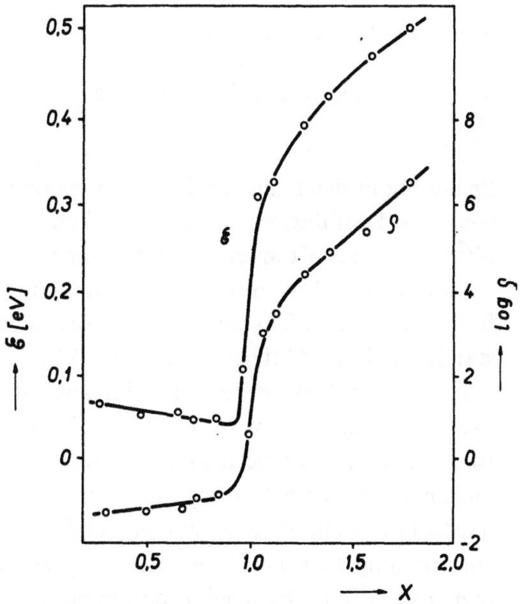

Abb. 7.2 Abhängigkeit des spezifischen Widerstandes ρ und der Aktivierungsenergie ℰ von der chemischen Zusammensetzung im System $Mn_xFe_{3-x}O_4$ (nach [12]).

Erhöhung des Eisengehalts über das stöchiometrische Verhältnis und durch die Bildung fester Lösungen mit Magnetit eine gewisse Menge Fe^{2+}-Ionen in die oktaedrischen Lagen eingebaut werden, die in stärkerem oder geringerem Maße (je nach Inversionsgrad des Spinells) von Fe^{3+}- Ionen besetzt sind. Die Koexistenz der Fe^{2+}- und Fe^{3+}- Ionen im oktaedrischen Untergitter bewirkt eine drastische Erhöhung der Leitfähigkeit und eine Erniedrigung der Aktivierungsenergie (Abb. 7.2).[2])

Die durch gleichzeitige Anwesenheit von zwei- und dreiwertigen Eisenionen verursachte Leitfähigkeit ist vom *n*-Typ. In einigen anderen Fällen, wenn in oktaedrischen Lagen verschiedenwertige Ionen anderer Elemente vorhanden sind, z. B. Co^{2+}, Co^{3+} oder Ni^{2+}, Ni^{3+}, kann die Leitfähigkeit *p*-Typ haben. Als Beispiel kann das System $Co_xFe_{3-x}O_4$ dienen (Abb. 7.3), bei dem sich das Vorzeichen der thermoelektrischen

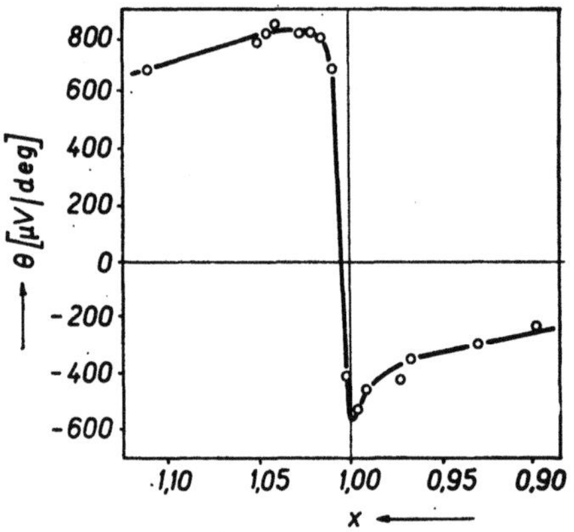

Abb. 7.3 Abhängigkeit des Seebeck-Koeffizienten Θ von der chemischen Zusammensetzung im System $Co_xFe_{3-x}O_4$ (nach [14]).

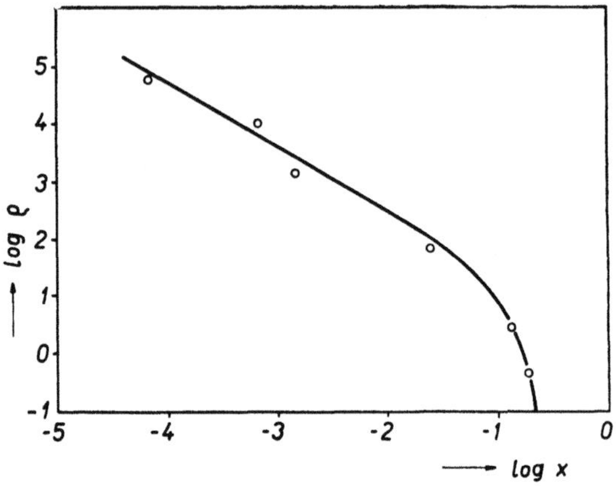

Abb. 7.4 Einfluß der Substitution $Ni^{2+} \rightarrow Li^+$ auf den spezifischen Widerstand von NiO (nach [15]).

Spannung in der Nähe der Zusammensetzung $x = 1$ bei gleichzeitiger starker Änderung der Leitfähigkeit ändert. Ähnlich ist auch die Leitfähigkeit von NiO, das Ni^{3+}-Ionen als Kompensation für eine teilweise Substitution von Ni^{2+} durch Li^+ enthält, vom *p*-Typ. Abb. 7.4 zeigt, wie auch hier die Einführung verschiedenwertiger Ionen desselben Elements zu einer drastischen Erniedrigung des elektrischen Widerstandes und der Aktivierungsenergie führt.

Aus diesen Beobachtungen folgt auch die Bedeutung der Stöchiometrie für den Wert des spezifischen Widerstandes. Während bei Ferriten mit Spinellstruktur die Bildung verschiedenwertiger Ionen, hauptsächlich Fe^{2+} und Fe^{3+}, an gleichwertigen Stellen des Kristallgitters schwer verhindert werden kann, ist es bei Ferriten mit Granatstruktur leichter, eine stöchiometrische Zusammensetzung einzuhalten. In Übereinstimmung hiermit ist die Leitfähigkeit des Yttrium-Eisen-Granats sehr gering (vgl. Tab. VII-1). Es scheint, daß auch der unterschiedliche Bau der Granatstruktur selbst einen gewissen Anteil an den hohen Werten des spezifischen Widerstandes der Granate hat (vgl. Abschn. 2.1).

[2]) Ein ähnlicher Effekt kann manchmal auch bei stöchiomentrischen Ferriten beim Glühen bei genügend hohen Temperaturen, bei denen die Probe teilweise reduziert wird, erreicht werden [13].

Wenn wir die Temperaturabhängigkeit der elektrischen Leitfähigkeit der Oxide der Übergangselemente in einem größeren Bereich verfolgen, so beobachten wir oft (aber nicht immer) geringere Abweichungen vom Exponentialgesetz (7.5); die Abweichungen zeigen sich als Knick in der linearen Abhängigkeit $\log \sigma$ gegen T^{-1} und entsprechen daher einer Änderung der Aktivierungsenergie. Beispiele eines derartigen Verlaufs und eines normalen Verlaufs sind in Abb. 7.5 wiedergegeben. Das Vorhan-

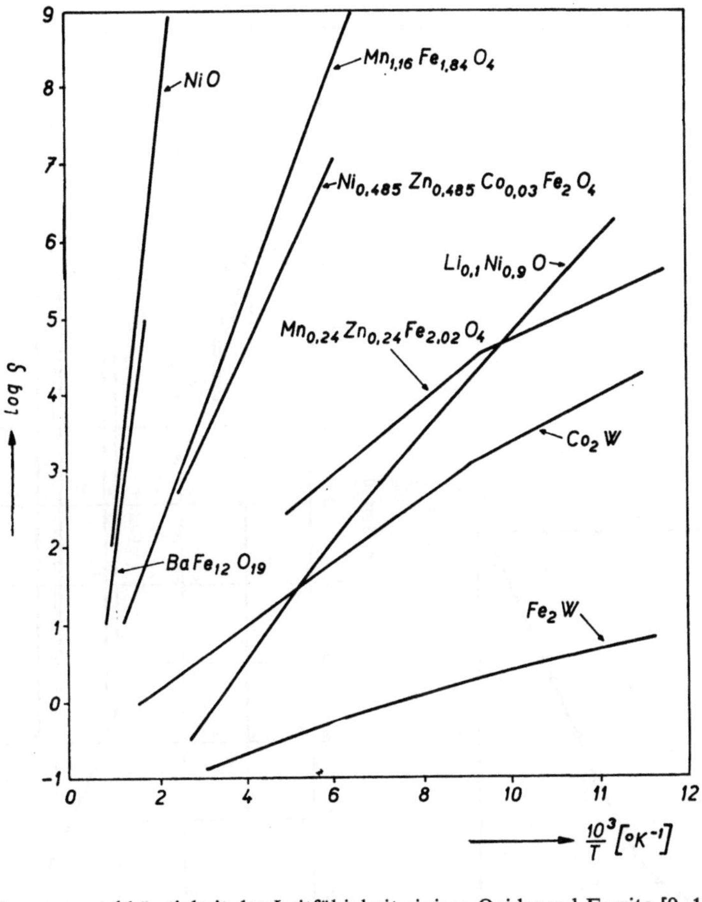

Abb. 7.5 Temperaturabhängigkeit der Leitfähigkeit einiger Oxide und Ferrite [9, 13, 16, 23].

densein dieser Knicke wird manchmal, insbesonders im Bereich der Curie-Temperatur, mit Änderungen des magnetischen Zustandes in Zusammenhang gebracht, in anderen Fällen ist aber diese Anomalie eher auf verschiedene miteinander konkurierende Leitfähigkeitsmechanismen zurückzuführen. Manchmal ist die Abhängigkeit $\log \sigma$ gegen T^{-1} kontinuierlich leicht gekrümmt [17]. Ist das Temperaturintervall schließlich sehr breit, so macht sich die Temperaturabhängigkeit des Faktors σ_0 bemerkbar, und der Verlauf von σ gegen T wird dann durch die Beziehung

$$\sigma = AT^{-1} \exp\left(-\mathscr{E}/kT\right) \tag{7.7}$$

beschrieben [5, 12, 15, 18].

Bei Oxiden mit höherer Leitfähigkeit, z. B. bei Magnetit und anderen gleichzeitig in großer Konzentration Fe^{3+} und Fe^{2+} enthaltenden Spinellen, tritt bei höheren Temperaturen häufig eine vollständige Änderung des Leitfähigkeitscharakters ein. Die Leitfähigkeit durchläuft ein Maximum, und bei weiterer Temperaturerhöhung beginnt sie wie bei den Metallen wieder abzunehmen (Abb. 7.6).[3] Diese Änderung

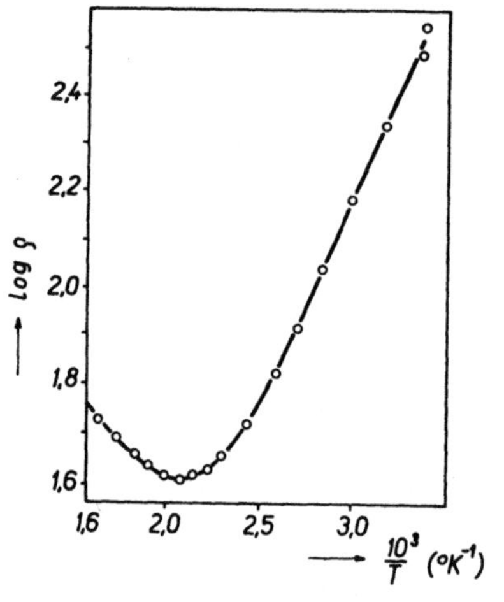

Abb. 7.6 Temperaturabhängigkeit des elektrischen Widerstandes eines Mangan-Zink-Ferrits mit Eisen-Überschuß (nach [19]).

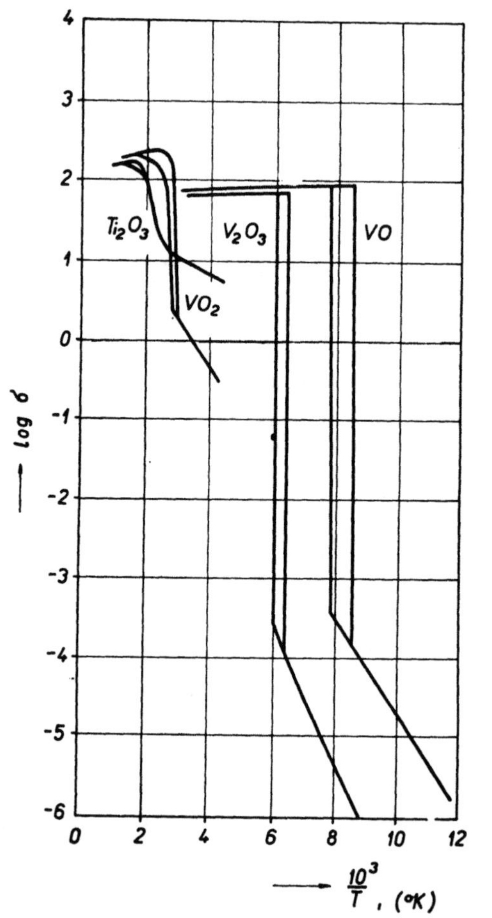

Abb. 7.7 Temperaturabhängigkeit der elektrischen Leitfähigkeit einiger Titan- und Vanadium-Oxide (nach [20]).

[3]) Bei den Halbleitern wird diese Erscheinung als Halbleiterentartung bezeichnet.

des Leitfähigkeitscharakters muß aber nicht immer kontinuierlich verlaufen, sie kann auch sprunghaft erfolgen wie z. B. bei manchen Oxiden des Titans und des Vanadiums (Abb. 7.7); die Änderung der elektrischen Leitfähigkeit beträgt dabei bis zu mehreren Größenordnungen. In einigen anderen Fällen tritt eine Richtungsumkehr der Temperaturabhängigkeit der elektrischen Leitfähigkeit gleichzeitig mit der Bildung einer magnetischen Ordnung ein, und zwar insbesondere dann, wenn es sich um ferromagnetische Ordnung handelt (vgl. Abschn. 7.3 Seite 757). In solchen Fällen ist die Reihenfolge des halbleitenden und des metallischen Bereichs in der Temperaturskala umgekehrt: der Stoff verhält sich bei höheren Temperaturen als Halbleiter, während seine Leitfähigkeit im Gebiet unterhalb der Curie-Temperatur metallischen Charakter besitzt.

Zum Abschluß dieser kurzen Übersicht ist zu bemerken, daß trotz der verhältnismäßig großen Zahl experimenteller Angaben über die Leitfähigkeit der Oxide der Übergangselemente nur ein geringer Teil sowohl vom Standpunkt der Definiertheit und Reinheit der Materialien selbst als auch vom Standpunkt der Versuchsmethodik als zufriedenstellend angesehen werden kann. Als größter Nachteil erscheint hier der Umstand, daß die meisten Messungen an gesinterten polykristallinen Proben durchgeführt wurden und nur wenige an Einkristallen.

Verweys Mechanismus des Wertigkeitsaustausches

Mit der elektrischen Leitfähigkeit der Oxide der Übergangselemente beschäftigten sich als erste Wagner und seine Schule [21]. In ihren Arbeiten wiesen sie vor allem auf die Bedeutung der Abweichung von der stöchiometrischen Zusammensetzung hin, und als erste sprachen sie die Vermutung aus, daß ein Elektronenübergang zwischen verschiedenwertigen Ionen desselben Elements für die Leitfähigkeit verantwortlich sein könnte. An diese Arbeiten knüpften Verwey, de Boer und andere [22] an, die sich unter anderem eingehend mit der elektrischen Leitfähigkeit der Spinelle befaßten und auch die Möglichkeit aufzeigten, durch geeignete Substitutionen die Valenzzustände der Ionen und damit auch die Leitfähigkeit ohne Störung der Sauerstoffstöchiometrie zu ändern (Prinzip der *Wertigkeitsregelung*). Ihre phänomenologische Beschreibung des Leitfähigkeitsmechanismus wurde in neuester Zeit insbesondere durch die Arbeiten von Heikes und Johnston [5], Morin [23], Jonker und Van Houten [14, 15, 24], Ksendzow [25] und anderen präzisiert und ergänzt. Im folgenden werden wir uns auf die Oxide der Übergangselemente der Eisengruppe ($3d$) beschränken, mit denen sich die erwähnten Arbeiten beschäftigen.

Phänomenologische Beschreibung. Der gemeinsame Ausgangspunkt aller Überlegungen in den angeführten Arbeiten über die elektrische Leitfähigkeit ist die Voraussetzung, daß die an der Stromleitung sich beteiligenden Elektronen im wesentlichen am

Ort der Ionen lokalisiert sind. Die Wellenfunktionen dieser Elektronen haben dann den Charakter von Atomwellenfunktionen und unterscheiden sich wesentlich von den im Bändermodell auftretenden Kristallwellenfunktionen. Diese Voraussetzung ist für uns keineswegs neu, da wir in den vorausgegangenen Überlegungen über die magnetischen Eigenschaften der Oxide der Übergangselemente ebenfalls von ihr ausgingen. Eine tiefere theoretische Begründung dieser Voraussetzung knüpft an die Arbeiten von Landau [26] und Mott [27] an, die wir später behandeln werden. Experimentell kann man diese Prämisse durch die hohen Werte des spezifischen Widerstandes und durch die Halbleitereigenschaften der betreffenden Oxide begründen. Vom Standpunkt des einfachen Bändermodells aus sollten sie nämlich eher metallische Leitfähigkeit besitzen, da das von den $3d$-Elektronen gebildete Band nur teilweise besetzt ist.

Unter der Voraussetzung lokalisierter Zustände der $3d$-Elektronen kann man sich die Entstehung des elektrischen Stromes als einen Vorgang vorstellen, bei dem die Elektronen von Ion zu Ion springen. Bei diesen Sprüngen ändert sich die Wertigkeit der Ionen nach dem allgemeinen Schema

$$M_{(1)}^{q+} + M_{(2)}^{r+} \rightleftarrows M_{(1)}^{(q-1)+} + M_{(2)}^{(r+1)+},$$

so daß wir uns anstatt der Übertragung von Elektronen vorstellen können, daß die betreffenden Valenzzustände der Ionen selbst durch den Kristall wandern; daher auch die Bezeichnung Valenzaustausch. Wenn im Kristall auf gleichwertigen Gitterplätzen Ionen desselben Elements auftreten, die sich in ihrer Wertigkeit voneinander um eine Stufe unterscheiden ($M_{(1)} = M_{(2)}$, $q = r + 1$), dann wird der Zustand des Kristalls durch den oben angedeuteten Elektronentransfer praktisch nicht verändert, die beiden Ionen tauschen nur ihre Wertigkeit aus. In einem solchen Fall werden die Elektronensprünge sehr leicht vonstatten gehen. Das Elektron wird ohne Schwierigkeit durch den Kristall wandern, die elektrische Leitfähigkeit wird bei genügender Konzentration der Ionen mit wechselnder Valenz hoch sein und wird sich durch eine sehr niedrige Aktivierungsenergie auszeichnen.[4])

Elektronensprünge zwischen Ionen, die in verschiedenen Wertigkeiten auftreten können, erfolgen offensichtlich auch ohne Einfluß eines äußeren elektrischen Feldes. Der Zustand des Kristalls entspricht dann dem Zustand eines dynamischen Gleichgewichts, bei dem die Ladungsübertragung statistisch ist, ohne Vorzugsrichtung, so daß ein beliebiger Querschnitt von einem Strom Null durchflossen wird. Durch Anle-

[4]) Wenn wir von der Polarisation absehen, die das „überschüssige" Elektron in seiner Umgebung hervorruft, sollte im Idealfall die Aktivierungsenergie Null sein, da die Energien des Ausgangs- und des Endzustandes gleich und beide Zustände entartet sind. In Wirklichkeit unterscheiden sich die beiden Elektronenzustände (Ausgangszustand — besetzter, Endzustand — nicht besetzter Zustand) gerade durch den Wert der Polarisierungsenergie, und diese Energie, die im wesentlichen beim Elektronensprung überwunden werden muß, ist auch eine der Ursachen des von Null verschiedenen Wertes der Aktivierungsenergie. Ausführlicher werden wir darüber später berichten.

gen eines elektrischen Feldes wird der statistische Verlauf der Elektronensprünge beeinflußt, ihre relative Häufigkeit in bestimmten Richtungen wird erhöht, so daß der resultierende Strom einen von Null verschiedenen Wert annimmt. Der Mechanismus des Valenzaustausches ähnelt daher stark der Diffusion, nur mit dem Unterschied, daß die makroskopische treibende Kraft, die den Teilchen-(Elektronen-)Strom bestimmt, eine elektrische Kraft $-e\mathbf{E}$ und nicht ein Konzentrationsgradient ist. Ähnlich wie im Falle der normalen Diffusion können wir den Diffusionskoeffizienten D durch die Beziehung

$$D = \beta a^2 W \tag{7.8}$$

definieren, in der W die Wahrscheinlichkeit des Elektronensprungs (der Einfachheit halber setzen wir voraus, daß sie für alle Sprünge gleich ist), a die Weite des Sprunges und β ein von der Gittergeometrie abhängiger numerischer Faktor ist, dessen zweifacher Wert die Bedeutung der Wahrscheinlichkeit hat, daß das Elektron durch den betrachteten Sprung eine gegebene Ebene verläßt.[5]) Die Beziehung des Diffusionskoeffizienten zur elektrischen Leitfähigkeit bzw. zur Beweglichkeit ist dann ähnlich wie im Falle der Ionenleitfähigkeit durch die Einsteinsche Beziehung [28] gegeben, aus der folgt

$$\mu = \frac{\sigma}{ne} = \frac{eD}{kT} = \frac{\beta a^2 eW}{kT}; \tag{7.9}$$

n ist dabei die Träger-(Elektronen-)Zahl je 1 cm^3. Führen wir anstelle der Sprungwahrscheinlichkeit die Relaxationszeit ein, d. h. die Durchschnittszeit, die das Elektron bei einem Ion verweilt, und setzen wir für sie die Gültigkeit der Arrheniusschen Beziehung

$$\tau = \tau_\infty \exp(E_t/kT)$$

voraus, so erhalten wir für die Beweglichkeit μ eine Temperaturabhängigkeit der Form

$$\mu = AT^{-1} \exp(-E_t/kT), \tag{7.10}$$

die völlig analog zu den experimentell gefundenen Beziehungen für $\sigma(T)$ ist (vgl. (7.5) und (7.7)).

Eine genauere quantenmechanische Berechnung der Wahrscheinlichkeit von Übersprüngen kleiner Polaronen (siehe S. 736f.) führt für die sog. nichtadiabatischen Sprünge bei $T \rangle \Theta_D$ (Θ_D ist die Debye-Temperatur) zu einer Abhängigkeit der Beweglichkeit der Art [52]

$$\mu = A'T^{-3/2} \exp(-E_t/kT).$$

Eine eingehende Diskussion findet der Leser z. B. in dem Artikel von J. Appel [52a].

Die Temperaturabhängigkeit wird daher auch in dem Falle, daß die Trägerzahl n

---

[5]) z. B. wird für ein einfaches kubisches Gitter bei Sprüngen auf nächste Nachbarstellen $\beta = \frac{1}{2} \cdot \frac{2}{6} = \frac{1}{6}$.

von der Temperatur unabhängig ist, einen für Halbleiter charakteristischen Verlauf zeigen. Die Bedeutung der Aktivierungsenergie, die hier mit der Beweglichkeit der Träger, nicht aber mit ihrer Bildung verbunden ist, ist allerdings eine andere als bei den geläufigen Halbleitern, für die das Bändermodell gilt. Im wesentlichen können wir sie als Energie zur Überwindung des Energiewalls ansehen, der den freien Übergang des Elektrons von einem Ion zum anderen behindert. Mit den Eigenschaften dieses Energiewalls werden wir uns später befassen (Seite 726f.).

Eigen- und Fremdleitung. Um das Bild des Ursprungs der elektrischen Ladungsübertragung in Oxiden der Übergangselemente (3*d*-Gruppe) zu ergänzen, müssen wir uns noch mit den Bedingungen und Ursachen der Trägerbildung beschäftigen. Dabei erscheint es zweckmäßig, in Analogie zur normalen (homöopolaren) Halbleitung *Eigen-* und *Fremdleitung* zu unterscheiden. Ideal reine und stöchiometrische, auf gleichwertigen Gitterplätzen nur eine einzige Ionenart enthaltende Oxide, z. B. stöchiometrisches NiO, α-Fe_2O_3, $ZnFe_2O_4$, $ZnMn_2O_4$ (normale Spinelle), $LaMnO_3$, $Y_3Fe_5O_{12}$ u. ä., zeigen nur Eigenleitung. Fremdleitung finden wir bei Ferriten und anderen Oxiden, die auf gleichwertigen Plätzen Ionen desselben Elements in verschiedener Wertigkeit enthalten (Halbleiter mit geregelter Valenz), oder bei Vorliegen von Ionen aus ionisierbaren Beimengungen.

Magnetit Fe_3O_4 ist von diesem Gesichtspunkt aus gesehen ein etwas spezieller Fall, da bei tiefen Temperaturen und unterhalb des Umwandlungspunktes die Wertigkeiten seiner Eigenionen regelmäßig angeordnet sind, so daß er in reiner Form als Eigenhalbleiter angesehen werden kann. Im Temperaturbereich oberhalb des Umwandlungspunktes dagegen besteht keine regelmäßige Fernordnung der Wertigkeiten, und die beobachtete Leitfähigkeit hat immer den Charakter einer Fremdleitung, obwohl es sich um einen stöchiometrischen Stoff handelt.

Soll in einem Oxid, das nur Eigenleitung zeigt, z. B. in reinem NiO oder Fe_2O_3, die Übertragung der elektrischen Ladung durch Valenzaustausch erfolgen, so muß zuerst ein angeregter Zustand entstehen, in dem wenigstens ein Ion seine Wertigkeit ändert. Wenn wir uns auf lokalisierte Ionenzustände beschränken und mögliche Wertigkeitsänderungen der Sauerstoffanionen nicht in Betracht ziehen, so entsprechen die einfachsten angeregten Zustände der erwähnten Oxide den Reaktionen

$$Ni^{2+} + Ni^{2+} \rightarrow Ni^{3+} + Ni^{+} \quad (NiO)$$

$$Fe^{3+} + Fe^{3+} \rightarrow Fe^{2+} + Fe^{4+} \quad (Fe_2O_3)\,,$$

wobei die auf der rechten Seite aufgeführten Ionen voneinander hinreichend weit entfernt sein müssen, wenn die entstandenen Träger als frei angesehen werden sollen.[6])

[6]) Damit wollen wir sagen, daß im betrachteten angeregten Zustand die Ionenpaare $Ni^{3+} + Ni^{+}$, $Fe^{2+} + Fe^{4+}$ dissoziiert sein sollen. Sonst würde es sich um Quasi-Exzitonenzustände handeln, die durch eine gegenseitige Bindung der zwei ein Paar bildenden Ionen gekennzeichnet sind, und man kann erwarten, daß solche Zustände in Analogie zu normalen Exzitonen nicht zur Entstehung eines elektrischen Stromes führen können.

Die Bildung der erwähnten Ionenpaare ($Ni^{3+} + Ni^{+}$ bzw. $Fe^{2+} + Fe^{4+}$) und das Erreichen des angeregten Kristallzustandes erfordern eine bestimmte Energie E_g. Diese Energie entspricht dem Unterschied der betreffenden Ionisierungspotentiale ΔI, vermindert um die Polarisierungsenergie und korrigiert um die Stabilisierungsenergie durch das Kristallfeld ΔE_s. Wir können daher schreiben

$$E_g = \Delta I - 2E_p + \Delta E_s\,, \tag{7.11}$$

wobei E_p die durch Polarisierung des Kristalls durch ein überschüssiges Gitterelektron gewonnene Energie bedeutet.[7]) Bei NiO gehört dieses „überschüssige" Elektron zum Ni^{+}-Ion, beim Fe_2O_3 zu Fe^{2+}; der Faktor 2 berücksichtigt die Tatsache, daß das fehlende Elektron (Ni^{3+}, Fe^{4+}) zur Polarisierungsenergie ebenfalls mit einem E_p beiträgt. Bezeichnen wir das j-te Ionisierungspotential des betrachteten Atoms mit I_j, so wird ΔI bei NiO der Differenz $I_3 - I_2$, bei Fe_2O_3 der Differenz $I_4 - I_3$ gleich sein.[8])

Die Anzahl der Träger, die bei einer gegebenen Temperatur vorkommen, kann dann ähnlich wie bei den homöopolaren Halbleitern mit Hilfe der Fermi-Dirac-Statistik bestimmt werden. Da die Bildung jedes angeregten Paares formell der Bildung eines negativen (Elektron-) und eines positiven (Loch-) Trägers entspricht, ist die Anzahl der beiden Trägerarten gleich und zwar gleich

$$n = p = (N_0 - n - p)\exp\left(-E_g/2kT\right); \tag{7.12}$$

dabei bedeutet N_0 die Zahl der an der Leitfähigkeit in einem cm^3 beteiligten Ionen. Für nicht allzu hohe Temperaturen wird diese Beziehung reduziert zu

$$n = p \cong N_0 \exp\left(-E_g/2kT\right), \tag{7.12'}$$

während bei hohen Temperaturen ($T \to \infty$) Sättigung eintritt, bei der $n = p = N_0/3$. Die Aktivierungsenergie $\mathscr{E}$ für die Eigenleitung ist daher aus zwei Beiträgen zusammengesetzt, von denen der eine die Anzahl und der zweite die Beweglichkeit der Träger bestimmt. Berücksichtigen wir (7.10), so können wir für die Aktivierungsenergie schreiben

$$\mathscr{E} = \tfrac{1}{2}E_g + E_t\,, \tag{7.13}$$

wobei E_t und daher auch $\mathscr{E}$ für Elektronen und Löcher unterschiedliche Werte besitzen werden. Die resultierende Leitfähigkeit wird im allgemeinen Fall durch die

---

[7]) Man setzt voraus, daß E_p mehr oder weniger unabhängig von der Ionenvalenz ist, also für Ni^{+} und Ni^{3+}, oder Fe^{2+} und Fe^{4+} ungefähr die gleichen Werte besitzt; das muß aber nicht genau erfüllt sein, da z. B. auf Grund der Jostschen Methode für die Abschätzung von E_p erwartet werden kann, daß E_p vom Ionenradius abhängen wird. (Vgl. [15], [24]).

[8]) Methoden für die Berechnung von E_p und E_g einschließlich einiger Beispiele findet der Leser z. B. in der Übersichtsarbeit von Jonker und Van Houten [24].

Beziehung (7.3) gegeben, in der jeder der Beiträge eine andere Aktivierungsenergie besitzen kann, so daß der Verlauf $\log \sigma$ gegen T^{-1} nicht linear sein muß.

Die auf Grund der Gleichung (7.11) abgeschätzten Werte für E_g sind bei reinen Oxiden wie NiO oder Fe_2O_3 meist so hoch, daß die Eigenleitung fast nicht festzustellen ist. Für NiO erhält man z. B. $E_g \approx$ 5,4 eV [15][9]), für Fe_2O_3 sogar 6,5 eV [29]. Wählen wir $E_g = 6$ eV, $E_t = 0$, $N_0 = 10^{22}$, so wird bei der Temperatur $T = 300$ °K nach (7.12') die Anzahl der gebildeten Trägerpaare je 1 cm³ gleich

$$10^{22} \times e^{-6/600k} \approx 10^{-21}$$

sein, und der Kristall wird sich wie ein Isolator verhalten. Auf der anderen Seite zeigt diese Abschätzung, daß wir offensichtlich nie einen solchen Reinheitsgrad erhalten können werden, bei dem die Konzentration der eigentlichen Träger zumindest vergleichbar wäre, so daß die gemessene elektrische Leitfähigkeit in der Mehrzahl der Fälle einer Fremdleitung entspricht. Einen etwas abweichenden Fall stellen einige Perowskite dar; die Abschätzung nach (7.11) ergibt z. B. für reines $LaMnO_3$ $E_g \approx 0$, wenn wir die für die Reaktion

$$Mn^{3+} + Mn^{3+} \rightarrow Mn^{2+} + Mn^{4+}$$

erforderliche Energie betrachten. In Wirklichkeit übersteigt nicht einmal bei dem am sorgfältigsten bereiteten reinen stöchiometrischen $LaMnO_3$ der spezifische Widerstand bei Raumtemperatur 10^3 Ω cm [30].

Gehen wir jetzt zur Fremdleitung über. Als Beispiele werden uns Oxide mit *geregelter Valenz* dienen, die wir schon früher erwähnt haben (S. 701 f.). Wenn wir z. B. in Nickeloxid NiO eine kleinere Anzahl von Ni^{2+}-Ionen durch Li^+-Ionen substituieren, dann verändert sich der Elektroneutralitätsbedingung gemäß der Valenzzustand einer gleichen Anzahl von Nickelionen nach Ni^{3+} entsprechend dem Schema

$$Ni^{2+} + Ni^{2+} \rightarrow Li^+ + Ni^{3+} .$$

Durch die Lithiummenge können wir also auf definierte Weise den Gehalt an Ni^{3+}-Ionen regulieren, was der von Verwey eingeführte Begriff der „geregelten Valenz" gut erfaßt. Als Ergebnis der Substitution tritt eine steile Abnahme des spezifischen Widerstandes auf (Abb. 7.4), was beweist, daß gleichzeitig mit der Einführung der Ni^{3+}-Ionen in das Ni^{2+}-Gitter die Ladungsträger erzeugt wurden. Das Plus-Vorzeichen der thermoelektrischen Spannung zeigt im Sinne unserer Konvention, daß die Leitfähigkeit Löchercharakter hat.

Man kann offensichtlich den Nickelionen in Ni^{3+}-Zuständen positive Elektronenlöcher zuordnen, die hier als Ladungsträger gelten sollen. Wenn man diese Löcher als frei ansehen könnte, so daß sie mit gleicher Wahrscheinlichkeit bei jedem beliebigen Nickelion bestehen könnten, wäre alles sehr einfach, denn die Trägerkonzen-

---

[9]) F. Morin [23] gelangte auf einem anderen Weg zu etwas niedrigeren Schätzwerten.

tration würde, unabhängig von der Temperatur, direkt gleich der Konzentration der Ni^{3+}- und daher auch Li^{+}-Ionen sein. In Wirklichkeit jedoch werden die Löcher, welche die überschüssige positive Ladung im Gitter darstellen, durch elektrostatische Kräfte an die Li^{+}-Ionen gebunden, die die Bedeutung negativ geladener Zentren haben. Als Ergebnis zeigt sich die Tendenz zur Bildung lokalisierter $Li^{+} . Ni^{3+}$-Paare Wenn elektrischer Strom durch Übertragung der Elektronenladung zwischen den *d*-Niveaus der Ni-Ionen entstehen soll, muß es zuerst zur Ionisierung eines solchen Paares kommen, bei dem das Loch auf ein entfernteres Nickelion übergeht und frei wird, indem es statt des ursprünglichen Paares $Li^{+} . Ni^{3+}$ das Paar $Li^{+} . Ni^{2+}$ hinterläßt. Analog zur Fremdleitung bei homöopolaren Halbleitern stellen also die $Li^{+} .$ $. Ni^{3+}$-Paare Akzeptorenzentren dar, welche in der Lage sind, die aus dem Gitter der Ni^{2+}-Ionen thermisch angeregten Elektronen aufzunehmen. Die von diesen Elektronen zurückgelassenen Löcher können dann von Ion zu Ion springen und werden so zu Ladungsträgern, ähnlich wie die Löcher im Valenzband eines homöopolaren Halbleiters. Der Unterschied besteht nur im Leitungsmechanismus selbst. Die gemessene Aktivierungsenergie entfiele dann größtenteils auf die Beweglichkeit und stellt die zur Überwindung der Energieschwelle bei dem Valenzwechsel $Ni^{3+} \rightarrow Ni^{2+}$ notwendige Energie dar.

Tatsächlich kann es zur Ionisierung des Akzeptorzentrums auch auf eine andere Weise, nämlich durch Elektronenanregung aus dem im wesentlichen durch 2*p*-Ligandenelektronen gebildeten Valenzband kommen. In diesem Falle erscheint ein Loch im Valenzband, und sein Beitrag zur elektrischen Leitfähigkeit wird alle Charakteristiken der Bänderleitung tragen. Speziell die Beweglichkeit wird keiner Wärmeaktivierung bedürfen, so daß die gemessene Aktivierungsenergie der Anregungsenergie für den Übergang des 2*p*-Elektrons in das Akzeptorniveau entspricht. Darüber, welche der beiden Möglichkeiten wirksam ist, entscheidet u. a. die gegenseitige Lage des Ni^{2+}-Niveaus und der oberen Kante des 2*p*-Valenzbandes. In älteren Arbeiten glaubte man, wie wir noch sehen werden, daß das Ni^{2+}-Niveau genügend weit oberhalb der oberen Kante des Valenzbandes liegt und daß deshalb der erste Mechanismus überwiegt.[10]) Die letzten, an gut definierten, in manchen Fällen einkristallinen Proben durchgeführten Experimente [25, 31—33] zeigen jedoch, daß die Aktivierungsenergie der Beweglichkeit in einem bestimmten Temperaturbereich Null sein kann, wie es das Bändermodell fordert (vgl. S. 741). so daß man dann den zweiten Mechanismus als überwiegend annehmen kann. Das führt zusammen mit der Notwendigkeit, weitere experimentelle Tatsachen zu respektieren, zur Vermutung, daß das Ni^{2+}-Niveau unter dem oberen Rand des 2*p*-Valenzbandes liegt (Abb. 7.20) [34]. Daraus folgt, daß NiO warscheinlich kein typischer Stoff ist, bei dem die Leitung zumindest im Gebiet der Fremdleitung durch den Mechanismus lokalisierter *d*-Elektronensprünge verwirklicht wird. Wir haben trotzdem bei unserer Erörterung diesen Mechanismus benutzt, um gleichzeitig die Gefahr zu verdeutlichen, den Sprung-Mechanismus bei den Oxiden der $3d^n$-Übergangselemente für exklusiv und universell zu halten, und haben die Umstände anschaulich illustriert, die sein Versagen bei der Interpretation der elektrischen Eigenschaften dieser Stoffe verursachen können.

[10]) Eine Ausnahme bildet die Arbeit von F. J. Morin [23], der als erster die Möglichkeit eines Beitrags von Löchern im 2*p*-Band zur elektrischen Leitfähigkeit erwog.

Wenn wir statt NiO z. B. α-Fe_2O_3 oder $ZnFe_2O_4$ nehmen und in ihnen einen Teil der Fe^{3+}-Ionen durch Ionen mit höheher Valenz (Ti^{4+}, Sn^{4+}) ersetzen, wird eine entsprechende Menge von Eisen-(III) Ionen reduziert, so daß die Elektroneutralität erhalten bleibt, d. h.

$$Fe^{3+} + Fe^{3+} \rightarrow Ti^{4+} + Fe^{2+} .$$

Wir erhalten wieder einen Halbleiter mit Fremdleitung, die aber diesmal vom *n*-Typ sein wird, denn als Träger sind die bei den Fe^{2+}-Ionen lokalisierten und die höhere positive Ladung der vierwertigen Kationen kompensierenden Elektronen anzusehen. Freie Träger-Elektronen entstehen hier durch Ionisierung der Paare Ti^{4+} . . Fe^{2+}, die die Donorzentren darstellen.

Ein Schema von Elektronenniveaus für die beiden diskutierten Fälle – NiO und Fe_2O_3 –. ist in Abb. 7.8 gezeichnet. Die einzelnen Niveaus sind mit den betreffenden Ionen oder Ionenkonfigurationen bezeichnet, so daß die Besetzung eines bestimmten Niveaus durch ein Elektron gleichzeitig auch die Existenz des entsprechenden Valenzzustandes des Ions im Gitter bedeutet. Wenn z. B. das Donorniveau Ti^{4+} . Fe^{2+} leer ist, heißt das, daß alle Donorzentren ionisiert sind und daß sich die betreffende Zahl von Elektronen in den ungebundenen Fe^{2+}-Zuständen befindet; wenn dieses Niveau besetzt ist, sind die Elektronen in den mit Ti^{4+}-Ionen gebundenen Fe^{2+}-Zuständen. Das durch die 2*p*-Elektronen der O^{2-}-Ionen gebildete Valenzband und das durch die 4*s*- und 4*p*-Elektronenzustände der Kationen gebildete leere Leitungsband sind nicht eingezeichnet, denn ihr eventueller Anteil an der Leitfähigkeit entspricht nicht dem Mechanismus des Valenzaustausches. Es ist augenscheinlich, daß das Akzeptorniveau Li^+ . Ni^{2+} oberhalb des Niveaus von Ni^{2+} und analog das Donorniveau Ti^{4+} . Fe^{2+} etwas tiefer als das Niveau der ungebundenen Fe^{2+}-Zustände liegen wird. In älteren

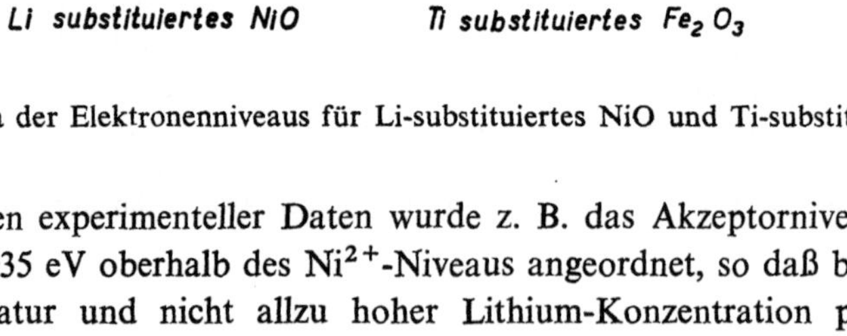

Abb. 7.8 Schema der Elektronenniveaus für Li-substituiertes NiO und Ti-substituiertes Fe_2O_3.

Interpretationen experimenteller Daten wurde z. B. das Akzeptorniveau von Li^+ . . Ni^{2+} nur 0,035 eV oberhalb des Ni^{2+}-Niveaus angeordnet, so daß bei nicht allzu tiefer Temperatur und nicht allzu hoher Lithium-Konzentration praktisch alle (Li^+ . Ni^{3+})-Paare ionisiert sein sollten und die Anzahl *p* der an der Elektrizitätsleitung beteiligten Löcher etwa mit der der Li^+-Ionen zusammenfallen sollte. Ähnlich können wir, wenn wir voraussetzen, daß die zur Ionisierung der Donorzentren $Ti^{4+} \cdot Fe^{2+}$ in α-Fe_2O_3 erforderliche Energie im Vergleich zu kT klein ist, für nicht allzu große Ti-Konzentrationen die Zahl der Träger n im großen und ganzen der Zahl der Ti^{4+}-Ionen gleichsetzen. Diese Schlußfolgerung wird jedoch bei tiefen Temperaturen nicht berechtigt sein, wo die zur Ionisierung der Akzeptor- oder Donorzentren notwendigen Energien E_A, E_D nicht mehr klein im Vergleich zu kT sind. Wenn wir die Temperaturabhängigkeit der Trägerzahl von tiefsten Temperaturen an verfolgen, können wir auf Grund des Niveauenergieschemas in Abb. 7.8 im ganzen 3 Gebiete erwarten [24]: Bei sehr tiefen Temperaturen sind die Elektronen bzw. Löcher teilweise in Zentren gefangen, so daß die Trägerzahl mit der Temperatur anwächst. Eine statistische Berechnung ergibt z. B. für die Elektronenkonzentration

$$n = (N_0' N_D)^{1/2} \exp\left(-E_D/2kT\right), \tag{7.14}$$

wobei N_0' die Zahl der Ionen in der ursprünglichen Valenz ist. Bei höheren Temperaturen gilt die früher angeführte Abschätzung

$$n \approx n_D,$$

und schließlich macht sich bei noch höheren Temperaturen und bei Erfüllung der Bedingung einer kleinen Donor-(Akzeptor-) Zahl im Vergleich zu N_0 die Eigenleitfähigkeit geltend. Die Trägerzahl ist dann durch die Beziehung (7.12) gegeben.

Die Thermokraft. Die Existenz der ersten zwei Gebiete bestätigen auch Messungen der Thermokraft (*Seebeck-Effekt*). Hier ist es vorteilhaft, das Temperaturverhalten des Seebeck-Koeffizienten Θ (d. h. der auf 1 °C entfallenden Thermokraft) zu verfolgen, der im Falle einer einzigen Art von Ladungsträgern die Form hat [1, 24]

$$\Theta = \frac{k}{e}\left(\frac{E_F}{kT} + a\right); \tag{7.15}$$

E_F ist dabei die Fermi-Energie und a das mit Übertragung der kinetischen Energie durch Ladungsträger zusammenhängende sog. kinetische Glied. Aus einer Reihe von experimentellen Arbeiten ergibt sich, daß der Wert von a bei Oxiden, im Einklang mit den Vorstellungen vom Sprung- Mechanismus der Leitfähigkeit in diesen Stoffen, sehr klein ist (in der Regel $\lesssim 1$) [12, 14, 15, 24], so daß es nicht notwendig ist, sich mit diesem Glied zu befassen.

Eine einfache, von Jonker und Van Houten [24] durchgeführte Berechnung der Elektronenverteilung auf die einzelnen Niveaus ergibt im ersten Gebiet (bei tiefen Temperaturen)

$$\Theta = \frac{k}{2e}\left(\ln\frac{N_0'}{N_D} + \frac{E_D}{kT} + 2a\right), \tag{7.16}$$

während wir im zweiten Gebiet, wo $n \approx n_D$ ist, den temperaturunabhängigen Ausdruck

$$\Theta = \frac{k}{e}\left(\ln\frac{N_0}{N_D} + a\right) \tag{7.16'}$$

erhalten.

Ein solches Verhalten wurde tatsächlich bei einer ganzen Reihe von einfachen Oxiden, z. B. bei durch Li substituiertem NiO beobachtet [15].[11]) Ein anderes Beispiel finden wir im System $Mn_xFe_{3-x}O_4$, wo im Gebiet $x < 1$ Fe^{2+}- und Fe^{3+}-Ionen in oktaedrischen Lagen gleichzeitig anwesend sind, so daß es zur Bildung der Träger praktisch keiner Aktivierungsenergie bedarf; das kommt entsprechend Gl. (7.16') durch die Temperaturunabhängigkeit der Θ-Werte zum Ausdruck – siehe Abb. 7.9. Demgegenüber müssen wir im Gebiet $x > 1$ das Fe^{2+} zuerst thermisch bilden (Aktivierungsenergie $\approx 0{,}3$ eV), was zu einer Abhängigkeit des Typs (7.16) führt – Abb. 7.10. Es sei bemerkt, daß der Vergleich der Temperaturabhängigkeit von Seebeck-Koeffizient und elektrischer Leitfähigkeit als wichtiges Mittel zur Bestimmung des

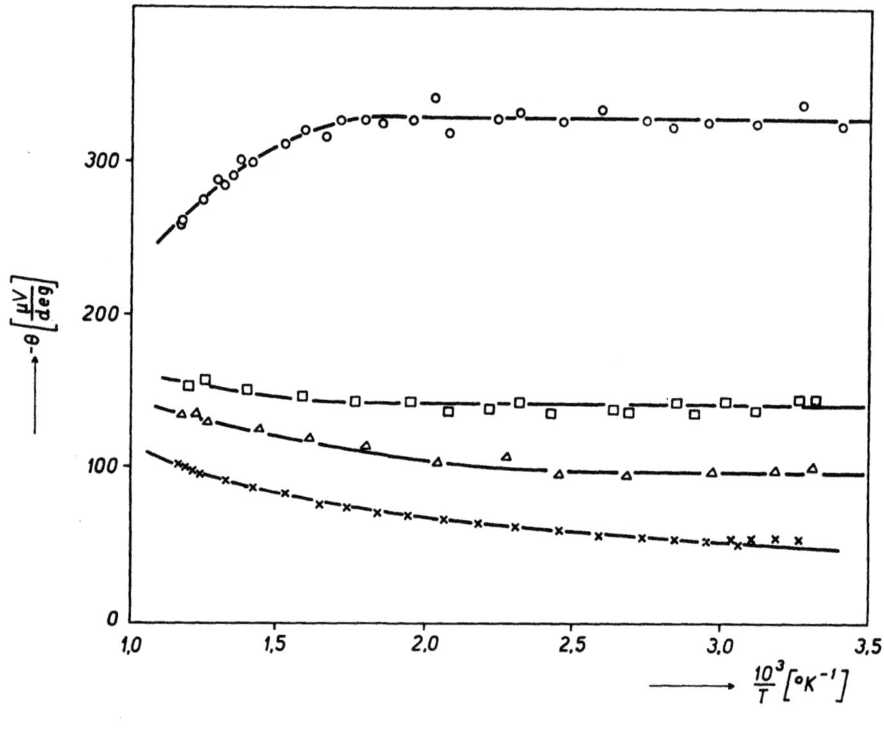

Abb. 7.9 Temperaturabhängigkeit des Seebeck-Koeffizienten Θ im System $Mn_xFe_{3-x}O_4$ für $x = 0$ (×); 0,5 (△); 0,78 (□) und 0,95 (○) (nach [35]).

[11]) Siehe aber S. 741 und die dort zitierten Arbeiten.

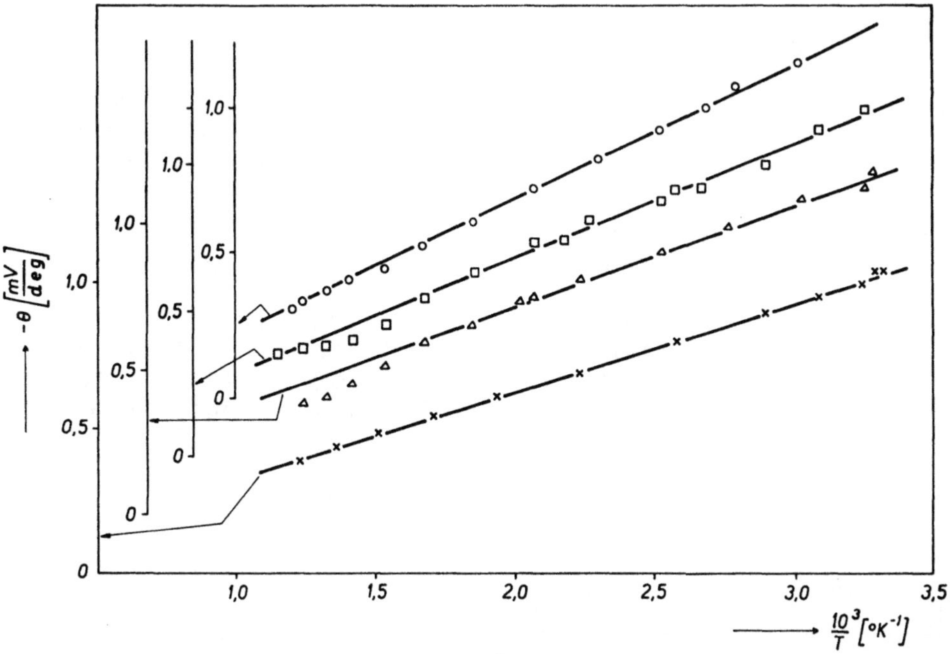

Abb. 7.10 Temperaturabhängigkeit des Seebeck-Koeffizienten im System $Mn_xFe_{3-x}O_4$ für $x = 1{,}28$ (×); 1,34 (△); 1,49 (□); 1,72 (○) (nach [35]).

Mechanismus des Ladungstransportes dient. Während sich die aus dem Temperaturverlauf von Θ bestimmte Aktivierungsenergie $\mathscr{E}_\Theta$ entsprechend (7.16) auf die Bildung der Träger durch thermische Anregung bezieht, wird die aus dem Verlauf der Leitfähigkeit bestimmte Aktivierungsenergie $\mathscr{E}_\sigma$ im allgemeinen durch die Summe aus thermischer Anregung und Aktivierungsenergie der Beweglichkeit E_t gebildet. Wenn beide Aktivierungsenergien übereinstimmen, d. h. wenn $\mathscr{E}_\Theta = \mathscr{E}_\sigma$ gilt, muß E_t in (7.13) gleich Null sein, und die Übertragung der Ladung geschieht dann ohne thermische Aktivierung, wie es der Mechanismus der Bänderleitfähigkeit voraussetzt. Genau dieser Umstand ist der Grund dafür, daß man bei der Interpretation des Ladungstransportes in NiO und einigen weiteren Oxiden den Sprung-Mechanismus verläßt und ihn durch ein Bändermodell ersetzt (S. 711 und 727).

Zum Schluß kann man feststellen, daß man trotz der erwähnten Abweichungen und möglichen Vorbehalte dem eigentlichen Mechanismus gegenüber auch auf rein phänomenologischer Basis das am Beispiel von NiO (Li) und Fe_2O_3 (Ti) erläuterte Prinzip der „geregelten Valenz" als Ausgangspunkt für die Erörterung der Fremdleitung einer ganzen Reihe substituierter Oxide annehmen kann. Man kann nach diesem Prinzip durch entsprechende Substitutionen die elektrische Leitfähigkeit ändern und sie durch die Konzentration der substituierenden Ionen „regeln". Einige Beispiele sind in Tab. VII-2 aufgeführt; durch Einführen von Ionen mit niedrigerer Valenz, wie es

Tabelle VII-2

Halbleiter mit geregelter Valenz

Struktur	Grundmaterial	Zusatz*)	Die durch das zugesetzte Ion verursachte Valenzänderung
NaCl	NiO	Li^{1+} (Ni)	$Ni^{2+} \rightarrow Ni^{3+}$
	CoO	Li^{1+} (Co)	$Co^{2+} \rightarrow Co^{3+}$
Perowskit	$CaTiO_3$	La^{3+} (Ca)	$Ti^{4+} \rightarrow Ti^{3+}$
	$BaTiO_3$	La^{3+} (Ba)	$Ti^{4+} \rightarrow Ti^{3+}$
	$CaMnO_3$	La^{3+} (Ca)	$Mn^{4+} \rightarrow Mn^{3+}$
	$LaMnO_3$	Ca^{2+} (La)	$Mn^{3+} \rightarrow Mn^{4+}$
	$LaFeO_3$	Sr^{2+} (La)	$Fe^{3+} \rightarrow Fe^{4+}$
Spinell	$\mathit{Me}Fe_2O_4$ (*Me* = Zn, Mg, Ni, Co)	Ti^{4+} (Fe)	$Fe^{3+} \rightarrow Fe^{2+}$
Hämatit	Fe_2O_3	Ti^{4+}, Sn^{4+}, W^{6+}	$Fe^{3+} \rightarrow Fe^{2+}$

*) In der Klammer ist das ersetzte Ion aufgeführt.

bei dem durch Lithium substituierten NiO der Fall war, erhalten wir in der Regel Leitfähigkeit vom *p*-Typ; wenn das substituierende Ion eine höhere Valenz hat als das substituierte, ist die Leitfähigkeit vom *n*-Typ.

Die Frage der Ionenwertigkeit

Das beschriebene Modell der Entstehung der elektrischen Leitfähigkeit kann im Prinzip auch auf Oxide angewandt werden, die verschiedene Ionen der Übergangselemente enthalten, man muß aber dazu etwas über die Wertigkeitszustände dieser Ionen wissen. Im Falle des durch Lithium substituierten NiO kann die Frage der Wertigkeiten verhältnismäßig leicht entschieden werden. Infolge des hohen zweiten Ionisierungspotentials des Lithiums $(I_2' = 75{,}6\ \mathrm{eV})$ kann hier die Wertigkeit +1 als sicher angesehen werden, so daß nur die Frage bleibt, wie der durch den teilweisen Ersatz der zweiwertigen Ni-Ionen durch Li^+-Ionen verursachte Verlust an positiven Ladungen kompensiert wird. In Frage kommen nur zwei Möglichkeiten: entweder die Wertigkeitserhöhung einer entsprechenden Anzahl von Nickelionen $(Ni^{2+} \rightarrow \rightarrow Ni^{3+})$ oder die Herabsetzung der Wertigkeit einer gleichen Anzahl von Sauerstoffanionen $(O^{2-} \rightarrow O^-)$. Darüber, welche der beiden Möglichkeiten eintritt, entscheidet die gegenseitige Lage der Niveaus von Ni^{2+} und O^{2-} (im Sinne des Schemas in Abb. 7.8). Entsprechend den nach verschiedenen Methoden durchgeführten Abschätzungen [15, 23], sollte das Niveau von O^{2-} unter dem Niveau des Ni^{2+} liegen, so daß für einen Übergang $Ni^{2+} \rightarrow Ni^{3+}$ weniger Energie als für einen Übergang $O^{2-} \rightarrow O^{-}$ notwendig sein wird (vgl. aber S. 741). Wir können daher die Formel schreiben

$$Li_x^{+}Ni_x^{3+}Ni_{1-2x}^{2+}O^{2-},$$

von der wir bei der Beschreibung der Entstehung der elektrischen Leitfähigkeit ausgegangen sind.

In Abb. 7.11 ist nach Van Houten [15] angedeutet, auf welche Weise man zu einem System der Niveaus der Elektronenenergien in NiO gelangen kann. Ausgangspunkt ist die Energie des freien Ions, dessen relative Werte durch die betreffenden Ionisierungspotentiale gegeben sind ($Ni^{+}: I_2 = 18{,}15$ eV, $Ni^{2+}: I_3 = 36{,}10$ eV, O^{2-}: Elektronenaffinität $-9{,}0$ eV). Zu diesen

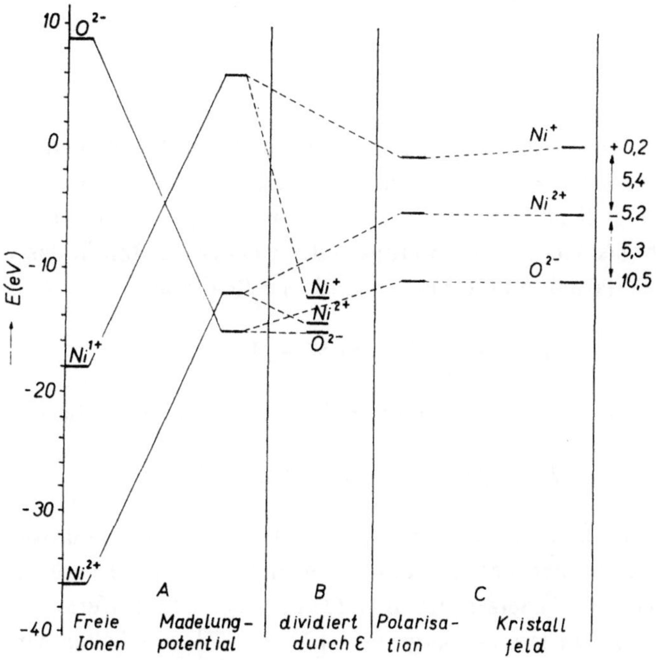

Abb. 7.11 Zur Ableitung des Systems von Elektronenniveaus in NiO (nach van Houten [15]).

Energien werden dann nacheinander das Madelung-Potential (das für Kationen positiv und für Anionen negativ ist), die Polarisierungsenergie und die Kristallfeld Stabilisierung hinzugerechnet. Die Art der Berechnung der Beiträge der Polarisierungsenergie ist in den zitierten Arbeiten [15, 23] enthalten. Es scheint, daß dieses Glied mit einem beträchtlichen Fehler behaftet sein kann, und wir werden deshalb später zeigen, wie in einigen Fällen das Experiment zur Vermeidung möglicher Zweideutigkeiten dienen kann. Die Stabilisierungsenergie für die einzelnen Fälle können wir auf

Grund der Tabelle II-9 bzw. II-10 bestimmen, wenn wir den Wert des Aufspaltparameters durch das kubische Feld $\Delta = 10Dq$ für die einzelnen Wertigkeitszustände der Nickelionen kennen und wenn wir entscheiden können, ob es sich im gegebenen Falle um ein starkes, mittleres oder schwaches Feld handelt. Unter Voraussetzung eines mittleren Feldes erhält Van Houten für die Stabilisierungsenergie folgende Werte:[12])

Ni^{+} ...... 0,4 eV,
Ni^{2+} ...... 1,3 eV,
Ni^{3+} ...... 1,3 eV.

Die Niveauverschiebung wird stets durch die Differenz der Stabilisierungsenergie der Ionen bestimmt, deren Wertigkeit um eine Einheit verschieden ist, so daß sich nur das Ni^{+}-Niveau um 0,9 eV nach oben verschieben wird.

Die Abbildung zeigt, daß das O^{2-}-Niveau ungefähr um 5,3 eV unter dem Ni^{2+}-Niveau liegt, so daß die Anregung eines Elektrons von diesem Niveau in irgendeinen höheren Zustand (Ni^{2+}, Ni^{+}) wenig wahrscheinlich ist. Zum Unterschied von Van Houten gelangt Morin [23] mit einer anderen Abschätzung der Polarisierungsenergie zu einem Wert von ungefähr 0,25 eV; in diesem Falle könnte man im gebräuchlichen Temperaturbereich einen beträchtlichen Beitrag von Löchern im O^{2-}-Niveau erwarten (in Wirklichkeit handelt es sich um ein durch die 2*p*-Elektronen der O^{2-}-Ionen gebildetes Band). Es scheint aber, daß theoretische und experimentelle Beweise eher für die Van Houtensche Methode sprechen (vgl. aber S. 741 und Abb. 7.20).

Bei anderen Oxiden braucht jedoch die Bestimmung der energetisch vorteilhaften Wertigkeit der Ionen bzw. die Aufstellung eines Diagramms der Energieniveaus nicht so einfach zu sein. Schon bei Ti-substituiertem α-Fe_2O_3 z.B. ist es nicht auf den ersten Blick klar, ob das Titan als dreiwertiges oder vierwertiges Ion in das Gitter eintritt. Es handelt sich darum, ob die Energie E für die Reaktion

$$Fe^{3+} + Ti^{3+} \rightleftarrows Fe^{2+} + Ti^{4+} + E \tag{7.17}$$

positiv oder negativ ist. Analog zu (7.11) können wir für E die Beziehung schreiben

$$E = I_3(\mathrm{Fe}) - I_4(\mathrm{Ti}) + \sum E_p + \sum E_s\,, \tag{7.18}$$

in der I_k das k-te Ionisierungspotential, $\sum E_p$ die Summe der Polarisierungsenergien und $\sum E_s$ die Summe der Stabilisierungsenergien der an der oben erwähnten Reaktion beteiligten Ionen ist.[13]) Setzen wir in (7.17) die zugehörigen Werte der Ionisierungspotentiale und Stabilisierungsenergien ein [24, 36, 37], so erhalten wir

$$E = -\,12{,}6 + \sum E_p - 0{,}5 \quad [\mathrm{eV}]\,.$$

Die mit der Jostschen Methode durchgeführte Abschätzung ergibt für $\sum E_p =$

[12]) Er geht von den Versuchswerten $Dq = 870\ \mathrm{cm}^{-1}$ für NiO aus und setzt voraus, daß für die Ni^{+}- und Ni^{3+}-Ionen die entsprechenden Δ-Werte gleich 2/3 bzw. 3/2 $\Delta(Ni^{2+})$ sind.

[13]) Die Stabilisierungsenergien der Ionen auf der linken Seite von (7.17) treten mit negativen Vorzeichen, die der Ionen auf der rechten Seite mit positiven Vorzeichen auf.

$= E_p(Ti^{4+}) + E_p(Fe^{2+})$ den Wert $\approx$ 17,9 eV, so daß sich tatsächlich ein positiver Wert $E \cong$ 4,8 eV ergibt.

Da aber andererseits die Abschätzung der Polarisierungsenergie sehr grob ist, versuchte Jonker [29], die Größe des Gliedes $\sum E_p$ auf Grund eines Versuches noch anders zu bestimmen. Er substituierte in reinem α-Fe_2O_3 eine geringe Menge (2 Atomprozent) Fe^{3+}-Ionen nacheinander durch verschiedene Fremdionen und führte Messungen des Einflusses dieser Substitutionen auf die elektrische Leitfähigkeit durch. Die Ergebnisse dieses Versuches sind in Tab. VII-3 aufgeführt. Es zeigte sich, daß die verwendeten Ionen in zwei Gruppen eingeteilt werden können; während die Ionen der einen Gruppe eine beträchtliche Erniedrigung des spezifischen Widerstandes auf einen Wert von der Größenordnung von Zehnteln bis einigen Ω cm bewirken, behält der Widerstand bei der Substitution der Ionen der zweiten Gruppe seinen hohen Wert ($\geqq 10^3 \Omega$ cm). Diese Tatsache kann einfach damit erklärt werden, daß die Ionen der ersten Gruppe vierwertig in das Gitter eintreten und so die Wertigkeit eines Teils der Eisenionen in Fe^{2+} überführen, während die übrigen Ionen dreiwertig sind, so daß keine Wertigkeitsänderung der Eisenionen eintritt. Es wird daher für die Ionen der ersten Gruppe $E > 0$ und für die Ionen der zweiten Gruppe $E < 0$ sein. Mit den Angaben der letzten Kolonne der Tabelle können wir dann unter Verwendung von Gleichung (7.17) den wahrscheinlichen Wert der Polarisierungsenergie $\sum E_p = 16{,}6 \pm 0{,}8$ eV ableiten. Die Verteilung der auf Grund dieses Wertes bestimmten Elektronenniveaus ist in Abb. 7.12 wiedergegeben. Die Niveaus der Ionen der ersten Gruppe liegen oberhalb des Fe^{2+}-Niveaus, die der Ionen der zweiten Gruppe unterhalb. Die physikalische Erklärung dieser Erscheinung ist, daß die Ionen der ersten Gruppe ein Elektron in die im reinen Fe_2O_3 unbesetzten Fe^{2+}-Niveaus

Tabelle VII-3

Substitutionen in Fe_2O_3 (nach Jonker [29])

Fremd-Ion	I_4 (eV)	I_3 (Fe)-I_4 (eV)	Spez. Widerstand (Ω cm)
Ta	$\approx$33,3	− 2,7	1,3
Zr	34,0	− 3,4	0,7
Nb	38,3	− 7,7	7,9
Ti	43,2	−12,6	0,6
Sn	46,4	−15,8	0,4
V	48,0	−17,4	$1{,}5 \cdot 10^6$
Cr	$\approx$50,6	−20,0	$1{,}0 \cdot 10^3$
Mn	53,7	−23.1	$7{,}0 - 10^7$
Fe	$\approx$56,2	−25,6	$1{,}7 \cdot 10^4$

abgeben und daß so Träger eines dann durch Valenzwechsel verwirklichten elektrischen Stromes gebildet werden. Da das Ti^{3+}-Ion auch zu den Ionen der ersten Gruppe gehört, wird der stabile Wertigkeitszustand des Titans im Fe_2O_3-Gitter Ti^{4+} sein, so daß die richtige Formel bei der Substitution durch Titan lautet

$$Ti_x^{4+}Fe_x^{2+}Fe_{2(1-x)}^{3+}O_3^{2-} .$$

Noch komplizierter kann das Wertigkeitsproblem bei einigen Ferriten mit Spinellstruktur sein, die häufig auch bei stöchiometrischer Zusammensetzung an gleichwertigen Stellen des Kristallgitters Ionen verschiedener Wertigkeit enthalten (inverse Spinelle und Mischspinelle). Wollen wir auch hier versuchen, ein System von Elektronenniveaus zu finden, aus denen der grundlegende Wertigkeitszustand der Ionen bestimmt werden kann, und ihre Anzahl und die Art der Ladungsträger zu bestimmen, so müssen wir zuerst Informationen über die Verteilung der Kationen auf die oktaedrischen und tetraedrischen Lagen des Spinellgitters gewinnen, da die Niveaus der einzelnen Ionen von dieser Verteilung abhängig sind.[14]) Verhältnismäßig übersichtlich scheint die Lage beim inversen Kobaltferrit $CoFe_2O_4$ zu sein, der als spezielle Zusammensetzung des Systems $Co_xFe_{3-x}O_4$ mit $x = 1$ angesehen werden kann. Dieses

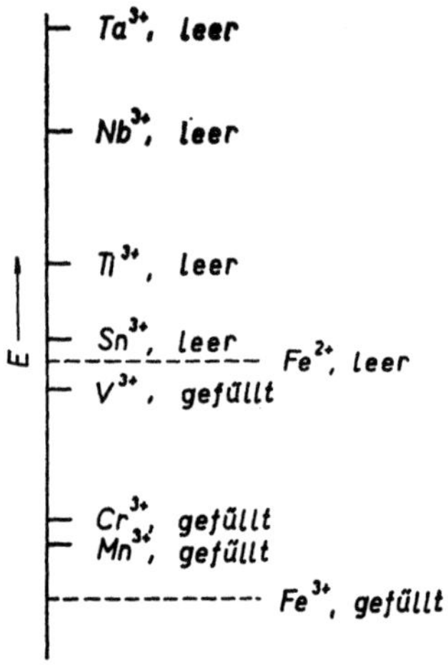

Abb. 7.12 Lage der Elektronenniveaus von verschiedenen Kationen in Fe_2O_3 (nach Jonker [29]).

System wurde in der Umgebung von $CoFe_2O_4$ eingehend von Jonker [14] untersucht. Da sowohl Fe_3O_4 als auch $CoFe_2O_4$ invers sind und die bei $x > 1$ die Fe^{3+}-Ionen substituierenden Co^{3+}-Ionen ebenfalls eine starke Präferenz für oktaedrische Lagen besitzen (Tab. II-14), werden in dem Bereich $0 \leqq x < 2$ alle mit der Substitution

[14]) Es genügt zu erwähnen (Seite 141 f., Abschn. 2.3), daß das Madelung-Potential, die Stabilisierungsenergie und eventuell auch weitere Energiebeiträge nicht nur davon abhängen, welche Lage das betrachtete Ion einnimmt, sondern auch von seiner unmittelbaren Umgebung, von der elektrischen Ladung der benachbarter Ionen u. ä. Umgekehrt könnte es sein, daß in manchen Fällen die Energieunterschiede einzelner Wertigkeitszustände der Kationen in verschiedenen Lagen die Verteilung der Ionen beeinflussen könnten.

von Kobalt für Eisen verbundenen Änderungen auf oktaedrische Untergitter beschränkt sein, während das tetraedrische Untergitter ausschließlich von Fe^{3+}-Ionen besetzt sein wird. Die Aufgabe, die Ionenwertigkeit zu bestimmen, wird dadurch auf die Frage der Verteilung von N Elektronen auf $2N$ oktaedrische Plätze vereinfacht, von denen xN mit Kobaltionen und der Rest, $(2-x)N$, mit Eisenionen besetzt sind. Wir bezeichnen die Energie der Co^{2+}- und Fe^{2+}-Niveaus mit E_1 und E_2 und setzen

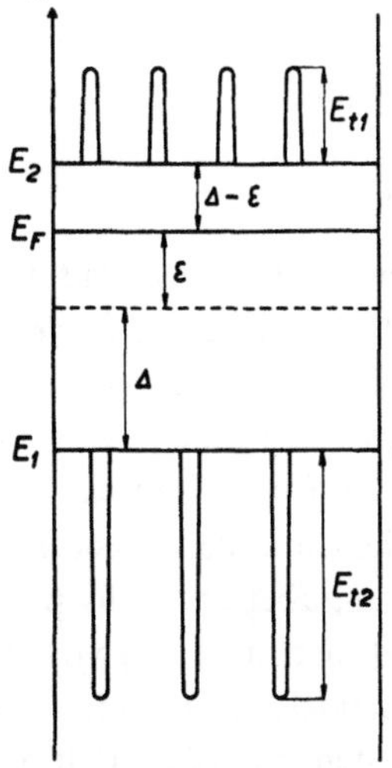

Abb. 7.13 Das Niveau-System und die Fermi-Energie E_F für $Co_xFe_{3-x}O_4$ (nach [14]).

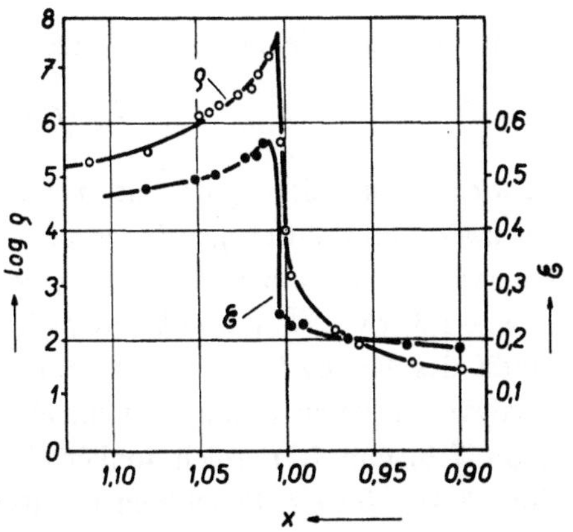

Abb. 7.14 Abhängigkeit des spezifischen Widerstandes ϱ und der Aktivierungsenergie ℰ von der chemischen Zusammensetzung im System $Co_xFe_{3-x}O_4$ (nach Jonker [14]).

$E_2 - E_1 = E = 2\Delta$. Ist speziell $x = 1$ (stöchiometrischer Kobaltferrit), so ist die Aufgabe, bei gegebener Temperatur die Elektronenkonzentration in den Fe^{2+}-und Co^{2+}-Niveaus zu bestimmen, im wesentlichen mit der Bestimmung der Trägerzahl bei Eigenleitung identisch (Seite 709). Analog zu (7.12) bzw. (7.12′) erhalten wir

$$n(Fe^{2+}) = N \exp(-\Delta/kT) \qquad (7.19)$$
$$n(Co^{2+}) = N - n(Fe^{2+}).$$

Ist $x \neq 1$, so können wir die Fermi-Dirac-Statistik für die Berechnung benutzen, wenn wir die Fermi-Energie E_F in unsere Überlegungen einbeziehen (Abb. 7.13). Im Falle des stöchiometrischen Ferrits ($x = 1$) lag E_F in der Mitte zwischen den Niveaus E_1 und E_2, bei Störung der Stöchiometrie wird sie aber aus dieser Lage verschoben. Für die Konzentrationen $n(Fe^{2+})$, $n(Co^{2+})$ kann man schreiben[15])

$$n(Fe^{2+}) = (2-x)N/\{\exp[(E_2 - E_F)/kT] + 1\} \qquad (7.20)$$
$$n(Co^{2+}) = xN/\{\exp[(E_1 - E_F)/kT] + 1\},$$

[15]) Die Ableitung dieser Formel findet der Leser in der Arbeit [12].

woraus E_F unter der Annahme

$$n(Fe^{2+}) + n(Co^{2+}) = N \tag{7.21}$$

bestimmt werden kann.

Den Energieunterschied $E_2 - E_1 = E$ können wir auf Grund der zu (7.18) analogen, das Gleichgewicht bei der Reaktion

$$Co^{3+} + Fe^{2+} \rightleftarrows Co^{2+} + Fe^{3+} + E$$

ausdrückenden Gleichung abschätzen. Diese Gleichung lautet

$$E = I_3(\mathrm{Co}) - I_3(\mathrm{Fe}) + \sum E_s, \tag{7.22}$$

da wir die Polarisierungsenergie in erster Näherung wegen der Tatsache, daß die Zahl der zwei- und dreiwertigen Ionen bei der betrachteten Reaktion keinen Änderungen unterworfen ist, vernachlässigen können. Bei Einsetzen der Zahlenwerte erhalten wir $E \approx +1{,}35$ eV [24], was in Übereinstimmung mit der Erwartung auf eine größere Stabilität des Paares $Fe^{3+} + Co^{2+}$ im Vergleich zu $Fe^{2+} + Co^{3+}$ hinweist. Durch Analyse der Versuchsdaten für die elektrische Leitfähigkeit und den Seebeck-Effekt (Abb. 7.14 und 7.3) erhielt Jonker einen zwar niedrigeren, aber ebenfalls positiven Wert $E \approx +0{,}6$ eV. Es sei bemerkt, daß die Leitfähigkeit hier für $x < 1$ vom *n*-Typ und für $x > 1$ vom *p*-Typ ist (Abb. 7.3). Im ersten Fall handelt es sich um den Elektronensprungmechanismus zwischen Eisenionen, im zweiten um Löcherleitung, bei der die Löcher Kobaltionen im Co^{3+}-Zustand entsprechen.

Die Fermi-Energie E_F, für die (7.21) die Bestimmungsgleichung ist, ist eine Funktion der Zusammensetzung x und der Temperatur T. Die Analyse dieser Gleichung zeigt, daß für $T = 0$ nur zwei mögliche Werte von E_F bestehen, u. zw. $E_F = E_1$ für $x > 1$ und $E_F = E_2$ für $x < 1$, wenn wir $E_2 > E_1$ annehmen. Im Punkte $x = 1$ ändert sich dann E_F sprunghaft. Bei Temperaturen $T > 0$ „verschwimmt" die Schärfe dieses Überganges, die Abhängigkeit $E_F(x)$ wird S-förmig mit $x = 1$ als Wendepunkt, und je höher die Temperatur ist, desto allmählicher erfolgt der Übergang. Das Verhalten von E_F in der Umgebung der stöchiometrischen Zusammensetzung ist völlig analog dem Verlauf von E_F im Falle der Kompensation der Fremdleitung bei homöopolaren Halbleitern, und man kann deshalb in diesem Sinn auch die Leitfähigkeit des stöchiometrischen inversen Spinells im wesentlichen als Fremdleitung mit 100% Kompensation ansehen. Diese Formulierung ist mit der früher vorgenommenen Klassifizierung der Eigen- und Fremdleitung in Übereinstimmung.[16])

Die Gleichungen (7.20) und (7.22) können leicht so verallgemeinert werden, daß sie die Wertigkeitsverteilung der Ionen in einem beliebigen Fall beschreiben, z. B.

[16]) In der Literatur spricht man häufig auch hier von Eigenleitung, weil die Träger durch Wärmeanregung gebildet werden. Zum Unterschied von der wahren Eigenleitung handelt es sich aber nicht um eine Anregung zwischen verschiedenen Zuständen derselben Ionenart, sondern um eine Änderung der Wertigkeiten von Paaren verschiedener Ionen.

auch bei Mischspinellen wie bei Manganferrit, oder im Falle der Anwesenheit einer größeren Anzahl verschiedener Kationen an gleichwertigen Gitterplätzen, wobei einige dieser Kationen Zusätze sein können (siehe weiter unten).

Wie die Messungen von Jonker zeigen, liegt in unmittelbarer Nähe der stöchiometrischen Zusammensetzung $x = 1$ ein von einem Maximum des spezifischen Widerstandes begleitetes Maximum der Aktivierungsenergie (7.14). Dieses Maximum ist gleichzeitig eine Folge der Abhängigkeit der Fermi-Energie E_F von der Zusammensetzung x und des Umstandes, daß der Stoff gleichzeitig auch durch die Sprünge von Löchern leiten kann, deren Beweglichkeit, obwohl sie geringer ist als die Elektronenbeweglichkeit, doch nicht ganz vernachlässigbar ist. Wäre die Löcherbeweglichkeit Null, so wäre die Zunahme der Aktivierungsenergie in der Umgebung der Zusammensetzung $x = 1$ monoton, wobei die Aktivierungsenergie für einen genau stöchiometrischen Ferrit durch die Beziehung (7.13) mit Δ anstelle von $E_g/2$ gegeben wäre.[17]) Bei einer von Null verschiedenen Löcherbeweglichkeit tragen aber die Löcher bei genügender Konzentration zur Leitfähigkeit bei, so daß die Aktivierungsenergie nach Durchlaufen des Maximums praktisch auf den der Löcherbeweglichkeit entsprechenden Wert sinkt und dann nichts mit Trägerbildung zu tun hat. Ähnlich entspricht die Aktivierungsenergie für $x < 1$ der Elektronenbeweglichkeit bei ($Fe^{2+} \rightleftarrows Fe^{3+}$)-Sprüngen (vgl. Seite 700f.).

Ein ähnliches Maximum sollte auch in der Umgebung des stöchiometrischen Nickelferrits vorhanden sein, wenn wir ihn als Bestandteil des Systems $Ni_xFe_{3-x}O_4$ auffassen. In diesem Falle stoßen wir aber auf Schwierigkeiten technologischer Art, die darauf zurückzuführen sind, daß bei der gebräuchlichen Herstellung durch Sinterung bei verhältnismäßig hohen Temperaturen in der Regel eine leichte Dissoziation des Ferrits eintritt, die durch Sauerstoffverlust und Bildung von Fe^{2+}-Ionen charakterisiert ist. Damit kann erklärt werden, warum die elektrische Leitfähigkeit des stöchiometrischen Nickelferrits meist ziemlich hoch ist und je nach Herstellungsart schwankt. Es zeigt sich [38], daß durch geringe Erhöhung der Nickelkonzentration und geeignete Wahl der Technologie auch hier ein hoher elektrischer Widerstand und eine Aktivierungsenergie $\approx 0{,}7$ eV erzielt werden können, die darauf hindeuten, daß ungefähr jener Zustand erreicht wurde, in dem die Träger erst durch Wärmeanregung auf Grund der Reaktion $Ni^{2+} + Fe^{3+} \rightarrow Ni^{3+} + Fe^{2+} + E$ gebildet werden.

Interessant ist der Fall des Manganferrits, der zum System der festen Lösungen $Mn_xFe_{3-x}O_4$ gehört. Stöchiometrisches $MnFe_2O_4$ ist nach den Ergebnissen der neutronographischen Untersuchung noch ein Mischspinell mit Manganionen auf ungefähr 10% der Oktaederplätze (Seite 99). Die Frage der Verteilung der Ionen-

[17]) Ein derartiges Verhalten wurde z. B. beim System $Mn_xFe_{3-x}O_4$ beobachtet, bei dem in der Umgebung der „stöchiometrischen" Zusammensetzung $x = 1$ im oktaedrischen Untergitter eine zu geringe Manganionenkonzentration vorhanden ist, um die Entstehung einer Löcherleitung durch Valenzsprünge der Manganionen zu ermöglichen [12]. Die Manganferrite werden wir noch weiter unten behandeln. (Seite 724).

wertigkeiten, insbesondere was die Wertigkeit der Mn-Ionen in oktaedrischen Lagen anbetrifft, war lange Zeit Gegenstand von Vermutungen und Diskussionen. Auf den Wert des magnetischen Moments bei 0 °K gestützt, vermutete eine Reihe von Autoren, daß die wahrscheinliche Verteilung der Wertigkeiten der Formel $Mn^{2+}_{0,8}$ $Fe^{3+}_{0,2}$ [$Mn^{3+}_{0,2}$ $Fe^{2+}_{0,2}$ $Fe^{3+}_{1,6}$] O^{2-}_4 [7,39] entspricht.[18]) Die gemessenen niedrigen Werte des spezifischen Widerstandes schienen qualitativ mit der vorausgesetzten Existenz von Fe^{2+}-Ionen im oktaedrischen Untergitter übereinzustimmen, und es wurden auch andere Argumente angeführt, die für die Existenz von Fe^{2+}- und Mn^{3+}-Ionen, d. h. für eine größere Stabilität des Paares $Mn^{3+} + Fe^{2+}$ im Vergleich zu $Mn^{2+} + Fe^{3+}$ sprachen [40]. Lotgering hingegen [12] führte eine eingehende Analyse der die elektrische Leitfähigkeit und den Seebeck-Effekt im System $Mn_xFe_{3-x}O_4$ betreffenden Versuchsdaten durch, und es gelang ihm, sie ziemlich befriedigend unter der Voraussetzung zu erklären, daß die Kombination $Mn^{2+} + Fe^{3+}$ die energetisch vorteilhaftere ist, so daß das Niveau der Fe^{2+}-Ionen oberhalb des Niveaus der Mn^{2+}-Ionen liegt. Der Abstand beider Niveaus 2Δ ist jedoch im Vergleich zu Kobalt- und Nickelferrit bedeutend niedriger, etwa 0,3 eV. Damit kann man nach Lotgering die verhältnismäßig niedrige Aktivierungsenergie und den niedrigen spezifischen Widerstand des stöchiometrischen Mn-Ferrits erklären. Da in der Umgebung der Zusammensetzung $x = 1$ die Konzentration der Manganionen im oktaedrischen Untergitter verhältnismäßig klein ist, werden für die Leitfähigkeit nur die Sprünge $Fe^{2+} \rightleftarrows Fe^{3+}$ verantwortlich sein, und die Leitfähigkeit bleibt vom n-Typ auch für die Zusammensetzungen $x > 1$. Die Abhängigkeit des spezifischen Widerstandes und der Aktivierungsenergie von x bei 300 °K ist zusammen mit der von Lotgering berechneten theoretischen Kurve in Abb. 7.2 eingezeichnet; es ist augenscheinlich, daß der Widerstand monoton mit x wächst, in Übereinstimmung mit der früheren Bemerkung über den Anteil der Löcherleitfähigkeit als Bedingung für die Existenz des Maximums des elektrischen Widerstands und der Aktivierungsenergie. Wenn Lotgerings Schlußfolgerung richtig ist, wird es allerdings notwendig sein, den niedrigeren Wert des magnetischen Moments irgendwie, z.B. mit Richtungsumkehr des magnetischen Moments einiger Mn^{2+}-Ionen zu erklären [41].

Ein alternatives Modell hat Šimša vorgeschlagen [42], das die Stabilisierung von Paaren $Mn^{3+} + Fe^{2+}$ in oktaedrischen Lagen unter Einfluß des Jahn-Teller-Effektes voraussetzt, so daß zum Losreißen des Elektrons von diesem Paar und zur Bildung eines freien Ladungsträgers eine Aktivierungsenergie von etwa $\approx 0,3$ eV notwendig ist. Dann entfallen die Schwierigkeiten mit der Erklärung des magnetischen Moments.

Wenn wir die Energieniveaus der Elektronen in den Ferriten $CoFe_2O_4$, $NiFe_2O_4$, $MnFe_2O_4$ vergleichen, die aus der auf ähnliche Weise durchgeführten Analyse der Daten über die elektrische Leitfähigkeit folgen, wie es Jonker im Falle $CoFe_2O_4$ ge-

[18]) Man ging dabei von der Voraussetzung der Néelschen antiparallelen Ordnung der magnetischen Momente der Untergitter aus.

macht hat, erhalten wir die Reihenfolge

$$Ni^{2+} < Co^{2+} < Mn^{2+} \lesssim Fe^{2+} .$$

Der Unterschied in den Niveaus der Mn^{2+}- und Fe^{2+}-Ionen ist dabei relativ klein, so daß in einigen Fällen die Umkehr der Reihenfolge nicht ausgeschlossen ist. Auf Grund dieser Vorstellungen kann man ziemlich einfach die Erhöhung des elektrischen

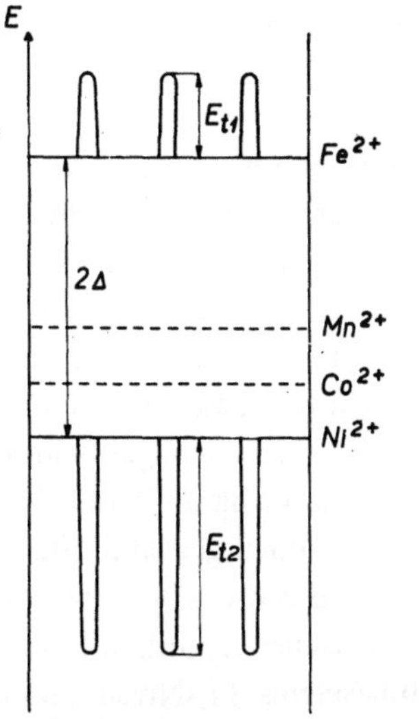

Abb. 7.15 Lage der Niveaus von Mn^{2+} und Co^{2+}, die als Zusätze in $NiFe_2O_4$ die Entstehung von Fe^{2+} verhindern (nach [44]).

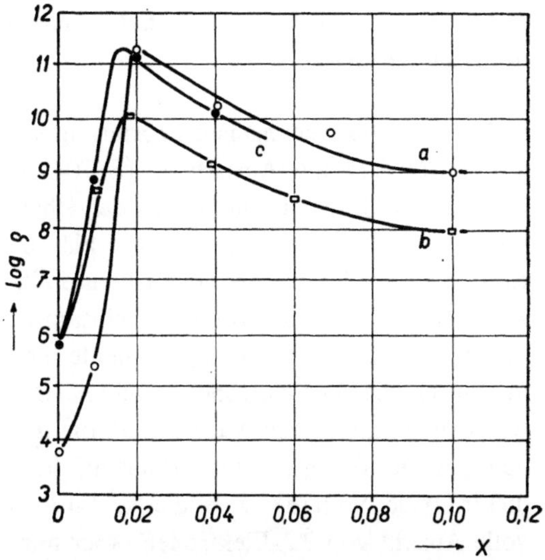

Abb. 7.16 Einfluß einer Mn- und Co-Dotierung auf den spezifischen Widerstand von Nickelferrit (nach [43]): a — $MgFe_{1,4}Mn_xO_{4-}$; b — $Ni \cdot Fe_{1,9}Mn_xO_{4\pm}$; c — $NiFe_{1,9}Co_xO_{4\pm}$.

Widerstandes einiger Ferrite, z. B. von $NiFe_2O_4$ oder $MgFe_2O_4$, erklären, die man durch kleine Zugaben von Kobalt oder Mangan erreichen kann [38, 43, 44]. Dieser Effekt ist verhältnismäßig lange bekannt, und man hat ihn zur Herstellung von Ferriten mit hohem spezifischen Widerstand ausgenutzt [43]. Die Anwesenheit einer gewissen Menge von Kobalt oder Mangan verhindert die Entstehung von Fe^{2+}-Ionen, die sonst durch den Verlust von Sauerstoff bei Garbränden bei hohen Temperaturen gebildet würden. Durch Einführung der unter dem Niveau der Fe^{2+}-Ionen liegenden Niveaus der zugegebenen Ionen (Abb. 7.15) wird den Elektronen die Möglichkeit geboten, zuerst diese Niveaus aufzufüllen. Vom Gesichtspunkt der Statistik kann man diesen Effekt der zugegebenen Ionen so auffassen, daß die Fermi-Energie, die sich bei der durch Verlust von Sauerstoff hervorgerufenen Verletzung der Stöchiometrie dicht an das Fe^{2+}-Niveau verschoben hat, durch das Niveau der zugegebenen Ionen gewissermaßen „aufgefangen" wird, so daß zur Entstehung von Ladungsträgern in Form von Fe^{2+}-Ionen auch weiterhin eine verhältnismäßig große Energie notwendig ist. Erst dann, wenn das Niveau der zugegebenen Ionen voll besetzt sein wird, verschiebt sich die Fermi-Energie an das Fe^{2+}-Niveau heran, die Träger werden praktisch ohne Aktivierung entstehen und die Leitfähigkeit wird rasch anwachsen. Die den Effekt der Mn(Co)-Beigabe auf die elektrische Leitfähigkeit zeigenden Beispiele sind in Abb. 7.16 wiedergegeben.

Physikalische Gründe für die Lokalisierung der Elektronen – Gültigkeitsgrenzen des Bändermodells

Aus der vorangegangenen Erörterung ist zu ersehen, daß wir bis auf einige gleich am Anfang erwähnte Ausnahmen (S. 704f.) in der Lage sind, die Entstehung der elektrischen Leitfähigkeit von Oxiden der Übergangselemente aus der Vorstellung über lokalisierte äußere Elektronen zu erklären. Wenn das nicht der Fall wäre und die Elektronen im Sinne der Bändertheorie allen Atomen des Kristalls (oder zumindest Atomen eines der Untergitter) gemeinsam wären, würden wir erwarten, daß die Mehrzahl der Oxide der Übergangselemente metallische Leitfähigkeit zeigen würde, denn das durch die $3d$-Elektronen gebildete Band wäre nicht völlig aufgefüllt.[19]) Selbst wenn wir voraussetzen würden, daß die d_ε- und d_γ-Elektronen getrennte Bänder bilden, genügte das nicht zur Erklärung der elektrischen Eigenschaften der Mehrzahl dieser Oxide. So haben z. B. die Ni^{2+}-Ionen in oktaedrischer Koordination zwar die volle Anzahl von $3d_\varepsilon$-Elektronen, aber nur ein halbbesetztes $3d_\gamma$-Niveau, so daß im Falle der Gültigkeit des Bändermodells das $3d_\gamma$-Band nicht völlig aufgefüllt wäre und daher Elektrizitätsleitung bewirken sollte. Das reine NiO ist aber ein Isolator, und diesen Widerspruch kann man nicht einmal durch die Annahme zufriedenstellend beseitigen, daß infolge der magnetischen Ordnung jedes Band wegen der unterschiedlichen Spinorientierung der Ionen in den verschiedenen Untergittern in zwei getrennte Bänder zerfällt. In einem solchen Falle sollte sich im Curie- bzw. Néel-Punkt der Charakter der elektrischen Leitfähigkeit ändern, was bei der großen Mehrzal der magnetischen Oxide durch die Erfahrung nicht bestätigt wird. Nur in einigen Fällen, wenn die betreffenden Oxide eine genügend niedrige Kristallsymmetrie besitzen, wäre es möglich, in plausibler Weise ihr Verhalten als typische Isolatoren auf Grund des Bändermodells dadurch zu erklären, daß das Kristallfeld von niedriger Symmetrie die Bänder so aufspaltet, daß das übliche Schema des aufgefüllten Bandes entsteht, das durch eine Zone verbotener Energie von dem darüber liegenden leeren Leitungsband getrennt ist [45].

Die Tatsache, daß die magnetischen Momente der Ionen mit den bei magnetisch stark verdünnten Substanzen gemessenen Werten übereinstimmen und den Momenten der freien Ionen im Kristallfeld entsprechen, deutet dagegen darauf hin, daß die Vor-

[19]) Bei Atomen (Ionen) mit der Konfiguration $3d^n$, $0 < n < 10$.

stellung über die Lokalisierung der Elektronen reell ist (vgl. Abschn. 1.2 und 1.3). Diese Schlußfolgerung ergibt sich aus der Tatsache, daß die aufgefüllten Bänder (Bedingung dafür, daß der Stoff ein Isolator ist) zum magnetischen Moment in der Regel nur durch ein diamagnetisches Moment beitragen können, dessen Eigenschaften vom Verhalten freier Ionen und verdünnter magnetischer Systeme grundverschieden sind. Weitere Argumente für die Lokalisierung der *d*- bzw. *f*-Elektronen liefern die optischen Spektren.[20])

Wenn auch die angeführten Gründe überzeugend zugunsten der Existenz lokalisierter Elektronen bei der Mehrzahl der magnetischen, von uns studierten Oxide sprechen, ist es zweckmäßig, hier auf zwei Tatsachen hinzuweisen. Erstens kann man diese Äußerung nicht automatisch auf sämtliche Oxide der Übergangselemente anwenden. Es gibt nämlich eine ganze Reihe von Oxiden, die metallische Eigenschaften besitzen und bei denen wir also nicht-lokalisierte *d*-Elektronen erwarten können. Dieser Umstand ist — wie wir nachfolgend sehen werden — zur Beurteilung der Ursache der Lokalisierung wichtig. Zweitens, auch wenn wir es als bewiesen ansehen, daß die *d*-Elektronen lokalisiert sind, braucht das noch nicht notwendigerweise zu bedeuten, daß die elektrische Leitfähigkeit ein Ergebnis der Bewegung *dieser* Elektronen ist. Wie wir bereits früher bei der ausführlichen Diskussion der elektrischen Leitfähigkeit von NiO erwähnt haben, kann unter gewissen Umständen in den primär den *p*- oder *s*-Elektronen entsprechenden Bändern auch Fremdleitfähigkeit entstehen. Wegen der gewöhnlich großen Breite dieser Bänder sind die beobachteten Eigenschaften denen von normalen Halbleitern analog. Diese Frage werden wir später besprechen (S. 741 f.).

Uns wird jetzt interessieren, welche physikalischen Gründe das *qualitativ* unterschiedliche Verhalten der äußeren Elektronen von Übergangsionen in Oxiden und einigen anderen Stoffen im Vergleich zu den äußeren Elektronen der anderen Atome in Kristallen hat und weiter, auf welche Weise es möglich wäre, beide Fälle – den „lokalisierten" und „bändermäßigen" – von einem einheitlichen Gesichtspunkt aus zu beschreiben und zu erklären.[21]) Da die Entwicklung einer umfassenden Theorie einen verhältnismäßig großen Aufwand erfordert, beschränken wir uns nur auf die qualitative Diskussion der physikalischen Hauptgedanken. Wir werden dabei wieder getrennt den der Eigenleitfähigkeit entsprechenden Fall durchnehmen, für die charakteristisch ist, daß auf jedes Atom (Ion) eines Übergangselements im Kristall durchschnittlich eine ganze Zahl von Elektronen entfällt, und den Fall der Fremdleitfähigkeit, wo diese Anzahl keine ganze ist. Dabei können in der ersten Gruppe neben den stöchiometrischen Oxiden, wie z. B. NiO (S. 708), im weiteren Sinn auch reine Metalle behandelt werden. Wir werden sehen, daß diese Aufteilung einen tieferen

[20]) Die Spektren einiger Oxide, z. B. NiO, sind den Spektren von hydratisierten Komplexen der entsprechenden Kationen analog und stimmen mit der Theorie des Kristall- bzw. Ligandenfeldes überein.

[21]) Damit wollen wir keineswegs den Eindruck erwecken, daß es prinzipiell möglich wäre, in den lokalisierten und kollektiven *d*-Elektronen nur zwei Grenzfälle einer einzigen physikalischen Situation zu sehen. Nach Mott ist das nicht möglich, und wie Goodenough gezeigt hat [46], stellen die lokalisierten und kollektiven Elektronen im Kristall thermodynamisch ***zwei verschiedene Phasen*** dar.

physikalischen Grund hat, denn die zur Lokalisierung führenden Hauptmechanismen sind für beide Gruppen unterschiedlich: Im ersten Falle ist es *die elektrostatische Coulombsche Wechselwirkung* zwischen den Elektronen, die ihre Bewegung korreliert und die Lokalisierung bewirken kann, und im zweiten Falle die zum sog. *Selbsteinfangen* des Elektrons oder Lochs führende *Wechselwirkung Elektron-Phonon.*

Die Eigenleitfähigkeit. – Der Mott-Übergang. Mit der Frage, warum die *d*-Elektronen in einigen Fällen lokalisiert sind (NiO) und in anderen nicht (Ni-Metall), befaßte sich als erster Mott. In einer Reihe von Arbeiten [27, 47] hat er die Hauptaspekte des Problems klargelegt und gezeigt, welche Bedeutung der Abstand der Nachbaratome (Ionen) im Kristall für die Lokalisierung der *d*-Elektronen hat. Wenn der Zwischenatom-Abstand klein ist, entsteht infolge der Überlappung der Atomorbitale ein Band, und die (äußeren) Elektronen werden sich durch den Kristall frei bewegen können. Bei großen Abständen werden dagegen die Elektronen bei einzelnen Ionen lokalisiert, und die entsprechenden Orbitale werden sich von den Orbitalen freier Atome nur wenig unterscheiden. Als wichtiges Moment gilt dabei jedoch, daß der Übergang von kollektiven zu lokalisierten Elektronenzuständen zwar stetig, aber im Gebiet eines gewissen kritischen Abstandes R_c verhältnismäßig abrupt erfolgt (*Mott-Übergang*), so daß man bis auf wenige Ausnahmen zwei Klassen von Stoffen, und zwar Metalle auf der einen Seite und Isolatoren (Halbleiter) auf der anderen Seite, scharf unterscheiden kann. Diese ursprüngliche Konzeption von Mott wurde weiter entwickelt und durchgearbeitet [46, 48, 50], und unter anderem ist sie zum Ausgangspunkt der Andersonschen Theorie des Superaustausches geworden [49] (vgl. Abschn. 3.4). Unter Zuhilfenahme der Andersonschen Argumentation werden wir jetzt kurz die für die Richtigkeit der Mottschen Vorstellungen sprechenden physikalischen Gründe aufzeigen.

Betrachten wir reines NiO und setzen voraus, daß die 3*d*-Elektronen bei einzelnen Nickelionen lokalisiert sind, so daß jedes Ni gerade 8 3*d*-Elektronen besitzt. Um dieses Modell lokalisierter Elektronen mit dem Bändermodell vergleichen zu können, werden wir andeuten, wie man von einem zum anderen übergehen kann, und wollen die energetische Bilanz eines solchen Übergangs betrachten. Da im Bändermodell die Elektronen delokalisiert sind und sich frei, voneinander ungestört durch den Kristall als fortschreitende Wellen bewegen können, gibt es keinen Grund, warum in einem bestimmten Augenblick bei irgendeinem Ion nicht gleichzeitig eine größere Elektronenzahl auftreten könnte, als es seiner normalen Valenz entspricht. Der erste Schritt zur Bildung eines Bandes ist also die Verschiebung des Elektrons von einem Nickelion zum anderen und dadurch die Bildung eines „polaren" Zustandes mit dem ionisierten Paar $Ni^+ . Ni^{3+}$.[22]) Zur Erzeugung dieses Paares muß eine bestimmte Ener-

[22]) Das Elektron muß auf einen solchen Abstand gebracht werden, daß es außerhalb des Bereichs der gegenseitigen elektrostatischen Wechselwirkung mit dem Loch bleibt, das es beim Ni^{3+}-Ion zurückgelassen hat. Anderenfalls entsteht ein gebundener Zustand, ein Exziton, das keine elektrische Ladung überträgt.

gie U geliefert werden, die im wesentlichen die Bedeutung der Coulombschen Korrelationsenergie hat und die der im Zusammenhang mit der Eigenleitfähigkeit von NiO berechneten Energie E_g äquivalent ist (S. 709). Diese Energie entspricht freilich nur der Verschiebung des Elektrons unter Beibehaltung seiner Lokalisierung. Aber dadurch, daß wir die freie Wanderung des Elektrons durch den Kristall zulassen, gewinnen wir in Wirklichkeit eine bestimmte Energie in Form negativer kinetischer Energie zurück, die zu dem Elektron an der unteren Kante des Leitfähigkeitsbandes gehört.[23]) Wenn wir die Bandbreite mit $\mathscr{E}_{be}$ bezeichnen, ist die zurückgewonnene Energie gleich $(1/2)\mathscr{E}_{be}$. Ähnlich gewinnen wir $(1/2)\mathscr{E}_{bh}$ durch die Delokalisierung des Elektronenlochs (Ni^{3+}), so daß wir ihm die der oberen Kante des aufgefüllten Bandes mit der Breite $\mathscr{E}_{bh}$ entsprechende Energie zuordnen. Während für die *s*- und *p*-Elektronen in der Regel die durch Delokalisierung gewonnene Energie ausreicht, die Korrelationsenergie U des dissoziierten Paares Elektron-Loch zu kompensieren, so daß die Bildung der Bänder energetisch vorteilhafter ist, ist normalerweise bei den 3*d*-Elektronen $\mathscr{E}_b$ nur 1 bis 2 eV im Vergleich zu $U \approx$ bis 15 eV [49]. Deshalb vergrößert sich durch die Bildung des polaren Zustandes die Gesamtkristallenergie E. Wenn wir jedoch die Erzeugung der freien Paare Elektron-Loch fortsetzen, steigt ihre Konzentration, was zu einer sukzessiven Herabsetzung der Korrelationsenergie durch den Einfluß der elektrostatischen Abschirmung der sich bewegenden Elektronen führt. Die als Funktion der Anzahl der gebildeten delokalisierten Paare N in Abb. 7.17 wiedergegebene Kristallenergie zeigt dann entsprechend ein Maximum bei einer bestimmten Paarkonzentration.

Der Unterschied zwischen Isolator und Metall tritt dann bei völliger Ionisierung auf, wenn wir allen Ni^{2+}-Ionen je 1 Elektron wegnehmen und diese Elektronen sich durch den Kristall im Sinne des Bändermodells frei bewegen lassen. Bei Metallen wird die Gesamtkristallenergie in diesem Zustand niedriger sein, als es die Energie des Ausgangszustands mit lokalisierten Elektronen war, bei einem Isolator muß es umge-

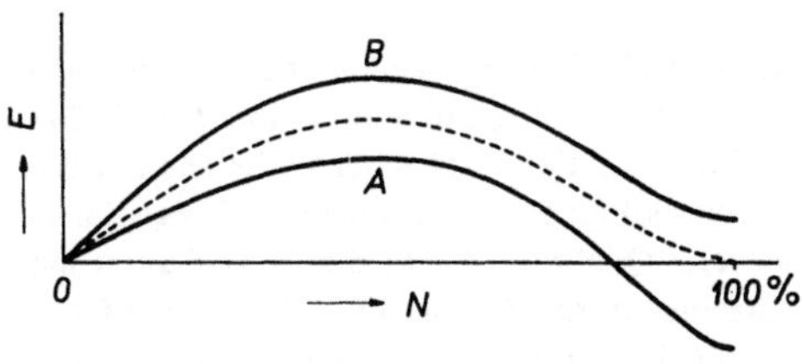

Abb. 7.17 Abhängigkeit der Kristallenergie von der Anzahl N der delokalisierten Paare Elektron—Loch (nach [27]).

kehrt sein. Darüber, welcher der beiden Fälle eintritt, entscheidet nach dem vorhergehenden im wesentlichen die Größe der Coulombschen Korrelationsenergie einerseits und die Bandbreite $\mathscr{E}_b$ andererseits. Diese beiden Energien hängen empfindlich vom Zwischenatom-Abstand R ab. Wenn R sich verringert, wächst der Einfluß der elektrostatischen Abschirmung auf die Korrelationsenergie, die Größe und der Bereich

---

[23]) Der lokalisierte polare Zustand hat ungefähr eine der Bandmitte entsprechende Energie.

der das angeregte Elektron-Loch-Paar (Exziton) an sich bindenden Kräfte nimmt ab, was die Herabsetzung der zur Freimachung des Elektrons aus dem lokalisierten Zustand notwendigen Energie zur Folge hat. Gleichzeitig wächst jedoch bei kleineren Atomabständen die Überlappung der Atomorbitale und damit die Bandbreite $\mathcal{E}_b$, so daß die durch Delokalisierung des Elektrons und des Lochs gewonnene Energie ansteigt und der delokalisierte Zustand weiter begünstigt wird. Auf Grund dieser Erwägung können wir also vorhersagen, daß die zugehörigen Zwischenatom-Abstände $R(A)$, $R(B)$ für die zwei Zustände in Abb. 7.17 – den Zustand mit Metalleitfähigkeit (A) und den Isolatorzustand (B) – die Ungleichung $R(A) < R(B)$ erfüllen werden. Es ist ferner leicht einzusehen, daß ein bestimmter kritischer Abstand R_c, $R(A) < R_c < R(B)$ existieren wird, für den die Energien des lokalisierten und delokalisierten Zustandes gerade gleich sind (gestrichelt gezeichnete Kurve in Abb. 7.17).

Wegen der deutlichen Unterschiede zwischen lokalisiertem und „kollektivem" Elektronenzustand wird sich auch die quantenmechanische Beschreibung beider Fälle wesentlich voneinander unterscheiden. Im lokalisierten Zustand werden die Wellenfunktionen der Elektronen den Wellenfunktionen der Elektronen in (freien) Atomen sehr nahe kommen, und die adäquate Beschreibung wird durch die Heitler-London-Näherung gegeben sein. In ihr betrachtet man die Wechselwirkung zwischen den Atomen als eine schwache Störung, die die Atom-Wellenfunktionen nur wenig modifiziert. Dabei führt eine starke Kopplung mit dem Phononenspektrum zur Entstehung eines lokalisierten Quasiteilchens, eines kleinen Polarons, dessen Theorie [51–55] die quantenmechanische Beschreibung des Valenzaustausches liefert (siehe weiter unten). Sofern auf ein Atom eine ganze Elektronenzahl entfällt, ist im Grundzustand (bei 0 °K) die Bewegung nur so möglich, daß zwei Elektronen von verschiedenen Atomen ihren Platz wechseln (Austausch); eine solche Bewegung ermöglicht freilich keine Ladungsübertragung. Im Bändermodell betrachten wir umgekehrt das Elektron im wesentlichen als frei beweglich im periodischen Potential der das Gitter bildenden Ionen. Aus der Periodizität des Problems ergibt sich die Lösung in Form von Bloch-Wellen (Abschn. 1.2),

$$\psi_{\boldsymbol{k}}(\boldsymbol{r}) = u_{\boldsymbol{k}}(\boldsymbol{r}) \exp(\mathrm{j}\boldsymbol{k}\,.\,\boldsymbol{r}),$$

die fortschreitenden Wellen entsprechen, welche mit einer periodischen Funktion $u_{\boldsymbol{k}}(\boldsymbol{r})$ mit der Gitterperiode amplitudenmoduliert sind. Die Existenz des Bänderspektrums dieser kollektiven Elektronen, die mit gleicher Wahrscheinlichkeit bei jedem beliebigen Atom im Kristall festgestellt werden können, ist ebenfalls eine Folge der Periodizität des Potentials, in dem sich das Elektron bewegt. Qualitativ hängt dieses Verhalten nicht von der Stärke der Kopplung des Elektrons an einzelne Atome (Ionen) ab, d. h. von der Größe des periodischen Potentials, auf der anderen Seite sinkt jedoch mit wachsender Kopplung die Bandbreite $\mathcal{E}_b$ und vergrößert sich die Zone verbotener Energien E_g. Das sich an der unteren Bandkante bewegende Elektron kann man dabei im wesentlichen als ein freies Elektron mit einer gewissen effektiven Masse m^* beschreiben, deren Größe mit der Kopplung und daher mit sinkender Bandbreite $\mathcal{E}_b$ wächst[24]). Der spontane Übergang zwischen lokalisiertem und kollektivem Elektronenzustand wurde durch die für einige einfache Systeme (z. B. das Wasserstoff-Molekül [48]) und Modelle [56] durchgeführten Rechnungen bestätigt.

---

[24]) Vgl. Abschn. 1.2; m^* ist umgekehrt proportional der zweiten Ableitung der Energie nach dem Quasiimpuls $\mathrm{d}^2E/\mathrm{d}k^2$, die umso kleiner sein wird, je enger das Band ist.

Tabelle VII-4

Lokalisierte und nicht-lokalisierte (kollektive) Elektronen in Oxiden der Übergangsmetalle mit Perowskit-Struktur [46]

$(n_\varepsilon, n_\gamma) = (0, 0)$ $S = 0$		(1,0) 1/2	(2,0) 1	(4,0) 1	(3,0) 3/2	(3,1) 2	(3,2) 5/2	(4,2) + (6,0) 2 + 0	(6,1) 1/2
WO_3	Na_xWO_3	ReO_3							
			$SrMoO_3$	$SrRuO_3$ [ac]					
$SrTiO_3$		$CaVO_3$		$SrFeO_3$ [a]	$CaMnO_3$				
								$LaRhO_3$ [a]	
		$LaTiO_3$	$LaVO_3$		$LaCrO_3$	$LaMnO_3$	$LaFeO_3$	$LaCoO_3$ [b]	$LaNiO_3$ [a]
		I		II			III		II
	$\Delta_c < \Delta_\pi < \Delta_\sigma$			$\Delta_\pi < \Delta_c < \Delta_\sigma$			$\Delta_\pi < \Delta_\sigma < \Delta_c$		

[a]) Niedriger Spinzustand.
[b]) Co^{III} bei 0 °K; beide Formen Co^{III} ($S = 0$) und Co^{3+} ($S = 2$) bei $T > 0$ °K.
[c]) Ferromagnetisches Moment ($S_{eff} = 0{,}4$).

Die physikalische Deutung der Existenz des von Mott postulierten kritischen Abstandes R_c beruht auf der Gewährleistung einer genügenden Überlappung von Orbitalen benachbarter Ionen und damit der notwendigen Bandbreite. Von diesem Gesichtspunkt aus kann man die durch das betreffende Überlappungsintegral $\mathfrak{S}$ charakterisierte Überlappungsgröße (vgl. S. 288) als primär und für die Entstehung des Bandes entscheidend betrachten und den kritischen Abstand R_c durch einen kritischen Wert des Überlappungsintegrals $\mathfrak{S}_c$ ersetzen. Der Vorteil dieses Umtausches zeigt sich augenblicklich, wenn wir bedenken, daß neben der von Mott betrachteten direkten Überlappung der Kationenorbitale auch Überlappungen bestehen, die die Anionenorbitale einschließen. Diese Überlappungsart (Kation-Anion-Kation) bildet die Grundlage für den Kovalenzbeitrag zur Bindung (σ- und π-Bindungen) und spielt eine wichtige Rolle bei der Entstehung des Superaustausches (Abschn. 3.4). Den erwähnten kritischen Wert $\mathfrak{S}_c$ kann man praktisch universell für alle Überlappungsarten benutzen.

Die angedeutete Verallgemeinerung der Mottschen Vorstellungen stammt von Goodenough [46, 50], und ihre Berechtigung kann man an den Oxiden mit Perowskitstruktur zeigen. Bei diesen Strukturen bilden die $3d^n$-Kationen ein einfaches, beinahe kubisches Gitter. Deshalb können wir, so wie wir es auch bei der Diskussion der Superaustausch-Wechselwirkungen getan haben (S. 290), alle Wechselwirkungen und Überlappungen mit Ausnahme jener vernachlässigen, die annähernd der 180°-Anordnung Kation-Anion-Kation entsprechen. Es wird dann im allgemeinen zwei Überlappungsintegrale geben, die uns interessieren. Wir werden sie mit $\mathfrak{S}_\pi$ und $\mathfrak{S}_\sigma$ bezeichnen. Wenn wir die einzelnen Perowskit-Oxide in einem rechtwinkligen Diagramm derart anordnen (Tab. VII-4), daß in einer Zeile Verbindungen mit gleicher Kationladung und in einer Spalte Verbindungen mit gleicher Elektronenkonfiguration (Spin) stehen, lassen sich, wie Goodenough gezeigt hat, drei Gebiete I, II, III bestimmen, die sich durch den Zustand der Elektronen d_ε, d_γ unterscheiden. Im Gebiet I sind beide Elektronen delokalisiert, im Gebiet II nur die d_ε-Elektronen, während die d_γ-Elektronen lokalisiert bleiben, und schließlich im Gebiet III sind sowohl die d_ε- als auch die d_γ-Elektronen lokalisiert. Die betreffenden Beziehungen zwischen den Überlappungsintegralen sind in der Tabelle direkt angegeben. Die angeführte Einteilung beruht auf einer komplexen Bewertung elektrischer, magnetischer und kristallographischer Daten für diese Oxide. Ob der gegebene Stoff metallische Eigenschaften hat oder ein Isolator (Halbleiter) ist, hängt dabei von der konkreten Elektronenstruktur ab, weiter von der Anzahl der d_ε- und d_γ-Elektronen sowie von einer eventuellen Aufspaltung entsprechender Bänder durch ein Kristallfeld niedrigerer Symmetrie oder aus anderen Gründen. So fallen z. B. $LaNiO_3$ und $LaRhO_3$ in dasselbe Gebiet (II), weisen jedoch ganz unterschiedliche elektrische Eigenschaften auf. Die erste Verbindung zeigt Pauli-Paramagnetismus wie ein Metall, die zweite ist ein Halbleiter mit verhältnismäßig schmaler verbotener Zone. Der Grund dafür ist die unterschiedliche Elektronenkonfiguration der Ni^{III}- und Rh^{III}-Ionen. Beide besitzen die volle Anzahl von d_ε-Elektronen (d_ε^6), Ni^{III} jedoch noch ein d_γ-Elektron dazu, das nach der Voraussetzung in das durch Kombination der Orbitale $d_\gamma \equiv d_\sigma$ und p_σ gebildete Band gehört. Dieses Band ist also nur teilweise aufgefüllt, woraus sich die metallischen Eigenschaften von $LaNiO_3$ ergeben. Eine genauere Diskussion der anderen aufgeführten Perowskite findet der Leser in der ursprünglichen Abhandlung von Goodenough. Es ist bemerkenswert, daß sich im Gebiet III ausschließlich Oxide befinden, die Ionen im hohen Spinzustand enthalten. Das weist auf die Bedeutung der Korrelationsenergie des intra-atomischen Austausches hin, die bei diesen Ionen im Vergleich zu dem Einfluß des Kristall- bzw. Ligandenfeldes auf die Lokalisierung der *d*-Elektronen eine dominierende Rolle spielt.

Bei Oxiden mit 90°-Anordnung konkurrieren gewöhnlich die direkte Wechselwirkung Kation-Kation mit der 90°-Superaustausch-Wechselwirkung Kation-Anion-Kation. Wie sich aus der Analyse der Austauschwechselwirkungen der Monoxide *M*O mit NaCl-Struktur und der *B*-*B*-Wechselwirkungen in Oxidspinellen ergab (S. 290 f.), überwiegt in der Mehrzahl der Fälle die direkte Kation-Kation-Wechselwirkung die 90°-Superaustausch-Wechselwirkung. Das deutet darauf hin, daß auch die direkte Überlappung der *d*-Orbitale in diesen Fällen wahrscheinlich größer ist als die indirekte auch Anionorbitale einschließende Überlappung. Unter dieser Voraussetzung hat der Versuch einen Sinn, den dem Mott-Übergang entsprechenden kritischen Abstand R_c zu bestimmen. In Tab. VII-5 sind die Hauptdaten der *M*O-Oxide gesammelt, welche sämtlich, bis auf CuO, das monoklin ist, und CrO, das als stabile Verbindung nicht vorkommt, die Struktur des NaCl-Typs haben. Von diesen Oxiden ist das TiO eine typisch metallische Substanz, die Pauli-Paramagnetismus und bei tiefen Temperaturen (<1,5 °K) Supraleitung zeigt. Ähnlich kann man auch für VO $R \lesssim R_c$ erwarten, denn die Existenz eines Übergangs, bei dem die Halbleitereigenschaften sich sprunghaft in Metalleigenschaften ändern, betrachtet man als einen Beweis für die Existenz eines schmalen *d*-Bandes. Wenn wir das benachbarte CrO überspringen, kommen wir zum MnO, das ähnlich wie die weiteren Glieder der Reihe ein Isolator ist. Wir erwarten in allen Fällen $R > R_c$. Die für die einzelnen Oxide aus der empirischen Goodenough-Formel abgeleiteten R_c-Werte werden in der Tabelle mit den wirklichen Abständen verglichen und sind, wie zu ersehen ist, mit dieser Schlußfolgerung im Einklang. Nach der Existenz eines kritischen Abstandes wurde auch bei einigen Vanadin-Spinellen gesucht [10, 57]. Als Beispiel eines solchen Spinells, bei dem anscheinend der Abstand zwischen den Nachbarkationen sich dem obigen kritischen Wert (d. h. $R \gtrsim R_c$) nähert, dient CoV_2O_4. Dieser Vanadin-Spinell zeigt Halbleitereigenschaften, hat jedoch im Vergleich zu ähnlichen Vanadin-Spinellen eine sehr niedrige Aktivierungsenergie und gleichzeitig auch einen sehr kleinen Abstand zwischen benachbarten V-Ionen (R = 2,972 Å). LiV_2O_4 dagegen hat mit einem V-V-Abstand R = 2,91 Å schon metallische Eigenschaften [58].

Aus der angeführten Übersicht ist augenscheinlich, daß man reine, stöchiometrische Oxide der Übergangsmetalle auf Grund der Vorstellungen von Mott und Goodenough folgerichtig in metallische und nicht-metallische (Isolatoren, Halbleiter)Verbindungen einteilen kann, ohne dabei mit der experimentellen Erfahrung in Konflikt

Tabelle VII-5

Zwischenatomare Abstände $M-M$ für einfache Oxide $M^{2+}O$ der Übergangsmetalle. Vergleich der Transporteigenschaften. Nach [46, 50]

Oxid	R (Å)	R_c (Å)*)	Transporteigenschaften
TiO**)	2,94	3,02	Metall
VO**)	2,89	2,92	Halbl. $\rightleftarrows$ Metall***)
(CrO)	—	(2,80)	—
MnO	3,14	2,66	Halbl. (Isol.)
FeO	3,03	2,95	Halbl. (Isol.)
CoO	3,01	2,87	Halbl. (Isol.)
NiO	2,95	2,77	Halbl. (Isol.)
CuO	2,81	2,65	Halbl. (Isol.)

*) Nach der empirischen Formel
$R_c^{3d}(M^{m+}\text{-Oxid}) = \{3{,}20 - 0{,}05m - 0{,}03(Z - Z_{Ti}) - 0{,}04\, S\,(S+1)\}$ Å mit $m = 2$ berechnet; hier bedeuten: m die Wertigkeit des betreffenden Übergangsions, Z seine Ordnungszahl im periodischen System und S sein Spin.

**) Meist treten bedeutende Leerstellenkonzentrationen sowohl im Kationen - als auch im Anionenuntergitter und starke stöchiometrische Abweichungen auf. Der Existenzbereich des TiO_x ist $0{,}6 < x \leqq 1{,}26$, der des VO_x $0{,}15 \leqq x \leqq 1{,}33$.

***) Neuere Untersuchungen konnten die Existenz dieses Überganges für eine konstante gegebene Zusammensetzung nicht bestätigen [50]; die Aktivierungsenergie sinkt aber mit abnehmendem x steil ab.

zu geraten. Man soll freilich zulassen, worauf Adler aufmerksam gemacht hat [45], daß es nicht in *allen* Fällen zur Erklärung nichtmetallischer Eigenschaften *notwendig* ist, von der Mottschen Konzeption auszugehen, weil man nichtmetallische Eigenschaften manchmal auch auf Grund des Bändermodells (mit Aufspaltung des d-Bandes durch den Einfluß niedriger Kristallsymmetrie oder antiferromagnetischer Ordnung) erklären kann. Tatsache bleibt auch, daß der sog. Mott-Übergang bis jetzt nicht direkt experimentell beobachtet wurde (Hochdruckexperimente) – siehe aber [57a]. Trotzdem kann man jedoch diese Konzeption als einwandfrei annehmen, denn sie erklärt zumindest qualitativ eine große Menge von ziemlich unterschiedlichen experimentellen Daten, und es ist nichts bekannt, was diese Hypothese widerlegen würde. Andererseits gibt es eine bestimmte Kategorie von Oxiden, die durch die Transformation Halbleiter (Isolator) $\rightleftarrows$ Metall gekennzeichnet sind und daher keiner der beiden Gruppen eindeutig zuzuordnen sind. Es könnte den Anschein haben, daß es Oxide sind, für die gilt $\mathfrak{S} \approx \mathfrak{S}_c$ (bzw. $R \approx R_c$), und manchmal kann man schließen, daß das wirklich so ist. Aber bei der großen Mehrzahl dieser Transformationen kann man zeigen [45], daß der Mott-Übergang für sie nicht direkt verantwortlich ist, sondern daß hier Änderungen der Kristall-Symmetrie – oder des magnetischen

Zustandes u. a. – die primäre Rolle spielen. Wie Goodenough gezeigt hat [59], ist hier die Situation durch die Tendenz zur Bildung von Kovalenzbindungen, in denen die 3*d*-Elektronen aufgenommen werden, kompliziert. Diese Bindungen haben oft einen lokalen Charakter, denn sie verbinden in der Regel ein Atompaar bzw. eine Atomgruppe im Kristall; die an der Bindung beteiligten Elektronen werden dann keine Eigenschaften delokalisierter Elektronen aufweisen, obwohl sich ihr Verhalten vom Verhalten der lokalisierten „Atom"-Elektronen wesentlich unterscheiden wird. Auf diese Fragen werden wir später kurz zurückkommen (Abschn. 7.3).

Die Fremdleitung; das Polaron. Gehen wir jetzt zur Fremdleitung über, bei der auf jedes Atom nicht mehr eine ganze Zahl von Elektronen entfällt. Als Beispiel kann uns wieder das Nickel-Oxid dienen, bei dem ein kleiner Teil von Nickelionen durch Lithium ersetzt wurde. Durch diese Substitution wird in das Gitter der Ni^{2+}-Ionen eine bestimmte Anzahl Elektronenlöcher eingeführt, die höhere Valenzzustände von Nickel (Ni^{3+}) repräsentieren und elektrische Leitfähigkeit durch Valenzaustausch hervorrufen. Genau so gut könnten wir natürlich irgendeinen anderen Oxidhalbleiter mit geregelter Valenz betrachten, der statt der Löcher eine gewisse Anzahl von „überschüssigen" Elektronen enthält. Der Mechanismus des Valenzaustausches setzt voraus, daß die Elektronen bei einzelnen Ionen lokalisiert sind, so daß ihre Bewegung durch den Kristall den Charakter einer Diffusion hat, bei der die Elektronen oder Löcher mit einer bestimmten mittleren Frequenz von Ion zu Ion springen. Die Theorie muß also zunächst eine Erklärung für diese Lokalisierung finden.

Das Problem ist nicht so einfach, wie es vielleicht auf den ersten Blick scheinen könnte, und wir kommen bei ihm nur mit Betrachtungen über den Einfluß des Abstandes nicht aus, wie wir sie bei der Diskussion der Eigenleitfähigkeit angestellt haben. Der Grund liegt darin, daß wegen der Äquivalenz der Ionen im Gitter weder ein überschüssiges Loch noch ein Elektron lokalisiert werden kann, sondern daß sie sich mit gleicher Wahrscheinlichkeit bei jedem beliebigen Ion aufhalten können, so daß die adäquate Beschreibung des Elektrons durch eine fortschreitende Welle vom Bloch-Typ gegeben sein wird[25]). Eine reine Abstandsvergrößerung zwischen benachbarten Ionen kann zwar die Bandbreite und dadurch auch die Energie des delokalisierten Elektrons beeinflußen, sie kann jedoch nicht die Delokalisierung beseitigen. Zur Lokalisierung eines Elektrons oder Lochs ist es notwendig, die aus der Äquivalenz der Gitterlagen folgende Entartung aufzuheben. Wie Landau als erster gezeigt hat [26], kann man dies bei genügend starker Polarisierung des Gitters in der Umgebung des Elektrons erreichen. Diese Polarisation, die als ein Ausdruck der Wechselwirkung

[25]) Diese Delokalisierung ist vergleichbar der Delokalisierung einer Spinabweichung in einer geordneten magnetischen Struktur, die zur Entstehung von Spinwellen führt (Abschn. 3.1, S. 217). Es sei bemerkt, daß die Delokalisierung des überschüssigen Elektrons oder Lochs auch bei Anwendung der Heitler-London-Beschreibung auftritt.

zwischen Elektron und Gitterschwingungen (Phononen) anzusehen ist, wird durch eine überschüssige elektrische Ladung hervorgerufen, die im Falle eines Lochs positiv und im Falle eines Elektrons negativ ist. Durch die Polarisierung wird um das Elektron herum ein Potentialwall gebildet. Sofern die Polarisierung stark genug ist, kann in dem Potentialwall das Loch oder das Elektron eingefangen werden. Die Entstehung der Polarisierung in der Umgebung des Elektrons und die Form der Potentialgrube,

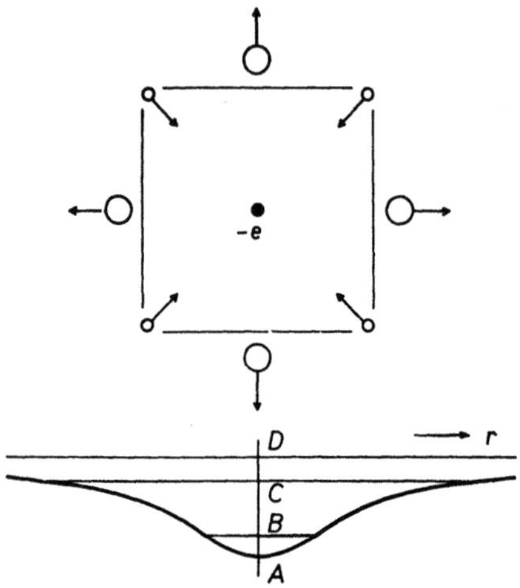

Abb. 7.18 Entstehung der Polarisierung in der Umgebung des Elektrons und Form der entstandenen Potentialgrube. Mit *A*, *B* ... sind die Energie-Niveaus des Elektrons bezeichnet (nach [60]).

in der das Elektron oder Loch eingefangen wird, sind in Abb. 7.18 schematisch dargestellt.

Die Polarisierung, die sich bei diesem Prozeß aktiv auswirkt, entspricht einer Verschiebung der Ionen aus ihren ursprünglichen Lagen (Abb. 7.18). Die reine Polarisierung der Elektronenhüllen benachbarter Ionen genügt nicht wegen der kurzen Relaxationszeit, die eine augenblickliche Anpassung der Bewegung des betrachteten Elektrons (Lochs) erlaubt. Es ist offensichtlich, daß das Elektron eine solche Polarisierung mit sich trägt, wohin es sich auch bewegt, so daß dadurch keine Behinderung der Bewegung eintritt. Demgegenüber können die Ionen infolge ihrer großen Trägheitsmasse dem Elektron oder Loch nur mit einer bestimmten Verzögerung folgen. Eben diese Polarisierungsträgheit kann das Einfangen des Elektrons verursachen. Die Größe dieser „Trägheits"-Polarisierung wird etwa der Differenz $1/\varepsilon_\infty - 1/\varepsilon_0$ proportional sein, wo ε_0 und ε_∞ die statische und Hochfrequenz- (optische) Dielektrizitätskonstante bedeuten.

Das eingefangene bzw. mit der von ihm bewirkten Polarisierung gekoppelte Elektron nennen wir *Polaron*. Es stellt im Kristall ein Quasiteilchen mit bestimmter effektiver Masse dar, die in der Regel bedeutend größer ist, als die effektive Masse des „freien" Elektrons. Im Falle eines starken Polarisierungseffektes des Elektrons auf umliegende Ionen, was einer starken Wechselwirkung Elektron-Phonon entspricht, wird das Polaron (und daher auch das Elektron oder Loch) lokalisiert, und seine Bewegung durch den Kristall wird durch den mit dem Valenzaustausch identischen Sprung-Mechanismus verwirklicht. In diesem Falle sprechen wir von einem „kleinen"

Polaron. Im Gegensatz dazu kann sich das Polaron, wenn die Wechselwirkung der Elektronen, mit den Phononen (mit dem Gitter) schwach ist, durch den Kristall relativ frei bewegen; seine Bewegung wird durch fortschreitende Wellen vom Bloch-Typ beschrieben, und die zugehörigen Energien erzeugen ein Band ähnlich wie bei einem nichtlokalisierten Elektron. Dann sprechen wir von einem „großen" Polaron. Es ist augenscheinlich, daß die effektive Masse eines kleinen Polarons wesentlich größer sein wird als die effektive Masse eines großen Polarons.

Nach Heikes [61] können wir in folgender Näherung abschätzen, welche minimale effektive Masse ein Elektron (bzw. Polaron) besitzen muß, wenn es lokalisiert sein soll; die mittlere kinetische Energie des Teilchens mit der effektiven Masse m^* und dem Impuls p ist

$$p^2/2m^* = (h/\lambda)^2/2m^* \approx kT,$$

so daß „die Größe" λ des Teilchens sein wird

$$\lambda \approx h/(2m^*kT)^{1/2}.$$

Wenn $\lambda \approx a$ sein soll (a ist der Zwischenatomabstand), dann muß für $T \approx 300$ °K und $m^* \approx \approx 10^{-25}$ g, $m^*/m \approx 10^2$ sein.

Ein lokalisiertes kleines Polaron bewegt sich nach dem Sprung-Mechanismus mit einer von Null verschiedenen Aktivierungsenergie. Diese Energie entspricht im wesentlichen der Arbeit, die zur Veränderung der Verzerrungspotentiale auf den Nachbargitterplätzen notwendig ist, zwischen denen es zum Sprung kommen soll, so daß diese Lagen wieder äquivalent (und daher entartet) werden. Zum Sprung kommt es dann in dem Augenblick, wo durch die Gitterschwingungen – durch Absorption, evtl. Emission des Phonons (der Phononen) – der Unterschied der Verzerrungspotentiale in dem durch das lokalisierte Elektron polarisierten Ort und dem Nachbarort aufgehoben wird. Diese Aktivierungsenergie hängt also mit der Sprungwahrscheinlichkeit und daher mit der Beweglichkeit des Polarons zusammen. Sie ist im allgemeinen niedriger als die zur Freimachung des Elektrons aus dem Polarisierungs-Potentialwall benötigte Energie (Dissoziation des Polarons). Man kann sich aber auch einen Prozeß vorstellen, bei dem die Phononenabsorption die Dissoziation des Polarons bewirkt und das freigelegte Elektron sich während einer kurzen Zeit als „reines" Elektron frei bewegt [59].

Es sei darauf hingewiesen, daß man für $T \to 0$ °K auch bei kleinen Polaronen die Bildung schmaler Bloch-Bänder erwarten kann, wobei die Gitterschwingungen nur die Streuung des Polarons hervorrufen und seine mittlere freie Weglänge beschränken werden. Wie Holstein gezeigt hat [52], sinkt jedoch die Breite des Polaronbandes sehr schnell mit wachsender Phononenzahl im Gitter (und daher mit steigender Temperatur), so daß die Bänderleitfähigkeit bei kleinen Polaronen nur auf tiefste Temperaturen beschränkt ist. Der Übergang aus dem Zustand, in dem die Bänderbeschreibung genügt, in den lokalisierten Zustand wird durch die Forderung bestimmt, daß die Unbestimmtheit der Energie, die man im Sinne der Heisenbergschen Unbestimmtheitsrelation als $\hbar/\tau$ ausdrücken kann, wo τ die Relaxationszeit bedeutet,[26] die Bandbreite $\mathscr{E}_b$ übersteigt, d. h., daß

$$\hbar/\tau \gtrsim \mathscr{E}_b \tag{7.23}$$

ist. Da die Relaxationszeit τ mit wachsender Stärke der Wechselwirkung von Elektronen mit dem Gitter sinkt, zeigt diese Beziehung anschaulich die Bedeutung der Wechselwirkung Elektron-Phonon für die Lokalisierung des Elektrons. Auf der anderen Seite bedeutet die Abhängigkeit von der Bandbreite $\mathscr{E}_b$, daß es bei den Kristallen leichter zu einer Lokalisierung kommt, bei denen die Atome der Übergangselemente weit genug voneinander entfernt sind, so daß die gegenseitige Einwirkung, die Überlappung der Atomorbitale und dadurch auch die Bandbreite klein wird. Wir sehen also, daß der Abstand zwischen den Atomen auch im Falle der Fremdleitung eine wichtige Rolle spielt. Einen interessanten Hinweis auf den Einfluß des Kationenabstandes auf die Wahrscheinlichkeit eines Elektronensprungs und dadurch auf die elektrische Leitfähigkeit hat Závěta [62] mit der Untersuchung der Anisotropie der Leitfähigkeit von Oxiden mit Magnetoplumbitstruktur $MO \cdot 6Fe_2O_3$ (M = Ba, Pb) geliefert. Es sei bemerkt, daß die bei der Eigenleitfähigkeit erzeugten Ladungsträger, wenn es zur Bildung von polaren Zuständen z. B. durch thermische Anregung kommt, den Charakter von Polaronen haben und daher lokalisiert sind, sofern (7.23) Gültigkeit hat. Die Gesamtaktivierungsenergie wird dann aus zwei Beiträgen zusammengesetz sein, und zwar aus der zur Anregung benötigten Energie und der mit der Beweglichkeit des Polarons zusammenhängenden Energie, in Einklang mit der früher angeführten Beziehung (7.13).

Beziehung zwischen dem Bändermodell und dem Modell lokalisierter Elektronen. Wie wir bei der Diskussion des Mott-Übergangs ausgeführt haben (S. 728f.), sollte der Übergang aus dem durch die Lokalisierung der Elektronen charakterisierten Zustand in einen Zustand, in dem die Elektronen delokalisiert und kollektiviert sind, abrupt erfolgen, wie man es bei einer Transformation im thermodynamischen Sinne erwarten kann. Der Verschiedenartigkeit beider Zustände entspricht auch die Grundverschiedenheit der Beschreibung – die Vielelektronen-Wellenfunktionen im Kristallfeld für lokalisierte Elektronen und das Bändermodell, d. h. die durch Wellen vom Blochtyp charakterisierte Einelektronennäherung (S. 730), für nicht-lokalisierte Elektronen. Wenn uns jedoch eben das Übergangsgebiet zwischen den lokalisierten und nicht-lokalisierten Elektronen interessiert und wir etwas Näheres darüber erfahren wollen, wie dieser Übergang verläuft, steht uns gerade diese Grundverschiedenheit beider Be-

---

[26]) Die Relaxationszeit bedeutet die mittlere Zeit, während der sich das Elektron oder in unserem Falle das Polaron ungestört durch den Kristall als fortschreitende Welle bewegt. Es ist der Zeitraum, in dem es seinen Bewegungszustand nicht ändert, und man kann ihn also als die Zeit zwischen zwei aufeinanderfolgenden „Zusammenstößen“ mit den Phononen auffassen.

schreibungen im Wege. Deshalb wollen wir zum Schluß dieses Abschnittes andeuten, wie es – zumindest im Prinzip – möglich ist, beide Gesichtspunkte zu vereinen und mittels eines einfachen Schemas der Energieniveaus, im wesentlichen vom Ein-Elektronentyp, zu verfolgen, was bei der Transformation vor sich geht [34, 50].

Ein solches, der Einelektronennäherung entsprechendes Niveauschema haben wir für Ionen der Übergangsmetalle im Zusammenhang mit dem Problem ihrer Valenzzustände eingeführt (S. 712). Das die Bezeichnung eines bestimmten Valenzzustandes, z. B. Fe^{2+}, tragende Niveau wird dabei als Niveau des Elektrons aufgefaßt, das den fünf die äußere Schale des Fe^{3+}-Ions bildenden *d*-Elektronen zugefügt, die Veränderung des Valenzzustandes $Fe^{3+} \to Fe^{2+}$ hervorruft. Wenn wir dieses Niveau als ein wirkliches Einelektronenniveau der Bändertheorie auffassen wollen, müssen wir jene restlichen 5 *d*-Elektronen als „innere" Elektronen des Ions betrachten, die zusammen mit den anderen Elektronen die eigentliche Elektronenhülle des Ions bilden (core-electrons) und nur eine passive Rolle spielen. Auf ähnliche Weise können wir das Einelektronenniveau von Fe^{3+} mit der „inneren" Konfiguration $3d^4$ definieren usw. Die Energiedifferenz beider Niveaus ist durch die Coulombsche Korrelationsenergie *U* gegeben und drückt die Tatsache aus, daß im Falle der Fe^{2+} z. B. das betreffende Elektron der abstoßenden Wirkung von 5 anderen *d*-Elektronen, im Falle des Fe^{3+} aber nur der von 4 *d*-Elektronen ausgesetzt ist. Mit der Abschätzung der Energie *U* befaßten wir uns auf S. 709f. Bei fortschreitender Delokalisierung ist noch der

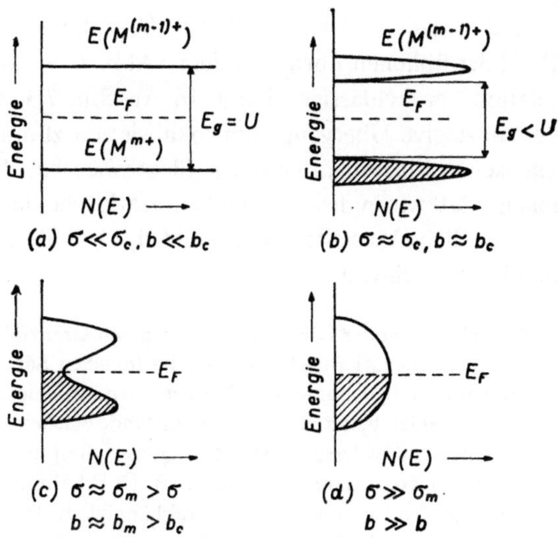

Abb. 7.19 Schematische Darstellung der Energie-Niveaus im Quasi-Einelektronenbild beim Übergang vom lokalisierten zum delokalisierten Zustand. Als maßgebende Größe gilt das Überlappungsintegral $\mathfrak{S}$, evtl. das Übertragungsintegral b, das proportional $\mathfrak{S}$ ist. Es existieren zwei kritische Werte $\mathfrak{S}_c$ und $\mathfrak{S}_m$ bzw. b_c und b_m. Der erste ($\mathfrak{S}_c$ bzw. b_c) betrifft die Lokalisierung, der zweite ($\mathfrak{S}_m$ bzw. b_m) den spontanen Bandmagnetismus, der bei $\mathfrak{S}_c < \mathfrak{S} < \mathfrak{S}_m$ entstehen kann. $N(E)$ bedeutet die Zustandsdichte. Nach Goodenough [50].

Abschirmeffekt der sich bewegenden Elektronen in Erwägung zu ziehen, durch den die Größe von *U* reduziert wird. Für weitere Betrachtungen ist es notwendig, sich zu vergegenwärtigen, daß eben diese Coulombsche Korrelationsenergie den Zusammenbruch des Bändermodells und die Entstehung lokalisierter Elektronen verursacht.

Wir werden von den lokalisierten Elektronen ausgehen. In diesem Falle sind die

Niveaus der sich durch eine Ladungseinheit voneinander unterscheidenden zwei Valenzzustände (Fe^{2+}, Fe^{3+}) scharf, und die (in beiden Fällen gleiche) Anzahl der Zustände ist gleich der Zahl der Ionen des betreffenden Elements (Eisen) im betrachteten Kristallvolumen. Dieser in Abb. 7.19a angedeutete Fall entspricht der Ungleichung $\mathfrak{S} \ll \mathfrak{S}_c$. Wenn die Größe des Überlappungsintegrals $\mathfrak{S}$ sich dem kritischen Wert $\mathfrak{S}_c$ nähert, beginnt dieses Bild sich zu ändern. Die Wahrscheinlichkeit für eine Elektronenübertragung zwischen den Nachbarionen und dadurch auch die Wahrscheinlichkeit der polaren Zustände wird wachsen. Beide betrachteten Einelektronenniveaus hören auf, genau definiert zu sein, und an ihrer Stelle erscheinen schmale Bänder (Abb. 7.19b). Wenn das ursprünglich niedrigere Niveau vollbesetzt und das höhere leer war, was der Situation entspricht, wo auf eines der betrachteten Übergangsionen eine ganze (ungeteilte) Anzahl von *d*-Elektronen entfällt, bleibt jedoch der Stoff auch weiterhin ein Isolator (bzw. Halbleiter), nur die Größe der Energie E_g, die ursprünglich der Energie U gleich war, wird jetzt etwas herabgesetzt. Bei weiterer Zunahme von $\mathfrak{S}$ wächst die Breite dieser aufgespalteten Bänder, und gleichzeitig nimmt die Breite der verbotenen Zone E_g ab. Aber die Coulombsche Korrelationsenergie U bleibt noch immer $\neq 0$, und zwar auch dann, wenn sich die beiden Bänder überlappen (Abb. 7.19c). Der Einfluß der Korrelation ist ferner daraus ersichtlich, daß am Ort der Bänderüberlappung die Dichte der Zustände klein bleibt. Diese Situation ist für die Entstehung des spontanen Magnetismus nicht-lokalisierter Elektronen im Sinne der Bändertheorie günstig (vgl. Abschn. 7.3, S. 754). Schließlich schwindet bei weiterer Vergrößerung von $\mathfrak{S}$ sukzessiv der „Bandhals“, $U \to 0$, und beide Bänder vereinigen sich, um ein Band der üblichen Form zu bilden (Abb. 7.19d), bei dem man die Coulombsche Korrelation vernachlässigen kann. In Abschn. 7.3 werden wir erklären, welche Folgen der sukzessive Übergang vom lokalisierten zum delokalisierten Zustand auf die magnetischen Eigenschaften der *d*-Elektronen hat. Es sei noch darauf aufmerksam gemacht, daß wir in dieser einfachen, stark schematisierten Beschreibung weder das unterschiedliche Verhalten der d_ε- und d_γ-Orbitale noch angeregte Zustände im Kristallfeld berücksichtigen.

Zur Schließung der Lücke, die zwischen den Grenzfällen von einerseits lokalisierten und andererseits nicht-lokalisierten Elektronen der üblichen Bändertheorie besteht, ist die Erkenntnis von grundsätzlicher Bedeutung, daß bei beginnender Delokalisierung zuerst zwei *verschiedene* Bänder für die beiden betrachteten Valenzzustände erscheinen. Dieser Umstand erlaubt es, eine Reihe von anscheinend widerspruchsvollen Eigenschaften mancher Oxide bzw. Sulfide der Übergangsmetalle zu erklären. Damit kann man z. B. die Erhaltung der Halbleitereigenschaften auch in jenen Fällen begreifen, wo die Temperaturabhängigkeit der Beweglichkeit den „Bandcharakter“ der elektrischen Leitfähigkeit beweist. Eine eingehende Diskussion mit konkreten Beispielen findet der Leser in den Arbeiten von Goodenough [46, 50, 63]. Theoretisch befaßte sich mit der Frage der Entstehung von schmalen Bändern unter der überwiegenden Wirkung der Coulombschen Korrelation Hubbard [56].

Die angegebene Einelektronennäherung bei der Beschreibung der *d*-Elektronen kann man, wie Feinleib und Adler gezeigt haben [34], mit Vorteil auch dann benutzen, wenn man Energieniveaus der *d*-Elektronen in das Gesamtschema der Niveaus (des Bänderspektrums) des betreffenden Stoffes einreihen will. Als ein Beispiel kann das Spektrum von NiO dienen, das von diesen Autoren mit dem Ziel vorgeschlagen wurde, seine elektrischen, magnetischen und optischen Eigenschaften von einem einheitlichen Gesichtspunkt aus zu erklären. Die Entstehung des Bänderspektrums bei wechselnden Zwischenatom-Abständen und das resultierende Spektrum sind in Abb. 7.20a,b ange-

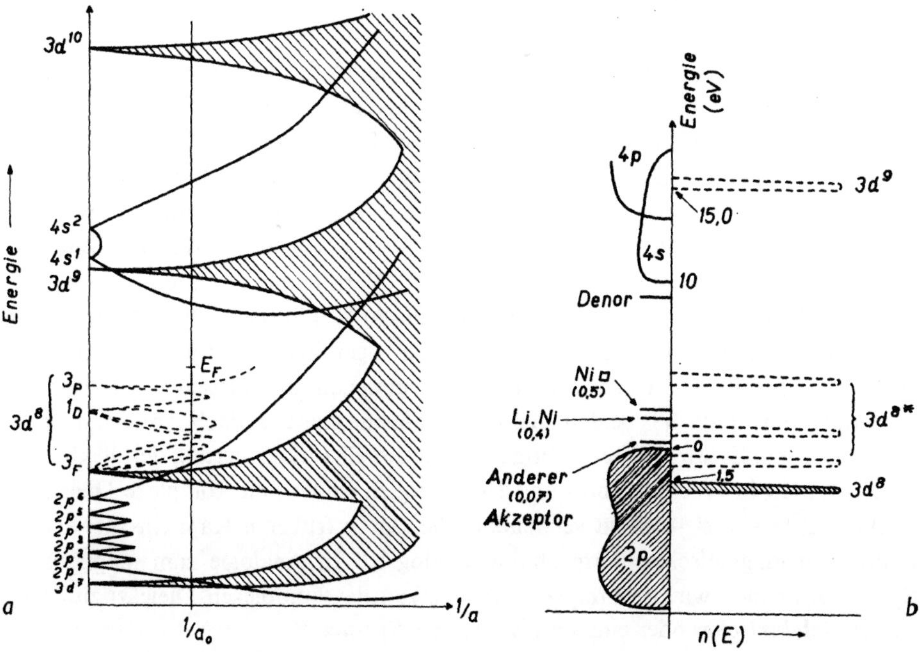

Abb. 7.20 Bänderspektrum von NiO nach Adler und Feinleib [34]: a — Entstehung der Bänder aus den Atom-Niveaus (*a* bedeutet die Gitterkonstante); b — Skizze des Bänderspektrums, das eine befriedigende Interpretation der Versuchsdaten ermöglicht. Die mit $3d^{8*}$ bezeichneten Niveaus (punktiert) geben die Energien der angeregten Zustände der Ni^{2+}-Ionen im Kristallfeld an.

geben. Zum Unterschied von anderen Modellen [15, 23] wird hier das dem Ni^{2+} ($3d^8$) entsprechende schmale Band *unter* die obere Kante des $2p$-Valenzbandes gesetzt.[27]) Der vorausgesetzte Abstand $\approx$ 16,5 eV zwischen den $3d^8$- und $3d^9$-Niveaus entspricht der Vernachlässigung der Polarisierungsenergie, wie sich durch Vergleich mit dem Spektrum in Abb. 7.11 ergibt. Ein analoges Spektrum wurde auch für CoO vorgeschlagen. Weil die zu den *d*-Elektronen gehörenden, im rechten Teil des Spektrums eingezeichneten Zustände keine wirklichen Einelektronenzustände darstellen, kann man den rechten und linken Teil des Spektrums nicht einfach verknüpfen, und

[27]) Die Gründe für diese Voraussetzung und die Analyse des Spektrums auf Grund experimenteller Daten sind in der zitierten Arbeit [36] angeführt.

bei der Auswahl möglicher Übergänge ist Vorsicht geboten (vgl. [36]). Es sei schließlich darauf aufmerksam gemacht, daß die für Chalkogenidspinelle angenommenen Bänderspektren (S. 300f., Abb. 3.57) ähnlichen Charakter haben, gewöhnlich jedoch einen etwas größeren Delokalisierungsgrad und breitere Bänder besitzen.

7.2 Die elektrischen Spektren

Werden die Messungen der elektrischen Leitfähigkeit nicht in einem Gleichspannungsfeld, sondern in einem Wechselfeld durchgeführt, so stellen wir meist eine Änderung der Leitfähigkeit mit der Frequenz fest. Diese Änderung ist bei polykristallinen Werkstoffen, bei denen im Bereich niedriger Frequenzen (10^2 bis 10^4 Hz) in der Regel ein steiler Anstieg der gemessenen Leitfähigkeitswerte gefunden wird, besonders ausgeprägt. Gleichzeitig nimmt der Wert der Dielektrizitätskonstante ab, was auf die Notwendigkeit einer gleichzeitigen Verfolgung der Frequenzabhängigkeit von Leitfähigkeit und Dielektrizitätskonstante hinweist. Die Meßwerte der Wechselstromleitfähigkeit schließen neben der eigentlichen Leitfähigkeit auch tatsächlich die mit der Umpolarisierung verbundenen dielektrischen Verluste des Materials ein, und die beiden Beiträge können nicht einfach voneinander getrennt werden. Es wird daher richtig sein, für die Charakterisierung der elektrischen Eigenschaften in Wechselstrom- und Hochfrequenzfeldern die komplexe Dielektrizitätskonstante $\varepsilon = \varepsilon' - j\varepsilon''$ zu verwenden, die der in früheren Kapiteln verwendeten komplexen magnetischen Permeabilität analog ist. In Analogie zum magnetischen Spektrum nennen wir die Frequenzabhängigkeit der komplexen Dielektrizitätskonstante *dielektrisches* oder einfach *elektrisches Spektrum*.

Die Beziehung zwischen σ und ε'' folgt aus den Maxwellschen Gleichungen. Setzen wir voraus, daß die eigentlichen Dielektrizitätsverluste Null sind, so wird [64]

$$\varepsilon'' = \varepsilon''_\sigma = 4\pi\sigma/\omega\,,$$

so daß insgesamt

$$\varepsilon'' = \varepsilon''_{\mathrm{diel}} + 4\pi\sigma/\omega\,. \tag{7.24}$$

Je nach Notwendigkeit können wir allerdings auch umgekehrt die gemessenen Gesamtverluste mittels der Äquivalentleitfähigkeit

$$\sigma_{\mathrm{eff}} \equiv \omega\varepsilon''/4\pi \tag{7.25}$$

ausdrücken. Das Verhältnis $\varepsilon''/\varepsilon'$ ist ähnlich wie im Fall der Permeabilität gleich dem Verlustfaktor tg δ.

Die Tatsache, daß die Dielektrizitätskonstante bzw. ihr Realteil ε' größer als 1 ist, hängt mit der Fähigkeit des Stoffes zusammen, im elektrischen Feld polarisiert zu werden. Dem Ursprung nach unterscheiden wir meist Elektronen-, Ionen- und Orientierungs-(Debye) Polarisierung. In den beiden ersten Fällen werden durch das elektrische Feld Dipole gebildet, bei der Elektronenpolarisierung durch Verformung der Elektronenhülle, bei der Ionenpolarisierung durch gegenseitige Verschiebung der positiven und negativen Ionen gegeneinander. Bei der Orientierungspolarisierung sind die elektrischen Dipole bereits im Stoff vorhanden und werden durch die Wirkung des Feldes nur orientiert (gerichtet). In heterogenen Werkstoffen, zu denen die polykristallinen Ferrite häufig zu rechnen sind, entsteht außerdem eine weitere, mehr oder weniger makroskopische Polarisierung durch Häufung der elektrischen Ladung an den Grenzen von Einschlüssen mit unterschiedlicher (meist niedrigerer) Leitfähigkeit. Diese Einschlüsse sind am häufigsten Oberflächenschichten an den Korngrenzen, die im Vergleich zum eigentlichen Material beträchtliche Unterschiede in den Eigenschaften besitzen können.

Da es sich in Wechselfeldern um eine dynamische Polarisierung handelt, wird jedem Mechanismus eine bestimmte kritische Frequenz (bzw. ein ganzes Spektrum solcher Frequenzen) zukommen, oberhalb der die Polarisierung nicht mehr imstande ist, den schnellen Feldänderungen zu folgen. Das Ergebnis jedes derartigen Versagens des Polarisierungsmechanismus ist eine Abnahme des Realteils der Dielektrizitätskonstante, die von dielektrischen Verlusten begleitet ist, die sich durch ein Maximum der Abhängigkeit $\varepsilon''(\omega)$ bemerkbar machen. Die Dispersion von ε kann je nach Umständen Resonanz- oder Relaxationscharakter besitzen. Im ersten Fall ist der Bereich, in dem ε' abnimmt, durch ein Maximum und Minimum auf der Kurve $\varepsilon'(\omega)$ begrenzt,[28]) im zweiten Fall verläuft die Abnahme monoton. Der Ionen- und der Elektronenpolarisierung entspricht meist ein Resonanzverlauf, die Rotationspolarisierung und die mit der Heterogenität des Materials zusammenhängende Polarisierung besitzen Relaxationscharakter.

Bei Ferriten und ähnlichen Oxiden der Übergangselemente tragen, wenn wir von der durch Heterogenität verursachten Polarisierung absehen, insbesondere die Elektronen- und Ionenpolarisierung zur Dielektrizitätskonstante bei. Die zugehörigen kritischen Frequenzen entsprechen den charakterisitischen Eigenfrequenzen der Elektronenübergänge und den optisch aktiven Schwingungen des Gitters.[29]) Ideale Ionenkristalle enthalten keine permanenten Dipole, so daß bei ihnen auch die Debyesche Orientierungspolarisierung nicht vorkommen sollte. Elektrische Dipole können aber in der Nähe von Störstellen, z. B. von Leerstellen, Polaronen usw. entstehen, und einige Ergebnisse deuten darauf hin, daß die Debyesche Polarisierung und ein ihr

---

[28]) Einen ähnlichen Verlauf zeigt $\chi'(\omega)$ bei der ferromagnetischen Resonanz (vgl. Abb. 6.8).

[29]) Unter optisch aktiven Gitterschwingungen verstehen wir solche, die direkt durch Lichtstrahlen angeregt werden können. In Ionenkristallen sind es die Schwingungen, bei denen sich positive und negative Ionen einander nähern und sich von einander entfernen, so daß elektrische Dipole entstehen (Ionenpolarisierung). Diese Dipole können durch die elektrische Komponente einer elektromagnetischen Strahlung entsprechender Frequenz induziert werden.

entsprechendes Relaxationsspektrum ausnahmsweise auch bei Ferriten vorkommen können [65]. Die einzelnen in Spinellen und Granaten vorkommenden Polarisationsmechanismen und die ihnen entsprechenden charakteristischen Frequenzbereiche sind schematisch in Abb. 7.21 wiedergegeben.

Infolge des Mangels an genauen Messungen, insbesondere an Einkristallen, können wir uns schwerlich ein Bild über den gesamten Verlauf von $\varepsilon'(\omega)$ und $\varepsilon''(\omega)$ machen.

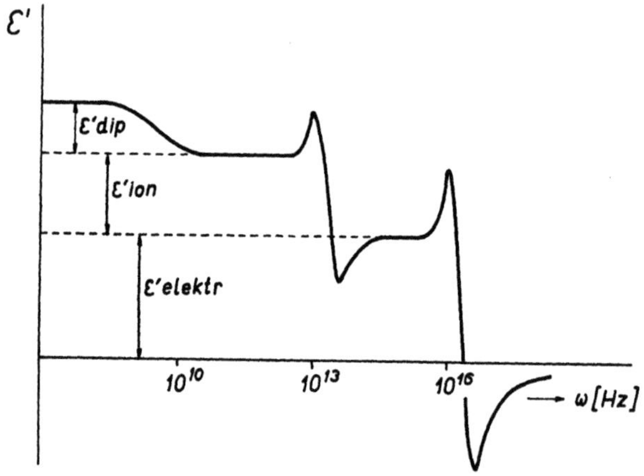

Abb. 7.21 Schematischer Verlauf von $\varepsilon'(\omega)$ mit Darstellung der Dispersionsgebiete und der entsprechenden Mechanismen.

Über die relative Größe des Beitrages der wichtigsten Polarisierungsmechanismen zur Gesamtpolarisierung können wir uns eine grobe Vorstellung auf Grund der Messungen der optischen Konstanten von Nickelferrit im nahen Infrarotbereich bilden [66]. Vergleichen wir den gemessenen Wert $\varepsilon' = 7{,}0 \pm 0{,}5$ bei $\lambda \approx 5\ \mu m$ mit dem Wert der Dielektrizitätskonstante 10 bis 15, den wir bei den meisten Ferriten im Mikrowellenbereich feststellen können (d. h. im Bereich der cm-Wellen), so sehen wir, daß der Beitrag der Ionenpolarisierung zu ε' irgendwo zwischen 3 bis 8 liegt, während der Beitrag der Elektronenpolarisierung ungefähr 7 beträgt. Die extrem hohen Werte der statischen (bzw. Niederfrequenz-) Dielektrizitätskonstante, bis zu einer Größenordnung von 10^5, die häufig an polykristallinen Ferriten gemessen wurden, werden dann meist als Folge der Heterogenität des Materials erklärt.

Wir wollen nun kurz diese einzelnen Polarisationsbeiträge besprechen.

Polarisierung heterogener Materialien. Diese Art Polarisierung führt häufig zu hohen ε'-Werten bei niedrigen Frequenzen. Ursache sind die mit der Inhomogenität zusammenhängenden Hindernisse, die der freien Übertragung der elektrischen Ladung in der Probe im Wege stehen, so daß sie in bestimmten Bereichen angehäuft wird. Die gemessenen Frequenzabhängigkeiten von ε' können meist mittels der einfachen Dispersionsformel

$$\varepsilon' = \varepsilon_\infty + \frac{\varepsilon_0 - \varepsilon_\infty}{1 + \omega^2\tau^2} \tag{7.26}$$

angenähert ausgedrückt werden; mit einer analogen Beziehung für σ_{eff}

$$\sigma_{\text{eff}} = \sigma_\infty + \frac{\sigma_0 - \sigma_\infty}{1 + \omega^2\tau^2}. \tag{7.27}$$

Die Indices 0 und ∞ entsprechen den Grenzfällen $\omega = 0$ und $\omega \to \infty$, und τ ist die sowohl von den Eigenschaften des Ferrits selbst als auch von der Art und der geo-

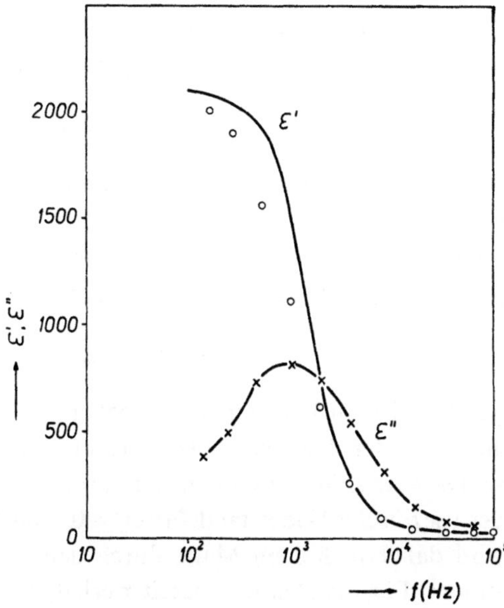

Abb. 7.22 Vergleich des experimentellen und theoretischen Verlaufs von ε' und ε'' als Funktion der Frequenz für einen NiZn-Ferrit (nach Koops [67]).

metrischen Verteilung der Inhomogenitäten abhängige Relaxationszeit. Den Verlauf von ε'' erhalten wir durch Kombination der Beziehung (7.27) für σ_{eff} und der Beziehung (7.25). Zum Vergleich sind diese Kurven mit den Koopsschen Messungen [67] an polykristallinen NiZn-Ferriten in Abb. 7.22 wiedergegeben.

Koops versuchte dieses Verhalten auf Grund der Vorstellung zu erklären, daß die einzelnen Körner des eigentlichen Ferrits mit einem spezifischen Widerstand ϱ_1 und einer Dielektrizitätskonstante ε_1 von einer dünnen Oberflächenschicht mit unterschiedlichen, durch die Konstanten ε_2, $\varrho_2 (\varrho_1 < \varrho_2)$ charakterisierten Eigenschaften bedeckt sind.[30]) Die Eigenschaften eines solchen heterogenen Dielektrikums können mit einem zweischichtigen Kondensator nach Maxwell und Wagner verglichen werden [68], dessen Ersatzschema der Serienschaltung zweier einfacher Verlustkondensatoren der Kapazitäten C_1, C_2 und Parallel-Widerstände R_1, R_2 entspricht. Durch Vergleich der Impedanz dieser Serienschaltung mit den gemessenen Effektivwerten eines ein-

30) Die Oberflächenschichten können am ehesten durch Oberflächen-Oxydation oder -Reduktion der Körner entstehen.

fachen Kondensators C^{eff}, R^{eff} erhalten wir für die effektiven Konstanten ε, ϱ^{eff} unter der Voraussetzung, daß $x = d_2/d_1 \ll 1$, $\varrho_1 \ll \varrho_2$, $x\varrho_2 \gtrsim \varrho_1$, $\varepsilon_1 \doteq \varepsilon_2$,

$$\varepsilon \cong \varepsilon_1 + \frac{\varepsilon_1/x}{1 + c\varrho_1^2\omega^2/x^2} \tag{7.28}$$

$$\varrho^{\text{eff}} \cong \varrho_1 + \frac{x\varrho_2}{1 + c\varrho_1\varrho_2\omega^2/x}.$$

Aus diesen Beziehungen folgt, daß die eigentlichen, zum Innern der Körner gehörenden Materialkonstanten $\varepsilon_1, \sigma_1 = \varrho_1^{-1}$ durch die Grenzausdrücke für $\omega \to \infty$

$$\varepsilon_1 \cong \varepsilon_\infty, \quad \sigma_1 \cong \sigma_\infty$$

gegeben sind und daß sie daher durch Messung bei hinreichend hohen Frequenzen gewonnen werden können (in der Regel im cm-Wellenbereich). Der Beitrag der inhomogenen Polarisierung zur Dielektrizitätskonstante bei niedrigen Frequenzen ($\omega \to 0$) ist dann durch die Beziehung

$$\varepsilon_0 - \varepsilon_\infty \cong \varepsilon_2/x \doteq \varepsilon_1/x \tag{7.29}$$

gegeben. Er wird danach umso größer sein, je dünner die Oberflächenschicht im Vergleich zu den linearen Kornabmessungen ist. Für $x \approx 10^{-3}$, $\varepsilon_2 \approx 10$ erhalten wir so Dielektrizitätskonstanten der Größenordnung bis zu 10^4. Ähnlich wächst auch der spezifische Widerstand für $\omega \to 0$ vom Hochfrequenzwert $\varrho_1 \cong \varrho_\infty$ um $x\varrho_2$ und wird daher in hohem Maße durch den spezifischen Widerstand der Schichten bestimmt. Für die Relaxationszeit τ erhalten wir die Beziehung

$$\tau = \frac{C_1 + C_2}{1/R_1 + 1/R_2} = \frac{\varepsilon_1 + \varepsilon_2/x}{4\pi(\sigma_1 + \sigma_2/x)} \cong \frac{\varepsilon_0}{4\pi\sigma_0}\,;^{31)} \tag{7.30}$$

τ wächst also mit abnehmender Leitfähigkeit der Körner und mit abnehmender Schichtdicke.

Obwohl das Koopssche Modell in vielen Fällen zu einer zufriedenstellenden Erklärung der beobachteten Tatsachen führte, wurden dagegen doch eine Reihe von Einwänden laut. Die wichtigsten sind folgende: (1) bei manchen Ferriten ist ε_0 so groß, daß die Dicke der Oberflächenschicht nur einige Å betragen könnte; (2) die experimentell bestimmte Aktivierungsenergie der Elektronenleitfähigkeit ist sowohl für σ_0 als auch σ_{hf} (das ist praktisch σ_∞) gleich, was mit anderen Worten bedeutet, daß den Oberflächenschichten und dem Korninneren, trotz des bedeutenden Unterschiedes der Leitfähigkeit, die gleiche Aktivierungsenergie zukommt; (3) hohe Werte der Dielek-

[31]) Hier ist dic Leitfähigkeit in absoluten elektrostatischen Einheiten ausgedrückt. Verwenden wir für sie $(\Omega\ \text{cm})^{-1}$, so müssen wir diesen Ausdruck mit dem Faktor $(1/9) \cdot 10^{-11}$ multiplizieren.

trizitätskonstante wurden auch bei einigen Ferriteinkristallen beobachtet [69]. Die ersten zwei Einwände werden durch die Modifizierung des Koopsschen Modells von Heikes und Johnston [5] beseitigt, die die schlecht leitenden Oberflächenschichten durch unvollkommene elektrische Kontakte zwischen den einzelnen Körnern ersetzen, die eine Art leitender Brücken mit bedeutend kleinerem Querschnitt bilden (Abb. 7.23). Der dritte Einwand deutet darauf hin, daß auch andere Mechanismen bei den

Abb. 7.23 Heikes-Johnston-Modifikation [5] des Koopsschen Modells.

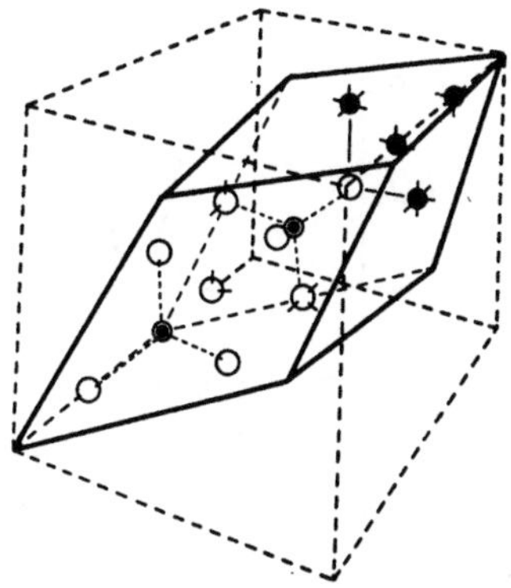

Abb. 7.24 Rhomboedrische Elementarzelle des Spinells.

Ferriten und verwandten Oxiden zu hohen Werten der Dielektrizitätskonstante mit typischem Relaxationsverlauf ihrer Frequenzabhängigkeit führen können. Über eine Vervollkommnung des Koopsschen Modells siehe [67a].

Infrarotspektren. Die Dispersion im Infrarotgebiet rührt größtenteils von der Ionenpolarisierung her. Für jedes Ionengitter gibt es bestimmte charakteristische Schwingungsmoden, bei denen das lokale Dipolmoment geändert wird. Von ihnen sind dann wegen der Translations-Symmetrie des Kristalls nur jene optisch aktiv, bei denen das Gesamtdipolmoment der primitiven Kristallzelle geändert wird.

Betrachten wir jetzt die Schwingungspektren des im Abschn. 2.1 beschriebenen Spinellgitters. In Abb. 7.24 ist die Elementarzelle des Spinells in eine Form umgezeichnet, die eine Analyse ihrer Schwingungen ermöglicht. Diese Analyse hat Waldron durchgeführt [70]. Er betrachtete einen 14 Ionen, d. h. 2 „Moleküle" MFe_2O_4 enthaltenden Teil der Elementarzelle des Ferrospinells (in der Abb. stark ausgezogen) und teilte diese Ionen in 3 Gruppen, und zwar: in zwei Gruppen von MO_4 und eine Fe_4-Gruppe. Die ausgewählten Gruppen besitzen die gleiche tetraedrische Symmetrie (Gruppe T_d), und es genügt, nur die inneren Schwingungen dieser Gruppen zu untersuchen. Von der Gesamtzahl der 24 Moden sind nur vier aktiv. Von diesen hat er experimentell zwei gefunden, deren Frequenzen in der Umgebung von 550 und 400 cm^{-1}, also im

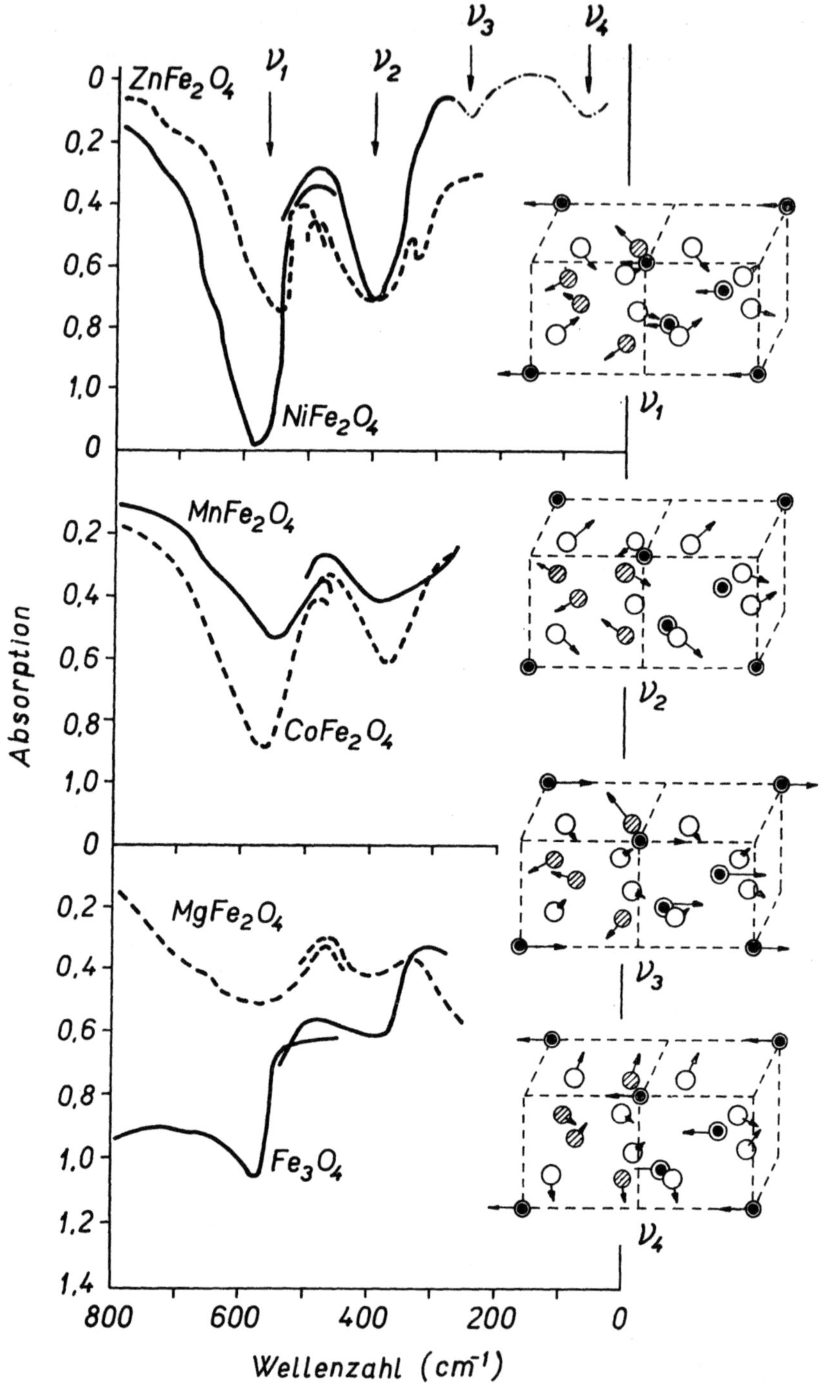

Abb. 7.25 Beispiele für Infrarot-Absorptionsspektren einiger Ferrite mit Spinellstruktur und die entsprechenden aktiven Schwingungsmoden (nach [83]).

nicht allzu fernen infraroten Gebiet liegen. Die Ergebnisse seiner Messung wurden später durch die Messungen von Mitsuishi u. a. ergänzt [71]; die letztgenannten Autoren haben eine weitere charakteristische Frequenz der Grundschwingungen des Spinellgitters in der Umgebung von 170 cm^{-1} gefunden. Wie die Gruppenanalyse zeigt, sind alle beobachteten Schwingungsmoden des Spinellgitters dreimal entartet. Aus diesem Grunde kann man erwarten, daß es bei Herabsetzung der Symmetrie –

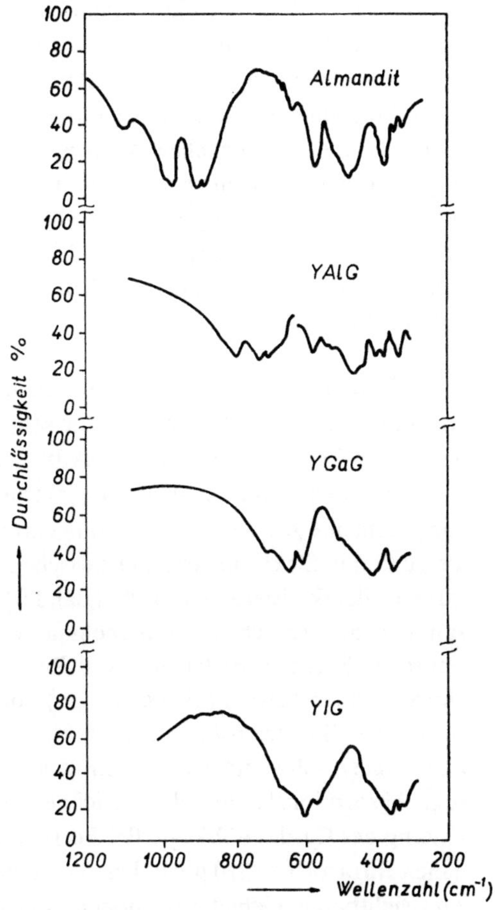

Abb. 7.26 Infrarotspektren einiger Granate (nach [74]).

z. B. im Zusammenhang mit dem Jahn-Teller-Effekt – zu einer Aufspaltung kommt. Das wurde tatsächlich von Brabers u. a. [72] bei tetragonal verzerrtem Mn_3O_4 und bei weiteren tetragonalen Spinellen der Reihe $Mn_xFe_{3-x}O_4$ beobachtet. Detailliertere Messungen haben gezeigt [73], daß diese Aufspaltung, wenn auch quantitativ bedeutend verringert, auch bei kubischen Spinellen dieser Reihe ($x \gtrsim 0{,}8$) existiert; das unterstützt die Vermutung über die Existenz von tetragonal verzerrten Gebieten (Mn^{3+}-clusters) bzw. von durch Mn^{3+}-Ionen innerhalb des kubischen Kristalls hervorgerufenen lokalen Verzerrungen (vgl. S. 171 f.).

Beispiele für Infrarotabsorptionsspektren einiger Ferrite mit Spinellstruktur enthält Abb. 7.25. Aus ihnen ist, unter anderem, die Abhängigkeit der Form des Spektrums vom Inversionsgrad des Spinells ersichtlich. Die bei inversen Spinellen augenscheinliche Vergrößerung des Abstandes zwischen den beiden „Kurzwellen-Maxima" um 30 bis 40 cm^{-1} zeigt den Einfluß einer höheren elektrischen Ladung tetraedrischer Kationen auf die Stärke ihrer Kopplung an benachbarte Sauerstoffionen. Analoge Spektren für einige Granate enthält Abb. 7.26; für Granate wurde jedoch wegen der Kompliziertheit der Struktur keine eingehendere Analyse des Vibrationsspektrums durchgeführt. Es sei bemerkt, daß neben den grundlegenden Schwingungsmoden im Infrarotgebiet auch schwächere Absorptionen auftreten können, die den aus den Grundfrequenzen abgeleiteten Kombinations- und harmonischen Schwingungen entsprechen; diese zusätzlichen Absorptionen werden im Kurzwellenteil des Spektrums liegen. Außerdem können einige Störungen und Verunreinigungen, denen bestimmte lokale Eigenschwingungen entsprechen, durch Eigenabsorption zum Infrarotspektrum beitragen. Als Beispiel kann das Si^{4+}-Ion in Yttrium-Eisen-Granat dienen, wo sich die starke Kopplung von Silizium an das Sauerstoff-Tetraeder durch eine spezifische Absorption äußert [75].

Optische Spektren. Wegen der auf allzu starker Lichtabsorption beruhenden experimentellen Schwierigkeiten sind nur sehr wenig Angaben für das sichtbare Spektralgebiet von Ferriten mit Spinellstruktur vorhanden. Die Absorption in diesem Gebiet entspricht den charakteristischen Elektronen-Übergängen, die bei Oxiden der Übergangselemente sowohl mit Anregung einzelner Ionen in energetisch höhere Zustände als auch mit Elektronentransfer zwischen den Ionen, beziehungsweise mit der Anregung in delokalisierte Zustände (Bänder) zusammenhängen können. In diesem Zusammenhang sprechen wir manchmal von der Eigenabsorption des Kristalls. Die optischen Spektren bestehen in der Regel aus einer gewissen Anzahl von Banden; in einigen Fällen (Oxide seltener Erden) können die Übergänge genügend scharf sein, so daß das Spektrum Linien-Charakter hat. Die Banden überlappen sich oft, und es ist bisweilen schwierig, sie zu identifizieren. Der Anfang des Spektrums ist durch die sog. Absorptionskante gekennzeichnet, deren Lage vom Typ und der Zusammensetzung des Oxides abhängt. Bei Ferriten mit Spinellstruktur liegt sie gewöhnlich im nahen Infrarot ($\lambda \lesssim 10\ \mu m$); bei Yttrium-Eisen-Granat wird die Absorptionskante zum sichtbaren Gebiet verschoben, was die teilweise Durchsichtigkeit der Kristalle dieses Oxids verursacht.

Beispiele für optische Spektren enthält Abb. 7.27. Das erste Spektrum gehört zu NiO, das vom Standpunkt der elektrischen Leitfähigkeit aus ein Isolator ist; die einzelnen Maxima wurden den Übergängen der Ni^{2+}-Ionen in die durch Spaltung im kubischen Kristallfeld erzeugten angeregten Zustände zugeschrieben. Das zweite Spektrum gehört zu Magnetit und wurde an einer dünnen, durch Oxidation einer reinen Eisenschicht hergestellten Schicht gewonnen. Zum Unterschied von NiO weist Fe_3O_4 eine verhältnismäßig hohe elektrische Leitfähigkeit auf, so daß man einen größeren Anteil der mit Elektronen-Transfer zusammenhängenden Übergänge erwarten kann. Für die Analyse des Spektrums wäre jedoch eine bessere Auflösung notwendig, die man wahrscheinlich durch Messung an Einkristallen bei tiefen Temperaturen gewinnen könnte. In Abb. 7.28 wird ein die Absorptionskante zeigender Teil des Spektrums von Yttrium-Eisen-Granat ($Y_3Fe_5O_{12}$) dargestellt; die Kante zeigt eine Struktur, die den Elektronen-Übergängen der Fe^{3+}-Ionen entspricht [77]. Es

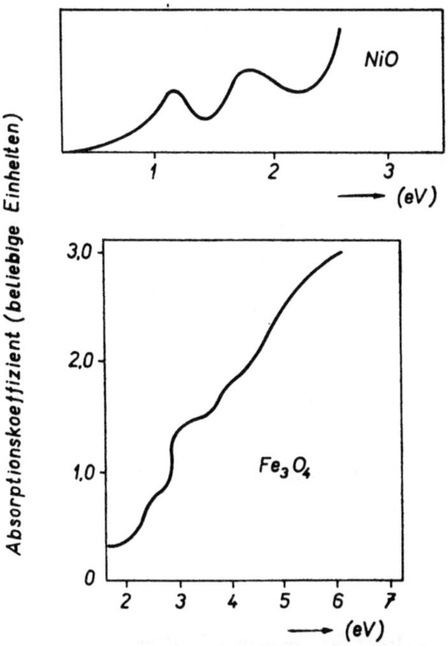

Abb. 7.27 Optische Absorptionsspektren von NiO (nach [76]) und Fe_3O_4 (nach [66]).

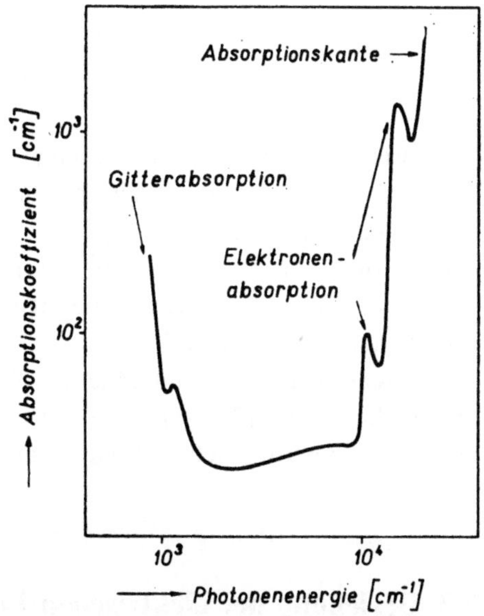

Abb. 7.28 Spektrum von $Y_3Fe_5O_{12}$ in der Umgebung der Absorptionskante (nach [77]).

sei bemerkt, daß das optische Absorptionsspektrum sowohl die durch den elektrischen Feldvektor induzierten Übergänge (elektrische Dipol-Übergänge) als auch magnetische Übergänge enthalten kann, die durch den magnetischen Feldvektor erregt wurden. Die letztgenannten gehören also in unserer Nomenklatur in das magnetische Spektrum des Stoffes; die für die richtige Interpretation des Spektrums wichtige Unterscheidung ist manchmal schwierig, es kann dabei die Beobachtung magnetooptischer Erscheinungen behilflich sein.

Jede Absorption mit der Frequenz ω_i trägt gleichzeitig zur Polarisierung und dadurch auch zur Dielektrizitätskonstante mit bei. Der Ursprung dieser Polarisierung ist in einer Verzerrung der Elektronen-Orbitale unter dem Einfluß des einwirkenden elektrischen Feldes zu suchen. Infolge dieser Störung verschiebt sich der Ladungsschwerpunkt der Elektronenhülle dem Kern gegenüber und dadurch wird ein Dipolmoment gebildet. Wenn wir den Begriff der Polarisierbarkeit α des Ions als das Verhältnis des induzierten Dipolmoments p seiner Elektronenhülle zum einwirkenden *Lokalfeld* E_{loc} einführen, so wird gelten [78],

$$\alpha = (e^2/m) \sum_i f_i/(\omega_i^2 - \omega^2), \tag{7.31}$$

wobei f_i die sog. „Stärke“ des i-ten Oszillators mit der charakteristischen Frequenz ω_i, e und m die Ladung und Masse des Elektrons bedeuten. Die Dielektrizitätskonstante hängt dann mit der Polarisierbarkeit durch die Clausius-Mossotti-Beziehung [79] zusammen, die man in die Form

$$\varepsilon = \frac{1 + (8\pi/3)\,N\alpha}{1 - (4\pi/3)\,N\alpha} \tag{7.32}$$

umschreiben kann; N bezeichnet dabei die Ionenzahl in der Volumeinheit. Da $f_i \sim \omega_i$ ist, wird für $\omega \to 0$ der Beitrag zur statischen Dielektrizitätskonstante um so kleiner sein, je höher die Frequenz ω_i des entsprechenden Quantenüberganges ist. Wie Fairweather gezeigt hat [80], kann man den beobachteten Beitrag des optischen Teils des Spektrums zur Dielektrizitätskonstante, der z. B. bei Ferriten ≈ 7 beträgt, größtenteils der Polarisierbarkeit der Sauerstoffionen zuschreiben, die im Vergleich zu den Kationen bedeutend höher ist. Wenn wir den betreffenden Wert $\alpha(O^{2-}) = 2{,}7$ [80] in die Formel (7.32) einsetzen, erhalten wir $\varepsilon \doteq 5{,}7$, was in Anbetracht der bisher bekannten experimentellen Angaben annehmbar ist.

7.3 Beziehung der elektrischen Leitfähigkeit zu magnetischen und anderen physikalischen Eigenschaften

Transporteffekte und magnetischer Zustand

Die elektrische Leitfähigkeit, der wir einen größeren Teil dieses Kapitels gewidmet haben, wird durch die Elektronenübertragung im Kristall bedingt. Erscheinungen, die mit der Elektronenübertragung zusammenhängen, nennen wir summarisch Transporteffekte. Neben der eigentlichen elektrischen Leitfähigkeit gehört zu ihnen eine Reihe von makroskopisch wahrnehmbaren Effekten, z. B. der im Abschn. 7.1 kurz erwähnte Hall-Effekt, weiter galvanomagnetische Erscheinungen (Veränderungen der elektrischen Leitfähigkeit mit dem Magnetfeld) und in gewissem Sinne auch thermoelektrische Erscheinungen einschließlich der Änderung der thermoelektrischen Spannung unter dem Einfluß eines Magnetfeldes (Nernst-Ettinghausen-Effekt). In den Halbleitern, für die die Anwendung des Bändermodells berechtigt ist, geben diese Erscheinungen wichtige Auskünfte über Anzahl und Beweglichkeit der Träger, über ihre effektive Masse u. ä. Bei Oxiden der Übergangselemente kommen diese Effekte ebenfalls vor, aber die Nichtanwendbarkeit des Bändermodells und der Mangel an einer anderen entsprechenden Theorie erschwerten ihre Interpretation und behindern bisher eine volle Ausnutzung der gewonnenen Ergebnisse zum tieferen Verständnis der Elektronenübertragung in diesen Stoffen.

Auf der anderen Seite, vor allem in den Fällen, wo der Transport der elektrischen Ladung durch *d*-Elektronen bewirkt wird, beeinflußt der Zustand dieser Elektronen (der Delokalisierungsgrad, die Korrelationsstärke, evtl. die Bandbreite) auf wesentliche Weise die magnetischen Eigenschaften. Die aus den magnetischen Grundeigenschaften folgenden Auskünfte (die Größe des magnetischen Moments, der Typ der magnetischen Ordnung u. a.) werden uns deshalb bei Entscheidungen dienlich sein, ob bzw. in welchem Maße die Elektronen im gegebenen konkreten Falle lokalisiert oder delokalisiert sind, und werden dadurch auch der Interpretation der Transporteffekte dienen. Um die Grundbeziehungen zwischen magnetischen und elektrischen (Transport-) Effekten klarzulegen, kommen wir auf Abb. 7.19 zurück. Im Falle der lokalisierten Elektronen ($\mathfrak{S} \ll \mathfrak{S}_c$, $b \ll b_c$) sind begreiflicherweise auch jene magnetischen Momente lokalisiert, die, was die Größe anbetrifft, den Momenten der entsprechenden Ionen im Kristallfeld entsprechen. Das war der Fall, den wir in den vorausgegangenen Erörterungen gewöhnlich vorfanden. Die spontane magnetische Ordnung – sofern sie besteht – gilt als ein Ergebnis der Superaustausch-Wechselwirkungen (ausnahmsweise auch des direkten Austausches Kation-Kation), und ober-

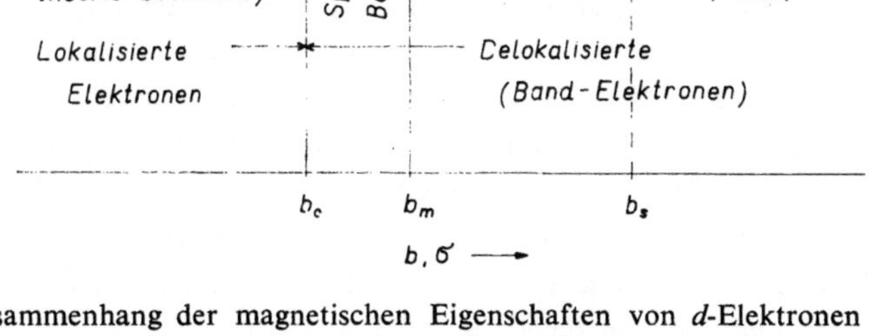

Abb. 7.29 Zusammenhang der magnetischen Eigenschaften von *d*-Elektronen mit der Größe des Überlappungs- bzw. Übertragungsintegrals. Nach Goodenough [46].

halb des kritischen Punktes (T_C bzw. T_N) richtet sich die Suszeptibilität den Umständen gemäß nach dem Curie-Weiss-Gesetz oder dem aus der Néel-Theorie des Ferrimagnetismus sich ergebenden hyperbolischen Gesetz. Der zweite Grenzfall, d. h. das breite Band ($\mathfrak{S} \gg \mathfrak{S}_c$, $b \gg b_c$) führt dagegen zu typisch metallischen Eigenschaften, zum Pauli-Paramagnetismus und bei tiefen Temperaturen zur Entstehung der Supraleitung. Im Übergangsgebiet besteht ein durch die kritischen Werte $\mathfrak{S}_c$, $\mathfrak{S}_m$ resp. b_c, b_m gekennzeichneter Bereich, der durch den sog. spontanen Bändermagnetismus [50, 81, 82] charakterisiert wird, wo es zu Spinkorrelation und dadurch zur Entstehung der spontanen Magnetisierung bei nicht-lokalisierten Elektronen kommt (Abb. 7.29). Die Lage dieses dem kritischen Wert des Überlappungsintegrals benachbarten Gebietes zeigt, daß das *d*-Band hier sehr schmal sein wird. Der spontane Bändermagnetismus kann seinem Charakter nach Ferromagnetismus oder Antiferromagnetismus (mit der Möglichkeit der Entstehung nicht-kollinearer, helikoidaler Anordnung) sein. Während Ferromagnetismus mit metallischen Eigenschaften auftreten kann, wenn die Anzahl der Elektronen pro Kation nicht ganzzahlig ist, entsteht Antiferromagnetismus auch bei einer ganzzahligen Anzahl von *d*-Elektronen pro Kation Abb. (7.19). Der Stoff kann dabei im antiferromagnetischen Zustand ($T < T_N$) infolge der Aufspaltung des Bandes durch Austauschwechselwirkungen wieder Halbleiter werden.[32]) Da sich der spontane Bändermagnetismus durch einige Eigenschaften vom geordneten magnetischen Zustand lokalisierter Momente charakteristisch unterscheidet (z. B. durch einen niedrigeren Wert des magnetischen Moments; ferner entspricht die aus dem Curie-Weiss-Gesetz experimentell ermittelte Curie-Konstante nicht der Anzahl der Träger des magnetischen Moments usw.), können wir diese Art von Magnetismus durch eine Analyse der magnetischen Eigenschaften des Stoffes identifizieren und gemäß dem Vorhergesagten ein Bild über den Lokalisierungsgrad der *d*-Elektronen gewinnen. Eine eingehende Diskussion und Beispiele findet der Leser in [46, 50].

Ein weiterer Faktor, der bei der Erörterung der Beziehung zwischen Transporteffekten und magnetischem Zustand notwendigerweise in Erwägung gezogen werden muß, ist der direkte Einfluß der spontanen Magnetisierung auf diese Erscheinungen. Dieser Aspekt könnte ebenfalls für ein besseres Verständnis der Elektronenprozesse in den studierten Kristallen sehr bedeutsam sein, aber auch hier stoßen wir auf die Ungeklärtheit grundlegender theoretischer Fragen. Der Zusammenhang der Transporteffekte mit dem magnetischen Zustand äußert sich einerseits in der Abhängigkeit vom Magnetisierungszustand des Stoffes, andererseits durch Anomalien dieser Erscheinungen in der Umgebung der Curie-Temperatur. Als Beispiel für den ersten Fall kann die Abhängigkeit der Hall-Spannung vom Magnetfeld bei einem Fe_3O_4-Einkristall dienen (Abb. 7.30), die offensichtlich im wesentlichen der Magnetisierungskurve folgt. Eine nähere Analyse zeigt, daß man für die elektromotorische Hall-Kraft E_H der Stoffe mit spontaner Magnetisierung, falls das Magnetfeld H zur technischen Sättigung der Probe genügt, die Beziehung [84, 85]

$$E_H = R_0 H + R_s M_s + R_i M_i \qquad (7.33)$$

schreiben kann, in der R_0, R_s und R_i die Hall-Konstanten sind, von denen die erste

[32]) Da eine solche Aufspaltung keinesfalls groß zu sein braucht, kommt es zu ihr am ehesten dann, wenn das Band im Gebiet der Fermi-Energie eingeschnürt wird (Abb. 7.19c).

dem „normalen" Hall-Effekt entspricht, die zweite den Einfluß der spontanen Magnetisierung M_s und die dritte den Einfluß des Paraprozesses charakterisiert. Der Effekt der Veränderung des magnetischen Zustandes bei der Curie-Temperatur ist aus der Anomalie des in der Umgebung dieser Temperatur bei verschiedenen Magnetfeld-Feldstärken gemessenen galvanomagnetischen Effektes $\Delta R/R$ von Mn-Ferrit gut ersichtlich (Abb. 7.31).

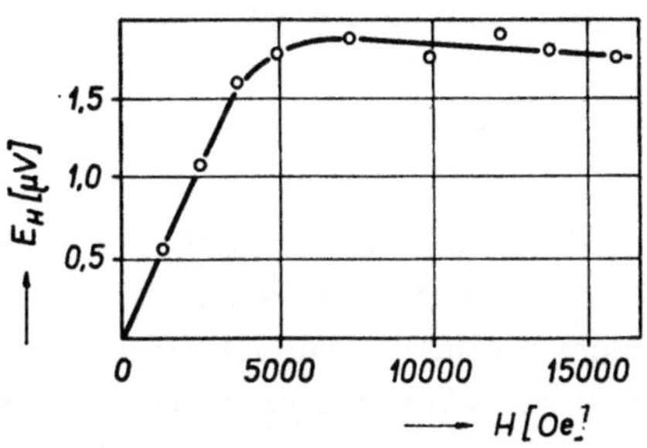

Abb. 7.30 Abhängigkeit der Hall-Spannung vom Magnetfeld bei Fe_3O_4 (nach [83]).

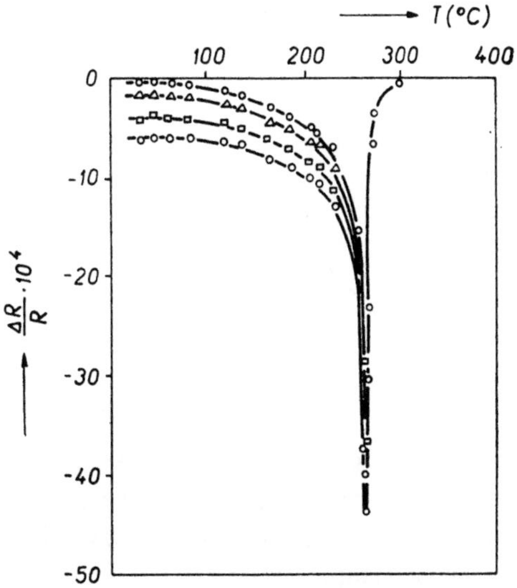

Abb. 7.31 $\Delta R/R$-Anomalie von Manganferrit in der Umgebung der Curie-Temperatur, gemessen bei verschiedenen magnetischen Feldstärken (nach [86]).

Die Änderung des elektrischen Widerstandes im Magnetfeld ist zum Unterschied vom Hall-Effekt ein gerader Effekt [87], denn bei der Umkehr der Feldrichtung wird weder seine Größe noch sein Vorzeichen geändert. Im Einklang damit wird in erster Näherung $\Delta R/R \sim M^2$ sein; auf Grund allgemeiner thermodynamischer Erwägungen, unter Berücksichtigung der Eigenschaften von Phasenübergängen 2. Ordnung, können wir erwarten, daß im Gebiet der Curie-Temperatur ($T = T_c$), $M \sim H^{1/3}$ und daher $(\Delta R/R)_{T=Tc} \sim H^{2/3}$ sein wird [87, 88]. Für genügend weit oberhalb T_c liegende Temperaturen sollte dann $\Delta R/R \sim H^2$ gelten, während für das Gebiet unterhalb der Curie-Temperatur für genügend starke Felder (Gebiet des Paraprozesses) $\Delta R/R \sim H$ sein wird [87]. Die wenigen vorliegenden experimentellen Ergebnisse deuten darauf hin, daß die angeführten, ursprünglich für metallische Ferromagnetika abgeleiteten Beziehungen annähernd auch bei Ferriten erfüllt werden[33]).

Verhältnismäßig große Aufmerksamkeit widmete man dem Studium von Anomalien der elektrischen Leitfähigkeit im Gebiet der Curie-Temperatur. Verschiedene

33) Der galvanomagnetische Effekt wurde bei Mn- [89], MnZn- [90], NiZn- [91] und Fe-Ferriten [92] studiert.

Autoren, z. B. Komar und Kljuschin [93], Závěta [94] und andere [95] haben bei einigen Ferriten für die Abhängigkeit log σ gegen T^{-1} einen der Veränderung der Aktivierungsenergie entsprechenden ausgeprägten Knick am Curie-Punkt beobachtet. In anderen Fällen war der Verlauf in der Umgebung der Curie-Temperatur stetig, ohne jedwede Anomalie [19, 91]. Im Gegensatz dazu haben Bjelow u. a. [89] bei einem Mn-Ferrit-Einkristall einen etwas abweichenden Anomalietyp am Curie-Punkt

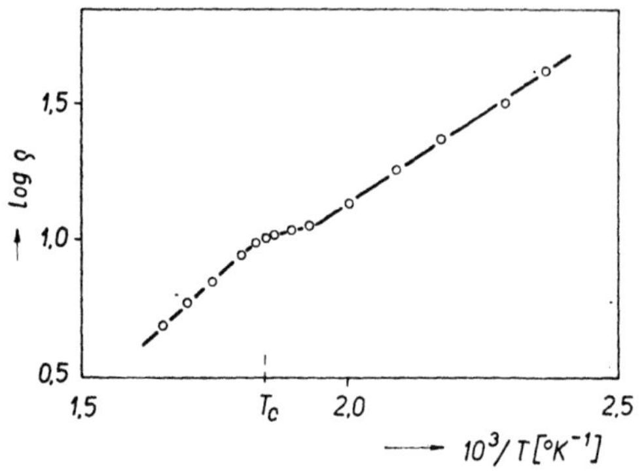

Abb. 7.32 Anomalie im Verlauf log ρ gegen $1/T$ am Curie-Punkt T_c bei Manganferrit (nach [89]).

festgestellt, der sich neben der Veränderung der Aktivierungsenergie noch durch eine gewisse Verzögerung auszeichnet (Abb. 7.32). In allen Fällen, wo ein Knick in der linearen Abhängigkeit log σ gegen T^{-1} beobachtet wurde, entsprach dem Gebiet höherer Temperaturen ($T > T_c$) ein höherer Wert der Aktivierungsenergie. Da ähnliche Änderungen des log σ – T^{-1}-Verlaufs von manchen Autoren auch bei Temperaturen gefunden wurden, die mit der Curie-Temperatur und wahrscheinlich auch mit anderen Veränderungen des magnetischen Zustandes nichts zu tun haben, ist bei der Beurteilung Vorsicht geboten, ob der beobachtete Knick wirklich mit der Curie-Temperatur zusammenhängt oder ob es sich nicht nur um eine zufällige Koinzidenz handelt. Warum in einigen Fällen, wie es scheint, eine Anomalie am Curie-Punkt tatsächlich vorkommt und in anderen Fällen nicht, können wir bisher nicht erklären. Es wurden verschiedene, voneinander abweichende Vermutungen bezüglich der Bedingungen ausgesprochen, unter denen man die Anomalie beobachten kann. Einmal wurde ein niedriger Wert der Aktivierungsenergie [96], ein andermal eine genügend hohe elektrische Leitfähigkeit bei $T = T_c$ [97] oder ein genügend hoher Wert des vorexponentialen Faktors σ_0 im Ausdruck (7.5) [94] als entscheidend angenommen. Es sei bemerkt, daß Irchin und Turow [98] versucht haben, die Anomalien der elektrischen Leitfähigkeit am Curie-Punkt zu erklären; trotzdem sie einige ungewöhnliche Anomalietypen im großen und ganzen richtig vorhergesagt haben, die experimentell tatsächlich festgestellt wurden, kann man ihre Theorie nicht ohneweiters auf Ferrite und verwandte magnetische Oxide anwenden, denn sie setzt die Gültigkeit eines normalen Bändermodells voraus.

Eindeutige Anomalien der elektrischen Leitfähigkeit am Curie-Punkt hat man bei einigen ferromagnetischen Oxiden mit Perowskitstruktur festgestellt [99]. In einigen

Fällen ändert sich sogar mit dem Verschwinden der ferromagnetischen Ordnung *der Charakter* der elektrischen Leitfähigkeit von metallischer in halbleitende, wobei die Leitfähigkeit bei $T = T_c$ in der Regel ihr Minimum erreicht. Beispiele für ein solches Verhalten enthält die Abb. 7.33. Der enge Zusammenhang zwischen Elektronenübertragung und magnetischem Zustand ist hier ganz augenscheinlich, und man kann ihn offenbar als eine Folge der *ferromagnetischen* Ordnung und des be-

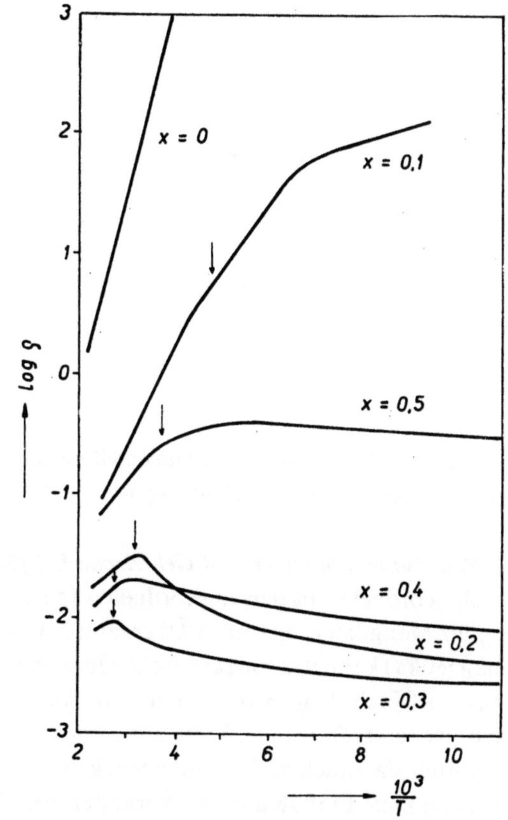

Abb. 7.33 Anomalien im Verlauf log ϱ gegen $1/T$ in der Umgebung der Curie-Temperatur für das System $La_{1-x}Sr_x \cdot MnO_3$ (nach [99]).

sonderen Charakters der Austauschwechselwirkungen in diesen Stoffen auffassen. Der Zeener-Mechanismus des Doppelaustausches (vgl. Abschn. 3.4, S. 282 f.), der in ferromagnetischen Perowskiten wirksam ist, beruht direkt auf der Existenz freier Träger (Elektronen), die im Kristall von Ion zu Ion übertragen werden und dadurch ihre Spins korrelieren. Da sich jedoch bei der Elektronenübertragung die Orientierung ihres Spins nicht ändert, können sie sich in größerem Abstand nur dann frei bewegen, wenn die Ionenspins parallel sind, also für $T < T_c$. Oberhalb der Curie-Temperatur ist der geordnete Zustand nicht mehr stabil, und deshalb ist zur Elektronenübertragung eine Aktivierung notwendig.

Zusammen mit der elektrischen Leitfähigkeit wurde auch die Anomalie des Seebeck-Effektes (der thermoelektrischen Kraft) festgestellt, wie am Beispiel des NiZn-Ferrits in Abb. 7.34 gezeigt wird. Ein Knick in der Temperaturabhängigkeit des Seebeck-Koeffizienten Θ wurde bei Mn-Ferriten von Rosenberg u. a. gefunden [101]; er braucht jedoch nicht, wie aus Messungen von Šimša folgt [35], notwendigerweise mit der Curie-Temperatur zusammenzuhängen. Es sei bemerkt, daß große Anomalien der Transporteffekte in der Umgebung des kritischen Punktes besonders bei anderen magnetischen Halbleitern (Chalkogeniden) auftreten [102], bei denen man einen größeren Delokalisierungsgrad voraussetzen kann als bei Oxiden.

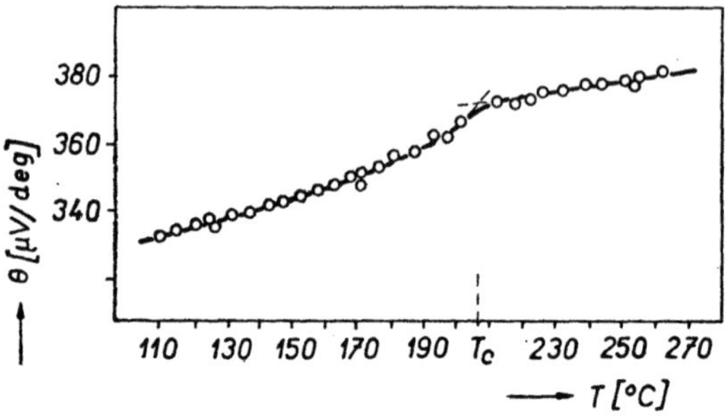

Abb. 7.34 Anomalie in der Temperaturabhängigkeit des Seebeck-Koeffizienten in der Umgebung der Curie-Temperatur T_c bei einem Nickel-Zink-Ferrit (nach [100]).

Die mit kristallographischen Umwandlungen und der Anordnung der Ionenvalenzen zusammenhängenden Erscheinungen

Phasenumwandlungen und elektrische Leitfähigkeit. Der Übergang aus dem magnetisch geordneten in den ungeordneten (paramagnetischen) Zustand stellt einen Phasenübergang, meistens einen Übergang 2. Ordnung dar. In einigen Fällen (Antiferromagnetika) kann diese magnetische Umwandlung von Symmetrieänderungen begleitet werden. Nach dem, was wir über die Anomalien der elektrischen Leitfähigkeit und evtl. weiterer Transporteffekte am Curie-(Néel-) Punkt angeführt haben, können wir erwarten, daß auch andere, vor allem kristallographische Phasenumwandlungen, einen bedeutenden Einfluß auf das Verhalten verschiedener physikalischer Größen haben werden, der unter anderem auch durch einen anomalen Verlauf der Temperaturabhängigkeit der elektrischen Leitfähigkeit und weiterer Transporteffekte zum Ausdruck kommt. Als Beispiel führen wir das Verhalten der elektrischen Leitfähigkeit von Mn_3O_4 und einigen weiteren Spinellen an, bei denen es zu einer Änderung von kubischer in tetragonale Symmetrie infolge kooperativer Anordnung der Jahn-Teller-Verzerrungen kommt (vgl. Abschn. 2.4, S. 156f.). In der Umgebung der Umwandlungstemperatur tritt ein von einer Veränderung der Aktivierungsenergie begleiteter steiler Abfall der Leitfähigkeit auf, wie aus Abb. 7.35 zu ersehen ist. Der martensitische Charakter der kristallographischen Umwandlung äußert sich dabei in einer Hysterese im Temperaturverlauf der Leitfähigkeit in der Umgebung der Transformation. Die Aktivierungsenergie ist immer höher unter dem Umwandlungspunkt, d. h. in der tetragonalen Phase. Die Werte der Aktivierungsenergien für die kubische und die tetragonale Phase sind für einige Mn^{3+}-haltige Spinelle in Tab. VII-6 aufgeführt.

Einen besonders markanten Fall stellen jene Oxide dar, bei denen es bei einer bestimmten kritischen Temperatur zum Übergang aus dem metallischen in den Halbleiterzustand kommt. Einen solchen Übergang zeigen, wie wir schon früher erwähnt haben (S. 704f., Abb. 7.7), z. B. einige Vanadin- und Titanoxide, wobei der Übergang

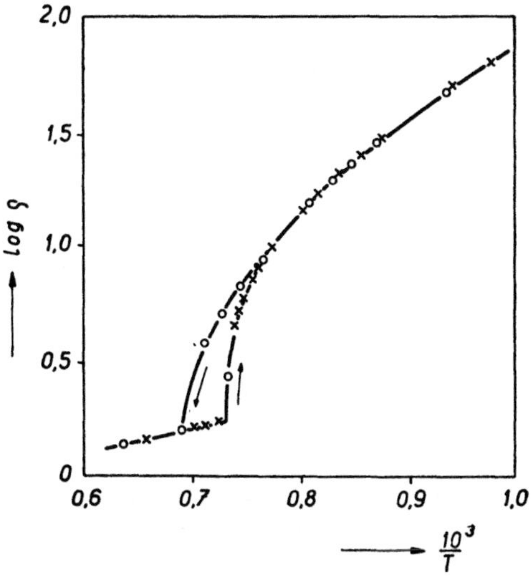

Abb. 7.35 Anomalie des elektrischen Widerstandes in der Umgebung der Umwandlung tetragonal kubisch bei Mn_3O_4 (nach Romeijn [103]).

Metall → Halbleiter von einem Sprung in der elektrischen Leitfähigkeit bis zu einigen Größenordnungen begleitet wird. In der Mehrzahl dieser Fälle können wir den metallischen Zustand als Grundzustand betrachten, wobei die Entstehung des Tieftemperatur-Halbleiterzustandes der zusätzlichen Aufspaltung des *d*-Bandes zugeschrieben wird [45], die meist durch die kristallographische Umwandlung (Herabsetzung der Symmetrie) oder durch die antiferromagnetische Ordnung oder durch beide gleichzeitig bewirkt wird. Bei diesen kristallographischen Veränderungen schieben sich gewöhnlich die Kationen aus den zentralsymmetrischen Lagen heraus, es kommt zu einer Verdoppelung der Elementarzelle und zur Veränderung der Trans-

Tabelle VII-6

Aktivierungsenergie tetragonaler Spinelle unter- und oberhalb des Umwandlungspunktes

Zusammensetzung	$\mathscr{E}_{tetr}$ (eV)	$\mathscr{E}_{kub}$ (eV)	$\Delta\mathscr{E}$ (eV)	$T_{umwandl.}$ (°C)	Quelle
Mn_3O_4	1,3	0,75	0,55	≈1100	
$ZnMn_2O_4$	1,0	0,60	0,40	≈ 980	[103]
$MgMn_2O_4$	1,2	0,55	0,65	≈ 900	

lationssymmetrie und dadurch zur Aufspaltung des Bandes. Als eine Bedingung für die Anwendbarkeit dieses Modells gilt die Forderung, daß die Fermi-Energie (die Fermi-Oberfläche) gerade im Orte der Bandaufspaltung liegt, oder mit anderen Worten, die Verbindung muß stöchiometrisch sein mit einer ganzzahligen Anzahl von

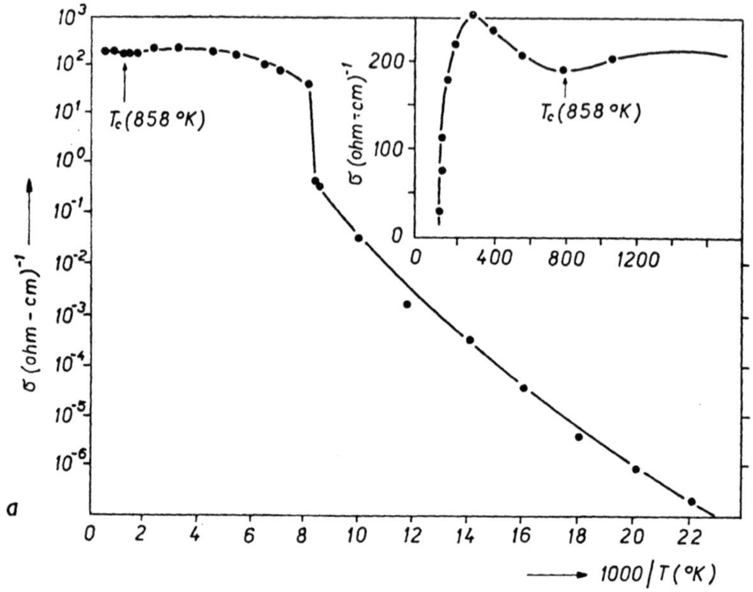

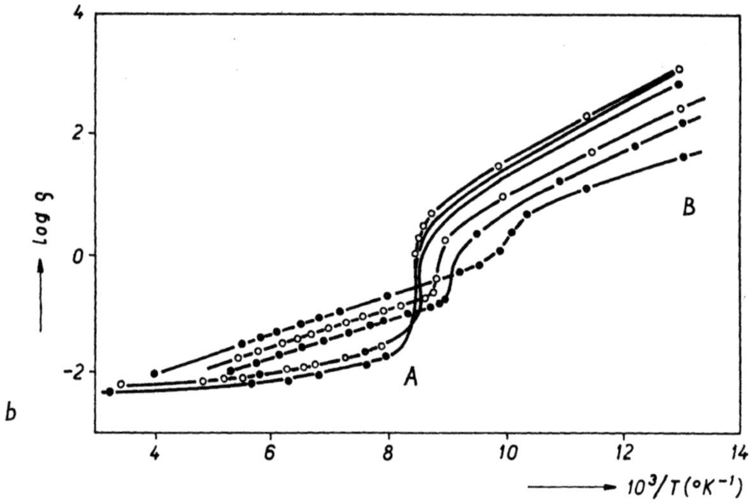

Abb. 7.36 Temperaturverlauf der elektrischen Leitfähigkeit von Magnetit: (a) Messung von Miles u. a. [66] an einem Einkristall; (b) Einfluß kleiner Abweichungen von der stöchiometrischen Zusammensetzung auf den ϱ-Verlauf in der Umgebung der Tieftemperatur-Umwandlung; das Verhältnis (Fe_2O_3): (FeO) ändert sich innerhalb der Grenzen 0,967 (Kurve *A*) bis 1,070 (Kurve *B*) (nach [104]).

d-Elektronen pro Kation. Als weitere Möglichkeiten kann man nach Adler [45] die Änderung der Überlappung des besetzten und leeren Bandes unter dem Einfluß der Temperaturabhängigkeit ihrer Lage und Breite und schließlich den Mott-Übergang anführen, den wir früher, eingehender besprochen haben und der eintreten kann, wenn der kritische Wert des Überlappungs- bzw. Transferintegrals genügend stark von der Temperatur abhängt.

Der letztgenannte Mechanismus könnte nach Adler für die Umwandlung in Magnetit verantwortlich sein, der bei Abkühlung unter 119 °K seine Symmetrie von kubisch in orthorhombisch ändert (Abschn. 2.5, S. 175f. Diese Umwandlung entspricht der regelmäßigen Anordnung der zwei- und dreiwertigen Eisenionen in oktaedrischen Lagen, die durch den gleichen Mechanismus – den Valenzaustausch – wie die Übertragung der elektrischen Ladung bewirkt wird. Oberhalb des Umwandlungspunktes bis zu Raumtemperatur ist Magnetit ein Halbleiter mit einer Aktivierungsenergie von ≈ 0,04 eV, so daß die an der Leitfähigkeit beteiligten Elektronen trotz der hohen Sprungfrequenz im wesentlichen lokalisiert bleiben (Polaronleitfähigkeit). Der Landausche Mechanismus des Selbsteinfangs, der für diese Lokalisierung verantwortlich ist, wird unterhalb des Umwandlungspunktes durch orthorhombische Verzerrung stabilisiert und erhält so einen kooperativen Charakter. Diese Stabilisierung würde jedoch wahrscheinlich nicht genügen – die orthorhombische Verzerrung ist sehr klein –, und deshalb kann man eine Beteiligung der Coulombschen Korrelationsenergie nicht ausschließen, die eine strikte Lokalisierung der Elektronen unterhalb des Umwandlungspunktes sichert. Zusammen mit dem Beitrag der Madelung-Energie erklärt sich dann leicht die Stabilität der regelmäßigen Anordnung von Fe^{3+}- und Fe^{2+}-Ionen, die sich in einer wesentlich höheren Aktivierungsenergie unterhalb des Umwandlungspunktes zeigt (≈ 0,15 eV im Vergleich zu ≈ 0,03 eV oberhalb des Umwandlungspunktes). Die Leitfähigkeit selbst ändert sich im Umwandlungspunkt sprunghaft um zwei Größenordnungen. Die Größe dieses Sprungs ist, ähnlich wie die Umwandlungstemperatur, stark von der Reinheit und stöchiometrischer Zusammensetzung der Probe abhängig, und ist bei Einkristallen besonders ausgeprägt (Abb. 7.36). Zusammen mit der elektrischen Leitfähigkeit weisen in der Umgebung der Umwandlungstemperatur auch die anderen Transporteffekte verschiedene Anomalien auf [105]. Oberhalb des Umwandlungspunktes entsteht die Polaronleitfähigkeit [45], wobei das Maximum in der Abhängigkeit σ von T (Abb. 7.36a) nach Haubenreisser [106] mit der Größe der Wechselwirkung Elektron-Phonon zusammenhängen kann.

Die Relaxationen. Wie wir schon im Abschn. 2.6 erwähnt haben, kann die Magnetisierung eines Magnetiteinkristalls oder seine Verzerrung in bestimmter Richtung während des Abkühlens beim Durchgang durch die Umwandlungstemperatur über die Valenzanordnung der Eisenionen und damit auch über die Wahl der c-Achse des orthorhombisch deformierten Kristalls entscheiden. Daraus folgt, daß es auch in Fällen, wo die Bedingungen für spontane Valenzanordnung nicht erfüllt sind, sei es z. B. schon deswegen, daß die Konzentration der zwei- und dreiwertigen Ionen einfach keine regelmäßige Anordnung auf lange Distanz erlaubt, trotzdem zur Minimalisierung der magnetokristallinen oder elastischen Energie durch eine ***bestimmte*** Anordnung auf kurze Distanz kommen kann. Den ersten Fall haben wir im Zusammenhang mit der induzierten Anisotropie und der magnetischen Nachwirkung gründlich besprochen. Im zweiten Falle handelt es sich um eine absolute Analogie, wo sich der Kristall durch lokale Valenzanordnung den in ihm bestehenden mechanischen Spannungen anpaßt. Ähnlich wie bei der magnetischen Nachwirkung kann es auf diese Weise zu einer „elastischen Nachwirkung" kommen, wenn sich der Kristall nicht rasch genug den Zeitänderungen der mechanischen Spannungen anpassen kann. Diese elastischen Relaxationen kommen z. B. durch innere Reibung und frequenzabhängige Dämpfung elastischer Schwingungen zum Ausdruck, die mit Energieverlusten analog zu den magnetischen Relaxationsverlusten verbunden sind. Schließlich ist es notwendig, an dieser Stelle das Maximum in der Temperaturabhängigkeit der dielektrischen Verluste im Mikrowellengebiet zu erwähnen, das z. B. bei MnFe-Ferriten beobachtet [107] und ebenfalls mit den Elektronensprüngen interpretiert wurde.

Aus den angeführten Beispielen ist augenscheinlich, daß es eine ganze Reihe von Relaxationserscheinungen gibt, die mit der Valenzumwandlung der Ionen und daher auch mit der Elektronenübertragung verbunden sind. Auch wenn diese Erscheinungen

Tabelle VII-7

Aktivierungsenergien für die elektrische Leitfähigkeit ($\mathcal{E}_\varrho$) und magnetische Nachwirkung ($\mathcal{E}_m$)

Zusammensetzung	Temperatur-(°K) bereich	$\mathcal{E}_\varrho$ (eV)	$\mathcal{E}_m$ (eV)	Autor
$Ni_{0,5}Zn_{0,5}Fe_2O_4$	—	0,41	0,40	[9]
$Ni_{0,49}Zn_{0,49}Fe_{2,02}O_4$	—	0,10	0,10	[9]
$Mn_{0,66}Zn_{0,28}Fe_{2,06}O_4$	—	0,16	0,17	[9]
$MgFe_2O_4$	—	0,32	0,37	[9]
$Cu_{0,5}Zn_{0,5}Fe_2O_4$	—	0,29	0,32	[9]
$Cu_{0,5}Mn_{0,5}Fe_2O_4$	$\gtrsim$250	0,30	0,34	[108]
$Mn_{0,6}Fe_{2,4}O_4$	$\approx$ 30	0,022	0,021*)	[108, 109]
	$\approx$ 97	0,026	0,1**)	[108, 109]
$Mn_{0,8}Fe_{2,2}O_4$	$\approx$ 24	0,020	0,017*)	[108, 109]
	$\gtrsim$113	0,021	$0,10_5$**)	[108, 109]
$MnFe_2O_4$	$\gtrsim$250	0,07***)	0,29***)	[7]
$Mn_{1,54}Fe_{1,46}O_4$	$\gtrsim$300	0,43	0,47	[7]
$Y_3Fe_{5-\delta}Si_\delta O_{12}$,	$\approx$ 75	0,07	0,08	[110]
$(0 < \delta < 0,18)$	$\gtrsim$100	0,2	0,15	[110]

*) Für Prozeß *B* (vgl. Abb. 6.59).

**) Für Prozeß *C* (vgl. Abb. 6.59).

***) $\mathcal{E}_\varrho$ und $\mathcal{E}_m$ aus Messungen an derselben Probe bestimmt.

völlig unterschiedliche (magnetische, elastische, dielektrische) Eigenschaften des Stoffes betreffen, wird ihr Grundmechanismus gleich sein, und wir erwarten, daß er im wesentlichen mit dem für die elektrische Leitfähigkeit verantwortlichen Mechanismus des Valenzaustausches identisch sein wird. Das Studium dieser Relaxationserscheinungen ist dann sicherlich eine wichtige Informationsquelle bezüglich des Transportes der elektrischen Ladung selbst, denn es gibt die Möglichkeit, den Transportmecha-

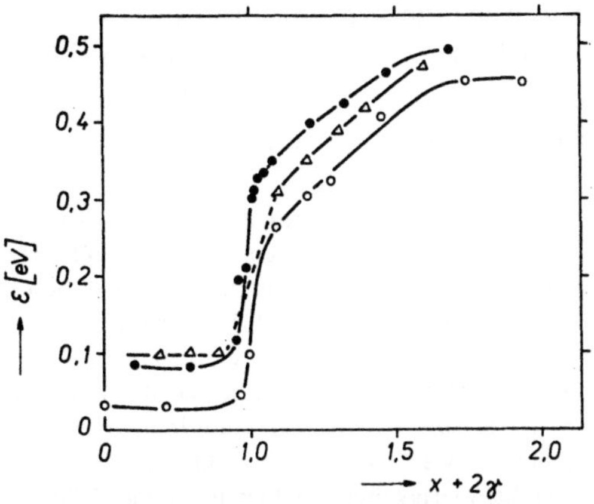

Abb. 7.37 Aktivierungsenergien im System $Mn_xFe_{3-x}O_{4+\gamma}$ aus der elektrischen Leitfähigkeit (○ — Einkristalle), aus den magnetischen Verlusten (● — polykristalline Proben) und aus der elastischen Dämpfung (□ — Einkristall, △ — polykristalline Probe). Zusammengestellt nach [108, 111, 112]*).

nismus in zeitlicher oder, besser gesagt, spektraler „Entfaltung" zu verfolgen (vgl. Abschn. 4.4 und 6.3), was kein Studium der elektrischen Leitfähigkeit und der Transporteffekte erlaubt, das die sich auf den stationären Zustand beziehenden und den Charakter eines Zeitmittels tragenden Größen liefert. Andererseits ist es für die Entscheidung, ob es sich wirklich in beiden Fällen um äquivalente Effekte handelt, von Nutzen, die der elektrischen Leitfähigkeit und den magnetischen, elastischen oder dielektrischen Relaxationen entsprechenden Aktivierungsenergien bzw. weitere Parameter miteinander zu vergleichen. Für die magnetischen Relaxationen und die elektrische Leitfähigkeit ist dieser Vergleich in Tab. VII-7 durchgeführt, welche typische Beispiele enthält. Es sei bemerkt, das der Vergleich nur dann sinnvoll ist, wenn die Messung im gleichen Temperaturbereich durchgeführt wurde. Es zeigt sich nämlich, daß die Aktivierungsenergie sehr oft von der Temperatur abhängt, mit der sie sich manchmal stetig [109], ein andermal sprunghaft ändert [110] (vgl. auch Abb. 7.5). Aus der Tabelle ist in manchen Fällen eine gute Übereinstimmung ersichtlich; das gilt besonders für jene Ferrite, bei denen man sowohl die magnetische Nachwirkung als auch die elektrische Leitfähigkeit nur den zwei- und dreiwertigen Eisenionen (z. B. eisenreiche Ferrite) zuschreiben kann. Einen etwas ungewöhnlichen Fall stellen Spi-

*) Nach [116] wäre es möglich, zu einer besseren Übereinstimmung zwischen den aus Leitfähigkeits- und Relaxationsmessungen abgeleiteten Aktivierungsenergien zu kommen, wenn man für $\mathscr{E}_\sigma$ eine der Formel (7.10) entsprechende Korrektur durch die Beziehung $\mathscr{E}_\sigma/k = \mathscr{E}_{\sigma\text{exp}}/k + T$ einführt. Man muß jedoch darauf achten, daß die experimentelle Abhängigkeit log σ gegen T^{-1} tatsächlich die durch (7.10) bzw. (7.7) gegebene Form hat.

nelle der Reihe $Mn_xFe_{3-x}O_4$ dar. Wie wir bereits früher gezeigt haben (S. 657 f.), kann man nur einen der drei beobachteten Relaxationsvorgänge auf Grund reiner Valenzanordnung der Eisenionen interpretieren, und nur sie kann mit dem Mechanismus der elektrischen Leitfähigkeit sicher verglichen werden. Es handelt sich um den Vorgang *B* in Abb. 6.59, der sich deutlich bei den Zusammensetzungen mit $x < 1$ geltend macht. Die Übereinstimmung beider Aktivierungsenergien ist sehr gut, wenn wir für $\mathscr{E}_\varrho$ die von Závěta [110] im Gebiet tiefer Temperaturen gefundenen Werte nehmen. Andererseits deutet der unbestreitbare Gleichlauf der Werte $\mathscr{E}_\varrho$ und $\mathscr{E}_m$ des in Abb. 6.58 als *C* bezeichneten Vorgangs, wie aus Abb. 7.37 ersichtlich ist, auf eine wichtige Rolle der Elektronensprünge auch bei diesem Vorgang (*C*), wie wir schon früher dargelegt haben (S. 431 f. und 659).

Es sei darauf hingewiesen, daß alle in der Tabelle aufgeführten Aktivierungsenergien der magnetischen Nachwirkung aus den Frequenz- und Temperaturabhängigkeiten von tg δ abgeleitet wurden. Bei Berechnung aus der Desakkomodation der Anfangspermeabilität waren die Werte bei einigen Ferriten niedriger [113]. Sofern wir die beiden Nachwirkungserscheinungen als äquivalent ansehen können, würde dieses Ergebnis dafür sprechen, daß es bei tieferen Temperaturen, bei denen die Desakkomodation beobachtet wurde, zu einer Veränderung des Mechanismus, durch den die entsprechende Valenzanordnung bewirkt wird, und wahrscheinlich auch zu einer Veränderung des Mechanismus der Elektronenübertragung kommt. Leider stehen wegen der experimentellen Schwierigkeiten der Messung hoher Widerstände bisher keine analogen Meßergebnisse der elektrischen Leitfähigkeit für tiefe Temperaturen zur Verfügung. Es sei bemerkt, daß unterschiedliche Aktivierungsenergien für Leitfähigkeit und magnetische Relaxationen in einigen Fällen auch deshalb vorliegen können, weil es zum Unterschied von der elektrischen Leitfähigkeit bei der magnetischen Nachwirkung meist nicht notwendig ist, daß die Elektronenübertragung auf lange Distanz erfolgt.

Sofern es sich um elastische Relaxationen handelt, sind im allgemeinen nur wenig Angaben vorhanden. Gibbons [114] hat bei Magnetit und NiFe-Ferrit für Sprünge des Typs $Fe^{2+} \rightleftarrows Fe^{3+}$ eine Aktivierungsenergie von 0,03 eV gefunden, d. h. den gleichen Wert, der aus Messungen der elektrischen Leitfähigkeit von Magnetit folgt. Für die Manganferrite $Mn_xFe_{3-x}O_4$ $(x > 1)$ hat er zwei Relaxationsvorgänge beobachtet (Abb. 7.38); einer hatte die mit den magnetischen Relaxationen (Tab. VII-7) vergleichbare Aktivierungsenergie $\approx$ 0,3 eV, der zweite, schwächere, mit einer Energie von 0,03 eV würde die Anwesenheit einer bestimmten Menge von Fe^{2+}-Ionen in diesen Spinellen beweisen. Für Mn_3O_4 betrug die Aktivierungsenergie $\approx$ 0,4 eV [115], was etwa dem Unterschied der Aktivierungsenergien der elektrischen Leitfähigkeit ober- und unterhalb des Umwandlungspunktes entspricht. Detaillierte Messungen an einer Reihe von $Mn_xFe_{3-x}O_4$-Proben hat Hendriks durchgeführt [111]. Die daraus ermittelten Aktivierungsenergien sind zum Vergleich in Abb. 7.37 wiedergegeben.

Es sei noch bemerkt, daß manchmal auch in den Fällen, wo die magnetische Nachwirkung direkt mit der Ionen- (oder Leerstellen-) Diffusion zusammenhängt, die Elektronenbewegung an ihr mindestens indirekt beteiligt sein kann. Als Beispiel führen wir den Vorgang an, dem das Maximum im Desakkomodationsspektrum eisenreicher Ferrite in der Umgebung von Zimmertemperatur entspricht (Abb. 6.50, Abschn. 6.3). Dieses Maximum finden wir nur dann, wenn im Ferrit gleichzeitig Fe^{2+}- und Fe^{3+}-Ionen vorkommen und wenn zwischen ihnen leicht ein Elektronenaustausch möglich ist (niedrige Aktivierungsenergie der elektrischen Leitfähigkeit). Da der entsprechende Vorgang mit der Bewegung und Anordnung der Leerstellen

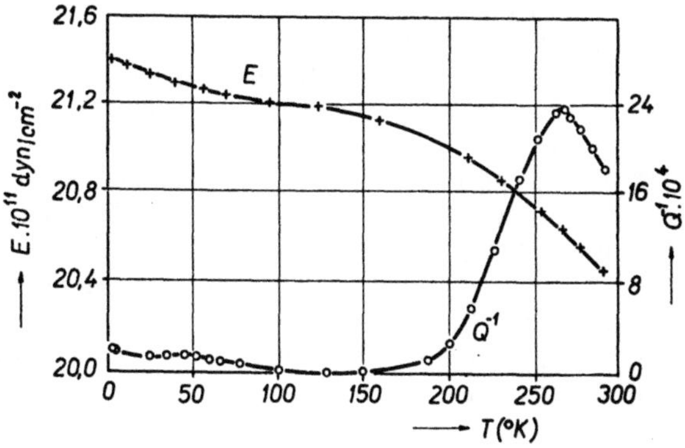

Abb. 7.38 Temperaturverlauf des Young-Moduls E und der inneren Dämpfung Q^{-1} für einen Manganferrit-Einkristall (nach [114]).

evident zusammenhängt [117], ist die Beteiligung der Fe^{2+}- und Fe^{3+}-Ionen in der Korrelation der Leerstellenbewegungen mit den Elektronensprüngen $Fe^{2+} \rightleftarrows Fe^{3+}$ zu sehen [118]. Der Grund für eine solche Korrelation werden sicherlich die abstoßenden elektrostatischen Kräfte zwischen den negativ geladenen Elektronen und Kationenleerstellen sein, die im Gitter eine zusätzliche negative Ladung darstellen.

Literatur zu Kap. VII

[1] Siehe z. B. R. A. Smith, Semiconductors, Cambridge University Press 1959.
J. Tauc, Photo and Thermoelectric Effects in Semiconductors, Oxford—London, N. York—Paris 1962.
[2] W. Meyer, H. Neldel, Z. techn. Phys. *18* (1937), 588.
[3] G. Busch, Helv. Phys. Acta *19* (1946), 189.
[4] S. Krupička, Czech. J. Phys. *7* (1957), 769.
[5] R. R. Heikes, W. D. Johnston, J. Chem. Phys. *26* (1957), 582.
[6] R. F. G. Gardner, F. Sweett, D. W. Tanner, J. Phys. Chem. Solids *24* (1963), 1175, 1183.
[7] K. Závěta, Czech J. Phys. *9* (1959), 748;
S. Krupička, K. Závěta, ibid. 324;
J. Brož, S. Krupička, K. Závěta, ibid. 481.
[8] J. Baszyński, Acta Phys. Polonica *21* (1962), 351.
[9] J. Smit, H. P. J. Wijn, Ferrites, Philips' Technical Library, Eindhoven 1959.
[10] A. Sawaoka, S. Miyahara, H. Nagasaki, S. Minomura, Solid State Commun. *3* (1965), 155.

[11] J. M. Ksendzow, V. A. Stogowa, Ferrity, Sammelwerk, Konferenz in Minsk, Izdat. AN BSSR, Minsk 1960, S. 286.
[12] F. K. Lotgering, J. Phys. Chem. Solids *25* (1964), 95.
[13] K. Závěta, E. P. Swirina, O. A. Malikowa, Fiz. twerd. tela *4* (1962), 3593, siehe auch [34].
[14] G. H. Jonker, J. Phys. Chem. Solids *9* (1959), 165.
[15] S. van Houten, J. Phys. Chem. Solids *17* (1960), 7.
[16] Z. Šimša, A. V. Zalesskij, K. Závěta. phys. stat. sol. *14* (1966), 485.
[17] K. Závěta, Nicht veröffentlichte Messungen an Mn-Ferriten.
[18] N. Miyata, J. Phys. Soc. Japan *16* (1961), 206.
[19] J. Brož, Czech. J. Phys. *6* (1956), 321.
[20] F. J. Morin, Phys. Rev. Letters *3* (1959), 34.
[21] C. Wagner u. a., Z. phys. Chem. *22* (1933), 181; ibid. *23* (1933), 199; *24* (1934), 59; *32* (1936), 439.
[22] J. H. de Boer, E. J. W. Verwey, Proc. Phys. Soc. (London) *49* (1937), 59;
E. J. W. Verwey, P. W. Haaijman, F. C. Romeijn, G. W. van Oosterhout, Philips. Res. Repts. *5* (1950), 173.
E. J. W. Verwey in „Semiconducting materials", Butterworth Scientific Publications, London 1951, S. 151.
[23] F. J. Morin, Phys. Rev. *93* (1954), 1195, 1199; Bell Syst. Techn. Journ. *37* (1958), 1047.
[24] G. H. Jonker, S. van Houten, Halbleiterprobleme *6* (1961), 118, Vieweg, Braunschweig 1961.
[25] J. M. Ksendzow, Fis. twerd. tela *2* (1960), 2778;
J. M. Ksendzow, L. N. Anselm, L. L. Wasilewa, V. M. Latyschewa, Fis. twerd. tela *5* (1963), 1537.
[26] L. Landau, Phys. Z. Sowjetunion *3* (1933), 664.
[27] N. F. Mott, Proc. Phys. Soc. (London), *A62* (1949), 416.
[28] Siehe z. B. A. J. Dekker, Solid State Physics, Prentice-Hall, Englewood Cliffs, 1957.
[29] G. H. Jonker, Proc. Int. Conf. on Semiconductor Physics, Prague 1960, Publishing House of the Czech. Acad. Sci, Prague 1961, S. 864.
[30] G. H. Jonker, nicht veröffentlichte Messungen (zit. nach [24]).
[31] V. P. Zhuse, A. I. Schelich, Fis. Twerd. Tela *5* (1963), 1756.
[32] A. J. Bosman, H. J. van Daal, G. F. Knuvers, Phys. Letters *19* (1965) 372;
A. J. Bosman, C. Crevecoeur, Phys. Rev. *144* (1966), 763;
H. J. van Daal, A. J. Bosman, ibid *158* (1967), 736;
H. J. van Daal, Conduction in Low-Mobility Materials (ed. N. Klein, D. S. Tannhauser, M. Pollak), Taylor & Francis, London 1971, S. 19.
[33] I. G. Austin, A. J. Springthorpe, B. A. Smith, C. E. Turner, Proc. Phys. Soc. (London) *90* (1967), 157.
[34] J. Feinleib, D. Adler, Phys. Rev. Letters *21* (1968), 1010;
D. Adler, J. Feinleib, J. Appl. Phys. *40* (1969), 1586.
[35] Z. Šimša, Czech. J. Phys. *16* (1966), 919.
[36] W. Finkelnburg, W. Humbach, Naturwissenschaften *42* (1955), 35.
[37] D. S. Mc Clure, J. Phys. Chem. Solids *3* (1957), 311.
[38] H. Lord, R. Parker, Nature *188* (1960), 929;
R. Parker, M. S. Smith, J. Phys. Chem. Solids *21* (1961), 76;
D. Elwell, B. A. Griffiths, R. Parker, Brit. J. Appl. Phys. *17* (1966), 587.
[39] K. L. Moruzzi, J. Appl. Phys. *32* (1961), 59S.
F. W. Harrison, W. P. Osmond, R. W. Teale, Phys. Rev. *106* (1957), 865;
S. R. Butler, W. R. Buessem, J. Appl. Phys. *34* (1963), 1754.
[40] A. Miller, J. Appl. Phys. *31* (1960), 261S.

S. Krupička, L. Červinka, P. Novák, K. Závěta, Proc. Int. Conf. on Magnetism, Nottingham 1964, S. 650.
[41] F. K. Lotgering, Philips Res. Repts. *20* (1965), 320.
[42] Z. Šimša, Czech. J. Phys. *15* (1965), 435.
[43] L. G. van Uitert, J. Chem. Phys. *24* (1956), 306; Proc. IRE *44* (1956), 1294; J. Appl. Phys. *28* (1957), 320.
[44] D. Elwell, R. Parker, A. Sharkey, J. Phys. Chem. Solids *24* (1963), 1325.
[45] D. Adler, Rev. Mod. Phys. *40* (1968), 714.
[46] J. B. Goodenough, Czech. J. Phys. *B17* (1967), 304.
[47] N. F. Mott, Progr. Metal Phys. *3* (1952), 76; Can. J. Phys. *34* (1956), 1356; Nuovo Cimento Suppl. *7* (1958), 312;
N. F. Mott, W. D. Twose, Advanc. Phys. *11* (1961), 107.
[48] P. W. Anderson. Phys. Rev. *115* (1959), 2;
P. W. Anderson, Magnetism I, ed. G. T. Rado, H. Suhl, Academic Press, New York, London 1963, S. 25.
[49] G. Kemeny, Ann. of Phys. (N. York, London) *32* (1965), 69, 404.
[50] J. B. Goodenough, J. Appl. Phys. *39* (1968), 403.
[51] J. Yamashita, T. Kurosawa, J. Phys. Chem. Sol. *5* (1958), 34; J. Phys. Soc. Jap. *15* (1960), 802.
[52] T. Holstein, Ann. Phys. (N. York) *8* (1959), 325, 343.
[52a] J. Appel Solid State Physics (ed. F. Seitz, D. Turnbull, H. Ehrenreich), vol. *21*, Academic Press, N. York 1968, S 193.
[53] G. Sewell, Phys. Rev. *129* (1963), 597; Phil. Mag. *3* (1958), 1361;
H. Fröhlich, G. Sewell, ibid *4* (1959), 643.
[54] M. I. Klinger, phys. stat. sol. *11* (1965), 499.
[55] Yu. A. Firsov, Fis. Tverd. Tela *5* (1963), 2749.
[56] J. Hubbard, Proc. Roy. Soc. (London) *A276* (1963) 238; *A277* (1964) 237.
[57] D. B. Rogers, R. J. Arnott, A. Wold, J. B. Goodenough, J. Phys. Chem. Sol. *24* (1963), 347.
[57a] N. Kawai, S. Mochizuki, Physics Let. *36A* (1971), 54; Solid state Commun. *9* (1971), 1393.
[58] D. B. Rogers, Czech. J. Phys. *A17* (1967), 398.
[59] J. B. Goodenough, Magnetism and the Chemical Bond. J. Wiley and Sons, New York—London 1963; Phys. Rev. *117* (1960), 1442.
[60] R. W. Gurney, N. F. Mott, Proc Phys. Soc. (London) *49* (1937), 32.
[61] R. R. Heikes, R. W. Ure, Thermoelectricity, Science and Engineering, Interscience publ., J. Wiley, New York—London 1961.
[62] K. Závěta, phys. stat. sol. *3* (1963), 2111.
[63] J. B. Goodenough, Bull. Soc. Chim. Fr. *4* (1965), 1200.
[64] A. V. Sokolow, Opticzeskije swojstwa metallow, GIFML, Moskva 1961.
[65] J. Peters, K. J. Standley, Proc. Phys. Soc. *71* (1958), 131;
K. J. Standley, Oxide magnetic materials, Oxford, Clarendon Press, 1962.
[66] P. A. Miles, W. B. Westphal, A. von Hippel, Rev. Mod. Phys. *29* (1957), 279.
[67] C. G. Koops, Phys. Rev. *83* (1951), 121.
[67a] J. Krausse, Z. angew. Phys. *27* (1969), 251.
[68] J. C. Maxwell, Treatese on Electricity and Magnetism, Oxford 1892.
K. W. Wagner, Arch. Elektrotech. *2* (1914), 371.
[69] V. A. Joffe, G. J. Chwostjenko, Z. N. Zonn, ZhTF *27* (1957), 1985.
[70] R. D. Waldron, Phys. Rev. *99* (1955), 1727.
[71] A. Mitsuishi, H. Yoshinaga, S. Fujita, Journ. Phys. Soc. Japan *13* (1958), 1236.

[72] V. A. M. Brabers, phys. stat. sol. *33* (1969), 563; Dissertation, Technische Univ. Eindhoven 1970.
[73] J. Kantůrek, Z. Šimša, phys. stat. sol. *36* (1969), K47.
[74] K. A. Wickersheim, J. Appl. Phys. *32* (1961), 205S.
[75] K. A. Wickersheim, R. A. Lefever, B. M. Hanking, J. Chem. Phys. *32* (1960), 271.
[76] D. S. Mc Clure, J. Phys. Chem. Solids *3* (1957), 311.
[77] J. F. Dillon, Jour. de Phys. Rad. *20* (1959), 374;
A. M. Clogston, ibid. S. 151.
[78] W. F. Brown, „Dielectrics“ in Handbuch der Physik, Bd. *17*, Berlin 1956.
[79] M. Frölich, Theory of Dielectrics, Oxford, Clarendon Press, 1958.
[80] A. Fairweather, E. J. Frost, Proc. I. E. E. *100* (1953), 15;
A. Fairweather, F. F. Roberts, A. J. E. Welch, Ferrites, Rep. Progr. Phys. *15* (1952), 142.
[81] E. C. Stoner, Proc. Roy. Soc. (London) *A165* (1938), 372; *A169* (1939), 339.
E. P. Wohlfarth in Magnetismus (Int. Konferenz Magnetismus, Dresden 1966), VEB Deutscher Verlag für Grundstoffindustrie, Leipzig 1967, S. 21.
[82] A. Blandin, P. Lederer, Proc. Intern. Conf. Magnetism Nottingham, (1965), S. 71.
[83] A. A. Samochwalow, J. G. Fakidow, Fis. Met. i Metallowedenje *4* (1957), 249.
[84] B. N. Nowogrudskij, A. A. Samochwalow, N. G. Fakidow, Fis. Met. i Metallowedenje *8* (1959), 834.
[85] K. P. Bjelow, E. P. Svirina, ZhETF *37* (1959), 1212.
[86] K. P. Bjelow, E. V. Talajajewa, ZhETF *33* (1957), 1517.
[87] Siehe z. B. K. P. Bjelov, Uprugije, teplowyje i elektriczeskije jawlenija v ferromagnetikach, GITTL, Moskwa 1957;
K. P. Bjelow, Magnitnyje prewraschczenia, GIFML, Moskwa 1959.
[88] K. Závěta, Fis. tverd. tela *3* (1961), 856.
[89] K. P. Bjelow, A. A. Popowa, E. V. Talalajewa, Kristallografia *3* (1958), 733.
[90] K. Závěta, Czech. J. Phys. *B 11* (1961), 424.
[91] R. Parker, Proc. Phys. Soc. *70* (1957), 531.
[92] A. A. Samochwalow, J. G. Fakidow, Fis. twerd. tela *2* (1960), 414.
[93] A. P. Komar, B. B. Kljuschin, Izw. AN SSSR, ser. fiz., *18* (1954), 400.
[94] K. Závěta, Czech. J. Phys. *B 11* (1961), 376.
[95] N. Rezlescu, C. R. Acad. Sc. Paris, *268* (1969), ser. B., S. 136.
[96] K. P. Bjelow, A. S. Pachomow, E. V. Talalajewa, Fis. twerd. tela *3* (1961), 436.
[97] R. Parker, Phil. Mag. *3* (1958), 853.
[98] J. P. Irchin, E. A. Turow, Fis. Met. i Metallovedenje *4* (1957), 9;
E. A. Turow, J. P. Irchin, ibid., *9* (1960), 488.
[99] J. H. van Santen, G. H. Jonker, Physica *16* (1950), 599.
[100] S. A. Varczenja, J. G. Dorfman, Radiotech. i elektronika *2* (1957), 345.
[101] M. Rosenberg, P. Nicolau, J. Bunget, Phys. stat. sol. *4* (1964), K 125.
[102] G. Haacke, L. C. Beegle, Phys. Rev. Letters *17* (1966), 427;
H. W. Lehmann, Phys. Rev. *163* (1967), 488;
P. F. Bongers, C. Haas, A. M. J. G. van Run, G. Zanmarchi, J. Appl. Phys. *40* (1969), 958;
A. Amith, G. L. Gunsalus, J. Appl. Phys. *40* (1969), 1020;
L. Goldstein, P. Gibart, C. R. Acad. Sci. Paris, *269* (1969), 471.
[103] F. C. Romeijn, Philips. Res. Repts *8* (1953), 304;
M. Rosenberg, P. Nicolau, R. Manaila, P. Pausescu, J. Phys. Chem. Solids *24* (1963), 1419.
[104] E. J. W. Verwey, P. W. Haaijman, Physica *8* (1941), 979.

[105] A. A. SAMOCHVALOW, J. G. FAKIDOW, Fis. Metal. i Metallowedenja *8* (1959), 694; ibid. *9* (1960), 31.
[106] W. HAUBENREISSER, phys. stat. sol. *1* (1961), 619.
[107] K. MIZUSHIMA, S. Iida, J. Phys. Soc. Jap. *22* (1967), 1300.
[108] S. KRUPIČKA, K. ZÁVĚTA, J. Appl. Phys. *39* (1968), 930;
K. ZÁVĚTA, F. ZOUNOVÁ, E. I. TRINKLER, Czech. J. Phys. *B18* (1968), 1314.
[109] K. ZÁVĚTA, Czech. J. Phys. *B18* (1968), 810.
[110] R. P. HUNT, J. Appl. Phys. *38* (1967), 2826.
[111] J. H. HENDRIKS, Dissertation, Technische Univ. Eindhoven 1970.
[112] Z. ŠIMŠA, Dissertation, Inst. für Festkörphysik d. ČSAV, Praha 1965.
[113] S. KRUPIČKA, Czech. J. Phys. *B10* (1960), 782.
[114] D. F. GIBBONS, J. Appl. Phys. *28* (1957), 810.
[115] M. E. FINE, C. CHIOU, Phys. Rev. *105* (1957), 121.
[116] V. A. M. BRABERS, J. H. HENDRIKS, Sol. State Commun. *6* (1968), 795.
[117] Siehe z. B. A. BRAGINSKI, A. MARAIS, T. MERCERON, J. Phys. Soc. Japan *17* Suppl. B-I (1962), 300;
S. KRUPIČKA, ibid. S. 304.
[118] A. YANASE, J. Phys. Soc. Japan *17* (1962), 1611;
S. KRUPIČKA, Czech. J. Phys. *B14* (1964), 29.

INDEX

A

B

C

D

E

F

J

K

L

M

T

U